Geschichte der Meteorologie in Deutschland

Gustav Hellmann –
Preußens ergiebigster Meteorologe

Leben und Wirken

von Joachim Pelkowski

13

Zitationsvorschlag:
Pelkowski, J., 2021: Gustav Hellmann – Preußens ergiebigster Meteorologe. Teil 1: Leben und Wirken. Geschichte der Meteorologie in Deutschland 13 (1), Selbstverlag des Deutschen Wetterdienstes, Offenbach am Main, 356 S.

Titelbild:
Portrait von Johann Gustav Georg Hellmann um 1925 (Bildarchiv der Bibliothek des DWD). Rechts seine Unterschrift (Kaufvertrag Hellmann-Privatbibliothek (Anhang C)).

ISSN: 0943-9862
ISBN: 978-3-88148-524-1

Mit der Annahme des Manuskripts und seiner Veröffentlichung durch den Deutschen Wetterdienst geht das Verlagsrecht für alle Sprachen und Länder einschließlich des Rechts der fotomechanischen oder digitalen Wiedergabe oder einer sonstigen Vervielfältigung an den Deutschen Wetterdienst über.

Die in dieser Reihe veröffentlichten Texte werden allein von ihren jeweiligen Autoren verantwortet; die darin zum Ausdruck gebrachte Meinung entspricht nicht notwendig der Meinung des Herausgebers (Deutscher Wetterdienst).

Herausgeber und Verlag:
Deutscher Wetterdienst
Selbstverlag des Deutschen Wetterdienstes
Bildungszentrum
Am DFS-Campus 4
63225 Langen
selbstverlag@dwd.de
www.dwd.de/selbstverlag

Korrespondenzanschrift des Autors:
Dr. Joachim Pelkowski
Schloss Ziegenberg
61239 Ober-Mörlen
jo-ellen.pelkowski@t-online.de

Druck:
Kraus print media
GmbH & Co. KG
Am Angertor 11
97618 Wülfershausen
info@kraus-print-media.de

Dieses Werk ist zuallererst

Ellen Gibson-Pelkowski

in unauslotbarer Dankbarkeit gewidmet.

Es läge nicht vor, wäre sie einengendem Wachstum in der häuslichen Bibliothek nicht mit heimlicher Gelassenheit begegnet – jener Seelenkraft, die sie zu unerschrockenem Gleichmut zu steigern wusste, als teuflische Wucherung in ihrem Leib wütete. Ihre Tapferkeit ist mir ewiges Labsal.

Darüber hinaus widme ich dieses Buch dem Vater zum ungefeierten 90. Geburtstag im November 2020, dem ich für seine Opfer zum Wohl seiner Nachkommen treuen Dank schulde.

Vorbemerkung

Ein bedeutendes wissenschaftliches Werk kann man nicht kapitelweise lesen, es führt uns mit fort, wir müssen, so wie es als Ganzes vorliegt, durch bis ans Ende.
Heinrich Wilhelm Dove
(Gedächtnisrede auf Alexander von Humboldt)

Glücklicherweise ist es beim vorliegenden Werk anders! Es kann kapitelweise gelesen werden! Der Umkehrschluss der Doveschen Aussage bedarf freilich keiner Unterstreichung.

Das folgende zweibändige Werk ist in mehr als vierjähriger Arbeit entstanden, jedoch in den ersten drei Jahren mit längeren Unterbrechungen. Seit anderthalb Jahren konnte stetig an ihm gearbeitet werden, wobei einiges Quellenmaterial erst in den letzten Monaten verfügbar wurde. Das erklärt einige Sprungstellen und spätere Einschübe, und vor allem auch viele Unterlassungen. Das Material über Hellmanns organisatorische Tätigkeit, über seinen Briefwechsel mit Gelehrten seiner Zeit ist derart umfangreich und zerstreut, als dass es hätte verarbeitet werden können, ohne unvertretbare Verspätung für den verabredeten Abschluss des Projekts. Dennoch ist sein Umfang im Laufe des abgelaufenen Jahres so angewachsen, dass eine Aufteilung in zwei Teilbände notwendig wurde. Nichtsdestotrotz wage ich die Beteuerung, dass man jedes Kapitel und so gut wie jeden Anhang für sich lesen kann.

Die wechselseitigen Abhängigkeiten der Kapitel sind lose, gelegentliche Wiederholungen wurden bewusst nicht vermieden. Wer sich nur schnell über Hellmanns berufliches Wirken orientieren will, liest Kapitel 1. Wer dazu und zu seinem Leben weitläufige, wenn auch unvollständige Auskunft wünscht, hält sich an das längste Kapitel 2; wer nur etwas über sein dreibändiges Regenwerk erfahren möchte, begnügt sich mit Kapitel 11 im zweiten Teilband, der eine Werkschau darbietet; jene, die ihn als Urheber seines so berühmten Regenmessers kennen und nur dazu Auskunft wünschen, lesen Kapitel 5 (Teil 1), während all jene, die Hellmanns Teilbearbeitungen der einschlägigen Beobachtungen des Regens kennen lernen wollen, Kapitel 5 (Teil 2) im zweiten Teilbande lesen; die Historiker, die nur seine geschichtlichen Beiträge zu überblicken wünschen, lesen die Kapitel 10 bzw. 13, oder für das Repertorium der deutschen Meteorologie nur das Kapitel 8, und so fort.

Zu minderen Fragen habe ich nur unsystematische Anmerkungen zu machen. Besonders mühsam war die Umschrift von Autographen, so dass eine mehr oder weniger willkürliche Auswahl vorzunehmen war.

Wenn Übersetzungen aus dem Spanischen, Französischen und Englischen vorgenommen wurden, so stammen sie von mir. Gelegentlich beließ ich kürzere englische Textpassagen im Original.

Was die Rechtschreibung angeht, so ist sie nicht grundsätzlich an die jetzige angepasst worden, aber in vielen Fällen sind doch die unzweifelhaften modernen Wortschreibungen gewählt worden, so etwa bei „thatsächlich", „allmälig" und dergleichen. Einheitlichkeit um jeden Preis ist nicht angestrebt worden, umso weniger, als in einer geschichtlichen Darstellung die Vielfalt der Schreibweisen, Maßangaben, Namen- und Zahlenschreibungen ihr eine gewisse zeitliche Tiefe bewahren helfen.

Bei Namen von Ortschaften, die heute in Polen liegen und polnisch sind, habe ich in der Regel die alten deutschen Namen belassen, ohne etwa dem Beispiel zeitgenössischer Historiker:innen zu folgen, die derzeit gültigen Namen in Klammern zu setzen. Das Internet erlaubt ja eine rasche Übersetzung der alten in neue Orts- und Landesbezeichnungen.

Bei Textauslassungen habe ich die Ellipse bald ohne, bald in eckigen Klammern gewählt. Ohne Klammern bedeutet sie, dass Textteile innerhalb eines Absatzes fortgelassen wurden, während [...] auf längere ausgelassene Absätze hinweist. Bei der Fülle an Zitaten bin ich mir aber nicht mehr sicher, ob ich konsequent gehandelt habe. Es sollten aber dadurch keinerlei Missverständnisse drohen.

Oft genug habe ich bei Namen den adligen Zusatz fortgelassen, so bei Wilhelm von Bezold und Heinrich von Ficker, Hellmanns Vorgänger bzw. Nachfolger im Amt des Direktors des Preußischen Meteorologischen Instituts, um Doppelungen zu vermeiden: „Von von Bezold wurde gefordert ...".

Bemerkung vor Drucklegung. Beim unausgesetzten Durchlesen des Gesamtwerkes fällt auf, dass die angestrebte Selbständigkeit eines jeden Kapitels gewisse Wiederholungen nötig machte, die vielleicht lieber vermieden worden wären. Möge das Werk, wie es nun einmal vorliegt, auf geduldige Nachsicht etwaiger Leser:innen stoßen!

Vorrede

Jene, die sich mit Wissensgebieten beschäftigen, sind entweder Empiriker oder Dogmatiker. ... Die wahre Aufgabe der Philosophie ... hängt nicht nur oder nicht vornehmlich von der Geisteskraft ab, auch sammelt sie nicht bloß das beobachtete oder experimentelle Material, um es roh im Gedächtnis aufzubewahren, sondern legt es im Intellekt verändert und bearbeitet ab. Daher dürfen wir von einer engeren und reineren Verbindung – die bislang keine Tatsache ist – dieser zwei Fähigkeiten guter Hoffnung sein.

Francis Bacon, Novum Organon, Aphorismus 95[1]

Die moderne Meteorologie verdankt ihre Fortschritte dieser im ersten Viertel des 17. Jahrhunderts vom berühmten Begründer aller Erfahrungswissenschaften so treffend zusammengefassten empirisch-rationalen Methode. Dabei sorgen die technologischen Dauerneuerungen für immer reichhaltigeres und feineres empirisches Material, welches unausgesetzt einer gedanklichen Bearbeitung unterworfen werden muss, um die Wirklichkeit rational zu ordnen.

Dabei wechseln sich die Phasen des Sammelns und Bearbeitens, sei es zeitlich, sei es in der Tätigkeit ein und desselben „Bearbeiters", ab. Im deutschsprachigen Raum haben sich einige markante Persönlichkeiten besonders um die empirischen Grundlagen der Meteorologie verdient gemacht, nachdem diese ihre Unabhängigkeit von Schwesterwissenschaften erlangt oder zumindest erklärt hatte (nach 1850). Unter diesen Persönlichkeiten ragen namentlich drei heraus, die man ohne Zaudern als die ergiebigsten deutschsprachigen Meteorologen überhaupt bezeichnen kann. Es sind dies Julius Hann in Wien, Wladimir Köppen in Hamburg und Gustav Hellmann in Berlin.

Obwohl seit dem 19. Jahrhundert Biographien von großen Physikern zum Bestand der Geschichtsschreibung gehören, sind Biographien von Meteorologen eher selten. Insbesondere verfügen wir von den drei genannten noch nicht über maßgebende Wirk- und Werkbeschreibungen, wenn man einmal von den Erinnerungen Köppens absieht.

Den Beruf des selbständigen Meteorologen[2] gibt es erst seit dem 19. Jahrhundert, und so nimmt es nicht wunder, dass ihre Biographien bisher nicht auf besonderes Interesse seitens der Wissenschaftshistoriker stoßen. Aber auch in Lebens- und Wirkbeschreibungen früherer Naturforscher, die sich regelmäßig mit Meteorologie beschäftigt haben, stehen nur selten ihre diesbezüglichen Leistungen im Vordergrund. Es scheint, dass die vor- und frühinstrumentelle Meteorologie in den Händen eines Aristoteles, Seneca, Ibn Isḥāq al-Kindī, Albertus Magnus, Gilbert, Kepler, Bacon oder Descartes kaum Fortschritte aufzuweisen habe, wenn man von der teilweise gelingenden mathematischen Beschreibung vieler optischer Erscheinungen in der Luft absieht. Zwar ist die Wetterkunde in ihrem Bestreben, das Wetter begreiflich zu machen und aus praktischen Bedürfnissen heraus es auch vorauszusagen, von den größten Philosophen regelmäßig bedacht worden. Doch nicht selten sah sie in der Astronomie ihr Vorbild, das es nachzueifern galt; mehr noch, sie hat während vieler Jahrhunderte die Ursachen des Wetters sogar in den Planetenanordnungen gesucht. Nach Newton begegnet man der Zuversicht, die Meteorologie könne zu einer exakten Wissenschaft heranreifen, obschon sie bereits früher mit dem Anspruch auftrat, eine „Wissenschaft" zu sein, „deren Ursprung im wahrsten Sinne des Wortes wohl auf Adam und Eva zurückgeht", wie Lingelbach 1952 übertreibend behauptet. Eine „wissenschaftliche Revolution" ist ihr jedoch de facto versagt geblieben. Das astronomische Präzisionsideal stellte sich als spröde heraus, blieb aber bis zu Hellmanns Zeiten gültig. So schreibt 1739 der schwedische Astronom Anders Celsius:

> *Man muß darinn den Astronomis folgen, welche durch viel hundertjährige Observationen der Bewegungen der himmlischen Körper endlich so weit gekommen sind, daß sie nunmehr von allen Merkwürdigkeiten, die am Himmel vorgehen sollen, die Zeit genau voraus sagen können. Und da dieses unwidersprechlich ist, daß zukünftiger Regen nach Anleitung seiner gewissen Ursachen, so nothwendig eintreffen muß, als eine Sonnenfinsterniß; so folget daraus, daß wenn wir endlich dessen Ursachen durch vieljährige Erfahrung erlanget, wir so gewiß ein Regenwetter, als die Astronomi eine Sonnenfinsterniß voraus rechnen können.*

Vieljährige Erfahrung mit dem Regen und seiner flächendeckenden Messung hat Hellmann durchaus gesammelt; doch seine Ursachen hat er nicht „erlanget", und ein Regenwetter vorauszuberechnen war ihm daher nicht möglich.

---

[1] Frei von mir aus der englischen Übersetzung von Rees (2004) übertragen. Auf Quellennachweise wird in dieser Vorrede verzichtet. Genannte Verfasser(innen) sind mit der entsprechenden Quelle im Quellenverzeichnis aufgeführt.
[2] Unter „Meteorologen" sei der Einfachheit halber fortan jeder Mensch gemeint, der ohne Ansehung seines Geschlechts Meteorologie betreibt.

Als im 19. Jahrhundert die Meteorologie sich verselbständigte – wenngleich Wilhelm von Bezold und andere sie streng als eine Physik der Atmosphäre verstanden wissen wollten – wurde sie Wissenszweig mit eigenem Lehrfach und eigenen Vertretern. Interesse an den Leistungen dieser Fachvertreter wächst langsam aber sicher, wie man an Biographien der jüngsten Zeit beobachten kann. Welchen Vertretern sollte man zunächst den Vorzug einer Darstellung geben? Welche könnten uns etwas über die verschlungene Geschichte der modernen Meteorologie lehren? Oder sind in erkenntnistheoretischer Hinsicht von Bedeutung? Oder auch nur kulturgeschichtlich? Wenn es im Vorwort der Biographie über den „Wettermann" Aßmann von Hans Steinhagen heißt, dass er „weltweit allen als der Wissenschaftler bekannt" sei, „der vor mehr als 100 Jahren das Problem der exakten Temperaturmessung mit seiner Erfindung des Aspirations-Psychrometers löste", so dürfte das wohl kaum reichen, um kulturgeschichtliches Interesse an ihm zu wecken. Er war aber weit mehr als ein geschickter Erfinder oder Verbesserer eines alten Instruments. Er spielte im wilhelminischen Deutschland eine große wissenschaftspolitische und damit auch kulturgeschichtliche Rolle. In Hans-Günther Körbers Biographie von Alfred Wegener heißt es von dem großen Polarforscher und Meteorologen, der Landmassen das Wandern lehrte, dass er „zu den großen Persönlichkeiten in der Geschichte der Wissenschaften und der Entdeckungen in den ersten Jahrzehnten des 20. Jahrhunderts" zu zählen sei. Als Schöpfer einer Kontinentalverschiebungstheorie und Polarforscher ist er nicht zuletzt dank einiger Biographien im kollektiven Gedächtnis zugegen. Dagegen ist der Name Cleveland Abbes in Vergessenheit geraten, obwohl seine Leistungen für die nordamerikanische Meteorologie außer Frage stehen. Es ist daher sehr zu begrüßen, dass von dem „Wettermann" Abbe gerade eine Lebensbeschreibung erschien. Wenn ein Name aus der Gründerzeit der „modernen" Meteorologie den zeitgenössischen Meteorologen bekannt, ja geläufig ist, so ist es der des Norwegers Vilhelm Bjerknes, weil er Anfang des 20. Jahrhunderts ein vorausschauendes rationales Programm bündig formuliert hat, nach welchem im Wesentlichen heute das Wetter und Klima „modelliert" wird. Gewiss besteht wissenschaftliches und kulturgeschichtliches Interesse an dieser großartigen Persönlichkeit, und an einer Biographie fehlt es denn auch nicht.

Und Gustav Hellmann? Wenn man von seinem „weltbekannten" Regenmesser absieht, so finden sich in den modernen Lehrbüchern oder in den jüngeren geschichtlichen Darstellungen der Meteorologie als Wissenschaft keine bzw. kaum Spuren von ihm. Im wilhelminischen Zeitalter war er zwar erlauchter Vertreter der deutschsprachigen Meteorologie, aber schon in der Weimarer Zeit ließ mit seiner literarischen seine wirkmächtige Tätigkeit allmählich nach. Warum soll man sich also für ihn noch interessieren?

Ehe ich meine persönliche Antwort auf diese Frage darlege, seien zwei wichtige Tätigkeitsgebiete des Gelehrten hervorgehoben. Er hat einerseits früh eine Leidenschaft für die Wurzeln der Meteorologie entwickelt, andererseits hat er sich der Erfassung des Niederschlags in Preußen verschrieben. Sein Name hat meine Neugier früh erregt, aber nicht durch sein Wirken als Regenkundler, sondern durch seine Beiträge zur Geschichte der Meteorologie. Historiker von Teilgebieten der Meteorologie hoben – und sei es nur in Fußnoten – seine geschichtlichen Studien anerkennend hervor, und ich suchte als Student mein Verlangen nach genetischem Verständnis der Meteorologie bei ihm zu stillen. Hellmann der Historiker wird zwar gelegentlich in kritischer oder berichtigender Absicht zitiert und wahrgenommen, aber seine Beiträge fristen zerstreut im Halbdunkel ihr Dasein. Es erscheint mir jedoch unzweifelhaft, dass Hellmann als Geschichtsschreiber der Meteorologie einen bleibenden Platz errungen hat und beizubehalten berufen ist[3]. Ja, man kann so weit gehen, ihn mit der Meteorologie-Historikerin Cornelia Lüdecke als „Stammvater der deutschen Meteorologiegeschichte" zu bezeichnen. Als solcher verdient er wohl eine Biographie.

Hellmanns umfangreiche literarische Tätigkeit beschränkte sich jedoch keineswegs auf solche Beiträge, sondern sie greift weit darüber hinaus. Er war einer der bekanntesten Meteorologen seiner Zeit, der der Meteorologie eine unverbrüchliche und für alle Zeiten gültige empirische Grundlage zu sichern suchte. Dadurch beansprucht er auch in erkenntnistheoretischer Hinsicht Interesse. Er war Empiriker strengster Observanz, ein geharnischter Positivist, den man dem vorgenannten Bjerknes als „Dogmatiker" im Sinne des zitierten Aphorismus, in erkenntniskritischer Hinsicht gegenüberstellen kann.

Für die Meteorologie wäre es einmal eine lohnende Aufgabe, im Einzelnen herauszufinden, wie groß die Anteile der Beobachtungen, Erfindungen (Instrumente aller Art, elektronische Rechner) und Begriffe an ihrem Fortschritt sind. Das wäre eine Aufgabe der Erkenntniskritik, doch verfügen wir nicht einmal ansatzweise über eine meteorologische Erkenntnistheorie, obgleich eine solche als ein dringendes Desiderat angesehen werden muss.

Zu einer derartigen Erkenntniskritik eignet sich vorzüglich das Werk Hellmanns, das als Musterbeispiel für die Rolle des meteorologischen Empirismus dienen kann. Und als Ausgangspunkt wären folgende Gedanken zu bedenken, die der zwanzig Jahre jüngere schlesische Landsmann, der Philosoph Ernst Cassirer gegen Ende von Hellmanns Amtszeit in wohlgefällige Sätze fasste:

---

[3] Erst nachdem diese Vorrede verfasst war, bekam ich einen Aufsatz von Paola Zambelli („Eine Gustav-Hellmann Renaissance?") aus dem Jahr 1992 zu Gesicht. Darin wird Hellmann als „spät-positivistischer Historiker der Meteorologie" gekennzeichnet, der auch „ein Förderer der paleopositivistisch historischen Methode" gewesen sei, was immer das ungewohnte Beiwort bezeichnen mag.

*Kein noch so weit getriebener „Empirismus"
kann jemals versuchen, die Rolle des Denkens in
der Aufstellung und Begründung der physikalischen Theorien zu verleugnen – so wenig es auf
der anderen Seite einen logischen Idealismus gibt,
der versuchen könnte, das „reine Denken" von
der Beziehung auf die Welt des „Faktischen" und
von der Bindung an sie loszulösen. Die Frage, die
zwischen beiden Betrachtungsweisen entscheidet,
kann nur dahin gehen, ob das Denken im einfachen Registrieren der Tatsachen aufgeht, oder ob
es bereits in der Feststellung, in der Gewinnung
und Deutung der „Einzeltatsache" seine eigentümliche Kraft und Funktion bewährt. Erschöpft sich
seine Leistung darin, die Einzeldaten, die unmittelbar aus der sinnlichen Beobachtung zu entnehmen
sind, wie Perlen an einer Schnur aufzureihen –
oder tritt es ihnen mit eigenen ursprünglichen
Maßen, mit selbständigen Kriterien des Urteils
gegenüber?*

In *Determinismus und Indeterminismus* kennzeichnet 1937 Cassirer die Art der Erkenntnisgewinnung eines Wissenschaftlers vom Schlage Hellmanns wie folgt:

*Das Verhältnis von Theorie und Erfahrung wird
innerhalb des strengen Positivismus so verstanden,
dass die Theorie nicht nur ein Ausdruck, sondern
auch ein Abdruck der Erfahrung, d. h. des in den
unmittelbaren Sinnesdaten Gegebenen sein soll.
Die Wahrheit der Theorie besteht in ihrer möglichst
nahen Anpassung an die Tatsachen: und keine Anpassung kann vollkommener sein, als diejenige, die
den Tatsachen nichts Neues und Eigenes hinzufügt,
sondern sie so getreu als möglich reproduziert. Theorien sind Gedächtnishilfen; sie stellen ein Inventar
des Gegebenen dar. Und dieses Inventar ändert sich
offenbar mit jedem neuen Element, das es in sich
aufnimmt. Eine eigentliche „Beständigkeit" ist von
der Erfahrung weder zu erwarten noch zu erhoffen.
Sie wandelt unablässig ihre Form – in dem Maße,
als der Kreis des Gegebenen sich erweitert, als aus
der Beobachtung neu und neuer Stoff sich andrängt.
Dieses Wachstum ist eine reine „Epigenesis"; die
Elemente werden von außen herangeführt und
treten einzeln, Stück für Stück, aneinander heran.*

Mit einer bloßen Perlenschnur empirischer Tatsachen wollten sich allerdings weder Hann, Köppen noch Hellmann begnügen. Auf alle drei trifft zu, dass sie aus dem umfangreichen Beobachtungsmaterial ihrer Institute, aus der „Epigenesis" zuverlässige Gesetzmäßigkeiten zu finden hofften und, wie Köppen 1929 schrieb:

*Da nun dem Erklären die genaue Feststellung der
Tatbestände vorausgehen muß, so müssen wir zunächst uns in der Hauptsache mit diesen begnügen, aber suchen, sie so übersichtlich wie möglich
darzustellen und die großen Züge des Bildes aus
der Fülle der Einzelheiten herauszuschälen, ohne
den Tatsachen durch verfrühte Verallgemeinerung
Gewalt anzutun.*

Bei Vilhelm Bjerknes und seinen Schülern, die gegen Ende der amtlichen Tätigkeit der drei genannten Meteorologen durch die Polarfronttheorie großes Aufsehen erregen sollten, ging teilweise das Erklären der „genauen Feststellung der Tatsachen" voraus; Theoretiker können den Tatsachen gelegentliche „Gewaltanwendungen" nicht ersparen.

In einem Versuch einer erkenntniskritischen Theorie wären die Forschungsmethoden verschiedener „Klassen" von Meteorologen zu untersuchen. Beschränkt man sich bloß auf die Neuzeit, d. h. auf die Zeit seit Beginn der „instrumentellen Meteorologie", wie sie Hellmann einmal bezeichnet hat, so kann man grob zwei entgegengesetzte Klassen ausmachen, deren eine auf Descartes und deren andere auf Francis Bacon zurückverweist. Eine geradezu stufenlose Zahl von ineinandergreifenden Misch- oder Übergangsklassen ließe sich aus unterschiedlich gewichteten Durchschnitten beider Grenzklassen bestimmen, der „kartesischen" und der „baconschen". Dabei soll nicht übersehen werden, dass die Erzvertreter der jeweiligen Klassen, Bacon und Descartes, selbst Gebrauch von den Anleitungen des jeweiligen anderen gemacht haben. Die gängigen Gemeinplätze über die Rolle der beiden sind bei näherem Hinsehen schwer aufrechtzuerhalten, wie einerseits der oben zitierte Aphorismus deutlich erkennen lässt, und andererseits Descartes Abhandlung über Meteorologie verrät, in welcher er der baconschen Methode die Ehre erwies. Allerdings wird man Claus Zittel, dem ersten Übersetzer der kartesischen Meteorologie ins Deutsche nicht zu folgen vermögen, wenn er behauptet, dass Descartes Baconianer gewesen sei. Descartes gilt immer noch als der große Rationalist, und seine Erklärung des Regenbogens erfolgt weit deutlicher auf dem Boden seiner „rationalen Philosophie" denn über Bacons Induktionsverfahren. Wie dem auch sei, für grobe Zuordnungen ist das Schema des Empirikers Bacon und des Rationalisten Descartes nützlich, um bestimmte Meteorologen in ihren erkenntnistheoretischen Grundfesten eher dem einen oder dem anderen Lager zuzurechnen.

In der „kartesischen Klasse" kann man zwanglos Vilhelm Bjerknes und mit noch größerem Recht einen Hans Ertel ansiedeln. Letzterer, der nach dem methodischen Ideal des rationalen, nicht baconsch angehauchten Descartes

Meteorologie betrieb, wählt in seiner Einleitung zu einer theoretischen Dynamik der Atmosphäre, die einige Monate vor Hellmanns Tod erschien, den Wahlspruch: „Nach meiner Ansicht geschieht alles in der Natur auf mathematische Art". Dies hat Descartes an Mersenne geschrieben und es ist der heimliche Leitspruch mancher theoretischer Zeitgenossen Hellmanns, welcher wiederum als „reiner" Anhänger des baconschen Induktivismus und also als Vertreter der zweiten Klasse gelten kann.

Nur in friedlichem Wettbewerb beider Methoden, der „rationalen" eines Descartes, und der mit rechten Instrumenten ausgestatteten „empirischen" eines Bacon konnte die im Aphorismus 95 herbeigesehnte Synthese den Weg zu einer exakten Wissenschaft weisen. Diese Synthese fand im Jahrhundert der Aufklärung im empirischen Rationalismus eine Verwirklichung, die der Physik zu großen Fortschritten verhalf, während sie in der erkenntnistheoretisch rückständigen Meteorologie noch keinen Ausdruck fand. Erst im neunzehnten Jahrhundert wird man Bestrebungen in der Meteorologie gewahr, bei mangelnder Datengrundlage eine Art rationaler Empirie zu pflegen, oder eine reine Empirie als die Beobachtungsgrundlage für eine künftige naturwissenschaftliche Meteorologie zu betreiben. Wolfgang Krohn, der in seiner Biographie über Bacon ein grelles Neonlicht auf dessen eigentliche Leistung wirft, schreibt:

Alle Basiserfindungen, die am Ende des 18. Jahrhunderts der „industriellen Revolution" zugrunde lagen, waren ohne den Einfluss wissenschaftlicher Theorien gemacht worden. Eine Entwicklungssymbiose der Baconischen Art, in der „Kontemplation" und „Operation" gemeinsam prinzipielles und nützliches Wissen erarbeiteten entstand erst im 19. Jahrhundert, um seitdem für immer mehr Forschungsfelder Wirklichkeit zu werden.

Wie schon deutlich geworden sein dürfte, gehört Hellmann in Bacons „Erneuerung der Wissenschaften" (unausgesprochen) der „handelnden" Art an, während er die Zeit der „Kontemplation", der „rationalen Meteorologie" für noch nicht gekommen sah. Er schrieb 1912 über seinen hochverehrten Julius Hann:

Bei den meisten Arbeiten ... geht Hann von den Beobachtungen aus, diskutiert sie unter Beachtung der allgemeinen physikalischen Gesetze und gelangt so zu Resultaten, die stets einen Zuwachs der positiven Kenntnisse in der Meteorologie bedeuten. Nur selten macht er eine Hypothese zum Ausgangspunkt und prüft sie an der Hand der vorhandenen Beobachtungen. Immer aber sind die von ihm angewandten Methoden zweckmäßig oder gar vorbildlich. Ich glaube, dass bei dem gegenwärtigen Stande der Meteorologie jenes Vorgehen das richtige ist, und dass die Hinzufügung von neuen Tatsachen dieser Wissenschaft jetzt mehr frommt als vorwiegendes Theoretisieren.

Ein klares Plädoyer für die baconsche Forschungsmethode und für die von Cassirer erwähnte „Epigenesis" in der Meteorologie! Diese treffliche Schilderung des Hannschen Vorgehens spiegelt Hellmanns eigenen Forschungsgeist bei seinen klimatologisch-meteorologischen Untersuchungen wider. Für Hellmanns Vorgehensweise ist noch folgende Beschreibung Krohns bezüglich der Methode Bacons von Belang:

Die Ausgangsbeobachtungen, die in den Tafeln geordnet sind, repräsentieren nicht das Erkenntnisniveau, auf dem die Formen [Ursachen] zu entdecken sind. Ein Fortschritt der Erkenntnis kann nur erzielt werden, indem das Risiko einer Interpretation eingegangen wird. Aber, das darf andererseits nicht vergessen werden, die Rückbindung an die Tafeln muss erhalten bleiben. Die Fälle bilden die Einschränkungen, an denen sich die Vermutungen bewähren müssen. Hierdurch sind die Vermutungen der ersten Lese, die durch die Tafeln „erlaubt" werden, unterschieden von unkontrollierbaren Begriffsbildungen. In Bacons Methode liegt also kein induktionistischer Rigorismus (den er dann nicht einmal selbst einhalten kann).

Hellmann hat fortwährend Tafeln angelegt, und gleich Hann hatte er die eigentümliche Gabe, aus Tabellen weitgehende klimatologische Schlüsse zu ziehen.

Hellmanns Forschungsart kann noch einprägsamer beschrieben werden. Er hat viele seiner Arbeiten in seinem Dienstbüro unter einem Bildnis von Humboldt verfasst. In einem kürzlich erschienenen Handbuch zu Alexander von Humboldt charakterisiert Knobloch dessen wissenschaftliche Grundhaltung auf eine Weise, die Hellmann wie auf den Leib geschrieben zu sein scheint, so dass man seinen Namen fast ausnahmslos an die Stelle desjenigen seines preußischen Landsmannes setzen kann:

Seine Forschungspraxis und sein Forschungsprogramm zur Förderung der [Meteorologie/Klimatologie] hat [Hellmann] immer wieder in seinen großen Veröffentlichungen erklärt und verteidigt. Er war Empiriker, in seiner Terminologie empirischer [Meteorologe], dem es um die Zusammen-

stellung von Tatsachen, von Fakten ging. Denn der Empiriker zähle und messe, was die Erscheinungen unmittelbar darböten, um so empirische Gesetze zu finden. Von spekulativen Vermutungen hielt er wenig, da diese sich doch nur auf unvollständige Induktion gründeten. Entscheidend waren die Tatsachen, das heißt die Beobachtungen oder Messungen. [...] Könne man verwickelte Erscheinungen nicht auf eine allgemeine Theorie zurückführen, so sei es schon ein Gewinn, wenn man erreiche, die Zahlenverhältnisse zu bestimmen, durch welche eine große Zahl zerstreuter Beobachtungen miteinander verknüpft werden könnten, und den Einfluss lokaler Ursachen der Störung rein empirischen Gesetzen zu unterwerfen. [...] Weil die Zahlen das Wesen der Natur und ihrer Gesetze enthielten, war es so wichtig, möglichst genaue Zahlen zu ermitteln, die Zahlen älterer Autoren kritisch zu prüfen. Falsche oder ungenaue Zahlen ließen das wahre Wesen der Natur nicht erkennen. [...] [Hellmann] bildete [wenige] Funktionsgleichungen, algebraisierte nicht seine Ergebnisse, sondern visualisierte diese durch Linien. Er war sich seiner beschränkten mathematischen Kenntnisse wohl bewusst, strebte deshalb auch nie eine mathematische Theorie an, sondern eben empirische Gesetze. In kantischer Terminologie betrieb er dadurch uneigentliche Naturwissenschaft, mit der Zusammenstellung von Fakten historische Naturlehre. [...] Denn die Einzelheiten der Wirklichkeit, alles, was dem Felde der Veränderlichkeit und realer Zufälligkeit angehört, können nicht aus Begriffen abgeleitet, „konstruiert" werden. [...] Die numerische, empirische Grundlage ist Voraussetzung für mathematische Verfahren. [...] Bei allem Beweglichen und Veränderlichen im Raum seien aber mittlere Zahlenwerte der letzte Zweck, ja der Ausdruck physischer Gesetze. Sie zeigen uns das Stetige im Wechsel und in der Flucht der Erscheinungen. Der Fortschritt der neueren messenden und wägenden Physik sei vor allem durch Erlangung und Berichtigung mittlerer Werte gewisser Größen bezeichnet. [...] Doch [Hellmanns] Bekenntnis zu Mittelwerten als Erkenntnis leitender Instanz zieht sich wie ein roter Faden durch seine wissenschaftlichen Veröffentlichungen. [...] Diese Abkehr von Extremwerten hin zum arithmetischen Mittel ist zugleich ein Schritt weg von der wirklichen Größe hin zu einer abstrakten Größe. Die Verteilung mittlerer Zustände der Atmosphäre trennt die von Humboldt begründete Klimatologie von der herkömmlichen Meteorologie. [...] Entscheidend ist, dass erst die Mittelbildung die Gesetze hervortreten lässt. Mit anderen Worten: Naturerkenntnis ergibt sich nicht unmittelbar wie der Naturgenuss, sondern wird über Zahlen vermittelt. [Hellmann] mittelte die tatsächlich verschiedenen Werte einer variablen Größe, um das Gesetz zu erkennen, das der Änderung zugrunde lag, ohne nach einem analytischen Ausdruck dafür zu suchen.

Diese Ära der „Mittelwertbildung" als Forschungsziel hat Hellmann durch die Angabe von Extremwerten ergänzt, ehe sie zur Neige ging. Das Aufblühen der „rationalen Meteorologie" mit Vilhelm Bjerknes an der Spitze stellte die Vorherrschaft der Klimatologie Humboldtscher Prägung am Preußischen Meteorologischen Institut unter Hellmann in Frage. Else Wegener, die Tochter Wladimir Köppens und Witwe von Alfred Wegener, erinnerte sich später an diesen Umbruch:

Es war besonders interessant für mich, in Bjerknes einen ganz anderen Typ des Meteorologen kennenzulernen, als mein Vater und mein Verlobter es waren. Mein Vater hatte den Wetterdienst in Norddeutschland aufgebaut und dann in theoretischen Arbeiten das gesammelte Material mit großem Fleiß und klarem Blick für das Wesentliche statistisch bearbeitet. Daraus leitete er die Gesetze der Meteorologie und Klimatologie ab. Alfred Wegener trieb es, die Gesetze seiner Wissenschaft in der Natur selbst zu erforschen, sie unmittelbar selbst zu erleben. Auf den Freiballonfahrten und in Grönland fühlte er sich glücklich, weil er hier das Neue selbst schauen und erkämpfen konnte. Er liebte den Gegenstand seiner Arbeit von ganzem Herzen. Ganz anders Bjerknes. Er hatte kaum das Bedürfnis, mit der von ihm behandelten Natur direkt in Berührung zu kommen. Er war reiner Theoretiker, und sein Streben ging dahin, die meteorologischen Vorgänge in den Differentialgleichungen der theoretischen Physik zu erfassen. Er wollte die Wettervorhersage nach strengen Gesetzen berechnen, mit den damaligen langsamen Rechenmethoden eine anscheinend hoffnungslose Methode, die erst heute ihre Anwendung findet.

Man kann wiederum mit Krohn feststellen, dass nicht „erst die Mittelbildung die Gesetze hervortreten" lasse, sondern dass das Lesen im Buch der Natur auch die Kenntnis der „geometrischen" Zeichen verlange:

Korrekturen waren auch an dem Baconischen Programm selbst notwendig. Sehr früh haben seine Anhänger und Gegner erkannt, dass Bacon die Bedeutung der Mathematik in einigen Wissenszweigen entscheidend unterschätzt hatte; und schon bald wurde klar, dass sein Insistieren auf der Sammlung praktischer Erkenntnisse, auf die noch viele Akade-

mien sich satzungsgemäß festlegten [auch die damalige Deutsche Meteorologische Gesellschaft!], wenig ergiebig für den Fortschritt war.

So prägten sich zu Anfang des 20. Jahrhunderts eine kartesische und eine baconsche Klasse mit deutlich unterschiedenen Arbeitsmethoden aus. In der gegenwärtigen Meteorologie ist die Synthese aus reiner Empirie und theoretischer Interpretation im Sinne des obigen Aphorismus bald mehr, bald weniger verwirklicht. Die Klimatologie im Sinne Humboldts, die nun als „klassische" Klimatologie bezeichnet wurde, bestand natürlich weiter, aber nicht als modernes Forschungsfeld. Der fast 30 Jahre jüngere enge Mitarbeiter und Freund Hellmanns, Karl Knoch, bewahrte noch lange Zeit das Erbe Hellmanns, jedoch immer spürbarer im Schatten der numerischen Wettervorhersage, die man der „rationalen" Meteorologie zurechnen kann.

Die vorliegende Schrift kann und will nicht mehr als eine erste Annäherung an den „positivistischen" Meteorologen Gustav Hellmann sein. Für eine eigentliche Biographie war die Quellenlage zu dürftig, obschon es genügend Anzeichen gegeben hat, dass Hellmanns umfangreicher Briefwechsel zu großen Teilen erhalten sein dürfte. Für ihre Beförderung ans Tageslicht oder ihre Umschrift fehlte die Zeit und nicht selten auch die Ausdauer, um die handschriftlichen Texte zu entziffern. Trotzdem wurden zum ersten Mal unveröffentlichte Quellen herangezogen, wenn auch nicht gerade systematisch.

Daher schien es umso wichtiger, Hellmanns literarische Erzeugnisse für ihn sprechen zu lassen. Seine Arbeiten sind auch heute noch gut verständlich, denn mathematische Formelsprache ist in ihnen nur ganz vereinzelt anzutreffen. Ich sah mich indes außerstande, Hellmanns Gedankenreichtum, der in der Breite seiner gehaltvollen Beobachtungen und in der stilistisch ausgezeichneten Prosa ruht, sowie die Fülle an methodischen Überlegungen und detaillierten meteorologischen Schlussfolgerungen getreu zusammenzufassen. Für eine kritische Bewertung seines empiristischen Standpunktes wäre es jedoch unerlässlich gewesen, alle seine Arbeiten kritisch zu sichten.

Ich habe mich daher für den bequemeren Ausweg entschieden, eine Schau seiner wichtigsten oder seinerzeit bekanntesten Arbeiten zu bieten – eine Werkschau: Nicht bloß Verzeichnis seiner Schriften, die zahlenmäßig an die 400 heranreichen, sondern vielmehr mehrstimmig referierende „Ergographie" will der zweite Teil dieser Schrift sein. Darin kommen vor allem urteilsfähige zeitgenössische Fachgelehrte zu Wort. So verfahrend gebe ich mich der Hoffnung hin, durch eine eher museumsartige Musterung vieler seiner Werke den Zugang zu dem Großen Preußen zu erleichtern. Wie Cassirer in seiner Biographie über Kant am Ende des ersten Weltkriegs schrieb, besteht die „Aufgabe jeder Darstellung des Lebens eines großen Denkers" in dem Nachweis, wie dieser sich mit seinem „Werk verschmilzt und sich scheinbar ganz in ihm verliert" und die geistigen Grundzüge dennoch „im Werke erhalten bleiben und erst durch dasselbe zur Klarheit und Sichtbarkeit gelangen". Zu einem „Denker" im landläufigen Sinne wird man Hellmann kaum erheben können, aber in seinen Schriften wird gewiss ein klarer, gründlicher und geistreicher Kopf „sichtbar". Sie sind der Schlüssel zum Verständnis seiner Persönlichkeit.

Liest man die Würdigungen, die Hellmann zu seinen Lebzeiten und auch noch 15 Jahre danach erfahren hat, so staunt man darüber, dass er, neben der Ausgestaltung eines zuverlässigen Regenmessers und über seine Geschichtsbeiträge hinaus, eine schwer zu fassende fachwissenschaftliche wie organisatorische Arbeit geleistet hat. In fachwissenschaftlicher Hinsicht hat sich Hellmann die allergrößten Verdienste um die Beobachtungsgrundlagen der Klimatologie Deutschlands erworben. Bedenkt man die Eingangszitate zum ersten Kapitel, so nimmt es nichtsdestoweniger wunder, dass sein Name in Vergessenheit geraten zu sein scheint. Das mag schlechterdings daran liegen, dass fleißige und systematische statistische Auswertung von Datenmaterial, wie sie damals von dem Österreicher Julius Hann, dem Deutsch-Russen Wladimir Köppen oder dem Schlesier Gustav Hellmann betrieben wurde, das individuelle Moment, oder der den Einzelnen kennzeichnende spezifisch-meteorologische Geist im Datengut der entsprechenden Wetterdienste aufgegangen ist.

Was das Organisatorische angeht, so haben in der zweiten Hälfte des 19. Jahrhunderts die meisten staatlichen Meteorologen es als ihre oberste Pflicht empfunden, für nationale wie internationale Voraussetzungen zur systematischen Datenbeschaffung zu sorgen. Diese Seite der Geschichte der Meteorologie hat ungezählte Namen zu verzeichnen, die sich in diesem Sinne besondere Verdienste erwarben. Es sind sogar einige Darstellungen der Entwicklung ganzer Wetterdienste veröffentlicht worden, wobei im deutschen Sprachraum auch Hellmann gebührend berücksichtigt worden ist.

Ich erwähnte bereits, dass der Hellmannsche Regenmesser seinen Namen wachhält. Zu seinen Lebzeiten gab es einen weiteren metallenen Gegenstand, der der Bewahrung seines Namens im kollektiven Gedächtnis der Meteorologen dienen sollte: die Hellmann-Medaille. Sie wurde 1929 gestiftet, fiel aber dem menschenverachtendsten aller Kriege zum Opfer. Mit dieser Medaille fand „das Werk Hellmanns, insbesondere sein Wirken für die Gewinnung und Verarbeitung des Beobachtungsmaterials, eine seltene Anerkennung", und sie hatte die vornehme Bestimmung, das Andenken an Hellmann durch jährliche Verleihungen in der Meteorologie zu erneuern. August Schmauß wusste in seinem Nachruf auf Hellmann zu erzählen, dass dem gerade Verschiedenen „diese Sicherung seines Gedenkens auch seitens der Reichsluftfahrtverwaltung besonders gefreut" habe. Mit dem Verschwinden der Medaille scheint allerdings die Vertrautheit mit deren Namensgeber unter Meteorologen verblasst zu sein. Ein Anliegen der vorliegenden „Ergobiographie" ist es, das Andenken Hellmanns, in seiner doppelten Rolle als Meteorologe und Meteorologiehistoriker „zu erneuern".

Joachim Pelkowski

Zusammenfassung

Johann Gustav Georg Hellmann (1854-1939) ist, wenn überhaupt, nur unter „angewandten" Meteorologen durch den gleichnamigen Regenmesser bekannt. Unter Historikern, die mit der Geschichte der Meteorologie in Berührung kommen, werden am ehesten seine frühe Bibliographie deutscher Meteorologie, seine Neudrucke von Schriften und Karten aus Meteorologie und Erdmagnetismus, sowie die eine oder andere Abhandlung aus seinen Beiträgen zur Geschichte dieser Wissenszweige herangezogen.

Die neuzeitliche Meteorologie und Klimatologie wird von mathematischen Methoden derart beherrscht, dass bloße Datensammlung, so schöpferisch-quantitativ sie auch sein möge, als besondere wissenschaftliche Tätigkeit nicht der Erwähnung wert zu sein scheint. Daher stoßen Darstellungen über die Bemühungen einzelner Forscher um die Beschaffung und Bearbeitung möglichst einwandfreien Datenmaterials, welches die unabdingbare Voraussetzung für die Fortschritte der Meteorologie ist, auf geringeres Interesse. Ein gewisses Interesse darf aber derjenige Einzelforscher beanspruchen, der sich auf vielen benachbarten Feldern weitere Verdienste erworben hat. Ein solcher war Gustav Hellmann.

Hier wird seiner Leistungen gedacht, die gegen Ende seiner beruflichen Laufbahn teilweise von Entwicklungen überschattet wurden, die im Zusammenhang mit den Erfordernissen der Wetterprognose sich abstrakter mathematisch-physikalischer Methoden bedienten. Da diese Methoden heute vorherrschen, sind Geschichten über Forscher, die ihre Entwicklung vorantrieben, bevorzugte Gegenstände eines Rückblicks. Man sollte aber jene Forscher nicht vergessen, deren zeitraubende Tätigkeit, zuverlässige und vergleichbare Beobachtungen zu erhalten, in des Wortes doppelter Bedeutung, ihre Tatkraft binden und einseitig beschränken mussten. Die Ausarbeitung von Theorien blieb anfänglich nur einigen wenigen Forschern vorbehalten, die sie nicht entbehren wollten, um sich im Dickicht empirischer Felder einen Weg zu positiven Erkenntnissen zu bahnen.

Gustav Hellmann kann als ein hervorragendes Exemplar eines Meteorologen angesehen werden, der eine reine Form des Empirismus vertrat. Er zog aus, der Meteorologie und mithin der Klimatologie, besonders aber der Hydroklimatologie eine unerschütterliche Grundlage zu sichern, gemäß den wachsenden Bedürfnissen der Land- und Forstwirtschaft in Norddeutschland. Darauf ein Lehrgebäude zu errichten, oder gar während der Grundstockfestigung gleichzeitig damit anzufangen, erschien ihm als ein verfrühtes Unterfangen. Und so verschrieb er sich der reinen Empirie, durchaus in der Erwartung, vermöge ungetrübter Induktion, meteorologische Gesetzmäßigkeiten aufdecken zu können. Ein solches Verfahren hat in der Geschichte der Meteorologie nur selten zum Erfolg geführt. Und so nimmt es nicht wunder, dass Hellmanns Name an keine strenge Gesetzmäßigkeit geknüpft ist. Sein Wirken in diesem Sinne ist ein gutes Lehrbeispiel dafür, dass der rein positivistische Zugang zu unserer Wissenschaft für die Fortschritte derselben unzureichend ist.

Glücklicherweise hat sich Hellmann am widerspenstigen Datenmaterial nicht völlig verausgabt. Er konnte in seiner Freizeit einen Jugendtraum verwirklichen, der meteorologischen Gemeinde eine (deutsche) Bibliographie und geschichtliches Quellenmaterial in üppiger Fülle zu erschließen. Dabei ging er gleichermaßen „positivistisch" vor, weshalb es nie zu einer zusammenfassenden Darstellung seiner geschichtlichen Einsichten gekommen ist, aber immerhin bieten seine sehr wertvollen geschichtlichen Beiträge sowie seine Bibliographien, darunter die der gedruckten Ausgaben, Übersetzungen und Kommentare zur aristotelischen Meteorologie, sowie das schöne Verzeichnis des meteorologischen Lehrbuches zwischen 1500 und 1914, unverzichtbare Belehrung.

Teil I dieses Doppelbandes bietet, anhand der beruflichen Stationen und amtlichen Tätigkeiten Hellmanns, ein erstes unvollständiges Bild seines Lebens. Es ist dies Bild eingebettet in ein Umfeld von (deutschsprachigen) Fachgenossen, zu denen er engere Beziehungen unterhielt oder die sein Wirken in irgendeiner Weise begleitet haben. Kurzbiographien deutscher Meteorologen, die in seinem räumlichen und zeitlichen Umfeld eine Rolle spielten, finden sich in den Anhängen zu diesem ersten Teilband.

Teil II bietet eine recht eingehende Werkschau, wobei vielfach Referate oder Anzeigen aus damaligen Zeitschriften und Jahrbüchern wiedergegeben werden, die einen Eindruck von der zeitgenössischen Aufmerksamkeit geben sollen, mit der sein niedergeschriebenes Wirken verfolgt wurde. Hinsichtlich seiner geschichtlichen Aufsätze kommen auch spätere Historiker zu Wort. Seine Hauptwerke werden in gesonderten Kapiteln vorgestellt und besprochen, gleichfalls unter Hinzuziehung zeitgenössischer Referate. Der Anhang enthält ein ziemlich vollständiges Schriftenverzeichnis von Hellmanns Veröffentlichungen.

Summary

Gustav Hellmann (1854-1939) is, if anything, known to "practical" meteorologists for his hallmarked rain gauge. Among historians writing on the history of weather science, he is remembered for his bibliography of German meteorology, his reprints of meteorological and geomagnetical works and maps, and some of his contributions to the history of these fields.

Modern meteorology and climatology is so much dominated by mathematical methods that accumulation of data, however creatively it might be quantified, is not reckoned as a particularly worthwhile scientific activity. Hence, accounts of those researchers that had to limit themselves to reaping and heaping quality data, without which no science can thrive, do not seem to meet with extended interest. But an interest of sorts may be claimed by those individual researchers that earned further merits on neighboring fields. One of those is Gustav Hellmann.

Here we review his accomplishments, partly overhadowed at the end of his official career by developments that came to dominate his science with their abstract physico-mathematical methods, especially in connection with increasing demands for scientifically forecasting tomorrow's weather. In retrospection, there is easy readiness to grant attention to researchers that developed those methods, which now prevail. One should not, however, forget that the activity of amassing reliable and homogeneous data bound and hedged the strength of meteorologists. The working out of theories remained the realm of those who, by dispensing to varying degrees with the former's guide, could not find their ways out of the thicket of empirical fields towards positive results.

Gustav Hellmann can be regarded as a conspicuous exemplar of a meteorologist who stood for a breed of pure empiricists. He set about to lay down a strong foundation for meteorology and climatology, especially hydroclimatology, in response to the increasing needs of agriculture and forestry in northern Germany. Erecting theories upon that foundation, or even only on its fast parts, he regarded as premature. Hence he devoted himself to empiricism at its purest, not without the expectation of being able to uncover meteorological laws by untroubled induction. Such a method has seldom borne fruits in the history of meteorology. It is not surprising that Hellmann's name has not remained attached to any such law. His efforts in this sense are a telling example that the positivistic approach to that science is not sufficient for its progress.

Fortunately, Hellmann's energy was not depleted in dealing with refractory data. In his free time, he worked towards realizing his youth dream of giving the meteorological community a bibliography of (German) works and observations and assembling as many historical documents as possible for a definitive history of meteorology. He thereby maintained his "postivistic" slant, which may be one of the reasons that prevented him from ever completing a history of meteorology. But not least, he left us valuable contributions to the general history of meteorology and useful bibliographies, among them a bibliography of the printed translations, editions and commentaries of Aristotle's meteorology, and an appealing one of meteorological textbooks from 1500 up to 1914.

Part I offers a first and incomplete portrait of Hellmann the man, and a more rounded one of Hellmann the forceful meteorologist. That portrait is embedded in the context of German meteorologists with whom he had relations or who followed his work. Some source material, as well as some short biographies of more or less contemporary colleagues that played a part in his life, can be found in the appendices to this first part.

Part II offers a generous "ergography" of his literary production. Reviews from contemporary journals or yearbooks are adduced, so as to give an idea of how well his intellectual output was received and followed by his peers. As to his historical essays, more recent historians are also quoted, to help assess his more recent impact on their work. His works in book-form are displayed and commented on in separate chapters. The only appendix to this part contains a rather thorough publication list of Hellmann's papers, books and reviews.

Inhalt	Seite
1 Hellmanns Wirken als Meteorologe – eine Übersicht nach den gedruckten Quellen	**17**
2 Aus dem Leben und Wirken Hellmanns – anhand unveröffentlichter und sonstiger Quellen	**35**
Lehr- und Wanderjahre (1854-1879)	35
Stand der Meteorologie um 1875	45
Assistent und Interimsdirektor (1879-1885)	63
Neuordnung des Preußischen Meteorologischen Instituts (ab 1875)	67
Rege Forschungstätigkeit (1886-1906)	79
Direktor und ordentlicher Professor (1907-1922)	113
Ruhestand und nachlassende Schaffenskraft (1923-1939)	149
3 Witterungskunde 1892 und „ihre deutschen Vertreter"	**171**
Josef Roman Lorenz von Liburnau (1825-1911)	174
Georg Neumayer (1826-1909)	175
Wilhelm von Bezold (1837-1907)	178
Julius Hann (1839-1921)	182
Wilhelm Jakob van Bebber (1841-1909)	187
Richard Aßmann (1845-1918)	189
Wladimir Köppen (1846-1941)	191
Adolf Sprung (1848-1909)	193
Paul Schreiber (1848-1924)	197
Robert Billwiller (1849-1905)	199
Karl Lang (1849-1893)	200
4 Vorsitz und Eröffnungsvorträge in der Deutschen Meteorologischen Gesellschaft	**203**
1908 – Versammlung zu Hamburg	203
Die Anfänge der Meteorologie	208
1911 – Versammlung zu München	209
1920 – Tagung in Leipzig	220
1923 – Versammlung zu Berlin	224
Hellmanns letzter Vortrag im Vorsitz	225
5 Hellmanns Niederschlagsforschungen Teil I	**227**
Das preußische Regennetz	237
Einige Begriffsbestimmungen	243
Hellmanns Schwankungsquotient	246
Anhang A: Zeittafel	**255**
Anhang B: Hellmanns Denkschrift vom 4. Februar 1879	**285**
Anhang C: Brieffaksimiles	**293**
Anhang D: Kurzbiographien der engeren Mitarbeiter Hellmanns	**307**
Anhang E: Weitere Kurzbiographien deutschsprachiger Fachgenossen Hellmanns	**319**
Anhang F: Berufungsvorschlag	**343**
Quellen- und Literaturnachweise	**351**

1 Hellmanns Wirken als Meteorologe – eine Übersicht nach den gedruckten Quellen

*Hellmann wird immer zu den Großen
im Reiche der Meteorologie gehören.*
August Schmauß

*Wegbereiter und Vorläufer
der angewandten Klimatologie.*
Karl Knoch

*Der beste Kenner der historischen
Entwicklung seiner Wissenschaft.*
Siegmund Günther

Zeitabschnitte

1854-1885

Johann Gustav Georg Hellmann kam am 3. Juli 1854 in Löwen (Schlesien), dem heutigen polnischen Lewin Brzeski, zur Welt. Seine Asche ruht in Berlin, wo er nicht nur seine Wirkungsstätte, sondern seinen Tod am 21. Februar 1939 fand.

Es ist für das Verständnis seiner beruflichen Forschungen nicht überflüssig, flüchtig die geographische Lage seines Geburtsortes zu charakterisieren. Die folgenden Angaben sind Wikipedia entnommen[1].

Lewin Brzeski (siehe Abbildung 1-1) liegt etwa auf halbem Wege zwischen Brzeg (Brieg) und Oppeln in einer von Südost nach Nordwest verlaufenden Achse, an der Grenze der historischen Region Niederschlesien zu Oberschlesien. Die Stadt befindet sich am linken Ufer der Glatzer Neiße gegenüber der Mündung der Steinau. Nicht weit im Norden ergießen sich deren Wässer in die Oder. Das Glatzer Neißetal zeichnet sich durch sein relativ flaches Relief aus. So finden sich nahe dem Fluss Feuchtgebiete und die Umgebung muss mit Deichen vor Hochwassern geschützt werden.

Das an der Erdoberfläche von oben kommende sowie die Hochwasser in den Stromgebieten seiner Heimat haben Hellmann immer wieder beschäftigt. Mit der Preußischen Provinz Schlesien hat er sich Zeit seines Lebens eng verbunden gefühlt.

Hellmanns Vater Ernst Friedrich (1786-1869) war Lehrer und Kantor; seine Mutter, Johanna Karoline, kam 1812 auf die Welt und starb vier Jahrzehnte nach Hellmanns Geburt. Dieser heiratete 1885 in Berlin Anna Böger (1862-1937), die Tochter eines Kaufmanns und Handelsrichters. Das Ehepaar hatte zwei Söhne. Der Erstgeborene starb früh, der jüngere, auf Ulrich getauft, wurde Doktor der Philosophie und Verlagsbuchhändler. In seiner Heimatstadt Löwen besuchte Hellmann die Volksschule, wurde durch Privatunterricht besonders gefördert und ging mit 14 Jahren auf das Gymnasium in der nahegelegenen alten Residenzstadt Brieg an der Oder. Er übersprang mehrere Klassen und bestand mit 18 Jahren die Abiturientenprüfung. Danach studierte er Mathematik, Physik und als Nebenfach auch Astronomie an den Universitäten Breslau und Berlin. In Berlin hörte er Vorlesungen bei Heinrich Wilhelm Dove (1803-1879), dem zweiten Direktor des 1847 gegründeten Preußischen Meteorologischen Instituts und einer der bedeutendsten Meteorologen des 19. Jahrhunderts. Hellmanns Interesse für die Meteorologie wurde von ihm geweckt; er sollte später auch Direktor desselben Instituts werden. Beide ehemaligen Direktoren ruhen auf demselben Friedhof in Berlin.

1875 beschließt Hellmann seine akademischen Studien mit der Promotion an der Göttinger Universität über „Die

Abb. 1-1: Hellmanns Geburtsstadt Löwen im Preußischen Schlesien. (Bildquelle: Banik & Kochler: Lewin Brzeski – Monografia Miasta, 2005.)

---

1 Wikipedia, abgerufen im November 2016.

täglichen Veränderungen der Temperatur der Atmosphäre in Norddeutschland", eine jener Untersuchungen über den Gang der Temperatur an der Erdoberfläche, wie sie damals mehrfach vorgenommen wurden. In der Einführung heißt es:

> *Die ersten grundlegenden und bis jetzt umfassendsten diesbezüglichen Arbeiten hat Dove in seinen beiden Abhandlungen ... von 1846 und 1856 gegeben. ... Eine etwas umfassendere Arbeit ... hat Jelinek gegeben ... Die hier vorliegende Untersuchung ... will für Norddeutschland sein, was jene für Süddeutschland leistet.*

Karl Jelinek (1822-1876), zweiter Direktor der 1851 durch „Allerhöchste Entschließung" errichteten Zentralanstalt für Meteorologie und Erdmagnetismus in Wien, hat 1867 in einer Denkschrift „Über die täglichen Änderungen der Temperatur nach den Beobachtungen der österreichischen meteorologischen Stationen" das Muster für Hellmanns Dissertation abgegeben. Im Kapitel 7, Band II findet der Leser Einzelheiten zu dieser Schrift.

Vor seiner Promotion schrieb Hellmann bereits über meteorologische Fragen, im Jahre 1874 etwa einen Aufsatz für Landwirte über den Wert von Bauernregeln. Zusammen mit den übrigen Aufsätzen aus der Zeit, die Fragen zur Klimatologie seiner Heimatprovinz Schlesien behandeln, sieht man in diesen Bemühungen die ersten Keime zweier späterer Forschungsfelder entstehen.

In den Worten von Karl Knoch[2] (1883-1972), einem Schüler und späteren Freund Hellmanns, hat dieser nach seiner Promotion nicht gleich Anschluss an die amtliche Meteorologie gefunden. Es folgten zunächst Lehr- und Wanderjahre. Sie führten ihn insbesondere nach Spanien und Russland. Zahlreiche kleinere Aufsätze aus der Zeit beweisen, dass er die Jahre der Wanderschaft gut genutzt hat. Seine jeweilige Tätigkeit, sein früh ausgeprägtes Interesse an Klimabeschreibungen sowie meteorologische Besonderheiten des betreffenden Landes bestimmten die Themen seiner ersten Untersuchungen. Seine Zeit am Physikalischen Zentralobservatorium in St. Petersburg, unter der Leitung des Schweizers Heinrich Wild (1833-1902), hat auf seine Arbeitsmethoden den nachhaltigsten Einfluss ausgeübt. Während Hellmanns Studienzeit gab es keine eigentliche meteorologische Ausbildung, aber die wissenschaftlichen Arbeitsmethoden seiner unmittelbaren Lehrer Dove und Wild – letzterer wurde ihm Leitbild – haben ihn stark geprägt. Wilds kritischer Sinn und seine Fertigkeiten in instrumenteller Hinsicht beeindruckten Hellmann während seiner Volontärzeit an dem berühmten Petersburger Institut. Heute wird Wild nur selten erwähnt, geschweige denn gewürdigt, wenn es nicht gerade um die Geschichte der internationalen meteorologischen Organisation geht. Mit Karl Christian Bruhns (1830-1881) und Karl Jelinek setzte sich Wild[3] für die Einberufung mehrerer internationaler meteorologischer Kongresse ein, so 1873 in Wien und 1879 in Rom.

In einer wertvollen Übersicht über die geschichtliche Entwicklung der Meteorologie aus russischer Sicht, bei der die Bedeutung Wilds nicht übergangen werden kann, hat Khrgian (1970) den Schweizer recht zutreffend charakterisiert: „Wilds Ziel war es, nicht so sehr universelle wissenschaftliche Schlussfolgerungen zu ziehen als vielmehr eine kritische Analyse der gesammelten Beobachtungen" vorzunehmen, so dass dadurch in fernerer Zukunft „weitere Anwendungen und Schlussfolgerungen" ermöglicht würden. Bezeichnend für Hellmanns Arbeitsstil ist, wie wir noch öfter Gelegenheit haben werden, festzustellen, dass er Wilds Überzeugung uneingeschränkt teilte, sich zunächst auf die Sammlung, Sichtung und Bearbeitung von meteorologischen Beobachtungen zu beschränken, und dass er mit Wild die Zeit noch nicht für gekommen sah, daraus vorschnelle Verallgemeinerungen zu wagen oder gar Theorien zu entwickeln. Hellmann hat Zeit seines Lebens diese vorsichtige, keine spekulativen Elemente zulassende Haltung eines Wild beibehalten. Ob indes des letzteren Arbeiten Khrgians negatives Prädikat verdienen, mit dem er Wilds gewissenhafte Ergebnisberichte als „unerträglich pedantisch" kennzeichnet, wäre zu entscheiden Anmaßung meinerseits. Allenfalls halte ich ähnliche Arbeiten Hellmanns in ihrer epischen Breite für ermüdend, weil vorwiegend beschreibend und auslegend, und die vielen zahlenmäßigen Tabellen, die ohne eine entsprechende graphische Versinnbildlichung dem Gedächtnis eine Stütze versagen, sind nur für ein besonders geschultes Auge mit Gewinn zu überfliegen. Eine solche Darstellungsart verweist auf die besonderen Hürden für die damaligen Klimatologen, aus empirischem Material das Bleibende und Gesetzmäßige induktiv zu erschließen.

Als erheiternde Randbemerkung möge die Behauptung Khrgians dienen, dass jene Pedanterie eine Reihe von talentierten Meteorologen abgeschreckt und deshalb St. Petersburg verlassen hätten, darunter der wohlbekannte Wladimir Köppen (1846-1940), der allerdings eher theoretische Mängel bei Wild ausgemacht zu haben glaubte (WEGENER-KÖPPEN 1955 bzw. 2018).

Am 1. Oktober 1879 wurde Hellmann mit 25 Jahren beim Königlichen Meteorologischen Institut in Berlin eingestellt. Dieses war damals nicht selbständig, sondern eine Abteilung des Preußischen Statistischen Amtes. Ein halbes Jahr zuvor war sein berühmter Direktor, Dove, gestorben. Der Gymnasialprofessor Johann Albert Arndt (1811-1882), ab 1874 Doves Assistent, übernahm die zwischenzeitliche Leitung des Instituts. Doch er starb nach kurzer Krankheit 1882 und so wurde Hellmann selbst, gleichfalls nur

---

2   Kurzbiographien aus Nachrufen auf bedeutende deutschsprachige Fachgenossen Hellmanns wird man in Kapitel 3 oder in den Anhängen E und D finden.
3   Zu Wild und seinem Verhältnis zu Hellmann werden im nächsten Kapitel noch einige Einzelheiten mitgeteilt.

vorübergehend, mit der Leitung beauftragt. Er versah sie mit strebsamem Eifer, unterstützt von einem Assistenten aus seiner schlesischen Heimat, bis Wilhelm von Bezold (1837-1907) als Reorganisator und Direktor des Instituts 1885 berufen wurde. Es folgten über zwei Jahrzehnte fruchtbarer Zusammenarbeit zwischen dem „Empiriker" Hellmann und dem in Berlin zum „Theoretiker" mutierten Experimentalphysiker Bezold. Beide waren an der Neugestaltung des Preußischen Instituts maßgeblich beteiligt und bauten es zu einer selbständigen und mustergültigen Stätte der Forschung und des Klimadienstes aus.

In diese Zeit fällt die erste große Veröffentlichung Hellmanns, die heute noch als unverzichtbares Standardwerk gepriesen wird:

Repertorium der Deutschen Meteorologie / Leistungen der Deutschen in Schriften, Erfindungen und Beobachtungen auf dem Gebiete der Meteorologie und des Erdmagnetismus, von den ältesten Zeiten bis zum Schlusse des Jahres 1881.

Es erschien 1883 in Leipzig bei Wilhelm Engelmann. Das Werk hat eine besondere Entstehungsgeschichte, an die ich in Kapitel 8, Band II erinnern werde. Hellmann hatte schon frühzeitig den Ehrgeiz und sogar den Entschluss gefasst, eine Geschichte der Meteorologie zu schreiben, doch schreckte er bald nach seinem Repertorium vor einer derartigen Aufgabe zurück, weil nötige und umfangreiche Vorarbeiten dazu fehlten. Er zog es dann vor, in Form von Einzeluntersuchungen eine Grundlage für eine spätere Übersicht zu schaffen, geradeso wie er aus sorgfältigen Beobachtungen einzelner meteorologischer Elemente eine Grundlage für eine wissenschaftliche Meteorologie zu schaffen nie müde wurde. Er wäre denn auch derjenige gewesen, der seine zahlreichen geschichtlichen Einzeluntersuchungen zu einer Gesamtschau hätte zusammenflechten können, doch dazu kam es nie. Auch nicht bezüglich seiner klimatologischen Untersuchungen, die er in einem Textband über Deutschlands Klimakunde von 1921 geben wollte, der aber inflationsbedingt nicht erscheinen konnte.

An Versuchen, ihn zu einer solchen geschichtlichen Gesamtschau zu ermuntern, hat es nicht gefehlt. So heißt es im Nachruf von SCHMAUß (1939), dass dieser dem unvergleichlichen Kenner der deutschen und ausländischen meteorologischen Literatur nahegelegt habe, die Emeritierung dazu zu benutzen, eine Geschichte der Meteorologie zu schreiben. Doch schon 1934 schien dieser Wunsch ohne Erfüllung zu bleiben (SCHMAUß 1934): „Wir könnten nur wünschen, dass auch Herr Hellmann aus seiner reichen Erfahrung über die Entwicklung der Deutschen Meteorologie berichten möchte; solche Rückblicke, wie sie Sir Shaw gegeben hat, sind von hohem Werte, den Herr Hellmann, unser verdienter Historiker,

besonders würdigen kann." Sir Napier Shaw (1854-1945) war im selben Jahr wie Hellmann geboren und hatte gerade im 1. Band seines vierbändigen Handbuches der Meteorologie auch Geschichtliches behandelt. Offensichtlich hatten diese Wünsche schon früher keine Aussicht auf Erfüllung, denn in der Würdigung Karl Knochs zu Hellmanns 70. Geburtstag heißt es: „Wir müssen es daher sehr bedauern, dass er seinen Plan, eine Geschichte der Meteorologie zu schreiben, aufgegeben hat, da kein anderer dazu so berufen ist, wie Hellmann" (KNOCH 1924). Knoch ergänzt, dass Hellmanns Entschluss, den Plan aufzugeben, „ein ausgesprochenes Verantwortungsgefühl beweist, das nichts Unzureichendes geben wollte." Dies steht im Einklang mit Hellmanns Haltung als Empiriker, der sich scheute, übereilte Gesetzmäßigkeiten oder gar Theorien aus seinem Beobachtungsmaterial abzuleiten.

1885-1892

Nach Bezolds Berufung als Institutsdirektor wurde Hellmann bei der Neuordnung des Preußischen Meteorologischen Instituts 1886 Abteilungsvorsteher. In dieser Stellung musste er sich einer Fülle von organisatorischen Aufgaben stellen. Die Neuordnung umfasste das Beobachtungsnetz, bei dessen Erneuerung und Erweiterung er an erster Stelle beteiligt war. Sein unermüdlicher Einsatz galt dem zielstrebigen Aufbau eines nachhaltigen gleichmäßigen Beobachtungsnetzes, namentlich im Hinblick auf den Niederschlag, um den Bedürfnissen der Land- und Wasserwirtschaft gerecht zu werden, wofür er sich bereits 1879 in einer ernsten Denkschrift eingesetzt hatte[4]. Nach Durchführung der notwendigen Vorarbeiten und Versuchen mit Messgeräten wurde das Netz in den Jahren 1887 bis 1892 für Norddeutschland eingerichtet. Die Erhaltung und Verbesserung des Netzes und der Beobachtungen hat er sich auch später immer angelegen sein lassen. Die enge Verbindung der zum großen Teil freiwilligen Beobachter mit dem Institut hat dafür gesorgt, dass das Netz während und nach dem ersten Weltkrieg aufrechterhalten werden konnte. Ich überlasse Knoch das weitere Wort (KNOCH 1954):

Zunächst war das vorhandene Beobachtungsnetz zu verdichten und mit einheitlichen Beobachtungsanleitungen, sowie einheitlichem Instrumentarium auszurüsten. Ferner musste untersucht werden, welche Bedeutung die Beobachtungsergebnisse hatten und wo die Grenzen ihrer Genauigkeit und damit die ihrer Anwendbarkeit lagen. Diese Forderung ist von grundlegender Bedeutung, da bekanntlich von der Güte und der richtigen Einschätzung der Beobachtungen auch alle aus ihnen gezogenen Schlussfolgerungen abhängig sind. Heute erscheint uns dies selbstverständlich, damals war es noch

---

[4] Vollständig abgedruckt im Anhang B.

nicht der Fall. Hellmann hat sich zwar mit fast allen meteorologischen Elementen beschäftigt, am eingehendsten aber doch mit dem Niederschlag. Dies mag seinen äußerlichen Grund darin haben, dass er als Leiter jener Abteilung, die die Bearbeitung der Niederschlagsbeobachtungen besorgte, sich amtlich mit diesem Element befassen musste.

Bevor daran gegangen wurde das vorhandene Netz der Regenstationen erheblich zu verdichten, wurde untersucht, ob die bisher an den deutschen Stationen gebrauchten Regenmesser etwa voneinander abweichende Ergebnisse lieferten, und welcher Form ggf. der Vorzug zu geben ist. Entsprechende Vergleichsbeobachtungen zwischen den verschiedenen Regenmessertypen fanden von Juni 1886 bis März 1887, gleichzeitig mit einer vergleichenden Prüfung der verschiedenen Thermometeraufstellungen, auf einem Versuchsfeld in Gross-Lichterfelde statt. Die kritische Studie, die Hellmann selbst bearbeitete, erbrachte dann den Nachweis, dass der von ihm konstruierte Regenmesser sehr wohl geeignet war, als Standard-Instrument im norddeutschen Netz Verwendung zu finden. Der billige Herstellungspreis fiel bei diesem Entscheid in der damaligen sehr sparsamen Zeit ausschlaggebend ins Gewicht.

Eine andere Frage, nämlich die, wie nahe Regenstationen aneinander liegen müssen, um die wahre Niederschlagsverteilung wirklich zu erfassen, sollte bereits 1885 auf einem anderen Versuchsfeld westlich von Berlin geklärt werden. Sie wurde zwar nicht gelöst, aber man lernte bei dieser Versuchsanordnung den bei der Niederschlagsmessung so außerordentlich störenden Windeinfluss kennen. Die uns heute so selbstverständlich erscheinende Bedeutung der freien und geschützten Aufstellung des Regenmessers, über die später dann noch viel gearbeitet wurde, wurde damit in das rechte Licht gerückt. Neben der erwähnten Neukonstruktion des Hellmannschen Stationsregenmessers ist heute noch das kleine sogenannte landwirtschaftliche Modell im öffentlichen Handel häufig zu sehen. Für das regen- und schneereichere Gebirge wurde eine größere Form angegeben.

Das Studium der Struktur der Regenfälle wurde durch den Bau eines selbstschreibenden Regenmessers ermöglicht. Er hat im In- und Ausland eine weite Verbreitung gefunden. Ein selbstschreibender Schneemesser, der unter Verwendung des Briefwaagenprinzips die Veränderungen der Gewichtsmengen zur Aufzeichnung bringt, existiert meines Wissens der Störanfälligkeit wegen, nur in wenigen Exemplaren. Ein leichtes Reiseheberbarometer, das nach Hellmanns Angaben gebaut wurde, wird allen Kollegen, die mit ihm auf Inspektionsreisen arbeiteten, noch in guter Erinnerung sein, im Gegensatz zu dem schwereren Gefäßheberbarometer Wild-Fuess.

So viel über Arbeiten Hellmanns zur Verbesserung des Instrumentariums.

Nachdem die Vorfragen geklärt waren, wurde mit dem Neuaufbau des Niederschlagnetzes begonnen. Mit der Provinz Schlesien wurde angefangen, und von dort allmählich nach Westen fortgeschritten. So ist in den Jahren 1887 bis 1892 die Aufgabe gelöst worden. – Das neuentstandene Netz umfasste damals in Norddeutschland rund 1600 Stationen. Gleichzeitig wurde auch das Netz der Stationen höherer Ordnung mit den Observatorien Schneekoppe und Brocken ausgebaut.

Diese Vorarbeiten zur Gewinnung von zuverlässigen Regenbeobachtungen bilden die Grundlagen der in späteren Jahren großangelegten zusammenfassenden Werke, die unter Hellmanns Leitung und Federführung entstanden.

1892-1907

Von 1892 bis 1907 war Hellmann, gemeinsam mit Julius Hann (1839-1921), Schriftleiter der damals hochangesehenen *Meteorologischen Zeitschrift*. „Wesentlich lebenskräftiger hat sich die monatlich erscheinende *Meteorologische Zeitschrift* erwiesen, die mit dem Jahre 1896 aus dem Verlag Ed. Hölzel in Wien in den Viewegschen Verlag überging", heißt es in einer Festschrift des Vieweg-Verlags (DREYER 1936). Neben den Fachartikeln Hellmanns sind besonders viele Buchbesprechungen von ihm in der Zeitschrift zu finden, zwischen 1885 und 1914 sind es deren ganze 135 (vgl. Anhang in Teil II). Solche Referate waren ein wertvoller Teil der *Meteorologischen Zeitschrift*. Eduard Brückner (1862-1927) war ab 1886 Mitarbeiter dieses Teils. Köppen schrieb in seinen Lebenserinnerungen, dass, nachdem er die Redaktion der Zeitschrift 1891 an Hellmann übergeben hatte, dieser „ohne erkennbaren Grund" auf die Hilfe von Brückner verzichtet habe, „worauf die Referate in der Zeitschrift, sehr zu deren Nachteil, allmählich fast verschwunden" seien. In der Tat ist der umfangreiche und getrennt paginierte Literaturbericht der *Meteorologischen Zeitschrift* 1899 als solcher verschwunden, die Referate wurden danach am Ende der monatlich erscheinenden Hefte angefügt. Sie waren dann nicht mehr so formvollendete Kurzessays wie sie es dank Köppens Initiative davor gewesen waren.

In diesem Zeitabschnitt entstanden die meisten der viel benutzten „Hellmannschen Provinzregenkarten". In erster Auflage erschienen sie in den Jahren 1899 bis 1903, und nach Ablauf eines weiteren Jahrzehnts in erweiterter 2. Auflage 1911 bis 1914.

Der deutsche Geograph A. Penck (1858-1945) schrieb in der *Meteorologischen Zeitschrift* 1899 über die Regenkarte der Provinz Schlesiens: „Es dürfte allgemein mit Befriedigung begrüßt werden, dass der Verfasser beabsichtigt, ähnliche Regenkarten mit Erläuterungen auch für andere Provinzen Preußens herauszugeben."

Zu weiteren Untersuchungen des Niederschlags schrieb KNOCH (1954):

Bei der Beschäftigung mit den Niederschlagsbeobachtungen reifte ein anderer, besonders groß angelegter Plan heran. Es erwies sich nämlich immer mehr als notwendig, eine möglichst umfassende und vor allem kritische Bearbeitung des ganzen vorhandenen Beobachtungsmaterials über die Niederschläge vorzunehmen. Mit Rücksicht auf die Forderungen der Wasserwirtschaft musste der äußere Plan dieser Arbeit sich an die Flussgebiete anlehnen und diesen entsprechend weit über das norddeutsche Gebiet hinausgehen.

Die Arbeit begann im Jahre 1890, und nach Bewältigung eines ungewöhnlich umfangreichen Beobachtungsstoffes konnte Hellmann nach 15 Jahren in einem Textband aus der wertvollen sammelnden und kritischen Arbeit seiner Mitarbeiter die Zusammenfassung der Ergebnisse, zugleich mit einer Niederschlagskarte von Deutschland, bringen. Zum Gesamtwerk mit dem Titel „Die Niederschläge in den Norddeutschen Stromgebieten" gehören auch zwei stattliche Tabellenbände mit den monatlichen und Jahresbeobachtungen von rund 4000 Stationen von den Anfängen der jeweiligen Beobachtungsreihe bis zum Jahre 1890. – Im Textband werden unter den verschiedensten Gesichtspunkten die riesigen Zahlenmengen gemeistert und in der für Hellmann charakteristischen einfachen, klaren und doch methodisch scharfen Darstellung die Gesetzmäßigkeiten im Auftreten der Niederschläge in Norddeutschland entwickelt.

Dieses dreibändige Werk ist 1906 erschienen. In der Besprechung durch A. Swarowsky in der *Meteorologischen Zeitschrift* wird sein Erscheinen bewundernd begrüßt:

Es hat eine Zeit gegeben, die kaum ein halbes Jahrhundert hinter uns liegt, in der die atmosphärischen Niederschläge wegen ihrer großen Veränderlichkeit von der Meteorologie vernachlässigt wurden, und ist dieser Umstand dafür maßgebend, dass nur ganz vereinzelt säkulare Beobachtungsreihen dieses wichtigen Elementes angetroffen werden. Förmlich als Reaktion hiergegen sind in der zweiten Hälfte des 19. Jahrhunderts Beobachtungsnetze entstanden, die sich speziell nur die Messung der Niederschläge zur Aufgabe stellten. ... [I]m Jahre 1893 war die Organisationsarbeit, welche G. Hellmann in umsichtiger Weise geleitet hatte, abgeschlossen. Der Gedanke lag nahe, das gesamte auf die Niederschlagsverhältnisse Bezug nehmende Material, welches vor Errichtung dieses engmaschigen Netzes aufgehäuft war, einer Aufarbeitung zu unterziehen und eine Übersicht zu schaffen. ... Da die preußische Regierung die für den Zweck erforderlichen Geldmittel in munifizierter Weise in Form eines Extraordinariums bewilligte, war es möglich, eine Arbeit zu liefern, wie sie bis jetzt kein Staat aufzuweisen hat. Die große Bedeutung des Werkes liegt zunächst in der für so mannigfache Zwecke überaus wertvollen Bereitstellung der Niederschlagsreihen sämtlicher Stationen des Weichsel-, Oder-, Elbe-, Weser- und Rheingebietes vom Beobachtungsbeginn bis 1890, dann aber in der exakten methodischen Behandlung, wodurch G. Hellmann ein noch nicht erreichtes Muster geschaffen hat.

Von diesem besonderen Quellenwerk, wovon später Kapitel 11 in Band II handeln wird, sagt KNOCH (1924), es werde „einen dauernden Wert behalten". 1954 äußert er sich zurückhaltender: „Heute sind unsere neueren Darstellungen, was die regionale Verteilung anbelangt, weit über die Erkenntnisse von vor 50 Jahren hinausgegangen. Damals wurde aber das Hellmannsche Regenwerk, wie wir es kurz nannten, als Quellenwerk dankbar aufgenommen. Unter den Standard-Werken der meteorologischen Literatur hat es auch heute noch seinen Platz." Knoch selbst hat 1950 zum Beispiel das Klima von Hessen herausgegeben. Das „Regenwerk" wird so gut wie nicht mehr zitiert, auch nicht in der seither lebhaft betriebenen Hydrometeorologie.

Ein anderes Werk, das beide Adern Hellmanns vereint, die fachlich-systematische und die historische, stellt das schöne Büchlein über Schneekristalle dar, das 1893 erschien. Von diesem schreibt Hann, der langjährige Schriftleiter der *Meteorologischen Zeitschrift*, in seiner Buchbesprechung aus dem Jahre 1894: „Es liegt ein vornehm ausgestattetes Werkchen vor uns, wie die Meteorologie in Deutschland wohl kein zweites aufzuweisen hat. Der Gegenstand, den dasselbe behandelt, ist ein außerordentlich populärer, und wohl Tausende schon haben, wie der Verfasser, die mannigfachen und zierlichen Schneefiguren mit Vorliebe und Interesse betrachtet und bedauert, dass diese zarten Gebilde ebenso vergänglich wie schön sind. Prof. H. ist es aber geglückt, in Herrn Dr. Neuhauss einen Mitarbeiter zu finden, der auf photographischem Wege die höchst interessanten Formen der Schneekristalle zu fixieren im Standen war. Die außerordentlich gelungene Reproduktion einer Auswahl der am meisten charakteristischen Schneefiguren bilden den Kern, an den sich die interessanten und wichtigen Studien des Autors angelagert haben." Diesem Werklein ist Kapitel 9, Band II gewidmet.

1893 beginnen die ersten „Neudrucke von Schriften und Karten über Meteorologie und Erdmagnetismus" zu erscheinen, in denen alte und neuere, damals sehr selten gewordene Schriften und Karten in bestem Faksimiledruck wiedergegeben werden. Durch Zuwendungen seitens der Meteorologischen Gesellschaft wie des Berliner Zweigvereins konnte (zumindest anfänglich) der Preis der Neudrucke gering genug gehalten werden, um weitere Kreise von Lesern erschließen zu können. Heute sind die Neudrucke im Original wiederum sehr selten geworden, aber als Nachdrucke der Neudrucke erhältlich. Was die Neudrucke überhaupt besonders wertvoll macht, sind Hellmanns Einleitungen, angereichert mit geschichtlichen Tatsachen aus verschiedensten Quellen. In Kapitel 10 der im zweiten Teil gebotenen Ergographie Hellmanns wird näher auf sie eingegangen. Von ihnen schreibt KNOCH (1954):

> *Ich habe stets die Empfindung gehabt, dass, wenn man die „Neudrucke" zur Hand nimmt, man so recht die ganze Hingabe und Liebe verspürt, mit der Hellmann an seine geschichtlichen Studien herangegangen ist. Sie äußerte sich auch in einer beständigen wahren Jagd nach alten Druckerzeugnissen aus dem Gebiet der Meteorologie und ihren Nachbarwissenschaften im weitesten Sinne. Dass der historische Teil der Wetterdienstbücherei eine von keiner anderen Bücherei erreichte Vollständigkeit besitzt, geht auf Hellmann zurück, der auch während seiner Direktorzeit bis Oktober 1921 die Bücherei, sein Lieblingskind, selbst verwaltete.*

Es ist nicht ohne Reiz, Köppens Ankündigung in der *Meteorologischen Zeitschrift* schon hier wiederzugeben. Hellmann hatte ihn gebeten, dafür zu werben:

> *Unter diesem Titel gedenkt Herr Hellmann einige alte und selten gewordene Schriften und Karten aus dem Gebiete der Meteorologie und des Erdmagnetismus, welche für die Entwicklung dieser Wissenschaften wichtig sind, oder die einen großen historischen Wert haben, in Neudrucken herauszugeben. Bei sehr seltenen und zugleich in typographischer Hinsicht ausgezeichneten Schriften soll Faksimiledruck gewählt werden. Dem eigentlichen Neudruck wird jedes Mal vorangehen eine Einleitung, die nach einer allgemeinen Charakterisierung des betreffenden Werkes bibliographische, biographische und sonstige geschichtliche Anmerkungen über dasselbe und seinen Verfasser enthält. Auf die äußere Ausstattung in Druck und Papier wird besondere Sorgfalt verwandt; nur bestes holländisches Büttenpapier, sowie starker Büttenkarton (sogen. Torchonpapier) für den Umschlag, kommen zur Verwendung. Das Format ist kl. 4° (20 ½ x 25 ½ cm), das sich dem der älteren Drucke am besten anpasst.*

1907-1922

Am 1. Oktober 1907 tritt Hellmann die Nachfolge des Monate vorher verstorbenen Wilhelm von Bezold an, und zwar als Leiter des Preußischen Meteorologischen Instituts und als ordentlicher Professor an der Berliner Universität. Hierzu wird im nächsten Kapitel ausführlicher berichtet. In seiner warmherzigen und langen Gedächtnisrede auf Bezold, beklagt Hellmann den mehrfachen Verlust:

> *Die Meteorologie verliert in Wilhelm von Bezold einen ihrer bedeutendsten Vertreter, gleich verdient durch eigene wissenschaftliche Arbeiten wie durch organisatorische Leistungen, die Physik einen erfolgreichen Forscher, die wissenschaftliche Aeronautik einen ihrer besten Berater und Förderer. Wir alle aber, meine Herren, die wir in ihm einen Freund oder Kollegen, einen Lehrer oder Meister verloren haben, und in deren Herzen er sich schon bei Lebzeiten ein unvergängliches Denkmal der Liebe und Dankbarkeit aufgerichtet hat, wir werden sein Gedächtnis für alle Zeit wahren und hoch in Ehren halten.*

Nach Ernennung zum Direktor fasste Hellmann den Plan, „die reichen [in dem Institut] aufbewahrten Beobachtungsschätze zur Ausarbeitung einer Klimatologie nebst einem klimatischen Atlas von Norddeutschland zu verwerten". Später wurde der Plan zu einer Klimatologie von ganz Deutschland erweitert. Die erforderlichen Mittel zur Ausführung des ehrgeizigen Unternehmens wurden 1913 bewilligt, eine kleine Abteilung „Klimatologie für Deutschland" unter Hellmanns Oberleitung eingerichtet, und die einschlägigen Arbeiten sofort in Angriff genommen. Wie es im Vorwort zum Klimaatlas weiter heißt, erfolgte die Aufarbeitung und kritische Sichtung des Materials auf Grund der „vorhandenen Originaljournale, und nur für die außerhalb des norddeutschen Beobachtungsnetzes liegenden Stationen wurde auf Veröffentlichungen der Zentralstellen zurückgegriffen". Karl Knoch wurde schon 1905 in die „Hochburg der klimatologischen Forschung" (SCHMAUß 1952) aufgenommen. Er sollte in Hellmanns Fußstapfen treten. „Die Arbeit machte anfangs gute Fortschritte, erlitt aber im Laufe des Krieges mehr und mehr Unterbrechungen, da die dafür bestimmten Kräfte häufig zur Erledigung laufender Institutsgeschäfte herangezogen werden mussten". Gegen Ende 1918 war immerhin die Herstellung der wichtigsten Klimatabellen, die der textlichen Darstellung und dem Atlas zugrunde gelegt werden sollte, nahezu fertig. Preise für Papier und Druck waren so außerordentlich gestiegen, dass es nicht für einen Textband reichte. Immerhin konnte 1921 die abgespeckte Version mit vielen Tabellen erscheinen. Von diesem „Klimawerk" wird in Kapitel 14, Band II die Rede sein.

Der Neubau des Observatoriums auf dem Brocken in den Jahren 1912/13 fällt in diese Zeit. Radioaktivitätsmessungen und Messungen des Staubgehaltes etwa gehörten zu den Aufgaben des Beobachtungsdienstes. Dort wurden drei Hellmannsche Gebirgsregenmesser eingesetzt, und das durch ein steinernes ersetzte Holzobservatorium wurde nach ihm benannt. Dieses wurde 1945 zerstört.

Hellmann, der häufig Gelegenheit hatte, die Beobachtungsstationen auf ausgedehnten Inspektionsreisen kennen zu lernen, fühlte sich innerlich eng verbunden mit seinen Beobachtern. Er schätzte ihre selbstlose Arbeit, mit der sie die Bausteine für die Meteorologie und Klimatologie lieferten. Knoch berichtet (1954):

> *Bei meinen Besuchen an seinem letzten Krankenlager sprachen wir mehrfach über die alten tüchtigen Beobachtergenerationen. Seine Erzählungen bewiesen dann, welchen Anteil er an den persönlichen Verhältnissen der Beobachter nahm. Und umgekehrt haben mir viele Beobachter erzählt, in welch angenehmer Erinnerung sie die Besuche Hellmanns hatten.*

1911 erscheint wieder eine großangelegte, schlicht als „Oderwerk" bezeichnete Untersuchung der Oder-Hochwasser, mit G. v. Elsner (1861-1939) als tatkräftigen Mitverfasser. Die verheerenden Überschwemmungen, von denen die östliche Hälfte der damaligen Monarchie in den Jahren 1888 und 1903 heimgesucht wurde, führte zu verstärkten Anfragen beim Preußischen Meteorologischen Institut nach den meteorologischen Voraussetzungen für solche Naturkatastrophen. Und als das „Regenwerk" noch nicht ganz abgeschlossen war, wurde dem Institut unter dem „Zwang der Verhältnisse" eine neue Aufgabe aufgedrängt, deren Oberleitung natürlich Hellmann übertragen wurde. In der Vorrede zu dem „Oderwerk" begrüßte Hellmann derartige Ereignisse als äußere Anlässe für wissenschaftliche Untersuchungen im Institut: „Die ungewöhnliche Hochflut der Oder und ihrer linken Nebenflüsse im Juli 1903 gaben den Anlass zu einer eingehenden und umfangreichen Untersuchung über die meteorologischen Bedingungen der Sommerhochwasser der Oder, deren Hauptergebnisse aus fast siebenjähriger Arbeit in dem genannten Werke niedergelegt und in einem stattlichen Atlas zur Anschauung gebracht sind." Diesem Werk ist das Kapitel 12 der Werkschau im zweiten Teil dieses Buches gewidmet.

Ein Jahr hiernach wird Hellmann zum Ordentlichen Mitglied der Preußischen Akademie der Wissenschaften gewählt, gleichsam den Sitz von Wilhelm von Bezold neu besetzend.

Für die Einschätzung von Hellmanns Grundhaltung als Wissenschaftler ist seine am Leibniztag am 4. Juli 1912 gehaltene Antrittsrede von Bedeutung. Max Planck hat daraufhin traditionsgemäß eine Erwiderung vorgelesen, die um des besonderen Aufschlusses in geschichtlicher Hinsicht willen mit Hellmanns Rede nachfolgend ungekürzt wiedergegeben wird[5]:

Antrittsrede

Der Eintritt eines Meteorologen in die Königliche Akademie der Wissenschaften lässt ihn am heutigen Tage zunächst der steten Fürsorge gedenken, welche diese gelehrte Körperschaft von Anfang an der Meteorologie zuwandte, indem sie regelmäßige Wetterbeobachtungen in Berlin anstellen ließ bis zu dem Augenblick, wo der Staat durch die Einrichtung eines besonderen Instituts die Pflege dieses Wissensgebietes in größerem Umfange selbst übernahm.

Die Leiter des Meteorologischen Instituts, mein hochverehrter Lehrer Heinrich Wilhelm Dove und Wilhelm von Bezold, mit dem es mir vergönnt war, 22 Jahre lang zusammen zu arbeiten, haben als Mitglieder der Akademie grundlegende Arbeiten auf dem Gebiete der Meteorologie und des Erdmagnetismus geliefert, waren aber in ihrem Hauptfach Physiker. Wenn ihr Nachfolger im Institut und in der Akademie sich als Meteorologen bezeichnet und wenn fast gleichzeitig in die älteste, die Pariser Akademie der Wissenschaften, zum ersten Mal ein solcher als ordentliches Mitglied aufgenommen wurde[6], so dürfte dies ein Zeichen dafür sein, dass die Meteorologie als Wissenschaft selbständig geworden ist.

Der Königlich Preußischen Akademie der Wissenschaften sage ich darum besonders herzlichen Dank dafür, dass sie durch meine Aufnahme in den Kreis ihrer Mitglieder der Entwicklung dieser Wissenschaft Rechnung trägt. Die Fortschritte, welche die Meteorologie in den letzten Jahrzehnten gemacht hat, beruhen auf der Verfeinerung und Erweiterung der Beobachtungen sowie auf der Anwendung allgemeiner physikalischer Erkenntnisse auf die Verhältnisse im Luftmeer, weshalb man mit Recht von einer Physik der Atmosphäre spricht. Freilich sind wir noch weit davon entfernt, ein so vollkommenes

---

5 Von der Berlin-Brandenburgischen Akademie der Wissenschaften *online* zugänglich, nach der Vorlage des von der Deutschen Akademie der Wissenschaften zu Berlin 1948 herausgegebenen Bandes „Max Planck in seinen Akademie-Ansprachen", Akademie-Verlag, Berlin
6 Hildebrand Hildebrandsson aus Schweden

Lehrgebäude der Atmosphärologie zu besitzen, wie die Physiker oder die Astronomen solche aufweisen können. Gegenüber den ersteren ist der Meteorologe insofern im Nachteil, dass er weder mit der ganzen noch mit einem größeren Teil der Atmosphäre Experimente anstellen kann. Er muss vielmehr die atmosphärischen Erscheinungen, wie sie sich von selbst darbieten, durch Beobachtungen richtig zu erfassen suchen, ohne die Bedingungen ihrer Entstehung beliebig verändern zu können. Dasselbe trifft allerdings auch bei der Astronomie zu; indessen lässt sich die Berechnung der Bewegungen der schweren Himmelskörper, in deren Präzision von jeher der Ruhm der Astronomie begründet war, ungleich genauer ausführen als diejenige der Bewegung eines Luftteilchens, dessen Leichtigkeit und Beweglichkeit der Lösung aller aerodynamischen Probleme ungeheure Schwierigkeiten entgegenstellt.

Wenn somit die Beobachtungen eine unentbehrliche Grundlage der meteorologischen Forschung bilden, muss das Bestreben dahin gehen, sie in räumlicher wie zeitlicher Beziehung zu vervollständigen. Denn die großen und weitverbreiteten Witterungserscheinungen lassen sich erst dann verstehen, wenn man die Atmosphäre als ein Ganzes erfasst, dessen einzelne Teile sich gegenseitig beeinflussen. Ein mächtiger Impuls, den das Luftmeer irgendwo erhält, pflanzt sich fort und macht sich noch an weit entfernten Orten bemerkbar. So wissen wir, dass gewisse Wechselwirkungen in der Witterung von Europa und Nordamerika, von Ostindien und Südamerika bestehen; da uns aber aus Mangel an Beobachtungen die Zwischenglieder unbekannt sind, lässt sich der ursächliche Zusammenhang noch nicht feststellen. In dieser Hinsicht hängt also der Fortschritt der Meteorologie ganz von der Erschließung und kulturellen Entwicklung der fremden Erdteile ab. Aber nicht bloß in horizontaler, sondern auch in vertikaler Erstreckung, weit über die Gipfelobservatorien hinaus, musste der meteorologische Gesichtskreis erweitert werden. Denn gleichwie aus den Erscheinungen an der Oberfläche des Meeres die Gesetze der Ozeanographie nicht abgeleitet werden können, lassen sich nur aus Beobachtungen am Grunde des Luftmeeres, an dem wir leben, die Vorgänge in der Atmosphäre nicht genügend verstehen. Gerade nach dieser Richtung sind aber in den letzten Jahrzehnten sehr erfreuliche Fortschritte durch die systematische Erforschung der höheren Luftschichten gemacht worden. Sie hat uns interessante Einblicke in die merkwürdige thermische Schichtung der Atmosphäre gewährt und durch die über dem Atlantischen und Indischen Ozean ausgeführten Sondierungen sicher erwiesen, dass die bisherige Theorie von der allgemeinen Zirkulation der Atmosphäre einer gründlichen Revision bedarf. Auch hier werden erst vielfältige neue Beobachtungen, vor allem in niederen Breiten, den offenbar sehr verwickelten Zusammenhang zwischen unteren und oberen Luftströmungen mehr und mehr aufhellen.

Wenn ich zum Schluss meinen eigenen wissenschaftlichen Entwicklungsgang kurz kennzeichnen darf, so möchte ich zunächst hervorheben, dass eine fachliche Ausbildung in der Meteorologie und in der Lehre vom Erdmagnetismus früher in Deutschland kaum möglich war. Wenn mich auch Dove durch sein einstündiges Publikum über Meteorologie sowie durch private Anregungen dieser Wissenschaft zuführte, so war es doch Heinrich Wild, dessen kritischer Sinn und instrumentelles Geschick mir zum Vorbilde wurde, als ich als Volontär an dem von ihm musterhaft geleiteten Physikalischen Zentralobservatorium in St. Petersburg zuerst in die exakteren Arbeitsmethoden beider Gebiete Einsicht gewann. Durch den Aufenthalt an anderen Fachanstalten des Auslandes wurden die so gewonnenen Kenntnisse erweitert, bis ich sie 1879 in den Dienst des Vaterlandes stellen und speziell bei der 1885 beginnenden Neugestaltung des meteorologischen Dienstes in Preußen verwerten konnte. Von der Überzeugung ausgehend, dass bei dem jetzigen Stande der Meteorologie die Hinzufügung von neuen Tatsachen und positivem Wissen ihr mehr frommt als bloßes Theoretisieren, waren meine eigenen wissenschaftlichen Arbeiten darauf gerichtet, die Beobachtungen exakter zu machen und vor allem, neue Gesetzmäßigkeiten aus ihnen abzuleiten. Wenn dabei auch alle meteorologischen Elemente Berücksichtigung fanden, so habe ich doch dem kompliziertesten von ihnen, dem Niederschlag, am meisten Aufmerksamkeit geschenkt. Daneben war es mir stets eine Freude, mich in Mußestunden mit der Geschichte meiner Wissenschaft zu beschäftigen, ihren Uranfängen im Zweistromland nachzugehen, ihre erste Vertiefung im griechischen Kulturkreis zu verfolgen und den Ursprung der modernen experimentellen Forschung in dem zu Unrecht vielgeschmähten Mittelalter aufzudecken.

Die Fülle der vorhandenen meteorologischen Beobachtungen, wenn sie auch nur von einem beschränkten Teil der Erde vorliegen, ist so groß, dass es mir an Material für weitere Untersuchungen der gedachten Art nicht fehlen kann, und auch in der Geschichte der Meteorologie wie des Erdmagnetismus ist noch so viel Pionierarbeit zu verrichten, dass ich nur wünschen kann, neben den vielen Amtsgeschäften, welche die Leitung eines großen Instituts mit sich bringt, Zeit genug zu erübrigen, um mich auch auf diesem Gebiet weiter betätigen zu können.

Erwiderung des Sekretars Planck

Geehrter Herr Kollege!

In Ihrer schönen Gedächtnisrede auf unseren unvergesslichen Wilhelm von Bezold, vor fünf Jahren, haben Sie mit besonderer Wärme der stetig gleichbleibenden Harmonie gedacht, welche Sie mit Ihrem langjährigen Chef und Mitarbeiter bis zu seinem Lebensende verband. Dieses beide Teile gleich ehrenden Verhältnisses erinnert sich die Akademie gerne am heutigen Tage, da sie Ihnen als seinem mit aller Sorgfalt auserlesenen Nachfolger ihren Willkommengruß bietet, nachdem Sie schon früher in der Leitung des Meteorologischen Instituts und auf dem Lehrstuhl der Universität zu seinem Ersatz berufen wurden. Sind wir doch sicher, dass es dem Heimgegangenen eine Gewissens- und eine Herzenssache war, Sie dereinst an seiner Stelle zu sehen.

Es dürfte auch nicht schwer fallen, den Grund für die besondere Wertschätzung zu finden, die er Ihnen entgegenbrachte. Bezold war von der Physik her, erst in verhältnismäßig späten Jahren und zum Teil durch das Eingreifen mehr äußerlicher Umstände, zur Meteorologie gekommen, und auch nachdem dies geschehen, innerhalb der Meteorologie stehend, hat er nie aufgehört, sich im Grunde doch noch als Physiker zu fühlen. So mochte in ihm besonders lebhaft der Wunsch rege gewesen sein nach einer Kraft, die geeignet war, seine Wirksamkeit nach der speziell klimatologischen Seite hin noch zu ergänzen.

In Ihnen hatte er den Gesuchten gefunden. Sie sind von jeher in erster Linie Meteorologe gewesen. Schon Ihre Dissertation behandelte ein meteorologisches Thema, dem Meteorologischen Institut gehörten Sie an schon zu einer Zeit, als es noch mit dem statistischen Bureau verbunden war. Ihr Hauptinteresse lag immer auf dem Gebiete der Klimatologie, und dementsprechend haben Sie auch, darin wieder enger an den Altmeister Dove anknüpfend, nicht die dynamische, sondern die statistische Betrachtungsweise zur Grundlage Ihrer Forschungen gemacht.

Indessen wäre es doch verkehrt, die statistische Methode in einen prinzipiellen Gegensatz zur physikalischen bringen zu wollen. Ja, wenn nicht alle Zeichen trügen, so drängt die Entwicklung gerade des neuesten Zweiges der Physik, der Molekular- und Atomphysik, mit Entschiedenheit auf eine statistische Betrachtungsweise hin, welche durch die Häufung zahlreicher unregelmäßig schwankender Einzelereignisse zum Verständnis des Kausalzusammenhangs der elementaren Vorgänge durchzudringen sucht. Dass die meteorologischen Schwankungsperioden sich nach Stunden, Tagen und Jahren, die molekularen Schwankungsperioden dagegen meistenteils nach winzigen Bruchteilen einer Sekunde bemessen, ändert natürlich an dem Wesen der statistischen Methode nichts. Wichtiger in diesem Zusammenhang ist der von Ihnen hervorgehobene Umstand, dass der Meteorologe gegen den Physiker insofern im Nachteil ist, als er die Bedingungen der ihn interessierenden atmosphärischen Erscheinungen nicht durch Experimente willkürlich verändern kann.

Aber dafür ist er – so möchte ich hinzufügen – andrerseits in der glücklicheren Lage, dass die elementaren Gesetze der atmosphärischen Vorgänge der Luftbewegungen, der Druck- und Temperaturänderungen, der Niederschlagsbildung, ihn mit aller wünschenswerten Genauigkeit bekannt sind. Wohl liegt die Hoffnung noch im weiten Felde, dass es einmal gelingen werde, durch eine passende Kombination der statistischen mit der dynamischen Methode, etwa im Sinne der Bestrebungen von V. Bjerknes, dem idealen Endziel aller meteorologischen Forschung: der Prognose etwas näher zu kommen.

Einstweilen wird jedenfalls noch auf lange Zeit für die praktische Meteorologie nur die Sammlung und Vergleichung von Beobachtungsdaten in Betracht kommen, und, in dieser Hinsicht haben gerade Sie, in erster Linie durch Ihr umfassendes Werk über die Niederschlagsverhältnisse in verschiedenen Provinzen Preußens, eine auch für die Klimatologie anderer Länder vorbildliche Grundlage geschaffen.

Die Akademie kennt Sie aber nicht nur als umsichtigen Forscher und als scharfsinnigen und ideenreichen Bearbeiter vorliegenden Materials, sie schätzt in Ihnen auch den gründlichen Literaturkenner, der zwischen den zeitraubenden Ansprüchen seines Berufes hindurch immer noch Muße findet, sich in die Aufzeichnungen fremder Epochen zu vertiefen und sie sogar durch Neudruck der Allgemeinheit zugänglich zu machen, sie schätzt den geschickten Konstrukteur, dessen Kunst sich namentlich in der Herstellung und Vervollkommnung von selbstregistrierenden Apparaten erfolgreich bewährt hat, und schließlich nicht zum mindesten auch den vielseitigen und unermüdlich tätigen Organisator wissenschaftlicher Arbeit, der den ungemein kunstvoll verzweigten Apparat des ihm unterstellten Instituts mit sicherer Hand meistert und dabei seinen durch die Eindrücke zahlreicher Reisen geschärften Blick stets auch über die Grenzen des engeren Vaterlandes hinaus auf die entsprechenden Einrichtungen und Bestrebungen in anderen Staaten gerichtet hält.

Auf allen diesen Gebieten sieht die Akademie Ihrer Mitarbeit mit Zuversicht entgegen und hofft sich derselben auf lange Jahre hinaus erfreuen zu können.

Der Preußischen Akademie der Wissenschaften gehörte Hellmann fast 27 Jahre lang an. In Vorträgen berichtete er dort über die Fortschritte und Ergebnisse seiner fachlichen wie historischen Arbeiten. In zahlreichen, getrennt erschienenen Abhandlungen, die zuvor der Preußischen Akademie der Wissenschaften entweder vorgelegt oder vorgetragen wurden, hat er das vorhandene Beobachtungsmaterial des Instituts ausgewertet und dabei die Verteilung der einzelnen Elemente, ihre täglichen und jährlichen Gänge über Deutschland und sogar Europa bekannt gemacht. So etwa die Bearbeitung der Berliner Beobachtungsreihe (zusammen mit G. v. Elsner und G. Schwalbe), die Verteilung der Windgeschwindigkeit in der untersten Luftschicht, die Untersuchungen über die Schwankungen der Niederschläge, in welchen er einen von ihm eingeführten Schwankungskoeffizienten zur Anwendung brachte.

Zu den für die Windwirtschaft heute wieder aktuell gewordenen Untersuchungen Hellmanns über die Windverteilung in Bodennähe, schreibt KNOCH (1954):

Der immer auf das Praktische gerichtete Blick Hellmanns zeigte sich auch im Jahre 1912, als bei Nauen die Gesellschaft Telefunken ihre bekannte Funkstation errichtet hatte. Hellmann erkannte sofort, welche ideale Gelegenheit sich hier bot, durch Anbringen von Registrieranemometern auf den verschieden hohen, luftigen Gittermasten die Windzunahme in den untersten Schichten der Atmosphäre zu studieren. Die Aufzeichnungen wurden an den Funktürmen in den Höhen von 2 bis 258 m über dem Erdboden gewonnen. Auf einem zweiten Versuchsfeld in der Nähe von Potsdam wurden ähnliche Aufzeichnungen für die bodennächsten Luftschichten von 0 bis 2 m Höhe in verschiedenen Stufen durchgeführt. Die Ergebnisse beider Versuchsfelder haben sich in der Folgezeit als ungemein bedeutungsvoll erwiesen. Neben ihrem allgemeinen Wert für die Dynamik der Atmosphäre, sind sie vor allem von der Technik bei ihren Arbeiten zur Ausnutzung der Windenergie viel verwertet worden.

Ab 1907 bis 1923 war Hellmann Vorsitzender der Deutschen Meteorologischen Gesellschaft. Der Gesellschaft für Erdkunde in Berlin, in der er seit 1879 Mitglied war, stand er auch einige Jahre vor, und ab 1907 vertrat er die deutsche Meteorologie als Schriftführer des Internationalen Meteorologischen Komitees (de facto bis 1914). Die ersten beiden Auflagen des „Internationalen Meteorologischen Kodex", die er zusammen mit Hildebrand Hildebrandsson (1838-1925) bearbeitete, und wovon die zweite Auflage 1911 erschien, ist eine Sammlung aller Beschlüsse der seit 1872 abgehaltenen internationalen meteorologischen Kongresse und Konferenzen. Seine Kenntnis fremder Sprachen kam Hellmann im internationalen Verkehr sehr zustatten. Er beherrschte Englisch, Französisch, Italienisch und Spanisch. In einem Nachruf im *Quarterly Journal of the Royal Meteorological Society* aus dem Jahre 1939 wird auf seine sprachliche Begabung besonders hingewiesen, und namentlich an Hellmanns vor der Gesellschaft 1908 gehaltenen Vortrag über die Anfänge der Meteorologie erinnert, den er „in fehlerlosem Englisch" vorgetragen haben soll. Der entsprechende, mit schönen Abbildungen versehene Aufsatz erschien 1908 auf Englisch und im selben Jahr in der *Meteorologischen Zeitschrift* auf Deutsch.

Der Ausbruch des ersten Weltkrieges brachte Einschnitte in der Tätigkeit seines Instituts mit sich. Der ursprüngliche Plan, einen umfassenden Klimaatlas für Deutschland herzustellen, musste zusehends eingeschränkt werden. Nach Kriegsende schmolzen die Herstellungsmittel dahin, so dass nur der Kartenband erscheinen konnte. Dies erfolgte 1921 unter Hellmanns Federführung und der Mitarbeit G. v. Elsners, H. Henzes[7] und K. Knochs, und ist dem „Begründer der Vergleichenden Klimatologie und des Preußischen Meteorologischen Instituts, Alexander von Humboldt" gewidmet.

Während des ersten Weltkrieges findet Hellmann Zeit, eine Reihe wertvoller „Beiträge zur Geschichte der Meteorologie" zu beginnen und fortzusetzen. Es erscheinen die fünf ersten Nummern 1914 und die weiteren 6 bis 10 1917. Siegmund Günther (1848-1923), großer Kenner der damaligen geophysikalischen Literatur, begrüßte in der *Meteorologischen Zeitschrift* die ersten Beiträge und hoffte auf ihre Fortsetzung:

In dieser umfänglichen Schrift bietet uns der beste Kenner der historischen Entwicklung seiner Wissenschaft eine Reihe von selbständigen Beiträgen zur Vermehrung unseres Wissens auf diesem Spezialgebiete. ... Die Hellmannsche Schrift verdient auch ihrer künstlerischen Seite halber beachtet zu werden.

Die letzten Beiträge (Nr. 11-15) sind in einem dritten Band im Jahr seiner Emeritierung (1922) erschienen. Dieser letzte Teil der „Beiträge zur Geschichte der Meteorologie" musste aus „Gründen der Sparsamkeit in kleinerem Format und in kleinerer Schrift" als die beiden vorhergehenden gedruckt werden. Außerdem musste Hellmann, um Druckkosten zu sparen, auf eine ausführliche Bibliographie der Quellen zu den Flugschriften und Flugblätter verzichten. Im Anhang gibt Hellmann ein Verzeichnis seiner in den Jahren 1883 bis 1922 veröffentlichten Schriften zur Geschichte der Meteorologie. Nicht ohne Wehmut schreibt er:

---

7 Für Kurzbiographien dieser Mitarbeiter verweise ich auf Anhang D.

Als ich vor mehr als vierzig Jahren anfing, geschichtlich-meteorologische Studien zu treiben, trug ich mich, ganz in der Art und mit dem Eifer eines Anfängers, gleich mit dem Gedanken, eine Geschichte der Meteorologie zu schreiben. Als ich aber der Frage näher trat und nach langem Suchen feststellen musste, dass nur unzulängliche Vorarbeiten für ein solches Werk vorlagen, ja dass viele Phasen der Entwicklung ganz unbearbeitet waren, entschloss ich mich, den Gedanken aufzugeben und lieber Einzelforschung zu treiben. Durch Zurückgehen auf die Originalquellen habe ich dann mit Vorliebe den Anfängen der Instrumente, Beobachtungen und Theorien nachgespürt und dabei manche neuen Tatsachen sowie geschichtlichen Zusammenhänge aufgefunden, die vordem unbekannt waren. So ist im Laufe der Jahre eine Reihe von größeren und kleineren geschichtlichen Arbeiten entstanden ...

Zu Hellmanns politischen Ansichten sind die mir zu Gebote stehenden Quellen schweigsam. Im zweiten Kapitel sind Fingerzeige für seine konservative Haltung eingestreut. Einen gewissen Einblick in seine politische Gesinnung erhellt aus der Tatsache, dass er den Aufruf der 93 („An die Kulturwelt") aus dem Jahre 1914 mitunterzeichnet hat. Von diesem peinlichen Aufruf hat sich Max Planck, der auch unterschrieben hatte, später halbherzig distanziert. Im nächsten Kapitel gehe ich darauf ein.

1915 erscheint Hellmanns „System der Hydrometeore". Darin wird der Versuch unternommen, alle Niederschlagsformen zu einem einheitlichen System zusammenzufassen und zu begründen. In ihm werden drei Hauptgruppen unterschieden: die Kondensation des Wasserdampfes unmittelbar an oder nahe der Erdoberfläche, die Kondensation des Wasserdampfes unmittelbar in der freien Atmosphäre, und die mittelbare Kondensation des Wasserdampfes in der freien Atmosphäre, jeweils getrennt nach flüssiger und fester Erscheinungsform. Hellmanns „System der Hydrometeore", welches Ordnung in die Mannigfaltigkeit der Niederschlagsformen bringen wollte, wurde nicht zuletzt in den Vereinigten Staaten von Amerika beachtet und aufgenommen.

Seiner Berliner Hochschullehrertätigkeit entsprossen zwei Dutzend Dissertationen, darunter die von Karl Schneider (1896-1959), dem späteren Schneider-Carius, dem Hellmann anscheinend seine Leidenschaft für die geschichtliche Seite der Meteorologie eingeflößt hat, und der 1955 einen einzigartigen Überblick über die Ideengeschichte der Meteorologie veröffentlich hat. Viele Doktoranden bekleideten später leitende Stellen im Wetterdienst, einige sogar im Ausland (KNOCH 1954).

1922-1939

Ein Preußisches Dienstaltersgesetz brachte Hellmann die unfreiwillige Einsicht, dass er sich nach einem arbeitserfüllten Berufsleben mit 68 Jahren den Ruhestand verdient hatte. Er legt Direktion und Professur ab, und der Meteorologischen Gesellschaft sitzt er ab 1923 nur mehr in Ehren vor. Ein Jahr später feiert der emeritierte ordentliche Professor der Berliner Universität seinen siebzigsten Geburtstag. Das Preußische Meteorologische Institut kann der Zeitumstände wegen keine besondere Ehrung ausrichten. Aber die *Meteorologische Zeitschrift* bringt eine kurze Würdigung seitens ihrer Schriftleiter Felix Maria Exner (1876-1930) und Reinhard Süring (1866-1950), der ein düster gehaltenes Bildnis des Geheimrats an seinem Schreitisch beigegeben ist, welches auf haltbarerem Papier zwischen inflationsbedingt vergilbenden Seiten gedruckt ist:

Diese Feier bietet eine willkommene Gelegenheit, entsprechend einem Wunsche des Herrn Herausgebers dieser Zeitschrift, rückschauend einen Überblick über die umfassende Tätigkeit Hellmanns als Forscher zu geben und der bleibenden Verdienste zu gedenken, die er sich in einem ungemein arbeitsreichen Leben auf dem Gebiete der Meteorologie und der Klimatologie erworben hat.

Die Glückwünsche, die heute die Fachgenossen Herrn Hellmann zu seinem siebzigsten Geburtstag darbringen, gipfeln in dem Wunsche, dass ihm das Schicksal noch viele Jahre vergönnen möge: Jahre mit ungeschwächter Schaffenskraft, in denen er mit seinem für Gesetzmäßigkeiten geschulten Blick noch weiter mithelfen möge, dem so ungeheuren Beobachtungsstoff der beobachtenden Meteorologie wichtige Geheimnisse zu entlocken, zur Ehre der deutschen Wissenschaft. ... [D]er Jubilar hat das Ansehen unserer Zeitschrift nicht nur durch zahlreiche und wertvolle wissenschaftliche Beiträge, sondern auch durch seine Tätigkeit als Redakteur in den Jahren 1892 bis 1907 und als Vorsitzender der Deutschen Meteorologischen Gesellschaft von 1907 bis 1923 außerordentlich gefördert. Die erste Veröffentlichung Hellmanns in der Zeitschrift, der Österreichischen Gesellschaft für Meteorologie stammt aus dem Jahre 1875 und behandelt die wichtige Frage, welche Fehler man begeht bei Reduktion einer kurzen Beobachtungsreihe auf die längere einer nahe gelegenen Normalstation. Die Grenzen der Zulässigkeit dieses Verfahrens sind hier zuerst hervorgehoben. Im gleichen Bande findet man einen Aufsatz Hellmanns mit dem neuzeitlich anmutenden Titel „Ein Beitrag zur Physik der höheren Luftschichten", welcher die Bedeutung der Bergstationen für die Meteorologie zeigt. Bis zur Verschmelzung der österreichischen Zeitschrift mit der deutschen ist nur ein einziger Jahrgang ohne eine Mitteilung von Hellmann; in den 41 Bänden der jetzigen Meteorologischen Zeitschrift enthalten nur fünf keine Beiträge aus der Feder unseres Jubilars. Es erübrigt sich hervorzuheben, welche Fülle meteorologischer Erkenntnis in diesen Aufsätzen und Mitteilungen enthalten ist. Die Redaktionstätigkeit Hellmanns ist u. a. durch die Vervollkommnung der Bibliographie und durch Herausgabe des Hann-Bandes gemeinsam mit J. M. Pernter gekennzeichnet. Als Vorsitzender der Deutschen Meteorologischen Gesellschaft hat Hellmann es stets als seine oberste Pflicht erachtet, die Zeitschrift zu fördern. Die Meteorologische Zeitschrift erinnert sich in Dankbarkeit dieser Verdienste und wünscht Herrn Hellmann auch weiterhin körperliche Gesundheit und geistige Schaffenskraft.

Besser als das Papier vom Vieweg-Verlag war das des Springer-Verlags vom Juli 1924, auf dem Knoch seine seinen ehemaligen Vorgesetzten ehrende Huldigung zum runden Geburtstag auf Wunsch Arnold Berliners (1862-1942), des Herausgebers der Zeitschrift *die Naturwissenschaften*, veröffentlichen konnte.

Im darauffolgenden Jahr 1925 folgt eine Glückwunschadresse der Preußischen Akademie der Wissenschaften zu Hellmanns 50. Doktorjubiläum, die die *Meteorologische Zeitschrift* auf holzhaltigem Papier abdruckt:

Deutsche Meteorologische Gesellschaft. Am 18. August 1925 konnte unser Ehrenvorsitzender Geheimrat G. Hellmann das seltene Fest des 50jährigen Doktorjubiläums begehen. Die Universität Göttingen, bei welcher er promoviert hatte, hat ihm mit einem ehrenden Begleitschreiben das Diplom erneuert, am selben Tage überreichte ihm auch die Berliner Akademie der Wissenschaften eine Glückwunschadresse, die wir statt eigener Ausführungen als Gruß der Deutschen Meteorologischen Gesellschaft zum Abdruck bringen:

*Herrn Gustav Hellmann
zum fünfzigjährigen Doktorjubiläum
am 18. August 1925*

Indem Ihnen, hochverehrter Herr Kollege, die Berliner Akademie der Wissenschaften die herzlichsten Glückwünsche an dem Tage darbringt, an welchem Sie vor 50 Jahren die Doktorwürde erlangten, vergegenwärtigt sie sich die große Summe wissenschaftlicher Arbeit, welche Sie geleistet haben. Schon ehe Sie mit Ihren Untersuchungen über die täglichen Veränderungen der Temperatur der Atmosphäre 1875 promovierten, hatten Sie für Landwirte über die sogenannten Bauernregeln geschrieben, die Verbreitung des Hagels erörtert und die klimatischen Verhältnisse der Provinz Schlesien geschildert.

Auch über den internationalen Meteorologenkongress hatten Sie berichtet. Die großen Themata, zu denen Sie immer wieder zurückkehren, sind bereits in Ihren ersten Veröffentlichungen angeschnitten.

Die Erforschung der Hydrometeore ist vielleicht Ihr Lieblingsgegenstand. Weite Verbreitung hat Ihr Regenmesser gewonnen. Sie entwarfen Regenkarten der Provinzen Preußen und vom Reiche. Sie untersuchten den Niederschlag in den einzelnen norddeutschen Flussgebieten und gingen den Ursachen der Hochwässer nach. In allen ihren Formen studierten Sie die atmosphärische Feuchtigkeit. Ihr System der Hydrometeore krönt alle diese Arbeiten.

Lockt den einen Meteorologen das Wechselspiel des Wetters, so fesseln Sie mehr die wiederkehrenden Züge des Klimas. Von der Würdigung des Klimas Ihrer engeren Heimat, und später von Berlin, schritten Sie systematisch zur Darstellung des Klimas unseres Vaterlandes. Vorträge in unserer Akademie legen davon beredtes Zeugnis ab und erscheinen als Herolde eines Meisterwerkes, Ihres Klima-Atlas des Deutschen Reiches, dessen Erscheinen in einer sehr schweren Zeit Sie ermöglichten.

Jede Klimaforschung hat zur Voraussetzung streng einheitlich durchgeführte Beobachtung. Als Leiter des Preußischen Meteorologischen Instituts, an dessen Spitze Sie nach dem Tode von Bezolds berufen worden sind, haben Sie sich durch systematische Ausgestaltung und strenge Überwachung von dessen Beobachtungsnetz ein hohes Verdienst erworben. Gleich am Beginn Ihrer wissenschaftlichen Laufbahn mühten Sie sich um Vereinheitlichung der meteorologischen Beobachtungen. Im Verein mit dem Schweden Hildebrandsson schufen Sie den internationalen meteorologischen Kodex.

Nicht bloß der Vereinheitlichung der Beobachtung, sondern auch der Vertiefung des Studiums galten Ihre Bestrebungen auf den internationalen Meteorologenkongressen. Ihre Anregung zu einer allgemeinen meteorologischen Bibliographie verwirklichten Sie für Deutschland durch Schaffung Ihres Repertoriums der deutschen Meteorologie, worin Sie die Leistungen der Deutschen auf dem Gebiete der Meteorologie und des Erdmagnetismus in mustergültiger Weise zusammenstellten.

Wie kein zweiter haben Sie die Geschichte der Meteorologie gepflegt. Ihre Neudrucke von Schriften und Karten über Meteorologie und Erdmagnetismus bringen, nicht bloß selten gewordene Werke älterer Zeit, sondern auch wichtige Einleitungen dazu von Ihrer Hand. Ihre Beiträge zur Geschichte der Meteorologie sind eine Fundgrube, welche im weitesten Umfange bis in das Altertum hinein die Entwicklung Ihrer Wissenschaft spiegelt. Dabei konnten Sie nicht haltmachen bei der Sammlung rein wissenschaftlicher Werke, sondern mussten naturgemäß wiederholt zurückkehren zu der Würdigung meteorologischer Volksbücher und zu den schüchternen Versuchen der Wettervorhersage in früheren Jahrhunderten.

So schreitet neben Ihrer Tätigkeit als Geophysiker die des Historikers, und Sie konnten gelegentlich in einer allgemeinen Sitzung unserer Akademie in einem Vortrage auf dem Feld der einen und im unmittelbar anschließenden auf dem der anderen Klasse Neues bieten. Das ist nicht der Ausdruck einer Zwiespältigkeit, sondern der einer festgefügten wissenschaftlichen Persönlichkeit, die sowohl Gewicht legt auf die sorgfältige Beobachtung der Erscheinungen wie auch auf deren gewissenhafte Darstellung im Sinne der historischen Treue. Mögen Ihre Arbeiten auf diesem oder jenem Gebiete liegen, stets trachten Sie aus der Geschichte der Geschehnisse zu lernen. Die dabei entfaltete Exaktheit und Gründlichkeit bringt Ihr inneres Wesen hell zur Geltung, durch das Sie der Akademie nicht minder wert sind wie durch Ihre wissenschaftlichen Leistungen, die, vom Gebiete der Geophysik hinüber in das der Geographie und der Geschichte der Wissenschaften reichend, von seltener Universalität zeugen.

Eine besondere Ehrung wird Hellmann 1929 zuteil, als das Preußische Kultusministerium auf Vorschlag des Nachfolgers in der Leitung des Preußischen Meteorologischen Instituts, Heinrich von Fickers (1881-1957), eine „Hellmann-Medaille" stiftet, mit der die Aufopferung der Namenlosen anerkennenden Aufschrift: „Fuer Verdienste als Beobachter des Preußischen Meteorologischen Instituts", und die an langjährige Beobachter verliehen werden sollte. Die ehrende Medaille wird Jahre später von REICHEL (1939) in einem Nachruf besonders herausgestrichen: „Die zum 75. Geburtstag gestiftete Hellmann-Medaille hat der Reichsminister der Luftfahrt und Oberbefehlshaber der Luftwaffe im Jahre 1936 erneuert. Sie wird für Verdienste um den Reichswetterdienst, insbesondere für langjährige Tätigkeit als Beobachter verliehen, und als silberne und als bronzene Medaille ausgegeben. Mit dieser Schöpfung fand das Werk Hellmanns, insbesondere sein Wirken für die Gewinnung und Verarbeitung des Beobachtungsmaterials, eine seltene Anerkennung; sein Name bleibt damit in einem weiten Kreise erhalten, und das Andenken an ihn wird mit den alljährlichen Verleihungen in der Meteorologie immer wieder erneuert werden." (Vgl. Abbildungen 2.8a und 2.8b.) Die Aufschrift lautete ab 1936: „für Verdienste um den deutschen Reichswetterdienst", ihre ursprüngliche, Hellmann so erfreuende Bestimmung, wurde dadurch zweckentfremdet. August Schmauß (1877-1954), nichtpreußischer und im Sinne der Weimarer Stifter auch nicht beobachtender Nachfolger Hellmanns im Vorsitz der Deutschen Meteorologischen Gesellschaft, erhielt die umgeprägte Medaille 1938 (GEIGER 1955/56).

Im Jahre 1931 zieht, und hierfür ist Knoch (1954) mein Gewährsmann, Hellmann mit seiner Gattin nach Meran, der Kurstadt in Südtirol, die am Anfang des 20. Jahrhunderts dank des Jugendstils neue Bekanntheit erlangte. Der damalige Adel suchte dort die Berge auf oder auch nur Heilung. Die Sommermonate verbrachte er in Cortina d'Ampezzo, etwa 80 km Luftlinie von Meran entfernt.

1934 wird dem 80-jährigen Hellmann die Goethe-Medaille verliehen, die er im Rollstuhl von einem Konsulatsmitarbeiter entgegennahm, „sichtlich durch die Ehrung aufs tiefste bewegt und erfreut". Der 80. Geburtstag wurde einige Monate zuvor von Schmauß zum Anlass genommen, in der *Meteorologischen Zeitschrift* einmal mehr mit dem Zaunpfahl zu winken:

Am 3. Juli begeht der Ehrenvorsitzende der Deutschen Meteorologischen Gesellschaft G. Hellmann seinen 80. Geburtstag. Wir haben seiner besonders gedacht anlässlich der Fünfzigjahrfeier unserer Gesellschaft, zu deren Gründern er zählt.

Vor kurzem hat sein englischer Kollege, Sir W. N. Shaw, das Jahr 80 erreicht: in origineller Weise hat ihn das Quarterly Journal of the Royal Meteorological Society geehrt, indem es den Jubilar aufforderte, selbst zu einem Festhefte beizutragen. Wir könnten nur wünschen, dass auch Herr Hellmann aus seiner reichen Erfahrung über die Entwicklung der Deutschen Meteorologie berichten möchte. ...

Den Leistungen G. Hellmanns begegnen wir fleißig. Vor mir liegt gerade die letzte Arbeit von W. Paulcke in der Zeitschrift für Gletscherkunde, in der er eine Klassifikation der Eisformen vornimmt und berichtet, dass die ersten guten Mikrophotogramme von Schneekristallen vor nun 40 Jahren G. Hellmann veröffentlicht habe.

Wir gratulieren Herrn Hellmann und versichern ihm unsere treue Dankbarkeit.

1937 stirbt seine 1862 geborene Frau, ein Verlust, der ihn schwer getroffen hat (KNOCH 1954). Er kehrt nach Berlin zurück, und verbringt die letzten 18 Monate seines Lebens, leidend aber bei guter Pflege, in einem Heim in Zehlendorf. Dort hat Karl Knoch Hellmann besucht und alte Erinnerungen mit ihm ausgetauscht. Am 21. Februar 1939 erlischt sein von ungeheurem Gelehrtenfleiß geprägtes Leben. Knoch verrät 15 Jahre später, wo er begraben wurde:

Die Urne mit seiner Asche ist, gleich der Urne seiner Frau, in dem Grabhügel seines früh verstorbenen ältesten Sohnes auf dem alten Friedhof der Nicolai- und Mariengemeinde in Berlin-Ost, am Prenzlauer Tor, beigesetzt. Leider ist eine Bronzeplatte mit dem Namen Gustav Hellmann und seiner Frau von Metalldieben entwendet worden.

Wenn auch die letzte Ruhestätte Hellmanns 100 Jahre nach seiner Geburt äußerlich nicht kenntlich ist, so besitzen wir doch in seinen Werken ein Denkmal, das die Zeiten überdauert.

Der genannte Friedhof in Berlin ist auch die letzte Ruhestätte seines „verehrten" Lehrers Wilhelm Heinrich Dove.

In der *Meteorologischen Zeitschrift* verbeugt sich der ein Jahr zuvor mit der Hellmann-Medaille bedachte Schmauß vor dem großen preußischen Vorgänger im Vorsitz der Meteorologischen Gesellschaft:

Der Ehrenvorsitzende der Deutschen Meteorologischen Gesellschaft, ist am 21. Februar 1939 gestorben, einige Monate vor seinem 85. Geburtstag. Gleich seinem ihm im Tode vorangegangenen Kollegen Hergesell hatte er in den letzten Jahren seines Lebens schwer zu leiden. Verkalkungen in den Beinen, die schließlich zur völligen Bewegungslosigkeit führten, nötigten ihn vor einigen Jahren zu dem wärmeren Meran zu übersiedeln. Als ihm dort seine aufopfernde Frau durch den Tod entrissen wurde, kehrte er wieder nach Berlin zurück, in ein Sanatorium, in das nun der Tod als Erlöser gekommen ist, nachdem die Altersvorgänge auch andere Teile des Körpers ergriffen hatten. ...

Fast alle seine kleineren Arbeiten sind in unserer Zeitschrift erschienen; in Konkurrenz dazu standen nur die Sitzungsberichte der Berliner Akademie der Wissenschaften, die Hellmann mit der gleichen Liebe bedacht hat wie unsere Zeitschrift. Immer aber ist ein Bericht oder Auszug auch in der Meteorologischen Zeitschrift erschienen. ... Wenn wir daran erinnern, dass Hellmann von 1892 bis 1906 als Redakteur der Zeitschrift tätig war, aber auch als Vorsitzender der Deutschen Meteorologischen Gesellschaft von 1907 bis 1923 ihre Förderung sich angelegen sein ließ, wird man die besondere Bindung dieser Zeitschrift zu Hellmann verstehen.

Wenn man nach der bekannten Einteilung der Gelehrten durch W. Ostwald in Romantiker und Klassiker Hellmann einzureihen hätte, würde man keinen Augenblick zögern, ihn den Klassikern zuzuweisen. Schon seine erste Veröffentlichung zeigte den Weg, den er gehen würde. Sie befasste sich mit der Frage, welche Fehler man bei der Reduktion einer kurzen Beobachtungsreihe auf die längere einer nahe gelegenen Normalstation begehe. Schon in dieser Arbeit kam das Bedürfnis Hellmanns zur Exaktheit zum Ausdruck, das alle seine Arbeiten beseelt. Das Verlangen nach exakter Messung hat zur Konstruktion des nach ihm benannten Regenmessers geführt, hat die Vorschriften zur Messung der Schneehöhe und Schneedichte durchdrungen, hat zur Untersuchung der psychologischen Beobachtungsfehler Anlass gegeben und schließlich die berühmte Preußische Instruktion für die Beobachter im Gefolge gehabt, die schon lange, ehe es einen zusammengefassten meteorologischen Reichsdienst gab, für alle Bundesstaaten des damaligen Deutschlands bindend wurde. Hellmanns Persönlichkeit war so überragend, dass in der im übrigen unabhängigen Direktorenkonferenz, die man als Vorläufer unseres Reichswetterdienstes ansprechen darf, willig alle Leiter der einzelnen deutschen Beobachtungsnetze nach der Weisung des Pr. Meteorologischen Institutes arbeiteten.

Die Führerschaft Hellmanns war um so selbstverständlicher, als er als Mitglied des Internationalen Meteorologischen Komitees berufen war, die auf den internationalen Tagungen gefassten Beschlüsse im Deutschen Reiche in die Tat umzusetzen. Das Ansehen, das unter Hellmanns Leitung das Pr. Meteorologische Institut erlangte, kann durch nichts besser beleuchtet werden, als dass nach der Machtübernahme aus den Reihen der Direktoren heraus der Wunsch kam, die deutsche Meteorologie zu „verreichlichen", indem man die Länderinstitute dem Pr. Meteorologischen Institute unterstellte.

Die Vorarbeit, die Hellmann hierfür geleistet hat, kann man daran ermessen, dass die Überführung der Länderinstitute auf das Reich sich fast selbstverständlich vollzog, während wir in anderen Disziplinen das Ringen um diese Einheit noch heute verfolgen können. Das Reichsluftfahrtministerium, in dessen kraftvolle Hand der Reichswetterdienst, wie er heute heißt, gelegt wurde, hat diesem Verdienste Hellmanns einen besonderen Denkstein gesetzt, indem es die zu seinem 75. Geburtstage geschaffene Hellmann-Medaille zur Ehrung besonders verdienter meteorologischer Beobachter als Erbe übernahm und ihre Verleihung auch an Meteorologen beschloss, denen sich der Deutsche Wetterdienst verpflichtet fühlte. Ich weiß, dass unseren Toten diese Sicherung seines Gedenkens auch seitens der Reichsluftfahrtverwaltung besonders gefreut hat.

Ebenso kraftvoll wie in der Leitung der Direktorenkonferenzen, an die alle Teilnehmer mit Dank zurückdenken, war Hellmann in der Leitung der Tagungen der Deutschen Meteorologischen Gesellschaft. Die von ihm eingeführte Gepflogenheit, dass der Vorsitzende es als nobile officium *ansah, den Eröffnungsvortrag mit einem allgemeinen Thema zu halten, haben wir beibehalten.*

Wie sehr ihn die ausländischen Kollegen bei den internationalen Tagungen wegen seiner Klarheit und unbedingten Verlässlichkeit geschätzt haben, werden uns in Bälde die ausländischen Nachrufe bestätigen.

Aus der Fülle seiner wissenschaftlichen Veröffentlichungen können hier nur einige wenige herausgehoben werden. Hellmanns persönliche Vorliebe für Bücher, sein treues Gedächtnis brachten es ganz von selbst mit sich, dass er unser bester Historiker der deutschen, aber auch der ausländischen meteorologischen Literatur wurde. Wer hat nicht schon nach seinem Repertorium gegriffen, in dem gesichert nachgelesen werden kann, von welchen Orten es alte Beobachtungen gibt, von welchen Jahren, wo sie erhältlich sind usw. Hier einschlägig sind auch seine Neudrucke, mit denen er lange, ehe andere Wissenschaftsgebiete gefolgt sind, das historische Interesse wachzuhalten verstand. Ich habe ihm in Gesprächen über solche Fragen gar oft den Wunsch der deutschen Meteorologen zum Ausdruck gebracht, er möchte seine Emeritierung dazu benutzen, uns eine Geschichte der Meteorologie zu schreiben, die nicht nur für uns, sondern auch für das Ausland von höchstem Wert geworden wäre, da er auch dessen Literatur besser kannte als mancher ausländischer Kollege.

Immer war sein Bedürfnis nach Übersicht vorwaltend, so bei seinem Büchlein über Schneekristalle, bei seinem System der Hydrometeore, das in seiner Art unübertrefflich ist und auf der Salzburger Tagung der Klimatologischen Kommission 1937 von T. Bergeron dankbar zum Ausgang seiner vielbeachteten Weiterführung genommen wurde.

Dass Hellmann sich nicht begnügen würde, den einzelnen meteorologischen Elementen nachzugehen, sondern auch ihre Zusammenfassung in Klimawerken anzubahnen, ist klar. Wir danken ihm das große Niederschlagswerk für Norddeutschland und den vielbenutzten, längst vergriffenen Klimaatlas von Deutschland. Es ist kein Zufall, dass sein wichtigster Mitarbeiter K. Knoch heute der Leiter des Reichsamts für Wetterdienst ist und Hellmanns Erbe wahrt.

Mit den höheren Luftschichten hat sich Hellmann weniger beschäftigt; aber auch seine Arbeit über die Windregistrierungen an den Nauener Funktürmen hat bleibenden Wert. Im übrigen überließ er dieses Gebiet der vorübergehend selbständig gewordenen Aerologie und ihren Führern Assmann und Hergesell.

Es gibt wohl nur ein Gebiet der Meteorologie, dem Hellmann nur historisches Interesse entgegenbrachte, das ist die Wettervorhersage. Wir gehen nicht fehl in der Annahme, dass sie ihm wie seinem Vorgänger im Amte zu unexakt erschien und ihm Gedankengänge nahelegte, die man auch aus der Haltung Bismarcks kennt, wonach ein staatliches Unternehmen sich nicht blamieren dürfe. Mit Begeisterung werden sich nur Romantiker der Wettervorhersage annehmen.

Die Schau über seine Leistungen wäre nicht vollständig, wenn wir der Leitung des Observatoriums in Potsdam nicht gedächten, in der ihm die besten Kräfte helfend zur Seite standen. G. Hellmann wird immer zu den Großen im Reiche der Meteorologie gehören. Als machtvolle Persönlichkeit wird er allen, die mit ihm in Berührung traten, fortleben. Von ihm ging das aus, was man im besten Sinne des Wortes mit der Vorstellung eines preußischen Geheimrats zusammenzufassen pflegt. Das wird auch jeder empfinden, der sich das Bild besieht, das wir zu seinem 70. Geburtstag unserer Zeitschrift beigeben konnten.

Jahre später drückte Schmauß die Hellmannsche Zurückhaltung bezüglich der Vorausberechnung des Wetters mit folgenden Worten aus:

Wer Hellmann kannte, weiß, dass ihm die Romantik der Wettervorhersage nicht liegen konnte; Hypothesen zu machen wäre ihm als Charakterfehler erschienen. Er war noch ganz von dem Geiste beseelt, dass mit solchen Konzessionen die Meteorologie der Ehre verlustig gehe, unter die „Exakten" [sic] Wissenschaften eingereiht zu werden.

Seitens der Preußischen Akademie wurde von dem seit 1937 zum ordentlichen Mitglied gewählten Albert Defant (1884-1974) eine kurze (eher kühle) Gedächtnisrede auf Gustav Hellmann gehalten, die im Jahrbuch der Preußischen Akademie der Wissenschaften von 1940 mit einem Schriftenverzeichnis Hellmanns abgedruckt wurde:

Am 21. Februar 1939 verlor die Mathematisch-Naturwissenschaftliche Klasse unserer Akademie eines ihrer ältesten Mitglieder, Geheimrat Dr. Gustav Hellmann. Der Tod hat ihn im 85. Lebensjahr erlöst von einem langen Siechtum. Mit ihm ist ein Mann der alten meteorologischen Garde dahingegangen. Er war ein leuchtendes Vorbild nicht nur wegen seiner sorgfältigen wissenschaftlichen Forschungsarbeit, sondern auch wegen seiner Pflichttreue und innerlichen Festigkeit, die ihn zum Leiter eines großen wissenschaftlichen Instituts, wie es das Königl. Preußische Meteorologische Institut war, besonders prädestiniert machten. ...

Seine wissenschaftlichen Arbeiten gliedern sich in zwei Gruppen. Zu der ersten gehören seine zahlreichen wissenschaftlichen Untersuchungen, die darauf hinzielten, die meteorologischen klimatologischen Beobachtungen im deutschen Netz einheitlicher, genauer und verlässlicher zu machen, in erster Linie, um eine gute Grundlage für die Festlegung des Klimas Deutschlands zu erhalten. Viele Vorträge in unserer Akademie legten beredtes Zeugnis über das Fortschreiten seines Meisterwerkes, des Klima-Atlasses des Deutschen Reiches ab, dessen Herausgabe er in der schweren Zeit des Krieges ermöglichte. Die zweite Gruppe seiner Arbeiten betrifft die Geschichte der Meteorologie, die sich allmählich zu einer umfassenden Geschichte der Naturwissenschaften selbst herausentwickelt hat. ...

27 Jahre war er Mitglied unserer Akademie, und wenn er schon in den letzten zehn Jahren meistens ihren Sitzungen fernbleiben musste, erinnert sich doch jeder, der ihn kannte, an den umsichtigen, scharfsinnigen und ideenreichen Forscher.

E. Reichel (1939), Mitarbeiter in der Abteilung für Klimatologie des Reichsamtes für Wetterdienst, in welchem das Preußische Meteorologische Institut 1934 aufgegangen war, schrieb einen längeren Nachruf auf Hellmann, aus dem ich Stellen anführe, die teilweise einen anderen Blick auf ihn eröffnen:

Am 21. Februar ist der Altmeister der Preußischen Meteorologie Geh. Regierungsrat Dr. Gustav Hellmann verstorben. ... Erst um das Jahr 1930 führten die Altersbeschwerden zur Einstellung der produktiven Arbeit in der Meteorologie. Der Tod hat ihn nunmehr – fast 85jährig – aus jahrelanger Lähmung erlöst. ...

Überschaut man [die] großen organisatorischen und schöpferischen Leistungen, die sorgfältige und umfassende wissenschaftliche Arbeit und die weit zurückreichenden, mühevollen geschichtlichen Forschungen, so möchte man zu der Einsicht kommen, dass Hellmann vielleicht in der stillen Zurückgezogenheit eines Gelehrten gearbeitet hat. Dem war aber keineswegs so. Vielmehr hat er immer mitten im Leben gestanden und seine Arbeit vielfach in den Grundzügen von den praktischen Bedürfnissen der Mitwelt beeinflussen lassen oder schließlich auf diese ausgerichtet, wie es die Entwicklung der praktischen Anwendungen unserer Wissenschaft in von Jahr zu Jahr steigendem Maße mit sich bringt. Über seine Tätigkeit als Institutsdirektor und Hochschullehrer hinaus war seine Berührung mit der Öffentlichkeit sehr vielfältig. ... In der Internationalen Meteorologischen Organisation war er seit dem Jahre 1879 tätig, und auch hier hat er sich um eine Vereinheitlichung in den Beobachtungs- und Veröffentlichungsmethoden im Rahmen des möglichen bemüht, wofür sein „Kodex" Zeugnis ablegt. Die Gesellschaft für Erdkunde zu Berlin führte er viele Jahre hindurch zu hohem Glanze, als in diesem Kreise die heimkehrenden Forscher über ihre Arbeiten berichteten in einer Zeit, in der die weißen Flecke von unseren Landkarten verschwanden; er blieb der Ehrenpräsident der Gesellschaft.

Kraft einer kurzen Todesnachricht in den *Annalen der Hydrographie*, des neben der *Meteorologischen Zeitschrift* wichtigsten Repertoriums meteorologischer Beiträge in deutscher Sprache, bezeigt E. Kleinschmidt d. Ä. (1876-1959), wie mit ihm „ein ungewöhnlich kenntnis- und erfolgreicher Gelehrter von uns geschieden" sei (KLEINSCHMIDT 1939).

In einer ganz bestimmten Hinsicht muss das bisher gezeichnete Bild noch ergänzt werden. Der Meteorologe und Wissenschaftshistoriker Hans-Günter Körber (1920-2008) hat über die Seite, die ich bisher weder angedeutet noch später zu behandeln gedenke, in einem von ihm zusammengestellten Katalog einer Instrumentensammlung Hellmanns über diese geschrieben: „Bei Hellmanns Vorliebe für historische Zusammenhänge und seinem Interesse an der Entwicklung der wissenschaftlichen Instrumente war es nicht außergewöhnlich, dass er sich auch als Sammler betätigte und schließlich eine kleine, aber wertvolle Instrumentenkollektion sein eigen nennen konnte." Zur Sammlung selbst konnte sich Körber (1962) auf Mitteilungen von Karl Knoch berufen:

In der Literatur wird diese Sammlung, deren Stücke Hellmann nach und nach erwarb, erstmalig von H. Wagner (1901) erwähnt[8]. Er sprach von der „trefflichen Sammlung" zierlicher aus Elfenbein oder Holz hergestellter Kompasse und tragbarer Sonnenuhren, die Hellmann in Berlin zusammengetragen habe. Auch die früheren Mitarbeiter des Preußischen Meteorologischen Instituts kannten diese Sammlung, wie H. Ertel, G. Fanselau und K. Knoch dem Verfasser mündlich berichteten. K. Knoch, der noch unter Hellmanns Leitung in der Zentralstelle Berlin arbeitete, teilte dem Verfasser folgende, wertvolle Einzelheiten mit[9]: „Diese Sammlung ist mir gut bekannt. Zuerst sah ich sie in Hellmanns Privatwohnung, und ich bin mehrmals dabei gewesen, wie Hellmann diese Sammlung mit berechtigtem Stolz seinen Besuchern zeigte und die Geschichte einzelner Stücke erzählte. Einige Zeit nach der Pensionierung Hellmanns schenkte dieser die Sammlung dem Preußischen Meteorologischen

---

[8] Wagner, H. Peter Apians Bestimmung der Missweisung vom Jahr 1532 und die Nürnberger Kompassmacher. Nachr. Gesellsch. Wiss. Göttingen. Phil.-Hist. Kl. Aus dem Jahre 1901. Göttingen 1902, S. 171-182.
[9] Brief Knochs an Körber vom 7. 6. 1960.

Institut. Sie wurde in meinem Dienstzimmer in der alten Bauakademie am Schinkelplatz aufgestellt. Die Einzelteile waren in einer Vitrine übersichtlich untergebracht. ... Später wurde die ganze Sammlung auf Veranlassung von Prof. Ficker an Prof. Nippoldt, den Leiter der erdmagnetischen Abteilung des Observatoriums Potsdam, übergeben."

Indem ich aus Karl Knochs Würdigungen der Hellmannschen Leistungen einige Stellen entnehme, lässt sich das Wirken unseres Helden knapp zusammenfassen (KNOCH 1924; 1954):

Überblickt man die lange Reihe der Hellmannschen Veröffentlichungen, so heben sich drei Gruppen hervor: 1) Arbeiten, die der kritischen Prüfung und der Verbesserung der Beobachtungen dienen; 2) Arbeiten zur gewissenhaften Verarbeitung von Beobachtungsmaterial und 3) seine Forschungen auf dem Gebiete der Geschichte der Meteorologie.

Hellmann wurde oft durch unmittelbare Naturbeobachtung zu einigen Arbeiten angeregt. So beschrieb er Gebirgswinde, Dämmerungserscheinungen, Schneegirlanden, Halophänomene, Schneekristalle.

Klarheit in Wort und Schrift zeichneten ihn aus, und da er auch über eine hervorragende Rednergabe verfügte, war er eine geschätzte Persönlichkeit zur Leitung von wissenschaftlichen Tagungen und Gesellschaften. Hochbetagt starb er nach einem langen Ruhestand im Jahre 1939.

Dass er außerdem in den klassischen Sprachen vollständig zu Hause war, beweisen seine geschichtlichen Studien. Hellmann war bei ... seiner Arbeit nicht ein Stubengelehrter, der sich von der Welt abschloss und nur seinen Studien lebte, sondern an der Seite seiner Gattin führte er ein offenes Haus, das durch seine Geselligkeit und Gastlichkeit bekannt war. Wer das Glück hatte ihm näher zu kommen erkannte leicht in ihm die innerlich gefestigte Persönlichkeit mit geradem Charakter, der Popularitätshascherei fern lag. ...

Hellmann hatte zu Lebzeiten die Freude, dass sein Wirken die verdiente Anerkennung fand. Er war Ehrenmitglied verschiedener wissenschaftlicher Gesellschaften, darunter auch der Royal Meteorological Society in London, hohe Orden, auch aus dem Ausland, wurden ihm verliehen. An seinem 80. Geburtstag erhielt er die Goethemedaille. Besonders erfreute ihn an seinem 75. Geburtstag die Stiftung der nach ihm benannten Hellmann-Medaille, die langjährige Beobachter für ihre selbstlose Tätigkeit belohnen sollte. Sie galt zunächst nur für das preußische Beobachtungsnetz, wurde aber 1936 durch das Luftfahrtministerium erneuert und auf das gesamte deutsche Netz ausgedehnt. Der großen deutschen Katastrophe ist auch sie zum Opfer gefallen.

Diesem kurzen Abriss über die erfolgreiche Tätigkeit des ergiebigsten Meteorologen Preußens füge ich nun ein Gedenkwort hinzu, das etwas über Hellmanns postume Wirkung aussagt. Die von Willi König (1884-1955), der 1910 in das Preußische Meteorologische Institut eingetreten war, ein Jahrhundert nach Hellmanns Tod verfasste Seite, muss uns nach so viel Lob nachdenklich stimmen. Nur 15 Jahre nach Hellmanns Geburt schien der Name verklungen zu sein (KÖNIG 1954):

Während für uns ältere deutsche Meteorologen die Persönlichkeit G. Hellmanns noch ein fester Begriff ist, stößt man bedauerlicherweise in Kreisen der jüngeren Generation schon heute auf eine befremdliche Unbekanntschaft mit seinem Schaffen und seiner Bedeutung. Sicher kommt das daher, dass sich im letzten halben Jahrhundert mit der erstaunlichen Fortentwicklung der Meteorologie auch eine grundlegende Änderung in ihrer Arbeitsweise und Zielsetzung vollzogen hat. Aber man sollte darüber nicht vergessen, dass die Pioniere unserer Wissenschaft den Grundstock gelegt haben zu dem Gebäude, das nun auf ihm errichtet werden kann. So ist es nicht nur ein Akt der Pietät, wenn wir in diesem Jahre des hundertsten Geburtstages Gustav Hellmanns (3. Juli 1854) gedenken, sondern auch eine gebotene Würdigung seines großen Lebenswerkes, an das hier in knappester Form erinnert werden mag.

Hellmann war nächst Dove und Hann der hervorragendste Vertreter des Zweiges der Meteorologie, den wir heute als klassische Klimatologie bezeichnen. Von der Konstruktion des nach ihm benannten Regenmessers an, der in der ganzen Welt Verwendung findet, galt seine Hauptarbeit den Niederschlagsverhältnissen unseres Landes. Ihm ist die erstmalige Errichtung eines dichten Netzes von Niederschlagsmessstellen zu danken, da er bald erkannt hatte, dass dieses Element in seiner geographischen Verbreitung wesentlich andere Züge aufweist als die gleichmäßigere Anordnung der übrigen Elemente. Das Endergebnis der von ihm mit bewundernswertem Eifer und Fleiß gesammelten und kritisch verarbeiteten diesbezüglichen Messergebnisse war eine erste verlässliche Regenkarte des deutschen Reiches, die in Zukunft nur noch kleinere Korrekturen und Änderungen erfahren kann. Wichtige Studien über das gesetzmäßige Verhalten der Niederschläge und ihre zeitlichen Schwankungen auch in anderen Gebieten der Erde gingen mit dieser für Deutschland so wichtigen Pionierarbeit parallel, so dass Hellmann seinerzeit wohl als der beste Kenner auf diesem klimatologischen Spezialgebiet angesprochen werden konnte. Aber auch den anderen Elementen wandte er seine Forschertätigkeit zu, vor allem den Temperaturverhältnissen unseres Landes, so dass er kurz vor Abschluss seiner dienstlichen Laufbahn im Jahre 1921 als Krönung seines Werks den ersten „Klimaatlas von Deutschland" der Öffentlichkeit übergeben konnte. Welche praktische Bedeutung ein solches Werk besitzt, erkennen wir in vollem Umfang erst jetzt, wo wir bemüht sind, für Teilgebiete Deutschlands mit vermehrtem und verbessertem Material neue Kartenwerke entstehen zu lassen.

Eine erstaunliche Anzahl von wissenschaftlichen Veröffentlichungen, deren Umfang und Inhalt hier nicht einmal angedeutet werden kann, verdanken wir Hellmann, der auch lange Jahre Redakteur der Meteorologischen Zeitschrift gewesen ist. In dieser, den Sitzungsberichten der Preußischen Akademie der Wissenschaften und den vom Preußischen Meteorologischen Institut herausgegebenen Druckschriften erschienen die meisten seiner Arbeiten. Erwähnung verdient ferner, dass Hellmann eine Fachbibliothek von der Größe derjenigen einer meteorologischen Zentralanstalt sein eigen nannte, und dass er eine besondere Neigung für geschichtliche Studien zur Meteorologie besaß. ...

In Kapitel 12, Band II werden wir König in einer kritischeren Rolle begegnen. Die Gedächtnisschriften von den fast gleichaltrigen Knoch und König, dessen „Pietätsakt" keine Nachahmer fand, dürften so ziemlich die letzten sein, die in deutscher Sprache erschienen sind. Die späteren Einträge in Nachschlagewerken, etwa von Hans-Günther Körber im Lexikon bedeutender Naturwissenschaftler von 2004, bieten nichts, was uns Hellmanns Bedeutung näherbringt.

In dieser Übersicht von Hellmanns Wirken dürfen seine besonderen Verdienste um die Bücherei des Preußischen Meteorologischen Instituts nicht fehlen, die zu dem Keim wurde, aus dem die heutige Bibliothek des Deutschen Wetterdienstes hervorgegangen ist. Der spätere Bibliotheksleiter Karl Keil pries Hellmanns weitsichtige Sammelleistung mit nachstehenden Worten (KEIL 1951):

Hier muss wieder an G. Hellmann erinnert werden, der in jenen Jahren der spiritus rector der Bibliothek war. Seiner Initiative ist es zu verdanken, dass nicht nur das gesammelt wurde, was mehr oder weniger zufällig im Rahmen des Schriftenaustausches einging, sondern dass systematisch alles, auch die älteren Werke über Meteorologie in die Bibliothek geholt wurde, so dass sie heute fast alles besitzt, was seit der Erfindung der Buchdruckerkunst mit Meteorologie zu tun hat, ob es sich um Vinzenz von Beauvais Speculum majus (1483-1486) oder um Bartholomeus Anglicus Tractatus de proprietatibus rerum (Lübeck 1483 und Straßburg 1485), um Albertus Magnus Liber quatuor methaurorum (Venedig 1488) oder um Hookes Micrographia (London 1665 und 1667) oder vieles andere handelt.

Es war Hellmann, der die Bibliothek bis 1907 allein führte. In den folgenden Jahren finden wir dann in den Tätigkeitsberichten wechselnde Namen ... Dr. Knoch. Bei dem letzte[re]n bleibt dann die Verwaltung der Bibliothek auch über den Zeitpunkt hinaus, zu dem Hellmann 1923 [1922] in den Ruhestand trat, bis 1933, als der Verfasser die Bibliothek übernahm.

Am ehesten lebt Gustav Hellmann im Gedächtnis der Historikerzunft fort. Als Historiker seiner amtlichen Forschungszweige, das lässt sich wohl sagen, hat er sich um eine größere Wirkungsgeschichte dadurch gebracht, dass er die Zeit und nachmals die Kraft zu einem zusammenfassenden Buch über Geschichte der Meteorologie nicht aufbringen konnte. Schneider-Carius, der bei Hellmann promoviert hatte, wiederholt im Vorwort zu seiner Geschichte der „Probleme und Erkenntnisse" der Wetterkunde und Wetterforschung nach 80 Jahren Hellmanns frühe „Erkenntnis" (1955):

Die Aufgabe, die Entwicklung der meteorologischen Wissenschaft ... darzustellen, war besonders verlockend, denn trotz vieler Einzelarbeiten, unter denen die von Hellmann wegen ihrer Gründlichkeit und die von Shaw wegen ihrer Originalität hervorragen, und einige Skizzen, die einen Gesamtüberblick zu geben versuchen, hat diese schon so alte Wissenschaft noch keine Zusammenfassung ihrer Geschichte gefunden. Noch immer gilt die Erkenntnis, die Hellmann ausgesprochen hat, dass zahlreiche Teilgebiete unserer Wissenschaft in geschichtlicher Darstellung noch nicht genügend aufgeschlossen sind.

Im folgenden Kapitel wird umfassender auf das berufliche Wirken Hellmanns eingegangen. Im dritten Kapitel werden einige der vormals herausragenden Vertreter deutschsprachiger Meteorologie, mit denen Hellmann in Verbindung stand, in Erinnerung gerufen, während im vierten Kapitel an Hellmanns Rolle in der Deutschen Meteorologischen Gesellschaft erinnert wird, bevor im ersten Teil des 5. Kapitels allgemeine Probleme von Hellmanns Regenforschungen erörtert werden. Damit ist der erste Teil dieser Arbeit umrissen. Im zweiten Teil werden Schriften und Werke Hellmanns gleichsam zur Schau gestellt.

2 Aus dem Leben und Wirken Hellmanns – anhand unveröffentlichter und sonstiger Quellen

Er war ein leuchtendes Vorbild.
Albert Defant

Er hat sich ... ungemein vielseitige Kenntnisse angeeignet, so dass er als Kenner der meteorologischen Literatur – mit Einschluss des Erdmagnetismus – wohl die allererste Stelle einnimmt.
Erman & Planck

Lehr- und Wanderjahre (1854-1879)

Johann Gustav Georg Hellmann sieht zum ersten Mal am 3. Juli 1854 das getrübte schlesische Licht in der kleinen Stadt Löwen am linken Ufer der Glatzer Neiße (Abbildung 2-1). Hellmann sollte Jahrzehnte später Regenkarten nach einzelnen preußischen Provinzen herausgeben. Die für Schlesien vom Jahre 1899 belehrt uns, dass seine Heimatprovinz ausgesprochene Höchstwerte des Niederschlages im Sommer, zumeist im Juli, an einigen Stationen aber im Juni oder August aufwies. Der regenreichste Monat ist der Juli, in Oberschlesien der August und im Glatzer Lande der Juni. Dies sind klimatologische Tatsachen, die er selbst ermittelt hat, doch in seinem Geburtsjahr, welches in der Geschichte der Wettervorhersage als Meilenstein herausragt, kam noch ein weiteres Ereignis hinzu. Wenige Wochen nach der Niederkunft ereignete sich eines der historischen Hochwasser des mächtigen Oderstroms, mit deichbrechenden Überschwemmungen, an die sich seine schlesischen Landsleute lange erinnern sollten. Dieses Hochwasser und einschlägige Erzählungen in seiner Kindheit sollten sich in Hellmanns Unterbewusstsein fest einnisten und ihn für die Untersuchung allen himmlischen Wassers mittelbar empfänglich gemacht haben. Denn Hellmann wurde Preußens berühmtester Regenkundler.

Nach dem Besuch der Stadtschule geht Hellmann 1867 aufs Gymnasium nach Brieg, 15 km nordwestlich von Löwen und am herrschaftlichen Oderstrom gelegen, dessen Name eines seiner großen Werke im Titelblatt zieren sollte. Dort lernt er sprachbeflissen bis Ostern 1872.

Sein Vater, 1786 geboren, stirbt 1869. Ein Vormund, Pastor Aßmann in Löwen, nimmt sich seiner an und weiht ihn in die alten Sprachen (Griechisch, Latein, Hebräisch) ein. Man kann nur mutmaßen, dass er seinem Vormund und seiner angeborenen Sprachbegabung die Freude an Sprachen verdankte. Überhaupt ist die Auskunft über Hellmanns Kindheit sehr spärlich und noch nicht dokumentarisch erschlossen. Er scheint für eine Militärdienst-

Abb. 2-1a: Hellmanns Geburtsstadt (Bildquelle: Banik & Kochler: Lewin Brzeski – Monografia Miasta, 2005).

Abb. 2-1b: Hellmanns Geburtsstadt, 1940 aufgenommen. Das erste Haus von rechts in der oberen Bildhälfte soll das Wohnhaus der Hellmanns gewesen sein (nach Auskunft von Alicja Brychcy vom Verwaltungsbezirk Lewin Brzeski, Juli 2020). (Bildquelle: Banik & Kochler: Lewin Brzeski – Monografia Miasta, 2005.)

zeit dem „Vaterland" keine kostbare Lebenszeit geopfert haben zu müssen, was durch den Tod des Vaters in Hellmanns jungen Jahren bedingt sein mochte.

Eine kleine Reihe von Briefen an ihn, die meisten von seiner Mutter, hat sich in der Staatsbibliothek in Berlin erhalten. Aus ihnen, die zu einem Teil nachstehend in Umschrift wiedergegeben werden, gewinnt man einen Eindruck über die wirtschaftlichen Verhältnisse, unter denen er aufwuchs[1]. Hellmanns Mutter (1812-1894), Johanna Caroline, war eine geborene Kutzer. Der schon erwähnte Vater Ernst Friedrich Hellmann war Lehrer und Kantor in Löwen[2]. Drei Briefe vom „alten Vater" liegen mir vor, davon zwei nicht umgeschrieben (s. Faksimile im Anhang C), gerichtet an den 14-jährigen „liebsten, guten" Sohn, der „fromm und gut" zu sein hatte. Von Marie, Hellmanns Schwester, sind zwei Briefe erhalten. In manchem Brief kommt der Name Anna vor; Emilie Amalie Anna, geb. Boeger (1862-1937), hieß seine künftige Ehefrau. Der Briefwechsel lässt über Hellmanns geistige Entwicklung kaum Schlüsse zu, die Briefe der Mutter sind sehr schlicht gehalten. Ein geistiges Band scheint zwischen Mutter und Sohn nicht bestanden zu haben, in auffälligem Gegensatz zu Cleveland Abbe (1838-1916), dessen Briefwechsel mit der eigenen Mutter Aufschlüsse über Charakter und Werdegang des großen nordamerikanischen Wetterforschers gibt (POTTER 2020). Hellmann und Abbe wurden als Bibliographen der Meteorologie weithin bekannt.

Die (undatierten) Briefe, unwesentlich gekürzt und mit teilweise[3] angepasster Rechtschreibung, geben monodisch hier und da Einblicke in Hellmanns schlesische Kleinwelt.

Briefe von der Mutter

Brief 1

Mein lieber Sohn

Du erhältst alles wie gewöhnlich, mit Ausnahme der Butter, ich schicke Dir 5 sgl. [= Silbergroschen] darauf auf 14 Tage unterdes wird es wohl etwas kühler werden. Sehr lieb wäre es mir, wenn Du bald das Hemd anzögst, und das schmutzige mitschickst, damit es künftige Woche kann mit gewaschen werden.
Die guten Hosen musst Du wohl schon haben, es ist bloß der Rok da.

Gott sei mit Dir   Deine Mutter

[...] Das Geld ist in den Strümpfen

Brief 2

Lieber Gustav

Du hast nichts als den Turnanzug geschickt, wenn Du selben nicht mehr schmutzig machst, so wird er wohl in Löwen als in [...?] bei Dir sein. Du bekommst alles wie sonst auch Butter, damit Du Fräulein Emilie bezahlen kannst.

Wie geht es Dir mit Deiner Stunde?
Wenn Du die Anna [?] gratulieren willst, so schicke es mit, wir schicken Sonntag.

Sei herzlich gegrüßt von uns Allen
*   Deine Mutter*

Die Dinte [!] ist alle.

Brief 3

Mein lieber Sohn

Vor acht Tagen schrieb ich Dir, Du bekommst Butter und dann war es nicht der Fall, aber da Mariechen das Paket zur Botenfrau gebracht, war die Butter schon zum Töpfchen [?] herausgekommen, so ging ich dann und holte dieselbe, um das nicht alles fleckig wurde, und dachte, der Junge wird sich wohl Rat wissen. Heute schickte uns die Frau Pastor [?] und Du erhältst Deinen Antheil davon, so wie auch Birnen von unserem Baume.

Die Neue Woche, ich glaube Mittwoch ist Synode und ich werde Herrn Diakonus bitten, dass Er die Pension mitnimmt. Dem Vater möchtest Du schreiben das Er nicht [eben] nach Brieg kommt, sage Ihm, dass es mit dem Ein und Aussteigen so rasch geht das es für Ihn gefährlich wäre. Sonntag wird eine Frau zu Dir kommen, der Du den Brief geben kannst, es ist die Frau [Kämpfen], morgen zieht Sie bei uns ein.

Der Vater hat es sich viele Tage zu [nutze gemacht] dass Du musstest trocken Brot essen, wir wollen Ihm doch Deine Briefe nicht entziehen, aber Er sucht immer bis Er was findet.

Gott sei mit Dir.

---

[1] Die Briefe der Mutter sowie einiger weniger Meteorologen an Hellmann, die im Folgenden abgedruckt werden, entstammen einer ordnungsfremden Schachtel im „Nachlass Hellmann" der Handschriften-Abteilung der Staatsbibliothek zu Berlin. Sie wurden von dem ehemaligen Leiter der Bibliothek des Deutschen Wetterdienstes, Dr. Jörg Rapp, dankenswerterweise besorgt und einer Transkription unterworfen.
[2] Neue Deutsche Biographie, 1969.
[3] Brief 14 wird als Beispiel „verwilderter" Rechtschreibung ganz so belassen, wie es in der Transkription steht.

Brief 4

Mein lieber Sohn

Berthold ist da, und Ihr könntet diesen Sonntag kommen, eigentlich doch Sonnabend, wenn ich es gewiss wüsste, so packte ich kein Vorhemdchen ein überhaupt nicht Wäsche. Butter kann ich wieder nicht schicken, wenn die Frau Sommer, von der ich sie jetzt nehme, nicht noch schickt.

Bringe Dir nur die Tasche mit und Du kannst Dir dann alles selber mitnehmen. Hierher kannst Du ja laufen, und nach Brieg fahren. Du würdest gut tun, wenn Du in den Schuhen und dem Turnzeug kämest. Du kannst ja den einen Tag Vaters Stiefeln anziehen. Doch Du musst Dich beim Laufen nicht wieder so eilen, damit Du nicht wieder so schwitzt.

Wir grüßen Dich, und erwarten Dich
   Deine Mutter
   [...]

Brief 5

Mein lieber Sohn

Wir haben uns wohl am Montage ganz umsonst geängstigt, und Du wirst deshalb recht nass geworden sein. Zum Frühstück bist Du wohl noch zu früh gekommen. Hätte der Vater gewusst, dass es regnete, so hätte er die ganze Woche davon gesprochen.

Du bekommst wie immer Brot, Butter und Wäsche, die Birnen die noch auf dem Baume sich befinden, wollen warten, bis Du sie abnimmst. [...] Mariechen war wieder recht krank, und ich denke ernstlich daran, Sie nach Bethanien zu geben, sobald das Feld bestellt ist. Gott gebe, dass Du gesund bist, mit mir geht es etwas besser, ich esse alle Morgen Wassersuppe. Du bist gewiss diese Woche recht fleißig, doch vergiss auch nicht zu beten[4].

Deine Mutter

Brief 6

Mein lieber Sohn

Eben komme ich aus Stroschwitz vom Begräbnis eines jungen Mädchens aus der [Mende] Familie, es ist schon dunkel, und ich kann Dir nichts weiter schreiben, wir werden uns ja bald sehn. Brot haben wir vor acht Tagen erhalten u. Du bekommst Brot Butter und Wäsche, hättest Du nur indes entbehrliches mitgeschickt. Es grüßen Dich alle, auch Deine Mutter

Brief 7

Lieber Sohn

Da wir die Woche noch waschen wollen so schicke mir doch mit Frau Kämpfen die schmutzige Wäsche, Du kannst sie so zusammen rollen, damit Du ins Paket das übrige tun kannst.

Der Vater hat 5 sgl. Reisegeld für Dich gegeben die ich aber indes behalten werde, auf Deine Stiefeln zu hülfe, weil ich weiß, das selbige wieder werden den Schumacher nötig haben. Vielleicht hast Du noch etwas vom Stundengeld.

Es erwartet Dich Freitag
   Deine Mutter

Brief 8

Mein lieber Sohn

Du wirst wohl staunen über die Hosen doch anders lässt es sich nicht machen, ohne Flecke, und dann kommt es ja auch nicht zum Vorschein. Anna ist Sonntagabend wieder nach Hause gekommen, es ist dies ein Ort, wo ein anständiges Mädchen nicht bleiben kann, und so ist es besser sie ist bald umgekehrt. Die Quittung hat das Gericht an uns geschickt. Warst Du denn bei Kränzel?

Den Vater hat Dein Brief sehr glücklich gemacht, auch ich habe denselben mit Dank gegen Gott gelesen bleibe nur gut und brav, und der liebe Gott wird immer Deinen Fleiß segnen.

Wir grüßen Dich alle und auch
   Deine Mutter

Brief 9

[Inhalt: Brot, Butter und Wäsche]

---

4   Diesen Ratschlag gab auch Cleveland Abbes Mutter ihrem Sohn (POTTER 2020), als er nach 1865 an der Sternwarte in Pulkowo war.

Brief 10

Mein lieber Sohn

Du darfst mich Mittwoch nicht erwarten das Gehen wird mir schwer, weil ich etwas geschwollene Füße habe, und ich muss die Angelegenheit mit Herrn Kränsel schriftlich abmachen. Trage also den Brief bald hin, da es die höchste Zeit ist.

Ich schicke Dir die Stiefel, wenn sie passen, so ist es gut, passen sie nicht, so schicke sie wieder zurück. Auch einen reinen Überzug, nebst Unterjacke folgt mit und Sonnabend erwarte ich den schmutzigen. Wenn ich Gelegenheit habe, so schicke ich mit etwas vom Schlachten, was morgen erst vor sich gehen soll. Bekomme ich keine so bleibt es bis Sonnabend.

Was Anna betrifft, hast Du Unrecht. Sie hätte nichts klügeres tun können als nach Hause kommen.

Es grüßt Dich herzlich
   Deine Mutter

Brief 11

Mein lieber Sohn

Du erhältst alles was nur von einem Schweinschlachten zu erwarten ist. Die Wurst und das Fleisch im Paket ist für Fräulein Scheumann. Es wird vielleicht zum Essen zu fett sein, nun dann kann Sie es ja zu andern verwenden. Die Wurst im Papier ist für Dich es sind 2 dünne Semmelwürste 1 Leber- und eine Fleischwurst, gib davon auch Alfred. Auch ein Töpfchen Gallert, Butter und Brot und Wäsche. Alle andern sind gesund, und wünschen das Du es auch seist. Wie steht es um Deinen Sonntagstisch. Die Pension haben wir noch nicht sonst hätte ich sie mitgeschickt. Es grüßt Dich herzlich

   Deine Mutter

Brief 12

Mein lieber Sohn

Durch die Botenfrau erhältst Du wie gewöhnlich Brot Butter und Wäsche da aber auch morgen Frau Kämpfen nach Brieg kommt, so wird Sie die Pension und die neuen Unterhosen Dir bringen, kannst Du quittieren lassen, und die Quittung mitschicken, so ist es mir lieb. Wir alle wundern uns, dass Du uns vorige Woche nicht geschrieben, das darfst Du schon nicht unterlassen, man kümmert sich bald was geschehen sein kann.

Heute habe ich den Doktor kommen lassen, es kann nicht immer so fortgehen. Vorige Woche haben uns Dekerts geschrieben dass sie ein kleines Mädchen haben, und es Ihnen gut geht. Auch lassen Sie Dich grüßen. Wir grüßen Dich alle herzlich, und vergiss nicht wieder zu schreiben.

   Deine Mutter

Brief 13

Mein lieber Sohn

Du erhältst Brot Butter und Wäsche Du hast mir noch nichts wegen der Stiefeln geschrieben, ob sie passen oder nicht.

Frau Kämpfen sagte mir, Du hättest die Absicht zum Sonntag zu uns zu kommen, doch würde ich Dir raten, es zu lassen, das Geld ist so rar und mit mir geht es ja wieder besser.

Dem Vater schreibe nur Dienstag über die Post, wenn Du es nicht etwa schon mitschickst. An mich hat Herr [?] noch nicht geschrieben, sage doch der [!] Fräulein Emilie, dass Sie es Ihnen sagt, wenn Du Ihnen lästig wirst so können Sie es ohne Umstände sagen, ohne an mich erst zu schreiben und Du isst dann einstweilen bei Fräulein Emilie.

Wir grüßen Dich alle auch
   Deine Mutter

Brief 14

Mein lieber Sohn

Du erhälst Brot Butter und Wäsche, und auch ein Stückchen Leberwurst von Frau [Pümelti] ihren Schweine. Du bekomst ein neu baknes [sic] Brodt, da es aber zu klein ist, so schike ich ein Stüken altbak-nes dazu. Wenn Deine Hosen nicht mehr geht, so ziehe nur die Sontagshosen [!] an, im Winter geht das schon, wenn Du auch dieselben alle Tage trägst. Uberhaupt bin ich der Meinung, die für alle Tage zu nehmen, ehe sie Dir zu klein werden, und die neuen zu Sonntags. Dekert war am Dinstag mit seinem Pastor zu Gustav Ad. Feste hier, und hat Anna mitgenommen. Für das Papier meinen Dank, es kam gerad zurecht. Wann geht die Ferien an, der Vater möchte es besondders gern wissen. Gott schütze Dich

Deine Mutter

Brief 15

Mein lieber Sohn

Fräulein [Leibgebet] die mehrere Monate im Pastorhause verlebt, und heut wieder zu den Ihrigen zurückkehrt nach Brieg, ist so gut, die Pension für Dich mitzunehmen. Auch den Brief mit 25 sgl. für Herrn Kränsel, es liegt mir daran, dass selbiger mit dem Gelde bald abgeben wird sonst bekomm ich sicher bald noch einen. Lass Dir bei Kränsel quittieren, und schicke es Sonnabend mit.

Dass sich der Thomas den auch Alfred [?] kennen wird, gehangen hat, werdet ihr vielleicht schon wissen das Maaß seiner Sünden war voll. Gott behüte Dich

Deine Mutter

Brief 16

Lieber Sohn

Es geht mir so wie Dir, es ist nichts besonders zu schreiben, Du bekommst wie immer Brot Butter und Wäsche. Das liebe Brot, war jetzt schon einige mal so schlecht, ich wünsche sehr, dass es dies viel besser wäre. Anna hat geschrieben, dass Sie über die Feiertage dort bleiben soll, nun mag Sie doch, kaum wird es bei uns etwas ruhiger sein. Für Kränsel hast Du doch besorgt? Wir grüßen Dich alle

und auch Deine Mutter

Brief 17

Mein lieber Sohn

Nicht allein, dass wir manches vergessen haben, einzupacken wir haben auch noch manches vergessen zu besprechen. Z. B. hast Du denn bei den Herrschaften wo Du hingekommen auch einen Gruß von uns ausgerichtet? Und wie hast Du Dich wieder eingerichtet? Anna ist noch nicht da ich erwarte Sie morgen bestimmt denn schon wieder kam ein Brief von Mariechen, dass Sie bald kommen soll. Sie wird jeden Tag erwartet, so musste ich gestern wieder schreiben, das ist aber das letzte Mal gewesen, ich kann nicht das Geld bloß auf Briefe verwenden, Gott helfe nur das sie diesmal besser ankommt.

Du erhältst Brot Butter und Wasche nebst Überzug auch die Schlafschuhe. Die Züchen [Bettbezüge] werden wohl noch nicht abgegangen sein, so werde ich Dienstag die Spitzen dennoch schicken.

Gott schütze Dich, darum bittet

Deine Mutter

Zwei Briefe von der Schwester

Brief 1

Lieber Gustav!

Da die Mutter nicht da ist so werde ich indes schreiben es könnte zu spät werden sie ist in Kantersdorf. Den Tag wie Du uns wolltest zum Geburtstag gratulieren war die Opitzen gar nicht in Brieg. Von der Mutter habe ich Geld bekommen von der Frau Pathe ein Kleid.

Die Birnen schmecken Dir wohl immer sehr gut, das Geld hat Dir der Herr Diakonus gegeben. Künftigen Sonntag ist wahrscheinlich hier Kirmes, schreibe uns wenn Du willst herkommen. Die Mutter schickt Dir die 20 sgl. Die Mutter ist leider immer kränklich. Wir grüßen Dich alle herzlich, und bleibe Gott befohlen, und gesund. Dies wünscht Deine Schwester Marie.

Das Geld ist im Strumpfe

Brief 2

Dem Gimnasiasten Gustav Hellmann in Brieg

Mein lieber Gustav.

Du wirst Dich wundern dass ich heute schreibe es ist schon spät u. die Mutter ist ins Feld gegangen.

Du sollst nämlich die ganze Wäsche u. was Du hast Sonnabend schicken willst zur Opitzen tragen sonst hast Du nichts reines zu den Feiertagen wenn Du nur bald konntest gehen wenn Du zu hause kommst sonst könntest Du sie verpassen. Wenn nur schönes Wetter wäre, dass Du Deine Reise so einrichten könntest. Weiter habe ich nichts zu schreiben komme nur gesund an. Es lassen Dich alle grüßen von

Deiner Schwester Marie Hellmann

Brief vom Vater

An den Gymnasiasten Ernst [?] Hellmann in Brieg

Lieber Sohn!

Wir wünschen dass Du recht gesund sein magst, die Mutter ist seit dem Sonntage wieder krank. Deine Bitte muss ich Dir leider mit kurzen Worten abschlagen: Die Ursachen warum sind viele, die ich Dir wegen Mangel an Zeit und Raum nicht alle herzählen kann, sie Dir aber mündlich erörtern werde. Nur bemerke ich dabei mein Versprechen; dass, wenn mir Gott Leben und Gesundheit verleiht und sonst Alles glücklich von statten geht, Du, wie ich Dir schon früher versprochen habe als Primaner erst eine Gebirgsreise, nicht bloß bis Zabten, sondern bis auf die Schneekoppe machen sollst: dann bist Du alt, groß, klug u. verständig. Denn denke nur, (ich weiß es aus Erfahrung) zu einer vollkommenen Gebirgsreise, wenn man die Merkwürdigkeiten alle sich zeigen lassen will, gehört täglich 2 rl. – Melde uns daher heut, was ich Dir schon 2 Mal aufgetragen habe; nämlich wenn geschlossen wird, und wenn wir Dich mit Deinen Sachen holen sollen.

Viele Grüße von uns an Dich. Bleib Gott befohlen u. lerne. Ich bin Dein wohlm. Vater Hellmann Grüße Deinen Freund Hübner

Weitere Briefe von der Mutter

Brief 18

Mein lieber Sohn

Du erhältst Brodt Butter und Wäsche, samt Deinen Kleidern. Auch die Schuhe, die Du wohl schon vermisst haben wirst. Anna ist fort heut bekam ich einen Brief von Mariechen aus Breslau, Sie schrieb unter andern das Anna gestern Mittag 1 Uhr von Breslau fort ist, nun wird Sie schon einen Tag dort verlebt haben, Gott gebe nur, dass es ihr besser geht, als in Neukirch.

Wie geht es Dir, und was wirst Du noch brauchen, ich bin recht begierig auf Deinen Brief.

Gott behüte Dich auf Deinen Wegen, darum bittet täglich

Deine Mutter

Vaters gute Laune ist zu Ende.

Brief 19 [1869]

Dem Gymnasiasten Gustav Hellmann in Brieg d. G.

Mein lieber Sohn

Das Unabänderliche ist geschehen, Du hast den Vater verloren, heute Mittag ½ 1 hatte er nun gekämpft, der allbarmherzige Gott hat es gut gemacht, das er Ihm nicht länger leiden ließ.

Donnerstag werden wir ihn erst begraben um der Entfernten Verwandten willen.

Es wird Dich wohl sehr stören, da die Prüfung ist, komme wie es sich tun lässt, Deine Sachen wirst Du finden.

Dein Mutter

Brief 20

Mein lieber Sohn

Du magst wohl diese Woche mit Deinen Brot schlecht gelangt haben, heut ist es größer hungern solst Du nicht. Es folgen mit, der Todtenschein, den Du bald zum Kränsel bringst, und der Taufschein für Dich. Anna hat heut geschrieben, Sie ist sehr beschäftigt, da Sie keine Köchin hat, nur ein Mädchen von 15 Jahren, doch Sie ist damit zufrieden, weil Ihr sonst bange würde. Den Taufschein gieb nur auch bald ab.

Es ist schon ein Brief vom Gericht da, binnen 4 Wochen Inventarium u. d. g. einzureichen.

Gott behüte Dich

    Deine Mutter

Brief 21

Mein lieber Sohn

Es ist recht unangenehm, dass unsere Briefe sich immer kreuzen! – Dann kann man nie ins klare kommen, indes, es geht nicht gut zu ändern, teils darum, weil es Essenszeit ist wenn Du nach Hause kommst; und dann müsstest Du ja auch das Päckchen tragen. Du erhältst alles wie gewöhnlich. Das Geld vor acht Tagen hast Du doch richtig bekommen? 4 rtl [Reichstaler]. Die neue Woche werden wir genötigt sein, das Inventarium zu machen. Wegen den Instrumenten hat man mir geraten es ins Brieger Stadtblatt setzen zu lassen.

Gestern kam die Dordet endlich einmal und ist heut wieder fort, es ist beschlossen wenn Du zu Ferien da bist, Sie zu besuchen und zwar zu Fuß. Wir grüßen Dich herzlich und wünschen dass Du recht gesund seist.

    Deine Mutter

Brief 22

Mein lieber Sohn

Eben erst heute hat es sich wegen Deiner Reise entschieden: die Frau Pathe hat endlich geschrieben. Ich hatte Ihr an Ihren Geburtstage geschrieben, Sie solle in meinen Namen, Madam Wachmann fragen ob Sie Dich aufnehmen will (Frau Pathe hat doch keinen eigenen Haushalt mehr) sondern ist bei Wachmanns am Tisch, und so schrieb Sie heut, das Du kommen sollst, und wirst keine Not haben. Wegen der Reise schlug Sie vor, wenn Ihr drei, Pätz, Willi und Du, euch eine Fuhre nehmt bis [?] und dann lauft, Pätz würde da schon den Wegweiser abgeben jedoch muss Willi, wie die Tante will. So müsst Ihr auch besprechen wie ihr am besten tut. Wir müssen Dir auch noch einmal Wäsche schicken und wie wird es um die Kleider stehen? Die Hosen werden wohl über die Feiertage dort nicht gehen und Du wirst müssen die schwarzen mitnehmen, den Rok lass aber in Brieg. So werde ich Dir auch etwas Geld auf die Reise schicken, ebenso die 20 sgl. auf das Buch, und dann hoffe ich, wird es doch wohl wieder einmal gut sein! – Montag 15ten ist hier Gerichtstag, und ich werde mit Herrn Diakonus hingehen; wäre nur erst alles vorüber.

Du erhältst Brot Fett und Wäsche. Gesund wir Gott sei Dank, und hoffen es auch von Dir.

[...] Es grüßt Dich herzlich

    Deine Mutter

Schreibe nur, wann die Ferien angehen, und wie ihr es noch zu machen gedenkt. Verliere nur mein Taschentuch nicht.

Brief 23

Dem Gymnasiasten Gustav Hellmann in Brieg

Mein lieber Sohn

Wie mag es Dir nur heut ergangen sein, wie haben, trotz der Wäsche, viel an Dich gedacht.

So wenig Du aus meinem Briefe herausbrachtest, so wenig kann ich daraus klug werden, wie Ihr noch reisen werdet? – Nehmt Ihr euch eine Fuhre, oder bekommt ihr eine von dort!

Dass Du euch nur ein paar Tage gönnen willst, freut mich doch glaube ich, es wird sich nicht tun lassen, ohne Sie zu beleidigen! Wenn, wie sonst, Willi von der Briegern geholt wird und Dir das Anerbieten gemacht wird, mitzufahren, so kannst Du es füglich nicht ablehnen. So kommst Du dann zu uns vielleicht den Bußtag oder einmal des Sonntags.

Behüte Dich Gott, erwartet mit Sehnsucht Deinen Brief

    Deine Mutter

Brief 24

Mein lieber Sohn

Du bekommst Brot Fett und Wäsche die Butter ist 20 sgl., das ist mir doch zu teuer, und ich bin froh, das bisschen Fett noch zu haben. Doch ist es auch bald zu Ende, und dann hilft es nichts.

Den Turnanzug bekommst Du auch und wirst ihn wohl schon brauchen, doch bin ich in Angst, wie es um Deine Hosen und Stiefeln stehen mag, gewiss nicht zum besten! – Die Pension will ich künftige Woche mit Gelegenheit schicken, sollte es keine geben, so müsste ich die über acht Tage erst schicken. Und nun, wie ist es um Deine Schulden? – Du weist Dir, wie ich höre, noch immer zu raten, mein Armer Junge die Frau Henken sagte, Du verkaufst Dein Reiszeug. So gern ich Dir helfen möchte, so geht es doch jetzt nicht.

Schreibe mir nur alles, es ängstet mich, vielleicht kann ich Rat schaffen.

Es grüßt Dich
 Deine Mutter

Hast Du Brot übrig, so gib es Fr. Emilie, ich bekomme es doch nicht.

Brief 25

Mein lieber Sohn

Wie gewöhnlich bekommst Du Brot Butter und Wäsche. Vielleicht hast Du noch einen Kragen, wir haben keinen mehr. Da ich von Frau Henken hörte, Du hättest 1 rl. 25 sgl. für Bücher und Reiszeug bekommen, so hast Du damit vielleicht die 20 sgl. decken können! Ist es nicht der Fall, so bitte Fr. Emilie dass Sie wartet, bis Du von den Ferien kommst. Die Pension 2 ½ rl. steckt im Strumpf.

Alles übrige mündlich. Bei Herrn Winkler habe ich schon Vorkehrungen wegen den Stiefeln getroffen. Diesen Mittwoch ist der [Flügel] fortgekommen, es war uns beiden, als ob ein Mensch von uns schiede, und wir mussten weinen.

 Deine Mutter

Den Sack von den Bleichsachen hast Du mir auch nicht geschickt, er wird doch nicht verloren sein.

Brief 26

Mein lieber Sohn

Du erhältst Brot Butter und Wäsche, die Pension habe ich der Frau Opitz vorgezählt und übergeben, da man mir sagte, es sei so besser. Doch wäre es mir sehr lieb, wenn ich einige Zeilen bekäme dass es richtig angekommen, ich ängstige mich jedesmal deswegen. Die Auktion ist vorüber, und alles verkauft, was da war, auch der Schreibtisch. Wäre derselbe nicht so bezahlt worden, so hätte ich denselben für Dich genommen, aber er kam etwas über 2 rl., und dafür bekommst Du wohl etwas das praktischer für Dich ist, z. B. so ein Stehpult, mit einem Schränkchen halte ich für das beste, hätte es vielleicht eins in Brieg alt zu kaufen, so wäre es gut, wenn nicht, so lassen wir eins hier machen. Dass [Krause] gestorben hat Dir Herr Bürgermeister gesagt. Pauline ist dort heut zum Begräbnis. Anna hat heut geschrieben und ist munter. Gott sei mit Dir

 Deine Mutter

Die Hosen sind noch nicht fertig, Du musst indes die schwarzen anziehen.

Diese letzten Briefe dürften 1869 oder 1870 geschrieben worden sein. Das Abitur absolvierte er 1872, gewiss immer noch in sauberer Wäsche und bei gleichbleibender Zusatzernährung mit Brot, Fett und gelegentlicher Butter von der Mutter. Von Ostern 1872 bis Ostern 1874 studiert er mathematische und physikalische Wissenschaften an der Universität Breslau.

Noch in Breslau weilend, ereignete sich am 27. Januar 1874 ein Gewitter, welches Hellmann aufmerksam anhand von Berichten in den hiesigen Zeitungen und anhand von „Privatmitteilungen" verfolgen konnte, besonders in seiner Auswirkung in Schlesien. Am 10. Februar 1874 erscheint ein kleiner Aufsatz in einer örtlichen Wochenschrift, aus dem hervorgeht, dass er sich bereits in Breslau mit dem Namen seines hochberühmten Landsmannes Heinrich Wilhelm Dove (1803-1879), aus Liegnitz, und mit seiner weithin bekannten Sturmtheorie vertraut gemacht hatte. Er schreibt in Anlehung an Dovesche Anschauungen: „Nachdem seit einigen Tagen der Äquatorialstrom in Deutschland fast unbeanstandete Herrschaft gewonnen hatte und die Temperatur allgemein über das Mittel hinausgegangen war, brach am 26. Januar des Jahres gegen Mittag plötzlich der Polarstrom mit ungeheurer Macht herein und verursachte nach Dove einen sogenannten ‚Staustum'." Hieraus kann man den Schluss wagen, dass er sein Studium in Berlin bei seinem Landsmann fortzusetzen suchte, wohin er denn auch Ostern 1874 ging[5].

Im Feuilleton einer Breslauer Zeitung, *Der Landwirth*, erscheint im August 1874 ein Aufsatz Hellmanns „Über den Wert der sogenannten Bauernregeln", dem er den Leitspruch voranstellt: „Kräht der Hahn auf dem Mist, ändert sich's Wetter oder es bleibt, wie es ist". Nach einer Zusam-

---

5 Nachdem dies geschrieben war, hat Yvonne Kurz einen handschriftlichen Brief Hellmanns von der Universitätsbibliothek Leipzig erbeten und transkribiert, der nun im Anhang C als Faksimile und teilweise im Wortlaut wiedergegeben ist. Aus dem am 22.03.1874 verfassten Brief geht hervor, dass Hellmann mit Astronomie an der Breslauer Sternwarte beschäftigt und im Begriff war, an die Sternwarte in Berlin zu gehen, und dass er astronomische Schriften exzerpierte, um eine Bibliographie neuerer Literatur für Astronomen herauszubringen.

menstellung vieler Bauernsprüche und Besprechung ihrer Sinnigkeit, schließt er den Aufsatz mit demselben Spruch. Hier zeigt sich, dass Hellmann schon sehr früh ein Interesse an überkommenem Wissen entwickelte und auch, dass er den Wert einer angewandten Witterungskunde für das Wohlergehen verschiedener wirtschaftlicher Zweige erkannte: „Der Landmann jammert, wenn es zur Heu- oder Getreideernte regnet, wenn es lange Zeit keine Niederschläge gegeben; der Schiffer möchte oft Segelwind haben, muss aber ruhig vor Anker liegen, weil es Freund Aeolus nicht gefällt, die schlaffen Segel zu schwellen; ein anders Mal steigert sich der günstige Wind zum Sturm und begräbt wohl gar Schiff samt Mann und Maus auf kühlem Meeresgrund."

In demselben Jahr erscheint der Aufsatz „Über den Zusammenhang zwischen Sonnenflecken und der Regenmenge", der uns nicht nur über die Witterung des Mai bis Juli 1874 belehrt, sondern uns wertvolle Hinweise über Hellmanns wissenschaftliche Ader liefert:

Anlässlich des ungewöhnlich warmen und trockenen Juli dieses Jahres, welcher auf die Entwicklung der Kulturpflanzen aller Arten nachteilig eingewirkt hat, sind in der Tagespresse und auch in einigen landwirtschaftlichen Zeitungen darüber Klagen laut geworden, dass unser jetziges Klima überhaupt ganz verderbt sei und man dahin streben müsse, es auf den früheren Zustand zurückzuführen.

Ich gebe zu, dass man von Seiten der Landwirtschaft zu Klagen über die Witterung dieses Jahres berechtigt war, denn auf den ausnehmend milden Winter 1873/74 folgten im Mai und Juni ganz empfindliche Kälterückfälle, welche namentlich in Süddeutschland Schaden angerichtet haben, und hierauf ins entgegengesetzte Extrem fallend, der heiße Juli. Aber ein einziges anormales Jahr ist kein Grund, eine für die Kultur nachteilige Veränderung des Klimas anzunehmen. Auf dem schnellen Vergessen mehrere Jahre vorher eingetretener entgegengesetzter Verhältnisse beruhen zumeist solche Urteile. […]

Andere meinten – und dies war die Veranlassung zu folgenden Zeilen – es sei ja ganz natürlich, dass wir einen dürren Juli gehabt, denn man hat nachgewiesen, dass die Regenmenge dieselbe Periode befolgt, wie die Häufigkeit der Sonnenflecken. Nun nimmt letztere seit 1871 wieder ab, also müssen auch die Niederschläge spärlicher ausfallen.

Witzig genug wies man auch darauf hin, dass schon Joseph dem König Potiphar 7 fruchtbare und 7 dürre Jahre geweissagt habe. So sei es auch jetzt noch.

Wie steht es nun mit der Richtigkeit dieser Erklärung? Was sind Sonnenflecke und haben dieselben wirklich einen Einfluss auf die Regenmenge?

Nach einer Aufzählung der neuen und völlig irrigen Theorie eines „berühmten Physikers" aus Heidelberg, einer Kurzgeschichte der Entdeckung der Sonnenflecken und ihrer Periode, erinnert Hellmann daran, dass die jährliche Regenmenge eine „eben solche Periode", die der Engländer Lockyer „zuerst andeutete", befolge. Im Aufsatz zeigt er eine kleine Tabelle, die „den Zusammenhang zwischen Sonnenflecken und Regenmenge" aus 50-jährigen Beobachtungen in Großbritannien zeigen soll. Dann gibt Hellmann seine eigenen Zahlen an: „Wenn man dieselbe Untersuchung für Deutschland führt, so zeigt sich, dass die Niederschlagsmenge in den Jahren der geringsten Fleckenhäufigkeit 632 Millimeter, in denen der größten Tätigkeit auf der Sonne 666 Millimeter beträgt, so dass auch hier die Hypothese sich bestätigt." Hellmann sollte Lockyer spätestens in Southport 1903 begegnen und zu dessen „Hypothese" noch einmal in seinem *Regenwerk* von 1906 Stellung nehmen. In dem in Rede stehenden Aufsatz führt Hellmann einige, Seepegelschwankungen betreffende Belege an, äußert aber Zweifel bezüglich des Zusammenhangs allein über die Jahresmenge des Niederschlags und schließt seine Arbeit mit einem Verweis auf seinen bewunderten Landsmann:

Vielmehr wird sich auch diesmal die Abweichung vom gewöhnlichen Verlaufe durch die schon vor 30 Jahren von Dove festgestellten Grundsätze über gleichzeitige Witterungsverhältnisse verschiedener Gegenden erklären lassen. Es ist mir hoffentlich bald möglich, auch den Beweis dafür zu liefern. Für jetzt nur so viel:

1. Die Witterungsverhältnisse sind im Wesentlichen von den Luftströmungen bedingt.

2. Größere Abweichungen vom normalen Gange treten nicht lokal auf, sondern sind gleichzeitig über größere Strecken der Erdoberfläche verbreitet.

3. Jedes in einer Gegend auftretende Extrem findet sein Gegengewicht in einer entgegengesetzten Abweichung in anderen Gegenden.

Im selben Jahr steuert Hellmann einen Beitrag für das „Repertorium neuer Entdeckungen und Erfindungen" bei, in welchem er über Fortschritte in der Astronomie und in der Meteorologie berichtet. Bezüglich der letzteren heißt es:

Wir glauben unsern ersten Bericht über die Fortschritte der Meteorologie *mit keinem würdigeren Gegenstande beginnen zu können, als mit einer kurzen Besprechung des* ersten internationalen

> Meteorologencongresses, *welcher vom 2.-16. September 1873 in Wien stattfand. Derselbe war bekanntlich durch die Leipziger Meteorologenkonferenz von 1872, welche als eine neue Sektion der deutschen Naturforscher- und Ärzte-Versammlung tagte, hervorgerufen worden und hatte offiziellen Charakter, indem 30 Delegierte, 17 verschiedener Staaten angehörig, erschienen waren.*

Hellmann zählt anschließend einige Anträge auf, die von verschiedenen Delegierten eingereicht wurden, darunter den folgenden, der allerdings zu dessen Lebzeiten nicht zur Ausführung kam:

> *Einen zweiten überaus wichtigen Antrag stellte Herr Plantamour, Direktor der Genfer Sternwarte, betreffend die Gründung einer internationalen Zentralanstalt für Meteorologie. Es soll dieselbe die Daten, welche sich auf die vergleichende Meteorologie beziehen und von den Stationen der verschiedenen Länder eingesendet werden, sammeln, sichten (wo es nötig ist, reduzieren) und veröffentlichen. Diese so schwierige Frage wurde einer Kommission von 5 Mitgliedern zur Beratung überwiesen.*

In einem späteren Beitrag erklärt Hellmann die Gründe für das Scheitern einer solchen internationalen Sammelstelle[6]:

> *Dagegen sind alle Bemühungen der früheren Kongresse, ein Internationales meteorologisches Institut oder auch nur ein solches Bureau, dem mehr formale Arbeiten zufallen würden, auf gemeinsame Kosten zu begründen, vollständig gescheitert. Die Abneigung gegen die Schaffung einer derartigen Institution ist mehrfach so stark hervorgetreten, dass von ihr jetzt überhaupt nicht mehr die Rede ist. Der Grund hierfür liegt hauptsächlich in der Tatsache, dass die bisherige Organisation der internationalen meteorologischen Arbeit, selbst bei dem nicht-offiziellen Charakter der Konferenzen, ausgezeichnete Resultate geliefert hat und dass somit die Notwendigkeit eines internationalen Bureaus nicht erwiesen ist.*

Ferner berichtete Hellmann 1874 nicht sowohl über die wichtigsten Instrumente als vielmehr von ihren Aufstellungsschwierigkeiten, über „die zweckmäßige Größe und Aufstellung der Regenmesser", aber auch über Fragen des Klimawandels, denen er wiederholt nachging, wie etwa „über die Wasserabnahme in Quellen, Flüssen und Strömen", worüber „Herr Gustav Wex eine wertvolle Arbeit geliefert" habe, „welche die Berghaussche Behauptung von der fortschreitenden Verminderung des Wasserreichtums der großen deutschen Ströme mit aller Entschiedenheit bestätigt. ... Der Verfasser findet die Ursache der Wasserabnahme der fließenden Gewässer in der fortschreitenden Ausrodung der Wälder, der Austrocknung der Teiche und Moore etc. und gibt Verhütungsmaßregeln".

Eine Postkarte vom 6. April 1874 verrät Hellmanns Aufenthalt in seiner Heimat[7] („Adressat befindet sich in Loewen bei Brieg") und seine starke literarische Tätigkeit: „Für dieses Jahr sind alle Nummern unserer Serie besetzt u. mit [Reserven] versehen. Sollte sich noch Raum ergeben, so will ich Sie berücksichtigen. Vielen Dank!"[8]

Ein weiterer Brief vom Oktober 1874 verrät uns, dass Hellmann inzwischen nach Berlin gezogen war, bei weiterhin ärmlichen wirtschaftlichen Verhältnissen:

Herrn Stud. Gustav Hellmann, Berlin Ritterstr. 96

An Herrn Studiosus Gustav Hellmann.

Nachdem die philosophische Fakultät der hiesigen Universität d. 29. d. Mts. beschlossen hat, Sie für dieses Jahr in den Genuss des Kleemann'schen Stipendiums einzusetzen, werden Sie von diesem Beschluss mit dem Bemerken in Kenntnis gesetzt, dass der Betrag des Stipendiums am 6ten Novbr. d. J. bei der Städtischen Armen-Commission zu erheben ist.

Ergebenst
der Dekan d. philos. Facultät

Zeller

Hellmann verbringt das Wintersemester 1874/75 in Berlin, wo er persönliche Anregungen durch Dove empfängt, obwohl er von letzterem schon einiges verinnerlicht hatte, wie wir gesehen haben: „Es darf nicht unerwähnt bleiben, dass Dove im Winter 1874/75 seinem damals zwanzigjährigem Landsmann G. Hellmann ... bei einer jener öffentlichen Vorlesungen im *Auditorium maximum*, die erste Anregung zur meteorologischen Laufbahn gegeben hat." Dies teilte Hellmann viele Jahrzehnte später dem Dove-Biographen NEUMANN (1925) mit. Höchstwahrscheinlich hat Dove das Thema für die Dissertation angeregt, wofür sich genügend Hinweise in der 36-seitigen Broschur finden, die bei einem bekannten Berliner Verlag in schlicht-grauem Umschlag veröffentlicht wurde: „Die täglichen Veränderungen der Temperatur der Atmosphäre in Norddeutschland". Kaum 21 Jahre alt, beschließt Hellmann 1875 seine

---

6   Internationale meteorologische Arbeit. *Internationale Zeitschrift f. Wissenschaft, Kunst u. Technik*, Mai 1907, 220-226.
7   Geheimarchiv Staatsbibliothek Preußischer Kulturbesitz. Als GSTA PK abgekürzt, s. Anhang A für weitere Angaben zu den amtlichen Briefen an und über Hellmann. Wenn keine andere Quelle angegeben ist, stammt das Dokument aus dem genannten Archiv.
8   Hellmann schrieb für Hoffmanns didaktische Zeitschrift kleinere Aufsätze. (Vgl. Brief an Zarncke, Anhang C, Abb. C-2.)

akademischen Studien mit seiner Promotion an der Göttinger Universität: Laut einer in einem Göttinger Archiv vorhandenen Beurteilung des Physikers Prof. Listing wurde die Dissertation „mit vollem Lobe zur Annahme empfohlen" (KNOCH 1954). Korreferent war der bekannte Astronom Ernst Friedrich Wilhelm Klinkerfues (1827-1884), der auch Wettervoraussagen veröffentlichte, die wohl nicht so recht überzeugt haben, denn der bekannte Entdecker einiger Kometen wurde als „Flunkerkies" bespöttelt. Diese denkbare Missachtung des Wetterpropheten dürfte aber nicht zu seiner wachsenden Trunksucht und seiner traurigen Selbstentleibung beigetragen haben.

Vom Juni 1875 hat sich ein Brief Hellmanns an Direktor Engel erhalten[9]:

Berlin, den 10. Juni 1875

An den Direktor des Kgl. Statistischen Bureaus Herrn Geh. Oberregierungsrath Dr. Engel

Ew. Hochwolgeboren beehre ich mich angeschlossen eine meteorologische Arbeit über „Die täglichen Veränderungen der Temperatur der Atmosphäre in Norddeutschland" mit den ganz ergebensten Ersuchen zu überreichen, dieselbe in der Zeitschrift des Kgl. Preußischen statistischen Bureaus geneigtest zum Abdruck bringen zu wollen.

Herr Geheimrath Dove hat in wissenschaftlicher Beziehung gegen die Veröffentlichung der Abhandlung nichts einzuwenden.

Im Falle der Aufnahme erlaube ich mir anzudeuten, dass ich auf das Honorar verzichte, jedoch im Interesse seiner größtmöglichen Verbreitung der gewonnen Resultate auch unter Fachleuten Wert darauf legen muss, eine größere Anzahl von Separat[a] [zu erhalten].

Ew. Hochwolgeboren ganz ergebenster

Gustav Hellmann

Zu Dove ist viel geschrieben worden (vgl. Anhang E). Es fehlt allerdings eine kritische Biographie, die den vielfältigen und unübersehbaren Leistungen gerecht würde. Als er starb, schien die Bewunderung für ihn jenseits des Ärmelkanals alles andere als britisches *Understatement* gewesen zu sein. Hier sei nur das Zitat aus der vom schon erwähnten Lockyer herausgegebenen Wochenschrift *Nature*, das im kurzen Nachruf in der Zeitschrift der *Österreichischen Gesellschaft für Meteorologie*[10] eingebettet ist, in freier Übersetzung wiedergegeben:

Wir reproduzieren hier ein Urteil über Doves Leistungen auf dem Gebiete der Meteorologie, welches durch die Seite, von der es kommt, eine größere Anerkennung derselben involviert, als die eingehendste Darstellung seiner Verdienste unserseits es vermöchte (Nature, April 10, 1879). Wenn wir den Zustand der menschlichen Kenntnis über das Wetter, so wie Dove ihn vorfand, und die großen Zuwächse und Entwicklungen aus seiner Hand bedenken, überdies die Breite seiner Ansichten über alle mit der Wissenschaft verbundenen Fragen sowie die zielgerichtete [well directed] Geduld, mit welcher er seine meteorologischen Forschungen betrieb, sich dabei zu hohem Genius aufschwingend, kann es nur die eine Meinung geben, dass Doves Ansprüche, mit denen kein anderer Meteorologe zu wetteifern vermag, es durchaus begründen, ihn als ‚Vater der Meteorologie' zu stilisieren.

Welche Möglichkeiten standen dem für Meteorologie promovierten Hellmann 1875 zu Gebote? Am Institut Doves gab es keine freie Stelle und wohl auch keine baldige Aussicht auf eine solche, solange dasselbe nicht von Grund auf erneuert wurde, was in Berlin als dringendes Unterfangen angesehen wurde. An der Seewarte in Hamburg waren die neugeschaffenen Stellen schon besetzt, die der modernen Synoptik Vorschub leisten sollten. Ehe wir Hellmanns Wanderschaft durch Europa zur Sprache bringen, hören wir zu, wie sich der Wissenstand der Meteorologie zwei großen deutschsprachigen Gelehrten darstellte.

Stand der Meteorologie um 1875

Diesen Stand kann man zweckmäßig durch zwei Vorträge kennzeichnen, deren erster zu Hamburg 1875 und deren zweiter in Wien 1878 gehalten wurde. Hermann Helmholtz (1821-1894) und Julius Hann (1839-1921) gaben Überblicke, die Hellmann im Druck gelesen haben könnte. Ersterer hat sich gelegentlich und zukunftsträchtig mit meteorologischen Themen befasst, der zweite hat sein Gelehrtenleben der Meteorologie geweiht. Von ihm sagte Hellmann vor dem Zweigverein der Meteorologischen Gesellschaft in Berlin in dessen Todesjahr 1921, dass er der „bedeutendste und fruchtbarste Meteorologe" gewesen sei, „der je gelebt hat". Er war Hellmann zeitlebens ein großes und in mancher Hinsicht unerreichtes Vorbild. Über Hann werden wir in Kapitel 3 Näheres erfahren.

Helmholtz, der wenige Jahre später als Mitglied eines Ausschusses bei der Reorganisation des Preußischen Meteorologischen Instituts mitwirken sollte, hielt den folgenden Vortrag in eben dem Jahr, als die Seewarte ihre Tätigkeit begann. Es könnte derselbe mit der Einweihung

---

9 GStA PK.
10 Diese längliche Bezeichnung werde ich zugunsten einer kürzeren im Weiteren vermeiden. 1886 wurde diese Zeitschrift mit der *Meteorologischen Zeitschrift* der Deutschen Meteorologischen Gesellschaft unter Köppens Redaktion verschmolzen. Für jene österreichische Zeitschrift schreibe ich zuweilen *meteorologische Zeitschrift*.

der Seewarte im Zusammenhang gestanden haben. Der Aufsatz erschien ursprünglich in der *Deutschen Rundschau*. Die folgenden Auszüge sind dem Band II seiner *Vorträge und Reden* von 1896 entnommen. Helmholtz hebt mit der „launenhaften" Erscheinung des Regens an, zu dessen Messung Hellmann ein mustergültiges Stationsnetz aufbauen und erweitern sollte; die launenhafte Erscheinung hat offensichtlich an des großen Physikers Gewissen gerührt. Hören wir ihn selbst darüber Klage führen.

Helmholtz 1875: Wirbelstürme und Gewitter

Es regnet, wenn es regnen will,
Und regnet seinen Lauf;
Und wenn's genug geregnet hat,
So hört es wieder auf.

Dies Verslein – ich kann nicht einmal mehr herausbringen, wo ich es aufgelesen habe[11] – hat sich seit alter Zeit in meinem Gedächtnis festgehäkelt, offenbar deshalb, weil es eine wunde Stelle im Gewissen des Physikers berührt und ihm wie ein Spott klingt, den er nicht ganz abzuschütteln vermag, und der noch immer trotz aller neugewonnenen Einsichten in den Zusammenhang der Naturerscheinungen, trotz aller neu errichteten meteorologischen Stationen und unübersehbar langen Beobachtungsreihen nicht gerade weit vom Ziele trifft. Unter demselben Himmelsgewölbe, an welchem die ewigen Sterne als das Sinnbild unabänderlicher Gesetzmäßigkeit der Natur einherziehen, ballen sich die Wolken, stürzt der Regen, wechseln die Winde, als Vertreter gleichsam des entgegengesetzten Extrems, unter allen Vorgängen der Natur diejenigen, die am launenhaftesten wechseln, flüchtig und unfassbar jedem Versuche entschlüpfend, sie unter den Zaum des Gesetzes zu fangen. Wenn der Astronom entdeckt, dass eine Sonnenfinsternis 600 Jahre vor Christo um fünf Viertelstunden falsch aus seiner Rechnung hervorgeht, so verrät ihm dies bisher noch nicht gekannte Einflüsse von Ebbe und Flut auf die Bewegung der Erde und des Mondes. [...] Fragt man dagegen einen Meteorologen, was morgen für Wetter sein werde, so wird man durch die Antwort jedenfalls erinnert an Bürgers „Mann, der das Wenn und das Aber erdacht" [„ersann" wäre stabreimend], und man darf es den Leuten kaum verdenken, wenn sie bei solchen Gelegenheiten lieber auf Hirten und Schiffer vertrauen, denen die Achtsamkeit auf die Vorzeichen der Witterung durch manchen Regen und Sturm eingepeitscht worden ist. [Fußnote von Helmholtz: Dies ist vor der Einrichtung der täglichen telegraphischen Witterungeberichte geschrieben (1883).]

Wir sind nun freilich durch das, was uns die naturwissenschaftlichen Studien der letzten Jahrhunderte über die allwaltende Gesetzmäßigkeit der Natur gelehrt haben, soweit vorgeschritten, dass wir nicht mehr „den wolkensammelnden Zeus, Kronion, den Schleudrer der Blitze", als den Anstifter alles guten und bösen Wetters zu beschuldigen pflegen, sondern wenigstens in abstracto der Überzeugung huldigen, dass es sich dabei nur um ein Spiel wohlbekannter physikalischer Kräfte, des Luftdrucks, der Wärme, des verdunstenden und wieder niedergeschlagenen Wassers handelt. Wenn wir aber unsere Abstraktion in das Konkrete übersetzen sollen, wenn wir aus unserer mühsam errungenen und bei tausend anderen wissenschaftlichen und technischen Anwendungen als genau und zuverlässig bewährten Kenntnis der in Betracht kommenden Kräfte auf die Witterung eines einzelnen Ortes und einer bestimmten Woche schließen sollen, so könnte man versucht sein, ein deutsches Sprichwort anzuwenden, – statt dessen ich lieber das höflichere lateinische: hic haeret aqua [hier stockt's] hersetzen will.

Warum ist das nun so? Das ist eine Frage, die, abgesehen von der Wichtigkeit, die eine Lösung der meteorologischen Rätsel für den Schiffer, den Landmann, den Reisenden haben würde, doch auch ein viel weiter reichendes allgemeines Interesse für die Theorie des wissenschaftlichen Erkennens überhaupt hat. Ist es möglich Gründe nachzuweisen dafür, dass der rebellische und absolut unwissenschaftliche Dämon des Zufalls dieses Gebiet noch immer gegen die Herrschaft des ewigen Gesetzes, welche zugleich die Herrschaft des begreifenden Denkens ist, verteidigen darf? Und welches sind diese Gründe?

Ein Blick auf die Erdkarte lehrt zunächst eine Ursache der außerordentlichen Verwickelung der meteorologischen Vorgänge kennen; das ist die höchst unregelmäßige Verteilung von Land und Meer und die ebenso unregelmäßige Erhebung der Flächen des Binnenlandes. Wenn man berücksichtigt, dass die einstrahlende Sonnenwärme trocknen Erdboden nur in seiner oberflächlichsten Schicht, da aber sehr stark, erhitzt, während sie in das Wasser tiefer eindringt und dieses deshalb weniger stark, dafür aber in größerer Masse erwärmt, dass erwärmtes Land wenig, erwärmtes Wasser viel verdunstet, dass wiederum die Bedeckung des Landes mit Pflanzen verschiedener Art, wie die Farbe und Art des oberflächlich zu Tage stehenden Erdreichs oder Gesteins den größten Einfluss auf die Erwärmung der darüber lagernden Luftschichten hat, so begreift man wohl, dass es keine leichte Aufgabe sein kann, das Exempel auszurechnen, welche Erfolge alle diese verschie-

---

[11] In einer Fußnote verrät er den Dichter der Strophe: „Es ist von Goethe, wie ich nachträglich erfahren habe (1883)". FLEMING (2016) gibt die Verse wieder nach einem Vortrag von V. Bjerknes, der auf diesen Aufsatz Bezug nimmt, aber er schreibt sie einem Carl Friedrich Zelter zu!

denen Verhältnisse zusammenwirkend hervorbringen müssen, selbst wenn wir für jeden Quadratfuß der Erdoberfläche anzugeben wüssten, wie seine Beschaffenheit in Bezug auf die Wärmeverhältnisse ist. [...]

Wenn aber auch eine solche Rechnung noch nicht auszuführen ist, so sollte man doch erwarten, dass, wie es z. B. bei dem ähnlichen Probleme der Ebbe und Flut schon gelang, die Beobachtung des Witterungsverlaufs in einem oder einigen Jahren Schlüsse auf die übrigen Jahre zulassen werde. [...]

Warum ist es nun mit dem Wetter anders, da doch alljährlich die Sonne in derselben Weise auf dieselben Flächen von Land und Wasser einwirkt? Warum erzeugen dieselben Ursachen unter scheinbar denselben Bedingungen nicht in jedem Jahre wieder dieselben Wirkungen? [...]

Es ist anzunehmen, dass die von dem Gewichte des niedergeschlagenen Regens befreite Luft zunächst schnell aufsteigt, durch die erlangte Geschwindigkeit hoch über ihre Gleichgewichtslage hinausgeführt wird und sich dabei vorübergehend so stark dehnt und kühlt, dass sie sehr viel von ihrem Wasser verliert. Nun kann sie einen langen Weg als oberer Passat zurücklegen, ehe sie bei der weiteren Abkühlung, die sie durch Strahlung gegen den Weltraum hin und durch die Berührung mit kühleren Landstrichen erleidet, zu neuen Niederschlägen veranlasst wird. Diese erfolgen endlich an der Grenze der Passatzone, als die sogenannten subtropischen Regen. In unserem Winter fallen sie auf Südeuropa, ziehen dann im Frühsommer über Deutschland nordwärts und kehren im Herbst zurück. In unseren Breiten sind es deshalb der Regel nach die westlichen Winde, das heißt die herabgestiegenen Äquatorialströme, welche den Regen bringen.

Dies ist in kurzen Zügen das große System der regelmäßigen Zirkulation von Luft und Wasser in der Erdatmosphäre, beständig unterhalten durch die beständige Temperaturdifferenz zwischen der heißen und kalten Zone. Es gibt, wie ich schon angeführt habe, breite Striche der Erdoberfläche, wo die Regelmäßigkeit dieser Vorgänge kaum gestört wird; desto auffallender ist die Heftigkeit oder Häufigkeit solcher Störungen an anderen Stellen. [...]

Diese die Regelmäßigkeit der tropischen Witterung unterbrechenden Luftbewegungen sind die Orkane oder Wirbelstürme. [...]

Die Wut, welche diese Stürme nahe ihrem Ursprungsorte in den tropischen Meeren entwickeln, spottet aller Beschreibung; ... beginnt ein östlicher Wind mit steigender Stärke, ... Wolken senken sich immer tiefer ... entladen sich in mächtigen Regengüssen mit zahllosen flammenden Blitzen ... das windstille Centrum mit seiner schwülen Luft und dunklen Wolkendecke ... darauf zieht die andere Seite des Wirbels heran; plötzlich bricht ein gewaltiger Weststurm los, ... einige Stunden, ... sich allmählich abschwächend ... sein Geheul, seine mechanische Gewalt ... furchtbar. ... Endlich strahlt die Sonne wieder vom blauen Himmel auf der Schauplatz der Verwüstung hernieder. [...]

In allen den beschriebenen Verhältnissen liegt nichts, was nicht ganz einfach auf der gesetzmäßigen Wirkung wohlbekannter physikalischer Kräfte beruhte; nur spielt das labile Gleichgewicht hier eine besondere Rolle, weil bei einem solchen die unbedeutendsten Veranlassungen, die kleinsten Abänderungen der Temperatur, Feuchtigkeit, Geschwindigkeit einzelner Luftmassen bewirken können, dass kolossale Kräfte sich im einen oder andern Augenblicke nach dieser oder jener Stelle hin entfesseln. Um vorausberechnen zu können, in welchem Augenblicke und an welchem Orte das labile Gleichgewicht durchbrochen werden wird, müssten wir erstens den vorausgehenden Zustand der Atmosphäre viel genauer kennen, als es wirklich der Fall ist. Denn wir kennen nur Durchschnittswerte der Temperatur, der Feuchtigkeit, des Windes für die Erdoberfläche, und die genauen Werte höchstens für einzelne Beobachtungsstationen und Beobachtungsstunden. Zweitens müssten wir im Stande sein, wenn wir erst genaue Data hätten, nun auch die Berechnung des weiteren Verlaufs mit der entsprechenden Genauigkeit durchzuführen. Aber obgleich wir die allgemeinen Regeln für eine solche Berechnung angeben können, wäre ihre wirkliche Ausführung eine so unabsehbare Arbeit, dass wir darauf verzichten müssen, bis bessere Methoden gefunden sind.

Überhaupt ist zu bemerken, dass wir nur solche Vorgänge in der Natur vorausberechnen und in allen beobachtbaren Einzelheiten verstehen können, bei denen kleine Fehler im Ansatz der Rechnung auch nur kleine Fehler im Endergebnis hervorbringen. Sobald labiles Gleichgewicht sich einmischt, ist diese Bedingung nicht mehr erfüllt.

So besteht für unsern Gesichtskreis noch der Zufall; aber er ist in Wirklichkeit nur Ausdruck der Mangelhaftigkeit unseres Wissens und die Schwerfälligkeit unseres Kombinationsvermögens. Ein Geist, der die genaue Kenntnis der Tatsachen hätte und dessen Denkoperationen schnell und präzis genug vollzogen würden, um den Ereignissen vorauszueilen, würde in der wildesten Launenhaftigkeit des Wetters nicht weniger, als im Gange der Gestirne, das harmonische Walten ewiger Gesetze anschauen, das wir nur voraussetzen und ahnen.

Die klaren Gedankengänge der letzten Absätze begründen, in voller Voraussicht, warum es der Meteorologie so schwerfällt, eine „dämonenfreie" Wissenschaft zu entwickeln. Die Wirkung solcher Dämonen ist dafür verantwortlich, dass wir heute uns das Oxymoron der sogenannten „Chaostheorie" gefallen lassen müssen. Sollte Hellmann diesen Vortrag gelesen haben, so ist ihm seine weise „Beschränkung" auf Mittelwerte, auf die stabilere Klimatologie, kaum zu verübeln.

Im folgenden Vortrag von Hann, gehalten in der feierlichen Sitzung der Kaiserlichen Akademie der Wissenschaften zu Wien am 29. Mai 1878, wird klar, dass Helmholtz' Aufsatz von Meteorologen gelesen wurde. Hann zeichnet ein scharfes zweifaches Bild der Meteorologie und ihrer Aufgaben vor Hellmanns Eintritt in staatliche Dienste zum Wohle seines Vaterlandes. Im ersten Teil geht es im Wesentlichen um klimatologische Fragen, im zweiten um die in vollem Aufschwung begriffene „synoptische Meteorologie", die als Grundlage für Vorhersagedienste größte Fortschritte versprach. Aus diesem zweiten Teil zitiere ich weit weniger Stellen, weil er auf Hellmanns Laufbahn weniger Licht wirft, da er sich eher der Klimatologie verpflichtet gefühlt hat.

Hann 1878: Über die Aufgaben der Meteorologie der Gegenwart

Der Astronom kann sich rühmen, dass er ohne sein Observatorium zu verlassen, die Gesetze des Sternenlaufes ergründen und die Himmelskörper selbst messen und wägen kann. Die Erscheinungen, mit denen sich die Astronomie beschäftigt, vollziehen sich mit jener erhabenen Einfachheit, deren Erkenntnis auf den menschlichen Geist so wohltuend wirkt, wie die Harmonie der Töne. An der Seite dieser Königin der Wissenschaften, wie sie sich gerne nennen hört, ist eine jüngere Schwester herangewachsen, die gleichfalls am Himmel ihr Arbeitsfeld hat, aber ein ungleich mühevolleres und unfruchtbareres. Die Lufthülle unseres Planeten, die sich einschaltet zwischen die ewigen Sphären des Astronomen und den festen Grund der Erde, aus dem der Geologe sein Wissen holt, scheint die Stätte zu sein, wo der Zufall sich sein Reich gegründet. Die Vorgänge, die wir darin abspielen sehen, sind so flüchtiger und veränderlicher Natur, dass sie von jeher als Sinnbilder einer gesetzlosen Willkür gedient haben. Was ist wechselnder als der Wind, was ist formloser als die Wolke?

Es war darum kein Wunder, dass der Astronom mit seiner Methode der Forschung am irdischen Himmel sich weniger zurechtfinden konnte, dass seine erprobtesten Rechnungsmechanismen, ja selbst das gewaltige Werkzeug der mathematischen Analysis machtlos blieben gegenüber der unfassbaren Flucht der atmosphärischen Erscheinungen.

So kam es, dass der Astronom endlich die Meteorologie wie ein ungeratenes Kind sich selbst überlies oder sich damit begnügte, ihr zuweilen einige meisternde Worte zuzurufen. Sich selbst überlassen und auf die eigenen Füße gestellt, hat sich diese Disziplin so rasch entwickelt, dass sie sich ohne Scheu dem Kreise ihrer älteren Schwestern zugesellen konnte, als eine der jüngsten zwar, aber keineswegs als die am wenigsten versprechende. [...]

Die Phänomene, mit deren Ergründung sich die Meteorologie beschäftigt, sind so verwickelter, mannigfaltiger und flüchtiger Natur, dass man sich ihrem Verständnisse nur auf dem Wege örtlich und zeitlich auf breitester Basis ausgedehnter Beobachtungen nähern kann. Die Methode der wissenschaftlichen Bearbeitung solcher Erscheinungen kann vorerst nur die kombinatorische sein; die künstlerische Induktion, wie sie Helmholtz genannt hat, spielt hierbei noch eine große Rolle. In diesem Stadium konnte die Methode des Astronomen der Meteorologie ebenso wenig förderlich sein, wie sie es z.B. dem Studium der Lebenserscheinungen gegenüber sein würde.

Die Meteorologie bedarf räumlich ausgedehnter, wo möglich die ganze Erdoberfläche umfassender Beobachtungen; das Verständnis der Erscheinungen, die über einem Orte vor sich gehen, kann nicht erreicht werden, ohne die Kenntnis der gleichzeitig in weitem Umkreise statthabenden atmosphärischen Zustände. [...]

Was sind die Aufgaben der Meteorologie? Keine Antwort scheint einfacher zu sein und doch überzeugt man sich leicht, dass nicht nur im größeren Publikum, sondern selbst bei Vertretern verwandter naturwissenschaftlicher Disziplinen keine rechte Klarheit darüber herrscht. Und das ist für die Meteorologie viel schädlicher, als es eine ähnliche Unklarheit für manche andere Wissenschaft wäre, deren Gegenstand der allgemeinen Beurteilung viel ferner liegt. [...] Darum ist jedermann mehr oder minder ein Meteorologe, ist interessiert bei dem Bestreben, die atmosphärischen Erscheinungen zu erforschen und liegt jedermann die Frage nahe, welche Ziele stellt sich gegenwärtig die Meteorologie?

Man zögert auch nicht, sich diese Frage selbst zu beantworten. Das eigentliche Ziel der Meteorologie kann nur sein, die Witterungserscheinungen vorauszubestimmen, wie der Astronom die Position der Himmelskörper vorausberechnet und die Eintrittszeiten und Phasen der Fixsterne lange vorher im Almanach bekannt gibt.

Indem man zum Maßstab der Fortschritte der Meteorologie die Annäherung an dieses Ziel ge-

nommen hatte, musste es allerdings lange Zeit hindurch scheinen, dass alle Bemühungen der Meteorologen fruchtlos geblieben seien. Der kenntnisreichste Meteorologe war noch vor nicht langer Zeit, wenn es galt, das kommende Wetter zu beurteilen, oft im Nachteile gegenüber einem ortskundigen Landmanne, der gewohnt ist mit prüfendem Blicke den Himmel zu beobachten.

Und wenn man gegenwärtig, nachdem es gelungen ist, einen raschen Schritt vorwärts zu machen nach dem populären Ziele der Vorausbestimmung des Wetters, und der Meteorologe nun seinerseits dem Landmanne viel sicherer und auf längere Zeit im voraus als es die aufmerksamste Himmelsbetrachtung ermöglichen würde, die Witterungsveränderungen anzeigen kann, wenn man nun allein nach diesem Erfolge den Fortschritt der Meteorologie als Wissenschaft beurteilen würde, könnte es hinwieder leicht geschehen, denselben zu überschätzen. [...]

Die eigentlichen Aufgaben der Meteorologie auf ihrem gegenwärtigen Standpunkte und die Mittel zur Lösung derselben scheinen mir unter folgenden Gesichtspunkten am übersichtlichsten sich darzustellen:

Erstlich: Vervollständigung unserer Kenntnisse über die mittleren Zustände der Atmosphäre auf der ganzen Erdoberfläche sowohl, gleichwie in allen erreichbaren Höhen. Aus dem Fortschritte dieser Kenntnisse würde sich größtenteils von selbst ergeben eine genauere Einsicht in den Kausalzusammenhang der Erscheinungen. Die Mittel hierzu liefern Beobachtungen, angestellt nach einem einheitlichen System und mit verglichenen Instrumenten an einer gewissen Anzahl möglichst gleichmäßig über die Erdoberfläche verteilter meteorologischen Observatorien erster Ordnung. [...]

Als Methode der Reduktion und Bearbeitung der Beobachtungen zur Erreichung des hier betrachteten Zieles bietet sich die der Ableitung von Mittelwerten für gewisse einheitlich normierte Zeitabschnitte dar. Auf solchen Mittelwerten beruhen die großen Arbeiten von Humboldt, Kämtz, Dove, Maury, Buchan u. a. Gegenwärtig ist es unsere Aufgabe, auf den von diesen Forschern gelegten Grundsteinen mit Hilfe neuen Materials das Gebäude einer allgemeinen Physik der Atmosphäre der Vollendung näher zu führen.

Ein besonderes Studium erfordern die Perioden von längerer oder kürzerer Dauer, denen alle meteorologischen Erscheinungen unterliegen und die Aufsuchung der Bedingungen, von welchen diese zyklischen Änderungen abhängen. Die bekanntesten dieser Perioden sind die von der täglichen und jährlichen Bewegung der Erde abhängigen. Von diesen erfordern vornehmlich erneuerte Untersuchungen auf Grundlage von Beobachtungen an aus-

erwählten Punkten: die tägliche Periode der Lufttemperatur, des Luftdruckes und der Richtung und Stärke des Windes. Namentlich würden hier stündliche Beobachtungen auf isolierten Berggipfeln geeignet sein, die physikalischen Bedingungen, von denen diese periodischen Bewegungen abhängen, genauer erforschen zu können.

Eine Periodizität von längerer Dauer, welche gegenwärtig die allgemeine Aufmerksamkeit auf sich gezogen hat, ist jene, welche mutmaßlich mit periodischen Vorgängen auf der Sonne selbst zusammenhängt, d. i. mit dem elfjährigen Fleckenzyklus. Auch der Einfluss anderer Himmelskörper auf unsere Atmosphäre ist schon in Frage gekommen.

Die Grundlagen für derartige Untersuchungen müssen die Hauptobservatorien eines jeden Landes liefern, an denen durch Registrier-Instrumente oder direkte Beobachtungen der stündliche Verlauf der wichtigsten meteorologischen Elemente kontinuierlich verfolgt wird. [...]

Für die Untersuchung aller Zyklen von längerer Dauer sowie zur Beantwortung der durchaus nicht abzuweisenden Frage, ob im gleichen Sinne fortschreitende Änderungen der klimatischen Faktoren von säkularer Dauer stattfinden, ist es unumgänglich erforderlich, dass die von den erwähnten Hauptobservatorien gelieferten Beobachtungsreihen die nötige Kontinuität besitzen. Wir verstehen darunter alle Bedingungen einer unmittelbaren Vergleichbarkeit gewisser einzelner Beobachtungsdaten sowohl wie der Mittelwerte für die ganze Beobachtungsreihe. Zu diesen Bedingungen gehören vor Allem verglichene Instrumente, Einheit des Ortes und der Beobachtungstermine. Die Erfüllung derselben ist wohl nur an vom Staate unterhaltenen Observatorien zu erwarten. Da früher diese Bedingungen nicht berücksichtigt worden sind, ist es gegenwärtig fast unmöglich Untersuchungen in der erwähnten Richtung mit einiger Aussicht auf Erfolg anstellen zu können.

Zur Förderung eines rascheren Fortschrittes dieses Zweiges der Physik der Atmosphäre ist es zudem erforderlich, dass die an den erwähnten zwei Klassen von Stationen angestellten einzelnen Beobachtungen sowie die nach einem einheitlichen Schema abgeleiteten Resultate in möglichst liberaler Weise zur Veröffentlichung gelangen, so dass sie jedem Manne der Wissenschaft zugänglich werden. [...]

Die von diesen zahlreichen Stationen regelmäßig gelieferten Daten sind es, die der Meteorologie häufig den Vorwurf zuziehen, dass sie in einem Wust von überflüssigen Zahlen schwelgt, ein abschreckendes Beispiel, wie man mit dem größten Aufwande von Arbeit die kleinsten Erfolge erzielen kann.

Dieser Vorwurf entspringt zum Teile aus der früher erwähnten ziemlich allgemein herrschenden Unklarheit über die Aufgaben der Meteorologie, zum anderen Teile ist er, wie ich nicht leugnen will, nicht ganz unbegründet. Nur Schade, dass sich dem bei bester Einsicht kaum abhelfen lässt. Der nächste Zweck der getadelten Vervielfältigung der Beobachtungen ist ein praktischer, der nur nebenbei auch der theoretischen Meteorologie förderlich ist. Man hat für diesen mehr praktischen Teil der Meteorologie in England den Namen der klimatischen Meteorologie vorgeschlagen, während man die früher erwähnten und einige noch folgende Aufgaben der physikalischen Meteorologie zugeteilt hat. Da aber die Untersuchungen über die tellurischen Klimagebiete jedenfalls eine der Grundlagen der Physik der Atmosphäre bilden, so kann man die sogenannte klimatische Meteorologie, oder besser gesagt, die klimatischen Mittelwerte auch in der theoretischen Meteorologie nicht entbehren, nur dass für letztere ein weitaus geringeres Zahlenmaterial aus jedem Lande vorläufig genügt und das Übermaß von Beobachtungen, welches die einzelnen Beobachtungsnetze liefern, für diesen Zweck allerdings mehr als hinderlicher Ballast anzusehen ist. [...]

Eine große Vervielfältigung der Beobachtungen darf also vom praktischen Standpunkte aus an sich nicht als überflüssig bezeichnet werden, und doch kann man nicht leugnen, dass gegenwärtig viel Arbeit und Mühe auf diesem Gebiete verschwendet wird, und der Vorwurf der Produktion überflüssigen Zahlenmateriales nicht ganz unberechtigt ist. [...]

Wenn man die Frage aufwerfen sollte, ob bei der jetzigen Organisation der meteorologischen Beobachtungen schon alle für die genannten praktischen Zwecke wünschenswerten Aufzeichnungen vorgenommen werden, so dürfte dieselbe verneint werden. Doch ist die Untersuchung, welche Elemente zu diesem Zwecke noch aufzunehmen wären, nicht Sache der Meteorologen. Der Land- und Forstwirt, der Sanitätsbeamte etc., müssen diese Untersuchungen jeder auf seinem Gebiete selbst vornehmen und darauf gegründet angeben, welche Klassen von Beobachtungen an zahlreichen Orten systematisch angestellt, für ihre Zwecke förderlich wären.

Ich komme nun zur letzten der wichtigeren Aufgaben der modernen Meteorologie, das ist das Studium der einzelnen Witterungsphänomene. Während die früher erwähnten Untersuchungen Mittelwerte zu ihrer Grundlage haben, handelt es sich hier jedes Mal um das Studium eines einzelnen atmosphärischen Prozesses. Solche Prozesse sind z. B. vor allen die Stürme mit den sie begleitenden Erscheinungen, ferner die Entstehung und Verbreitung der Gewitter und Hagelwetter u.s.w. Die hierbei in Anwendung kommenden Methoden sind die in der Physik überhaupt angewendeten, während die statistische Methode in den Hintergrund tritt, aber doch nicht immer entbehrt werden kann.

Auf diesem Gebiete war es, auf dem in den letzten Jahren die Meteorologie die größten Fortschritte gemacht hat, Fortschritte, welche wegen ihrer praktischen Verwendbarkeit auch eine große Popularität erlangt haben. Diese Fortschritte sind in erster Linie der Einführung der sogenannten synoptischen Witterungskarten zu verdanken, das sind Karten, welche die gleichzeitigen Witterungsvorgänge über einem größeren Teile der Erdoberfläche zur Darstellung bringen. Die Verteilung mittlerer atmosphärischer Zustände auf Karten einzutragen hatte sich durch Halley und Humboldt vor längerer Zeit schon eingebürgert, viel später erst und viel seltener hatte man versucht, auch die atmosphärischen Zustände für einen gegebenen Zeitpunkt festzuhalten und das Bild derselben auf einer Karte niederzulegen. Redfield, Espy und Loomis in Amerika, Galton in England und andere hatten schon dieses Verfahren zur Untersuchung von Tornados und Stürmen überhaupt angewendet. Es blieb aber bei vereinzelten Versuchen, welche keinen nachhaltigen Einfluss auf den Fortschritt der Meteorologie ausgeübt haben, obgleich die Gesetze der Wirbelstürme in den Tropen auf diesem Wege aufgefunden worden sind. [...]

Ich möchte wünschen, dass es mir gelungen wäre, ein ebenso kurzes als klares Bild davon zu geben, was der gegenwärtige Stand unserer Einsicht ist in den Zusammenhang zwischen den horizontalen und vertikalen Luftströmungen in den unteren Schichten unserer Atmosphäre, ein Zusammenhang, durch dessen Auffindung die Lehre vom Wetter eine erste wissenschaftliche Grundlage gefunden hat. Eine erste Grundlage bloß, denn noch liegen viele, ja die meisten Fragen über den kausalen Zusammenhang noch ungelöst vor uns, aber wir wissen, dass wir auf dem rechten Wege sind und können jetzt den Beobachtungen eine systematische Richtung geben. [...]

Und wenn wir diese Fragen werden beantwortet und die Gesetze der großen Luftwirbel derart werden erforscht haben, werden wir dann schon die volle geistige Herrschaft über das Wetter erlangt haben, und Regen, Gewitter und Hagel vorhersagen können, wie jetzt den Wechsel des Windes an der Erdoberfläche?

Gewiss nicht, wir werden die Witterungsdisposition im Allgemeinen voraussagen können, aber nicht das wechselnde Spiel lokaler, auf- und niedersteigender Luftbewegungen, von denen die meisten

Sommerregen, die Gewitter und Hagelwetter abhängen. Hierbei spielt ein örtlicher labiler Gleichgewichtszustand in der Atmosphäre die große Rolle und geringe Ursachen können große Wirkungen hervorrufen. Ob wir jemals im Stande sein werden, die physikalischen Zustände der über uns befindlichen Luftsäule in jedem Momente mit der erforderlichen Genauigkeit zu erforschen, um auch diese Erscheinungen in ihrer Entwicklung zu belauschen und auf sie vorbereitet zu sein, das scheint mir mindestens zweifelhaft. [...]

Es ist sehr wahrscheinlich, dass Hellmann Hanns Akademievortrag in Petersburg gelesen und verinnerlicht hat. Hellmann hat stets Hann als sein großes meteorologisches Vorbild verehrt.

Drei Jahre vor diesem Vortrag war Hellmann nach Spanien gereist. Warum gerade Spanien? Vielleicht gaben zwei Momente den Ausschlag: einerseits seine Sprachbegabung; auf der anderen Seite die Neugier auf das von Preußen so verschiedene Klima der Halbinsel, über deren Regen Dove 1875 eine Abhandlung veröffentlicht hatte.

Dorthin schreibt Hann an Hellmann wegen der Beitrittserklärung zur Österreichischen Gesellschaft für Meteorologie[12].

*K. K. Central-Anstalt
für Meteorologie und Erdmagnetismus*

*Hohe Warte bei Wien
den 28. Septbr. 1875*

Hochgeehrter Herr!

Es wird uns sehr freuen, wenn Sie unserer meteorol. Gesellschaft beitreten. Ich sende Ihnen hiermit ein Exemplar der Statuten und das Formular einer Beitrittserklärung.

Ihre Aufnahme ist mit der Einsendung dieser Erklärung erfolgt, da wir kein weiteres Zeremoniell machen und die Zustimmung einer Versammlung der Gesellschaft nur in jenen Fällen eingeholt wird, wo es zweifelhaft ist ob die Aufnahme erfolgen kann z.B. bei Studierenden.

Ich habe den Auftrag gegeben 50 Exemplare Ihrer Abhandlung über den [Mt] Washington als separat abzudrucken, da es nicht möglich war den ganzen Aufsatz, der über 12 Druckseiten füllt in die eine Nummer vom 1. Oktober aufzunehmen. Ich glaube, dass Sie hiermit einverstanden sind.

Sie werden uns sehr erfreuen, wenn Sie uns von Spanien aus Mitteilungen zukommen lassen. Ich interessiere mich speziell für das Klima von Andalusien. Vielleicht können Sie brauchbare Beob. außer den seit 1865 von Aquilas publizierten Resultaten auftreiben. Was in den „Resumen" für Sevilla als Temperatur angegeben ist offenbar falsch oder glauben Sie, dass dort Maxima von 50-56° Cels. vorkommen können, wie selbst in Bagdad kaum u. im Pandschab vorkommen?

Mit größter Hochachtung

[Unterschrift fehlt. Wohl Hann wegen der Klimafragen]

Im September 1875 finden wir Hellmann also in Spanien, wo er (mit Unterbrechungen) anscheinend bis Anfang 1878 eifrig meteorologische Studien betreibt.

Ein Jahr später wird an ihn ein Brief nach Granada gerichtet, wegen der Sonderdrucke seiner Dissertation, die dann noch im Auszug in der *meteorologischen Zeitschrift* 1877 erschien:

*An Herrn Dr. Gustav Hellmann
Wohlgeboren in Granada
Königl. Preuss. Statistisches Bureau.
Berlin (SW.) Lindenstrasse Nr. 31/32
Journal Nr. 7441 B
Es wird ersucht, bei der Antwort das vorstehende Journal – Zeichen anzugeben.*

Berlin, den 25. September 1876

Euer Wohlgeboren erwidern wir auf das gefällige Schreiben vom 14./21. Juli d. J. ergebenst dass Ihre Abhandlung „Über die Veränderlichkeit der Luftwärme in Norddeutschland etc." im IV Hefte der Zeitschrift des unterzeichneten Büreaus Jahrgang 1875 zum Abdrucke gelangt ist. Ihrem Wunsche gemäß sind von derselben 50 Sonderabdrucke für Sie angefertigt, von denen wir Ihnen unter Kreuzband 19 Stück übersenden, nachdem bezüglich der übrigen Exemplare Ihrem uns anderweit bekannt gewordenen Wunsche gemäß verfügt worden ist.

Da Sie auf das Honorar verzichtet haben, so belasten wir das Honorarkonto nur mit den durch die Gestaltung der Separatabdrucke entstandenen Kosten, die wir verauslagt haben und zu deren Erstattung aus dem Honorarfonds wir der beifolgenden Quittung bedürfen, um deren Vollziehung und gefl. Rücksendung wir daher bitten.

---

12 Hellmann-Nachlass, vgl. Fußnote 1.

Auf Wunsch des Herrn Geh. Reg.-Rath Professor Dove werden der an Sie abgehenden Kreuzband – Sendung 2 Exemplare des XXXVII. Heftes der Preußischen Statistik beigefügt worauf der anliegende Brief des Herrn Professors Dr. Arndt Bezug hat.

In Vertretung
Henck

In dem genannten Aufsatz wird Hellmanns Abhängigkeit von Doves Erweiterungen Humboldtscher Ideen deutlich: „Das Studium der nicht periodischen Veränderungen der Luftwärme, welches von gegebenen mittleren Werten zu den wirklich statthabenden Witterungsverhältnissen übergeht, musste naturgemäß auf jene Ergänzung unserer Kenntnis von der Verteilung mittlerer Wärmegrade auf der Erdoberfläche führen. Eben darum war es auch Dove, der Begründer jener Untersuchungen, welcher diese Seite der Klimatologie zuerst in Angriff genommen hat." Die geographische Klimatologie, wie er sie bei Dove kennengelernt hat, nimmt ihn immer mehr ein. Bauernweisheiten sucht er mit klimatologischen Gegebenheiten zu untermauern:

Übrigens hat die Beobachtung unserer oft so kalten Februare, wie die vieler anderer außergewöhnlicher Witterungserscheinungen auch im Volksmunde ihren Ausdruck gefunden; denn in Schlesien hörte ich erzählen, dass der Februar zum Jänner sage:

Hätt' ich die Macht wie du,
Ließ' ich erfrieren das Kalb in der Kuh.

(Mich dünkt, dass hier Februar und Jänner vertauscht sind). Gegen Ende seines Aufsatzes zieht Hellmann die Schlussfolgerung, „dass in Deutschland positive Abweichungen im Winter häufiger als negative, im Sommer negative häufiger als positive vorkommen müssen; mit anderen Worten: dass warme Winter und kühle Sommer die wahrscheinlichsten sind".

Aus dem Jahre 1877 stand mir kein Brief zur Verfügung, aber Hellmann dürfte sich weiterhin die meiste Zeit in Spanien aufgehalten haben. Im Herbst reiste er nach Südfrankreich, denn er schreibt in einem Aufsatz über „Das meteorologische Observatorium auf dem Puy de Dôme", erschienen 1878 in der *meteorologischen Zeitschrift*: „Ich habe beiden Stationen Anfang Oktober 1877 einen Besuch abgestattet. ..."

Ein Brief an Hellmann vom Januar 1878 des Leiters des Statistischen Bureaus enthält keinen Hinweis auf Hellmanns Aufenthaltsort:

Berlin, den 22. Januar 1878.

Königl. Preuss. Statistisches Bureau.
Berlin (SW.)
Lindenstrasse Nr. 31/32.
Journal Nr. 8580 B.

Es wird ersucht, bei der Antwort das vorstehende Journal-Zeichen anzugeben.

Auf Veranlassung des Herrn Ministers des Innern übersenden wir (in zwei Paketen) Euer Wohlgeboren beifolgend die seiner Zeit an uns abgegebenen, auf dem anliegenden Verzeichnisse spezifizierten Broschüren und Publikationen und ersuchen um eine gefällige Empfangsbescheinigung.

Königliches Statistisches Büreau.
D Engel.

Vom 20. Februar 1878 ist ein Brief von der Hohen Warte bei Wien an Hellmann datiert, der zum zweiten Mal seinen Beitritt zur österreichischen Gesellschaft betrifft und eine Ermunterung enthält. Am Schluss steht Granada als letzte Poststation[13]:

Hochgeehrter Herr!

Ich bestätige Ihnen den Empfang Ihrer beiden Abhandlungen für die met. Zeitschrift und sage Ihnen dafür besten Dank.

Die gewünschten Drucksachen: Instruktion, Jahrbuch etc. werden Sie wohl schon erhalten haben. Heute schicke ich Ihnen noch die Kopien der Resultate der meteorol. Beob. zu S. Fernando, die mir Herr Pujazon[14] geschickt hat.

Hochachtungsvoll

Ihr ergebenster

[D.] Mann

Lassen Sie sich durch den Angriff, den Wild auf Sie in seinen „Temp[eraturen] des Russ[ischen] Reiches" gemacht hat, nicht abhalten nach Petersburg zu gehen – Wild hat seine Eigenheiten und es mag etwas schwer werden zuweilen mit ihm auszukommen aber lernen können Sie bei ihm gewiss mehr, als an irgend einem andern Observatorium, und man muss seine erstaunliche Tätigkeit und Energie sehr hoch schätzen. Seine persönliche Bekanntschaft wird für Sie gewiss vorteilhaft sein."

---

13 Vgl. Fußnote 1.
14 Cecilio Pujazón (1833-1891), Direktor der Sternwarte in San Fernando. Auf Abbildung 2-2 sitzt er in der ersten Reihe.

Beitritts-Erklärung.

Der Gefertigte erklärt hiermit der „österreichischen Gesellschaft für Meteorologie" als ordentliches Mitglied beitreten zu wollen.

Name	*Gustav Hellmann*
Charakter	*Dr. philos. (Meteorologe)*
Wohnort	*Gegenwärtig in Spanien*
Letzte Poststation	*Granada*

Der Angriff Wilds, von dem in diesem Brief die Rede ist, mag der Verwendung der Besselschen Formel in Hellmanns Doktorarbeit von 1875 gegolten haben. Ich werde darauf in Kapitel 7, Band II über Hellmanns Inauguraldissertation zurückkommen.

Aus Spanien erhält Hellmann einen am 28. April datierten Brief von Pujazón. Da der Spanisch geschriebene Brief nach Berlin ging (Anhang C, Faksimile C-5)[15], dürfte Hellmann vor seiner Reise nach St. Petersburg zurück in der Hauptstadt gewesen sein. Pujazón übersandte ihm die Jahrbücher der Sternwarte mit meteorologischen Beobachtungen für die Jahre 1875 und 1876 sowie die seit Beginn der Beobachtungen gesammelten Regenaufzeichnungen. Er legte noch einen unter seiner Aufsicht berechneten „nautischen Almanach" für 1879 bei, bekundete sodann seine Absicht, die astronomischen und magnetischen Beobachtungen der Sternwarte im selben Jahr fortzuführen, und bittet Hellmann schließlich um Verständnis, weil ihm überhaupt wenig Zeit bliebe, zumal er in den folgenden vier Jahren eine Anzahl ausgewählter Marineoffiziere in „höherer Mathematik, Astronomie und Geodäsie, Experimentalphysik und mathematischer Chemie, Sprachen, den Lehren über Schiffsmechanik, Wasserdampfmaschinen" auszubilden habe, so dass er über keine freie Minute verfügte, und dennoch habe er dem Schlaf einige Stunden stehlen können, um Mohns „Grundzüge der Meteorologie" ins Spanische zu übertragen, die noch vor seiner Kubareise ans Licht kämen, denn er glaubte, sie seien allgemein sehr zweckmäßig für die Seeleute. Nach Kuba wolle er reisen, um die Sonnenfinsternis vom 29. Juli zu beobachten, und falls er führe, plane er seine Rückreise über die Vereinigten Staaten, England, Hamburg, Kiel und Berlin, „wo ich das Vergnügen haben werde, Sie zu sehen, sollten Sie aus Russland wieder zurück sein". Es erscheint mir unwahrscheinlich, dass dieses Treffen in Berlin zustandekam, aber spätestens auf dem Rom-Kongress in dem darauffolgenden Jahr haben sich der Schlafdieb und der hispanophile Preuße wiedergesehen.

Hellmann tritt seine Russlandreise am 5. Mai an, nachdem ihm zwei Reisestipendien gewährt worden waren. Köppen schreibt ihm aus Hamburg an ebendemselben Tag[16]:

Sehr geehrter Herr!

Entschuldigen Sie, bitte, dass ich erst heute Ihren freundlichen Brief vom 2 d. M. beantworte; da ich eben meine Wohnung gewechselt, so war in den letzten Tagen meine Zeit sehr besetzt und habe ich beim ersten eiligen Durchlesen ihres Briefes auch nicht bemerkt, dass Sie schon am heutigen Tage zu verreisen gedachten.

Der Aufsatz, von dem Ihnen Prof. Neumayer sprach, betrifft nur die Lage der Wettertelegraphie, nicht der meteorolog. Organisation überhaupt, und enthält natürlich über Frankreich sehr wenig, da ich die dortigen Einrichtungen nur aus sehr dürftigen Beschreibungen und Notizen &c. kenne.

Ihr offenbar viel umfassenderer und auf eigener Anschauung basierter Bericht dürfte somit schon wegen der Verschiedenheit des Themas – meteorolog. Organisation überhaupt und Wettertelegraphie ausschließlich – mit dem meinigen nicht in Kollision kommen, und würde ich, wenigstens, sein Erscheinen mit Freude und großem Interesse begrüßen.

Wenn auch Manches in beiden Aufsätzen besprochen sein mag, so ist das weiter nicht bedenklich, besonders da in Deutschland im Allgemeinen so wenig über den Gegenstand bekannt ist. Fraglich ist nur, ob die „Annalen der Hydr. &c." da einen geeigneten Platz für diese Abhandlung bieten. Ihr nautischer Charakter gestattet wohl die Hineinziehung der Wettertelegraphie, aber nicht, oder doch nicht in erheblichem Umfange, der allgemeinen und Land-Meteorologie. Doch könnte eventl. der Bericht als „Beilage" erscheinen. Der meinige sollte im Laufe dieses Sommers als separates kleines Heft von der Seewarte herausgegeben werden.

Indem ich Ihnen, geehrter Herr, den besten Erfolg für Ihre neue Reise wünsche, bitte ich Sie, meine besten Grüße den Herren Prof. v. Öttingen und Weihrauch, so wie den Petersburgern besonders meinem lieben Freunde Dohrandt [1872 Assistent von Wild], zu übergeben, wie auch Rykatschoff[17], *Mielberg [1872 Assistent von Wild], Wahlen u. A. Sollten Sie die [Kstl.] Öffentliche Bibliothek benutzen wollen, so bitte ich Sie, sich an meinen Bruder [Nikolas Köppen], der Bibliothekar derselben für*

---

15 Slg. Darmstaedter F 1f 1870 Pujazon usw. (vgl. Anhang C). Die Dokumenten-Sammlung Darmstaedter, Eigentum der Staatsbibliothek zu Berlin, setzte sich zum Ziel, „der ruhende Pol in der Erscheinungen Flucht" zu werden (DARMSTAEDTER 1926).
16 Hellmann Nachlass, vgl. Fußnote 1.
17 So auch in WEGENER-KÖPPEN (1955); Rykatscheff (oder Rykatcheff, auch Rykatchew bzw. Rykatschew in der *Meteorologischen Zeitschrift*; Rykachev usw.) wurde Nachfolger von Wild.

Naturwissenschaften u. Med. ist, wenden und sich auf mich berufen zu wollen. Er wird Ihnen jedenfalls mit Vergnügen jede Unterstützung, die in seiner Macht steht, entgegenbringen.

*Hochachtungsvoll
Ihr ergebenster W. Köppen*

Zu den genannten Personen, die Hellmann grüßen sollte, findet man einige Hinweise in WEGENER-KÖPPEN (1955). Köppen kannte schon die „Eigenheiten" Wilds, wofür als Beispiel folgende Stelle aus dem „Gelehrtenleben" angeführt werden möge: „Im Dezemberheft der *[m]eteorologischen Zeitschrift* 1874 verhalf mir Hann zu einer Genugtuung gegenüber Wild, indem er auf meinen Wunsch die kurze Erklärung der barometrischen Windrose an die Spitze des Heftes setzte. Diese Erklärung, die ich auch jetzt für die richtige halte, die aber eine Hauptsäule von Doves Gebäude umstürzte, hatte nämlich Wild ... aus dem Manuskript ... gestrichen und den Rest mit einem Vorwort versehen, aus dem man den völlig falschen Eindruck gewinnen musste, als rühre dieser Leitgedanke von ihm her." Köppen war „innerlich so zerfallen mit Wild", dass er leichten Herzens Sankt Petersburg verließ, als ihm Neumayer 1875 eine Stelle auf der neu eingerichteten Seewarte in Hamburg anbot. Trotzdem hatte er für Wild auch ein gutes Wort übrig: „Das war allerdings bei Wild angenehm, dass er viel zugänglicher für fremde Ideen und Vorschläge war als Neumayer, mein späterer Direktor an der Sternwarte. Nur eignete sich Wild neue Ideen auch gern an, wie ich es später erfahren musste."

Zu Wilds Rolle in Hellmanns Werdegang sei hier wieder der Worte aus Hellmanns Antrittsrede 1912 vor der Preußischen Akademie gedacht[18]: „Wenn mich auch Dove durch sein einstündiges Publikum über Meteorologie sowie durch private Anregungen dieser Wissenschaft zuführte, so war es doch Heinrich Wild, dessen kritischer Sinn und instrumentelles Geschick mir zum Vorbilde wurde, als ich als Volontär an dem von ihm musterhaft geleiteten Physikalischen Zentralobservatorium in St. Petersburg zuerst in die exakteren Arbeitsmethoden beider Gebiete Einsicht gewann." Vom Ehepaar Wild wurde Hellmann als Freund angesehen, wie aus Frau Wilds „Erinnerungen"[19] hervorgeht. Dazu später mehr.

Aus dem im Anhang E enthaltenen Nachruf auf Heinrich Wild, gedruckt in der *Meteorologischen Zeitschrift* von 1902, seien hier nur telegrammartig die wesentlichen Berufsstationen aufgezählt: Geboren 1833 bei Zürich, studierte Wild daselbst, dann in Königsberg bei Franz Ernst Neumann[20], dem Begründer der theoretischen Physik in Deutschland (HUTTER & WANG 2016), und mit 25 Jahren wurde er zum Professor für Physik an der Universität Bern und zum Direktor der dortigen Sternwarte ernannt. Wild betrieb die Errichtung einer schweizerischen Meteorologischen Zentralanstalt. Mit Heinrich Dove hat er über den Ursprung des Föhns und anderer Winde gerechtet. 1868 übernahm er die Leitung des physikalischen Zentralobservatoriums in Petersburg, reorganisierte und erweiterte dieses mit beachtlichem Erfolg, und mit der Durchführung des riesigen russischen Beobachtungsnetzes erlangte er weltweite Beachtung. Er schuf zudem die meteorologisch-magnetischen Observatorien zu Pawlowsk und Irkutsk. Neben Meteorologie und Erdmagnetismus hat sich Wild mit Elektrizität und Optik beschäftigt. Auch war er Präsident der internationalen Polarkommission, Mitglied und Vorsitzender des internationalen Meteorologen-Komitees und Mitglied des internationalen Bureaus für Maße und Gewichte. „Die russische Regierung hat seine Verdienste mehrfach, unter anderem durch Verleihung des Adelstitels anerkannt." In erster Linie oblag ihm die Pflege der klimatischen Forschung des großen russischen Reiches und der magnetischen Beobachtungen: „Was Prof. H. v. Wild an dieser Stelle geleistet, ist von unvergänglichem Werte; seine zahlreichen vortrefflichen Arbeiten füllen fast eine ganze Bibliothek."

In einer Biografie von Oberlehrer Paul Schulze über den Vorgänger Wilds in Petersburg, Ludwig Friedrich Kämtz (1801-1867), der u.a. die Zeitschrift *Repertorium für Meteorologie* ins Leben rief, kann man nachlesen, dass Kämtz sich gerade in Bern bei Wild befand, als ihn die Aufforderung von Besseloski, dem Sekretär der dortigen Akademie erreichte, die Nachfolge von Kupffer (1799-1865) anzutreten (SCHULZE 1908). Kämtz wollte und konnte mit Wild die Angelegenheit besprechen, zumal er sich zu alt für den großen Wechsel fühlte, sagte aber nach reiflicher Überlegung in einem Brief doch zu, jedoch nicht ohne Wild für die Stelle von Lenz vorzuschlagen, die seit dessen Tode noch unbesetzt war:

Ich weiß nicht, was die Akademie für die Besetzung der Stelle, die durch den Tod Lenz frei geworden ist, getan hat. Sollte sie noch keine Entscheidung getroffen haben, so erlaube ich mir, den Professor Heinrich Wild, von dem ich früher gesprochen habe, zu empfehlen; ich habe die feste Überzeugung, dass er eine ausgezeichnete Erwerbung für die Akademie sein wird. Herr Wild ist Schweizer, Landsmann von Euler und Bernoulli, 32 Jahre alt und Protestant. Seine Frau und er sind sehr gesellschaftlich. Nach Beendigung seiner Studien in der Schweiz begab sich Wild, um seine wissenschaftlichen Kenntnisse zu vertiefen, nach Königsberg, wo er unter Leitung von Neumann in der mathematisch-physikalischen

---

18 Von Frau Linda Richter erfuhr ich persönlich, dass es im „Nachlass Hellmann" in der Staatsbibliothek zu Berlin einige Briefe von Wild an Hellmann in einer von „vier Kisten" gibt. Aus verschiedenen Gründen habe ich die Kisten noch nicht einsehen können. Es steht zu erwarten, dass aus dem gewaltigen Briefwechsel Hellmanns noch einige erhellende Briefe zum Vorschein kommen werden.
19 Rosa Wild (1913): Erinnerungen etc., digitalisiert 2020 in der Zentralbibliothek Zürich: ZK 1641.
20 Einem Kapitel von Neumanns Vorlesung über Mechanische Wärmetheorie, welches erst sehr viel später zum Druck kam (NEUMANN 1950), liegt eine Ausarbeitung von Wild aus dem Jahr 1854/55 zugrunde.

Schule dieser Stadt arbeitete. Auf den Rat des letzteren beschäftigte er sich mit einem vollständig vernachlässigten Zweige der Physik, der Photometrie. ... Als Spezialfach hat er die Optik gewählt. Ebenso würde er in würdiger Weise die Entwicklung jenes Zweiges der Wissenschaft vervollständigen, zu der Euler in Petersburg mit so großem Talent den Grund gelegt hat, ebenso würde er seine Aufmerksamkeit auf die Natur des Lichtes richten, die der große Gelehrte bisweilen aus dem Auge verloren hat.

Kämtz blieb nur noch eine kurze Lebenszeit in der für ihn unzuträglichen Petersburger Umgebung: „So schnell ward das Observatorium von neuem verwaist und die Akademie zur Wiederbesetzung der Stelle genötigt. Aber diesmal bot die Wahl keine Schwierigkeit, denn Kämtz hatte sich seinen Nachfolger selbst ausersehen. In jenem Zeugnis, durch das er Wild zwei Jahre vorher für die Stelle von Lenz empfohlen hatte, sah die Akademie Empfehlung genug, um ihn zu seinem Nachfolger zu berufen" (SCHULZE 1908).

Die Pulkowoer Sternwarte war eine Art Pilgerstadt der Astronomie. Zwischen 1865 und 1866 war dort auch der Nordamerikaner Cleveland Abbe (POTTER 2020), dem wir noch begegnen werden. „Pulkowa ist der Name der Hauptsternwarte des russischen Reiches, nach ihrem Begründer, Nicolaus I., auch Nicolai-Sternwarte genannt. ... Es wurde nur deutsch gesprochen und deutsche Weihnachtslieder gesungen [so hatte es auch Abbe erlebt (POTTER 2020)]" (WILD 1913).

In Pawlowsk bei St. Petersburg wurde Wild ein meteorologisch-erdmagnetisches Observatorium bewilligt, gemäß seinen eigenen Wünschen und Entwürfen. Er überwachte die Fortschritte der Bauten, nachdem die Grundsteinlegung am 20. Mai 1876 erfolgt war, und „[i]m August 1877 waren die Bauten vollendet; aber nun trat die hochinteressante Aufgabe der Ausrüstung mit den wissenschaftlichen Instrumenten etc. an meinen Mann, welche zusammen mit dem inzwischen ernannten Verweser des neuen Observatoriums vorgenommen werden sollte" (WILD 1913). Vom „lieblichen" Pawlowsk schreibt Rosa Wild in ihren Erinnerungen: „Die Bauten, ein Komplex von sieben Häusern, bildeten eine kleine, für sich abgeschlossene Kolonie. Im Hauptgebäude, das in rotem Backstein aufgeführt [sic] und ein schöner zweistöckiger Bau mit einem Turm für die Instrumente zu den meteorologischen Beobachtungen war, wurden außer den Arbeits- und Wohnräumen für die Beamten und der Bibliothek eine mechanische Werkstätte, mehrere Laboratorien eingerichtet und die Dynamomaschinen für die elektrische Beleuchtung installiert." Wie Frau Wild weiter ausführt, befanden sich „auf Marmorpfeilern die Instrumente für die Beobachtungen: Theodolit, Inklinatorien und Deklinatorien, ... im Meridianzimmer das Passageninstrument für Zeitbestimmung. ... Der interessanteste Bau war der für die magnetischen Variationsbeobachtungen, welcher, da er mit Erde bedeckt wurde, der „unterirdische Pavillon" hieß ... von außen nichts als ein schöner, grüner Hügel."

Diese Neubauten sollte Hellmann bald betreten.

Am 20. Mai 1878 wurde das neue Observatorium, nachdem schon zu Anfang des Jahres die regelmäßigen meteorologischen und magnetischen Beobachtungen in ihrem vollen Umfang begonnen hatten, in Gegenwart von Großfürst Constantin Nicolajewitsch ... feierlich eingeweiht. Staatssekretär Golowine, bei der Einweihung auch dabei, überließ dem Observatorium seine Bibliothek, 5000 Bände aller Wissensgebiete, in prachtvollen Schränken untergebracht. Sie wurde in zwei besonderen Räumen des Hauptgebäudes aufgestellt, wovon der eine gleichzeitig als Lesesaal benutzt werden sollte und als solcher mit schönen Tischen zur Ausbreitung von Karten und Prachtwerken, sowie mit einer wertvollen Bronzebüste Alexander v. Humboldts geziert ward. Im anstoßenden Raume wurde die streng fachwissenschaftliche Bibliothek untergebracht.

Man kann sich ausmalen, welchen Eindruck die Bibliothek auf den künftigen Büchersammler und Büchereileiter gemacht hat!

Auch wenn Frau Wild einige Daten hier und dort nicht mehr genau einordnet, so dürfte Folgendes aus ihren Erinnerungen an den Sommer 1878 zutreffen:

Auch der Großfürst Constantin Nicolajewitsch kam und war sichtlich erfreut, schon in diesem Sommer zwei junge Ausländer im Observatorium zu treffen, die sich der fachlichen Ausbildung in der Meteorologie und der Lehre vom Erdmagnetismus im Pawlowsker Observatorium widmen wollten. Es war das Dr. Hellmann aus Berlin, der dann seinen Aufenthalt als Volontär in Pawlowsk und in Petersburg auf ein Jahr verlängerte vor dem Kongress in Rom [1879].

Während des Winters 1878/79 hat sich das Ehepaar Wild den „Vorstudien für die italienische Reise" gewidmet, weil in Rom der zweite internationale Meteorologenkongress stattfinden sollte. Hellmann kann man sich ebenso mit Vorbereitungen auf die „italienische Reise" vorstellen, denn er hat bekanntlich an dem Kongress teilgenommen. Vom 21. Januar 1879 ist die „Herausgabe einer meteorologischen Bibliographie" in St. Petersburg datiert, eine Denkschrift, die bald darauf in der *meteorologischen Zeitschrift* erschien und ihn um die rasch wachsende Fülle an meteorologischer Information, nicht ohne einen Anflug an Rassismus, besorgt zeigt:

> *Der Paragraph 9 des vom permanenten Comité auf seiner letzten Sitzung in Utrecht, Oktober 1878, vereinbarten Programms für den zweiten internationalen Meteorologen-Congress, welcher im April 1879 zu Rom abgehalten werden soll, lautet: „Das Comité schlägt vor, auf gemeinschaftliche Kosten einen Katalog der publizierten und nicht publizierten meteorologischen Beobachtungen aller Länder anfertigen zu lassen". Im Anschluss an diesen Vorschlag, dem einzelne Zentral-Anstalten schon entsprochen haben, erlaube ich mir noch einen zweiten, nicht minder wichtigen, welcher jenen zum Teil involviert, dem Congress zu unterbreiten:*
>
> *Auf gemeinschaftliche Kosten einen systematischen Katalog der bisher publizierten Bücher, Broschüren und Abhandlungen, welche sich auf Meteorologie (und Erdmagnetismus)[21] beziehen, d.h. eine magneto-meteorologische Bibliographie herausgeben zu lassen.*
>
> *Ein Jeder, der über irgend ein Thema gearbeitet oder geschrieben hat, wird das lebhafte Bedürfnis gefühlt haben, die über den betreffenden Gegenstand schon vorhandene Literatur kennen zu lernen, entweder um nicht schon Dagewesenes von neuem zu veröffentlichen oder um seine Resultate mit denen anderer vergleichen und, in vielen Fällen, seine ganze Arbeit demgemäß modifizieren zu können. Die Hilfsmittel der Meteorologen dazu sind aber bis jetzt gar geringe und unvollständige, und es wird wohl Jeder die Erfahrung gemacht haben, dass er nach Veröffentlichung einer Arbeit nebenher und oft ganz zufällig von Arbeiten erfährt, die das gleiche Thema behandeln und von ihm unberücksichtigt geblieben waren. Je nach dem wissenschaftlichen Charakter der einzelnen Personen wie ganzer Völker wird das Bestreben, die Resultate anderer auf dem gleichen Arbeitsgebiete kennen zu lernen, freilich ein sehr verschiedenes sein, ja es kann als Rassencharakter einiger Nationen bezeichnet werden, die einschlägige, besonders ausländische Literatur fast ganz unberücksichtigt zu lassen. Daher erklärt sich die so häufige Erscheinung, dass Dinge als neue Entdeckungen und Resultate publiziert werden, die anderwärts schon längst bekannt und vielseitig besprochen sind. Ich glaube also, dass das Bedürfnis einer meteorologischen Bibliographie ein allseitig gefühltes ist und dass mit der Herausgabe derselben auch ein wirklicher indirekter Fortschritt der Wissenschaft selbst gemacht würde. [...]*
>
> *Obgleich schon die Herausgabe von systematischen Katalogen der meteorologischen Bibliotheken ein großer Schritt vorwärts in dieser Richtung wäre, so hat doch nur die* Meteorological Society *in London das Verdienst, einen solchen veröffentlicht zu haben.[22] Aber wenn auch die Zentral-Anstalten in Wien, St. Petersburg, Hamburg (früher Dovesche Bibliothek), London, Utrecht, welche große Fachbibliotheken besitzen, dasselbe tun würden, so wäre das Bedürfnis einer meteorologischen Bibliographie doch keineswegs schon befriedigt, da keine derselben so vollständig ist, wie z. B. in astronomischer Hinsicht die der Sternwarte in Pulkowa, deren Katalog den beteiligten Fachmännern die Vorteile einer allgemeinen astronomischen Bibliographie nahezu ganz bietet.*

In St. Petersburg finden wir die Saat, die Hellmann zu einem nebenberuflich lebenslänglichen Bibliographen bestimmt hat. So sagte Knoch in seiner in Hamburg gehaltenen Festrede zum Gedenken an den 100. Geburtstag Hellmanns, wie schon in Kapitel 1 angeführt, dass die Bibliothek des Preußischen Meteorologischen Instituts bis 1921 „sein Lieblingskind" bleiben sollte.

Der II. Kongress fand in Rom zwischen dem 14. und dem 22. April statt. Frau Wild erinnert sich: „Sehr erwünscht war uns, dass wir in diesem Jahr [1878] keine Reise ins Ausland vorhatten; dagegen sollte im März 1879 [April!] der zweite Meteorologen-Kongress in Rom stattfinden und an diesen sich eine Sitzung des Internationalen Komitees [für Maß- und Gewichtseinheiten] in Paris anschließen. ... Während der Wintermonate widmeten wir uns möglichst viel den Vorstudien für die italienische Reise. Anfang März, noch bei hartem Frost, traten wir sie an, das Herz voller Sehnsucht nach des Südens herrlichem Lenze!"

Von diesem II. Kongress ist ein Gruppenbild überliefert, das schon vielfach reproduziert wurde. Darin ist Hellmann als fast 29-Jähriger zu sehen (letzte Reihe, 2. von rechts); sein linker Nachbar ist Karl Weihrauch aus Dorpat, der 1888 und 1890 eine gewichtige Arbeit zu Besselschen Reihen in der Meteorologie, die in Hellmanns Inauguraldissertation von 1875 Anwendung gefunden hatten, veröffentlichte; unter ihm steht der Norweger

---

21 Fußnote von Hellmann: „Da beide Wissenschaften wohl noch lange, wie bisher, Hand in Hand gehen werden, wäre die Aufnahme der auf Erdmagnetismus bezüglichen Schriften dringend geraten."

22 Fußnote von Hellmann: Herrn Symons in London weiß ich mit fleißiger Sammlung bibliographischer Notizen über Meteorologie beschäftigt. - Herr Cleveland Abbe in Washington hat kürzlich an den Redakteur dieser Zeitschrift unter anderen folgende Zeilen gerichtet [meine Übersetzung]: Wissen Sie von irgend jemandem, der an einer allgemeinen meteorologischen Bibliographie oder ihrer Zusammenstellung interessiert ist? Ich habe eine durch Abschrift und Einteilung von ungefähr 23 000 Titeln aus dem Royal Society Index, Bd. I-VI, begonnen, was schätzungsweise etwa ein Drittel meiner Arbeit ausmachen dürfte.

Abb. 2-2: Der II. Internationale Meteorologen-Kongress, Rom 1879. Einige Teilnehmer werden im Text namhaft gemacht (SHAW 1926).

Henrik Mohn, der „die erste moderne Darstellung der Meteorologie" einige Jahre zuvor veröffentlicht hatte[23]; links von ihm, als linker Nachbar des Herren mit Zylinder (Paugger), steht Wilhelm von Bezold, Hellmanns künftiger Vorgesetzter. Heinrich Wild sitzt in der ersten Reihe, 3. von rechts; Julius Hann steht hinter ihm. Georg Neumayer, Leiter der Seewarte in Hamburg, sitzt auch in der ersten Reihe, 2. von links, in seiner ihm eigenen Pose. Bekannte Namen aus ganz Europa, von Portugal bis Russland waren zugegen (Periodentabellenschöpfer Mendelejev in der Mitte des Bildes, letzte Reihe). Aus Spanien ist der Direktor der Madrider Sternwarte, Antonio Aguilar, Neumayers linker Nachbar, vor Cecilio Pujazón, dem mit Hellmann bekannten Leiter der Sternwarte in San Fernando. Für weitere Namen, die im Folgenden nicht von Frau Wild erwähnt werden, verweise ich auf SHAW (1926) oder CANNEGIETER (1963) oder FIERRO (1991).

Die Fotografie ist vielleicht die bekannteste aus jener Zeit internationaler meteorologischer Versammlungen. Noch gar nicht bekannt sind jedoch die Eindrücke von Frau Wild (WILD 1913):

In Rom empfing uns der mit meinem Mann befreundete Meteorologe Taquini [Tacchini] und geleitete uns in das auf der Höhe gelegene Hotel. ... Der Kongress wurde feierlich eröffnet; es waren wohl vierzig ausländische und viele italienische Meteorologen und Physiker erschienen. Meinem Mann wurde gleich in der Eröffnungssitzung die Ehre zuteil, zum Präsidenten des Kongresses erwählt zu werden[24], eine Ehrung, die ihn verpflichtete, an den meisten Sitzungen teilzunehmen, so dass ihm kaum Zeit blieb, sich die Herrlichkeiten Roms anzusehen. ... Zu Ausflügen in die Umgebung Roms ermunterte die anormale Witterung nicht; es regnete, schneite und stürmte unablässig; der Himmel zürnte den versammelten Meteorologen. Wir Nordländer gedachten zähneklappernd der wohlig-warmen Stube daheim, und die Römer klagten, dass solche Temperaturverhältnisse seit vielen Jahren nicht vorgekommen seien.

... Außer uns war auch der Genfer Physiker Plantamour mit seiner Gattin anwesend, ein bedeutender Gelehrter und ein schöner Mann [zur rechten Wilds].

Ich fahre mit Frau Wilds Erinnerungen fort, weil sie dem Kongress eine ganz andere, sehr persönliche Note gibt, wobei ich ihre eigenwillige Schreibung der Gelehrten, wo nötig, in eckigen Klammern „korrigiere". Allerdings ist mir nicht klar, ob Frau Wild nur einen Ausschnitt vor sich hatte, denn ihr Mann befindet sich nicht in der Mitte des berühmten Gruppenbildes, sondern in der Mitte der rechten Bildhälfte:

Möge es mir gestattet sein, noch einen Blick voll dankbarer Erinnerung und Pietät auf das Bild zu werfen, das von dem Kongress gemacht wurde: In der Mitte steht als Präsident des Kongresses mein Mann und um ihn gruppieren sich seine alten unvergesslichen Kollegen, die nun zum größeren Teil nicht mehr am Leben sind: Da ist der Nordpolfahrer Smith [Henry G., 1. Reihe, links vom Tisch], eine wet-

---

23 Es ist, wir erinnern uns, dieses Buch gewesen, das unter Schlafentzug von Pujazón (neben Neumayer auf dem Bild) ins Spanische übertragen wurde.
24 Nach CANNEGIETER (1963) wurde Cantoni als Kongress-Präsident gewählt, was mir logischer erscheint. Wild wurde aber zum Präsidenten des Internationalen Meteorologischen Komitees ernannt.

terfeste Gestalt mit weißem, wallendem Haar [mehr Bart denn Haar] um den schönen Kopf [Glatze], der Sekretär Scott [Robert Henry, zur Linken von Wild, Vorsitzender des englischen Wetterdienstes], Cantoni [Leiter der italienischen meteorologischen Zentralanstalt], Taquini [Tacchini, Astronom an der Sternwarte von Palermo], Pater Denza, Palmieri [sucht man vergebens auf dem Bild], Respighi und der liebenswürdige Blaserna. Dieser ist wohl von allen damals anwesenden italienischen Meteorologen der einzige Überlebende und bekleidet jetzt die Stelle des Sekretärs des internationalen Meter-Komitees in Paris.

Deutschland und Österreich waren ebenfalls reichlich vertreten. Ich nenne unseren Freund Hellmann, dessen jugendliches Aussehen bei der Vorstellung am Hofe der Königin die Worte entlockte: „So jung und schon Professor!" Heute lebt er in hervorragender wissenschaftlicher Stellung in Berlin. Ferner: Neumayer, Direktor der Seewarte in Hamburg, Awers [Arthur von Auwers, vom Astrophysikalischen Observatorium in Potsdam und Mitglied der Preußischen Akademie der Wissenschaften, über dem Tisch in der Mitte stehend und von der Seite zu sehen] und Pezold [Bezold, Direktor der königlichen Bayerischen Central-Station] aus Berlin, Jelineck [Jelinek war und konnte nicht anwesend sein, er starb 1876!] aus Wien und Bruhns aus Leipzig, die beiden ersteren Förderer der Meteorologie: ebenfalls aus Wien Weyprecht [Karl, Polarforscher], von dem ich später noch als arktischem Forscher und Seefahrer zu berichten haben werde. Die Nordländer waren durch die überaus sympathischen Gelehrten Hildebrands[s]on [nicht auf dem Bild] und Mohn vertreten; aus Dänemark war der geistreiche und joviale Hoffmeyer [Niels, Begründer des Dänischen Meteorologischen Instituts] anwesend, und Frankreich hatte Mascart [Eleuthère, Direktor des Meteorologischen Zentralbureaus in Paris, rechter Nachbar von Hann, das Kinn auf seine rechte Handfläche gestützt] und Hervé-Mangon [Hervé-Mangon ist allerdings nicht auf dem Bild zu sehen] gesandt. [...]

Zum Schluss der Sitzungen wurde der Kongress von der Regierung zu einer Exkursion nach Neapel und einer Wagenfahrt auf den Vesuv eingeladen. ...

In Neapel war in einem Hotel am Quai für die Kongressmitglieder Logis bestellt worden. Abends fand, von dem Präfekten von Neapel veranstaltet, eine Empfangsfestlichkeit mit Reden, Toasten, Musik und Gesang statt, die bis tief in die Nacht hinein dauerte. Es war ein stimmungsvoller Abend. Vor uns lag, eingerahmt von duftenden Orangen- und Zitronensträuchern, das leuchtende Meer, links erhob sich der rauchende und leise funkensprühende Vesuv, rechts tauchten die kleinen paradiesi-

schen Inseln Ischia und Procida, gegenüber Capri, aus der Flut empor.

Befreit von allen Sitzungen konnten sich die Meteorologen nun völlig dem Genuss dieses Märchenlandes hingeben; so wurden denn zunächst Paläste und Museen besichtigt, unter denen besonders die von Professor Dohrn gegründete und geleitete weltberühmte zoologische Station interessierte. ... Im Observatorium empfing uns der Direktor, Palmieri, zu einem Lunch, der gleichzeitig zur Abschiedsfeier wurde und einen überaus fröhlichen Abschluss des Kongresses bildete. Hoch befriedigt und dankerfüllt für die von den italienischen Gelehrten und der Regierung den Meteorologen in so reichem Maße gebotene Gastfreundschaft kehrte man nach Neapel zurück, wo sich der Kongress auflöste.

Der italienische Aufenthalt endet mit einem Hauch wehmütig beschworener Leichtigkeit des Daseins:

Wir machten noch einige Ausflüge, von denen uns einer nach Pompeji, ein anderer nach Sorrent führte. ... In Sorrent brachten wir mit Freund Hellmann zwei schöne Tage zu, spazierten in Gärten voll blühenden und gleichzeitig Früchte tragenden Orangen- und Zitronenbüschen, ganzen Lorbeeralleen etc.; auch besuchten wir die Stelle, wo das Haus Torquato Tassos ins Meer gesunken ist.

Dann kam der Abschied; Hellmann reiste nach Salerno, wir wandten uns nordwärts, über Florenz an die Riviera, nach Marseille und Paris, wo diesmal zur Frühlingszeit eine Sitzung des internationales Meter-Komites stattfand.

Hellmann hat sich von dem lieblichen Duft der Orangenbüsche und Lorbeeren nicht betören lassen, er hat in all den zurückliegenden Wanderjahren es zielstrebig unternommen, den frischen Wind der neuesten meteorologischen Zentralanstalten, etwa in Skandinavien, Finnland, der Schweiz, Österreich und Holland, in seine Heimat zu bringen.

Als Hellmann noch im Winter 1878/79 in Petersburg weilte, reiste Anfang 1879 sein englischer Altersgenosse William Napier Shaw, der unter Maxwell Physik studiert hatte, und von dem noch zu hören sein wird, nach Berlin, um bei Helmholtz, der Maxwells Theorien in Deutschland bekannt gemacht hatte, sich die Hörner weiter abzustoßen. Helmholtz' und Kirchhoffs Ruhm zog viele junge Physiker an. „Ich schrieb mich im Januar 1879 an der Berliner Universität ein, um in Helmholtz' Laboratorium zu arbeiten und seine Vorlesungen zu hören – zu jenem Zeitpunkt über Hydrodynamik. Hertz war Kommilitone im Laboratorium" (SHAW 1934). Hertz berichtet seinen Eltern am 31. Januar 1879 (HERTZ & SUSSKIND 1977): „Im Laboratorium bin ich mit einer ganz ähnlichen Arbeit beschäftigt auf Helmholtz' Rat, zu der meine Apparate gerade passen…". Napier Shaw (1854-1945) und Heinrich Hertz (1857-1894) haben ihre Namen in die Annalen der Meteorologie eingeritzt.

Um einen Eindruck vom Treiben während der „inneren Reichsgründung" in Berlin (WINKLER 2020) zu vermitteln, gebe ich fast den ganzen Brief von Hertz an seine Eltern vom 10. Dezember 1878 hier wieder (HERTZ & SUSSKIND 1977):

Hier hatten wir vorige Woche großen Trubel beim Einzug des Kaisers, Ihr werdet wohl davon gehört haben. ... Ich hatte mich mit mehreren Bekannten der Spalierbildung angeschlossen, was auch als sehr klug sich erwies. Es nahm fast die ganze Studentenschaft daran teil. Um 9 Uhr versammelten wir uns und zogen dann durch die sehr schön geschmückten Linden ans Brandenburger Tor, wo wir uns auf der einen Seite aufstellten, gegenüber die Kunst- und Bauakademiker. Wir mussten dann natürlich einige Stunden stehen. Dabei vertrieben sich einige die Zeit mit Kalauern; so wurde vorgeschlagen, nicht „Heil dir, Kaiser!", sondern „Eil dir, Kaiser!" zu rufen, denn natürlich war immer einige Furcht vorhanden, dass die Sache nicht gut ablaufen könnte. Um halb eins kam dann der Kaiser in offenem Wagen mit der Kaiserin, beide sahen sehr gut aus, hinter ihm der Kronprinz mit Familie, dann noch eine Reihe von Wagen. Auch Moltke kam und wurde von dem lautesten Jubel begrüßt. Es gehörte in der Tat sehr viel Mut dazu, in offenem Wagen durch die dichte und teilweise sehr fragwürdig aussehende Menge zu fahren, die paar Schutzleute und der wie wahnsinnig hin und her galoppierende Madai konnten für nichts stehen. Militär war so gut wie gar nicht aufgeboten. Nachdem der Kaiser vorüber war, wollte die Studentenschaft noch vors Palais ziehen, aber wir kamen nur zur Bauakademie [wo Hellmann später sein Büro haben sollte], dann wurden die Fahnen und Chargierten durch einen hindurchziehenden Kriegerverein abgeschnitten, und der Rest verlor sich dann in der Menge. Der Kaiser erschien noch ein paarmal am Fenster. Die Illumination abends war sehr schön ... . Was übrigens die Illumination anlangt, so haben mir die Hamburger, die ich erlebt, weit besser gefallen, wenigstens einen weit größeren Eindruck gemacht, und ich musste sehr an mich halten, dass ich dies nicht einigen vor Entzücken überströmenden Berlinern mitteilte. Das was [sic] am Donnerstag, am Dienstag vorher hatte ein Bekannter von mir seinen juristischen Doktor cum laude gemacht und war sehr vergnügt darüber, in der Tat war in den letzten vier Jahren keiner über das rite hinausgekommen, vor dem hiesigen Doktor [der Hellmann schon seit 1875 war] hat alles einen heiligen Respekt, und er scheint allerdings etwas anderes als der anderswo zu sein. Infolge davon war dann auch am Dienstag eine kleine Lustbarkeit, so dass die vorige Woche eine Ausnahmewoche war.

Hertz war fast drei Jahre jünger als Hellmann, doch im Gegensatz zu diesem musste er Militärdienst ableisten. Er schreibt seinen Eltern aus Berlin am 9. April 1879: „Dabei macht man denn eben seine Sache so gut wie man kann, und die Vorgesetzten sind hier von einer Milde in der Beurteilung menschlicher Schwächen, die mich in Erstaunen setzt". 1884 veröffentlichte Hertz im ersten Band der *Meteorologischen Zeitschrift* sein epochemachendes thermodynamisches Diagrammpapier, das grundlegend für alle solche weiteren Diagramme wurde.

Hellmann scheint keine von Helmholtz, dem in seiner Nähe wirkenden „Reichskanzler der Wissenschaften" (KÖNIGSBERGER 1903) ausgehende Anregung empfangen zu haben, er bevorzugte eine Meteorologie, die weniger von mathematischen Begriffen und Methoden abhing, wie sie etwa in der goldenen Epoche der Berliner Physik entwickelt und später für die dynamische Meteorologie von grundlegender Bedeutung wurde. Fest entschlossen, sich in Berlin für die Belange der von Humboldt begründeten „klassischen" Klimatologie, für die Beobachtungsgrundlagen der Meteorologie sowie für den Anschluss der entsprechenden staatlichen Institution an die modernen meteorologischen Anstalten anderer Länder einzusetzen, schrieb er am 1. September 1879 eine Art „Initiativbewerbung" an den königlichen Staatsminister und Minister der geistlichen Unterrichts- & Medicinal-Angelegenheiten[25]:

An den königlichen Staatsminister und Minister der geistlichen, Unterrichts-, und Medicinal-Angelegenheiten
Herrn von Puttkammer, Excellenz

Euerer [sic] Exzellenz Herr Amtsvorgänger hat durch die hohen Erlasse vom 4. Mai 1878 U. I. 6184 und vom 29. Mai U. I. 5806 dem ehrerbietigst Unterzeichneten zwei Reisestipendien von 3 000 M bzw. 1 500 M hochgeneigtest gewährt, um ihn von den meteorologischen Arbeiten und Einrichtungen in Russland, Österreich-Ungarn, Italien und Süddeutschland nähere Kenntnis nehmen und an den Verhandlungen des zweiten internationalen Meteorologen-Kongresses in Rom teilnehmen zu lassen, und gleichzeitig einen Bericht über die auf dieser

---

25 Slg. Darmstaeder, F1f 1879-Hellmann, Blatt 83-87.

Studienreise sowie auf dem Kongress gemachten Beobachtungen und Erfahrungen eingefordert.

Indem ich Ew. Exzellenz in der Anlage einen solchen Bericht nebst einer Denkschrift über die Organisation des meteorologischen Dienstes in Russland, Finnland, Schweden, Österreich-Ungarn, Italien und Bayern sowie einen Bericht über den zweiten internationalen Meteorologenkongress, 14.-22., ganz gehorsamst, vorzulegen nicht unterlasse, gestatte ich mir, Folgendes ehrerbietigst vorzutragen.

Wie schon in dem anliegenden Reisebericht angedeutet, habe ich auf dem Meteorologen-Kongresse in Rom, um Auskunft über preußischen meteorologischen Dienst befragt, mehrfach den Bescheid geben müssen, dass derselbe mit den übrigen Staaten Europas und mit den Beschlüssen des ersten Wiener Kongresses noch nicht in Einklang stehe, glaubte aber hinzufügen zu dürfen, dass eine entsprechende Reorganisation des preußischen meteorologischen Instituts in nicht zu ferner Zukunft zu erwarten sei.

Die Herbeiführung dieser so wünschenswerten Übereinstimmung und die Überführung des jetzigen königlichen meteorologischen Instituts in das projektierte neu zu schaffende würde wesentlich erleichtert werden, wenn schon jetzt, nach dem Hinscheiden des Geheimen Regierungsrates Professor Dove, eine Hilfskraft gehalten würde, welche im Stande wäre, das in den letzten Jahren angehäufte umfangreiche Material zu sichten und nach Möglichkeit zu verarbeiten.

Nach dem von Herrn Professor Arndt im vorgesetzten königlichen Ministerium des Innern eingezogenen Erkundigungen kann ich mitteilen, dass Seine Exzellenz der Herr Minister des Innern aus eigener Initiative zwar nichts darin tun werde, einer von Ew. Exzellenz ausgehenden Anregung aber Folge leisten werde.

Da ich nach den mir bisher zu Teil gewordenen Aufträgen annehmen zu dürfen glaube, dass es mir vergönnt sein soll, bei der Reorganisation des preußischen meteorologischen Dienstes Verwendung zu finden, gestatte ich mir, Ew. Exzellenz gehorsamst zu bitten, mit seiner Exzellenz dem Herrn Minister des Innern zu remuneratorischer [so!] Beschäftigung am königlichen meteorologischen Institut zu empfehlen und beauftragen zu wollen, dass mir aus den verfügbaren Mitteln desselben eine jährliche Renumeration von ca. 3 000 M gewährt werde.

Noch beehre ich mich, Ew. Exzellenz als Beweise weiterer Tätigkeit auf dem Gebiete der Meteorologie, im Anschlusse an die bereits früher vorgelegten, meine vier letzten Abhandlungen

- *Über auf dem Atlantischen Ocean in der Höhe der Kapverdischen Inseln häufig vorkommenden Staubfälle.*

- *Vergleichung der Normalbarometer von St. Petersburg, Dorpat, Helsingfors, Stockholm u. Upsala, nebst allgemeinen Bemerkungen über die Reduktion des Barometers auf die Normaltemperatur.*

- *Die Organisation des meteorologischen Dienstes in den Hauptstaaten Europa's. I. Theil (Frankreich, England, Belgien u. Niederlande)*

- *Plan für ein meteorologisches Beobachtungsnetz im Dienste der Landwirthschaft d. Königreichs Preußen*

gehorsamst zu unterbreiten und verharre gehorsamst Ew. Exzellenz

*Ganz gehorsamst
Gustav Hellmann   Dr. phil.*

Aus Hellmanns Plan zugunsten der Landwirtschaft, den er schon im Frühjahr 1878 vorgelegt hatte, und für dessen Wortlaut ich auf Anhang B verweise, seien nur einige ehrgeizige Überlegungen Hellmanns herausgegriffen, die sowohl eine Vorstellung vom Ausmaß und der Herkulesarbeit der auf neuer Grundlage zu institutionalisierenden Meteorologie geben als auch sehr klar Hellmanns künftige Tätigkeiten vorzeichnen:

Die Meteorologie ist eine eminent praktische Wissenschaft, wenn man dieselbe von dem Standpunkte aus betrachtet, dass sie dazu berufen ist, den beiden Hauptfaktoren des nationalen Wohlstandes, der Landwirtschaft und dem Handel, die wichtigsten Dienste zu leisten. Sie ist dann nicht mehr die spezielle Wissenschaft einer kleinen Anzahl von Gelehrten, die ihre theoretische Entwicklung weiter verfolgen; es ist dann gleichsam die ganze Nation, welche den Boden studiert, den sie bebaut, den Himmel beobachtet, der ihre Anstrengungen begünstigt oder vereitelt, welche in meteorologischen Anschauungen geschult und groß geworden, die ihre gegebenen Warnungen und Vorhersagungen des Wetters zum Besten des ganzen Landes wie jedes Einzelnen zu verwerten weiß.

Von diesem Zustande, ich möchte sagen, meteorologischer Durchbildung des ganzen Volkes und entsprechend hoher Stufe der meteorologischen Wissenschaft selbst sind wir freilich noch weit entfernt. [...]

Die Interessen der Landwirtschaft stellen an die Meteorologie ganz andere Forderungen, als die des Handels und der Schifffahrt, für die der praktische Meteorologe bisher zu sorgen beschränkt war. ... Der Landmann dagegen richtet sein Augenmerk auf den Regen, die Gewitter- und Hagelerscheinungen; ihn interessiert zu wissen, ob warme Witterung oder strenger Frost eintreten wird, ob im Frühjahre Spätfröste zu befürchten sind, ob Überschwemmungen und andere elementare Katastrophen bevorstehen. Die Kenntnis der Wärme- und Niederschlagsverhältnisse während der Vegetationsperiode der Feldfrüchte ist also für den Ackerbau besonders wichtig. [...]

Dem Beispiele Frankreichs, das Stationsnetz dritter Ordnung zu verdichten, haben sich andere Staaten angeschlossen, und es kann dieses Bestreben geradezu als ein charakteristischer Zug in der gegenwärtigen Fortentwicklung der Meteorologie betrachtet werden. *In Deutschland ist in dieser Richtung bis jetzt so gut wie nichts geschehen, wie auch in Sachsen, welches mit der Errichtung eines „meteorologischen Bureau's für Witterungsaussichten" in Leipzig schon jetzt begonnen hat, jene oben präzisierten Vorfragen nicht vorher erledigt sind [wörtlich]. Die schon seit mehreren Jahrzehnten bestehenden meteorologischen Stationen zweiter Ordnung sind, wie ich noch später ausführlicher zeigen werde, für diese Zwecke durchaus unzureichend.*

Es ist hier der Ort, den Standpunkt dieser Vorlage gegenüber den geltend gemachten Bestrebungen, schon jetzt in Deutschland mit dem praktischen Wetterdienst für landwirtschaftliche Zwecke zu beginnen, näher darzulegen. Ich halte dieses Beginnen, kurz gesagt, für verfrüht, einmal, weil die lokalen Witterungsverhältnisse Deutschlands für landwirtschaftliche Bedürfnisse noch nicht genügend bekannt sind, sodann, weil es an Kräften zur Bildung von Lokalcentren ermangelt und drittens, weil der Wetterdienst überhaupt noch nicht genügend fortentwickelt ist, wenigstens in den letzten Jahren keine nennenswerten Fortschritte gemacht hat.

Zum ersten Räsonnement habe ich nach dem Obigen wohl kaum etwas hinzuzufügen. Den zweiten Punkt betreffend, glaube ich, dass ein solcher Wetterdienst, alle andre Bedingungen als erfüllt vorausgesetzt, nur dann Erfolg haben kann, wenn er durchaus einheitlich und fest organisiert und nicht nur auf die Opferfähigkeit und das Entgegenkommen interessierter Personen gestützt ist. Es müssen eben vor Allem gut organisierte Lokalcentren vorhanden sein, von denen die Prognose ausgehen kann. Dazu gehören aber außer befähigten Fachleuten, die zum Teil nur dafür angestellt sind, auch regelmäßige pekuniäre Beiträge. In Zukunft werden solche Lokalcentren recht passend und bequem dadurch gegeben sein, dass im Plane der neuen meteorologisch-magnetischen Zentral-Anstalt Preußens die Einrichtung von sechs Observatorien erster Klasse (Hauptstellen) in Königsberg, Breslau, Potsdam, Kiel, Göttingen und Bonn in Aussicht genommen ist. [...]

Ehe ich an die nähere Ausführung des Planes eines meteorologischen Beobachtungsnetzes für die Zwecke der Landwirtschaft Preußens gehe, wird es gut sein, die analogen Bestrebungen der Hauptstaaten Europas kennen zu lernen. Ich bin in der glücklichen Lage, diese Verhältnisse zum größten Teile aus eigener Anschauung schildern zu können. [...]

Dass die Anzahl der meteorologischen Stationen zweiter Ordnung (ausgerüstet mit Barometer, Thermometer, Psychrometer, Windfahne, Regenmesser), welche in Preußen schon seit Ende des Jahres 1847 bestehen, zur Lösung der angeregten Fragen nicht ausreichend sind, habe ich schon oben erwähnt. Weitaus die meisten Gewitter- und Hagelfälle passieren an diesen zerstreut liegenden Punkten unbemerkt vorbei; ebenso können sie über die wahre Verteilung der Niederschläge und viele andre Fragen, namentlich da, wo größere Terrainverschiedenheiten vorkommen, wie in Mitteldeutschland, keine befriedigende Auskunft geben.

I. Wie sollen die erforderlichen zwei Tausend Stationen zusammengebracht werden?

Da die Resultate des Beobachtungsnetzes unmittelbar der Landwirtschaft zu Gute kommen sollen, wird es nicht unbillig erscheinen, die Land- und Forstwirte, Gärtner, Lehrer, Landgeistliche, kurz alle Personen, die dabei interessiert sind, suchen als Beobachter heranzuziehen. Die Beobachtungen selbst sind so einfacher Natur und die daraus erwachsende Arbeit, wie ich später zeigen werde, eine so geringe, dass etwaige Bedenken wegen ungenügender Fachbildung und wegen Arbeitsüberlastung von vornherein abzuweisen sind. Dagegen werden allerdings von jedem Beobachter Gewissenhaftigkeit und regelmäßige Tätigkeit gefordert, denn jede Ungenauigkeit oder Lücke macht die Beobachtungen so gut wie wertlos, ja kann oft schaden, statt nützen.

II. Angabe der anzustellenden Beobachtungen

Ohne mich im Folgenden in eine detaillierte Auseinandersetzung der Art und Weise, wie die Beobachtungen anzustellen seien oder in die Abfassung einer Instruktion einzulassen, welche einer passenderen Gelegenheit vorbehalten bleiben muss, will ich nur ganz kurz die Arbeit des Beobachters skizzieren, um zu zeigen, dass an ihr kein Mann, der an einem Orte einen stabilen Aufenthalt genommen hat und durch seine Tätigkeit an ihn gebunden ist, wie dies bei Landwirten, Lehrern, Geistlichen u. A. zumeist der Fall, Anstoß nehmen kann. [...]

III. Tätigkeit des Zentralamtes.

Bei einer Anzahl von 2000 Stationen laufen auf dem Zentralamte jährlich ein: 12 x 2000 Niederschlagsformulare für die einzelnen Monate des Jahres, etwa 20 x 2000 Gewitter- und Hagelzählkarten, etwa 10 x 2000 Beobachtungen über schädliche Nachtfröste, 2 x 2000 Formulare über die Eisverhältnisse und 2000 Vegetationsbeobachtungen, im Ganzen also etwa 90 000 Dokumente. Behufs schneller und rechtzeitiger Verarbeitung derselben würde es zweckmäßig sein, die Beobachtungen so weit möglich monatlich einzufordern, so dass – freilich nicht gleichmäßig – etwa 7500 Dokumente auf je einen Monat zur Diskussion entfielen.

Dass aber diese Verarbeitung des Materials sogleich und immer in Hinsicht auf die praktischen Zwecke, denen das System dienen soll, vorgenommen werde, das ist, wie schon oben betont worden, die Hauptbedingung für die Möglichkeit des Erfolges. Man darf sich also nicht damit begnügen, einfache Mittelwerte zu bilden, wie sonst meistenteils nur geschehen, sondern man muss die Beobachtungen Tag für Tag diskutieren, grade so wie in den Bulletinabteilungen derjenigen Institute, welche Witterungswarnungen ausgeben, der Zustand der Atmosphäre in seinen Veränderungen von Tag zu Tag, ja oft vom halben zum halben Tag verfolgt wird. Stellt man die Lösung der in der Einleitung gestellten Probleme als zu erstrebendes Ziel hin, so ergeben sich die Bearbeitungsmethoden von selbst. ... Im Allgemeinen aber übersieht man doch schon, dass die auf dem Zentralamte zu leistende Arbeit keine geringe sein würde.

Nimmt man an, dass Behufs der Untersuchung der Verteilung und des Fortschreitens der Niederschläge etc. diejenigen Beobachtungen aller 2000 Stationen, welche demselben Datum oder Zeit angehören, auf einer passenden Karte des ganzen oder partiellen Beobachtungsnetzes eingetragen werden, so wären für den Niederschlag etwa tägliche Karten nötig, da wohl nur wenige Tage vergehen werden, an denen es nicht an einer oder mehreren Stationen des Systems regnet. Die Gewitter- und Hagel-Karten dürften die Zahl 200 kaum überschreiten, da Wintergewitter höchst selten sind; ähnlich für die übrigen Aufzeichnungen.

Die Herstellung dieser Karten und ihre Diskussion, die Bearbeitung der phänologischen Beobachtungen, die Kontrolle aller Aufzeichnungen, die Ausführung der notwendigen Rechnungen, Fertigstellung der Publikationen u. A., das wäre im großen Ganzen die Tätigkeit der rechnenden Abtheilung des Zentralamtes. Daneben käme die zahlreiche Korrespondenz mit den Beobachtern, denn häufig genug wird von beiden Teilen um Aufklärung gebeten werden müssen, die Inspektion der Stationen, da es nicht gleichgültig ist, wie der Regenmesser aufgestellt wird, und obwohl in der zu erteilenden Instruktion diese Umstände klar und allgemein verständlich dargelegt sein müssen, müsste dennoch eine Inspektion erfolgen, die bei Leuten einer im Allgemeinen höheren Bildungsstufe als hier vorausgesetzt wird, wie den Stationen 1. und 2. Ordnung durchaus notwendig ist. Das Zentralamt müsste also folgende Abteilungen enthalten:

a) Zentralbureau: allgemeine Leitung, Korrespondenz mit den Stationen

b) Kontrolle der Beobachtungen, Inspektion der Stationen.

c) Rechnende und diskutierende Abteilung. [...]

In Betreff der Inspektion der Regenstationen könnte vielleicht auch der Aushelf genommen werden, für jede Provinz einen Lokalinspektor einzusetzen, der auf Kosten des Zentralamtes die Beobachtungen seines Sprengels überwacht und auch sonst eine vermittelnde Rolle zwischen den Beobachtern und dem Zentralamte spielt. Beim Personal der landwirtschaftlichen Zentralvereine dürften vielleicht derartig qualifizierte Leute gefunden werden, und in dem günstigsten Falle, dass dieses Beobachtungssystem an das reorganisierte meteorologische Institut Preußens angeschlossen wird, wären die Vorsteher der Hauptstellen die besten Lokal-Inspektoren. Es scheint ferner geraten, dem Personal der dritten Abtheilung einen oder mehrere praktisch und theoretisch gebildete Landwirte vielleicht auch nur als beratende Mitglieder beizufügen, damit auch wirklich die praktischen Bedürfnisse der Landwirtschaft bei Bearbeitung des Materials berücksichtigt werden. [...]

Der Betrag könnte groß erscheinen gegenüber dem, was man bisher in Preußen für die gesamten meteorologischen Zwecke auszugeben gewöhnt war, aber abgesehen davon, dass eben in Folge des geringen Budgets das Institut schon lange nicht mehr das leisten kann, was die Schwesteranstalten andrer Länder im Stande sind, bleibt der Kosten-

anschlag bei weitem innerhalb der Grenzen, welche in andern Staaten für ähnliche Zwecke maßgebend sind.

Jedes weitere Eingehen in diese materiellen Fragen des Projektes ist nicht Sache dieser Vorlage, welche lediglich eine Anregung zur Gründung eines landwirtschaftlich-meteorologischen Beobachtungsnetzes geben will. ...

Ein Übelstand für die erfolgreiche Wirksamkeit des eben skizzierten Beobachtungssystems ist die vielfache Durchsetzung des Preußischen Staates durch nicht zugehöriges Gebiet. Denn da die Witterungserscheinungen solche politische Grenzen und Enklaven nicht anerkennen und, unbekümmert um sie, über die verschiedensten Staatsgebiete sich oft gleichzeitig erstrecken, würden in der Diskussion des preußischen Beobachtungsmaterials oft große Lücken entstehen. Es wäre daher überaus wichtig, die kleinen Staaten Norddeutschlands zum Anschluss an das projektierte Beobachtungsnetz einzuladen und zu gewinnen. Ich erinnere daran, dass in ähnlicher Weise diese und andre deutsche Staaten sich an das Preußische Meteorologische Institut angeschlossen haben.

Ein Beobachtungsmaterial von etwa 10 Jahren für die Niederschläge als [... hier fehlt eine Zeile] Norddeutschlands zukommenden Niederschlagsmengen annähernd zu ermitteln. Abgesehen von dem unmittelbar praktischen Werte dieser Kenntnis für alle hydrologischen Fragen des Landes, dürfte es, bei gleichzeitiger Rücksichtnahme auf die geologische Beschaffenheit der verschiedenen Flussgebiete, auf die stattfindende Verdunstung und bei gleichzeitiger Anstellung regelmäßiger Pegelbeobachtungen auch möglich werden, ein System von Hochwasserwarnungen einzuführen. Zu dem Ende wäre es freilich am besten, schon von vornherein auf regelmäßige und genaue Wasserstandsmessungen an Fluss- und Kanalpegeln und ihre Mittheilung ans Zentralamt zu dringen. Die nötige Vereinbarung mit dem Königlichen Preußischen Handelsministerium dürfte dieses Material ebenfalls sichern. Die ungeheuren Vorteile eines solchen Warnungssystems, nicht bloß für die Landwirtschaft, sondern für die gesamte Nation, sind zu augenscheinlich, um noch weiter analysiert zu werden.

Die im Vorstehenden niedergelegten Gedanken sollen wesentlich dazu dienen, die Nützlichkeit und Möglichkeit eines meteorologischen Beobachtungsnetzes von Station dritter und vierter Ordnung für die Zwecke der Landwirtschaft Preußens darzutun. [...]

Die Beratungen der beteiligten Ministerien des Innern, des Unterrichts und der Finanzen über die Reorganisation des meteorologischen Instituts haben vergangenen Sommer schon begonnen [1878]. Wäre das Landwirtschaftliche Ministerium geneigt, die hier niedergelegten Ideen oder ähnliche zur Ausführung zu bringen, so wäre eine Beteiligung an jenen Konferenzen resp. an der Neugestaltung des preußischen meteorologischen Staatsdienstes vielleicht am geeignetsten, die Realisierung des Projektes anzubahnen.

z. Z. St. Petersburg, 4. Februar 1879.

Hellmanns Selbstempfehlung oder „Initiativbewerbung" war von Erfolg gekrönt. Am 1. Oktober 1879 wird er per Ministerialerlass Assistent am Königlich Preußischen Meteorologischen Institut des Statistischen Bureaus in Berlin. Er wird auch Mitglied der Gesellschaft für Erdkunde. Prof. J. A. Arndt, seit 1874 Assistent von Dove, war als Direktor nachgerückt.

Assistent und Interimsdirektor (1879-1885)

Als Assistent sucht Hellmann einerseits das bestehende Beobachtungsnetz Preußens zu erhalten und, wo tunlich, durch Stationen verschiedener Ordnung zu erweitern. Andererseits kümmert er sich um die in Rückstand geratenen regelmäßigen Veröffentlichungen der Beobachtungen. Er betreibt noch nebenbei die Erstellung eines Schriftenkatalogs, wofür er seine diesbezügliche Korrespondenz fortsetzt. Einige Briefe zu diesem von ihm vorgeschlagenen Vorhaben sollen hier – gekürzt – Platz finden[26].

Hellmanns Vorschlag bezüglich einer weltweiten meteorologischen Bibliographie wurde in Rom gebilligt, und infolgedessen betrieb er einen regen Brief- und Publikationsaustausch mit verschiedenen Zentralanstalten, wovon eine Empfangsbestätigung und folgender Brief aus Kanada Zeugnis ablegt, in dem Kingston Hellmann zu seinem Bericht über den Kongress in Rom gratuliert:

Meteorological Office
All Correspondence to be addressed to the Superintendent of the Meteorological Service Toronto, Ont.

Dr. Gustavus Hellmann
Berlin Prussia.

Toronto, Canada, December 10th 1879

Dear Sir,

I am in receipt of your letter of 19th Novr. and of the 3 papers therein mentioned, for which I beg you will accept my thanks.

---

26 Nachlass Hellmann, vgl. Fußnote 1 dieses Kapitels.

In compliance with your request I have much pleasure in sending you our 2nd 3rd 4th + 5th annual reports. I am sorry to say the 1st is out of print. I also sent a copy of the abstracts and results for Toronto etc., 1841 – to 1891, and the meteorological register for the years 1872 to 1878 inclusive for Toronto.

I hope you will obtain all the information you require, and shall be pleased to know the result of the discussion.

I heartily concur in the sentiment expressed in the Congress report. The light thrown upon meteorology by the observations taken in other parts of the world besides Europe will probably be of service in advancing the science.

I am, Dear Sir, Yours faithfully,

G. T. Kingston

Supt. of Meteorological Service
Comission of Canada

Im August 1880 reist Hellmann nach Süddeutschland und in die Schweiz, wohin zu begeben ihn Wild gebeten hatte, um über den Katalog aller meteorologischen Beobachtungen und Schriften zu verhandeln.

Von dem ersten Direktor der bayerischen Zentralstation, Wilhelm von Bezold, den der ungewöhnlich hellsichtige Universitätsreferent Althoff bald für Preußen abwerben sollte, findet sich im Hellmann-Nachlass folgender Brief[27]:

K.[önigliche] b[ayerische].
meteorologische Centralstation.

München. den 13ten Oct. 1880.

Verehrter Freund und Collega!

Ihre freundlichen Zeilen v. 28ten v. M. habe ich nach meiner am 2ten l. M. erfolgten Rückkehr aus Tirol vorgefunden. Dringende Geschäfte sowie eine kleine meteorolog. Reise ließen mich jedoch erst heute Zeit finden sie zu beantworten.

Für die gefällige Zusendung der älteren Publikationen besten Dank. Ich werde dafür Sorge tragen, dass auch Sie persönlich regelmäßig 1 Exemplar unserer Veröffentlichungen erhalten. Das gewünschte Thermometergehäuse wurde sofort bestellt und wird vermutlich bald in ihre Hände kommen.

Irgend nennenswerte Änderungen in der Organisation unseres Netzes sind nicht vorgenommen worden. Die Stationen 2ter Ordg. haben wir schon in den „Beobachtungen pro 79 erwähnt" sämtlich Koppesche Haarhygrometer erhalten. Im Übrigen sind so ziemlich alle Stationen mit einer zweiten Garnitur Max- u. Min-therm. versehen worden und auf den Hohenpeißenberg habe ich eben vor einigen Tagen noch ein Wildsches Normalbarometer von Fuchs hinaufgebracht um die Möglichkeit einer Unterbrechung der Beobachtungen an dieser wichtigen Station nach Kräften auszuschließen.

Seit einem Monate erhalten wir auch Gewitterpostkarten aus Württemberg, wo dieselbe Einrichtung getroffen wurde wie bei uns. College v. Schoder sendet uns dieselben zur Verarbeitung was für uns von großer Bedeutung ist, da erst durch diese Erweiterung die genannten Untersuchungen auf ein natürlich in sich abgeschlossenes Gebiet ausgedehnt sind.

Leider werden wir im Laufe des nächsten Jahres doch auch in den sauren Apfel der Wetterprognosen beißen müssen, da die Landwirte es so wollen, obwohl ich ihnen für den Anfang nicht mehr als 75 % richtiger Prognosen in Aussicht gestellt habe. Ich glaube, dass für Bayern südlich der Donau die Prognosen schwieriger zu geben sind als für irgend eine andere Gegend in Deutschland, da wir sehr häufig durch die Verhältnisse im Mittelmeerbecken beeinflusst werden und es ungemein schwer ist von Fall zu Fall vorherzusehen wie weit dieser Einfluss sich erstreckt und wo die Herrschaft der Nord- und Ostseeverhältnisse beginnt.

Gerade in diesem Jahre haben die Alpen ihre vielgepriesene Eigenschaft als Wetterscheide sehr häufig nicht bewiesen, wenn auch die Temperaturen dies und jenseits natürlich immer sehr verschieden sind.

Mit den besten Empfehlungen an Herrn Professor Dr. Arndt und unter den schönsten Grüßen an Sie von K. Lang und mir

Ihr ergebenster Bezold

Bezolds Biss in „den sauren Apfel der Wetterprognosen" hat seinem Ruf nicht geschadet. So schreibt Hellmann in seiner Gedächtnisrede auf Bezold im Jahre 1907: „Die großen Vorteile der eben genannten synoptischen Methode waren von Bezold offenbar deutlich zum Bewusstsein gekommen, seitdem die Kgl. Bayerische meteorologische Zentralstation tägliche Wetterkarten herausgab. Er hatte nämlich auf Betreiben der bayerischen landwirtschaft-

---
27 Vgl. Fußnote 1.

lichen Gesellschaft im Sommer 1881 einen Wetterdienst in Bayern eingerichtet, der viel Anklang fand und heute noch in wesentlich derselben Form fortbesteht".

Mit England steht Hellmann natürlich auch in Korrespondenz. Vom Direktor des *Meteorological Council*, Robert Scott, der auf dem „Rom-Bild" neben Wild sitzt, findet sich folgender Brief[28], worin er Hellmanns Ratschläge für die Art der Einträge im Schriften-Katalog bespricht:

M.O.2490.
Meteorological Office.
116. Victoria – Street.
London S.W.

        27. October 1880
Dear Sir,

I beg to acknowledge receipt of your letter of the 22nd [...], and to thank you for the trouble you have taken to explain the plan proposed for the publication of the Books acquired by this Office from year to year.

I am glad that you do not particularly require us to recompose the list for 1879-80, but with regard to the future, I will take care that the proposed alterations shall be strictly carried out.

There are a few points I should like further to trouble you with, and should be much obliged for an early reply.

(1) You use the term Accessions-Catalogue which I do not find in Petzholdt's work, but I should propose to adopt (as nearly as possible) the form given at p 135 of that work (Tab 1) [...] a classification according to subjects, on nearly the same plan as the Meteorological Society adopted for their Catalogue. Would this meet your views?

(2) You propose to distinguish presents by an (*) asterisk. The presents greatly exceed the purchases, I propose therefore to mark the latter with (*). Have you any objection to offer to this alteration?

(3) I find that a difference exists between yourself, the Meteorological Society, + M. Houzeau as to the names of Authors. The Society give both Titles of Rank e.g. „Sir" + e, and also honorary Titles, e.g. „Captain", „MP". [TRS + e]. You give titles of Rank only, + M. Houzeau gives nothing but the Initials of the Christian Names +

the Surname. Which of these plans do you definitely recommend?

(4) With regard to Memoirs again there is a difference between all three of the authorities above quoted. M. Houzeau proposes to give the volume, year, + first page in which the memoire in question occurs. You have proposed to include both first + last pages. It appears to me that the first page is sufficient, and that wherever possible the „Part", „N°" or „Heft-" should be quoted, in preference to the page as it would enable any one to order that special part. I should be glad to hear your decision upon this point.

4a In connection with Memoirs, it frequently happens that a separate pagination is given + if we have not the work itself we cannot refer to the page + perhaps not to the „Heft" even. Sometimes also the Memoir is entirely reprinted + has a publisher's name attached. I should like to know how you would deal with each of these cases?

(5) I presume that the sizes 8°, 4° to +7° would be sufficient, without complicating the subject by minutiae? In replying, a reference to the above numbers will be sufficient. I will reply to the last paragraph of your letter – respecting the general Meteorl. Bibliography – shortly.

*I am
Dear Sir,
yours faithfully*

*Robert Henry Scott
Secretary.*

Im August 1882 stirbt der als Vertreter Doves eingesetzte Prof. Arndt, und Hellmann wird mit der zwischenzeitlichen Institutsleitung beauftragt. Viktor Kremser (1858-1909), der aus Ratibor gebürtige Landsmann, steht ihm bald als Assistent zur Seite. Wie Hellmann in einer Fußnote zu Kremsers Nachruf[29] anmerkte, hatte „[e]ine sorgfältige Studie über die Feuchtigkeitsangaben eines Haarhygrometers und eines Psychrometers" seine Aufmerksamkeit auf den damaligen Assistenten an der Breslauer Sternwarte gelenkt. Gleichzeitig setzte er, außerdienstlich, seine Arbeit an der meteorologischen Bibliographie von Schriften und Beobachtungen für Deutschland fort, wofür er sich, wie wir aus Karl Knochs Gedächtnisrede von 1954 wissen, in der Staatsbibliothek morgens vom Pförtner einschließen und abends zu verabredeter Stunde befreien ließ: „Hilfskräfte, die ihm helfen konnten, standen ihm nicht zur Verfügung, und so ist das

---
28 Vgl. Fußnote 1.
29 Siehe Anhang D.

Repertorium ein gutes Beispiel dafür, was ein Wissenschaftler mit eisernem Willen, trotz widriger Umstände und allein auf sich gestellt, zu schaffen vermag." Dies muss umso mehr bewundert werden, als er das Vorhaben nicht unterbrach, nachdem „er im Januar 1881 die Nachricht von dem Scheitern der internationalen Zusammenarbeit erhielt". Grund war die mangelnde Bereitschaft der Regierungen, die Kosten für eine jeweilige Nationalbibliographie aufzubringen[30]. Dem „eisernen Willen" des jungen Hellmann verdanken wir ein unvergleichliches und bis heute unübertroffenes *Repertorium der deutschen Meteorologie*, welches 1883 erschien. Diesem Erstlingswerk Hellmanns in Buchform ist Kapitel 8 in Band II gewidmet.

Hellmann scheute sich nicht, jeden anzuschreiben, der für seine Bibliographie oder ihren Inhalt in Frage kam. Von Köppen findet sich im Hellmann-Nachlass der Staatsbibliothek in Berlin eine Postkarte vom 22.2.1882: „Das Schriftchen, nach dem Sie sich erkundigen, ist in der Doveschen Bibliothek nicht vorhanden – es sei denn, dass es eine nur aus wenigen Blättern bestehende Drucksache in Form eines A..ulars [?] oder dgl. wäre, in welchem Falle es unter einem kleinen, noch nicht geordneten Rest sich vorfinden könnte."

Im Jahre 1883 fand ein für die Organisation der Meteorologie in Deutschland wichtiges Ereignis statt – die Gründung der Deutschen Meteorologischen Gesellschaft zu Hamburg. Hierzu ist auch schon einiges geschrieben worden, doch lasse ich lieber wenig bekannte Zeitzeugen berichten. Der Herausgeber einer Monatsschrift für die gesamten Naturwissenschaften, der 1882 gegründeten *Humboldt*, G. Krebs, gibt als Gründungsmitglied jener Gesellschaft darin im Juli 1884 bekannt:

Am 17. November 1883 traten auf Einladung der deutschen Seewarte in Hamburg eine Anzahl Meteorologen zusammen, um eine deutsche meteorologische Gesellschaft zu gründen, welche ein eigenes Organ herauszugeben beabsichtigte. Die Gesellschaft hat seit dieser Zeit eine große Zahl Mitglieder gewonnen, denen bei einem Jahresbeitrag von 10 Mark [Hellmanns Repertorium kostete 14 M] die Zeitschrift unentgeltlich zugestellt wird. Der Vorstand besteht dermalen aus den Herren: Neumayer (Vorsitzender), W. v. Bezold (stellvertretender Vorsitzender), van Bebber und Sprung (Schriftführer), Bopp (Kassierer, seitdem verstorben), Köppen (Redakteur), sowie Dr. Aßmann, Dr. Hellmann, Prof. Karsten, Prof. Krebs, Prof. Ebermeyer, Prof. Müttrich, Dr. Klein, Prof. v. Schoder (seitdem verstorben), Dr. Schreiber und Prof. Zöppritz.[31] [...]

Bei dem großen Interesse, welches heutzutage den meteorologischen Forschungen entgegengebracht wird, ist nicht zu bezweifeln, dass die meteorologische Gesellschaft sich immer weiter ausbreiten und die Zeitschrift dauernden Bestand gewinnen wird.

Ein Jahr darauf berichtet in derselben Zeitschrift L. Ambronn, Assistent an der Seewarte, unter den Fortschritten der Meteorologie:

Ein treffliches Beispiel für das Zustandekommen und den beginnenden Ausbau einer in sich fest gegliederten und nach außen, soweit dies bei den heutigen Verhältnissen überhaupt denkbar ist, streng begrenzten Wissenschaft bietet die nach ihrem vollen Umfange gefasste Meteorologie unserer Tage. So ist es gar nicht lange her, dass man die einzelnen Beobachtungen und theoretischen Fragmente, welche jetzt in ihren einheitlichen Bestrebungen und Zielen eben die Wissenschaft „Meteorologie" ausmachen, in allen möglichen Disziplinen zerstreut fand, ja dass diese Bestrebungen von vielen nur als untergeordnete und eines eigentlichen reellen Kernes entbehrende Anhängsel betrachtet, ab und zu wohl gar bespöttelt wurden. – Heute ist das anders geworden. Bedeutende Männer haben die feste Fundierung der meteorologischen Grundgesetze und die Verfolgung der aus jenen zu ziehenden Konsequenzen zu ihrem Lebensberuf gemacht. An der Hand der „exakten Wissenschaften" geht man den unter die Jurisdiktion der neuen Kollegin gehörenden Erscheinungen zu Leibe und versucht den Schleier zu lüften, der gegenwärtig allerdings noch viele innere Vorgänge und den ursächlichen Zusammenhang der Vorkommnisse im Bereiche unserer Atmosphäre bedeckt.

[...] Sehen wir uns nach einem Ausgangspunkt für unsere Betrachtung der Fortschritte in der Meteorologie um, so bietet sich am geeignetsten für eine deutsche Zeitschrift unserer Tage wohl die Gründung der „Deutschen Meteorologischen Gesellschaft" ohne Zwang dar, welche zugleich ein Organ in Deutschland schuf, welches neben der schon länger bestehenden „Zeitschrift der österreichischen Gesellschaft für Meteorologie" speziell den Zwecken dieser Wissenschaft dienen soll. – Im November 1883 traten [...] eine Anzahl Vertreter der Meteorologie aus allen Teilen unseres Vaterlandes zusammen und legte [sic] den Grund zu der obenerwähnten Gesellschaft. Im Anschluss an die „Deutsche Meteorologischen Gesellschaft" haben sich schon mehrere Zweigvereine von recht an-

---

30 Scott scheint den Mund zu voll genommen zu haben und zog seine Zusammenarbeit zurück. Vgl. Linda RICHTER (2019), die aus einem Brief von Wild an Hellmann (vom 6. 9. 1881), den sie eingesehen hat, die Konsequenz erwähnt, dass als vorerst beste Lösung angesehen worden sei, „wenn alle Einzelstaaten eigenständig ihre meteorologischen Bibliografien zusammenstellten und veröffentlichten". Danach könne man alle Nationalkataloge zusammenfügen. Überhaupt verweise ich auf Kapitel 2 des Buches von Richter für weitere Information zu Wilds Briefen an Hellmann.
31 Von einigen der genannten Gründungsmitglieder stelle ich veröffentlichte Kurzbiographien in Kapitel 3 zusammen.

sehnlicher Mitgliederzahl gebildet, um die Grundsätze, Beobachtungsmethoden und deren Resultate noch leichter einem größeren Publikum zugänglich zu machen und deren Verständnis durch geeignete Vorträge zu erleichtern. Es sind dieses bis jetzt die Vereine in Magdeburg, welcher sogar durch ein eigenes Organ „Das Wetter" für weitere Verbreitung populärer meteorologischer Abhandlungen zu sorgen bestrebt ist, in München, Berlin, Hamburg-Altona und Rudolstadt.

Wiederum ein Jahr später schreibt Richard Aßmann, dessen Leben und Werk von STEINHAGEN (2005) geschildert wurde, in der *Humboldt*:

Nachdem durch Gründung der Deutschen Meteorologischen Gesellschaft am 17. November 1883 ein Kristallisationspunkt für die immer reger werdenden meteorologischen Bestrebungen in Deutschland geschaffen worden war, gruppierten sich die weiteren Forschungen und Arbeiten in der Meteorologie wesentlich um diesen Kern. Wir haben daher zuvörderst der Fortschritte und ferneren Entwicklung der Deutschen Meteorologischen Gesellschaft zu gedenken.

Ihre erste Jahresversammlung hielt dieselbe im September 1884 bei Gelegenheit der 57. Versammlung deutscher Naturforscher und Ärzte in Magdeburg ab, wobei die Vereinsangelegenheiten in eigenen Geschäftssitzungen erledigt wurden, auch eine sehr gut besuchte allgemeine öffentliche Sitzung abgehalten wurde, während man die fachwissenschaftlichen Vorträge in die Versammlungen der meteorologischen Sektion verlegte.

Die zweite Jahresversammlung wurde im Anfang August [1885] in München abgehalten und verlief äußerst zufriedenstellend. Als wichtigster Beschluss derselben ist derjenige zu nennen, welcher die Fusion der Zeitschrift der Österreichischen Gesellschaft für Meteorologie mit der meteorologischen Zeitschrift der Deutschen meteorologischen Gesellschaft ausspracht. Diese Vereinigung ist nun tatsächlich seit dem 1. Januar erfolgt, indem von jenem Zeitpunkte an unter der gemeinschaftlichen Redaktion von Professor Hann in Wien und Professor Koeppen in Hamburg die „Meteorologische Zeitschrift" erscheint. Der Vorteil welcher aus dieser ferneren Konzentration entspringt, ist ein überaus bedeutender, wie ein Blick auf den reichen Inhalt der genannten Zeitschrift lehrt. – Die Zweigvereine der Deutschen meteorologischen Gesellschaft in Magdeburg, Altona, Berlin, München und Rudolstadt arbeiten rüstig an der Erfüllung ihrer spezielleren Arbeiten weiter.

Außer der streng fachwissenschaftlichen Meteorologischen Zeitschrift erscheint im dritten Jahrgange die Meteorologische Monatsschrift für Gebildete aller Stände „Das Wetter", herausgegeben von Dr. Aßmann. Dieselbe verfolgt nicht ohne Glück das Ziel der meteorologischen Propaganda und wird den Beobachtern des Vereins für Wetterkunde in Mitteldeutschland (Magdeburg) gratis geliefert. Dieselbe bringt monatlich Übersichtskarten über mittlere Luftdruck- und Temperaturverteilung in Europa und seit dem Januar 1886 eine kolorierte Karte der Niederschlagsmengen in Zentraleuropa auf Grund von über 450 Stationsberichten.

[...] Auf dem Gebiete der Publikationen durfte wohl dem neu erschienen Lehrbuche der Meteorologie von Dr. A. Sprung der erste Platz zuzuerkennen sein. Dasselbe füllt in ausgezeichneter Weise eine fühlbare Lücke in der meteorologischen Literatur aus, in dem es in streng wissenschaftlichem Gewande den neuesten Errungenschaften in der dynamischen Meteorologie gerecht wird.

Am 4. März 1884 fand die erste ordentliche Sitzung des Berliner Zweigvereins statt, der auf Anregung Hellmanns sich am 29. Januar in einer Versammlung von Freunden und Vertretern der Meteorologie konstituierte. Über Hellmanns Wirken im Zweigverein unterrichtet der von FORTAK (1984) herausgegebene Erinnerungsband. Darin schreibt Fortak: „Die hervorragende Persönlichkeit des Zweigvereins war nach 31 Jahren Mitgliedschaft immer noch der 1923 zum Ehrenvorsitzende ernannte G. Hellmann". Ab 1885 erhält dieser eine Festanstellung und konnte also heiraten. Er tut dies am 4. Mai. Im September wird er Generalsekretär der altehrwürdigen Berliner Geographischen Gesellschaft, der er 1879 beigetreten war.

Neuordnung des Preußischen Meteorologischen Instituts (ab 1875)

Was wird aus Hellmann wenn v. Bezold nun antritt?

Die Geschichte der überfälligen Neuordnung des Preußischen Meteorologischen Instituts ist schon verschiedentlich Gegenstand zusammenfassender Darstellungen geworden (KÖRBER 1997; WEGE 2002). Es könnte sich erübrigen, hier noch einmal darauf einzugehen. Weil aber Hellmann wesentlichen Anteil an der Reorganisation hatte, erscheint es angebracht, eine aus den Quellen schöpfende Kurzschau vorzulegen. Insbesondere soll Wilhelm von Bezold zu Wort kommen, der als der erste Direktor des selbständig gewordenen Meteorologischen Instituts eine besonders lebendige zeitgenössische Sicht auf dessen Entstehung und Entwicklung geboten hat.

Zunächst wollen wir etwas ausgreifen, indem wir den ersten Direktor des astrophysikalischen Observatoriums in Potsdam, Hermann Carl Vogel (1841-1907), die Gründung seines ursprünglich Meteorologie und Erdmagnetismus umfassenden Observatoriums schildern lassen (1890):

Die Entstehungsgeschichte des astrophysikalischen Observatoriums zu Potsdam lehrt, dass es nicht nur des anregenden Gedankens bedurfte, um ein derartiges Institut ersten Ranges, eine Musterstätte für die Bearbeitung dieses wichtigen Zweiges der Astronomie, zu schaffen, sondern dass auch in diesem Falle der politische Aufschwung des Vaterlandes erst die Verwirklichung des Planes ermöglichte. Sehr bald nach der epochemachenden Entdeckung Kirchhoffs, bereits Anfangs der sechziger Jahre, tauchte der Gedanke auf, in oder bei Berlin ein Observatorium zu errichten, welches speziell zur Erforschung der physikalischen Erscheinungen auf unserer Sonne bestimmt sein sollte, eine „Sonnenwarte", im Gegensatze zu den „Sternwarten" des preußischen Staates. [...]

Vorläufig blieb es jedoch nur bei dieser Anregung, da die damaligen Verhältnisse Preußens nicht für die Verwirklichung des Projektes günstig waren.

Erst durch die Neubegründung des Deutschen Reiches nach dem glorreichen Kriege der Jahre 1870 und 1871 und die damit verbundene Förderung von Handel und Gewerbe, Kunst und Wissenschaft wurde dem geplanten Unternehmen ein fruchtbarer Boden geschaffen, und zwar ist die Verwirklichung desselben eine der ersten Folgen dieses Aufschwunges gewesen. Bereits im Jahre 1871 veranlassten Seine Kaiserliche und Königliche Hoheit der Kronprinz, der spätere Kaiser Friedrich, durch Professor Schellbach auf die schon angedeuteten Bestrebungen aufmerksam gemacht, dass der Direktor der Berliner Sternwarte, Geheimrat Förster, beauftragt wurde, bestimmte Vorschläge für die angeregte Gründung auszuarbeiten, wobei von dem Gesichtspunkte ausgegangen werden sollte, das neue Institut an die Berliner Sternwarte anzulehnen.

In einer unter dem 30. September 1871 von Förster eingelieferten Denkschrift wurden folgende Vorschläge formuliert: es sollte eine mit bedeutenden Hilfsmitteln für die direkte, die spektroskopische und photographische Beobachtung der Sonnenoberfläche auszurüstende Beobachtungsstation an einem günstig gelegenen Punkte in der Nähe Berlins errichtet werden, welche gleichzeitig als magnetische und meteorologische Hauptstation fungieren sollte. Von dem vorgeordneten Ministerium zur Begutachtung dieser Vorschläge aufgefordert, hat die Königliche Akademie der Wissenschaften unter dem 29. April 1872 das Interesse der angeregten Beobachtung zwar anerkannt, bezüglich der Stellung der Aufgabe und der zu ihrer Lösung anzuwendenden Mittel jedoch insofern abweichend votiert, als sie als wissenschaftliches Bedürfnis die Errichtung zweier Institute, des einen für Astrophysik im weitesten Umfange, des anderen für tellurische Physik, bezeichnete; eine organische Verbindung beider widerriet sie, weil das daraus hervorgehende Gesamtinstitut zu ausgedehnt werden würde, um von einer normalen Kraft mit Aussicht auf Erfolg geleitet werden zu können. Die Sonnenbeobachtungen hätten alsdann nur einen Teil der Aufgaben des Astrophysikalischen Instituts zu bilden. Die Hauptveranlassung zu diesem umfassenden Plane ist in den wichtigen Arbeiten zu suchen, welche Anfangs der siebziger Jahre ein unerwartetes Aufblühen der Astrophysik im Gefolge hatten.

Auf Grund des Gutachtens der Königlichen Akademie wurde von Seiten des Kultusministeriums im folgenden Jahre eine besondere Kommission unter dem Vorsitze des Geheimrats E. du Bois-Reymond berufen. Diese Kommission brachte zunächst die Errichtung eines „Astrophysikalischen Observatoriums" in Vorschlag, jedoch sollte von diesem, da die Eventualität der Gründung des Observatoriums für tellurische Physik in weite Ferne gerückt schien, zugleich für die regelmäßige Anstellung solcher, namentlich erdmagnetischer Beobachtungen gesorgt werden, welche für das Studium der Tätigkeit der Sonne ein besonderes Interesse hätten. Für die Anlage, Organisation und Ausrüstung dieses Observatoriums wurde ein Plan aufgestellt, auf dessen Grundlage die Königliche Staatsregierung die Errichtung desselben beschloss, wozu in der Wintersession 1873/74 vom Landtage die Bewilligung erteilt wurde. [...]

In den Jahren 1874 und 1875 waren aus der vorgenannten Kommission die Geh.-Räte Auwers [auf dem Rom-Bild Abb. 2-2 in der Mitte zu sehen, seitlich stehend], Förster und Kirchhoff zu Mitgliedern einer Subkommission ernannt worden, welche über die verschiedenen Fragen bezüglich des Baues und der weiteren Organisation des Observatoriums zu entscheiden hatte, und nur bei seltenen Veranlassungen wurde in diesen Jahren das Gutachten der größeren Kommission eingefordert.

Der Plan eines Zusammenhanges des neuen Instituts mit der Universitätssternwarte in Berlin wurde fallen gelassen, und da hiermit die Bedingung der möglichsten Nähe bei Berlin wegfiel, so konnten bei Wahl des Ortes diejenigen Faktoren mehr in Berücksichtigung gezogen werden, welche in Bezug auf freie Lage und auf die für astronomische Beobachtungen so wichtige Ruhe und Reinheit der Luft maßgebend sind. Für die Errichtung des Instituts wurde demnach auf dem südlich von Potsdam gelegenen Telegraphenberge ein Terrain von mehr als 16 Hektar bestimmt. An der tiefsten Stelle desselben wurde im Jahre 1874 mit der Anlage eines Brunnens, welcher vorzugsweise das Observatorium mit Wasser zu versehen hat, nebenbei jedoch auch zu meteorologischen und dergleichen Beobachtungen verwendet werden kann, begonnen. Die Pläne für das Observatorium selbst wurden im Jahre 1875 soweit gefördert, dass im Herbst 1876 mit dem Bau begonnen werden konnte, und der Sommer 1877 ist als die Hauptbauzeit für das Äußere dieser Anlage zu bezeichnen. [...] [E]inzelne Teile des Observatoriums konnten jedoch schon seit Oktober 1878 in Benutzung genommen werden. Die für magnetische Beobachtungen bestimmten Bauanlagen in Verbindung mit dem Astrophysikalischen Observatorium sind nicht zur Ausführung gelangt, da die Königliche Staatsregierung wieder auf den ersten Plan der Errichtung eines tellurischen Observatoriums zurückgekommen ist, wenn auch in verminderter Form, indem die erdmagnetischen Beobachtungen unter die Direktion des auf das Terrain des Observatoriums zu verlegenden Teiles des Berliner Meteorologischen Instituts gestellt worden sind. [...]

Die Preußische Akademie hatte zu Recht Bedenken gegen ein „Himmel und Erde" umfassendes Institut unter der Leitung einer einzigen Persönlichkeit, so dass die erwogene Trennung für die Entwicklung der Meteorologie von Vorteil war. Wie mühsam sich indes die Neuordnung des meteorologischen Instituts gestaltete, geht aus einem Aufsatz von KLAUS-HARRO TIEMANN (1988) hervor. Aus ihm ziehe ich die nachfolgenden Passagen aus, wobei ich für die dokumentarischen Quellen, die Tiemann benutzt und hier zugunsten der Lesbarkeit unterdrückt werden, auf sein Literaturverzeichnis verweise. Die Ausführungen werfen ein grelles Licht auf die Anforderungen an eine preußische Führungskraft, wie sie später Hellmann werden sollte.

Als Abteilung des Statistischen Büros am 17. Oktober 1847 gegründet, genügte das Preußische Meteorologische Institut mit Sitz in Berlin [...] ab den 70er Jahren nicht mehr den Bedürfnissen der Wissenschaft und der Praxis. Um diese zu erfüllen, waren vor allem eine beträchtliche Erweiterung der zur Verfügung stehenden materiell-technischen, finanziellen und personellen Basis sowie die Profilierung zu einem selbständigen Institut erforderlich. Ein Projekt dieser Größenordnung konnte jedoch nicht „innerbetrieblich", d.h. eigenverantwortlich zwischen dem Statistischen Büro und dem Meteorologischen Institut, realisiert werden, sondern es bedurfte der Einschaltung der übergeordneten Staatsbehörden. Anliegen des Beitrages ist es darzustellen, wie auf der ministeriellen Ebene die Reorganisation des Institutes betrieben wurde. [...]

Der Anstoß zur Umgestaltung kam bemerkenswerterweise nicht von dem seit 1849 als Institutsdirektor fungierenden Physikprofessor Dove (1803-1879), sondern von dem Kieler Universitätsdozenten Karsten (1820-1900). In einem unter dem 9. Dezember 1875 datierten Schreiben schlug dieser dem Direktor des Statistischen Büros [Geheimrat Blenk] vor, das Meteorologische Institut zu einer „selbständigen Centralanstalt für Meteorologie und Meeresphysik" umzuwandeln. Nach Meinung Karstens sollte sie „am Sitze einer Universität und als Centralanstalt folglich in Berlin" errichtet werden.

Als notwendige Maßnahmen sah er im einzelnen an:

– *Anschluss des Instituts entweder an die Hamburger Seewarte (gegr. 1875) oder an das Potsdamer Astrophysikalische Observatorium (gegr. 1874),*

– *Herauslösung des Institutes aus dem Ressort des Ministeriums des Innern und Eingliederung in den Verantwortungsbereich des Ministeriums der geistlichen, Unterrichts- und Medizinalangelegenheiten (Kultusministerium),*

– *Einrichtung eines dem Institutsdirektor zu übertragenden Lehrstuhls für Meteorologie und Meeresphysik an der Berliner Universität,*

– *Profilierung des Institutes zu einer praktischen Hauptstation und Musteranstalt für die Beobachtung.*

Der Direktor des Statistischen Büros leitete als ein im Umgang mit übergeordneten Behörden erfahrener Mann den von ihm im Kern unterstützten Plan nicht sofort weiter. Geschickt nutzte er die 7 Monate später fällige routinemäßige Einreichung des Etatentwurfes 1877/1878, um Karstens Ideen als ein aus der praktischen Arbeit des Büros organisch gewachsenes Erfordernis darzustellen. Fast beiläufig wies er in der Begründung des Finanzplanes darauf hin, dass „das Meteorologische Institut in seiner gegenwärtigen Verfassung und unter seiner gegenwärtigen Leitung den derzeitigen Anforderungen der Wissenschaft und Praxis nicht mehr entspricht. Über die Frage seiner Reorganisation liegt nun ein ausführliches Gutachten des auf diesem Gebiet bewährten Professor Dr. Karsten in Kiel vor. ... Dazu kommt, ... dass dieses [Kultus]Ministerium einen großen Wert darauf lege, das Meteorologische Institut seinem Ressort einzuverleiben, in welchem es entweder selbständig fortbestehen oder auch der sogenannten Sonnenwarte in Potsdam angeschlossen werden könnte. Jedenfalls ... ist es hohe Zeit zu einer durchgreifenden Reform der preußischen Meteorologie."

Nur wenig später, am 8. August 1876, reagierte das angesprochene Ministerium des Innern mit einem Schreiben an das Kultusministerium. Im Anschluss an die Argumentation des Direktors des Statistischen Büros wurde in ihm die Feststellung getroffen: „Das Meteorologische Institut hierselbst bedarf, den gegenwärtigen Anforderungen der Wissenschaft und Praxis gegenüber, einer umfassenden Reorganisation, bei welcher auch die rein äußerliche Verbindung in der das gedachte Institut bisher zu dem Statistischen Büro gestanden hat, zu lösen sein wird." [...]

Um dazu in der Lage zu sein, beauftragte der Kultusminister das aus dem Physiker Kirchhoff (1824-1887) sowie den Astronomen Auwers (1838-1915) und Foerster (1832-1921) bestehende Direktorium des Astrophysikalischen Observatoriums Potsdam, sich gutachterlich zu der ganzen Angelegenheit zu äußern. Das Direktorium ließ, da man sich mit den deutschen Mitgliedern der auf dem ersten internationalen Meteorologenkongress in Wien 1873 gebildet internationalen meteorologischen Kommission konsultieren wollte, mit der angeforderten Stellungnahme zwei Monate auf sich warten. [...]

Auf der Grundlage einer entsprechenden Beweisführung wurden folgende 4 Organisationsvorschläge unterbreitet:

„1. Die Reichsregierung errichtet ein meteorologisches Amt, dessen Aufgabe darin besteht,

- *das meteorologische Beobachtungssystem im Reichsgebiet auf Grund der Vereinbarungen der internationalen Kommission neu zu organisieren,*
- *die Beobachtungsinstrumente auszugeben,*
- *die Landeshauptstellen zu revidieren,*
- *das Beobachtungsmaterial zu publizieren und wissenschaftlich zu bearbeiten,*
- *ferner überhaupt wissenschaftliche Meteorologie zu pflegen, insbesondere die Methoden der meteorologischen Forschung zu untersuchen und zu vervollkommnen.*

Dies Amt wird gebildet aus einer anerkannten Kapazität des Fachs als Vorsteher und dem erforderlichen assistierenden Personal. ...

2. [...] Der Vorsteher dieser Hauptstelle wird der Vorsteher des meteorologischen Amtes des Reiches, welcher in seiner Stellung als Vorsteher der ersten preußischen Hauptstelle zugleich die Meteorologie an der Berliner Universität zu vertreten hat.

3. Die Etablierung der Beobachtungsstationen des großen Netzes wird ... durch die Hauptstelle jedes Bezirkes bewirkt.

4. Eine Ausdehnung des Arbeitsplanes der Central- und der Landeshauptstelle auf das Studium des Erdmagnetismus wird entweder sogleich bewirkt oder für eine nahe Zukunft in Aussicht genommen." [...]

Mit der Erneuerung des Meteorologischen Instituts bot sich nunmehr eine weitere Chance, [das Studium des Erdmagnetismus zu betreiben,] die man nicht ungenutzt verstreichen lassen wollte. [...]

Über die Stellungnahme des Direktoriums informierte der Kultusminister den Innenminister mit Schreiben vom 8. November 1876. Hinweisend darauf, dass er sich „den Inhalt des Gutachtens im Allgemeinen aneigne", erklärte er sich „gern bereit", das Meteorologische Institut in sein Ressort zu übernehmen. [...]

Betreffs der Frage, ob das neue Institut eine Reichs- oder preußische Anstalt sein sollte, wurde das Einschalten des Reichskanzlers Bismarck angeregt.

[...] 12 Tage später wurde Bismarck über das ganze Projekt informiert. In seiner am 21. Februar 1877 abgefassten Antwort, erklärte der Reichskanzler, „dem Plane nicht abgeneigt" zu sein. Die eingereichten Organisationsvorschläge, so fügte er erklärend hinzu, „entsprechen im Ganzen ebenfalls den diesseitigen Anschauungen, wenn auch in Betreff der Einzelheiten und so namentlich in Betreff des Sitzes der Zentralstelle, für welche unter Umständen auch Leipzig in Frage kommen könnte, nähere Erwägungen vorbehalten bleiben können." [...]

[...] In einem Schreiben an den Finanzminister vom 16. Juni 1877 ist lediglich die konstatierende Bemerkung enthalten: „Wir haben es ... geraten, den seitens des Herrn Reichskanzler angedeuteten Weg nicht zu betreten, und die Ausdehnung der neuen Organisation über Preußen hinaus zunächst ganz dahin gestellt sein zu lassen. Es erscheint uns vielmehr geboten, die Reformpläne einstweilen auf unser eigenes Staatsgebiet zu beschränken."

Das Schreiben selbst datiert den Beginn der Verhandlungen mit dem Finanzminister. [...] [Dieser] erklärte nämlich in seinem Schreiben vom 17. August 1877: „dass ich dem Plane einer dem heutigen Stande der Wissenschaft und dem praktischen Bedürfnis entsprechende vollständige Neuordnung des meteorologischen Dienstes in Preußen nicht entgegen stehe, vielmehr gern bereit bin, zur Ausführung desselben tunlichst mitzuwirken, soweit es dabei nicht auf einen unverhältnismäßig hohen Aufwand im Ganzen ankommt, die Ansprüche im Einzelnen überall streng auf das wirklich Notwendige beschränkt werden, und die Staatskasse zur Übernahme der erforderlichen Mehrausgaben im Stande sein wird." [...]

[...] Das sich mit der Finanzfrage beschäftigende Gremium, dem jeweils ein beauftragter Vertreter der drei beteiligten Ministerien sowie von wissenschaftlicher Seite die ehemaligen Direktoriumsmitglieder Auwers und Foerster, der Assistent des Meteorologischen Instituts, Arndt, und zeitweise der Direktor der Hamburger Seewarte, Neumayer (182[6]-1909), angehörten, tagte insgesamt fünfmal in der Zeit vom 10. Mai bis 17. Juni 1878.

[...] Fast „lehrbuchreif" ist die Stellungnahme vom 28. November 1879, in der erläuternd vom Finanzminister hinzugefügt wurde: „Die Nichtbereitstellung von Mitteln ist ... auch bei anderen Projekten der Fall gewesen, deren Ausführung vielleicht noch in weit höherem Maße dringlich ist, aber dennoch mit Rücksicht auf die ungünstige finanzielle Lage des Staates seither hat unterbleiben müssen. Dieser Gesichtspunkt trifft hier umso mehr zu, als die Reorganisation des Meteorologischen Instituts überaus kostspielig ist." [...]

Parallel zu den finanziellen Verhandlungen wurde auf ministerieller Ebene die Klärung der Nachfolge von Dove, an dem bezeichnenderweise die seit 1876 laufenden Bestrebungen zur Reorganisation des Meteorologischen Instituts völlig vorbeiliefen, eingeleitet. Mit Schreiben vom 18. Juli 1878 erhielten Auwers und Foerster den Auftrag, entsprechende Personalvorschläge einzureichen. Das Resultat ihrer Recherchen teilten die beiden Astronomen knapp ein Jahr später, am 8. Juni 1879, mit. Gestützt auf Konsultationen mit den Leitern der Meteorologischen Institute Norwegens, Österreichs und Sachsens sowie mit dem Direktor der Hamburger Seewarte formulierten sie zunächst die generell an einen Institutsdirektor zu stellenden Eignungskriterien:

„1. Er soll ein auf dem Gebiete mathematisch-physikalischer Forschung, womöglich auch in der Spezialität meteorologischer magnetischer Forschung bewährter namhafter Gelehrter von kritischer Sorgfalt und von reger Produktivität sein.

2. Er soll den Grad von Lehrgabe besitzen, welcher ihm eine anregende akademische Lehrtätigkeit ermöglicht, in Verbindung mit der lebhaften Hingebung und der hervortretenden Liebe zur Sache, welche neben den wissenschaftlichen Leistungen die wesentliche Voraussetzung einer Schüler bildenden Wirksamkeit ist.

3. Es soll auch diejenigen Eigenschaften, wie Geschäftsgewandtheit, Umgänglichkeit und Organisationsgabe besitzen, welche dem Leiter der Neubegründung und Weiterentwicklung der meteorologischen Einrichtungen in Preußen und Deutschland nicht fehlen dürfen, ohne dass für ihn selbst und die Sache Erschwernis und Mehraufwand aller Art entstehen."

Obwohl Auwers und Foerster einschränkend konstatierten, dass diese Kriterien „nur sehr selten von einem Manne in vollem Umfang erfüllbar" wären, verdienen sie dennoch allergrößte Aufmerksamkeit. Verdeutlichen sie doch die Messlatte, die in Preußen an eine wissenschaftliche Führungskraft angelegt wurde, nämlich ein erstklassiger Forscher zu sein und gleichzeitig die Fähigkeiten eines Schule bildenden Dozenten sowie eines erfolgreichen Wissenschaftsorganisators zu besitzen.

Ausgehend von den drei Kriterien schlugen die beiden Astronomen den Direktor des Petersburger Physikalischen Hauptobservatoriums, Wild (1833-1902) oder den Dorpater Universitätsdozenten von Oettingen (1836-1920) als in Frage kommenden Kandidaten vor. Die preußische Personalpolitik berücksichtigend, vergaßen sie jedoch nicht, darauf hinzuweisen, dass die genannten Wissenschaftler, „obwohl von deutscher Zunge und Bildung, doch ihrer Herkunft und ihrer Stellung nach Ausländer (sind)." Eine allein aus dieser Tatsache resultierende Ablehnung versuchten sie mit dem Einwand zu verhindern, dass man dann verzichten müsse „eine bereits auf dem speziellen wissenschaftlichen Arbeitsgebiete bewährte Kapazität zu gewinnen, da zwar unter den inländischen Gelehrten wohl einige talentvolle und versprechende Meteorologen genannt werden können, aber z. Z. noch keiner derselben befähigt sein würde, die leitende Stellung einer großen Organisation auszufüllen."

Die vorbeugende Argumentation der beiden Astronomen war trotzdem vergeblich. Wild und von Oettinger wurden wegen ihrer ausländischen Nationalität nicht mehr in Betracht gezogen.

Ein Hoffnungsschimmer für die Reorganisation des Meteorologischen Instituts schien in den Jahren 1880/81 aufzuflackern. Bei der erneuten Ablehnung der 1. Rate für den Etat 1881/82 gab nämlich der neue Finanzminister am 22. Juli 1880 die Empfehlung, „die Frage noch einer eingehenden Erwägung zu unterziehen, ob nicht ohne Schaden für die Sache eine auf eine wesentliche Herabminderung des Kos-

tenbedarfs abzielende Einschränkung des ganzen Projekts tunlich erscheint."

Wieder wurde eine interministerielle Kommission gebildet, ... kam man jedoch im Prinzip zu dem gleichen finanziellen Ergebnis, nur dass sich diesmal die Kosten leicht reduzierten. ... Folgerichtig kam es deshalb auch in den nächsten Jahren nicht zur Bewilligung von Geldern. Ein Durchbruch wurde erst 1885 mit der Berufung von Bezolds (1837-1907) zum Direktor des Meteorologischen Instituts und zum ersten Ordinarius für Meteorologie an der Berliner Universität erreicht. In Gemeinschaft mit Althoff (1839-1908), einem seit 1882 in das Kultusministerium eingetretenen, äußerst befähigten Beamten, arbeitete der neue Institutsdirektor eine „Denkschrift über die Reorganisation des königlichen Meteorologischen Instituts" aus. Im April 1886 wurde das konkrete Bauprogramm für das in Potsdam auf dem Telegrafenberg zu errichtende meteorologisch-magnetische Observatorium vorgelegt.

Noch im selben Jahr erfolgte dann die Bewilligung der 1. Finanzrate. Am 3. September 1889 wurde an von Bezold der Neubau des magnetischen und drei Jahre später der des meteorologischen Observatoriums übergeben. Mit den materiell-technischen verbesserten sich auch die personellen und finanziellen Grundlagen des seit 1886 verselbständigten und zum Ressort des Kultusministeriums gewechselten Meteorologischen Institutes. So schnellte bis 1910 der ursprünglich einen nebenamtlichen Leiter und einen Assistenten umfassende Personalbestand auf 49 Mitarbeiter empor. Statt 29 790 M standen nunmehr 323 000 M an Etatsmitteln zur Verfügung. Zum Verantwortungsbereich des Institutes gehörten 1910 190 Stationen höherer Ordnung, 2637 Regenstationen und 1482 Gewitterstationen.

Diese Auszüge aus der aufschlussreichen Studie von Tiemann fassen die äußerst beschwerliche Entstehungsgeschichte des neuen Meteorologischen Instituts eindrucksvoll zusammen. Von den vorstehend aufgeführten drei Kriterien im Gutachten von Auwers und Foerster hat Hellmann im Laufe seines Berufslebens die zwei letzten glänzend erfüllt, jedoch „auf dem Gebiete mathematisch-physikalischer Forschung" hat er sehr früh eine kaum zu leugnende Abneigung entwickelt[32]. Dass Wild durch beide Astronomen in Vorschlag gebracht wurde, nimmt nicht wunder. Wir haben über seine Rolle bereits einiges erfahren. Von Arthur von Oettingen (1836-1920) dagegen, den Köppen im Brief vom 5. Mai 1878 Hellmann zu grüßen bat, und der als Physiker geschätzt wurde, ist mir eine vergleichbare meteorologische Bedeutung nicht bekannt.

Ergänzend mögen einige weitere Einzelheiten aus der Umgestaltungszeit des bestehenden Instituts die schwierige Phase der Reorganisation auch im Hinblick auf einen Wetterdienst erhellen (KOPATZ 1999):

Mit Anspruch und Rolle Preußens im Deutschen Reich kontrastierte allerdings das Zurückbleiben des bereits seit 1847 bestehenden Preußischen Meteorologischen Instituts, über das es in einer Akte des Zivilkabinetts heißt: „Das Meteorologische Institut zu Berlin, welches als erstes seiner Art auf Anregung Alexander von Humboldts gegründet worden war, hatte seit den fünfziger Jahren keine Fortschritte mehr gemacht, so dass Preußen hinsichtlich der Pflege der Meteorologie allmählich von der Mehrzahl der Kulturstaaten, insbesondere von Russland und Österreich, später auch von einigen der kleineren deutschen Staaten, weit überholt wurde. Man trug sich daher schon seit dem Jahre 1871 mit Plänen einer Reorganisation des Instituts in großem Maßstab." […] „Die Verzögerungstaktik der Regierung stieß nicht nur unter den Parlamentariern, sondern auch in der Öffentlichkeit auf Kritik. Das Berliner Tageblatt schrieb am 3. 1. 1883: „Der Zustand der Wettervorhersagen in Preußen und speziell in Berlin ist ein Gegenstand bitterer Beschämung für jeden, welcher die entsprechenden Verhältnisse anderer deutscher und auswärtiger Länder kennt". […] [Bismarck, der auf eine Mahnung des Finanzministers im Zusammenhang mit Stationen und telegraphierten Wetternachrichten für die Provinz Preußen seine Stimme abgibt, äußert die auf seine vielzitierte Haltung gemünzte Ansicht]: „Meines ergebensten Dafürhaltens wird es sich für die Königliche Staatsregierung nicht empfehlen, ein Netz von offiziellen Witterungs-Haupt- und Nebenstationen einzurichten. Ein solcher Apparat würde bei einem großen Teil der ländlichen Bevölkerung den Glauben an irgend ein Maß von amtlicher Zuverlässigkeit der von den Stationen ausgehenden Mitteilungen bezüglich der bevorstehenden Witterung erwecken, während in Wirklichkeit dieses Maß geringer als jede Schätzung sein würde, da die Witterungsvorgänge, auf die es in der Landwirtschaft ankommt, nur zu häufig auf derselben Quadratmeile die stärksten Gegensätze entwickeln". […] Schließlich gibt Bismarck im selben Votum zu bedenken[33]: „Es

---

32 Vilhelm Bjerknes (1862-1951), der auszog, die Meteorologie zu erneuern (JEWELL 2017), und Hellmanns methodischer Widerpart war, hat im Laufe seines Lebens sogar alle drei vorbildlich erfüllt. Vor Drucklegung bin ich auf Aufsätze des jungen Hellmann in einer mir bisher nicht aufgefallenen Zeitschrift aufmerksam gemacht worden (Zeitschrift für mathematischen und naturwissenschaftlichen Unterricht, Leipzig bei Teubner). Darin hat Hellmann einige Aufsätze veröffentlicht, darunter einen etwa der geometrische über die „Behandlung der Lehre von den Kegelschnitten", worauf J. Belović ihm eine contradictio in adjecto vorwarf und zu bemerken sich nicht entblödete: „Wird er [der Lehrer der Mathematik] aber diese Aufgabe lösen können, wenn er mit Widersprüchen behaftete Begriffe aufstellt oder Lehrsätze in blumige Redensarten hüllt?". Hellmann entgegnete: „Übrigens sind diese Begriffe jetzt so geläufig, dass ich mich wundern muss, wie Herr Belović ihnen eine contradictio in adjecto vorwerfen kann". Ist in solchen Erfahrungen Hellmanns Abwendung von der mathematischen Zeichensprache psychologisch begründet?
33 Vgl. KÖRBER (1997), Dokument Nr. 2: Votum des Minister-Präsidenten, betreffend den Wetterbeobachtungsdienst. (Anmerkung d. Verf.)

ist nicht nützlich, das Feld für böswillige Kritik und feindliche Bearbeitung der Bevölkerung gegen die Regierung zu vergrößern, und ich möchte deshalb davon abraten, dass die Königliche Regierung durch amtliche Organisationen des Wetterbeobachtungsdienstes irgendwelche Verantwortlichkeit für die lokale Zuverlässigkeit von Wetterprophezeiungen übernehme." [...] Der Finanzminister votierte dafür, die praktische Wetterkunde bei der Reorganisation des meteorologischen Dienstes auszusparen, „und zunächst lediglich die auf die wissenschaftliche Seite der Angelegenheit bezüglichen Maßregeln und Beschlussfassung zu unterziehen." [...] Das behördliche Vorgehen brachte also das eigentlich wichtigste Vorhaben, das Kernstück der Reorganisation des Preußischen Meteorologischen Instituts – die Schaffung eines staatlichen Wetterdienstes – zu Fall, das zumindest in den von der preußischen Regierung in Auftrag gegebenen Denkschriften schon deutlich Gestalt und feste Konturen angenommen hatte. [...]

*Nach dem Bismarck-Votum gegen die Organisation eines staatlichen Wetterdienstes wurde zur Erarbeitung einer entsprechenden Vorlage erneut eine Kommission berufen, der nunmehr ausschließlich Vertreter der beteiligten Ministerien und der interimistische Leiter des Preußischen Meteorologischen Instituts [Hellmann] angehörten. Da bei der Reorganisation des Instituts nur noch die rein wissenschaftliche Arbeit berücksichtigt wurde, verminderte sich der Gesamtbetrag der veranschlagten laufenden Kosten auf jährlich 150.826 Mark. Die vorgesehenen Summen verringerten sich in den Folgejahren weiter – 1885 wurden noch 117.000 Mark, 1886 gar nur noch 86.272 Mark beantragt. [Gegner im Preußischen Abgeordnetenhaus hielten Wetterprophezeiungen für Bedürfnisse gewisser Leute ... denen von staatlicher Seite nicht nachgegeben werden durfte. ... Virchow als Abgeordneter wollte, im Gegensatz zu anderen, dem Preußischen Meteorologischen Instituts nicht vorschreiben, ob sie Wettervorhersagen herausgeben sollten:] „Wenn das Institut sich soweit gekräftigt fühlt und die Unterlagen gefunden sind für ein wirklich sachverständiges Urteil in Beziehung auf die Feststellung dessen, was kommen muss, so wird das Institut sicherlich nicht verfehlen, das zu vertreten. Das Drängen des Publikums nach dieser Seite ist ja stark genug, und ich glaube, wir brauchen unsererseits nicht noch mitzudrängen".
... Er betonte, dass die Preußische Staatsregierung „in dem Augenblicke, wo das Reich mit der Gründung der Seewarte vorging, die Flinte ins Korn warf und eigentlich das ganze preußische Institut in die Luft sprengte. Das ging ja so weit, dass man selbst die Bibliothek von Dove nach Hamburg verkaufen ließ, und dass hier eben nichts zurückblieb, als ein paar Beamte, welche nur kümmerlich die Geschäfte fortführen konnten." Im Jahre 1885 wurde Wilhelm von Bezold aus München nach Berlin berufen, zum Direktor des Preußischen Meteorologischen Instituts ernannt und mit dessen Reorganisation beauftragt. [...] Bei v. Bezolds Gewinnung für Preußen spielte E. Althoff eine maßgebliche Rolle; er sorgte dafür, dass der neue Direktor von vornherein eine starke Stellung in Berlin erhielt. Für ihn wurde eigens ein Lehrstuhl für Meteorologie an der Friedrich-Wilhelms-Universität eingerichtet, zudem wurde er in die Preußische Akademie der Wissenschaften gewählt. In seiner Denkschrift hat Bezold die Vorhersage ausgeklammert: „Die Schaffung eines staatlichen Wetterdienstes, die eigentlich das Kernstück der wiederholt unterbreiteten Reorganisationspläne war, wurde nun endgültig ausgeklammert. Dabei wurde als wirklicher Grund für diesen Verzicht die Finanzlage des Staates explizit benannt. [...] Die staatliche Sparpolitik als wesentliche Ursache für das Zurückbleiben der Meteorologie in Preußen ist in der Literatur lange Zeit heruntergespielt worden."*

Mit der Berufung Bezolds im Jahre 1885 zum Direktor und Professor konnte das Preußische Meteorologische Institut als selbständige und vom Obstgarten „saurer Äpfel" getrennte Anstalt schließlich die neuen Aufgaben in Angriff nehmen.

Zur Gehaltsfrage des Direktors und der zwei wackeren Kämpen des alten Instituts, Hellmanns und seines Assistenten Kremser, gibt folgendes Schreiben vom 20. Mai 1885 aus dem Ministerium des Innern an den Minister des geistigen Unterrichts und Medizinal-Angelegenheiten Auskunft[34]:

Eure Exzellenz beehre ich mich in Erwiderung auf das gefällige Schreiben vom 17. d. Mts. (U.I. 6590) ganz ergebenst zu benachrichtigen, dass gegen die Übertragung der Stelle des Direktors des hiesigen meteorologischen Instituts auf den Professor Dr. von Bezold in München, sowie gegen die Verleihung der Assistentenstelle an den bisherigen interimistischen Leiter des gedachten Instituts, Dr. Hellmann – nach dem derselbe sich Inhalts Ew. Exzellenz gefälligen Mitteilung zur Übernahme dieser Stelle bereit erklärt hat – vom Standpunkte meines Ressorts aus Bedenken nicht zu haben sind.

Die Besoldungsfrage würde sich mit dieser, am 1. Oktober d. J. in Kraft tretenden Einrichtung wie folgt gestalten:

34　Minister von Goßler (Gustav Konrad Heinrich von Goßler, geboren 1838, gestorben 1902). GStA PK.

1. Der Professor Dr. von Bezold erhält das mit der Direktorialstelle verbundene Gehalt von 4200 M jährlich, jedoch mit Rücksicht darauf, dass derselbe in seiner Eigenschaft als Professor an der hiesigen Königlichen Universität bereits Wohnungsgeldzuschuss bezieht, nicht den mit dieser Stelle verbundenen Wohnungsgeldzuschuss;

2. Der Dr. Hellmann erhält das etatmäßige Assistentengehalt von 2700 M und den Wohnungsgeldzuschuss von 540 M jährlich. Außerdem wird demselben für die Zeit vom 1. Oktober d. J. bis Ende März 1886 für die mit der Reorganisation des meteorologischen Instituts verbundenen außerordentlichen Dienstleistungen und zur Deckung des Ausfalls an seinem bisherigen Einkommen aus den während des 1. Semesters 1885/86 eintretenden Gehalts ausgewiesen [?] von 600 M eine außerordentliche Remuneration von 180 M in Aussicht gestellt ...

3. Vom bisherigen interimistischen Assistenten Dr. Hellmann werden evtl. als Remuneration für außerordentliche Hilfeleistungen beim meteorologischen Institut vom 1. Oktober d. J. ab 420 M aus dem Reste der Gehalts...nisse [?] bewilligt.

Da der g. Kremser indes dem gedachten Zeitpunkte ab eine etatmäßige Stelle bei dem meteorologischen Institute nicht mehr verwalten wird, so wird demselben schon jetzt eröffnet werden müssen, dass er seiner bisherigen Stellung mit dem 30. September d. J. enthoben sei, im Übrigen aber bis auf Weiteres als Hilfsarbeiter bei dem gedachten Institute unter Beibehalt seiner bisherigen diätarischen Remuneration und unter Vorbehalt des jederzeitigen Widerrufs beschäftigt werden würde.

Indem ich mich im Falle des geneigten Einverständnisses bereit erkläre, hierauf die erforderlichen Verfügungen ergehen zu lassen, sobald der Professor Dr. von Bezold seine Ernennung als Professor an der hiesigen Königlichen Universität erhalten haben wird, behalte ich mir zugleich ganz ergebenst vor, die Fragen wegen des Überganges des meteorologischen Instituts auf das dortige Ressort bei Gelegenheit der bevorstehenden Verhandlungen über den Staatshaushaltsetat für das Jahr 1886/87 zum Gegenstande besonderer Erörterung zu machen.

Die außerordentliche Entlohnung Hellmanns war die wohlverdiente Anerkennung für die Tatsache, dass er, zunächst an der Seite des interimistischen Direktors Arndt und nach dessen Tod zusammen mit seinem Assistenten Kremser das schiffbrüchige Dovesche Institut über Wasser gehalten hat, was BEZOLD (1890) durchaus zu würdigen wusste, wie er nach kurzer Übersicht über das rückständige Institut unterstrich:

Ganz ähnlich verhielt es sich mit der Verarbeitung und der Veröffentlichung der in Preußen gesammelten meteorologischen Beobachtungen. Während man sich sonst allenthalben an die Beschlüsse des Wiener Kongresses hielt, und insbesondere hinsichtlich der Art und Weise der Veröffentlichung das damals vereinbarte Schema zur Richtschnur nahm, so beschränkte man sich in Preußen noch immer auf die Wiedergabe von Mittelwerten, die den alten Instrumenten entsprechend auch in den alten, sonst nirgends mehr gebräuchlichen Maßen mitgeteilt wurden.

Überdies konnten die von den Stationen eingesandten Tabellen nur einer sehr flüchtigen Durchsicht unterzogen werden, da die entsprechenden Kräfte fehlten; hat doch Dove erst im Jahre 1866 einen wissenschaftlichen Assistenten erhalten und zwar in der Person des Dr. Dörgens. ... An die Stelle des letzteren trat im Jahre 1874 Professor Dr. Arndt, der alsdann nach dem am 4. April 1879 erfolgten Tode Doves mit der interimistischen Leitung des Instituts betraut ward. Die Assistentenstelle wurde gleichzeitig Dr. Hellmann übertragen, der sich schon früher zeitweilig an den Arbeiten des Instituts beteiligt hatte, und der überdies durch ausgedehnte Reisen und durch längeren Aufenthalt an den verschiedenen meteorologischen Zentralstellen Europas, insbesondere auch an dem durch Wilds Leitung auf hohe Stufe gebrachten Zentralobservatorium in St. Petersburg und an dem dazu gehörigen Observatorium in Pawlowsk, den meteorologischen und magnetischen Dienst genau hatte kennen lernen.

Von diesem Zeitpunkte an waren die Bemühungen darauf gerichtet, wenigstens die dringlichsten Änderungen in dem Instrumentarium, sowie in der Art der Veröffentlichung vorzunehmen, und so die Tätigkeit des Instituts allmählich in ein anderes Fahrwasser zu bringen.

Schon in der Publikation der auf 1879 bezüglichen Ergebnisse wurden sämtliche Beobachtungen nach den neuen Maßen gegeben, obwohl dieses nur durch Umrechnen der ursprünglich gewonnenen Zahlen zu erreichen war. Auch wurde mit der Erneuerung oder wenigstens Verbesserung des Instrumentariums begonnen, sofern dies bei den knappen Geldmitteln möglich war. Zunächst konnten freilich nur wirklich unbrauchbare oder schadhafte Instrumente durch neue ersetzt werden. Doch wurden bei den sonst noch brauchbaren Barometern wenigstens die Teilungen verändert, und zu den alten

Regenmessern Messgläser mit Millimeterteilung geliefert.

Die Monats- und Jahresresultate der Stationen gelangten nach internationalem Schema zur Veröffentlichung. Im Laufe von 4 Jahren wurde das ganze Stationsnetz bereist, und eingehende mit Zeichenskizzen versehene Berichte über die sämtlichen Stationen zu den Akten gegeben, so dass man wenigstens von da ab über den Zustand der Stationen und damit auch über den Grad der Zuverlässigkeit der von Ihnen herrührenden Beobachtungen unterrichtet ist.

Nachdem alsdann Professor Arndt im August 1882 nach kurzer Krankheit gestorben war, wurde Dr. Hellmann zum interimistischen Leiter des Instituts ernannt, während ihm Dr. Kremser als Assistent beigegeben wurde. Die durch diese Personaländerungen eingetretene Verjüngung der Kräfte machte sich bald durch erhöhte Tätigkeit fühlbar.

Da für die Instrumente billigere und bessere Bezugsquellen gefunden waren, so gelang es, sowohl verschiedene ältere Stationen mit neuen Instrumenten zu versehen, als auch andere an besonders wichtigen Punkten neu einzurichten, so vor Allem die Gebirgsstationen Schneekoppe und Schneegrubenbaude, von denen freilich die letztere ebenso wie die schon viel länger bestehende auf dem Brocken wegen Mangels an geeigneten Beobachtern wieder aufgegeben werden musste. Auch ließ es sich ermöglichen, einem kleinen Stationsnetze, welches Localist Richter in der Grafschaft Glatz ins Leben gerufen hatte, und zu denen unter anderem auch der Glatzer Schneeberg gehörte, einige Unterstützung zu gewähren.

Freunden der Meteorologie, welche sich erboten, unentgeltlich Beobachtungen anzustellen, wurden, sofern sie über geeignete Lokalitäten verfügten, Anleitung erteilt und Formulare geliefert und so das Stationsnetz vervollständigt. Insbesondere aber wurde die Errichtung einzelner Stationen zur Messung von Niederschlägen, sogenannter Regenstationen dadurch ermöglicht, dass Dr. Hellmann einen Regenmesser konstruierte, der um außerordentlich billigen Preis zu beschaffen war.

Entsprechend dieser Vermehrung der Stationen wuchs natürlich auch der Umfang der Publikation, der sich vom Jahre 1880 bis 1884 von 99 auf 186 Quartseiten hob und sich zugleich hinsichtlich der Ausführlichkeit und damit auch der Verwertbarkeit mehr und mehr an die von den anderen Zentralinstituten herausgegebenen Veröffentlichungen anschloss.

Der Fortschritt, der in den genannten fünf Jahren gemacht wurde und der die spätere Reorganisation ganz außerordentlich erleichterte, verdient umso mehr Anerkennung, als damals die Mittel noch äußerst knapp waren, und außerdem die ganze Arbeitslast auf den Schultern von nur zwei wissenschaftlichen Beamten lag.

Diese Bezoldsche Würdigung der Bemühungen der zwei Kräfte des Schrumpfinstituts, „wenigstens die dringlichsten Änderungen in dem Instrumentarium, sowie in der Art der Veröffentlichung vorzunehmen", ist nichts weniger als billig, und man kann schwerlich mehr erwartet haben. Doch in Steinhagens Biographie von Aßmann (2005) findet sich (unerwartet) Kritik an Hellmann. So schreibt Steinhagen:

So ließ die Qualität der Messungen in den nachfolgenden Jahren erheblich nach, bis Hellmann 1882 die Instrumente vom Brocken entfernen ließ und die Beobachtungen damit beendete. Aßmann war darüber zutiefst empört. In einem Brief an Köppen teilte er mit, dass er sich nun dieser Station annehmen werde: „Was sagen Sie dazu, dass Hellmann vom Brocken die Instrumente gänzlich entfernt hat, wesentlich durch eine nichtgerechtfertigte Empfindlichkeit gegenüber den, besonders zuletzt, nicht sorgsamen Beobachtern? Selbstredend spornt mich dieses unmotivierte Aufgeben eines derartigen Punktes zu äußerster Conter-Energie an, vermittelst welcher ich in Folge eines Vortrages die Mittel zu neuen Instrumenten von Privaten erlangt habe." ... Nur durch Aßmanns Zähigkeit gelang es, die Arbeit des [von ihm gegründeten] Vereins aufrecht zu erhalten und fortzuführen. Als er für seine Wetterprognosen die Messungen von Stationen des Preußischen Meteorologischen Instituts nutzen wollte, erlebte er einen weiteren Reinfall. Die Messwerte waren ungenau und unzuverlässig. Die Reaktion des amtierenden Leiters des Berliner Instituts, Hellmann, auf dieses Problem enttäuschte ihn zutiefst, wie er in einem Brief an Köppen[35] mitteilte. „Die Stationen des Berliner Instituts zeichnen sich überhaupt, wie ich durch mehrfache Kontrollreisen festgestellt habe, durch eine hochgradige Unzuverlässigkeit der meisten Beobachtungen aus, teilweise, wie bei den Barometern, durch erhebliche, aber nicht genau ermittelte Korrektionen veranlasst, teilweise, bei den Thermometern durch schlechte Exposition der Instrumente. Ich könnte Ihnen davon ein langes Lied vortragen – Dr. Hellmann, welchem ich dasselbe vorgetragen habe, hat es durch unverbrüchliches Schweigen beantwortet!"

Richard Aßmann (1845-1918), der im reorganisierten Preußischen Institut Abteilungsvorsteher wurde, hatte sich durch dergleichen Sinn für Messgenauigkeit und

---

35 Für die Briefquellen und das Eingangszitat zu diesem Abschnitt verweise ich auf STEINHAGEN (2005).

durch seinen Organisationseifer empfohlen. An Lob für ihn hat es BEZOLD (1890) natürlich auch nicht fehlen lassen:

So entstanden im Jahre 1880 die Wetterwarte der Cölnischen Zeitung[36] und bald darauf die in viel größerem Maßstabe angelegte der Magdeburger Zeitung, die unter der Leitung von Dr. Aßmann eine ganz vorzügliche instrumentelle Ausrüstung erhielt und bereits für 1881 ein sehr schönes Jahrbuch veröffentlichte. Zugleich wurde sie in gewissem Sinne Zentralstelle für den ebenfalls durch Dr. Aßmann ins Leben gerufenen Verein für landwirtschaftliche Wetterkunde in Mitteldeutschland, der ein Netz zahlreicher Stationen einrichtete.

Die Meteorologie konnte nun in Preußen tatkräftig erneuert werden. Physiker und Astronomen wünschten diese „Tochter" zwar in mathematischem Gewande auftreten sehen, aber das sollte noch auf sich warten lassen. VOGEL (1890) schrieb:

Die Astronomie ist die älteste der exakten Wissenschaften und gleichzeitig auch die exakteste selbst; sie steht allein auf dem Boden der Mathematik, die bei ihr die weiteste Anwendung findet, und die ihrerseits durch die Aufgaben, welche an sie durch die Astronomie gestellt worden sind, die regste Förderung erfahren hat. Im Laufe der Zeiten haben sich eine ganze Reihe von besonders entwicklungsfähigen Zweigen der Astronomie von ihr getrennt, um als selbständige Wissenschaften weiter zu schreiten; wie z.B. die Geodäsie und die Meteorologie. Eine selbständige Entwicklung kann aber nur dann eine erfolgreiche sein, wenn an den Traditionen der Mutterwissenschaft festgehalten wird und Exaktheit und streng mathematische Anschauung als Richtschnur gilt.

Hellmann hat sich bewusst von der Tradition der „Mutterwissenschaft Astronomie" abgewandt, er hielt sie eher für eine „Stiefmutter" und bevorzugte die saftspendenden geographischen Wurzeln der Meteorologie im Geiste Humboldts und Doves. Wilhelm von Bezold dagegen wollte von Anfang an die Meteorologie als eine „Physik der Atmosphäre" verstanden wissen, wobei er allerdings nicht auf die klimatologisch-geographische Komponente verzichten wollte und konnte.

Zu Aufgaben und Struktur des neuen „Zentralinstituts", das in Berlin seinen Sitz behalten sollte, lassen wir lieber wieder BEZOLD (1890) selbst berichten:

Das Zentralinstitut muss leicht zugänglich sein, einem jeden, der sich für meteorologische Fragen interessiert, oder den seine Tätigkeit mit solchen in Berührung bringt, muss Gelegenheit geboten werden, sich daselbst Rats zu erholen, die Bibliothek und das Archiv des Instituts unter sachkundiger Leitung zu benutzen, sich mit dem Gebrauche der meteorologischen oder magnetischen Instrumente vertraut zu machen und überhaupt Kenntnisse auf diesem Gebiete zu erwerben.

Da die Meteorologie mehr als irgend eine andere Wissenschaft schon zur Beschaffung des Beobachtungsmaterials auf die Mitwirkung weiter Kreise angewiesen ist, da sie umgekehrt nur dann in vollem Maße Nutzen schaffen kann, wenn das Verständnis dafür mehr und mehr verbreitet wird, so ist ein lebhafter Wechselverkehr zwischen ihren Vertretern und denen anderer Berufskreise von höchster Bedeutung.

Es schien deshalb wichtig, das Institut nicht nur zu einer Zentralstelle für die Beobachtungsstationen, nicht nur zu einer Stätte hochwissenschaftlicher, von Fachgelehrten auszuführender Untersuchungen zu machen, sondern zugleich zu einem Lehrinstitut im weitesten Sinne des Wortes.

Die Betonung dieses Punktes lag doppelt nahe, nachdem eine Erweiterung der deutschen Interessensphäre über die engen Grenzen des eigentlichen Heimatlandes hinaus es gar manchen veranlasst, sich für Forschungsreisen in fernen Ländern vorzubereiten.

All' diesen Bedingungen kann nur dann genügt werden, wenn sich das Zentralinstitut in der Hauptstadt befindet, am Sitze der Behörden, im Mittelpunkte des geistigen und materiellen Verkehrs.

Noch dringender wird diese Forderung, wenn, wie mit der Zeit doch kaum zu umgehen sein wird, das Institut auch den wettertelegraphischen Dienst aufnehmen, wenn es Wetterkarten und Prognosen ausgeben soll. [...]

Während so die gewichtigsten Gründe dem Zentralinstitut seine Stelle in der Hauptstadt anweisen, so gilt für das Observatorium genau das Gegenteil. Hier ist Abgeschlossenheit, hinreichende Entfernung von belebten Straßen, Eisenbahnen, von verkehrsreichen Orten, überhaupt von allen störenden Einflüssen eine Lebensfrage.

Diese Überlegungen führten dazu, den in den früheren Entwürfen enthaltenen Gedanken der Vereinigung von Zentralstelle und Observatorium fallen zu lassen und Berlin zum Sitze des Zentralinstituts zu wählen, während für das Observatorium der früher ausgesuchte Platz beibehalten werden sollte.

Man folgte damit nur den Beispielen, welche man bereits in London, Paris oder St. Petersburg

---

[36] Einen Nachruf auf den Leiter der Wetterwarte der kölnischen Zeitung, Herrmann Klein (1844-1914), der ein Jahrbuch der Astronomie und Geophysik herausgab und einige Veröffentlichungen Hellmanns einem weiteren Leserkreis bekannt machte, findet man im Anhang E.

vor sich hat, wo allenthalben eine solche Trennung von Zentralstelle und Observatorium besteht und sich als höchst zweckmassig erweist.

Hinsichtlich der weiteren Organisation wurde beschlossen, vor Allem die Stationen II. und III. Ordnung neu auszurüsten, und das Netz derselben so zu ergänzen, dass es den Anforderungen der Zeit entspricht.

Außerdem aber wurde noch die Errichtung einer Menge von Regenstationen in Aussicht genommen, deren Gesamtzahl auf rund 2000 veranschlagt wurde. An diesen Stationen sollten auch Beobachtungen über Gewitter angestellt, und dieselben ähnlich wie anderwärts d. h. vermittelst rubrizierter Postkarten zur Kenntnis des Instituts gebracht werden.

Nachdem Bezold die allgemeine Stellung des Instituts und seine wiederholt vorgebrachte Verteidigung seines Sitzes im Herzen Berlins geschildert hatte, erinnerte er an Einzelheiten bezüglich der Durchführung des großen Planes, der besonders für Hellmanns künftige amtliche Tätigkeit die besonderen Aufgaben festlegte:

Im Oktober 1885 traf der neu ernannte Direktor in Berlin ein, und erhielt bald darauf Räumlichkeiten in der ehemaligen Bauakademie am Schinkelplatz zur einstweiligen Unterbringung des Instituts angewiesen.

Im Dezember erfolgte die Übersiedlung der beiden wissenschaftlichen Beamten des alten Instituts, des Archivs, der Akten sowie der wenigen Instrumente und Bücher, welche das Institut besaß, aus dem statistischen Bureau nach den neuen Lokalitäten, während die völlige Trennung von dem genannten Amte erst mit dem Beginn des neuen Etatjahres d. h. im April 1886 stattfinden konnte.

Durch Allerhöchsten Erlass vom 5. Mai 1886 wurde alsdann das Institut aus dem Ressort des Ministeriums des Innern an jenes der geistlichen, Unterrichts- und Medicinal-Angelegenheiten überwiesen.

Mit Anfang April traten auch die neu ernannten Beamten ihren Dienst an und zwar bestand das Personal damals, abgesehen von dem Direktor, aus den Oberbeamten Dr. Hellmann, früher interimistischer Leiter des Instituts, Dr. Sprung, Assistent an der Seewarte in Hamburg, und Dr. Aßmann, Gründer des Vereins für landwirtschaftliche Wetterkunde Mitteldeutschlands sowie Leiter der Magdeburger Wetterwarte. Assistenten waren: Dr. Kremser, gegenwärtig etatmäßiger Assistent, ferner Dr. Groß und Dr. Wagner. Endlich erhielt das Institut noch einen Bureaubeamten, Diätare und einen Diener.

Vor Allem wurden nun unter Vorsitz des Direktors eine Reihe von Konferenzen abgehalten, in denen die weiteren Maßregeln zur Durchführung der Reorganisation eingehend beraten wurden.

Hierbei galt es in erster Linie, das Netz der vorhandenen Stationen durch zweckmäßige Ausrüstung und Anleitung auf einen den modernen Forderungen entsprechenden Standpunkt zu bringen.

Instrumente wurden beschafft, geprüft und verteilt, neue Formulare entworfen und Vorbereitung getroffen, um sie noch vor Jahresschluss sämtlichen Stationen zusenden zu können. Da die Frage nach der zu wählenden Aufstellung der Thermometer von Seiten der wissenschaftlichen Beamten des Instituts eine sehr verschiedene Beurteilung fand, so wurde eine sich gerade darbietende Gelegenheit benutzt, um noch während des Sommers 1886 in Groß-Lichterfelde eine Versuchsstation in Gang zu setzen, an welcher 9 Monate hindurch täglich sechsmal an 8 verschiedenen Aufstellungen Temperatur und Feuchtigkeit nahezu gleichzeitig bestimmt wurden.

Zugleich wurden daselbst korrespondierende Beobachtungen an 11 verschiedenen Regenmessern angestellt.

Die große Menge anderer dringlicher Arbeiten hat die gründliche Verarbeitung und Veröffentlichung dieser Untersuchungen lange verzögert, so dass sie erst vor Kurzem erfolgen konnte. [...]

Ein weiterer Schritt in der Reorganisation wurde dadurch getan, dass am Institut selbst verschiedene Abteilungen gebildet wurden, deren jede einen der Oberbeamten als Vorsteher erhielt.

Diese Abteilungen sind die allgemeine und klimatologische, die Abteilung für Gewitter und außerordentliche Vorkommnisse, und endlich die instrumentelle.

Der allgemeinen Abteilung, an deren Spitze Dr. Hellmann steht, obliegt die Überwachung sämtlicher mit Instrumenten versehenen Stationen, die Prüfung der von denselben einlaufenden Monatstabellen und Regenpostkarten – die Regenstationen teilen die Niederschlagsmessungen auf rubrizierten Postkarten mit –, die Verarbeitung der Ergebnisse für die Veröffentlichung, sowie die eigentliche Drucklegung aller von dem Institut ausgehenden Publikationen. Ferner ist die Bibliothek und Kartensammlung dieser Abteilung überwiesen und endlich die Errichtung des Regenstationsnetzes. [...]

Die Abteilung für Gewitter und außergewöhnliche Vorkommnisse unter Leitung von Dr. Aßmann wurde in Folge unerwarteter Ereignisse früher ins Leben gerufen, als ursprünglich geplant war. [...]

Als dritte schließt sich den genannten die instrumentelle Abteilung an, die unter Leitung des Dr. Sprung steht. Ihr liegt es ob, die Instrumente zu beschaffen, zu prüfen und an die Stationen zu ver-

teilen, desgleichen die Vorbereitungen zu treffen für die Ausrüstung des Observatoriums in Potsdam.

Dadurch, dass auf dem Dache der ehemaligen Bauakademie, in welcher das Institut untergebracht ist, eine Plattform errichtet wurde, woselbst verschiedene Instrumente Aufstellung finden können, ist man in dem Institut sehr wohl in der Lage, alle auf Instrumente bezüglichen Untersuchungen zu machen, wenn auch die an ihnen erhaltenen Resultate wegen der Lage des Gebäudes nicht als solche meteorologisch verwertet werden können.

Im Jahre 1886 wurde auch schon mit der Organisation des Regenstationsnetzes begonnen, eine Arbeit, die seitdem stetig fortschreitet. Die Gesichtspunkte, welche hierbei festgehalten werden, sind wesentlich praktische. Es wurde schon oben darauf hingewiesen, welche Bedeutung die Kenntnis der Niederschlagsverteilung für eine zweckmäßige Wasserwirtschaft hat. Alle Flussbauten, alle Bewässerungs- und Entwässerungsanlagen müssen mit Rücksicht auf die durchschnittlichen, sowie auf die größten zu erwartenden Niederschlagsmengen ausgeführt werden. Dabei handelt es sich an einer gegebenen Stelle immer um jene Mengen, welche in dem oberhalb dieses Ortes liegenden Gebiete fallen oder gefallen sind, und schließlich, sofern sie nicht versickern oder verdunsten, dem betrachteten Punkte zufließen.

Sollen die Regenstationen die zur Beantwortung solcher Fragen nötigen Angaben liefern, dann müssen sie mit Rücksicht auf die Flussgebiete und Wasserscheiden verteilt werden, und tatsächlich ist es auch dieser Gesichtspunkt, welcher bei der Auswahl der Stationen für das Institut maßgebend ist.

Der rührige Aßmann, vom Vorsteher der Wetterwarte einer Zeitung zum Abteilungsvorsteher des vornehmsten meteorologischen Instituts in Preußen „aufgestiegen", hatte 1884 eine „meteorologische Monatsschrift für Gebildete aller Stände" – Das Wetter – gegründet, um für die Meteorologie zu werben. Mutmaßlich stammt der darin 1886 erschienene Bericht über „Die Reorganisation des kgl. Preußischen Meteorologischen Instituts" von ihm. Anders als in seinen von Steinhagen zitierten brieflichen Äußerungen gegenüber Köppen, hebt er nun rührend die Verdienste Hellmanns und seines Mitstreiters in lebhafter Schilderung der räumlichen Verhältnisse im „alten" Institut hervor:

Es ist unsern Lesern bekannt, dass die Preußische Meteorologie in Folge der energischen und weitschauenden Bestrebungen Alexanders von Humboldt und durch die genialen Untersuchungen Doves in der Mitte unseres Jahrhunderts eine hervorragende Stellung eingenommen hat. Das königl. Preußische Meteorologische Institut war zu jener Zeit geradezu das Muster für alle übrigen Kulturstaaten und wirkte durch seine bedeutenden Leistungen im hohen Grade anregend und zur Nachahmung auffordernd auf dieselben ein.

Nachdem indes durch die Anteilnahme weiterer wissenschaftlicher Kreise ein erweitertes Forschungs-Fundament in Gestalt der synoptischen Methode gefunden worden war, gingen die meisten übrigen Kulturstaaten in voller Würdigung des bedeutenden Wertes der meteorologischen Wissenschaft schnell in der Organisation eines meteorologischen Dienstes vorwärts und überflügelten gar bald das Preußische Meteorologische Institut bedeutend. [...] Der Hauptgrund für dieses Stagnieren der Preußischen Meteorologie war vielmehr in der Tatsache begründet, dass Preußen erhebliche Kosten-Aufwendungen an Instrumenten für eine große Zahl von Stationen gemacht hatte, welche sich nun den neuen Methoden und Maßen gegenüber nicht mehr als recht zweckentsprechend herausstellten; die erheblichen Kosten einer völligen Neu-Ausrüstung schreckten vor der Fortsetzung des begonnen Weges zurück.

Trotzdem ist es eine unabweisbare Pflicht, die großen Verdienste derjenigen Meteorologen, welche seit Doves Tode mit völlig unzureichenden Mitteln das Preußische Stationsnetz nicht nur in seinem Bestande erhalten, sondern nach und nach auch noch erheblich erweitert haben, nicht zu vergessen. Prof. Arndt, der langjährige Freund und Gehilfe Doves, und mit ihm zugleich der zuerst als Assistent, später nach Arndts Tode als interimistischer Leiter des Institutes fungierende Dr. Hellmann haben mit höchst anerkennenswerter Ausdauer in rastlosem Fleiße die schweren Zeiten des Meteorologischen Institutes überwunden. Wenn man sich des einzigen, mit Büchern und Utensilien bis zur Decke vollgepfropften Zimmers im Gebäude des Statistischen Bureaus erinnert, in welchem Dr. Hellmann in Gemeinschaft mit seinem treuen Assistenten Dr. Kremser das bedeutende Material in angestrengter Arbeit viele Jahre lang bewältigt hat, wenn man sah, wie dem Institut alle diejenigen Vorteile, welche aus dem Vorhandensein von Instrumenten und Apparaten erwachsen, fehlten, dann wird man nicht umhin können, den beiden rastlosen Gelehrten volle Anerkennung zu zollen!

Aber trotz alledem konnte dieser Zustand des Halblebens gegenüber dem gewaltigen Fortschritt der übrigen Kulturstaaten nicht bestehen bleiben. Seit Jahren drängte die Gelehrtenwelt sowohl als die Volksvertretung auf eine durchgreifende Reorganisation und Erweiterung des Preußischen Meteorologischen Instituts hin. ...

So sehen wir denn einen großen, für die weitere Zukunft im Voraus berechneten und ersonnenen Plan vor uns, welcher sicherlich geeignet erscheint, der Preußischen Meteorologie binnen kurzer Zeit die verloren gegangene führende Stellung wieder zu erobern. Der erste, grundlegende Teil dieses Programms steht unmittelbar vor seiner Erfüllung: sowohl die drei ersten Ober-Beamten, als auch die drei Assistenten sind berufen worden, der meteorologische Dienst hat am 1. April in seiner neuen Gestalt begonnen. Die Herren Dr. G. Hellmann, Dr. Sprung aus Hamburg und Dr. Aßmann aus Halle haben als Oberbeamte, als erster Assistent Herr Dr. Kremser, als Assistenten die Herren Dr. Wagner und Dr. Groß ihr Amt angetreten, die Reorganisation hat begonnen und wird hoffentlich rüstig und siegreich vorwärts schreiten.

Rege Forschungstätigkeit (1886-1906)

Bezold hatte in seiner Aufzählung der ersten Aufgaben des reformierten Instituts am Schinkelplatz wegen strittiger Ansichten bei „der zu wählenden Aufstellung der Thermometer" von einer Versuchsstation in Groß-Lichterfelde Kunde gegeben, die während eines Dreivierteljahres betrieben wurde, um die zu empfehlende Methode der Lufttemperaturmessung zu klären, nachdem „die von Wild infolge von Versuchen mit dem Schleuderthermometer wieder aufgenommenen Diskussionen über die Ermittlung der wahren Lufttemperatur" – wie Aßmann in der *Humboldt* 1886 schrieb – wieder Zweifel an der Zuverlässigkeit solcher Messungen gesät hatte. Doch war, so Aßmann weiter, das letzte Wort nicht gesprochen worden, wenngleich „Wild alle anderen Methoden gegenüber der von ihm in der sogenannten Wildschen Thermometerhütte angewandten für fehlerhaft erklärt" hatte.

Der Leiter der Instrumentenabteilung, Adolf Sprung, über dessen Aufgaben und Wirken Kapitel 3 unterrichten wird, konnte vier Jahre später, im ersten Band der Abhandlungen des Preußischen Meteorologischen Instituts, zur „Wahl einer einheitlichen Aufstellung der Thermometer" über entsprechende Neuerungen Folgendes berichten:

Bis zu Anfang der achtziger Jahre waren diese Instrumente an allen Stationen des Netzes ohne jeglichen Schutz in einem einfachen eisernen Halter vor einem Nordfenster angebracht.

Nachdem man inzwischen anderwärts ausnahmslos besondere Beschirmungen oder auch Hütten zur Aufnahme der Thermometer eingeführt hatte, wurden auch an einzelne, dem preußischen Institute unterstellte Stationen Gehäuse verteilt, welche nach Angaben des Hr. Hellmann konstruiert, die mit den an den Stationen der deutschen Seewarte gebräuchlichen große Ähnlichkeit hatten. Aber auch einige Wildsche Hütten kamen zur Verwendung.

Im Ackerfeld und an der gemieteten zweistöckigen Villa in Groß-Lichterfelde, damals „10 km von dem Herzen von Berlin entfernt", wurden verschiedene Thermometeranordnungen zwischen Juni 1886 und März 1887 untersucht. Hellmanns Gehäuse am Fenster wurde mit einer „alten preußischen" und mit einer Bayerischen Fensteraufstellung sowie den Thermometern in der englischen, französischen und Wildschen Hütte unter verschiedenen Versuchsbedingungen geprüft. Der Mangel an einer einwandfreien Normalaufstellung wurde Ausgangspunkt „für die Erfindung des Aßmannschen Aspirationspsychrometers", „das in seiner neuesten Form wohl auf den Namen eines solchen Normalinstrumentes Anspruch machen kann". Aus den differenzierten Schlussbemerkungen Sprungs, sei nur so viel hergesetzt:

Die ... Beobachtungen haben demnach im Einklange mit älteren Untersuchungen wiederum zum Resultate geführt, dass die Angaben der Hütten- und Fensteraufstellungen systematische Abweichungen zeigen. ...

Man wird es demnach wenn irgend möglich vermeiden, beide Arten von Aufstellungen in einem und demselben Netze neben einander zur Verwendung zu bringen.

Wenn es sich nun darum handelt, sich für eine derselben zu entscheiden, so wird man vom rein wissenschaftlichen Standpunkte aus der Hüttenaufstellung den Vorzug geben müssen. ...

Überdies scheint die eine der Hütten, nämlich die englische, noch besondere Vorzüge zu besitzen.

Leider stellen sich der allgemeinen Einführung der Hütten in der Praxis erhebliche Schwierigkeiten entgegen. ... Auch steigern sich bei einigermaßen größerer Entfernung der Hütten vom Wohnhause des Beobachters die Anforderungen an die körperliche Rüstigkeit und Opferwilligkeit so erheblich. ...

Obzwar Bezold das Institut, wie Hellmann einmal in anderem Zusammenhange sagen wird, „gemäß dem Grundton aller seiner Arbeiten streng wissenschaftlich" zu leiten suchte, traf er hier pragmatisch eine alltagstaugliche Entscheidung, wie Sprungs letzter Satz im erwähnten Bericht nahelegt: „So kam es auch, dass die Institutsleitung sich angesichts der Lichterfelder Beobachtungen doch im Allgemeinen zur Wahl der Fensteraufstellung entschloss und nur in Einzelfällen, in denen eine passende

Fensteraufstellung durchaus nicht zu finden ist, englische Hütten an die Stationen abgibt".

In der *Humboldt* des Jahres 1886 berichtet Aßmann auch über neueste Erkenntnisse des Vorstehers der Klimaabteilung: „Aus den Untersuchungen über Niederschläge ist Hellmanns Arbeit über die größten Niederschlagsmengen in Deutschland zu erwähnen, woraus sich ergibt, dass monatliche Niederschlagshöhen von über 200 mm nicht selten sind, den Betrag von 300 mm aber nur selten überschreiten; dass die jährliche Periode derselben ein Minimum im Januar, ein Maximum im August zeigt. Tägliche Mengen von mindestens 100 mm sind auch im ebenen Norddeutschland überall zu gewärtigen, die größten Tagesmengen über 200 mm wurden aber bislang nur in den Gebirgen gemessen." Dank seines eigenen Stationsnetzes, gleichsam als Mitgift dem neuen Institut eingegliedert, kann er noch hinzufügen: „Über den Einfluss der Gebirge auf das Klima von Mitteldeutschland ist neuerdings eine Abhandlung von Aßmann erschienen, welche auf den Beobachtungen des außerordentlich dichten, vom Verfasser gegründeten Stationsnetzes in Mitteldeutschland (250 Stationen) beruht und als neue Resultate die Föhnerscheinungen in den deutschen Mittelgebirgen, sowie kleine Gebiete niederen Luftdrucks an den Nordseiten der Hauptgebirge Harz und Thüringerwald konstatiert."

Das Versuchsfeld in Groß-Lichterfelde bot auch die Gelegenheit, mit verschiedenen Arten von Regenmessern vergleichende Niederschlagsmessungen anzustellen. Dazu schreibt Hellmann in der Nr. 3 desselben Bandes, in dem Sprung die Temperaturmessungen verglich (1890): „Bevor man an die Einrichtung eines dichten Netzes von Regenstationen in Norddeutschland ging, war es natürlich wünschenswert zu wissen, ob die bisher gebrauchten Regenmesser merklich verschiedene Resultate lieferten, und welche Form von Instrument für diesen Zweck am besten geeignet war". Zum Vergleich stehen der „durch Herrn von Bezold im Jahre 1878 auf den Stationen des Königreichs Bayern eingeführte Regenmesser, der nach meinen Angaben konstruierte, welcher vom Jahre 1883 ab an die preußischen Stationen verteilt wurde, der kombinierte Regenmesser des Herrn Aßmann, welcher in Mitteldeutschland und im Regierungsbezirk Gumbinnen [in Ostpreußen, östlich von Königsberg] Verbreitung gefunden hatte, sowie ein von der Züricher Firma Hottinger in den Handel gebrachter kleiner Regenmesser." Aßmanns und Hellmanns Regenmesser wurden 1885 im V. Band der *Zeitschrift für Instrumentenkunde* eingehend beschrieben. Beim Hellmannschen Regenmesser, dessen Auffangfläche „gewöhnlich" 200 cm² beträgt, wurde noch die Auffangfläche variiert, beginnend mit 100 cm² bis hin zu 500 cm², in Schritten von 100 cm². „Da ferner manchmal behauptet worden ist, dass es nicht ohne merkbaren Einfluss auf die Messungen sei, ob der Messingrand, welcher die Auffangfläche begrenzt, senkrecht (zylindrisch) sei

oder konisch verlaufe, so wurde neben einem gewöhnlichen Aßmannschen und einem Hellmannschen Regenmesser noch je ein solcher mit konischem Messingrand zu den Vergleichungen herangezogen", so dass insgesamt 11 Regenmesser zu Gebote standen, für deren „durchaus gleichartige Aufstellung" Sorge getragen wurde.

Aller Vorsichtsmaßnahmen zum Trotz, konnte auf das zu messende Wetterelement leider kein Einfluss genommen werden: „Es würde für die in Rede stehenden Vergleichungen natürlich sehr vorteilhaft gewesen sein, wenn es oft und ergiebig geregnet bzw. geschneit hätte; allein gerade das Gegenteil fand statt." Die Periode Juni 1886 bis zum nächsten März war zu trocken, nur Dezember und März näherten sich mit 87 % bzw. 91 % dem „Normalwert". „Eine Fortsetzung der vergleichenden Regenmengen wäre daher wohl erwünscht gewesen; da aber das ganze Versuchsfeld aufgelöst wurde", weil man die dort beschäftigten Assistenten dringend in Berlin brauchte, erschien „die Fortführung der sonst so einfachen Regenmessungen untunlich".

Hellmann teilt die Monatssummen jedes Geräts in einer Tabelle mit, und stellt fest, dass „in jedem Monat Differenzen in den Angaben der verschiedenen Regenmesser vorhanden" sind, obwohl er „bei näherer Betrachtung der Zahlen … eine gewisse Gesetzmäßigkeit" zu erkennen glaubt. „Es fragt sich nun, wonach soll man diese Abweichungen beurteilen und welches ist die richtige Niederschlagshöhe?" Diese für seine späteren Regenveröffentlichungen so wichtige Messgfrage musste zwingend einer Entscheidung zugeführt werden.

Eine Tabelle mit den prozentualen Unterschieden zeigt ihm, dass es weniger auf die „Abhängigkeit von der Jahreszeit, als vielmehr vom Regenreichtum des betreffenden Monats" ankommt. In den trockenen Monaten sind die Unterschiede der Regenangaben am größten.

Der Grund hierfür ist meines Erachtens darin zu suchen, dass bei kleinen Niederschlagsmengen einerseits der Verlust durch Benetzung der Gefäßwände und durch Verdunstung relativ groß ist, andererseits die Gelegenheit zur Kompensation wegen ungleicher räumlicher Verteilung auf ein Minimum reduziert wird. Aus letzterer Ursache zeigen sich auch in einem dichtmaschigen Netze von Regenstationen, wie es z. B. seit 1885 westlich von Berlin besteht, in trockenen Monaten viel größere Unterschiede in den Angaben der Regenmesser als bei nassem Wetter.

Er erkennt, dass „räumliche Unterschiede in der Verteilung der Niederschläge" auch bei vollkommen gleich zuverlässigen Regenmesser sogar auf kurzen Abständen „in Betracht zu ziehen sind". Ein Korrekturmaß für diesen „räumlichen Faktor" kann er nicht angeben, aber er erschließt aus den Vergleichsmessungen ein „Mindestmaß für denselben".

Von dem kleinen Hottingerschen Regenmesser mit 100 cm² Auffangfläche heißt es, dass er „in der schneefreien Jahreszeit den ersten Platz beanspruchen darf", während er sich für Schneemessungen „als viel weniger brauchbar" erwies und deshalb „keinesfalls zur Einführung auf unseren Stationen als Regen- und Schneemesser empfohlen werden" kann, sondern „nur" in tropischen und subtropischen Gegenden einsetzbar sei.

Sein Regenmesser, bezeichnet als „System Hellmann M. 83", mit der gewöhnlichen, nicht konisch begrenzten Auffangfläche und 32 cm tiefem Auffanggefäß, und „welcher an die Stationen des Kgl. Preußischen Meteorologischen Instituts seit dem Jahre 1883 (bis 1886) abgegeben wurde und auch im badischen und elsass-lothringischen Stationsnetze Eingang gefunden hat, liefert im Winter und im Sommer gleich brauchbare Resultate." Sein Prototyp mit 100 cm² Auffangfläche wie beim Hottingerschen Regenmesser, schneidet schlechter als dieser ab, der im Sommer die besten Ergebnisse lieferte. „Der Verlust durch Benetzung der Wände des Auffanggefäßes spielt namentlich im Sommer und bei kleinen Regenmengen eine viel größere Rolle, als man bisher angenommen hat. Je kleiner die Benetzungsfläche im Verhältnis zur Auffangfläche ist, desto mehr wird die Genauigkeit der Regenmessung begünstigt". Er beschreibt dann einige Verdunstungsmessungen, wonach „bei den Aßmannschen Regenmessern der größte Verlust durch Verdunstung" stattgefunden hatte. Er kann keine Erklärung dafür angeben, vermutet aber, dass „wegen Mangels eines Ölanstriches die Wandungen der Gefäße stärker erwärmt werden", und ebenso wenig kann er sich erklären, warum der Bezoldsche Regenmesser „nahezu in allen Monaten die kleinsten Mengen geliefert" hatte. Der Einfluss der Gestalt des Messingringes konnte „aus den Versuchen nicht mit Sicherheit ermittelt werden".

Schließlich wird mit unverkennbarer Genugtuung verkündet:

Die im Vorstehenden besprochenen Versuche hatten somit ergeben, dass der auf einigen Stationen des preußischen Netzes bereits eingeführte Regenmesser, System Hellmann M. 83, mit 200 cm² großer Auffangfläche sehr wohl geeignet war, bei Einrichtung eines dichten Netzes von Regenstationen Verwendung zu finden, da auch seine Anschaffungskosten gering sind (13.5 Mark inklusive Messglas und Klammer zur Befestigung) und die Kleinheit und Leichtigkeit des Apparates dessen Versendung per Post sehr bequem machten.

Dieser festgestellten Eignung zum Trotz, sei es vorteilhaft, „an der Konstruktion des Regenmessers selbst noch einige Änderungen vorzunehmen, auf welche ich zum Teil durch die Lichterfelder Versuche hingewiesen worden war", etwa „den ganzen Regenmesser in zwei Teile zu zerlegen", um die Reinigung zu erleichtern. Und so „entstand im Jahre 1886 das ... Modell, welches seitdem zur Einführung auf allen Stationen des Königlichen Preußischen Meteorologischen Instituts gelangte". Das Instrument ist bis dahin nur in der „Instruktion für Regenstationen" beschrieben, weshalb Hellmann den folgenden Passus daraus entlehnt: „Den auf den preußischen Stationen eingeführten Regenmesser (System Hellmann M. 86) bildet ein 46 cm hoher und (mit Wasserglas) weiß angestrichener Zylinder aus Zinkblech, dessen 1/50 m² oder 200 cm² große Auffangfläche (Durchmesser 159.6 mm) von einem scharfkantig abgedrehten und konisch geformten Messingringe umgrenzt wird." Die aufgelöteten Messingringe wurden im Institut geprüft und beim Bestehen mit einem Stempel „M. I." versehen.

Mit diesem seinem „Regentopf" wird Hellmann am Boden das Wasser vom Himmel über Norddeutschland in den kommenden Jahren sammeln!

Dieser Regenmesser hat weltweite Verbreitung gefunden. STRANGEWAYS (2007) nennt einige Rekordzahlen: „Es gibt weltweit mehr als 150 000 handgelesene Regenmesser. Sevruk und Klemm ... haben deren globale Verteilung untersucht und gezeigt, dass der meist benutzte der deutsche Hellmannsche Regenmesser war, von denen 30 080 in 30 Ländern betrieben werden." Mit dem Regenmesser ist sein Name um die Welt gegangen.

Hellmann findet neben diesen technischen Untersuchungen durchaus Zeit für seine unbändige literarische Tätigkeit. In einem Brief vom 28.11.86 an Köppen[37], den ersten Schriftleiter der jungen *Meteorologischen Zeitschrift*, sucht der 32-Jährige seine schriftstellerischen Ergüsse zu mäßigen: „Mit weiteren Beiträgen werde ich Ihnen und den Lesern vorerst einige Ruhe gönnen, weil ich gerne andre längst angefangene Arbeiten zu Ende führen möchte." Neben Anweisungen zur Platzierung seiner Tabellen in Druckform spricht er die schließlich nicht verwirklichte Möglichkeit von zusätzlichen Abhandlungen als „Extrabände" der Zeitschrift an: „Nach den Erfahrungen bei Poggend[orff] u. Petermann haben derartige Extrabde. gute Verbreitung gefunden." Nebenbei wünscht er ganz bestimmte Neuerscheinungen zu besprechen:

Wenn sie noch keine anderweitigen Bestimmungen getroffen haben, bitte ich mir zur Besprechung in der [Meteorologischen] Zschft. gefälligst übersenden zu wollen:

---

37 UB Graz: Nachlass Köppen (MS NL 2054), Korrespondenz Hellmann, Brief Nr. 645.

*Doberck, Obs. & Researcher ...
Argentina, Informe 1885
Lindemann, Einfluss Mondes*

Mit dem „Met. Kalender" als solchen hat Zacher eine gute Idee gehabt, aber mit Art der Ausführung können wir uns (die Collegen auf dem Institute) gar nicht recht einverstanden erklären. Wie denken Sie darüber?

Mit bestem Grusse

Ihr G. Hellmann

1887

Im April 1887 berichtet der Abteilungsvorsteher an der Seewarte, Jacob van Bebber[38], in der „Humboldt-Wochenschrift":

In der Übersicht der Fortschritte der Meteorologie in dem Septemberhefte des vorigen Jahres wurde mit Recht als der wichtigste und folgenschwerste Fortschritt auf dem Gebiete der deutschen Meteorologie die Reorganisation des kgl. preußischen meteorologischen Instituts hervorgehoben, von weiterer großer Bedeutung für die Entwicklung der Meteorologie ist die Tatsache, dass seit dem 1. Juli 1886 dieses Institut, welches vorher eine Abteilung des preußischen statistischen Bureaus gewesen war, in das Ressort der Unterrichtsverwaltung überging. Durch diese äußerliche Tatsache erhielt die Meteorologie eine von der früheren ganz verschiedene Stellung, indem dadurch der Anerkennung Ausdruck gegeben wurde, dass die Meteorologie nicht mehr eine vorzugsweise unter dem Gesichtspunkte des öffentlichen Nutzens zu behandelnder Dienstzweig der praktischen Verwaltung, sondern eine als Wissenschaft zu selbständiger Pflege berechtigte Disziplin ist. [...]
Die im vorigen Berichte erwähnten Versuche über die Ermittlung der wahren Lufttemperatur werden in neuerer Zeit von verschiedenen Seiten fortgesetzt. Es scheint, dass das Schleuderthermometer mit dünnwandiger Kugel am wenigsten von der Wahrheit abweicht, indessen ist eine zweifellose Entscheidung in dieser Sache noch nicht gegeben worden. [...]
Über Niederschlagsverhältnisse liegen ziemlich zahlreiche Untersuchungen vor, die sich insbesondere auf Deutschland beziehen. Die mittlere Regenmenge wurde durch Töpfer nach einer früher veröffentlichten Regenkarte planimetrisch gemessen, und wurden 653,5 mm gefunden (gegen früher 659, 4 mm). Einen wichtigen Beitrag zur Kenntnis der Niederschlagsverhältnisse Deutschlands lieferte Hellmann, indem er einerseits die Regenmessungen an vielen deutschen Stationen einer eingehenden Prüfung unterwarf und möglichst richtigstellte und andererseits die regenärmsten und regenreichsten Gebiete Deutschlands bestimmte. ... Die frühere Annahme, dass Mecklenburg (wegen des Einflusses des Harzes) nur eine sehr geringe Regenmenge besitze, hat sich als irrig erwiesen, und erklären sich die früheren Angaben aus unzweckmäßiger Aufstellung der Regenmesser. Die regenreichsten Gebiete fallen mit den Gebirgen zusammen, so zwar, dass Lage und Höhe der Gebirge entscheidend sind; Hellmann führt 20 derartige regenreiche Gebiete an.

Im Oktoberheft derselben Zeitschrift berichtet van Bebber insbesondere über Hellmanns Regenforschungen:

Die dritte Versammlung des internationalen meteorologischen Komitees fand im September 1885 statt. ... Die Deutsche meteorologische Gesellschaft hielt um Ostern dieses Jahres eine allgemeine Versammlung in Karlsruhe ab, bei welcher eine Reihe interessanter wissenschaftlicher Vorträge gehalten wurden. [...]
Die Veröffentlichungen des Königlich Preußischen Meteorologischen Instituts enthalten einige wesentliche Bereicherungen, insbesondere durch Publikation der Niederschlagsbeobachtungen aus den Jahren 1881-85 von 241 Stationen des Vereins für landwirtschaftliche Wetterkunde. Als Anhang ist [von Hellmann] die Geschichte des Institutes von seiner Gründung 1847 bis zu seiner Reorganisation 1885 beigegeben. [...]
Über die Zählung der Tage mit Niederschlag herrschen bezüglich der unteren Grenzen noch sehr verschiedene Ansichten, indem es zwischen einem Regentag mit andauerndem Regen und einem ganz trockenen Tage Übergangsstufen gibt, nämlich solche Tage, an welchen in kurzer Zeit nur sehr geringe Regenmengen oder gar nur Regentropfen fielen. Allerdings wurde auf dem Wiener Kongresse 0.1 mm Niederschlag als unterer Grenzwert angenommen, allein die meteorologischen Institute kommen diesem Beschlusse meist nicht nach. Auf Vorschlag von Hellmann empfahl das internationale, 1885 in Paris tagende Komitee als untere Grenze 0.2 mm, welche seit 1883 von dem Preußischen Meteorologischen Institut in Anwendung kam. Über diesen Gegenstand veröffentlichte E. Brückner eine interessante Untersuchung, welche zu folgendem Resultate führte: „Es sind als Regen-

---

[38] Für eine Kurzbiographie vgl. Kapitel 3.

tage alle Tage mit mehr als 0.15 mm oder 0.005 Zoll Wasser im Regenmesser zu zählen, und zwar ganz abgesehen des Wassers aus Regen, Schnee, Hagel, Graupeln, Nebel, Tau oder Reif. Es würde sich sodann empfehlen, bei genaueren klimatologischen Untersuchungen die Regentage nach mehrfachen Schwellenwerten zu zählen; um eine Vergleichbarkeit zu erreichen, wäre eine Einigung über einheitliche Schwellen notwendig. Als geeignet dürften folgende allgemein anzusehen sein: ≥ 1 mm, resp. 0,04 inches, ≥ 5 mm resp. 0,2 inches und ≥ 10 mm, resp. 0,4 inches.

Von dem Berliner Zweigverein der Deutschen Meteorologischen Gesellschaft wurden in und um Berlin 16 Regenstationen angelegt, deren Beobachtungsresultate Hellmann in dem Berichte dieses Vereins für 1886 bespricht. Es betrug das Verhältnis der größten zur kleinsten monatlichen Niederschlagsmenge: Im Winter 1,73, Frühjahr 1,53; Sommer 2,13; Herbst 1,57. Die frei dem Winde exponierten Regenmesser geben namentlich im Winter geringere Niederschlagsmengen als geschützt aufgestellte, daher empfiehlt Hellmann für jene einen Schutzzaun, dessen Oberkante, von der Außenfläche des Regenmesser aus gesehen, unter einem Winkel von 20-25° erscheint.

Es ist bekannt, dass in Gebirgen die Regenmenge mit der Höhe zunimmt; dieses aber geschieht nur bis zu einer gewissen Grenze, wo ein Maximum auftritt, von welcher Grenze sowohl abwärts als aufwärts die Regenmenge abnimmt. Diese Verhältnisse hat Erk für den Nordabhang der bayrischen Alpen für den Zeitraum November 1885 untersucht. [...]

Bekanntlich gehört Deutschland, außer den Nordseeküsten, dem Gebiete der Sommerregen an, indessen nehmen in den deutschen Mittelgebirgen die Winterniederschläge im Verhältnisse zu denen des Sommers mit der Höhe zu, während die des Frühlings und Herbstes unter sich nahezu gleich bleiben. In einer gewissen Höhengrenze erreichen die Winterniederschläge den Wert der sommerlichen, über diese hinaus übertreffen sie dieselbe. Dieses Resultat erhielt Hellmann im Jahre 1880 bei Bearbeitung der Brockenbeobachtungen und bestätigte und verallgemeinerte es auch auf außerdeutsche Gebirge durch seine neuerliche Untersuchung. Dabei weist Hellmann auf die fundamentale Bedeutung dieses Vorherrschens der Winterniederschläge in unseren Mittelgebirgen für die hydrographischen Verhältnisse des Landes hin, indem er bemerkt, dass die Winterniederschläge zur Speisung der Quellen und Flüsse bei weitem mehr beitragen als diejenigen irgendeiner anderen Jahreszeit, namentlich des Sommers, wo durch Verdunstung und Absorption des Erdreichs und der Vegetation 20-50 % den Flüssen verloren gehen. „Wenn nun gerade im Gegensatz zu den Tiefländern ringsumher, wo die meisten Niederschläge im Sommer erfolgen, in den höheren Gebirgslagen, auf denen alle größeren Flüsse Deutschlands entspringen, die Winterniederschläge sehr verstärkt auftreten oder gar das Übergewicht besitzen, so kann dieses nur als eine weise Maßregel im Haushalte der Natur betrachtet werden, der wir den Wasserreichtum der meisten unserer Flüsse zu verdanken haben".

Zu den Tätigkeiten des Instituts gehörten jährliche Besichtigungen von Stationen des stetig wachsenden Beobachtungsnetzes. In der Vorrede zum Jahrbuch mit den „Ergebnissen der Meteorologischen Beobachtungen im Jahre 1887", erschienen 1889, schreibt Bezold:

Der vorliegende Band der ‚Ergebnisse' erscheint zum ersten Male als ein Teil der von der Gesamtheit der deutschen meteorologischen Zentralstellen unter dem Titel Deutsches Meteorologisches Jahrbuch herausgegebenen Beobachtungen. ... Leider hat sich durch dieses Anwachsen, welches nicht von entsprechender Verstärkung des Personals begleitet war, der Termin des Erscheinens nicht unwesentlich verzögert. ... Desgleichen möchte ich nicht versäumen, die Verdienste hervorzuheben, welche sich die Herren Dr. Hellmann und Dr. Kremser um die Fertigstellung und Drucklegung des ganzen Bandes, die Herren Dr. Aßmann und Dr. Wagner aber um den auf die Gewitter bezüglichen Abschnitt erworben haben.

Mitarbeiter des Instituts sollten jährliche Inspektionen der Stationen dienstlich erledigen. So geschah es auch 1887, aus welchem Jahr folgende Dienstreisen einen Eindruck über die beschwerliche Tätigkeit des Instituts vermitteln mögen. Die erste unternahm Bezold selbst, der im April zur Karlsruher Konferenz der Direktoren der meteorologischen Zentralstellen fuhr. Bei der Gelegenheit besichtigte er Stationen, z. B. in Sigmaringen, Hohenzollern und Frankfurt a. M. Die zweite Dienstreise führte Kremser im Mai zu 15 Stationen, darunter Hannover, Münster und Potsdam. Hellmann hat im selben Monat die Stationen in Lübeck, Travemünde, Rothenhusen, dann länger, vom 1. Juni bis zum 1. Juli, die folgenden Stationen in Augenschein genommen: Oranienburg, Prenzlau, Swinemünde, Demmin, Wustrow, Rostock, Schwerin i. M., Marnitz, Kirchdorf a. Poel, Schönberg i. M., Lübeck, Segeberg, Neumünster, Kiel, Schleswig, Flensburg, Gramm, Tondern, Westerland a. Sylt, Keitum, Wyk, Husum, Meldorf, Helgoland (seit 1873 dem preußischen Netz angeschlossen), Ülzen und Celle. Aßmann hatte auf seiner Dienstreise Stationen in Schlesien besucht.

In dem Jahrbuch-Band sind Zustandsberichte, darunter einige von Hellmann, von 16 Stationen enthalten – mit einschlägigen Bemerkungen zur Größe und Lage einer Stadt und den dort vorhandenen Instrumenten. Als Beispiel für die Beschwerlichkeit, die die Betreuung eines großen und wachsenden Regennetzes mit sich brachte, seien Bemerkungen bezüglich der Regenmesser einiger Stationen herausgegriffen.

Bernburg: *„Unweit davon steht in demselben Gärtchen der Aßmannsche kombinierte Regenmesser mit 1/20 m² Auffangfläche; die Häuser liegen demselben wohl etwas zu nahe, da sie sich mit ihren Giebeln stellenweis bis zu 45° erheben. Die Auffangfläche liegt 1 m über dem Erdboden."*

Emden: *„Außer dem alten Prestelschen Regenmesser, welcher eine Auffangfläche von 1 Par[iser] Quadratfuß besitzt, ist ein neuerer, Modell Aßmann, von 1/20 m² Auffangfläche im Garten einwurfsfrei aufgestellt."*

Friedrichshall: *„Der Hellmannsche Regenmesser (älteres Modell) mit 1/50 m² Auffangfläche steht 1 m hoch in einem südlich von dem oben beschriebenen Stationshause gelegenen Gemüsegarten günstig, vielleicht aber etwas zu frei".*

Görlitz: *„Im städtischen Schlachthofe ist auch der Aßmannsche Regenmesser ziemlich frei aufgestellt".*

Großbreitenbach: *„In dem zwar ziemlich weiten, aber mehrfach mit Nebengebäuden und Bäumen besetzten Hofraume, 8 m vom Hause entfernt, stehen zwei Regenmesser: ein Aßmannscher und ein älterer noch mit einer Auffangfläche von einem Pariser Quadratfuß. Der letztere ist wegen seiner größeren Widerstandsfähigkeit gegen Sturm, sowie wegen seiner größeren Höhe (= 2.3 m) in Rücksicht auf die Nähe der Gebäude für geeigneter zu den laufenden Beobachtungen befunden worden; der Aßmannsche dient zur Reserve und zur Kontrolle".*

Grünberg: *„Der Aßmannsche Regenmesser hat im Rosengarten einen recht guten Platz."*

Inselsberg: *„Mehr nach der Mitte zu, ebenfalls an der nördlichen Böschung, steht der 1/20 m² Auffangfläche haltende, 2 m hohe heizbare Regenmesser nach Aßmannscher Art. Er ist umgeben von einem 4 m im Geviert fassenden, 1.5 m hohen Drahtzaun."*

Köln: *Ein Aßmannscher Regenmesser mit 1/20 m² steht im Garten, wohl etwas zu nahe dem Seitenflügel des Gebäudes; deshalb werden seit Juli 1888 an einem zweiten Regenmesser (System Hellmann M. 86; 1/50 m² Fläche), welcher im großen, anstoßenden Gemüsegarten des bereits genannten Klosters steht, vergleichende Messungen gemacht".*

Krefeld: *„Der Regenmesser, System Hellmann M. 86; 1/50 m² Fläche, steht sehr frei auf einem Rasenplatze des hinteren Gartens".*

Liegnitz [Doves Geburtsstadt]: *„Der Regenmesser steht im Garten sehr günstig. ..."*

Lübeck: *„Der Regenmesser System Hellmann M. 86, ist in der Nähe der steilen SW-Böschung des Walles in 1 m Höhe aufgestellt. Wegen der hier durch aufwärts gehende Luftströmungen zu befürchtenden Störungen ist derselbe mit einem Lattenzaune von 1.3 m Höhe in 1 m Entfernung allseitig umgeben worden."*

Meldorf: *„Regenmesser, System Hellmann, M. 86, ist im Garten völlig frei in 1 m Höhe aufgestellt. Mit dem früheren Apparate, welcher 0.1 m² Oberfläche hatte, sind längere fortgesetzte Vergleichungen angestellt worden, welche geringe Unterschiede ergaben".*

Neustrelitz: *„Seit Oktober 1888 ist der Regenmesser nach der Mühlenstraße am nördlichen Ende der Stadt, 1.5 km von dem bisherigen Aufstellungsorte entfernt, translociert worden, und wird dort vom Bürgerschullehrer Fr. Baehrens abgelesen".*

Neuwied: *„Der Regenmesser, System Aßmann mit 1/20 m² Fläche, steht 1.1 m hoch über dem Boden, sehr frei im geräumigen Gemüsegarten hinter dem Seminar in freier Lage und ist noch mit einem besonderen Lattenzaun, der 1.5 m Höhe und Seite hat, umgeben".*

Ratibor [Geburtsstadt Kremsers]: *„Für den Regenmesser (Hellmann, Mod. 86) hat sich bis jetzt kein besserer Platz finden lassen als auf dem relativ engen Hofe des Realgymnasium; ein Vorbau dieses Gebäudes erhebt sich gegen Westen unter einem Winkel von 65°. Die Bemühungen um eine Verbesserung der Aufstellung werden indessen fortgesetzt."*

Von der Heydt-Grube: *„Der Regenmesser, System Hellmann M. 86; 1/50 m² Fläche, steht sehr frei im hinteren Teil des zum Hause gehörigen, sanft ansteigenden Gemüsegartens".*

1888

Im Oktober des Dreikaiserjahres fand der 7. Internationale Amerikanisten-Kongress im Berliner Museum für Völkerkunde statt. Hellmann war Mitglied im Organisations-Komitee und Generalsekretär des Kongresses.

Francisco Coello (1822-1898), Ehrenvorsitzender der spanischen Gesellschaft für Erdkunde, bedankt sich bei Hellmann für die Zusendung von zwei Exemplaren seiner Arbeit über „Die Regenverhältnisse der iberischen Halbinsel", deren eines der Gesellschaft zugedacht war. Das artige Dankschreiben ist vom Juni 1888 datiert[39]:

Sr. Dr Gustavo Hellmann

Muy dr mío y de mi mayor consideración: el estar afligido por una terrible y reciente desgracia, me ha impedido contestar antes a su atenta carta del 20 del pasado y darle las gracias por el envío de su importante trabajo sobre las Lluvias en la Pensinsula Ibérica.

He tenido también el gusto de presentar el otro ejemplar en la Sociedad Geográfica, que me ha encargado le manifieste a VM su agradecimiento, [...] de escribirle directamente.

Y deseando ocasiones en que corresponder a su fineza, [...?] el favor de ofrecerme como su más atento y aff...S.S.

Van Bebber kann in der *Humboldt* vom November 1888 noch keine Übereinkunft bei der Definition eines Regentages vermelden:

Ein wunder Punkt bei Bestimmung der Niederschlagstage ist noch immer der Mangel an Einigkeit in der Auffassung darüber, was man unter einem Regentag zu verstehen habe; es handelt sich hier namentlich um die Festsetzung der unteren Grenze für einen Regentag. In der Sitzung vom 12. April 1887 der Französischen Meteorologischen Gesellschaft wurde diese Frage lebhaft diskutiert, ohne zu einer Einigung zu gelangen. Da aber ohne diese Einigung eine Vergleichbarkeit der Beobachtungen nicht möglich ist, schlägt Hann vor, neben der in jedem Lande üblichen Zählung der Regentage noch eine Rubrik einzuführen, welche die Anzahl der Tage angibt, an welchem mindestens 1 mm Niederschlag gefallen ist. In Deutschland werden bei den Stationen der Seewarte alle Tage als Niederschlagstage gerechnet, an welchen Niederschlag beobachtet wurde, unabhängig von der Menge, bei den Stationen des PMI[40] solche Tage, an welchen die Niederschlagsmenge größer als 0.2 mm war.

1889

Der erste Sohn des Ehepaares Hellmann, Heinrich Heinz, wird am 27. November geboren. Er sollte nicht älter als 20 Jahre werden (vgl. Abbildung 2-11).

Ein Jahr bevor die Monatsschrift *Humboldt* eingestellt wird, ersteht eine neue, von der Gesellschaft Urania herausgegebene „Illustrierte naturwissenschaftliche Monatsschrift", nach belgischem Vorbild *Himmel und Erde* getauft und mit Wilhelm Meyer als deren Redakteur. Sie tritt mit dem Anspruch auf, „auf naturwissenschaftlichem Gebiete, insbesondere aber auf den Gebieten der Astronomie, Astrophysik, Geophysik, Meteorologie, Geologie, Geographie, Optik, Physik usw. die Stellung einer leitenden Revue, die Bedeutung eines internationalen Zentralorganes der astronomischen und geophysikalischen Wissenschaften zu erringen". Stolz wird verkündet, dass in „gerechter Würdigung dieses Strebens ... die bedeutendsten Männer der Wissenschaft, die hervorragendsten Forscher, Denker und Gelehrten ... unter dem Ausdruck ihrer lebhaften Sympathie für das Unternehmen", ihre Mitarbeit zugesagt hätten. Unter den eigentlichen Meteorologen weist das vielversprechende Mitarbeiterverzeichnis folgende Namen auf, darunter diejenigen von nicht weniger als sechs Direktoren meteorologischer Zentralanstalten: Bezold, Hellmann, Neumayer, van Bebber, Börnstein, Zenker; Billwiller; Buys-Ballot; Mohn; Wild. Zu Direktoren und Beobachtern von Sternwarten gesellen sich glänzende Namen aus der Physik, so dass die Hoffnung berechtigt schien, die „Zeitschrift zu einem Vereinigungspunkte der Ergebnisse wissenschaftlicher Erforschung von Himmel und Erde zu gestalten".

Wladimir Köppen, der „Meteorologe" der Seewarte, schrieb in der *Meteorologischen Zeitschrift* 1891 über diese neue Monatsschrift:

So bekannt und beliebt auch diese Zeitschrift bereits in den 2 1/2 Jahren ihres Bestehens geworden ist, so glauben wir doch einer Pflicht nachzukommen, indem wir unseren Lesern einen gedrängten Überblick über dasjenige geben, was auf speziell meteorologischem Gebiet in der neuen Zeitschrift bisher erschienen ist und zugleich durch einige fernere Angaben jene unter unseren Lesern, welche die Zeitschrift noch nicht näher kennen gelernt haben, auf deren hohen Wert aufmerksam machen.

Der Charakter der Zeitschrift ist derjenige der herausgebenden Gesellschaft ‚Urania' selbst: unter Aufwendung großer Mittel und der besten künstlerischen und wissenschaftlichen Mitarbeiter weiten Kreisen ausgewählt Gutes zu liefern ‚zur Entwickelung eines einheitlichen Weltbildes' vom Standpunkte des Naturforschers und vorwiegend des

---

39 Slg. Darmstaedter Ld 1880, Coello.
40 PMI = Preußisches Meteorologisches Institut. Ausnahmsweise werde ich diese Abkürzung gelegentlich verwenden, da diese Institutsbezeichnung sehr häufig vorkommt.

Astronomen. In Bezug auf Reichtum und Schönheit der Illustrationen steht die Zeitschrift auf diesem Gebiete wohl ohne Konkurrenz da.

Die eigentliche Meteorologie war im ersten Jahrgang der Zeitschrift noch kaum vertreten. ... Seitdem hat aber die Zeitschrift eine Reihe von größeren populären Arbeiten aus sachkundigster Feder auch auf diesem Gebiete gebracht. ...

Nachdem Köppen kleinere Mitteilungen erwähnt, lässt er die Leserschaft sein Vertrauen in das Unternehmen wissen:

Ein spezielles Verdienst erwirbt sich die Zeitschrift durch wiederholte Besprechung der Falbschen und der ihnen ähnlichen Prognosen, welche ja auf das Publikum so viel Wirkung üben. Wir erwähnen unter diesen Aufsätzen besonders ‚Prophetentum und Hierarchie in der Wissenschaft'... und ‚Falbsche Theorie, Statistik und politische Ereignisse'. ... [Ü]berhaupt soll die Zeitschrift fortan noch populärer gestaltet werden, als bisher, und soll der Kreis der in ihr vertretenen Wissenschaften erweitert werden auf Fragen aus der Physik und Chemie, ja selbst der Biologie, soweit solche ein allgemeines, der oben bezeichneten großen Aufgabe einer zusammenfassenden Weltanschauung entsprechendes Interesse haben. ... Wir sind überzeugt, dass die Zeitschrift Himmel und Erde und das großartige Institut, an das sie sich anlehnt, mehr und mehr Boden im deutschen Volke und eine bedeutsame Stellung in der Kulturgeschichte sich wird erwerben müssen, wenn sie mit ebenso viel Energie und Talent, wie bisher, weitergeführt werden.

Die Zeitschrift entfernte sich jedoch allmählich vom ursprünglichen Plan, nahm immer mehr Aufsätze verschiedenster Art auf und ging schließlich 1916 ein. Die meteorologischen Beiträge wurden immer seltener. Am Ende gehörten nur Hellmann und Süring (vgl. Anhang E) zu den „ständigen Mitarbeitern"; vom ersteren erschien nach langer Pause 1914 ein Beitrag über den „Wetteraberglauben".

Die vierte Versammlung der Deutschen Meteorologischen Gesellschaft sollte wiederum 1888 tagen, und zwar im Anschluss an den Deutschen Geographentag. Sie musste allerdings „wegen der durch das Hinscheiden Sr. Majestät des Kaisers Wilhelm I. veranlassten Landestrauer unterbleiben" (van Bebber, *Meteorologische Zeitschrift*, 6. Jg. 1889). Sie tagte dann im April 1889, zusammen mit dem 8. Deutschen Geographentag, in Berlin, wo beschlossen wurde, den „Vorort" (Geschäftssitz) der Gesellschaft von Hamburg nach Berlin zu verlegen. Bezold wurde zum Vorsitzenden gewählt, nachdem er seinen in „Karlsruhe erhobenen Widerspruch" dagegen fallen gelassen hatte. Er wünschte aber, dass der Vorort nach einigen Jahren wechseln sollte. Auch musste ein neuer Verlag für die *Meteorologische Zeitschrift* gefunden werden, da die Firma „Asher & Co" nur unter wesentlich ungünstigeren Bedingungen die Zeitschrift fortzuführen bereit war. „Asher & Co." hat allerdings das bessere oder vielmehr kräftigere Papier verwandt, jedenfalls sind die schönen Neudrucke, die Hellmann bald herausgeben sollte, von dem Verlag auf solchem Papier gedruckt worden, das noch heute den Stockflecken trotzt. Für die Redaktion des Literaturberichts war die Mitarbeit von Eduard Brückner (1862-1927) fernerhin gesichert, wozu „Österreichs hervorragendster Theoretiker der Meteorologie", Max Margules (1856-1920) in Wien, als Hilfskraft gewonnen werden konnte. Brückner, inzwischen außerordentlicher Professor in Bern geworden, hielt auf dem Geographentag einen Vortrag über das Thema „Inwieweit ist das heutige Klima konstant?", woraus ich folgende Stelle aus der *Humboldt* anzuführen beliebe: „Dass das Klima von der Tertiärzeit bis zur Eiszeit und von der Eiszeit bis heute sich geändert hat, ist zweifellos. Es fragt sich aber, ob eine Klimaänderung in historischer Zeit zu beobachten ist. Die Antwort darauf lautet verschieden. Den Meteorologen ist die Konstanz des Klimas bis zu einem gewissen Grad Axiom, während die Geologen, Geographen, Hydrographen anderer Meinung sind." Neumayer, der in Berlin den Vorsitz der Meteorologischen Gesellschaft auf Bezold übertragen konnte, hielt vor den Geographen auch einen Vortrag, nämlich über das „gegenwärtig vorliegende Material für erd- und weltmagnetische Forschung".

Hellmann hielt auf der Berliner Versammlung gleich zwei Vorträge (vgl. *Humboldt* und *Meteorologische Zeitschrift*). In dem ersten behandelte er die tägliche Periode der Niederschläge, ein gewagtes Thema, weil zur Darstellung der Verteilung der Niederschläge auf einzelne Stunden das Beobachtungsmaterial zu spärlich war. Hellmann bedauerte die geringe Beachtung der Frage und die Tatsache, dass es mehr verschiedene Ausfertigungen von selbstschreibenden Regnmessern denn Beobachtungsreihen an denselben gäbe. Immerhin konnte Hellmann aufgrund des bis dahin vorhandenen Beobachtungsmaterials an 90 Stationen ein Bild von der Verschiedenheit der täglichen Niederschlagsperiode in verschiedenen Erdteilen zeichnen. Die unterschiedlichen Kurven ließen sich auf einige typische Muster zurückführen. Bestimmend sei für die tägliche Periode die Lage des Ortes, an dem man den Regen misst, sowie die Jahreszeit. An der Küste findet man in Deutschland ein Maximum in der Nacht, ein Minimum am Tage, während landeinwärts ein zweites Maximum am Nachmittag statthat, welches zu überwiegen beginnt, je mehr man sich von der Küste entfernt, und welches sich ungezwungen aus der täglichen Periode der

Gewitter erklären ließe. Charakteristisch seien die geringen Niederschläge der Vormittagsstunden.

Im zweiten Vortrag berichtete Hellmann über die „gegenwärtig herrschende Kälteperiode", die 1885 begonnen und sich seit Ende 1886 scharf ausgeprägt hatte. Anhand einer bildlichen Darstellung der Temperaturabweichungen an vier Stationen konnte er zeigen, dass nur wenige Monate in dem fraglichen Zeitraum einen Wärmeüberschuss hatten, während die meisten Monate teilweise erheblich zu kalt gewesen waren. Aus früheren Kälteperioden hob er zwei hervor, nämlich nach 1784 und nach 1835, also vor etwa 100 bzw. 50 Jahren. „Der Vortragende verwahrt sich allerdings dagegen, aus diesem Zusammentreffen gleich auf eine regelmäßige 50jährige Wiederkehr dieser Kälteperiode schließen zu wollen".

1890

In einem „aus amtlichen Anlass" von den entsprechenden Direktoren herausgegebenen Band über „Die Königlichen Observatorien für Astrophysik, Meteorologie und Geodäsie bei Potsdam" (1890), berichtet Bezold über den Fortgang der Arbeiten in der Klimaabteilung Hellmanns am Preußischen Institut wie folgt:

Auch dieser Teil der Organisation ist durch den Druck äußerer Umstände in rascheren Gang gekommen, als ursprünglich geplant war. Die furchtbaren Überschwemmungen, von denen Norddeutschland in den Jahren 1888 und 1889 heimgesucht wurde, lenkten die allgemeine Aufmerksamkeit darauf, ob und in welcher Weise man der Wiederholung von Katastrophen, wie sie damals eintraten, vorbeugen könne; die Fragen nach Stromregulierung und Uferschutzbauten gewannen eine schwerwiegende Bedeutung.

Bei den ersten Versuchen, diesen Fragen ernstlich nahe zu treten, drängte sich aber auch sofort das Bedürfnis auf nach Gewinnung völliger Klarheit über die einzelnen Ursachen, durch welche diese Ereignisse bedingt waren, da nur nach vollkommener Einsicht in diese Verhältnisse an eine erfolgreiche Bekämpfung der Gefahren, sei es durch bautechnische, sei es durch kulturelle Maßregeln, gedacht werden kann.

Hier ist es nun das meteorologische Institut, welches durch Beschaffung des Materials bezüglich der Niederschlagsverhältnisse die wichtigsten Beiträge zu einer glücklichen Lösung liefern kann. Was die Technik in dieser Hinsicht von demselben erwartet, zeigte sich auch aus den überaus zahlreichen Anfragen, welche von Seiten der betreffenden technischen Behörden, der Strombauverwaltungen, Meliorations-Bauinspektionen usw. von dem erwähnten Zeitpunkte an bei dem Institute einliefen.

Unter diesen Umständen erschien es der Institutsleitung als Pflicht, nicht nur die Organisation des Regenstationsnetzes zu beschleunigen, sondern auch die Aufarbeitung und Drucklegung des gesamten vorhandenen Beobachtungsmaterials aus den Gebieten der die Monarchie durchströmenden Flüsse ins Auge zu fassen. Auch die Ergänzung des auf die Messung der Niederschläge bezüglichen Dienstes durch Berücksichtigung der Schneehöhen, sowie durch Verteilung selbst registrierender Regenmesser an geeignet erscheinenden Punkten wurde in das Programm mit aufgenommen. Für die Durchführung dieses Planes wurden besondere Mittel erbeten, und auch tatsächlich in den Staatshaushaltsetat für 1890/91 eingestellt.

Die Reorganisation kann im gegenwärtigen Augenblick, sofern es sich um die Stationen II. und III. Ordnung handelt, als vollständig, hinsichtlich der Regenstationen als zur größeren Hälfte durchgeführt betrachtet werden.

Um eine Vorstellung zu gewähren von der Ausdehnung des Netzes mag die nachstehende kleine Übersicht hier Platz finden, wobei nur noch bemerkt werden soll, dass unter Stationen IV. Ordnung hier solche verstanden sind, welche abgesehen von Regenmessern noch ein Thermometer zur Bestimmung der Temperatur am Erdboden besitzen. Diese Stationen wurden sämtlich von anderen Netzen übernommen, und [es] besteht keine Absicht, die Zahl derselben zu vermehren.

Die Anzahl der unter der wissenschaftlichen Oberleitung des Instituts stehenden Stationen beträgt:

	II. Ordnung	III. Ordnung	IV. Ordnung
In Preußen	83	54	15
Außerhalb Preußens	27	7	7
Gesamtzahl	110	61	22

Hierzu kommen nun noch rund 972 Regenstationen; und zwar treffen von diesen auf Ostpreußen 139, Westpreußen 97, Posen 66, Pommern 75, Brandenburg 96, Schlesien 220, Sachsen 75, Mecklenburg-Schwerin 35, auf das übrige Norddeutschland 169.

Da an den 193 Stationen höherer Ordnung ohnehin auch Niederschläge gemessen werden, so beläuft sich demnach die Gesamtzahl aller Stationen, von welchen das Institut Mitteilungen über die Niederschlagshöhen erhält, auf 1165, so dass bis zum Jahresschluss rund die Zahl 1200 erreicht sein dürfte.

Wie man aus diesen Zahlen entnimmt, ist die Organisation des Regenstationsnetzes in den östlichen und mittleren Provinzen, desgleichen im Großherzogtum Mecklenburg-Schwerin zum Abschluss gebracht, während Mitteldeutschland und insbesondere die westlichen Provinzen bis jetzt nur schwach mit solchen Stationen besetzt sind.

Gewittermeldungen senden 1312 Beobachter ein.

Bei dieser Schilderung des Stationsnetzes darf auch nicht unerwähnt bleiben, dass seit zwei Jahren damit begonnen wurde, einige zu dem Zwecke besonders geeignete Stationen mit sogenannten Sonnenschein-Autographen zu versehen, d. h. mit Instrumenten, welche die Dauer des Sonnenscheins selbsttätig aufzeichnen. Man misst diesen Aufzeichnungen von landwirtschaftlicher Seite besondere Bedeutung bei, und schien es deshalb wichtig, diese Art von Beobachtungen mit in das Programm aufzunehmen. Die Zahl der Stationen, an welchen solche Instrumente tätig sind, beträgt gegenwärtig 22, die ziemlich gleichförmig über das ganze Beobachtungsgebiet verteilt sind.

Dass bei so vielen Stationen ein ganz gewaltiges Beobachtungsmaterial gewonnen wird, und dass aus der Prüfung und Bearbeitung desselben eine große Arbeitslast erwächst, liegt auf der Hand. Das Gleiche gilt von dem schriftlichen Verkehr sowohl mit den Beobachtern, als auch mit Behörden, der sich besonders wegen der Gewinnung neuer Stationen (Regenstationen) zu einem ungemein umfangreichen gestaltet.

So gingen im Laufe des Rechnungsjahres 1889/90 nicht weniger als 2832 Monatstabellen und 44 756 Postkarten mit Aufzeichnungen über Niederschläge, sowie mit Gewittermeldungen ein, und waren außerdem 11 180 Journalnummern zu erledigen, und 6684 Sendungen mit Formularen, Publikationen usw. zu machen.

Dieses Anwachsen der Arbeitslast bedingte natürlich auch eine Vermehrung sowohl des wissenschaftlichen, als auch des Bureau-Personals, und kamen zu den früher genannten Assistenten, aus deren Zahl Dr. Groß ausschied, noch hinzu: Dr. Lachmann und Dr. Hugo Meyer, ferner die Kandidaten Kiewel und Mumme. Es sind demnach an dem Zentralinstitut in Berlin, abgesehen von dem Direktor, den drei wissenschaftlichen Oberbeamten und dem etatmäßigen Assistenten gegenwärtig noch 5 Assistenten tätig, an welche sich noch ein Rechner anschließt. Das Bureau besteht aus einem Sekretär, einem Bureauassistenten und 4 Diätaren.

Auch verfügte das Institut beinahe stets über den einen oder anderen freiwilligen Hilfsarbeiter, von denen Oberstleutnant a. D. Sievert, Dr. Gerstmann, Dr. Süring und cand. Berson besonders zu nennen sind. Von der magnetischen Abteilung, die in Potsdam ihren Sitz hat, soll erst später die Rede sein.

Der erwähnte Assistent Groß war derjenige, der in Groß-Lichterfelde die schon erwähnte zweistöckige Villa mit zugehörigem Garten und Ackerland gemietet hatte, wo die vergleichenden Temperatur- und Regenmessungen stattgefunden hatten, die unter dem Jahr 1886 besprochen sind. Hugo Meyer hat 1891 eine frühe und sehr wertvolle „Anleitung zur Bearbeitung meteorologischer Beobachtungen für die Klimatologie" geschrieben. Er verließ jedoch schon im nächsten Jahr das Institut.

1891

Im erstmalig von den jährlichen Bänden der Ergebnisse der Beobachtungen abgetrennten Tätigkeitsbericht für das Jahr 1891, erschienen 1893, schreibt Bezold:

In dem Jahre 1891 nahmen sowohl die laufenden Arbeiten als auch die reorganisatorische Tätigkeit des Instituts ruhigen Fortgang. Dabei beschränkte sich die letztere naturgemäß der Hauptsache nach auf die Errichtung von Regenstationen, da die Organisation des Netzes höherer Ordnung bereits in den vorangegangenen Jahren zum Abschluss gebracht war.

Doch wurde auch an einzelnen Stationen das Beobachtungs-Programm noch durch Anschaffung von Registrier-Instrumenten erweitert, desgleichen kamen 18 Apparate zur Messung der Schneedichtigkeit zur Verteilung, so dass nun auch dieses Element an verschiedenen Stationen bestimmt wird.

Dort erfährt man auch, dass dem Direktor der Titel „Geheimer Regierungsrat" und dem wissenschaftlichen Oberbeamten Dr. Hellmann der Titel „Professor" verliehen wurde. Sprung und Aßmann, die älter waren, bekamen erst 1892 diesen Titel verliehen.

Im Kapitel über das sogenannte *Regenwerk* Hellmanns werden wir aus den Tätigkeitsberichten des PMI seine Entstehungsphase *in crescendo* verfolgen können. Im Todesjahre Wilhelms I. wurde die Monarchie von schweren Überschwemmungen heimgesucht, was die Leistungsfähigkeit des Niederschlagmessnetzes des Preußischen Instituts auf eine harte Probe stellte: „So drängte sich von selbst die Notwendigkeit auf, eine möglichst umfassende und kritische Bearbeitung des vorhandenen auf die Niederschläge bezüglichen Beobachtungsmaterials vorzunehmen", heißt es auf der ersten Seite des genannten Titanenwerkes, welches in Band II für sich erörtert werden soll. Es wurden „zur Vorbereitung und Drucklegung eines solchen Werkes" die „erforderlichen Mittel in der Form eines Extraordinariums erbeten und im Juni 1890 auch gewährt". Im Tätigkeitsbericht für 1891 berichtet von Bezold, dass die Arbeiten an dem großen Werk „mit allen verfügbaren Kräften fortgesetzt" wurden, „wobei sich jedoch mehrfache Erkrankungen und Wechsel in dem Personal der dabei beschäftigten Assistenten empfindlich fühlbar machten."

Gleichzeitig mit dieser Herkulesaufgabe des Instituts sucht Hellmann seine früh entfachte Leidenschaft für die Geschichte der Meteorologie weiter zu schüren, wovon die „Meteorologischen Volksbücher" zeugen, die in der bereits besprochenen Monatsschrift *Himmel und Erde* erschienen. Von dem Aufsatz, der auch als Sonderdruck erhältlich war, dürfte Hellmann aktiv einige verschickt haben, etwa an den ersten Leiter des Spanischen Meteorologischen Zentralinstituts, Augusto Arcimís (1844-1910). Dieser bedankte sich für die Gabe in einem Brief vom Dezember 1891, der dank seiner gut leserlichen Handschrift im Anhang C als Faksimile abgedruckt ist; er enthält eine interessante Glosse zur damaligen spanischen Meteorologie[41]:

Madrid 16. Dezember 1891
Herr Dr. Hellmann

Wertester Herr! Da Sie so vollkommen die spanische Sprache kennen, schreibe ich Ihnen in dieser und nicht auf Deutsch, wie es höflicher wäre, weil ich diese letztere lediglich zu übersetzen pflege.

Ich danke Ihnen aufs äußerste, dass Sie sich meiner erinnert haben, indem Sie mir Ihre Broschur über „Meteorologische Volksbücher" geschickt haben, die ich mit dem größten Vergnügen gelesen habe.

In Spanien werden sie immer noch gedruckt und unter allen Sorten Menschen verkauft, besonders den Bauern.

Ich wiederhole meine Dankbarkeit, der zu entsprechen ich mich bemühen werde, und verbleibe als aufmerksamster und treuer Diener,

Augusto Arcimís

Dass Hellmann offenbar recht gute Spanischkenntnisse besaß, bestätigt auch Pater Sarasolas Brief aus dem Jahre 1913 (Anhang C): „Ich bin sehr angenehm von Ihrem aufmerksamen, in gutem Spanisch verfassten Brief überrascht, als ob Sie die Sprache vollkommen beherrschten."

1892

Im Tätigkeitsbericht für 1892 erklärt Bezold, dass ein „Abschnitt in der Geschichte des Meteorologischen Instituts" beendet sei:

In diesem Jahre wurde nämlich nicht nur das Regenstationsnetz in Preußen zum Abschluss gebracht, sondern es wurde vor allem auch im Oktober des Jahres das Meteorologisch-Magnetische Observatorium auf dem Telegraphenberg bei Potsdam in Dienst gestellt.

Somit hat die im Jahre 1885 begonnene Reorganisation, dank der Fürsorge der Königlichen Staatsregierung und dem Wohlwollen der gesetzgebenden Körperschaften der Hauptsache nach ihre glückliche Durchführung gefunden.

Ersteres zog eine innere Umgestaltung nach sich: „Endlich war es nötig, hinsichtlich der Trennung in einzelne Abteilungen Veränderungen vorzunehmen, da die Tätigkeit der Instrumentenabteilung durch die Aufnahme des Dienstes in Potsdam wesentlich an Bedeutung verloren hat, während andererseits die Erweiterung des Regenstationsnetzes die Errichtung einer besonderen Abteilung bzw. die Lostrennung von der klimatologischen Abteilung erheischte."

Abteilung I behielt die Klimatologie, nun unter der Leitung von V. Kremser. Hellmanns neu geprägte Abteilung II sollte sich fortan spezieller um Niederschläge, und zugleich um die Bibliothek kümmern, ganz seinen Neigungen entsprechend. Die Abteilung III – Gewitter und außergewöhnliche atmosphärische Ereignisse – weiterhin unter Aßmanns Leitung, übernahm die früher von Sprung geleitete Instrumentenabteilung.

Im Jahr 1892 waren 282 „Regenstationen" dazugekommen, so dass insgesamt 1707 vorhanden waren, davon 1568 auf preußischem Gebiet. Zuzüglich der 190 Stationen „höherer Ordnung" bedeutete das, dass dem Institut rund 1 900 Niederschlagsbeobachtungen zur Verfügung standen. Bezold stellt mit Befriedigung fest: „Es ist demnach die Reorganisation, auch sofern sie sich auf Messung der Niederschläge bezieht, wenigstens innerhalb der preußischen Grenzen im Berichtsjahre zum Abschluss gebracht worden." Zugleich bestand immer noch Anlass zu einer rührenden Beanstandung:

Leider bereitet die Erhaltung dieses Netzes ganz außerordentliche Schwierigkeiten. Da man die Beobachter bei der großen Zahl derselben nicht durch Geld entschädigen kann, so ist es nicht nur schwer, geeignete Personen, die ja überdies über geeignete Lokalitäten verfügen müssen, zu finden, sondern es kommt vor Allem außerordentlich häufig vor, dass die Beobachter nach kurzer Wirksamkeit die Lust daran verlieren und das übernommene Amt niederlegen. Leider halten es sehr viele nicht einmal der Mühe wert, hiervon förmliche Anzeige zu erstatten, sondern sie unterlassen einfach die Einsendung der

---

41 Slg. Darmstaedter F1f 1895, Arcimis.

Meldekarten und sind häufig erst nach längerer Korrespondenz dazu zu bewegen, das ihnen anvertraute Instrument sowie sonstiges Beobachtungsmaterial wieder zurückzuerstatten.

Da nach dem Erlöschen einer solchen Station die Bemühungen um Gewinnung eines neuen Beobachters oder um Errichtung einer neuen Station in der Nachbarschaft der alten von vorn anfangen müssen, so bilden solche Vorkommnisse eine nicht versiegende Quelle lästiger und zeitraubender Verhandlungen. Um den Beobachtern etwas regeres Interesse für die Sache einzuflößen und ihnen gleichzeitig für ihre Bemühungen eine gewisse Entschädigung zu gewähren, wurden deshalb schon seit längerer Zeit an etwa 200 derselben Exemplare der monatlich erscheinenden populären meteorologischen Zeitschrift Das Wetter auf Kosten des Instituts verteilt.

Wie mühsam sich der Aufbau des Regenstationsmessnetzes gestaltete, hatten wir bereits an einem Beispiel gesehen. In der *Meteorologischen Zeitschrift* druckte Hellmann in diesem Jahr die Ergebnisse eines noch nicht erwähnten Regenmess-Versuchsfeldes, „welches der Berliner Zweigverein der Deutschen Meteorologischen Gesellschaft auf meine Veranlassung auf dem Terrain westlich von Berlin im Jahre 1885 eingerichtet hat", und dessen Stationen 6 bis 7 Jahre bestanden hatten, um „zu ermitteln, wie nahe Regenstationen aneinander liegen müssen, damit die an einzelnen Orten gemessenen Niederschlagssummen die wahren Verhältnisse der nächsten Umgebung bis auf eine gewisse Genauigkeitsgrenze repräsentieren, oder mit anderen Worten, welchen räumlichen Gültigkeitsbezirk man für eine Regenstation annehmen darf. Bei den Terrainverhältnissen der Umgebung Berlins konnte die Lösung dieser Frage natürlich nur für die Ebene versucht werden. Dass im Hügel- und noch mehr im Gebirgslande große räumliche Verschiedenheiten im Ausmaß der Niederschläge bestehen, war ja längst bekannt; in welchem Betrage dieselben auch im Flachlande vorkommen, wusste man bisher nicht und sollte durch das Regenmess-Versuchsfeld womöglich entschieden werden". Dieser so lichtvoll anmutende Versuch brachte nicht die erhoffte Aufklärung:

So einfach auch diese Fragestellung erscheint, so schwierig ist sie doch zu beantworten, trotz der während nahezu 7 Jahren gemachten Beobachtungen. Jedes neue Jahr vergleichender Aufzeichnungen hat neue Bedenken und Schwierigkeiten auftauchen lassen, und es ist schließlich auch hier so gekommen, wie gar häufig bei wissenschaftlichen Untersuchungen: es haben sich mehrere interessante und wichtige Tatsachen ergeben, aber die ursprüngliche Frage ist streng genommen nicht beantwortet worden.

Eine der Schwierigkeiten tritt in einer seiner Schlussfolgerungen klar zutage: „Alle diese Untersuchungen über den Einfluss des Windes auf die Niederschlagsmessung, über welche in den früheren Berichten des Zweigvereins ausführlicher gehandelt worden ist, führen zu der Überzeugung, dass nur gleichartig aufgestellte Regenmesser, d.h. solche, welche bei gleicher Höhe über dem Erdboden auch denselben Windschutz genießen, streng vergleichbare Resultate liefern können. Diese Bedingung hätte auf unserem Regenmess-Versuchsfelde, bei dem es sich um Ermittlung von jedenfalls nur geringen Unterschieden handelte, natürlich zuerst erfüllt sein müssen". Dann spricht er die Schwäche des Versuchsfeldes aus:

Man würde ja auch, wäre diese erst nachträglich gewonnene Erkenntnis von vornherein dagewesen, bei der Aufstellung der Regenmesser auf Erzielung eines gleichmäßigen Windschutzes sicherlich mehr geachtet haben. Allein ich halte es für eine Unmöglichkeit, eine vollständige *Gleichartigkeit der Aufstellung in dieser Beziehung zu erzielen, da die Wohnorte der Menschen die allerverschiedensten Bedingungen der Bebauung und Bepflanzung des Terrains aufweisen.*

Am Ende seines Aufsatzes ergeht die Mahnung:

Aus den vorstehenden Darlegungen wird man ohne weiteres entnehmen können, nach welcher Richtung hin systematische Versuche über die exakte Messung der Niederschläge in Zukunft gemacht werden sollten: Man muss den Einfluss des Windes auf die Regen- und Schneemessungen experimentell aufs Genauste ermitteln.

Im Juni versammelte sich nach drei Jahren wieder die Deutsche Meteorologische Gesellschaft, diesmal in Braunschweig. Dort wird eine Änderung bei der Meteorologischen Zeitschrift bekannt gegeben. Köppen beschloss, eine seiner erhabensten Tätigkeiten hinter sich zu lassen: „Eine wichtige Personalveränderung hat sich im letzten Teil des Trienniums vollzogen. Herr Köppen (Hamburg) fand sich veranlasst, die Beteiligung an der Redaktion der *Meteorologischen Zeitschrift* (welche er als Organ unserer Gesellschaft 1884 wesentlich ins Leben gerufen und zwei Jahre lang selbständig geführt hatte) mit Ende des Jahres 1891 aufzugeben. An seiner Stelle hat Herr Hellmann (Berlin) die Redaktion übernommen. Dabei wurde bezüglich des Literaturberichts die Abänderung getroffen, dass die Referate nicht mehr vorwiegend von einem Einzelnen geschrieben werden, sondern von verschiedenen Fachgelehrten, unter Bewilligung eines Honorars von 6 M für die

Druckseite". Dies war gewiss eine gute Entlohnung! Mit dem Honorar eines dreiseitigen Aufsatzes hätte man sich einen Hellmannschen Regenmesser kaufen können! Der referierende „Einzelne" war der schon erwähnte Geograph und Klimatologe Eduard Brückner, der „am 1. Januar 1886 als Redaktionshilfe für die *Meteorologische Zeitschrift* einrückte" (WEGENER-KÖPPEN 1955). Der von Köppen geförderte Literaturberichtsteil war damals ohnegleichen, und ist heute noch eine Fundgrube für den Historiker der Meteorologie. Brückner ging 1888 nach Bern, von wo aus er den Literaturbericht weiterbearbeitete.

Zu diesem Wechsel in der Redaktion lasse ich vier Briefe von Hellmann an Köppen[42] folgen.

Berlin, 10. Nov. 1891

Sehr geehrter Herr College!

Noch ehe Sie eine offizielle Antwort auf Ihr Schreiben an den Vorsitzenden der D. M. G. betreffend Ihren Rücktritt von der Redaktion der M. Z. erhalten, möchte ich Ihnen mittheilen, dass der Vorstand mich einstimmig zu Ihrem Nachfolger ernannt hat. Möchte es mir gelingen, Ihnen es gleich zu tun und zum Nutzen der Gesellschaft wie der Wissenschaft meine Obliegenheiten zu verrichten!

Welches sind aber meine Pflichten und meine Rechte? Darüber mich ein wenig zu unterrichten, komme ich heute Sie zu bitten.

Welchen Antheil an den Redaktionsgeschäften hat z. Z. der Vertreter der D.M.G.?

Im Besonderen erlaube ich mir Auskunft zu erhalten über folgende Punkte.

1) Wer bestimmte über die Aufnahme eines Artikels; derjenige, welcher das Ms. empfing, oder beide Redakteure?

2) Machten Sie Anmerkungen (Anm. d. Red.) zu Artikeln, welche Sie erst in der Korrektur kennen lernten?

3) Wer bestimmte den jedesmaligen Inhalt der Hefte?

4) Wer machte das Register?

5) In welchem Verhältnis steht Prof. Brückner zur Redaktion?, insbesondere redigierte er zuletzt selbstständig den Literaturbericht; war er nicht ursprünglich Hilfsredakteur, als welcher er auch 750 M. erhält?

6) Wer stellt die neuesten Publikationen auf der Innenseite des Umschlages zusammen?

7) Mit wem tauschten Sie Redaktionsexemplare der Zeitschrift?

Ich wäre Ihnen sehr dankbar, wenn Sie mich über diese – und andere Ihnen wichtig erscheinende – Punkte freundlichst belehren wollten.

Mit bestem Gruß
Ihr ergebenster
G. Hellmann

Berlin, den 18. Dec. 1891

Verehrtester Herr College!

Meine Absicht, nach Wien zu fahren, habe ich ausgeführt. Es war mir sehr lieb, mit Hann über verschiedene Dinge sprechen zu können. Beim Literaturbericht erfuhr ich von ihm wie von Prof. Penck, dass Brückner den Wunsch geäußert hat, des vielen Referierens entbunden zu sein. Infolgedessen kommen wir dahin überein, in Zukunft die Literaturberichte auf verschiedene Fachgelehrte zu verteilen und zu honorieren. 100 M pro Bogen von 16 Seiten gerechnet würde 600 M beim jetzigen Umfang des Literaturberichtes ausmachen. [Fußnote von Hellmann: Die Referate sollen kürzer werden, damit mehr zur Anzeige gelangt. Sachl. Auszüge sollen in den Abh. „[...?]" erscheinen. Maximal-Umfang für gewöhnlich 1 ½ Spalten.] Wir dachten nun, dass jede Gesellschaft für die Redakt. Hilfe 250 M u. f. Honorare 300 M aufwendet, also je 50 M. mehr als der Verleger gewährt.

Da der Schwerpunkt der Redaktion jetzt in Wien ist, wo fast alle Korrekturen gelesen, [?] correspondiert ... und a[uch?] deswegen scheint es mir billig, die 250 M einfach zur Honorierung des dortigen Hilfsredakteurs zu überweisen. [Randnote Hellmanns: der natürlich in Wahrheit noch mehr erhält, von [?] der Deutsch. Gesellschaft]. Ich selbst brauchte nur eine kleine Hilfe, die mit 16 M monatlich zu entschädigen wäre.
Wir hätten also aufzuwenden
250+300+120 M = 670 M,
also 80 M weniger als bisher.
Ich habe nun Hr. Prof. Brückner mitgeteilt, dass wir auf Grund seiner Mitteilungen uns mit [...?] hätten, deren [...?] der allgemeinen Honorierung der Literatur bisher einzuführen, er scheint aber daran festzuhalten, dass er der Redakteur des Lit. Ber. ist und

---
[42] UB Graz: Nachlass Köppen (MS NL 2054), Korrespondenz Hellmann, Briefe Nr. 646, 647, 648, und 678.

macht [?] solche Vorschläge ..., dass er dafür etwa 200 M erhielte. Eben wegen dieses Punktes möchte ich um einige Aufklärungen bitten, ehe ich Prof. Bruckner antworte.

Seine jetzige Stellung beruht meiner Auffassung nach auf einem sehr privaten Abkommen zwischen Ihnen, dem Redakteur und seinen Gehilfen, über die ... [eine weitere Seite fehlt im Köppen-Nachlass!]

Berlin, 29. Dec 1891

Sehr geehrter Herr College!

Vielen Dank für Ihre Mitteilungen zum gestrigen [?]. Es liegt mir durchaus fern, Prof. Brückner ... zu kündigen. Die Vierteljahrsfrist wird eingehalten. Ich wollte von Ihnen nur hören, ob meine Auffassung der Stellung B's die richtige ist, damit ich nicht gegen irgend eine mir begn. [?] dem Vorstand unbekannt gebliebene Abmachung verstoße. Wie ich von Ihnen nun erfahre, besteht solche nicht.

Wenn wir den Satz 3 M pro Spalte annehmen, entfällt auf die Zeile gerade mal 4 Pfg. Schließlich wird doch auf diesen Einheitssatz zurückgegriffen werden [?], wenn man das Honorar der Einzelnen berechnen soll. Bei diesem Satz – ich wollte 5 Pfg – würde ich aber Titel mitrechnen, was vorerst nicht geschieht, z. B. Petermann, Lit. Centralblatt u. a.

Mit freundlichen Grüßen und den besten Wünschen für das neue Jahr
G. Hellmann

Der folgende Brief mit dem Briefkopf der Deutschen Meteorologischen Gesellschaft trägt kein Datum [Brief 678]:

Der Vorstand [nie]mals befragt worden ist, uns ist besten[falls?] zu erklären, dass beim Weggang Br.'s [Brückners] aus Hbg., weil er eigentliche Redaktionshilfe nicht mehr sein konnte, er hauptsächlich den Literaturbericht übernahm, auf deren Titel er nur Jahrgang 1888 seinen Namen setzte.

Bei dem neuen Modus scheint nur ein [...] Redakteur, der Wunsch [...?] etc gar nicht vorgesehen ist, völlig überflüssig.

Doch will es mir nicht gerecht erscheinen, dass die beiden Hauptredakteure Ehrenposten behielten, während ein Nebenredakteur honoriert wird.

Gerade der Literaturbericht (incl. Liste der neuen Publikationen) ist bei der jetzigen Lage das einzige dessen ich mich annehmen kann.

Wir haben außerdem noch guten Grund zu sparen, wo wir können, denn im Jahre 1891 zählen wir nur noch 356 Mitglieder, während wir einstmals deren 488 hatten. Wir zahlen also für mehr als 90 [?] Exemplare, für die wir keine rechte Verwendung haben!

Die Änderung betr. Honorierung der Beiträge zum Literaturbericht gedenken wir dem Vorstande in einem Rundschreiben mitzuteilen. Ich wollte aber erst bei Ihnen einmal anfragen, ob meine Auffassung des Verhältnisses des Redakteurs zum Prof. Brückner die richtige ist.

Ich selbst hatte zwar immer den Wunsch, die Berichte von [unleserlich] geschrieben zu sehen, aber ich würde an dem Hergebrachten nicht gerüttelt haben, wenn ich nicht zudem gehört hätte, dass Prof. Brückner eine solche Änderung selbst wünscht.

Die offizielle Antwort auf Ihr Schreiben an den Vorstand vom 26. Aug. d. J. kommt in einigen Tagen. Herr v. Bezold war bettlägerig; doch geht es ihm jetzt besser.

Mit besten Grüßen, Ihr ergebenster Hellmann

PS. Sie haben sich gewiss auch sehr gefreut, dass Sprung's noch mehr [?] Nachwuchs erhalten haben.

Köppen hat wohl diese durch Hellmann eingeführte Neuerung nicht verschmerzt und Hellmanns „Spargründe" nicht (an)erkannt: „Als ich [die Redaktion] mit dem Schluss des Jahres 1891 Hellmann übergab, hat dieser ohne erkennbaren Grund auf [Brückners] Hilfe verzichtet, worauf die Referate in der Zeitschrift, sehr zu deren Nachteil, allmählich fast verschwunden sind" (WEGENER-KÖPPEN 1955). An sich war es keine schlechte Idee, die Referate auf mehrere Mitarbeiter zu verteilen, denn der rasche Fortschritt musste es jedem einzelnen geradezu unmöglich machen, der Flut an literarischer Produktion gerecht zu werden. Der selbständige Literaturbericht wurde bis 1898 geführt, dann erschienen die Referate am Ende eines jeden Heftes, wie es noch heute üblich ist.

Hellmann hat die *Meteorologische Zeitschrift* mit Hann zwischen 1892 und 1907 und sogar gegend Ende dieser Spanne fast allein betreut. Gab es auch andere Klagen außer der Köppenschen? Der Direktor des Königlichen sächsischen meteorologischen Instituts, Paul Schreiber (1848-1924), fand die Weisung zur Verdichtung unerfreulich: „Ich nehme hier die Gelegenheit, mein Bedauern darüber auszudrücken, dass es der Redaktion der *Meteorologischen Zeitschrift* aus gewiss nur zwingenden Gründen nicht möglich gewesen ist, die so eingehende, wichtige und gewiss mühsame Arbeit des Herrn Prof. Weihrauch zur leichten Kenntnisnahme der Meteorologen zu bringen. Es ist höchst bedauerlich, dass bei der jetzigen Einrichtung des Publikationsmodus der meteorologischen Gesellschaft umfangreiche Arbeiten einfach ad acta gelegt werden müssen" (SCHREIBER 1892). Die angesprochene Arbeit: „Neue Untersuchungen über die Besselsche Formel und deren Verwendung in der Meteorologie", von Karl Weihrauch (1841-1891; auf Abb. 2-2 rechts von Hellmann zu sehen, erster Professor für Meteorologie und Direktor des Observatoriums in Estland) erschien als Broschüre 1888 in Dorpat (Tartu) und hatte einen Umfang von 46 Seiten, die in der *Meteorologischen Zeitschrift* aber vielleicht 25 Seiten gefüllt hätte. 1890 folgte eine Fortsetzung seiner Untersuchungen. Bis 1891 waren aber Köppen und Hann die verantwortlichen Redakteure!

Zu dieser Frage der Möglichkeit, längere Abhandlungen in der Zeitschrift veröffentlichen zu können, war in dem Brief von Hellmann an Köppen aus dem Jahre 1886 schon die Rede, wo es um „Extrahefte" der Zeitschrift ging, doch scheint daraus nichts geworden zu sein.

Auf der deutsch-meteorologischen Tagung von 1892 wurden zu Ehrenmitgliedern berühmte Meteorologen ernannt: Henry F. Blanford (1834-1893), der sich um umfangreiche Arbeiten über das Wetter und Klima Indiens verdient gemacht hatte; H. Hildebrand Hildebrandsson (1838-1925), Direktor des Meteorologischen Observatoriums in Uppsala, Mitherausgeber des ersten Wolkenatlas; Cleveland Abbe (1838-1916), „Amerikas erster Wetteransager" und einer der bedeutendsten Meteorologen des 19. Jahrhunderts, von dem dermalen eine ausführliche und aufschlussreiche Biografie vorliegt (POTTER 2020); Mark Walrod Harrington (1848-1926), von 1891 bis 1896 erster Direktor des neuen *Weather Bureaus*. Beide waren 1891 auf der Münchner Internationalen Meteorologischen Konferenz der Direktoren zugegen, nachdem sie vor allem die Zentralanstalten in Wien und Berlin besucht hatten. Ersterer begründete 1884 die Zeitschrift *American Meteorological Journal*, bis zu ihrem Eingehen 1896 die wichtigste meteorologische Zeitschrift der Vereinigten Staaten. (Danach wurde die unter Abbes Schriftleitung stehende *Monthly Weather Review* bedeutender.) Auch war er Mitbegründer des nordamerikanischen Wetterdienstes als selbständiges Institut, doch wurde er von dem 1892 neu ernannten Landwirtschaftsminister, der einen praxisorientierten und spartanischen Wetterdienst wünschte, 1895 aus dem Vorstand des Wetterdienstes entlassen, wie denn zugleich Cleveland eine Gehaltseinbuße von 4000 auf 3000 Dollar hinnehmen musste (POTTER 2020)[43]. Mir hat sich der Name dieses Ehrenmitglieds der hiesigen Meteorologischen Gesellschaft ins Gedächtnis gegraben, seitdem Potter folgenden Schicksalsweg zu erzählen wusste: „Eines Tages im Oktober 1899 verließ Harrington sein Haus, wobei er seiner Frau sagte, er habe Geschäftliches in der Stadt zu erledigen. Er kehrte nie wieder zurück. Jahrelang wusste die Familie nicht, wo er sich aufhielt." Am Ende einer langen Odyssee, kreuz und quer durch die Vereinigten Staaten, nach England und China, um dann wieder als Tagelöhner in seiner Heimat zu arbeiten, landete er schließlich in einer Irrenanstalt. Seine Familie, die ihn dort ausfindig machen konnte, verleugnete er bis zu seinem Tode. Das Ehrenmitglied der Deutschen Meteorologischen Gesellschaft starb geistesverwirrt 1926.

Doch zurück zu unseren Oberbeamten in sicherer Stellung! Auf der in Rede stehenden Tagung beantragte Gustav Hellmann Geld für eine der schönsten Unternehmungen der Gesellschaft: Es „wird demselben eine Summe von 600 Mark (auf drei Jahre verteilt) zur Verfügung gestellt als Beihilfe behufs Neuherausgabe einiger klassischer, aber ganz selten gewordener meteorologischer Werke", die die Mitglieder zu Vorzugspreisen beziehen könnten. „Die von Hellmann eingeleiteten und kommentierten Neudrucke behandelten Beiträge zur Meteorologie und zum Erdmagnetismus vom Mittelalter bis zum 19. Jahrhundert. Sie begründen seinen Ruhm als Stammvater der deutschen Meteorologiegeschichte" (LÜDECKE 2008). In Kapitel 10, Band II werden diese Neudrucke vorgestellt.

Schließlich möge der anregenden Tradition gedacht werden, die Bezold eingeführt und Hellmann fortgesetzt hat, nämlich den Eröffnungsvortrag bei den allgemeinen Versammlungen der Meteorologischen Gesellschaft einem übergreifenden, die Geschichte mitberücksichtigenden Thema zu weihen. Es lohnt sich, die in der *Meteorologischen Zeitschrift* vom „Vater des norddeutschen Wetterdienstes"[44], Richard Börnstein (1852-1913), gegebene Zusammenfassung des Vortrags wegen der damaligen Anforderungen an die Meteorologie gekürzt anzuführen:

Redner begann mit dem Hinweis, dass er bei der dritten allgemeinen Versammlung im Jahre 1885 ein Bild entworfen habe von den „Fortschritten der wissenschaftlichen Witterungskunde während der letzten Jahrzehnte". Während es jedoch damals galt, rückwärtsschauend ein Bild zu entwerfen von den Leistungen verflossener Jahre, wolle er diesmal das Auge der Gegenwart und Zukunft zuwenden und von den Aufgaben sprechen, welche die Forscher im Augenblicke beschäftigen sowie von den neuen Anforderungen, welche der beob-

---

[43] Es möge füglich noch erwähnt werden, dass Harrington sich auch mit der geschichtlichen Seite der Meteorologie beschäftigt hat. Ich hebe nur eine Arbeit von 1894 hervor: Weather Making, Ancient and Modern, National Geographic Magazine, Vol. VI, 35-62.
[44] So im Nachruf von Linke, vgl. Anhang E.

achtenden Meteorologie aus der in allerneuester Zeit nicht unwesentlich veränderten Fragestellung erwachsen.

Er schilderte hierauf in aller Kürze noch einmal, wie die Meteorologie in der ersten Hälfte des Jahrhunderts im Wesentlichen auf geographisch-statistischer Grundlage ruhte und streng genommen nur Klimatologie war, wie sie alsdann erst durch die Einführung der synoptischen Behandlungsweise sich zu einer eigentlichen Witterungskunde entwickelte und wie man durch diese Art der Betrachtung mit Notwendigkeit auf eine physikalisch-mathematische Untersuchung der atmosphärischen Vorgänge hingewiesen und somit zur Begründung der dynamischen oder, besser gesagt, theoretischen Meteorologie geführt wurde.

Börnstein geht noch auf die Ausführungen Bezolds zur früheren Konvektionstheorie, zur Bedeutung des Wärmeaustausches in der Atmosphäre und an der Erdoberfläche und über die Rolle der Theorie im allgemeinen Luftkreislauf ein, bevor er auf die Wichtigkeit von Fallstudien und Bezolds Kernforderung zu sprechen kommt:

Freilich müssen solche Untersuchungen von höchster Allgemeinheit durch solche ergänzt werden, bei denen gerade Einzelphänomene zum Gegenstand des eingehendsten Studiums gemacht werden und hier gilt es alsdann, dass die Beobachtung ergänzend, berichtigend und unterstützend eingreife. Dabei drängt aber gerade die allgemeine Auffassung dahin, das Beobachtungsgebiet mehr und mehr vom Erdboden loszulösen und in die freie Atmosphäre zu verlegen. So gewinnen die Beobachtungen im Luftballon und jene der Wolken immer höheres Interesse.

Indem nun der Redner mehr auf die Aufgaben eingeht, welche sich der Forschung in diesen Richtungen darbieten, bemerkt er zugleich, dass es ihm scheine, als schlage man bei den gegenwärtig so eifrig betriebenen Studien über die Klassifikation der Wolken einen Weg ein, der zu sehr an die Systematik erinnere, wie sie früher in den beschreibenden Naturwissenschaften herrschend war, während man sich auch hier mehr von der physikalischen Auffassung leiten lassen und der Bildung und Auflösung der Wolken größere Aufmerksamkeit schenken sollte, wie es überhaupt als das Ziel der gegenwärtigen meteorologischen Forschung zu betrachten sei, diese Wissenschaft mehr und mehr zu einer Physik der Atmosphäre zu erheben.

Eine längere und überarbeitete Fassung des Vortrags erschien in *Himmel und Erde* 1893. Hellmanns Interesse an einer solchen Physik der Atmosphäre, die „der Bildung und Auflösung der Wolken größere Aufmerksamkeit schenken sollte", scheint sich bei ihm nicht entwickelt zu haben. Es ist zu vermuten, dass ein solches Eingehen auf physikalische Vorgänge, die für den von ihm so eifrig gesammelten Regen verantwortlich waren, nur auf Kosten seiner geschichtlichen und bibliographischen Arbeiten möglich gewesen wäre. So spielt sein Name im Entwicklungsgang der Wolkenphysik keine Rolle.

Zwischen Weihnachten und Silvester wurde Hellmann doppelt erfreut: Einmal durch die Übersendung an ihn der ersten „gelungenen Photographien" von Schneekristallen und durch die Geburt seines zweiten Sohnes Ulrich Gustav Alexander (1892-1978) am 30. Dezember[45].

1893

Hellmann veröffentlichte in diesem Jahr seine zwei ersten Neudrucke (*Das Wetterbüchlein* von Reynman und eine Schrift über die Barometerversuche Pascals), von denen im vorigen Jahresabschnitt die Rede war, und sorgt für ihre Verbreitung. So schreibt er am 30. Mai 1893 an jemanden von der Gesellschaft für Erdkunde, in der und für die er oft tätig war: „Ich darf wohl diese Gelegenheit benützen, um Ihnen anbei zwei soeben erschienene meteorologische ‚Neudrucke', mit der Bitte um freundlichste Aufnahme, ganz ergebenst zu übersenden."

Es erscheint auch in diesem Jahr Hellmanns bibliophiles Kleinod mit „Mikrophotographien" von Neuhauss, der sich ihm durch „gelungene Wolkenaufnahmen" im Herbst 1891 für die mikrophotographische Erkundung flüchtiger Eiskristalle empfohlen hatte (vgl. Kapitel 9, Band II).

Im Tätigkeitsbericht für dieses Jahr hält Bezold fest: „Das Jahr 1893 war das erste, in welchem das Institut mit Einschluss des Observatoriums in Potsdam seine Tätigkeit in dem von Anfang an geplanten Umfang nahezu vollständig entfaltet hat." Er widmet den „wissenschaftlichen" Fahrten der Ballons „Humboldt" und „Phönix" (vgl. STEINHAGEN 2005), bei denen das Institut mitwirkt, einen längeren Abschnitt, und auch der „Beteiligung des Instituts an der Ausstellung in Chicago", die das Kultusministerium an dasselbe nahegelegt hatte. Zwar hat Hellmann einen schönen bibliographischen Essay zu dem entsprechenden meteorologischen Berichtband beigesteuert, aber ob er oder Bezold oder irgendein Institutsmitarbeiter dorthin delegiert wurde, entzieht sich meiner Kenntnis. In staatlichem Auftrag war die deutsche Physik mit

---

45 Von Fritz Pfenningstorff ist am 21. Dezember 1962 im Börsenblatt für den Deutschen Buchhandel – Frankfurter Ausgabe –, Nr. 102, eine kurze Ehrung zum 70. Geburtstag von Dr. Ulrich Hellmann erschienen. Darin schreibt der ehemalige Berufsgenosse: „Dr. Hellmann, der einer bekannten Gelehrtenfamilie entstammt, interessierte sich schon in früher Jugend für Buch und Buchhandel. … [Er] gehört wirklich zu jenen Verlegern, deren eingehende Beschäftigung mit den Problemen des wissenschaftlichen Verlages sich auch in ihrem äußeren Habitus auszuprägen pflegt. … Nach Beendigung dieser Arbeit [beim Verlag Walter de Gruyter & Co., wo er mit der „Überprüfung der seit 1933 geistes- und naturwissenschaftlichen Verlagsproduktion auf Nazismen" beschäftigt war] widmete er dann vom Jahre 1952 an seine ganze Kraft dem Wiederaufbau des bekannten naturwissenschaftlichen Verlages Gebr. Borntraeger", der heute noch meteorologische Werke und die Neue Folge der *Meteorologischen Zeitschrift* verlegt.

Helmholtz vertreten. Der weltbekannte Mathematiker Felix Klein nahm auch an der Weltausstellung teil und ist im selben Dampfer wie Helmholtz hin und her gereist. Auf der Rückreise wurde er Ohrenzeuge beim wuchtigen Sturz des Reichskanzlers der Wissenschaft von einer steilen Treppe im Schiff. Der ehemalige Militärarzt hat später die Menge des verlorenen Lebenssaftes auf 4 bis 5 Liter geschätzt. Er hat sich zwar vom Sturz erholt, aber schon im nächsten Jahr sollte Bezold eine Gedächtnisrede auf den großen Physiker und Meteorologen halten.

Im Tätigkeitsbericht wird noch über Raummangel und ein „recht störendes Ereignis …, nämlich die Einführung der mitteleuropäischen Zeit ins bürgerliche Leben" geklagt. Die „große Verlegenheit", die dadurch dem Institut für die Wahl der Beobachtungszeit erwachsen ist, ließ sich nicht einheitlich lösen:

> *Dagegen wagte man es nicht, auch den Beobachtern an den Regenstationen sowie den Gewitterbeobachtern die Zumutung zu machen, nach anderer Zeit zu beobachten oder zu notieren, als sie von den gewöhnlichen Uhren angegeben werden, da eine derartige Vorschrift bei der großen Zahl von Beobachtern aus den verschiedensten Berufsklassen zu unabsehbaren Irrtümern Veranlassung geben müsste. So hat man nun an dem Institut neben einander mit 2 Zeiten zu rechnen, mit mittlerer Ortszeit in der klimatologischen Abteilung, mit Einheitszeit in der Gewitter- und Regenabteilung.*

1894

Hellmanns Mutter stirbt und die deutsche Physik verliert drei ihrer namhaftesten Physiker: den im Vergleich zu Hellmann um drei Jahre jüngeren Heinrich Hertz, der dem „Neid der Götter zum Opfer fiel", wie der Monate später verstorbene Hermann Helmholtz über seinen genialen Schüler schrieb; und sie verlor auch den berühmten Experimentalphysiker August Kundt, der im gleichen Jahr wie Hann auf die Welt kam, und Lehrer des noch berühmteren Röntgen wurde, der wiederum Schmauß zum Schüler hatte. Auch war er Robert Emdens (1862-1940) Doktorvater, der 1913 die atmosphärische Strahlungslehre begründen sollte. Hertz hatte sich auch für Meteorologie interessiert, er bereicherte den ersten Band der von Köppen erstmals 1884 mitbegründeten *Meteorologischen Zeitschrift* durch eine heute im Wesentlichen noch verwendete graphische Darstellung adiabatisch auf- und absteigender Luft, und er gab in seiner Antrittsvorlesung in Karlsruhe 1885 die erste Skizze des globalen Energiehaushalts der Erde. Dieses heute aus den Klimawerken nicht fortzudenkende Diagramm hat er wegen allzu strenger Selbstkritik leider nicht veröffentlicht. Es wäre historisch die erste versinnbildlichte Energiebilanz des Klimasystems geworden; stattdessen gebührt dem Engländer William Henry Dines (1855-1927) die Priorität, ein solches Diagramm 1917 bekannt gemacht zu haben. Die Handschrift der Hertzschen Antrittsvorlesung ist mehr als hundert Jahre später ans Licht gekommen (MULLIGAN & HERTZ 1997)[46]. Bezold hat je eine Gedächtnisrede auf Kundt und Helmholtz gehalten. Letztere hat einen Prioritätsstreit aufflammen lassen, weil die Anhänger des Heilbronner Arztes Robert Mayer (1814-1878) diesen durch Bezold in ein ungünstiges Licht gestellt sahen. Mayer hatte vor Helmholtz den Gedanken der Energieerhaltung klar ausgesprochen, wenngleich nicht in dem streng mathematischem Gewand des Potsdamers.

Aus Anlass der nunmehr abgeschlossenen Reorganisation geruhte „Seine Majestät der Kaiser und König Ordensauszeichnungen zu verleihen … und zwar dem Direktor Dr. von Bezold den rothen Adlerorden III. Klasse mit der Schleife, dem Professor Dr. Hellmann den rothen Adlerorden IV. Klasse…". Einmal mehr und einmal wieder seufzte Bezold über die Schwierigkeiten, das Netz der Regenstationen in Betrieb zu erhalten. Hellmann besichtigte im Berichtsjahr eine stattliche Reihe Stationen in Süddeutschland und einige wenige an der norddeutschen Küste. Er besuchte auch die meteorologischen Zentralstellen in Stuttgart, Karlsruhe und Straßburg, „um die Beschaffung des dort vorhandenen Beobachtungsmaterials für das bereits erwähnte Regen-Werk zu vermitteln".

Der 3. Neudruck mit einem Faksimile der Howardschen Schrift über Wolkeneinteilungen erscheint in diesem Jahr (vgl. Kapitel 10, Band II).

1895

Im Tätigkeitsbericht sind keine besonderen Vorkommnisse vermerkt, nur als besonderes Ereignis „die Errichtung und Ingangsetzung des Observatoriums auf dem Brocken".

Ich erwähnte bereits, dass die II. Abteilung, der Hellmann vorstand, sich nicht nur um die Niederschläge zu kümmern hatte, sondern auch um die Bibliothek. Beide Bereiche wuchsen stark: „Das Netz der Regenstationen erfuhr im Jahre 1895 eine weitere Verdichtung", und eine solche erfuhr auch die Bibliothek. Da heißt es in einer Notiz, die Jahr für Jahr stereotyp wiederholt wird:

---

46 Heinrich Hertz fiel bei den Nationalsozialisten in Ungnade. Fritz Roßmann (1898-1961), der Keplers „Vom sechseckigen Schnee" aus dem Lateinischen 1943 übersetzt hat, musste erleben, wie seine 1936/37 bevorstehende Habilitation beim letzten Direktor des PMI durch Vollzugsverbot verhindert wurde, weil „der nationalsozialistische Dekan in seiner Schrift die rühmende Erwähnung des jüdischen Physikers Heinrich Hertz entdeckte" (GEIGER 1962).

„Von den Sammlungen des Zentralinstituts hat wiederum die Bibliothek im Laufe des Berichtsjahres nennenswerte Bereicherung erfahren. ... Hierbei wird insbesondere mit dem gelegentlichen Ankauf älterer, nur auf antiquarischem Wege zu beschaffender Werke und Broschüren planmäßig fortgefahren, und ist es dadurch gelungen, der Büchersammlung als Fachbibliothek für Meteorologie und Erdmagnetismus einen hohen Grad von Vollständigkeit zu verleihen". Dementsprechend steigerte sich auch die Raumnot in den folgenden Jahren: „Leider sind die für die Bibliothek vorhandenen Räume gänzlich unzureichend."

Hellmanns Neudruck Nr. 4 mit den ältesten Karten der Isogonen, Isoklinen und Isodynamen erscheint. Auch die 2. Auflage der „Meteorologischen Volksbücher". Für weitere geschichtliche Beiträge verweise ich auf das Schriftenverzeichnis Hellmanns im Anhang des zweiten Teils.

1896

Aus dem Jahresbericht erfährt man, dass das Regenstationsnetz keine wesentlichen Änderungen erfahren hatte, aber für die Ermittlung der Schneedichte noch Klärungsbedarf bestand: „Da man lediglich aus Rücksicht auf die Schneeverhältnisse des Winters die Regenmesser 1 bis 1.5 m hoch aufzustellen pflegt, während man streng genommen doch die dem Erdboden selbst zukommenden Regenmengen ermitteln will, so wurden an 19 besonders ausgewählten Stationen im April 1896 vergleichende Messungen in 1 und 0.3 m begonnen. Zu den letzteren diente ein von Prof. Hellmann konstruiertes Instrument einfachster Art." Natürlich hören die Klagen über die Erhaltung des Regennetzes auch in diesem Jahr nicht auf. Zur Einweihung des Brocken-Observatoriums fanden sich Bezold, Aßmann und Süring ein.

Es erscheinen Hellmanns Neudrucke Nr. 5 (Die Bauernpraktik) und Nr. 6 (mit George Hadleys unvergänglichem Aufsatz über die Ursache der Passatwinde von 1735).

1897

Aus Anlass des 50-jährigen Bestehens des Preußischen Meteorologischen Instituts wurde eine Feier auf dem Telegraphenberg bei Potsdam abgehalten, bei der Wilhelm II. nebst Ehefrau anwesend war. Wilhelm von Bezold hielt die Festrede, aus der einige Passagen die Entwicklungsgeschichte des Instituts beleuchten (BEZOLD 1898):

Das Königlich Preußische Meteorologische Institut wurde durch Kabinettsorder vom 17. Oktober 1847 ins Leben gerufen und zwar als eine Abteilung des Königlichen Statistischen Bureaus.

Bei der Entwicklung, welche dieses aus kleinen Anfängen entstandene wissenschaftliche Institut im Laufe der Jahre erfahren und bei der Bedeutung, welche das von ihm vertretene Forschungsgebiet gewonnen hat, schien es angezeigt, die fünfzigste Wiederkehr dieses Tages festlich zu begehen.

Da Seine Majestät der Kaiser die Gnade hatten, nicht nur Mittel für die Feier zu gewähren, sondern auch die Allerhöchste Anwesenheit in Aussicht zu stellen, so konnte dasselbe von vornherein großartiger veranlagt werden, als es sonst wohl möglich gewesen wäre.

Nachdem er an den ersten Leiter, Wilhelm Mahlmann (1812-1848) erinnert hatte, kommt er auf Dove zu sprechen:

An seine Stelle trat Heinrich Wilhelm Dove, der es, wie kein zweiter verstanden hat, auf dem von Humboldt betretenen Wege weiter zu wandeln und der die von Humboldt zuerst so erfolgreich angewendete Methode der Charakterisierung der klimatischen Verhältnisse durch Mittelwerte zu hoher Vollkommenheit brachte, und dem Institut durch den Glanz seines Namens großes Ansehen verlieh. Seine Verdienste waren jedoch wesentlich persönlicher Natur, während sich die Tätigkeit des Instituts in engen Grenzen bewegte.

Es war zwar sowohl durch den Beitritt der beiden Großherzogtümer Mecklenburg und Oldenburg zu dem Preußischen Beobachtungssystem, sowie durch Angliederung einiger anderer außerhalb Preußens gelegener Stationen, eine Erweiterung des Netzes eingetreten, und waren auch in Preußen selbst neue Stationen zu den ursprünglich errichteten hinzugekommen. Die Gesamtzahl blieb jedoch immer gering, das Beobachtungsprogramm beschränkt: und bei Bearbeitung der einlaufenden Tabellen begnügte man sich der Hauptsache nach mit der Bildung von Summen und Mittelwerten. Dies konnte auch kaum anders sein, da dem Leiter des Instituts anfangs gar keine wissenschaftlichen Hilfskräfte zur Verfügung standen und auch später das ganze Personal desselben bis zu der Reorganisation im Jahre 1885 nur aus dem Direktor und einem Assistenten bestanden hat.

Inzwischen hatte die Forschung im Auslande neue Wege eingeschlagen. Man erkannte, dass das, was man bis dahin Meteorologie nannte, vorwiegend nur Klimatologie war, und dass von der eigentlichen Witterungskunde, d.h. der Lehre von den Erscheinungen, wie sie sich innerhalb eines ganz bestimmten Zeitraumes nach einander abspielen, und wie sie eben „das Wetter" ausmachen, nur wenig die Rede war. Um einen Einblick in diese Verhältnisse zu erlangen, war die bisher angewendete statistische Behandlungsweise nicht ausreichend, es galt neue Methoden zu erfinden: man musste die Wetterlage über ausgedehnten Gebieten für bestimmte Augenblicke graphisch versinnlichen, man musste Wetterkarten zeichnen. Indem man aber diese Bahn einschlug, hatte man gleichzeitig den Schlüssel gefunden zur Begründung einer auf wissenschaftlicher Grundlage ruhenden Vorhersage der Witterung. [...]

Wenn aber damit auch auf längere Zeit hinaus den dringendsten Forderungen Rechnung getragen war, so konnte doch unmöglich der ganze meteorologische Dienst und die ganze Pflege dieser Wissenschaft in Deutschland in der wesentlich maritim Interessen dienenden Seewarte ihren Mittelpunkt finden.

Dementsprechend wurden gerade auf Anregung der Seewarte in den einzelnen deutschen Staaten entweder die schon vorhandenen Netze meteorologischer Stationen reorganisiert, oder wie in Bayern ganz neue ins Leben gerufen, um aus ihnen solches Beobachtungsmaterial zu erhalten, wie man es nach der veränderten wissenschaftlichen Fragestellung verlangen muss.

Nach langen, durch Jahre sich hinziehenden Beratungen wurde endlich 1885 auch in Preußen in diesem Sinne vorgegangen, und die Reorganisation unseres Instituts in Angriff genommen. [...]

Wenn jedoch das Institut seine Aufgabe voll erfüllen, wenn es unter den ähnlichen Instituten der Erde jene Stelle einnehmen sollte, wie es der Würde eines großen Staates entspricht, insbesondere jenes Landes, in dem man die Wiege so vieler wichtiger Errungenschaften auf dem Gebiete der Meteorologie und vor Allem auch der ihr so nahe stehenden Lehre vom Erdmagnetismus zu suchen hat, dann musste die wissenschaftliche Seite noch stärker betont werden. [...]

Die gesamte bisher geschilderte Tätigkeit des Instituts bewegt sich innerhalb des durch den Reorganisationsplan vom Jahre 1885 gezogenen Rahmens. Es sollte aber noch mehr hinzukommen: Nachdem man durch die sogenannte synoptische Forschung an der Hand der Wetterkarten klarere Vorstellungen von den atmosphärischen Bewegungen und den sie begleitenden Erscheinungen erhalten hatte, und auch in gewissem Sinn den Zusammenhang derselben hatte verstehen lernen, da musste der Wunsch erwachen, sie auch streng physikalisch zu erklären. Man fing an, die Hilfsmittel der mathematischen Analysis auf diese Fragen anzuwenden und die Meteorologie aus einer rein empirischen Wissenschaft in eine streng exakte überzuführen, sie zu einer Physik der Atmosphäre zu erheben.

Je mehr aber diese Versuche von Erfolg begleitet waren, umso nachdrücklicher wurde die Forderung, die auf theoretischem Wege gezogenen Schlüsse an der Hand der Tatsachen zu prüfen. Dazu reichte das bisher vorliegende Beobachtungsmaterial, wie überhaupt alles an der Erdoberfläche selbst gewonnene nicht hin, es galt, sich über diese zu erheben, und weiter nach oben vorzudringen. Die allmählich immer zahlreicheren Stationen auf Berggipfeln haben zwar viel wertvolles Material nach dieser Richtung geliefert, aber solche Beobachtungen bleiben doch in vielen Fällen nur ein Notbehelf; sollen ihre Angaben höheren Wert erlangen, dann bedürfen sie der Ergänzung durch andere aus der freien Atmosphäre.

Durch die Gnade Eurer Majestät wurde das Institut, oder richtiger, wurden Mitglieder desselben in den Stand gesetzt, auch nach dieser Richtung hin kräftig einzugreifen in den Gang der Wissenschaft, und die Erforschung der Atmosphäre mit Hülfe des Luftballons in größerem Maßstabe und mit größerem Erfolge aufzunehmen, als es je zuvor in Deutschland oder anderswo möglich war. [...]

So steht das Institut, das heute auf eine fünfzigjährige Tätigkeit zurückblicken kann, gegenwärtig mehr denn jemals mitten in der vielseitigsten Arbeit, teils früher Begonnenes fortführend und erweiternd, teils neue Aufgaben, wie sie die rastlos fortschreitende Wissenschaft unablässig stellt, in den Kreis seiner Wirksamkeit ziehend.

Freilich könnte uns Mitglieder des Instituts, denen die Bewältigung all dieses überreichen Arbeitsstoffes übertragen ist, manchmal bange Besorgnis beschleichen, ob unsere Kräfte genügen, um allen den stetig anwachsenden Anforderungen gerecht zu werden, und ob es uns gelingen werde, nicht nur den gewonnenen Standpunkt fest zu halten, sondern zu immer höheren Zielen vorzudringen.

In solchen Augenblicken aber werden wir der gegenwärtigen Stunde gedenken, und uns daran erinnern, wie hoher Gunst sich unsere Bestrebungen zu erfreuen haben, und wie unser erlauchter Monarch nicht gezögert hat, auch zu uns Streitern im unblutigen, aber trotzdem oft recht harten Kampf um das Eindringen in die Geheimnisse der Natur und um den Erwerb geistiger Güter herabzusteigen, wie zu seinen Kriegern im Waffenschmuck, und dann wird der Kleinmut verfliegen und in unseren Seelen wird der Ruf erklingen, in den ich alle Anwesende einzustimmen bitte: Seine Majestät unser allergnädigster Kaiser und Ihre Majestät unsere allergnädigste Kaiserin sie leben hoch, hoch und abermals hoch!

Bezold, Hellmann und Sprung werden bei dieser Gelegenheit mit einer der drei „aus Anlass der Feier von Seiner Majestät dem Kaiser verliehenen Auszeichnungen" bedacht: Bezold mit der großen goldene Medaille, Hellmann mit dem Kronen-Orden III. Klasse und Sprung mit dem Rothen Adler-Orden IV. Klasse.

Am Abend des 16. Oktobers begaben sich die dem Institut „nächststehenden" Festgäste ins Palasthotel nach Berlin, wo ein Festessen auf sie wartete. „Das Festmahl selbst, das durch ernste und heitere Reden gewürzt wurde, verlief in der angeregtesten Stimmung." Unter den vielen Trinksprüchen konnte der des beredten Hellmann nicht fehlen: „… ergriff Herr Ministerialdirektor Dr. Althoff das Wort, und indem er in geistvoll launigem Tone allerhand aus der Vorgeschichte der Reorganisation des Instituts, insbesondere über die durch ihn erfolgte Berufung des gegenwärtigen Direktors erzählte, ließ er seine Rede in einem Hoch auf Frau von Bezold ausklingen. Nach einem Trinkspruch des Herrn Professor Dr. Hellmann auf Herrn Ministerialdirektor Dr. Althoff, den Mann, der zuerst die Reorganisation des Instituts eingeleitet und ihm stets seinen Schutz und die nachdrücklichste Förderung zu Teil werden ließ, ergriff noch Herr Ministerialdirektor Dr. Thiel das Wort und schloss mit einem Hoch auf den Direktor der Seewarte, Wirklichen Geheimen Admiralitätsrat Dr. Neumayer, die Reihe der Reden".

Im Tätigkeitsbericht wird diese Feier als das „wichtigste und erfreulichste Ereignis des Berichtsjahres … sowie die unmittelbar vorangegangene Abhaltung einer Konferenz von Direktoren der Deutschen Meteorologischen Zentralstellen in dem Institut zu Berlin" hervorgehoben.

Auch in diesem Jahr sollte das Institut Zuwachs bekommen, zu dem Brockenobservatorium sollte ein höheres dazukommen: „Die Errichtung eines meteorologischen Observatoriums auf der Schneekoppe als dem höchsten Punkte Norddeutschlands, für welche auf Anregung aus Kreisen der Abgeordneten in den Staatshaushaltsetat für 1898/99 nicht unerhebliche Mittel eingesetzt sind, wurde vorbereitet. Die Fertigstellung des Gebäudes darf jedoch wegen der eigenartigen Schwierigkeiten, mit denen ein Bau auf dieser Höhe verknüpft ist, nicht vor dem Frühjahr 1899 erwartet werden".

Nachdem Bezold von einer weiteren Verdichtung der Regenstationen berichten konnte, „durch Einrichtung von rund hundert neuen Stationen, namentlich in den Gebieten größter und geringster Niederschlagsmengen", unter stärkerer Berücksichtigung größerer Städte, deren „hydrotechnische Bedürfnisse" vom Institut zu befriedigen seien, geht er auf die Notwendigkeit unausgesetzter Regenbeobachtungen ein: „Behufs genauerer Erforschung der Regenverhältnisse wurde die bereits im Jahre 1895 begonnene Aufstellung selbstregistrierender Regenmesser weiter fortgeführt, nachdem es inzwischen Prof. Hellmann gelungen war, durch den Mechaniker R. Fuess einen mechanisch-registrierenden Regenmesser herstellen zu lassen, der mit äußerster Einfachheit im Mechanismus den Vorzug größter Preiswürdigkeit verbindet. Es hat dieser Apparat deshalb auch in bautechnischen Kreisen große Verbreitung gefunden". Bezüglich der im Vorjahresbericht genannten vergleichenden Messungen an Regenmessern in 1 und 0.3 m Höhe über dem Erdboden, ließen die bis dahin gemachten Messungen erkennen, „dass, wie zu erwarten stand, die Differenzen zwischen den in beiden Regenmessern aufgefangenen Mengen mit der Jahreszeit systematisch wechseln. Im Hochsommer fängt das untere Gerät etwa 3, in der Mitte des Winters (bei Regenfall) etwa 10 % mehr als das obere".

In der bereits erwähnten Konferenz der Vorstände Meteorologischer Zentralstellen zu Berlin war Hellmann Beirat; auswärtige Teilnehmer waren Neumayer (Hamburg), Erk (München), Schreiber (Chemnitz), Schmidt (Stuttgart), Honsell (Karlsruhe), Hergesell (Straßburg) und Schwarz (Magnetisches Observatorium München). Die Sitzungen fanden in den Räumen des durch feierliche Jubiläumslaune beflügelten Preußischen Instituts unter Bezolds Vorsitz statt.[47]

Besprochen wurde dabei unter anderem die Frage, wie sich eine größere Einheitlichkeit der Beobachtungstermine herbeiführen ließe, die nach Hellmann zwar schon auf vielen Versammlungen erörtert worden war, aber nie erreicht wurde. Er erinnert an die drei Zeitkombinationen in Deutschland: 1) 7, 2, 9 in Baden, Preußen, Württemberg, 2) 8, 2, 8 in Bayern, Sachsen, Seewarte und 3) 7, 1, 9 im Reichsland [Elsass und Lothringen]. „Die ursprünglich in Norddeutschland eingeführten Zeiten 6, 2, 10 mussten später aus praktischen Rücksichten fallengelassen und mit den klimatologisch fast ebenso guten Stunden 7, 2, 9 vertauscht werden. Hierdurch erreichte man den Anschluss an Baden und Württemberg. Die Seewarte ließ aus Rücksichten auf die Wettertelegraphie um 8, 2, 8 beobachten, und ihr schloss[en] sich Bayern (1879) und später (1883) auch Sachsen an. Gute Formeln für die Mittelbildung sind bei 8, 2, 8 nicht leicht herzuleiten, da sie mit den Jahreszeiten wechseln müssen, und auch Hann hat öfters die Termine 8, 2, 8 vom klimatologischen Standpunkte die unglücklichsten Stunden genannt, die es gibt. Wenn die binnenländischen Systeme die Termine 8, 2, 8, wie die Seewarte, aus wettertelegraphischen Rücksichten gewählt haben, so gehe diese Rücksichtnahme zu weit, da ihre Hauptaufgabe auf klimatologischem Gebiete liegt." Hellmann schlug vor, dass „alle Stationen um 7, 2, 9 beobachten sollen und die telegraphisch berichtenden außerdem noch um 8a und 8p, wie dies schon bei einigen Stationen geschieht." Hergesell und Neumayer traten aus maritim-meteorologischen Rücksichten für die Beibehaltung der 8- und 20 Uhr-Termine ein, während Hellmann meinte,

---

[47] Verhandlungen der Konferenz der Vorstände Deutscher Meteorologischer Zentralstellen, Asher 1897.

dass so weitgehende Rücksichten „von Binnenstaaten wie Sachsen und Bayern" nicht verlangt werden können. „Als Mahlmann 1847 in Preußen 6, 2, 10 einführte, nahm Kreil diese Stunden auch für Österreich an, Stiefel in Karlsruhe und Pleininger in Stuttgart lehnten sie nicht mit Unrecht ab und behielten die klimatologisch nicht ungünstigeren und viel bequemeren Stunden 7, 2, 9 bei" [die sogenannten Mannheimer- oder Klima-Stunden]. Hellmanns Vorstoß blieb der Erfolg nicht verwehrt. Sein Antrag wurde angenommen: „An allen Stationen I., II. und III. Ordnung der deutschen meteorologischen Beobachtungssysteme werden vom 1. Januar 1901 ab die Beobachtungen um 7, 2, 9 Uhr Ortszeit ausgeführt."[48] Auf Anfrage Hellmanns erklären die Herren Erk, Hergesell und Schultheiss, dass in den Jahrbüchern von Bayern, Reichsland und Baden beim Tagesmittel der Temperatur zwar „wahres" Mittel gedruckt, tatsächlich aber nur ein nach bestimmter Formel berechnetes, genähertes Mittel gemeint sei.

Auch die Frage des Schwellenwertes bei der „Zählung der Niederschlagstage" wurde aufgeworfen, da es große Verschiedenheiten gab, zumal „die süddeutschen Staaten als unteren Grenzwert 0.1 mm ansetzten, die Seewarte 0.2, Preußen > 0.2 mm und Sachsen jeden Tag mit messbarem Niederschlag rechnet". Preußen, so Hellmann, habe den Schwellwert > 0.2 mm gewählt, um in Einklang mit England zu sein, „wo die Grenze 0.01 inch = 0.254 mm beträgt". Er weist noch darauf hin, „dass nach seinen Erfahrungen in einem großen Netze zur Vermeidung systematischer Fehler die Grenze nicht hoch genug angenommen werden könne, nur so erhielte man vergleichbare Werte. So müssen in Preußen trotz der eingehaltenen Grenze > 0.2 mm etwa 10 % aller 1900 Regenstationen hinsichtlich der Zahl der Niederschlagstage beanstandet werden." Er erklärt es noch für wünschenswert, „dass die Tage mit Graupel und Hagel getrennt gezählt werden, da verschiedenartige Phänomene zu Grunde liegen".

Auf Hellmanns Frage an Neumayer, „ob es nicht möglich wäre, einige besonders vollständige Schiffsjournale von längeren Reisen, wie es seiner Zeit z.B. mit den Beobachtungen der Expeditionen von Freycinet, Duperrey, der [Forschungsschiffe] Challenger, der Novara u.a. geschehen sei, in extenso zu publizieren", weil solche Untersuchungen nur an den maritim-meteorologischen Instituten selbst möglich seien, gab Neumayer die zu hohen Kosten zu bedenken, stellte aber Auszüge daraus in Aussicht.

Bei der 4. und letzten Sitzung wurde die Herausgabe von Karten der Bodenschneedecke und des Eiszustandes der Gewässer für ganz Deutschland in regelmäßigen Fristen (z.B. wöchentlichen), auf Vorschlag der Deutschen Seewarte verhandelt. Das PMI sei mit dem Ausschuss zur Untersuchung der Wasserverhältnisse in den der Überschwemmungsgefahr besonders ausgesetzten Flussgebieten bezüglich der Herstellung von Karten der Verbreitung der Schneedecke schon in Verhandlung. Van Bebber warf ein, dass die Kenntnis von der Verbreitung der Schneedecke für die Wetterprognose sehr wichtig sei. Daraufhin fragte Hellmann, ob die Seewarte auf Grund ihres telegraphischen Materials wöchentliche Karten herausgeben wolle, was van Bebber verneinte, weil das telegraphische Material der Seewarte dafür nicht ausreiche. Dann besprach Hellmann kurz, was bisher auf diesem Gebiet getan worden war. Karten würden „jetzt schon" von Bayern und Österreich herausgegeben, Preußen gab tabellarische, nach Flussgebieten geordnete Übersichten der Schneehöhe und des Wassergehalts der Schneedecke heraus, während eigentliche Karten vorläufig nur für den inneren Dienstgebrauch hergestellt würden. Der Wasserausschuss wünschte solche Karten für hydrotechnische Zwecke, aber nur von den einzelnen, gegebenenfalls auch von zwei benachbarten Stromgebieten, oder überhaupt gesondert von Ost- und Westdeutschland. Man sah bald ein, dass Karten allein dem praktischen Bedürfnis nicht genügten, da bis zu deren Herstellung und Versendung zu viel Zeit verginge. Hellmann schlug daher direkte telegraphische Berichte an die Strombauverwaltungen vor, während Karten für klimatologische Studien hinterher zu entwerfen seien. Erk teilte mit, dass in Bayern ein hydrographischer Zentraldienst wie in Österreich geplant sei. Schultheiss erklärte, dass in Baden die Berichte unter Verspätungen litten, und ohnedies die Interessenten der Rheinschifffahrt auf derlei Berichte keinen Wert legten, weil für die Wasserführung des Rheins die Schneebedeckung des Schwarzwaldes von geringer Bedeutung sei. In einigen Tagesblättern wurde allwöchentlich ein kurzer Bericht über die jeweiligen Schneeverhältnisse veröffentlicht. Hellmann erklärte dagegen, dass die Strombauverwaltungen im Osten, also von Weichsel, Oder und Elbe derartige Berichte sehr wünschten, im Westen aber das Bedürfnis nicht in dem Maße vorhanden zu sein schien. Herr Schmidt vom Stuttgarter Zentralinstitut wies darauf hin, dass im Schwarzwald die Schneeschmelze sehr allmählich erfolge und die Flüsse deshalb nicht gefahrdrohend anschwellen würden. Zur Erläuterung bemerkte Bezold, dass in flachen Gegenden die Schneeschmelze gleichzeitig über große Strecken hin eintrete und daher die Überschwemmungsgefahr hervorrufe; da außerdem die Mündungen der ostdeutschen Flüsse in kälteren Gegenden lägen als das übrige Flussgebiet, seien sie daher länger eisbedeckt und stauten das Wasser auf. Hergesell berichtete, dass im Reichslande die Generaldirektion der Reichseisenbahnen sich für die Prognose von Schneeverwehungen interessiert hätten, dass jedoch von anderen Behörden in Bezug auf genaue Messung der Schneedecke Wünsche nicht geäußert worden waren. Diese Tatsache entspräche dem ungefähren Charakter der Schneeschmelze im Reichsland. Nach weiterer längerer Debatte, in welcher u.a. Schmidt für Württemberg die Einführung der Schneemessungen in Aussicht stellte, wurde folgende Resolution angenommen:

---

48 Im Tätigkeitsbericht von 1914 schreibt Hellmann in seinem Aufsatz über die „Kämtzsche Formel", dass es ihm gelungen war, hierüber eine Einigung zu erzielen. Nur, wie er in einer Fußnote stichelt, seien „an den sogenannten Normalstationen der Deutschen Seewarte" die Termine 7a und 9p neben 8a und 8p nicht eingehalten worden, „obgleich es 1897 zugesagt worden war".

Die Konferenz überlässt die Art der Berichterstattung über die Verhältnisse der Schneedecke den einzelnen Beobachtungsnetzen, empfiehlt aber die Herausgabe von Schneekarten für Norddeutschland dem Preußischen Meteorologischen Institut und für Süddeutschland dem Zusammenwirken der süddeutschen Staaten. Dabei wird es schmerzlich empfunden, dass die, für die beiden Arbeitsgebiete gleich wichtigen mitteldeutschen Staaten einer festen meteorologischen Organisation entbehren.

Auch die „Vorbereitung meteorologischer Mittelwerte ausgewählter Stationen für die Periode 1851-1900" kam auf Vorschlag des Preußischen Meteorologischen Instituts auf der Konferenz zur Sprache. Zur Begründung des Vorschlags führte Hellmann Folgendes aus: „In einer Reihe klimatologischer Arbeiten legte Herr Hann die Periode 1851-1880 als Normalperiode zu Grunde, die auch von andern als solche angenommen wurde. Jetzt liegt sie aber zu weit zurück und scheint es daher passend, die Epoche 1851-1900 zu benutzen. Damit rechtzeitig alle Vorbereitungen getroffen und der Arbeitsplan erwogen werden könne, schien es angezeigt, schon jetzt vor Ablauf der Periode einen Beschluss zu fassen, damit auch die Publikation bald nach Ablauf der Periode erfolgen könne. Nimmt die Konferenz diesen Antrag an, so dürfte zu erwarten sein, dass auch im Auslande der Anschluss erfolge. Einige Normalstationen stehen für die ganze Periode jedem Netze zur Verfügung. Von den Elementen sollen möglichst alle herangezogen werden."

Man beachte, dass hier der Keim für eine Klimatologie Deutschlands gelegt wurde, die nicht zuletzt auf Hellmanns Bemühungen zurückgeht.

Von weiteren Punkten nur noch einen: Der Geograph Karl Dove, Neffe des gerühmten Dove und Doktorvater von Hermann Henze (Anhang D), hatte über die Verhältnisse der meteorologischen Beobachtungen in Südwestafrika vorgetragen und einige Desiderata geäußert, darunter die Gründung einer Zentralstation, und nachdem er noch insbesondere auf die Wichtigkeit von Regenmessungen aus praktischen (für Bewässerungsanlagen, Weidenutzung etc.) und wissenschaftlichen Gründen hingewiesen hatte, ließ sich Hellmann zu der siedlungspolitischen Forderung hinreißen, „dass die große Mehrzahl aller in den deutschen Kolonien gemachten Beobachtungen bis jetzt eigentlich nur Gelegenheitsbeobachtungen (durch Missionare, Reisende etc.) seien, und dass man nunmehr „sehr wohl eine feste staatliche Organisation derselben und ein Ordinarium für meteorologische Zwecke in den Kolonien verlangen" könne. Hierauf suchte Neumayer diese kühne Forderung abzuschwächen, insofern „eine strengere Kontrolle der Beobachtungen durch Entsendung eines Sachverständigen, wie in Ostafrika" genügen würde.

Es lohnt noch festzuhalten, dass diese staatsgemäßen Vorstellungen wilhelminischer Gelehrter zu lebhafter Diskussion Anlass gaben, „an der sich die Herren von Bezold, Dove, Hellmann, Hergesell, Neumayer und von Richthofen beteilig[t]en, in der das Bedürfnis einer festen einheitlichen Organisation in den deutschen Kolonien fast von Allen anerkannt" wurde. Neumayer unterstrich, dass der Antrag der Seewarte nicht so weitgehend gemeint gewesen sei. „Es sollte dadurch nur eine Anregung zur Besprechung der Frage gegeben werden, für welche die Seewarte sehr dankbar sei; sie habe nur von der Konferenz eine Unterstützung für ihre Absicht, nach Südwestafrika einen Meteorologen wie nach Ostafrika entsendet zu sehen, erwartet."

Es wurde noch folgender Beschluss gefasst:

Die Konferenz spricht ihr lebhaftes Bedauern darüber aus, dass wissenschaftliche Forschungsreisende auch meteorologische Beobachtungen anstellen, ohne sich vorher genügend in diesem Gebiete orientiert zu haben; es wäre zu wünschen, dass die an den meteorologischen Zentralinstituten sich bietende Gelegenheit zur Ausbildung im meteorologischen Beobachtungsdienst von ihnen mehr als bisher benutzt wird.

Die Geheimräte konnten sich nach dieser Konferenz in heiterer Stimmung auf den Telegraphenberg begeben, um in Anwesenheit des Kaisers ein halbes Jahrhundert Preußisches Meteorologisches Institut zu feiern.

Hellmann gibt drei weitere Neudrucke heraus, Nr. 7 (Torricellis Quecksilberversuch), Nr. 8 (über meteorologische Karten) und Nr. 9 (über Säkularänderungen der Magnetnadel).

1898

Nach dem glanzvollen Jubeljahr 1897 nahm die Tätigkeit des Instituts „stetigen Fortgang", wie Bezold zu berichten die Genugtuung hatte. Es konnte in der Nachbarschaft des Schinkelbaus eine leerstehende Wohnung hinzugemietet werden, wohin die Gewitterabteilung umzog; auch konnte zwei Beamten des meteorologischen Instituts im geographischen Institut der Universität Plätze zugewiesen werden, womit dem „größten Notstand auf einige Zeit abgeholfen" worden sei. Vom Regennetz wird gesagt, dass ihm „besondere Aufmerksamkeit geschenkt" wurde und dass man bemüht gewesen sei, „die Ergebnisse der Beobachtungen dem praktischen Leben dienstbar zu machen".

Die im Jahre 1895 begonnene Ausstattung einiger Stationen mit mechanisch registrierenden Pluviographen der

Marke Hellmann-Fuess wurde fortgesetzt, sieben Stationen bekamen den selbstregistrierenden Regenmesser, zum Beispiel die Station in Gumbinnen, dem heutigen Gussew im vormaligen Ostpreußen. Bezüglich dieser Tätigkeit der Hellmannschen Abteilung schreibt Bezold: „Im Stationsgebiete des Instituts sind demnach jetzt im Ganzen 30 selbstregistrierende Regenmesser in Tätigkeit. Mit der Auswertung der Registrierungen ist begonnen worden, wobei einige neue Gesichtspunkte Berücksichtigung fanden, die in der Veröffentlichung der Niederschlags-Beobachtungen der Jahre 1895 und 1896, welche wegen mannigfacher Störungen erst im Laufe des Jahres 1899 erscheinen kann, eingehender erörtert werden sollen. … Die im April 1896 aufgenommenen vergleichenden Messungen an Regenmessern in 1 m und 0.3 m Höhe über dem Erdboden sind an denselben 18 Stationen bis Ende September fortgeführt und alsdann abgebrochen worden, weil die bisherigen Wahrnehmungen zur allgemeinen Feststellung der Differenzen zwischen den in den beiden Regenmessern aufgefangenen Mengen bereits genügten. Die Resultate dieser Untersuchung werden von Prof. Hellmann zurzeit bekannt gegeben werden."

Es erscheinen zwei weitere Neudrucke, die Nr. 10 (Schriften zum Magnetismus) und Nr. 11 (Schriften über Luftelektrizität 1746-1753).

1899

BEZOLD (1900) gibt kund, dass „Seine Majestät der Kaiser und König Allergnädigst geruht haben, dem Abteilungsvorsteher Professor Dr. Hellmann den Charakter als Geheimer Regierungsrat zu verleihen".

Für diesen schätzbaren „Charakter" bedankt sich Hellmann in einem Schreiben (auf Büttenpapier!) vom 6. Juli 1899 beim Ministerialdirektor Althoff[49]:

Hochverehrter Herr Ministerialdirektor!

Ich glaube nicht fehl zu gehen, wenn ich mich beeile, in erster Linie Ihnen für mir durch Ernennung zum Geh. Regierungsrat heute zu Teil gewordene Allerhöchste Auszeichnung meinen gehorsamsten und allerverbindlichsten Dank zu sagen.

Möchte es mir gelingen, mich auch fernerhin Ihres Vertrauens und Ihrer Anerkennung würdig erweisen!

Mit den herzlichsten und aufrichtigsten Wünschen für die baldige Wiederherstellung Ihrer Gesundheit verbleibe ich in altgewohnter Ergebenheit.

Ihr gehorsamster G. Hellmann

Ferner berichtete Bezold, dass bezüglich des Schneekoppenobservatoriums „mit den Inneneinrichtungen begonnen werden konnte" und über eine „bedeutsame Erweiterung" des Instituts durch die „Errichtung einer aeronautischen Abteilung, deren Aufgabe es in erster Linie sein wird, unter Verwendung von Drachen und Drachenballons möglichst andauernd die meteorologischen Vorgänge in größerer Erhebung über die Erdoberfläche vermittels Registrierapparaten zu verfolgen". Fahrten mit bemannten und unbemannten Ballons sollten von Zeit zu Zeit weiterhin stattfinden, und der Leiter aller solcher Unternehmungen, Richard Aßmann, sollte der neuen Abteilung IV vorstehen. Für diese wurde ein geeignetes Gelände unweit des Tegeler Schießübungsplatzes gefunden.

Beim VII. Internationalen Geographen-Kongress in Berlin hat Hellmann in seiner Eigenschaft als stellvertretender Vorsitzender der Gesellschaft für Erdkunde tatkräftig mitgewirkt. In den Verhandlungen des Kongresses wird seiner Rolle gedacht: „Ferner habe ich der Beihilfe der Herren Hellmann und v. Drygalski zu gedenken, des letzteren besonders wegen der Mitwirkung bei der Heranziehung wissenschaftlicher Persönlichkeiten aus dem Ausland, des Herrn Hellmann wegen der ihm zugefallenen Veranstaltung der Ausflüge, die mit sehr vielem Erfolg von dem Kongress ausgeführt worden sind. Auch den Führern der Ausflüge haben wir zu danken, welche sich mit großer Energie dieser Arbeit unterzogen haben und noch unterziehen werden (lebhafter Beifall)". Frau „Geheimrat Hellmann", die wir kaum aus Hellmanns Schatten hervortreten sehen werden, war Mitglied des „Damenkomitees".

Von Hellmanns Neudrucken erscheint die Nr. 12 „Wetterprognosen und Wetterberichte des XV. und XVI. Jahrhunderts".

1900

In diesem Jahr weihte das Preußische Meteorologische Institut das Observatorium mit einer Station I. Ordnung auf der Schneekoppe ein, wo ab 1. Juni meteorologische Beobachtungen aufgezeichnet wurden. „Infolge der Ungunst der Witterung musste leider das Programm insofern eine Einschränkung erfahren, als die beabsichtigte Ansprache des berichterstattenden Direktors [Bezold] vor der Besichtigung des Observatoriums unterbleiben musste. Im Übrigen aber verlief das Fest in der gelungensten Weise, so dass dieser Aufenthalt auf der Koppe allen Teilnehmern noch lange in angenehmster Erinnerung bleiben wird". Für dieses Jahr wird ausnahmsweise nicht von den Fortschritten des seit vielen Jahren in Vorbereitung befindlichen „großen Regenwerks" berichtet, stattdessen aber bekannt gegeben, dass das „grund-

---

[49] GStA PK Scan Seite 28-30.

legende, drei stattliche Quartbände umfassende Werk ‚Wissenschaftliche Luftfahrten' [...] zum Abschluss gebracht und das erste Exemplar desselben am 10. Juni durch die Herausgeber, sowie den berichterstattenden Direktor und Hauptmann Groß Seiner Majestät dem Kaiser überreicht" wurde. „Mit Genugtuung dürfen die beiden Herausgeber desselben, Geheimer Regierungsrat Professor Dr. Aßmann und ständiger Mitarbeiter Berson, auf ein Unternehmen zurückblicken, welches in so hervorragendem Maße unsere Kenntnisse über den ursächlichen Zusammenhang der meteorologischen Vorgänge gefördert hat".

Dieses große, „mit allerhöchster Unterstützung seiner Majestät des Kaisers und Königs" vollendete „Ballonwerk" enthält Pionierleistungen vieler Mitarbeiter des PMI, die gegen Ende des 19. Jahrhunderts das zweidimensionale Erdoberflächenbeobachtungsnetz um die dritte Dimension erweiterten. Anscheinend war das Werk, wie das *Regenwerk* des Instituts, schon länger in Planung. So schreibt Hergesell 1901 in der *Meteorologischen Zeitschrift*: „Gut Ding will Weile haben, oder noch besser, was lange währt, wird gut. Mit diesen Worten möchte ich die Besprechung des wichtigen Werkes beginnen, das, von den Meteorologen und wissenschaftlichen Luftschiffern lange ersehnt und erwartet, seit einiger Zeit in drei stattlichen, prächtig ausgestatteten Bänden vor uns liegt." Sein letzter Satz weist auf die künftigen Forschungsbemühungen hin: „Die Zukunft der Meteorologie liegt hoch in den Lüften". Hellmann sollte allerdings seine Füße auf festem Erdboden bei seinen Regenmessungen behalten.

Als Auszeichnung für die Vollendung des *Ballonwerks* wurde von Bezold „zum Geheimen Ober-Regierungsrat mit dem Rang der Räte II. Klasse" und der „Abteilungsvorsteher Professor Aßmann zum Geheimen Regierungsrat" vom Kaiser ernannt. Hergesell (daselbst) lobte Bezolds Anteil an dem Werk, zu dem er das (kurze) Schlusskapitel beigesteuert hatte, folgendermaßen: „Ich halte dieses Kapitel für eines der wichtigsten des ganzen [rund 1400 Seiten umfassenden] Werkes, und es ist nicht das am geringsten anzuschlagende Verdienst der Herausgeber, den ausgezeichneten Kenner der Thermodynamik der atmosphärischen Zustände zu diesen zusammenfassenden Schlussbetrachtungen veranlasst zu haben."

Auf Hellmanns großes *Regenwerk* wartete man immer noch mit Spannung, es „waren am Schluss des Berichtsjahres die beiden Bände mit den Tabellen fertig ausgedruckt. Sie umfassen 722 bzw. 872 Seiten Gr.-Oktav." Das Werk hat fast weitere sechs Jahre auf sich warten lassen, aber zwischenzeitlich veröffentlichte Hellmann stetig die nachgefragten, mit erläuterndem Text versehenen Regenkarten: 1900 waren es deren zwei, eine von der Provinz Ostpreußen, die andere von der Provinz Westpreußen und Posen.

1901

Vom *Regenwerk* Hellmanns vermerkt Bezold im entsprechenden Tätigkeitsbericht, dass „an der Herstellung des Manuskripts für den ersten Textband und der Register weiter gearbeitet" werde, „jedoch erlitt diese Arbeit eine starke Beeinträchtigung durch die Ausführung einer umfangreichen Untersuchung über den großen Staubfall vom 9. bis 12. März 1901 in Nordafrika, Süd- und Mitteleuropa, die ihres aktuellen Interesses wegen alsbald durchgeführt sein wollte und zwei Kräfte der Abteilung fast ein halbes Jahr in Anspruch nahm." In der *Meteorologischen Zeitschrift* findet sich von Hellmann eine diesbezügliche Bitte um Zuschriften:

Erwünscht sind genaue Angaben über den Beginn des Niederschlags mit Staub, über die dabei herrschenden meteorologischen Verhältnisse, sowie sorgfältig gesammelte Staubproben, womöglich mit Angabe der Fläche, bzw. des Volumens von Regen oder Schnee, dem sie entstammen, damit auch Qualitätsbestimmungen gemacht werden können.

Von seinen Neudrucken gibt Hellmann die Nr. 13 heraus: „Meteorologische Beobachtungen vom XIV. bis XVII. Jahrhundert". Auch konnte er neue Regenkarten von den Provinzen Brandenburg und Pommern sowie der Großherzogtümer Mecklenburg-Schwerin und Mecklenburg-Strelitz vorlegen.

1902

Von der zähen Fertigstellung der *Regenwerkes* unter Hellmanns Leitung berichtet Bezold 1903 für dieses Jahr wie folgt: „Die Fortführung des großen Werkes ... dessen Tabellen-Bände ausgedruckt waren, hat nur geringe Fortschritte gemacht, da ein Teil der für das *Regenwerk* tätigen Kräfte mit den nötigen Vorarbeiten zur Herstellung von Regenkarten für die einzelnen Provinzen beschäftigt war ... als Ergänzung zu demselben. ... Erschienen sind bis jetzt die Regenkarten von Schlesien (1888-1897), Ostpreußen (1889-1898), Westpreußen und Posen (1890-1899), Brandenburg, Pommern und den beiden Großherzogtümern Mecklenburg (1891-1900), Sachsen und den Thüringischen Staaten (1891-1900), Schleswig-Holstein und Hannover (1892-1901) sowie von Westfalen (1891-1901). Da Wert darauf gelegt wurde, diese Karten möglichst unmittelbar nach Abschluss des entsprechenden Dezenniums erscheinen zu lassen, so wurden die verfügbaren Arbeitskräfte der Abteilung hierfür stark in Anspruch genommen. Der diese Karten begleitende Text ist mit besonderer Rücksichtnahme auf die Bedürfnisse der Landwirtschaft, des Wasserbaues, der Ingenieurkunst sowie der Technik geschrieben." Diese Anforderungen an sein Werk ließen Hellmann gleichsam zum Agrar- und Hydrometeorologen werden.

Aus Hellmanns Reihe der „Neudrucke von Schriften und Karten über Meteorologie und Erdmagnetismus" erscheint die Nr. 14 über „Meteorologische Optik, 1000-1836".

1903

Im Tätigkeitsbericht für dieses Jahr kann Bezold endlich von der dringend notwendigen Raumerweiterung berichten, welche auch der Bibliothek zugutekam, eine Ausdehnung, die dadurch ermöglicht wurde, dass das geographische Universitätsinstitut und ein Teil der Hochschule für die bildenden Künste aus dem Gebäude der Bauakademie auszogen. So konnte jedem Abteilungsvorsteher endlich ein eigenes Zimmer zugewiesen werden; und die unter Hellmanns Leitung stehende Bibliothek konnte nun ihre vorgesehene Bestimmung behaupten: „Die reichhaltige Büchersammlung lässt sich jetzt erst nach beträchtlicher Erweiterung der Bibliotheksräume in vollem Umfange zweckentsprechend verwerten". Eine Bestandsaufnahme, die im Tätigkeitsbericht für das nächste Jahr enthalten ist, ergab, dass das Institut am Ende des Jahres 1904 „6848 Werke in 13853 [!] Buchbinderbänden, 6038 Broschüren in 161 Attrappen, 113 Blatt Wolkenphotographien, 632 meteorologische und erdmagnetische Kartenblätter" besaß.

Bezold berichtet insbesondere, dass Hellmann an seiner Statt durch Nachwahl Mitglied des Internationalen Meteorologischen Komitees wurde, welches zugleich mit der *British Association for the Advancement of Science* im englischen Southport getagt hatte. CANNEGIETER (1963) führt Bezold als Mitglied des Komitees von 1891 bis 1907 auf, aber satzungsgemäß durften keine zwei Landsleute dasselbe Land vertreten, schon gar nicht aus demselben Institut. Bezold schied also 1903 aus dem Komitee aus. Auf diese Tagung werde ich sogleich zurückkommen.

An Auszeichnungen fehlte es auch in diesem Jahr nicht. Bezold erhält den „Kaiserlich Russischen Stanislaus-Orden II. Klasse mit dem Stern", während Hellmann mit dem „Komturkreuz II. Klasse des Königlich Schwedischen Wasa-Ordens" ausgezeichnet wird.

Hellmann gibt weitere Regenkarten heraus, und zwar für die Provinzen Westfalen, Waldeck, Schaumburg-Lippe, Lippe-Detmold, Kreis Rinteln, Hessen-Nassau, Rheinland, Hohenzollern und Oberhessen. Das verzögert abermals das Erscheinen seines Regenwerks.

In der Berliner Gesellschaft für Erdkunde bespricht Hellmann im März den Staubfall vom 21.-23. Februar, der in Südengland, Nordfrankreich, Belgien, Holland, Schweiz, Süddeutschland, Mittel- und Norddeutschland beobachtet worden war (*Deutsche Literaturzeitung*, 1903), und im Mai erstattet er an gleichem Ort einen fünf Jahre umfassenden Bericht vom Entwicklungsgang geographischer Forschung sowie über die spezielle Tätigkeit der Gesellschaft, gedenkt der Verstorbenen, verleiht goldene Nachtigal-Medaillen, und hält eine herzliche Ansprache auf den Präsidenten Ferdinand von Richthofen (*Deutsche Literaturzeitung*, 1903).

Tagung in Southport

Ich gehe auf diese eine von vielen Tagungen, die Hellmann besucht hat, ausführlicher ein, weil es von ihr ein zwar veröffentlichtes aber unbekanntes Lichtbild gibt (Abb. 2-3), das von dem neuen Herausgeber Hugh Robert Mill des *Meteorological Magazine* in verkleinerter Größe abgedruckt wurde. Unter den zahlreichen prominenten Persönlichkeiten ist auf diesem zu kleinen Bild Hellmann recht gut zu erkennen.

In Southport fand die 73. Versammlung der British Association for the Advancement of Science unter dem Vorsitz von Sir Norman Lockyer statt, die im Vorfeld willkommenen Anlass geboten hatte, das Internationale Meteorologische Komitee dorthin einzuberufen. Wie Hugh Robert Mill vor der Tagung in seiner Zeitschrift schrieb[50], waren die Gelegenheiten, Meteorologen aus anderen Ländern in Großbritannien zu versammeln, vergleichsweise selten gewesen. Er berichtete über das Treffen in dem „höchst anziehenden" Versammlungsort, der durch ein Wetterereignis bei Nachteinbruch zur Bühne einer durch Himmelsmächte kraftvoll inszenierten Begrüßung ward: Eine Bö und der sie begleitende Platzregen in der Nacht des 10. Septembers könne zwar aus dem Gedächtnis all jener, die ihm ausgesetzt waren, nicht leicht getilgt werden, doch habe „der poröse, sandige Boden auf dem die Stadt gebaut ist, die Spuren der Sintflut schnell aufgesaugt."

Napier Shaw, Alters- und Fachgenosse, baldiger Leiter des englischen Wetterdienstes (WALKER 2012) und künftiger Präsident des Internationalen Komitees, hielt einen beachteten Vortrag über "Methods of Meteorological Investigation", dessen Wortlaut im Report der British Association sowie dem *Magazine* abgedruckt und auf Deutsch auszugsweise im selben Januarheft der *Meteorologischen Zeitschrift* wie Bjerknes' Manifest zur Wettervorhersage (1904) zur Kenntnis der deutschsprachigen Meteorologen gebracht wurde[51]. Ein Schüler Hellmanns, Karl Schneider-Carius (1896-1959), hielt ihn für so wichtig, dass er eine verkürzte Fassung am Schluss seiner Geschichte der Wetterforschung (1955) wiedergab[52].

---

50 Alle weiteren Zitate von Mill sind dem Jahrgang 1903 des *Meteorological Magazine* entnommen.
51 Ich habe den Vortrag aus Anlass dieses Unterabschnitts gelesen. Mit Verblüffung stelle ich fest, dass Shaw schon 1903 gefordert hatte, die Entropie und ihre Bilanz bei atmosphärischen Prozessen zu berücksichtigen. Dabei scheint er das Prinzip der maximalen Entropie als allgemeingültig – und nicht nur bei Gleichgewichtsprozessen – vorausgesetzt zu haben.
52 Anscheinend ist Vilhelm Bjerknes durch diesen Vortrag in seinem Reformeifer bestärkt worden (JEWELL 2017).

Shaw beklagte darin den britischen Rückstand in der Aerologie und die äußerst stiefmütterliche Behandlung der Meteorologie seitens der Universitäten. Auch suchte er die von Arthur Schuster bei einer größeren Ansprache geforderte, zeitlich begrenzte Unterdrückung von Beobachtungen zugunsten geistiger Arbeit abzuwehren, und verlangte seinerseits nicht nur die Beobachtungen zu mehren, sondern mehr Frauen und Männer heranzuziehen, um jene vielköpfig zu interpretieren. Hellmanns Mitwirkung an der *Meteorologischen Zeitschrift* wird von ihm lobend erwähnt, ebenso seine Weltläufigkeit: „Dr. Hellmann sagte vor einigen Jahren, dass die Meteorologie keine Grenzen hat, und jeder Fortschritt ist das Ergebnis der Anstrengungen unterschiedlichster Art in vielen Ländern, unseres nicht ausgeschlossen".

Mill zufolge war die Zahl der Vorträge in der Southport-Versammlung größer als gewöhnlich, und das Interesse an der Meteorologie viel auffälliger als bei irgendeiner Versammlung der *Association* in den zurückliegenden 19 Jahren. Lokalzeitungen hätten allerdings lieber Artikel über politisierte Themen (wissenschaftliche Erziehung an Schulen, Frauenarbeit) denn über Meteorologie berichtet. Ein Reporter verlieh einer verbreiteten Ansicht zur Meteorologie in seiner „Hast" den plump-dreisten Ausdruck, dass "nobody cares for meteorology".

Shaws Vortrag wurde am Freitag, dem 11. September, im Unterabschnitt „Astronomie und Meteorologie" des Abschnitts A (mathematische und physikalische Wissenschaft) gehalten. Anschließend hielt Sir Norman Lockyer einen Vortrag über gleichzeitige Erscheinungen auf Sonne und Erde; Alexander Buchan (1829-1907), sehr bedeutender schottische Meteorologe des 19. Jahrhunderts, sprach über die Beziehung zwischen Regenfall in Schottland und Sonnenfleckenperioden zwischen 1855-98, ein Thema, das Hellmann in seinem Regenwerk bald behandeln sollte; der ein Jahr jüngere Teisserenc de Bort berichtete über die Höhenbeobachtungen mit registrierenden Ballons aus seinem *Laboratoire de Météorologie Dynamique* in Trappes, über barometrische Depressionen und von der Entdeckung der Stratosphäre ab 1899. Von weiteren Vorträgen an anderen Tagen sei der des ehrwürdigen Hildebrand Hildebrandsson genannt, Sekretär des Internationalen Komitees, der über die allgemeine Zirkulation der Atmosphäre bar jeder vorgefassten Theorie sprach; der bereits erwähnte, deutsch-englische Astronom und Physiker Arthur Schuster (1851-1934) trug über Strahlungsübertragung durch eine von ihm sogenannte neblige, weil streuende Atmosphäre, vor, eine Untersuchung, die er 1905 zur Veröffentlichung brachte und die der Keim für alle sogenannten Zweistrommodelle der atmosphärischen Strahlungsübertragung wurde[53]. Rotch (1861-1912), vom Blue Hill Observatorium, beeindruckte mit Drachenbeobachtungen aus seiner privaten Wetterwarte zwischen 1900 und 1902. Shaw hatte in seinem Vortrag auf dessen An-

wesenheit besonders hingewiesen und seinem Unternehmergeist die innovative „wissenschaftliche Drachenindustrie" zugeschrieben. Kurz zuvor hatte Shaw auch Hugo Hergesell (1859-1938) als Organisator der internationalen Aerologie gepriesen, der in Southport über die Arbeit des Internationalen Aeronautischen Komitees vortrug. Es gab noch weitere meteorologische Vorträge, aber keinen von Hellmann.

Das *Magazine* berichtete auch über die meteorologische Ausstellung in Southport. Es wurden geschichtliche und neuere Geräte gezeigt. „Die größte Neuigkeit war eine vollständige Wettervorhersageabteilung bei ihrer Arbeit". Wettertelegramme wurden jeden Morgen auf der Stelle in Wetterkarten verarbeitet, dann daraus Voraussagen getroffen, die, in Southport veröffentlicht und danach mit den Londoner Vorhersagen (auf Grund der gleichen Daten) verglichen wurden. Laut Mill fielen die Vergleiche durchaus zufriedenstellend aus. Es wurden auch frühere synoptische Karten ausgestellt.

Zu sehen war auch ein selbstschreibender Regenmesser eines gewissen Halliwell, neben dessen täglichen Aufzeichnungen, in welchen die „Sintflut" (deluge), mit der der Himmel die Gesellschaft am ersten Tag begrüßt hatte, durch ihre deutliche Spur in den Intensitätsänderungen besondere Aufmerksamkeit erregte. Ebenso zeigte Shaw sein *Anemoidograph* genanntes Instrument, um Luftbahnen zu verzeichnen sowie seinen Thermopsychrophorus, dessen Leistungsfähigkeit in Mills Augen allerdings hinter der „Würde der Bezeichnung" zurückblieb. Josef Pernter (1848-1908), Direktor der Zentralanstalt in Wien (vgl. Anhang E), hatte eine trichterförmige Hagelabwehrkanone mitgebracht, wie man sie in Italien und Österreich einsetzte, und die Wirbelringe in die Luft paffte. Leider hat das herbeigebrachte Pulver nicht ausgereicht und die Ringe waren kaum zu sehen – obschon nicht sichtbar, so waren sie doch gut hörbar.

Mill hat noch einen kurzen Abschnitt über das "Southport meteorological breakfast" eingeschoben. Die Abbildung 2-3 zeigt die Photographie, die Mill dem Dezemberheft seines *Magazine* als Frontispiz beigab. Dieses meteorologische Frühstück war ein „spontanes gesellschaftliches Zusammentreffen der Studierenden des Wetters" und fand daher ohne einen Vorsitzenden statt. Eleuthère Mascart (1837-1908), Vorsitzender der Internationalen Meteorologischen Kommission und Direktor des französischen Wetterdienstes, Verfasser einer klassischen dreibändigen Abhandlung über Optik und wie Bezold Förderer der erdmagnetischen Vermessung, sprach Worte des Dankes aus, denen sich der Direktor des Wetterbureaus der Vereinigten Staaten, Willis Moore (1856-1927) sowie Shaw mit kürzeren Ansprachen anschlossen. Die „inoffiziellen" Meteorologen der britischen Inseln freuten sich, die offiziellen Meteorologen

---

[53] HUBENY & MIHALAS (2015) gehen noch einen Schritt weiter und behaupten, dass die Theorie der Strahlungsübertragung mit dieser Veröffentlichung Schusters ihren Anfang nahm, der die Übertragungsgleichung durch ein „streuendes" Medium formuliert habe. Poisson (1835) hatte rund 70 Jahre früher die Übertragungsgleichung für ein „absorbierendes und emittierendes" Medium formuliert, was jedoch weitgehend in Vergessenheit geraten war.

Abb. 2-3: Das „meteorologische" Frühstück in Southport. Rechts am Tischkopf im Vordergrund sitzt Mill, links von ihm Hellmann, und diesem gegenüber der Norweger Mohn, der in der Abbildung 2-2 unter ihm stand. (Photographie von Kay 1903.)

aus der ganzen Welt begrüßen zu können. Das Foto wurde beim Frühstück aufgenommen.

Das Foto zeigt eine beachtliche Ansammlung herausragender Meteorologen und bekannter Wissenschaftler. Unter den Meteorologen, die mitgefrühstückt haben, sind einigermaßen gut zu erkennen die drei in der Bildunterschrift Benannten; weniger gut van Bebber von der Hamburger Seewarte (rechts an der Wand, über dem Schopf des großen Kopfes mit weißem Kinnbart, den Marriott trug); die drei Aerologen Lawrence Rotch (am Ende des linken Tisches neben dem Direktor des dänischen Meteorologischen Instituts Adam Paulsen (1833-1907), der rechts von der Mitte des unteren Gemäldes sitzt), aufrecht sitzend und dessen rechte Schulter von dem über den Tisch hervorguckenden Hergesell verdeckt ist, während ganz am Ende des linken Tisches Teisserenc de Bort sich kinnlos zu erkennen gibt. Am äußersten rechten Tisch, zuhinterst, ist noch Buchan dank seines wasserfallartigen Vollbartes auszumachen. Schlecht zu erkennen sind: Der Direktor des Petersburger Physikalischen Hauptobservatoriums, General Rykatcheff (= Rykatschew, Rykachev; 1840-1919) links von Buchan sitzend, dessen klimatologischer Atlas des russischen Reiches von Shaw als große Lebensleistung hervorgehoben wurde; Shaw selbst sitzt am gleichen Tisch wie Hellmann, weiter hinten in derselben Reihe, gleichsam als verlängerter Arm eines stehenden Teilnehmers – mutmaßlich ein Kellner. Die stattliche Gestalt namens Hildebrandsson, Direktor des Observatoriums und Professor in Uppsala, wird von dem vierten Kopf zur Linken des „Kellners" getragen, während Mascarts Direktorenkopf rechts vom Nabel des „Kellners" bis zur Unkenntlichkeit „verschwimmt".

Mancher Physiker hatte sich unter die Frühstücksmeteorologen mischen dürfen. Der „Vollender der klassischen Thermodynamik", Ludwig Boltzmann (1844-1906), sitzt gebeugt am linken Tisch in der linken Reihe, der zweite vom vorderen Kopfende des Tisches und der dadurch auffällt, dass er fest auf seinen Frühstücksteller starrt und den Fotografen überhaupt nicht beachtet. Sein wuchtiger Körper war durchaus wählerisch und man könnte meinen, dass er über den Inhalt seines Frühstückstellers rätselte. In einem humorvollen Aufsatz (1905) über seine dritte Reise nach Nordamerika – „ins Eldorado" – gibt er zum Besten, wie er in Kalifornien Brombeeren und Melone vorgesetzt bekommen und dankend abgelehnt habe. „Dann kam *oatmeal*, ein unbeschreiblicher Kleister aus Hafermehl, mit dem man in Wien vielleicht die Gänse mästen könnte; ich glaube aber eher nicht, denn Wiener Gänse würden das kaum fressen." Was hätte in solchen Fällen aus der Verlegenheit befreien können, „gegenüber einer Hausfrau, die auf die Güte der amerikanischen Küche im allgemeinen und der ihren im besonderen stolz ist?". Die Erlösung ließ nicht lange auf sich warten: „Glücklicherweise kam dann noch Geflügel, Kompott und manches, womit ich den Geschmack wieder decken konnte".

Boltzmann trug in Southport kurz „über die Form von Lagranges Gleichungen für nicht-holonome Systeme" vor. So unscheinbar wie dieser Titel, so unscheinbar sitzt er in der Nähe eines Meteorologen, der wenige Jahre später vor der Preußischen Akademie erklären sollte, dass der Meteorologie mit bloßem Theoretisieren (noch) nicht geholfen werden könne, während Boltzmann gerade seine Aufgabe in der theoretischen Durchdringung der Naturphänomene sah. Boltzmann hat gaskinetisch Gasmengen betrachtet, deren thermodynamisches Gleichgewicht durch das Prinzip maximaler Entropie definiert wird. Shaw hätte dieses Prinzip, wie ich in einer der letzten Fußnoten andeutete, bei der Erklärung von Tiefs und Hochs gern angewandt gesehen. Für Hellmann dürfte der entsprechende Ausdruck für die Entropie – Boltzmanns berühmte Grabinschrift – eine Formel mit sieben Siegeln gewesen sein.

Ich hatte schon zwei seinerzeit sehr berühmte Meteorologen auf dem Frühstücksfoto namhaft gemacht, Buchan und Mohn. Es mögen daher Hellmanns einschlägige Buchurteile aus seiner „Entwicklungsgeschichte des meteorologischen Lehrbuches" (1917) hier Platz finden. Von Buchans *A Handy-Book of Meteorology* aus dem Jahre 1867 merkte er an: „Das erste Lehrbuch der modernen Meteorologie, namentlich in der zweiten Auflage, welche die ersten Isobarenkarten enthält. Am Schluss der Einleitung betonte der Verfasser die Notwendigkeit einer internationalen meteorologischen Konferenz, um die Einheitlichkeit in den Beobachtungen und in deren Veröffentlichung herbeizuführen". Und zu Mohns, zunächst norwegisch 1872, dann in (durch Georg von Neumayer veranlasster) deutscher Übersetzung 1875 erschienenen „Grundzüge der Meteorologie", erklärt Hellmann: „Nach Buchan's Buch (1867) die erste moderne Darstellung der Meteorologie, die namentlich in der deutschen Übersetzung den größten Einfluss auf die Entwicklung dieser Wissenschaft in Mittel- und Osteuropa ausgeübt hat".

Was bei dem Internationalen Meteorologischen Komitee alles verhandelt wurde, kann man im einschlägigen Bericht nachlesen, der vom Preußischen Meteorologischen Institut 1905 deutsch herausgegeben wurde. Im Protokoll der Sitzung vom 9. September steht: „Der Vorsitzende [Mascart] gedenkt bei der Eröffnung der Sitzung des verstorbenen Herrn Capello [aus Portugal, auf Abb. 2-2 des Rom-Kongresses 1879 zu sehen] und gibt dem Bedauern des Komitees darüber Ausdruck, unter seinen Mitgliedern nicht mehr die Herren Scott und von Bezold zählen zu können. Sodann hieß er die Herren Chaves, Shaw und Hellmann willkommen." Es wird festgehalten, dass Palazzo die Stelle des Herrn Tacchini [Italien], Chaves [Portugal] die des Admiral Brito Capello und Hellmann die von Bezold übernommen hatten.

Am Tag der „Sintflut", dem 10. September, waren in der entsprechenden Sitzung anwesend Mascart, Chaves, Hellmann, Mohn, Paulsen, Pernter, Rykatschew, Shaw, Snellen und Hildebrandsson, letzterer als Schriftführer des Komitees. Und als „Gäste": van Bebber, Hergesell, Rotch und Teisserenc de Bort. Hellmann bringt vor, dass der auf der Konferenz zu Kopenhagen (1882) gemachte Vorschlag für die „Spalte Bewölkung", in der anzugeben war, „wo es im Augenblicke der Beobachtung regnet, schneit usf." zu erneuern und zu erweitern sei. Nach einer Diskussion, an der mehrere Mitglieder teilnahmen, fasste Hellmann zusammen: „Es wird empfohlen, in der Spalte ‚Bewölkung' rechts unten von der Bewölkungsziffer einen Index hinzuzufügen, der Regen, Schnee, Nebel, Hagel oder Sonnenschein im Augenblick der Beobachtung bedeutet." Hierzu bemerkte Wilds Nachfolger in St. Petersburg, General Rykatschew:

Herr Hellmann wünscht, dass Beobachtungen über den Sonnenschein zu den Terminen angestellt und veröffentlicht werden sollen. Diese Frage war nicht vorher im Programm angekündigt worden, während in seiner in der gegenwärtigen Sitzung des Komitees verteilten Notiz … Herr Hellmann über dieselbe spricht, als ob es sich nur um die Form der Veröffentlichung dieser Beobachtung handelte. Man muss sich daran erinnern, dass die mit vieler Mühe aufgestellte internationale Form der Veröffentlichung der Beobachtungen an den Stationen zweiter Ordnung das Minimum der Anforderungen darstellt. In jedem Lande kann man die in dieser Form enthaltenen Angaben vermehren, ohne dass eine besondere Erlaubnis des Komitees dazu erforderlich ist. Aber man muss sehr vorsichtig sein, wenn man das Minimum der Anforderungen für alle Länder vermehren will. Man publiziert in Deutschland in der Spalte ‚Bewölkung' Beobachtungen über den Sonnenschein. Sehr wohl! Ich glaube, auch wir tun nicht schlecht daran, wenn wir in unseren Annalen außer dem geforderten Minimum nicht obligatorische (heliographische und andere) Beobachtungen von einer großen Anzahl von Stationen zweiter Ordnung publizieren.

Herr Hellmann schlägt vor, eine Beobachtung mehr anzustellen, die dem Anschein nach keinerlei Schwierigkeiten bereitet; sie vermehrt aber doch die Arbeit sowohl der Beobachter, deren Mitwirkung eine freiwillige ist, als auch der Beamten, denen die Verarbeitung und Veröffentlichung der Beobachtungen obliegt. Auch werden die Ausgaben vermehrt.

In Russland muss man eine besondere Instruktion veröffentlichen, mit den 900 Beobachtern in brieflichen Verkehr treten, jeden Druckbogen teurer bezahlen, sowie die neu hinzutretende Arbeit, die erforderlich ist um die Beobachtungen für die Publikation vorzubereiten, vergüten. Ich muss es mir also genau überlegen, ob wir diese neue Beobachtung einführen können, ohne neue Geldmittel zu verlangen und ohne genötigt zu sein, die Veröffentlichung anderer für die Stationen zweiter Ordnung zwar nicht obligatorischer aber nach meiner Meinung ebenso wichtiger Beobachtungen einzuschränken. Ich wünschte also, die Sonnenscheinnotierungen für die Stationen zweiter Ordnung einstweilen nicht als obligatorisch anzusehen. Ich erkenne ihre Zweckmäßigkeit an und werde versuchen sie einzuführen, wenn die erwähnten Umstände mich nicht daran hindern.

Ein anderer Punkt, den Hellmann für unerlässlich erachtete, lautete: „Im Kopf der publizierten Tabellen über Windgeschwindigkeit darf die Angabe der Höhe des Anemometers über dem Erdboden nicht fehlen". Die Zustimmung blieb nicht aus: „Nach einer Diskussion empfiehlt das Komitee im Kopf der publizierten Tabellen über Windgeschwindigkeit stets die Höhe des Anemometers über dem Erdboden anzugeben."

In einer weiteren Sitzung wurde folgende Frage verhandelt: „Diskussion über die Beziehungen zwischen Meteorologie und Astrophysik, geeigneten Falles Bildung einer besonderen Kommission" (Lockyer und Shaw). Norman Lockyer (1836-1920), auf Abb. 2-3 kaum, auf Abb. 2-4 besser zu sehen, hatte einen Bericht über diese Frage an die Mitglieder des Komitees verteilt. Auf Antrag von Shaw sollte aber diese Frage in einer anderen Abteilung der Britischen Gesellschaft verhandelt werden, bevor der Plan, eine eigene Kommission zu bilden, vorgelegt werden konnte.

Hellmann schrieb einige Monate später an Köppen[54]:

Berlin, 9.3. 1904

Sehr geehrter Herr Kollege,

auf der Tagung des Internat. Met. Komitees im September v. J. zu Southport wurde, besonders auf Betreiben der Herrn Shaw und Sir Norman Lockyer, eine neue Kommission gebildet, die sich mit den Beziehungen zwischen den solaren und terrestrischen Erscheinungen beschäftigen soll.

Hr. Shaw wünschte, dass ich für Deutschland in diese Kommission einträte. Ich lehnte es aber ab,

weil es dem Staate zuviel Zeit und Geld kostet, wenn ein und dasselbe Mitglied eines Instituts verschiedenen Komitees und Kommissionen angehört.

Ich schlug Hrn. Shaw Sie für die neue Kommission vor.

Er scheint dies aber vergessen zu haben; denn nun frägt er mich wieder brieflich an, ob ich der ersten Sitzung dieser Kommission in Cambridge während der nächsten Sitzung der British Association (17. – 24. August) beiwohnen will.

Ehe ich ihm Antwort gebe und Sie vorschlage, erlaube ich mir bei Ihnen anzufragen, ob Sie geneigt und in der Lage wären, in diese Kommission einzutreten.

Mit freundlichem Gruß
Ihr G. Hellmann

In Southport hatte Hellmann noch den Vorschlag gemacht, einen internationalen Kodex zu veröffentlichen, „der alle endgültigen Beschlüsse der seit 1872 abgehaltenen Internationalen Meteorologischen Kongresse und Konferenzen enthält, mit den nötigen Erläuterungen und Hinweisen". Der Vorschlag wurde angenommen und die Ausführung ihm, in Gemeinschaft mit dem Sekretär des Komitees, H. Hildebrandsson, übertragen. Der Kodex erschien 1907.

1904

Über Tätigkeiten in diesem Jahr gibt Bezold im entsprechenden Bericht wieder Aufschluss:

Eine neue umfangreiche Arbeit erwuchs dem Institut durch die ihm vom vorgeordneten Ministerium gestellte Aufgabe der Untersuchung der Schlesischen Sommerhochwasser hinsichtlich ihrer meteorologischen Bedingungen. Zugleich sollte angestrebt werden, die Regenbeobachtungen in den obersten Einzugsgebieten der Nebenflüsse der Oder für die Hochwasserprognose nutzbar zu machen. ... Im Juni wurde auch mit der genannten Untersuchung der früheren Oderhochwasser begonnen, die sich auf etwa 40 Fälle aus den Jahren 1888 bis 1903 erstrecken wird. Es wurde deshalb vorübergehend eine kleine Abteilung von drei wissenschaftlichen Hilfskräften gebildet und der schon bestehenden, vom Geheimen Regierungsrat Professor Dr. Hellmann geleiteten Abteilung II angegliedert.

---

54 UB Graz: Nachlass Köppen (MS NL 2054), Korrespondenz Hellmann, Brief Nr. 653.

Das entsprechende Unternehmen, welches im *Oderwerk* von 1911 gipfeln sollte, nimmt in diesem Jahr seinen Anfang, obschon das *Regenwerk* noch nicht abgeschlossen ist: „Die für die Bearbeitung des größeren Werkes … verfügbaren Kräfte waren mit Rechnungsarbeiten für den Text und mit Korrekturlesen beschäftigt. Das Werk wird voraussichtlich im Herbst 1905 erscheinen". Dagegen wurde ein *Wolkenwerk* vollendet, wofür Sprung den Kronenorden III. Klasse und Süring den Roten Adlerorden IV. Klasse bekamen.

Auch in diesem Jahr fand wieder eine Tagung statt: „In der Osterwoche, vom 7. bis 9. April, hatte das Institut Gelegenheit anlässlich der Tagung der zehnten allgemeinen Versammlung der Deutschen Meteorologischen Gesellschaft eine größere Zahl auswärtiger Gelehrten und Beobachter des Stationsnetzes zu begrüßen. Die Sitzungen fanden in dem großen Hörsaale des Instituts für Meereskunde statt, welchen der Direktor desselben, … Freiherr von Richthofen, in dankenswerter Weise zur Verfügung gestellt hatte". Billwiller und Pernter (vgl. Kurzbiographien in Kapitel 3 bzw. Anhang E) wurden neben zwei anderen zu Ehrenmitgliedern ernannt. Hellmann hat auf dieser Berliner Versammlung keinen Vortrag gehalten. Viktor Kremser, Vorsteher der Klimaabteilung des Instituts und Schriftführer im Vorstand der Meteorologischen Gesellschaft, wiederholte einen früheren Antrag auf Bewilligung von rund 2000 Mark für die Fertigstellung und Drucklegung des Registers zu den ersten 20 Bänden der *Meteorologischen Zeitschrift*. Er berichtete, dass „dank den Bemühungen des Hrn. Geheimrats Hellmann […] die Vorarbeiten bereits soweit gediehen" seien, „dass im Jahre 1904 das Manuskript und im nächsten Jahre der Druck fertig sein dürfte". Der unter Mitwirkung des Assistenten Coym und eines späteren Hilfsarbeiters Hellmanns, H. Henze, bearbeitete Namen- und Sachregister zu den Bänden I-XXV, 1884-1908, erschien 1910.

Zu der Frage eines Registers hatte Hellmann am 25. September 1893 an Köppen geschrieben[55]:

Lieber College!

Das auch von mir lebhaft gewünschte Register über die 30 Bände der Z[eitschrift] kommt leider nicht zu Stande.

Im Frühjahr schrieb mir einmal Hann, er gehe jetzt daran, das Register der Öst[erreichischen] Z[eitschrift] drucken zu lassen und frug mich, wie hoch er wohl die Auflage bemessen soll. Ich antworte ihm sogleich, es wäre doch zweckmäßiger, ein Gesamtregister über 20 Bde. zu haben, das dann eine Art von Repertorium der Meteorologie in den ersten 30 Jahren darstellen würde, als zwei getrennte, und

die Berichte […?] könnten doch wohl warten, da ja das Register über ihre 20 Bde. ohnehin ungewöhnlich verspätet kommen würde, aber er schrieb mir bald, er könnte nicht mehr warten, er hätte soviel Verdruss mit dem Register gehabt, dass er nun […?] froh sei, es vom Halse zu haben. Wir werden also später einmal ein zweites über unsere Reihe geben müssen. […]

Mit bestem Gruss
Ihr G. Hellmann

Bezold hielt vor dieser Versammlung seinen letzten Eröffnungsvortrag, in welchem er einen Überblick über die Forschungen der Gesellschaftsmitglieder seit der vorigen Tagung in Karlsruhe sowie einen Ausblick auf die bevorstehenden Aufgaben hielt. Viktor Kremser fasst in der *Meteorologischen Zeitschrift* zusammen:

Vor allem hat die Erforschung der höheren Luftschichten sowohl durch die internationale Organisation, wie durch die intensive Arbeit der aeronautischen Observatorien weitere Fortschritte gemacht und immer neue merkwürdige Aufschlüsse gegeben. So ist es durch Verwendung der Drachen gelungen, den Zustand der Atmosphäre über Berlin nunmehr 1 1/2 Jahre hindurch Tag für Tag festzustellen. […]

Die theoretische Forschung, insbesondere die Verarbeitung von Beobachtungsergebnissen unter theoretischen Gesichtspunkten, hat inzwischen nicht stillgestanden. Ganz besonders sind die so wichtigen Fragen nach dem Zusammenhange zwischen den Vorgängen an der Sonne und denen in der Atmosphäre der Erde untersucht worden, an deren Lösung die verschiedensten Gebiete beteiligt sind. Hier möge nur ein Punkt, die Beziehung zur Temperatur, eingehender besprochen werden. Nach Köppen und neuerdings Charles Nordmann hat die Tropenzone der Erde in den fleckenreichen Jahren niedrigere Temperaturen als in den fleckenarmen; die nächst benachbarten Gürtel zeigen ein ziemlich ähnliches Verhalten, in den höheren Breiten aber ist es unsicher oder gar entgegengesetzter Art. Diese Ungleichmäßigkeit ist jedoch nur eine scheinbare, denn eine Temperatursteigerung an der Sonne, wie man sie mit Lockyer in den fleckenreichen Jahren anzunehmen hat, muss sich in den verschiedenen Zonen verschieden geltend machen. […]

Die Vorgänge an der Sonne werden noch unter anderen Gesichtspunkten immer mehr und mehr mit der Physik der Atmosphäre in Verbindung gebracht. Die Zurückführung der magnetischen Störungen und Nordlichter auf elektrische Ströme in der Atmosphäre und anderseits der Einfluss bestimmter

---

55   UB Graz: Nachlass Köppen (MS NL 2054), Korrespondenz Hellmann, Brief Nr. 649.

Strahlengattungen auf das elektrische Verhalten der Luft haben Erdmagnetismus, Luftelektrizität und Sonnenphysik zu einem zusammenhängenden Forschungsgebiet gemacht. Erneuter Anlass zu solchen Untersuchungen ist aus der großen magnetischen Störung vom 31. Oktober 1903 erwachsen. Das luftelektrische Potentialgefälle und die Elektrizitätszerstreuung wird demnächst in den verschiedensten Klimaten durch Vermittlung der internationalen Assoziation der Akademien systematisch beobachtet werden. Desgleichen dürfte der Plan der magnetischen Vermessung eines ganzen Parallelkreises wohl zur Ausführung gelangen und dadurch die grundlegende Frage entschieden werden, ob die Erdoberfläche von elektrischen Strömungen durchsetzt wird.

Neben diesen neuen Forschungsarbeiten ist auch die Sammlung und Verwertung der laufenden meteorologischen Beobachtungen erweitert und vervollkommt worden. Insbesondere ist man dabei bemüht gewesen, der Land- und Wasserwirtschaft dienstbar zu sein.

Bezold: „Am 21. Mai begab sich … Hellmann nach Malmö, um hier gemeinsam mit Professor Hildebrand Hildebrandsson bezüglich der Herausgabe eines Kodex der auf den bisherigen internationalen Konferenzen gefassten Beschlüsse das Nähere zu beraten." Auch trat er in diesem Jahr als zahlendes Mitglied dem „Museum von Meisterwerken der Naturwissenschaft und Technik" (Deutsches Museum) bei, für welches er in den folgenden Jahren meteorologische Instrumente zur Verfügung stellen und Ratschläge erteilen sollte.

Hellmann gibt den letzten Neudruck heraus, die Nummer 15: „Denkmäler mittelalterlicher Meteorologie (VII. bis XV. Jahrhundert)".

1905

Bezolds letzter Tätigkeitsbericht von 1906 vermerkt, dass dem Preußischen Meteorologischen Institut eine „sehr beträchtliche Mehrbelastung" dadurch erwuchs, „dass es wiederholt zu ausführlichen Vorarbeiten für einen im Sommer 1906 einzurichtenden allgemeinen Wetternachrichtendienst herangezogen wurde"; dass die Aeronautische Abteilung Aßmanns nach dem „neuerbauten Observatorium in Lindenberg" übergesiedelt sei; und dass Hellmann, Adolf Schmidt (1860-1944), Abteilungsvorsteher der magnetischen Abteilung des Potsdamer Observatoriums und er selbst an den Sitzungen der Internationalen Direktorenkonferenz in Innsbruck teilgenommen haben (Abbildung 2-4). Dort legten Hellmann und Hildebrandsson das Manuskript des Internationalen Meteorologischen Kodex vor, dessen Drucklegung alsbald beschlossen wurde, zusamt Fassungen auf Englisch, Französisch und Spanisch; Hellmann übernahm für das Preußische Institut die Herausgabe der deutschen Fassung. Der entsprechende Ausschuss war mit der Ausarbeitung der beiden Gelehrten höchst zufrieden und bezeichnete die Ergebnisse „als ein wichtiges und zweckdienliches Mittel zur Förderung der internationalen meteorologischen Arbeit" (CANNEGIETER 1963).

Unter den vielen Verhandlungspunkten in Innsbruck sei der von Pater Lorenzo Gangoiti aus Havanna vorgelegte herausgegriffen: „Könnte die Konferenz nicht beschließen, dass in den täglichen Wetterkarten aller Länder die Richtung des Wolkenzuges veröffentlicht werde?"[56] Als Jahre später der Direktor eines tropischen meteorologischen Observatoriums, der bereits genannte Pater Sarasola[57], Hellmann 1913 aus Kuba schrieb (vgl. Faksimile im Anhang C), klagte er: „In den Jahrbüchern, die ich Ihnen geschickt habe, werden Sie erkennen, welch großen Gewinn wir hier aus den Wolkenbeobachtungen für die Wirbelsturmwarnungen ziehen. Viele würdigen ihre Bedeutung nicht, und es ist sehr schade, dass man ihre Richtung in den Wetterkarten nicht angibt. Diese Sache wurde in Innsbruck vorgeschlagen, aber nichts Praktisches ist daraus geworden."

Auf der Tagung in Southport war eine Sonnenstrahlungskommission eingerichtet worden, und wie wir unter dem Jahr 1903 sahen, hatte Hellmann Köppen brieflich gefragt, ob er bereit wäre, darin mitzuwirken. Briefe von Köppen an Hellmann liegen mir nicht vor, aber aus dem „Innsbrucker Bericht" geht hervor, dass Köppen Mitglied der Kommission, die Sir Lockyer leitete, geworden war.

Wie bereits erwähnt, wurde der von Hellmann und Hildebrandsson vorgelegte Kodex gebilligt und dessen Veröffentlichung „für höchst nützlich und notwendig erklärt", wobei die Innsbrucker Beschlüsse natürlich auch mitenthalten sein sollten. Zusätzlich erklärten sich Shaw und Charles Alfred Angot (1848-1923), der baldige Nachfolger Mascarts, bereit, für eine englische bzw. französische Fassung Sorge zu tragen.

Hellmann trat in Innsbruck für die „Wiederaufnahme der Frage der Vergleichung der Normalbarometer" ein[58]:

Wenn die auf Grund der Stationsbeobachtungen entworfenen Luftdruckkarten ein richtiges Bild

---

56 Bericht über die internationale meteorologische Direktorenkonferenz in Innsbruck – September 1905. Braumüller, Wien 1906.
57 Simón Sarasola (1871-1947), spanischer Jesuit, war 1897 nach Kuba übergesiedelt, wo er das meteorologische Observatorium Montserrat in Cienfuegos gründete, und woher er Hellmann den zitierten Brief schrieb. Als er 1921 Direktor der Sternwarte in Bogotá wurde, schrieb er ein Buch über „die Wirbelstürme der Antillen", dessen 2. Auflage von Exner in der *Meteorologischen Zeitschrift* 1928 besprochen wurde. Er kehrte später nach Spanien zurück. Sein berühmter Vorgänger auf Kuba, Pater Benito Viñes (1837-1893) vom Observatorium in Belen, Havanna, wurde als „Orkanpriester" sogar in den Vereinigten Staaten gefeiert (RAMOS 2014). Er hat früh und den größten Wert auf Beobachtungen der Wolkenzugsrichtung (in der Höhe) für die Orkanvorhersage gelegt und bereits 1875 die (wohl) erste Orkanwarnung herausgegeben.
58 Normalbarometer waren besonders genaue Bezugsbarometer an Zentralstellen (MIDDLETON 1964).

Abb. 2-4: Gruppenbild vom 21. September 1905, aufgenommen in Innsbruck, wo Vertreter der meteorologischen Netze und Institute tagten. Versammelt sind mehrheitlich die Direktoren aller damals größeren meteorologischen Institute oder Observatorien. Die berichtende Lokalzeitung enthält einen kurzen Text mit einem Dementi: „Unter den Teilnehmern ... ist ... Geheimrat Professor Dr. von Bezold [Nr. 28 auf dem Foto] zu sehen. Eine irrtümliche Nachricht meldete seinen Tod. Der bekannte Gelehrte erfreut sich auf seiner Besitzung Steinach in Tirol der besten Gesundheit." (Wie unten belegt wird, war seine Gesundheit 1905 keineswegs die beste.) Von den Meteorologen auf dem Gruppenbild seien genannt: W. Köppen (6, Hamburg); W. Trabert (8, Innsbruck); H. Hildebrandsson (10, Uppsala); Pater J. Algué (13, Manila); N. Shaw (15, London); M. Rykatschew (17, Petersburg); A. Angot (20, Paris); H. Mohn (21, Oslo); H. Hergesell (22, Straßburg); G. Hellmann (23, Berlin); J. M. Pernter (25, Wien); W. Bezold (28, Berlin); P. Polis (29, Aachen); Sir N. Lockyer (32, London); F. Erk (33, München); Ch. Schultheiß (34, Karlsruhe); A. Schmidt (39, Stuttgart); V. Conrad (40, Wien); L. Teisserenc de Bort, (41, Trappes); A. L. Rotch (44, Boston); A. Defant (46, Wien); R. Aßmann (47, Lindenberg bei Beeskow); Ad. Schmidt (49, Potsdam). (Der Zeitungsauszug mit Bild befindet sich in der Bibliothek des Deutschen Wetterdienstes – mit „der Tag" als einziger Kopfangabe der Lokalzeitung.)

der Druckverteilung sollen geben können, so muss man die Unterschiede der Normalbarometer der einzelnen Länder kennen. Diese Normale sind in den meisten Fällen keine wirklichen Normalbarometer, die den Luftdruck in absoluter Weise exakt zu messen gestatten, sondern nur die Vergleichsnormalen für die Stationsbarometer je ihres Netzes. Da sich die notwendige Vergleichung dieser Normalbarometer auf gemeinschaftliche Kosten als nicht gut ausführbar erwiesen hat, so schlägt Herr Hellmann eine Teilung der Arbeit vor, der Art, dass die großen Institute allein die Ausführung übernehmen.

Während Angot auf den geringen Wert der Vergleichung des Barometers des Madrider Instituts hinwies, weil „die Barometer der spanischen Stationen nur höchst selten verglichen werden", wurde von der entsprechenden Kommission die Aufforderung zu Papier gebracht, jeweils „bei ihren Regierungen die Teilnahme an der Vergleichung der Barometer der meteorologischen Institute Europas zu befürworten".

Hellmann setzte in einem Anhang des Berichts die Schwierigkeiten früherer Aufforderungen zu solchen Vergleichen auseinander und machte auf einige Gelehrte aufmerksam, die herausgefunden hätten, dass „zwischen den Normalbarometern zum Teil recht namhafte Differenzen bestanden, die weit über das Maß der zulässigen Abweichung hinausgingen". Mit unfehlbarer Gewissenhaftigkeit machte sich in den kommenden Jahren auch Hellmann an diese von ihm empfohlene Aufgabe, wie ein Brief an Köppen vom 4. 9. 1909 beweist[59]:

Verehrter Herr Kollege!

[...]

Ich hoffe gegen die Mitte des Monats nach der Seewarte zu kommen, um die Besprechung der Hauptbarometer selbst vorzunehmen. Ich werde von Kopenhagen aus den Tag der Ankunft genauer angeben.

---

59 UB Graz: Nachlass Köppen (MS NL 2054), Korrespondenz Hellmann, Brief Nr. 658.

Die Barometer der übrigen deutschen met. Zentralstellen habe ich schon im Frühjahr vergleichen lassen.

Ich hoffe Sie doch anzutreffen?

... freundlichem Gruß
von Ihrem G. Hellmann

Die Tageszeitung, aus welcher das Innsbrucker Foto entnommen wurde, hatte dem totgesagten Bezold beste Gesundheit attestiert, aber aus einem handgeschriebenen Dokument der Philosophischen Fakultät der Friedrich-Wilhelms-Universität an das Kultusministerium zwecks Errichtung eines Extraordinariates für Meteorologie geht hervor, dass Bezold wegen Altersbeschwerden seine Pflichten nicht mehr zu erfüllen imstande war. Es ist vom Dekan (Erman) und dem Prodekan (Planck) am 7. Juli 1905 unterzeichnet[60]:

Eurer Exzellenz die philosophische Fakultät beehrt sich gehorsamst Folgendes zu berichten.

Der gegenwärtige Ordinarius für Meteorologie Herr v. Bezold, der im 69. Lebensjahre steht, hat der Fakultät erklärt, dass er im Laufe der letzten Monate nicht unwesentlich an Arbeitskraft eingebüßt habe. Infolgedessen scheine es ihm oft kaum möglich, seinen vielseitigen Pflichten als Direktor eines großen Instituts, als Professor und als Forscher im ganzen Umfang gerecht zu werden.

Die Fakultät muss deshalb zu ihrem Bedauern mit der Möglichkeit rechnen, dass Herr v. Bezold einmal genötigt ist, seine Vorlesungen und die Abhaltung der Prüfungen für längere Zeit auszusetzen.

Da nun aber im Laufe der Jahre Meteorologie immer häufiger als Haupt- und Nebenfach bei Doktorprüfungen gewählt wird, so würde seine derzeitige Unterbrechung für die Fakultät eine große Störung im Gefolge haben. Die Fakultät hält es deshalb für ihre Pflicht in einem solchen Falle von langer Hand vorzubeugen und gestattet sich dementsprechend bei Eurer Exzellenz die Errichtung einer außerordentlichen Professur für Meteorologie gehorsamst in Vorschlag zu bringen; sie [unleserlich] die Form einer außerordentlichen Professur, da eine solche nach § 104 ihrer Statuten allein zur Vertretung bei Prüfungen berechtigt, was bei einer ordentlichen Honorar-Professur nicht ohne Weiteres der Fall sein würde.

Für diese Professur bringt die Fakultät den Abteilungs-Vorsteher im Meteorologischen Institut, Geheimen Regierungsrat Professor Dr. Hellmann in Vorschlag. Der genannte ist gegenwärtig 51 Jahre alt und seit 1879 am Meteorologischen Institut, das damals noch mit dem Statistischen Bureau verbunden war, tätig. [...]

Seine schon zahlreichen Veröffentlichungen stehen zwar größtenteils auf klimatologischem Boden, doch sind sie allenthalben von den modernen physikalischen Anschauungen durchdrungen und in ungewöhnlichem Maße kritisch verarbeitet.

Mit ganz besonderer Vorliebe pflegte er auch wissenschaftlich historische Studien und seine Arbeiten auf diesem Gebiet unter denen insbesondere die 15 Hefte bzw. Bände der Neudrucke von Schriften und Karten über Meteorologie und Erdmagnetismus herauszuheben sind, muss man geradezu als mustergültig bezeichnen.

Er hat sich dadurch ungemein vielseitige Kenntnisse angeeignet, so dass er als Kenner der meteorologischen Literatur – mit Einschluss des Erdmagnetismus – wohl die allererste Stelle einnimmt.

Bei diesen Studien kommen ihm seine reichen Sprachkenntnisse ganz besonders zustatten.

Dieselbe scharfe Kritik, die er allenthalben bei seinen historischen Studien beweist, leitet ihn auch bei der Bearbeitung des Beobachtungsmaterials, so dass man dem bevorstehenden Erscheinen des großen Werkes über die Niederschlagsverhältnisse der norddeutschen Stromgebiete mit dessen Vorbereitung er seit 1890 im dienstlichen Auftrag tätig ist, mit Spannung entgegensehen darf.

Die in dem Verzeichnis der Veröffentlichungen erwähnten Regenkarten für die einzelnen Provinzen Preußens können als Vorläufer für dieses große Werk gelten.

Auch durch die Redaktion der bedeutendsten Zeitschrift auf dem Gebiete der Meteorologie, die er seit 1892 mit Julius Hann in Wien und in der letzten Zeit allein besorgt, hat er sich viele Verdienste um die Wissenschaft erworben.

Obwohl er niemals Dozent war, so hat er doch bei den vielen Vorträgen in wissenschaftlichen Vereinen insbesondere in seiner Eigenschaft als mehrjähriger Vorsitzender der Gesellschaft für Erdkunde bewiesen, dass er es in ungewöhnlicher Weise versteht die Ergebnisse der Forschung in freier Rede klar darzulegen.

---

60   GStA PK Scan Seite 117-123.

Durch alle diese Leistungen hat er sich hohes Ansehen erworben, so dass seine Berufung an die Universität dieser nur zur Ehre gereichen kann.

*Dekan und Professoren Erman Dekan
Planck Prodekan*

Aus der Ernennung zum außerordentlichen Professor durfte kein Anspruch „auf Gehalt oder sonstige Vergütung" erwachsen, „noch für die Zukunft eine Aussicht darauf begründet werden". Hellmann war bereit, bei den Doktorprüfungen im Fach der Meteorologie – falls erforderlich – mitzuwirken und Vorlesungen zur Meteorologie und Klimatologie zu halten. Er konnte schließlich zum Wintersemester 1905/6 eine unbesoldete außerordentliche Professur in der Philosophischen Fakultät der Friedrich-Wilhelms-Universität antreten.

Vom Kaiser erhielten Bezold den Roten Adlerorden II. Klasse mit Eichenlaub und Hellmann den Roten Adlerorden III. Klasse mit Schleife. Karl Knoch, dem wir schon begegnet sind, trat in den Dienst des Preußischen Meteorologischen Instituts ein. Von dem vielangekündigten *Regenwerk* findet sich der geradezu erlösende Satz: „Das *Regenwerk* wurde zu Ende geführt. Es wird in drei Bänden im Frühjahr 1906 erscheinen". Was denn auch geschah.

1906

In dem 1907 erschienenen Tätigkeitsbericht für das aufgeführte Jahr, wird Bezold nicht wie sonst als der Herausgeber bezeichnet. Wahrscheinlich wurde er vom Stellvertreter des Direktors, Hellmann, verfasst, der eine Todesnachricht an erste Stelle setzt: „Am 17. Februar 1907 erlag der langjährige Direktor des Königlich Preußischen Meteorologischen Instituts, Geheimer Ober-Regierungsrat Professor Dr. Wilhelm von Bezold, dem schweren Leiden, das ihn bereits seit Ende des vorigen Jahres gezwungen hatte, der gewohnten amtlichen Tätigkeit zu entsagen".

Immerhin hatte Bezold das Hellmannsche *Regenwerk* noch ankündigen und sein Erscheinen erleben können: „Von bemerkenswerten Vorgängen ist in erster Linie der Abschluss und die Herausgabe des großen Werkes über ‚Die Niederschläge in den Norddeutschen Stromgebieten' hervorzuheben, an dessen Fertigstellung der Abteilungsvorsteher Geh. Regierungsrat Professor Dr. Hellmann mit Unterstützung von zwei Assistenten 15 Jahre gearbeitet hat." In der *Deutschen Literaturzeitung* besprach Bezold das besagte Werk. Es ist eines der Hauptwerke Hellmanns und wird in Kapitel 11, Band II vorgestellt.

Hellmann wird in Wien auf der Jubiläumsfestveranstaltung der k. k. Geographischen Gesellschaft zum Ehrenmitglied ernannt. Er wird auch Ehrenmitglied der *Royal Meteorological Society* in London.

Im Sommer hält er eine „Einleitung in die Meteorologie", hält *privatim* klimatologische Winterübungen zur „allgemeinen Klimatologie", und liest auch über „Erdmagnetismus in geschichtlicher Entwicklung" öffentlich vor.[61]

In der *Meteorologischen Zeitschrift* stellt Hellmann einen neuen selbsttätigen Schneemesser vor: „Im Februarheft dieser Zeitschrift 1897 beschrieb ich ... einen mechanisch registrierenden Regenmesser, der sich bewährt hat und bereits in mehr als 450 Exemplaren verbreitet ist. Dieser Apparat soll nur zur Aufzeichnung des Regens dienen, da es mir unmöglich erscheint, mit ein und demselben Instrument in gleich sicherer Weise Regen und Schnee zu registrieren. Inzwischen habe ich es mir aber angelegen sein lassen, als Ergänzung dazu einen selbstschreibenden Schneemesser zu konstruieren, den gleichfalls Herr Mechaniker Fuess ausgeführt hat." Die einfachere Ausführung kostete 230 M (fast fünfmal so viel wie das dreibändige große Regenwerk), die kompliziertere 275 M.

Der englische Gegenpart Hellmanns, George James Symons (1838-1900), den wir noch öfter zu Wort kommen lassen werden, hat in seinem Jahrbuch des *British Rainfall* für 1898 (erschienen 1899) bei einem Vergleich selbstregistrierender Regenmesser über den Hellmannschen folgendes geschrieben: „Dieses Messgerät, wie gesagt wird, muss im Winter ins Haus gebracht werden! Dr. Hellmann hat strenge Ansichten diesbezüglich." Er zitiert obige Stelle aus Hellmanns Aufsatz und fährt dann fort:

Wir haben noch nie einen Winter in Berlin verbracht, weshalb wir uns nicht anmaßen, die Weisheit von Dr. Hellmanns Entscheidung in Frage zu stellen; aber bei den milderen Wintern der Britischen Inseln glauben wir, dass es viel besser ist, die Mängel, die Dr. Hellmann erwähnt, in Kauf zu nehmen als überhaupt keine Aufzeichnungen während mehrerer Monate im Jahr zu haben."

Anerkennend und versöhnlich heißt es noch: „Wie wir glauben, ist es der preisgünstigste selbstregistrierende Regenmesser, der bisher hergestellt wurde."

Für die Tropen, wo das Gerät nicht zu überwintern hatte, scheint der mechanisch registrierende Regenmesser zu träge gewesen zu sein. So schreibt Pater Sarasola in dem bereits zitierten Brief vom Januar 1913 (vgl. Brieffaksimile im Anhang C):

---

61 Nach dem entsprechenden Vorlesungsverzeichnis der Friedrich-Wilhelm-Universität.

Ich kenne sehr wohl Ihren Regenmesser, ich habe ihn oft im Observatorium von Belen in Havanna gehandhabt, und kann nicht anders, als zu gestehen, dass es als mechanischer Pluviograph zum besten gehört, was ich gesehen habe. Doch geschieht es häufig in diesen tropischen Gegenden, dass man in einigen Sekunden oder Minuten den Sturzregen messen möchte, der in dem Augenblick fällt, und dafür ist der elektrische Pluviograph sehr bequem. Meiner ist sehr einfach und leicht zu handhaben.

Direktor und ordentlicher Professor (1907-1922)

1907

Nachdem Bezolds Herz zu schlagen aufgehört hatte, rückte Hellmann als Institutsdirektor und auf dem Lehrstuhl nach, wovon die folgende Abschrift zeugt[62]:

BESTALLUNG

Berlin, den 7. September 1907

An Seine Majestät den Kaiser und König

An der Friedrich-Wilhelms-Univers. hierselbst ist durch das Ableben des Geheimen Ober-Regierungsrats Prof. Dr. von Bezold die ordentliche Lehrkraft für Meteorologie, mit welchem zugleich die Direktion des Meteorologischen Instituts verbunden ist, zur Erledigung gekommen. Für seine Wiederbesetzung erlaube ich mir den außerordentlichen Professor an der hiesigen Universität und Abteilungsvorsteher am Meteorologischen Institut Prof. Reg. Rat Dr. Hellmann alleruntertänigst in Vorschlag zu bringen.

[...]

Hellmann hat sich in diesen Stellungen außerordentlich bewährt. Zunächst ist die meteorologische Instrumentenkunde durch Einführung neuer, von ihm konstruierter Instrumente wesentlich gefördert worden. Das Schwergewicht seiner wissenschaftlichen Arbeiten hängt aber auf dem Gebiete der Klimatologie, auf dem er, namentlich in Bezug auf das Studium der Regenverhältnisse Deutschlands, Hervorragendes geleistet hat. Weitere Arbeiten bekunden, das er ferner mit der neueren Geschichte der Meteorologie auch sehr vertraut ist und sich mit der Lehre vom Erdmagnetismus beschäftigt hat. So erscheint er in seiner gesamten wissenschaftlichen Tätigkeit als eine wichtige Ergänzung von Bezold's; denn während dieser die meteorologischen Aufgaben vom Standpunkte des Physikers und in mehr theoretischer Weise behandelt, hat sie Hellmann mehr von der des Klimatologen unter Verwendung statistischer Verfahren gefördert. Seine Stellung unter den deutschen Meteorologen wird dadurch gekennzeichnet, dass er im Verein mit dem Wiener Meteorologen Hann die Meteorologische Zeitschrift, das Organ der deutschen und der Österreichischen Gesellschaft für Meteorologie, herausgibt. Er darf [hierauf?] als ein Gelehrter bezeichnet werden, der durchaus geeignet ist, den Aufgaben eines Ordinarius an der Universität mit denjenigen eines Leiters des Meteorologischen Instituts gerecht zu werden.

Das Meteorologische Institut bildet nicht nur die Zentrale für den sehr ausgebreiteten Beobachtungsdienst Preußens, sondern ist mit ihm auch ein Observatorium von hervorragendem wissenschaftlichen Rufe: Das Meteorologisch-magnetische Observatorium bei Potsdam, verbunden, das sowohl der meteorologischen als auch der erdmagnetischen Forschung dient. Um Wilhelm von Bezold in vollem Umfange seiner reichen Tätigkeit zu ersetzen, erscheint es nötig, neben der Meteorologie auch der Geophysik eine ausgiebige Vertretung im Universitäts-Unterricht zu sichern. Da aber die Leitung des Meteorologischen Instituts in seiner umfangreichen Organisation eine Kraft sehr stark in Anspruch nimmt, und überdies dem Direktor die Aufgabe zufällt, vorwiegend die meteorologische Klimatologie, das Hauptgebiet Hellmanns, zu vertreten, so ist von der Philosophischen Fakultät die Berufung einer besonderen Lehrkraft für Geophysik beantragt und als geeignete Persönlichkeit dafür der Abteilungsvorsteher am Meteorologisch-magnetischen Observatorium bei Potsdam Professor Dr. Schmidt bezeichnet worden. Um diesem eines seiner wissenschaftlichen Bedeutung entsprechende Stellung im Lehrkörper der Universität einzuräumen, erlaube ich mir seine Ernennung zum ordentlichen Honorarprofessor alleruntertänigst in Vorschlag zu bringen.

Adolf Schmidt, am 23. Juli 1860 zu Breslau geboren, evangelisch, studierte von 1878 bis 1882 auf der Universität seiner Vaterstadt vorzugsweise Mathematik und Physik, wurde darauf zum Doktor der Philosophie promoviert und bestand 1883 die Prüfung für das Lehramt an höheren Schulen. Er war dann im praktischen Schuldienst tätig und kam am 1. Oktober 1902 in seine jetzige Stellung.

[...]

---

[62] GstA PK Scan Seite 54-63 + 172-178.

Eure kaiserliche und königliche Majestät ... ich hierauf in tiefster Ehrfurcht zu bitten, durch ... Vollziehung das beiliegende ... zu seiner Bestallung dem ... außerordentlichen Professor an der Universität und Abteilungsvorsteher am Meteorologischen Institut hierselbst Geh. Reg. Rat Dr. Gustav Hellmann zum ordentlichen Professor in derselben Fakultät in Gnaden [?] ernennen. ...

Die Tätigkeitsberichte werden hinfort amtlich vom neuen Direktor herausgegeben:

Des schweren Verlustes, den das Königliche Meteorologische Institut durch den am 17. Februar erfolgten Tod seines Direktors, des Geheimen Oberregierungsrates Professor Dr. Wilhelm von Bezold, erlitt, ist bereits im vorjährigen Tätigkeitsbericht kurz gedacht worden.

Für seinen Amtsnachfolger ist es die vornehmste Pflicht und zugleich eine dankbare Aufgabe, hier an erster Stelle die hervorragenden Verdienste des Heimgegangenen um die Reorganisation und die weitere Entwicklung des seiner Leitung anvertrauten Instituts darzulegen. Diese lassen sich aber nur dann in ihrem vollen Umfange würdigen und richtig verstehen, wenn man sie im Zusammenhange mit den sonstigen wissenschaftlichen Leistungen, sowie unter Berücksichtigung des ganzen Lebensganges des Verstorbenen näher betrachtet. Da ich bereits am 21. Juni 1907, am Tage des 70. Geburtstags Wilhelm von Bezolds, in einer gemeinsamen Sitzung der drei wissenschaftlichen Gesellschaften Berlins, denen er am nächsten gestanden hatte, nämlich der Deutschen Physikalischen Gesellschaft, der Deutschen Meteorologischen Gesellschaft und des Berliner Vereins für Luftschiffahrt, eine Gedenkrede auf ihn gehalten habe, in der ich den eben erwähnten Gesichtspunkten gerecht zu werden bemüht war, glaube ich nichts besseres tun zu können, als, mit Erlaubnis der Verlagsbuchhandlung Friedr. Vieweg & Sohn in Braunschweig und der beteiligten Gesellschaften, diese Biographie als Anhang im vorliegenden Bericht zum Abdruck zu bringen. [...]

Da der verstorbene Direktor bereits seit Weihnachten 1906 an der Ausübung seiner amtlichen Tätigkeit durch Krankheit verhindert war, übernahm ich, unter Beibehaltung meiner sonstigen Obliegenheiten, seine volle Stellvertretung, bis ich am 1. Oktober 1907 durch Allerhöchsten Erlass Seiner Majestät des Kaisers und Königs zum ordentlichen Professor der Meteorologie an der Königlichen Friedrich-Wilhelms-Universität und zum Direktor des Königlichen Meteorologischen Instituts ernannt wurde. Gleichzeitig wurde der Abteilungsvorsteher am Institut Professor Dr. Ad. Schmidt zum ordentlichen Honorar-Professor an derselben Universität, mit einem Lehrauftrag für Geophysik, ernannt.

In einem Nachruf[63] von Julius Bartels auf Adolf Schmidt wird kolportiert, dass dieser als Nachfolger auf Bezolds Lehrstuhl an der Berliner Universität im Gespräch gewesen sei, „aber der mehr konservative Hellmann wurde bevorzugt", weil, wie Bartels von Schmidt augenzwinkernd erzählt wurde, sein politischer Liberalismus dem kaiserlichen Ministerium „zugunsten einer Verschiebung zum Roten" hin nicht genehm schien. Es ist gleichwohl eine Geophysikprofessur für Schmidt eingerichtet worden, wie aus der Bestallung hervorgeht.

Aus Hellmanns warmherziger Gedächtnisrede mögen einige Stellen hier Platz beanspruchen, welche die Verdienste des „Reorganisators" des Preußischen Meteorologischen Instituts unter verschiedenen Gesichtspunkten eindringlich zeichnen:

Der Sonnenwendtag dieses Sommers sollte für uns ein Festtag werden. Wir gedachten den 70. Geburtstag eines Gelehrten zu feiern, der vielen von uns nahe stand, den wir alle liebten und verehrten. Schüler und Mitarbeiter wollten ihm als Festgabe eine Sammlung von Abhandlungen überreichen, weitere Kreise ihm ihre Gefühle herzlicher Sympathie und Freundschaft zum Ausdruck bringen.

Doch das Schicksal hat es anders gewollt. Seit dem 17. Februar weilt Wilhelm von Bezold nicht mehr unter uns, und die Geburtstagsfeier ist zur Gedächtnisfeier geworden. Zu ihrer Abhaltung haben sich die drei wissenschaftlichen Gesellschaften Berlins vereinigt, in denen der Verstorbene am meisten und am liebsten gewirkt hat, die Deutsche Physikalische Gesellschaft, die Deutsche Meteorologische Gesellschaft und der Verein für Luftschiffahrt, und mir ist der ehrenvolle Auftrag geworden [sic], Ihnen in großen Zügen das Bild seines Lebens und Schaffens vorzuführen. Nicht ohne Zögern habe ich ihn angenommen. Denn so erwünscht es gerade demjenigen sein muss, das Lebenswerk des großen Gelehrten darstellen zu können, dem es vergönnt war, die letzten 21 Jahren mit ihm zusammen in stets gleich bleibender Harmonie zu arbeiten, so bin ich mir doch wohl bewusst, dass es nicht leicht ist, die vielseitige Wirksamkeit Wilhelm von Bezolds in allen Teilen richtig zu würdigen. Ich bitte daher von vornherein um ihre gütige Nachsicht für etwaige Versehen und Mängel solcher Art. [...]

Die amtliche Stellung als Direktor des Meteorologischen Instituts brachte es mit sich, dass er einige Ehrenämter übernehmen musste, in denen

---

[63] Journal of Geophysical Research, Vol. 51, Nr. 3.

er sein mannigfaltiges Wissen verwerten konnte. So vertrat er natürlich Preußen auf den internationalen Meteorologenkongressen und wurde 1891 an G. von Neumayers Stelle als Repräsentant Deutschlands in das Internationale Meteorologische Komitee gewählt. Sein Eifer, seine Geschicklichkeit und Liebenswürdigkeit haben viel dazu beigetragen, manche der vorgeschlagenen gemeinsamen Unternehmungen zum Gelingen zu bringen. So ist besonders das rasche Zustandekommen der internationalen Ballonaufstiege an verabredeten Tagen, sowie die Herausgabe der internationalen Dekadenberichte wesentlich seinem Eingreifen zu verdanken. Ferner gehörte von Bezold dem Kuratorium der Physikalisch-Technischen Reichsanstalt an, durch das er wieder rein physikalischen Fragen näher kam, und war Mitglied der staatlichen Kommission zur Untersuchung der Hochwassergefahr, mit der er einige Strombereisungen ausführte.

Von Bezolds akademische Lehrtätigkeit kam in Berlin fast ganz der Meteorologie zugute und war wegen der starken Inanspruchnahme durch die Leitung des Instituts naturgemäß weniger umfangreich als in München. Er las gewöhnlich im Winter über allgemeine, im Sommer über theoretische Meteorologie, hielt praktische Übungen ab und wusste jeden Winter einen großen Zuhörerkreis durch formgewandte Vorträge über „Wind und Wetter" zu fesseln; denn er besaß in hohem Maße die Gabe der Rede und wusste auch schwierige Fragen in klarer und anregender Weise zu entwickeln. Darum hingen alle seine Schüler, von denen mehrere an leitender Stelle tätig sind, mit großer Verehrung an ihrem Lehrer, dessen Anregung und Gedankenaustausch sie oft die Grundlagen eigener Arbeiten verdankten. Auch darf nicht unerwähnt bleiben, dass er zweimal ein Publikum über Geschichte der Physik las, das ihm selbst viel Freude bereitete, und in dem er in großen Zügen die Entwicklung dieser Wissenschaft darlegte. Der erste Entwurf dazu stammt schon aus der frühen Münchener Zeit.

Die in Berlin erzielten Lehrerfolge werden aber noch übertroffen durch seine eigenen wissenschaftlichen Arbeiten. [...] Wenn, wie ich bereits andeutete, von Bezold geteilten Herzens München verließ und nach Berlin übersiedelte, so hat ihn sicherlich die Aussicht freudig gestimmt, dass es ihm fortan möglich sein würde, den Sitzungen der Physikalischen Gesellschaft beizuwohnen und dadurch mit derjenigen Wissenschaft in enger Fühlung zu bleiben, der er gern sein ganzes Leben gewidmet hätte und deren Berliner Koryphäen Helmholtz, Kirchhoff, du Bois-Reymond [alle hatten den Wahlvorschlag für seine Mitgliedschaft in der Preußischen Akademie der Wissenschaften unterschrieben] er so aufrichtig bewunderte. Er wurde ein treues Mitglied der Physikalischen Gesellschaft und hat ihr, wie von dieser Stelle aus bereits hervorgehoben wurde, die wertvollsten Dienste geleistet. In schwierigen Zeiten war er drei Jahre lang ihr Vorsitzender, sicherte das Weitererscheinen der Fortschritte der Physik, *deren Mitarbeiter er früher selbst gewesen war, und gestaltete die Feier ihres 50jährigen Bestehens zu einem glanzvollen Jubeltage für die Gesellschaft.*

Natürlich wurde er auch bald Vorsitzender des Berliner Zweigvereins der Deutschen Meteorologischen Gesellschaft, in der er einige seiner meteorologischen Arbeiten vortrug und oft lebhaft in die Diskussion eingriff, und von 1892 bis zu seinem Tode hat er die Deutsche Meteorologische Gesellschaft als erster Vorsitzender geleitet. Auf zwei von deren allgemeinen Versammlungen, die alle drei Jahre stattfinden, gab er ausgezeichnete Darstellungen des jeweiligen Standes der wissenschaftlichen Witterungskunde.

Besonders groß aber sind v. Bezolds Verdienste um den Berliner Verein für Luftschiffahrt, dem er in einer Zeit beitrat, als dieser unter Aßmanns Initiative sich gerade anschickte, die wissenschaftliche Erforschung der meteorologischen Vorgänge in den höheren Luftschichten tatkräftig zu fördern. Mit scharfem Blick erkannte von Bezold die hohe Wichtigkeit einer solchen Erweiterung der meteorologischen Beobachtungen in vertikaler Richtung und war unablässig bemüht, der Entwicklung dieses jungen hoffnungsvollen Zweiges meteorologischer Forschung die Wege zu ebnen. [...]

Da ihm nun bei dieser starken Inanspruchnahme durch Direktorat, Professur und Ehrenämter kaum genügend Zeit zu eigenen wissenschaftlichen Untersuchungen geblieben wäre, wenn sich diese auf umfangreiche Experimente oder zeitraubende Rechnungen gestützt hätten, so zog er allmählich mehr und mehr solche Arbeiten vor, die sich ohne größeren äußeren Apparat im Studierzimmer erledigen lassen, d. h. er wurde Theoretiker. Diesem Umstande verdanken wir es, dass von Bezold während der letzten 20 Jahre grundlegende theoretische Arbeiten aus dem Gebiete der „Physik der Atmosphäre", als welche er die Meteorologie aufgefasst wissen wollte, geleistet und speziell die Grundzüge zu einer Thermodynamik der Atmosphäre gegeben hat. [...]

So wichtig und zum größten Teil neu alle diese theoretischen Untersuchungen über die Vorgänge in auf- und absteigenden Luftströmen waren, so erhielten sie doch erst die richtige Befruchtung, als sie an der Hand von Beobachtungen in Vertikalschnitten durch die Atmosphäre geprüft, berichtet und ergänzt werden konnten. Es muss daher als ein besonders glücklicher Umstand bezeichnet werden, dass gerade zu der Zeit, als von Bezold diese Ar-

beiten beendete, auch die Ergebnisse der Berliner wissenschaftlichen Luftfahrten im Wesentlichen abgeschlossen vorlagen, so dass er in einem Schlusskapitel des großen Werkes [des „Ballonwerkes"] über diese Fahrten die wichtigsten neuen Beobachtungen unter solchen theoretischen Gesichtspunkten zusammenfassen konnte. Er bedient sich auch hier wieder einer sehr zweckmäßigen graphischen Methode, nämlich der Zustandskurven, und untersucht an ihnen die mittlere Verteilung der meteorologischen Elemente in der Vertikalen, aus deren Übereinstimmung bzw. Abweichungen von den theoretisch berechneten sich neue Schlussfolgerungen ergeben. [...]

Bewundern wir in den meteorologischen Arbeiten von Bezolds den Reichtum an neuen Ideen und Gesichtspunkten, die Geschicklichkeit in der Wahl fruchtbarer Methoden, sowie die klare und elegante Darstellungsweise in Schrift wie Bild, so gilt dies nicht minder von den Untersuchungen über den Erdmagnetismus, dem er in den Jahren 1893 bis 1903 sein besonderes Interesse zuwandte. [...]

Außer den streng wissenschaftlichen Arbeiten veröffentlichte von Bezold noch in der Zeitschrift Himmel und Erde *mehrere allgemeinverständliche Aufsätze über Wolken- und Niederschlagsbildung, sowie über die Meteorologie als Physik der Atmosphäre, die, nach Inhalt und Form gleich vollendet, in weiteren Kreisen das Verständnis für die modernen Anschauungen in der Witterungskunde außerordentlich gefördert haben. [...]*

Im Tätigkeitsbericht erwähnt Hellmann noch einige Umgestaltungen im Institut, etwa die Abtrennung der Bibliothek von der Regenabteilung (der er nicht mehr vorstand), damit sie unter seiner unmittelbaren Aufsicht blieb. Der Bibliograph Hellmann wollte nach wie vor die Neuerscheinungen im Blick behalten. Die „Klimaabteilung" wurde in „Stationen I., II. und III. Ordnung" umbenannt, weiterhin mit Kremser als deren Leiter. Fröhlichen Mutes wird noch berichtet, dass durch die Herausgabe der deutschen Fassung des *Internationalen Meteorologischen Kodex* „seitens des Instituts ein schätzenswerter Dienst geleistet worden" sei. Die „Anregung zur Ausarbeitung und Veröffentlichung einer solchen Sammlung aller endgültigen Beschlüsse der internationalen meteorologischen Kongresse und Konferenzen, deren Zahl z.Z. schon auf 17 gestiegen ist" war, wie wir sahen, auf der Tagung zu Southport 1903 von Hellmann angeregt worden. In diesem Jahr wird er auch noch zum Sekretär des Internationalen Meteorologischen Komitees ernannt, und am Ordens- und Krönungsfest wurde ihm der „Königliche Kronen-Orden II. Klasse" verliehen. Sein Einkommen beträgt von nun an jährlich, ohne Sonderzahlungen 5200 Mark zuzüglich 900 Mark Wohngeld.

Im Sommersemester liest er über „Meteorologie, I. Teil: Instrumente und Beobachtungsmethoden", und hält unentgeltlich die „klimatologischen Übungen". Im Wintersemester sind es „Meteorologie, II Teil: Allgemeine Meteorologie", und „klimatologische Übungen für Geübtere", noch dazu ein „Meteorologisches Kolloquium".

Das „Oderwerk" wird mit drei Mitarbeitern vorangetrieben: „Unter der unmittelbaren Leitung des Direktors stand die [1904 eingerichtete] außerordentliche Abteilung für Untersuchung der meteorologischen Bedingungen der Oderhochwasser, in der Observator von Elsner (vgl. Anhang D), wissenschaftlicher Hilfsarbeiter Dr. Knoch und außerordentlicher wissenschaftlicher Hilfsarbeiter Dr. Koch tätig waren." Über die Fortschritte der Abteilung schreibt er an anderer Stelle: „Die Untersuchungen über die meteorologischen Bedingungen der Oderhochwasser sind in der bisherigen Weise fortgeführt und soweit gefördert worden, dass die Vorarbeiten, bestehend in der kartographischen Darstellung der Luftdruck-, Temperatur- und Niederschlagsverhältnisse während der Hochwasserperioden, nahezu zum Abschluss gelangt sind. Es kann daher im Jahre 1908 die weitere Verarbeitung des reichen, mehr als 500 Karten umfassenden Materials in Angriff genommen werden".

Hellmann hat als Direktor dem Drängen nach Wettervorhersagen teilweise nachgegeben. Im allgemeinen Teil des Jahresberichts teilt er mit, dass der Gewitterabteilung III eine außerordentliche Abteilung für *wissenschaftliche* Fragen der Wetterprognosen angegliedert wurde. „Seitens des vorgeordneten Ministeriums sind in diesem Jahr zuerst Mittel (in der Form eines Extraordinariums) zur Beteiligung des Meteorologischen Instituts an den Arbeiten des öffentlichen Wetterdienstes und ein Zuschuss zu den Kosten der Herausgabe einer größeren Wetterkarte zur Verfügung gestellt worden. Die Leitung dieser Arbeiten wurde dem Vorsteher der Abteilung III [Reinhard Süring] übertragen. [...] Dieser Wetterbericht auf Grund der Beobachtungen des ... Instituts erscheint seit Anfang Juli an jedem Dienstag auf der großen Wetterkarte des Berliner Wetterbureaus. Nach Abschluss dieser Arbeiten wurde mit speziellen Untersuchungen begonnen, z.B. mit dem Studium einzelner bei Fehlprognosen häufig vorkommender Wetterlagen und der örtlichen klimatischen Verschiedenheiten, welche sich bei größeren Gleichgewichtsstörungen (Gewittern) zeigen." Dies zeigt, dass er der wissenschaftlichen Erforschung dieses praktischen Zweiges durchaus, wenngleich mehr oder weniger widerwillig, Vorschub leisten wollte. Heinz Fortak (geb. 1926) hat in einer Übersichtsskizze über die Meteorologie in Deutschland Hellmann geringes Interesse für die Wettervorhersage attestiert und ihm die Worte „eine Sache für Romantiker, bei der man sich blamiert" in den Mund gelegt (FORTAK 1997). Ebenso gering soll sein Interesse für die Aerologie gewesen sein, doch darf man es ruhig als weise Beschränkung ansehen, die Aerologie, die als neue Abteilung des PMI geboren wurde, Aßmann in Lindenberg überlassen zu haben. Allerdings scheint die verwaltungsmäßige Abtrennung der aerologischen Abteilung dem Institut nicht zum Wohl gereicht zu haben. Sie wurde bei der Berufung des Nachfolgers von Hellmann 1922 bereut: „Die Wiedervereinigung des Aeronautischen Observatoriums mit dem Meteorologischen Institut, aus dem es hervorgegangen ist und von dem es niemals hätte getrennt werden sollen, wird von der Fakultät aufs wärmste begrüßt" (vgl. Anhang F).

Ende des Jahres übergibt Hellmann die deutschseitige Redaktion der *Meteorologischen Zeitschrift* an Süring.

1908

Dem neuen Direktor gelingt es, „die Veröffentlichungen der ‚Beobachtungsergebnisse', deren Bearbeitung und Drucklegung in einigen Abteilungen seit Jahren leider sehr in Rückstand geraten war, in erfreulicher Weise zu beschleunigen". Hellmann scheint großen Wert auf Vermehrung und Beschleunigung des zu Druckenden gelegt zu haben, und so „hat das Institut 1908 mehr Veröffentlichungen als in irgendeinem früheren Jahre fertiggestellt. Es steht zu hoffen, dass in reichlich einem Jahre alle noch rückständigen Publikationen – bis auf eine – nachgeholt sein werden. Dann wird sich auch öfter die Zeit zur rein wissenschaftlichen Verarbeitung der reichen Beobachtungsschätze des Instituts finden."

Im Sommersemester hält er eine Vorlesung über „Theoretische Meteorologie", von deren Inhalt und Form ich keine Vorstellung habe. Daneben veranstaltet er noch das „meteorologische Kolloquium" und ein „meteorologisches Praktikum". Im Wintersemester liest er über „Allgemeine Meteorologie".

Der Vorsitz der Deutschen Meteorologischen Gesellschaft wird ihm auch noch angetragen, aber deren Tagung wegen Bezolds Tod und des anstehenden Gesellschaftsjubiläums wurde um ein Jahr verschoben. Von dieser Tagung wird in Kapitel 4 die Rede sein.

Angot schreibt Hellmann am 22. März 1908[64], dass die Pariser Jahrbücher für 1905 und 1906 zum Versand bereitstünden, und dass er sich in den Ferien an die französische Fassung des oben erwähnten Kodex machen wolle: »*Nous serons donc alors à peu près au courant.*«

1909

In diesem Jahr erleidet das Institut den Verlust zweier altgedienter Abteilungsvorsteher, Sprung und Kremser. Zu beiden enthält der Tätigkeitsbericht jeweils einen Nachruf (vgl. Kapitel 3 bzw. Anhang D). Der gesamte Betrieb wurde nicht nur ungemein durch deren Ableben erschwert, sondern ebenso durch „lange Erkrankung einiger Beamten. Gleichwohl ist es gelungen, die Drucklegung des von früher her rückständig gebliebenen Materials ... weiter zu beschleunigen, so dass jetzt einige Abteilungen ganz auf dem Laufenden sind, sowie neue Untersuchungen ins Werk zu setzen." Vom Beobachtungsnetz wird berichtet, dass die „schon in den beiden Vorjahren vorgenommene systematische Durchmusterung des Stationsnetzes ... auch im Berichtsjahre fortgesetzt" wurde. Einige Stationen werden aufgegeben, neue errichtet. Auch im Jahre 1909 traten ältere Beobachter in den Ruhestand oder starben, so der Professor Dr. Bergholz von der Bremer Warte, Verfasser der „Orkane des Fernen Ostens" (von 1900). In Spanien hat er sich den Ruf eines Plagiators eingehandelt, weil das Werk angeblich nicht viel mehr als eine (wissenschaftlich fehlerhafte) Verdeutschung eines spanischen Werkes des Direktors des Observatoriums in Manila, Pater José Algué, über die *Baguios o ciclones filipinos* von 1897 gewesen sei (CIRERA 1912).

Hellmann sorgte für kräftige Zuwächse im Institut: „Um die seit Jahren im Rückstand befindliche Aufarbeitung der Beobachtungen an den Stationen II. und III. Ordnung energischer zu fördern, habe ich angeordnet, die Jahrgänge 1905 bis 1908 auf einmal durchzuarbeiten...". „Die Zahl der Regenstationen hat im Jahre 1909 eine merkliche Vermehrung erfahren, denn gegen 2544 im Vorjahre waren in diesem Jahre 2637 tätig." Im Ganzen waren es 2827, wenn die der Stationen höherer Ordnung mitgezählt werden. „Die Aufarbeitung und Drucklegung des Beobachtungsmaterials wurde so beschleunigt, dass im Berichtsjahre nicht nur der Jahrgang 1907 der Ergebnisse der Niederschlagsbeobachtungen erscheinen, ferner mit dem Druck des Jahrgangs 1908, für den das Manuskript größtenteils fertig vorliegt, begonnen werden konnte, sondern auch die Aufarbeitung der Beobachtungen 1909 zu einem erheblichen Teil ausgeführt wurde".

Direktor Hellmann findet immer noch Zeit, seine eigenen Regenforschungen fortzusetzten:

Da seit Jahren, namentlich aus landwirtschaftlichen Kreisen, der Wunsch geäußert wird, Monatskarten der mittleren Niederschlagsverteilung *in den einzelnen Provinzen zu haben, entschloss sich der Berichterstatter selbst, die Herstellung solcher in die Hand zu nehmen, zumal sie auch für die Prognosenstellung von größerem Wert sein werden, als die von ihm früher veröffentlichten Jahresregenkarten. Es sollen jeweilig zwanzig Beobachtungsjahre dazu verwendet werden, die freilich nur ein angenähertes Bild der monatlichen Regenverteilung zu ent-*

---

64 Slg. Darmstaedter F1f 1885, Angot.

werfen gestatten. Die Provinzen Schlesien und Ostpreußen, die am längsten, nämlich seit 1887 bzw. 1888 ein dichtes Netz von Regenstationen besitzen, wurden zuerst in Arbeit genommen. Die Herausgabe neuer Regenkarten von diesen wie von einigen anderen Provinzen wird auch deshalb willkommen sein, weil die erwähnten Jahresregenkarten seit langem vergriffen sind.

Das *Oderwerk* kam auch gut voran. Die Erinnerung an seine eigene feuchte Wiege reizte Hellmann zu weltlicher Ursachenforschung, und so wollte er die Glatzer Schwellung kurz nach seiner Geburt auf meteorologische Umstände zurückgeführt sehen:

Die Untersuchung über die Wetterlagen bei den Sommerhochwassern der Oder wurde im Berichtsjahre weiter fortgeführt. Da es sich nachträglich als wünschenswert herausstellte, auch noch die Witterungsvorgänge, die zu dem großen Hochwasser im August 1854 die Veranlassung gegeben hatten, näher zu erforschen, so wurde mit gutem Erfolge der Versuch gemacht, die Verteilung des Luftdruckes und der Temperatur für die in Betracht kommenden Tage auf Grund der aus dieser weit zurückliegenden Zeit vorhandenen Beobachtungen trotz der vielfach mangelhaften Kenntnis der Barometerkorrektionen und der Seehöhen möglichst genau darzustellen. Die zu diesem Zweck noch erforderlichen, im Institut nicht vorhandenen Einzelbeobachtungen von Stationen des Auslandes, besonders Österreich-Ungarns, wurden von den zuständigen meteorologischen Zentralstellen in entgegenkommender Weise abschriftlich zur Verfügung gestellt.

Nachdem ferner das gesamte kartographische Material nach verschiedenen Richtungen hin einer weiteren vereinheitlichenden Bearbeitung unterzogen worden war, konnte in den letzten Monaten des Jahres mit der Abfassung des Textes der Abhandlung begonnen werden. Auch mit der Drucklegung der Niederschlagskarten, die wegen der hohen damit verbundenen Kosten nur teilweise veröffentlicht werden können, wurde der Anfang gemacht.

Was den Gedanken eines monatlichen Wetterberichts betrifft, klärt uns Hellmann über dessen wahren Urheber auf:

Bereits im Januar 1883, als das Institut noch eine Abteilung des Königlichen Statistischen Bureaus (jetzt Landesamtes) war, hatte ich dafür gesorgt, dass eine Übersicht der Witterung für jeden Monat in der von dem genannten Bureau herausgegebenen „Statistischen Correspondenz" veröffentlicht wurde. Sie stützte sich auf die Beobachtungen von 30 Stationen des beim Institut zentralisierten norddeutschen Beobachtungsdienstes und ist in nahezu unveränderter Form bis zum Schluss des Jahres 1908 regelmäßig publiziert worden. Um mancherlei wissenschaftlichen und praktischen Bedürfnissen besser als bisher entsprechen zu können, erschien mir eine Erweiterung dieses monatlichen Wetterberichtes sehr erwünscht, und da die Verhandlungen mit dem Statistischen Landesamt zu dem erfreulichen Ergebnis führten, dass die in Aussicht genommene Witterungsübersicht von doppelt so großem Umfange als besondere Beilage der „Statistischen Korrespondenz" erscheinen könne, wurde vom Januar 1909 ab ein „Norddeutscher Witterungsbericht für Monat x nach den Beobachtungen des Königlich Preußischen Meteorologischen Instituts" daselbst regelmäßig publiziert.

Die Zahl der ihm zugrunde liegenden Stationen wurde auf 43 erhöht; von 30 Orten wird die Dauer des Sonnenscheins mitgeteilt, und eine Karte der Verteilung der Niederschlagsmengen soll den namentlich aus landwirtschaftlichen Kreisen oft laut gewordenen Wunsch nach einer solchen befriedigen. Als Probe des neuen Witterungsberichtes ist ein Abdruck des für Dezember 1909 veröffentlichten im Anhang beigefügt worden.

Hellmanns Neuerung, den Tätigkeitsbericht durch wissenschaftliche Aufsätze aufzuwerten, wurde sehr begrüßt: „Der dem vorigen Tätigkeitsbericht zum ersten Male beigegebene Anhang mit wissenschaftlichen Mitteilungen hat nach mehrfach mir zugegangenen Äußerungen Anklang gefunden, so dass er im vorliegenden Bericht noch weiter ausgedehnt worden ist." Hellmann kann sich einer weiteren Auszeichnung erfreuen: „Aus Anlass der Förderung der magnetischen Vermessung des Königreiches Sachsen wurde von Seiner Majestät dem König von Sachsen der Berichterstatter mit dem Komturkreuz II. Klasse des Albrechtsordens ... ausgezeichnet."

An Vorlesungen hält er im Sommersemester: „Theorie und Gebrauch der meteorologischen Instrumente" (2 Stunden); „Klimatologische Übungen" (1 Stunde, Vorlesung kostenlos); „Meteorologisches Kolloquium für Vorgerücktere". Im Wintersemester: „Allgemeine Meteorologie", privat. „Erdmagnetismus in geschichtlicher Entwicklung"; „Meteorologisches Kolloquium für Vorgerücktere" (gratis).

Außer Sprung und Kremser verlor die deutsche Meteorologie weitere Vertreter. Hellmann schreibt am 4. September an Köppen[65]:

---

65 UB Graz: Nachlass Köppen (MS NL 2054), Korrespondenz Hellmann, Brief Nr. 658.

Soeben erhalte ich die Nachricht von van Bebber's Tod, den wohl [Erk...?] zu nennen ist.

Bitte, lassen Sie in Hamburg einen schönen Kranz machen mit Atlasschleife und Aufdruck, etwa:

Unserem	*Die*
verdienstvollen	*Deutsche*
Mitbegründer	*Meteorologische*
van Bebber	*Gesellschaft*

mit den Angehörigen zugehen.

Die Rechnung (nach bisherigen Preisen ca. 20-30 M) wollen Sie uns freundlichst einsenden lassen.

Eben habe ich ähnliches für Erk veranlasst. Wie lichten sich unsere Reihen!

Aber auch die Familie Hellmann ereilte ein schweres Schicksal, sie musste den ältesten Sohn Heinrich am 11. Mai beerdigen. Es hat sich sein Grab mit Inschrift erhalten – vgl. Abbildung 2-11.

1910

In diesem Jahr bekam Hellmann Mittel für ein steinernes Observatorium auf dem Brocken bewilligt: „Das 1895 auf dem Brockengipfel aus Holz erbaute Meteorologische Observatorium war im Laufe der Jahre so schadhaft und baufällig geworden, dass weitere kostspielige Reparaturen nicht zweckdienlich gewesen wären". Die dort angestellten Beobachtungen sollten nicht bloß nur angehäuft werden: „Die weitere Ausnutzung der beiden Gipfelobservatorien auf der Schneekoppe und dem Brocken zu wissenschaftlichen meteorologischen Arbeiten, außer den laufenden, teilweise schon umfangreichen Beobachtungen, wird von mir angestrebt".

Die Vorlesungstätigkeit war der im Vorjahre ähnlich. Ein Roter Adlerorden II. Klasse mit Eichenlaub vermehrte seine Ehrenzeichensammlung. Diesen Orden erhielt er im Oktober bei der Hundertjahrfeier der Königlichen Kriegsakademie, „deren Studienkommission er als Mitglied seit 1899" angehörte. In St. Petersburg wird er zudem zum korrespondierenden Mitglied der Kaiserlich Russischen Geographischen Gesellschaft gewählt.

Von besonderen Untersuchungen nur folgende Proben: „Im Interesse des öffentlichen Wetterdienstes war wieder eine große Anzahl meteorologischer Stationen des Instituts tätig. ... Auf Ersuchen des Deutschen Luftschifferverbandes wurde für die Zeit von Anfang September bis Ende Dezember ein probeweiser Prognosendienst zur Sicherung der Luftschiffahrt eingerichtet. ... Im diesjährigen Kaisermanöver in Ost- und Westpreußen fand in der Zeit vom 5. bis 13. September ein aerologisch-meteorologischer Dienst zur Sicherung der Militärluftschiffe statt." Von Hellmanns Regenkarten waren einige wieder fertiggestellt worden. Dabei befolgte Hellmann eine „neue Methode der Ableitung von Monatsmitteln", und warb um Geduld bei der neuen Auflage von weiteren Karten, denn es sei „die neue Arbeit genau 13 Mal so groß [...] wie die frühere bei der Herausgabe der bloßen Jahreskarten, die 1899 bis 1903 erschienen sind", so dass es nicht wundernehmen dürfe, „wenn das Tempo ihres Erscheinens etwas langsamer sein wird". Das *Oderwerk* war dagegen fertig: „Die Untersuchung über die meteorologischen Vorgänge bei den Sommerhochwassern der Oder wurde durch Fertigstellung des Textes bis zum Ende des Berichtsjahres abgeschlossen", es konnte also mit dem Druck begonnen werden. Der Tafelband war bereits früher fertiggestellt worden, so dass „das Erscheinen des ganzen Werkes im Frühjahr 1911 zu erwarten" sei. Das Vorwort ist vom März 1911.

Auf Einladung Hellmanns tagt Ende September in Berlin das Internationale Meteorologische Komitee, in dem er seit 1903 Mitglied und dessen Sekretär er seit 1907 war. Präsident war seit 1905 sein Altersgenosse Sir Napier Shaw. Hellmann veranlasste die Reorganisation der Strahlungskommission. Unter den vielen angenommenen Anträgen wurde zum Beispiel beschlossen:

In die Internationalen Wettertelegramme am Morgen soll die barometrische Tendenz nach den Aufzeichnungen der Barographen aufgenommen werden. Die Angaben der barometrischen Tendenz sollen an die Stelle derjenigen des feuchten Thermometers (...) auf dem Kontinent treten (...). Die barometrische Tendenz soll sich auf die drei vorhergehenden Stunden beziehen.[66]

Die Methode der „Isallobaren", der Linien gleicher Druckänderung (in einem bestimmten Zeitraum) wurde von Niels Ekholm (1848-1923) Anfang des Jahrhunderts vielversprechend eingeführt. Ihre „Fall- und Steiggebiete" schienen einfachere Bahnen einzuschlagen als die Tief- und Hochdruckgebiete selbst. Hellmann und Elsner haben sie im *Oderwerk* angewandt, allerdings ohne den erhofften Nutzen.

Hellmanns Bericht über die Berliner Verhandlungen des Internationalen Komitees erschien – ganz im Einklang mit seiner Politik zügiger Veröffentlichungen – schon sehr bald nach dem Treffen. Das bereits erwähnte Mitglied Alfred Angot (Nr. 20 in der Abb. 2-4), Leiter des französischen Wetterdienstes und dessen *Traité élémentaire*

---

[66] In Berlin hat Shaw Reformvorschläge von V. Bjerknes, mit dem er sich im Geiste verbunden fühlte, zu der Art von Beobachtungen und ihren Einheiten unterbreitet. Über den Reformeifer Bjerknes', s. JEWELL (2017).

de météorologie (1899 und weitere Auflagen) Hellmann 1917 in seiner einzigartigen Bibliographie des meteorologischen Lehrbuchs als das „beste französische Lehrbuch der Neuzeit" kennzeichnen sollte, schrieb ihm am 29. 11. 1910[67]:

Bureau Centrale de Météorologie
Cabinet du Directeur

Mon cher Collègue,

J'ai bien reçu les deux exemplaires des Comptes Rendus de notre dernière Conférence, que vous avez bien voulu m'adresser.

Permettez-moi de vous offrir, avec mes remerciements, mes bien sincères félicitations pour le tour de force que vous avez fait en publiant ce volume en peu de temps après l'époque [...] de la Conférence. C'est la première fois que le délai de publications est aussi réduit.

Je voudrais aller aussi vite que vous, mais je n'en ai pas les moyens.

Je viens toutefois de donner un des deux exemplaires à [?] de mes employés pour le traduire et j'espère qu'il ira assez vite pour que les trois fascicules [?] contenant la Conférence de Paris, le Code et la Conférence de Berlin paraissant à peu près en même temps.

Veuillez agréer, mon cher Collègue, avec mes meilleures [?] de mes sentiments bien dévoués
A. Angot

Darin preist Angot Hellmanns Kraftakt, die „Veröffentlichungszeitspanne so verkürzt" zu haben wie es noch nie zuvor geschehen sei. Er fügt sogleich hinzu, dass er genauso schnell die französische Fassung herausbringen wollte, doch fehlten ihm dazu die Mittel. Er habe gleichwohl (einem) Mitarbeiter(n) die Übersetzung zu übernehmen gebeten, zusammen mit dem von Hellmann und Hildebrandsson 1907 auf Deutsch bearbeiteten meteorologischen Kodex, und hoffte so mit Hellmanns Institut mithalten zu können. Angot wird nach der Konferenz in Rom 1913 Hellmann wieder als Rekordbrecher in Sachen Veröffentlichungsschnelligkeit bezeichnen.

Köppen schreibt er am 2. 11.: „Von der sehr arbeits- (und wie ich glaube) auch erfolgreichen Konferenz des I. Met. Komitees im vorigen September werden Sie bald ja zu hören bekommen."[68]

1911

Der um grundlegende Beobachtungen bemühte Hellmann sieht sich im Tätigkeitsbericht für dieses Jahr genötigt, folgende Aufgabe als vorrangig zu bezeichnen: „Die Fülle des vorhandenen Beobachtungsmaterials ist so groß, dass es mir als oberste Pflicht erscheint, für seine Verarbeitung und Auswertung zu wissenschaftlichen wie praktischen Zwecken zu sorgen, soweit die vorhandenen Arbeitskräfte des Instituts neben den zahlreichen laufenden Obliegenheiten des Dienstes dazu imstande sind. ... Die Inanspruchnahme des Instituts und seiner Organe für andere Zwecke als die ihm unmittelbar vorgeschriebenen nimmt von Jahr zu Jahr zu." Die vielen ausländischen Gäste, besonders bei der magnetischen Abteilung, waren eine Belastung, doch

[a]ndererseits möchte ich aber ausdrücklich hervorheben, wie ehrenvoll es für das Institut ist, dass es von so vielen Seiten in Anspruch genommen wird, und zugleich versichern, dass ich bei dem wahrhaft internationalen Charakter der Meteorologie und des Erdmagnetismus es als selbstverständlich erachte, alles zu tun, was nach dieser Richtung die Wissenschaft fördern kann.

Von Hellmanns Veröffentlichungen sind das *Oderwerk* und die Neuauflagen sowohl des „Kodex" als auch der Niederschlagskarten besonders hervorzuheben:

Die seit 1904 im Institut geführten Untersuchungen über die meteorologischen Bedingungen der Sommerhochwasser der Oder kamen im Berichtsjahr ganz zum Abschluss. [...]

Von der Teilnahme des Instituts an der internationalen meteorologischen Arbeit ist zu erwähnen, dass eine zweite vermehrte Ausgabe des ‚Internationalen Meteorologischen Kodex' vorbereitet und noch vor Schluss des Jahres im Druck vollendet wurde. Da die erste Auflage 1907 erschien, ist dies ein erfreuliches Zeichen dafür, dass diese kritisch gesichtete und mit Erläuterungen versehene Zusammenfassung aller noch gültigen Beschlüsse der internationalen meteorologischen Kongresse und Konferenzen ein wirkliches Bedürfnis war. Die neue Auflage enthält in einem Anhang zum ersten Mal auch eine historisch-bibliographische Übersicht über die internationale meteorologische Organisation, die gleichfalls zur Orientierung über die von 1872 bis 1910 getane Arbeit dieser Vereinigung beitragen wird. [...]

Von den Neuauflagen der Provinz-Regenkarten, die, wie bereits im vorigen Tätigkeitsbericht angekündigt war, zum ersten Mal auch Monatskarten der mittleren Niederschlagsverteilung enthalten

---

67 Slg. Darmstaedter F1f 1885, Angot.
68 UB Graz: Nachlass Köppen (MS NL 2054), Korrespondenz Hellmann, Brief Nr. 659.

sollten, sind die für Ostpreußen, gegründet auf die 20jährigen Beobachtungen 1889-1908, im Frühjahr erschienen. Desgleichen wurden die Vorarbeiten für die gleichen Karten für die Provinzen Westpreußen, Posen und Schlesien so weit gefördert, dass der Berichterstatter, der diese Arbeiten wieder übernommen hat, den Entwurf der Karten am Ende des Jahres vollendet hatte. Sie sollen mit dem begleitenden Text und Tabellenwerk im Frühjahr 1912 im Buchhandel erscheinen.

An anderer Stelle des Berichts wird bezüglich der begrenzten Zahl von 55 Foliotafeln des *Oderwerkes* mitgeteilt, dass sie nur eine kleine Auswahl darstellten, aus den „zahlreichen in großem Maßstabe gezeichneten Manuskriptkarten, die in dem Archiv des Meteorologischen Instituts aufbewahrt bleiben und allen Interessenten zur Einsicht zur Verfügung stehen". Dem zweiten Verfasser des Werkes wurde durch Ministerialerlass das Prädikat „Professor" beigelegt. Eine Kurzbiographie von Elsner findet sich im Anhang D. Dem Berichterstatter wurde von „Seiner Majestät dem König von Norwegen … das Kommandeur-Kreuz I. Klasse des Norwegischen Ordens des heiligen Olaf" verliehen.

Hellmann hielt an seiner Idee fest, die Tätigkeitsberichte mit wissenschaftlichem Anhang herauszugeben, weil dieser

nach den uns zugegangenen Äußerungen in Fachkreisen Anklang gefunden hat. Der von einer Seite ausgesprochenen Befürchtung, dass die darin enthaltenen Arbeiten zu wenig bekannt würden, kann ich nicht zustimmen, da der Tätigkeitsbericht in noch größerer Zahl verteilt wird als alle übrigen Veröffentlichungen des Instituts.

Am 6. Juli verliest der berühmte Geograph Albrecht Penck (1858-1945) den von Planck, Struve, Nernst, Rubens und Branca mitunterzeichneten Wahlvorschlag für Hellmann zum ordentlichen Mitglied der Preußischen Akademie der Wissenschaften. Am 9. November wird er vom Plenum der Akademie zum ordentlichen Mitglied gewählt.

Er nimmt als Vorsitzender an der XII. allgemeinen Versammlung der Deutschen Meteorologischen Gesellschaft Anfang Oktober in München teil. Näheres über seine Eröffnungsvorträge kann man im Kapitel 4 erfahren.

1912

In dem entsprechenden Tätigkeitsbericht widmet Hellmann einleitend den Schwierigkeiten bei den Bauarbeiten des neuen Brockenobservatoriums einigen Raum. Er berichtet dann über seine verschiedenen Reisen: nach Wien, Zürich und Paris (wegen verschiedener Ausschusssitzungen) und über die Verzögerungen bei den Veröffentlichungen des Instituts, „weil eine ungewöhnlich große Zahl von wissenschaftlichen und Bureaubeamten wegen Krankheit längere Zeit beurlaubt waren". (Sogar Hellmann konnte in dem Jahr eine Verabredung nicht einhalten, weil sich seine rechte Ohrmuschel entzündet hatte.) Trotz des Krankenstandes erlahmt die Institutstätigkeit nicht. Hellmann kündigt ein neues experimentelles Vorhaben an:

Eine weitere Neuerung in der Wirksamkeit des Instituts ist die Einrichtung eines Anemometer-Versuchsfeldes. Darunter soll nicht verstanden werden ein Versuchsfeld, auf dem verschiedene Anemometerkonstruktionen ausprobiert werden [wie die früheren für Regenmesser und Thermometeraufstellungen], sondern ein solches zum möglichst einwandfreien Studium der Windverhältnisse in den bodennahen Luftschichten. Schon seit vielen Jahren war es mein Wunsch, ein derartiges Versuchsfeld einzurichten. Denn da die meisten Anemometer, je nach der besonderen Örtlichkeit der Station, auf Türmen, Plattformen, Dächern in sehr verschiedenen Höhen über dem Erdboden aufgestellt sind, liefern ihre Aufzeichnungen keine streng vergleichbaren Angaben über die Windgeschwindigkeit an verschiedenen Orten und ebenso wenig über die Zunahme der Windgeschwindigkeit mit der Höhe über dem Erdboden[69]. Zum Studium der letzteren Frage sowie der damit Hand in Hand gehenden Frage nach der Bodenreibung, der Wirbelbildung, der Änderungen im täglichen und jährlichen Gang der Windgeschwindigkeit bedarf es einer ganz gleichartigen Aufstellung der Instrumente auf schlanken Gerüsten von geringer Masse, die den Luftstrom wenig oder gar nicht stauen, und die alle auf einem ebenen Stück Land in freier Umgebung entsprechend nahe bei einander stehen.

Schon seit Jahren hatte ich nach einem solchen Terrain in der Umgebung von Berlin und Potsdam Umschau gehalten. ... Als ich aber vor anderthalb Jahren gelegentlich eines Besuches des von der Telefunkengesellschaft bei Nauen errichteten Funkspruchturms ein gleichfalls ganz ebenes Wiesen- und Luch-Terrain kennen lernte und erfuhr, dass dort ein ständiges Personal vorhanden ist, das seiner Ausbildung nach mit der Handhabung von Instrumenten wohl vertraut ist, griff ich den alten Plan wieder auf und wandte mich an die genannte Gesellschaft mit der Bitte, die Aufstellung von Anemometern auf dem benachbarten Wiesengelände und deren Überwachung durch den Inspektor der Telefunkenstation zu erlauben. Beides wurde in

---

[69] Anm. d. Verf.: Dagegen hatte V. Bjerknes keine Bedenken, 1910 bei einem Vortrag in London die Neuerung zu fordern, Isolinien der Windgeschwindigkeit am Boden zu zeichnen. Entsprechende synoptische Karten verrieten ihm das Vorhandensein von Konvergenz- und Divergenzlinien (JEWELL 2017). Hellmann dürfte diesen Schritt als viel zu verfrüht angesehen haben. Erst musste die Vergleichbarkeit der Windmessungen gewährleistet sein!

dankenswertester Weise gestattet, aber auch die von mir gleich in Aussicht genommene Verwertung des Turmes selbst, der bis zur Höhe von 270 m frei und luftig in die Atmosphäre hineinragen soll.

Vorerst wurden im Spätherbst des Jahres auf leichten, leiterartigen Gerüsten in 2, 16 und 32 m über dem Boden Rotationsanemometer aufgestellt, die durch ein Kabel mit dem im Wohnhaus des Beobachters befindlichen Registrierapparat verbunden sind, so dass des besseren Vergleiches wegen, alle drei Instrumente auf derselben Trommel übereinander mit verschiedenfarbiger Tinte schreiben. Außerdem wurde auf demselben Hause, eine mechanisch registrierende Windfahne aufgestellt, weil zur Diskussion der Geschwindigkeitsmessungen auch die Kenntnis der Windrichtung erforderlich sein wird. Ich hoffe von diesem für theoretische wie namentlich auch für manche praktische Fragen wichtigen Versuchsfeld im nächsten Jahre mehr berichten zu können, da dann voraussichtlich die Einrichtungen zur Messung der Windgeschwindigkeit auf dem oben erwähnten Turm getroffen sein werden.

Von den Ergebnissen, die für die Windenergiegewinnung sehr aktuell sind, wird noch weiter unten zu lesen sein.

Am Tage nach seinem 58. Geburtstag hielt Hellmann seine Antrittsrede vor der ehrwürdigen Preußischen Akademie der Wissenschaften. In dieser im Kapitel 1 ausführlich zitierten Rede hält er unerschrocken und stolz das meteorologische Banner hoch und betont zugleich – der beiden Physikermeteorologen Dove und Bezold gedenkend –, dass sowohl im Institut als auch in der Akademie es zur Wahl eines reinen Meteorologen gekommen sei,

und wenn fast gleichzeitig in die älteste, die Pariser Akademie der Wissenschaften, zum ersten Mal ein solcher [der Schwede Hildebrandsson, Nr. 10 in der Abb. 2-4, neben Köppen] als ordentliches Mitglied aufgenommen wurde, so dürfte dies ein Zeichen dafür sein, dass die Meteorologie als Wissenschaft selbständig geworden ist.

1913

Hellmann hat einen neuerlichen Todesfall im Institut zu beklagen, den des 1857 in Schlesien geborenen Observators und „Bibliotheksbeauftragten" Georg Lachmann, ehe er zu den guten Fortschritten des Neubaus auf dem Brocken vermerkt: „Der Eingang, über dem seitdem eine von Herrn Professor Dr. L. Darmstaedter[70] gestiftete Bronzetafel angebracht ist (,Observatorium des Kgl. Meteorologischen Instituts') liegt auf der Ostseite."

Von dem im Vorjahresbericht angekündigten Versuchsfeld gibt es auch Fortschritte zu vermelden:

Das Anemometer-Versuchsfeld bei Nauen, wo Anemometer in 2, 16 und 32 m Höhe über ganz ebenem Gelände aufgestellt sind, hat das Jahr über fortlaufende Registrierungen geliefert, aus denen ich eben bemüht bin, einige erste Resultate zu ziehen. Die geplante Erweiterung nach der Höhe kann erst im Jahr 1914 erfolgen, da der für die Telefunkenstation bestimmte Turm von 250 m Höhe dann fertig sein wird.

Ein weiteres großartiges Vorhaben, welches Hellmann schon fünf Jahre früher ins Auge gefasst hatte, wird nicht ohne berechtigte Genugtuung verkündet:

Mit besonderer Freude und unter dem Ausdruck größten Dankes an die Königliche Staatsregierung kann ich berichten, dass die von mir seit Übernahme des Direktorats erbetenen außerordentlichen Mittel zur Bearbeitung und Herausgabe einer eingehenden Klimatologie von Deutschland nebst klimatologischem Atlas in ausreichender Höhe nunmehr bewilligt werden konnten. Ich habe daher eine eigene, außerordentliche Arbeitsabteilung gebildet, in der unter meiner Leitung zwei wissenschaftliche Beamte und drei Rechner mit der ersten Aufarbeitung und kritischen Sichtung des Materials beschäftigt sind.

Elsner wurde an diese Abteilung verwiesen. Die Frucht dieser neuen Abteilung wird das sogenannte *Klimawerk* des Preußischen Meteorologischen Instituts sein, das erste von Deutschland überhaupt (vgl. Kapitel 14, Band II).

Der rüstige Direktor klagt zu wiederholtem Male über den unerfreulichen und anhaltenden Krankenstand im Institut, wodurch dessen „Leistungsfähigkeit ... empfindlich beeinträchtigt" worden sei. Er kann jedoch von einer erquicklichen Reise nach Rom berichten, wo er als junger Mann mit dem Ehepaar Wild zwischen Orangen- und Zitronenbüschen den lieblichen Duft ihrer Früchte eingeatmet hatte:

Als Mitglied des Internationalen Meteorologischen Komitees habe ich an dessen im April zu Rom abgehaltenen Sitzung teilgenommen. Ich war von den anwesenden Mitgliedern des Komitees der einzige, der

---

70 Im Anhang C wird kurz von ihm die Rede sein. Ihm verdankt man die Sammlung vieler Künstler- und Gelehrtenbriefe, darunter solcher an Hellmann, die wir bereits zitiert haben und die in der Staatsbibliothek in Berlin (Preußischer Kulturbesitz) verwahrt werden.

schon dem 1879 in Rom tagenden zweiten Internationalen Meteorologenkongress beigewohnt hatte, was mir unwillkürlich zu allerhand Betrachtungen über die in den verflossenen 35 Jahren geleistete Arbeit der internationalen meteorologischen Organisation Veranlassung gab. Während man einerseits mit Genugtuung anerkennen muss, dass diese Organisation ohne irgend welchen äußeren Apparat und ohne eigentliche staatliche Unterstützung in der Einigung über Beobachtungsmethoden sowie in der Ausführung wichtiger gemeinschaftlicher Unternehmungen Großes geleistet und dadurch den Fortschritt der wissenschaftlichen wie der praktischen Meteorologie außerordentlich gefördert hat, darf man sich doch andererseits nicht verhehlen, dass die Wirksamkeit dieser Organisation bisher im wesentlichen auf Europa beschränkt geblieben ist und in anderen Erdteilen nur wenig Eingang gefunden hat. Bei der erdumspannenden Allgemeinheit vieler meteorologischer und erdmagnetischer Probleme ist aber eine solche Ausdehnung der Organisation auf alle Beobachtungsnetze der Erde mit allen Mitteln anzustreben. Worin diese bestehen könnten, ist hier nicht der Ort, des näheren zu erörtern. Ich will nur darauf hinweisen, dass alle bisherigen meteorologischen Kongresse und Konferenzen immer nur in Europa stattgefunden haben und dass für die allgemeine Verbreitung der auf ihnen erzielten Beschlüsse und getroffenen Vereinbarungen jahrzehntelang zu wenig geschehen ist.

Der von ihm herausgebrachte Bericht über den Kongress (1913) enthält als Anhang die französische Ansprache des italienischen Direktors vom dortigen meteorologischen Zentralbüro, L. Palazzo. Nachdem dieser an den „denkwürdigen Kongress" von 1879 erinnerte, sagte er (übersetzt):

Dank des Entgegenkommens des Herrn Senators Blaserna [1. v. links, 2. Reihe in Abb. 2-2] erhielt ich die Erlaubnis, in den Saal dieser Versammlung die alte, fast vergilbte Fotografie mit den Teilnehmern am Kongress von 1879, mitzubringen. Das Bild wird Sie zweifelsohne interessieren. Nach einem so langen Zeitraum, sind die Überlebenden jenes Kongresses bedauerlicherweise nicht zahlreich; doch habe ich das Vergnügen, hier meinen teuren Freund Herrn Hellmann begrüßen zu können, der sehr jung am damaligen Kongress von Rom teilgenommen hat; ich spreche ihm meine Glückwünsche aus, denn ich glaube, dass er sehr zufrieden sein dürfte, im Abstand von 34 Jahren vereint mit Meteorologen wieder hier in Rom zu sein, zumal er seither eine so glorreiche Laufbahn vollbracht hat.

Hellmann gedenkt im Tätigkeitsbericht noch seiner mit Hildebrandsson herausgebrachten „Kodifizierung" der Beschlüsse, die 1909 und dann 1913 in englischer bzw. spanischer, und bevorstehend auch in italienischer Übersetzung, an Institute verteilt wurde, um nachdenklich hinzuzufügen:

Bei allen solchen Bestrebungen darf man allerdings nicht unterschätzen, wie schwer es gewöhnlich ist, die verschiedenen Bedürfnisse und die ebenso verschiedenen Mittel der meteorologischen Institute mit allgemein bindenden Beschlüssen in Einklang zu bringen, und wie jeder Beschluss, der auch wirklich befolgt wird, als ein Fortschritt zu begrüßen ist. Leider geht aber oft die Eigenbrötelei so weit, dass einmal gefasste Beschlüsse hinterher sogar von denen, die an ihrem Zustandekommen beteiligt waren, beanstandet werden, weil sie nicht alle ihre Sonderwünsche befriedigen.

Hellmann ließ es sich „als Sekretär des Komitees wieder angelegen sein lassen, den Bericht über die im April 1913 zu Rom geführten Verhandlungen so rasch wie möglich im Druck erscheinen zu lassen. Es geschah dies zwei Monate später...", eine Zeitnähe, die nicht unbemerkt blieb. So schreibt ihm diesbezüglich wieder Angot, am 11. Mai 1913[71]:

Mon cher Collègue

En vous accusant réception des procès-verbaux de notre Conférence de Rome, je dois vous adresser en même temps mes plus sincères félicitations pour l'extraordinaire rapidité avec laquelle vous les avais fait paraître. En ce temps de ›records‹, vous venez d'en établir un qui ne sera battu de longtemps, ... deux mois après la réunion, le procès-verbal était imprimé et distribué!

La mort du Prof. Börnstein vient de priver la Commission de météorologie agricole d'un de ses fondateurs, et je suis assez embarrassé en ce moment. Il nous faudrait un ou plusieurs représentants de l'Allemagne dans cette Commission. Il nous faudrait surtout, plutôt que des météorologistes, des agronomes qui étudient les maladies des plantes, cultivées ou non. M Hergesell, que j'irai de voir à Paris, ma engagé d'écrire directement au Ministre de l'Agriculture du Royaume de Prusse. Qu'en pensez-vous ? Il nous faudrait, dans la Commission, au moins deux représentants de l'Allemagne, un météorologiste et un physiologiste.

---

71 Slg. Darmstaedter F1f 1885, Angot.

Pourrez-vous me donner le renseignement suivant ? A-t-on fait quelque chose à Potsdam pour protéger, au moins partiellement, l'observatoire magnétique contre les courants vagabonds des tramways électriques ? À qui pourrai-je m'adresser, dans ce cas, pour avoir des renseignements un peu détaillés sur la solution adoptée et les dépenses qu'elle a entraînées ? La question se pose actuellement pour l'observatoire du Puys de Dôme, je pars ce soir même pour inspecter l'observatoire et étudier sur place le projet d'électrification du tramway. La connaissance de ce qu'á été fait chez vous me serait d'une grande utilité.

Je serai de retour Dimanche et je m'occuperai alors sérieusement de la météorologie agricole pour laquelle les réponses m'arrivent peu à peu.

Croyez, mon cher collègue, à mon bien sincère dévouement et mes meilleurs souvenirs

Im ersten Absatz beglückwünscht Angot den Schnellschreiber, indem er hinzufügt: „In dieser Zeit der Rekorde, haben Sie gerade einen neuen aufgestellt, der lange Zeit nicht zu schlagen sein wird…". Angot bedauert im 2. Absatz den Tod Börnsteins, des Mitbegründers der „Agrometeorologie", wie er sagt. Dem in Rom eingerichteten einschlägigen Ausschuss saß Angot vor, und er vermerkt, dass er sich der Sache fortan „ernsthaft" widmen wolle. Des Weiteren sähe er es gern, wenn Deutschland im Ausschuss mit einem oder mehreren Mitgliedern – in erster Linie „Landkundler" –, mindestens aber mit zwei vertreten wäre, einem Meteorologen und einem „Physiologen". Im zweiten längeren Abschnitt des Briefes erkundigt sich Angot bei Hellmann nach den in Potsdam gemachten Erfahrungen am magnetischen Observatorium wegen der Erschütterungen durch Tramwagen.

Hellmann konnte in dem Berichtsjahr wieder mit neuaufgelegten Provinz-Regenkarten aufwarten, von denen die für Brandenburg und Pommern, einschließlich der Großherzogtümer Mecklenburg-Schwerin und Mecklenburg-Strelitz, die für Sachsen und Thüringische Staaten, Schleswig-Holstein und Hannover plus Oldenburg, Braunschweig, und freie Reichsstädte 1913 erschienen waren. „Ferner wurden die rechnerischen Vorarbeiten für die gleichen Karten der Provinzen Westfalen und Hessen-Nassau zum Schluss des Berichtsjahres nahezu vollendet, so dass sie voraussichtlich im Sommer 1914 erscheinen können." Zu dem Vorhaben einer Klimatologie von Deutschland gibt er noch einige Einzelheiten über ihre Anlage bekannt:

Dieser sollen im allgemeinen die Beobachtungen der 30 Jahre von 1881 bis 1910 zu Grunde gelegt werden, weil aus dieser Periode genügend zuverlässiges Material aus fast allen Teilen Deutschlands vorliegt, doch wird in manchen Fragen auch auf die älteren Beobachtungen zurückgegangen werden.

Zunächst kamen einige notwendige Vorarbeiten zur Erledigung, als da sind: Aufstellung eines Verzeichnisses der bis 1910 vorhandenen Beobachtungsreihen mit Angabe ihres Umfanges, Herstellung von Arbeitskarten für allerlei Eintragungen, Verbesserung einiger Exemplare der Veröffentlichungen des Instituts wegen der stehen gebliebenen Druckfehler usw.

Sodann wurde unter der unmittelbaren Aufsicht des Observators Professor von Elsner von den angenommenen drei Rechnern eine Reihe von Ausschreibungen und Zusammenstellungen verschiedener meteorologischer Elemente vorgenommen, während Dr. Georgii Beobachtungsjournale von Stationen, die in den letzten Jahren in den Institutspublikationen nicht berücksichtigt worden waren, kritisch prüfte. Außerdem konnte dank der von einigen süddeutschen Schwesteranstalten geliehenen Originalbeobachtungen alter Stationen der jährliche Gang der Temperatur nach Pentaden im 60jährigen Zeitraum von 1851 bis 1910 zum ersten Mal für ganz Deutschland dargestellt werden.

Der von Hellmann hier mitgenannte Walter Georgii (1888-1968) war nach Studium der Geographie, Physik und Mathematik in Leipzig vom 1.09.1913 bis zum Ausbruch des Ersten Weltkrieges im August 1914 Hilfsarbeiter am Meteorologischen Institut. Er schrieb 1924 sein erstes Lehrbuch über „Wettervorhersage" und 1927 das erste Lehrbuch über „Flugmeteorologie", nachdem er auf Einladung der deutsch-kolumbianischen Fluggesellschaft *Scadta* (der heutigen *Avianca*) von der Seewarte nach Kolumbien geschickt worden war, wo er die Flugbedingungen vor allem über dem karibischen Meer studieren sollte. „Die Seereise diente gleichzeitig der flugmeteorologischen Vorbereitung eines künftigen transatlantischen Luftverkehrs" (SCHÜTTLER 1916). Hieraus ersieht man, wie sich im folgenden Jahrzehnt die meteorologischen Aufgaben verändern sollten. Die Klimatologie wurde allmählich in den Hintergrund gedrängt.

Zu Hellmanns Vorlesungen gesellt sich wieder ein einstündiges Kolloquium, in welchem „unter dem Vorsitz des Direktors an jedem Mittwoch … die neuesten Veröffentlichungen aus den Gebieten der Meteorologie und des Erdmagnetismus besprochen werden". Um von Hellmann als Lehrer und Gutachter von Abschlussarbeiten eine Vorstellung zu geben, mag das Folgende aus einer jüngeren Veröffentlichung dienen. Als im August 1914 der spätere weltbekannte Ozeanograph Georg Wüst (1890-1977) seine mündliche Promotionsprüfung abhielt, befand Hellmann seine Leistungen in Meteorologie als nur befriedigend (MÜLLER-NAVARRA 2005), und weil das Thema der Dissertation ein meteorologisches war, nämlich über „Verdunstungsmessungen auf See", hat der Autor Müller-Navarra kein Hehl aus seiner Verwunderung über Hellmanns Bewertung gemacht. Derselbe Autor weiß noch zu berichten, dass der im ersten Weltkrieg gefallene Fritz Wendicke (1888-1914) von dem bereits erwähnten Mitglied der Preußischen Akademie der Wissenschaften, Albrecht Penck (Abb. 2-7), für eine außerordentliche Begabung gehalten wurde und seine Dissertation als „herausragend" beurteilte, während Hellmann wegen eines „prinzipiellen Versehens" ihm nur das Prädikat „sehr gut" zu erteilen vermochte (MÜLLER-NAVARRA 2005).

Hellmanns Ordenssammlung wuchs im Gleichklang mit seinen Sammlungen von Regenwässern, Büchern, Kompassen und Sonnenuhren: „Von Ordensauszeichnungen ist zu erwähnen, dass Seine Majestät der König von Spanien aus Anlass der zwei spanischen Ingenieurgeographen am Observatorium bei Potsdam gewährten Ausbildung in erdmagnetischen Messungen sowie der in meteorologischen Fragen gegebenen Ratschläge ... dem berichterstattenden Direktor den Stern zum Komturkreuz des Ordens Alphons XII ... verliehen hat".

1914

Dieses unheilschwangere Jahr, als „wilde Wölfe durchs Tor brachen", wie es in Trakls Gedicht *Im Osten* heißt, bezeichnet einen Einschnitt in Hellmanns internationalem Engagement. Vier Wochen nach seinem 60. Geburtstag bricht die Urkatastrophe des XX. Jahrhunderts aus. Dem als umzingelt gehaltenen Vaterland ergebene Geheimratsherzen geraten in Wallung.

Es wird sich lohnen, in diesem Abschnitt ein wenig abzuschweifen, um die bereits erkannte konservative Seite des Schlesiers im Taumel des Patriotismus greller zu beleuchten. 1870/71 war Hellmann noch zu jung, um den Krieg gegen Frankreich unmittelbar zu erleben – anders als Köppen, der als „russischer Untertan" Verwundete zu empfangen sich bereit hielt (WEGENER-KÖPPEN 1955; 2018) –, und da Hellmann wenige Monate vor Ausbruch des zweiten Weltenbrandes starb, war der erste Weltkrieg das äußerlich einschneidendste Erlebnis in Hellmanns eher ruhigem Lebenslauf. Für sein Institut bedeutete die Urkatastrophe mindestens eine Halbierung der Mitarbeiterschaft (Tätigkeitsbericht für 1914):

Das wichtigste Ereignis des Jahres 1914 war auch für das Königliche Meteorologische Institut der Ausbruch des Krieges, der viele seiner Kräfte in Anspruch nahm. Freudig eilten die einen zu den Fahnen, andere fanden im Militär-Wetterdienst fachliche Betätigung, noch andere wurden für die verschiedensten Zwecke von den militärischen Behörden verwendet. Insgesamt sind 30, d. h. erheblich mehr als die Hälfte der am Institut tätigen Personen zu Kriegszwecken eingezogen worden. Darunter befinden sich 11 wissenschaftliche Beamte, 15 Bureaubeamte und Rechner, sowie 4 Unterbeamte.

Die Metaphorik, die zu erklären sucht, wie der Frieden zur Waffensprache greifen musste, macht Anleihen bei der Meteorologie. Das unvorhersehbare und jäh „hereingebrochene Gewitter" versinnbilicht gleichsam die Entspannung der patriotisch aufgeladenen Völker.

Der aus Ostpreußen gebürtige Rektor der Würzburger Universität, Entdecker des nach ihm benannten berühmten Verschiebungsgesetzes in der Theorie der „schwarzen Strahlung", und seit drei Jahren verdienter Träger der höchsten wissenschaftlichen Auszeichnung in der Physik, Wilhelm Wien (1864-1928), hielt in Anwesenheit des Königs Ludwig III. und seines ganzen Hofes im Sommer 1914 eine akademische Rede zur hundertjährigen Zugehörigkeit Würzburgs zu Bayern. Als der Nobelpreisträger „von den Feierlichkeiten nach Hause kam, lief die Nachricht durch die Stadt, dass der österreichische Thronfolger in Sarajewo ermordet war. Es war das erste Donnerrollen des heranziehenden europäischen Gewitters. Die Schreckensnachricht verbreitete sich schnell und ich erhielt sehr bald die Nachricht, dass die Feier in der Universität, die am nächsten Tage stattfinden sollte, abgesagt war, wegen der nahen Verwandtschaft des Königs mit dem österreichischen Kaiserhause. Die nächsten Wochen verliefen in unbehaglicher Stimmung. Der österreichisch-serbische Gegensatz trat drohend für den Frieden Europas hervor. Plötzlich wurden wir, die wir ausschließlich Fragen der Wissenschaft und der Universität behandelt hatten, in die Politik hineingeworfen. Ich selbst mochte nicht an einen Krieg glauben" (WIEN 1930).

Bezold hat als Direktor der bayerischen meteorologischen Zentralstation den Begriff der Isobronten eingeführt, um kartographisch alle Orte, an denen gleichzeitig der erste Donner vernommen wird, darzustellen, in der Absicht, das Fortschreiten eines Gewitters zu veranschaulichen. So haben wir wieder aus Bayern ein Beispiel einer Meldung eines Donnergrollens im Osten, der wenig später zu hagelschwerem Stahlgewitter in Europa werden sollte. Ein weiterer „Gewitterbeobachter", der erst später zum Träger des schwedischen Preises werden sollte, war Rektor in Berlin. So bemüht ein früher Biograph Max Plancks, Hans Hartmann (1938), das gleiche meteorologische Sinnbild aus der Gewitterabteilung: „Noch war das Amtsjahr Max Plancks als Rektor der Berliner Universität nicht vergangen, ... da brach das Ungewitter aus. Max Planck hatte die

Aufgabe, als Rektor zum 3. August 1914 die Festrede bei der Feier zum Gedächtnis des Stifters der Universität, des Königs Friedrich Wilhelm III., zu halten." Plancks Rede galt der „dynamischen und statistischen Gesetzmäßigkeit", also jenem Gegensatz, den er bei seiner Erwiderung auf Hellmanns Antrittsrede als die Pole meteorologischer Forschung ansah. Doch ehe er auf den allgemeinen Dualismus beider Gesetzmäßigkeiten einging, beschwor er in der von übersteigertem Nationalismus beherrschten Zeit preußische Tugenden:

Nach altehrwürdigem Brauch begeht heute die Friedrich-Wilhelms-Universität, in freudigem Bekenntnis untilgbarer Dankesschuld, die Geburtsfeier ihres erhabenen Stifters, dessen Namen sie mit Stolz den ihren nennt, und entnimmt zugleich der besonderen Lage dieses Gedenktages die Anregung zu sinnender Rückschau auf das zur Neige gehende Semester. [...]

Gewissenhaftigkeit und Treue, das sind auch die Wahrzeichen, unter denen unsere Universität groß geworden ist ...; sie sollen für immer die Leitsterne bleiben, welche Lehrern und Lernenden unserer Anstalt bei ihrer Arbeit wie bei all ihrem Tun voranleuchten. Niemals, zu keiner Zeit seit der Gründung unserer Universität, waren sie ihnen nötiger als in diesen Tagen, wo uns alle, die wir hier versammelt sind, ein einziges Gefühl im tiefsten Innern bewegt.

Wir wissen nicht, was der nächste Morgen bringen wird; wir ahnen nur, dass unserem Volke in kurzer Frist etwas Großes, etwas Ungeheures bevorsteht, dass es um Gut und Blut, um die Ehre und vielleicht um die Existenz des Vaterlandes gehen wird. Aber wir sehen und fühlen auch, wie sich bei dem furchtbaren Ernst der Lage alles, was die Nation an physischen und sittlichen Kräften ihr eigen nennt, mit Blitzesschnelle in eins zusammenballt und zu einer gen Himmel lodernden Flamme heiligen Zornes sich entzündet, während so manches, was sonst für wichtig und erstrebenswert gilt, als wertloses Flitterwerk unbeachtet zu Boden fällt.

Doch nur, wenn ein jeder, ob alt oder jung, ob hoch oder niedrig, gewissenhaft und treu auf dem ihm vom Schicksal gewiesenen Posten ausharrt, dürfen wir hoffen, dass das sich nun wendende Blatt der Weltgeschichte kommenden Geschlechtern einst Gutes von uns künden wird. Darum ziemt es uns in der gegenwärtigen Stunde zunächst, der überkommenen Pflicht zu gedenken und uns zu sammeln in schlicht-sachlicher, wissenschaftlicher Betrachtung.

Auch der Wissenschaft sind Gewissenhaftigkeit und Treue keine fremden Begriffe; denn nicht nur dem praktischen Leben, auch der reinen Forschung, die gleichfalls auf der Universität eine Heimat hat und hoffentlich auch für immer behalten wird, ist solch sittlicher Gehalt vonnöten.

Planck geht noch auf die mühsame Forschungsarbeit ein, die bei aller Gewissenhaftigkeit ihrer Repräsentanten diese nicht vor Irrtümern, oder angesichts unpassender Befunde, vor Blindheit schütze, und entfaltet vor seinen gebannten Zuhörern (darunter wohl auch Hellmann) seine Betrachtungen in Bezug auf unvermeidliche Unwägbarkeiten:

Derartige unvorhergesehene und auch unvorherzusehende Befunde fehlen in keiner Wissenschaft, und umso weniger, je frischere Jugendkraft in ihr pulsiert. Denn eine jede Wissenschaft, selbst die Mathematik nicht ausgenommen, ist bis zu einem gewissen Grade Erfahrungswissenschaft, mag sie nun die Natur oder die geistige Kultur zum Gegenstande haben, und in jeder Wissenschaft gilt als vornehmste Losung die Aufgabe, in der Fülle der vorliegenden Einzelerfahrungen und Einzeltatsachen nach Ordnung und Zusammenhang zu suchen, um dieselben durch Ergänzung der Lücken zu einem einheitlichen Bilde zusammenzuschließen.

Aber auch die Art der Gesetzlichkeit ist, auf so verschiedenen Gebieten die in den einzelnen Wissenschaften behandelten Materien auch liegen mögen, keineswegs so verschieden, als es beim Anblick der gewaltigen Gegensätze, wie sie zum Beispiel ein historisches und ein physikalisches Problem bietet, zunächst erscheinen möchte. Zum mindesten wäre es ganz verkehrt, einen grundsätzlichen Unterschied etwa darin zu suchen, dass auf dem Gebiete der Naturwissenschaft die Gesetzlichkeit allenthalben eine absolute, der Ablauf der Erscheinungen ein notwendiger sei, der keinerlei Ausnahmen gestattet, während auf geistigem Gebiete die Verfolgung des kausalen Zusammenhanges streckenweise immer auch durch etwas Willkür und Zufall hindurchführe. Denn einerseits ist für jegliches wissenschaftliche Denken, auch auf den höchsten Höhen des menschlichen Geistes, die Annahme einer in tiefstem Grunde ruhenden absoluten, über Willkür und Zufall erhabenen Gesetzlichkeit unentbehrliche Voraussetzung, und auf der anderen Seite findet sich auch die exakteste der Naturwissenschaften, die Physik, sehr häufig veranlasst, mit Vorgängen zu operieren, deren gesetzlicher Zusammenhang einstweilen noch völlig im Dunkeln bleibt, und die daher im wohlverstandenen Sinne des Wortes unbedenklich als zufällige bezeichnet werden können.

Auf Hellmann dürfte der Vortrag als Ermahnung gedient haben, eben nicht bei der Statistik zu verharren, sondern das physikalische Gesetz dahinter zu entbergen. Dies entsprach zwar durchaus der Absicht Hellmanns, wie aus seiner Antrittsrede hervorgeht, aber Ordnung und Zusammenhang in dem unbändigsten, in Zeit und Raum unregelmäßigsten meteorologischen Element, dem Niederschlag, zu suchen, geschweige denn zu finden, konnte nicht ohne maßlose Überschätzung der technisch noch so primitiven Möglichkeiten angestrebt werden. Im Gegensatz zu Vilhelm Bjerknes, der auch in dieser Rede Plancks mit mitschwingender Zustimmung hervorgehoben wird, konnte er auf keine ausgearbeitete physikalische oder mechanische Theorie zurückgreifen. Er musste sich vorerst auf die undankbare Sammlung von Einzelbeobachtungen beschränken. Doch lauschen wir weiter den bedächtigen Worten Plancks:

> *Wie ist nun so etwas möglich? Wie kann man überhaupt aus der Betrachtung von Vorgängen, deren Verlauf im ganzen wie im einzelnen vorläufig noch vollständig dem blinden Zufall überlassen bleibt, wirkliche Gesetze ableiten? – Auch die Physik hat, wie schon lange vorher die sozialen Wissenschaften, die hohe Bedeutung einer von der rein kausalen gänzlich verschiedenen Betrachtungsweise kennengelernt und hat dieselbe seit etwa der Mitte des vorigen Jahrhunderts mit immer steigendem Erfolge angewendet; es ist dies die statistische Methode, mit deren Ausbildung die ganze neuere Entwicklung der theoretischen Physik aufs engste zusammenhängt. Statt den zur Zeit noch völlig im Dunkeln liegenden dynamischen Gesetzen eines Einzelvorganges ohne eine Aussicht auf greifbaren Erfolg nachzuforschen, werden zunächst einmal nur die an einer großen Zahl von Einzelvorgängen einer bestimmten Art gemachten Beobachtungen zusammengestellt und aus ihnen Durchschnitts- oder Mittelwerte gebildet. Für diese Mittelwerte ergeben sich dann je nach den besonderen Umständen des Falles gewisse erfahrungsmäßige Regeln, und die so gewonnenen Regeln gestatten, allerdings niemals mit absoluter Sicherheit, aber doch mit einer Wahrscheinlichkeit, die sehr häufig der Gewissheit praktisch gleichkommt, den Ablauf auch zukünftiger Vorgänge im voraus anzugeben, zwar nicht in allen Einzelheiten, wohl aber – und darauf kommt es bei den Anwendungen oft gerade am meisten an – in ihrem durchschnittlichen Verlauf. [...]*
>
> *Immerhin erhellt aus der geschilderten Sachlage wohl hinreichend deutlich die überaus hohe Bedeutung, welche die Durchführung einer sorgfältigen und grundsätzlichen Trennung der beiden besprochenen Arten von Gesetzmäßigkeit: der dynamischen, streng kausalen, und der lediglich statistischen, für das Verständnis des eigentlichen Wesens jeglicher naturwissenschaftlichen Erkenntnis besitzt; es sei mir daher gestattet, diesem Gegenstande und diesem Gegensatze heute einige Ausführungen zu widmen. [...]*
>
> *Nach diesen Darlegungen erscheint also der Dualismus zwischen statischer und dynamischer Gesetzmäßigkeit aufs engste verknüpft mit dem Dualismus zwischen Makrokosmos und Mikrokosmos, den wir als eine experimentell erhärtete Tatsache hinnehmen müssen. Tatsachen lassen sich nun aber einmal nicht durch Theorien aus der Welt schaffen, mag man dies nun unbefriedigend finden oder nicht, und so wird nichts übrigbleiben, als sowohl den dynamischen wie auch den statistischen Gesetzen die ihnen gebührende Stelle in dem gesamten System der physikalischen Theorien einzuräumen.*
>
> *Dabei dürfen freilich Dynamik und Statistik nicht etwa als koordiniert nebeneinanderstehend aufgefasst werden. Denn während ein dynamisches Gesetz dem Kausalbedürfnis vollständig genügt und daher einen einfachen Charakter trägt, stellt jedes statistische Gesetz ein Zusammengesetztes vor, bei dem man niemals definitiv stehenbleiben kann, da es stets noch das Problem der Zurückführung auf seine einfachen dynamischen Elemente in sich birgt. Die Lösung derartiger Probleme bildet eine der Hauptaufgaben der fortschreitenden Wissenschaft; an ihnen arbeitet die Chemie in gleicher Weise wie die physikalischen Theorien der Materie und der Elektrizität. Auch die Meteorologie darf in diesem Zusammenhang erwähnt werden; denn in den Bestrebungen von V. Bjerknes sehen wir einen groß angelegten Plan, alle meteorologische Statistik auf ihre einfachen Elemente, nämlich auf physikalische Gesetzmäßigkeiten, zurückzuführen. Mag der Versuch praktischen Erfolg haben oder nicht, gemacht muss er einmal werden, schon weil es im Wesen jeglicher Statistik liegt, dass sie wohl oft das erste, aber niemals das letzte Wort zu sprechen hat.*

Jedes statistische Gesetz, warnt Planck, stellt etwas vor, „bei dem man niemals definitiv stehenbleiben kann, da es stets noch das Problem der Zurückführung auf seine einfachen dynamischen Elemente in sich birgt". Hellmann hat diese so glatt anmutende Aufgabe mehr oder minder bewusst vernachlässigt, wohl in kluger Beschränkung, da er die Phase jener „Zurückführung" als verfrüht hielt und ihr während seines werktätigen Lebens keine Zeit einräumen wollte. Wir erinnern uns an die Sätze aus der Antrittsrede: „Von der Überzeugung ausgehend, dass bei dem jetzigen Stande der Meteorologie die Hinzufügung von neuen Tatsachen und positivem Wissen ihr mehr frommt als bloßes Theoretisieren, waren meine eigenen wissenschaftlichen Arbeiten darauf gerichtet, die Beobachtungen exakter zu machen und vor allem, neue Gesetzmäßigkeiten aus ihnen abzuleiten." Dabei scheint Hellmann das wichtige Wechselspiel zwischen Geist und Erfahrung zu verkennen, obwohl er an der Berliner Universität und in der Preußischen Akademie der Wissenschaften von kühn theoretisierenden Physikern umgeben war, die gleich Kepler der „Logik der Hypothese" (CASSIRER 1928/29) großen Raum einräumten, um mit ihr und durch sie „neue Gesetzmäßigkeiten" zu finden.

Doch kehren wir zum „geschichtlichen Gewitter" zurück! Hätte es auf dynamische Gesetzmäßigkeit zurückgeführt werden können? Natürlich soll das hier nicht erörtert werden, wir halten lediglich einen Konsens unter Historikern aus dem Ende der neunzehnsechziger Jahre fest, wonach „die deutsche Regierung in Berlin aktiv die österreichisch-ungarische Regierung in Wien auf Kollisionskurs" gesteuert habe, „im Glauben, den Konflikt lokal halten zu können, aber bewusst das Risiko eines größeren Krieges eingehend" (KLEIN 1982). Da in Petersburg, London und Paris nichts unternommen wurde, die Katastrophe zu verhindern, so nahm das dynamische Geschehen ganz ohne Zufall seinen Lauf, zufällig war nur der Zeitpunkt des auslösenden Schusses in Sarajevo.

Der Krieg war also unvermeidlich. Heinrich Mann schloss zwei Monate vor Ausbruch desselben seinen Roman „Der Untertan" ab: „[E]inerseits prägt ihn ‚Zugehörigkeit zu einem unpersönlichen Ganzen, zu diesem unerbittlichen, menschenverachtenden, maschinellen Organismus', den die Hierarchie des imperialistischen Wilhelminismus in jeder ihrer Institutionen darstellt. ... Als [der Untertan Heßling] in seiner Festrede zur Einweihung des Ehrenmals ‚die Seele deutschen Wesens' mit der ‚Verehrung der Macht, der überlieferten und von Gott geweihten Macht, gegen die man nichts machen kann' gleichsetzt und damit sich selbst als den repräsentativen Typus der Zeit bündig formuliert, wird die Kritik Heinrich Manns ins Utopische projiziert: in einem Gewitter – einer satirischen Apokalypse – löst sich alle Ordnung auf. Die ‚über alle Begriffe' hinausgehende Vision einer Anarchie des Himmels, eines Strafgerichts gibt die Ahnung von der Selbstzerstörung des Wilhelminismus ..." (SCHOELLER 1990). Da haben wir wieder die meteorologische Metapher! Heinrich Mann (1871-1950) hat sich nicht von der herrschenden Kriegsbegeisterung erfassen lassen, die unter Wissenschaftlern, Künstlern und Gelehrten entflammt war, und bisweilen grausig-wahnwitzige Züge trug, wie der folgende Vierzeiler beweist, wenn er nicht durch und durch ironisch gemeint war (HILSCHER 1979):

Diesen Leib, den halt' ich hin
Flintenkugeln und Granaten:
Eh ich nicht durchlöchert bin,
Kann der Feldzug nicht geraten.

Diese haarsträubende Strophe schrieb in der frühen Phase des Krieges für das Berliner Tageblatt Gerhart Hauptmann (1862-1946), Schlesier wie Hellmann, Literaturnobelpreisträger von 1912, und stolzer Vater, der kein Hehl daraus machte, zwei seiner Söhne in den Kampf hinausgeschickt zu haben (vgl. Hauptmann, in KELLERMANN 1915). Für die meisten hiesigen Wissenschaftler war der Krieg eine den Deutschen aufgezwungene Naturkatastrophe, ein fürchterliches Gewitter eben, das nicht einmal von der Gewitterabteilung der Preußischen Regierung vorhergesehen wurde, so unausweichlich das Ganze anscheinend auch gewesen sein mochte. Weyrauch, großer Kenner und Herausgeber von Robert Mayers (1814-1878) Schriften, der den planmäßigen Vortrag zur Jahrhundertfeier des schwäbischen Entdeckers der Energieerhaltung in Stuttgart zu halten auserkoren war, machte wehmütig und leicht verbittert im Vorwort zu einem Gedenkband, der 1915 erschien, psychologische Momente für den Ausbruch verantwortlich: „Am 25. November 1914 ist ein Jahrhundert seit der Geburt Julius Robert Mayers verflossen. Dieser Gedächtnistag eines der größten Kulturbringer aller Zeiten würde von den Freunden der Wissenschaft weithin festlich begangen werden, wenn nicht wenige Monate vorher der dem Bündnisse der Barbarei, Hass und Neid entsprungene Weltkrieg ausgebrochen wäre" (WEYRAUCH 1915).

Die große Welle der Kriegsbegeisterung und der patriotischen Hochstimmung, nachdem das große Gewitter niederzuprasseln begann, erfasste auch unseren Schlesier, wofür ich allerdings nächstfolgend nur eine verräterische Unterschrift anführen kann und nicht etwa briefliche Stellen.

In seiner ungemein ausgewogenen Planck-Biographie schreibt HEILBRON (2006): „Die Begeisterung in den ersten Kriegswochen verbunden mit der festen Überzeugung, Deutschland kämpfe einen Verteidigungskrieg gegen skrupellose Feinde, verleitete Planck zu einem Schritt, den er binnen kurzem bitter bereuen sollte. Er unterschrieb wie viele andere Gelehrte den ‚Aufruf an die Kulturwelt', auch als ‚Aufruf der 93 Intellektuellen' bekannt, der am 4. Oktober in der deutschen Presse veröffentlicht und in zehn Fremdsprachen übersetzt wurde. Mit diesem Aufruf erklärten sich führende Künstler und Wissenschaftler solidarisch mit dem deutschen Heer und wiesen die von der Entente erhobenen Beschuldigungen deutscher Kriegsgräuel in Belgien entschieden zurück". Es unterschreiben auch die Preußen Hellmann, Hauptmann und Wien. Was hatten sie unterschrieben und also befürwortet? Hier Auszüge aus dem „Manifest der 93", wie der Aufruf auch genannt wird:

Wir als Vertreter deutscher Wissenschaft und Kunst erheben vor der gesamten Kulturwelt Protest gegen die Lügen und Verleumdungen, mit denen unsere Feinde Deutschlands reine Sache in dem ihm aufgezwungenen schweren Daseinskampfe zu beschmutzen trachten. ...

Es ist nicht wahr, dass Deutschland diesen Krieg verschuldet hat. Weder das Volk hat ihn gewollt noch die Regierung noch der Kaiser. ...

Es ist nicht wahr, dass wir freventlich die Neutralität Belgiens verletzt haben. ...

Es ist nicht wahr, dass eines einzigen belgischen Bürgers Leben und Eigentum von unseren Soldaten angetastet worden ist, ohne dass die bitterste Notwehr es gebot. Denn wieder und immer wieder, allen Mahnungen zum Trotz, hat die Bevölkerung sie aus dem Hinterhalt beschossen, Verwundete verstümmelt, Ärzte bei der Ausübung ihres Samariterwerkes ermordet. ...

Es ist nicht wahr, dass unsere Truppen brutal gegen Löwen gewütet haben. An einer rasenden Einwohnerschaft, die sie im Quartier heimtückisch überfiel, haben sie durch Beschießung eines Teils der Stadt schweren Herzens Vergeltung üben müssen. Der größte Teil von Löwen ist erhalten geblieben. Das berühmte Rathaus steht gänzlich unversehrt. Mit Selbstaufopferung haben unsere Soldaten es vor den Flammen bewahrt. ...

Es ist nicht wahr, dass der Kampf gegen unseren sogenannten Militarismus kein Kampf gegen unsere Kultur ist, wie unsere Feinde heuchlerisch vorgeben. Ohne den deutschen Militarismus wäre die deutsche Kultur längst vom Erdboden getilgt. ...

Der letzte Satz ist für Humanisten überaus befremdlich, seine Kernaussage schien aber damals in Deutschland recht verbreitet gewesen zu sein. In der vom Julius Springer Verlag neu gegründeten Wochenschrift *Die Naturwissenschaften* findet sich 1915 zum Beispiel ein Aufsatz über „die Naturwissenschaften im Weltkriege", von Geheimrat Prof. Dr. F. Frech aus Breslau, dessen letzter Satz an kitschigem Pathos nicht zu überbieten ist: „In der Hauptsache entspricht also die Annahme einer gleichwertigen Entwicklung kriegerischer und wissenschaftlicher Tüchtigkeit den Beobachtungen bei den gegen Deutschland verbündeten Völkern oder mit anderen Worten: *Der ‚Militarismus' ist in seiner höchsten Entwicklung der Ausdruck des intellektuellen und wissenschaftlichen Hochstandes eines Volkes.*" Sollte Hellmanns mit wissenschaftlicher Gründlichkeit ausgebautes Regenmessnetz mit Kanonen verteidigt werden?

Das unsägliche Manifest hat die internationale Solidarität mit deutschen Naturwissenschaftlern schwer beschädigt. Es ist mir unbegreiflich, wie „gewissenhafte" Naturwissenschaftler der Kriegspropaganda des Heeres auf den Leim gehen konnten. Hellmanns Schriften erwecken stets den Anschein, nur nach einer gewissenhaften, sorgfältigen und kritischen Prüfung ihres Inhaltes ins Licht der Öffentlichkeit gestellt worden zu sein. Der im schlesischen Löwen geborene Preuße gab sich keine Blöße. Hatte er geprüft, was das deutsche Heer im belgischen Löwen angerichtet hatte?

Das deutsche Wüten im belgischen Löwen ist als besonders barbarisch durch die ausländische Presse behandelt worden.[72] Es sollte denn auch die Beziehungen zwischen den Verbündeten und den Zentralmächten aufs Bedrückendste belasten. Die britische Monatsschrift *Symons's Meteorological Magazine* eröffnete das Septemberheft des Jahres 1914 mit einem Leitartikel über *Aspects of the war*, der die Sätze enthält:

Neben all jenen in diesem Land, die Familienbande nach Deutschland oder Österreich haben, muss sich die Bitterkeit des Krieges bei den wissenschaftlichen Arbeitern empfindlich fühlbar machen, da deren treuen Freunde und wahren Kameraden in der Forschung über Nacht, dem Ruf ihrer Länder folgend, Feinde und Fremde wurden. Unsere Leser haben in der Vergangenheit in unserem Tun insbesondere von der großzügigen Zusammenarbeit mit den Führern der meteorologischen Wissenschaft in Österreich und Deutschland profitiert.

Der Herausgeber beklagt, dass „die Uhr um Generationen zurückgedreht" worden sei, stellt jedoch zufrieden fest, dass sich die Briten unversehens geeint gezeigt hätten, um sodann nicht zu versäumen, seiner Hoffnung auf eine verstärkte Einheit der europäischen Länder nach dem Krieg Ausdruck zu verleihen. Schließlich beschwört er seine Leser, dem Vaterland im mörderischen Kampfe zu Diensten zu stehen, insbesondere weil „unsere Seite Recht hat und sich durchsetzen wird". Die Macht des Aggressors müsse zurückgedrängt werden, „und der Nation, welche eine altehrwürdige Universität als Terrorakt ausradieren kann, muss beigebracht werden, wie man eben anarchistischen Terroristen beibringen muss, dass solche Methoden der Kriegführung eine Freveltat gegen die Zivilisation und ein Unglück für die Menschheit sind".[73]

---

72 Es hat z. B. den damals bedeutendsten französischen Philosophen, Bewunderer der deutschen Philosophie, Henri Bergson, dazu bewegt, „in einer Akademiesitzung von dem Zynismus" zu sprechen, „mit dem Deutschland diesen Krieg begonnen habe und der einen Rückfall in die Barbarei bedeute" (Georg Simmel, in KELLERMANN 1915). Hauptmann setzte sich Mitte August gegen die Bezeichnung der Deutschen als „Barbaren" durch diesen „Philosophaster" zur Wehr. Auf dieses Schreiben antwortete aus Genf Romain Rolland, der schon im nächsten Jahr mit dem Literaturnobelpreis ausgezeichnet werden sollte: Er prangerte in seinem öffentlichen Brief vom 29. August auch noch einen „Krieg gegen die Toten" an: „Ihr steckt Rubens in Brand, Löwen ist nicht mehr als ein Aschenhaufen – Löwen mit seinen Schätzen der Kunst und der Wissenschaft, die heilige Stadt". Der um deutsch-französische Verbrüderung vor dem Krieg verdiente Rolland verstieg sich im selben Schreiben zu dem Ausspruch: „Tötet die Menschen, aber achtet die Kunstwerke!" (Nachgedruckt in KELLERMANN 1915.) In seiner Erwiderung lässt Hauptmann eine Seite erkennen, die der obige Vierzeiler verschüttet: „Gewiss ist es schlimm, wenn im Durcheinander des Kampfes ein unersetzlicher Rubens zugrunde geht, aber – Rubens in Ehren! – ich gehöre zu jenen, denen die zerschossene Brust eines Menschenbruders einen weit tieferen Schmerz abnötigt". (Nachgedruckt in KELLERMANN 1915.)

73 Nachdem dieses Kapitel verfasst war, fiel mir ein höchst aufschlussreiches und lesenswertes Buch in die Hände (UNGERN-STERNBERG & UNGERN-STERNBERG 2013), in dem die Vorgeschichte des Manifests, seine verheerende Wirkung auf die Intellektuellen, insbesondere in den verbündeten Mächten aber auch etwa in der Schweiz und Dänemark, sowie Versuche, es nach dem Krieg vonseiten einiger reumütiger Unterzeichner irgendwie zu rechtfertigen, dargestellt werden.

Dies ist ein Beispiel unter den vielen wütenden Reaktionen, auch etwa seitens der Akademien. Die französische Akademie antwortete mit einem „Gegenmanifest der 100", in dem „schwerste Vorwürfe gegen Deutschland erhoben und insbesondere die gewalttätigen Übergriffe der deutschen Armeen gegenüber der belgischen Zivilbevölkerung in schärfster Weise gebrandmarkt und die Annahme zurückgewiesen wurde, dass ‚die intellektuelle Zukunft Europas von der Zukunft der deutschen Wissenschaft' abhänge" (MOMMSEN 2000).

Was hat den Internationalisten, den Sekretär des Internationalen Meteorologischen Komitees bewogen, einen Aufruf zu unterschreiben, dessen Inhalt er nicht mit der gleichen Sorgfalt kritisch geprüft hatte bzw. prüfen konnte, wie er es von seiner wissenschaftlichen Arbeit gewohnt war? Unausweichlich war das nicht. Der große Königsberger David Hilbert (1862-1943), zu dem Zeitpunkt schon hoch gerühmter Mathematiker in Göttingen, hat zum Beispiel nicht unterschrieben. Musste der gewissenhafte Hellmann nun der Treue den Vorzug geben, und im Gespann der „Gewissenhaftigkeit und Treue", von der Max Planck in seiner Rektoratsrede gesprochen hatte, die eine Tugend über die andere stellen? Vielleicht. Viele kaiserliche Titel und Orden verpflichteten wohl. Die Preußische Akademie der Wissenschaften zog natürlich keine nationalen Grenzen im Denken, sie fühlte sich aber ihrem Gönner, dem preußischen König und deutschen Kaiser, zu uneingeschränkter Treue verpflichtet (MOMMSEN 2000). Mommsen klärt auf: „Dies wurde in den feierlichen Reden der Ständigen Sekretare anlässlich der regelmäßig mit der Feier des Geburtstages des Kaisers verbundenen öffentlichen Festsitzungen – der Friedrichstage – immer aufs neue bekräftigt, und auch in den Äußerungen der Sekretare der Klassen trat durchgängig eine ausgeprägte Staatsgesinnung zutage. Nicht zufällig war die höchste Ehrung, die einem Wissenschaftler im Kaiserreich zuteil werden konnte, die Verleihung der Würde eines Geheimrats, die auch nicht wenige Mitglieder der Akademie erlangten".

Eine solche kaiserliche Würde konnte also Gewissensbisse als staatsfremd unterdrücken? Und nur ohne sie war es einfacher, sie abzuwälzen? Anfang Dezember 1914 schreibt Einstein an seinen Wiener Freund Paul Ehrenfest in Leiden (EINSTEIN 1998): „Die internationale Katastrophe lastet schwer auf mir internationalem Menschen. Man begreift schwer beim Erleben dieser ‚großen Zeit', dass man dieser verrückten, verkommenen Spezies angehört, die sich Willensfreiheit zuschreibt. Wenn es doch irgendwo eine Insel für die Wohlwollenden und Besonnenen gäbe! Da wollte ich auch glühender Patriot sein". An Paolo Straneo schreibt er Anfang Januar 1915 (daselbst): „Ich liebe die Wissenschaft doppelt in dieser Zeit, in der ich die Gefühlsverirrungen fast aller Mitmenschen und deren traurige Folgen so schmerzlich mitempfinde. Es ist, wie wenn eine tückische Epidemie die Gehirne verwirrt hätte! Umso mehr müssen die Besonnenen und insbesondere wir Wissenschaftler die internationalen Beziehungen pflegen und uns von den rohen Gefühlen des Pöbels fernhalten; leider haben wir sogar bei den Naturwissenschaftlern in dieser Beziehung schwere Enttäuschungen erleben müssen!"

Svante Arrhenius (1859-1927), Chemiker, Meteorologe und Nobelpreisträger von 1903, schrieb mit unfeinem religiösen Unterton an seinen Freund Ostwald am 31. August 1914 (RIESENFELD 1931): „Es fällt mir vor, als ob eine Ewigkeit zwischen 1913 und 1914 oder auch 15. Juli und heute liegen würden. Viele Ideale sind geflogen. Das Schlimmste ist mit der verödeten Stadt Löwen. Gewiss war die Stadt katholisch, aber es waren viele Meisterstücke von alter Kultur da. Wir Friedensenthusiasten müssen verzweifeln. Es wird zugestanden, dass die am Kriege beteiligten Völker den Krieg nicht wollten. Warum ist dann der Krieg da?", und wenige Tage darauf am 11. September: „…. man sagt, dass bei vielen der Krieg ‚populär' ist. Die Menschen sind zum großen Teil Toren und gerade diese machen Reden." Ein Jahr später, am 25. Juni 1915, wechselt sein Empfänger von dem kühler reagierenden Ostwald zu seinem Verleger Jolowicz in Leipzig, wo Bjerknes an der Verwirklichung seines Traums einer rationalen Wettervorhersage arbeitete, gemeinsam mit jungen Mitarbeitern, von denen fünf „ihren Leib hinhalten mussten", damit sie „durchlöchert" zum Sieg beitrügen: „Die Welt war damals viel schöner. Alle Völker waren Brüder und ein jeder glaubte, dass der andere, er möchte einer beliebigen Nation angehören, es ebenso ehrlich und gut meinte wie er selbst. Ein Krieg war ja absolut undenkbar, weil doch niemand so frevelhaft sein könnte, die enorme Verantwortlichkeit für das Entfesseln des Krieges zu übernehmen. Und jetzt sagt man, dass die friedensliebenden Worte der Maßgebenden nur Heuchelei waren, indem viele derjenigen, welche Frieden mit ihren Lippen predigten, im Geheimen Vorbereitungen für das Überfallen der Nachbarn unternahmen. Ich habe Angst, dass die Welt nicht mehr die alte Schönheit in meiner Lebenszeit wiedergewinnen wird." Am 11. Oktober 1915 lässt er Jolovic wissen, dass er Wesensveränderungen an den Fachgenossen festgestellt habe: „Die wissenschaftliche Denkweise hat sich stark geändert. Ein mir sehr nahe stehender Gelehrter schrieb mir, dass die wissenschaftliche Beurteilung eines bekannten Chemikers sehr nachteilig davon in Deutschland beeinflusst worden war, dass dieser sich im englisch-freundlichen Sinne geäußert hätte. Ich hielt dies für Unsinn, obgleich mein Berichterstatter offenbar selbst starke Neigung hatte, die Politik über die Wissenschaft zu setzen". Und am 1.08.1916: „Heute ist ein Sorgentag, weil zwei Jahre zur Vernichtung der Zivilisation vergeudet wurden."

Hellmann, der sich in seinen Veröffentlichungen am ehesten international-gesinnt zeigt, war zwischen 1913 und 1915 Vorsitzender der Gesellschaft für Erdkunde. In einer Sitzung vom 10. Oktober 1914 schlug er vor, an den „Bezwinger von Antwerpen" ein Glückwunschtelegramm zu schicken[74]:

> Die Gesellschaft für Erdkunde eröffnete ihr Winterhalbjahr am 10. Oktober mit einem der augenblicklichen Kriegslage angemessenen Vortrage von Professor F. Lampe „über die geographischen Verhältnisse des östlichen Kriegsschauplatzes". Einleitend versagte es sich der Vorsitzende, Geheimrat Professor Dr. Hellmann, nicht, des hohen Ernstes dieser Tage zu gedenken, in denen Deutschland gegen eine Welt in Waffen steht. Viele Mitglieder der Gesellschaft hätten ihre bürgerlichen Berufe verlassen, um die Pflicht gegen das Vaterland zu erfüllen, und von den zahlreichen militärischen Mitgliedern der Gesellschaft hätten zwei sich bereits hohen Ruhm erworben: der Generaloberst von Kluck, Führer der ersten Armee, und der General von Beseler, der für das laufende Jahr als stellvertretender Vorsitzender der Gesellschaft für Erdkunde gewählt ist. Gerade an diesem ernsten Versammlungstage, so führte Professor Hellmann aus, wird der Name von Beselers von Aller Lippen genannt, als des Bezwingers von Antwerpen, das gestern gefallen ist. Auf den begeisterte Zustimmung findenden Vorschlag Geheimrat Hellmanns, beschloss die Gesellschaft sofort, an Exzellenz von Beseler ein Glückwunschtelegramm zu senden. Leider hatte der Vortragende eine Mitteilung schmerzlicher Art zu machen: von den Mitgliedern der Gesellschaft ist als erstes Opfer Professor Dr. Felix Preuß auf dem Felde der Ehre gefallen.

Von der Tätigkeit des Instituts in diesem unheilbringenden Jahr erstattet Hellmann, nach den bereits angeführten einleitenden Worten, wie gewohnt sachlichen Bericht:

> Von neuen wissenschaftlichen Unternehmungen des Instituts erwähne ich an dieser Stelle die Einrichtung eines kleinen Observatoriums am Ostseerande des Bades Kolberg für eingehende aktinometrische und photometrische Messungen, dessen Zustandekommen hauptsächlich der sehr ersprießlichen Wirksamkeit der Zentralstelle für Balneologie und dem einsichtsvollen Entgegenkommen der Stadt Kolberg selbst zu verdanken ist. Die Zentralstelle für Balneologie, deren Kuratorium ich als Sachverständiger für das Fach der Meteorologie angehöre, und die Stadt Kolberg bestreiten die Kosten der auf zwei Jahre berechneten Untersuchungen, während das Meteorologische Institut die wissenschaftliche Überwachung übernimmt und, mit Genehmigung des vorgesetzten Ministeriums, seinen wissenschaftlichen Hilfsarbeiter Dr. Kähler zur Ausführung der Messungen dorthin entsendet. Gleichzeitig wurden am Observatorium bei Potsdam die daselbst schon seit einigen Jahren ausgeführten aktinometrischen Messungen erweitert und eingerichtet, sowie die Messungen der Himmelshelligkeit neu aufgenommen, so dass streng vergleichbare Beobachtungen mit denen von Kolberg gewonnen werden. Es waren auch die seit langem im Gange befindlichen Verhandlungen, im Hochgebirge ähnliche Untersuchungen in ausgedehntem Maße auf längere Zeit hinaus anzustellen, zu einem erfreulichen Abschluss gekommen, als der Ausbruch des Krieges die Verwirklichung dieser Pläne zunächst vereitelte.

Vom Umbau auf dem Brocken können wieder nur Verzögerungen mitgeteilt werden. Aber bezüglich der Windverhältnisse in den untersten Schichten der Atmosphäre kann Hellmann bereits erste Fortschritte vermelden:

> Das Anemometer-Versuchsfeld bei Nauen, dessen erste Resultate in den Sitzungsberichten der Kgl. Preußischen Akademie der Wissenschaften von mir veröffentlicht wurden, erfuhr insofern eine Erweiterung, dass außer den in 2, 16 und 32 m Höhe aufgestellten Anemometern, auf einem Turm von 125 m Höhe ein vierter Anemograph Aufstellung fand. Die für den Turm von 250 m Höhe bestimmten Apparate waren gegen Ende des Jahres nahezu fertiggestellt, sollen aber vor ihrer definitiven Aufstellung erst am Potsdamer Observatorium ausprobiert werden.

Von besonderen Untersuchungen im Zentralinstitut schreibt Hellmann:

> Die bei dem vorjährigen Kaisermanöver in Schlesien seitens der Stationen des Instituts dem Manöverwetterdienst übermittelten Nachrichten haben sich als so wertvoll gezeigt, dass danach seitens der Inspektion des Militär-Luft- und Kraft-Fahrwesens auch für die Zukunft die Mitwirkung des Instituts und zwar nicht nur bei Manövern, sondern dauernd in Aussicht genommen wurde. Diese Inspektion bekam zwar schon seit längerer Zeit von den ihr unterstellten Fliegerstationen und Luftschiffhallen Telegramme über außergewöhnliche Witterungsvorgänge, wie Gewitter, Böen, dichten Nebel usw. Da jedoch die Anzahl dieser Meldestationen sich als viel zu gering erwies, um daraufhin bei beabsichtigten Aufstiegen hinreichend sichere Warnungen aus-

---

[74] Reichsanzeiger Nr. 284, 21. Oktober 1914 S. 3, unter „Kunst und Wissenschaft".

geben zu können, wurde mit dem Institut, wie später auch mit den süddeutschen Beobachtungsnetzen, eine Ausdehnung dieses Militär-Meldedienstes auf eine größere Zahl von Institutsstationen vereinbart.

Da sich dieser Warnungsdienst im Frieden gut bewährte, so wurde er naturgemäß im Kriege nicht nur beibehalten, sondern noch auf weitere Stationen, sowie später auf die Meldung starker Schneefälle ausgedehnt. Außerdem ist eine größere Zahl von Stationen höherer Ordnung veranlasst worden, täglich dreimal die Ablesungen ihrer Instrumente an bestimmte Zentralen nach einem vereinbarten Schema zu telegraphieren. Im Hinblick auf den patriotischen Zweck haben sich alle 123 aufgeforderten Beobachter sofort hierzu bereit erklärt, obwohl dieser Dienst an einige wegen der großen Zahl von Depeschen, die sie täglich abzusenden haben, nicht unerhebliche Anforderungen stellt.

Um zügige Veröffentlichungen ist Hellmann auch in Kriegszeiten bemüht:

Die Neuauflage der Provinz-Regenkarten ist mit der Ausgabe der Karten der Provinz Westfalen im Sommer 1914 und mit der Fertigstellung der Karten für Hessen-Nassau und die Rheinprovinz zum Abschluss gebracht worden. Letztere hätten schon im Herbst erscheinen können, aber wegen Mangel an Lithographen erfuhr der Stich und der Druck der Karten eine größere Verzögerung.

Immerhin bin ich froh, berichten zu können, dass die umfangreiche Arbeit der Neubearbeitung aller Karten innerhalb 4 Jahre erfolgte; denn, da diesmal außer der Jahreskarte auch zwölf Monatskarten zu zeichnen waren, fiel die gesamte Arbeit 13-mal so groß aus wie bei der Herstellung der ersten Auflage in den Jahren 1899-1903. Es war dies nur dadurch möglich, dass ich vom Observator Dr. Henze bei der Überwachung der vorbereitenden Rechnungen und Reduktionen, bei der Zusammenstellung der Tabellen und bei den übrigen Vorarbeiten fortdauernd unterstützt worden bin. Ich spreche ihm dafür meinen besten Dank aus.

Von Hermann Henze (1877-1958) findet sich eine Kurzbiographie im Anhang D.

Die Fortschritte am „Klimawerk" waren bei Kriegsausbruch noch vielversprechend:

Die Arbeiten der im Frühjahr 1913 gebildeten außerordentlichen Abteilung zur Bearbeitung einer Klimatologie von Deutschland nahmen unter unmittelbarer Aufsicht des Observators Professor v. Elsner guten Fortgang. Nach Abschluss der notwendigen Vorarbeiten, wie Aufstellung eines Verzeichnisses der bis 1910 vorhandenen Beobachtungsreihen und Herstellung von Arbeitskarten, wurde mit der Ausschreibung und tabellarischen Zusammenstellung der meteorologischen Elemente begonnen und die Berechnung der meteorologischen Mittelwerte in Angriff genommen. Von den der Untersuchung zugrunde gelegten 30 Jahrgängen (1881-1910), deren Zahl nur bei einzelnen Fragen noch vermehrt werden soll, wurden der Hauptsache nach die Temperatur-, Luftdruck-, Wind- und Bewölkungsbeobachtungen ausgezogen und tabellarisch geordnet. Am weitesten ist bereits der auf die Temperaturverhältnisse sich beziehende Teil fortgeschritten, der über die mittleren Monatstemperaturen und die Monatsmittel der mittleren und absoluten Temperaturextreme Auskunft gibt. Die vor der Berechnung der Mittelwerte erforderliche Prüfung der Zuverlässigkeit und Homogenität des Beobachtungsmaterials und die Reduktion unvollständiger Temperaturreihen auf 30jährige Mittelwerte wurde von Dr. Georgii ausgeführt.

Umfangreiche Rechnungen über die Temperaturabnahme mit der Höhe in den deutschen Mittelgebirgen wurden von Professor v. Elsner als Vorarbeit für die kartographische Darstellung der Temperaturwerte angestellt. Außerdem konnten noch aus den vom Dänischen Meteorologischen Institut freundlichst zur Verfügung gestellten täglichen Luftdruckwerten für die Koordinatenschnittpunkte der synoptischen Wetterkarten die Pentadensummen und -Mittel der Jahre 1890-1908 gebildet werden, um später mehrjährige Pentadenmittel des Luftdruckes für ein größeres Gebiet geben zu können.

Die Gepflogenheit, Stationen alljährlich zu inspizieren, hatte sich seit der Neuorganisation (und länger) nicht geändert. Wie sehr auf die genaue Prüfung Wert gelegt wurde, wie akribisch über die Mängel berichtet wurde, davon zeugen drei unter vielen anderen Stationen, die von Knoch in Rossitten (Ostpreußen), die vom Abteilungsleiter Lüdeling in Oppeln (Schlesien) und die vom Direktor Hellmann selbst in Pammin (Pommern) besichtigten Stationen:

Rossitten: *Station unverändert und in gutem Zustande.*

Oppeln: *Das Barometer hat einen anderen, vor der Strahlung des Ofens geschützten Platz erhalten. Die Luftschraube ist zu fest angezogen und wird etwas gelockert. Das Thermometergehäuse ist nur mit großer Kraftanstrengung und unter erheblicher Erschütterung der Instrumente heranzuholen, da die Führung der Zugstange nicht in Ordnung ist. Es wird daher eine sofortige Abänderung verfügt. Das Gehäuse selbst ist neu zu streichen. Die Aufstellung des Regenmessers wird durch heranwachsende Bäume immer mehr beeinträchtigt. Da am jetzigen Standorte an eine Beseitigung der störenden Einflüsse nicht zu denken ist, wird nach einer neuen geeigneten Stelle für den Regenmesser gesucht. Eine solche findet sich auf dem Gelände der städtischen Kläranlage. Instrumentalkorrektion des Barometers Nr. 1626: + 0.16 mm.*

Pammin: *Die vollkommen schief stehende Thermometerhütte wurde repariert.*

Wie sich die Institutsarbeit in Kriegszeiten gestaltete, wird in den folgenden Abschnitten angedeutet.

1915

Im Tätigkeitsbericht für dieses Jahr erstaunt der erste Satz: „Das Kriegsjahr 1915, so bewegt und stürmisch sein äußerer Verlauf war, brachte dem Meteorologischen Institut in erhöhtem Maße stille und ruhige Arbeit"; aber schon der nächste scheint dieser Einschätzung gänzlich entgegenzustehen: „Volle 70 Prozent seiner Kräfte waren für den Heeresdienst in Anspruch genommen, die Zurückgebliebenen hatten daher vor allem die Aufgabe, den laufenden Dienst aufrechtzuerhalten. Das ist auch gelungen."

Hellmann kann trotz „ungünstiger Witterung" auf einige Fortschritte hinweisen: „Der zweite Teil des Neubaues des Observatoriums auf dem Brocken wurde so gut wie beendet. ... Das Instrumentarium wurde weiter vervollständigt, und es verdient hier hervorgehoben zu werden, dass nunmehr fortlaufende Aufzeichnungen der Richtung und Geschwindigkeit des Windes für den Sommer 1915 vorliegen. Es sind die ersten derartigen Beobachtungen von einem Berggipfel der deutschen Mittelgebirge." In einer Geschichte der Wetterbeobachtung auf dem Brocken wird dieser Neubau als „Hellmann-Observatorium" bezeichnet (KINKELDEY et al. 2015). Es wurde 1945 zerstört. Die balneologischen „Untersuchungen über Himmelshelligkeit und Sonnenstrahlung am Ostseestrande von Kolberg wurden unter guten Bedingungen fortgeführt bis zum Anfang des Monats Mai, in dem der Beobachter Dr. Kähler zum Heeresdienst einberufen wurde. Ein geeigneter Ersatz war nicht zu beschaffen."

Hellmann, der 61 Jahre alt war, brauchte nicht Dienst im Kot des Feldes leisten, trug jedoch zu den Kriegsaufgaben durch Gutachtertätigkeit bei:

Während zahlreiche Beamte des Instituts unmittelbar für Zwecke des Heeres dienstbar sein konnten, hatten die Zurückgebliebenen häufig Gelegenheit, mittelbar dafür arbeiten zu können. Vor allem war es möglich, den Militärwetterdienst wirksam zu unterstützen und allerlei wissenschaftliche Auskünfte über meteorologische, klimatologische, magnetische und luftelektrische Verhältnisse der mannigfaltigsten Art zu erteilen. Auch war der Berichterstatter mehrfach in der Lage, über scheinbar fernabliegende und mit dem Kriege doch zusammenhängende Dinge Gutachten abzustatten. Auf Einzelheiten kann hier natürlich nicht eingegangen werden.

Besorgt zeigt sich unser fleißiger Vielschreiber – auch in Kriegszeiten – über nachlassende Druckerzeugnisse:

Wenn man die Tätigkeit einer wissenschaftlichen Anstalt mit Recht im allgemeinen nach den von ihr ausgehenden Veröffentlichungen beurteilt, so wolle man im Jahre 1915 in Rechnung ziehen, dass nicht bloß, wie eingangs erwähnt, zahlreiche Kräfte dem Meteorologischen Institut entzogen waren, sondern dass auch im zweiten Halbjahr nicht mehr die Möglichkeit der technischen Herstellung aller Publikationen bestand. Es ist in der Tat viel mehr aufgearbeitet und für den Druck vorbereitet, als die Druckerei bei dem Mangel an geschulten Arbeitskräften setzen kann.

Im Tätigkeitsbericht für 1914 waren längere Ausfälle wegen Krankheit beklagt worden. Wie schon im Vorjahr, war Elsner, der sich weder freiwillig gemeldet noch einberufen worden war, 1915 wieder und für längere Zeit krank; die ständige Arbeitsbelastung unter Kriegsbedingungen, mit vermindertem Personal, hatte gewiss ihren gesundheitlichen Preis. Auch unser rastloser Geheimrat scheint von menschlichen Schwächen nicht verschont geblieben zu sein: „Infolge Erkrankung war der berichterstattende Direktor genötigt, im Januar einige Zeit dem Dienst fernzubleiben".

Im August wird Hellmann zum Dekan der Friedrich-Wilhelm-Universität für 1915/16 gewählt.

1916

„Die Tätigkeit des Königlichen Meteorologischen Instituts im Jahre 1916 war im wesentlichen dieselbe wie im Vorjahre. Nachdem zwei weitere wissenschaftliche Beamte zum Heeresdienst eingezogen waren, hatten die zurückbleibenden noch mehr Anstrengungen zu machen, um den Betrieb aufrecht zu erhalten. Es ist dies gelungen, dagegen sind natürlich alle Arbeiten, welche die Aufarbeitung und Veröffentlichung der Beobachtungen betreffen, weiter in Rückstand geraten."

In Frankfurt trafen sich im April die Leiter der deutschen meteorologischen Beobachtungsnetze, um über ein Ärgernis zu beraten, die plötzliche Einführung der Sommerzeit, „die für alle meteorologischen Erscheinungen, soweit sie vom scheinbaren täglichen Lauf der Sonne abhängen, als Zeitmaß ungeeignet ist". „Nachdem es nach vielen Bemühungen gelungen war, vom Jahre 1901 ab in allen deutschen Beobachtungsnetzen – mit Ausnahme desjenigen der Deutschen Seewarte – als Beobachtungstermine für allgemeine meteorologische und klimatologische Zwecke die Stunden 7 Uhr früh, 2 und 9 Uhr nachmittags mittlerer Ortszeit einzuführen, erschien es sehr erwünscht, diese Einheitlichkeit auch zu erhalten und sie durch die Einführung der Sommerzeit nicht zu gefährden." Es wurde dort „einmütig beschlossen, alles daran zu setzen, um die genannten Stunden mittlerer Ortszeit auch während der Dauer der Sommerzeit beizubehalten".

Auch dieser Bericht kann, trotz des Krieges, mit einem wissenschaftlichen Anhang erscheinen: „Ich freue mich feststellen zu können, dass die meisten zurückgebliebenen wissenschaftlichen Kräfte des Instituts selbst im verflossenen Jahre Zeit gefunden haben, wieder einen kleinen Beitrag zum vorliegenden Bericht zu liefern".

Hellmann zählt die Namen der Mitarbeiter auf, die zum Heeresdienst einberufen wurden oder freiwillig eingetreten waren. Abteilungsvorsteher Prof. Lüdeling, dessen Name gelegentlich der Stationsbeschreibung in Oppeln fiel, zog in den Krieg; ihm wurde der „Türkische Eiserne Halbmond" verliehen. Der Hamburger Reinhard Süring (1866-1950), Leiter der Meteorologischen Abteilung in Potsdam und Höhenrekordhalter mit Berson [auf Abb. 2-7 zu sehen], beide Mitautoren am „Ballonwerk", war nur vorübergehend während des Jahres 1914 im Heeresdienst. 1915 erschien die dritte Auflage, in Lieferungen ab 1913, von Hanns Lehrbuch, an dem Süring sich beteiligt hatte: „Das umfassendste und beste Lehrbuch der Meteorologie", lautete Hellmanns Urteil in seiner Bibliographie von 1917. Auch betreute Süring mit Hann weiterhin die *Meteorologische Zeitschrift*.

Wie gedieh während des Krieges das *Klimawerk*? Zu den besonderen Untersuchungen des Instituts schreibt Hellmann:

In der außerordentlichen Abteilung für die Klimatologie Deutschlands *wurde die Aufarbeitung des zugrunde liegenden Beobachtungsmaterials durch zwei rechnerische Hilfskräfte dem Abschluss näher gebracht. Die wissenschaftlichen Arbeiten konnten dagegen nur wenig gefördert werden, da der Observator Professor v. Elsner vom 1. März ab für den zum Heeresdienst eingezogenen Dr. Joster die Verwaltung der Instrumentenabteilung übernehmen musste und zeitweise auch noch durch andere Vertretungen in Anspruch genommen war. Seine Tätigkeit in der Abteilung musste sich daher hauptsächlich auf die Vorbereitung und Überwachung der von den Rechnern auszuführenden Arbeiten beschränken.*

Stationen wurden weiterhin in Augenschein genommen. Von derjenigen im östlichen Kriegsschauplatz, Marggrabowa in Ostpreußen, wird folgendes aktenkundig:

Die seit Beginn des Krieges teils wegen Einziehung des Beobachters, teils wegen des Russeneinfalls ruhende Station konnte wieder in Tätigkeit treten, nachdem die Mutter des Beobachters, die verwitwete Frau Oberlehrer Kunow, sich dazu bereit erklärt hatte. Die Hütte war gut erhalten, alle Instrumente aber zerstört oder verschwunden. Der Sonnenschreiber konnte auf dem Gaswerk wieder aufgestellt werden.

Hellmann fand in dieser finsteren Zeit genügend Muße, um anhand ausgeliehener Beobachtungsjournale die „wärmsten und die kältesten Tage in Berlin seit 1766" zu ermitteln. Im Anhang des Berichts kommt er zu dem Schluss: „Während also der Mittelwert der wärmsten Tage sich nicht wesentlich geändert hat, ist derjenige der kältesten Tage in die Höhe gegangen, und zwar am meisten in den letzten 50 Jahren", wobei er anmerkt, dass der Durchschnitt der wärmsten Tage in der ersten 50-jährigen Periode wegen ungünstiger Thermometeraufstellungen zu hoch sein dürfte. Als Erklärung weist er auf einen „Stadteffekt" hin: „Offenbar ist das Anwachsen Berlins zu einer Großstadt der Grund für das Höherwerden der tiefsten Tagesmittel und das Gleichbleiben der höchsten; denn genau in demselben Sinne verhalten sich nach vielfältigen Untersuchungen Stadt und Land zu einander." Hellmanns Befund für Berlin steht im Einklang mit neueren Analysen, die mit zuverlässigeren Beobachtungen in über ein Drittel der Landmassen an den Tag legen, dass in der Periode 1952-1989 die Minimumtemperaturen gegenüber den Maximaltemperaturen dreimal so schnell gestiegen seien (JONES 1999).

Der 40-seitige Tätigkeitsbericht für 1916 blieb bis 1920 der letzte, während der nächste zusammenfassend und in papiersparender Kleinschrift die Jahre 1917, 1918 und 1919 auf 23 Seiten enthält. Um dennoch eine Vorstellung von Hellmanns Tätigkeit in diesen Jahren zu geben, mögen seine Vorträge im Berliner Zweigverein der Meteorologischen Gesellschaft und in der Akademie als Lückenbüßer dienen.

In einer Gesamtsitzung der Akademie am 2. März 1916 hielt Hellmann zwei Vorträge (*Die Naturwissenschaften* 1916):

> *1. Über typische Störungen im jährlichen Verlauf der Witterung in Deutschland: An 60jährigen gleichzeitigen Pentadenmitteln der Temperatur von 31 deutschen Orten und 150jährigen von Berlin werden die Kälteeinbrüche im Februar (Nachwinter), März, Mai und Juni sowie die Wärmerückfälle Ende September und November untersucht.*
>
> *2. Über die ägyptischen Witterungsangaben im Kalender von Claudius Ptolemäus: Ausgehend von der genügend verbürgten Annahme, dass sich das Klima des Mittelmeergebietes in historischer Zeit nicht geändert hat, werden die zahlreichen Witterungsangaben für Alexandria im Kalender des Claudius Ptolemäus mit den modernen Beobachtungen verglichen und gezeigt, dass jene alten Angaben die wirklichen Verhältnisse nicht wiedergaben.*

Diese letztere Untersuchung hat Hellmann in seinem das Jahr darauf veröffentlichten Beitrag Nr. 7 zur Geschichte der Meteorologie verwertet (vgl. Kapitel 13, Band II).

Von Hellmanns innerer Tätigkeit als Akademiemitglied gibt das Berufungsverfahren für den Nachfolger des zu früh verstorbenen Karl Schwarzschild einen Einblick. Schwarzschild, der zufolge seiner Ehefrau Else sich als deutscher Jude verpflichtet gefühlt habe, freiwillig in den Krieg zu ziehen (VOIGT 1992) – anfangs als Leiter einer Feldwetterwarte –, hatte die erste die allgemeinen Einsteingleichungen bestätigende Lösung im Schützengraben gefunden (STANLEY 2019). Er starb an den Folgen einer unheilbaren Hautkrankheit, wenig später nachdem er für die letzte Märzsitzung der Akademie eine Arbeit über Quantentheorie übersandt hatte.

Durch Ministerialerlass vom 24. Juni 1916 wurde die Akademie aufgefordert, sich gutachterlich über die Nachfolge des verstorbenen Direktors des Astrophysikalischen Observatoriums zu äußern. Dazu beauftragte sie die physikalisch-mathematische Klasse, die in eine entsprechende Kommission die Physiker Einstein, Planck und E. Warburg, den Geodäten Helmert, den Astronomen Struve und den Meteorologen Hellmann kürte (KIRSTEN & TREDER 1979). Einen Schwarzschild „gleich kongenialen Nachfolger" auszumachen, war in den Augen Einsteins unmöglich. Es mussten unter den damaligen Astronomen dennoch die geeignetsten Kandidaten ausfindig gemacht werden, und man einigte sich auf den 60-jährigen Astronomen Friedrich Küstner (1856-1936) aus Bonn, den 64-jährigen Gustav Müller (1851-1925) und den jüngeren Hans Ludendorff (1873-1941). Müller hatte als „Observator" am Königlichen Astrophysikalischen Observatorium zu Potsdam 1897 die seinerzeit eine Lücke füllende „Photometrie der Gestirne" geschrieben und hatte dort treueste Dienste geleistet. Gegen ihn hatten aber die Physiker Bedenken, weil er bereits 1908 abgelehnt worden war. Warburg sah sich angesichts nicht passender Nachfolger unter den Astronomen veranlasst, die Berufung eines Physikers nicht grundsätzlich auszuschließen und schlug vor, den in Göttingen ansässigen Emil Wiechert (1861-1928) zu berufen, der in der Elektronenphysik und der Geophysik sich einen Namen gemacht hatte. Hellmann äußerte allerdings gegen diesen Kandidaten „schwere Bedenken", wohl zu Recht, da einem Geophysiker das Gebiet der Astrophysik „völlig fremd" sein müsse, und gegen Ludendorff sprach er sich auch aus, weil man es dem viel älteren Müller nicht zumuten könne, ihn einem jüngeren zu unterstellen. Helmert lehnte beide ab. Als Kompromiss schlug Hellmann vor, Küstner und Müller *aequo loco* vorzuschlagen, wogegen Einstein einwarf, dass eine solche Lösung einer Meinungsenthaltung der Akademie gleichkäme. In der zweiten Sitzung im Oktober verständigten sich Struve, Warburg, Hellmann, Einstein und Planck auf den Vorschlag, Küstner an erste und Müller an zweite Stelle zu setzen (KIRSTEN & TREDER 1979). Gewählt wurde schließlich der ältere Müller. Nachdem aber dieser schon 1921 in den Ruhestand trat, musste über die Neubesetzung wieder beraten werden, und Hellmann spielte abermals eine Rolle bei der Neubesetzung. Dazu später mehr.

Im Berliner Zweigverein hielt Hellmann zwei Vorträge. Süring berichtet in den *Naturwissenschaften* (1916):

> *In der Sitzung vom 8. Februar brachte Hellmann zwei kleinere Mitteilungen über Windgeschwindigkeit auf dem Brockengipfel und über Dauer der Niederschläge und hielt sodann einen Vortrag über die Entwicklungsgeschichte des meteorologischen Lehrbuchs. [...]*
>
> *Unter Beschränkung auf die wichtigsten Daten gab Herr Hellmann schließlich einen Überblick über die Entwicklungsgeschichte des meteorologischen Lehrbuchs. Den Ausgangspunkt bildete die Meteorologie des Aristoteles, welche bis in das 16. Jahrhundert hinein die meteorologischen Studien allein beherrschte. Nicht in der Urschrift, sondern*

durch lateinische Übersetzungen arabischer Kommentare kam die Meteorologie des Aristoteles nach Europa und wurde hier zahllos weiter kommentiert, in Deutschland zuerst von Albertus Magnus. In der Folgezeit zeichneten sich namentlich die Franzosen durch fortschrittliche Neuerungen im Charakter des meteorologischen Lehrbuchs aus, z. B. 1495 Pierre d'Ailly durch das erste selbständige Kompendium des Aristoteles, 1547 Antoine Mizauld durch Herausgabe des sehr anregend geschriebenen Miroir [!] de l'air *(zugleich das erste meteorologische Lehrbuch in einer modernen Sprache), 1774 Louis Cotte durch den auch Instrumente und Beobachtungsresultate behandelnden* Traité de météorologie. *Im 19. Jahrhundert waren es namentlich die Deutschen, welche durch ausgezeichnete und eingehende Lehrbücher (Kämtz 1836, E. E. Schmid 1860, J. von Hann 1901) die Forschung förderten.*

1917

Von Hellmanns Einflussnahme auf die Besetzung von Stellen auf dem Telegraphenberg mit seinen verschiedenen Observatorien hatten wir schon eine Probe gegeben. Ein weiteres, gut dokumentiertes Beispiel betrifft die Nachfolge von Friedrich Robert Helmert (1843-1917), der das Geodätische Institut bei Potsdam leitete, und der im Vorjahr in der Berufungskommission für Schwarzschilds Nachfolger im gleichen Sinne wie Hellmann mitgewirkt hatte. Wieder musste eine Beratungskommission gebildet werden, die aus den Akademiemitgliedern Planck, Warburg, Penck, H. A. Schwarz, Rubens, Hellmann und Branca bestand. In der Diskussion über eine Zusammenarbeit mit der Berliner Universität in dieser Angelegenheit, lehnen es Planck und andere Mitglieder ab, einen gemeinsamen Bericht an das Kultusministerium zu schicken (KIRSTEN & TREDER 1979). Von dem Geographen Penck wurden in einer 2. Kommissionssitzung im November 1917 Bedenken gegen die von Struve ausgearbeitete Fassung eines Briefes an das Ministerium geäußert, der auch Hellmann nicht beistimmen wollte, „weil darin der Mangel einer wirklich passenden Persönlichkeit nicht genügend hervorgehoben sei. Er erklärt sich aber bereit eine ihn befriedigende Abänderung der Fassung zu suchen, so dass er dann auch in der Lage wäre den Entwurf der Majorität zu unterzeichnen" (KIRSTEN & TREDER 1979). Am Ende beschließt die Kommission, die von Hellmann und Struve neu ausgearbeitete Fassung als Kommissionsbericht gelten zu lassen; würde die neue Fassung nicht zustande kommen, so sollte der unveränderte Bericht von Struve angenommen und der Klasse vorgelegt werden (ITZEROTT et al. 2018).

Über solches Wirken im Hintergrund hinaus erstreckte sich Hellmanns Tätigkeit an der Preußischen Akademie auf regelmäßige Beiträge zu ihren Sitzungsberichten. Vor der physikalisch-mathematischen Klasse der Akademie berichtete Hellmann im Februar über die Fortschritte im Wind-Versuchsfeld bei Nauen und über seine Widerlegung der (auch von Bezold) behaupteten Zunahme von Blitzen (*Die Naturwissenschaften* 1917):

1. Herr Hellmann sprach über die Bewegung der Luft in den untersten Luftschichten der Atmosphäre (II. Mitteilung). *Aus Messungen der Windgeschwindigkeiten in fünf verschiedenen Höhen bis zu 258 m über dem Boden wird das Gesetz abgeleitet, dass die Windgeschwindigkeiten in verschiedenen Höhen sich zueinander verhalten wie die fünften Wurzeln aus diesen Höhen. In 512 m Höhe ist die Geschwindigkeit doppelt so groß als in 16 m. Die tägliche Periode der Windgeschwindigkeit mit einem Maximum am Nachmittag reicht im Winter nur bis zur Höhe von rund 60 m über dem Erdboden, darüber herrscht der umgekehrte Typus mit einem Maximum in der Nacht. Im Sommer liegt die neutrale Zwischenzone erheblich höher, wahrscheinlich bei 300 m.*

2. Herr Hellmann sprach sodann „über die angebliche Zunahme der Blitzgefahr". Die seit 1869 oft wiederholte Behauptung von der Zunahme der Blitzgefahr bestätigt sich nicht. Weder die Zahl der Gewitter noch die der vom Blitz getöteten Personen hat zugenommen.

In der Sitzung des Berliner Zweigvereins am 6. März spricht Hellmann wieder über die Windzunahme in den untersten Schichten der Atmosphäre. Verwandt damit ist sein Beitrag in der *Meteorologischen Zeitschrift* (Bd.34):

Unter Zuhilfenahme der auf dem Observatorium bei Potsdam gemachten Anemometeraufzeichnungen, die hiernach für eine Schicht von rund 70 m Höhe maßgebend sein dürften, lässt sich nun der Verlauf der täglichen Periode der Windgeschwindigkeit vom Boden bis zur Höhe von 258 m verfolgen. [Vgl. Kapitel 6.] [...] Beachtung verdient noch die regelmäßige Abnahme der Amplitude mit der Höhe bis zur Umkehrschicht und ihre Wiederzunahme oberhalb derselben. Nach den Mittelwerten für die kalte Jahreszeit und das ganze Jahr ist die Amplitude in 123 m wieder ebenso groß wie in 32 m Höhe, und in 258 m erreicht sie schon Werte, wie sie den bodennahen Schichten eigentümlich sind.

Zur Erklärung der Erscheinung reicht die Espy-Köppensche Theorie im allgemeinen aus, jedoch erheischt sie noch eine kleine Ergänzung in dem auf die Nacht entfallenden Anteil. Dafür ist nämlich die Temperaturschichtung in den untersten Höhen von maßgebender Bedeutung. [...] Während bei Tage die Temperaturumkehr sehr selten vorkommt, am ehesten noch im Winter, tritt sie in der Zeit, in der sich die Sonne unter dem Horizont befindet, ungewöhnlich häufig auf, so dass sie zu gewissen Zeiten geradezu die Regel bedeutet. [...] Die durch Ausstrahlung des Erdbodens kälter und darum schwerer gewordene untere Luftschicht bleibt stagnierend am Boden liegen. Sie verhindert jeden konvektiven Austausch und ist der Sitz der nächtlichen Luftruhe, die in der Anemometerkurve als nahezu gerade Linie erscheint. Dagegen können die höheren Luftschichten, die nun nicht mehr durch aufsteigende Luftströme geschwächt sind, über die unten lagernden kalten Luftmassen leichter dahinfließen.

[...]

Wenn die Luft in horizontalen Fäden und Flächen dahinströmte, von Wirbeln nicht durchsetzt wäre, müsste die Windgeschwindigkeit am Erdboden sehr gering sein. Da aber fast immer eine vertikale Komponente wirksam ist und, wie schon aus der Bildung der Kräuselungen und Wellen auf Wasseroberflächen ersichtlich wird, die absteigende Bewegung häufig auftritt und kräftig werden kann, so muss die Geschwindigkeit des Windes an der Erdoberfläche einen namhaften Betrag haben. In dieser Beziehung unterscheidet sich also die Luftbewegung wesentlich von der Wasserbewegung in Flüssen; denn, wenn an der Flusssohle die Geschwindigkeit auch nicht gleich Null ist, wie immer noch einige Hydrauliker annehmen, so erreicht sie doch nur kleine Werte. Es wäre aber auch denkbar, dass dicht oberhalb der Oberfläche bezüglich der Windgeschwindigkeit eine Sprungschicht vorhanden und dass der Betrag am Erdboden selbst kleiner ist, als eben angenommen.

[...]

Ob die gefundene Beziehung [vgl. Kapitel 6] zwischen Höhe und Windgeschwindigkeit allgemeinere Gültigkeit hat oder nur für das ganz ebene Gelände bei Nauen gilt, muss zunächst dahingestellt bleiben. Ich glaube, das einfache und gesetzmäßige Verhalten zeigt sich hier deshalb, weil alle fünf Instrumente gleichmäßig und sehr frei aufgestellt sind und weil das flache Land rings um die Station unbebaut ist, die Luftströmungen also von allen Seiten ungehindert Zutritt haben. [...]

Am 20. Dezember sprach Hellmann vor der Akademie über strenge Winter (*Die Naturwissenschaften* 1918):

Es wird eine neue Methode zur Vergleichung der Winter untereinander entwickelt und auf die letzten 150 Jahre in Berlin angewandt. In diesem Zeitraum hat es 24 sehr strenge Winter gegeben. Der strengste war der von 1829/30, dem der Winter 1788/89 nur wenig nachstand. Der letzte Winter (1916/17) kann nur als mittelstreng bezeichnet werden. Die Zahl der sehr strengen Winter hat seit etwa der Mitte des 19. Jahrhunderts stark abgenommen, während sie in der Periode 1788 bis 1845 groß war, nämlich 17. Es liegt also eine sicher nachgewiesene Klimaschwankung vor. Zur Ausbildung eines sehr strengen Berliner Winters gehört das Vorhandensein einer langandauernden Schneedecke und die Verlagerung des sibirischen Luftdruckmaximums nach Westen bis nach Finnland oder Schweden.

Diese Untersuchung stieß in Schweden auf Interesse. Ein Brief vom Ozeanographen Sven Otto Pettersson (1848-1941) an Hellmann vom 24. Januar 1921 macht deutlich, dass Hellmanns Definition nicht notwendigerweise Schlüsse auf die Winter einer größeren Region zulässt[75]:

Hochgeehrter Herr,

Ich bedaure dass ich Sie noch einmal bemühen muss und diesmal mit einer Frage – ich werde vielleicht später im Stande sein den Grund näher anzugeben warum ich Gewicht auf diese Sache lege. In Ihrem Aufsatz über Strenge Winter ist angegeben für das Jahr 1814-1815

Nov.	Dez.	Jan	Feb	März	Summe
0	51	171	12	1	235

Die hohe Zahl 171 für Januar welche diesen Winter zu den kalten Wintern gesellt – ist für mich befremdend und stimmt nicht mit meinen Berechnungen. Da diese sich über 150 Jahren [sic] erstrecken und der Winter 1814-15 die einzige Ausnahme bildet verstehen Sie mein Interesse dafür Gewissheit zu erhalten über die Sachlage. Welchen Charakter hatte dieser Wintermonat Januar 1815 der von einem milden Februar gefolgt wurde? Ich setzte nämlich voraus dass kein Druckfehler vorliegt, sondern dass man in Berlin wirklich einen strengen Wintermonat Januar in 1815 gehabt, wodurch dieser Winter, der in Stockholm ein milder war, für Berlin ein ziemlich strenger wurde.

Eine andere Anomalie bildet der Winter 1837-1838 (gehört zu den 8-Jahr Serie von Woeikoff) der in Stockholm sehr warm war aber in Berlin zu den

---

75 Slg Darmstaedter Ld 1900, Pettersson. Hellmann charakterisiert strenge Winter vor 1829, ehe Minimumthermometer in Berlin gebräuchlich wurden, vermöge der Summe der negativen mittleren Tagestemperaturen (in °C) in einem Wintermonat (einschließlich Vor- und Nachtwintermonat). (Hellmann: „Über Strenge Winter", *Sitzungsberichte der Preußischen Akademie der Wissenschaften LII.*, 1917.)

kalten gezählt werden muss, wegen der kalten Monate Jan (81) Febr (113).

Auch hier hat man wohl mit anomalen Verhältnissen zu tun die vom Meere stammen. [Fußnote: Zu solchen Anomalien rechne ich auch den Winter 1807-1808 der nach den Temperaturabweichungen vom Winter sowohl in Stockholm wie in Berlin zu den kalten Wintern zu rechnen ist, nach der Summe der negativen Tagesmittel als warmer Winter für Berlin erscheint.]

*Mit größter Hochachtung
ergebenst
Otto Pettersson*

Nach Hellmanns Definition strenger Winter war der auf seinen Tod folgende, 1939/40, in Leipzig (und auch Berlin, wo Hellmann seit einigen Monaten beerdigt lag), „mit einer Negativsumme von 603°" ausnehmend streng (NAEGLER 1941). Naegler fügt hinzu: „Er ist demnach seit 111 Jahren der kälteste Winter und übertrifft an Intensität nicht nur den vorletzten sehr strengen Winter 1928/29, sondern sogar den Kriegswinter 1870/71, ja auch den Winter 1837/38, und ist somit ein Winter von *säkularer Seltenheit* zu bewerten". Naegeler spricht sogar von einem „denkwürdigen harten Winter", der „ein neuer Markstein in der Witterungsgeschichte aller Zeiten bleiben" wird, „und nicht zuletzt deswegen, weil er auftrat inmitten eines gewaltigen Ringens der Völker und mit großen politischen Entscheidungen unmittelbar verknüpft war". Hellmanns Todesmonat, Februar 1939, war dagegen zu trocken, außer in Ostpreußen (Deutsches Meteorologisches Jahrbuch 1939).

In diesem Jahr machte sich ein Rückgang bei der *Meteorologischen Zeitschrift* bemerkbar[76]:

*Hr. Admiralitätsrat Prof. Dr. W. Köppen
Gross Borstel bei Hamburg
Nicolaistrasse 7
Berlin, 11.3.17*

Wir glauben einen befriedigenden Ausweg gefunden zu haben. März- und April-Heft erscheinen noch einzeln, dann aber Mai/Juni, Juli/Aug., Sept./Okt., Nov./Dez. im Umfang von je 4 Bogen (statt eines Einzelheftes). Vieweg braucht dann gar nicht entschädigt zu werden, was auch der Öst[erreichischen] Ges[ellschaft] lieb sein wird. Es ist auch zu berücksichtigen, das wirklich weniger Ier. [?] vorliegt; ... das Februarheft mit 3 Wiederabdrücken stimmte mich bedenklich.

*Mit bestem Gruss
Ihr G. Hellmann*

1918

Als der Weltenbrand ausgelöscht war, feierte *Symons's Meteorological Magazine* das Ende der Feinseligkeiten in einem Leitartikel über „Frieden und Aussichten". Hugh Mill war noch ihr Herausgeber (bis 1919) und er versäumte es nicht, an die 1914 in derselben Zeitschrift geäußerten prophetischen Worte zu erinnern, dass der „Deutsche Kaiser" zu einem „Magor-Missabib werden würde – ihm selbst ein Gräuel und all seinen Freunden". Der Krieg war besiegt, „wie es alle freien und ehrbaren Menschen gehofft und erwartet hatten", und die „Verabscheuungswürdigkeit des Militarismus als Leitgeist einer Nation erwiesen". Nun galt es aber Beschwernisse und Groll zu vergessen – und zu vergeben. Mill sinniert rückblickend über die Rolle der Meteorologie im Krieg und bringt seine Verwunderung über zwei Tatsachen zum Ausdruck: einerseits wurden zu Beginn des Krieges die Wettermeldungen nicht geheim gehalten, so dass der Feind seine Angriffe aus der Luft und auf See dem Inselwetter anpassen konnte, andererseits wurde nachmals mit einer Heimatschutzverordnung so überreagiert, dass im *Magazine* nicht einmal Regentabellen und -karten veröffentlicht werden durften. Wissenschaftliche Meteorologen wären ja nicht – nicht einmal deutsche –, spöttelt Mill, in der Lage, aus Monatswerten des Regens das künftige Wetter vorherzusagen. Mit sprichwörtlichem britischen Humor forderte er seine Leser auf, mit ihm über die vom *Practical Jokes Department* erlassene Verordnung herzhaft zu lachen. Doch nun könne und werde die Zeitschrift wieder solche Tabellen und Karten abdrucken, nachdem sie wegen des Verbots beinahe eingegangen wäre. Am Schluss machte er sich Gedanken und Sorgen über die internationale Zusammenarbeit, die namentlich für die Meteorologie so wichtig sei, da das Wetter politische Grenzen nicht kenne. Beobachtungsnetze müssten wiederhergestellt und Aufzeichnungen ausgetauscht werden: „Wir haben das Militärsystem, welches uns feind war, zerschmettert, und es ist nun die Pflicht der Männer der Wissenschaft ihre Arbeit ohne Feindseligkeit wieder aufzunehmen."

Derweil ging Hellmann unverdrossen seinen Pflichten und Arbeiten nach, deren Spuren in englischen Zeitschriften immer seltener wurden.

In der Sitzung vom 8. Januar des Berliner Zweigvereins hielt Hellmann einen Vortrag über dasselbe Thema wie im vorausgegangenen Dezember vor der Akademie. Süring berichtet ausführlicher in den *Naturwissenschaften* von 1918:

Zur Klassifikation und Vergleichung der Winter hinsichtlich ihrer Strenge haben sich als brauchbar erwiesen: die negativen Abweichungen der Temperaturpentadenmittel vom Durchschnittswert, die Summen der Pentadenmittel mit negativem Vorzei-

---

[76] UB Graz: Nachlass Köppen (MS NL 2054), Korrespondenz Hellmann, Brief Nr. 673.

chen, die Summe der einzelnen Tage mit negativen Temperaturminima und die Summe der Temperaturminima der Eistage, d. h., der Tage, deren Temperatur dauernd unter 0° blieb. Die Benutzung der beiden letzten Methoden ist jedoch bei langjährigen Reihen nicht möglich, da Minimumthermometer meist nicht gleich von Anfang an in Gebrauch waren, z. B. in der bis 1766 zurückreichenden Berliner Temperaturreihe erst seit 1829. Um alle Beobachtungen von Berlin verwenden zu können, summierte der Vortragende für den fünfmonatigen Zeitraum November bis März jedes Winters die Temperaturen aller Tage mit negativen Tagesmitteln und wählte diese Zahl zur Kennzeichnung des Winters. Der 150jährige Mittelwert dieser Größe beträgt für Berlin 197°. Als „sehr streng" wurde ein Berliner Winter bezeichnet, wenn diese Summe mindestens 320° erreichte und wenn außerdem mindestens 7 Tage mit einem Tagesmittel von ≤ −10° vorkamen.

Nach diesen Bedingungen geordnet, hat Berlin seit 1766 24 sehr strenge Winter gehabt, von denen die härtesten 1829/30 und 1788/89 waren (Temperatursumme 683 und 652°, Zahl der Tage mit −10°: 28 und 27). Der verflossene Winter 1916/17 mit 237° und 4 Tagen von −10° ist hiernach nur mittelstreng gewesen; Herr Hellmann glaubt, dass dieser Winter hauptsächlich aus psychologischen Gründen – Kriegszeit, Vorangehen von 6 außerordentlich milden Wintern, spätes und deshalb nicht mehr erwartetes Einsetzen – den Eindruck der Strenge hervorgerufen hat.

Die nähere Betrachtung der 24 sehr strengen Winter ergab folgende charakteristische Eigenschaften eines solchen: meist treten 3 bis 4 Perioden größerer Kälte ein, die größte Kälte, etwa -20 bis −25°, findet in der Regel um die Wintermitte statt. Eine lang andauernde Schneedecke, viel heiteres Wetter, Bodennebel und Winde aus dem östlichen Quadranten fördern dabei die Ausbildung des Frostes. Die Wetterlage entspricht meist dem Typus A von Teisserenc de Bort, bei welchem der Kern der Antizyklone über Sibirien liegt und periodisch Ausläufer nach Finnland und Osteuropa entsendet. Nur in 4 Fällen folgten zwei sehr strenge Winter unmittelbar aufeinander.

In der 150jährigen Berliner Temperaturreihe sind langjährige Perioden der extremen Winter nicht erkennbar, jedoch zeigt sich eine eigentümliche Klimaschwankung insofern, als 17 sehr strenge Winter in den Zeitraum 1788 bis 1845 und nur 7 in die darauffolgenden 71 Jahre fallen. Unter Heranziehung analoger Reihen von Stockholm, Lund und Wien wurde gezeigt, dass diese Schwankung tatsächlich vorhanden und nicht etwa durch Beobachtungsfehler (Thermometeraufstellung, Stadteinfluss und dergl.) vorgetäuscht ist.

Die Zerlegung der strengen Winter und der ihnen folgenden Jahreszeiten nach Temperaturpentaden lehrte, dass nach sehr strengen Wintern meist zunächst eine kurze Periode positiver Anomalie, also ein wenigstens teilweise warmes Frühjahr zu erwarten ist, dass aber dann ein kühler Sommer überwiegt. Eine bemerkenswerte Ausnahme bildete der Winter 1794/95.

Folgende Vorträge vor der Akademie zeugen von Hellmanns Fleiß im letzten Kriegsjahr (*Die Naturwissenschaften* 1918).

28. Februar:
Herr Hellmann legte eine Untersuchung Über milde Winter *vor. Es werden die sehr milden Winter in Berlin seit 1766 untersucht, die Form ihres Auftretens und die Bedingungen ihres Entstehens festgestellt. Der mildeste Winter war der von 1821/22. Seit der Mitte des 19. Jahrhunderts haben die sehr milden Winter an Zahl, nicht aber an Intensität zugenommen. Auf sehr milde Winter folgt gewöhnlich im Frühjahr eine Periode kalter Witterung (Nachwinter), jedoch eher ein warmer als ein kühler Sommer.*

25. Juli.
1) *Herr Hellmann sprach* Über die nächtliche Abkühlung der bodennahen Luftschicht. *Aus Beobachtungen an 10 Minimumthermometern, die in je 5 cm Abstand von 5 bis zu 50 cm Höhe über dem Boden aufgestellt waren, wird die Temperaturschichtung unmittelbar über der Erdoberfläche zur Zeit der niedrigsten Temperatur untersucht. In heiteren Nächten ergibt sich eine regelmäßige Zunahme mit der Höhe, die ein Exponentialgesetz befolgt und durchschnittlich 3.7° vom Boden bis zu 50 cm Höhe beträgt. Mit Zunahme der Bewölkung um einen Grad der zehnteiligen Skala verringert sich diese Differenz um reichlich ein drittel Grad. Bei ganz bedecktem Himmel herrscht Isothermie, bei regnerischem und windigem Wetter besteht eine kleine Abnahme der Temperatur von einigen Zehntel Grad. [Vgl. Hanns Referat unter 1919.]*

2) *Herr Hellmann trug sodann vor:* Über warme und kalte Sommer. *Es wird eine Methode zur Klassifikation der Sommer entwickelt auf die lange Berliner Beobachtungsreihe angewandt. In den letzten 90 Jahren, in denen die Temperaturextreme an Maximum- und Minimumthermometern festgestellt wurden, waren die heißesten Sommer die 1834, 1868, 1911 und die kältesten*

die von 1840, 1844, 1871, 1913, 1916. Die Bedingungen für das Eintreten extremer Sommerwitterung erweisen sich als sehr ähnlich denen, die extreme Winter herbeiführen.

Im November 1918 war der Krieg zu Ende, am 9. die Republik ausgerufen. In der Gesamtsitzung vom 14. November eröffnete der Sekretar Max Planck den geschäftlichen Teil der Sitzung mit folgenden Worten (*Die Naturwissenschaften* 1918):

Meine verehrten Herren Kollegen! Seitdem wir das letzte Mal zusammenkamen, haben sich Ereignisse von weltgeschichtlicher Bedeutung vollzogen, deren stürmische Brandung auch in unseren friedlichen Arbeitsräumen furchtbare Spuren zurückgelassen hat. Es ist wohl kein Zweifel, dass unsere Akademie gegenwärtig eine der ernstesten Krisen ihrer Geschichte erlebt. Wir haben uns bisher stets mit Stolz Königlich Preußische Akademie der Wissenschaften genannt. Mit dem Ruhm des Hohenzollerngeschlechts war die Akademie von jeher eng verwachsen, sie hat sich gesonnt an dem aufsteigenden Glanze der Entwicklung Preußens zum führenden Staat im Deutschen Reich, und entsprechend glänzend war die Entwicklung, die sie selber genommen hat, indem sie während der letzten Jahrzehnte ihr Arbeitsgebiet, ihre Mitgliederzahl, ihr Vermögen in stetig wachsendem Maße vermehrte. Alles schien darauf hinzudeuten, dass diese Wandlungen sich auch für die nächsten Jahre in demselben ruhigen Fluss weiter vollziehen würden. Seit dem letzten Sonnabend, dem 9. November, ist alles anders geworden.

Schon am Sonntagvormittag zeigten unsere Säle die Spuren der durch die aufregenden Vorgänge der vorhergehenden Nacht veranlassten Beschießung, besonders gelitten haben dabei die an der Südostseite unseres Gebäudes befindlichen Räume; von da ab wiederholte sich an jedem der nächsten darauffolgenden Tage das Schießen, das gewaltsame Öffnen verschlossener Türen, das Durchsuchen aller Räume vom Keller bis zum Dache nach verdächtigen Personen, die sich heimlich in dem Gebäude versteckt halten sollten, ohne dass bisher in irgendeinem Falle ein greifbares Ergebnis zutage kam. [...]

Wenn die Feinde unserem Vaterland Wehr und Macht genommen haben, wenn im Innern schwere Krisen hereingebrochen sind und vielleicht noch schwerere bevorstehen, eins hat uns noch kein äußerer und innerer Feind genommen: das ist die Stellung, welche die deutsche Wissenschaft in der Welt einnimmt. Diese Stellung aber zu halten und gegebenenfalls mit allen Mitteln zu verteidigen, dazu ist unsere Akademie, als die vornehmste wissenschaftliche Behörde des Staates, mit in erster Reihe berufen. Und wenn es wahr ist, was wir doch alle hoffen müssen und hoffen wollen, dass nach den Tagen des nationalen Unglücks wieder einmal bessere Zeiten anbrechen, so werden sie ihren Anfang nehmen von dem aus, was dem deutschen Volke als Bestes und Edelstes eigen ist: von den idealen Gütern der Gedankenwelt, denselben Gütern, die uns schon einmal, vor hundert Jahren, vor dem gänzlichen Zusammenbruch bewahrt haben. Sofern die Akademie an der sorgsamen Pflege des ihr aus diesem Schatz anvertrauten Pfandes festhält, handelt sie nicht nur rückschauend treu dem Geiste ihres Stifters Leibniz, sondern auch in kluger Voraussicht auf die Zukunft.

1919

In der Sitzung der physikalisch-mathematischen Klasse der Preußischen Akademie kann Hellmann am 24. April über neue Beobachtungsergebnisse berichten (*Die Naturwissenschaften* 1920):

Herr Hellmann sprach Über die Bewegung der Luft in den untersten Schichten der Atmosphäre. (3. Mitteilung.) *Der Bodenwind wurde durch Geschwindigkeitsmessungen in fünf verschiedenen Höhen zwischen 5 und 200 cm über dem Erdboden untersucht. Es ergab sich, dass in dieser untersten Luftschicht die mittleren Windgeschwindigkeiten sich zueinander verhalten wie die vierten Wurzeln aus den zugehörigen Höhen.*

Herr Hellmann trug vor: Neue Untersuchungen über die Regenverhältnisse von Deutschland. (Erste Mitteilung.) *Die Konstruktion einer neuen Regenkarte von Deutschland auf Grund zwanzigjähriger gleichzeitiger Beobachtungen an rund 3700 Orten gestattet die Feststellung der regenreichsten und der regenärmsten Gebiete sowie derjenigen Gegenden, in denen die Winterniederschläge vorherrschen. Die Grenzwerte des jährlichen Regenfalls sind 2600 mm in den Allgäuer Alpen und 380 mm am Goplosee südlich von Hohensalza. Während ganz Deutschland ausgesprochene Sommerregen hat, überwiegen die Winterniederschläge in den höheren Lagen der westdeutschen Berglandschaften. In den Alpen treten sie aber nicht auf.*

Im Juni wird in derselben Klasse über die Zusammenfassung der naturwissenschaftlichen Bibliographien verhandelt. Die Klasse wählt hierzu eine Kommission, der Hellmann angehört. Planck teilt der Klasse mit, dass alle neuen Zeitschriften an den Sitzungstagen im Lesesaal der Akademie ausgelegt werden sollen. Im Dezember spricht Planck vor der Klasse über die Beratungen der Arbeitsgemeinschaft für naturwissenschaftliche Bibliographien und beantragt, dass die Klasse eine Kommission wähle, die die geplanten Arbeiten für die naturwissenschaftliche Berichterstattung und die Beschaffung ausländischer Literatur unterstützen soll. Hellmann gehört dieser Kommission an.[77]

Im Juli 1919 trug Hellmann über Windprofile vor der Akademie vor (*Die Naturwissenschaften*, s. Kap. 6). Zur Abwechselung folgen Auszüge des fast 80-jährigen Hann (*Meteorologische Zeritschrift* 1919):

Durch [Hellmanns Abhandlung über die nächtliche Abkühlung der bodennahen Luftschichten, Sitzb. Akad. 1918] werden die schon zahlreich vorliegenden Untersuchungen über die Temperaturschichtung während der Nacht in den unteren Luftschichten in dankenswerter Weise für die untersten dem Boden nächsten Luftschichten ergänzt. ...

Hellmann hat auf einer ebenen Stelle mitten auf der Beobachtungswiese des Meteorologischen Observatoriums bei Potsdam Alkoholminimumthermometer in 5, 10, ... 40, 45 und 50 cm Höhe über der kurzgehaltenen Grasnarbe auf einem leichten Gestell angebracht. Über den Thermometergefäßen waren in 18 mm Entfernung runde Schirme von 9 cm Durchmesser aus dünnem Aluminiumblech angebracht, weil die Untersuchung von Budig über die Beschirmung von Bodenthermometern gegen nächtliche Ausstrahlung die Wirksamkeit eines solchen Schutzes erwiesen hatte.

[...]

Man sieht, wie groß die Stagnation der Luft am Boden in heiteren Nächten sein muss. Gleichsam fest verankert liegt sie da. Nur der Schwere muss sie folgen und fließt auf unebenem Boden nach den nächstgelegenen tiefsten Stellen ab (Frostlöcher).

Die Differenz der Temperaturminima zu 5 cm und 50 cm schwankt in heiteren Nächten zwischen 2.3° und 3.1° in den Einzelfällen. Wahrscheinlich beruht das auf leichten Trübungen der Atmosphäre, auf geringen Kondensationsvorgängen, die dem Auge entgehen, während z. B. Strahlungsmessungen ihre Anwesenheit verraten.

Zur Ermittlung des Einflusses verschiedener Bewölkungsgrade auf die Temperaturdifferenzen zwischen 5 cm und 50 cm Höhe über dem Boden hat Hellmann die Nächte nach ihrer mittleren (und möglichst gleichbleibenden) Bewölkung in Gruppen vereinigt und die entsprechenden Temperaturdifferenzen selben zugeordnet. Es ergab sich, dass in ganz trüben und zugleich ruhigen Nächten in der ganzen Höhenschicht von 5 cm bis 50 cm Höhe fast immer Isothermie herrscht, und dass die Temperaturdifferenzen Dt den Bewölkungsgraden nahezu proportional sind und beiläufig die Gleichung besteht: Dt = 0.27 (10 − B), wo B die Bewölkung nach der 10teiligen Skala bedeutet.

Während die Auswahl von Tagen mit extremer Bewölkung zu sehr entschiedenen Ergebnissen führte, verwischten sich die Einflüsse der Bewölkung sehr stark bei der Zusammenfassung aller Tage zu Monatsmitteln. Aber auch diese geben zumeist eine Temperaturabnahme nach unten oder wenigstens eine Isothermie. Den Monatsmitteln wurden die Durchschnittswerte der in der Thermometerhütte (nur 12 m vom Versuchsfelde entfernt) in 2 m Höhe über dem Boden beobachteten Minima beigegeben. Diese Minima zeigen, dass die Temperaturzunahme mit der Höhe sich regelmäßig, aber mit abnehmenden Gradienten bis zur Höhe 2 m fortsetzt, und zwar von 50 cm bis 200 cm noch 1.75° beträgt, so dass die ganze Temperaturdifferenz von 1 cm bis zur Höhe 5.0° beträgt.

[...]

Auch das ist für den nächtlichen Temperaturgang bemerkenswert, dass in Nächten, in denen der erste Teil der Nacht heiter, der zweite bedeckt ist, die Differenz der Minima zwischen 5 und 50 cm Höhe im allgemeinen größer ausfällt als in solchen, in welchen umgekehrt der Himmel erst nach Mitternacht aufklart.

[...]

Die hier kurz skizzierten Ergebnisse von Hellmanns Experimentaluntersuchungen über die nächtliche Temperaturabkühlung in den allerunstersten, dem Boden nächsten Luftschichten sind sowohl in theoretischer wie in praktischer Beziehung (z. B. Einfluss auf die Vegetation) von sehr großem Interesse.

1920

Nach einer dreijährigen Pause erstattet Hellmann zum letzten Mal Bericht:

Im folgenden wird über die Tätigkeit des Preußischen Meteorologischen Instituts in den Jahren 1917, 1918 und 1919 zusammen berichtet. Es geschieht dies in möglichster Kürze; denn über neue Arbeiten ist wenig zu melden, da wegen

---

[77] Künzel: Nachweise zum Wirken Max Plancks.

der so lange andauernden Inanspruchnahme der Beamten durch den Heeresdienst die Ausführung größerer wissenschaftlicher Untersuchungen unmöglich war und die übliche sonstige Tätigkeit aus den früheren Berichten zur Genüge bekannt ist. Die wenigen zurückgebliebenen Beamten hatten vollauf zu tun, den laufenden Beobachtungsdienst an den Stationen in Gang zu halten. Bei den Stationen I., II. und III. Ordnung traten nur wenige und geringfügige Unterbrechungen ein, dagegen war es bei ziemlich viel Regenmessstellen und Gewitterbeobachtungsstationen oft nicht möglich, für die im Felde abwesenden Beobachter Ersatz zu finden. Bei der Dichtigkeit dieser beiden Beobachtungsnetze ist aber die allgemeine Darstellung der Regen- und Gewitterverhältnisse dieser Jahre nicht allzu störend beeinflusst worden. Beinahe unangenehmer, weil schwerer erkennbar, sind die Fehler, die in den Aufzeichnungen einzelner Stationen dadurch entstanden, dass wegen der ‚Sommerzeit' die vorgeschriebenen Beobachtungsstunden 7, 2, 9 Uhr Ortszeit nicht eingehalten werden konnten, die Beobachter aber bisweilen versäumten, die wirklich wahrgenommenen Termine in den Tabellen genau zu vermerken. Vom meteorologischen Standpunkt war es daher zu begrüßen, dass die ‚Sommerzeit', die ungefähr für den Meridian von St. Petersburg die natürliche ist, im Jahre 1919 nicht mehr eingehalten wurde. [...]

Als im Januar 1919 die wissenschaftlichen Beamten im Institut wieder vollzählig tätig waren, ging ich mit ihnen zu Rate, wie die stark rückständig gewordene Aufarbeitung der Beobachtungen aus den fünf Jahren 1914-1918 erledigt und die Drucklegung der Ergebnisse ermöglicht werden könne. Es ergab sich bald, dass eine nicht unerhebliche Reduktion in den Veröffentlichungen geboten ist; denn, selbst wenn das Versäumte allmählich hätte nachgeholt werden können, bestände wegen der jetzigen hohen Kosten für Druck und Papier doch keine Möglichkeit, die Beobachtungen im alten Umfange zu publizieren. Bei den Stationen II. und III. Ordnung, sowie bei den Regenstationen werden alle Einzelbeobachtungen zunächst nicht mehr gedruckt werden, auch manche sonstige Einschränkungen eintreten.

Ergänzend begrüßt er die abermals gesteigerte Veröffentlichungsrate: „Dass im Jahre 1919 schon wieder sieben Veröffentlichungen vom Institut herausgegeben werden konnten, während 1918 nur eine einzige erschien, zeigt deutlich das Wiederaufleben der wissenschaftlichen Arbeit, dem die Not der Zeit hoffentlich nicht allzu enge Schranken in der Bekanntgabe der Ergebnisse setzen wird".

Im März 1918 wurde Süring noch „der Charakter als Geheimer Regierungsrat" verliehen. Dr. Henze und drei weitere erhielten das Prädikat „Professor". Auch erhielten einige Mitarbeiter Orden und Ehrenzeichen, z. B. Dr. Knoch. Die zwei letztgenannten sind Mitautoren des *Klimawerkes*. Wie steht es um dieses?

Der Fortgang der wissenschaftlichen Arbeiten in der außerordentlichen Abteilung für die Klimatologie Deutschlands wurde in den Jahren 1917 und 1918 weiterhin dadurch ungünstig beeinflusst, dass die Dienstzeit des Observators Professors v. Elsner durch die Verwaltung der Instrumentensammlung und sonstige Vertretungen in Anspruch genommen wurde. Erst zu Anfang Dezember 1918 trat in dieser Hinsicht eine Entlastung ein. Die tabellarischen und rechnerischen Arbeiten wurden jedoch während der ganzen Zeit ungestört fortgeführt und waren nahezu zum Abschluss gebracht. Am 1. Mai 1919 trat noch Dr. Knoch in die Abteilung ein, und konnte die kritische Bearbeitung des Beobachtungsmaterials wesentlich fördern und besonders die kartographische Darstellung in Angriff nehmen. „Bisher sind die Karten über die Verteilung der Temperatur, der absoluten und relativen Feuchtigkeit, der Bewölkung, der heiteren und trüben Tage sowie der Niederschläge angefertigt worden. Luftdruck und Sonnenschein werden gegenwärtig bearbeitet. Die Jahreskarte der Niederschlagsmenge, gegründet auf die 20jährigen Beobachtungen 1893-1912, wurde schon vorweg veröffentlicht."

In den drei Jahren 1917/18/19 hat Hellmann jedes Jahr 8 bis 11 Stationen besichtigt. „Auch fand im Sommersemester 1919 unter dem Vorsitz des Direktors an jedem Mittwoch für die wissenschaftlichen Beamten des Instituts und ältere Studierende wieder ein einstündiges Kolloquium statt, in dem die neuesten Veröffentlichungen aus den Gebieten der Meteorologie und des Erdmagnetismus besprochen wurden". Von Anschaffungen für die Bibliothek ist diesmal keine Rede. „Für den Warnungswetterdienst für Luftschiffhallen und Fliegerstationen der Heeres- und Flottenleitung waren während der Kriegsjahre 120-130 Stationen Norddeutschlands tätig".

Vor der Akademie hält Hellmann einen Vortrag am 18. März, unter dem Vorsitz von Max Planck, dem inzwischen der Nobelpreis zuerkannt worden war:

Hr. Hellmann las über Isothermen von Deutschland. Es wird zum erstenmal auf Grund ausreichenden Beobachtungsmaterials (330 Stationen mit gleichzeitigen dreißigjährigen Mitteln) der Versuch gemacht, die Temperaturverteilung in Deutschland im Meeresspiegel darzustellen. Dabei zeigt sich, dass der Verlauf der Isothermen weit verwickelter ist, als die vorhandenen Karten kleineren Maßstabes erkennen lassen. Überall ist der Verlauf abhängig von Lage und Konfiguration des Geländes, dessen Eigentümlichkeiten sich durch die Reduktion auf den Meeresspiegel naturgemäß mit übertragen. Dadurch treten aber Gesetzmäßigkeiten zutage, die bei der Darstellung der wirklichen Temperaturmittel ohne Reduktion auf den Meeresspiegel leicht übersehen werden. So zeigt z. B. die Januarkarte einige kleine Wärmeinseln, die dem Föhn in den deutschen Mittelgebirgen sowie in den Bayerischen Alpen ihren Ursprung verdanken. Bei der Karte der Juliisothermen fällt der Zusammenhang zwischen den zu warmen und zu trockenen Gebieten unmittelbar in die Augen.

Am 20. Mai legt Hellmann in der Gesamtsitzung seine gelehrte Abhandlung über *Beiträge zur Erfindungsgeschichte Meteorologischer Instrumente* vor. Die Zusammenfassung in den *Naturwissenschaften* gibt eine treffliche Vorstellung vom Inhalt:

Das Thermometer ist fast gleichzeitig und unabhängig voneinander in Italien von Galilei und in Holland von Drebbel erfunden worden, beide mal in Anlehnung an einen von Heron von Alexandria überlieferten Versuch des Altertums. Santorio hat es als Messwerkzeug in die Wissenschaft eingeführt. – Das für die Lehre vom Barometer entscheidende Experiment auf dem Puy de Dôme ist zwar von Pascal veranlasst worden, der, beeinflusst durch die Ideen Torricellis, den Glauben an den horror vacui *kurz zuvor aufgegeben hatte, aber die erste Anregung zu einem solchen Versuch rührt von Descartes her. – In Ländern mit streng periodischem Regenfall ist die Abhängigkeit der Ernteergiebigkeit vom Regenfall so augenfällig, dass sie schon frühzeitig die Vornahme von Regenmessungen veranlasst hat. Die ersten derartigen Messungen wurden unabhängig voneinander in Indien im 5. Jahrhundert v. Chr. in Palästina zu Anfang unserer Zeitrechnung und in Korea im 15. Jahr gemacht. In Europa gab erst in der ersten Hälfte des 17. Jh. die Frage nach der Wasserführung der Flüsse und Seen die Veranlassung zur Regenmessung. – Einer achtteiligen Windrose begegnen wir zuerst in Babylonien im 7. Jh. v. Chr.*

Die längst überfällige Versammlung der Deutschen Meteorologischen Gesellschaft fand Anfang Oktober in Leipzig unter Hellmanns Vorsitz statt. Schriftführer Kaßner (1864-1950, s. Anhang D) berichtete:

Nach der Münchener Tagung im Jahre 1911 sollte gemäß den Satzungen die nächste Versammlung im Jahre 1914, und zwar in Dresden stattfinden. Kaum waren die Mitglieder zur Teilnahme und zur Anmeldung von Vorträgen eingeladen worden, als der Weltkrieg ausbrach und die Verschiebung der Versammlung bedingte. Auch nach seiner Beendigung ließen es die unruhigen Zeiten nicht eher als jetzt zu, die Einladungen zur Tagung ergehen zu lassen. War man zwar über deren Notwendigkeit im Vorstande einig, zumal er weit über die satzungsgemäße Dauer im Amte war, so regten sich doch Zweifel, ob der Besuch einigermaßen genügen würde.

Die Versammlung war gut besucht. Hellmann hielt den Eröffnungsvortrag über den Einfluss des Krieges auf die Meteorologie (vgl. Kapitel 4).

Ende Oktober wählt das Plenum der Preußischen Akademie Max Planck und Hermann Diels (1848-1922) zu Delegierten für die Gründungsversammlung der Notgemeinschaft der deutschen Wissenschaft. Das Plenum billigt das von G. Haberlandt und G. Hellmann vorbereitete und von M. Planck verlesene Schreiben der Akademie an das Kultusministerium zur geplanten Erhöhung des Reichszuschusses für die Leopoldina in Halle.[78]

1921

Bis 1923 wurde kein weiterer Tätigkeitsbericht des Instituts gedruckt, der nächste wurde erst von Hellmanns Nachfolger angefertigt.

Der von Hellmann 1916 befürwortete und dann auch gewählte Direktor des Astrophysikalischen Observatoriums, Gustav Müller, trat im Frühjahr 1921 in den Ruhestand, und wiederum wurde eine akademische Kommission berufen, um Vorschläge für seine Nachfolge zu unterbreiten. Dieser Kommission gehörten, außer Müller selbst, Einstein, Rubens, Nernst, Warburg, Laue, Planck und Hellmann an. Müller schlug vor, seinen dienstältesten Mitarbeiter Hans Ludendorff (1873-1941) als Nachfolger zu benennen, zumal er einen ordentlichen Dienstbetrieb gewährleisten würde, auch wenn er nicht als überragende Persönlichkeit galt (KIRSTEN & TREDER 1979). Da „andere Astronomen nicht zur Verfügung standen, meldeten Einstein, Nernst und Planck einige Bedenken an und behielten sich vor, einen völlig anderen Vorschlag zu machen, nämlich einen Physiker an die Spitze des Astrophysikalischen Observatoriums zu stellen" (KIRSTEN & TREDER 1979). Hellmann lehnte, wie wir uns inzwischen denken können, den Vorschlag rundweg ab. In einer weiteren Sitzung der Kommission wurde dann von Nernst ausgeführt, dass der geeignetste Kandidat natürlich Einstein selbst sei. Da Einstein die Stelle nicht wollte, empfahl er Max von Laue (1879-1960), frisches Mitglied

---

78 Künzel: Nachweise zum Wirken Max Plancks.

der Akademie und ehemaliger Doktorand Plancks, seit 1914 Nobelpreisträger dank seiner bahnbrechenden Entdeckung der Röntgenstrahlinterferenz. Einstein, Planck und Rubens unterstützten naturgemäß den Vorschlag; der Experimentalphysiker Emil Warburg (1846-1931), durch photochemische und experimentelle Arbeiten bekannt, hatte Bedenken gegen den Theoretiker Laue, enthielt sich jedoch der Stimme; Hellmann und selbstredend Müller waren ganz und gar gegen einen Physiker. Die Kommission überließ Einstein und Nernst den Entwurf eines Gutachtens, demzufolge Laue zum Direktor ernannt werden und Ludendorff als dessen Stellvertreter den astronomischen Routinebetrieb aufrechterhalten sollte (KIRSTEN & TREDER 1979). Sie beklagten, dass „es zur Zeit in Deutschland an einem hinreichend engen Kontakt zwischen Astronomie und Physik" fehlen würde und überhaupt waren sie der Ansicht, „dass größere experimentelle Institute am besten von einem Theoretiker geleitet werden sollten, der mit keiner speziellen Forschungsrichtung verbunden ist". Doch mussten sie die Vergeblichkeit ihres weitsichtigen Gutachtens einsehen: „Dieses großzügige Programm konnte die Akademie dem Ministerium dann gar nicht offiziell vorlegen, weil Müller und Hellmann ein Gegengutachten ankündigten. Der Kompromissvorschlag, Laue und Ludendorff gleichzeitig zu Direktoren zu ernennen, wurde von Einstein nicht mehr mitunterzeichnet". Ganz im Sinne Hellmanns und Müllers wurde Ludendorff Direktor. Im Protokoll der zweiten Sitzung vom 3. März sind deren Ablehnungsgründe festgehalten (KIRSTEN & TREDER 1979): „Herr Müller erhebt dagegen Bedenken, schon deshalb, weil es sehr schwierig sein wird, die bisher wesentlich auf die Astronomie eingestellte Tätigkeit des Observatoriums in ganz andere Bahnen zu lenken. ... Herr Hellmann macht auf die Schwierigkeiten aufmerksam, die darin liegen, dass Herr von Laue ohne besondere Vorbereitungen die Leitung eines größeren Instituts mit zahlreichen Angestellten zu übernehmen hätte." Kann diese Hellmannsche Begründung gegenüber einem 41-jährigen Nobelpreisträger und schon damals bedeutenden Physiker befriedigen? Schon eher die von Müller!

In der Gesamtsitzung der Akademie hält Hellmann im Februar zwei Vorträge (*Die Naturwissenschaften* 1921):

> *Hr. Hellmann sprach* über die Schneeverhältnisse von Deutschland *(Neue Untersuchungen über die Regenverhältnisse von Deutschland. Zweite Mitteilung.) Auf Grund der 35jährigen Beobachtungen von 1881 bis 1915 wird der Versuch gemacht, die Verbreitung der Schneefälle in Deutschland durch Linien gleicher Zahl der Schneetage (Isochionen) darzustellen. Diese zeigen in ihrem Verlauf große Ähnlichkeit mit den Januarisothermen. Die Zahl der Schneetage schwankt im Tiefland zwischen 19 (Oberrheintal) und 70 (Masuren) und erreicht auf dem Gipfel der Zugspitze die Zahl 191. Es bestehen gesetzmäßige Beziehungen zwischen der Anzahl der Tage mit Schneefall und mit Schneedecke, die auf die Bildung ewigen Schnees und früherer Eiszeiten einen Schluss zulassen.*

> *Hr. Hellmann trug sodann vor über* die Meteorologie in den deutschen Flugschriften und Flugblättern des 16. Jahrhunderts. *Ungewöhnliche meteorologische Erscheinungen, die in den Uranfängen der Kultur auf den Menschen allein Eindruck gemacht haben, während die gewöhnliche tägliche Witterung jahrtausendelang unbeachtet blieb, haben auch noch im späten Mittelalter und in der Renaissancezeit, als man bereits angefangen hatte, tägliche Witterungsbeobachtungen zu machen, die Aufmerksamkeit weiter Kreise erregt. Im 15. und 16. Jahrhundert bilden sie den Inhalt von Flugschriften und Flugblättern (Einblattdrucken mit Abbildungen), von denen für Deutschland reichlich 500 nachgewiesen werden können. In der ersten Hälfte des 16. Jahrhunderts gehen sie meist von Süddeutschland aus, während in der zweiten Hälfte, unter dem Einfluss der Wittenberger Universität, Norddeutschland das Übergewicht erlangt. Trotz ihres meist populären Charakters zeigt sich ein deutlicher Fortschritt in der richtigeren Auffassung der beschriebenen Erscheinungen, die in der Mehrzahl der optischen Meteorologie angehören.*

Im Dezember spricht er wieder vor der physikalisch-mathematischen Klasse:

> *Hr. Hellmann sprach über den* Nebel in Deutschland. *Es wird versucht, aus dem vorliegenden nicht immer einwandfreien Beobachtungsmaterial über Nebel dessen Verbreitung und jahreszeitliche Verteilung in Deutschland zu ermitteln. Die Zahl der Tage mit Nebel im Jahre schwankt im Tiefland zwischen rund 20 und 80, während sie auf den höchsten Berggipfeln, wo der Nebel meist Einhüllung in Wolken bedeutet, bis auf 275 ansteigt (Brocken, Schneekoppe). Der nebelreichste Monat ist an der Nordseeküste der Januar, an der westlichen Ostsee der Dezember und im Küstenbereich der östlichen Ostsee der März. Das Binnenland hat die häufigsten Nebeltage im Oktober oder November. Berücksichtigt man nur die Morgennebel, die den Hauptanteil an der Gesamtzahl der Nebel ausmachen, so fällt deren Maximum im Binnenland vielfach auch auf den März, so dass der Glaube des Volkes an die Häufigkeit der Märznebel eine gewisse Berechtigung hat, wenn auch die daran sich knüpfenden langfristigen Wettervorhersagen hinfällig sind. Aus dem räumlichen und zeitlichen Auftreten des Nebels*

werden sodann noch Schlüsse über die Ursachen der Nebelbildung gezogen.

1921 verlor die Meteorologie einen Ihrer außergewöhnlichsten Vertreter, dem Hellmann in seinem beruflichen Tun allewil nachzueifern suchte (Mitteilungen des Zweigvereins Berlin, *Die Naturwissenschaften* von 1922):

In der Sitzung am 8. November hielt zuerst Geheimrat Dr. Hellmann einen kurzen Nachruf auf Julius von Hann, welchen er für den bedeutendsten und fruchtbarsten Meteorologen, der je gelebt hat, erklärte. ...

Geheimrat Dr. Hellmann erörterte dann die Frage: Welchen Rang nimmt der heiße Sommer 1921 ein? Nach der von dem Vortragenden 1918 vorgeschlagenen Klassifizierung heißer Sommer gehört er in Berlin an die vierte Stelle. Heißer waren seit 1829 nur die Sommer 1834, 1868 und 1911. Allerdings hatte 1921 einen heißen Tag (Maximum ≥ 30°) mehr als 1911, dafür war aber die Zahl der sehr warmen und warmen Tage (≥ 25°) etwas kleiner, und es hatte der verflossene Sommer auffallend viele kühle Tage (Maximum < 15°), die in den andern drei heißen Sommern ganz fehlten. In West- und Süddeutschland scheint der Sommer erheblich heißer und trockener als in Berlin gewesen zu sein. In Karlsruhe stieg das Thermometer am 28. Juli bis 39.4°, und wenn auch diese Maximaltemperaturen durch Strahlungseinflüsse etwas übertrieben sind, so scheint es doch nicht ausgeschlossen zu sein, dass die Temperatur in Deutschland bis 40° steigen kann.

Auf Anregung aus dem Kreise der Gesellschaft teilten schließlich Geheimrat Dr. Hellmann und Dr. Knoch einige Ergebnisse mit, die dem vom Meteorologischen Institut herausgegebenen Klima-Atlas von Deutschland zu entnehmen sind.

Der große österreichische Klimatologe wurde ins Grab gelegt und Deutschlands erster Klimaatlas aus der Taufe gehoben! Papier- und Druckkosten verhinderten allerdings die Veröffentlichungen eines begleitenden Textbandes. Dieser sollte nie erscheinen.

Wie war es mittlerweile um die internationalen Beziehungen bestellt?

Bjerknes, der 1917 das ihm geweihte Institut für „Theoretische Meteorologie" (wie es ursprünglich heißen sollte) hungernd verlassen hatte, nahm sich vor, im Frühjahr 1921 Hergesell zu besuchen, der sogleich die Gelegenheit ergriff, eine aerologische Tagung in Lindenberg auszurichten, um nicht nur wissenschaftliche Fragen der Aerologie zu lüften, sondern auch der Frage nachzugehen, wie allgemeine internationale Beziehungen wieder angebahnt werden konnten. Es gelang ihm, die „führenden Aerologen und Meteorologen Deutschlands und solcher Staaten" zu versammeln, mit denen ein Zusammenarbeiten aussichtsreich erschien. Klangvolle Gelehrte aus Norwegen, Schweden, Österreich und Holland nahmen die Einladung an, während die Spanier „durch einen Versendungsfehler der Post ... nicht mehr zur Zeit eintreffen konnten". Aus Berlin war Hellmann nach Lindenberg herbeigeilt, wo sein im selben Jahr promovierter Schüler Karl Schneider, der spätere Schneider-Carius und Haupterbe von Hellmanns historischer Ader, eine Anschlussbeschäftigung gefunden hatte. Hergesell schrieb in der Einleitung zu einem Sonderheft (1922):

Professor Dr. Bjerknes, der Direktor des Geophysikalischen Instituts in Bergen, war im Jahre 1919 in Paris von der dort zusammenberufenen Versammlung von Direktoren meteorologischer Institute [zu der der gewählte Sekretär Hellmann nicht eingeladen wurde] beauftragt worden, den Vorsitz in einer neu gegründeten Kommission zur Erforschung der hohen Atmosphäre zu übernehmen [„Ich bin der neue Hergesell" ruft er in einem seiner Briefe aus, vgl. FRIEDMAN 1989]. Zu dieser Versammlung waren die Direktoren der in Deutschland, Österreich usw. liegenden meteorologischen und aerologischen Institute nicht eingeladen worden, so dass die Anknüpfung allgemeiner internationaler Beziehungen durch diesen Umstand ausgeschlossen war.

Hergesell hob hervor, dass eine Zusammenarbeit, wie sie vor dem Krieg „durch ein internationales Komitee und verschiedene wissenschaftliche Kommissionen ausgebildet war", vorläufig unmöglich sei. Ein Übereinkommen „zu einer allgemeinen internationalen Organisation ... in der alle Staaten, in denen Meteorologie und Aerologie getrieben wird, ohne jeden Rückhalt und ohne jede Zurücksetzung vertreten sein werden", wird von Hellmann mitunterschrieben.

Schaut man sich die Vorträge an, die in dem Sonderheft der Zeitschrift *Beiträge zur Physik der freien Atmosphäre*, gegründet von Aßmann und Hergesell, 1922 veröffentlicht wurden, so stellt man fest, dass der neue Wind aus Bergen, mit seinen Kurs- und Böenlinien, welche sich durch Unstetigkeiten im dichteren norwegischen Beobachtungsnetz auf den synoptischen Karten kundtaten – Alfred Wegener konnte sie allerdings in seinem Beobachtungsmaterial nicht finden – sehr lebhaft erörtert wurden. Hellmann beteiligt sich an den Diskussionen nur mit einem einzigen Wort zu Schmauß' Hinweis bei der Erörterung des aufsehenerregenden Vortrags von Vilhelm Bjerknes über „Wellentheorie der Zyklonen und Antizyklonen": „Bezugnehmend auf die eben gemachte Bemerkung einer westwärts gerichteten Bewegung, erinnere ich daran, dass unsere Frühsommergewitter gewöhnlich von Osten heranziehen".

Ob die neuen Ideen auf unseren Erzempiriker im 67. Lebensjahr große Neugier geweckt haben? Seinerzeit war sein vergreister Lehrer Dove für die neue synoptische Betrachtungsweise nicht (mehr) empfänglich. Gleichwohl schien sich ein Kreis zu schließen, wie der recht versöhnliche Ausklang von Bjerknes' Vortrag beweist:

> *Machen wir schließlich einen allgemeinen Überblick, so wird man sich zu Doves Theorie von dem Kampf polarer und äquatorialer Luftströme kaum eine bessere Illustration als dieses Bild [über den Kreislauf der Luft auf einer Erdhalbkugel] denken können. Und dennoch haben wir nichts aufgegeben von der Theorie seiner siegreichen Gegner, der Vertreter der Wirbeltheorie der Zyklonen und Antizyklonen. Beide Theorien vereinigen sich zu einer einzigen im Lichte der intimen Verwandtschaft zwischen Welle und Wirbel, welche die allgemeine Wirbeltheorie hervortreten lässt.*

Hellmann blieb trotz des in seiner Nähe wirkenden „Reichskanzlers" der Physik, dessen Wellen- und Wirbeltheorie Bjerknes dem Doveschen Äquatorial- und Polarstrom zur Seite stellt, unempfänglich für das „deduktive" Vorgehen. Sein Vorgänger im Amt, Bezold, hatte Helmholtz sehr bewundert, aber Hellmann hielt sich Zeit seines Wirkens lieber an die baconsche Methode eines Humboldt oder Hann. In seinen letzten Berufsjahren wurde er Zeuge einer Meteorologie, die sich immer selbstbewusster der mathematischen Methoden bediente, wenn auch das Selbstverständnis der klimatologischen Statistik eine Weile lang noch fortbestand, ehe sie als „klassische" Klimatologie zu einem unverzichtbaren aber überwundenen einseitigen Standpunkt wurde.[79]

1922

Ein Gesetz der jungen Republik hat Hellmann davor bewahrt, das von ihm so ertragreich geleitete Preußische Meteorologische Institut in das eben angedeutete neue Zeitalter führen zu müssen.[80]

Am 14. Februar 1922 wird ein Schreiben an die Philosophische Fakultät der Universität gerichtet, von einem Minister unterschrieben und mit dem Vermerk *Sofort! Noch heute!* versehen, des folgenden maschinell und teilweise handschriftlich veränderten Wortlauts:

> *Nach dem Gesetz über die Einführung einer Altersgrenze für die Beamten wird der ordentliche Professor Dr. Hellmann zum 1. Oktober d. Js. von seinen amtlichen Verpflichtungen entbunden werden. Die baldige Regelung seiner Nachfolge ist besonders wichtig, im Hinblick auf einen [um bei...], zurzeit schwebenden Plan, dem meteorologischen Institut der Universität eine bessere andere Unterbringung zu sichern, beteiligen zu können. Für die sachverständige Beratung der beteiligten Amtsstellen ist es daher notwendig, den Nachfolger für Professor Hellmann schon jetzt in Aussicht zu nehmen.*
>
> *Die Fakultät wolle daher mit tunlichster Beschleunigung Berufungsvorschläge vorlegen. Der Minister usw.*

In einem Schreiben vom 24. April wird wieder um „baldige Vorlage der Berufungsvorschläge für die Nachfolge des ordentlichen Professors Dr. Hellmann" gebeten. Aus einem handgeschriebenen Schreiben vom 12. Juni 1922, also kurz vor Hellmanns 68. Geburtstag, wird ihm eröffnet:

> *Auf Grund des Gesetzes, betreffend die Einführung einer Altersgrenze bin ich veranlasst, Ihnen mitzuteilen, dass Ihre amtliche Tätigkeit mit dem 1. Oktober d. Js. ihr Ende erreicht.*
>
> *Ich benutze diesen Anlass, Ihnen meinen besonderen Dank und meine Anerkennung für Ihre verdienstvolle Wirksamkeit auszusprechen. ...*

Am 1. Oktober legt Hellmann sein Amt als ordentlicher Universitätsprofessor nieder und tritt nach insgesamt 43 Dienstjahren als Direktor des Preußischen Meteorologischen Instituts zurück. Im Winterhalbjahr 1922/23 hält er noch eine Vorlesung zur Klimalehre.

Nachfolger sollte der Direktor der Bayerischen Landeswetterwarte, August Schmauß (1877-1954), werden, anscheinend zunächst ganz ohne Mitbewerber. Rudolf Geiger (1894-1981) hat im Wortlaut einen von Schmauß am 25. Mai 1922 an den Dekan der Sektion II der philosophischen Fakultät der Münchener Universität gerichte-

---

[79] Ich möchte allerdings den Eindruck nicht verfestigt sehen, dass Hellmann sich der theoretischen Meteorologie nicht hätte öffnen wollen. Im von Hellmann mitunterzeichneten Berufungsvorschlag für seinen Nachfolger erfährt man über den Kandidaten auf Platz 1 der Berufungsliste (Exner), dass er „ein ausgezeichneter Theoretiker" sei. „Er ist der erste, der es mit Erfolg versucht hat, ein Lehrbuch der dynamischen Meteorologie zu schreiben; es lehrt in eindringlicher Weise, wie viel aerodynamische Probleme schon einer mathematischen Behandlung fähig sind und auf diesem Wege zu einer angenäherten Lösung gebracht werden können". (Vgl. Anhang F.) Darüber hinaus kann man auf den auch von Hellmann unterbreiteten Vorschlag (s. weiter unten), Vilhelm Bjerknes zum korrespondierenden Mitglied der Preußischen Akademie zu wählen, als Zeichen der Wertschätzung theoretischer Erfolge werten.
[80] GStA PK, Scan Seite 145+147-148 (Gesetz über Einführung einer Altersgrenze für Beamte).

ten Brief reproduziert, aus dem folgende Stelle besonders aufschlussreich ist (GEIGER, 1955/56): „Meine Berufung geht zurück 1) auf den Vorschlag der Fakultät, welche mich *primo loco* – soviel ich höre, auch *unico loco* – auf die Liste setzte, 2) auf das Votum der wissenschaftlichen Beamten des Institutes, welche einstimmig in einer überaus ehrenvollen Denkschrift beim Ministerium meine Berufung erbaten".

Ein Ruf ist tatsächlich an Schmauß ergangen[81]. In der *Physikalischen Zeitschrift* wird unter „Personalien" vom 15. Juni 1922 mitgeteilt, dass „der Honorarprofessor an der Universität München und Direktor der bayerischen Landeswetterwarte Dr. A. Schmauß zum o. Professor der Meteorologie und Direktor des preuß. Meteorolog. Instituts als Nachfolger von Geheimrat Hellmann" berufen wurde.

Schmauß lehnte die Berufung jedoch ab. Im Septemberheft desselben Jahrgangs der *Physikalischen Zeitschrift* wird unter fettgedruckter Rubrik „*Abgelehnte Berufung*" bekannt gemacht: „Der Honorarprofessor an der Universität München Dr. A. Schmauß hat den Ruf als ord. Professor der Meteorologie an die Universität Berlin abgelehnt". FORTAK (2001) schreibt anderslautend, dass Mitte 1922 der Direktor der Zentralanstalt in Wien, Felix Maria Exner (1876-1930), „auf dem ehrenvollen ersten Listenplatz der Berufungsliste (vor H. v. Ficker und A. Wegener)" gestanden habe, doch habe auch er abgelehnt. Dies dürfte zutreffend sein, nur dass diese Liste erst nach Schmauß' Ablehnung des Rufes erstellt worden sein dürfte.[82] Else Wegener erweckt allerdings den Eindruck, dass an erster Stelle der Liste Schmauß gestanden hätte (WEGENER 1960): „Nun, vorläufig war keine Gefahr, wegen Berlin in Verlegenheit zu kommen. Allerdings hatte Professor Schmauß den Ruf dorthin schon abgelehnt, weil er in München bleiben wollte. Was würde der zweite Kandidat, Professor von Ficker aus Graz, wählen?". Eine etwaige Berufung nach Berlin hätte Alfred Wegener, der sich in Hamburg bis zur völligen Erschöpfung an der Drachenstation des Schwiegervaters Köppen und am Geographischen Institut durch Vorlesungen verausgabte, in große Verlegenheit gebracht: „Alfreds Freunde in Kopenhagen bemühten sich, ihn dorthin zu ziehen, und in Berlin sollte die Professur für Meteorologie durch die Emeritierung von Geheimrat Hellmann frei werden. Hellmann war aber gleichzeitig Direktor des Preußischen Meteorologischen Instituts, und solange beide Stellen zusammenhingen, musste die umfangreiche Organisation der großen Anstalt die rein wissenschaftliche Tätigkeit des Leiters lahmlegen. Da wäre Alfred vom Regen in die Traufe gekommen" (WEGENER 1960). In diese „Traufe" wurde schließlich Heinrich von Ficker (1881-1957, Nachruf im Anhang E) berufen, der nacheinander Hellmanns Nachfolger im Lehramte (1922), in der Direktion des Preußischen Instituts (1923) und in der Akademie (1927) wurde.

Aus Max Plancks Erwiderung (PLANCK 1948) auf die am „Leibniztag" gehaltene akademische Antrittsrede von Ficker geht deutlich hervor, wie sich die Meteorologie in den zwei Jahrzehnten seit Bezolds Tod gewandelt hatte:

Noch vor einem Menschenalter hat unser Meteorologe die Forderung einer streng physikalischen Ableitung der Wetterprognose als eine unbillige Zumutung nachdrücklich abgelehnt. Erst als zu der ursprünglichen Methode der rein statistischen Registrierung sich eine auf dynamische Prinzipien fußende Betrachtungsweise gesellte, wurde ein entscheidender Fortschritt spürbar, und wenn auch das von V. Bjerknes kühn ins Auge gefasste Ziel der vollständigen Integration aller maßgebenden Differentialgleichungen einstweilen sich noch als zu hoch gesteckt erwies, so darf doch die von diesem Forscher aufgestellte Polarfronttheorie als ein wichtiger Schritt auf dem eingeschlagenen Wege bewertet werden.

Hellmann, der an jenem 30. Juni 1927 anwesend gewesen sein dürfte, und am 27. Juli seinen letzten Beitrag zu den Sitzungsberichten einreichte, hatte 1912 seine Zuwahl in die Akademie als Zeichen der Selbständigkeit der Meteorologie gewertet. In seiner Leipziger Antrittsvorlesung hatte Bjerknes andererseits die Einbettung der Meteorologie in die übergeordnete Physik verkündet (BJERKNES 1913): „Wie der große Wendepunkt der Astronomie dadurch kam, dass sie angewandte Mechanik wurde, muss man deshalb hoffen können, dass ein entsprechender Wendepunkt in der Entwickelung der Meteorologie dadurch kommen wird, dass sie angewandte Physik wird, eine wirkliche Physik der Atmosphäre".

Hellmann hatte die Meteorologie zu einem Zeitpunkt studiert, als sie vollends von der Astronomie losgelöst schien. Nun musste er zusehen, wie am Ende seines langjährigen und energischen Eintretens zugunsten ihrer Selbständigkeit eine Art Rückkehr in den Schoß der Schwesterwissenschaften erheischt wurde. Er wurde im September wachsamer Zeuge der Verschiebung meteorologischer Ziele und seiner derweil unzureichenden, eher geographischen Arbeitsmethoden, als Otto Wiener (1922) nach dem von Bjerknes' auf der Naturforscherversammlung in Leipzig gehaltenen Vortrag gefordert hatte:

Es scheint mir außerordentlich wichtig zu sein, an dem Plane festzuhalten, dass das Institut [für Bjerknes 1913 in Leipzig gegründet] in erster Linie ein Institut für theoretische Meteorologie bleibe; denn die früher in Deutschland ausgebildeten Meteorologen entbehren begreiflicherweise meistens der gründ-

---

81 Ludwig Weickmann schrieb in seinem Nachruf auf ihn (vgl. Anhang E): „Da diese Stellung in ihrer Bedeutung zweifellos der Stellung von Schmauß in München weit überlegen war, musste mit Sicherheit erwartet werden, dass Schmauß den Ruf annehmen würde".
82 Nachdem dieses geschrieben war, ist uns dankenswerterweise von der Humboldt Universität ein Dokument zugegangen, in welchem der Berufungsvorschlag für Hellmanns Nachfolger im Ordinariat an der Berliner Universität *in extenso* nachzulesen ist. Es ist von Hellmann, Planck und von Mises gezeichnet und ist für die gegenseitige Beurteilung von Kollegen so lehrreich, dass es im Anhang F wiedergegeben wird.

> *lichen mathematischen und physikalischen Durchbildung, die die Voraussetzung für ein tieferes ursächliches Verständnis der Wettervorgänge bildet.*

Fünf Jahre später wurde diese neuere, etwas einseitige Sicht insofern relativiert als Ficker gleich bei seiner Antrittsrede zu betonen nicht verabsäumte, dass sich die Meteorologie endgültig verselbstständigt und sich „als eigenständige Wissenschaft mit immer größerer praktischer Bedeutung" gefestigt habe. Ficker war eine Art Übergangsfigur, nicht sowohl Klimatologe wie Hellmann, sondern vielmehr dynamischer Meteorologe, der bedeutende Untersuchungen zur Dynamik der Atmosphäre – wenn auch nicht mit den mathematischen Methoden des Hydrodynamikers – durchgeführt hatte. Arbeiten über den Alpenföhn und Luftmassenverlagerungen im Binnenland hatten ihn bekannt gemacht. „Wohl als erster hatte er hierbei die ‚Bedeutung von Diskontinuitätsflächen für den Aufbau der Depressionen' erkannt und von dort aus, wie es in der Laudatio anlässlich des für ihn eingebrachten Wahlvorschlages betonte, umfangreiche Untersuchungen zu Kälte- und Wärmewellen in Russland und Nordasien sowie zu den komplizierten Beziehungen zwischen Temperatur und Druckänderung durchgeführt. Er hatte auf die Bedeutung [troposphärischer und] stratosphärischer Höhenvorgänge für den Bau und die Entwicklung der Depressionen aufmerksam gemacht und war auch damit über die vor allem von Bjerknes entwickelte Polarfront-Theorie hinausgegangen" (SCHLICKER 1975).

Hellmann engagierte sich weiterhin in der Akademie mit Vorträgen. Am 2. März reichte er bei Planck folgende Arbeit ein (*Die Naturwissenschaften* 1922):

> *Hr. Hellmann überreichte eine Abhandlung Neue Untersuchungen über die Regenverhältnisse von Deutschland, 3. Mitteilung: Der Jahresverlauf. Die im Laufe des Jahres eintretenden Veränderungen in der Verteilung der Niederschläge (Menge und Häufigkeit) in Deutschland werden untersucht. Die Gebiete größten Niederschlags verlagern sich vom Winter zum Sommer von Westen nach Osten, was dafür spricht, dass der von lokaler Verdunstung herrührende Wasserdampf bei den sommerlichen Regenfällen eine größere Rolle spielt.*

Und am 20. Juli trug er vor der Akademie über ein sonniges Thema vor:

> *Hr. Hellmann sprach über ‚Die Sonnenscheindauer in Deutschland'. Es wird der Versuch gemacht, aus gleichzeitigen 25jährigen Beobachtungen an 27 Stationen die Grundzüge der zeitlichen und räumlichen Verteilung der Sonnenscheindauer in Deutschland abzuleiten. Ostdeutschland erweist sich als sonnenscheinreicher als Westdeutschland, in dem nur der Rheingau in dieser Beziehung bevorzugt ist. An der Nordseeküste ist der sonnigste Monat der Mai, weiter landeinwärts der Juni, im äußersten Osten und Süden der August. In der kalten Jahreshälfte hat überall der Nachmittag mehr Sonnenschein als der Vormittag; das gilt auch in der warmen Jahreshälfte für Westdeutschland, während in Ostdeutschland das umgekehrte Verhältnis eintritt. Auf dem Gipfel der Schneekoppe im Riesengebirge sind im Sommer die frühen Morgenstunden am sonnigsten.*

Kurz vor seinem Rücktritt als Institutsdirektor hatte Hellmann im September noch einen großen Auftritt. In diesem Jahr feierte die Gesellschaft Deutscher Naturforscher und Ärzte in ihrer Gründungsstadt Leipzig das erste Jahrhundert ihres Bestehens. 1822 hatte Lorenz Oken (1779-1857) Ärzte und Naturforscher zu einer Versammlung nach Leipzig eingeladen. „Das Ziel dieses und der folgenden Treffen an immer wechselnden Orten sollte vor allem sein, sich über die Grenzen der deutschen Kleinstaaten hinaus kennenzulernen" (AUTRUM 1987). Hundert Jahre später sollte die Feier sogar über die Reichsgrenzen hinaus den unverminderten Rang der deutschen Wissenschaft nach dem verlorenen Krieg zur Schau stellen, und diesmal war es Planck, der Naturwissenschaftler nach Leipzig einlud. Er bat den vom Weltruhm ereilten Einstein den Hauptvortrag zu halten, und forderte den scheidenden Direktor des Preußischen Meteorologischen Instituts auf, die deutsche Meteorologie auf der Jubeltagung mit einem Vortrag zu vertreten. Einstein, dem auf der Versammlung zugeflüstert werden sollte, sich auf die Verleihung des Nobelpreises zu rüsten, sagte den angekündigten Vortrag ab. Dies zu tun beschloss er nach der feigen Ermordung Walther Rathenaus im Juni. An seiner Stelle hielt Max von Laue einen Vortrag über „die Relativitätstheorie in der Physik". Der junge Werner Heisenberg, der Einstein zu hören und zu sehen gekommen war, verwechselte Laue mit Einstein: „Da jedoch in dem ihm vorliegenden Programm der Name Einstein ausgedruckt war, glaubte er, der Gelehrte vorne am Rednerpult, den er in der großen Halle schlecht sehen konnte, sei Einstein" (HERMANN 1994). In dieser großen Halle hielt Hellmann seinen Vortrag über „Deutschlands Klima", aber auch hier gab es unscharfe Sicht, denn „die gezeigten Temperaturkarten waren infolge der Größe des Raumes leider nicht auf allen Plätzen zu erkennen" (KÖLZER 1922). In der Alberthalle des Kristallpalastes musste er vor etwa 6000 Zuhörern um die Gunst des Publikums für seine gewaltige Maßstabsverringerung buhlen: „Nachdem in den allgemeinen Sitzungen der beiden vorhergehenden Tage Probleme von universeller Bedeutung erörtert worden sind, ist es vielleicht ein Wagnis, Ihre

Abb. 2-5: Gruppenbild mit Planck (erste Reihe, 4. von links) und (mutmaßlich) Hellmann (1. Reihe, 2. von rechts), Leipzig 1922. Der Vorstand und wissenschaftliche Ausschuss mit dem ersten Vorsitzenden Geheimrat Prof. Dr. Max Planck. (Quelle: Der Welt-Spiegel: illustrierte Wochenschrift des Berliner Tageblatts, Nr. 40, Jahrgang 1922, Sonntag, 1. Oktober.)

Aufmerksamkeit für einen Gegenstand zu erbitten, der dieser allgemeinen Bedeutung entbehrt und der Ihnen obendrein mehr oder weniger geläufig sein wird", heißt sein erster Satz. In Kapitel 14, Band II werde ich auf diesen Vortrag eingehen, denn darin zeichnet Hellmann mit hellen Worten ein Bild von Deutschlands Klima, welches er im Jahr zuvor kartographisch dargestellt hatte, aber nicht mehr textlich vervollständigen konnte.

Ruhestand und nachlassende Schaffenskraft (1923-1939)

1923

Hellmanns Nachfolger, Heinrich von Ficker, verfasste den Tätigkeitsbericht für die zurückliegenden Jahre 1920 bis 1923. In seiner Einleitung geht er gleich zu Anfang auf seinen Vorgänger mit gerechten Worten ein:

Im folgenden wird mit der den Zeitverhältnissen angemessenen Kürze über die Tätigkeit des Preußischen Meteorologischen Instituts in den Jahren 1920 bis 1923 berichtet.

Das neue preußische Gesetz über die Altersgrenze der o[rdentlichen] Universitätsprofessoren hat für das Preußische Meteorologische Institut einen Wechsel in der Person des Leiters gebracht.

Trotz ungeschwächter Arbeitskraft und Leistungsfähigkeit wurde der bisherige Direktor, Herr Geh. Reg.-Rat Prof. Dr. G. Hellmann nach Vollendung des 68. Lebensjahres am 1. Oktober 1922 emeritiert und legte gleichzeitig die Leitung des Instituts nieder, dem er seit dem 1. Oktober 1879, also durch 43 Jahre in ununterbrochener Tätigkeit, seit dem 1. Oktober 1907 als Direktor angehört hat.

Es ist hier nicht der Ort, die Verdienste Herrn Hellmanns als Forscher zu würdigen. Dass aber während seiner Amtstätigkeit, auf seine Anregung hin, unter seiner Leitung und Mitarbeit aus dem Institut die größten, mit dem Namen Hellmanns sowohl wie des Instituts verknüpften Werke – das monumentale Werk über die Niederschläge Deutschlands, das Werk über die Hochwasser der Oder und der Klimaatlas Deutschlands – hervorgegangen sind, ist der beste Beweis für die wissenschaftliche Höhe, zu der Hellmann das seiner Leitung unterstehende Institut geführt hat. Das Institut trotz der Notlage des Staates, und trotz der dem Institut auferlegten Beschränkungen auf der Höhe zu erhalten, die es unter Hellmann erreicht hat, ist des Nachfolgers schwierige und verantwortungsvolle Aufgabe.

Bis zur Ernennung eines Nachfolgers wurde die Leitung des Gesamtinstituts vertretungsweise durch Herrn Geh. Reg.-Rat Prof. Dr. A. Schmidt, für die besonderen Berliner Angelegenheiten durch Herrn Prof. Dr. Lüdeling geführt. Durch Ministerialerlass vom 4. Dezember 1922 wurde Dr. H. v. Ficker, o. ö. Professor der Geophysik und Meteorologie an der Universität Graz, als Nachfolger des Herrn Geheimrat Hellmann an die Universität Berlin berufen und gleichzeitig mit der Leitung des Meteorologischen Instituts betraut.

Im frühen Ruhestand betätigt sich Hellmann weiterhin in Kommissionen der Akademie: über die Zukunft der Deutschen Literaturzeitung, in der Kommission für bibliographische Angelegenheiten, oder als ihr Vertreter im Kuratorium zur Finanzierung einer geologisch-morphologischen Untersuchung des Marmaragebietes (1927). Er nimmt weiterhin an ihren Sitzungen teil, im Januar mit einem klimatologischen Thema (*Die Naturwissenschaften* 1924):

Herr Hellmann sprach über Störungen im jährlichen Gange der Temperatur in Deutschland. Fünftägige Mittel der Temperatur aus 60 gleichzeitigen Beobachtungsjahren (1851-1910) von 30 deutschen Stationen lassen typische Störungen im Jahresverlauf erkennen: Mitte Februar, Mitte Juni, Ende September, Mitte Dezember, nicht aber Mitte Mai, dessen Kälterückfälle im Volksglauben tief eingewurzelt sind. Auch die 150jährige Reihe (1766-1915) von Berlin, das wegen des gleichartigen Verhaltens aller Stationen als Repräsentant von ganz Deutschland dienen kann, zeigt nichts von ihnen. Zerlegt man aber die ganze Reihe in 15 zehnjährige, so sieht man, dass gegen das Jahr 1845 ein Wendepunkt im Auftreten der Maistörung eingetreten ist: von 1766-1845 sind die Kälterückfälle in der Pentade vom 11. bis 15. Mai in sieben von den acht Jahrzehntmitteln nachweisbar, seitdem in keinem einzigen. Die Zeit ihres Eintretens ist somit unbestimmter geworden. Es wird noch nachgewiesen, dass alle diese Störungen nicht auf kosmische Ursachen zurückzuführen, sondern dass sie regionaler Natur sind.

Und in der Gesamtsitzung im Juni gibt er wieder ein geschichtliches Thema zum Besten:

Herr Hellmann las über den Ursprung der volkstümlichen Wetterregeln (Bauernregeln). Die frühesten bekannten Zeugnisse für das Vorhandensein der Bauernregeln (regulae rusticorum) stammen aus der Mitte des 13. Jahrhunderts. Die Regeln sind aber viel älter und können als ein uraltes Erb- und Wandergut angesprochen werden. Ihr Inhalt stammt zu einem großen Teil aus dem Altertum, zum Teil auch ihre Fassung, doch ist diese durch die christliche Kirche stark beeinflusst worden.

Bei der 14. Versammlung der Deutschen Meteorologischen Gesellschaft im Oktober stellt sich Hellmann nicht mehr zur Wahl für den Vorsitz, der an Schmauß geht (bis zu dessen Tod 1954); er hält in der Eröffnungssitzung einen letzten Einführungsvortrag, der passend „Hundert Jahre meteorologische Gesellschaften" zum Gegenstand hatte (Kapitel 4). Naturgemäß wird er Ehrenvorsitzender der Gesellschaft. An Köppen schreibt er am 2. 10. aus Berlin, wo die Tagung stattfand[83]:

Hochverehrter Herr Kollege!

Die hier tagende 14. Allgemeine Versammlung der Deutschen Meteorologischen Gesellschaft beauftragt mich, Ihnen zum Ausdruck zu bringen, wie sehr sie Ihre Anwesenheit vermisst, und sie spricht zugleich ihre besten Wünsche für Ihr Wohlergehen aus.

Mit bestem Gruß
Ihr sehr ergebener Hellmann

Einen Monat später bestätigt Hellmann den Empfang von Köppens neuer Auflage seiner Klimakunde, gratuliert ihm dazu, und drückt nebenbei seine Sorge über die jüngsten politischen Unruhen aus[84]:

Berlin 9. Nov. 1923
Verehrter Herr Kollege!

Mit der Übersendung eines Exemplars Ihres schönen Buches „Die Klimate der Erde" haben Sie mich sehr erfreut. Ich danke Ihnen dafür herzlich und ich gratuliere Ihnen zugleich zur Vollendung dieser so stattlich gewordenen 2. Aufl. Ihrer „Klimakunde".

Da ich heute gerade Zeit habe, habe ich sehr viel im Werke gelesen und dabei viel Freude gehabt, namentlich an den allgemeinen Charakteristiken der Klimate. Die Klimatabellen am Schluss werden allen sehr willkommen sein.

Es wird Sie vielleicht interessieren zu hören, dass ich in meinen Vorlesungen über allgemeine Klimatologie gelegentlich zu Aufstellung von Klimaformeln angeregt habe.

Ich dachte an kurze Zahlenausdrücke, ähnlich denen für Zahlenstellungen etc.

z. B. Temperatur, Regen, Wind ... eventuell ... es wäre ... eine Art klimatographische Stenographie.

---

83 UB Graz: Nachlass Köppen (MS NL 2054), Korrespondenz Hellmann, Brief Nr. 675 + Brief Nr. 676.
84 UB Graz: Nachlass Köppen (MS NL 2054), Korrespondenz Hellmann, Brief Nr. 676.

Auch Ihre Ausführungen auf S. 68 waren mir von aktuellem Interesse, weil ich gerade von einer Abhandlung, in der ich im Anhang „Entstehung und Namengebung der Regenfälle nach der Art ihres Auftretens" behandle, Korrektur lese.

Die heutigen Nachrichten aus München machen mich um das Schicksal der D. Kl. G.chen besorgt. Ich halte aber zu ihm aus Vertrauen. Hoffentlich geht alles gut aus.

Mit freundlichem Gruss
Ihr ergebener G. Hellmann

Zu seinem Klimagramm veröffentlichte Hellmann in der *Meteorologischen Zeitschrift* (1924) eine kurze Mitteilung, die mit der Erklärung anhebt:

In meinen Vorlesungen über Klimatologie habe ich bei Angabe von Klimadaten bisweilen ein Schema gebraucht, das, wenn es in dieser oder einer ähnlichen Form allgemein vereinbart wäre, in mancher Beziehung großen Vorteil bringen würde. Ich nannte es ursprünglich Klimaformel; da aber dieser Ausdruck inzwischen von W. Köppen gebraucht worden ist, um mittels einer Kombination von Buchstaben die Zugehörigkeit zu einer Klimaprovinz zu bezeichnen, will ich es lieber Klimagramm nennen.

Die Mitteilung schließt mit einer Empfehlung:

Wenn die reichhaltigen und sehr nützlichen Klimaangaben in Köppens Werk: ‚Die Klimate der Erde' in der Form von Klimagrammen gegeben wären, würden sie erheblich weniger Raum beanspruchen, und man brauchte sie nicht in zwei verschiedenen Tabellen zu suchen.

1924

In der Akademie setzt Hellmann am 27. März seine Reihe von besonderen klimatologischen Untersuchungen fort (*Die Naturwissenschaften* 1925):

Herr Hellmann legte vor Untersuchungen über die jährliche Periode der Niederschläge in Europa. Es wird gezeigt, dass die dem kontinentalen Typus der jährlichen Periode angehörigen Niederschläge in Breitenzonen angeordnet sind, die vom Mai zum August von Süden nach Norden vorrücken. Im Mai fällt die größte Monatsmenge im Innern von Nordostspanien und von Südfrankreich, in Italien am Südfuß der Alpen, in Gebirgslandschaften Mazedoniens und Bulgariens sowie auf der Südseite des Kaukasus. An diese Zone der Mairegen schließt sich nach Norden eine solche der Juniregen an, weiter nördlich eine solche der Juli- und der Augustregen, die in Skandinavien und Finnland vorherrschen. Auf den September fällt nur in drei kleinen Randgebieten von Europa die größte Monatsmenge. Der ozeanische Typus äußert seinen Einfluss vom Atlantischen Ozean, Mittelmeer und Schwarzen Meer aus und dringt verhältnismäßig tief in den Kontinent ein. Aus der gleichzeitigen Einwirkung beider Typen entsteht die große Mannigfaltigkeit in der jährlichen Periode der Niederschläge in Europa.

Am 24. April legt er der Akademie in der Gesamtsitzung eine weitere geschichtliche Abhandlung vor, nachdem Einstein über den damaligen Stand des Strahlungsproblems gesprochen hatte (*Die Naturwissenschaften* 1925):

Herr Hellmann legte sodann vor den Versuch einer Geschichte der Wettervorhersage im XVI. Jahrhundert. *Seit dem Ende des XV. Jahrhunderts gab es drei Methoden zur Vorhersage der Witterung: die astrometeorologische, nach der man glaubte, aus den Gestirnstellungen die Witterungsverhältnisse im voraus berechnen zu können; die meteorologische, die lehrte, aus den sog. natürlichen Wetterzeichen in der Luft und am Himmel auf die nahe bevorstehende Witterung einen Schluss zu ziehen, und endlich die alten vererbten Wetterregeln des Volkes. Die erste Methode wurde als ein besonderer Wissenszweig auch an Universitäten gepflegt und stand überall in hohem Ansehen; sie wurde hauptsächlich in den jährlich erscheinenden Prognostiken oder Praktiken betätigt und erreichte im XVI. Jahrhundert den Höhepunkt der Entwicklung. Während von 1470 bis 1500 gegen 300 solcher Schriften erschienen, steigerte sich ihre Zahl im XVI. Jahrhundert auf mindestens 3000, an deren Abfassung etwa 400 Autoren beteiligt waren. Für die zweite Methode zeitigte das XVI. Jahrhundert 36 Schriften, die Anleitung zur Aufstellung von Wetterprognosen gaben.*

Im Mai ist er Trauzeuge bei der Hochzeit seines Sohns Ulrich mit Margarete Amalie Ottilie Uhlmann. Im Juli begeht er seinen 70. Geburtstag, zu dem ihm von Karl Knoch eine abgerundete Würdigung in den *Naturwissenschaften* dargebracht wurde. Er erhält ein Staatstelegramm

Abb. 2-6: Hellmann-Foto in der *Meteorologischen Zeitschrift* von Juli 1924 (rechts das Titelblatt).

vom Minister für Wissenschaft, Kunst und Volksbildung, Boelitz, das an ihn unter der Anschrift „Schöneberger Ufer 48" gerichtet ist, wo er wohl bis mindestens 1927 wohnte.[85]

Aus der Knochschen Würdigung hatte ich im 1. Kapitel weitläufig zitiert. Aber auch die *Meteorologische Zeitschrift* versäumte nicht, seiner Dienste und Verdienste zu gedenken, unter Beigabe einer vornehmen Photographie des in seinen Gesichtszügen durchgebildeten Geheimrates (Abbildung 2-6):

> *Geheimer Regierungsrat Prof. Dr. Gustav Hellmann vollendet am 3. Juli 1924 sein siebzigstes Lebensjahr. Die Meteorologische Zeitschrift darf diesen Tag nicht unbeachtet vorübergehen lassen; denn der Jubilar hat das Ansehen unserer Zeitschrift nicht nur durch zahlreiche und wertvolle wissenschaftliche Beiträge, sondern auch durch seine Tätigkeit als Redakteur in den Jahren 1892 bis 1907 und als Vorsitzender der Deutschen Meteorologischen Gesellschaft von 1907 bis 1923 außerordentlich gefördert. [...]*
>
> *Die Redaktionstätigkeit Hellmanns ist u. a. durch die Vervollkommnung der Bibliographie und durch Herausgabe des Hann-Bandes gemeinsam mit J. M. Pernter gekennzeichnet. Als Vorsitzender der DMG hat Hellmann es stets als seine oberste Pflicht erachtet, die Zeitschrift zu fördern.*

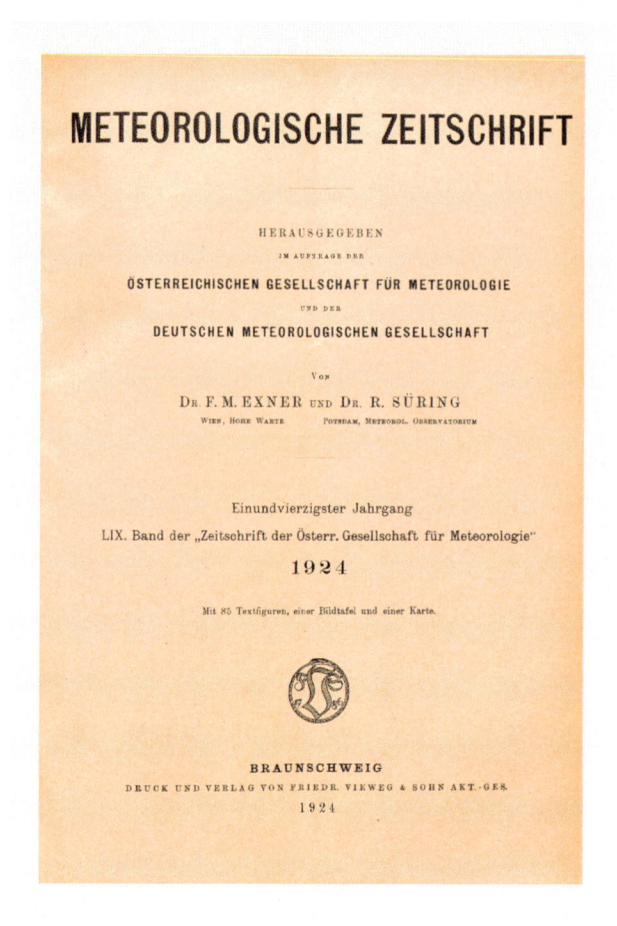

Von Köppen, der von Hamburg nach Graz umzusiedeln beschlossen hatte, nachdem sein Schwiegersohn Alfred Wegener an der dortigen Universität die von Ficker innegehabte Professur für Meteorologie und Geophysik angenommen hatte, erhielt Hellmann zu seinem 70. Glückwünsche, für die er sich „ergebenst" bedankt[86]:

Herrn Admiralitätsrat Prof. Dr. W. Köppen

Berlin 9.7.24

Haben Sie herzlichen Dank für Ihre Glückwünsche zu meinem 70. Geburtstage, der zu einem schönen Fest und Ehrentage für mich geworden ist.

Ihnen wünsche ich bald eine günstige Regelung der Hausangelegenheit, damit Sie Ihren Schwiegersohn in die Berge folgen können.

Hellmann wird zusammen mit Johan Wilhelm Sandström (1874-1947), einem vormaligen Mitarbeiter Bjerknes', und Direktor des Schwedischen Meteorologischen Instituts, zum Ehrenmitglied der Österreichischen Gesellschaft für Meteorologie ernannt, in Anerkennung seiner Verdienste um die Meteorologie (*Meteorologische Zeitschrift* 1924).

---

85 GstA PK, Scan Seite 138.
86 UB Graz: Nachlass Köppen (MS NL 2054), Korrespondenz Hellmann, Brief Nr. 677. Wegen Köppens Brief s. Anhang C (Abb. C-7).

1925

Das nächste Jubiläum reiht sich an: Vom Minister für Wissenschaft, Kunst und Volksbildung bekommt Hellmann an dieselbe Anschrift wie zu seinem 70. Geburtstag ein Staatstelegramm zum 50-jährigen Doktorjubiläum. Die Glückwunschadresse der Preußischen Akademie zu seinem 50. Doktorjubiläum wurde in Kapitel 1 abgedruckt.

Im März berichtete Hellmann vor derselben Akademie über den zurückliegenden, äußerst trocken-milden Winter sowie über die Grenzwerte meteorologischer Beobachtungsgrößen (*Die Naturwissenschaften* 1926):

Herr Hellmann machte eine Mitteilung über die Witterungsanomalie des Winters 1924/25 in Berlin. Der Winter 1924/25 ist der zweitmildeste, den Berlin in den letzten 160 Jahren, d. h. soweit zurück sich die Witterungsgeschichte genau verfolgen lässt, gehabt hat. Milder war der Winter 1795/96 und fast ebenso mild der von 1868/69, der aber durch eine Kälteperiode vom 17. bis 26. Januar 1869 unterbrochen war. Gemeinsam ist beiden Wintern die ungewöhnlich hohe Temperatur des Februars, die das langjährige Mittel um 4.3° übertraf. Der Winter 1924/25 gehört zu den trocken-milden Wintern, die viel seltener sind als die feucht-milden; er hatte nur 4 Tage mit Schneefall.

Herr Hellmann sprach über die Grenzwerte der Klimaelemente auf der Erde. Es wird der Versuch gemacht, für die wichtigsten Klimaelemente, für die genügendes Vergleichsmaterial vorliegt, nämlich für Temperatur, Feuchtigkeit, Bewölkung, Niederschlag und Wind, die Grenzwerte festzustellen, zwischen denen die Jahres- und Monatsmittel, bei der Temperatur auch die Einzelwerte, auf der ganzen Erde schwanken; z. B. Jahresmittel der Temperatur, höchstens 30.2°, niedrigstes −25.8°; größte Jahressumme der Niederschläge 12 609 mm, kleinste weniger als 1 mm, usw.

Im April bzw. November trägt er über drei Themen vor (daselbst):

Herr Hellmann sprach über die Verbreitung der Hydrometeore auf der Erde. An der Erdoberfläche kann man eine Polargrenze und eine Äquatorialgrenze der Hydrometeore unterscheiden, in vertikaler Richtung auch eine Höhengrenze. Es wird versucht, diese Grenzen aus den vorhandenen Beobachtungen zu bestimmen. Die Hydrometeoration ist am einfachsten im Äquatorialgebiet; dort gibt es nur Tau, Regen und bisweilen Hagel, dessen sporadisches Auftreten im Gegensatz steht zu der großflächigen Ausdehnung des Regens. Die große Mannigfaltigkeit aller Kondensationsformen tritt nur in mittleren Breiten in die Erscheinung.

Herr Hellmann sprach über die Wetterlage bei guter Fernsicht von Bergeshöhen. Die meteorologischen Beobachtungen von den Gipfeln der Schneekoppe und des Brocken zeigen, dass gute Fernsicht von diesen Höhen nur bei Temperaturumkehr mit der Höhe (Inversion) auftritt. Da diese an das Vorhandensein von barometrischen Hochdruckgebieten gebunden ist, die im Winter häufiger und zugleich stärker sind als im Sommer, so erklärt sich daraus die Erfahrungstatsache, dass die Fernsicht von Bergeshöhen im Winter bisweilen besonders gut ist.

Sodann sprach Herr Hellmann über Wasserhosen auf dem Atlantischen Ozean. Aus den Logbuchaufzeichnungen von 1159 englischen Schiffen, die in 18 Jahren den Atlantischen Ozean zwischen 20° nördlicher und 10° südlicher Breite befahren haben, ergibt sich ein sehr bestimmtes Häufigkeitsmaximum von Wasserhosen mitten im Windstillengürtel (0°-10° N, 20°-30° W). Es wandert mit diesem nach Norden. Die Dauer einer Wasserhose in diesen Meeresteilen beträgt gewöhnlich 15 Minuten. Bezüglich der Entstehung der Wasserhosen sprechen die Logbuchnotierungen am meisten für eine Verknüpfung der mechanischen mit der thermodynamischen Theorie.

1926

In diesem Jahr wird Hellmann Großvater. Er selbst vermehrt seine mühsamen geschichtlichen Untersuchungen um eine ebenso ausführliche wie wertvolle Abhandlung. Der Akademie legt er im Juli das Ergebnis vor (*Die Naturwissenschaften* 1927):

Herr Hellmann legte eine Arbeit vor: Die Entwicklung der meteorologischen Beobachtungen in Deutschland von den ersten Anfängen bis zur Einrichtung staatlicher Beobachtungsnetze. *Auf die Periode der bloßen Wetternotierungen oder präinstrumentellen Beobachtungen, die 1490 beginnt, folgt 1678 die der instrumentellen Beobachtungen an einzelnen Orten, und hundert Jahre später die der korrespondierenden Beobachtungen, die im neunzehnten Jahrhundert zur Gründung staatlicher meteorologischer Beobachtungsnetze überleitet. Leibniz und die Berliner Akademie der Wissenschaften haben an der günstigen Entwicklung der zweiten Periode hervorragenden Anteil.*

Abb. 2-7: Teilnehmer der 1. Generalversammlung der „Internationalen Studien-Gesellschaft zur Erforschung der Arktis mit dem Luftschiff" (Aeroarctic), am 12.11.1926 in Berlin. Von rechts, sitzend: Gustav Hellmann (seit 1919 Ehrenvorsitzender der Gesellschaft für Erdkunde), Ernst Kohlschütter (Direktor des Preußischen Geodätischen Instituts in Potsdam), Fridtjof Nansen (Präsident der Aeroarctic), Johann Schütte (Präsident der Wissenschaftlichen Gesellschaft für Luftfahrt), A. Penck (Direktor des Geographischen Instituts Berlin). Von den stehenden Teilnehmern seien nur die Meteorologen genannt, Heinrich von Ficker (3. von rechts, Direktor des Preußischen Meteorologischen Instituts) und Arthur Berson (2. von links), der bekannte Aerologe aus dem *Ballonwerk*). (Von Dietrich Fritzsche – Walther Bruns und die Aeroarctic – dankenswerterweise zur Verfügung gestellt, der „Presse Photo Nachrichtendienst Berlin" als Quelle nennt.)

Im Juni verlas er vor der Akademie den von M. Planck, A. Penck und M. v. Laue mitunterzeichneten Wahlvorschlag für H. v. Ficker zum Ordentlichen Mitglied. Abbildung 2.7 zeigt den ehemaligen und den neuen Direktor des Preußischen Meteorologischen Instituts, Ersteren sitzend, stehend den Letzteren; der schon mehrfach erwähnte Geograph Albrecht Penck (1858-1945), seit 1906 ordentliches Mitglied der Preußischen Akademie der Wissenschaften, sitzt am anderen Ende von Hellmann.

Das frisch gewählte ordentliche Akademiemitglied von Ficker schreibt im Tätigkeitsbericht des Instituts für dieses Jahr: „Sowohl für eine modernen Anforderungen genügende Bearbeitung der Windverhältnisse des deutschen Reiches, wie für die Bearbeitung einer Klimakunde des deutschen Reiches (Textband zum Klimaatlas) konnten mit Rücksicht auf die allgemeine Finanzlage die erbetenen Mittel nicht bewilligt werden." Es sei daran erinnert, dass wegen der Kosten für Druck und Papier Hellmann der Veröffentlichung des Textbandes zum Klima-Atlas entraten musste.

1927

In der Sitzung der Akademie vom 21. Juli überreicht Hellmann dem Sekretar Planck seinen letzten Sitzungsbericht (*Die Naturwissenschaften* 1928):

Herr Hellmann überreichte eine Abhandlung über Die Entwicklung der meteorologischen Beobachtungen bis zum Ende des achtzehnten Jahrhunderts. *Am Ende des siebzehnten Jahrhunderts gab es instrumentelle meteorologische Beobachtungen aus fünf europäischen Ländern: nämlich aus Italien (erste Beob. Florenz 1654), Frankreich (Paris 1658), England (London 1666), Deutschland (Kiel 1679) und Holland (Leiden 1694). Am Ende des achtzehnten Jahrhunderts konnten alle europäischen Länder, mit Ausnahme der Balkanstaaten, solche Beobachtungen aufweisen. Außerhalb Europas liegen frühe Beobachtungen vor aus Afrika (1682), Asien (1698), Amerika (1730). Aus Australien fehlen sie bis zum Jahre 1800 noch ganz.*

In diesem Jahr schien die endgültige Verwirklichung des letzten großen Hellmannschen Vorhabens zum Greifen nahe. Es berichtet Ficker:

Zu ganz außerordentlichem Danke hat uns während des Berichtsjahres die Notgemeinschaft der Deutschen Wissenschaft verpflichtet. Aus der Erkenntnis heraus, dass Meteorologie und Klimatologie in rasch steigendem Maße den Bedürfnissen der Praxis nutzbar gemacht werden müssen, wurden erhebliche Mittel für eine Bearbeitung der Klimaverhältnisse des Deutschen Reiches bewilligt. Wir hoffen, dass wir in etwa 2-3 Jahren dem 1921 erschienenen Klimaatlas von Deutschland einen diesem Monumentalwerke angepassten Textband mit dem ganzen, auch noch die Beobachtungen bis 1925 berücksichtigenden Zahlennachweise folgen lassen können. Zur besonderen Freude gereicht es uns dabei, dass Herr Geheimrat Prof. Dr. G. Hellmann sich bereit gefunden hat, die Arbeiten für diese Klimatographie Deutschlands zu leiten und seine unvergleichlich große Erfahrung in den Dienst der mühsamen Aufgabe zu stellen.

Ficker geht in einem eigenen Abschnitt auf das scheinbar fröhliche Urständ feiernde Projekt näher ein:

Wie bereits in der Einleitung erwähnt, ist mit der Bearbeitung einer Klimakunde von Deutschland begonnen worden. Damit wurde eine alte Aufgabe wieder aufgenommen, die das Institut sich bereits im Jahre 1913 gestellt hatte, von der aber infolge der Schwierigkeiten der Inflationszeit nur der kartographische Teil in Form des ‚Klima-Atlas von Deutschland' bisher fertiggestellt werden konnte. Unter Berücksichtigung des inzwischen verflosse-

nen Zeitraumes soll sich die Neubearbeitung auf die Periode 1881-1925 stützen.

Unter unmittelbarer Aufsicht des Observators und Professors Knoch wurden mit den vorbereitenden Arbeiten seither beschäftigt: Herr Dr. Reichel als Stipendiat der Notgemeinschaft ab 1. Februar und daneben die rechnerischen Hilfskräfte Fräulein Budig, Fräulein Methe und Herr Lewin ab 1. April. Letzterer schied allerdings schon wieder am 12. Dezember aus, da er Verwendung im Schuldienst fand.

Dr. Reichel stellte zunächst einen Zettelkatalog zusammen, der die Titel der bisher zum Klima von Deutschland vorliegenden Arbeiten enthält. Später nahm er gemeinsam mit den andern Hilfskräften an den Zusammenstellungen der einzelnen meteorologischen Elemente teil, die die alten Reihen des Klima-Atlas bis zum Jahre 1925 fortführen. Bezüglich Luftdruck, Temperatur, Luftfeuchtigkeit, Bewölkung und Wind sind diese Arbeiten für Süddeutschland beendet, für Norddeutschland sind sie zur Zeit im Gange.

Wie wir schon sagten, gab Hellmann in diesem Jahr einen letzten Beitrag zur Geschichte der Meteorologie in den Sitzungsberichten der Akademie zum Druck. Hatte er zu diesem Zeitpunkt vorgehabt, sich nicht weiter mit ihr zu beschäftigen? Als Folge einer nachlassenden Gesundheit? Diese war wohl nicht zum Besten bestellt, und wir werden ihn bald mit seiner Frau in klimatologisch zuträglicheren Gefilden wiederfinden. Brauchte er für diesen Schritt Geld? Zu dieser Frage verleitet folgende Anzeige im fernen Amerika.

In dem kurz nach Gründung der *American Meteorological Society* 1919 ins Leben gerufene Organ der Gesellschaft, dem *Bulletin*, wird eine wundersame, überraschende Bitte von Hellmann und Carl Kaßner veröffentlicht (TALMAN 1927), die sich nach Käufern für ihre umfangreichen Privatbibliotheken umsahen. Es muss als unbegreiflich bezeichnet werden, dass Hellmann, der in jahrzehntelanger Mühewaltung wertvollste Schriften und Werke, darunter sehr viele aus dem europäischen Sprachraum, zusammengetragen hatte, jemals bereit sein konnte, sie nach einem so entfernten Kontinent zu veräußern. Die wirtschaftliche Lage in der Weimarer Republik dürfte in den frühen Nachkriegs- und Inflationsjahren auch für einen emeritierten Geheimrat nicht ohne materielle Nachteile gewesen sein, doch war 1927 eine Erholung nicht zu verkennen (vor der weltweiten Wirtschaftskrise 1929). Welche Gründe auch dabei eine Rolle gespielt haben mögen, so lässt sein Schritt die Deutung zu, dass hiesige oder europäische Käufer, etwa Bibliotheken neu geschaffener Institute für Meteorologie – oder gar die Preußische Staatsbibliothek, deren Kommission für bibliothekarische Angelegenheiten er angehörte –, die für den wertvollen Bibliotheksbestand verlangte Summe Geld nicht aufzubringen oder die an den Verkauf geknüpfte Bedingung anzunehmen in der Lage waren. Die Anzeige im *Bulletin* ist gerade bezüglich Hellmann besonders aufschlussreich, weil sie den Umfang seiner Bibliothek erkennen lässt. Die entsprechende Stelle lautet in freier Übersetzung:

Dr. Hellmann ist als herausragender Bearbeiter der meteorologischen Bibliographie seit langem bekannt, insbesondere hinsichtlich der älteren Literatur, und er gilt diesbezüglich als unübertroffener Gewährsmann. Seine Privatbibliothek ist hinlänglich gerühmt worden, namentlich wegen ihrer Reichhaltigkeit an alten und seltenen Büchern. Sie enthält zum Beispiel eine große Sammlung früher Kalender mit Wettervorhersagen, eine große Sammlung meteorologischer Volksbücher aus dem 16. und 17. Jahrhundert, rund 110 Ausgaben des „Hundertjährigen Kalenders", und viele andere Werke von ähnlicher Seltenheit und einzigartigem Interesse. Gut vertreten sind auch moderne Veröffentlichungen, darunter vollständige Reihen meteorologischer Zeitschriften. Der Gesamtumfang der Bibliothek beziffert sich auf rund 5500 gebundene Bände und 6000 kartonierte Broschüren, nach Themen geordnet.

Dr. Hellmann, der im 73sten Lebensjahr steht, würde gern seine Bibliothek einer Institution vertraglich für 14.000 US $ [auf heutigen Kaufwert umgerechnet runde 200.000 €] verkaufen, Verpackung und Versendung nicht mit eingerechnet – unter der Bedingung, dass sie bis an sein Lebensende in seinem Besitz bleibe; eine Teilrate soll bei Vertragsunterzeichnung fällig werden, der verbleibende Betrag nach Auslieferung.

Von Kaßners Bibliothek hatte Talman keine Angaben über Umfang und Inhalt erhalten, doch sei sie „zweifellos" groß, wenn auch nicht vergleichbar mit der von Hellmann. Talman fügt hinzu, dass in den Vereinigten Staaten ihm nur zwei große meteorologische Bibliotheken bekannt seien, die des Wetterdienstes und die des Blue Bill Observatoriums, und dass angesichts der notorischen Knappheit meteorologischer Literatur in den anderen Bibliotheken die Gelegenheit einmalig sei, Bibliothekare auf diese Angebote aufmerksam zu machen.

Nachtrag. Nach Abschluss des Manuskripts konnte das Geheimnis des Verbleibs von Hellmanns Privatbibliothek gelüftet werden. Yvonne Kurz von der Bibliothek des Deutschen Wetterdienstes fand einen Hinweis im Jahresbericht der Preußischen Staatsbibliothek von 1927, worin zwei Stellen eindeutige Winke bezüglich des Verbleibs der Bibliothek geben (Preußische Staatsbibliothek, Jahresbericht, erschienen 1929):

Weiter ist für die Erwerbung einer größeren Privatbibliothek, der meteorologischen Sammlung des Geheimen Regierungsrats Prof. Dr. Hellmann, im Berichtsjahr ein erheblicher Teilbetrag entrichtet worden, ohne dass ihre Bestände der Staatsbibliothek bereits zugeführt worden wären. Sie fällt deshalb für die statistische Berechnung noch ganz aus. ... Den umfassenden Sammelankauf des Berichtsjahrs bildete die schon erwähnte Privatbibliothek des Berliner Meteorologen Geheimen Regierungsrats Prof. Dr. Gustav Hellmann. Mit ihr hat sich die Staatsbibliothek eine außergewöhnlich reichhaltige Spezialsammlung auf meteorologischem Gebiet gesichert. Wie aber die Entrichtung des Kaufpreises für sie nur in auf mehrere Jahre verteilten Raten erfolgen kann, so bleibt auch die faktische Übernahme der Bücher einem späteren Zeitpunkt vorbehalten.

Aufgrund dieses Fingerzeigs ist uns unterdessen der Kaufvertrag von der Staatsbibliothek in Berlin zugegangen (vgl. Anhang C, Faksimile C-8). Hellmann freute die Aussicht, seine Bibliothek nicht länger anderweitig veräußert zu sehen. Aus einem knapp eine Woche vor Vertragsabschluss geschriebenen Brief vom 21. April, den er an den Generaldirektor Krüß der Preußischen Staatsbibliothek richtete, geht hervor, dass der Verbleib der Bibliothek in Deutschland so gut wie besiegelt war:

Der Gedanke, dass meine Büchersammlung [...?] in die Preußische Staatsbibliothek übergeht, in Deutschland bleibt und von den deutschen Gelehrten leicht benutzt werden kann, ist mir so sympathisch und hat über andere Rücksichten so sehr die Überhand gewonnen, dass ich entschlossen bin, mich mit Ihrem Angebot von fünfzig Tausend Goldmark einverstanden zu erklären. ...

1928

Ab diesem Jahr ebben Hellmanns Veröffentlichungen, was ihre Zahl und deren Umfang anbelangt, rasch ab.

Da Hellmanns ehrenamtliche Tätigkeiten auf benachbarten Gebieten bisher nur nebenbei angesprochen wurden, bietet die Jahrhundertfeier der Gesellschaft für Erdkunde einen willkommenen Anlass, die Verdienste Hellmanns um die Belange der Gesellschaft hervorzuheben. Dieser trat er im selben Jahr bei, als er am Preußischen Meteorologischen Institut Assistent wurde. Von 1886 bis 1890 war er einer der beiden Schriftführer, zwischen 1891 und 1900 (außer 1895) einer von zwei stellvertretenden Vorsitzenden, 1901 bis 1903 selbst Vorsitzender und nach Richthofens Tod als solcher wieder zwischen Oktober 1905 und 1908 tätig, in welchem Jahr er zum Vorsitzenden der Deutschen Meteorologischen Gesellschaft gewählt wurde; schließlich saß er der Gesellschaft für Erdkunde zu wiederholtem Male zwischen 1913 und 1915 sowie 1918 vor; ab 1919 wurde er zu ihrem Ehrenvorsitzenden gewählt. Bei der Hundertjahrfeier war er folglich der Berufene, um einen Rückblick auf das halbe Jahrhundert darzubieten, in dem er mitgewirkt hatte. Im Vorwort zu dem Sonderband der Zeitschrift der Gesellschaft für Erdkunde (HAUSHOFER 1928) schreibt Penck: „Gustav Hellmann hat aus seinen über fast 50 Jahre sich erstreckenden persönlichen Erinnerungen geschöpft und als ‚altes Mitglied' geschildert, was sich im Leben der Gesellschaft im zweiten Halbjahrhundert ihres Lebens abgespielt hat."

Aus diesen Erinnerungen gebe ich einige Stellen wieder, die ein wenig mehr Licht auf Hellmanns Wesensart zu werfen verheißen, wenn etwa unter seinem Vorsitz beschlossen wurde, dass Frauen zugelassen oder keine auswärtigen Mitglieder während des Krieges ausgeschlossen werden sollten. Er entwirft ein lebhaftes Bild von dem Geist und der Würde der Gesellschaftsbibliothek.

Als ich im Spätsommer 1879 nach vierjährigem Studienaufenthalt im Ausland nach Berlin zurückkehrte ..., trat ich sehr bald in die Gesellschaft für Erdkunde als Mitglied ein. Sie hatte das Jahr zuvor ihr fünfzigjähriges Bestehen in glänzender Weise gefeiert und war sichtlich im Aufblühen begriffen. Vorsitzender der Gesellschaft war damals Gustav Nachtigal, der mit Würde und Geschick seines Amtes waltete, geschäftsführender Schriftführer Georg von Boguslawski. ... Da er jahrelang meteorologische Beobachtungen gemacht und verschiedenes Meteorologisches veröffentlicht hatte, fühlte ich mich zu ihm hingezogen und besuchte ihn öfters auf seinem Amt ... wo er die Annalen der Hydrographie und maritimen Meteorologie *redigierte. ...*

Was mich in der Gesellschaft am meisten anzog und befriedigte, waren die Vorträge in den Sitzungen und die nach diesen gepflegte sogenannte ‚Kleine Geographie'. Man verstand darunter: nach dem gemeinschaftlichen Abendbrot ein gemütliches Beisammensein an kleinen Tischen, an denen sich die Vertreter der Geographie und der verwandten Wissenschaften zwanglos gruppierten und bald diesen, bald jenen Tisch aufsuchten, um ungezwungenen Gedankenaustausch zu pflegen. Man hatte so alle vier Wochen die Gelegenheit, Vertreter der verschiedensten Wissenschaften zu sehen und bekam immer etwas Lehrreiches und Interessantes zu hören. [...]

So erinnere ich mich noch gut, wie anregend ein Vortrag wirkte, den der Privatdozent A. Penck aus München über Talbildung hielt, wobei er durch Zeichnen an der Tafel die zur Veranschaulichung nötigen Figuren vor den Augen der Hörer entstehen ließ, oder wie Erörterungen von W. Förster [Direktor der Berliner Wetterwarte] über kosmische Probleme angenehme Abwechslung in die manchmal etwas eintönigen Itinerar-beschreibungen brachten. [...]

Meine Kenntnis der spanischen Sprache, die ich in Spanien selbst erworben hatte, brachte mich Wilhelm Reiß näher, der acht Jahre lang in den Kordilleren von Südamerika Forschungen angestellt hatte, über die er anschaulich zu berichten wusste. Als er 1885 zum Vorsitzenden der Gesellschaft gewählt wurde, forderte er mich auf, eine vakant gewordene Schriftführerstelle anzunehmen. Ich tat es und habe von da an bis zum Ende des Jahres 1918 dem Vorstand in wechselnden Stellungen angehört. Die den Schriftführern zufallende Arbeit war geringfügig. [...]

Ich lernte nun den inneren Betrieb der Gesellschaft näher kennen und nahm bald wahr, dass alle Initiative vom Vorsitzenden ausging. So ist es vorher und nachher immer gewesen. Vielleicht in keiner anderen gleichgroßen wissenschaftlichen Gesellschaft hat der Vorsitzende so viel verantwortliche Arbeit wie in der Gesellschaft für Erdkunde zu Berlin. [...]

Die Bibliothek der Gesellschaft vermehrte sich hauptsächlich durch Geschenke, Überweisungen seitens des Kultusministeriums und der Verleger sowie durch Tausch mit den übrigen geographischen und mit vielen naturwissenschaftlichen Gesellschaften des In- und Auslandes. Nur selten konnte ein Werk, das nicht auf diesem Wege einging, gekauft werden; denn die Kosten des Einbindens der vielen geographischen und naturwissenschaftlichen Zeitschriften, deren Zahl meines Erachtens unnötig groß war, und der sonstigen Druckschriften – es wurden eine Zeitlang sogar dünne Sonderabdrucke kartoniert – verschlangen den größten Teil der für die Bibliothek vorgesehenen Mittel. Die Bibliothek wuchs im Laufe der Jahre so stark an, dass für eine gute Aufstellung der Bücherbestände ... die Räume nicht mehr ausreichten. [...]

Jedesmal, wenn ein berühmter Forschungsreisender, wie Nansen, Sven Hedin und andere, als Vortragender in Aussicht war, gab es zahlreiche Eintritte in die Gesellschaft, doch bröckelte die Zahl dieser neu eingetretenen Mitglieder in den nächsten Jahren wieder rasch ab. Viele hatten nur den berühmten Reisenden sehen und seinen Vortrag hören wollen. [...]

Die Zusammensetzung der Gesellschaft hinsichtlich ihrer Mitglieder hat dauernd gewechselt. Anfänglich sah man in den Versammlungen viele Offiziere des Landheeres, unter dem Präsidium von F. von Schleinitz auch solche der Marine, seit 1918 fehlen fast alle und die der weiblichen Mitglieder fängt an, sich bemerkbar zu machen. Es wurde nämlich 1908 beschlossen, Frauen als Mitglieder in die Gesellschaft aufzunehmen. Es geschah dies nicht ohne lebhaften Widerspruch einiger älterer Mitglieder, die fürchteten, es würde ihre Zahl bald zu groß werden. ... Ich freue mich, hier feststellen zu können, dass die Gesellschaft für Erdkunde zu Berlin sich im Kriege nicht dazu hat hinreißen lassen, dem Beispiel einiger auswärtiger Gesellschaften zu folgen und die den feindlichen Ländern angehörigen korrespondierenden und Ehrenmitglieder aus ihren Listen zu streichen. Die Übersendung der Zeitschrift musste freilich eine Zeitlang unterbleiben. [...]

Schon seit den ersten Jahrzehnten des Bestehens der Gesellschaft für Erdkunde galt als ein nie aus dem Auge zu verlierendes Ziel, einmal ein eigenes Heim für die Gesellschaft zu erwerben. Im Jahre 1870, kurz vor Ausbruch des Krieges, wäre die Gelegenheit gewesen, ein günstig gelegenes Grundstück ... zu einem annehmbaren Preise zu kaufen, allein die bevorstehende unruhige Zeit hielt davon ab. Als nun 1898 das dem verstorbenen Fürsten von Fürstenberg gehörige Palais ... günstig zum Verkauf stand, da die Witwe nach Paris übergesiedelt war, griff diesmal der Vorsitzende Frhr. von Richthofen rasch zu und erwarb es für die Gesellschaft. ... Nach [seinem] Tode (1905) ... wurde [ein Raum] ‚Richthofen-Zimmer' genannt. Das anstoßende große Hinterzimmer, das ganz neu ausgestattet wurde und in einem großen Bücherschrank mit Glastüren die ... gestiftete ‚Humboldt-Bibliothek', d. h. eine Sammlung der Werke von Alexander von Humboldt und von Schriften über ihn, enthält, wurde von Anfang an ‚Humboldt-Zimmer' genannt. ... An den Wänden dieses Zimmers waren kostbare Gobelins angebracht gewesen, welche aber die Fürstin mitgenommen hatte. Um die dadurch entstandenen gähnenden Lücken zu füllen, bat ich während meines ersten Trienniums als Vorsitzender (1901-1903) Mitglieder der Gesellschaft, die Forschungsreisen gemacht hatten, Bilder zur Erinnerung an ihre Expeditionen zu stiften, um damit die Wände zu schmücken. ...

Neben dem Vorstandszimmer, das später noch eins der ... gemalten großen Bilder ... und Porträts von W. Reiß und A. von Humboldt [in spanischer Uniform] erhielt, sowie Marmorbüsten von Ritter, Nachtigal und Schweinfurth ... befindet sich das Zimmer des Generalsekretärs und daran anstoßend ein großes Vorderzimmer, das als Lese- und Bibliothekszimmer (Zeitschriften) dient. Der größte Teil

157

der Bibliothek wurde im zugehörigen Hinterzimmer (‚Berliner Zimmer') und in den etwas dunklen Räumen des nach hinten führenden Korridors untergebracht. Dagegen fanden die Kartenschränke in dem geräumigen und hellen Gartenzimmer am Ende des Korridors eine sehr gute Aufstellung. ...

So war der alte Wunsch in Erfüllung gegangen. Die Gesellschaft hatte im eigenen Hause ein gediegen ausgestattetes, vornehmes Heim erhalten, das beim Internationalen Geographenkongress 1899 gleich zur Geltung kam. Dieser war von der Gesellschaft aufs sorgfältigste vorbereitet worden und hatte einen vollen Erfolg.

In den schweren Jahren nach dem Kriege, 1919 und folgende Jahre, durch die die Vorsitzenden Penck und Kohlschütter die Gesellschaft glücklich hindurchretteten, ... musste sie einige ihrer Räume abvermieten und sich sehr einschränken, zumal der Staatszuschuss von jährlich 10 000 M, den Kaiser Friedrich II. noch kurz vor seinem Tode der Gesellschaft verschafft hatte, in Wegfall gekommen war. ...

Die von der Gesellschaft seit 1866 herausgegebene ‚Zeitschrift' war durch die 1873 hinzugekommenen ‚Verhandlungen', die schnell über die Vorgänge bei der Gesellschaft sowie bei anderen geographischen Gesellschaften in Deutschland berichteten, stark in den Hintergrund gedrängt worden, so dass es zweckmäßig schien, beide Organe in eins, die ‚Zeitschrift', zu vereinigen. Es geschah dies auf meine Veranlassung vom Jahrgang 1901 ab. Die nun regelmäßig erscheinenden Hefte der Zeitschrift machten durch ihren reichen Inhalt und stattlichen Umfang einen guten Eindruck. Später, 1912 und folgende Jahre, hat der Herausgeber, Professor Merz, den inneren Ausbau der Zeitschrift sehr gefördert und sie zu einem wissenschaftlichen Organ gemacht, das überall Anerkennung findet und von den auswärtigen Mitgliedern, die auf die mündlichen Vorträge verzichten müssen, besonders geschätzt wird. In den Jahren des Weltkrieges und in den nachfolgenden Notjahren musste der Umfang der Zeitschrift leider stark gekürzt werden. Dass sie überhaupt noch erscheinen konnte, verdankt sie der Unterstützung durch die ‚Notgemeinschaft der deutschen Wissenschaft'. Von besonderen Veröffentlichungen der Gesellschaft für Erdkunde erwähne ich die Festschrift zur Vierhundertjahrfeier der Entdeckung Amerikas, die Kretschmer auf Grund eigener Quellenstudien in Italien verfasst hatte. Es war mir vergönnt, als Delegierter der Gesellschaft 1892 dieses Werk bei den Columbus-Feierlichkeiten in Genua und alsdann auf dem Internationalen Amerikanistenkongress in Huelva mit Ansprachen überreichen zu dürfen. Ein anderes größeres Unternehmen war die 1891 erfolgte Herausgabe in Faksimiledruck der auf der Breslauer Stadtbibliothek wieder aufgefundenen drei Merkatorkarten (Europa, Britische Inseln, Weltkarte). Eine Gelegenheitspublikation war die Humboldt-Centenarschrift zum Gedächtnis der 100jährigen Wiederkehr des Antritts von A. v. Humboldts Reise nach Amerika im Jahre 1799, die dem 1899 in Berlin tagenden siebenten Internationalen Geographenkongress gewidmet war. ... Zwei wichtige bibliographische Veröffentlichungen der Gesellschaft und der von Dinse bearbeitete Katalog der Bibliothek mit einem sehr gelungenen Versuch einer Systematik der geographischen Literatur und die von Baschin veröffentlichte ‚Bibliotheca Geographica', von der 19 Bände für die Jahre 1891 bis 1912 erschienen sind und die sich durch große Vollständigkeit und Genauigkeit auszeichnete.

Wie schon erwähnt, waren die Vorträge in den allgemeinen Sitzungen anfänglich vielfach Berichte über Pionierreisen in fremden Erdteilen, namentlich in Afrika. ... Als aber um die Mitte der achtziger Jahre die Aufteilung Afrikas in politische Interessensphären begann, beschränkte sich auch die deutsche wissenschaftliche Afrikaforschung, die bis dahin einen hohen Idealismus gezeigt und sich überall betätigt hatte, allmählich ganz auf die eigenen Kolonien, die genauer erforscht wurden. ... Es gab auch Jahre, in denen Asien im Vordergrund des Interesses stand, wieder andere, die vorzugsweise Vorträge über Südamerika boten, das seit Alexander von Humboldt immer ein Lieblingsgebiet deutscher Forschung gewesen ist. Stiefmütterlich ging dagegen Australien aus. Ich erinnere mich nur eines auf diesen Erdteil und eines auf Neuseeland bezüglichen Vortrags. Der letztere hat sich mir tief eingeprägt durch die Worte, mit denen die Spuren früherer Vergletscherung auf dem Lichtbild gezeigt wurden: „Sehn's, da hoa'ns de Kratz'n." Zu Anfang des 20. Jahrhunderts lebte noch einmal die Epoche der großen Pionierreisen auf, diesmal in Polarforschung, und zeitigte geographische Großtaten ersten Ranges, von denen zu hören für viele ein Antrieb zum Eintritt in die Gesellschaft für Erdkunde war. ... Auch die Geschichte der Geographie und Kartographie wurde berücksichtigt, die Meereskunde usw.

... Dazu trat später die Ferdinand-von-Richthofen-Stiftung, deren Grundkapital ich 1903 Ferdinand von Richthofen, dem um die Gesellschaft hochverdienten langjährigen Vorsitzenden, als eine Ehrengabe zu seinem 70. Geburtstag überreichen konnte. ... Durch die nach dem Kriege erfolgte Entwertung des Geldes sind diese und einige andere kleinere Stiftungen wert- und wirkungslos geworden. Es haben aber doch viele wichtige und erfolgreiche wissenschaftliche Untersuchungen durch die

Stiftungen der Gesellschaft für Erdkunde zu Berlin gefördert, ja oft erst ermöglicht werden können. ...
Der große Unterschied in dem Fortschritt der geographischen Erforschung der Erde und damit auch in der Tätigkeit der Gesellschaft für Erdkunde zu Berlin zwischen der ersten und der zweiten Hälfte ihres hundertjährigen Bestehens wird am deutlichsten durch die Tatsache gekennzeichnet, dass sie in den ersten fünfzig Jahren nur eine einzige Medaille als Auszeichnung verliehen hat, während von 1879 bis jetzt (1927) gegen 70 zur Verteilung kamen. ... Die Goldene Humboldt-Medaille kam fünfmal zur Verleihung. Ich schließe diesen kurzen Rückblick mit dem lebhaften Wunsche, dass es der Gesellschaft für Erdkunde zu Berlin auch im zweiten Jahrhundert ihres Bestehens vergönnt sein möge, an der Erforschung der Erde tätigen Anteil zu nehmen und die Verbreitung geographischer Kenntnisse in weiten Kreisen zu fördern.

Von dieser Feier hat der Geograph Otto Baschin (1865-1933), der zwischen 1892 und 1899 als Mitarbeiter im PMI tätig gewesen war, in den *Naturwissenschaften* (1928) berichtet: „In dieser letzten Periode der Entwicklung haben namentlich G. Hellmann und A. Penck den größten Einfluss auf den Werdegang der Gesellschaft ausgeübt und es verstanden, die wissenschaftlichen Leistungen der Gesellschaft trotz Kriegs- und Inflationszeit auf der Höhe zu halten." „An der Spitze der Gesellschaft standen als Ehrenpräsidenten: ... Dove ... und Gustav Hellmann seit 1919. Vorsitzende waren: ... Dove, ... v. Richthofen, ... Hellmann, ... Penck. ..."

Hellmann war 1928 noch durchaus geistig und wohl auch körperlich in der Lage, geschichtliche Übersichten in packender Weise zu verfassen. Warum hat er den wiederholten Aufforderungen seiner Fachgenossen, eine solche Übersicht bezüglich der Meteorologie nicht entsprochen? Schmauß schrieb mit Bedauern in seinem Nachruf auf Hellmann: „Ich habe ihm in Gesprächen über solche Fragen gar oft den Wunsch der deutschen Meteorologen zum Ausdruck gebracht, er möchte seine Emeritierung dazu benutzen, uns eine Geschichte der Meteorologie zu schreiben, die nicht nur für uns, sondern auch für das Ausland von höchstem Wert geworden wäre, da er auch dessen Literatur besser kannte als mancher ausländische Kollege." Zum 80. Geburtstag hatte der Nachrufende in der *Meteorologische Zeitschrift* einen Geburtstagsgruß mit einer flehentlichen Bitte verknüpft: „Wir könnten nur wünschen, dass auch Herr Hellmann aus seiner reichen Erfahrung über die Entwicklung der Deutschen Meteorologie berichten möchte; solche Rückblicke, wie sie Sir Shaw gegeben hat, sind von hohem Werte, den Herr Hellmann, unser verdienter Historiker, besonders würdigen kann." Hellmanns Altersgenosse Shaw hatte nach seiner eigenen Emeritierung ein vierbändiges Handbuch mit reichhaltigen geschichtlichen Hinweisen veröffentlicht. Karl Knochs oben erwähnte Würdigung zum 70. Geburtstag enthält bereits die elegische Feststellung: „Wir müssen es daher sehr bedauern, dass er seinen Plan, eine Geschichte der Meteorologie zu schreiben, aufgegeben hat, da kein anderer dazu so berufen ist, wie Hellmann." Die Gründe dürften tiefer liegen und unter anderem damit zusammenhängen, dass eine solche Geschichte nicht ohne den Entwicklungsgang der spekulativen bzw. theoretischen Seite der Meteorologie vollständig sein kann, wozu es ihm an Neigung gebrach. Auch wenn er die Entwicklung dieser Seite hätte beleuchten wollen, so bot sein arbeitsreiches Leben beim allerbesten Willen kaum Muße dazu.

Was die unvollständig gebliebene Klimakunde Deutschlands anlangt, so gab es immer noch begründete Hoffnung auf ihre Vollendung. So schreibt Ficker im Jahresbericht für 1928: „Die Notgemeinschaft der Deutschen Wissenschaft hat uns im abgelaufenen Jahr durch Bewilligung vermehrter Mittel in den Stand gesetzt, in beschleunigtem Tempo die in Angriff genommene Bearbeitung der Klimaverhältnisse des Deutschen Reiches, die als Textband zu dem 1921 erschienenen Klimaatlas von Deutschland gedacht ist, weiterzuführen. Inzwischen ist allerdings der Klimaatlas vollständig vergriffen und kann den zahlreichen Interessenten nicht mehr geliefert werden. Ob und wann wir der oft an uns ergehenden Aufforderung, den Klimaatlas neu aufzulegen, nachkommen können, lässt sich noch nicht beurteilen." Hohe Druckkosten und knappe Staatsmittel ließen daraus nie etwas werden!

In der Preußischen Akademie verlas Hellmann im Februar den von Max Planck mitunterzeichneten Wahlvorschlag für F. M. Exner zum korrespondierenden Mitglied im Fach Geographie und Geophysik; gleichermaßen verlas Ficker den von Planck und Hellmann mitunterzeichneten Wahlvorschlag für V. Bjerknes, welcher gleichermaßen korrespondierendes Mitglied wurde.

1929

Vor dem 75. Geburtstag Hellmanns schreibt am 4. Juni 1929 Heinrich von Ficker an den Ministerialdirektor Prof. Dr. Richter[87]:

Hochverehrter Herr Ministerialdirektor!

Ich beehre mich, Ihnen davon Kenntnis zu geben, dass mein Amtsvorgänger Herr Geheimrat Prof. Dr. G. Hellmann am 3. Juli d. J. seinen 75. Geburtstag feiern wird. Da wir vor 5 Jahren der schweren Zeiten wegen keine Gelegenheit hatten, den 70. Geburtstag des hochverdienten Gelehrten zu feiern,

---

87 Heinrich von Ficker an den Ministerialdirektor Prof. Dr. Richter im Ministerium für Wissenschaft, Kunst und Volksbildung, im Geheimen Staatsarchiv Preußischer Kulturbesitz. Alle folgenden Stellen amtlicher Briefe sind aus diesem Archiv der Bibliothek des Deutschen Wetterdienstes digital übermittelt worden.

empfinde ich das Bedürfnis, jetzt nachzuholen, was damals unterlassen werden musste. Die schönste Ehrung, die wir dem Jubilar erweisen können, ist uns durch Ihre Erlaubnis, für unsere langjährigen Beobachter eine Hellmann-Medaille herstellen zu dürfen, ermöglicht worden.

Der Entwurf der Medaille, für dessen Kosten die Kunstabteilung des Ministeriums aufkommt, ist bereits fertig und hat den vollen Beifall der Kunstabteilung gefunden. Einen Antrag, uns für die Herstellung einer größeren Anzahl von Medaillen eine Summe von ca. M 1000.- zur Verfügung zu stellen, werde ich demnächst einreichen, möchte Sie, hochverehrter Herr Ministerialdirektor, aber schon heute um wohlwollende Behandlung meines Antrages bitten.

Daran knüpfe ich die weitere Bitte, es möchte bei der Geburtstagsfeier selbst das Ministerium vertreten sein. Da die Medaille vom Ministerium gestiftet wird und nur dadurch ihren eigentlichen Wert für die Besucher erhält, wäre es auch am passendsten, wenn die Medaille dem Jubilar durch den Herrn Minister selbst oder durch einen Vertreter überreicht werden würde. Im übrigen kommt mit Rücksicht [auf] den Gesundheitszustand des Herrn Hellmann wohl nur eine Feier in einem kleinen Kreise und in bescheidenen Grenzen in Betracht.

Ich wäre Ihnen dankbar, wenn Sie sich für diese Angelegenheit auch weiterhin interessieren würden und bin mit der Versicherung aufrichtiger Verehrung

Ihr dankbar ergebener HvFicker.

Zu Hellmanns siebzigstem Geburtstag hatten Exner und Süring „Hellmann auch weiterhin körperliche Gesundheit und geistige Schaffenskraft" gewünscht. Nun erfahren wir aus Fickers Brief, dass sich nach fünf Jahren sein Gesundheitszustand verschlechtert hatte.

An seinem Geburtstag wird Hellmann vom Kultusminister Becker mit der Nachricht über die Stiftung einer gleichnamigen Medaille erfreut: „Dem verdienstvollen Reorganisator des Preußischen Meteorologischen Beobachtungsnetzes und dem erfolgreichen Forscher übersende ich zu seinem fünfundsiebzigsten Geburtstag meine herzlichsten Glückwünsche. Ich freue mich, mitteilen zu können, dass am heutigen Tage die Stiftung einer Hellmann-Medaille für die langjährigen Beobachter des Preußischen Meteorologischen Instituts vollzogen ist".

Ficker kann 1930 in seinem Bericht zu Protokoll geben:

Zu besonderem Dank hat uns während des Berichtsjahres unser vorgesetztes Ministerium durch Stiftung einer Hellmann-Medaille verpflichtet, die im Bild vorliegendem Bericht beigegeben ist. Den Anlass zur Stiftung dieser Medaille bot der 75. Geburtstag Herrn Geheimrat Hellmanns. Die Medaille selbst, ein Werk des Bildhauers Isenstein, wird langjährigen Beobachtern unseres Netzes als Anerkennung ihrer dem Institut und der Wissenschaft geleisteten Dienste verliehen. Ich schließe diesen Bericht mit einem Verzeichnis jener Beobachter, denen die Medaille während des Berichtsjahres auf unseren Antrag durch den Herrn Minister für Wissenschaft, Kunst und Volksbildung verliehen worden ist: [... Insgesamt 31].

Abbildung 2-8a zeigt die Medaille nach der Fototafel im Tätigkeitsbericht für dieses Jahr. Als das Preußische Meteorologische Institut 1934 formal aufgelöst wurde, musste auch die Medaille umgeprägt werden (Abb. 2-8b). Sie wurde fortan für *Verdienste um den deutschen Reichswetterdienst* verliehen.

Abb. 2-8a: Hellmann-Medaille des Preußischen Meteorologischen Insituts (aus dem Tätigkeitsbericht für 1929).

Abb. 2-8b: Hellmann-Medaille des Reichswetterdienstes (Bibliothek des Deutschen Wetterdienstes).

In der Zeitschrift für Angewandte Meteorologie – *Das Wetter*, inzwischen von den Gebrüdern Peppler herausgegeben – widmet der Abteilungsleiter Karl Knoch seinem verehrten Lehrer und Gönner einige Zeilen, wobei er sich besonders über die Anerkennung der unentgeltlichen Leistungen der Beobachter freut (die Medaille ist auch dort abgebildet):

Wenn die Fachgenossen ihm an diesem Tage ihre herzlichsten Glückwünsche darbrachten, so überschauten sie dabei das Werk eines ungemein arbeitsreichen Lebens. Kein Werk, das durch äußere Aufmachung werben will, sondern durch einen inneren Gehalt fest steht und Anerkennung gefunden hat. Dem Inhalt nach gliedert sich Hellmanns Lebenswerk deutlich in drei Gruppen. Kritik und Verbesserung der Beobachtungen, die bis zur Neukonstruktion von Instrumenten geht, ist das Ziel der einen, Verarbeitung meist umfangreichen Beobachtungsmaterials, vor allem des Niederschlags, zu bedeutenden Werken der Klimatologie das Ziel der anderen Gruppe. Die Forschungen zur Geschichte der Meteorologie, als dritte Gruppe, sind für Hellmann besonders charakteristisch. Dieses so kurz umrissene Werk liegt vor uns und bedarf keiner besonderen Würdigung.

Hellmanns Leben hat sich in glatten Bahnen entwickelt. Nach einigen Lehr- und Wanderjahren, die ihn u. a. nach Petersburg führten, wo er unter H. Wild arbeitete, trat er als 25jähriger am 1. Oktober 1879 beim Königlichen Meteorologischen Institut in Berlin ein, das damals noch eine Abteilung des Preußischen Statistischen Amtes bildete. [...] Nach Bezolds Tode übernahm Hellmann dann am 1. Oktober 1907 das Direktorat, und verwaltete es bis zur Erreichung der gesetzlich bestimmten Dienstaltersgrenze am 1. Oktober 1922. In ununterbrochener 43jähriger Tätigkeit hat er so die Entwicklung des Preußischen Meteorologischen Instituts und damit auch das preußische Netz der Beobachtungsstationen auf das nachhaltigste beeinflusst. Diese Tatsache hat nun das Preußische Ministerium für Wissenschaft, Kunst und Volksbildung in einer besonders ehrenden Weise gewürdigt, indem es eine Medaille hat herstellen lassen, die an langjährige, besonders verdiente ehrenamtlich tätige Beobachter des preußischen Stationsnetzes überreicht werden soll. Die Medaille, ein Werk des Berliner Bildhauers Isenstein, träg auf der Vorderseite den vom Namen umgebenen Kopf Hellmanns, auf der Rückseite hat sie die Inschrift: „Für Verdienste als Beobachter des Preußischen Meteorologischen Instituts". In schlichten Worten wird hier den Beobachtern der Dank für eine Tätigkeit zum Ausdruck gebracht, die, wenn sie auch nicht in der Öffentlichkeit hervortritt, geradezu die Fundamentsteine der Meteorologie und Klimatologie liefert. Welch große Summe von Gewissenhaftigkeit und selbstloser Liebe zur Wetterkunde in den langen Beobachtungsreihen steckt, weiß der Fachmann sehr wohl zu schätzen. Und es ist erfreulich, wenn diese freiwillig übernommenen Leistungen, die sich an den Stationen höherer Ordnung mit ihrem umfangreichen, an drei bestimmte Termine gebundenen Beobachtungsprogramm bei den ältesten Beobachtern über mehr als 25 Jahre, bei den Regenstationen mit ihrem weniger umfangreichen Aufgabenkreis über mehr als 40 Jahre erstrecken, jetzt auch äußerlich ihre Anerkennung finden.

Möge es dem Jubilar noch recht häufig beschieden sein, sich an der alljährlich stattfindenden Verteilung der Medaille, die ihm als dem Organisator des Preußischen Beobachtungsnetzes gewidmet ist, zu erfreuen.

Fünf Jahre später denkt Schmauß über eine Erweiterung des Empfängerkreises nach (*Das Wetter* 1934): „Auch die meteorologischen Stationen III. und II. Ordnung werden fast durchweg von Nichtfachleuten betreut; was wir ihnen zu danken haben, wissen wir alle. Das Preußische Netz ehrt daher seine verdienten Beobachter durch eine halbstaatliche Auszeichnung, die Hellmann-Medaille, in der auch gleichzeitig das Andenken an diesen um die meteorologischen Beobachtungsmethoden so verdienten Mann wach erhalten wird. Unser Thüringischer Kollege hat vor kurzem angeregt, diese Auszeichnung auf die Beobachter des ganzen Deutschen Reiches auszudehnen, ein Gedanke, dem wir, sobald es wieder staatliche Anerkennungen geben wird, alle gern zustimmen werden." Nach der Vereinheitlichung der verschiedenen Landeswetterdienste („Verreichlichung") und Zentralisierung in einem großangelegten Reichswetterdienst wurde die Medaille umgeprägt, wie bereits erwähnt. Auf der Rückseite wurde die alte Inschrift durch eine neue ersetzt, der neue und wohlfrisierte Reichsadler wurde nun mit gespreizten Schwingen in schwungvollem Höhenflug, das schwerwiegende Wahrzeichen einer neuen Epoche fest im linken Fang, dargestellt, unter einem mehr heiter als wolkigen Himmel, der von „wasserziehenden" Strahlen durchsetzt ist. 1938 wurde Schmauß mit dieser neu gestalteten Medaille beliehen.

Anscheinend hat sich unser kränkelnde Geheimrat, dem eine zweite Enkelin „geschenkt" ward, seiner Gesundheit zuliebe einige Zeit im Kurort Meran aufgehalten, im schönen Grand Hotel Esplanade (s. Abbildung 2-9). Die schöne Landschaft und das günstige Klima der Meraner Gegend verhießen Linderung der zunehmenden Altersbeschwerden, denn er kehrte in den folgenden Jahren nach Meran zurück, ja er siedelte mit seiner Frau dort an.

Die Deutsche Meteorologische Gesellschaft, die in Dresden versammelt war, versandte Huldigungstelegramme an den Reichspräsidenten von Hindenburg; an den um die deutsche Meteorologie hochverdienten Staatsminister Schmidt-Ott; an den Admiralitätsrat Köppen, und an die Ehrenvorsitzenden Geheimrat Hellmann und Hofrat Exner.

1930-1933

Hellmann hielt sich mit seiner Gattin wohl von März bis Oktober 1930, und dann wieder bis Oktober 1931 im Kurort Meran, Pensione Mazegger bzw. Hotel Esplanade (Abbildung 2-9), auf. (S. Zeittafel Anhang A.)

Abb. 2-9: Hotel Esplanade in Meran, mit Garten rechts im Bild. Ansichtskarte vom 12.09.1932.[88]

Karl Knoch, dem Hellmanns Sohn manche Einzelheit über den Vater preisgab, schrieb zu Hellmanns 100. Geburtstag (1954): „Im Jahre 1931 verlegte er dann mit seiner Gattin seinen Wohnsitz nach Meran, und nur die Sommermonate verbrachte er in Cortina d'Ampezzo. Meran verließ er erst im August 1937 nach dem Tod seiner Frau…". Es gibt keinen Grund, an Knochs Angaben zu zweifeln; er hatte Hellmann in den letzten Monaten seines Lebens in Berlin etliche Male besucht. Dennoch tauchen gewisse Zweifel auf, ob der italienische Aufenthalt nicht zeitweise unterbrochen wurde, wenn man folgende Einträge bezüglich des Akademiemitglieds Hellmann in den Akten bedenkt: „OM 2.12.1911; AM 12.11.1931, OM 10.12.193[2]; AM 1.4. 1935, OM 28.10.1937" (SEYFERT & WEINITSCHKE 1966; GRAU 1993; bei Ersteren ist die Zahl in der eckigen Klammer eine 1, bei Grau eine 2, was logischer erscheint); zu dem unterschiedlichen Status der Ordentlichen Mitglieder (OM) gegenüber den Auswärtigen Mitgliedern (AM) kann man bei KIRSTEN & KÖRBER (1975) folgende Erklärung nachlesen: „Die Wahl zum OM bedingte Berlin – oder die nähere Umgebung Berlins – als Wohnsitz. Jahresgehalt eines OM 900 M. AM konnten nur solche Gelehrte sein, die nicht in Berlin (oder Umgebung) ansässig waren. Mit Ausnahme des Akademiegehaltes, das allein den OM zustand, waren sie den OM gleichgestellt. Verlegte ein AM seinen Wohnsitz nach Berlin, so wurde es ohne neue Wahl unter die OM aufgenommen". Auf Hellmann übertragen hieße das, dass er mindestens vom 12. November 1931 bis zum 10. Dezember 1932 seinen Wohnsitz nicht in Berlin oder Umgebung hatte – ja, nach dem Archiv Meran war er schon seit dem 25.09. 1930 bis Oktober 1931 dort, und dass er zwischen Dezember 1932 und April 1935 gelegentlich bei seinem Sohn (?) in Berlin wohnte[89]. Dass das nicht notwendigerweise so gewesen sein muss, ja, dass es sogar wahrscheinlich ist, dass Hellmann gemäß der Knochschen Behauptung in Berlin vor 1937 nicht mehr angemeldet war, kann mittelbar auch aus der Tatsache geschlossen werden, dass Hellmanns Name im Zusammenhang mit den außerordentlichen Plenarsitzungen der Akademie, die den „Fall Einstein" betrafen, in den Protokollen des März und April 1933 nicht vorkommt (KIRSTEN & TREDER 1979); auch konnte er Anfang Oktober zum 50. Jubiläum der Deutschen Meteorologischen Gesellschaft nicht nach Hamburg fahren, und die Goethe-Medaille des Dritten Reichs nahm er 1934 in Italien entgegen. Es sei dahingestellt, ob Hellmann durchgehend in Oberitalien zwischen 1931 und 1937 weilte, wie es Knoch nahelegt, oder ob er nach den Akademieakten sich zwischenzeitlich wieder in Berlin aufhielt.

Als Randbemerkung sei zu Einsteins Austritt aus der Akademie erwähnt, dass der Direktor des Preußischen Meteorologischen Instituts, Heinrich von Ficker, der Anfang 1933 als vorsitzender Sekretar die Akademiegeschäfte erledigte, Einstein wegen seiner im Ausland gefallenen Äußerungen am 18. März geradezu drohen musste: „Sollten diese Nachrichten auf Wahrheit beruhen, wird die Preußische Akademie sich ohne Zweifel veranlasst fühlen, von sich aus zu der Angelegenheit Stellung zu nehmen" (KIRSTEN & TREDER 1979). Einstein kam einem Ausschlussverfahren zuvor; in seinem Schreiben an die Akademie vom 28. März ist es erfrischend zu lesen, dass ein Akademiker der Treue zu seinem Staat, der schon sehr bald Bücher verbrennen sollte, nicht alles unterzuordnen hat: „Die durch meine Stellung bedingte Abhängigkeit von der Preußischen Regierung empfinde ich aber unter den gegenwärtigen Umständen als unträgbar" (KIRSTEN & TREDER 1979). In der unbedingten Staatstreue eines Akademiemitglieds scheint sich seit dem „Aufruf der 93" vom Jahr 1914 nicht viel geändert zu haben. Der „edle und feinsinnige" Schmauß[90] hat in der erwähnten 18. Versammlung in Hamburg nicht nur Köppen und Hellmann einen telegraphischen Gruß übersenden lassen, sondern „in Ehrfurcht" auch dem Reichspräsidenten Hindenburg sowie dem „Führer des neuen Deutschland". Man geht nicht fehl in der Annahme, dass Hellmann die Stellungnahmen der Akademie unterstützt hätte.

Die Zeit in Meran, etwa im prächtigen Sanatorium Martinsbrunn (Abbildung 2.10), und der vor seinem eigenen erfolgte Tod seiner jüngeren Frau sind Hinweis genug, dass es um beider Gesundheit nicht besonders gut bestellt sein konnte. Meran war zu jener Zeit ein bekannter Kurort, Martinsbrunn war nach 1894 zum Sanatorium umgebaut worden, mit einer großzügigen Parkanlage und breiten Alleen. Zwischendurch hatte sich seine Bestimmung im Krieg geändert, aber zwei Jahre nach Kriegsende und der Annexion Südtirols durch Italien, wurde es wieder als Sa-

---

88 Sammlung Touriseum - Landesmuseum für Tourismus, Meran, Fotograf: Leo Bährendt – Schloss Trauttmansdorff. Inventarnummer 4080974.
89 Nach dem Archiv Meran ist belegt, dass er zwischen 1934 bis April 1936 in Meran war. Hierzu vgl. man Anhang C, Nachtrag zu diesem Kapitel.
90 Ludwig Weickmann (1882-1961) in seinem Nachruf auf Schmauß, vgl. Anhang E.

natorium eröffnet und blieb es bis 1943, wenngleich ohne die früheren wohlhabenden Gäste.[91]

Abb. 2-10: Sanatorium Martinsbrunn (Meran)[92].

Das gleichaltrige Akademiemitglied Gottlieb Johann Friedrich Haberlandt (1854-1945), Begründer der physiologischen Pflanzenanatomie, veröffentlichte 1933 beim Verlag Julius Springer seine „Erinnerungen", die einen Einblick in das Innenleben der Akademie gewähren:

> *Hermann Diels, der Altphilologe mit seinen sokratischen Gesichtszügen sprach gerne von den technischen Leistungen der alten Griechen und Römer, denen damals sein Interesse gewidmet war, und der Meteorologe Gustav Hellmann berichtete manchmal über Wetterprophezeiungen in früheren Jahrhunderten und über den Wahrheitsgehalt alter Bauernregeln, ein Gebiet, auf dem er wie kein anderer Meteorologe zu Hause ist. Naturwissenschaftliche Probleme warf der Geograph Albrecht Penck in die Diskussion, dessen Vielseitigkeit und geistvolle Gewandtheit, mit der er Einzelerlebnisse und Erfahrungen auf seinen vielen Reisen mit Gegenwartsfragen verknüpfte, mich oft in Erstaunen versetzt haben. Endlich der zu früh verstorbene Physiker H. Rubens, der ebenso einfach wie klar zu sprechen wusste. Die leidige Politik blieb aus dem Spiel.*
>
> *Weit größer war natürlich der Kreis, der die Mitglieder der Akademie der Wissenschaften, zu deren ordentlichem Mitgliede ich 1911 gewählt worden war, in den Nachsitzungen vereinigte. ... Von Geschäften aufgehalten kommt gewöhnlich etwas verspätet zum Kaffeetisch der beständige Sekretar Max Planck, Nachfolger des Astronomen Auwers, der ausgezeichnete theoretische Physiker, der mit seiner Quantentheorie einen ebenso kühnen wie fruchtbaren Gedanken in den Entwicklungsgang der physikalischen Forschung geschleudert hat. Die schlichte Sachlichkeit, mit der er alles und jedes behandelt, trägt ihm die Hochschätzung aller ein, die ihm begegnen.*

In Italien war unser Schlesier diesem hehren Kreis entrückt. Über die „italienische" Zeit ist mir kaum etwas bekannt geworden.

Bezüglich der von Hellmann angestoßenen wissenschaftlichen Klimatographie Deutschlands, als eines der größten Vorhaben des ehrwürdigen Preußischen Meteorologischen Instituts, konnte von Ficker immer noch kein Druckerzeugnis vorlegen:

> *Leider ist auch im verflossenen Berichtsjahre noch nicht gelungen, die Drucklegung der Klimakunde endgültig zu finanzieren. Lediglich wurde in dankenswerter Weise von der Preußischen Akademie der Wissenschaften ein Betrag bereitgestellt, der es ermöglichte, durch einen Zeichner die klischierfähige Reinzeichnung der bereits vorhandenen Manuskriptkarten (Temperatur, Luftdruck, Dampfdruck, Bewölkung, Sonnenschein, teilweise auch Niederschlag und Wind) ausführen lassen.*
>
> *Im einzelnen ist über den Fortgang der Arbeiten das Folgende zu berichten:*
>
> *Abteilung I. Da sich die Drucklegung wider Erwarten lange hinzieht, wurden die Reihen der Mittelwerte und der Monatsextreme der Temperatur bis 1930 verlängert und eine Neuzeichnung der entsprechenden Verteilungskarten vorgenommen. (Prof. Knoch und Dr. Reichel.) Für das Kapitel Luftdruck und Wind wurden ergänzende Zusammenstellungen vorgenommen und mit der textlichen Gestaltung der Ergebnisse begonnen (Dr. Hoffmeister und Dr. Grunow). Das Kapitel Witterungsgeschichte und säkulare Schwankungen wurde weiter bearbeitet und dem Abschluss nahe gebracht (Prof. Schwalbe). Die Kartothek der Literatur zur Klimatologie Deutschlands wurde auf dem Laufenden gehalten und besonders unter bereitwilliger Mitwirkung der deutschen Landeswetterwarten und Observatorien ergänzt (Dr. Reichel).*

1934

Das für Hellmann äußerlich wichtigste Ereignis in diesem Jahr wurde durch einen Brief Fickers, vom 8. Juni 1934, an den Minister für Wissenschaft, Kunst und Volksbildung, aus Anlass seines 80. Geburtstages angebahnt[93]:

> *Am 3. Juli 1934 begeht der o. Prof. emerit. der Berliner Universität und frühere Direktor des Preußischen Meteorologischen Instituts, der Geheime Regierungsrat Dr. Gustav Hellmann seinen achtzigsten Geburtstag. Als sein Amtsnachfolger in der*

---

91 Wikipedia, im Dezember 2019 abgerufen.
92 Sammlung Touriseum, Fotografie von Leo Bährendt. Amt für Film und Medien, Bozen. Inventarnummer 2/5495.
93 GStA PK, Scan Seite 66-67.

Leitung des Preußischen Meteorologischen Instituts fühle ich mich verpflichtet beim Ministerium anzuregen, Herrn Prof. Hellmann bei dieser Gelegenheit in Anerkennung seiner sehr großen Verdienste um die deutsche Meteorologie eine äußere Auszeichnung zuteil werden zu lassen.

Herr Hellmann hat vom 1. Oktober 1879 bis zum 1. Oktober 1922 am Preußischen Meteorologischen Institut gewirkt; seit 1907 war er Direktor des Instituts. In ununterbrochener 43jähriger Tätigkeit hat er so die Entwicklung der preußischen Meteorologie auf das Nachhaltigste beeinflusst; das jetzt bestehende preußische Beobachtungsnetz ist sein Werk. Grundlegende Untersuchungen, die der Kritik und Verbesserung der Wetterbeobachtung dienen, sind aus seiner Feder hervorgegangen. Umfangreiche klimatologische Arbeiten, wie die Niederschlagskarten für die preußischen Provinzen, das breit angelegte 3-bändige Werk: Die Niederschläge in den norddeutschen Stromgebieten, ferner das Werk über die Sommerhochwasser der Oder und schließlich der Klima-Atlas von Deutschland zeigten ihn als einen Meister der Verarbeitung umfangreichen Beobachtungsmaterials. Unerreicht steht daneben Hellmann's intensive Forscherarbeit auf dem Gebiete der Geschichte der Meteorologie. Seine „Beiträge zur Geschichte der Meteorologie" und seine „Neudrucke von Schriften und Karten über Meteorologie und Erdmagnetismus" haben seinen Namen in der ganzen fachwissenschaftlichen Welt bekannt gemacht. In der internationalen meteorologischen Organisation hat Hellmann jahrzehntelang Deutschland in vorbildlicher Weise vertreten. Dass er lange Zeit den Posten des Sekretärs des internationalen Komitees innehatte, war die Anerkennung für seine fruchtbringende Tätigkeit.

Aus Gesundheitsrücksichten lebt Prof. Hellmann seit längerer Zeit zurückgezogen, ich weiß aber bestimmt, dass ihm eine Anerkennung des Staates für ein ungewöhnlich arbeitsreiches Leben im Dienste der deutschen Wissenschaft in seinem hohen Alter noch sehr große Freude bereiten würde.

Der Direktor, H. v. Ficker

Am 25. Juni 1934 wird seitens des Ministeriums nach Hellmanns Auszeichnungen nachgefragt. Vom 30. Juni 1934 ist ein Schreiben datiert, welches mit dem Vermerk *Sofort!* versehen wurde[94]:

*Urschriftlich
Herrn Dr. Wildhagen
ergebenst zurückgesandt mit dem Bemerken, dass durch eine inzwischen erfolgte Chefbesprechung die Zuständigkeit der Verleihung der Goethe-Medaille und des Adlerschildes auf den Herrn Reichsminister des Innern [Frick] ... übergegangen ist. Die Akten über die Angelegenheit sind bereits dorthin abgegeben worden. Anträge auf Verleihung müssen von den Fachressorts an den Herrn Reichsminister des Innern gerichtet werden.*

Ein weiteres Schreiben ist eine Woche nach Hellmanns Geburtstag datiert (11. Juli 1934)[95]:

Eilig!

*An
den Herrn Reichsminister
des Innern.*

Vom Meteorolog. Institut in Berlin ist angeregt worden, dem früheren Direktor des Instituts, Geh. Regierungsrat Prof. Dr. Gustav Hellmann, der am 3. Juli d. Js. sein 80. Lebensjahr vollendet hat, in Anerkennung seiner besonderen Verdienste um die deutsche Meteorologie eine äußere Anerkennung zuteil werden zu lassen. Ich beehre mich, ihn für die Verleihung des Adlerschildes des Deutschen Reichs vorzuschlagen und meinen Vorschlag durch folgende Angaben zu begründen: ...

Seine bisherigen Auszeichnungen und seine Zugehörigkeit zu wissenschaftlichen Körperschaften sind aus dem beigefügten Personalbogen ersichtlich.

Da die Vorbereitung des Antrags sich leider so lange verzögert hat, dass er vor dem 80. Geburtstag nicht mehr rechtzeitig gestellt werden konnte, wäre ich dankbar, wenn ihm nachträglich mit möglichster Beschleunigung stattgegeben werden würde.

Der Minister usw. J. A.

In einem auch vom Juli datierten Schreiben vom Reichsministerium des Innern an das Reichsministerium für Wissenschaft, den Adlerschild des Deutschen Reiches und die Goethe-Medaille betreffend, heißt es[96]:

Im Zusammenhang mit dem Übergang eines Teils von Aufgaben meines Ressorts auf das Reichsministerium für Wissenschaft, Erziehung und Volksbildung hat der Führer entschieden, dass der Adlerschild des Deutschen Reiches sowie die Goethe-Medaille auch fernerhin ausschließlich auf meinen Vorschlag ver-

---

94 GStA PK, Scan Seite 70.
95 GStA PK, Scan Seite 71.
96 GStA PK, Scan Seite 73.

liehen werden. Ich beehre mich hiervon mit der Bitte Kenntnis zu geben, mir etwaige Anregungen auf Verleihung der Auszeichnungen rechtzeitig übermitteln zu wollen.

An a) Reichsminister für Volksaufklärung und Propaganda [Goebbels!], b) Rminister für Wissen. Erz. Volksbildung [Rust]

Dann ergeht endlich das entscheidende Antwortschreiben vom 24. Juli 1934 an den Institutsdirektor von Ficker:

Sehr geehrter Herr Professor!
Der Minister für Wissenschaft, Kunst und Volksbildung hat die Verleihung des Adlerschildes an Prof. Hellmann beantragt. In Ergänzung des Antrages, wird ein ausführliches wissenschaftliches Votum über Professor Hellmann benötigt, um dessen Abgabe ich Sie höflichst bitte. Für eine rasche Erledigung wäre ich Ihnen sehr dankbar. Heil Hitler!

[Unterschrift d. H. Min. Dir. Vahlen]
    Der Minister usw.

Darauf antwortet Ficker am 31. Juli vom Schinkelplatz aus[97]:

Sehr verehrter Herr Ministerialdirektor!

Aus Ihrem Schreiben vom 24. Juli d. J., das ich soeben erhalten habe, ersehe ich zu meiner großen Freude, dass der Herr Minister die Verleihung des Adlerschildes an Herrn Geheimrat Prof. Hellmann beantragt hat. Ich beeile mich, Ihnen das gewünschte Gutachten beiliegend zu übersenden und möchte auch Ihnen, hochverehrter Herr Ministerialdirektor, von Herzen dafür danken, dass Sie sich für die Ehrung Herrn Hellmanns so warm eingesetzt haben. Heil Hitler!

    H v Ficker.

Das angefügte Gutachten Fickers würdigt Hellmann in neuer Wortwahl[98]:

Herr Geheimrat Hellmann, der kürzlich seinen 80. Geburtstag gefeiert und von 1879-1922 dem Preußischen Meteorologischen Institut, zuletzt als dessen Direktor, angehört hat, hat sich um die Entwicklung dieses Instituts wie auch um die klimatologische Forschung im Deutschen Reiche außerordentliche Verdienste erworben. Nicht nur die Begründung des vorbildlichen, heute 2800 Stationen umfassenden Niederschlagsnetzes in Preußen ist sein Werk, sondern er hat die Beobachtungen dieses Netzes in einem monumentalen Standardwerk „Die Niederschläge in den norddeutschen Stromgebieten" mit bearbeitet und die Niederschlagsverhältnisse unseres Vaterlandes mit einer Gründlichkeit dargestellt, die für kein anderes Land erreicht worden ist. In diesem Werke hat er auch als Erster die moderne Methodik derartiger Bearbeitungen entwickelt. Auf Hellmann's Anregung entstand auch das für die Praxis wichtig gewordene umfangreiche Werk über die Sommerhochwasser der Oder. Als Krönung seines klimatologischen Wirkens darf der im Jahre 1921 erschiene Klimaatlas von Deutschland bezeichnet werden, dem leider aus Geldmangel die bereits vorbereiteten Text- und Zahlenbände nicht mehr beigegeben werden konnten. Eine ganz einzigartige Stellung nimmt Hellmann als Historiker der meteorologischen Wissenschaft ein. Er beherrschte alle Hilfsmittel des Historikers und war dadurch imstande, die Entwicklungsgeschichte der meteorologischen Wissenschaft, den Erdmagnetismus eingeschlossen, bis zu den frühesten mittelalterlichen Quellen zurückzuverfolgen und in zahlreichen Einzelabhandlungen darzustellen.

Viele Jahre hat Hellmann als ordentlicher Professor an der Universität Berlin gewirkt und zahlreiche Schüler herangebildet. Sein großes Ansehen innerhalb der internationalen Wissenschaft fand dadurch seine Würdigung, dass er jahrelang als Sekretär des Internationalen Meteorologischen Komitees tätig war und sehr viel zur Ausgestaltung der gerade für die Meteorologie besonders wichtigen zwischenstaatlichen Beziehungen beitragen durfte. Unbeirrbare Sachlichkeit und absolute Verlässlichkeit zeichneten ihn als Forscher und Menschen aus.

Ob Hellmann den Adlerschild erhielt, ist nicht ausgemacht. Zur Goethe-Medaille bietet Hartmut Heyck (2009) interessante Einblicke, die ich mit Zusätzen aus einer englischen Internet-Fassung versehe:

Die Entstehungs- und Verleihungsgeschichte der Goethe-Medaille für Kunst und Wissenschaft ist von der Geschichtsschreibung weitgehend übergangen worden, obwohl die Medaille nach dem „Adlerschild des Deutschen Reiches" und dem „Deutschen Nationalpreis für Kunst und Wissenschaft", der nur neun Mal verliehen wurde, die bedeutendste deutsche Auszeichnung für kulturelle und wissenschaftliche Leistungen zwischen 1932 und 1944 war. Die

---
97 GStA PK, Scan Seite 75.
98 GStA PK, Scan Seite 76.

häufig negative Einstellung zur Goethe-Medaille per se ignoriert die Tatsache, dass sie nicht von Hitler, sondern von Reichspräsident Paul von Hindenburg im Jahr 1932 zur Erinnerung an Goethes 100. Todestag gestiftet und bis zu Hindenburgs Tod an in- und ausländische Künstler ... verliehen worden war, wobei allerdings die meisten Empfänger der Medaille konservativ eingestellt waren. ... Die Goethe-Medaille für Kunst und Wissenschaft wird irrtümlich als eine rein „braune" Ehrung angesehen.

... Bei den ersten Verleihungen 1932/1933 standen viele Persönlichkeiten von Weltruf zur Wahl. Das änderte sich besonders nach Hindenburgs Tod [am 2. August 1934].

... Selbst im Oktober 1931 war noch nicht geklärt, ob und in welcher Form vom Reich eine Medaille herausgebracht werden solle. Eine andere Frage war, ob es sich bei der geplanten Medaille um einen Orden handle. Eine Goethe-Medaille könnte als Verstoß gegen Artikel 109 (4) der Weimarer Verfassung angesehen werden („Orden und Ehrenzeichen dürfen vom Staat nicht verliehen werden"), doch weil die geplante Medaille nicht „tragbar" sein sollte, wurde dieses Verbot trotz harscher Kritik von politischen Parteien und in der Presse schließlich ignoriert.

Um diese Zeit [Oktober 1931] versuchte [Reichskunstwart] Redslob, Hindenburg für die Idee einer vom Reichspräsidenten gestifteten Goethe-Medaille zu gewinnen. Hindenburg sträubte sich jedoch gegen ein solches Ansinnen; denn „mit diesem Goethe habe es moralisch durchaus nicht gestimmt", ein Vorwurf, der in der Vergangenheit nicht nur von Hindenburg erhoben worden war. Die Begründung Hindenburgs war allerdings ungewöhnlich: „[Goethe] habe seine Mutter von Weimar aus kaum je besucht. Das gefalle ihm nicht, und er würde seine Einwilligung zu der geplanten Medaille nur geben, wenn sie außer Goethes auch Schillers Kopf trüge, mit Goethe allein solle man ihm nicht kommen. ...Vermutlich war es der ehemalige Generalquartiermeister, der den greisen Reichspräsidenten mit Hinweis auf einen von Redslob verfassten Aufsatz „Über Goethes Stellung zu Volk und Volkstum" überzeugte, eine Medaille mit nur Goethes Konterfei zu genehmigen, und Ende Januar 1932 geschah das, anscheinend recht eilig.

Am 19. Juni 1934 entschied in einer Chefbesprechung das Hitler-Kabinett unter dem Thema „Zuständigkeiten im Bereich der Kunstverwaltung": ... f) Die Vorschläge für die Verleihung der Goethe-Medaille und des Adlerschildes werden, wie bisher, vom Reichsminister des Innern [Frick] dem Herrn Reichspräsidenten unterbreitet. Der Reichsminister des Innern wird seinerseits Vorschläge vom Reichsminister für Volksaufklärung und Propaganda [Goebbels] bzw. vom Kultusminister [Rust] einholen.

Es war zu diesem Zeitpunkt ersichtlich, dass der erwähnte Reichspräsident nicht der schwer erkrankte Hindenburg sein und das nächste Staatsoberhaupt in absehbarer Zeit dringlichere Aufgaben haben würde als sich über die Verleihung der Goethe-Medaille oder des Adlerschildes Gedanken zu machen. Jedenfalls wurde die Goethe-Medaille nach Hindenburgs Tod – durch Hitler – anscheinend zum erstenmal am 6. November 1934 wieder verliehen, und zwar an den Meteorologen Hellmann und den Germanisten [den Philologen Otto] von Günther.

Aus einem Antwortschreiben vom 5. November an den Preußischen Minister für Wissenschaft, Kunst und Volksbildung erfährt man, dass ein Unnennbarer den großen Schlesier zur Kenntnis nehmen musste:

Der Führer und Reichskanzler hat dem Geheimen Regierungsrat Professor Dr. Hellmann durch Urkunde vom 24. Oktober 1934 die Goethe-Medaille verliehen. Da sich Geheimrat Hellmann krankheitshalber in Meran aufhält, habe ich das Auswärtige Amt ersucht, ihm Auszeichnung und Verleihungsurkunde durch die zuständige deutsche Auslandsvertretung aushändigen lassen. ...

In einem Schreiben vom 29. November 1934 an Ficker wird ihm schließlich bestätigt, dass „Dr. Hellmann durch Urkunde vom 24. Oktober 1934 die Goethe-Medaille verliehen" bekommen habe. Ein an das Kultusministerium vom 12.12.34, in Vertretung des Reichs- und Preußischen Ministers des Innern Pfundtner, mit einer „Abschrift eines Berichts des Deutschen Generalkonsulats in Mailand vom 22. November 1934 zur gefälligen Kenntnis" verschicktes Schreiben, verrät Neues über Hellmanns körperliche und seelische Verfassung:

Geheimrat Hellmann lebt, an den Rollstuhl gefesselt, während der Wintermonate aus Gesundheitsrücksichten in einem Sanatorium in Meran. Ich habe ihn dort gelegentlich des letzten Amtstages [Arzttages ?] in Bozen, in Begleitung des Meraner Vertrauensmannes, Pfarrer Giess [?], und, auf dessen Anregung, des Kurators der evangelischen Kirchengemeinde Meran, Freiherr von Kleist, persönlich aufgesucht und ihm die Goethe-Medaille nebst Urkunde mit einer kleinen Ansprache überreicht, in der ich die Verdienste des Beliehenen gedachte und die Wünsche des Herrn Reichs- und Preußischen Ministers des Innern überbrachte.

Geheimrat Hellmann war sichtlich durch die Ehrung aufs tiefste bewegt und erfreut und bat, seinen Dank dem Führer und Reichskanzler zu übermitteln.

Gez. Windels.

An die Anschrift von Hellmanns Sohn (Berlin-Steglitz Kniephofstr. 54) wurde vom Reichsminister für Wissenschaft, Erz. und Volksbildung, Rust, ein Glückwunschschreiben verschickt: „Zur Vollendung Ihres 80. Lebensjahres spreche ich Ihnen meine besten Glückwünsche aus. Der Minister pp. Rust".

Aus gleichem Anlass wurden einige kürzere oder längere Huldigungsschreiben in verschiedenen Blättern veröffentlicht. Eberhard Reichel, der am neuen Klimaatlas mitwirkte, schrieb in „Gustav Hellmann zum 80. Geburtstage" unter anderem (REICHEL 1934):

Aber nicht nur die Bearbeitung der laufenden Beobachtungen lag ihm am Herzen. In seinem unvergleichlichen Regenwerk schuf er eine Sammlung des bis 1890 aufgelaufenen älteren Beobachtungsstoffes, die sich über die norddeutschen Stromgebiete erstreckt und mit ihnen weit über den Rahmen des Reiches hinausgreift. Größte Mühe und Sorgfalt erforderte die Sichtung des aus vielen Quellen entnommenen Stoffes, aber die Arbeit führte zu einer verlässlichen Sammlung der früheren Beobachtungen, die die Grundlage für spätere Untersuchungen abgab. Unmittelbar aus einem praktischen Bedürfnis war schließlich die meteorologische Bearbeitung der Oderhochwasser herausgewachsen, die in den Jahren 1904 bis 1911 unter Hellmanns Leitung entstand und auf der Grundlage eines ungewöhnlich großen Beobachtungsstoffes die Entstehung der ursächlichen Regenfälle klärte. Als dann Hellmann zugleich mit der ordentlichen Professur für Meteorologie an der Berliner Universität die Leitung des Instituts übernommen hatte, brachte er die Vorarbeiten zu einer umfassenden Klimakunde des Deutschen Reiches in Gang, die als Atlas und Text erscheinen sollte. Leider kam das Werk durch Krieg und Inflation nicht zur Vollendung: Aber der 1921 erschienene Klima-Atlas gibt bereits eine Übersicht über das Klima Deutschlands, in der das gesammelte Material im Rahmen des damals Möglichen meisterhaft dargestellt ist und der ähnlichen Bearbeitungen anderer Gebiete gleichwertig zur Seite tritt.

In zahlreichen Abhandlungen hat Hellmann die Ergebnisse der Regenbeobachtungen in Preußen, in Deutschland und in größeren Gebieten weiter bearbeitet. Die Forschung auf diesem Gebiete wird durch die Aufstellung des Systems der Hydrometeore gekrönt. [...]

Die Erinnerungen an diese seine Tätigkeit und an sein Verdienst um die Grundlage der meteorologischen Forschung, das Stationsnetz, wird durch die zu seinem 75. Geburtstage gestiftete Hellmann-Medaille für langjährige Beobachtertätigkeit wachgehalten. Seinem vielseitigen Wirken würden wir nicht gerecht, erwähnten wir nicht seine Mitarbeit in der Deutschen Meteorologischen Gesellschaft und an deren Zeitschrift, in der Preußischen Akademie der Wissenschaften, der er seit langer Zeit als ordentliches Mitglied angehört, in der Gesellschaft für Erdkunde zu Berlin, deren Ehrenpräsident er ist, und nicht zuletzt auf zahlreichen internationalen Tagungen. Zum 80. Geburtstage wünschen wir dem Jubilar den vollen Genuss der Erinnerung an die Jahre des Schaffens in der Reichshauptstadt, in der er nunmehr selten weilt, da er seinen Lebensabend frischen Geistes inmitten der südlichsten deutschen Berge verbringt.

Hellmanns Name hatte 1934 in Deutschland noch weithin einen hellen Klang.

1935-1939

In Reichels Geburtstagsadresse von 1934 war zu lesen, dass Hellmann selten in der „Reichshauptstadt" weilte, aber wir hatten auch gesehen, dass er in der Akademie von Ende 1932 bis April 1935 als Ordentliches Mitglied geführt wurde. Als solches hätte er aber wieder in Berlin oder Umgebung wohnen müssen. Vielleicht ist dieser Angabe aus den Akten der Akademie nicht allzu großes Gewicht beizumessen. Dass Hellmann die Goethe-Medaille im November 1934 in Martinsbrunn (Meran) empfing, steht außer Frage. Bis auf weiteres muss diese „Aktenfrage" offen bleiben. Aus dem Reichserziehungsministerium heißt es in einer Personalakte (H57), dass der emeritierte ordentliche Professor Hellmann sich dauernd in Meran (früher Berlin) aufhielt, und vom 16.11.1935 bis 13.10.1937 dort wohnhaft gewesen sei. Eine Postkarte von Hellmann an Kaßner, der gleich Hellmann 1927 seine Privatbibliothek in den Vereinigten Staaten von Amerika feilgeboten hatte, ist 1935 aus Cortina d'Ampezzo im Tirol, wo Hellmann die Sommermonate verbrachte, frankiert.[99]

1937 siedelt Hellmann mit den Überresten seiner getreuen Lebenspartnerin, Emilie Amalie Anna, die in Meran verstorben war, nach Berlin um, wo ihre Urne am 2.9. auf dem alten Friedhof der Nicolai- und Mariengemeinde im selben Grabhügel beigesetzt wurde, wo schon der Erstgeborene ruhte.

---

99 Slg. Darmstaedter, 2019-09-03, Scan 73, Postkarte an C. Kaßner.

Abb. 2-11: Grabmal des ältesten Sohnes Heinz (1889-1909) auf dem St. Marien- und St. Nikolai Friedhof in Berlin. In das gleiche Grab wurden die Urnen Hellmanns und die seiner Gattin versenkt. Die gestohlene Bronzeplatte (KNOCH 1954) dürfte sich unterhalb des Reliefs befunden haben, wie der Umriss und vier Schrauben nahelegen.

Die letzten anderthalb Jahre seines Lebens verbrachte Hellmann siechend in der Reichshauptstadt, bei sorgsamer Pflege in einem Heim in Zehlendorf. Dort hat Karl Knoch ihn mehrfach besucht „und alte Erinnerungen mit ihm ausgetauscht" (KNOCH 1954). Das herrschaftliche Anwesen in Zehlendorf, Niklasstraße 21/23, wo Hellmann sich einer guten Betreuung erfreut haben dürfte, hat eine interessante Geschichte.[100] Die Nationalsozialisten tauften 1935 die genannte Straße in Chamberlainstraße um, nach dem britischen Kulturphilosophen und Schriftsteller Houston Stewart Chamberlain (1855-1927), der einigen Einfluss auf die nationalsozialistische Rassenideologie ausübte und als Liebhaber des Deutschtums das (Weimarer) demokratische System ablehnte – weil „der deutschen Seele wesensfremd". 1926 trat er der NSDAP bei, und bei seiner Trauerfeier im nächsten Jahr soll sogar der Führer anwesend gewesen sein. Die Villa gehörte Juden, musste aber teilweise wegen Berufsverbots eines Erben vermietet werden. Die Krankenschwester Käte Bohnen mietete 1937 das Haus, kaufte es anschließend, und richtete dort ein Kur- und Pflegeheim ein, das sie bis Anfang 1941 führte, dann ging das Gebäude 1942 an das Deutsche Reich über und wurde „SS-Mannschaftshaus". Hellmann hat glücklicherweise sein Altersheim nicht wechseln müssen: Am 21. Februar 1939, um 6.05 Uhr, schloss der große Schlesier in der Chamberlainstr. 21/23 für immer seine Augen. „Schüttellähmung und eine Lungenentzündung" lautet der knappe Vermerk zur Todesursache[101].

Der per Verordnung 1934 geschaffene Reichswetterdienst gab nun die Jahrbücher des früheren Instituts heraus. Besonders die von Hellmann erstmalig veröffentlichten Jahrbücher der Niederschläge wurden fortgesetzt. Für 1939 wird der Februar in der allgemeinen Übersicht folgendermaßen charakterisiert:

Der Februar war größtenteils zu trocken. ... Während Wetterberuhigung und Aufheiterung am 14. und 15. nur im Westen und Süden des Reiches wirksam wurden, blieb im mittleren und östlichen Norddeutschland bei milden Westwinden die Witterung meist trübe und schwach regnerisch. Eine am 17. von Westen anrückende Warmluftstaffel, die unter dem Einfluss eines über Südschweden lagernden Tiefs stark südwärts drängte, trieb ihre Niederschläge in weiter Verbreitung wieder bis gegen die Alpen vor. Die Witterung gewann vom 19. ab stark unruhigen Charakter, als bei nordwestlichen Winden häufig sich wiederholende Regen-, Schnee- und Graupelschauer teilweise unter Gewittererscheinungen über das ganze Reich bis zu den Zentralalpen hinweggingen. ... Da das südschwedische Tief langsam sich nach Polen verlagerte, hielten die Niederschläge im östlichen Norddeutschland noch bis zum 23. an. Die Annäherung eines osteuropäischen Hochs, das die Depression nach Westen abdrängte, führte mit östlichen Winden zum 24. und 25. heiteres, trockenes Wetter mit leichtem Frost herbei.

Hellmann wurde nach seiner Geburt mit sommerlichen Wolkenbrüchen begrüßt und nun mit winterlichen Schauern verabschiedet. Der Niederschlagsforschung hatte er sich nachdrücklich verschrieben, und so erwiesen drei verschiedene Niederschlagsarten aus seinem „vollständigen System der Hydrometeore" (1915) ihm die letzte Ehre. Mutmaßlich konnten seine sterblichen Überreste aber unter dem heiteren Himmel eines Hochs beigesetzt werden.

---
100 Aus dem Jahrbuch Zehlendorf von 2019, Abschnitt: Expressionist – verfolgt als Jude. Familie Ascher und die Niklasstraße 21/23.
101 Sterberegister Landesarchiv Berlin.

Wo wurden sie beigesetzt? KNOCH (1954) berichtet: „Die Urne mit seiner Asche ist, gleich der Urne seiner Frau, in dem Grabhügel seines früh verstorbenen ältesten Sohnes auf dem alten Friedhof der Nicolai- und Mariengemeinde in Berlin-Ost, am Prenzlauertor, beigesetzt. Leider ist eine Bronzeplatte mit den Namen von Gustav Hellmann und seiner Frau von Metalldieben entwendet worden." Abbildung 2-11 zeigt das Grabmal des 1909 verstorbenen Sohnes nach einem neueren Bild[102]. Die gestohlene Platte mit der Grabinschrift, die Knoch erwähnt, ist offensichtlich nicht ersetzt worden. Daher findet sich in einem „Wikipedia"-Beitrag zu dem Friedhof kein Hinweis[103] auf Gustav Hellmann, während bedeutende Friedhofsinsassen aufgeführt sind, darunter der „Vater der Meteorologie" Heinrich Wilhelm Dove, der sein erster Lehrer war, und auch Carl Ritter, der oft neben Humboldt als Begründer der wissenschaftlichen Erdkunde angesehen wird. Und so ruht unser Hellmann zwischen den beiden Polen, denen seine gedankliche und methodische Arbeit galt: der Meteorologie und der Geographie.

---

[102] Der zweite Sohn Ulrich Gustav Alexander starb am 14.03.1978 in Berlin (Standesamt Steglitz). „Der Verlagsbuchhändler Dr. phil. Ulrich Gustav Alexander Hellmann, wohnhaft in Berlin 41, Kniephofstraße 54 ist am 14. März 1978 um 5 Uhr 15 Minuten in Berlin-Steglitz, Promenadenstr. 3-5 verstorben. […] Der Verstorbene war Witwer von Margarete Amalie Ottilie Hellmann geb. Uhlmann. Eingetragen auf mündliche Anzeige der kaufmännischen Angestellten Margarethe Barthelt, wohnhaft in Berlin 30, Welserstr. 26" (Sterberegister, Landesarchiv Berlin).
[103] Am 22. April 2020 abgerufen. Siehe allerdings Wolfgang Dick u. a.: Gedenkstätten für Astronomen in Berlin, Potsdam und Umgebung (2001).

3 Witterungskunde 1892 und „ihre deutschen Vertreter"

Angesichts des schleppenden Ganges der Entwicklung der Wissenschaft bis um die dreißiger Jahre lässt sich ein gewaltiger Fortschritt der Meteorologie nicht verkennen, aber vieles, sehr vieles bleibt noch zu tun übrig. Rüstig wird weiter fortgeschritten auf der glücklich betretenen Bahn, und wenn das lang ersehnte Ziel auch noch in unabsehbarer Ferne liegt, gewiss wird es endlich einmal gelingen, der meteorologischen Sphinx das Geheimnis zu entreißen.

Leipziger Wochenzeitschrift 1892

In der Leipziger Illustrierten Zeitung vom 24. September 1892 ist ein ganzseitiger Holzstich abgedruckt, der ein Dutzend Meteorologen zeigt. Darauf ist das zweitälteste Bildnis, das ich kenne, von Gustav Hellmann zu sehen. Hellmann war zu dem Zeitpunkt 38 Jahre alt. Es ist dieses Bildnis dadurch bemerkenswert, weil Hellmanns wilhelminisch aufgezwirbelter Schnurrbart seine Treue zu Preußentum und Kaiser so plastisch zur Schau stellt. Er ist der jüngste auf dem Bild.

Abbildung 3-1: Holzstich mit Hellmann. Abgebildet sind „Vertreter der Meteorologie". In der 1. Reihe (von links nach rechts): Wladimir Köppen; Wilhelm van Bebber; Robert Billwiller; Gustav Hellmann. In der 2. Reihe: Wilhelm von Bezold; Julius Hann; Georg Neumayer. In der 3. Reihe: Paul Schreiber und Karl Lang. Und in der 4. Reihe: Richard Aßmann; Lorenz von Liburnau; Adolf Sprung. (Leipziger Illustrierte Zeitung 24. September 1892. Gestochen nach Photographien von Fritz Waibler im xylographischen Atelier der Wochenzeitung 1892).

Der Stich ist einem Aufsatz über die „Witterungskunde" in deutschen Landen beigegeben. Will man sich eine leidliche Vorstellung von dem wissenschaftlich-organisatorischen Umfeld, in das Hellmann hineingestellt war, sowie von dem Stand der Meteorologie um 1890 machen, so scheint es angebracht, den Artikel im Wortlaut folgen zu lassen.

Die Entwicklung der Witterungskunde und ihre jetzigen deutschen Vertreter

Der Ausspruch, dass die Götter vor alle ihre Gaben den Schweiß gesetzt haben, gilt zwar für alle Wissenschaften, in höherem Grade aber für die Meteorologie. So sehr sich auch der menschliche Scharfsinn schon seit dem grauesten Altertum anstrengte, eine befriedigende Erklärung des ursächlichen Zusammenhanges der Witterungsvorgänge zu gewinnen, so gelang es bis in die Zeit unseres aufgeklärten Jahrhunderts doch nicht, alle Irrtümer und allen Aberglauben zu entfernen, die von jeher die Witterungskunde mit einem geheimnisvollen, undurchsichtigen Schleier umgaben. Erst sehr spät, als bereits die übrigen Wissenschaften fast alle im gleichen Schritt mit dem Fortschritt der Kultur sich eine feste Grundlage geschaffen hatten und, nach und nach in bestimmte Systeme gefügt, sich fortentwickelten, konnte die Meteorologie daran denken, einen sicheren Unterbau für die wissenschaftlichen Bestrebungen festzulegen und genau bestimmte Zielpunkte anzugeben, nach welchen die Forschungen gerichtet sein sollten. Aber der Boden, auf dem sich jetzt die ernste Wissenschaft mit ihren nüchternen Bestrebungen entwickeln sollte, war mit Unkraut aller Art überwuchert, das durch die Länge der Zeit fast unvertilgbare Wurzeln geschlagen hatte, sodass der Same echter Forschung nur sehr langsam und spärlich aufkeimen konnte. Teils suchte man die den Witterungserscheinungen zu Grunde liegenden Ursachen außerhalb der Erde, in einer Zauberwelt, deren Symptome sich in unserem Erdenleben bemerkbar machen sollten, teils verzweifelte man überhaupt daran, Gesetze auffinden zu können, wonach unsere Witterungserscheinungen geregelt würden. So blieb den unsere Wissenschaft jahrhundertelang in der ersten Kindheit, und erst der allerneuesten Zeit war es beschieden, die scheinbar zur ewigen Unfruchtbarkeit verurteilte mit neuerer Empfänglichkeit zu beseelen und sie den übrigen Wissenschaften ebenbürtig zu machen.

Im Anfange dieses Jahrhunderts waren es hauptsächlich klimatologische Bestrebungen, die das Arbeitsfeld derjenigen Meteorologen umfassten, welche nicht ausschließlich den Mond und die übrigen Gestirne als die alleinigen Beherrscher unserer Witterungsvorgänge ansahen. Man suchte aus den Mittelwerten der einzelnen meteorologischen Elemente allgemeinere Gesetze abzuleiten und insbesondere den durchschnittlichen Gang der Witterungserscheinungen an einem bestimmten Orte zu bestimmen. Ein weiterer Fortschritt war die Vergleichung dieser Mittelwerte für verschiedene Orte untereinander sowie die kartographische Darstellung für größere Gebiete und für die ganze Erdoberfläche, wie es von A. v. Humboldt und nachher von Dove mit großem Erfolg geschah.

Bis vor einigen Jahrzehnten bildeten die Ableitung der Mittelwerte und ihre Vergleichung entschieden die Hauptarbeit der Meteorologen, und zwar erfolgreich bei Wärme- und Niederschlagsverhältnissen, weniger in Bezug auf Winde und Luftdruck, deren innige Beziehung man erst später durch eine Methode kennen lernte, die der neueren Meteorologie eine breitere Grundlage geben sollte.

So sehr die Methode der Mittelwerte ihre volle Berechtigung verdient, so genügt sie doch allein nicht, alle Gesetze aufzufinden, die den Witterungserscheinungen zu Grunde liegen. Vor allem sind es der scheinbar regellose, ja launenhafte Gang des Wetters, die außerordentliche Mannigfaltigkeit im Witterungswechsel sowie der Zusammenhang der einzelnen atmosphärischen Vorgänge, die am meisten unser Interesse wachrufen und uns zu mannigfachen Forschungen anspornen. Während die Methode der Mittelwerte uns nur in beschränkter Weise zur Erkenntnis der Witterungsgesetze führen kann, ist die Betrachtung der Einzelerscheinungen ausgezeichnet im Stande, die stetigen Änderungen der Witterungsphänomene zu erkennen und den ursächlichen Zusammenhang in denselben aufzufinden. Indem wir die einzelnen Phasen in den Witterungsvorgängen, die auf größerem Gebiete gleichzeitig stattfinden, unmittelbar erfassen, fixieren und vergleichen, verleihen den getrennten Erscheinungen den Charakter des kontinuierlich Fortschreitenden. Diese neuere, geographische oder synoptische Methode hat sich rasch über die ganze zivilisierte Welt verbreitet, wobei die Hoffnung, aus der Vorausbestimmung des Wetters, namentlich aus den Sturmwarnungen praktischen Nutzen zu ziehen, einen gewaltigen Anstoß gab.

Als den Hauptförderer der modernen Meteorologie dürfen wir Buys Ballot bezeichnen, an dessen Namen sich das allbekannte barische Windgesetz knüpft, das die Beziehungen des Luftdrucks zum Winde ausspricht. Dieses barische Windgesetz, das nach und nach eine bestimmte Form annahm, gilt für die Luftbewegung der gesamten Atmosphäre und bildet den Grundstein der modernen Meteorologie.

Die Anwendung des barischen Windgesetzes führte unmittelbar zur Erkenntnis der Bedeutung und der Eigentümlichkeiten der barometrischen Maxima und Minima; es wurde der Zusammenhang zwischen Luftdruck, Wind und Wetter erkannt, und damit fielen auch manche dunkle Vorstellungen, die sich insbesondere an das Wesen der Niederschläge und der Wolkenbildung geknüpft hatten. Das Studium der synoptischen Wetterkarten ergab mit Notwendigkeit einen aufsteigenden Luftstrom im Gebiete des barometrischen Minimums und einen absteigenden in demjenigen des Maximums. Man erkannte, dass der aufsteigende Luftstrom von Wolkenbildung und Regen begleitet war, wogegen der absteigende Luftstrom durch Trockenheit sich auszeichnete. Eine befriedigende Erklärung dieser Erscheinungen wurde erst gegeben, als man die mechanische Wärmetheorie in die Meteorologie einführte. Mit dieser Einführung hat die meteorologische Forschung außerordentlich gewonnen, und ihre Grundlage ist dadurch sehr erheblich verbreitert worden.

Von außerordentlicher Bedeutung für die Entwicklung der Meteorologie waren die internationalen Konferenzen, Kongresse und überhaupt Besprechungen, die einen Grad des Zusammenwirkens erreichten, wie es angesichts der verschiedenartigen Bedürfnisse der einzelnen Länder besser wohl nicht gedacht werden kann. Zunächst wurde durch die Konferenz zu Brüssel [1853] ein System einheitlicher Beobachtungen zur See geschaffen, das geeignet war, dem Seeverkehr großen Nutzen zu gewähren und insbesondere die Seereisen auf die möglichst kürzeste Dauer zu bringen. Aber auch auf dem Lande, wo das Beobachtungsmaterial zu einer riesigen Masse angeschwollen war, wurde sowohl in den Beobachtungen als auch in der Verwertung des Materials Einigkeit geschaffen und eine Arbeitsteilung zwischen den einzelnen Instituten ermöglicht. Solche Errungenschaften wurden erzielt durch die internationalen Konferenzen und Kongresse in Leipzig (1872), Wien (1873), Utrecht (1874, 1878), London (1876), Rom (1879), Kopenhagen (1882), Hamburg (1875, 1880) und München (1891). „Allenthalben", so bemerkt v. Bezold, „wo meteorologische Beobachtungsnetze bestehen, diesseit und jenseit [sic] des Ozeans, gelten gewisse, gemeinsame Grundsätze für die Anstellung der Beobachtungen, fast allenthalben geschieht die Veröffentlichung in genau übereinstimmender Weise. In derselben Reihenfolge reihen sich die Kolumnen der Zahlentabellen aneinander, sodass man kaum nötig hat, auf die Aufschrift zu sehen; die nämlichen glücklich gewählten Zeichen dienen allenthalben zur Bezeichnung der atmosphärischen Erscheinungen, als Regen, Schnee usw., sodass zum Verständnis dieser Publikationen keine Sprachkenntnis erforderlich ist. Nach einem Schlüssel chiffriert, durchlaufen die Wetterdepeschen die Telegraphenlinien Europas von Haparanda bis Malta, von den Pyrenäen bis zum Schwarzen Meer – ein schönes Zeichen, dass es doch Gebiete gibt, die hoch erhaben sind über all den Streit und all den Hader, welchen der Kampf der Interessen, Eitelkeit und kleinliche Missgunst zwischen den Nationen nähren und leider nur zu oft zu hellen Flammen anfachen. Die Wissenschaft ist ein solches Gebiet, und insbesondere die Vertreter der Meteorologie haben es verstanden, bei den internationalen Zusammenkünften all die kleinen Sonderinteressen beiseitezusetzen, und durch gegenseitiges Entgegenkommen und redliches Verfolgen des gemeinsamen Zieles bewiesen, dass sie, deren Blick schon durch ihr Fach stets aufwärts gelenkt wird, auch nie vergessen haben, dass sich ein und derselbe Himmel wölbt über allen Völkern, und dass es die nämliche Sonne ist, die allen Licht und Wärme spendet."

Zu ihrem Aufbau bedarf die meteorologische Wissenschaft einer großen Zahl von Mitarbeitern; das gilt von keinem anderen Lande mehr als von Deutschland, wo sich eine Vielzahl intellektueller Mittelpunkte gebildet hat. Daher erhielten die Bestrebungen und Forschungen in Deutschland eine mächtige Anregung, als in November 1883 eine Deutsche Meteorologische Gesellschaft gegründet wurde, die sich die Pflege der Meteorologie sowohl als Wissenschaft als auch in ihren Beziehungen zum praktischen Leben zu ihrer Aufgabe machte. Nach und nach schloss sich diese Gesellschaft immer inniger an ihre verdienstvolle ältere Schwester, die Österreichische Gesellschaft für Meteorologie, an, sodass einige Jahre später die Interessen beider Gesellschaften durch ein einziges gemeinsames Organ, die „Meteorologische Zeitschrift", vertreten wurden. Die Jahresversammlungen, die alle zwei oder drei Jahre stattzufinden pflegen, sind für die Förderung der Meteorologie von nicht geringer Bedeutung, und so hat auch die diesjährige Braunschweiger Versammlung wieder manches Erfreuliche zu Tage gefördert. [Bezold trug über „Physik und Meteorologie" vor.]

Unser Gruppenbild führt dem Leser die hauptsächlichsten deutschen Vertreter der Meteorologie vor, wobei wir allerdings bemerken müssen, dass es in Deutschland noch außerdem eine Reihe Meteorologen gibt, die sich um die Entwicklung der Meteorologie nicht geringe Verdienste erworben haben. Die Verdienste aller dieser Männer gegeneinander abzuwägen und in das gehörige Licht zu stellen, kann nicht Aufgabe dieser Zeilen sein, vielmehr müssen wir uns darauf beschränken, den drei Vorständen der Hauptzentralstellen für Meteorologie hier in gedrängter Kürze einige Worte zu widmen, die übrigen aber nach Namen und Stellung kurz anzuführen.

Es folgen dann kurze Beschreibungen amtlicher Zuständigkeiten der abgebildeten „hauptsächlichsten deutschen Vertreter der Meteorologie", ehe der Zeitungsartikel mit dem Eingangszitat zu diesem Kapitel endet. Er ist von keinem Autor gezeichnet, im Tenor erinnert er jedoch an die längeren Ausführungen BEZOLDs (1890).

Es gibt dieser Aufsatz mir willkommene Gelegenheit, an das Dutzend Meteorologen zu erinnern, die 1890 aufgrund ihrer Stellungen in der deutschsprachigen Meteorologie hoch angesehen waren. Es dürfte daher nicht müßig sein, einmal ihre Nachrufe zusammenzustellen, wie sie in der *Meteorologischen Zeitschrift* abgedruckt wurden. Bezold bildet eine Ausnahme, weil dessen von Hellmann verfasster Nachruf als Broschur für sich, dem Heft 7 des XXIV. Jahrgangs beigeordnet, erschien. In Kapitel 2 ist daraus bereits einiges zitiert worden. Stattdessen gebe ich hier Reinhard Sürings Nachruf in der *Naturwissenschaftlichen Rundschau* wieder. Eine zweite Ausnahme ist der Nachruf auf Sprung, der dem entsprechenden Tätigkeitsbericht des Preußischen Meteorologischen Instituts entnommen wurde. Gelegentliche Bemerkungen, Kürzungen oder kurze Ergänzungen der Nachrufe stammen von mir. Die Abgebildeten werden nicht in der Reihenfolge auf dem Gruppenbild, sondern chronologisch nach dem Geburtsjahr aufgeführt. In jeweiligen Fußnoten wird zu Anfang der Verfasser des Nachrufs genannt (falls unmittelbar bekannt), sowie die Quelle des einschlägigen Bildnisses. Die Kopfzitate sollen eine herausragende Leistung des Gewürdigten bündig hervorheben.

Josef Roman Lorenz von Liburnau (1825-1911)[1]

Neu ist die Abgrenzung von Klimaprovinzen.
Hellmann

Am 13. November starb hochbetagt in Wien Josef Lorenz Ritter von Liburnau, Sektionschef im k. k. Ackerbau-Ministerium a. D., langjähriger Präsident der Österreichischen Meteorologischen Gesellschaft. Der Verstorbene hat sich durch seine Arbeiten auf meteorologischem Gebiete, namentlich auf dem der Forst- und Agrarmeteorologie, einen weithin bekannten Namen gemacht; aber auch auf dem Gebiete der Ozeanographie durch das seinerzeit epochemachende Buch über den Quarnero und andere kleineren Arbeiten. Die k. k. Österreichische Meteorologische Gesellschaft verlor mit ihm ein hochverdientes Mitglied und wird sein Andenken unvergänglich in Ehren halten. [Nachruf vermutlich von J. Hann.]

Das mit C. Rothe 1874 verfasste *Lehrbuch der Klimatologie, mit besonderer Rücksicht auf Land- und Forstwirtschaft*, wird in Hellmanns Entwicklungsgeschichte des klimatologischen Lehrbuches (Nr. 11 seiner Beiträge zur Geschichte der Meteorologie, dritter Band, 1922) in seiner Originalität wie folgt gekennzeichnet: „Gliedert sich in drei Teile: Die klimatischen Elemente (S. 9-221); Das Klima (222-311); Klimatographie (312-483); und enthält zahlreiche Klimatabellen. Neu ist die Abgrenzung von Klimaprovinzen. Die kurz gehaltene klimatographische Übersicht der außereuropäischen Weltteile stütz sich fast ausschließlich auf die Arbeiten von J. Hann in der Zeitschrift f. Meteorologie." Hellmann, der in seinen bibliographischen Angaben sehr darauf bedacht war, die verschiedensten Ausgaben und Auflagen aufzuführen, kennt eine „Neue Ausgabe" von 1885, im Verlag von Paul Parey in Berlin erschienen, nicht. Die von 1874 erschien bei Braumüller in Wien. Aus seiner ein Jahr darauf erschienenen Buchbesprechung in der *Zeitschrift für mathematischen und naturwissenschaftlichen Unterricht* lässt sich ermessen, welchen Wert der junge Meteorologe auf Verzeichnisse zu legen pflegte: „Ungern haben wir bei einem so reichhaltigen Werke ein *ausführliches Register* vermisst; ist zwar die Herstellung desselben eine mühsame und zeitraubende Arbeit, so hätte es doch dem Buche zu größerem Vorteile gereicht, es würde dann nicht bloß ein *Lehrbuch*, sondern auch vortreffliches *Handbuch* geworden sein". Die Besprechung klingt hochtrabend aus: „Im Übrigen können wir das Buch nur nochmals empfehlen; es ist, glaube ich, nicht zu viel gesagt, wenn wir meinen, dass jeder Naturwissenschaftler dasselbe mit Interesse zur Hand nehmen wird."

Dove hatte für das Werk ein Vorwort beigesteuert, in dem es heißt:

Es ist daher als eine erfreuliche Erscheinung zu begrüßen, dass neben meteorologischen Anstalten und Veröffentlichungen, welche die Interessen der Marine vorzugsweise ins Auge fassen, in neuerer Zeit auch meteorologische Beobachtungsanstalten gegründet sind und Werke veröffentlicht werden, welche den Bedürfnissen der Landwir-

---
[1] Bild im Fotoarchiv der Bibliothek des Deutschen Wetterdienstes.

te und Forstmänner vornehmlich zu entsprechen suchen. Ein solches Werk ist das vorliegende. Der bekannte Verfasser der 'Physikalischen Verhältnisse des quarnerischen Golfs' hat in demselben von Neuem gezeigt, in wie anschaulicher Weise er solche Darstellungen zu geben weiß. Der klimatologische Teil, aus dem ich manche Belehrung geschöpft habe, zeichnet sich durch Originalität aus, und speziell im klimatographischen Teile erscheint mir als besonders anerkennenswert die eingehende Behandlung noch weniger allgemein bekannter österreichischer Verhältnisse.

Dem genannten Referat stellt der 21-jährige Hellmann selbstbewusst seine Gründe für die Anzeige eines Buches über Klimatologie in einer „Unterrichtszeitschrift" voran:

Zweck der literarischen Berichte dieser Zeitschrift kann meines Erachtens nicht allein der sein, Schulbücher und sonstige pädagogisch wichtige Schriften zu besprechen, sondern auch wissenschaftlich bedeutsame Werke, welche einen Fortschritt bekunden, den Herren Mathematikern und Naturwissenschaftlern zur Kenntnis zu bringen. Zum Teil aus letzterem Grunde, hauptsächlich aber, weil viele Lehrer der exakten Wissenschaften meteorologische Beobachtungen – sei es für ein größeres System, sei es privatim – anzustellen und die klimatischen Grundzüge ihres Aufenthaltsortes im Programme der Anstalt oder sonstwo darzustellen pflegen, sei es mir erlaubt, über ein Werk, welches mit Rücksicht auf Land- und Forstwirtschaft geschrieben wurde, an dieser Stelle zu referieren.

Wer die Entwicklung der Meteorologie in den letzten Jahren etwas genauer verfolgt hat, weiß, welch' ungeheures Material sich durch Vermehrung der Beobachtungsstationen und Verbesserung der Instrumente für die Klimatologie aufgespeichert hat, wie notwendig daher ein Werk geworden, welches alle diese Resultate zu einem Ganzen vereinigt enthielte und wie um so erwünschter selbiges sein müsste, wenn es die zuerst von Dove mit Konsequenz durchgeführte und jetzt allgemeiner gewordene Anschauung, dass die meteorologischen Erscheinungen und klimatischen Verhältnisse auf die Luftströmungen zurückzuführen seien, als leitendes Prinzip an die Spitze stellt.

Ein solches Buch ist aber die Klimatologie von Lorenz und Rothe.

Georg Neumayer (1826-1909)[2]

Wie kam der Süddeutsche und Münchener Student dazu, erst Seemann, dann englischer Kolonialbeamter, dann Hydrograph der deutschen Admiralität und Leiter der Deutschen Seewarte zu werden?
Köppen

Am 25. Mai dieses Jahres ist der frühere Direktor der Deutschen Seewarte, Exzellenz Georg Balthasar von Neumayer, in seiner Heimat, der Rheinpfalz, gestorben, im Alter von fast 83 Jahren. Ein langes, überaus merkwürdiges und erfolgreiches Leben ist damit zu Ende gegangen. Neumayer war am 21. Juni 1826 zu Kirchheimbolanden geboren, besuchte das Lyzeum in Speyer und studierte darauf in München auf dem Polytechnikum und der Universität. Dann aber verwandelte sich, trotz des Abratens seiner Familie, der junge Gelehrte in einen Matrosen, der 1850 seine erste Seereise antrat; 1852 folgte die zweite, die ihn nach Australien führte. Dazwischen hatte er in Hamburg sein Schifferexamen gemacht und an den Navigationsschulen zu Hamburg und Triest Unterricht erteilt. Es ist charakteristisch für Neumayer, dass er Unterricht dieser Art einer Anzahl deutscher Seeleute sogar auf den australischen Goldfeldern erteilte, wohin er sich nach Entlassung aus dem Schiffsdienst auf kurze Zeit gewandt hatte. Er wollte ihnen damit die Rückkehr in ihren Beruf erleichtern.

Im Jahre 1854 [Hellmanns Geburtsjahr] kehrte Neumayer nach Europa zurück, mit dem Entschluss, sich die Mittel zu verschaffen zur Gründung eines Observatoriums in Melbourne. Dieses sollte einerseits die magnetischen Beobachtungen des nach neunjähriger Tätigkeit eingegangenen Observatoriums zu Hobarten fortsetzen, andererseits die nautische Meteorologie nach dem Vorbilde Maurys [1806-1873] pflegen und endlich einen Stützpunkt für die geophysikalische Erforschung der Antarktis abgeben. Durch das Interesse von Humboldt, Liebig, Airy, Faraday gefördert, gewann er die Unterstützung des Königs Maximilian I. von Bayern und konnte so im Herbst 1856 mit reicher

---

2 Nachruf von Wladimir Köppen. Bild aus dem Fotoarchiv der Meteorologischen Bibliothek des Deutschen Wetterdienstes.

wissenschaftlicher Ausstattung wieder nach Melbourne gehen.

Sieben Jahre hat er dort auf dem Gebiete des Erdmagnetismus, der Meteorologie, der Nautik und Geographie gewirkt als Leiter des erst privaten, dann kolonialen Observatoriums. Dann verließ er die errungene schöne Stellung, weil er sein Beobachtungsnetz in gutem Gang wusste und die Zeit für gekommen hielt, im Vaterlande selbst seinen vorgezeichneten Zielen nachzustreben. Am 26. Oktober 1864 betrat er wieder deutschen Boden; im Juli 1865 trug er der ersten deutschen Geographenversammlung in Frankfurt a. M. seine Pläne für die Gründung einer deutschen Zentralstelle für Hydrographie und maritime Meteorologie vor; damals wurde, und zwar von Otto Volger, der Name „Deutsche Seewarte" geprägt. Aber die Zeitumstände waren für eine solche Gründung noch nicht günstig, und so hatte Neumayer die Muße, 1866 bis 1868 in der Pfalz die Ergebnisse der australischen Beobachtungen auszuarbeiten und neuen Plänen zur Erforschung Australiens und der Antarktis nachzusinnen. Durch einen Vortrag auf der Innsbrucker Naturforscherversammlung 1869 kam er dabei zum zweitenmal in nähere Beziehungen zu Österreich, in dessen Marine ja der wissenschaftliche Geist schon längst sehr rege war, wie die Novara-Expedition beweist. Tegetthoff interessierte sich 1870 und 1871 warm für Neumayers antarktische Pläne, sodass dieser eine Weile daran denken konnte, selbst eine solche Expedition führen zu können. Der Tod Tegetthoffs und die politische Lage zerstörten diese Aussichten, und die antarktische Frage kam für die nächsten Jahrzehnte fast völlig zum Stillstand.

Dagegen fanden bald Neumayers übrige Pläne einen höchst fruchtbaren Boden in dem neuerstandenen Deutschen Reich; bildeten doch Seeverkehr und Seegewalt, wie in den Träumen von 1848, so jetzt in der machtvollen Wirklichkeit naturgemäß eine Aufgabe und ein Attribut des Reiches, der nationalen Einheit. Gebend und empfangend sollte mit ihnen auch die Wissenschaft vom Meere, von den Seewegen, von Sturm und Wetter vorwärts schreiten.

Diese Zeit des Neuschaffens bot dem ausgesprochenen organisatorischen Talent Neumayers das richtige Fahrwasser. Denn er gehörte weniger zu jenen Gelehrten, die in der Stille der Studierstube Gesetze finden oder im Laboratorium durch Experiment und Beobachtung neue Tatsachen suchen, als zu denen, die nach großen Gesichtspunkten die wissenschaftliche Arbeit organisieren und durch ihre Schöpfungen sich einen dauernden Platz in der Geschichte der Wissenschaft sichern.

Im Juni 1871 verfasste Neumayer gemeinsam mit W. v. Freeden, der inzwischen 1868 die „Norddeutsche Seewarte" ins Leben gerufen hatte, den Plan für die Errichtung einer Reichs-Seewarte; knüpfte doch auch der erste Jahresbericht der Norddeutschen Seewarte (1868) unmittelbar im Eingang an den oben erwähnten Vortrag Neumayers von 1865 an. Einige Monate später erregte ein Vortrag Neumayers in der Berliner Gesellschaft für Erdkunde über den Magnetismus auf eisernen Schiffen am 3. Februar 1872 die Aufmerksamkeit von Stosch, und schon am 1. Juli 1872 wurde bei der Gründung eines hydrographischen Bureaus bei der Kaiserlichen Admiralität Neumayer in dieses berufen. Das große Vertrauen, das General von Stosch sehr bald zu Neumayer fasste, und die für eine Militärbehörde ungewöhnlich freie Bahn, die er ihm ließ, rechtfertigte dieser durch unermüdliche, äußerst vielseitige organisatorische Tätigkeit während der folgenden Jahre.

In rascher Folge entstanden nach der Berufung des Dr. Neumayers[3] in die Admiralität 1873 die Gründung der „Hydrographischen Mitteilungen", die sich bald in „Annalen der Hydrographie und maritimen Meteorologie" verwandelten, sowie diejenige des Observatoriums in Wilhelmshaven, 1874 bis 1875 die wissenschaftliche Weltreise S. M. S. „Gazelle", die Ausarbeitung ausführlicher Instruktionen für mehrere kleinere wissenschaftliche Unternehmungen der jungen deutschen Marine, sowie verschiedene Maßnahmen zur Hebung des deutschen Instrumentenbaues - unter anderem die Gründung der „Aktiengesellschaft vorm. J. G. Greiner jun. u. Geissler" (später R. Fuess) - und endlich im Januar 1875 die Gründung der Deutschen Seewarte durch Übernahme und völlige Umgestaltung des Freedenschen Instituts.

Dieser Umgestaltung lag ein Plan zugrunde, der demjenigen von Neumayers „Flagstaff-Observatorium in Melbourne" ähnlich war: mit maritimer Meteorologie wurde Landmeteorologie, insbesondere die Verfolgung des Wetters, ferner Erdmagnetismus in Verbindung mit der Kompassfrage und der Prüfung der in der Navigation gebrauchten wissenschaftlichen Instrumente verbunden. Diesen drei Richtungen entsprachen die ursprünglichen drei Abteilungen der Seewarte.

Wie lagen nun die Dinge in Deutschland auf diesen drei Gebieten damals?

Die meteorologische Arbeit auf den Meeren befand sich durch energische siebenjährige Organisationsarbeit von W. v. Freeden in gutem Gange; es galt nur, sie fortzuführen und die Ergebnisse des durch die Beobachtungen der deutschen Seeleute zusammenströmenden Materials in einer mit den Anforderungen der Zeit fortschreitenden Weise zu bearbeiten. Es gelang nach einigen Schwierigkeiten in der Übergangszeit, sdas Vertrauen und den Eifer des deutschen Seemannsstandes in dem Maße zu

---

3 So hieß er damals noch; der „Professor", „Admiralitätsrat", „Geheimer Admiralitätsrat" usw. folgten dann rasch, 1902 und 1903 schließlich der „Wirkliche Geheime Rat", die „Exzellenz" und der bayerische Adel. [Köppens Fußnote, leicht angepasst.]

wecken, dass die völlig freiwillige Beobachtungsarbeit in der deutschen Handelsmarine nach einigen Jahren schon größer wurde als in der mehrmals zahlreicheren englischen.

Viel ungünstiger war die Lage in der Instrumententechnik. ...

Nicht minder schlimm, wenn auch anders, lag die Sache auf dem Gebiete der Landmeteorologie und der Wettertelegraphie. Hier war Deutschland um 20 Jahre hinter den Nachbarländern zurückgeblieben; denn von der neuen Richtung, der synoptischen Meteorologie, wollte der alternde Dove nichts wissen. Neumayer brauchte, um seiner Überzeugung von der Notwendigkeit ihrer Einführung auch in Deutschland Geltung zu verschaffen, der wissenschaftlichen Unterstützung; aber nur an den kleinen meteorologischen Anstalten von Sachsen, Württemberg und Baden konnte er solche finden; mit Bruhns, Schoder und Sohncke führte er daher 1873 und 1874 eifrige Verhandlungen, beispielsweise bei Gelegenheit des Wiener Kongresses, von dem meine erste flüchtige Bekanntschaft mit Neumayer stammt. Obwohl auch er natürlich ursprünglich auf dem Boden Doves stand, war er von der Notwendigkeit der Reform so überzeugt, dass er 1 ½ Jahre später bei der Organisation der Seewarte die Berufung eines jungen Fachmannes aus dem Auslande durchsetzte. An den beiden größten deutschen Staaten hatte er zunächst keine Stütze, denn in Bayern wurde eine meteorologische Organisation erst 1879 geschaffen; in Elsass-Lothringen noch später, beide wesentlich auf das Betreiben von Neumayer.

Auf demselben Kongresse gelang es Neumayer auch, das für diese Umwälzung notwendige Lehrbuch auf moderner Grundlage für Deutschland zu gewinnen, indem er Mohn zu einer deutschen Bearbeitung seines Werkes „Om Vind og Vejr" veranlasste[4]. Das Erscheinen dieses Buches im Herbst 1874 erleichterte der Seewarte die Einführung der neuen Gesichtspunkte in das deutsche Publikum sehr wesentlich. Es war eine schwierige, aber interessante Arbeit zu leisten, mit neuen Begriffen, neuen Methoden – synoptische Karten waren ja in Deutschland noch unbekannt – und sogar neuen Maßen (°C und mm).

Nicht ohne Bedauern vertauschte Neumayer im Januar 1876 seine einflussreiche Berliner Stellung als Reichshydrograph mit derjenigen eines Direktors der Seewarte in Hamburg, nachdem verschiedene Versuche von ihm, einen anderen geeigneten Leiter für die neue Anstalt zu finden, fehlgeschlagen waren. Seine organisatorische Aufgabe in der neu erstehenden deutschen Kriegsmarine, die ihm, dem Zivilisten, die eigenartige Stellung in der militärischen Behörde verschafft hatte, war in den großen Zügen gelöst; es galt nunmehr den Ausbau der letzten und größten seiner Schöpfungen. An der schwierigen Arbeit der Ingangsetzung des neuen Instituts während des Jahres 1875 hatte er sich, durch seinen Dienst in Berlin zurückgehalten, bisher nur mit allgemeinen Direktiven beteiligen können. Das wurde nun anders. Seine überaus vielseitige Erfahrung und sein sicheres Urteil erleichterten den weiteren Ausbau der Anstalt ungemein, und seine alten Beziehungen zu vielen hervorragenden Hamburgern ließen sie auch am Orte selbst tiefere Wurzeln schlagen.

Im Laufe der folgenden Jahre sind die Aufgaben der Seewarte und das zu ihrer Bewältigung nötige Personal ständig gewachsen, trotzdem bei manchen Aufgaben, für die sie nur zeitweise in die Lücke gesprungen war, Entlastung eintrat, nachdem dafür andere Organisationen entstanden waren. Auch auf diesen Gebieten – z. B. der Förderung der meteorologischen Arbeit im Innern Deutschlands, der Prüfung ärztlicher Thermometer, der Küstenbeschreibung – hat die Seewarte der Entwickelung dieser Dinge in Deutschland gute Dienste geleistet.

Der 14. September 1881, an dem die feierliche Einweihung des eigenen Gebäudes der Seewarte durch Kaiser Wilhelm I. stattfand, war ein Höhepunkt in Neumayers Leben. In jene Jahre fallen auch die Arbeiten der Internationalen Polarkommission, die im Oktober 1879 in Hamburg ihre erste Sitzung unter Neumayers Vorsitz abgehalten hatte und zu der bekannten Polarkampagne von 1882/1883 führte. Einen weiteren Erfolg seiner lebenslangen Bemühungen um das polare, speziell das antarktische Problem erlebte Neumayer 1898, als sich mehrere Kulturvölker gleichzeitig rüsteten, Expeditionen nach hohen südlichen Breiten auszusenden, und er auf Aufforderung der Royal Society in einer festlichen Sitzung derselben seine Pläne vertrat, wie er sie so oft schon auf deutschen wissenschaftlichen Versammlungen vertreten hatte. So ging denn endlich 1901, nach einem Menschenalter, auch das zweite seiner am 24. Juli 1865 in Frankfurt vorgelegten Projekte, das einer Wiederaufnahme der Südpolarforschung, ebenfalls in Erfüllung.

Erst 1903, im Alter von 78 Jahren, trat Neumayer von der Leitung der Seewarte zurück und siedelte in seine alte Heimat, in die Pfalz, über. Seine bewundernswerte Rüstigkeit und Frische blieb ihm auch hier noch treu, sodass er die endlich erlangte Muße zum Abschluss einiger großer Arbeiten benutzen konnte. So erschienen die Ergebnisse seiner Pendelbeobachtungen von Melbourne in den Abhandlungen der Münchener Akademie und die seiner erdmagnetischen Vermessung der Rheinpfalz aus dem Jahre 1855/1856 in der „Pollichia" 1905. Besonders viel Arbeit machte ihm die 1906 erfolgte Herausgabe der dritten Auflage seines berühmten

---

[4] Cecilio Pujazón y García (1833-1891), Direktor des Astronomischen Observatoriums in San Fernando und Marineoffizier, hat dieses Buch für Seeleute ins Spanische übersetzt, wie er 1878 Hellmann schrieb (vgl. Kapitel 2).

Sammelwerks „Anleitung zu wissenschaftlichen Beobachtungen auf Reisen", namentlich durch den Tod einer Reihe von Mitarbeitern. Dennoch feierte er am 21. Juni 1906 seinen 80. Geburtstag in Neustadt a. d. H. in unverwüstlicher Frische, stehend erwiderte er die Ansprachen der unzähligen Abordnungen, alle einzeln und jede auf besondere Weise. Dabei zeigte sich besonders seine Beliebtheit in der engeren Heimat. Freilich in den folgenden drei Jahren sind auch ihm die Beschwerden – und auch die Vereinsamung – des Alters nicht erspart geblieben, und als im letzten Winter sich zu eigenen körperlichen Leiden Krankheit und Tod seiner Schwester gesellten, durch die er, der Junggeselle, eine freundliche Häuslichkeit genoss, da war es auch mit seiner zähen Widerstandskraft zu Ende. Am 17. Mai empfing er mich noch, als ich ihn auf der Durchreise durch Neustadt besuchte, sehr herzlich, aber in großer Schwäche, und eine Woche darauf wurde er durch einen sanften Tod erlöst.

Das Bild Neumayers würde allzu unvollständig sein, wenn wir eines hervorragenden Zuges nicht gedächten: seiner außergewöhnlichen Liebenswürdigkeit und herzlichen Höflichkeit, sowie seiner steten Bereitschaff zu helfen und zu fördern. Wie viele hat er zu Dank verpflichtet! Dass er auch, wie jeder Mensch, die Fehler seiner Vorzüge, in diesem Falle die seines lebhaften, beweglichen Wesens und seines berechtigten Selbstbewusstseins, hatte, das ist so selbstverständlich, dass sich kein Einsichtiger darüber aufhalten wird.

Fragen wir uns: wie kam der Süddeutsche und Münchener Student dazu, erst Seemann, dann englischer Kolonialbeamter, dann Hydrograph der deutschen Admiralität und Leiter der Deutschen Seewarte zu werden? so kann es zunächst scheinen, dass der Zufall diese ungewöhnlichen Wege bestimmt habe. Allein wenn wir genauer zuschauen, so finden wir, dass dieses Leben ungewöhnlich bewusst aufgebaut ist und einem Ziele zugestrebt hat. Aus seinem ganzen Leben, aus seinen Schriften und seinen Vorträgen erkennt man es, dass Deutschland, die Wissenschaft und die Seefahrt die drei Leitsterne waren, denen er von seiner Jugend an gefolgt ist. Das brausende Jahr 1848 hatte ihn mit nationaler Begeisterung erfüllt. Die Schriften des Nationalökonomen Friedr. List hatten dieser Begeisterung die Richtung auf Seeverkehr und Seemacht gegeben; die bahnbrechenden Arbeiten von Maury auf dem Gebiete der maritimen Meteorologie, sowie jene von Gauß und Lamont auf dem des Erdmagnetismus hatten in dem jungen Physiker die Überzeugung wachgerufen, dass dies die Gebiete seien, auf denen er befähigt war mitzuwirken, dass der deutschen Schifffahrt und der deutschen Wissenschaft, besonders durch Arbeiten auf der noch wenig erforschten südlichen Halbkugel, eine ebenbürtige Stellung neben der englischen und amerikanischen erobert werde. Eine deutsche Kriegsmarine gab es nicht mehr, deutsche Kolonien noch weniger, so wurde er denn auf dem Wege zu seinem Ziele erst Matrose, dann Forschungsreisender, dann englischer Kolonialbeamter, ohne doch sein Ziel, eine deutsche Meereskunde und Nautik zu schaffen, aus den Augen zu verlieren; und so war er denn vorbereitet, in dem neuerstandenen Reiche die rege organisatorische Tätigkeit zu entwickeln, zu der ihn seine Begabung befähigte und drängte. Den Zusammenhang hat er selbst in seinem Vortrage im Deutschen Verein in Melbourne 1861 mit folgenden Worten ausgesprochen: „Wir müssen uns ein Recht erwerben, in den Reihen der seefahrenden Nationen erscheinen zu können, und dieses Recht kann nur erworben werden durch das Verdienst um die Ausbreitung nautischer Kenntnisse. Wir sehen Portugiesen und Spanier, Holländer und Engländer, Franzosen und Russen und in neuerer Zeit Amerikaner sich ihre maritime Bedeutung anbahnen und erringen durch Leistungen auf dem Gebiete der Hydrographie und Geographie. Durch Erweiterung nautischer Kenntnisse, durch Entdeckungsreisen wurden zunächst größere Erfolge möglich gemacht und zum anderen der maritime Geist in der Nation geweckt und gebildet."

So ist denn Neumayer das seltene Glück eines trotz all seiner reichen Mannigfaltigkeit als einheitliches Kunstwerk aufgebauten großen Lebens zuteil geworden, dessen Spur fortbestehen wird.

Wilhelm von Bezold (1837-1907)[5]

Während er sich in der Physik, durch äußere Verhältnisse gezwungen, in ziemlich engen Kreisen bewegte, konnte er sich in der Meteorologie frei entfalten. Hier hat er nicht nur den Namen „Physik des Luftmeeres", sondern diese Wissenschaft selbst zum größten Teile geschaffen.

Süring

---

[5] Nachruf von Reinhard Süring in der *Naturwissenschaftlichen Rundschau*. Das Bild ist dem Tätigkeitsbericht für 1907 als Frontispiz beigefügt. Es ist nach einer Photographie aus dem Ende des 19. Jahrhunderts von Oskar von Bezold Hellmann zur Verfügung gestellt worden. Reinhard Süring (1866-1950) werden wir öfter als Referent oder Verfasser von Nachrufen begegnen. Er war 12 Jahre jünger als Hellmann, hatte bei Bezold promoviert und war im Preußischen Meteorologischen Institut ein wichtiger Vertreter der deutschen Meteorologie. Wegen seiner Rolle in Hellmanns Umkreis ist sein Nachruf in Anhang D einbezogen worden.

In Bezold ist ein Gelehrter mit ungemein vielseitigen Gaben, ein Mensch voll Herzensgüte und Gerechtigkeitsgefühl dahingegangen. Als klarer Denker, künstlerisch empfindender Beobachter und Meister in Wort und Schrift war er dazu berufen, an allen seinen Wirkungsstätten bald eine führende Rolle einzunehmen.

Von Bezold wurde am 21. Juni 1837 in München geboren. Ein Glücksstern schien über seiner Lebensbahn zu schweben. Aus hochangesehener, alter Patrizierfamilie stammend, in geistig regsamen und kunstsinnigen Kreisen aufgewachsen, entwickelte sich frühzeitig eine künstlerische Begabung, ein freier Blick für die Natur und eine ideale Lebensauffassung. Die Freude an der Kunst hat er zeitlebens behalten, auch skizzierte und aquarellierte er selbst gern in seinen Mußestunden, aber als Lebensaufgabe wählte er das ernste und mühsame Studium der exakten Naturforschung. In Göttingen, wo ihn besonders der Physiker Wilhelm Weber anzog, promovierte er 1860 mit einer Dissertation über die Theorie des Kondensators. Schon im nächsten Jahre habilitierte er sich an der Universität München als Privatdozent und wurde 1866 zum außerordentlichen Professor daselbst ernannt. 1868 erhielt er einen Ruf als ordentlicher Professor für technische Physik am Polytechnikum in München, und er hat hier bis 1885 gewirkt. Die enge Fühlung mit der Technik hat Bezolds weiterem Entwickelungsgange ein charakteristisches Gepräge verliehen. Er verlor bei seinen Untersuchungen nie den praktischen Gesichtspunkt; er suchte auch in seinen theoretischen Arbeiten stets mit einem möglichst einfachen Formelapparat auszukommen und erläuterte seine Formeln und Überlegungen so viel wie angängig durch graphische Darstellungen.

Die ersten zehn Jahre seiner Wirksamkeit am Polytechnikum waren ganz der stillen Gelehrtenarbeit gewidmet, und eine lange Reihe von Veröffentlichungen legen Zeugnis von seinem Fleiß ab. Aber äußere Verhältnisse drängten ihn allmählich in andere Bahnen. Durch Schule und Neigung auf die eigentliche Experimentalphysik hingewiesen, konnte er doch diese Richtung nicht mit aller Kraft und Hingebung verfolgen, da ihm weder ein eigenes Laboratorium, noch ein eigener Assistent zur Verfügung standen. Der Umstand, dass sich gewisse meteorologische Untersuchungen ohne jegliche instrumentelle Hilfsmittel oder sonstige Unterstützung einfach am Schreibtisch ausführen ließen, veranlasste ihn, derartige Fragen aufzunehmen. So entstanden die ersten Untersuchungen über gesetzmäßige Schwankungen der Gewittertätigkeit und über die Zunahme der Blitzgefahr, welche Bezolds Namen als Meteorologe schnell bekannt machten.

Im Jahre 1875 wurde von Bezold Mitglied der königl. bayerischen Akademie der Wissenschaften, und 1878 übernahm er die Leitung der königl. bayerischen meteorologischen Zentralstation. Die akademische Lehrtätigkeit und die ruhige Forschung mussten jetzt gegen die Direktorialgeschäfte zurücktreten, aber das eminente Organisationstalent konnte sich nun frei entfalten. In wenigen Jahren hatte er die Münchener Zentralanstalt zu einem Musterinstitut ausgebildet. Besonders verdient der dort 1881 eingerichtete Wetterdienst hervorgehoben zu werden, welcher zufolge seiner sachgemäßen und von aufdringlicher Reklame freien Durchführung viel Anklang gefunden und Nutzen gestiftet hat. Einen wie großen Ruf sich von Bezold als Meteorologe erworben hatte, beweist der Umstand, dass er 1885 als Nachfolger Doves zur Reorganisation und Leitung des preußischen Meteorologischen Instituts und zur Übernahme der ersten deutschen ordentlichen Professur für Meteorologie nach Berlin berufen wurde. Nicht ohne Zögern entschloss er sich, die Wirksamkeit in seiner Heimatstadt gegen neue und sehr umfangreiche Aufgaben in Berlin zu vertauschen, und mitbestimmend für seine schließliche Entscheidung dürfte der Wunsch gewesen sein, in persönlichen Gedankenaustausch mit den physikalischen Koryphäen von Helmholtz, Kirchhoff, du Bois-Reymond zu treten.

In Berlin hatte von Bezold eine ausgedehnte Verwaltungstätigkeit zu entfalten. Die Reorganisation des preußischen Stationsnetzes, die Erweiterung des Instituts, der Bau des magnetischen und des meteorologischen Observatoriums bei Potsdam, sowie der Höhen-Observatorien auf dem Brocken und der Schneekoppe brachten immer neue Arbeiten, bei denen er seine physikalischen und technischen Kenntnisse ausgiebig verwerten konnte. Daneben aber häuften sich Ehrenämter und Nebenbeschäftigungen. Gleich nach seiner Übersiedelung nach Berlin wurde er zum Mitglied der preußischen Akademie der Wissenschaften und bald darauf zum Mitglied des Kuratoriums der Physikalisch-technischen Reichsanstalt ernannt. In zahlreichen Kommissionen wirkte er mit; so in dem staatlich eingesetzten Ausschuss zur Verhütung von Hochwassern, in dem vom Elektrotechnischen Verein gebildeten Unterausschuss für Untersuchungen über Blitzgefahr. Die Deutsche Meteorologische Gesellschaft hat er seit 1892 als erster Vorsitzender geleitet und das Präsidium der Physikalischen Gesellschaft hat er 1894 in kritischer Zeit – als kurz nach einander H. Hertz, Kundt und von Helmholtz starben – übernommen und drei Jahre lang mit bemerkenswertem Geschick und Erfolg geführt. Aber die treueste Erinnerung- und die uneingeschränkteste Hochachtung für die Leistungen von Bezolds werden wahrscheinlich diejenigen haben, welche seinen Anteil an der Entwickelung der wissenschaftlichen Aeronautik kennen. Durch seine theoretischen Studien auf die Bedeutung der Höhenforschung hingewiesen, suchte er – den von Assmann gebahnten Pfaden folgend – Fühlung mit der Militär-Luftschifferabteilung und mit dem Verein für Luftschifffahrt und trug neue Anregung in diese Kreise. Wer sich davon überzeugen will, mit welch klarem, weitausschauendem Blick von Bezold die Aufgaben der wissenschaftlichen Aeronautik und deren Behandlungsweise erkannte, der lese den auch stilistisch meisterhaften Vortrag, welchen er 1888 gelegentlich der 100. Sitzung des Berliner Vereins zur Förderung der Luftschifffahrt gehalten hat (...). Später war es dann nicht nur sein weitreichender Einfluss, sondern vor allem die tätige Mitwirkung durch eigene Forschungen, welche die wissenschaftliche Aeronautik so emporblühen ließen. Das preußische Meteorologische Institut war auch die erste staatliche Anstalt, welche ein eigenes aeronautisches Observatorium errichtete.

Entsprechend der vielseitigen und erfolgreichen Wirksamkeit hat es von Bezold nicht an Ehrenbezeugungen gefehlt, und er machte kein Hehl daraus, dass er darüber erfreut war. Zahlreiche Akademien und gelehrte Gesellschaften ernannten ihn zum Ehrenmitgliede; Rangerhöhungen und Ordensauszeichnungen wiederholten sich in kurzen Zwischenräumen. Se. Maj. der Kaiser selbst interessierte sich lebhaft für die klare, temperamentvolle und liebenswürdige Persönlichkeit von Bezolds, forderte ihn zu Berichten über meteorologische Fragen auf und zog ihn wiederholt zur Tafel, wobei dann die Meteorologie oder die Luftschifffahrt oft längere Zeit das Gesprächsthema bildete.

Obgleich von zierlichem Körperbau, war die Gesundheit von Bezolds im allgemeinen vortrefflich, und erst in den letzten zwei Jahren wurde seine Umgebung durch den raschen Verfall der Kräfte beunruhigt. Ihn selbst betrübte am meisten die Schwächung seines Augenlichts, da er dadurch an der Durchführung seiner Arbeiten stark gehindert wurde. Dazu kamen Aufregungen über unerquickliche Verhandlungen bei Gelegenheit der Einrichtung des landwirtschaftlichen Wetterdienstes, wobei er die Art und Weise, wie seine wohldurchdachten und auf reicher Erfahrung beruhenden Ratschläge missachtet wurden, als persönliche Kränkung empfand. Mit einer geradezu erstaunlichen Ausdauer hielt er noch bis Weihnachten seine Vorlesungen ab, obgleich er sie wegen vollständiger Ermattung einige Male vorzeitig abbrechen musste. Anfang dieses Jahres verschlimmerte sich sein Zustand schnell, aber er wurde bald von seinen Leiden erlöst.

Von Bezold fühlte sich stets in erster Linie als Hochschullehrer und hatte zweifellos hierfür eine besondere Veranlagung. Auch bei der Behandlung schwieriger Fragen verstand er es, das Wesentliche mit großer Klarheit und rhetorischer Geschicklichkeit hervorzuheben, so dass es unmittelbar im Gedächtnis des Zuhörers haften blieb. Reichhaltiges Anschauungsmaterial, größtenteils nach eigenen Angaben entworfen, unterstützte den Vortrag. Die Gabe, sich leicht verständlich zu machen, kommt auch in seinen populär wissenschaftlichen Aufsätzen zum Ausdruck, die er teils in Westermanns Monatsheften, später vorwiegend in der Zeitschrift Himmel und Erde *veröffentlichte.*

Als Gelehrter betonte von Bezold am liebsten seine physikalische Schulung und seine physikalische Forschungsmethode. Auch die Meteorologie betrieb er – wenigstens in Berlin – als „Physik des Luftmeeres". In den ersten Jahren seiner akademischen Laufbahn behandelte er meist elektrische Fragen, so das Wesen und die Theorie des Kondensators, die elektrische Entladung und deren Nachweis durch Lichtenbergsche Figuren. Die Nutzbarmachung der Lichtenbergschen Figuren hat ihn jahrelang beschäftigt; da er, wie schon erwähnt, über sehr geringe Hilfsmittel verfügte, war er genötigt, mit besonderen Vorsichtsmaßregeln und Kunstgriffen zu arbeiten und die Versuche immer wieder etwas abzuändern, um Einwände gegen seine Methode zu entkräften. Aber diese Wiederholung und Vertiefung trug gerade hier schöne Früchte, denn es ist das unbestreitbare Verdienst von Bezolds, dass er zuerst elektrische Wellen beobachtet und beschrieben hat. Um zu zeigen, wie sehr sich von Bezold schon den modernen Anschauungen näherte, möge nur einer der Schlusssätze aus seinen „Untersuchungen über die elektrische Entladung" (...) angeführt werden. „Sendet man einen elektrischen Wellenzug in einen am Ende isolierten Draht, so wird derselbe am Ende reflektiert, und Erscheinungen, welche diesen Vorgang bei alternierender Entladung begleiten, scheinen ihren Ursprung der Interferenz der ankommenden und reflektierten Wellen zu verdanken." Die Arbeit ist anfangs wenig beachtet worden, und erst Heinrich Hertz hat ihre Bedeutung in das richtige Licht gesetzt. Von anderen hierher gehörigen Arbeiten seien nur noch die „Versuche über die Brechung von Strom- und Kraftlinien an der Grenze verschiedener Mittel" (...) genannt. Die Ähnlichkeit der Lichtenbergschen Figuren mit den Formänderungen gefärbter Flüssigkeitstropfen in Wasser veranlassten von Bezold, mittels solcher „Kohäsionsfiguren" stationäre Strömungen sichtbar zu machen. Später wurden diese Versuche auf rotierende Flüssigkeiten ausgedehnt (...); die beab-

sichtigten, meteorologischen Schlussfolgerungen aus diesem „Sturm im Glase Wasser" sind leider infolge anderer Arbeiten unterblieben.

Unter den rein physikalischen Arbeiten sind auch die optischen Studien zu erwähnen. Am meisten wurde von Bezold durch die physiologische Optik gefesselt; daneben interessierte ihn auch die Optik von künstlerischem Gesichtspunkte, und so entstand sein Buch „Farbenlehre im Hinblick auf Kunst und Kunstgewerbe" (...). Auch seine erste meteorologische Arbeit „Beobachtungen über die Dämmerung" (...) entsprang wohl diesen künstlerisch-physikalischen Neigungen.

Den Übergang zu den anderen meteorologischen Arbeiten bilden die Untersuchungen über die Blitzgefahr. Angeregt durch Gespräche über den Blitzschutz von Gebäuden, studierte von Bezold die Akten der staatlichen Feuerversicherungen und bearbeitete die darin enthaltene Blitzstatistik unter meteorologischem Gesichtspunkte. Die erste Arbeit erschien 1869 unter dem Titel „Ein Beitrag zur Gewitterkunde" (...). Von den vielen darauf folgenden Untersuchungen verdient namentlich diejenige „über gesetzmäßige Schwankungen in der Häufigkeit der Gewitter während langjähriger Zeiträume" (...) Erwähnung, da hier die Beziehungen zwischen Gewittern und Sonnenflecken nachgewiesen sind. Ferner enthalten die ersten Jahrgänge der Ergebnisse der bayerischen Meteorologischen Zentralstation in jedem Bande wichtige Beiträge von Bezolds über das Verhalten der Gewitter in Bayern, wobei sich die von ihm eingeführte Darstellung durch Isobronten (Linien gleicher Zeiten des ersten Donners) als sehr zweckmäßig erwies.

Die Gewitterstudien führten von Bezold immer mehr dazu, den thermodynamischen Vorgängen bei der Gewitterbildung erhöhte Bedeutung zuzuwenden, und zunächst einmal die einfachsten Vorgänge bei auf- und absteigenden Luftströmen zu studieren. So entstanden – von Bezold war inzwischen nach Berlin übergesiedelt – die bahnbrechenden Arbeiten „Zur Thermodynamik der Atmosphäre" (fünf Mitteilungen, erschienen in den Sitzungsber. der Berliner Akademie 1888, 1889, 1890, 1892, 1900). Als besonders fruchtbar erwiesen sich hier die Behandlung der Wolken- und Niederschlagsbildung, wobei sich auch die ausgeschiedenen Wassermengen graphisch näherungsweise ableiten ließen, sowie die Studien über labiles Gleichgewicht, Überkaltung [Unterkühlung] und Übersättigung. Vor allem war es aber nun auch leichter möglich, die Ergebnisse von Ballonfahrten thermodynamisch zu untersuchen. In verschiedenen seiner Arbeiten sind diesbezügliche Probleme kurz behandelt, die Wichtigste und teilweise auch zusammenfassende Veröffentlichung dieser Art sind die „Theoretischen Betrachtungen über die Ergebnisse der wissenschaftlichen Luftfahrten", welche in dem von Aßmann und Berson herausgegebenen Werk „Wissenschaftliche Luftfahrten" enthalten, aber auch besonders erschienen sind (...). Indem „hier die Verteilung der meteorologischen Elemente in der Vertikalen unter den verschiedensten Gesichtspunkten beleuchtet wird, gibt sie einen vortrefflichen Einblick in den Wärmehaushalt der Atmosphäre und ergänzt damit namentlich seine ältere Arbeit aus dem Jahre 1892 „Der Wärmeaustausch an der Erdoberfläche und in der Atmosphäre". – Von anderen meteorologischen Arbeiten, die sich gewissermaßen zwanglos in den logischen Entwickelungsgang der Bezoldschen Studien einschieben, können hier nur einige Titel genannt werden: „über die Kälterückfälle im Mai" (1883); „Zur Theorie der Zyklonen" (1890); „über die Verarbeitung der bei Ballonfahrten gewonnenen Feuchtigkeitsbeobachtungen" (1894); „über klimatologische Mittelwerte für ganze Breitenkreise" (1901); „über Strahlungsnormalen und Mittellinien der Temperatur" (1906).

Fast ebenso lange, wie von Bezold sich meteorologischen Studien widmete, beschäftigte ihn die Frage nach dem Zusammenhange der Vorgänge auf der Sonne mit meteorologischen und magnetischen Vorgängen auf der Erde. Mit Vorliebe diskutierte er hierüber; aus Gesprächen mit ihm war zu entnehmen, dass er Veröffentlichungen hierüber beabsichtigte und mancherlei Pläne auch schon ziemlich fertig im Kopfe hatte. In seinen Abhandlungen findet man nur ganz gelegentlich Hinweise auf dieses Problem, z. B. bei Hervorhebung der in den Gebieten größter Einstrahlung zwischen 35 und 40° Breite herrschenden meteorologischen und magnetischen Verhältnisse. Am ausführlichsten, aber auch nur andeutungsweise, sprach er sich hierüber in der Eröffnungsrede bei der 10. Tagung der Deutschen meteorologischen Gesellschaft in Berlin 1904 aus. Es ist sehr zu bedauern, dass uns die Vorstellungen, welche er sich über diese Fragen gebildet hatte, nicht vollständig überliefert sind.

Kosmische Betrachtungen dieser Art mögen auch mitbestimmend gewesen sein, dass sich von Bezold in den letzten 15 Jahren so sehr für erdmagnetische Probleme interessierte und selbst einige wichtige Veröffentlichungen hierüber anfertigte. Waren dieselben auch vorwiegend theoretischer Natur, so wirkten sie doch hauptsächlich durch die einfache Versinnlichung der Formeln und die übersichtliche Formulierung der Aufgabe anregend. Insbesondere erwies sich die Untersuchung der Frage, ob die die erdmagnetischen Erscheinungen hervorrufenden Kräfte in der Erdoberfläche selbst ein Potential haben, als fruchtbar. Die wichtigsten seiner erdmagnetischen Arbeiten, welche sämtlich in den Berliner Akademieberichten erschienen, sind: „Über Isanomalen des erdmagnetischen Potentials" (1893); „Der normale Erdmagnetismus" (1895); „Zur Theorie des Erdmagnetismus" (1897).

Die physikalischen Arbeiten von Bezolds sind meist zuerst in den Berichten der bayerischen, bzw. Berliner Akademie der Wissenschaften erschienen; sie sind jedoch sämtlich ohne nennenswerte Kürzungen in Poggendorffs, später Wiedemanns Annalen der Physik veröffentlicht, so dass das Studium dieser Zeitschrift vollständig genügt, um sich über von Bezolds physikalische Tätigkeit zu unterrichten. Sehr zerstreut sind die meteorologischen Schriften veröffentlicht, aber die streng wissenschaftlichen meteorologischen und erdmagnetischen Arbeiten sind glücklicherweise vor kurzem als „Gesammelte Abhandlungen" (...) erschienen. Es war dies seine letzte größere wissenschaftliche Leistung.

Überblickt man das Lebenswerk von Bezolds, so erkennt man, dass sich seine Spuren deutlich in den Entwickelungsgang der modernen Naturwissenschaften eingeprägt haben. So wie er trotz seiner zierlichen Gestalt eine ungemein kräftige, große Handschrift schrieb, so hat er trotz seiner meist nur kurzen und in den Einzelheiten häufig wenig durchgeführten Arbeiten doch durch die darin entwickelten klaren und weit reichenden Gedanken und Anregungen gewirkt und andere Forscher in seinen Ideenkreis gezwungen. Während er sich in der Physik, durch äußere Verhältnisse gezwungen, in ziemlich engen Kreisen bewegte, konnte er sich in der Meteorologie frei entfalten. Hier hat er nicht nur den Namen „Physik des Luftmeeres", sondern diese Wissenschaft selbst zum größten Teile geschaffen. Mögen diese Verdienste unvergessen bleiben!

Julius Hann (1839-1921)[6]

Der bedeutendste und fruchtbarste Meteorologe, der je gelebt hat.
Hellmann

Praeceptor mundi in meteorologia
Schmauß

Er war das wissenschaftliche Gewissen nicht nur der österreichischen Meteorologenschule, sondern der internationalen meteorologischen Wissenschaft.
Exner

Am 1. Oktober ist Julius von Hann in Wien gestorben. Mit ihm ist der bekannteste Meteorologe und Klimatologe der Jetztzeit dahingegangen, und die Nachricht von seinem Tode wird die Fachgenossen auf der ganzen Erde mit Trauer erfüllt haben.

Was die Wissenschaft ihm schuldet, ist mit wenigen Worten nicht zu sagen. Hann war eine Welt für sich, man müsste ein Buch schreiben, um sie ganz zu erfassen[7]. In Ermangelung dessen wollen wir in dieser Zeitschrift, die ihm fast alles verdankt, was sie ist, wenigstens einen kurzen Blick auf dieses selten erfolgreiche und arbeitsfrohe Leben werfen, das nun seinen Abschluss gefunden hat.

Hanns Werke zwar brauchen dies nicht. Sie wirken fort, auch ohne dass man sie nennt, und Hann selbst sah trotz seiner 82 Jahre noch immer lieber in die Zukunft als in die Vergangenheit. Aber uns, seinen Schülern und Freunden, ist es ein Bedürfnis, sein Wesen und Wirken festzuhalten, ehe es die Hülle des Individuellen verlässt und sich in den Besitz der Menschheit auflöst.

Hann stammt aus Oberösterreich. ... In seiner Heimat, Schloss Haus bei Linz, und in Kremsmünster, wo er das Gymnasium besuchte, hat Hann schon frühzeitig dem Himmel seine Aufmerksamkeit zugewendet und auf großen und kleinen Spaziergängen seine Freude an den Vorgängen in der Wolkenregion gehabt.

Um Mittelschullehrer zu werden, ging Hann an die Universität nach Wien, studierte hier Physik und Geographie und, hat nach Ablegung seiner Prüfungen auch kurze Zeit, von 1865 bis 1868, an den Oberrealschulen in Wien und Linz gewirkt. Schon als Student begann er ernstlich, sich mit Meteorologie zu befassen, sodass ihm schon 1865 die Redaktion der österreichischen Zeitschrift für Meteorologie gemeinsam mit dem damaligen Direktor der Zentralanstalt für Meteorologie und Erdmagnetismus, Jelinek, übertragen wurde. Dieser berief ihn 1868 an sein Institut; im gleichen Jahre habilitierte sich Hann und erhielt 1873 den Lehrauftrag für Physikalische Geographie als außerordentlicher Professor der Wiener Universität. Nach Jelineks Abgang [Tod] wurde Hann 1877 ordentlicher Professor und Direktor der Zentralanstalt und behielt

---

6 Nachruf von Felix Exner. Das Bild zeigt Hann in jüngeren Jahren (Fotoarchiv der Meteorologischen Bibliothek des Deutschen Wetterdienstes).
7 Eine Biographie über diesen großen Meteorologen ist mir noch nicht untergekommen (d. Verf.).

diese Stellung, bis er 1897, um sich von den Direktionsgeschäften frei zu machen, die Zentralanstalt verließ und als Professor an die Universität Graz übersiedelte. Hier blieb er aber nur drei Jahre und kam dann zurück an die Wiener Universität, wo er noch zehn Jahre, bis 1910, als Professor tätig war. Seither hat er im Ruhestande hier gelebt, kam aber noch bis vor zwei Jahren täglich in die Zentralanstalt, an der er ein Arbeitszimmer hatte, die Meteorologische Zeitschrift *redigierte und wissenschaftlich tätig war.*

Die Akademie der Wissenschaften hat Hann schon 1873 zum korrespondierenden, dann 1877 zum wirklichen Mitgliede gewählt. Im Laufe seines langen Lebens ist Hann auch Mitglied sehr vieler ausländischer Akademien und gelehrter Gesellschaften geworden, hat mehrere goldene Medaillen seitens dieser erhalten und ist durch Orden und den erblichen Adel ausgezeichnet worden. Die österreichische Gesellschaft für Meteorologie hat Hann zu Ehren im Jahre 1898 eine „Hann-Medaille" gestiftet. Zu seinem 40jährigen Redaktionsjubiläum (1906) wurde der Meteorologischen Zeitschrift *ein eigener „Hann-Band" beigefügt und, wieder 13 Jahre später, haben Gelehrte des In- und Auslandes eine Geldsumme gewidmet, deren Ertrag zur Verleihung von „Hann-Preisen" seitens der Wiener Akademie der Wissenschaften bestimmt ist.*

Hanns Tätigkeit war nach Inhalt und Umfang gleich großartig. Seine wissenschaftlichen Abhandlungen und Mitteilungen sind noch nicht gezählt worden. Sie enthalten eine staunenswerte Fülle an neuen Gedanken, neuen Tatsachen und neuen Methoden. Hanns Bücher sind weltbekannt, seine Tätigkeit als Redakteur der Meteorologischen Zeitschrift *durch 55 Jahre liegt vor aller Augen. Neben dieser publizistischen Arbeit war Hann durch 42 Jahre Hochschullehrer, durch 29 Jahre teils Beamter, teils (20 Jahre lang) Direktor der Zentralanstalt für Meteorologie, durch 5 Jahre, 1893 bis zu seiner Übersiedlung nach Graz, Sekretär der Akademie der Wissenschaften.*

Welche segensreiche Tätigkeit Hann außer all dem noch dadurch entfaltet hat, dass er wissenschaftliche Anregungen und Ratschläge nach aller Welt hinausgab, dass er bei Neueinrichtungen von meteorologischen Dienstzweigen in außereuropäischen Ländern, wie Indien, mit seinen Erfahrungen und seinem scharfen Blick für das wesentliche mithalf, kann nur der beurteilen, der dies miterlebt hat.

Hann war Meteorologe und Klimatologe von Anfang an. Im ersten Jahrgang der österreichischen Zeitschrift für Meteorologie, *1866, findet sich schon sein erster Aufsatz über den Föhn, dem damals von der Wissenschaft noch seiner hohen Temperatur wegen die Sahara (Schweizer Schule) oder das tropische Amerika (Dove) als Ursprungsstätte zugeschrieben wurde. Hann wies darauf hin, dass Grönland gleichfalls einen Föhn habe und gab in kurzen Worten die richtige Erklärung der Wärme und Trockenheit des Föhns, die allerdings ein Jahr früher, ohne sein Wissen, schon von Helmholtz in einem populären Vortrage angegeben worden war. Die Jahre 1867 und 1868 brachten weitere Arbeiten Hanns über dieses Thema; sie und die abschließende Arbeit „über den Föhn in Bludenz" (1882) verurteilten endgültig die alten Theorien und setzten an ihre Stelle die durch ausführliche Beobachtungsresultate gestützte neue Erklärung, die in den nächsten Jahrzehnten die Dynamik und Thermodynamik der Atmosphäre aufs stärkste beeinflusst hat, da sie nicht nur auf erzwungenes Herabsteigen der Luft an Gebirgshängen, sondern auf jede Senkung von Luftmassen anwendbar ist.*

Die späteren überaus wichtigen Arbeiten Hanns über die warmen Barometermaxima stehen in engstem Zusammenhang mit dieser neuen Auffassung und haben unsere Begriffe von den Zyklonen und Antizyklonen in nachhaltigster Weise beeinflusst. Sie hatten das scheinbar paradoxe Ergebnis geliefert, dass die Barometermaxima in der Höhe unserer Alpengipfel und darunter warm sind. Hann hat jahrelang für diese Tatsache gekämpft, die im Widerspruch mit den herrschenden Theorien stand, ja fast, gegen den gesunden Menschenverstand zu verstoßen schien. Die letzten Jahrzehnte, die uns Kenntnis von der Temperaturkompensation in sehr hohen Luftschichten brachten, haben Hanns Ansichten schließlich glänzend bestätigt, sie haben seinem stets nur auf Tatsachen begründeten Forschungssystem Recht gegeben.

Die Thermodynamik in einer vertikalen Säule sowohl bei trockener wie auch feuchter Luft hat Hann früh auf die Wichtigkeit meteorologischer Beobachtungen in der Höhe hingewiesen. Zeitlebens hat er daher den Bergobservatorien sein besonderes Interesse zugewendet, nicht nur den österreichischen, sondern auch den ausländischen. Die Meteorologie der Alpengipfel ist hauptsächlich durch Hann begründet worden, der modernen Aerologie stand er stets wenn nicht skeptisch, doch ohne Begeisterung gegenüber, da die Kontinuität der Beobachtungen auf einem festen Bergobservatorium ihm viel nützlicher und wichtiger schien, als die durch große Zeiträume unterbrochene und mit vielen Unsicherheiten behaftete aerologische Beobachtung in größerer Höhe. Und trotzdem war es wieder Hann, der die erste umfassende Darstellung der Temperaturergebnisse aerologischer Aufstiege gegeben hat.

Die fortlaufende Registrierung der meteorologischen Elemente auf Berggipfeln hat den Verstorbenen jahrzehntelang beschäftigt. Die eine Frage aus der dynamischen Meteorologie, die ihn sein ganzes Leben lang nicht verließ, die Frage nach dem täglichen Gang des Luftdruckes, verlangte eine intensive Durcharbeitung der Registrierungen auf Bergen wie in der Niederung. Schon zu Beginn der achtziger Jahre hat Hann angefangen, den täglichen Gang des Luftdruckes, der Temperatur und des Windes mittels der harmonischen Analyse darzustellen. Im Laufe der Jahrzehnte konnte er für eine sehr große Zahl von Stationen auf der Erde die regelmäßige Verteilung der doppelten täglichen Barometerschwankung nachweisen, die sich als ein die Erde als Ganzes treffendes Phänomen von in der Meteorologie einzig dastehender Regelmäßigkeit zeigte. Von hervorragendem Wert für das Verständnis der wellenartigen Erscheinungen im Luftmeere waren seine Ableitungen der täglichen Winddrehung auf Berggipfeln, die auch zeigten, welche Feinheiten die meteorologischen Mittelwerte wiedergeben können.

Es ist bekannt, dass Hann neben der 12stündigen auch die 24stündige und schließlich die 8stündige Periode des Luftdruckes aufs eingehendste untersucht hat. Aber stets nannte er diese Arbeiten nur „Beiträge zu den Grundlagen für eine Theorie der Barometerschwankungen". Die Margulessche Theorie befriedigte ihn nicht ganz, wie sie ja übrigens auch Margules selbst nicht befriedigt hat, und sein physikalischer Sinn suchte immer wieder nach einer Ursache, die weniger formell war als die Annahme vom Mitschwingen mit einer aus der harmonischen Analyse sich ergebenden 12stündigen Temperaturperiode. Ich habe den Eindruck, dass diese Frage Hann stets unbefriedigt gelassen hat, wie kaum eine andere.

Im Zusammenhang mit der ganztägigen Druck- und Temperaturschwankung stehen die Berg- und Talwinde, denen Hann gleichfalls in ausgedehnter Weise seine Aufmerksamkeit zuwandte. Seine Erklärung dieser Erscheinungen durch Hebung der Flächen gleichen Druckes ist sehr bekannt und in alle Lehrbücher übergegangen. Sie hat viel Anregung zum näheren Studium der Luftströmungen im Gebirge gegeben.

Aber nicht nur diese relativ geringen Luftbewegungen hat Hann näher studiert; auch die großen zyklonalen Bewegungen, auch die allgemeine Zirkulation der Atmosphäre haben ihn lebhaft beschäftigt. Vor mehreren Jahrzehnten waren es besonders die indischen Wirbelstürme, für deren Entstehung er viele Beobachtungstatsachen beigebracht hat. Die Frage, die er seinerzeit mit den indischen Meteorologen diskutierte, ist auch heute noch nicht erledigt, aber Hanns Tatsachenmaterial und seine Theorie vom Zusammenströmen der Luftmassen aus einem großen Gebiete wird schließlich zu einer Lösung gewiss viel beitragen.

Von besonderer Bedeutung sind auch Hanns Untersuchungen über den „Pulsschlag der Atmosphäre", über die Anomalien der Witterung auf Island und den Azoren. Hier gelang es zum erstenmal, eine enge Beziehung zwischen Anomalien sehr entfernter Gebiete des Luftmeeres herzustellen, ein Fragenkomplex, der in der Zukunft die größte Bedeutung erlangen wird; denn von hier aus wird das Problem der Prognose auf längere Zeiträume in Angriff zu nehmen sein. Für Witterungsanomalien hatte Hann überhaupt ein besonderes Interesse, das durch sein glänzendes Gedächtnis ungemein unterstützt wurde. Monate besonderer Wärme, besonderen Regenfalles standen ihm jahrzehntelang vor Augen und ermöglichten es ihm, im Kopfe Vergleiche zu ziehen, für die ein anderer langatmige Tabellen benötigt.

Auch den Gewittererscheinungen schenkte Hann zeitlebens sein Augenmerk, sowohl den meteorologischen Ausgangssituationen als den mit Auge und Ohr wahrnehmbaren lokalen Erscheinungen, wie er denn auch ein leidenschaftlicher Gewitterbeobachter war und sich seine Sommerfrischen gern nach der Häufigkeit und Großartigkeit der Gewitter aussuchte.

Hand in Hand mit dem Studium der physikalischen Vorgänge in der Atmosphäre ging Hanns klimatologische Arbeit. Die langjährigen Mittelwerte lieferten ihm nicht nur die Kenntnis der durchschnittlichen klimatischen Verhältnisse im Sinne des Geographen, sondern auch die Grundlagen, aus denen der Physiker die Vorgänge der Bewegung und Veränderung im Luftmeere ableiten kann. In diesem Sinne ist die Klimatologie die notwendige Voraussetzung für die Meteorologie, und es wird kein Zufall sein, dass Hanns Lehrgebäude der Klimatologie fast 20 Jahre früher in seinen ersten Zügen fertig dastand als sein Lehrgebäude der Meteorologie.

Die ersten Arbeiten Hanns auf klimatologischem Gebiete knüpften an die Dovesche Schule an. Zahlreiche Aufsätze behandeln die Abhängigkeit der klimatischen Elemente von der Windrichtung, sowohl in der Niederung als auf Berggipfeln, spätere in ausgedehntem Maße die Abhängigkeit der Temperatur von der Seehöhe. Die winterliche und nächtliche Temperaturumkehr im Gebirge, namentlich in den Alpen, führte zu einer eingehenden Behandlung der Temperaturverhältnisse in den österreichischen Alpenländern. Von Hann wurde die Veränderlichkeit der Temperatur als klimatischer Faktor eingeführt und überhaupt in der Darstellung des Klimas durch eine begrenzte Zahl genau definierter Angaben nicht nur ein Fortschritt an Wissen erzielt, sondern ein Schema geschaffen, dem sich allmählich immer mehr Fachgenossen anschlossen. Dieses Tabellen-

schema gehört mit zu den wirkungsvollsten Leistungen Hanns auf klimatologischem Gebiete.

Aus seinem eigenen Vaterland behandelte Hann besonders die Regenverhältnisse von Österreich-Ungarn, die 100 jährigen Beobachtungen von Wien und das Klima von Niederösterreich, ein Werk, das als Muster für die Klimatographie der anderen Kronländer Altösterreichs gedient hat. Ein größeres Werk beschäftigt sich, mit der Verteilung des Luftdruckes in Mittel- und Südeuropa und enthält die wertvollsten Methoden für die Reduktion von längeren Beobachtungsreihen und Untersuchungen über die Veränderlichkeit der Luftdruckmittel und deren Perioden.

Weiter ausgreifend beschäftigte sich Hann besonders mit der Temperatur in der Tropenzone, ihrem jährlichen und täglichen Gang und mit besonderer Vorliebe mit dem Klima der Arktis und Antarktis; die auf Forschungsreisen dahin gesammelten Beobachtungen hat er stets begierig erwartet und durch übersichtliche Zusammenfassung des oft unzulänglich bearbeiteten Materials erst ein verständliches Bild dieser besonderen Klimate zustande gebracht. Die Grundlage zu seinen ungemein zahlreichen klimatologischen Untersuchungen hat sich Hann geschaffen, indem er durch 50 Jahre jedes meteorologische Jahrbuch oder Bulletin, jede Publikation, die Beobachtungen enthielt, durchsah und sogleich kurze Ergebnisse und Mittelwerte auszog, die er auf Zetteln notierte. Von dieser Detailarbeit findet sich ein großer Teil in der Meteorologischen Zeitschrift *abgedruckt, in Aufsätzen, kleinen Mitteilungen oder auch nur Klimatabellen. Sie bilden den Grundstock der von ihm geschaffenen speziellen Klimatologie.*

Was die allgemeine Klimatologie betrifft, so hat Hann sich zu Anfang mehrfach mit der Bedeutung des Waldes für das Klima befasst, die Verteilung des Wasserdampfes mit der Höhe festgestellt und durch die bekannte Formel ausgedrückt, die Bodentemperaturen vieler Orte studiert, die Methoden zur Reduktion von kürzeren Beobachtungsreihen auf längere entwickelt, die klimatischen Faktoren präzisiert und durch Teilung in solares Klima, in Land-, See - und Höhenklima das Schema einer theoretischen Klimatologie entwickelt. Aus dem ungeheuren, seinem Geiste gegenwärtigen Tatsachenmaterial hat er die allgemeine Klimatologie geschaffen, die heute den ersten Band seines Handbuches bildet und sich durch die physikalische Auffassung der mittleren Zustände der Atmosphäre auszeichnet.

Bei der Bearbeitung von Beobachtungen aus allen Ländern der Erde hat die wissenschaftliche Kritik eine große Rolle gespielt. Hierin war er ein unerreichter Meister. Die Erfahrungen, die Hann bei dieser Tätigkeit sammelte, sind staunenswert, seine Methoden der Bearbeitung nicht minder. Nur wer Gelegenheit hatte, Hann im täglichen Verkehr bei seiner Arbeit zu sehen, macht sich einen Begriff von dem immensen Wissen, von der Gegenwart so unglaublich vieler einzelner Tatsachen in diesem Kopfe. In methodischer Beziehung, bei der Beurteilung meteorologischer Einrichtungen (z. B. Beobachtungstermine), bei der Anlage von Tabellen war Hann unübertrefflich und hat ja auch stets als Vorbild gewirkt.

Zeitweise, namentlich in früheren Jahren, widmete sich Hann auch mehr geophysikalischen Problemen. Seine Arbeiten über Bodentemperaturen wurden schon erwähnt; auch mit dem Erdmagnetismus hat er sich befasst und über den täglichen und jährlichen Gang der Deklination und Inklination geschrieben.

Ein zusammenfassendes Werk, die Erde als Ganzes, ihre Atmosphäre und Hydrosphäre (...), behandelt die Geophysik in allen ihren Teilen, insbesondere auch die Ozeanographie, in klarer Weise mit ausgesucht schönen Beispielen und ist zum Teil aus seinen Vorlesungen hervorgegangen. Später, im Jahre 1883, entstand sein Handbuch der Klimatologie, zunächst einbändig, schließlich in dritter Auflage (1908) dreibändig und sehr erweitert. Es bildet die Grundlage der heutigen klimatologischen Kenntnisse und wird von keinem ähnlichen Werk auch nur angenähert erreicht. Der erste Band behandelt die allgemeine Klimalehre, die beiden letzten das spezielle Klima der einzelnen Länder der Erde. Dieser letztere Teil könnte, dem Thema nach, ermüdend sein; er ist es nicht, da Hann es verstand, die in Zahlen ausgedrückten Tatsachen durch ausgezeichnete Schilderungen zu beleben. Obwohl Hann Europa niemals verlassen hat, ist doch die Darstellung ganz ursprünglich; so sehr konnte er sich dank seiner Liebe zur Natur in ferne Länder hineindenken.

Das zweite große Werk, das Lehrbuch der Meteorologie, erschien in erster Auflage im Jahre 1901; gegenwärtig ist die vierte Auflage, unter R. Sürings Hand, in Vorbereitung. Dass dieses Lehrbuch in Wahrheit ein Handbuch ist, eine Fundgrube für jeden Forscher auf dem Gebiete, ist wohl allgemein bekannt. Die für ein normales Gehirn unübersehbar gewordenen Einzelheiten meteorologischer Beobachtungen und Forschungsergebnisse sind hier von Hann geordnet und systematisch vereinigt, eine Leistung, die den Fachgenossen der ganzen Welt fast täglich zugutekommt.

Von kleineren Einzeldarstellungen sei noch Hanns Meteorologie in der allgemeinen Physik von Müller-Pouillet genannt, ferner seine Einführung in die Meteorologie der Alpen in der vom deutschen und österreichischen Alpenverein herausgegebenen „Anleitung zu wissenschaftlichen Beobachtungen auf Alpenreisen". Für Berghaus' großen physikalischen Atlas bearbeitete Hann 1887 den „Atlas der Meteorologie", der lange Zeit die brauchbarsten meteorologischen Karten enthielt.

Was hier erwähnt wurde, kann natürlich Hanns publizistische Tätigkeit nicht erschöpfen. Seine Einzelarbeiten sind im wesentlichen in den Sitzungsberichten und Denkschriften der Akademie der Wissenschaften oder in der Meteorologischen Zeitschrift erschienen, hier wenigstens auszugsweise.

...

Man findet in Hanns Arbeiten wohl alle Zweige seiner Disziplinen vertreten, nur einen nicht, die Wettervorhersage. Dieser stand Hann zeitlebens skeptisch gegenüber, bei seinem ausgezeichneten Blick für wissenschaftliche Fragen ein schlechtes Auspizium für deren Zukunft. Seine Abneigung, sich mit der Wetterprognose zu befassen, richtete sich wohl hauptsächlich gegen die Tendenz solcher Untersuchungen. Als echter Mann der Wissenschaft hat er sie absichtslos betrieben, er hat das Auge stets nur auf das zunächst erreichbare gerichtet; da heute noch niemand weiß, ob es je möglich sein wird, dass Wetter genau auf einige Tage vorauszusagen, so war ihm wohl auch das absolute Streben nach diesem Ziel nicht wissenschaftlich genug.

Diese interessante Eigentümlichkeit Hanns führt dazu, einen Blick auf den Geist seiner Wissenschaft, auf seine Arbeitsweise zu werfen. Hann ist zeitlebens auf dem Boden positiver Tatsachen gestanden. Dass Wissenschaft das Wissen von Tatsachen bedeuten soll, wurde einem niemals so klar als in seiner Nähe. Hann lebte nach Goethes Wort: Man soll mehr nach dem Wie fragen als nach dem Warum.

Er hatte eine ganz eigentümliche Art des wissenschaftlichen Sehens. Dank seinem unglaublichen Gedächtnis standen ihm die Tatsachen in großer Genauigkeit einzeln vor Augen, er hatte viel weniger als andere das Bedürfnis, dieselben in den Rahmen einer Theorie einzuordnen, da ihm eben dieser Rahmen, der doch im wesentlichen eine Gedächtnishilfe ist, viel weniger nötig war als anderen. Sein Bild von der Atmosphäre war darum viel lebendiger und reichhaltiger als das der meisten Fachgenossen. Andererseits war es ihm wieder schwerer, dieses Bild anderen mitzuteilen, denen der Überblick fehlte. Aus diesem Grunde war Hann kein glänzender Lehrer auf dem Katheder, er wirkte viel mehr durch sein Beispiel und durch Besprechungen von Einzelheiten. Hier konnte man nicht nur die solide Arbeitsweise, die ihn in so hohem Maß auszeichnete, lernen, sondern auch Rat und Anregungen in Fülle bekommen. Die positive Art seiner Arbeit, das stete Festhalten an Tatsachen, die möglichste Vermeidung von Hypothesen haben es mit sich gebracht, dass Hann sich fast nie irrte und von seinen zahllosen Ergebnissen kaum je eines zurückzunehmen gezwungen war. Was Hann gearbeitet hat, steht fest, soweit man das von menschlichen Dingen sagen kann; fast jede Mitteilung aus seiner Feder war ein Zuwachs im menschlichen Wissen.

Diese Arbeitsrichtung machte Hanns Werke zum Maßstab der Arbeiten anderer. Er war das wissenschaftliche Gewissen nicht nur der österreichischen Meteorologenschule, sondern der internationalen meteorologischen Wissenschaft. Wo sich hie und da eine zu gewagte Hypothese, eine schlecht fundierte Behauptung einschlich, legte Hann den Finger darauf und zeigte an der Hand einiger Tatsachen den Fehler. Ein solcher Mann wird schwer ersetzt werden.

Die Meteorologen Österreichs verdanken Hann unendlich viel. Er war es, der den Ruf der österreichischen Meteorologie begründete, der durch seine 55 jährige Redaktionstätigkeit die Meteorologische Zeitschrift zum Weltblatt machte. Ihm ist es zuzuschreiben, dass in Österreich an allen Universitäten Lehrstühle für Meteorologie und Geophysik errichtet werden konnten, an welchen der Nachwuchs der Meteorologen eine Lebensstellung fand. Zwar hat Hann sich wenig organisatorisch betätigt; aber er hat der Meteorologie die Stellung in Österreich verschafft, die seinen Nachfolgern, insbesondere Pernter, jene Organisation ermöglichte.

Wenn in den letzten Jahren die österreichische Gesellschaft für Meteorologie vom Ausland Hilfe erhielt, um die Meteorologische Zeitschrift weiter herauszugeben und das Sonnblick- und Obirobservatorium sowie die „Hannwarte" daselbst zu erhalten, so war auch dies wieder Hanns weltbekanntem Namen zu danken. Und die Zentralanstalt für Meteorologie ist ihm in der gleichen Weise verpflichtet. Er war ihr guter Geist, auch als er längst nicht mehr als Direktor hier gewirkt hat. Viele Einrichtungen und Arbeiten sind auf seine Anregung zurückzuführen, stets konnte man sich bei ihm Rat holen, stets hatte er einen glücklichen Gedanken, um irgendwelche Schwierigkeiten zu überwinden. Durch den Umstand, dass er im Hause der Zentralanstalt die Meteorologische Zeitschrift redigierte und mit aller Herren Ländern in Beziehung stand, kamen immer wieder neue interessante Dinge zur Sprache, wurde die Bibliothek bereichert und die Arbeitsmöglichkeit für die jüngeren Generationen erweitert. Die große Sorgfalt, die Hann den Gipfelstationen Österreichs, namentlich dem Obir und Sonnblick zuwandte, hat auch in weiteren Kreisen das Interesse an den Höhenobservatorien gefördert und zur Gründung des Sonnblickvereins geführt.

Die Stellung, die Hann unter den Fachgenossen der Erde einnahm, ist bekannt. Seine Ruhe, Objek-

tivität und Menschenfreundlichkeit verschaffte ihm überall Freunde, gab ihm überall Einfluss. Blickt man auf die Folgen seiner Tätigkeit, was Wissenschaft und was Organisation betrifft, so kann man die ernste Freude nicht unterdrücken, dass dies alles durch rein sachliche Arbeit erreicht wurde, in keiner Weise aber durch besonderes Hervortreten im öffentlichen Leben, wie dies so oft der Fall ist. So fußt der durch Hann bedingte Fortschritt auf der haltbarsten Unterlage, die sich denken lässt, und wird auch nun, nach seinem Tode, nirgends zusammenbrechen.

Hann war im Leben äußerst einfach und bescheiden. Die Arbeit war ihm alles, nur die Natur hat ihn bisweilen vom Schreibtisch abgezogen. Er hatte viel Humor und war von größter Güte und Rücksicht für seine Umgebung. Gern las er Reisebeschreibungen aus fernen Ländern, mit Politik oder sozialen Dingen hat er sich nicht beschäftigt. Bis vor wenigen Jahren ging er im Sommer stets in seine geliebten Alpen, im Herbst in die Schweiz. Die Sommerferien hat er auch noch in diesem Jahre fern von Wien, in Kremsmünster, verbracht, in seinem engeren Vaterland Oberösterreich. [...] Er war der Wissenschaft bis zum Ende treu geblieben.

Wilhelm Jakob van Bebber (1841-1909)[8]

Von seinem der Hauptsache nach auf die Förderung der Wettervorhersage gerichteten Streben gibt uns ... sein ... Handbuch der ausübenden Witterungskunde Zeugnis, mit dem der Verstorbene sich ein dauerndes Denkmal gesetzt hat.

Großmann

Am 1. September 1909 verschied in Altona nach längerem Leiden der Geheime Regierungsrat Prof. Dr. W. J. van Bebber in einem Alter von wenig mehr als 68 Jahren; ein überaus arbeitsreiches Leben hat damit seinen Abschluss gefunden. Von seinem der Hauptsache nach auf die Förderung der Wettervorhersage gerichteten Streben gibt uns in erster Linie sein in zwei Bänden bereits vor fast 25 Jahren erschienenes Handbuch der ausübenden Witterungskunde Zeugnis, mit dem der Verstorbene sich ein dauerndes Denkmal gesetzt hat.

Geboren im Dorfe Grieth am Niederrhein im Kreise Kleve am 10. Juli 1841, besuchte van Bebber das Gymnasium in Emmerich und studierte ... hauptsächlich Mathematik und Naturwissenschaften.

In dieser Stellung [als Rektor der Kgl. Bayer. Realschule in Weißenburg] nahm van Bebber seine meteorologischen Studien wieder auf, von denen seine Inaugural-Dissertation „Die strengen Winter von 1826 bis 1871" uns die erste Kunde gibt. Neben selbständigen Werken, „Regentafeln für Deutschland" [1876] und „Die Regenverhältnisse Deutschlands" [1877], begegnen wir auch alsbald Aufsätzen populären Charakters, die bereits das bevorzugte Arbeitsgebiet anzeigen; in der Augsburger Allgem. Zeitung erschien schon im September 1875 eine Abhandlung über die Vorherbestimmung des Wetters, und es folgte 1877 in der Deutschen Revue ein Aufsatz über die Meteorologie im Dienst der Landwirtschaft, sowie 1878 in einer in Prag erscheinenden Sammlung gemeinnütziger Vorträge ... „Die moderne Witterungskunde". Durch diese Arbeiten war van Bebber bekannt geworden, sodass er zunächst auf ein halbes Jahr an die Deutsche Seewarte berufen wurde, um den beurlaubten damaligen Vorstand der III. Abteilung, Dr. Köppen, zu vertreten. Auf Grund seines erfolgreichen Wirkens während dieser Monate der Vertretung wurde van Bebber später, nachdem der Deutschen Seewarte eine neue Abteilungsvorstandsstelle bewilligt worden war, am 1. April 1879 als Vorstand der III. Abteilung berufen. Dieser ehrenvolle Ruf entsprach durchaus den Wünschen van Bebbers, sollte es ihm doch fortab vergönnt sein, ohne andere Berufspflichten seinen Lieblingsstudien auf dem Gebiete der Witterungskunde zu leben und entscheidend an deren Nutzbarmachung durch Förderung des Sturmwarnungswesens und die Herbeiführung eines möglichst erfolgreichen Wettervorhersagedienstes mitzuwirken. ... 1890 erfolgte die Ernennung zum Professor. An dieser Wirkungsstätte war es van Bebber vergönnt, länger als 28 Jahre schaffensfreudig zu verweilen, bis ihn ein zunehmendes körperliches Leiden dazu nötigte, [im Jahr] 1907 seine Pensionierung nachzusuchen, die ihm unter Ernennung zum Geheimen Regierungsrat zugebilligt wurde. Die unaufhaltsame Verschlimmerung seines schleichenden Leidens führte leider einen schweren Lebensabend herbei; aber die zähe Arbeitskraft blieb bis an das Ende van Bebbers unbezwungen, indem wir noch aus seiner Feder den Abschnitt über Meteorologie in dem Sammelwerke Himmel und Erde, das in Berlin erscheinen wird, zu erwarten haben.

---

[8] Nachruf von Louis Großmann, van Bebbers Nachfolger in der Seewarte. Foto aus dem Fotoarchiv der Meteorologischen Bibliothek des Deutschen Wetterdienstes.

Einen Einblick in den Umfang seiner schriftstellerischen Tätigkeit gewährt uns eine von van Bebber im Jahre 1896 herausgegebene Zusammenstellung aller seiner bis Ende Juli 1896 zu verzeichnenden Veröffentlichungen; unter Fortlassung von Rezensionen und kleineren Veröffentlichungen finden sich dort 158 Arbeiten aufgeführt.

In erster Linie stellte sich van Bebber als Vorstand der III. Abteilung der Seewarte die Aufgabe, an der Hand der synoptischen täglichen Wetterkarten eine Grundlage für die Wettervorhersage durch das Studium der Umlagerungen des Luftdrucks und der damit im Zusammenhang stehenden Witterungszustände und -änderungen zu gewinnen. Sein Blick war zunächst auf die Erforschung der barometrischen Minima gerichtet. Die Ergebnisse dieser Untersuchungen finden sich in wissenschaftlicher Darstellung der Hauptsache nach in den folgenden Abhandlungen niedergelegt: ... In diesen Arbeiten legt van Bebber die von Köppen für Europa aufgestellten Zugstraßen den Erscheinungen zugrunde und lehrt uns die ihnen im einzelnen zukommenden typischen Witterungsverhältnisse. Späterer Untersuchung blieben die barometrischen Maxima vorbehalten, die van Bebber zu der Aufstellung seiner durch die Lage dieser Maxima charakterisierten Wettertypen von Europa führten. ...

In der Erkenntnis der Abhängigkeit der Luftdruckverteilung Europas von derjenigen über dem Ozean dehnte van Bebber später unter Beteiligung von Köppen seine Studien über die von der Seewarte und dem Dänischen Meteorologischen Institut herausgegebenen täglichen synoptischen Wetterkarten des Nordatlantischen Ozeans aus, als deren Ergebnis wir die Abhandlung „Die Isobarentypen des Nordatlantischen Ozeans und Westeuropas, ihre Beziehungen zur Lage und Bewegung der barometrischen Maxima und Minima"... besitzen.

Hand in Hand mit diesen Arbeiten behielt van Bebber die Untersuchung der einzelnen Witterungszustände und -vorgänge dauernd im Auge und blieb stets bestrebt, deren Ergebnisse nicht allein in wissenschaftlichem Gewande den Fachleuten, sondern auch in populärer Fassung dem Laien zugänglich zu machen. Den zahlreichen Aufsätzen begegnen wir deshalb nicht allein in den meteorologischen Zeitschriften, sondern in allen besseren Zeitschriften Deutschlands. Aus dem Gebiete der Witterung finden sich mit besonderer Vorliebe behandelt die Niederschläge, die Temperatur und die Winde; erwähnt werden mögen die vielen Abhandlungen über bemerkenswerte Stürme. ...

Neben dieser für die große Öffentlichkeit bestimmten schriftstellerischen Tätigkeit ist auch der zahlreichen Vorträge zu gedenken, die hauptsächlich der Aufgabe dienten, die Grundlage unserer heutigen Witterungskunde nebst deren Anwendung in der Wettervorhersage und den Sturmwarnungen weiteren Kreisen bekannt zu geben.

Nach zahlreichen Abhandlungen über die Wettervorhersage, von denen besonders die „Anleitung zur Aufstellung von Wetterprognosen auf Grundlage der Zeitungs-Wetterkarten und Isobaren-Telegramme" in der „Monatlichen Übersicht der Witterung", Jahrgang 1885, genannt sein möge, beschenkte uns van Bebber im Jahre 1891 mit dem durch seine Reichhaltigkeit an Wetterkarten im Text bis jetzt einzig dastehenden Werkchen „Die Wettervorhersage", das sich auf den Zugstraßen der barometrischen Minima aufbaut und im Jahre 1898 in zweiter Auflage erschienen ist; von der Überzeugung durchdrungen, dass ein jeder sein eigener Wetterprophet sein müsse, hat sich der Verfasser durchweg mit Erfolg bemüht, dem gebildeten Leser klar verständlich zu sein. Die Studien über die Wettertypen führten van Bebber einen Schritt weiter, indem sie ihm die Grundlage für eine weiterausschauende Wettervorhersage zu verheißen schienen; Zeugnis geben die Abhandlungen „Wissenschaftliche Grundlage einer Wettervorhersage auf mehrere Tage voraus" in ... und das bereits 1896 in Stuttgart erschienene Schriftchen „Die Beurteilung des Wetters auf mehrere Tage voraus", dessen Inhalt sich wesentlich mit einem von van Bebber auf der Gewerbe-Ausstellung in Berlin 1896 gehaltenen Vortrag decken dürfte.

Neben dem 1885 bis 1886 erschienenen Werke „Handbuch der ausübenden Witterungskunde", das im Eingang gewürdigt worden ist, und dem genannten Werke „Die Wettervorhersage" besitzen wir an selbständigen Schriften van Bebbers noch das „Lehrbuch der Meteorologie, Stuttgart 1890", den „Katechismus der Meteorologie, Leipzig, J. J. Weber, 1893" und die „Hygienische Meteorologie für Ärzte und Naturforscher, Stuttgart 1895", in welchem Werke van Bebber es unternimmt, das für die Ärzte besonders Wissenswerte aus dem Gebiete der Meteorologie, Klimatologie und Witterungskunde zusammenzustellen und soweit als möglich mit der Hygiene in Beziehung zu setzen. Ferner ist zu nennen die in Braunschweig 1902 herausgegebene „Anleitung zur Aufstellung von Wettervorhersagen", von der 1908 eine zweite Auflage erschienen ist.

Neben dieser reichen schriftstellerischen Tätigkeit, die in hohem Grade dazu beitrug, die Grundlage unserer heutigen Wettervorhersage zu vertiefen und in weitere Kreise zu tragen, erwarb sich van Bebber in seiner amtlichen Stellung noch außerordentlich große Verdienste durch seine zielbewusste Förderung der Wettertelegraphie in Europa im allgemeinen und der Verbreitung von Wetternach-

richten durch die Wetterabonnements-Telegramme in Deutschland im besonderen. Durch die notwendige Erweiterung des Netzes der Berichtsstationen, durch die Gewinnung simultaner Morgenbeobachtungen und die Herbeiführung von deren schnellen telegraphischen Zustellung, was wesentlich durch Einstellung von Einzeltelegrammen an Stelle der früher aus dem Auslande bezogenen Sammeltelegramme erreicht werden konnte, wurde es möglich, die Wetterbeobachtungen in Deutschland so schnell zu verbreiten, wie es ihre Verwertung für die Wettervorhersage erforderte; zur vollen Ausnutzung der erreichten Vorteile gelang dann noch die Einführung von vier Abonnements- Wettertelegrammen in Deutschland an Stelle des ursprünglichen einen Abonnementstelegramms, das erst gegen Mittag Hamburg zu verlassen vermocht hatte. Diesen gewaltigen Fortschritten war es zuzuschreiben, dass es van Bebber noch vergönnt sein sollte, an der Einführung des öffentlichen Wetterdienstes in Deutschland, die zu Anfang April 1906 stattfand, zu seiner großen Befriedigung teilzunehmen. Hiermit erfüllte sich endlich eine Forderung, die eine bei Gelegenheit der Naturforscherversammlung in Kassel im September 1878 tagende Konferenz von Fachmeteorologen, Land- und Forstwirten bereits für den Beginn von 1879 in Aussicht genommen hatte, auf der van Bebber selbst zu den wenigen zählte, die über Erfahrungen mit Wettervorhersagen zu berichten vermochten. Erst die Einsetzung der vollen Arbeit seines Lebens sollte die Erfüllung der damaligen Hoffnungen herbeiführen.

Richard Aßmann (1845-1918)[9]

Der Anstoß, den Aßmann zu der Fortentwickelung der Meteorologie gegeben hatte, war von gewaltiger Wirkung. Es bildete sich ein neuer Forschungszweig, die Aerologie. Nur seine Energie konnte das schaffen, was wir als das schönste Denkmal, das er hinterlassen hat, betrachten müssen: das Kgl. Preuß. Aeronautische Observatorium Lindenberg.

Hergesell

Auch aus den Kreisen der Schöpfer des jüngsten Zweiges der Meteorologie, der Aerologie, nimmt der Tod allmählich die wichtigsten Vertreter. Seinen Freunden Lawrence Rotch [1861-1912] und Teisserenc de Bort [1855-1913], die bereits vor dem Kriege gestorben sind, und denen er noch in seinem jüngsten Werke „Das Kgl. Preuß. Aeronautische Observatorium in Lindenberg" in den Schlusszeilen ein so warmes Nachwort geschrieben hat, ist nunmehr Richard Aßmann gefolgt. Am 28. Mai verschied er in Gießen, wohin er sich kurz vor dem Kriege zurückgezogen hatte, in seinem 74. Lebensjahre nach längerem Leiden. Aßmann hatte den begreiflichen Wunsch, nach Durchführung seiner Organisationspläne für die wissenschaftliche Luftfahrt aus der in Lindenberg unvermeidlichen gesellschaftlichen und intellektuellen Vereinsamung herauszutreten und in einer Universitätsstadt, befreit von der zeitraubenden Verwaltungstätigkeit eines großen wissenschaftlichen Instituts, frei seinen wissenschaftlichen Neigungen leben zu können. Es war ihm nur vier Jahre vergönnt, in der anregenden Universitätsstadt Hessens in diesem Sinne wirken zu können. Die Universität ehrte seine dortige Tätigkeit, indem sie ihn als Honorarprofessor in die Reihen ihrer Lehrer aufnahm.

Aßmann wurde am 13. April 1845 zu Magdeburg geboren. Er widmete sich zunächst dem medizinischen Studium und war als Arzt in Freienwalde und Magdeburg tätig. Bald wandte er sich der Meteorologie zu; 1885 habilitierte er sich als Privatdozent in dieser Wissenschaft, 1886 wurde er bereits zum Abteilungsvorsteher beim Meteorologischen Institut ernannt. Hier zeigte sich zunächst seine große Begabung für technische Arbeiten, unter anderem entwickelte er jenes heute in der ganzen Welt zur Verwendung gelangte Instrument, das der Temperatur- und Feuchtigkeitsmessung in der Meteorologie erst die schon so lange entbehrte Zuverlässigkeit verlieh: das „Aßmannsche Psychrometer". Anfang der 90er Jahre war in Deutschland das Interesse an der Luftschifffahrt erwacht; es hatten sich in verschiedenen Städten Deutschlands Fachvereine zur Förderung dieser Technik gebildet, von denen der Berliner Verein der bedeutendste war. Aßmann trat bald an die Spitze desselben und wusste geschickt das Interesse dieser Vereinigung auf die wissenschaftliche Erforschung der Atmosphäre zu lenken. Bald stiegen Ballone, mit Aßmannschen Instrumenten ausgerüstet, empor, die neue sichere Resultate von oben herunterbrachten. Die berühmten „Berliner wissenschaftlichen Ballonfahrten" sind Aßmanns ureigenstes Werk. Mit geschicktem Blick, ... mit großer Begeisterung wusste er alle Kreise für seine hohen Ziele zu interessieren. Nicht nur der Staat, sondern auch Privatkreise stifteten

---

9 Nachruf von Hugo Hergesell, dem „Vater der Aerologie" (s. dessen Nachruf in Anhang E). Zu Aßmann gibt es mittlerweile die Biographie von STEINHAGEN (2005). Das Foto entstammt dem Sonderheft zu seinem 70. Geburtstag (*Das Wetter* 1915).

reiche Mittel für die kostspieligen Forschungen. Die Gunst unseres Kaisers, der den tatkräftigen und erfolgreichen Gelehrten stets geschätzt und mit großen Ehrungen bedacht hatte, brachte die höchste und wirksamste Förderung des Unternehmens. In drei großen Bänden sind unter der Redaktion von Aßmann und Berson die Ergebnisse dieser bahnbrechenden Berliner Luftfahrten festgelegt worden, ein wissenschaftliches Werk ersten Ranges, das noch heute einen Eckpfeiler in der Entwickelung der wissenschaftlichen Luftfahrt bildet und stets den Ruhm Aßmanns und seiner Mitarbeiter verkünden wird. Der Anstoß, den Aßmann zu der Fortentwickelung der Meteorologie gegeben hatte, war von gewaltiger Wirkung. Es bildete sich ein neuer Forschungszweig, die Aerologie, in welchem die Tätigkeit Aßmanns in allen Zweigen zutage trat. Die unbemannten Ballone mit Registrierapparaten wurden zum wichtigsten Forschungsmittel. Während man zunächst zu diesem Zwecke kleine Ballone von Papier verwandte, führte Aßmann geschlossene Ballone, aus dünnen Gummiplatten verfertigt, ein und erreichte damit, dass sich die Maximalhöhen mit einem Schlage von rund 13 bis 14 km bis zu 30 km erhoben. Seine wichtigste Aufgabe sah Aßmann jedoch darin, für die neue Wissenschaft ein Institut ersten Ranges zu schaffen, das mit allen Hilfsmitteln der von ihm und anderen geförderten Technik der wissenschaftlichen Luftfahrt ausgerüstet, einen ständigen Beobachtungsdienst für die hohe Atmosphäre ausführen sollte. Dieses ist ihm im vollsten Maße durch die Schaffung des Königlich Preußischen Aeronautischen Observatoriums in Lindenberg gelungen. Unter der Leitung Aßmanns ist dieses Institut neun Jahre lang eifrig im Dienste der Wissenschaft tätig gewesen. Ein täglicher Beobachtungsdienst legt Tag für Tag den Verlauf der meteorologischen Elemente in der freien Atmosphäre fest. Die Resultate werden regelmäßig in Jahrbüchern veröffentlicht, von denen bis heute die stattliche Zahl von 16 Bänden erschienen sind. Die ersten Bände beziehen sich auf das Observatorium in Reinickendorf und sind vom Meteorologischen Institut herausgegeben. Da die Aufstiege sich von Jahr zu Jahr vermehrten, musste die Anordnung des Stoffes allmählich eine stärkere Zusammendrängung erfahren. Im Jahresbande 1913 sind noch von Aßmann selbst die von Bjerknes gemachten Vorschläge für die Verwendung des absoluten Maßsystems berücksichtigt worden. Die „Arbeiten des Königlichen Preußischen Aeronautischen Observatoriums in Lindenberg" enthalten eine Fülle von Beobachtungsmaterial, das von allen Gelehrten, die sich mit der Erforschung der freien Atmosphäre beschäftigen, in ausgiebigstem Maße benutzt worden ist. Abgesehen von den Arbeiten Aßmanns und der wissenschaftlichen Beamten des Observatoriums, die sich meist in den Jahresbänden des Observatoriums und in den von Aßmann und dem Unterzeichneten herausgegebenen Beiträgen zur Physik der freien Atmosphäre befinden, sind hier die Ergebnisse, die die Wiener Meteorologen und die Schüler Bjerknes' aus den Beobachtungen gezogen haben, besonders hervorzuheben. Als Schluss der aerologischen Tätigkeit Aßmanns in Lindenberg haben wir das mit warmer Begeisterung geschriebene Buch des verstorbenen Gelehrten zu betrachten: „Das Königlich Preußische Aeronautische Observatorium Lindenberg" ... . Hier sind alle Einrichtungen baulicher, technischer und wissenschaftlicher Natur aufs sorgfältigste beschrieben. Auch die Geschichte des Observatoriums ist liebevoll behandelt.

Aßmann beteiligte sich, an der Spitze seines Observatoriums mit den Fachkollegen auf der ganzen Erdoberfläche verkehrend, auch eifrig an der internationalen Erforschung der Atmosphäre. Als ständiges Mitglied der Internationalen Kommission für wissenschaftliche Luftfahrt nahm er an allen Versammlungen dieser wichtigen internationalen Vereinigung teil, gab überall neue Anregungen und neuen Anreiz zu ähnlichen Studien auch in den fernsten Ländern. Aßmann entfaltete eine ausgedehnte literarische Tätigkeit. Seine wissenschaftlichen Arbeiten sind in dem oben erwähnten Werke über das Observatorium aufgezählt. Besonders zu erwähnen ist noch, dass er seit dem Jahre 1888 als Redakteur der dritten Abteilung der Fortschritte der Physik, der kosmischen Physik, eifrig tätig war und dass er mit besonderer Freude die populäre Zeitschrift der Witterungskunde, Das Wetter, bis zu seinem Tode eifrig selbst daran mitarbeitend, herausgab. Hielt er doch immer die Verbreitung unserer Wissenschaft, besonders in landwirtschaftlichen Kreisen, für eine der wichtigsten Aufgaben. Seine Redaktionstätigkeit bei der wissenschaftlichen Zeitschrift Beiträge zur Physik der freien Atmosphäre habe ich bereits erwähnt.

Mit Aßmann ist eine der markantesten Erscheinungen in der deutschen Gelehrtenwelt dahingegangen. Allen Meteorologen wird der tatkräftige, kernige Mann stets und gern in Erinnerung bleiben. Er lebte nur seiner Wissenschaft. Für die Durchführung seiner wissenschaftlichen Pläne setzte er alles ein. Nur seine Energie konnte das schaffen, was wir als das schönste Denkmal, das er hinterlassen hat, betrachten müssen: das Kgl. Preuß. Aeronautische Observatorium Lindenberg. Dasselbe ist nicht nur in der Jetztzeit ein Vorbild für alle ähnlichen Einrichtungen geworden, sondern wird es auch in Zukunft, wenn das Toben des Krieges und seine schmerzlichen Einwirkungen auf die Wissenschaft verschwunden sein werden, bleiben.

Die wesentlichsten Merksteine der wissenschaftlichen Tätigkeit Aßmanns sind die Konstruktion des Aspirationspsychrometers, die Einführung der geschlossenen Gummiballone in die Aufstiegstechnik und die hiermit zusammenhängende Entdeckung der Stratosphäre, einer der wichtigsten Erscheinungen im Luftmeer.

Wladimir Köppen (1846-1941)[10]

„Meteorologe" der Deutschen Seewarte. Er gehörte zu den ersten, welche die Aerologie mit der synoptischen Meteorologie verknüpften.
Süring

Am 22. Juni dieses Jahres ist Admiralitätsrat Professor Dr. W. Köppen im 94. Lebensjahr gestorben. Bei dieser Nachricht wird jeder Meteorologe – auch der jüngste – sich bewusst sein, dass einer der bedeutendsten und vielseitigsten Fachgenossen von uns gegangen ist. Die älteren Meteorologen werden sich mancher Stunde erinnern, in welcher sie die Schriften Köppens studiert haben, um daraus Belehrung und Anregung zu schöpfen. Geradezu bewunderungswürdig ist, dass Köppen bis wenige Wochen vor seinem Tode mit schwierigen wissenschaftlichen Problemen beschäftigt gewesen ist und sie veröffentlicht hat. Ein beredtes Zeugnis für die erstaunliche Leistungsfähigkeit gibt seine Mitte Januar 1940 eingeschickte und im Märzheft dieser Zeitschrift, S. 106, veröffentlichte Abhandlung über die Wanderung des Nordpols seit der Steinkohlenzeit. Kennzeichnend für die Gründlichkeit und Sorgfalt auch in kleinsten Dingen ist, dass Köppen allein aus Anlass dieser Veröffentlichung sechs eigenhändig sauber geschriebene Karten an mich geschickt hat. Charakteristisch für seine Anhänglichkeit an die Deutsche Meteorologische Gesellschaft ist der auf einer dieser Karten enthaltene Satz: „Aus verwandtschaftlichen Gefühlen sähe ich den Aufsatz gern in meiner alten Meteorologischen Zeitschrift; eigentlich passt er mehr in eine geophysikalische oder geologische Zeitschrift."

Der Lebensgang von Köppen war – rein äußerlich gesehen – ungemein gleichmäßig und einfach; trotzdem ist er manchmal entscheidend gewesen für Köppens Arbeitsrichtung, sodass einige Einzelheiten mitgeteilt werden sollen. Wladimir Peter Köppen ist 1846 am 25. September in St. Petersburg geboren. Es wäre falsch, daraus zu schließen, dass er Vollrusse war. Seine Familie stammt aus Mecklenburg, aber sein Großvater wurde als Leibarzt des Zaren an den russischen Hof berufen, und es wurde ihm der erbliche Adel verliehen. Wladimir Köppens Vater, Peter von Köppen, war ein bedeutender Historiker und Nationalökonom, dem in Anerkennung seiner Verdienste um die russische Geschichtsforschung das Gut Karabagh in der Krim vom Zaren geschenkt wurde. Wladimir Köppen verlebte hier einen großen Teil seiner Jugend; dort fesselten ihn zunächst die üppige mediterrane Pflanzenwelt und ihre Beziehungen zu Klima und Witterung. Das beweisen seine ersten Schriften. [...]

Köppen blieb bis zu seinem Abitur (1864 in Simferopol) in der Krim, studierte bis 1870 anfangs in St. Petersburg, später in Heidelberg und Leipzig und promovierte mit einer Dissertation über „Wärme und Pflanzenwachstum" ..., ging dann aber nach St. Petersburg zurück, wo er bis 1873 Assistent ... unter Heinrich von Wild war. Hier lernte er die damals noch neue, aber in Deutschland durch H. W. Dove bekämpfte Methode der synoptischen Meteorologie (Wetterkarten-Meteorologie) kennen und schätzen. Ein Wendepunkt in der Arbeitsrichtung von Köppen wurde eingeleitet durch seine Teilnahme am Internationalen Meteorologen-Kongress zu Wien im September 1873. Hierfür hatte er zwei Vorschläge ausgearbeitet: der eine betraf die Errichtung eines Internationalen Meteorologischen Instituts (einen ähnlichen Vorschlag hatte Plantamour [den Hellmann in einer Übersicht von 1907 nicht erwähnt] eingereicht), der andere behandelte Zeitabschnitte und Regeln für die Ableitung der meteorologischen Mittelwerte. ... In Wien wurde Köppen mit den führenden Männern der damaligen Meteorologie bekannt, und G. von Neumayer fand hier in Köppen den geeigneten Mann zur Leitung der an der Seewarte neu zu gründenden Abteilung für Wettertelegraphie, Sturmwarnungswesen und Küstenmeteorologie. Köppen kam nun (1875) in einen ganz neuen und verantwortungsvollen Wirkungskreis. Überraschend schnell hat er sich hier eingelebt, und er hat dankbar die Förderung anerkannt, welche ihm die für die Seewarte notwendige Zusammenarbeit von Gelehrten und Praktikern gebracht hat. Kurz vor dem Ausscheiden aus dem Amt schrieb er „dass er sich vor vier Jahrzehnten durch die Berufung an die Seewarte in eine für ihn völlig neue Welt versetzt sah. Ihm, der in Gelehrtenkrei-

---

10 Nachruf von Reinhard Süring. Zu Köppen siehe auch WEGENER-KÖPPEN (1955) bzw. die englische Übersetzung in THIEDE (2018). Das Bild ist dem Buch entnommen und zeigt Köppen als Student in Heidelberg.

sen aufgewachsen war, brachte der freundschaftliche Umgang auf gleichem Fuße mit erfahrenen Segelschiffsführern ... eine große Erweiterung seines Gesichtskreises." 1879 schuf Neumayer in seiner großzügigen Art für Köppen die wesentlich freiere Stellung eines „Meteorologen der Deutschen Seewarte", welche Köppen bis zu seiner Pensionierung im Jahre 1919 innegehabt hat. Seit 1903 war er gleichzeitig Leiter der Drachenstation der Seewarte, nachdem er 1898 diese Station gewissermaßen aus dem Nichts geschaffen hatte. Als sein Schwiegersohn Alfred Wegener als Ordinarius an die Universität Graz berufen wurde, siedelte (1924) auch Köppen mit seiner Gattin nach Graz über. [...]

Auf wissenschaftlichem Gebiet ist Köppen seiner Jugendliebe für Klimatologie bis an sein Lebensende treu geblieben. Außer zahlreichen Arbeiten auf dem Grenzgebiet zwischen Meteorologie und Klimatologie – insbesondere über Regen, Temperatur und Bewölkung – hat ihn eine praktische Klassifikation der Klimate beschäftigt. [...]

Wir müssen Köppen dankbar sein, dass er verschiedentlich die Klimatologie in Buchform zusammengefasst hat. Zuerst erschien 1899 in der Göschen-Sammlung seine „Klimakunde I (allgemeine Klimalehre)", welche in der zweiten Auflage (1911, Wiederabdruck 1918) durch einen zweit Band über spezielle Klimakunde ergänzt werden sollte. Köppen hat diesen Plan aber nicht ausgeführt, sondern stattdessen 1923 beide Teile in größerem Umfang unter dem Titel „Die Klimate der Erde (Grundriß der Klimakunde)" zusammengefasst. Dieses kleine Lehrbuch hat viel Beifall gefunden und erschien 1931 als „Grundriß der Klimakunde" in zweiter Auflage. Inzwischen hatte seit 1930 der Druck des von W. Köppen und R. Geiger herausgegebenen großen fünfbändigen Handbuches der Klimatologie begonnen, dessen Programmentwurf eine würdige Krönung der klimatologischen Lebensarbeit von Köppen ist. Viele Sorgen bereitete ihm in den letzten Jahren die Fertigstellung der Klimakunde von Russland, da die anfangs hierfür gewonnenen Mitarbeiter zurücktraten, sodass er den Tabellenanteil und die Klimaklassifikation im vorigen Jahr selber fertiggestellt hat.

Erst als Siebzigjähriger widmete sich Köppen – angeregt durch die anfangs von ihm skeptisch aufgenommenen Forschungen von Alfred Wegener – auch paläoklimatologischen Forschungen und verfasste zusammen mit A. Wegener das schöne Buch „Die Klimate der geologischen Vorzeit" (1924). Manche wertvollen Ergänzungen hier hat Köppen in den letzten Jahren in der Meteorologischen Zeitschrift und in Gerlands Beiträgen der Geophysik gegeben, und bis wenige Tage vor seinem Tode hat er an einem kleinen Heft: Ergänzungen und Berichtigungen zu „Die Klimate der geologischen Vorzeit" gearbeitet.

Der Einfluss der Deutschen Seewarte auf Köppens schriftstellerische Tätigkeit tritt seit 1878 hervor. In schneller Folge erschienen wichtige Einzelstudien, z. B. über die Theorie des täglichen Windganges, über Bewegung der Maxima und Minima in ihrer Beziehung zur allgemeinen Wetterlage, über Wolken und Nebel, über Dynamik der Böen und Gewitter, über die Zugstraßen und Häufigkeit barometrischer Minima zwischen Felsengebirge und Ural, über Konstruktion von Isobaren für höhere Luftschichten, über mehrjährige Perioden der Witterung usw. Köppens Anteil an den nautischen Belangen der Seewarte ist von größter Bedeutung für die Schifffahrt geworden. Seine Beiträge zu den Segelhandbüchern der Ozeane und anderen amtlichen nautischen Werken der Seewarte sind von Seeleuten stets rühmend hervorgehoben. Dabei kamen Köppen sein hervorragendes Gedächtnis und sein Sinn für Übersichtlichkeit und Ordnung zugute. Seine in den Segelhandbüchern er Deutschen Seewarte enthaltenen Windkarten der Ozeane sind noch kürzlich wegen ihrer Anschaulichkeit als „unsterblich" bezeichnet. Sein didaktisches Talent zeigte sich in den zwei vorwiegend für Seefahrer geschriebenen kleinen Büchern: „Grundlinien der maritimen Meteorologie" (1899) und „Wind und Wetter in den europäischen Gewässern" (1917).

Für die Aerologie – ein Wort, welches er 1906 auf der Mailänder Konferenz der internationalen Kommission für wissenschaftliche Luftfahrt vorgeschlagen hat – hat Köppen von Anfang an das größte Interesse gezeigt; es genügte ihm aber nicht das Studium der diesbezüglichen Arbeiten, sondern er ging bald (1898) zu eigenen Versuchen über, die zu wesentlichen Verbesserungen der Drachentechnik führten. Er begann mit ganz primitiven Hilfsmitteln. Als ich einem der ersten Versuche, die auf einem bebauten Gelände am Isebeck-Kanal in Hamburg-Eimsbüttel stattfanden, beiwohnte, unterschieden sich äußerlich seine Drachenaufstiege, bei denen ihm ein alter Seemann half, kaum von den Drachenspielen der Kinder in unmittelbarer Nähe. Auch nach Errichtung einer kleinen Drachenstation in Groß-Borstel legte Köppen Wert auf möglichst einfache Technik und erreichte dadurch, dass seine Methodik vorbildlich für Forschungsreisende wurde, und dass er schon nach wenigen Jahren umfangreiches Material vorlegen und daraus Schlüsse ziehen konnte.

Er gehörte zu den ersten, welche die Aerologie mit der synoptischen Meteorologie verknüpften und war auf den Tagungen der internationalen Kommission für wissenschaftliche Luftfahrt ein Vorkämpfer für neue aerologische Methoden und Begriffe. Seine

Verteidigung des Millibar in Monaco 1909 und in Wien 1912 ist ein Musterbeispiel würdiger wissenschaftlicher Polemik. Die Fortschritte der synoptischen Meteorologie durch die Polarfront-Theorie von V. Bjerknes hat er sofort erkannt.

Es wäre vermessen, zu entscheiden, welche von den zahllosen Arbeiten Köppens die wertvollste ist. Manche dieser Untersuchungen haben schon ihre Schuldigkeit getan, indem sie als Sprungbrett für neuere Untersuchungen gedient haben, z. B. die Espy-Köppensche Theorie der Tagesperiode der Windgeschwindigkeit oder der von Köppen 1882 abgeleitete Satz, dass die Depressionen annähernd in der Richtung der nach ihrer Gesamtenergie überwiegenden Luftströmung sich fortpflanzen. [...] Köppen hat – wie aus seinen Begleitbriefen hervorgeht – oft geschwankt, ob er seine Arbeiten den Annalen der Hydrographie *als dem Fachblatt seiner alten Dienststelle oder der* Meteorologischen Zeitschrift *als dem Organ der Deutschen Meteorologischen Gesellschaft übersenden solle. Bei der Gründung dieser Gesellschaft und der Herausgabe der* Meteorologischen Zeitschrift *ist er an erster Stelle beteiligt gewesen; mit regem Interesse hat er an der Entwicklung der Gesellschaft und der Zeitschrift teilgenommen und manchen praktischen Rat erteilt. [...]*

Es ist erstaunlich, wieviel Zeit Köppen zum Nachdenken über allgemeine Kulturprobleme gefunden hat. Die soziale Fürsorge und ethische Ertüchtigung der Jugend lag ihm sehr am Herzen, obgleich er dabei manche Enttäuschung erlitten hat. Während des Weltkrieges und bald danach hat er in der Zeitschrift „Vortrupp" tiefsinnige Aufsätze über Schulreform, Landdienstpflicht, Bodenreform, Volksernährung, Nährdienstpflicht und Nährsteuer veröffentlicht. Hier findet sich schon der Vorschlag des jetzt verwirklichten Arbeitsdienstjahres. Seine letzte naturphilosophische Veröffentlichung ist das kleine Buch „Fünf Aufsätze zur Natur und Geschichte" .... Auch hier zeigt sich sein Bestreben, in allen Naturerscheinungen gemeinsame Grundzüge zu erkennen und danach zu klassifizieren. Es sei ferner erinnert an Köppens Bestrebungen um eine Kalenderreform, um Verbreitung der Weltsprache Esperanto [in der die Entdeckung des Strahlstroms erstmalig bekannt gegeben wird, vgl. WOOLLINGS (2020)] – er selbst sprach und schrieb fließend Esperanto – und um die Rechtschreibung geographischer Namen.

Über die Lauterkeit von Köppens Charakter braucht eigentlich kein Wort verloren zu werden. Je häufiger man mit ihm zusammentraf, desto mehr hatte man den Eindruck, dass er hilfsbereit bis zum äußersten war, gleichgültig ob es sich um Rat suchende Kollegen oder um verarmte Verwandte oder sonstige Notleidende handelte. Durch Anspruchslosigkeit, Fleiß und scharfes Denken wurde er ein Vorbild für seine Mitmenschen.

Zusammenfassend können wir sagen: Wir Meteorologen müssen uns glücklich schätzen, einen Köppen in unseren Reihen gehabt zu haben. Wir werden ihm immer dankbar sein, dass er so viel zum Ansehen und zur Förderung unserer Wissenschaft beigetragen hat.

Adolf Sprung (1848-1909)[11]

Sprungs Lehrbuch, [sein] Wagebarograph und so manches andere haben seinen Namen den Meteorologen aller Länder geläufig gemacht und ihm eine dauernde Stellung in der Entwickelungsgeschichte der Meteorologie verschafft.

Köppen

Am 16. Januar 1909 ist der Vorsteher des Meteorologisch-Magnetischen Observatoriums bei Potsdam, Professor Dr. Sprung, gestorben. Mit ihm verliert die Wissenschaft eine Persönlichkeit, welche an dem Aufblühen der neueren Meteorologie lebhaften Anteil hat und die gerade dort, wo es sich um Förderung der streng wissenschaftlichen Methoden in der Meteorologie handelte – bei der Lösung schwieriger theoretischer Probleme und bei der Verfeinerung der Instrumente hervorragendes geleistet hat.

Adolf Wichard Friedrich Sprung wurde am 5. Juni 1848 als Sohn eines Lehrers in Kleinow bei Perleberg geboren. Von seinem Vater, der ein großer Freund der Tier- und Pflanzenwelt war, und von Lehrern der Realschule in Perleberg frühzeitig zur Naturbetrachtung angeregt, fesselten ihn bald die exakten Naturwissenschaften, namentlich die Chemie. Um Material für chemische Experimente zu erhalten, war er auf die Apotheke angewiesen, und sein häufiger Aufenthalt dort mag auch bestimmend für seine erste Berufswahl gewesen sein. Nachdem er im Kriegsjahre 1870-71 als Feldapotheker im Lazarett zu Magdeburg tätig gewesen war, bestand

---

11 Nachruf von Süring im Tätigkeitsbericht des Preußischen Meteorologischen Instituts für das Jahr 1909, in welchem auch das Foto abgedruckt ist.

er im Wintersemester 1873-74 sein pharmazeutisches Staatsexamen, widmete sich aber dann in Leipzig dem Studium der Mathematik, Physik und Astronomie. Schon vorher (1871) hatte er eine kleine Mitteilung über eine von ihm beobachtete ungewöhnliche Dämmerungserscheinung in der englischen Wochenschrift Nature veröffentlicht. Um nämlich seine Sprachstudien zu vervollkommen, hielt er diese Zeitschrift, und die dort erscheinenden mannigfachen Witterungsnotizen regten ihn zu eigenen Beobachtungen an; tiefer gehende meteorologische Studien hat er jedoch damals nicht getrieben. Im Jahre 1876 promovierte Sprung in Leipzig mit der Arbeit: „Experimentelle Untersuchung über die Flüssigkeitsreibung bei Salzlösungen" und bereitete sich dann zum Oberlehrerexamen vor. Aber kurz vor Abschluss desselben erhielt er auf Empfehlung seines Lehrers Professor G. Wiedemann von dem Direktor der Deutschen Seewarte Dr. G. Neumayer die Aufforderung, als Physiker dieser Anstalt nach Hamburg zu kommen. Zwar waren die Aussichten auf eine dauernde Beschäftigung anfangs noch unsicher, aber das Verlangen nach freier wissenschaftlicher Betätigung bestimmten ihn doch, nach Hamburg überzusiedeln, und er hat es nicht bereut. In anregendem und zwanglosem Verkehr mit Beamten der Seewarte und ihr nahestehenden Gelehrten, an der Seite einer Gattin, die seinen Studien Verständnis entgegenbrachte und ihm häufig behilflich war, hat Sprung hier zehn glückliche Jahre verbracht und durch zahlreiche Veröffentlichungen Beweise seines Scharfsinns und seines Fleißes gegeben.

Neben einer recht anstrengenden dienstlichen Tätigkeit in der Prognosenabteilung und im Sturmwarnungsdienst der Seewarte hatte er sich zunächst zwei Aufgaben gestellt: erstens die Theorie der Luftbewegungen auf einer mehr wissenschaftlichen Grundlage aufzubauen, statt Erfahrungssätzen die physikalischen Grundgesetze der Dynamik der Atmosphäre abzuleiten, und zweitens die bis dahin nur als Interpolationsinstrumente brauchbaren und meist diskontinuierlich arbeitenden meteorologischen Registrierapparate durch kontinuierlich aufzeichnende zu ersetzen. Die Arbeiten während des Hamburger Aufenthalts wurden gekrönt durch sein Lehrbuch der Meteorologie, das sich vorwiegend mit theoretischen Fragen beschäftigte und diese schwierigen Fragen vielfach in ganz selbständiger Weise behandelt.

Zu einer gründlichen Erprobung seiner instrumentellen Pläne hatte Sprung in Hamburg wenig Gelegenheit; es war daher für ihn sehr verlockend – ganz abgesehen von der Erhöhung seines Dienstgrades –, dass er 1886 einen Ruf nach Berlin als Oberbeamter des Preußischen Meteorologischen Instituts erhielt mit der Aussicht, ein neues Observatorium einzurichten und zu leiten. Von nun an überwiegt die instrumentelle Tätigkeit die theoretische. Anfangs noch stark an der Reorganisation des Meteorologischen Instituts beteiligt, konnte er sich bald den Vorarbeiten für das neue Observatorium in Potsdam widmen. Schon bei dem Bau des Magnetischen Observatoriums leistete er wichtige Dienste, z. B. ist die Auswahl der Baumaterialien und ihre Prüfung auf Eisenfreiheit im wesentlichen von ihm ausgeführt worden. Das Meteorologische Observatorium aber kann, soweit es die Einrichtung anbetrifft, vorwiegend als sein Werk bezeichnet werden. Nach Fertigstellung des Baues wurde er 1892 zum Vorsteher dieses Meteorologisch-Magnetischen Observatoriums ernannt und siedelte nach Potsdam über. Von nun an widmete er seine ganze Arbeitskraft diesem Observatorium und war unermüdlich bestrebt, dessen Einrichtungen zu verbessern. Äußerlich gestaltete sich Sprungs Lebensgang recht einfach; nur soweit es seine amtlichen Pflichten erforderten, trat er aus seinem selbst geschaffenen Wirkungskreise heraus. Dagegen lernten ihn die Fachgenossen mehr und mehr wegen seiner gründlichen Kenntnisse schätzen, und auch er blieb in engem Verkehr mit ihnen. Wissenschaftliche Gesellschaften besuchte er oft und gern und griff häufig in die Diskussion ein. Mit Vorliebe trieb er mathematische Studien, um seine Kenntnisse zu vertiefen; aber leider fand er in Potsdam wenig Muße zu theoretischen Veröffentlichungen. Dazu kam, dass ihn in den letzten Jahren ein langsam fortschreitendes nervöses Leiden, verbunden mit schweren Funktionsstörungen, an ruhiger, anstrengender Geistesarbeit hinderte. Mit Besorgnis sahen Sprungs Freunde und Kollegen seinen Gesundheitszustand schnell schlechter werden, aber er selbst glaubte unter großen körperlichen und seelischen Qualen seinem Pflichtbewusstsein schuldig zu sein, bis zuletzt auf seinem Posten als Leiter des Observatoriums auszuharren. Das Schreckgespenst, sein geliebtes Observatorium als Invalide verlassen zu müssen, ist ihm erspart geblieben. Obwohl er seit dem Frühjahr 1908 krankheitshalber den Dienst nicht mehr versehen konnte, kam den meisten doch unerwartet die Nachricht, dass er am 16. Januar 1909 aus dem Leben geschieden sei. Manche verlieren in Sprung einen treuen Freund, viele einen hilfsbereiten Berater, der trotz seiner überragenden Geisteskräfte stets bescheiden im Hintergrund blieb, die Wissenschaft betrauert in ihm den Verlust eines erfolgreichen, strengen und selbstlosen Forschers.

Die schon unmittelbar nach dem Eintritt in die Deutsche Seewarte sich zeigende Gliederung von Sprungs Tätigkeit in theoretische und instrumentelle Untersuchungen lässt sich fast während seines ganzen Lebensganges scharf voneinander sondern. Die theoretischen Arbeiten gingen aus von einer durch Sprungs Beschäftigung im praktischen Witterungdienst veranlassten Ableitung von Erfahrungssätzen über Beziehungen zwischen Windstärke und Gradient, führten dann zu wichtigen Studien über die Mechanik der horizontalen Luftbewegungen und können insgesamt wohl als ein Lehrgebäude der atmosphärischen Mechanik in geometrischer Darstellung bezeichnet werden. Um die Bedeutung dieser Arbeiten zu würdigen, muss man sich den Stand der Meteorologie vor 30 Jahren vergegenwärtigen. Die theoretischen Untersuchungen über den Einfluss der Erdrotation auf Luftbewegungen, die ergeben hatten, dass nicht nur meridional fortschreitende Körper durch Erdrotation abgelenkt werden, sondern dass diese Ablenkung vom Azimut der Bewegung unabhängig ist, waren den Meteorologen noch wenig bekannt, und die Beeinflussung der Winde durch die Erdrotation wurde fast ausschließlich durch das Hadley-Dovesche Theorem erklärt. Das Hadleysche Prinzip, wonach ein Körper, der sich in einer bestimmten Breite in relativer Ruhe befand, bei einem meridional gerichteten Impulse in allen anderen Breitenkreisen mit derselben absoluten Geschwindigkeit weiter rotiert, war namentlich durch Doves Anwendung auf das Gesetz der Stürme zu Ehren gekommen und schien zur Erklärung der allgemeinen Luftzirkulation ausreichend, während Sprung durch eine geometrische Ableitung zeigte, dass bei Verschiebung der Luftteilchen in andere Breiten nicht nur Bewegungen durch Trägheit entstehen, sondern dass auch eine äußere Arbeit aufgewendet werde. Größe und Richtung dieser äußeren Kräfte werden durch die Abweichung von der Trägheitsbahn angegeben. Abgesehen von der eleganten mathematischen Ableitung liegt die Bedeutung der Sprungschen Untersuchung darin, dass sie zu Schlüssen auf die „Physiologie" der barometrischen Depressionen benutzt wurde; z. B. zeigte er, dass die sogenannte „Kondensationstheorie" der Depressionen aus physikalischen Gründen unhaltbar sei. Diese Arbeiten sind zuerst in den Annalen der Hydrographie *und in der Zeitschrift der österreichischen Gesellschaft für Meteorologie niedergelegt und später zusammenhängend in seinen „Studien über den Wind und seine Beziehungen zum Luftdruck" dargestellt.*

Im zweiten Teile dieser „Studien" findet sich auch schon das von Sprung geforderte Gesetz einer täglichen Periode der Windrichtung angedeutet. Es ist charakteristisch für die klare Denkweise Sprungs, dass er dieses Gesetz – in der Ebene (Nordhemisphäre) hat der Wind die Tendenz vormittags mit dem Uhrzeiger, nachmittags gegen den Uhrzeiger umzugehen; auf Berggipfeln ist es umgekehrt – zuerst theoretisch aus der Wechselwirkung zwischen den untersten und den höheren Luftschichten ableitete und erst später den Nachweis für das wirkliche Vorhandensein einer solchen Drehung beizubringen suchte, was bei dem damaligen Mangel an Windregistrierapparaten eine recht umständliche Arbeit war. Diese empirische Untersuchung dehnte er auch auf die Ozeane aus, wobei er auf weitere bisher unbekannte periodische Bewegungen stieß, die er auf Passatstörungen schob, die aber anscheinend nicht weiter verfolgt sind. Später schlossen sich hieran Ermittlungen über die tägliche Periode der stürmischen Winde und der Zyklonen an.

Sprungs erste theoretischen Arbeiten standen ganz unter dem Einflusse der Resultate des Amerikaners Ferrel, in dessen Gedankengang er sich vollständig eingearbeitet hatte. Es ist ihm als besonderes Verdienst anzurechnen, dass er die teilweise recht schwierigen mathematischen Entwicklungen Ferrels den deutschen Meteorologen in mehreren Referaten zugänglich gemacht hat, die jedoch den Rahmen der üblichen Besprechungen insofern weit übertreffen, als die Resultate verschiedentlich durch eigene Entwicklungen oder durch Hinweise auf Experimente erläutert sind. Auch die hier entwickelten Vorstellungen über die allgemeine Zirkulation der Atmosphäre beruhen teilweise auf eigenen Überlegungen. Dieses selbständige Durcharbeiten fremder Theorien machte ihn ganz besonders dazu geeignet, ein Lehrbuch der Statik und Dynamik der Atmosphäre zu schreiben, und es wurde diese Aufgabe in seiner 1885 erschienenen „Meteorologie" in geistreicher und eigenartiger Weise gelöst. Das Buch verzichtet bewusst auf Vollständigkeit, ist aber didaktisch meisterhaft durchgeführt und bei gründlichem Studium auch heute noch geeignet, den Leser in eine streng logische Behandlung der Bewegungsvorgänge der Atmosphäre einzuführen[12].

Durch die Übersiedlung Sprungs nach Berlin und durch neue Arbeiten vornehmlich instrumenteller Art wurden seine Studien über atmosphärische Zirkulationen etwas zurückgehalten, obgleich sich gerade in jener Zeit auch andere Forscher mehr mit solchen Fragen beschäftigten. Erst 1890 erschien ein neuer Beitrag von Sprung, veranlasst durch die geniale Arbeit von Werner von Siemens über die Erhaltung der Kraft im Luftmeere der Erde, worin er einige Ungenauigkeiten in den Entwicklungen von Siemens nachwies und von neuem für die Arbeiten Ferrels eintrat. Hier wie auch bei den späterhin mehrfach nötigen Polemiken, in die Sprung durch

---

12 Köppen schreibt in seinem Nachruf in der *Meteorologischen Zeitschrift*: „Dieses Lehrbuch ist eine durchaus originale und eigenartige Schöpfung seines Geistes, viele Teile auf eigenen Untersuchungen aufgebaut, alle in seinem Kopfe verarbeitet, nichts einfach nachgeschrieben. Seiner Bescheidenheit hätte ein minder anspruchsvoller Titel besser gefallen. Ich überredete ihn aber zu diesem, weil die Meteorologie im Kampfe um ihre Aufnahme unter die exakten Wissenschaften die Betonung ihres theoretischen Lehrgebäudes zugute kommen musste. Der immer wiederkehrenden Behauptung, dass die Meteorologie nichts als ein Wust von Zahlen sei, konnte nicht besser entgegengetreten werden als durch ein ‚Lehrbuch', das diese Zahlenmassen etwas einseitig und demonstrativ in den Hintergrund schob und sich dafür die Mechanik der Atmosphäre als Hauptaufgabe stellte." Hellmann bezeichnete es in seiner Bibliographie des meteorologischen Lehrbuchs von 1917 als „die erste theoretische Meteorologie".

seine älteren theoretischen Untersuchungen hineingezogen wurde, ist die Sachlichkeit und Ruhe charakteristisch, mit der er jede Streitfrage behandelt, so dass durch solche Erörterungen stets ein Fortschritt in der Klarstellung des Problems erreicht wurde.

Die letzten Beiträge zur Dynamik der Atmosphäre (erschienen 1895 und 1897) beschäftigen sich mit der vertikalen Komponente der ablenkenden Kraft der Erdrotation. Sprung gibt zu, dass er früher die vertikalen Bewegungen etwas unterschätzt hat, kommt aber doch zu dem Endresultat, dass „eine unmittelbare, nachhaltig bewegende Wirkung der Vertikalkomponente des ablenkenden Einflusses der Erdrotation bei horizontaler Luftbewegung nicht existiert." Allerdings war dadurch diese Streitfrage, in die auch Meinungsverschiedenheiten über die Definition der einzelnen Größen hineinspielen, nicht erledigt. Sprung selbst hat, abgesehen von kleinen Bemerkungen zu den von ihm bearbeiteten Referaten über dynamische Meteorologie in Die Fortschritte der Physik *nichts mehr darüber veröffentlicht, und er hat anscheinend auch keine Aufzeichnungen darüber hinterlassen, obgleich ihn das Problem sicherlich noch viel beschäftigt hat. Er war sich auch, darüber vollkommen im klaren, dass entsprechend den neuen Erforschungen der höheren Luftschichten und namentlich entsprechend den Ermittlungen über die starken unperiodischen Temperaturschwankungen in der Höhe die theoretische Behandlung der atmosphärischen Zirkulation erweitert werden müsse gegenüber den Entwicklungen Ferrels, die vorwiegend die horizontalen Luftströmungen berücksichtigen. Zum Teil aus diesem Grunde zögerte er mit der neuen Ausgabe seines Lehrbuches, um die er von Fachgenossen wiederholt dringend gebeten wurde. Später hinderte ihn der Verfall seiner Körperkräfte daran, diese wichtige Arbeit aufzunehmen.*

Freude an instrumentellen Arbeiten hat Sprung schon seit früher Jugend gezeigt, und es ist daher begreiflich, dass er sich sofort nach seinem Eintritt in die Deutsche Seewarte mit der Verbesserung der meteorologischen Apparate beschäftigte. Er erkannte bald, dass gute Registrierinstrumente ein dringendes Bedürfnis für eine Vertiefung der meteorologischen Forschung seien, und sein Bestreben war von vornherein darauf gerichtet, nur Instrumente von höchster Genauigkeit zu konstruieren, Instrumente, welche denen für direkte Ablesungen möglichst gleichwertig sind. Sprung begann mit der Konstruktion eines Barographen. Hier lagen die Hauptschwierigkeiten in einer Beseitigung des Temperatureinflusses und der Reibung der Schreibfeder. Schon 1877 gelang es ihm aber, dieses Problem zu lösen. Das neue Prinzip seines Laufgewichtsbarographen liegt darin, dass die der Messung unterworfenen Kräfte mittels einer Waage bei nahezu unveränderlicher Lage des Waagebalkens, also ohne dass sich der Angriffspunkt der Kräfte verschiebt, aufgezeichnet werden. Durch die verständnisvolle Mitarbeit des Mechanikers R. Fueß in Berlin war es möglich, den Apparat schon in kurzer Zeit konstruktiv so weit durchzubilden, dass er allen anderen Barographen an Genauigkeit weit überlegen war. Das erste Exemplar wurde 1879 auf der Berliner Gewerbeausstellung gezeigt, und damals wurde auch schon eine genaue, später nur wenig erweiterte Theorie seines Apparates gegeben, wie es denn überhaupt ein Verdienst Sprungs ist, dass er für seine Neukonstruktionen sofort die theoretischen Bedingungen entwickelte. Unerwartet schwierig gestaltete sich die Umarbeitung der Laufgewichtswage zu einem Waagethermographen oder einem Thermobarographen. Obgleich zwei Apparate der letzten Art seit vielen Jahren in Betrieb sind, hat Sprung nach dieser Richtung bis kurz vor seinem Tode viel experimentiert, ist aber mit dem Erfolg nicht völlig zufrieden gewesen. Ähnliches gilt von seinen Versuchen, den Winddruck zu registrieren, die bis 1882 zurückreichen. Dagegen bedeuten seine im Prinzip auch schon aus dieser Zeit stammenden Registrierapparate für Regenfall und Wind mit elektrischer Übertragung, wobei Regenmenge und Anemometerbewegung dem Papierverbrauch des Registrierstreifens proportional sind, einen großen Fortschritt der meteorologischen Technik. Die telegraphische Übertragung der Aufzeichnungen auf beliebige Entfernungen ist ein besonderer Vorzug dieser Apparate. Da eine mechanische Registrierung im Interesse einer einfacheren Bedienung liegt und für eine längere Zeit unbeaufsichtigten Apparat große Vorteile bietet, konstruierte Sprung später auch mechanisch registrierende Windapparate von denen der auf dem Turme des Potsdamer Meteorologischen Observatoriums aufgestellte Anemograph theoretisch und technisch besonders elegant durchgeführt ist, allerdings zum Teil in Anlehnung an französische und englische Vorbilder. Die Einrichtung der mechanischen Registrierung der augenblicklichen Windgeschwindigkeit und die Entwicklung der Theorie dieses „Kinemographen" sind im wesentlichen Sprungs eigenes Werk.

Zu den Lieblingsaufgaben Sprungs gehörte das Studium der Wolken. Die Bedeutung einer häufigen Verfolgung der oberen Wolken hat er schon in seinen ersten theoretischen Arbeiten betont, und er suchte selbst durch Beobachtung, Messung und Photographie zur weiteren Erforschung beizutragen. Die kleine Arbeit „über die Verwendung des einfachen Wolkenspiegels zur Bestimmung der Winkelgeschwindigkeit der Wolken" ist charakteristisch dafür, wie Sprung mit primitiven Mitteln, aber nach gut durchdachter Methode arbeitete. Die Beschäftigung mit der Photographie und die Aufnahme optischer Phänomene führte ihn in das Gebiet der bis dahin noch gar nicht bearbeiteten meteorologischen Photogrammmetrie. Mit größeren Mitteln konnte sich Sprung in Potsdam der Wolkenforschung widmen, und als international die systematische Messung von Höhe und Bewegung der Wolken während eines bestimmten Jahres (1896/97) beschlossen wurde, da war es Sprung, der als einer der besten Wolkenkenner in erster Linie an der Vorbereitung und Durchführung dieses Planes beteiligt war, und dafür sorgte, dass das Potsdamer Observatorium besonders reichhaltiges Material lieferte. Sprung persönlich förderte in dieser Zeit die Wolkenforschung durch eine sehr gründliche Studie über die allgemeinen Formeln der Photogrammmetrie und durch die Konstruktion eines „Wolkenautomaten", der nach Einschaltung eines elektrischen Stromes ganz selbständig Zenitaufnahmen an zwei 1½ km voneinander entfernten Standorten liefert. Die weitere Vervollkommnung und Prüfung dieses Apparats hat Sprung in den letzten Jahren viel beschäftigt, und es bereitete ihm besondere Freude, dass sich diese Methode der Wolkenhöhenmessung so gut bewährt.

Es bedarf kaum der Erwähnung, dass ein so rastlos tätiger und instrumentell so geschickter Forscher wie Sprung die meteorologischen Apparate auch in vielen Einzelheiten verbessert und zahlreiche Laboratoriumsapparate konstruiert hat, die nicht einzeln aufgeführt werden können. Es seien hier nur erwähnt: seine Umbildung der Laufgewichtswage zur Registrierung der Verdunstung, des Niederschlags, der Luftdichtigkeit, der Ausflussgeschwindigkeit, und der Stärke der Stromintensität; ferner, seine Verbesserung des luftelektrischen Instrumentariums durch eine automatisch wirkende Nachfüllvorrichtung des Wasserkollektors und eine automatische Umschaltung der Empfindlichkeit des Elektrometers. Nebenher gingen einige Experimental-Untersuchungen, z.B. die Bestimmung des Reduktionsfaktors für Feuchtigkeitsmessungen mit Aßmanns Aspirationspsychrometer, methodologische Arbeiten (z.B. über die Häufigkeit beobachteter Lufttemperaturen in ihrer Beziehung zum Mittelwerte derselben; über Regenstunden und Regendauer) und allgemeine meteorologische Studien (Über Regenstreifen). ...

Das Preußische Meteorologische Institut muss den Verlust eines solchen Mitgliedes wie Sprung besonders tief beklagen; auf der anderen Seite aber kann es stolz sein, dass ein so hervorragender Forscher seine Spuren in die Annalen der Institutsgeschichte eingeschrieben hat.

Paul Schreiber (1848-1924)[13]

Das Denkmal für seine Verdienste um die sächsische Klimatologie hat sich Schreiber schon selbst in seinen amtlichen Schriften gesetzt.
Süring

Vielleicht wird die Zukunft doch etwas anders urteilen und feststellen, dass Schreiber in der Behandlung mancher Fragen seiner Zeit vorausgeeilt ist.[14]
Süring

Gehörte zu den Pionieren der deutschen meteorologischen Wissenschaft.
Alt

Am 29. Dezember 1924 ist der langjährige, seit 1921 im Ruhestand lebende Direktor der sächsischen Landeswetterwarte, Oberregierungsrat Professor Dr. Paul Schreiber gestorben. Bis zuletzt war der Sechsundsiebzigjährige geistig angestrengt tätig, ein Gehirnschlag traf ihn bei der Korrektur eines neuen Werkes über Wärmemechanik wasserhaltiger Gasgemische. Mit ihm ist ein Mann dahingegangen, dessen Bedeutung für die Vertiefung unserer Wissenschaft und insbesondere für die Erforschung der Klimatologie des ehemaligen Königreiches Sachsen noch viel zu wenig gewürdigt ist. Ein volles Verständnis für die Lebensarbeit des Verstorbenen erhielt man allerdings erst dann, wenn man ihm persönlich näher trat und ihn nicht nur nach seinen Veröffentlichungen zu beurteilen brauchte. Um seine Leistungen beurteilen zu können, muss man etwas von seinem Lebenslauf wissen.

Karl Adolph Paul Schreiber wurde am 26. August 1848 in Strehla an der Elbe als Sohn des dortigen Bürgermeisters geboren. Seinen Vater hat Schreiber als seinen besten Freund bezeichnet und neben ihm diejenigen, welche auf seine Fortentwicklung den größten Einfluss genommen haben: den Physiker Adolf F. Weinhold, welcher sein Lehrer und späterer Kollege an den technischen Staatslehranstalten in Chemnitz war, den Astronomen Carl Bruhns, welcher seine Studien in Dresden und Leipzig förder-

---
13 Nachruf von Reinhard Süring (von 1925). Foto aus dem Fotoarchiv der Meteorologischen Bibliothek des Deutschen Wetterdienstes.
14 So hat Schreiber etwa vor Cleveland Abbe und Vilhem Bjerknes im Jahr 1898 sieben Gleichungen, vier hydrodynamische, zwei Zustands- und eine Wärmegleichung für sieben Feldgrößen betrachtet, um aus gemessenen Feldern die nicht beobachteten zu erhalten (SCHREIBER 1998).

te, und den ersten Direktor der Deutschen Seewarte Georg von Neumayer. Die Gefühle der Hochachtung waren gegenseitig, diese drei bedeutenden Männer schätzten in dem Verstorbenen besonders sein mathematisches Geschick, seine experimentellen Fähigkeiten und seine unermüdliche Arbeitslust.

Schreiber beschäftigte sich anfangs vorwiegend mit höherer Geodäsie und Astronomie und wurde nach Abschluss seiner Studien Lehrer an dem Technikum in Chemnitz (1872 bis 1882). Aus der Zeit dieser Lehrtätigkeit stammt außer einigen geodätischen Abhandlungen sein „Handbuch der barometrischen Höhenmessungen" (Weimar 1877), das zwei Auflagen erlebt hat. Von Bruhns wurde er in die Meteorologie eingeführt. Das Sorgenkind der Leipziger Sternwarte war das Schadewellsche Wagebarometer, es wurde der Pflege Schreibers anvertraut und gab Anlass zu dessen ganz ausgezeichneten Doktor-Dissertation: „Untersuchungen über die Theorie und Praxis des Wagebarometers" ..., in welcher nicht nur die Theorie des Instruments äußerst gründlich untersucht, sondern auch auf Grund eines selbst gebauten Wagebarometers wichtige Experimental-Untersuchungen und Vorschläge für eine Registrierung mitgeteilt sind. In einer größeren Zahl von Arbeiten hat Schreiber seine Gedanken weiter verfolgt und das Prinzip eines Barothermographen, eines Wagemanometers und eines Universalinstruments (Telemeteorographen) entwickelt. Hierdurch wurde Neumayer veranlasst, bei Schreiber einen Barothermographen zu bestellen, welcher mehrere Jahre an der Deutschen Seewarte in Hamburg gearbeitet hat und sich jetzt im Deutschen Museum zu München befindet. Die Hartnäckigkeit, mit welcher an dem Prinzip des Winkelhebelmanometers festgehalten wurde, ist ganz charakteristisch für Schreiber. Obgleich er selbst schon in seiner Dissertation auf so viele schwer zu berücksichtigende Korrekturen der unmittelbaren Angaben hingewiesen hat, dass ein Unparteiischer hinsichtlich der praktischen Durchführbarkeit stutzig werden muss, und obgleich Sprung in seiner Laufgewichtswage eine andere geniale Lösung des Problems gefunden hat, hat er sich zeitlebens mit der Vervollkommnung seiner eigenen Ideen beschäftigt, und noch 1918 schrieb er: „Mit dem Wagebarometer begann mein wissenschaftliches Leben, und ich will hoffen, dass mir Gott noch einige Jahre zu recht eingehender Arbeit mit Wagebarometern schenkt."

Durch Bruhns ist der Verstorbene auch zur Beschäftigung mit Klimatologie angeregt worden. Schon als Physiklehrer in Chemnitz stellte er seine freie Zeit Bruhns für meteorologische Arbeiten zur Verfügung. Nach dem Tode von Bruhns (1881) war daher niemand besser als er zur Leitung des 1863 gegründeten sächsischen Netzes geeignet. Ende 1881 wurde unter dem Direktoriat [sic] von Schreiber ein königlich sächsisches meteorologisches Institut in Chemnitz eingerichtet, aber unter den ungünstigsten äußeren Verhältnissen! Während Bruhns in Leipzig unter dem Schutze der Universität Personal, Räumlichkeiten und Geldmittel verhältnismäßig leicht beschaffen konnte, machte sich in Chemnitz das Fehlen dieser Grundbedingungen für ein meteorologisches Institut auf das störendste bemerkbar. Dazu kam, dass die übergroße Anspruchslosigkeit des neuen Direktors und sein Mangel an diplomatischem Geschick es den vorgesetzten Behörden allzu leicht machten, berechtigte Forderungen auf das Äußerste herabzudrücken. Aber Schreiber wusste sich zu helfen. Mit klarem Blick für die meteorologischen Bedürfnisse des Landes widerstand er der Versuchung, das Stationsnetz auszubauen und zu erweitern; sein Hauptaugenmerk war vielmehr zunächst darauf gerichtet, das Beobachtungsmaterial so schnell wie möglich zu verarbeiten und zu veröffentlichen. Hierdurch hat sich Schreiber ein unvergängliches Verdienst um die deutsche Klimatologie erworben. Trotz der dürftigen Ausstattung der Stationen blieb das Netz in sich homogen und klimatologisch voll verwertbar, was erst neuerdings durch die vom jetzigen Direktor E. Alt herausgegebenen sächsischen Isothermenkarten bewiesen ist. Alt konnte hierzu 38 (!) sächsische Stationen verwenden, darunter 12 mit 57jährigen Reihen, und die Prüfung der Normalstationen auf Zuverlässigkeit war vollauf zufriedenstellend.

Die etwa 30 von Schreiber herausgegebenen Meteorologischen Jahrbücher – das erste für 1883 erschien schon 1884 – sind nun keineswegs einfache statistische Zusammenstellungen, sondern sie enthalten neben den laufenden Beobachtungen eine Fülle von besonderen Beobachtungen und Bearbeitungen, instrumentellen und methodologischen Einzelheiten (z. B. sehr bemerkenswerte Betrachtungen über die Bedeutung der Kapillardepression bei Barometervergleichungen und über harmonische Analyse) und einen großen Teil der Schreiberschen wissenschaftlichen Abhandlungen. Von letzteren seien hier nur die kritische Bearbeitung der Luftdruckmessungen in Sachsen 1866-1900 (Jahrgang 1900) und die Studien über Erdbodenwärme und Schneedecke (Jahrgang 1901 mit wichtigen Experimentaluntersuchungen) genannt. Zu den Jahrbüchern traten bald besondere wissenschaftliche Veröffentlichungen hinzu, und zwar im Jahre 1892 „Das Klima von Sachsen" (bis 1915 fünf Hefte, davon vier von Schreiber verfasst) und 1896 die „Abhandlungen" (bis 1901 sechs Hefte, sämtlich von Schreiber). Daneben vergaß er aber nie die praktischen Aufgaben seines Instituts. Schon in den achtziger Jahren widmete er dem Prognosenwesen und der Wasserwirtschaft Sachsens große Aufmerksamkeit; die hydrographischen Abhandlungen sind viel beachtet worden.

Die Verlegung des Instituts von Chemnitz nach Dresden im Jahre 1905 war zwar ein erfreulicher Fortschritt, aber die zur Verfügung stehenden Mittel blieben doch noch außerordentlich bescheiden, bis das Jahr 1914 die Bewilligung von Wetterwarten auf der Wahnsdorfer Kuppe bei Dresden und auf dem Fichtelberg (1215 m) brachte. Die neuen Gebäude wurden 1916 bezogen, und damit sah sich Schreiber – um seine eigenen Worte zu gebrauchen – „am Ziele der Bestrebungen und Bemühungen langer Jahre". Die Freude, welche ihm namentlich die instrumentelle Ausrüstung des Wahnsdorfer Instituts bereitete, konnte er noch mehrere Jahre genießen. Erst im 73. Lebensjahre schied er aus dem Dienst.

Neben seinen vielen amtlichen wissenschaftlichen Arbeiten hat Schreiber noch reiche Abhandlungen in Zeitschriften veröffentlicht. ...

Das Bild Schreibers wäre unvollständig, wenn nicht nochmals seine Liebe zum wissenschaftlichen Rechnen hervorgehoben würde. Seine Bestrebungen, auch scheinbar einfache Vorgänge in ein mathematisches Gewand zu kleiden, und so Gesetzmäßigkeiten von Zufälligkeiten zu trennen, sind von manchen seiner Kollegen nicht ganz verstanden und als kleinlich ausgelegt worden. Einige an sich berechtigte Einwürfe gegen seine Anschauung sind in diesem Zusammenhange manchmal übertrieben bewertet worden, vielleicht wird die Zukunft doch etwas anders urteilen und feststellen, dass Schreiber in der Behandlung mancher Fragen seiner Zeit vorausgeeilt ist. Jedenfalls hat er selbst sich dadurch nicht in seiner Freude am Rechnen beirren lassen. In seinen letzten Lebensjahren hat er sich fast ausschließlich mit der Verbesserung graphischer und rechnerischer Hilfsmittel beschäftigt. ... Im Verlage von Vieweg sind zwei Bücher von ihm über Flächennomographie erschienen, das dritte und letzte Werk (Wärmemechanik wasserhaltiger Gasgemische) wird hoffentlich bald folgen.

Die Deutsche Meteorologische Gesellschaft hat den Verstorbenen schon in ihrer Gründungsversammlung 1883 in den weiteren Vorstand gewählt; nachdem er 40 Jahre dieses Amt versehen hatte, ist er 1923 [mit Hellmann] zum Ehrenmitglied ernannt worden. Durch ruhige, sachliche Ratschläge hat er stets die Gesellschaft zu fördern gesucht. Meinungsverschiedenheiten sind unter Kollegen unvermeidlich, aber jeder, der Schreiber in kleinem Kreise kennenlernte, musste ihn hoch schätzen wegen seines Gedankenreichtums, seines ernsten wissenschaftlich Strebens und seiner ehrlichen Gesinnung. Das Denkmal für seine Verdienste um die sächsische Klimatologie hat sich Schreiber schon selbst in seinen amtlichen Schriften gesetzt. Der jüngeren Meteorologengeneration bleibt es vorbehalten, in ihm auch den mathematisch denkenden Meteorologen zu ehren.

Robert Billwiller (1849-1905)[15]

Billwiller war es, der zuerst, im Jahre 1878, das System der täglichen telegraphischen Witterungsberichte und Prognosen in [die Schweiz] einführte.

Maurer

Von einem langen und qualvollen Leiden hat der Tod den verdienstvollen, langjährigen Direktor der Schweizerischen Meteorologischen Zentralanstalt den 14. August d. J. erlöst. Mit den Bestrebungen der wissenschaftlichen und praktisch-meteorologischen Forschung, der gewissenhaften Pflege und regsten Förderung zahlreicher Aufgaben auf klimatologischem Gebiete im schweizerischen Alpenlande wird Billwillers Name immer aufs engste verknüpft sein und mit Ehren genannt werden.

Robert Billwiller ist geboren in St. Gallen, den 2. August 1849; er studierte seit 1869 in Zürich, Göttingen und Leipzig Naturwissenschaften, namentlich Mathematik und Astronomie. Sein berühmter Lehrer in letzterer Disziplin war der ausgezeichnete Bruhns, der aus dem jungen Schweizer Studenten auch einen vortrefflichen, praktischen Rechner heranbildete. 1872 kam Billwiller als Assistent für Meteorologie an die Züricher Sternwarte unter die Direktion des unvergesslichen Rudolf Wolf, wo er (in Nachfolge Weilenmanns) in erster Linie die Leitung und Bearbeitung der meteorologischen Beobachtungen des noch jungen, von der Schweizerischen Naturforschenden Gesellschaft Ende des Jahres 1863 gegründeten, Stationsnetzes übernahm. Damals schon existierte auf der Eidgenössischen Sternwarte in Zürich unter dem Namen einer »Meteorologischen Zentralanstalt« ein kleines Bureau für Sammlung, Sichtung und Drucklegung der Beobachtungen des großen schweizerischen Stationsnetzes, das unter dem Patronate der Schweizerischen Naturforschenden Gesellschaft von einer besonderen meteorologischen Kommission, unter Wolfs Vorsitz, geleitet und vom Bunde subventioniert war. Dem damaligen Assistenten Billwiller waren ein bis zwei Hilfsrechner beigegeben, welche unter ihm als Chef eben jenes einfache Bureau bildeten.

---

15 Nachruf von Julius Maurer (1857-1938). Foto aus dem Fotoarchiv der Meteorologischen Bibliothek des Deutschen Wetterdienstes. Zu Robert Billwiller kann man dem Buch von Frau HUPFER (2019) weitere Auskunft entnehmen.

Nicht zum wenigsten durch Billwillers unablässige Bemühungen wurde jene anfänglich bescheidene meteorologische Zentralanstalt 1881 zum Staatsinstitut erhoben und Billwiller als Direktor derselben vorgesetzt. Von der Popularität der damals noch so jungen Schweizerischen meteorologischen Zentral-Anstalt zeigt wohl am besten die Tatsache, dass ein vermöglicher Bürger von Winterthur, Friedrich Brunner, der am 1. Mai 1885 in Zürich starb, in seinem Testamente das Institut zum Haupterben eingesetzt hat und zwar mit der Bestimmung, dass ihm nicht nur über die Zinsen des sich auf zirka 125.000 Frcs. belaufenden Kapitals, sondern auch über letzteres freie Verfügung zusteht, wenn dasselbe der Mittel zur Erweiterung der Anstalt oder zur Förderung der Wissenschaft in irgend einer Art bedarf. Billwiller war es, der zuerst, im Jahre 1878, das System der täglichen telegraphischen Witterungsberichte und Prognosen in unser Land einführte, und ihm verdanken wir auch die Gründung einer meteorologischen Hochstation erster Ordnung auf dem Säntisgipfel, welche im September 1882 aus freiwilligen Beiträgen eröffnet und die 1885 dann definitiv der Bund übernahm.

Als Billwiller zu Anfang der Siebziger-Jahre sein Amt antrat, waren 85 meteorologische Beobachtungsstationen in der Schweiz vorhanden; unter seiner Führung erhöhte sich deren Zahl auf 118 und überdies, von ihm organisiert, trat dazu noch ein besonderes, großes Netz trefflich ausgerüsteter Regenmessstationen, die uns die regelmäßigen, täglichen Messungen des Niederschlags besorgen. Es sind heute in unserem Lande gegen 270 solcher Ombrometerstationen in ununterbrochener Tätigkeit zu Nutz und Frommen vielseitiger praktischer Zwecke, namentlich für wichtige hydrologische Fragen. Auch manche weitere organisatorische Aufgabe blieb im Laufe der Jahre dem Direktor unseres meteorologischen Landesdienstes zur regsten Betätigung übrig. In welch trefflicher Weise dem Verewigten die Lösung derselben gelungen ist, das beweist die Anerkennung, welche das Wirken der Schweizerischen Meteorologischen Zentralanstalt unter Billwillers Leitung in ausländischen Fachkreisen gefunden hat.

Verfasser umfangreicher, weitschichtiger Abhandlungen war Direktor Billwiller nicht, was er aber an zahlreichen meteorologischen und speziell klimatologischen Arbeiten geschrieben hat, das zeichnete sich stets durch eine ungewöhnliche stilistische Meisterschaft, Präzision der Forschung und scharfe Logik aus. In Fachkreisen sind namentlich seine Arbeiten aus dem letzten Jahrzehnt über typische Berg- und Talwinde und besonders über Wesen und Erscheinungsformen des Föhns sehr geschätzt. Billwiller verfügte über eine vortreffliche klassische Bildung, in Griechisch und Latein war er zu Hause wie in seiner eigenen Wissenschaft, ebenso wie der Verstorbene auch für Musik große Liebe und tiefgehendes Verständnis zeigte.

Selbstverständlich fehlte es im Leben des Verewigten nicht an zahlreichen äußeren Ehrungen. Robert Billwiller war teils korrespondierendes, teils Ehrenmitglied einer Reihe gelehrter Körperschaften. Im Jahre 1901 anerkannte die Basler Universität seine Verdienste um die Pflege der klimatologischen Forschung unseres Landes durch Ernennung zum Ehrendoktor. Als tätiges Mitglied gehörte Billwiller bereits seit Mitte der Achtziger-Jahre dem permanenten internationalen meteorologischen Komitee an, und später war er auch ständiger Präsident der Schweizerischen Erdbebenkommission.

Wer immer von den engeren und ferneren Fachgenossen die Hilfe Billwillers für wissenschaftliche Arbeiten in Anspruch nahm, fand bei ihm, dem stillen, bescheidenen Manne, stets freundliches Entgegenkommen; speziell in dem großen Kreise der Beobachter unseres schweizerischen Netzes hat er sich durch die herzliche Art seines Auftretens zahlreiche Freunde erworben. Leider – und das war die große Tragödie in seinem Leben – konnte Billwiller die Früchte seiner Arbeit nicht genießen. Mitten in arbeitsreichem Wirken überfiel ihn im Sommer vor drei Jahren das schreckliche Leiden, dem er nach unsäglichen Qualen nun erlegen ist. Alles in allem dürfen wir wohl sagen: Mit Dr. Robert Billwiller ist ein vortrefflicher Mensch aus dem Leben geschieden; neben den vorausgegangenen Paladinen Emil Plantamour, Rudolf Wolf und Heinrich Wild wird er stets einen ehrenvollen Platz einnehmen. Alle jene aber, die dem Verblichenen näher standen, werden ihm ein unvergängliches Andenken bewahren.

Karl Lang (1849-1893)[16]

Mit vielem Interesse wurden, besonders auch in Laienkreisen, seine Aufsätze über Influenza-Epidemien und die sie begleitenden Witterungserscheinungen aufgenommen.

Erk

---

16 Nachruf von Friedrich Erk (1857-1909), seinem Nachfolger in München. Foto aus dem Fotoarchiv der Meteorologischen Bibliothek des Deutschen Wetterdienstes.

Einem tückischen Leiden ist am 23. September 1893 zu München der verdienstvolle Direktor der K. Bayrischen Meteorologischen Zentralstation, Herr Dr. Karl Lang, erlegen. Er war am 10. Oktober 1849 zu Regensburg geboren, woselbst er 1868 das humanistische Gymnasium absolvierte. Hierauf bezog er die Universität München, um sich auf das Lehramt der Mathematik und Physik vorzubereiten. Bei dem ungewöhnlichen Lehrermangel, der 1870 durch die Einberufungen zum Feldzuge und durch die eben begonnene Reorganisation der technischen Mittelschulen eingetreten war, fand er schon im Herbste 1870 an der Gewerbeschule zu Werden Verwendung als Assistent und später als Lehramtsverweser. Da die Zeit seiner akademischen Studien zu kurz gewesen war, um die Grundlage für eine wissenschaftliche Entwicklung abgeben zu können, ließ er sich im Frühjahre 1872 von seiner bisherigen Stellung entheben und kehrte an die technische Hochschule zu München zurück, wo er nun hauptsächlich spezielle physikalische, sowie auch mathematische Studien betrieb. Bereits in diese Zeit fallen seine ersten Veröffentlichungen, welche die physikalischen Eigenschaften verschiedener Baumaterialien behandelten. Im Oktober 1874 wurde er zum Assistenten für Physik an der technischen Hochschule ernannt und im Jahre 1878 habilitierte er sich an derselben als Privatdozent für Physik unter Beibehaltung der Assistentenstelle. Zahlreiche, in das Gebiet der Hygiene hinübergreifende Arbeiten sind die Früchte seiner damaligen, bereits ungemein eifrigen Tätigkeit.

Im Sommer des Jahres 1878 wurden die Mittel zur Errichtung der bayrischen meteorologischen Zentralstation bewilligt und auf Antrag des ersten Direktors derselben, Herrn v. Bezold, wurde Lang zum Adjunkten des neuen Instituts ernannt. Was v. Bezold und Lang in den ersten Monaten zu leisten hatten und auch wirklich geleistet haben, ist nur Wenigen bekannt und weiß nur der Fachmann zu schätzen. Galt es doch nicht nur eine vollständig neue, ausgedehnte Organisation von den ersten Anfangen an zu schaffen, sondern es mussten auch noch ganz bedeutende materielle Schwierigkeiten überwunden werden. So waren die etatmäßigen Mittel erst für das Jahr 1879 bewilligt. Da man aber doch mit den organisatorischen Arbeiten, mit der Auswahl und Ausrüstung der Stationen, mindestens drei Monate vor Anfange des definitiven Betriebes beginnen musste, so war dieses Vierteljahr hereinzusparen. Überdies hatten diese beiden wissenschaftlichen Kräfte wenigstens in der ersten Zeit keine Hilfe neben sich außer einem Diener. Doch die Lösung der schwierigen Aufgabe gelang in glänzender Weise und das bayrische meteorologische Institut erfreute sich bald in Fachkreisen der aufrichtigsten Anerkennung. Herr v. Bezold hat es oftmals unumwunden ausgesprochen, dass ihm diese rasche Organisation nicht möglich gewesen wäre, wenn er in Lang nicht eine so nachhaltige und kräftige Unterstützung gefunden hätte.

Aus den zahlreichen Arbeiten, die Lang in seiner meteorologischen Laufbahn veröffentlicht hat, können wir nur die wichtigsten hervorheben. Stets war vor Allem sein Bestreben darauf gerichtet, das offizielle Jahrbuch der meteorologischen Zentralstation, die „Beobachtungen der meteorologischen Stationen im Königreich Bayern", bei möglichster Reichhaltigkeit des Inhalts tunlichst bald zur Veröffentlichung zu bringen. Zahlreiche klimatologische Bemerkungen hat er in den „Monatlichen Übersichten über die Witterung im Königreich Bayern" eingeflochten. Eine ganz besondere Aufmerksamkeit wendete er dem wettertelegraphischen Dienste zu, wie er auch die Verbreitung des Verständnisses desselben in weiteren Kreisen durch öffentliche Vorträge und gemeinverständliche Aufsätze unermüdlich zu fördern bestrebt war.

Nach der Verarbeitung der langjährigen Beobachtungsreihen von Bayreuth, Augsburg und Reichenhall, die wenigstens in der Hauptsache das Verdienst Langs ist, veröffentlichte er eine eingehende Untersuchung über das Klima von München. Diese Arbeit, welche vielfache Anerkennung fand, benützte er auch, um sich an der Münchner Universität als Dozent zu habilitieren. Besonders wichtig wegen der prinzipiellen Bedeutung und wegen der Anregung, die sie auf die Arbeiten anderer Forscher hatte, war seine Untersuchung „über den säkularen Verlauf der Witterung als Ursache der Gletscherschwankung in den Alpen".

Als im Jahre 1885 Herr v. Bezold nach Berlin zur Reorganisation und weiteren Leitung des K. Preußischen Meteorologischen Instituts berufen wurde, trat Lang an seine Stelle und war als sein Nachfolger ganz im gleichen Sinne beim weiteren Ausbau des meteorologischen Dienstes in Bayern tätig. Neben der konsequenten Weiterführung des bisherigen Betriebes finden wir manche wesentliche Erweiterung. So wurden die Untersuchungen über Gewitter durch ein Übereinkommen der süddeutschen Staaten über das ganze Gebiet vom Rhein bis zum Böhmerwald ausgedehnt und die gemeinschaftliche Verarbeitung in München zentralisiert. Gleichzeitig wurden damit die umfangreichen Untersuchungen über die Hagelfälle vereinigt. Als spezielles Thema behandelte Lang bei der Untersuchung der Gewitter die Fortpflanzungsgeschwindigkeit derselben. Viele Mühe verwendete er auch auf die Verfolgung von Säkularperioden in der Erscheinung der Blitz- und Hagelgefahr und in den Schwankungen der Niederschlagsmengen und Grundwasserstände, wobei er sich an die früheren Arbeiten anderer hervorragender Autoren anschließen konnte. Lang hat als einer der ersten ausgedehnte Beobachtungen über Dauer und Intensität der Schneedecke zur Durchführung und besonders zur raschen, regelmäßigen Veröffentlichung gebracht. Die Bestrebungen für wissenschaftliche Luftschifffahrt, die in München so viele Anhänger gefunden haben, wurden von Lang stets bestens unterstützt. [Fußnote: Auch mit instrumentellen Konstruktionen und Verbesserungen hat er sich öfters mit Erfolg beschäftigt.] Mit vielem Interesse wurden, besonders auch in Laienkreisen, seine Aufsätze über Influenza-Epidemien und die sie begleitenden Witterungserscheinungen aufgenommen. Als Lang seine letzte umfangreiche klimatologische Arbeit „über die durchschnittliche Häufigkeit und Wahrscheinlichkeit des Niederschlags in Bayern" begann, machten sich die ersten Anzeichen seines beginnenden Leidens geltend, doch hätte auch bei Vollendung derselben noch Niemand in seiner nächsten Umgebung die Nähe einer so überraschenden Katastrophe geahnt. Im letzten Winter musste er sich, gequält von starkem Hustenreiz und häufiger Atemnot, vom geselligen Verkehr sehr zurückziehen. Im vergangenen Sommer schien sich sein Leiden allmählich zu heben und von einer sechswöchentlichen Kur in Reichenhall kehrte er Ende Juli wesentlich gebessert zurück. In der vorletzten Woche des Septembers verschlimmerte sich sein Zustand sehr rasch. Am Abende des 22. September traten so schwere Beklemmungen ein, dass sich seine nähere Umgebung auf ein rasches Ende gefasst machen musste. Am Vormittage des 23. September verschied er in den Armen seiner Schwester, die ihm die treueste Pflege hatte zu Teil werden lassen. So war in verhältnismäßig jungen Jahren ein Leben, dem man wohl lange Dauer versprochen hätte, plötzlich abgeschnitten worden. Die Sektion ergab, dass der Tod durch die Entwicklung eines vom oberen rechten Lungenlappen ausgehenden Krebsleidens eingetreten war.

Der Österreichischen Gesellschaft für Meteorologie gehörte der Verstorbene an, seit er sich seiner Fachwissenschaft zugewendet hatte. An der Gründung der Deutschen Meteorologischen Gesellschaft hat sich Lang in eifrigster Weise beteiligt und seit Jahren war er Mitglied des Ausschusses derselben. Der Münchner Zweigverein verliert in ihm seinen langjährigen Vorstand und der Münchner Verein für Luftschifffahrt eines seiner eifrigsten Mitglieder, das mit Rat und Tat die Bestrebungen der wissenschaftlichen Luftschifffahrt zu fördern bestrebt war. Die Kaiserlich Leopoldinisch-Karolinische Deutsche Akademie der Naturforscher hatte den Verstorbenen 1888 zu ihrem Mitglied ernannt und als große Auszeichnung hatte er es empfunden, als ihm die Ende August 1891 zu München tagende internationale Konferenz der Repräsentanten der meteorologischen Dienste aller Länder zu ihrem Präsidenten und später zum Mitglied des permanenten internationalen meteorologischen Komites erwählte.

Wer immer von den engeren und ferneren Fachgenossen die Hilfe Langs für wissenschaftliche Arbeiten in Anspruch nahm, fand bei ihm das freundlichste Entgegenkommen. In dem großen Kreise der bayrischen Beobachter hat er sich durch die herzliche Art seines Auftretens zahlreiche Freunde erworben. Dem Gelehrten und Menschen wird ein ehrendes Angedenken bewahrt bleiben.

4 Vorsitz und Eröffnungsvorträge in der Deutschen Meteorologischen Gesellschaft

> *Als durch die Gründung der Deutschen Seewarte das allgemeine Interesse für meteorologische Fragen in Deutschland sichtlich gesteigert worden war, lag es nahe, an die Gründung einer meteorologischen Gesellschaft zu denken.*
>
> Gustav Hellmann

1908 – Versammlung zu Hamburg

Nach Bezolds Tod im Jahre 1907 folgte ihm Hellmann in der Institutsdirektion, auf dem Lehrstuhl an der Berliner Universität und als Vorsitzender der Deutschen Meteorologischen Gesellschaft. Im selben Jahr sollte satzungsgemäß die XI. allgemeine Versammlung der Gesellschaft einberufen werden, doch wurde sie auf das nächste Jahr verlegt, nicht nur aus Rücksicht auf den gesundheitlichen Zustand Bezolds, sondern vor allem, weil die Gesellschaft das Vierteljahrhundert ihres Bestehens feiern wollte. Daher wurde der einstige Ort ihrer Gründung, Hamburg, als Austragungsort gewählt. Die Jubelfeier fand Ende des neunten Monats von 1908 statt.

August Schmauß, der 31-jährig an dieser Hamburger Tagung teilgenommen hatte, schrieb über zwei Jahrzehnte später: „Ebenso kraftvoll wie in der Leitung der Direktorenkonferenzen, an die alle Teilnehmer mit Dank zurückdenken, war Hellmann in der Leitung der Tagungen der Deutschen Meteorologischen Gesellschaft. Die von ihm eingeführte Gepflogenheit, dass der Vorsitzende es als *nobile officium* ansah, den Eröffnungsvortrag mit einem allgemeinen Thema zu halten, haben wir beibehalten."

Eröffnungsvorträge vor versammelten Mitgliedern der Deutschen Meteorologischen Gesellschaft hielt Hellmann insgesamt viermal während der 15 Jahre im Vorsitz. In diesem Kapitel sollen diese Vorträge vorgeführt werden.

Bei der 25-Jahr-Feier in Hamburg trat unter Hellmanns Vorsitz der Gesamtvorstand zur beratenden Sitzung zusammen. Er hatte die Redaktion der *Meteorologischen Zeitschrift* an der Seite von Julius Hann Ende 1907 an Reinhard Süring übertragen, der seinerseits von Carl Kaßner[1] (1861-1950) als Schriftführer abgelöst wurde. Am 6. Juni schrieb Hellmann aus dem Potsdamer Observatorium an Köppen[2]:

> *Sehr geehrter Herr Kollege!*
>
> *Die Ruhe der Pfingsttage, die wir zum ersten Male in unserer kleinen Wohnung im Observatorium verbringen, benutze ich dazu, um Ihnen bezüglich der Septembertagung der D.M.G. zu schreiben, was ich längst schon tun wollte.*
>
> *Ich hoffe, dass der Schriftführer Prof. Kassner, der z. Z. auf Dienstreise ist, Ihnen alles richtig gemeldet haben wird. Anmeldungen zu Vorträgen sind bis jetzt wohl nur ganz spärlich eingegangen.*
>
> *Am meisten interessiert mich zu wissen, ob und wie sich das Lokalkomitee in Hamburg gebildet hat. Sodann, welche Räume für die Sitzungen in Aussicht genommen sind.*
>
> *Während die rein fachwissenschaftlichen Vorträge vielleicht in den Räumen der Seewarte abgehalten werden können, wäre für die öffentliche Sitzung ein großer, runder [?] Saal in Aussicht zu nehmen, vielleicht sogar ein solcher, in dem mit Lichtbildern gearbeitet werden kann.*
>
> *In einer Sitzung würden wir weitgehende Einladungen zu erlassen haben.*
>
> *Ein großer Vorzug und Gewinn für die ganze Tagung wäre es natürlich, wenn den Besuchern unserer fachwissenschaftlichen Darbietungen auch ein oder einige Vergnügungen geboten werden könnten. Das übliche Festessen, wo jeder für sich bezahlt, kann kaum dazu gerechnet werden.*
>
> *Ließe sich nicht durch die Hamburg-Amerika Linie etwas erreichen: Besuch eines großen Dampfers mit einem Imbiss oder eine kleine Fahrt mit dito [?]; vielleicht käme auch eine Hafenbesichtigung oder ein Ausflug nach Blankenese mit irgend einer Mahlzeit in der ... in Betracht.*
>
> *Doch will mir die Gastfreundschaft der H. A. Linie mehr „einleuchten".*
>
> *Gerade auf der Seewarte haben Sie und Ihre Herren Kollegen so viele und so alte Beziehungen zu Schiff-*

---

[1] Für eine Kurzbiographie verweise ich auf Anhang D.
[2] UB Graz: Nachlass Köppen (MS NL 2054), Korrespondenz Hellmann, Brief Nr. 654.

fahrtskreisen, dass sich wohl etwas machen lassen wird.

Auch die Stadt Hamburg ist ja sehr gastlich und ladet gerne ein. Ein 25 Jahre alter wissenschaftlicher Verein, der in Hamburg gegründet wurde, wird gewiss willkommen geheißen werden.

Ich bitte Sie mir, über alle diese Dinge bis Anfang Juli einmal freundlichst schreiben zu wollen. Mit guten Wünschen fürs Fest und bestem Gruß

Ihr sehr ergebener G. Hellmann

Am 14. September schreibt Hellmann über die Einzelheiten des Tagungsprogramms an Köppen[3]:

Berlin, 14.09.08

Sehr geehrter Herr Kollege!

Ihre Briefe habe ich alle richtig erhalten und danke bestens für sie.

Das Programm wird noch reicher: ich habe Dr. Alfred Wegener gebeten, über seine Drachen- u. Ballonbeob. auf der dänischen Grönland Exped. zu sprechen, und er wird dies tun nachdem [...?], der 2. Leiter der Expedition es gestattet hat.

Ob nach der Anmeldung von Teisserenc de Bort eines eigenen und eines mit Rotch gemeinschaftlich zu haltenden Vortrage letzterer seinen früher angemeldeten noch aufrecht erhält, weiß ich nicht. Jedenfalls wird die „Aerologie" den ganzen Dienstag in Anspruch nehmen, und ich überlege hin und her, ob wir nicht am Mittwoch noch Zeit für alle übrigen Vorträge gewinnen können. Nach der Schiffsbesichtigung kommt nichts mehr zu Stande. Ich glaube, wir tun am besten, am Mittwoch um 12h eine einstündige Pause zu machen, in der wir ganz in der Nähe zusammen etwas frühstücken, – bitte ich ev. nach einem passenderen guten Restaurant umzusehen – und dann bis gegen 3 weiter durcharbeiten.

Aus Anlass des 25j. Jubiläums hatte ich die 3 Schwestergesellschaften in Wien, London und Paris eingeladen, einen Delegierten zu senden bzw. den Präsidenten zu kommen.

Angot und Mill können nicht kommen, dafür kommen T.d.B. [Teisserenc de Bort] u. Harries. Wien schweigt ganz. Ich konnte Hann, der jetzt auf Reisen ist, nicht erlangen.

Ich möchte gern bald Bescheid wissen, ob Damen im Rathaus mit geladen werden. Meine Frau kommt vielleicht mit. Bei Tage sind wir Männer ja so beschäftigt, dass wir uns den Damen gar nicht widmen können, aber Abends könnten wir doch vielleicht mit ihnen zusammen sein. – T.d.B. u. R. [Rotch] als Ehrenmitglieder sind auch hier in Aussicht genommen.

Mit bestem Gruß Ihr G. Hellmann

Es folgt das Programm, wohl von Köppen (gut leserlich) hinzugefügt.

Am 26. Aug. an Süring zur Weitergabe Programm der Festsitzung muss festgestellt werden.

2. Hergesell's Vortrag und Antrag, Fragen aufzusetzen zur Diskussion.

Am 2. Sept. Dergl. Vortrag von Börnstein angemeld., gegen dessen Wunsch, ihn in die öffentl. Sitzung zu legen, unterstütze ich nicht.

Am 2. Sept. An die H.d.P.A.G.

Um die Vorbereitungen für die Allg. Versamlg. der DMG treffen zu können, die am 28. bis 30. Sept. in Hamburg stattfindet, bittet der Unterz. um sehr gefl. Beantwortung der von ihm gemeinsam mit H. Geh. R. H[ellmann] vor einem Montag an Sie gerichteter Anfrage.

Diese ging dahin, ob unserer Gesellschaft Gelegenheit zur Besichtigung eines großen Ozeandampfers und eventuell auch einiger anderer Einrichtungen der H.A. Linie geboten werden könne.

Nach der bis jetzt getroffenen Zeitverteilung könnte für diese Besichtigung am 30. September von 2 oder 3 Uhr nachmittags ab freigehalten werden.

Falls eine mündliche Besprechung gewünscht wird, bitte ich eine Zeit zu bestimmen, wann ich in Ihrem Bureau vorsprechen soll, am besten zwischen 12 und 1 an einem der nächsten Tage, da ich vorher und nachher nicht gut auf der Seewarte abkömmlich bin.

Hochacht.

11. Sept. an Hellmann. Die alten, aus Genf zurückgekommenen Briefe von Heidke und mir geschickt u. T.d.B.'s Vorträge angemeldet.

---

3 UB Graz: Nachlass Köppen (MS NL 2054), Korrespondenz Hellmann, Brief Nr. 655.

Antwort v. H. am 14. erh.

14. Karte ab: Rathaus keine Damen

15. Karte ab: Rathaus Ansprache. 25-30 Programme.

Vom 19. September hat sich auch Hellmanns Brief an Köppen, wieder aus Potsdam, erhalten[4]:

Potsdam 19.9.08

Sehr geehrter Herr Kollege!

Um noch mehr Zeit für die Fachsitzungen zu gewinnen, haben wir die Vorstandssitzung auf Sonntag 7h angesetzt. Wenn wir am Montag früh schon gegen oder vor 12h enden, können wir dann um 2h mit der Fachsitzung beginnen.

Das Programm ist nun fertig und kommt am Montag zur Verteilung. Ich werde Ihnen eine gewisse Zahl senden lassen und bitte diese zu Einladungen zu verwenden. Außer Einzelpersonen wären wohl einige wissenschaftliche Kreise, wie der mathematische, geographische u.s.w. eingeladen indem Sie dem Vorstande je 40-50 Programme zur Verfügung stellen.

Es müssen nach meiner Erfahrung ziemlich weitgehende Einladungen erfolgen, wenn man in der öffentlichen Sitzung nicht gähnende Leere haben will; und da die Aula des Wilhelmgymnasiums nach meiner Erinnerung ziemlich groß ist, müssen wir umso mehr bedacht sein, Gäste zu erlangen.

Einen Termin für die späteste Anmeldung zum Festessen haben wir nicht aufnehmen können, weil wir nicht wussten, wo diese erfolgen müssen. Es wird am besten sein, am Sonntag Abend und Montag früh eine diesbezügliche Liste einholen zu lassen.

Ich bitte Herrn Grossmann zu sagen, dass ich Hrn. Börnisch [?] einladen werde.

Mit bestem Gruß Ihr G. Hellmann

Die nun so gut vorbereitete Tagung war denn auch erfolgreich. Kaßner hat darüber in der *Meteorologischen Zeitschrift* Bericht erstattet. Das Folgende beruht größtenteils auf seinem Bericht.

Bei der Zusammenkunft des Gesamtvorstandes waren außer Hellmann und seinem Stellvertreter Köppen die Direktoren der verschiedenen Zentralinstitute anwesend. In der Eröffnungsrede erinnerte Hellmann an die satzungsgemäße Bestimmung der Gesellschaft, wonach die Pflege der Meteorologie sowohl als Wissenschaft wie auch in ihren Beziehungen zum praktischen Leben als deren Zweck bezeichnet wird. Hieran hat er fünfzehn Jahre nach seinem letzten Eröffnungsvortrag über meteorologische Gesellschaften nochmal erinnert, wobei er eingestehen musste: „Dagegen soll nicht verschwiegen werden, dass der zweite Punkt ihres satzungsgemäßen Zweckes, nämlich die Pflege der Meteorologie in ihren Beziehungen zum praktischen Leben, bisher zu wenig berücksichtigt worden ist. Ich halte das allerdings für eine sehr schwierige Aufgabe, die sich für eine staatliche Organisation besser eignet als für eine private wissenschaftliche Gesellschaft."

Am folgenden Tag, nach „Verlesung des Rechenschafts- und Kassenberichtes über die Jahre 1904 bis 1907 durch den Schriftführer und Schatzmeister", und nach einem Antrag des Zweigvereins Berlin, möglichst in Abstimmung mit der jährlich tagenden Deutschen Naturforscher-Versammlung für eine bessere Vertretung der Meteorologie in derselben zu sorgen, wurde Berlin wieder als Vorort (Geschäftssitz) der Gesellschaft gewählt. Unter Beifall der Versammelten wurden zu Ehrenmitgliedern gewählt: Angot (Paris), Rotch (Boston), Shaw (London), Teisserenc de Bort (Paris); und als korrespondierende Mitglieder: Dines und Mill (England), Steen (Norwegen), Hamberg und Ekholm (Schweden), J. Vincent (Belgien), Trabert (Österreich), Maurer (Schweiz), de Marchi und Palazzo (Italien), Lyons (Ägypten), Bigelow (Vereinigte Staaten), alles glanzvolle Vertreter der Meteorologie in ihren jeweiligen Ländern. Rotch (1861-1912), Gründer und Direktor des Blue-Hill-Observatoriums bei Boston, und Teisserenc de Bort (1855-1913), Mitentdecker jener Schicht, die auf der Tagung mit dem Namen „Stratosphäre" eine Premiere hatte, waren beim Hamburger Treffen anwesend.

Hernach begrüßte Hellmann die Versammlung, und nachdem er den örtlichen Behörden für die Überlassung geeigneter Sitzungsräume und für sonstige Unterstützung gedankt, zudem noch der Verdienste Köppens und des verstorbenen Bezolds um die Gesellschaft gedacht sowie Glückwunschtelegramme aus dem Ausland verlesen hatte, hielt er seinen klassischen Vortrag über „Die Anfänge der Meteorologie". Über dasselbe Thema hatte er auf Einladung der *Royal Meteorological Society* in London, unter besonderer Berücksichtigung der Entwicklung der Meteorologie in England und unter der schönen Überschrift *The dawn of meteorology* vorgetragen[5].

Wie Kaßner zu berichten wusste, hatte Bezold in den Augen Hellmanns sich nicht nur Verdienste um die streng wissenschaftliche Leitung der Meteorologischen Gesell-

---

4 Daselbst, Brief Nr. 656.
5 Die Royal Meteorological Society rühmt in einem Nachruf das tadellose Englisch Hellmanns bei diesem Vortrag. Auf meine Veranlassung ist eine spanische Version entstanden (PRIETO-WILCHES et al. 2017).

schaft erworben, sondern ihr „auch praktisch dadurch genützt ..., dass er einen jährlichen Zuschuss zu den Kosten der Herausgabe der Zeitschrift bei dem preußischen Kultusministerium" erwirken konnte. Die Zeitschrift wurde ab 1906 beim Vieweg-Verlag gedruckt, Papier und Druck waren bis zum 1. Weltkrieg sehr gut. „Die Versammlung erhob sich zu Ehren des Verstorbenen von ihren Sitzen."

Nach Verkündung eines Preisausschreibens und Ernennung der Ehren- und korrespondierenden Mitglieder, wurde ein Glückwunschtelegramm „an den Altmeister der meteorologischen Feinmechanik, Herrn R. Fuess, der am selben Tage seinen 70. Geburtstag feierte" abgeschickt.

Von den in Hamburg gehaltenen Vorträgen ist derjenige Köppens in diesem Zusammenhang erwähnenswert, denn er hatte ein mit Lichtbildern veranschaulichtes geschichtliches Thema zum Inhalt: „Die Wechselwirkung zwischen der maritimen und der Landmeteorologie in deren Entwickelung". Kaßner berichtet: „Hierzu gab Herr Hellmann einige geschichtliche Ergänzungen und bekämpfte das Wort Aerologie als Bezeichnung für die Erforschung der höheren Luftschichten und die Lehre von deren meteorologischen Zuständen, da es ganz allgemein die Lehre von der Luft bedeute und in diesem Sinne schon mehrfach gebraucht worden sei, während die Herren Aßmann, Hergesell und Köppen dafür eintraten." Hellmann hatte natürlich recht mit seinem Einwand, aber für eine neue Bezeichnung war es zu spät. Köppen hatte 1906 das Wort „Aerologie" auf der Mailänder Konferenz der Internationalen Kommission für wissenschaftliche Luftfahrt vorgeschlagen.

Im Anschluss an diese geschichtlich anregenden Vorträge wurde die Gesellschaft am Abend von dem Hamburger Senat zu einem Festmahl im Rathaus empfangen:

Der regierende Bürgermeister, Herr Dr. Burchard, begrüßte die Eintretenden, die der Vorsitzende, Herr Hellmann, vorstellte; das Festmahl fand in zwei Sälen an prachtvoll geschmückten Tafeln statt. In längerer, offensichtlich von Herzen kommender Ansprache gedachte der Herr Bürgermeister der Gründung der Gesellschaft und ihres ersten Vorsitzenden, Exzellenz v. Neumayer, dessen Bild einen Ehrenplatz im Rathause habe und dem er selbst bei seinem Scheiden die goldene Ehrendenkmünze der Stadt habe überreichen können; ausführlich sprach er dann über die maritime Meteorologie und brachte zum Schluss ein Hoch aus auf das fernere Gedeihen der Deutschen Meteorologischen Gesellschaft. In seiner Erwiderungsrede dankte der Vorsitzende herzlich dem Hamburger Senat und seiner Bürgerschaft für den glänzenden Empfang und für das Wohlwollen bei der Überlassung sehr geeigneter Sitzungsräume, sprach über die Beziehungen der Meteorologie zur Schifffahrt und drückte den lebhaften Wunsch aus, dass bei der Begründung und Einrichtung der neuen kolonialen Hochschule in Hamburg auch die Meteorologie berücksichtigt würde, denn meteorologische Kenntnisse wären z. B. für den Anbau neuer Handelspflanzen wichtig und könnten aussichtslose, kostspielige Versuche von vornherein verhüten. Seine Rede klang in einem begeistert aufgenommenen Hoch auf Senat und Bürgerschaft von Hamburg aus.

In geschichtlicher Hinsicht ist noch der Vortrag von Teisserenc de Bort von Interesse, der über *La division de l'atmosphère en troposphère et stratosphère d'après les résultats de l'exploration de la haute atmosphère* sprach, bei welcher Gelegenheit er das Wort „Troposphäre" für den unteren Teil der Atmosphäre als der eigentlichen Wetterschicht des Luftkreises einführte, „in der das Spiel der auf- und absteigenden Luftströme stattfindet; hier wirke außer der Erdrotation auch der Gradient. Die Stratosphäre darüber habe blätterförmige Struktur, in ihr wirke fast ausschließlich die Erdrotation. Die Grenze beider sei die relativ warme Schicht; sie ändere ihre Höhe mit der geografischen Breite und mit den jeweiligen meteorologischen Zuständen in der unteren Schicht". Hergesell trug auch über die von Teisserenc de Bort und Aßmann 1901 entdeckte Schicht vor: „Die warme hohe Schicht in der Atmosphäre", wobei auch er die Atmosphäre „in eine adiabatische Mischungszone und eine obere Schichtungs- oder Strahlungszone zerlegte". In Hamburg wurde 1908 sozusagen offiziell der Luftkreis in die heute weithin bekannte Troposphäre und Stratosphäre aufgeteilt. Zu diesem Thema äußerte sich auch der schon erwähnte Rotch (Boston) in seiner kurzen Mitteilung über „die warme Schicht der Atmosphäre oberhalb 12 km in Amerika". Über die drei Vorträge zu der sogenannten „oberen Temperaturumkehr" entspann sich eine lange Diskussion zwischen den Vortragenden und den Herren Köppen, Aßmann, Schubert, Rempp, Schmidt (vom Zentralinstitut in Stuttgart), Ad. Schmidt (Abteilungsvorsteher der Magnetischen Abteilung des Observatoriums bei Potsdam), Hellmann und Süring.

Namentlich wurde die Frage der Zuverlässigkeit der Instrumentalaufzeichnungen in großen Höhen lebhaft besprochen; zwischendurch gingen Einwände gegen die Ansicht von Herrn Hergesell, dass die Erde im Jahresdurchschnitt als Heizfläche aufgefasst werden könne. Hierauf sprach Herr Teisserenc de Bort, zugleich für Herrn Rotch: Sur la circulation atmosphérique de la zone intertropicale et subtropicale d'après les trois campagnes de l'Otaria, *worin im wesentlichen gesagt wurde, dass die dritte Expedition die Resultate und Ansichten über Passat und Antipassat, welche die Vortragenden auf Grund der beiden ersten Expeditionen gewonnen und veröffentlicht hatten, bestätigt habe.*[6] *Die Diskussion zwischen dem Vortragenden und den Herren Hergesell, Köppen und Möller drehte sich um die Frage, wie diese Beobachtungen in die Zirkulationssysteme von Ferrel und Hildebrandsson passen; ersteres wurde abgelehnt, obwohl die Grundgedanken gut seien, während letzteres sich zwar den Beobachtungen anpasse, aber physikalisch noch nicht genügend begründet sei.*

Es soll nicht verschwiegen werden, dass der damals 27-jährige Alfred Wegener (1880-1930), gebräunt von der grönländischen Sonne, an dieser Tagung teilgenommen hat. Er trug seine in der Eiswüste angestellten meteorologischen Beobachtungen vor, die er durch zahlreiche Lichtbilder veranschaulichte und erläuterte. Wegeners heile Rückkehr wurde nach seinem „vorläufigen Bericht über die Drachen- und Fesselballonaufstiege der Danmark-Expedition nach Grönland" von Hellmann beglückwünschend herausgestellt, zumal „zwei seiner Gefährten bei einer Schlittenexpedition umgekommen" waren. „Herr Kaßner wies darauf hin, dass dem Vortragenden die ersten Photogramme von Luftspiegelungen gelungen seien, was Herr Köppen bestätigte und über die Temperaturschichtung dabei sprach. Auf eine Anregung von Herrn Aßmann, in Zukunft hierzu Farben-

Abb. 4-1: Gruppenbild mit Mitgliedern der Deutschen Meteorologischen Gesellschaft und „ihren Damen", aufgenommen am 1.10. 1908 auf einer Hafenrundfahrt zu Hamburg. Das leider etwas verblasste Foto, aus dem Atelier Schaul, ist im Besitz der Bibliothek des Deutschen Wetterdienstes. Ziemlich sicher kann man darauf folgende Meteorologen ausmachen: Köppen (links vom Mast, mit seinem wilden Vollbart unter einem sein oberes Antlitz verdeckenden Hut); „Angot"[7] (links von Köppen auf gleicher Höhe, mit Spitz- und Schnurrbart, hinter der sitzenden Dame mit knielangem schwarzen Pelzschal); hinter „Angot" steht wohl Teisserenc de Bort und hinter ihm Aßmann; weiter hinten und links von Aßmann, an der Reling und mit dunklem Schnurrbart, könnte Rotch gestanden haben (oder Süring? Rechts vom Mast gibt es ähnliche Unsicherheiten bezüglich der beiden); auf der rechten Seite des Bildes, hinter dem rechten Ende des Tauwerkgewirrs, posiert die imposante Gestalt Hergesells, links von ihm steht der junge verschüchterte Alfred Wegener mit Melone. Und Hellmann? Es kommen zwei Kandidaten in Frage: links von der hinter dem Mann mit Elbsegler samt Abzeichen sitzenden Dame (Frau Hellmann?), in hellerem Mantel. Oder links vom Mastabschnitt zwischen zwei hellen Ringen (gegen diesen aussichtsreichen Kandidaten spricht allerdings die Tatsache, dass ein Preuße nicht in die Kamera lächelt).

---

6 Der Direktor der Sternwarte in Bogotá schrieb 1924: „Es bestehen keine sicheren Beweisgründe zugunsten der Theorie des Antipassats ...." (vgl. Fußnote 18, Anhang D).

7 Im Brief vom 14. September an Köppen schrieb Hellmann, dass Angot nicht zur Tagung würde reisen können. Dann ist nicht Angot auf dem Bild zu sehen, aber eine ihm sehr ähnliche Person!

photographie anzuwenden, sagte der Vortragende, dass er es bereits getan habe." Hellmann hat sich wenige Jahre später für die Finanzierung einer zweiten Expedition Wegeners nach Grönland eingesetzt. In Hamburg wollte der gerade frisch aus dieser ersten Grönlandexpedition eingetroffene Wegener auf keinen Fall als „Polarbär mit einem Ring in der Nase" (KÖRBER 1982) vorgeführt werden. Er genoss das Gastrecht im Hause Köppens, wo er dessen Tochter Else, die er später heiraten sollte, kennenlernte.

Als alle Vorträge gehalten waren, übernahm Hellmann den Vorsitz für die Gesamtversammlung. Er hob hervor, dass ein „überreiches und vielseitiges Programm" erledigt worden wäre, dadurch ermöglicht, dass „Vortragende und Diskutanten sich stets auf das Notwendigste beschränkt hätten". Er dankte allen Teilnehmern und Veranstaltern, auch „den Herren der Presse, die ausführlich über die Verhandlungen berichtet hätten", und schloss seine Danksagung mit den Worten: „Und nun wünsche ich der Deutschen Meteorologischen Gesellschaft ein herzliches Glückauf für die Zukunft, möge sie weiter ihrem Ziele unentwegt zustreben und neue Wege für die Forschung finden!" Am frühen Nachmittag wurde die Sitzung und damit die ganze Tagung geschlossen. Danach „vereinigte um 3 Uhr die Mehrzahl der Mitglieder und ihrer Damen eine von der Hamburg-Amerika-Linie dargebotene Hafenrundfahrt mit Besichtigung des Dampfers ‚König Wilhelm II.' … Auf dem Ozeandampfer wurde ein Imbiss eingenommen, bei dem Herr Dr. Ecker ein Hoch auf die Gesellschaft, Herr Hellmann ein solches auf die Hamburg-Amerika-Linie ausbrachte" (s. Abbildung 4-1).

Die Anfänge der Meteorologie

In der *Naturwissenschaftlichen Rundschau* (Jahrgang 1908) wurde zeitnah über die Hamburger Tagung berichtet, wobei zunächst der Deutschen Meteorologischen Gesellschaft gedacht wurde, die von der Deutschen Seewarte in Hamburg ausging. „Das große Interesse, welches die Seefahrt an der Erforschung der Vorgänge in der Atmosphäre hat, erleichterte von Anfang an das Aufblühen der Gesellschaft, die dann unmittelbar die Veranlassung zu unserem deutschen Wetterdienst wurde. Insbesondere förderte sie die Gründung neuer Institute, wie derjenigen von Bayern, Elsass-Lothringen usw. Das Organisationstalent, welches der Direktor der Deutschen Seewarte G. Neumayer bei der Gründung der Gesellschaft widmete, half ihr rasch über die Anfänge weg, so dass sofort eine gewisse Stetigkeit in ihre Verhältnisse kam, wodurch auch der Erfolg nicht ausblieb. Das Hauptverdienst der Gesellschaft dürfte wohl in der Herausgabe der *Meteorologischen Zeitschrift* bestehen, welche in den ersten beiden Jahren Köppen redigierte, worauf sie mit der älteren Schwester, der österreichischen Meteorologischen Zeitschrift, vereinigt wurde und seit dieser Zeit das führende Organ in der Meteorologie ist." Anschließend wird ausführlich über Hellmanns Vortrag berichtet:

Den ersten Vortrag hielt Herr Hellmann (Berlin) über die „Anfänge der Meteorologie". Die Meteorologie als Wissenschaft ist jung, aber als Wissensgebiet uralt. Die Anfänge davon müssen in dem Anfange menschlicher Kultur gesucht werden. In jener Zeit, als der Mensch sich beständig im Freien aufhielt, musste er sich mit den Vorgängen in der Atmosphäre eingehender beschäftigen als heutzutage der in den Städten wohnende Mensch. Die Erfahrungen nahmen allmählich zu und vererbten sich von Geschlecht zu Geschlecht, wobei sie sich zu einer volkstümlichen Weltweisheit verdichteten. Ein großer Teil der heute noch gebrauchten Wetterregeln beruht auf solchen alten Beobachtungen, die aber nicht immer richtig waren. Auch der Aberglaube spielte hier frühzeitig eine große Rolle. Schon in der Bibel, dann bei Homer und Hesiod lernen wir diverse Wetterregeln kennen, die aber wohl schon damals uralt waren und aus der indogermanischen Urheimat stammen. So ist der Glaube oder vielleicht besser Aberglaube, dass die letzten zwölf Nächte des Jahres das Wetter der folgenden zwölf Monate anzeigen, bis ins 9. Jahrhundert vor Christi Geburt zurückzuverfolgen, z. B. bei Demokrit und in sanskritischen Urkunden. Auch in China ist ein ähnlicher Glaube aus der Neujahrsnacht bekannt. Wetterregeln und auch Prognosen für das ganze Jahr finden wir bei den Babyloniern, und sie sind auch in der Lehre des Zoroaster vorhanden. Der Gewitteraberglaube ist chaldäischen Ursprungs, reicht also bis 3000 Jahre zurück. Doch wurde hier bald auch der Zusammenhang des Wetters mit den Gestirnen erdacht, wodurch er gewissermaßen ein Bestandteil der Religion wurde, worüber die neuesten Forschungen von Kugler und anderen Aufschluss geben. Besonders den atmosphärischen Lichterscheinungen schenkte man seine Aufmerksamkeit. Aus den Keilinschriften geht hervor, dass man damals bereits die achtteilige Windrose kannte mit einer der unsrigen ähnlichen Bezeichnungsweise, welche aber nicht von den Griechen übernommen wurde, sondern erst wieder zur Zeit Karls des Großen mit unseren jetzigen Bezeichnungen entstand. Vielfach sind die Überlieferungen meteorologischer Beobachtungen aus dem Altertum, wovon besonders die sog. Steckkalender Zeugnis ablegen. Windbeobachtungen waren für die Griechen als praktische Seefahrer selbstverständlich. Man hielt den Wind für ein Fließen der

Luft [nicht bei Aristoteles!]. Die Griechen verwendeten auch schon Windfahnen, so auf dem ‚Turme der Winde' in Athen. Die ältesten Messungen von Regenmengen aus den beiden ersten christlichen Jahrhunderten stammen aus Palästina; sie sind so gut, dass aus ihnen hervorgeht, dass seit dieser Zeit keine merkliche Änderung des Klimas von Palästina vorgekommen ist, was Arago schon früher aus pflanzenphysiologischen Gründen für wahrscheinlich hielt. Auch das Messen der Temperatur stammt aus dem Altertum. Philon von Byzanz und Heron konstruierten die ersten Thermoskope, welche allerdings dann bis zu den Zeiten Galileis fast ganz in Vergessenheit gerieten. Das Altertum legte weniger Wert auf das Experiment als auf das Theoretisieren.

Albertus Magnus in Köln war einer der ersten, die neue Beobachtungen brachten. Ihm folgten im 13. Jahrhundert Roger Bacon, Peregrinus und andere; insbesondere wurde über den Magnetismus frühzeitig ausführlich gearbeitet. Die ersten meteorologischen Journale führte im 14. Jahrhundert W. Harris in Oxford. Im 15. Jahrhundert brachten die großen geographischen Entdeckungen zu Wasser und zu Lande einen weiteren Aufschwung in der Meteorologie. Man lernte neue klimatische Verhältnisse kennen, aber auch andere Erscheinungen, wie die Wasserhosen, Wirbelstürme, worüber eine reiche nautische Literatur noch heute Auskunft gibt. Im 17. Jahrhundert wurde durch Torricelli, dessen 300jähriger Geburtstag heuer ist, das wichtigste meteorologische Instrument, das Barometer, erfunden, und damit tritt die Meteorologie in ein neues Stadium, das der exakten Forschung.

1911 – Versammlung zu München

Drei Jahre nach der Hamburger Tagung versammelten sich die deutschen Meteorologen in München. Wieder ist es Kaßner, der darüber in der *Meteorologischen Zeitschrift* von 1911 berichtet.

Dem Auftakt in einer schön geschmückten Aula der Technischen Hochschule verlieh natürlich unser Geheimrat seine Stimme:

Der Vorsitzende Herr Hellmann eröffnete mit Begrüßungsworten und besonderem Dank für das Erscheinen und Interesse der beiden Mitglieder des Kgl. Hauses die Versammlung. Er betonte bei dieser Gelegenheit, dass schon ein Wittelsbacher, Karl Theodor von der Pfalz, sich hohe Verdienste erworben habe. Der Vorsitzende gedachte dann kurz des Entwicklungsganges der Gesellschaft und des seit der letzten Tagung erfolgten Hinscheidens des ersten Vorsitzenden der Gesellschaft, Exzellenz v. Neumayer, dabei hervorhebend, dass die vor 26 Jahren in München abgehaltene Versammlung eine wohlgelungene war. Dem bayerischen Zweigverein dankte der Redner noch für die Vorbereitung der gegenwärtigen Tagung.

Hellmann dankte den Vorrednern aus der Akademie und dem Ministerium, vor allem aber der Prinzessin Therese von Bayern für die hohe Ehre, die der Tagung der Gesellschaft durch ihre Annahme des Ehrenpräsidiums zuteilgeworden sei. Darnach hielt er seinen Eröffnungsvortrag über „Die Beobachtungsgrundlagen der modernen Meteorologie", und anschließend sprach Siegmund Günther[8] über „Die Meteorologie in Bayern". Hellmann teilte dann die wichtigsten Beschlüsse der geschäftlichen Sitzung am Vortag mit, nämlich: das neue Preisausschreiben, die Einsetzung einer Kommission zur Förderung wissenschaftlicher Arbeiten, die Zeitschriftenerweiterung und die neuernannten korrespondierenden Mitglieder.

Die erste von drei Fachsitzungen fand im physikalischen Hörsaal der Technischen Hochschule statt, in Gegenwart der Ehrenpräsidentin Prinzessin Therese von Bayern und ihrer Hofdame. Hellmann eröffnete die Sitzung mit dem gerechten Vorschlag, den jeweiligen Vorsitz einer Fachsitzung den drei Münchnern, nämlich Emden, Günther und Schmauß. zu übertragen. „Dieser Vorschlag wurde sehr beifällig begrüßt, und demgemäß übernahm Herr Emden den Vorsitz". Robert Emden (1862-1940) wurde zwei Jahre später der Begründer der klassischen Theorie des atmosphärischen Strahlungsgleichgewichts.

Alfred Wegener konnte auf dieser Münchener Tagung das allererste Lehrbuch der „Thermodynamik der Atmosphäre" sowie seine „Meteorologischen Terminbeobachtungen am Danmarkshavn" vorstellen.

Am Abend folgten die Teilnehmer der Tagung mit ihren Damen der Einladung der Stadt München zu einem Festmahl in dem „herrlichen Saale des Künstlerhauses. Der Vertreter der Stadt, Herr Hörburger, begrüßte die Versammlung … Sein Hoch galt dem Blühen und Gedeihen der Deutschen Meteorologischen Gesellschaft. Hierauf erinnerte Herr Hellmann an verschiedene Münchener Bürger, die schon vor 400 Jahren (1510 bis 1511) gerade auch in der Meteorologie Hervorragendes geleistet haben und toastete auf die Stadt München".

Von der dritten Fachsitzung verdient eine Forderung nach einem Institut für theoretische Meteorologie Erwähnung. Kaßner berichtet:

---

8 Sigmund Günther (1848-1923), umfassend gebildeter Geograph mit meteorologischen Interessen; er hat einige Aufsätze zur Geschichte der Meteorologie veröffentlicht.

Ebenso lebhaft besprochen wurden die Ausführungen von Herrn Möller (Braunschweig) „über die Notwendigkeit der Gründung eines Institutes für theoretische Meteorologie". Sowohl im Anschluss hieran wie an die Erörterungen nach dem Vortrag von Herrn Linke wurde auf Anregung von Herrn Köppen folgende Resolution gefasst:

> *Die Deutsche Meteorologische Gesellschaft ist der Überzeugung, dass eine größere Förderung der rein wissenschaftlichen Forschungen der Meteorologie die notwendige Bedingung für deren wachsende Verwendung ist. Sie hält die Bereitstellung von staatlichen Mitteln für diesen Zweck und die Schaffung von weiteren Lehrstühlen an deutschen Hochschulen für den besten Weg. [...]*

Damit war die Tagesordnung erschöpft und Herr Hellmann übernahm wieder den Vorsitz. Er konstatierte, dass die Mitglieder sich das Zeugnis regster Beteiligung an den Sitzungen und den Diskussionen ausstellen können. Hervorzuheben sei die große Zahl theoretischer Arbeiten. War die Zahl der Teilnehmer schon in Hamburg groß, so hier doch noch größer. Dank allen Teilnehmern, besonders auch denen aus Österreich. Vornehmlich aber gebührt der Dank den Herren Emden, Günther und Schmauß, sowie den anderen Herren der Bayerischen Meteorologischen Zentralstation, Dank auch der Presse für die sorgfältige und eingehende Berichterstattung.

Ein Foto von dieser Tagung konnte ich nicht ermitteln. Das Gründungsmitglied Max Möller[9], fleißiger Teilnehmer bei den Versammlungen, war durch theoretische Arbeiten zur Dynamik der Atmosphäre kein Unbekannter. In einer kleineren Mitteilung in der *Meteorologischen Zeitschrift* vom selben Jahr, wünscht Möller die Meteorologie über Beobachtungstatsachen hinauswachsen sehen:

> *Mit welchem Fleiß und mit wie großem Erfolge in der Meteorologie die Beobachtung gepflegt wird, haben uns diese Tage in eindrucksvoller Weise vor Augen geführt. So notwendig die äußere, die sinnfällige Wahrnehmung aber auch ist, indem durchaus ihre Ergebnisse es sind, welche die Grundlage einer Wissenschaft bilden, so führt die Beobachtung, für sich allein genommen, aber auch nicht zum Verständnis der Beziehungen zwischen Ursache und Wirkung. Dazu bedarf es noch des Hinzutretens beschaulich philosophischer Tätigkeit, als deren reifende Frucht nach und nach der Ausbau einer Wissenschaft entsteht.*

Kaßner referiert über Möllers Aufsehen erregende Ansicht:

> *In der Meteorologie ist es aber sehr schwer, sich persönliche Fertigkeit in Anwendung von Theorie zu erwerben, weil die Probleme so besonders schwieriger Art sind. In der Technik ist das anders, diese hat außer mit schwierigen Berechnungen auch mit einer Fülle einfacher Aufgaben zu tun und vielfach mit sinnfällig leichter fassbaren Beziehungen, so dass dort bei Betätigung in der Theorie durch eine Stufenfolge, von einfachen zu schwierigeren Aufgaben übergehend, die Erwerbung persönlicher Fertigkeit in Anwendung der Theorie erleichtert wird. Das fällt in der Meteorologie fort; es ist daher neben der beobachtend forschenden Richtung hier eine auf Förderung der Theorie zielende Richtung besonders ins Leben zu rufen und diese zu unterstützen, z. B. durch Gründung einer Geschäftsstelle für theoretische Meteorologie, welche Sorge trägt für die Bedürfnisse theoretischer Forschung, während heute in der Meteorologie nur Geschäftsstellen für die Betreibung der empirischen, d. h. der beobachtenden, Forschung und für die Verarbeitung des Beobachtungsmaterials bestehen. Am Schluss seiner Ausführungen überreichte der Vortragende den Anwesenden eine kleine Denkschrift, in welcher seine Vorschläge weiter ausgeführt worden sind. Die Schrift enthält im IV. Abschnitt auch Beispiele zu lösender Aufgaben und gibt im Abschnitt V Betrachtungen über die große Luftwelle, zu etwa 50 m Höhe geschätzt, welche durch die Erwärmung der Luft am Tage gegenüber nächtlicher Abkühlung entsteht und mit dem scheinbaren Gange der Sonne die Erde in je 24 Stunden einmal umkreist. Weitere Betrachtungen beziehen sich auf die Veränderlichkeit des Rotationsmomentes der Luft hoher Schichten, durch den oberen Gradienten bedingt, den diese Welle hervorruft, und auf die Abhängigkeit dieser Größen von der Bahn der Erde um den jeweiligen Schwerpunkt von Erde und Sonne, sowie von Erde und Mond. Der Vortragende glaubt darin Beziehungen zwischen dem Lauf der Erde und ihren Bewegungen zu Sonne und Mond gefunden zu haben, welche in großen Zügen das Wetter beeinflussen. Das theoretische Studium der atmosphärischen Vorgänge gestaltet sich, wie hieraus hervorgeht, so umfangreich, dass dessen erfolgreiche Durchführung nur unter Hinzuziehung von Hilfskräften, also durch Gründung einer Geschäftsstelle ermöglicht wird. Die vorgelegte Schrift wird demnächst, etwas erweitert, unter dem Titel: „Weltamt für Wetterkunde" im Verlage der Firma B. Goeritz, Braunschweig, erscheinen.*

---

9 Max Möller (1854-1935), Hydrauliker, interessierte sich früh für dynamische Meteorologie. Er glaubte in selbst angefertigten riesigen Kalendern den starken Mondeinfluss auf das Wetter nachweisen zu können.

In der *Naturwissenschaftlichen Rundschau* von 1912 berichtet der Direktor des magnetischen Observatoriums bei München über die in der XII. allgemeinen Versammlung der Deutschen Meteorologischen Gesellschaft gehaltenen Vorträge. J. B. Messerschmitt hatte die Versammlung zur Besichtigung seines Observatoriums geladen. Sein Referat vermittelt einen gewissen Einblick in den damaligen Stand der Meteorologie:

Herr Hellmann (Berlin) verbreitete sich eingehend über die „Beobachtungsgrundlagen der modernen Meteorologie". In erster Linie behandelte er die meteorologischen Instrumente. Der Luftdruck kann zwar mit dem Quecksilberbarometer auf 0.1 mm abgelesen werden, aber es weichen die Normalbarometer der Zentralanstalten immer noch bis auf 0.3 mm voneinander ab. Die Unterschiede rühren hauptsächlich daher, dass die Barometer durch Zersetzung des Glases, Oxydation, Eindringen von Luft u. dgl. mit der Zeit Veränderungen erleiden. Bei der Messung der Lufttemperatur bietet die Aufstellung der Thermometer große Schwierigkeiten, weshalb unter den verschiedenen Systemen noch große Unterschiede herrschen. Es wäre erwünscht, darin mehr Einheit zu erreichen und die Angaben der benutzten Thermometerhütten mit denjenigen des Aspirationsthermometers zu vergleichen. Im Jahresmittel scheinen sich aber der Hauptsache nach all die ungünstigen Einflüsse zu kompensieren. Recht ungenau sind noch die Angaben über die Luftfeuchtigkeit, namentlich bei Temperaturen unter null. Leider bietet das Haarhygrometer keinen genügenden Ersatz für das Psychrometer. Bei der Luftbewegung wird entweder die Windgeschwindigkeit oder der Winddruck gemessen. Die Beziehungen beider Systeme aufeinander bedürfen noch eingehender Untersuchung; es stößt übrigens auch die Konstantenbestimmung dieser Apparate auf große Schwierigkeiten. Recht ungenau sind die Sonnenscheinregistrierungen; auch fehlen noch für die Nacht geeignete Apparate. Die Regenmengen können mit den neueren Regenmessern genügend genau gemessen werden, dagegen kommen bei der Bestimmung des Schneefalles noch recht große Fehler vor, wenn man nicht besondere Auffanggefäße benutzt. Weiterhin behandelt der Vortragende die Registrierapparate, welche naturgemäß nur relative Angaben liefern und daher fortlaufend unter Kontrolle stehen müssen. – Herr Sigm. Günther (München) behandelt eingehend die „ältere Geschichte der Meteorologie in Bayern", wobei er besonders der bereits im 14. Jahrhundert in Nürnberg entstandenen literarischen Erzeugnisse (Prognostika, hundertjährige Kalender) gedachte. Dann kam er auf die Arbeiten der churbayerischen Akademie, der Societas Palatina und endlich die Arbeiten der Neuzeit zu sprechen, die in Lamont[10] ihren ersten Vertreter hat. – Herr Hergesell (Straßburg) besprach seine Bemühungen, „wissenschaftliche Observatorien auf Teneriffa und Spitzbergen" zu errichten, die nun schon über ein Jahr in Tätigkeit sind und wohl noch die gleiche Zeit erhalten werden können. Wichtige Resultate über den Passat u. dgl. sind bereits erhalten worden. – Hierauf machte Herr Quervain (Zürich) Mitteilung über eine geplante „schweizerische Grönlandexpedition", die auch die Erforschung der arktischen Luftströmungen und ähnliches in ihr Programm aufgenommen hat. Die Arbeiten haben als Fortsetzung und Ergänzung der Beobachtungen auf der letzten deutsch-schweizerischen Expedition (1909) zu gelten. – Herr Kassner (Berlin) verbreitete sich über die Frage der „Austrocknung der Erde", welche nach seinen Untersuchungen in historischer Zeit nicht nachweisbar ist. Es lassen sich nur wechselnde Perioden größerer oder geringerer Feuchtigkeit nachweisen. Herr Köppen (Hamburg) sprach „über die Schwankungen in der Höhe der Troposphäre" und Herr Schmauß (München) über „die Stratosphäre über München". Die Sondierungen der Atmosphäre zeigten, dass zwar gewisse gut voneinander zu unterscheidende Schichten vorhanden, dass aber dieselben innerhalb enger Grenzen in Höhe veränderlich sind. – An einer stattlichen Anzahl gleichzeitig photographisch aufgenommenen „Zirruswolken", erläuterte Herr Süring (Potsdam) die Struktur derselben und die Schwankungen in ihrer Höhenlage. Im allgemeinen sind die einzelnen Wolkenballen schräg gegen den Horizont geneigt, was einer geringen fallenden Luftbewegung entspricht. – Herr Ramann (München) zeigte, wie man mit einer Selenzelle die Helligkeit im Walde messen könne und besprach die mit diesem Apparat gewonnenen Werte über das „Lichtklima des Waldes". – Herr K. Wegener[11] (Göttingen) machte Mitteilung über die von ihm in Samoa angestellten Wolkenbeobachtungen, nach welchen dort der Passat nur selten weht. [Falsch wiedergegeben: Im Tagungsbericht der Meteorologischen Zeitschrift *(1911), S. 569 heißt es richtig: „Das Resultat zeigt im ganzen, dass sich die aus anderen Breiten bekannten drei großen Schichten der Troposphäre auch in Samoa vorfinden. Die unterste (Passat-)Schicht ist von großer Regelmäßigkeit und zieht mit etwa 7 m/s aus NE-SE. Sie reicht bis etwa 1000 m."] – Herr Schubert (Eberswalde)*

---

10 Johann von Lamont (1805-1879), Astronom, war ein Vorreiter in der Erforschung des Erdmagnetismus, der sich auch um die Meteorologie große Verdienste erworben hat.

11 Kurt Wegener (1878-1864) war fliegender Aerologe (einer der frühesten Meteorologen mit Flugzeugführerschein) und Meteorologe (auch in Australien und Südamerika). Nach dem Tode seines jüngeren Bruders gab er eine um ein Strahlungskapitel erweiterte Neuauflage des in München vorgestellten Lehrbuchs über „Thermodynamik der Atmosphäre" heraus.

sprach „über Zustandsänderungen bei vertikalen Strömungen". – Herr Börnstein[12] (in Berlin) hat den Gang des Luftdruckes untersucht der vielfach völlig verschieden ist von dem an der Oberfläche beobachteten. – Herr Emden (München) gab eine neue Erklärung des bei Sonnenaufgang und Sonnenuntergang zuweilen beobachteten „grünen Strahles". Derselbe kann nur an der Grenze zweier verschieden dichten Schichten entstehen. Durch ein einfaches Experiment erhärtete er seine Hypothese, indem er eine Lichtscheibe durch eine Salzmischung projizierte. Sobald der Rand der Scheibe die Mischungsschicht erreichte, traten ähnliche anomale Brechungserscheinungen auf, wie sie zur Erklärung des grünen Strahles notwendig sind. In der gleichen Weise lassen sich die oft gesehenen Verzerrungen der Sonne und des Mondes am Horizont erklären, was auch durch das Experiment bestätigt wird. – Herr Linke[13] (Frankfurt a. M.) entwickelte ein Programm, die „Wetterkunde in die Schulen" einzuführen, wodurch ein besseres Verständnis des Wetterdienstes erzielt würde. Er glaubt, man müsse schon in den Volksschulen damit einsetzen. – Herr Exner[14] (Innsbruck) untersuchte auf mathematischer Grundlage die „Entstehung der Luftdruckminima in hohen Breiten". – Herr Ramann (München) verbreitete sich über die „Bedeutung der Verdunstung für Biologie, Verwitterung und Bodenbildung". – Herr Möller (Braunschweig) sprach über die Notwendigkeit der Gründung eines „Institutes für theoretische Meteorologie" und zeigt an einzelnen Beispielen, was für Aufgaben diesem Institut zufielen. So wäre z. B. bei rein theoretischen Untersuchungen die Herstellung von Tafelwerken u. dgl. durch eine solche Stelle zu besorgen. Auf Veranlassung von Herrn Köppen nahm die Gesellschaft die folgende Resolution an: [... (oben bereits zitiert)] – Endlich behandelte Herr L. Großmann [Nachfolger van Bebbers an der Seewarte] (Hamburg) das Thema: „Wie steht es um unsere Wettervorhersage?", indem er an Hand synoptischer Wetterkarten die günstigsten Prognosenstellungen erläuterte.

Die finanziellen Verhältnisse der Gesellschaft sind dauernd günstig, so dass auch dieses Mal 1000 M für eine Preisaufgabe zur Verfügung gestellt werden konnten, die für die beste Bearbeitung eines meteorologischen Handbuches bestimmt sind, um das Verständnis der Meteorologie und insbesondere des Wetter- und Prognosendienstes in weitere Kreise zu tragen. Der Ablieferungstermin ist der 31. Dezember 1912. – Weiterhin solle die Meteorologische Zeitschrift [im Umfang] erweitert und außerdem 10 000 M für wissenschaftliche Forschungen zur Verfügung gestellt werden.

In *Fortschritte der Physik* wird Hellmanns Vortrag über die Beobachtungsgrundlagen der modernen Meteorologie angezeigt und kurz auf das von englischer Seite gelegentlich geforderte Innehalten im Sammeln von Beobachtungen eingegangen:

In dem auf der Eröffnungssitzung der XII. allgemeinen Versammlung der Deutschen Meteorologischen Gesellschaft in München am 2. Oktober 1911 gehaltenen Vortrag führt Verfasser aus, mit welcher Genauigkeit die modernen Beobachtungen gemacht werden können, und in welcher räumlichen Ausdehnung sie jetzt angestellt werden. Am Schluss geht er auf den Vorschlag Schusters ein, dass man einmal fünf Jahre lang alle Beobachtungen einstellen und nur das alte Material diskutieren solle. Schon aus Rücksicht auf die praktischen Forderungen des Alltagslebens hält Verf. diesen Vorschlag für unausführbar, wenn er auch der Ansicht ist, dass im Verhältnis zu den Beobachtungen zu wenig verarbeitet wird.

Hellmanns Münchener Eröffnungsvortrag, abgedruckt in der *Meteorologischen Zeitschrift* 1911, ist für das Verständnis seiner wissenschaftlich-meteorologischen Auffassungen ungemein lehr- und in historischer Hinsicht aufschlussreich, noch dazu ist er meisterlich geschrieben, dass eine Wiedergabe wohl am Platz wäre. Aber seines fast 20 Quartseiten füllenden Umfangs wegen, ziehe ich es vor, ihn gekürzt wiederzugeben:

Die Beobachtungsgrundlagen der modernen Meteorologie

Als ich vor drei Jahren die Ehre hatte, den allgemeinen einleitenden Vortrag vor der Versammlung in Hamburg zu halten, sprach ich über die Anfänge der Meteorologie und verfolgte sie bis zur Erfindung der meteorologischen Instrumente. Ich will heute nicht das damals begonnene Thema wieder aufnehmen und Ihnen den Werdegang dieses wichtigen Hilfsmittels der meteorologischen Forschung schildern, sondern ich möchte nur an das Endglied der Entwickelungsreihe anknüpfen und einige Darlegungen über die Beobachtungsgrundlagen der modernen Meteorologie geben. Die beiden natürlichen Grundlagen der Meteorologie sind die Beobachtungen und die allgemeine Physik, auf deren Gesetze die Vorgänge in der Atmosphäre zurückzuführen sind. Man hat darum mit Recht die Meteorologie als eine Physik der Atmosphäre bezeichnet. Es scheint allerdings in Vergessenheit geraten zu

---

12 Börnstein (1852-1913): „Vater des norddeutschen Wetterdienstes" (Linke). Kurzer Nachruf im Anhang D.
13 Franz Linke (1878-1944), Begründer der deutschen Schule der Strahlungsforschung. Weltweit bekannt durch die Einführung eines nach ihm benannten Trübungsfaktors.
14 Felix Maria von Exner (1876-1930) war ein vielseitiger und glänzender österreichischer Meteorologe und Geophysiker. Verfasser frühester Lehrbücher über dynamische Meteorologie. Gab das von Pernter durch frühen Tod nicht abgeschlossene erste und umfassendste Lehrbuch der atmosphärischen Optik heraus.

sein, dass dieser Ausdruck von dem Hallenser Physiker Cornelius herrührt, der schon in seiner 1863 erschienenen Meteorologie diesen Standpunkt in entschiedener Weise vertrat. Später hat Cleveland Abbe[15] mehrfach unter dem Titel Physics of the Atmosphere meteorologische Berichte erstattet und 1892 Wilhelm v. Bezold – dessen wir hier, an der Stätte seiner Geburt und ersten Wirksamkeit, ganz besonders gedenken – dieser Anschauung durch wichtige eigene Arbeiten von neuem Geltung verschafft[16].

Die Bezeichnung „Physik der Atmosphäre" darf aber nicht dazu verleiten, zu glauben, dass die Arbeitsmethoden der Meteorologie dieselben seien wie die der allgemeinen Physik. Das wichtigste Hilfsmittel des Physikers, das Experiment, bleibt dem Meteorologen nahezu ganz versagt. Er kann die Bedingungen der Erscheinungen nicht nach Belieben im Experiment variieren, um die Hauptursachen zu ermitteln, er muss vielmehr durch zahlreiche Beobachtungen die wirksamen Faktoren, die bei einer komplexen Erscheinung zusammentreffen, zu trennen und zu erkennen suchen. Die Beobachtungen bilden daher die wichtigste Grundlage unserer Wissenschaft, und darum lohnt es sich, einmal darüber Rechenschaft zu geben, mit welcher Genauigkeit die modernen meteorologischen Beobachtungen gemacht werden und in welchem Umfange sie vorliegen. Solch ein kritischer Rundgang, zu dem ich Sie einlade, ist immer lehrreich und förderlich.

Wir beginnen mit den direkten Beobachtungen der meteorologischen Elemente, und zwar zuerst mit dem Luftdruck. ...

[...]

Bei der Bestimmung der Lufttemperatur rühren die Fehler weniger vom Instrument als von dessen Aufstellung her. Dank den großen Fortschritten, welche die Thermometrie seit den achtziger Jahren des vorigen Jahrhunderts gemacht hat, als die Verfeinerungen im Maß- und Gewichtswesen besonders hohe Anforderungen an das Thermometer stellen mussten, ist das Thermometer ein wirkliches Präzisionsinstrument geworden.

[...]

Die größte Schwierigkeit in der Bestimmung der Lufttemperatur bereitet die zweckmäßige Aufstellung der Thermometer, die vor Strahlungseinflüssen zu schützen sind. ... Es sind hieraus drei verschiedene Typen von Thermometerhütten hervorgegangen, die ein Gegenstück zu der alten Fensteraufstellung bilden; denn zwischen beiden Arten von Thermometeraufstellungen bestehen große prinzipielle Unterschiede, die merkwürdigerweise bisher nur wenig untersucht worden sind. ... Soweit solche Vergleiche veröffentlicht sind – ich erwähne namentlich die von mehreren deutschen und russischen Stationen –, bestehen zwischen den Angaben der drei genannten Hüttenaufstellungen erhebliche Unterschiede, die beim Übergang von einem System zum anderen, z. B. an der deutschen Westgrenze von deutschen zu französischen Stationen, durchaus nicht zu vernachlässigen sind. Alle Hütten liefern im Mittel zu hohe Temperaturen, namentlich im Sommer zum Mittagstermin, während infolge der größeren Ausstrahlung der Hütte am Morgen, seltener am Abend, die Hüttentemperatur bisweilen zu niedrig ausfällt. Daher geben alle Hütten eine zu große Tagesamplitude der Temperatur. Am meisten nähert sich den Angaben des Aspirationsthermometers die englische Hütte, wogegen die französische und die unventilierte russische Hütte die größten Abweichungen zeigen.

Bei der klar zutage tretenden Abhängigkeit der Hüttenkorrektion von dem Grade der Insolation [Sonnenbestrahlung] und der natürlichen Ventilation, d. h. der Windgeschwindigkeit, darf man leider nicht darauf rechnen, mit einer jeweilig konstanten Korrektion die in den drei Hütten gemachten Beobachtungen auf wahre Lufttemperatur reduzieren zu können. Man wird vielmehr regional verschiedene Korrektionen ermitteln und anwenden müssen. Jedenfalls ist durch die Verschiedenheit der Hütten ein erhebliches Moment der Unvergleichbarkeit in die Temperaturbeobachtungen hineingekommen, das besonders die Meteorologie eines Flachlandes, in dem nur kleine Temperaturunterschiede existieren, unangenehm trifft, weil diese durch die wechselnden Fehler der Aufstellung ganz verdeckt werden können.

Die Fensteraufstellung, bei der die Art der Beschirmung keine Rolle spielt, wenn sie nur gegen direkte und reflektierte Sonnenstrahlung geschützt ist, gibt fast dieselben Temperaturen an, wie das gleichfalls im Nordschatten des Hauses aufgehängte Aspirationsthermometer. Dieses letztere zeigt aber im Sommer mittags oft um 1 bis 3° niedriger als dasjenige auf einer freien und der Sonnenstrahlung ausgesetzten Wiese, so dass Hütten- und Fensteraufstellungen zur Mittagszeit gar nicht vergleichbare Werte geben. Da sich die Differenz während der Nacht in das Gegenteil umkehrt, fallen allerdings die Tagesmittel an beiden Aufstellungen nicht sehr verschieden aus. Die Fensteraufstellung liefert ferner eine kleinere Tagesamplitude und etwas spätere Temperaturmaxima.

Die wichtige Frage, welche der beiden prinzipiell verschiedenen Thermometeraufstellungen am besten vergleichbare Temperaturen gibt, kann meines Erachtens zurzeit noch nicht entschieden werden. Würde man an allen Stationen die Hütte gleichmäßig frei und gut ventiliert aufstellen

---

15 Cleveland Abbe (1838-1916) ist einer der bedeutendsten Meteorologen Nordamerikas gewesen. Für eine Biographie siehe Potter (2020).
16 An dieser Stelle fügt Julius Hann eine Fußnote ein, in welcher er darauf aufmerksam macht, dass er seit 1890/91 an der Wiener Universität auch Vorlesungen unter dem Titel „Kapitel aus der Physik der Atmosphäre gehalten" habe.

können, dann würde man wohl durch sie die Temperatur der über die Station hinwegstreichenden Luftmengen am sichersten bestimmen können, vorausgesetzt natürlich, dass die Fehler der Hütte durch das Aspirationsthermometer vorher ermittelt worden sind. Ein solcher idealer Zustand besteht aber in keinem Beobachtungsnetz; denn die notwendige Anpassung an die gegebenen Verhältnisse ruft alle möglichen Verschiedenheiten in der Aufstellung der Hütten hervor. Ähnliches gilt aber auch für die Fensteraufstellung.

Neben der typischen englischen, französischen und russischen Thermometerhütte begegnet man vielfach noch anderen mehr oder minder ähnlichen Hütten, die ich Phantasiehütten zu nennen pflege und deren thermischer Wert gewöhnlich gar nicht bekannt ist. Es muss als auffällig bezeichnet werden, dass sich solche abweichende Formen gerade auf größeren Observatorien, ja an Zentralstellen befinden, wo sie schon seit Jahrzehnten zu den laufenden Beobachtungen benutzt werden. Ich brauche wohl kaum hervorzuheben, wie wichtig es wäre, wenn auch diese Aufstellungen mit dem Aspirationsthermometer systematisch verglichen würden, und ich möchte hier zugleich den Wunsch äußern, dass man die gerade in der Frage der Thermometeraufstellung vorhandene große Neigung zu Sondergelüsten mehr zurückdrängen möchte.

Macht schon in der gemäßigten Zone die Messung der Lufttemperatur in den üblichen Thermometeraufstellungen große Schwierigkeiten, so ist dies in den Tropen noch viel mehr der Fall. ...

Die Bestimmung der Lufttemperatur über dem Meere an Bord von Schiffen ist leider mit stark wechselnden und noch größeren Fehlern behaftet als auf dem Lande. Da aber nahezu drei Viertel der Erdoberfläche mit Wasser bedeckt sind, gewinnt diese Frage eine erhöhte Bedeutung für die richtige Darstellung der Temperaturverteilung. Aus gelegentlichen Vergleichen der Thermometerablesungen an Bord von Schiffen mit denen eines Aspirationsthermometers, soweit sie mir in der Literatur bekannt geworden sind, und aus solchen, die ich neuerdings, auf einer Fahrt an der Westküste von Nordafrika und von da längs des thermischen Äquators nach Brasilien veranlasst habe, geht nämlich zur Genüge hervor, dass die Schiffsbeobachtungen erheblich zu hohe Temperaturen liefern und dass sehr häufig die Fehler mehrere Grade betragen können. ...

Im Anschluss an die Beobachtung der Lufttemperatur erwähne ich am besten die Messungen der Sonnenstrahlung, die jetzt wenigstens an einigen Observatorien regelmäßig ausgeführt werden. ...

Die Beobachtungen der Erdbodentemperatur, die nur auf wenigen Stationen regelmäßig gemacht werden, haben im Laufe der letzten Jahrzehnte kleine methodische Verbesserungen erfahren; doch macht die sichere Bestimmung der Temperatur in den obersten Bodenschichten und an der Erdoberfläche immer noch große Schwierigkeiten. Bei der Wichtigkeit dieser Messungen für die Theorie der täglichen Periode der Lufttemperatur in den untersten Luftschichten wären weitere physikalische Untersuchungen hierüber sehr erwünscht. ...

In der Messung der Luftfeuchtigkeit ist durch die etwas allgemeinere Einführung der Ventilation und der Aspiration beim Psychrometer ein Fortschritt gemacht worden. ...

Die Bestrebungen Pernters[17], das Psychrometer durch ein anderes empirisches Instrument, das Haarhygrometer, ganz zu ersetzen, dürfen als gescheitert angesehen werden. ...

Von den Niederschlägen kann die Messung des Regens mit jedem nur einigermaßen zweckmäßig konstruierten Regenmesser genau genug erfolgen, wenn er richtig aufgestellt ist. Zahlreiche sehr umfassende Untersuchungen haben bekanntlich gezeigt, dass der Wind der genauen Regenmessung die größten Hindernisse bereitet, weshalb die alte Vorschrift, den Regenmesser so frei wie möglich aufzustellen, verlassen werden muss. Es darf daher nicht außer Acht bleiben, dass die Vergleichbarkeit der Regenmessungen an benachbarten Stationen aus eben diesem Grunde noch viel zu wünschen übriglässt. Aber selbst wenn Cleveland Abbes utopischer Vorschlag, jeden Regenmesser mit einem Anemometer zu versehen, verwirklicht werden könnte, würde man noch nicht imstande sein, die Regenmessungen wegen ungleicher Windgeschwindigkeit an den verschiedenen Aufstellungen zu korrigieren bzw. auf Windstille zu reduzieren, da die nähere Umgebung des Regenmessers einen großen Einfluss ausübt, der nicht exakt in Rechnung gebracht werden kann.

Aus eben diesem Grunde kann auch der Niphersche Schutztrichter, so nützlich er sonst ist, nicht alle Ungleichheiten in der Aufstellung eliminieren. Die Genauigkeit der Schneemessung ist an sich schon eine geringere als die der Regenmessung, da der störende Einfluss des Windes hierbei stärker hervortritt; sie lässt aber noch besonders zu wünschen übrig in denjenigen Ländern, wo größere Schneemengen gelegentlich zwar überall im Flachlande fallen können, öfter aber nur in den Gebirgslandschaften vorkommen. In diesen Beobachtungsnetzen, also z. B. in West- und Südeuropa, sind die Instrumente für die Niederschlagsmessung nur für Regenmessung eingerichtet, d. h. es sind gewöhnlich flache Auffanggefäße, aus denen der Schnee leicht herausgeweht wird; auch sind sie nicht in zwei Exemplaren vorhanden, die bei lang dauerndem Schneefall ausgewechselt werden können. Es

---

[17] Josef Maria Pernter (1848-1908), vgl. Nachruf im Anhang E.

kommt hier gar nicht selten vor, dass die Schneemessung ganz unterbleibt und erst bei eintretendem Regenfall die regelmäßige Messung wieder aufgenommen wird. Man sucht sich dann so zu helfen, dass die Schneehöhe gemessen und mit einem mittleren Reduktionsfaktor in Wasserhöhe verwandelt wird. Dabei müssen natürlich ziemlich große Fehler unterlaufen, da der Wassergehalt des frischen Schnees außerordentlich stark wechselt und zudem von dem einer mehrere Tage alten Schneedecke durchaus verschieden ist. Unter diesen Umständen wird es verständlich, dass gerade immer von Meteorologen aus warmen Ländern mit wenig allgemeinem, aber lokal bisweilen starkem Schneefall die Forderung erhoben wird, eine allgemeine Regel anzugeben, nach der Schneehöhen in Wasserhöhen reduziert werden können. Die hierzu notwendigen vergleichenden Beobachtungen müssten sich diese Fachleute natürlich im eigenen Lande selbst anstellen, aber ich glaube nicht, dass sie zu befriedigenden Resultaten führen würden, ebensowenig wie es in nordischen Ländern nicht gelungen ist, einen solchen allgemein brauchbaren Reduktionsfaktor zu finden.

Es scheint daher richtiger, dass in den eben bezeichneten Ländern nicht derselbe Regenmesser an alle Stationen ausgeteilt werde, sondern dass die hochgelegenen Stationen Instrumente erhalten, die auch zur genaueren Schneemessung geeignet sind.

Von den Verdunstungsmessungen ist leider wenig zu sagen. Die auf den meteorologischen Stationen angestellten derartigen Beobachtungen liefern nur relative Werte, und es gibt auch nur sehr wenige Beobachtungsnetze, in denen sie an einer größeren Zahl von Stationen längere Zeit hindurch gemacht worden sind. Für viele Fragen hydrologischer und meteorologischer Natur wäre es aber offenbar sehr wichtig, vergleichbare Angaben über den Betrag der Verdunstung auf dem Lande und auf dem Meere zu haben; denn namentlich in trockenen Ländern spielt die Bilanz zwischen Niederschlag und Verdunstung eine große Rolle. Nachdem neuerdings in den Vereinigten Staaten von Nordamerika und in Argentinien die Methode der Verdunstungsmessung in ausgedehnter Weise untersucht worden ist, wäre es wohl an der Zeit und wahrscheinlich auch möglich, ein Beobachtungsverfahren anzugeben, das sich zu allgemeinerer Einführung eignen würde. Ich möchte daher auf diese lohnende Aufgabe hier hinweisen.

Gehen wir nun zur Besprechung der Windbeobachtungen über. Bei der direkten Beobachtung der Windrichtung können erhebliche Fehler von einem oder mehreren Strichen unterlaufen. ...

Dagegen kann beim Vorhandensein einer sogenannten durchgehenden Windfahne, bei der die Windscheibe an der Zimmerdecke angebracht ist, die Bestimmung der Windrichtung mit ausreichender Genauigkeit erfolgen. ...

Viel mangelhafter sind unsere Kenntnisse von dem für die dynamische Meteorologie wichtigsten Element, der Windgeschwindigkeit. An den meisten Stationen wird die Windgeschwindigkeit bzw. Windstärke nur geschätzt, und zwar nicht nach einer einheitlichen Skale, sondern in verschiedenen Ländern nach verschiedenen Skalen, deren Beziehung aufeinander Schwierigkeiten bereitet, weil die Zurückführung der einzelnen Skalen auf absolutes Maß (Meter pro Sekunde) durchaus unsicher ist. Bemerkenswert erscheint, dass immer noch die Beaufortskala die größte Verbreitung hat, obwohl selbst Seeleute diese, der Takelage eines englischen Kriegsschiffes vor 100 Jahren angepasste Terminologie kaum mehr richtig verstehen.

Da außerdem bei der Schätzung der Windstärke persönliche Fehler unterlaufen, die ein Zentralinstitut trotz eifrigster Überwachung niemals ganz beseitigen kann, sind die Windstärkebeobachtungen der Stationen untereinander nicht streng vergleichbar, und es ist ein gewagtes Ding, nach solchen Beobachtungen Gebiete mit großer und kleiner Luftbewegung ausscheiden zu wollen. ...

Sicherer sind die Angaben des Anemometers, obwohl auch dieses Instrument keineswegs ein Präzisionsinstrument genannt werden kann.

[...]

Während meine bisherigen Ausführungen ausschließlich den direkten instrumentellen Beobachtungen galten, hat uns das Anemometer zu den meteorologischen Registrierapparaten hinübergeführt, über die ich noch einige allgemeine Bemerkungen machen möchte.

Von den großen Fortschritten, den dieser Teil der meteorologischen Instrumentenkunde zu verzeichnen hat, hebe ich vor allem zwei hervor, nämlich den Übergang von diskontinuierlichen zu kontinuierlichen Registrierungen, durch die das Studium vieler meteorologischer Erscheinungen erst ermöglicht worden ist, sowie die Vereinfachung und Verbilligung mancher selbstregistrierender Instrumente, wobei ich der großen Verdienste gedenken möchte, die sich Richard Freres in dieser Beziehung erworben hat. Dadurch sind Registrierapparate nicht mehr wie früher nur in einigen wenigen Exemplaren auf die großen Observatorien beschränkt geblieben, sondern fast ein Gemeingut weiter Kreise geworden. Sie haben damit auch viel zur Verbreitung meteorologischer Kenntnisse und Interessen beigetragen. Zugleich hat sich in Fachkreisen eine richtigere Einsicht in die Leistungsfähigkeit selbstregistrierender Instrumente Bahn gebrochen; denn während man ehedem, vielleicht beeinflusst durch das Wort, im Registrierapparat ein selbständiges Instrument zu besitzen glaubte, das absolute Angaben macht und das gewissermaßen sich selbst überlassen werden kann, weiß man heute, dass ein solcher Apparat eigentlich nur Relativwerte liefert, gut überwacht werden muss und als Interpolationsinstrument neben den Terminbeobachtungen zu dienen hat.

Allerdings wäre zu wünschen, dass man Konstruktionen fände, die in schwierigen Verhältnissen, wie z. B. im Hochgebirge, längere Zeit sich selbst überlassen bleiben könnten.

[...]

Die modernen Hygrographen sind wohl ausschließlich Haarhygrometer, die sehr sorgfältig durch direkte Beobachtungen kontrolliert werden müssen und im wahrsten Sinne des Wortes nur als Interpolationsinstrumente dienen können.

Da für die Aufzeichnung der Größe der Himmelsbedeckung ein Apparat nicht existiert, wurde es überall als ein Fortschritt begrüßt, im Sonnenscheinautographen eine Art Ersatz dafür zu erhalten, der seit etwa 30 Jahren auch viel in Gebrauch gekommen ist. Man freute sich über die Einfachheit dieses Registrierapparates, der keiner Uhr bedarf und dessen Bedienung so einfach ist. Leider stellt sich nun heraus, dass die Angaben des Campbellschen wie des Jordansehen und verwandter Sonnenscheinautographen durchaus relativer Natur sind und ganz abhängen von der Beschaffenheit des dazu verwandten Glases und Papieres. ...

Von den zahlreichen Instrumenten zur Aufzeichnung des Regenfalles haben einige mechanisch registrierende Pluviographen neuerdings weite Verbreitung gefunden, wie überhaupt das Streben vielfach dahin geht, an Stelle der elektrischen die mechanischen Registrierapparate zu setzen, weil sie weniger Störungen ausgesetzt und leichter zu bedienen sind. Die modernen Pluviogramme haben vielfach eine so große Skale, dass man die noch wenig beachtete Frage nach der Dauer und dem näheren Verlauf des Regenfalles nun erst studieren kann; doch wären weitere Versuche über die Aufzeichnung einzelner Tropfen und der feinen Sprühregen mittels des Pluvioskops, das ganz in Vergessenheit geraten zu sein scheint, recht erwünscht.

Über die zweckmäßige Registrierung des Schneefalles liegen nur wenige Erfahrungen vor, desgleichen sind selbstschreibende Verdunstungsmesser selten in Gebrauch gekommen.

[...]

In der Schätzung der Himmelsbedeckung durch Wolken können nennenswerte Fortschritte aus der Neuzeit kaum genannt werden. Diese Beobachtungen sind nach wie vor untereinander schlecht vergleichbar, da sie von der mehr oder minder freien Lage der Stationen sowie von persönlichen Schätzungsfehlern abhängen, die namentlich bei Dunkelheit erheblich sein können. ...

Ein anderer Teil der Himmelsschau betrifft die optischen Phänomene in der Atmosphäre, über die an einzelnen Stationen, aber auch in ganzen Beobachtungsnetzen, wie in dem niederländischen, wertvolles Material gesammelt wird. Ich möchte auf diese und ähnliche Beobachtungen, wie z. B. über die Polarisation des Himmelslichtes, hier nicht weiter eingehen.

Desgleichen würde es uns zu weit führen, das Gebiet der nur den großen Observatorien vorbehaltenen luftelektrischen Messungen näher zu erörtern. ... Erfreulicherweise leisten in dieser Hinsicht die Physiker die wertvollste Hilfe, während die Meteorologen ein Hauptinteresse daran haben, die Beziehungen zwischen den meteorologischen und luftelektrischen Erscheinungen aufzuhellen. Entgegen der kürzlich geäußerten Meinung eines nordamerikanischen Erdmagnetikers halte ich schon deshalb den Anschluss der luftelektrischen Studien an die meteorologischen für richtiger als an die erdmagnetischen.

Nach diesem Exkurs über die vereinzelten meteorologischen Beobachtungen, die nicht an allen Stationen gemacht werden, ist es an der Zeit, zur Betrachtung der gewöhnlichen Stationsarbeit zurückzukehren und sich zu fragen, in welcher räumlichen Ausdehnung *die üblichen meteorologischen Beobachtungen jetzt angestellt werden. ...*

Während in Europa immer noch die Türkei eines meteorologischen Stationsnetzes entbehrt, sind in Afrika solche neu gegründet worden in Ägypten, Transvaal sowie in den deutschen, englischen und französischen Kolonien. Indessen bedürfen die drei letzteren zum Teil noch einer festeren Organisation, die auch für eine regelmäßige Veröffentlichung der Beobachtungen nach internationalem Schema Sorge trägt. Das gleiche gilt von dem in der Entwickelung begriffenen Netz in Brasilien und in Chile, wo zum Teil dieselbe Arbeit von zwei verschiedenen Seiten getan wird, anstatt sie zu konzentrieren. Aus Mittelamerika sind leider Rückschritte zu verzeichnen; denn das Netz in Costarica und in Guatemala scheint nicht mehr zu bestehen. In Asien ist die neue Organisation der Meteorologie in Korea zu erwähnen, und in Australien scheint der Zusammenschluss aller Staaten zur Commonwealth auch in meteorologischer Hinsicht gute Früchte zu tragen.

Neben diesen neuen staatlichen Organisationen sind im letzten Jahrzehnt auch sehr zahlreiche vereinzelte Stationen gegründet worden, die zumeist den Kolonien und den Interessensphären der einzelnen Nationen angehören. Ihre Beobachtungen werden leider oft nur im engsten Kreise bekannt, so dass eine Zusammenfassung und Bekanntgabe des wertvollen Materials durch das Zentralinstitut des betreffenden Mutterlandes höchst erwünscht wäre. Von diesen Einzelstationen haben eine ganz besondere Bedeutung die in klimatologisch noch unbekannten Ländern und Meeren - ich erwähne namentlich Samoa - sowie die in hohen Breiten gelegenen. Diesen darf man die Stationen der Polarexpeditionen zurechnen, die, wenn sie auch nur ein oder mehrere Jahre bestehen, doch außerordentlich wertvolles Beobachtungsmaterial liefern. Ich darf nur daran erinnern, in welch ungeahnter Weise neuerdings unsere Kenntnisse von der Meteorologie der Antarktis durch die Expeditionen gefördert worden ist, wie dies vorher auch in der Arktis der Fall war. Im Anschluss daran haben wir dank dem Eifer von Argentinien auf den Süd-Orkneys eine permanente meteorologische Station in hoher südlicher Breite erhalten, und es steht zu hoffen, dass es dem norwegischen meteorologischen Institut gelingt, eine solche in noch größerer nördlicher Breite, nämlich auf Spitzbergen, in Betrieb zu halten.

Trotz dieser Fortschritte in der Ausbreitung der meteorologischen Beobachtungsstationen lässt ihre Verteilung natürlich noch viel zu wünschen übrig. Es gibt große Gebiete ohne jede permanente oder temporäre Station, so dass Untersuchungen über die gleichzeitigen meteorologischen Verhältnisse auf der ganzen Erde, die sicherlich sich gegenseitig beeinflussen, heute und wohl noch auf lange Zeit hinaus nicht ausführbar sind. Es ist dies meines Erachtens eine der Hauptursachen dafür, dass die Wettervorhersage auf längere Zeit im Voraus noch so im Argen liegt.

Vergleicht man mit diesem Mangel an Stationen in weiten Erdräumen die Dichtigkeit mancher europäischer Beobachtungsnetze, so drängt sich unwillkürlich der Gedanke auf, ob es nicht richtiger wäre, ein Teil der heimischen Mittel zur Pflege der Meteorologie in anderen besonders wichtigen Teilen der Erde aufzuwenden, anstatt immer mehr Stationen im Mutterlande zu gründen. Es gibt Stellen der Erde, wo man aus den Beobachtungen weniger Jahre mehr Erkenntnis schöpfen kann als aus den zahlreichen Stationsbeobachtungen eines ganzen Netzes in höheren Breiten. Meteorologische Expeditionen sind ja nichts Ungewohntes mehr; ich möchte in diesem Zusammenhange aber den Wunsch aussprechen, dass sie noch häufiger unternommen und auf einen genügend langen Zeitraum ausgedehnt werden, um die Kosten relativ zu vermindern und möglichst gesicherte Ergebnisse mit heim zu bringen.

Noch ungleicher als auf dem Festlande ist die Verteilung des meteorologischen Beobachtungsmaterials auf dem Meere, wo es eigentlich nur längs der üblichen Schifffahrtswege gewonnen wird. Aus anderen Meeresgebieten bringen gelegentlich wissenschaftliche Expeditionen einige Aufzeichnungen heim, aber von weiten Meeresräumen haben wir überhaupt keine Beobachtungen. Man muss sich dieser Tatsache der unvollkommenen Verteilung des Beobachtungsmaterials auf der Erdoberfläche immer bewusst bleiben, um sich über die Genauigkeit unserer Isobaren- und Isothermenkarten der Erde nicht zu täuschen. Die Lückenhaftigkeit im Landmaterial schadet hierbei offenbar mehr als die in den maritimen Beobachtungen, weil wegen der gleichen Unterlage alle meteorologischen Verhältnisse über dem Wasser gleichmäßiger verlaufen als über dem Lande.

Der Umfang *der direkten Beobachtungen an den meteorologischen Landstationen hat sich im Laufe der letzten Jahrzehnte nicht wesentlich geändert: in den großen Netzen der Kulturstaaten werden gewöhnlich an drei oder zwei festen Terminen alle Elemente beobachtet, in den Kolonien häufig nur an einem Morgentermin. Daneben sind aber jetzt zahlreiche Registrierapparate in Tätigkeit, so dass das Beobachtungsmaterial in Wahrheit außerordentlich gewachsen ist und immer noch mehr zunimmt. Häufige Augenbeobachtungen, die früher an vielen Observatorien angestellt wurden, gehören nunmehr zu den Seltenheiten: in Europa ist meines Wissens Tiflis der einzige Ort, an dem sie noch stündlich gemacht werden, während allerdings in Japan in vierstündigen, zweistündigen oder einstündigen Intervallen beobachtet wird.*

Die sehr wichtige Frage der Vereinheitlichung in den Beobachtungsstunden *hat trotz mannigfacher Bemühungen auf den internationalen Meteorologenkongressen nur kleine Fortschritte gemacht. ...*

Dagegen freue ich mich, konstatieren zu können, dass seit 1901 in allen deutschen Beobachtungsnetzen um 7^a, 2^p, 9^p beobachtet wird, also zu Terminen, die auch in Österreich-Ungarn und Finnland eingeführt sind und die sich bekanntlich zur Bildung von Tagesmitteln ausgezeichnet eignen. Um der guten Sache, um der Allgemeinheit zu dienen, haben Bayern und Sachsen ihre früheren Termine 8^a, 2^p, 8^p, die Reichslande 7^a, 1^p, 9^p aufgegeben. Möchte dieses gute Beispiel auch anderwärts Nachahmung finden!

In der Frage der Nützlichkeit der simultanen Beobachtungen *scheinen die Ansichten noch immer geteilt zu sein. Der in den achtziger Jahren des vorigen Jahrhunderts vom Signal Office gemachte Versuch der Organisation solcher internationaler Beobachtungen hat trotz der reichlichen Veröffentlichungen dieses Amtes damals zu keinem so entscheidenden Resultat geführt, dass es Buys-Ballot geglückt wäre, sie weiter fortzuführen. Man ist im allgemeinen wieder zu Beobachtungen nach Ortszeit zurückgekehrt, oder man benutzt in Ländern mit relativ kleiner Längenverschiedenheit der Bequemlichkeit halber die jeweilige Einheitszeit. Das Festhalten an der Zeit eines mittleren Meridians liefert natürlich in einem Lande wie den Vereinten Staaten von Nordamerika streng simultane Beobachtungen, die für die Zwecke der Wetterprognose und für viele wissenschaftliche meteorologische Untersuchungen gewisse Vorteile bieten. ...*

Die Frage der Unterbringung der meteorologischen Stationen ist eine der wichtigsten des Beobachtungsdienstes, der man mehr und mehr die ihr gebührende Beachtung schenkt. Das idealste wäre ja, die Stationen in freier sich gleichbleibender Lage auf dem Lande einzurichten und in einigen Städten nur Nebenstationen zu haben, um den Stadteinfluss zu untersuchen und um praktischen Zwecken zu dienen. Leider verhält es sich in Wirklichkeit fast umgekehrt. Die Mehrzahl der Stationen befindet sich in Städten und wechselt obendrein mit dem Beobachter nicht selten ihre Lage, so dass lange homogene Beobachtungsreihen zu den Seltenheiten gehören. Die Rücksicht auf die Befriedigung vieler praktischer Bedürfnisse, wie der Wetterprognose und der Erteilung von Auskünften über Witterungsverhältnisse, rechtfertigt ja bis zu einem gewissen Grade die Unterbringung der Stationen in Städten, aber wenn die Mittel zur Verfügung ständen, um bezahlte Beamte als Stationsleiter anzustellen, würde man die Mehrzahl der Stationen sicherlich zum Besten der Sache aufs Land verlegen. ...

Ein charakteristischer Zug in der Entwickelung der meteorologischen Beobachtungsnetze besteht in ihrer immer weiter um sich greifenden Spezialisierung. Während vor vierzig Jahren kaum andere Stationen bestanden als solche, an denen alle meteorologischen Elemente beobachtet wurden, gibt es jetzt neben diesen allgemeinen Stationen zahlreiche sogenannte klimatologische Stationen, Regenstationen und Gewitterstationen. Die Stationen, an denen nur die Niederschläge gemessen werden, zählen heutzutage nach vielen Tausenden. In Europa allein sind es beiläufig 16000. Sie haben auch vielen praktischen Zwecken zu dienen und sind neuerdings bisweilen nicht an die meteorologische, sondern an die hydrographische Zentrale des Landes angegliedert. Das Netz der Gewitterstationen wird meistens als ein fliegendes angesehen, das man nach einigen Jahren des Bestehens, wenn genügend Beobachtungsmaterial angesammelt ist, wieder eingehen lässt. ...

Diese Anhäufung von Beobachtungsmaterial, das durch die Diagramme der zahlreichen Registrierapparate noch sehr erheblich vermehrt wird, hat daher wiederholt zur Erörterung der Frage geführt, ob nicht in der Meteorologie zu viel beobachtet und zu wenig verarbeitet wird. Schon im Jahre 1877 hat der englische Astronom Airy diese Frage bejaht und neuerdings der englische Physiker Schuster sogar die Meinung vertreten, dass man einmal fünf Jahre lang alle Beobachtungen einstellen und nur das alte Material diskutieren sollte. Schwerlich wird ein Meteorologe und sicherlich keiner, der ein meteorologisches Institut zu leiten hat, dieser extremen Meinung zustimmen. Schon die Rücksicht auf die praktischen Forderungen des Alltagslebens, das sich beim Meteorologen mehr Auskunft holt, als Fernerstehende ahnen mögen, verbietet eine solche Sistierung, aber die Gedankengänge, die beide englische Forscher zu dem Ausspruch geführt haben, enthalten doch sehr viele beherzigenswerte Wahrheiten. Ich glaube, dass, wenn ich die Airysche Äußerung so fasse: im Verhältnis zu den Beobachtungen wird zu wenig verarbeitet, wie die meisten Fachgenossen mir zustimmen werden. Der Hauptgrund für dieses Missverhältnis dürfte wohl der sein, dass es sehr viel leichter ist, von den Regierungen und wissenschaftlichen Gesellschaften Geldmittel zur einmaligen Anschaffung von Instrumenten als zur dauernden Anstellung von Gelehrten zu erhalten. Andererseits muss aber auch zugestanden werden, dass die meisten freiwilligen Beobachter, deren Mitarbeit wir durchaus nicht missen möchten, sehr viel mehr zum Beobachten als zum Bearbeiten geneigt und geeignet sind, und aus diesem Grunde scheint es mir kein bloßer Zufall zu sein, dass jene beiden missbilligenden Stimmen gerade aus England kommen, wo die Zahl der freiwilligen meteorologischen Beobachter größer ist als in irgendeinem anderen Lande. Ich gebe ferner zu, dass selbst von Fachmeteorologen durch ein Übermaß von Beobachtungen manchmal gesündigt wird, wenn z. B. zur Erprobung irgendwelcher neuen Methoden jahrzehntelange Beobachtungsreihen angestellt werden, während schon wenige Jahrgänge ausreichen würden. Es ist sogar vorgekommen, dass sich solche Beobachtungen, die nicht gleich aufgearbeitet wurden, hinterher als größtenteils unbrauchbar erwiesen, weil die Fehler nicht rechtzeitig erkannt und abgestellt wurden. Auch das müssen wir offen eingestehen, dass manche Leiter von Instituten und Observatorien mehr Neigung und Geschick zur Einrichtung neuer Beobachtungen haben als zur Verarbeitung des aufgesammelten Materials, und dass dadurch das Verhältnis zwischen Beobachtungen und wissenschaftlichen Resultaten ungünstiger wird. Es darf aber auch andererseits nicht verschwiegen werden, dass trotz der Fülle des vorhandenen Beobachtungsmaterials doch noch oft genug aus Mangel an solchem manche Untersuchungen gar nicht oder sehr unvollkommen geführt werden können, zumal die Art der aus den verschiedenen Ländern vorliegenden Beobachtun-

gen noch sehr ungleichartig ist. Immerhin möchte ich glauben, dass es für die Fortschritte und das Ansehen der Meteorologie gut wäre, wenn sich viele Fachmänner, unbeschadet der Bemühungen um die Verbesserung der Instrumente und Methoden, mehr der Ableitung von Resultaten aus den Beobachtungen widmen möchten, als ohne unbedingte Notwendigkeit neue zu inaugurieren.

Meine Ausführungen würden ihrem sachlichen Umfange nach ihr Ende erreicht haben, wenn ich sie vor 26 Jahren, als die Deutsche Meteorologische Gesellschaft zum ersten und letzten Male in München tagte, vorzutragen gehabt hätte. Seitdem ist aber ein neuer Zweig der meteorologischen Beobachtungen hinzugekommen, der schon viele wichtige Ergebnisse gezeitigt hat und andere solche zu liefern verspricht. Ich meine die Beobachtungen in der freien Atmosphäre, im Gegensatz zu den bisher in den untersten Luftschichten nahe der Erdoberfläche angestellten. Der Übergang dazu und die erste Entwickelung vollzog sich in den letzten Dezennien des vorigen Jahrhunderts. Seit den siebziger Jahren hatte man in Erkenntnis der Wichtigkeit hoch gelegener Stationen auf mehreren hohen und freien Berggipfeln meteorologische Stationen eingerichtet, aus deren Beobachtungen namentlich der Wiener Altmeister wertvolle Resultate abzuleiten wusste. Mehr und mehr kam man jedoch zu der Einsicht, dass die meteorologischen Verhältnisse in gleicher Höhe in der freien Atmosphäre von denen der Gipfel, die immer noch ein Stück Erdoberfläche darstellen, verschieden sein müssen. Die von Berlin ausgehende Wiederaufnahme wissenschaftlicher Ballonfahrten, die vor Jahrzehnten vorzugsweise in Frankreich und England gemacht wurden, die Benutzung des Drachens in Nordamerika und der Sondierballone in Frankreich zum Emporheben meteorologischer Registrierapparate brachten innerhalb weniger Jahre eine so lebhafte Bewegung in die auf die Erforschung der höheren Schichten der freien Atmosphäre gerichteten Bestrebungen, dass es bald zur Gründung eigener dafür bestimmter Institutsabteilungen und Observatorien kam. Gefördert wurde die neue Forschungsrichtung durch die gleichzeitige rapide Entwickelung der Luftschifffahrt, die ein natürliches Interesse an den Bestrebungen hatte und oft genug helfend eintrat.

Zunächst galt es und gilt es noch heute, die Technik der Beobachtungen auszubilden, die von derjenigen der gewöhnlichen meteorologischen Beobachtungen auf Land oder Wasser sehr verschieden ist: Es handelt sich hierbei hauptsächlich um zwei Dinge, um die geeigneten meteorologischen Instrumente und um die technischen Hilfsmittel zu ihrer Emporhebung in die freie Atmosphäre. ... Während im bemannten Freiballon vorzugsweise direkte Au-genbeobachtungen angestellt werden, wobei zur Bestimmung der Lufttemperatur und -feuchtigkeit das Aspirationspsychrometer gute Dienste leistet – vorausgesetzt, dass es dem störenden Einfluss des Ballons genügend entzogen ist –, sind für alle übrigen Transportmittel, wie Sondierballon, Fesselballon, Drachen usw. Registrierapparate erforderlich. Man hat diesen aus leicht verständlichen Gründen die Form von Meteorographen gegeben, die man früher bei den gewöhnlichen meteorologischen Beobachtungen vielfach verwendete, später aber zugunsten der Einzelapparate wieder aufgab. Die Kleinheit der Apparate bedingt natürlich einen größeren Ablesungsfehler als bei den an der Erdoberfläche benutzten. Die Drachenmeteorographen liefern Aufzeichnungen von Luftdruck, Temperatur, relativer Feuchtigkeit und Windgeschwindigkeit, die der Sondierballone nur die der ersten drei Elemente. Neuerdings ist die Methode der Pilotballonanvisierungen hinzugekommen, die zur Ermittlung der Richtung und Geschwindigkeit des Windes in verschiedenen Höhen dient, ganz einwandfreie Angaben aber nur dann liefert, wenn die Messungen gleichzeitig von zwei Punkten aus gemacht werden, oder wenn beim Fehlen auf- und absteigender Luftströme die der einfachen Methode zugrunde liegende Voraussetzung einer gleichmäßigen Aufstiegsgeschwindigkeit des Ballons zutrifft. Andererseits kann diese Methode zur Bestimmung der Geschwindigkeit auf- und absteigender Luftströme dienen, mit denen man in der Meteorologie bereits seit einem Jahrhundert operiert, ohne genaue Messungen darüber zu besitzen, da die Instrumente zur Registrierung der Vertikalkomponente des Windes unvollkommen sind.

Die größte bisher vom Registrierballon erreichte Höhe beträgt 29 km, während Drachen bis zu rund 6.5 km hinaufgebracht worden sind. Bei dem Bestreben, die Instrumente möglichst hoch hinaufzusenden, ist die Erforschung der untersten Luftschichten bis zu etwa 500 m bisher offenbar zu kurz gekommen. Für viele Fragen der reinen und angewandten Meteorologie ist aber die genauere Kenntnis der Vorgänge in diesen der Erdoberfläche auflagernden Schichten von größter Wichtigkeit. ...

Bei der Bestimmung der Fehler der aus der freien Atmosphäre gewonnenen Beobachtungen muss man unterscheiden zwischen den instrumentellen Fehlern der Thermographen, Hygrographen, Anemographen und denjenigen, die durch Zuweisung von deren Registrierungen an eine falsche Höhe entstehen.

[...]

Bei den rapiden Änderungen im Werte aller meteorologischen Elemente mit der Höhe und bei den raschen Schwankungen, die sie auch oft in demselben Niveau in kurzer Zeit erleiden, reicht eine solche

Genauigkeit vorerst aus, um die großen Züge in den meteorologischen Verhältnissen der freien Atmosphäre zu erforschen.

Der Umfang dieser Beobachtungen hat im Laufe der letzten Jahre außerordentlich zugenommen. Außer eigens dafür eingerichteten Observatorien und Stationen, an denen täglich oder doch so oft als möglich derartige Sondierungen der Atmosphäre ausgeführt werden; wie namentlich in Deutschland, England, Frankreich, Russland und in den Vereinigten Staaten von Nordamerika, gibt es zahlreiche Stationen, die sich an den monatlich einmal, bisweilen auch an drei aufeinander folgenden Tagen stattfindenden internationalen Ballonaufstiegen beteiligen. Um deren Organisation und stetige räumliche Erweiterung hat sich der Vorsitzende der internationalen aeronautischen Kommission [Hergesell] besonders verdient gemacht. Daneben sind auf eigenen Schiffsexpeditionen nach dem Atlantischen, Indischen und Großen Ozean außerordentlich wertvolle Beobachtungen aus den höheren Schichten der Atmosphäre gewonnen worden, die unsere bisherigen Anschauungen über die Natur der großen Windsysteme, der allgemeinen Luftzirkulation und der Temperaturverhältnisse in der Höhe wesentlich modifiziert haben. Dank der Initiative eines französischen [Teisserenc de Bort] und eines nordamerikanischen Privatgelehrten [Rotch] sowie der wirksamen Unterstützung seitens der Fürsten und Regierungen haben gerade solche Expeditionen in relativ kurzer Zeit so viele neue Resultate geliefert, dass man sich fragen muss, ob nicht auf diesem Wege raschere Fortschritte in der allgemeinen Meteorologie zu erzielen sind als durch Vermehrung der aeronautischen Observatorien in der Heimat.

Hiermit schließe ich meine Darlegungen über die Genauigkeit und den Umfang der modernen meteorologischen Beobachtungen. Sie weisen noch viele Lücken in methodischer wie räumlicher Hinsicht auf, aber wenn man sie mit dem Stande vor 30 oder 40 Jahren vergleicht, wird man einen erfreulich großen Fortschritt in der Verbesserung der Instrumente, Einheitlichkeit der Methoden und Erweiterung des Arbeitsprogramms konstatieren können. Einen wesentlichen Anteil daran hat die seit 1872 bestehende internationale meteorologische Organisation, die in Vereinbarungen bezüglich der Beobachtungsmethoden sowie in der Durchführung neuer großer Aufgaben viel geleistet hat.

1920 – Tagung in Leipzig

Die Deutsche Meteorologische Gesellschaft hat zwischen 1911 und 1920 keine allgemeine Versammlung mehr anberaumt. Hierzu schreibt C. Kaßner, der noch amtierende Schriftführer, in seinem Bericht über die XIII. Tagung der Gesellschaft in der *Meteorologischen Zeitschrift* von 1920:

Nach der Münchener Tagung im Jahre 1911 sollte gemäß den Satzungen die nächste Versammlung im Jahre 1914, und zwar in Dresden stattfinden. Kaum waren die Mitglieder zur Teilnahme und zur Anmeldung von Vorträgen eingeladen worden, als der Weltkrieg ausbrach und die Verschiebung der Versammlung bedingte. Auch nach seiner Beendigung ließen es die unruhigen Zeiten nicht eher als jetzt zu, die Einladungen zur Tagung ergehen zu lassen. War man zwar über deren Notwendigkeit im Vorstande einig, zumal er weit über die satzungsgemäße Dauer im Amte war, so regten sich doch Zweifel, ob der Besuch einigermaßen genügen würde. Aber gerade die lange Pause und die Bedeutung, die unsere Wissenschaft im Kriege erlangt hatte, bewirkten es, dass nicht nur die Sitzungen wider Erwarten gut besucht waren – kamen doch selbst sieben unserer österreichischen Fachgenossen –, sondern dass auch eine außerordentlich große Zahl von Vorträgen angemeldet wurde.

Die Fülle angemeldeter Vorträge hatte zur Folge, dass Redezeiten gekürzt werden mussten, wodurch manche Redner sich so beeilten, „dass es nicht immer leicht war, den Gedankengängen zu folgen. Ebenso litt darunter die Besprechung etwas, da sich die meisten möglichst kurz zu fassen suchten." Bei aller Beschränkung verließen die Teilnehmer Leipzig sehr zufrieden. Dort war 1913 eines jener auf der Münchener Tagung 1911 geforderten Institute neugegründet worden, nämlich ein geophysikalisches Institut mit Vilhelm Bjerknes (1862-1951) an der Spitze. Das Leipziger Institut wurde eigens für ihn erschaffen, und zwar als Institut für theoretische Meteorologie. Bjerknes kehrte allerdings vor Ende des Krieges nach Norwegen zurück.

Anfang Oktober trat der Gesamtvorstand der Meteorologischen Gesellschaft zu einer Sitzung zusammen. Den Vorsitz führte nach wie vor Hellmann. In der Eröffnungssitzung im Physikalischen Institut begrüßte er „die Mitglieder und Gäste, besonders die Vertreter der Stadt Leipzig und der wissenschaftlichen Anstalten und unter allseitigem Beifall die Fachgenossen aus Deutsch-Österreich. Herrn Wenger dankte er für seine umsichtigen Vorbereitungen." Ein Mitglied der sächsischen Akademie beschwor den Ernst der Lage, in der sich das Nachkriegsdeutschland befand, „aber deutsche Wissenschaft sei unser einziger Aktivposten im Zusammenbruch, und sie müsse deshalb besonders gepflegt und gefördert werden. Dazu, so hoffe er, werde auch diese Tagung beitragen." Der frühverstorbene Nachfolger Bjerknes', Robert Wenger (1886-1922), erinnerte daran, dass Heinrich Wilhelm Brandes (1777-1834), oft genug als Vater der synoptischen Meteorologie angesehen, derjenigen Universität angehörte, welche vor dem Krieg die erste gewesen war, „die ein besonderes Institut für Wetterforschung gegründet habe". Der Vorsitzende Hellmann dankte allen für die freundliche Begrüßung und, wie könnte es anders sein, er „erinnerte dann an alte Beziehungen Leipzigs zur Meteorologie, so an das in Leipzig 1507 gedruckte *Decalogium Wellendörfers*, das älteste gedruckte Handbuch der Meteorologie, ferner an die beiden Meurer, Vater und Sohn, die der Universität angehörten, an Brandes, der gerade vor hundert Jahren seine Beiträge zur Witterungskunde veröffentlichte." Ferner rief er ins Gedächtnis, dass 1872 in einer Versammlung von Meteorologen in Leipzig, Bruhns, Jelinek und Wild, den Grundstein zur internationalen meteorologischen Organisation gelegt hatten. Er gedachte dann der zwei noch lebenden Teilnehmer, einerseits Paul Schreibers, den er unter den Anwesenden zu begrüßen Freude empfand, und der in Leipzig sein Bedauern zur Sprache brachte, dass die Tagung nicht wie für 1914 geplant in Dresden stattfinden konnte, andererseits Julius Hanns, der ein Jahr zuvor seinen 80. Geburtstag feiern konnte, und dem ein Telegramm zugedacht wurde. „1878 sei endlich unter von Danckelman zuerst die Wettertelegraphie für Landwirte in Deutschland eingerichtet worden". Hierauf hielt Hellmann seinen zeitgemäßen Eröffnungsvortrag über den Einfluss des ersten Weltkrieges auf die Meteorologie.

Hinsichtlich der Wahl des Vorstandes schlug Köppen als Vorort wieder Berlin und als Vorsitzenden wieder Hellmann vor.

Von den Anträgen in der Geschäftssitzung ist derjenige von Schmauß hier von Interesse, weil er einen bibliographischen Aspekt betrifft, der bei Hellmann stets eine Rolle gespielt hat. Kaßner berichtet: „Nach dem Eingehen der *Fortschritte der Physik* und dem Ausbleiben vieler ausländischer Zeitschriften soll durch einen Reichszuschuss die *Meteorologische Zeitschrift* in den Stand gesetzt werden, durch Titelangaben und Besprechungen einen möglichst vollständigen Überblick über alle erschienenen Arbeiten zu geben". Die dritte Abteilung der *Fortschritte der Physik*, die „kosmische Physik", wurde von Aßmann bis zu seinem Tode 1918 redigiert[18], enthielt die literarischen Fortschritte der Meteorologie und Klimatologie, aus denen ich in den weiteren Kapiteln viele Referate wiedergeben werde. Hellmann bemerkte, „dass vielleicht Aussicht bestände, diesen Antrag, wie den von Herrn Tetens, auch Besprechungen in anderen Zeitschriften nachzuweisen, in geeigneter Form zu erfüllen". Nach dem Ende der geschäftlichen Sitzung gab Wenger einen kurzen Überblick über die Geschichte, den Zweck und das Ziel des Geophysikalischen Institutes, dem er nach Bjerknes' Fortgang 1917 vorstand. Während einer weiteren Sitzung meldete Hellmann, „dass laut Drahtnachricht Herr Margules gestorben" war. Daraufhin erhob sich die Versammlung zu seinen Ehren. In seinem Nachruf auf den 1856 geborenen Chemiker und Meteorologen hat Exner (1876-1930) über ihn nicht weniger als Folgendes gesagt: „In ihm hat Österreich den hervorragendsten Vertreter der theoretischen Meteorologie verloren, ja man wird nicht zu viel sagen, wenn man den Kreis weiter zieht und Margules als einen der ersten theoretischen Meteorologen bezeichnet, die je gelebt haben."

Die theoretische Meteorologie hatte in Margules einen herausragenden Vertreter nicht erst 1920, sondern schon viel früher verloren. Margules hatte sich seit einigen Jahren von der theoretischen Meteorologie ab- und wieder der (physikalischen) Chemie zugewandt, aus der er kam. In der bitteren Nachkriegszeit starb er an den Folgen eines Hungerödems.

Die theoretische Meteorologie feierte in Leipzig nach dem Krieg Erfolge, die unser Empiriker nur erstaunt verfolgen konnte. Nachdem Wenger „über atmosphärische Wellenbewegungen" vorgetragen hatte, legte Jacob Bjerknes (1897-1975) die neuen Ansichten der sogenannten Bergener Schule von V. Bjerknes dar, die in deren Leipziger Zeit begrifflich angelegt wurden. „An der sehr lebhaften Aussprache beteiligten sich die Herren Exner, Ficker, Polis, Schmauß, Defant, Linke, W. Schmidt und Weickmann", wie Kaßner bemerkte.

Von den vielen interessanten Vorträgen seien weitere zwei hervorgehoben. Köppen sprach über „Polwanderungen, Kontinentenverschiebungen und Klimageschichte", wonach die Hörer diesem „Altmeister der Meteorologie", wie ihn Hellmann bei der Gelegenheit nannte, „ihren Beifall durch Händeklatschen beredten Ausdruck" verliehen. Erstmals trug auch eine Frau vor, Luise Lammert[19], über „die freie Atmosphäre bei Südföhn (mit Lichtbildern). Hellmann hob hervor, „dass zum ersten Male auf einer Tagung unserer Gesellschaft eine Dame vortrage und sprach ihr die besten Wünsche für ihre weitere meteorologische Entwickelung aus; zum Vortrage machten die Herren Wegener, Ficker und Wenger einige Bemerkungen".

Eine wichtige, bei der Aussprache von Hellmanns Eröffnungsvortrag gestellte Frage war diejenige Hergesells:

Was soll mit den meteorologischen Kriegsbeobachtungen gemacht werden? Noch niemals vorher ist ein so reicher Beobachtungsstoff von einem so dichten Stationsnetz gewonnen worden wie im Kriege und ist von der nächsten Zukunft nicht zu erwarten. Es

---

18 „Der Verstorbene hat das ihm von der Deutschen Physikalischen Gesellschaft anvertraute mühevolle und entsagungsreiche Amt seit dem Jahre 1887 verwaltet" (Fortschritte der Physik im Jahre 1917, Vieweg 1919; diesen Band haben Aßmanns Tochter und Süring herausgebracht).
19 Luise Lammert (1887-1946) schrieb 1922 den Nachruf auf den plötzlich verstorbenen Gastgeber der Tagung, Direktor Wenger, der bei „einer vorwiegend theoretischen Veranlagung ... großen Wert auf die Verbindung von Theorie und Praxis gelegt" habe.

gilt also jetzt, die vielen Pilotballonaufstiege im Kriege genauer zu studieren. Arbeitskräfte dürften schon vorhanden sein; aber es fragt sich, ob Geld zur Veröffentlichung da ist; doch würde die Frage der Drucksachen besser im Reichsausschuss erörtert. Könnte man nicht an den deutschen Zentralen durch gemeinsamen Bezug von Instrumenten Geld für Drucksachen ersparen? Hiergegen wandte sich aber Herr Linke. Herr König teilte mit, dass er die ganzen Beobachtungen des Heereswetterdienstes nach Orten geordnet habe; einen Nachweis für den Inhalt der Beobachtungen anzulegen, wie gewünscht worden wäre, sei eine sehr kostspielige, ungeheure Arbeit. Herr Kölzer bemerkte, dass inzwischen noch neue Akten mit Beobachtungen gefunden worden wären. Nach Herrn A. Wegener hat die Seewarte schon sehr viele Beobachtungen des Marinewetterdienstes bearbeitet und mit deren Druck in gedrängter Form begonnen. Darauf wurde die Entschließung einstimmig angenommen: Die Deutsche Meteorologische Gesellschaft wünscht dringend, dass für die Bearbeitung und Veröffentlichung der Militärbeobachtungen Geld aus den Mitteln der Notgemeinschaft der deutschen Wissenschaften gegeben werde. Herr Hellmann schlägt einen kleinen Ausschuss zur Prüfung und Bearbeitung des Beobachtungsstoffes vor, doch meinte Herr Schmauß, dass das nicht Aufgabe der Gesellschaft, sondern des Reichsausschusses sei; demgemäß übernahm es Herr Hellmann, diese Sache dem Reichsausschuss vorzulegen.

Bei Abschluss der Tagung stellte Hellmann fest, dass gegenüber der Münchener Versammlung von 1911 „diesmal mehr über die Dynamik der Atmosphäre gesprochen worden" sei, „worin man vielleicht eine Art Huldigung für die Leipziger Schule sehen könne". Er wagte eine Wahrsagung:

Durch den Krieg und die sich anschließenden politischen Ereignisse seien viele Beobachtungsreihen unterbrochen oder ganz abgeschnitten und damit viele Arbeiten der extensiven Meteorologie erschwert oder unmöglich gemacht worden, so dass für die nächste Versammlung in drei Jahren wohl noch mehr solche Vorträge zu erwarten seien, die ohne räumlich ausgedehnte Beobachtungen am Schreibtisch zu erledigen, also mehr theoretischer Natur wären.

Otto Baschin, der eine Zeitlang Mitarbeiter des Preußischen Meteorologischen Instituts gewesen war, fasste die Art der Vorträge so zusammen (*Die Naturwissenschaften* 1920):

An fast sämtliche Vorträge schloss sich eine lebhafte und interessante Erörterung. Die Bedeutung der Turbulenz, der Diskontinuitätsflächen und namentlich die von der Bjerknesschen Schule verfochtene Auffassung der Strömungslinien und der Wellenbewegungen in der Atmosphäre als neue Grundlagen für die Wetterprognose nahmen dabei einen breiten Raum ein.

Nach Abschluss der Tagung wurde „auf dem Hofe" noch eine Gruppenaufnahme aller Teilnehmer gemacht. Leider ließen sich keine Spuren dieses historischen Fotos finden.

Welchen Einfluss hat der Krieg 1914/18 auf die Meteorologie gehabt?

Allgemein und erschöpfend lässt sich diese Frage heute noch nicht beantworten, weil wir noch ungenügend darüber unterrichtet sind, was in den feindlichen Ländern in meteorologischer Beziehung während der Kriegsjahre geleistet worden ist – in einigen scheint es erheblich zu sein –, aber immerhin genügen unsere diesbezüglichen Kenntnisse schon zur Aufstellung einiger allgemeiner Gesichtspunkte, insbesondere hinsichtlich der eigenen Verhältnisse.

Der Weltkrieg 1914/18 hat der Meteorologie große Nachteile, aber auch viele Vorteile gebracht, und die Bilanz aus beiden wird für die beteiligten Nationen naturgemäß sehr verschieden ausfallen.

Ein erster Nachteil, den der Krieg brachte, war die Unterbrechung der meteorologischen Beobachtungen auf den von ihm betroffenen Gebieten, sowie z. T. in den heimischen Stationsnetzen durch Inanspruchnahme der Beobachter durch das Heer. Auf den Kriegsschauplätzen ist einiger Ersatz dafür geboten durch die von den Heereswetterdiensten selbst veranlassten meteorologischen Messungen, und die festen Beobachtungsnetze der Heimatländer sind im allgemeinen so dicht, dass der zeitweilige Ausfall von ein paar Stationen für viele Fragen nicht sehr ins Gewicht fällt. Dagegen sind die Schäden, die der Ausgang des Krieges einigen Beobachtungssystemen gebracht hat, außerordentlich groß. Wenn ich ganz absehe von der Verkleinerung des preußischen Netzes im Norden und Osten, wodurch z. B. der ununterbrochene Verfolg von Witterungserscheinungen von der West- bis an die Ostgrenze unmöglich wird, so ist vor allem zu bedauern, dass das große österreichische und das ungarische Netz zerfallen und kein Ersatz an ihre Stelle getreten ist, sowie namentlich der Untergang des russischen Stationsnetzes. Das ist geradezu eine Katastrophe für den weiteren Ausbau der Landmeteorologie und

Klimatologie. Es war weitaus das größte Beobachtungsnetz der Erde, und wer Untersuchungen über meteorologische Vorgänge auf ausgedehnten Landflächen auszuführen hatte, fand das dafür notwendige Material in den beiden stattlichen Quartbänden, in denen die Beobachtungsergebnisse zahlreicher Stationen von der Ostsee bis zum Stillen Ozean Jahr für Jahr bekanntgegeben wurden. Das Stationsnetz der Vereinigten Staaten von Nordamerika bietet keinen vollen Ersatz dafür, weil es lange nicht so groß wie das frühere russische ist und weil die Beobachtungen für wissenschaftliche Untersuchungen nicht ausführlich genug veröffentlicht werden. Allgemein fühlbar muss auch der große Ausfall an Schiffsbeobachtungen auf den Ozeanen sein, da diese während des Krieges z. T. ganz verödet waren, und in Zukunft wird besonders der deutsche Anteil an der Beschaffung maritim-meteorologischen Beobachtungsmaterials eine große Einschränkung erfahren.

Die Einziehung aller militärtauglichen Männer hat die Arbeiten an den meteorologischen Instituten und Observatorien natürlich stark beeinträchtigt. Es war meist nur möglich, den Beobachtungsdienst aufrecht zu erhalten, während die Bearbeitung des Materials und die Vornahme von experimentellen Untersuchungen fast ganz liegen bleiben musste. Als nach Beendigung des Krieges die Meteorologen zu ihren Ämtern zurückkehrten, war zwar das Bestreben, das Versäumte nachzuholen und die wissenschaftliche Arbeit wieder aufzunehmen, erfreulich groß, aber nun brachten die schlimmen Folgen des Krieges neue und viel größere Nachteile. Die Löhne und alle Materialpreise sind inzwischen derartig gestiegen, dass die Beschaffung von Instrumenten und die Drucklegung der Beobachtungsergebnisse und wissenschaftlichen Abhandlungen auf ein schier unerträgliches Minimum eingeschränkt werden muss, ja teilweise ganz unmöglich wird. Darin erblicke ich die bei weitem schädlichste Wirkung des Krieges für uns deutsche Meteorologen. Wir werden auf Mittel und Wege sinnen müssen, unsere Veröffentlichungen in vereinfachter Gestalt aufrecht zu erhalten, und wir werden auf Jahre hinaus bemüht sein müssen, die Ergebnisse unserer Untersuchungen in knappster Form bekannt zu geben.

Der praktische Wetterdienst in der Heimat wurde durch das Ausbleiben der Wettertelegramme aus den feindlichen Ländern auf eine harte Probe gestellt, die er aber ziemlich gut bestanden hat. Die Fehlprognosen waren zwar häufiger als vor dem Kriege, aber es war doch erfreulich zu sehen, wie bei dem Mangel an den wichtigen Nachrichten aus West-, Süd- und Osteuropa sowie aus dem neutralen Island, dessen Telegramme selbst dem Mutterlande Dänemark dauernd vorenthalten wurden, der tägliche Wetterdienst in Deutschland ganz leidlich funktionierte. Besonders schlimm war in Norddeutschland der häufig unsaubere Druck der Wetterkarten, die infolge der schlechten, zu ihrer Herstellung notwendigen Materialien oft so verwischt erschienen, dass sie nur mit größter Mühe, bisweilen auch gar nicht zu entziffern waren. Da auch in den feindlichen und neutralen Ländern die täglichen Wetterkarten in räumlicher Beziehung stark eingeengt und oft unvollständig waren, gibt es für die Zeitdauer des Krieges keine Wetterkarten, welche die Witterungsverhältnisse von Europa Tag für Tag genau wiedergeben. Einen Ersatz dafür werden erst später die von der Deutschen Seewarte und dem Dänischen Meteorologischen Institut gemeinschaftlich herausgegebenen „Täglichen Synoptischen Wetterkarten für den Nordatlantischen Ozean und die anliegenden Teile der Kontinente" bieten, die allerdings erst bis zum Jahrgang 1910 erschienen sind. Aber auch diese werden wegen Mangel an genügenden Beobachtungen auf dem Ozean etwas weniger genau ausfallen.

Die internationale meteorologische und erdmagnetische Organisation, die hier in Leipzig im Jahre 1872 ihren Anfang nahm, ruhte naturgemäß während der Dauer des Krieges. Aber dadurch, dass bald nachher die Verhandlungen unter Ausschluss der Mittel[s]mächte aufgenommen wurden, hat diese Organisation einen argen Riss erhalten, der das in manchen Fragen wissenschaftlicher und praktischer Natur so wünschenswerte internationale Zusammenarbeiten auf geraume Zeit hinaus beeinträchtigen wird.

Der durch den Krieg bedingte Abbruch der wissenschaftlichen Beziehungen mit dem feindlichen Ausland und bisweilen sogar gezwungenermaßen mit neutralen Ländern, insbesondere des Publikationsaustausches und der Bücherbeschaffung, hat ohnehin schon üble Folgen gehabt, so dass alle am Kriege beteiligten Nationen über die Gesamtleistungen auf meteorologischem Gebiet während der Jahre 1914 bis 1919 nur ungenügend unterrichtet sind. Dadurch hat der Fortschritt der Meteorologie, wie der aller anderen Wissenschaften, unleugbar Hemmungen erlitten, und es kann jetzt öfters als sonst vorkommen, dass man Dinge als neu hinstellt, die anderswo schon längere Zeit bekannt sind.

Das dürften die hauptsächlichsten Nachteile und Schäden sein, die der Krieg der Meteorologie, insonderheit in Mitteleuropa, gebracht hat; ihnen stehen einige Vorteile gegenüber, deren volle Auswirkung wir heute noch nicht ganz ermessen können.

Der erfreulichste war die über alles Erwarten weitgehende Nutzbarmachung der Meteorologie zur Verteidigung des Vaterlandes, wodurch unsere

Wissenschaft überall an Ansehen und Achtung gewonnen hat. Die Schaffung besonderer Heeres- und Marinewetterdienste, die über zahlreiches Personal, darunter gut geschulte und wissenschaftlich erprobte Fachmeteorologen verfügte, denen ferner fortwährend reiches Beobachtungsmaterial aus den unteren und den oberen Schichten der Atmosphäre zuging, z. T. sogar aus dem feindlichen Gebiet, wenn die Entzifferung der F. T.-Meldungen gelungen war, dazu die straffe militärische Organisation, das alles und manche andere Momente, auf die ich nicht einzeln eingehen kann, ermöglichten die für die Kriegführung wichtige Wettervorhersage auf einen hohen Grad der Brauchbarkeit zu bringen. Und wenn auch die einmal von militärischer Seite gestellte Forderung, die „Prognosen müssen unbedingt sicher sein", oder die Heeresmeteorologen müssen womöglich auf drei Tage im voraus „verantwortlich und richtig das Wetter voraussagen", nur in Überschätzung des wahren Standes der ausübenden Meteorologie erhoben werden konnte, so ist doch freudig anzuerkennen, dass die meteorologische Voraussage und ebenso sehr die meteorologische Auskunft über alle möglichen für die Kriegsoperationen in Betracht kommenden atmosphärischen Verhältnisse, nicht minder wie die Beschaffung erdmagnetischer Angaben und Karten, dem Heere und der Marine großen Nutzen gebracht haben. Wenn die Prognose im Felde oft besser ausfiel als zu Hause im Frieden, so lag das, abgesehen von den eben erwähnten Vorteilen einer machtvollen Organisation, wohl auch daran, dass sie für einen ganz bestimmten, enger umgrenzten Zweck gestellt wurde und nicht viele verschiedene Interessen zugleich befriedigen musste.

Viele von den im Kriege gesammelten Erfahrungen und erprobten Methoden werden wir auf die Friedensarbeit übernehmen und weiter ausbauen können; wir müssen uns dabei immer nur dessen bewusst bleiben, dass uns jetzt sehr viel bescheidenere Mittel zu Gebote stehen als während des Krieges. Es wird langsamer gehen.

Die Verarbeitung des gewaltigen Beobachtungsmaterials, das auf allen Kriegsschauplätzen in Europa und Asien durch die Stationen der Heeres- und Marine-Wetterdienste gewonnen wurde, verspricht viele neue Aufschlüsse, namentlich auf dem Gebiet der Höhenmeteorologie, zu liefern. Desgleichen dürfen wir wertvolle Beiträge zur Kenntnis der klimatischen und der magnetischen Verhältnisse der Balkanhalbinsel und von Vorderasien erwarten, wo die vom Militär erstmalig eingerichteten Stationen rechte Pionierarbeit geleistet haben.

Sodann erachte ich es als einen großen Vorteil, dass einerseits viele Fachmeteorologen durch Kommandierung nach den verschiedensten Gegenden ihren räumlichen und damit auch meteorologischen Gesichtskreis erheblich erweitern konnten, und dass andererseits viele der aus dem Kreise der gebildeten Laien zum Wetterdienst herangezogenen Männer an der Meteorologie Interesse gewonnen haben und auch in Zukunft behalten werden. Die Zahl der mit dem praktischen Wetterdienst Vertrauten hat sich auf die Weise stark vermehrt und wird dazu beitragen helfen, das Verständnis für die Schwierigkeiten der Wettervorhersage im Volke zu heben und zu verbreiten.

Ein unmittelbarer Gewinn aber für die wissenschaftliche Meteorologie ist die erfreuliche Tatsache, dass einige Meteorologen im Felde dazu angeregt wurden, sich selbst Probleme zu stellen und sie im Frieden zu bearbeiten. Einige solche Arbeiten sind in unserer Zeitschrift und an anderen Stellen bereits erschienen, weitere werden nachfolgen. Anerkennung verdient auch das Bestreben der Leitung des deutschen Heereswetterdienstes – vielleicht auch anderer? –, die wissenschaftliche Arbeit zu begünstigen und durch Herausgabe von Druckwerken selbst zu fördern.

Stellt man zum Schluss die Frage: Ist durch den Krieg für die Meteorologie ein Vorteil erzielt worden, der sonst nicht erlangt werden konnte? so ist sie zu verneinen. Dagegen hat der Krieg eine ganze Reihe von meteorologischen Problemen, namentlich solchen, die mit dem Fliegen und der Luftfahrt zusammenhängen, sowie die Frage nach der Ausbreitung des Schalls in der Atmosphäre früher in den Vordergrund des Interesses gerückt und ihre Lösung gefördert, als sonst, d. h. bei friedlicher Entwickelung der Kultur, der Fall gewesen wäre.

1923 – Versammlung zu Berlin

Die XIV. allgemeine Versammlung der Deutschen Meteorologischen Gesellschaft, die letzte unter Hellmanns Vorsitz fand in Berlin am 1. und 2. Oktober 1923 statt. Wieder ist es der Schriftführer Kaßner, der darüber in der *Meteorologischen Zeitschrift* (1923) den Bericht schrieb.

Der Vorsitzende Hellmann „drückte im Hinblick auf den sehr zahlreichen Besuch seine Genugtuung darüber aus, dass trotz einigen Schwankens die Tagung doch nicht abgesagt worden war, wie es viele andere Vereine wegen der unsicheren politischen Lage getan haben". „Er begrüßte die Gäste besonders die vom Auslande (aus Petersburg, Prag und Sofia) hergekommen sind, und wies dann darauf hin, dass die Gesellschaft jetzt 40 Jahre lang bestehe, und dass gegenwärtig gerade 100 Jahre seit Begründung einer meteorologischen Gesellschaft, wenn man darunter nur eine private Vereinigung von Meteorologen versteht, vergangen seien. Deshalb habe er als Thema für seinen Eröffnungsvortrag gewählt: ‚Hundert Jahre meteorologische Gesellschaften'. Vor den anschließenden geschäftlichen Mitteilungen gedenkt der Vorsitzende zunächst des wegen Altersbeschwerden fern gebliebenen stellvertretenden Vorsitzenden Herrn Köppen, der um die Gesellschaft hochverdient ist; es wird sein Nichterscheinen bedauert und ihm brieflich herzlich bestes Wohlsein gewünscht. Sodann wird die Zeiteinteilung und Vortragsfolge verkündet und im Hinblick auf die Fülle der Vorträge allen Rednern möglichste Kürze empfohlen." Von den vielen Vorträgen sei nur der von Alfred Wegener über „die Lage der Klimazonen in der geologischen Vorzeit" herausgehoben, und der Hellmanns ermunternde Bemerkung veranlasste, „dass das Buch der Herren Köppen und A. Wegener über dieses Thema mit Spannung erwartet werde". Es handelt sich um das 1924 erschienene, epochemachende Buch „Die Klimate der geologischen Vorzeit".

Hellmann beantragte, endlich den Vorort nach Süddeutschland, und zwar nach München zu verlegen. „40 Jahre sei er in Norddeutschland gewesen, und schon wiederholt sei die Verlegung nach Süddeutschland erwogen worden. Er selbst habe ebenfalls 40 Jahre lang der Gesellschaft als Schriftleiter, Schriftführer und Vorsitzender gedient und sehe sich mit Rücksicht auf sein Alter gezwungen, eine etwaige Wiederwahl abzulehnen." August Schmauß wird zum neuen Vorsitzenden und München fast einstimmig als Vorort gewählt. Schmauß dankt für das Vertrauen und schlägt vor, Hellmann zum Ehrenvorsitzenden zu ernennen, „dem allseitig zugestimmt wird". Köppen hatte ebenfalls gebeten, von seiner Wiederwahl zum stellvertretenden Vorsitzenden aufgrund seines hohes Alter abzusehen. Als solcher wurde der frisch ernannte Direktor des Preußischen Meteorologischen Instituts, Heinrich von Ficker gewählt. „Herr Schmauß schlug dann vor, den Hamburger Beschluss (1908), wonach möglichst kein Reichsdeutscher zum Ehrenmitglied ernannt werden soll, für diesmal aufzuheben und schlug die zwei neben Herrn Hellmann noch lebenden und um die Gesellschaft sehr verdienten Mitbegründer und Vorstandsmitglieder, die Herren Köppen und Schreiber, zu Ehrenmitgliedern vor; der Antrag wurde einstimmig angenommen."

Am letzten Tag der Tagung übernahm Hellmann zum letzten Mal den Vorsitz und führte aus,

dass die übergroße Zahl der Vorträge recht anstrengend gewesen sei; einen dritten Tag anzusetzen wäre aber für die auswärtigen Mitglieder bei der herrschenden Teuerung unwirtschaftlich gewesen. Sehr erfreulich sei die rege Beteiligung jüngerer Kräfte, und er möchte nur wünschen, dass sie ihre Arbeiten auch veröffentlichen könnten. Bezeichnend für diese Tagung sei die große Vertiefung in

die Fragen des Wetterdienstes und das Hervortreten der Vorteile zur Bearbeitung mancher Fragen durch den über weite Länderstrecken ausgedehnten Heereswetterdienst; wichtige Ergebnisse seien dadurch aus dem Südosten Europas gewonnen, wünschenswert seien nun auch solche von der Westfront.

Hellmann sollte noch eine Tagung als Ehrenvorsitzender eröffnen, und zwar die nächste, die 1926 unter dem Vorsitz von Schmauß in Karlsruhe stattfand. In seiner Begrüßungsrede gedachte er „in warmen Worten" des Karlsruher Meteorologen Böckmann (1741-1802), „der im Jahre 1778 die ersten systematischen Beobachtungen in Deutschland anstellte und die Vorarbeiten zu der 1780 erfolgten Gründung der *Societas meteorologica Palatina* leistete." Er sprach den Wunsch aus, die Originalbeobachtungen Böckmanns zu suchen. Er hatte sich gerade mit dem Thema beschäftigt und 1926 in den Sitzungsberichten der Preußischen Akademie der Wissenschaften eine Abhandlung über „die Entwicklung der meteorologischen Beobachtungen in Deutschland von den ersten Anfängen bis zur Einrichtung staatlicher Beobachtungsnetze" veröffentlicht. Schmauß übernahm Bezolds und Hellmanns „Gepflogenheit", die Vortragsreihe in den Versammlungen der Meteorologischen Gesellschaft mit einem allgemein gehaltenen Vortrag zu eröffnen. In Karlsruhe sprach er über „schulgemäße und nichtschulgemäße Meteorologie".

Von dieser Tagung gibt es ein Gruppenfoto (LÜDECKE 2008), auf dem Hellmann nicht auszumachen ist.

Auf der drei Jahre hiernach sich anschließenden Tagung in Dresden war Hellmann nicht mehr anwesend. „Huldigungstelegramme wurden abgesandt an den Reichspräsidenten von Hindenburg, Staatsminister Schmidt-Ott, an Admiralitätsrat Köppen und den Ehrenvorsitzenden Geheimrat Hellmann und Hofrat von Exner." (*Meteorologische Zeitschrift* 1929).

Hellmanns letzter Vortrag im Vorsitz

An Stelle des mehrseitigen Vortrages, der in der *Meteorologischen Zeitschrift* 1923 abgedruckt wurde, möge die von Karl Knoch gegebene Zusammenfassung treten (*Die Naturwissenschaften* 1924):

Hundert Jahre meteorologische Gesellschaften.
Die älteste meteorologische Gesellschaft, im Sinne einer privaten Vereinigung von Vertretern und Freunden der Meteorologie ist die am 15. Oktober 1823 gegründete Meteorological Society of London,

die mit dem Jahre 1843 bereits wieder eingegangen zu sein scheint, nachdem sie sich stark der Astrologie zugewandt hatte. Sie wurde im Jahre 1850 durch eine neue meteorologische Gesellschaft, The British Meteorological Society, *abgelöst, die in glänzender Entwicklung als* Royal Meteorological Society *die z. Zt. größte meteorologische Gesellschaft in Europa geworden ist (1923 864 Mitglieder). Ihre Veröffentlichungen bestehen in den von 1861 bis 1871 erschienenen fünf Bänden der* Proceedings *und seitdem in dem bis zum 49. Bande gediehenen vierteljährlich erscheinenden* Quarterly Journal. *Die Ergebnisse eines eigenen Stationsnetzes wurden in einer besonderen Veröffentlichung,* The Meteorological Record, *der von 1881 bis 1911 vierteljährlich erschien, herausgebracht.*

Die zweitälteste Gesellschaft wurde 1851 von Ch. Meldrum in Port Louis (Mauritius) unter dem Namen The Meteorological Society of Mauritius *gegründet, doch ist über sie nur wenig bekannt geworden. Die wenigen Veröffentlichungen sind in Deutschland, und vielleicht auch in England, nicht vollständig vorhanden. 1901 feierte die Gesellschaft ihr fünfzigjähriges Bestehen. Ob sie noch besteht, ist nicht bekannt.*

In Frankreich entstand nach einem bereits 1829 missglückten Gründungsversuch die jetzt noch bestehende Société Météorologique de France *im Jahre 1852 auf dem Boden eines damals seit 3 Jahren bestehenden privaten literarischen Unternehmens. Ihre Zeitschrift erscheint unter dem Titel* Annuaire de la Société Météorologique de France *ununterbrochen seit 1853.*

Der Erforschung der meteorologischen Verhältnisse von Schottland sollte die im Jahre 1855 zu Edinburgh entstandene Scottish Meteorological Society *dienen. Neben der Schaffung eines eigenen meteorologischen Netzes erwarb sie sich besondere Verdienste durch Bau eines Gipfelobservatoriums auf dem Ben Nevis im Jahre 1883, das zwölf Jahre unterhalten werden konnte. Seit 1856 gab die Gesellschaft die* Reports on the meteorology of Scotland, *seit 1863 an deren Stelle das* Journal of the Scottish Meteorological Society *heraus. Im Jahre 1919 beschloss man die Auflösung der Gesellschaft, und ein Teil der Mitglieder trat zur* Royal Meteorological Society *in London über.*

In Österreich entstand im Jahre 1865 die Österreichische Gesellschaft für Meteorologie, *die hauptsächlich auf die Herausgabe einer wissenschaftlichen Zeitschrift Gewicht legte. Unter Jelinek und Hann konnte im Mai 1866 ihre erste Nummer herausgegeben werden. Die Mitgliederzahl reicht in den letzten Jahren nahe an 300 heran. Die Schaffung des Observatoriums auf dem Sonnblick ist der österreichischen Gesellschaft zu danken.*

Eine italienische meteorologische Gesellschaft bildete sich 1876 und gab von November 1877 bis April 1880 ein Annuario della Società Meteorologica Italiana *heraus. Ende 1880 vereinigte sie sich mit einer neugebildeten Gesellschaft, der* Associazione Meteorologica Italiana, *nahm später aber wieder ihren alten Namen an.*

Auch in Japan entstand 1881 eine meteorologische Gesellschaft mit einem monatlich erscheinenden Journal of the Meteorological Society of Japan. *Es enthält meistens Arbeiten in japanischer Sprache und gibt erst seit einem Jahre Zusammenfassungen von allen Arbeiten in englischer Sprache.*

In Deutschland bildete sich erst verhältnismäßig spät im Jahre 1883 die Deutsche Meteorologische Gesellschaft. *Zweigvereine haben sich nur in Berlin und in München gehalten. Seit 1884 erschien ihr Organ, die* Meteorologische Zeitschrift, *die vom dritten Jahrgang (1886) an mit der Zeitschrift der österreichischen Gesellschaft verschmolzen wurde. Beide Gesellschaften stellen je einen Redakteur. Die im In- und Ausland anerkannte führende Stellung der* Meteorologischen Zeitschrift *ist bekannt. Die Mitgliederzahl der deutschen Gesellschaft beträgt jetzt 340.*

Eine im Jahre 1884 in Boston (Massachusetts) gegründete New-England Meteorological Society *hat sich nach zwölfjährigem Bestehen 1896 wieder aufgelöst. Über das Schicksal der 1892 entstandenen* Shanghai Meteorological Society, *die sich hauptsächlich mit der Pflege der maritimen Meteorologie in Ostasien befassen wollte, konnte der Vortragende nichts in Erfahrung bringen.*

Die neueste Schöpfung ist die 1919/20 gebildete American Meteorological Society *mit einem Mitgliederbestand von 908 (1922) und einem eigenen monatlich erscheinenden* Bulletin. *Die Gesellschaft hat sich neben der Verbreitung meteorologischer Kenntnisse vor allem das Studium der Anwendung der Meteorologie auf praktische Fragen zum Ziel gesetzt.*

Von zwei meteorologischen Gesellschaften, der Société Météorologique des Alpes Maritimes *und von einer* Meteorological Society of Australia, *die wahrscheinlich nur kurze Zeit bestanden haben, waren nähere Angaben nicht aufzufinden.*

5 Hellmanns Niederschlagsforschungen Teil I

Renas cumað of ðære lyfte þurh Godes mihte.
Regen kommen aus der Luft durch Gottes Macht.
Angelsächsisches Volksbuch
(Hellmann-Neudruck Nr. 15)

Niederschlag ist eines der wichtigsten meteorologischen Elemente, die zu messen weltweit zu den Routineaufgaben der Wetterdienste gehört. Bei der großen Bedeutung des Wassers für Mensch, Tier- und Pflanzenwelt, zumal in Gebieten mit seltenen oder regellosen Regen, ist der Niederschlag im Wasserhaushalt der Erde das wichtigste klimatologische Element. Seine genaue Messung, so erstaunlich es klingt, ist alles andere als Routine.

Hellmann hat sich die größten Verdienste um die Niederschlagsmessung in Nord- und Mitteleuropa erworben. Das Regenmessnetz in Preußen ist sein besonderes Verdienst. In dieser Hinsicht ist er dem Begründer der *British Rainfall Organisation*, George James Symons (1838-1900), ebenbürtig. Beide Regenforscher haben überproportional zur Systematisierung der Regenmessungen beigetragen (BISWAS 1971; GARBRECHT 1996).

Nach der Neuordnung des Preußischen Meteorologischen Instituts wurde Hellmann Vorsteher der Klimaabteilung. Seine Aufgabe war es, das meteorologisch-klimatologische Messnetz Preußens zu pflegen und auszubauen. Ursprünglich schien kein meteorologisches Element bevorzugt zu sein, aber ab 1888 wurde durch Überschwemmungen im Reich seiner Abteilung eine stärker eingegrenzte Arbeitsrichtung vorgegeben, die dazu führte, dass 1892 aus der Klimaabteilung eine eigene Abteilung „Niederschläge" abgetrennt wurde.

In der *Meteorologischen Zeitschrift* von 1889 findet sich ein geradezu aufrüttelnder Aufsatz von Oskar Birkner nach einer „Wasserkatastrophe in der sächsischen Provinz Oberlausitz". Er schreibt:

Die meteorologischen Vorgänge der jüngsten Zeit innerhalb unseres deutschen Vaterlandes haben an die beteiligten wissenschaftlichen und technischen Behörden Fragen von großer Tragweite gestellt. Die rasche Aufeinanderfolge von Wasserkatastrophen über der sächsischen Oberlausitz und in dem Bober- und Queisgebiete, die verheerenden Vorgänge in unseren norddeutschen Flussgebieten im Frühjahr 1888 und die enormen Gewitterregen des diesjährigen Mai sind zu einem Menetekel für Meteorologen und Techniker geworden.

Birkner weist darauf hin, dass in der Fachliteratur von verschiedener Seite zwar „nach dem eigentlichen Grunde solcher Vorgänge" gefragt wurde, dass aber jenseits ihrer Bedeutung als Forschungsgegenstand der Wissenschaft eine Zusammenarbeit verschiedener Bereiche anzustreben sei:

Ein Umstand scheint mir aber bei diesen Bestrebungen für den gewünschten Erfolg beachtenswert, es ist der, dass die wissenschaftliche Durchforschung solcher Vorgänge Hand in Hand gehe mit der praktischen Verwendung derselben oder kurz, dass sich Meteorologen und Bau- oder Culturtechniker die Hand reichen müssen. [...] Es möge dies aber auch ein Mahnwort sein für die Meteorologie, mit Fleiß Alles aus ihrem Forschungskreise herbeizutragen, was unseren Technikern notwendig als Grundlage gegeben werden muss. [...]

Die Beteiligung der Meteorologie an der Erforschung solcher exzessiver Wasservorgänge ist eine gar vielseitige. Sie muss zunächst die richtigen Ursachen derselben aufzudecken streben, diese werden sich meist in den Zuständen unserer Atmosphäre finden lassen; dann hat sie auf Grund möglichst glaubwürdigen und umfangreichen Materials die dadurch herbeigeführten Ereignisse zu studieren und auf dieser Basis wird sich dann im Vereine mit schon bekannten Forschungen der Meteorologie oder der Technik gewiss eine reiche Nutzanwendung entfalten können.

Hellmann hatte im selben Jahrgang der Zeitschrift eine kleinere Mitteilung über den „Wolkenbruch am 2./3. August im Gebiete des oberen Queis und Bober" eingefügt, in dem er eine Mutmaßung bezüglich der synoptischen Ursache äußerte:

Aufgrund der von 225 Stationen eingelaufenen Beobachtungen ist [eine] Karte gezeichnet worden, welche die Verteilung der am 2./3. August 1888 in Schlesien gefallenen Regenmassen am besten erkennen lässt. ... Seitdem der hier im Auszuge mitgeteilte Bericht im „Centralblatt der Bauverwal-

tung" (25. August 1888) erschienen ist, sind zum Teil die nämlichen, zum Teil auch benachbarte Gegenden durch zwei weitere Überschwemmungen am 2/3 und 7/8 September heimgesucht worden, so dass in den letzten neun Jahren die Sudetenländer, in irgendeinem Teile nicht weniger als achtmal durch Hochwasser gelitten haben. ... Es ist nun von größtem Interesse, dass in allen Fällen die begleitenden Witterungsverhältnisse sich auf denselben Grundtypus reduzieren lassen: eine flache Depression im S, SE oder E von Schlesien, welche langsam in der Richtung nach N bis NE zieht. Die Zugstraße Vb der von Herrn van Bebber untersuchten Depressionsbahnen entspricht dieser Witterungslage am meisten.

Carl Kaßner schrieb 1897 in der *Meteorologischen Zeitschrift* über diese Zugstraße Vb:

Wenn auch die Depressionen aller Zugstraßen die Witterung in Norddeutschland mehr oder minder beeinflussen können, so gilt dies in besonderem Maße von denen der Zugstraßen IIIa [von NW nach SO, vgl. Abb. 12-2] und Vb – ist doch bei diesen Depressionen schon mehrfach ein Zusammenhang mit gewaltigen Niederschlägen, zumal im Gebiete der Oder, nachgewiesen worden. Während aber die Zugstraße IIIa mehr für den nordwestlichen Teil der Sudeten, das Riesen- und Isergebirge, in Betracht kommt, hat sich die Zugstraße Vb durch die ihr angehörigen Minima im Quellgebiete der Oder in einen gewissen Verruf gebracht.

Den üblen Leumund hatte sich die Zugstraße schon seit acht Jahren erworben:

Der erste, der auf den Zusammenhang eines Wolkenbruchs mit einem Minimum der Zugstraße Vb oder, wie ich der Kürze halber in der Folge sagen werde, mit einem Vb-Minimum aufmerksam machte, war Herr Prof. Hellmann, als er im Jahre 1888 ... den Wolkenbruch am 2. und 3. August im Gebiet des oberen Queis und Bober eingehend schilderte und zugleich nachwies, dass sich bei acht Schlesischen Hochwässern aus den Jahren 1880-1888 die begleitenden Witterungsverhältnisse auf denselben Grundtypus reduzieren ließen.

Im selben Jahr hatte es wieder starke Regenfälle im Osten gegeben, Hellmann berichtet kurz daselbst über den Wolkenbruch vom 29./30. Juli im Riesengebirge:

Die allgemeine Witterungslage, welche die starken Regenfälle vom 27. bis 31. Juli bedingte, war wieder die nämliche, wie bei allen großen Niederschlägen von größerer Ausdehnung in Ostdeutschland. Bei hohem Luftdrucke im Westen lag über Osteuropa eine flache, fast stationäre Depression, die langsam nach N zog und dem Typus der Zugstraße Vb zuzurechnen ist. ... Unter Hinweis auf das im laufenden Jahrgang dieser Zeitschrift [Kaßner], über die Zugstraße Vb Gesagte, möchte ich nur noch bemerken, dass es bei fortgesetzten [sic], umfassenden Studium der großen Regenfälle dieses Depressionsgebietes vielleicht doch noch gelingen wird, diejenigen charakteristischen Kennzeichen der Depression herauszufinden, die für die Bildung sehr starker Niederschläge maßgebend sind. Die Depressionen der Zugstraße Vb sind so häufig auch mit geringen bis mäßigen Niederschlägen verbunden, dass es zur Zeit nicht rätlich wäre, vor jeder derartigen Depression zu warnen."

Die Ergebnisse eines solchen „umfassenden Studiums" werden wir im Kapitel über das *Oderwerk* kennenlernen. Hellmann leitete sein in Kapitel 11 im II. Band vorzustellendes *Regenwerk* mit folgenden Sätzen ein:

Als das Königlich Preußische Meteorologische Institut eben dabei war, nach einem von mir früher entworfenen Plan ein dichtes Netz von Regenmessstationen oder kurzweg „Regenstationen" in ganz Norddeutschland einzurichten, wurde die östliche Hälfte der Monarchie im Jahre 1888 infolge außergewöhnlich starker Regenfälle von so schweren Überschwemmungen heimgesucht, dass an das Institut von allen Seiten umfangreiche Anfragen dieserhalb gerichtet wurden. Während es durch die neu eingerichteten Regenstationen in der Lage war, die notwendigen Grundlagen für eine Untersuchung über die genannten Hochwässer zu liefern und damit zugleich die große Nützlichkeit des neuen Beobachtungsnetzes zu erweisen, fiel es schwer, ja war es oft unmöglich, all den Wünschen gerecht zu werden, die bezüglich der Übermittlung ähnlicher Nachweise aus früheren Zeiten geäußert wurden, selbst wenn sie nur die Zusammenstellung langjähriger Reihen der Niederschlagsmengen für einige Orte betrafen.

In der Schweiz gab es zu der Zeit ähnliche Bestrebungen, die meteorologischen Messstationen für anwendungsbezogene Aufgaben heranzuziehen. So schreibt HUPFER (2019) vom Schweizer Zentralanstaltsdirektor Billwiller, dem wir in Kapitel 3 begegnet sind, dass dieser sich für die Verwendung von Klimadaten zugunsten der Landwirtschaft einsetzte, „als rationalen Gegenentwurf" zu einem bloßen „blinden Herumtappen mit Experimenten". Er unterstützte entschieden die Forderung nach mehr Regenmessstationen. Das Nachbarland war an der europäischen Sammlung des himmlischen Wassers rege beteiligt, wie Frau HUPFER ausführt (2019): „Alle Stationen des seit 1863 bestehenden schweizerischen meteorologischen Beobachtungsnetzes waren mit Regenmessern ausgerüstet. Daneben entstanden ab den 1870er-Jahren zahlreiche Stationen, die nur die Niederschlagsmengen erfassten. So gab es zwei Arten von Beobachtungsstationen: meteorologische Stationen und Regenmessstationen." Allerdings, wie sie weiter vermerkt, wurde die Schweizer Meteorologische Zentralanstalt „erst nach ihrer Verstaatlichung 1881 auf diesem Gebiet aktiv, indem Robert Billwiller als Direktor für eine Stärkung der ‚praktischen Meteorologie' eintrat. Dabei kam ihm gelegen, dass die internationale Konferenz für land- und forstwirtschaftliche Meteorologie kurz davor empfohlen hatte, mehr Regenmessstationen einzurichten". Es war allerdings nicht leicht, staatliches Geld für diese Aufgabe zu binden, und es dauerte eine Weile, ehe die Schweiz anderen, namentlich dem preußischen Vorbild, folgen konnte, um das Regennetz einer Hauptanstalt unterzuordnen. Um die Jahrhundertwende „verfügte sie über ein eigenes amtliches Niederschlagsmessnetz, wie es viele andere Staaten bereits seit längerem betrieben". Frau Hupfer verweist in einer Fußnote auf das „frühe" Beispiel des preußischen meteorologischen Instituts, „für das Gustav Hellmann in den 1880er-Jahren ein Messnetz mit eigens konstruierten Regenmessern aufgebaut hatte". Die einschlägigen Untersuchungen Hellmanns sind in Kapitel 2 besprochen worden.

Hellmann hat die angewandte Seite der Meteorologie stets in seinem beruflichen Blickfeld gehabt, wie aus seiner Denkschrift von 1879 hervorgeht (Anhang B). Dagegen gab es in der Schweiz offenbar viele Diskussionen über den praktischen Nutzen meteorologischen Wissens, z.B. für die Landwirtschaft, wie Franziska Hupfer eingehend dargelegt. Und sie weiß von einer maßgeblichen, von Hellmann stets bewunderten kritischen Stimme zu Billwillers und ähnlichen Bestrebungen zu erzählen: „Einem solchen expliziten Praxisbezug standen viele Meteorologen kritisch gegenüber. So warnte ... Julius Hann davor, die Beobachtungen auf mutmaßliche Bedürfnisse der Landwirtschaft auszurichten. Nähmen meteorologische Institute zusätzliche Aufgaben in Angriff, drohte seiner Meinung nach eine Vernachlässigung der eigentlichen Arbeit. Hann sah sogar die wissenschaftliche Grundlage der meteorologischen Institute in Gefahr. Er fand, deren Hauptaufgabe müsse weiterhin darin bestehen, Naturgesetze zu erforschen."[1] Das Preußische Meteorologische Institut war in diesem Sinne nicht „bedroht", solange Bezold dessen Direktor war, der die Suche nach „Naturgesetzen" keineswegs vernachlässigt hat. Anderseits hatte er in Hellmann die Gewähr, dass die „praktische Seite" ebenso wenig vernachlässigt würde.

Nun war der Niederschlag als meteorologisches Element für die Bedürfnisse der Praxis noch nicht zuverlässig genug. Hupfer verdeutlicht einige der dringlichsten Probleme, wie sie in den Jahren nach der Reichsgründung bezüglich des Niederschlags bestanden: „Neben einem landwirtschaftlichen Anwendungspotenzial machte Billwiller einen wissenschaftlichen Nutzen der Niederschlagsstatistik geltend. Auch hier war die Relevanz von Niederschlagsmessungen umstritten. Zwar gelang eine schrittweise Standardisierung, indem die ab 1873 stattfindenden internationalen meteorologischen Kongresse Beobachtungszeiten für die Messung der Niederschlagshöhen festlegten und eine einheitliche Konstruktionsweise der Regenmesser empfahlen." Carl Lang (s. Kapitel 3) und der „Meteorologe" der Deutschen Seewarte, Wladimir Köppen, haben sich im ersten Jahrgang (1884) der von der Deutschen Meteorologischen Gesellschaft herausgegebenen *Meteorologischen Zeitschrift* kritisch zu Genauigkeit und räumlicher Ausdehnung der Niederschlagsmessungen geäußert. Lang schreibt:

Nachdem man in der neueren Zeit begonnen hat, außerordentlich dichte Netze für Niederschlagsmessungen einzurichten, und darauf fußend, wohl in Bälde sehr ins Einzelne gehende Niederschlagskarten verschiedener klimatischer Gebiete entstehen werden, so ist es entschieden zeitgemäß, die zu dieser Messung dienenden Instrumente minder stiefmütterlich zu behandeln, als dies im Allgemeinen bisher geschah gegenüber der Sorgfalt, welche man den übrigen meteorologischen Messinstrumenten widmete.

Diese Mahnung erregt Staunen, weil man beim Auffangen von Himmelswasser auf den ersten Blick nicht so große Messschwierigkeiten vermuten würde. Reicht denn zu dem Zweck nicht ein beliebiges Gefäß aus? Wir werden sehen, dass diese Frage sich als überraschend einfältig erweist. Der früh verstorbene Lang räumt im selben Jahrgang der Zeitschrift zunächst ein: „Es ist mit dem Regenmesser und mit dessen Aufstellung eine ähnliche, vielleicht sogar noch schlimmere Sache, wie mit den gleichen Verhältnissen der Thermometer. Man kann, so lange ein Forschungsgebiet neu eröffnet ist, und man demnach darauf ausgeht, Resultate in großen Zügen zu gewinnen, sich mit geringer Genauigkeit begnügen." Lang geht dann auf die unterschiedlichsten Schwierigkeiten ein, von denen später die Rede sein wird, macht einige Vorschläge zur Verbesserung der Vergleichbarkeit von Messungen und geht noch auf Köppens Vorschlag ein, Versuchsfelder von der Größe eines deutschen Fürstentums' einzurichten:

---

[1] In Österreich wurden die Niederschlagsstationen vom hydrographischen und nicht vom meteorologischen Dienst betreut.

Wenn der Verfasser also zwar im Wesentlichen, jedoch unter Betonung der für manche Gebiete unüberwindlichen Schwierigkeit der Beschaffung geeigneter Instrumente, vorzugsweise aber geeigneter Beobachter, mit Köppens oben erwähntem Vorschlage meteorologischer Versuchsfelder übereinstimmt, glaubt er mit diesem Autor, dass es am allerwenigsten die Niederschlagsmessungen sein werden, aus welchen man bei sehr dichten Stationsnetzen für die wissenschaftliche Meteorologie verwertbare Resultate ziehen kann. Dagegen stellt er nicht in Abrede, dass es für die Hydrographie wünschenswert sein kann, auf gewisse Gebiete sehr dichte Regenmessernetze zu legen, möchte aber auch hier betonen, dass der Konstruktion und Aufstellung der Instrumente ganz besondere Aufmerksamkeit zu schenken ist, wobei ebenfalls die Tunlichkeit vollständig richtiger Schneemessungen bei der Auswahl derselben zu berücksichtigen sein wird.

Damit ist Hellmanns Programm gut umrissen. Es hat für die Hydrometeorologie „verwertbare Resultate", wenngleich nicht „einen wesentlichen Beitrag zum meteorologischen Lehrgebäude" geliefert, um mit Köppens Worten aus seinem sich anschließenden Aufsatz über die „Prinzipien der Verteilung meteorologischer Stationen" zu reden. Darin befürwortete Köppen weitmaschigere Regenstationsnetze, um beim damaligen Stand der Meteorologie die „großen geographischen Züge im Klima" vorzuführen. Denn es sei von den Ergebnissen der „dichten Netze von Regenmessungen" der Nachweis überhaupt nicht erbracht, dass sie jenen schon angeführten „wesentlichen Beitrag zum meteorologischen Lehrgebäude zu geben im Stande seien", obgleich er den Nutzen „für den Hydrologen und Ingenieur" zugesteht. „Kommt man erst auf anderem Wege hinter das Geheimnis der Regenbildung, so wird sich dies vielleicht ändern, aber wesentlich beschleunigt wird dieser Zeitpunkt durch die Regenstationen wahrscheinlich nicht, und deren Anlage käme dann noch früh genug". An diese Empfehlung Köppens, den zweiten Schritt nicht vor den ersten zu tun, hat sich Hellmann nicht gehalten. Auch der Schweizer knüpfte besondere Erwartungen an die Regenmessungen: „Anders als Köppen sah Billwiller in den Niederschlagsdaten durchaus ein Potenzial für analytische Verallgemeinerungen. Er versuchte insbesondere herauszufinden, wie das topografische Relief die Regenmengen beeinflusste. Für ihn waren Niederschlagsdaten sowohl ‚Material zum Aufbau der Wissenschaft' als auch praktisch nutzbare Daten" (HUPFER 2019).

Was Billwiller „herauszufinden" suchte, wurde sehr bald klimatologisches Allgemeingut. Das bekannte Lehrbuch von Hann, in dritter Auflage unter Mitwirkung von Süring 1915 abgeschlossen, enthält folgende klimatologische „Gesetzmäßigkeit": „Überall aber steigert sich die Niederschlagsmenge an den Abhängen der Gebirge infolge der dort häufig stattfindenden aufsteigenden Bewegung der Luft und der damit verbundenen Abkühlung derselben, die zur Verdichtung des Wasserdampfes führt. Jede speziellere Regenkarte eines Landes gewinnt daher eine große Ähnlichkeit mit einer Höhenschichtenkarte desselben." In der letzten, der 5. Auflage von 1943 ist diese Regel fast wortgleich wiedergegeben – „speziellere" ist dabei durch „genauere" ersetzt – und durch folgenden Zusatz ergänzt worden: „Aber nicht allein die Höhe, sondern auch Gestalt und Richtung der Gebirge sind hierbei von Bedeutung." Fritz Roßmann[2] ging einige Jahre später auf die Hann-Süringsche Erklärung der Niederschlagsbildung durch das Aufsteigen der Luft am Berghang ein (ROSSMANN 1950): „Die zur Zeit gültige Ansicht, warum alle Gebirge bis zu kleinen Erhebungen herunter in der Niederschlagsverteilung hervortreten, wie es die Niederschlagskarten für längere und kürzere Zeitabschnitte zeigen, ist nach dem ‚Lehrbuch der Meteorologie' [die vorhin angeführte]"; hierauf erklärt Roßmann rundheraus, dass die von den geachteten Gewährsmännern angegebene Begründung „aus mehreren Gründen nicht mehr aufrecht zu halten" sei. Obgleich er die durch die Gebirge veranlasste Nebelbildung nicht in Abrede stellt, führt er eigene Beobachtungen der Tröpfchengrößen am Feldberg und die fehlende Übereinstimmung der stärksten Hangneigung mit der größten Niederschlagshöhe an, um zu folgern, dass die „Zunahme der Niederschläge in allen Teilen der Erde mit wachsender Seehöhe … also ganz andere Ursachen haben als die Kondensation an den Hängen beim erzwungenen Aufsteigen der Luft". Er weist auf neuere Erkenntnisse hin und bemerkt gegen Ende seines Aufsatzes, dass seine qualitativ gebotene Erklärung – welche mit der damaligen Regenentstehung über die feste Phase des Wassers und der Tröpfchenverdunstung beim Herabfallen zusammenhängt – „sich übersichtlich und eingehend theoretisch-quantitativ beschreiben" lasse, „wobei sich zeig[e], dass es sich um eine umfassende Gesetzmäßigkeit handelt"[3]. Gesetzmäßigkeiten in den Regenverhältnissen zu finden, das war Hellmann stets ein Herzensanliegen gewesen.

Nun sind die „Menge des Regens", der zu Boden oder an Berghängen fällt und Köppens „Geheimnisse der Regenbildung" durchaus unterschiedliche Fragestellungen. Zur ersteren hat sich Hellmann Zeit seines Lebens Gedanken gemacht. Seine Regenforschungen beschränken sich durchweg auf die Entwicklung von zuverlässigen Regenmessern und gleichartigen Regenbeobachtungen sowie deren Bearbeitung. Wie Relief und Niederschlag zusammenhingen, hat er aufgrund dessen klar herausge-

---

[2] Der in Dresden geborene Fritz Roßmann (1898-1962) ist mir durch seine Übersetzung des Keplerschen Werkleins über den sechseckigen Schnee schon früh aufgefallen. Neu ist mir die von Geiger in seinem Nachruf in der *Meteorologischen Rundschau* erzählte Vereitlung seiner Habilitation, die er bei Heinrich Ficker 1936/37 abzuschließen sich anschickte. Der nationalsozialistische Dekan entdeckte in der Habilitationsschrift „die rühmende Erwähnung des jüdischen Physikers Heinrich Hertz" und verlangte sofortige Streichung des vom Zeitgeist verpönten großen Namens. Roßmann weigerte sich mutig, dem nachzukommen, worauf seine Habilitation verboten wurde.

[3] So umfassend war sie denn doch nicht. Vier Jahre später erzählte RIEHL (1954) im Vorwort seiner Tropenmeteorologie von einem kräftigen Regenguss auf Puerto Rico, der keine Eisphase zur Voraussetzung haben konnte. Die Entstehung aus „warmen" Wolken erzwang eine Differenzierung der Regenentstehungsmechanismen.

arbeitet. Was die zweite Fragestellung angeht, so hat er allerdings keinen erkennbaren Eifer an den Tag gelegt, um den Schleier des altehrwürdigen Geheimnisses zu lüften. Wie sich „im Kleinen" Wasserdampf zunächst zu Wassertröpfchen verdichtet, welche schwebend durch weiteren Zufluss von Wasserdampf wachsen, um sich schließlich mit rund einer Million weiterer Wolkentröpfchen zu einem Regentropfen zu vereinigen, war noch gänzlich im Dunkeln, als Hellmann 1875 seine Inauguraldissertation schrieb.

Die ersten Ansätze zu einer Theorie der Regenbildung sind im Labor oder am Schreibtisch entstanden. So wurde 1871, als Hellmann Gymnasiast in Brieg an der Oder war, eine vom theoretischen Standpunkt ungemein wichtige Erkenntnis bekannt, die von William Thomson (1824-1907), dem später zum Ritter geschlagenen Kelvin, stammte, und die in dem Nachweis bestand, dass infolge der Oberflächenspannung über gekrümmten Oberflächen sich der Druckunterschied zwischen dem Wasserdruck eines Wolkentröpfchens und dem es umgebenden Wasserdampfdruckes in der Luft umgekehrt zum Tropfenhalbmesser verhält. Das musste den Schluss nahelegen, dass eine Wolke sich unter gewöhnlichen Umständen nicht bilden könnte, da in der Atmosphäre die dazu nötige ungeheure Übersättigung nicht vorkommt. Ohne Wolke kein Regen, und ergo keine Notwendigkeit, ihn zu messen. Hellmann wäre freilich durch dieses theoretische Ergebnis nicht beunruhigt gewesen, denn die Vorläufer des Niederschlags waren ja allenthalben sichtbar!

Glücklicherweise überraschte nur vier Jahre später Paul Jean Coulier (1824-1890) die französische Wissenschaft mit neuen Versuchen zur Nebelbildung im Labor. Seit über zwei Jahrhunderten hatte der Magdeburger Otto von Guericke (1602-1686) beobachtet, dass sich Wolken im Kolben seiner berühmten Luftpumpe bildeten, aber man hielt es für selbstverständlich, dass diese Zustandsänderung ohne jegliche Vermittlung geschah (MIDDLETON 1965). Nachdem etwa ein Jahrhundert später erkannt wurde, dass Luft sich durch Ausdehnung abkühlt, war man fest davon überzeugt, dass Wasserdampf sich zu Wolke oder Nebel verdichtet, sobald der Taupunkt erreicht wurde. Trotz gelegentlicher Hinweise auf die Rolle fremder Luftkörperchen wurde jene Überzeugung nicht in Frage gestellt, bis Coulier über seine aufsehenerregenden Versuche berichtete, die der Wichtigkeit wegen von Eleuthère Elie Nicolas Mascart (1837-1908), dem späteren Direktor des französischen Wetterdienstes, wiederholt und bestätigt wurden. Coulier hatte mit dem Nebel experimentiert, der durch plötzliche Luftausdehnung gebildet wurde. Er konnte den Druck in einem geschlossenen Glasbehälter nach Belieben ändern, ohne Frischluft zuzuführen. Er beobachtete, dass bei wiederholten Versuchen nicht unbegrenzt oft Nebel gebildet werden konnte. Wenn aber frische Luft hineingelassen wurde, so konnte Nebel wieder entstehen. Er hat solche Luft dann durch Wolle gefiltert und wieder war die Nebelbildung unterdrückt. Er folgerte, dass Staub vonnöten ist, um eine Wolke im Behälter zu erzeugen, und damit waren die sogenannten Kondensationskerne für die Wolkenbildung ausgemacht.

Couliers bemerkenswerte Beobachtung blieb jedoch unbeachtet, bis der schottische Meteorologe John Aitken (1839-1919) sie 1881 in einem Experiment der Royal Society von Edinburgh vorführte, in dem festen Glauben, etwas völlig Neuartiges gefunden zu haben. Auf Couliers voraufgegangene Entdeckung aufmerksam geworden, erkannte er unumwunden dessen Priorität. Er führte in den Folgejahren die Untersuchungen Couliers und Mascarts wesentlich weiter, wodurch er zum Beispiel feststellen konnte, dass bei Vorhandensein weniger Staubteilchen „grobkörnigerer" Nebel entstand, weil der Wasserdampf von weniger Tröpfchen in Anspruch genommen wird. Auch hat er die Beschaffenheit des Staubes erkundet.

Somit wurden aus den gedachten Wolkentröpfchen aus reinem Wasser Lösungströpfchen, sofern die „Staubteilchen" löslich waren. Schon 1878 hatte der französische Chemiker François Marie Raoult (1830-1901) experimentell das Verhalten verschiedener Salzlösungen sowohl bezüglich der Gefrierpunkterniedrigung, die schon länger beobachtet worden war, untersucht, als auch bezüglich der Dampfdruckerniedrigung, die 1870 über einer Lösung einer homogenen Substanz auf thermodynamischer Grundlage theoretisch von Guldberg erschlossen worden war[4]. 1882 veröffentlichte Raoult eine bedeutsame Arbeit zur Gefrierpunkterniedrigung zahlreicher Wasserlösungen organischer Stoffe. Was das für die Bildung von Wolken bedeutet, wurde damals allerdings nicht in der meteorologischen Literatur erörtert. In den heutigen Lehrbüchern zur Wolkenphysik und -thermodynamik wird dieser „Lösungseffekt" in Form des sogenannten Raoultschen Gesetzes – gültig für „ideale" Lösungen – berücksichtigt.

So ist der Staubgehalt in der Luft eine wichtige Voraussetzung für die Bildung von Wolken, nachdem sie infolge des Krümmungseffekts ja verdunsten sollten. Mit den Kondensationskernen und ihrer „Lösungswirkung", die Kelvins „Krümmungswirkung" neutralisierte, konnten sich wieder Wolken über Hellmanns Berlin bilden!

Das Vorhandensein einer Wolke ist zwar eine notwendige Voraussetzung für den Niederschlag, aber keine hinreichende: Hierzu ist es notwendig, dass die Wasser-

---

[4] Cato Maximilian Guldberg (1836-1902) entdeckte mit Peter Waage (1833-1900) das für die Gleichgewichtschemie grundlegende Massenwirkungsgesetz. Mit Henrik Mohn (der eine der allerersten Professuren für Meteorologie innehatte) verfasste Guldberg 1876 eine „höchst wichtige Untersuchung über die Theorie der Stürme und der Luftströmungen überhaupt" (Hann in der *Meteorologischen Zeitschrift* von 1880). Robert Emden (1862-1940), der als Schöpfer des Strahlungsgleichgewichtes von Planetenatmosphären und Begründer der Strahlungsübertragungstheorie der Erdatmosphäre gelten kann, erwarb 1887 in Straßburg beim großen Experimentalphysiker August Kundt (1839-1894), dem Bezold später eine Gedächtnisrede zudenken sollte, den Doktorgrad mit einer Arbeit über die Dampfspannung der Salzlösungen.

tröpfchen, welche die Wolke ausmachen, bis zu einer Größe wachsen, dass sie von der Schwerkraft dorthin gelenkt werden, wo sie Hellmann sammeln konnte. Osborne Reynolds (1842-1912) fragte sich 1877, in einem weiteren Erkenntnisfortschritt, wie schnell denn einmal gebildete Wolkentröpfchen durch Wasserdampfkondensation weiterwüchsen. Er schätzte die Wachstumsrate ab und kam zu dem Schluss, dass durch gleichmäßige Ablagerung von Wasserdampf auf den Tröpfchen das Wachstum zu Regentropfen viel zu langsam verliefe. Dadurch wäre Hellmanns Geduld am Boden gewiss zu sehr strapaziert worden! Reynolds suchte einen Ausweg in der Vorstellung, dass ein sogenanntes Zusammenfließen von Tröpfchen allmählich überhandnähme und so zur Bildung genügend großer Tropfen führe, die dann als Regen zur Erde herabfielen. Hellmann konnte wieder aufatmen. Doch halt! Dafür müssen die Tröpfchen aber unterschiedliche Größe haben, denn wenn sie alle gleich groß sind, so sinken sie mit der gleichen Geschwindigkeit, und ein Einholen oder Zurückbleiben ist nicht möglich, welches Voraussetzung für einen Zusammenstoß ist, der wiederum Vorbedingung für eine bleibende Vereinigung ist[5]. Wenn nun durch eine Art *lukrezisches Clinamen*, durch eine *zufällige* oder vorläufig unerklärte Abweichung der Tröpfchenabmessung, einige größer als andere werden, so werden erstere mit größerer Geschwindigkeit fallen als letztere und infolgedessen kommt es, sofern sie Stoßpartner im gleichen Lot sind, zu Verschmelzungen. Dergestalt können größere Tropfen entstehen, die unter Berücksichtigung der Luftreibung nach Gebühr ihre Geschwindigkeit erhöhen und dementsprechend beim Absturz mit immer mehr Wolkenteilchen zusammentreffen und mithin weiter wachsen. Unter solchen Umständen wird sich die Wolke in Regen verwandeln, wobei die Größe eines Tropfens von der Menge Wassers abhängen wird, das er auf dem Wege zu Hellmanns Regenmesser vorfindet, abzüglich der durch Verdunstung in den unteren Luftschichten erlittenen Wasserverluste.

Alle diese genannten Teilvorgänge konnte man aber nicht an Ort und Stelle feststellen, denn es war kaum möglich, sich in eine Wolke zu begeben und dort nach dem „Geheimnis der Regenbildung" zu suchen. Und was messend nicht verfolgt werden konnte, erregte Hellmanns Interesse nur am Rande. Während langer Berufsjahre galt sein Augenmerk ganz besonders den am Boden gemessenen Niederschlagsmengen.

Wie wir gesehen haben, waren 1884 die Niederschlagsmessungen noch mit großen Unsicherheiten behaftet. Vor Einrichtung eines Messnetzes musste Hellmann zunächst viele einschlägige Fragen klären. Manche der Fragen, die es dabei zu klären galt, sind in Kapitel 2 bezüglich der Größe und Aufstellung der Regenmesser zur Sprache gekommen, wobei der Windeinfluss ausgeblendet wurde. Über diesen belehrt uns am besten eine kleine Aufsatzreihe Karl Knochs, die 1908 in der Aßmannschen Zeitschrift *Das Wetter* unter der Überschrift „Die Entwicklung unserer Kenntnis des Windschutzes bei der Aufstellung der Regenmesser" erschien. Ich schöpfe nur allzu bereitwillig aus dieser Erzählung des späteren Mitarbeiters Hellmanns, der dessen klimatologische Ader gleichsam geerbt hatte. Die Aufsatzreihe hebt folgendermaßen an:

Als man in den verschiedenen Ländern daran ging, systematisch Regenbeobachtungen anzustellen, machte man bald die Wahrnehmung, dass Regenmesser, die in verschiedener Weise dem Winde ausgesetzt waren, auch verschiedene Regenmengen ergaben. Ein Regenmesser, der so aufgestellt war, dass der Wind frei und ungehindert auf ihn einwirken konnte, empfing weniger Regen, als ein Regenmesser in windgeschützter Aufstellung. Das Studium dieser Frage ist eng verknüpft mit der Untersuchung der vermeintlichen Regenabnahme mit der Höhe, worauf man aus den Angaben erhöht aufgestellter Regenmesser schließen zu müssen glaubte.

Nach diesen einleitenden Sätzen wird eine kurze Geschichte dieser merkwürdigen Feststellung skizziert. Hugh Hamilton (1729-1805) hatte im Jahr 1765 erstmals eine Erklärung für die Regenabnahme mit der Höhe zu geben versucht, und seine Ansicht wurde von seinem Zeitgenossen Benjamin Franklin (1706-1790) geteilt. Wie sich bei einer Flasche, aus kühlem Keller hervorgeholt, Tau zu bilden beginnt, so auch bei Tröpfchen, die aus oberen, kälteren Schichten herabfallen (MIDDLETON 1965). „Selbst Dove bekannte sich als Anhänger der Kondensationstheorie, und seinem Ansehen ist es wohl auch zuzuschreiben, dass sich diese irrige Ansicht so lange auf dem Kontinente behaupten konnte." Ernst Ehrhard Schmid (1815-1885), vielgepriesener Verfasser des nach 1860 Jahrzehnte lang umfassendsten *Lehrbuchs der Meteorologie*, hielt an der theoretischen Richtigkeit von Doves Ansicht fest, und Emilien Jean Renou (1815-1902), Mitbegründer der französischen meteorologischen Gesellschaft, hielt es noch 1879 für nötig, daselbst gegen die alte Theorie aufzutreten. Gleichwohl hatte Luke Howard (1772-1864) schon 1812 die richtige Erklärung gefunden, dass der Wind für besagte Abnahme verantwortlich zu machen sei. „Im Jahre 1819 hat dann H. Meikle in gleicher Weise den Einfluss der Wirbelbildung, worauf es ja bei Howards Erklärung ankommt, bei hoch aufgestellten Regenmessern als Ursache der in ihnen bestimmten geringeren Regenmenge erkannt und ausgesprochen". In dem vom Regenmesser dem Wind entgegengesetzten Widerstand sollte demzufolge der Grund zu suchen sein. Auch Bache 1837 in Philadelphia und Stevenson 1842 in Schottland haben den Grund auf dieselbe Ursache zurückgeführt.

---

[5] Es gab auch manche Forscher, die gerade die gleiche Fallgeschwindigkeit als Voraussetzung für das Zusammenfließen annahmen, damit elektrostatische Kräfte wirksam werden konnten.

Alle diese soeben angeführten Bestrebungen, eine zutreffende Erklärung des vorliegenden Problems zu geben, scheinen jedoch nur eine mehr oder minder geringe Beachtung gefunden zu haben, denn noch behauptete die Kondensationstheorie das Feld. Es ist nun unstreitig das Verdienst von Jevons [1835-1882], diese endgültig verdrängt zu haben, dadurch, dass er seine Ansichten über den Einfluss des Windes auf die Regenmessung in so genauer und überzeugender Weise in einer Arbeit niederlegte [1861], die dann allgemeine Anerkennung fand und bis heute sich behauptet hat.

Knoch beschreibt dann Jevons' Gedankengang sowie den mühsamen Weg bis zu seiner Durchsetzung:

Wenn diese Ansichten sich auch schließlich zur allgemeinen Anerkennung durchrangen, so stießen sie doch anfangs noch auf gar mannigfachen Widerstand. Mit welcher Zähigkeit z. B. in England die Annahme der Windwirbelbewegung von gewissen Fachmänner bekämpft wurde, davon zeugt der noch 1871 im Symons Monthly Meteorological Magazine *ausgefochtene wissenschaftliche Streit.*

Zur Rolle von Hellmanns englischem Gegenspieler schreibt er: „Gleichsam das Schlusswort zu diesem wissenschaftlichen Streite wurde von Symons [1878] gesprochen. Er prüfte hier noch einmal die hauptsächlichsten Ansichten über das vorliegende Problem und bekannte sich dann rückhaltlos zu der Jevonsschen Erklärung." George James Symons (1838-1900) ist der Begründer und langjährige Herausgeber des *Britisch Rainfall* und der im letzten Zitat genannten volksnahen meteorologischen Zeitschrift. Wir hatten in Kapitel 2 schon erwähnt, dass Hellmann und Symons als die zwei Europäer gelten, welche die Regenmessungen systematisiert haben (BISWAS 1970). Aber auch der Schweizer Wild trug dazu bei:

In der Erwartung, dass an Orten mit anderen Windverhältnissen und mit häufigerem Schneefall die Abnahme der Niederschlagshöhe etwas anders ausfallen würde, hatte Wild in Petersburg seit 1872 vergleichende Messungen an sieben Regenmessern vornehmen lassen. Diese waren so aufgestellt, dass [sich] ihr oberer Rand je 0, 1, 2, 3, 4, 5 und 25 m über der Erdoberfläche befand. Sie wurden größtenteils bis zum Ende 1882, also 10 Jahre lang, abgelesen. ... Schließlich ließen sich die Daten für die Monate Juni-September mit ausschließlich flüssigem Niederschlag in eine Gruppe zusammenfassen, in welcher die Abnahme mit der Höhe geringsten Betrag hatte.

Im Schlussteil von Knochs Aufsatz finden wir schließlich einige die Regenuntersuchungen betreffende Schlussfolgerungen und Anweisungen Hellmanns, die heute noch gültig und im weltweiten Regenmessnetz zu beachten sind (vgl. ROPELEWSKI & ARKIN 2019):

Eine wichtige Ergänzung zu all den früher angestellten Untersuchungen über den Einfluss des Windes auf die Regenmessung bildeten schließlich die Erfahrungen, die bei den Beobachtungen des von Hellmann im Jahre 1885 eingerichteten Regenmess-Versuchsfeldes bei Berlin gewonnen wurden. Wenn auch der ursprüngliche Zweck dieses Versuchsfeldes der war, festzustellen, wie nahe Regenstationen zueinander liegen müssen, damit die an ihnen gemessenen Regenmengen die wahren Verhältnisse ihrer nächsten Umgebung bis auf eine gewisse Genauigkeitsgrenze darstellen, so wurde, wie vorauszusehen war, auch für das vorliegende Thema manches Beachtenswerte gefunden. Eine sehr eingehende Erörterung fand hierbei zum ersten Male die Aufstellung der Regenmesser am Erdboden. Es wurde bereits erwähnt, dass Stevenson vorgeschlagen hatte, die Regenmesser möglichst in einer freien Ebene aufzustellen, und eine ähnliche Vorschrift fand sich auch in den Instruktionen der damaligen Zeit. Dass diese Art der Aufstellung jedoch zur Erhaltung der richtigen Regenmenge durchaus nicht geeignet ist, haben die Berliner Beobachtungen gezeigt. Es wurde hier festgestellt, dass man darauf sehen müsse, auch am Erdboden jeden Regenmesser mit Rücksicht auf den nötigen Windschutz aufzustellen. ... Andererseits zeigten auch hier die gleich näher zu beschreibenden Versuche, dass unter gewissen Umständen, wenn sonst an der Erdoberfläche kein geeigneter Platz vorhanden ist, es erlaubt ist, einen Regenmesser hoch, also auf einem Gebäude, aufzustellen. Den Ort dieser Untersuchungen bildete das Dach der alten Bauakademie am Schinkelplatz in Berlin, in dem unter anderem auch das Königliche Meteorologische Institut sich befindet.

Nach detailfreudigen Angaben fährt Knoch fort:

Ähnliche Resultate wie der auf der Bauakademie aufgestellte geschützte Regenmesser lieferte ein Apparat, den Hellmann dann noch auf der Brüstung eines Balkons in seiner Privatwohnung aufstellte. Dieser Regenmesser stand 11.3 m über dem Erdboden, war jedoch durch die umstehenden Häuser gegen die Hauptwinde geschützt. Seine Angaben stimmten genau mit denen überein, die ein 1 m über dem Boden stehender Regenmesser im Garten der

Belle Aliancestraße Nr. 1 machte [Hellmann, Meteorologische Zeitschrift 1892]. ... Nachdem man so erkannt hatte, dass die Höhe des Regenmessers über dem Erdboden ein wichtiger Faktor für die richtige Angabe der gefallenen Regenmenge ist, suchte man bald ein Gesetz aufzufinden, nach welchem diese Abnahme mit der Höhe vor sich ging. Wäre dies gelungen, dann würde es leicht möglich gewesen sein, die an den Regenmessern in verschiedener Höhe gewonnenen Angaben alle sozusagen auf eine Normalhöhe zu reduzieren, wodurch dann die Ergebnisse genau untereinander vergleichbar würden. Diese Versuche sind jedoch vergeblich gewesen und müssen auch vergeblich bleiben. Man kann wohl für einen gegebenen Regenmesser die Abnahme mit der Höhe feststellen, aber es ist dann nicht möglich, diese auf einen anderen Regenmesser zu übertragen. ... Will man diesen Schwierigkeiten und Ungenauigkeiten in der Regenmessung aus dem Wege gehen, so bleibt nichts anderes übrig, als die Regenmesser in gleicher Höhe, doch aber auch dann noch unter Wahrung des erforderlichen Windschutzes aufzustellen.

In Norddeutschland ist augenblicklich der größte Teil der Regenmesser in 1 m Höhe über dem Boden aufgestellt. Dass hierbei immer noch eine gewisse Regenmenge verloren geht, ist augenscheinlich, denn in den allerunteren Schichten über dem Erdboden, an dem der Wind sich reibt, muss dessen ablenkender Einfluss am größten sein. Über die Größe dieses Verlustes, den die norddeutschen Stationen erleiden, sind wir durch die von Hellmann angestellten Untersuchungen gut unterrichtet. Im Frühjahr 1896 wurde an 18 Stationen noch je ein zweiter Regenmesser aufgestellt, der sich nur 33 cm über dem Erdboden befand. Es wurde Sorge getragen, dass er in der Nähe des ersten in 1 m Höhe und unter denselben Verhältnissen aufgestellt wurde. Die Beobachtungen wurden an allen Stationen während der Monate April bis September, an den westlich gelegenen mit unbedeutenderen Schneefällen auch in den Wintermonaten der drei Jahre 1896-98 angestellt. Im Durchschnitt ergaben sie, dass der tiefere Regenmesser mehr Regen empfing als der höhere. Setzt man die im unteren gemessene Regenmenge gleich 100, so wurden im oberen in den verschiedenen Monaten folgende Mengen in Prozent weniger gemessen:

Jan	Feb	März	April	Mai	Juni
10.6	6.0	5.3	5.5	4.5	3.2

Juli	Aug	Sept	Okt	Nov	Dez
2.9	3.1	3.7	5.0	6.8	7.4

Dass jedoch auch der Regenmesser in 33 cm Höhe noch einen gewissen Fehlbetrag aufweist, geht aus den in England und Russland angestellten Versuchen mit Grubenregenmessern hervor. Hellmann hat jedoch von weiteren Versuchen abgesehen, da er diese Methode nicht für ganz einwandfrei hielt. Das praktische Resultat, das sich ergeben hat, bestand jedenfalls darin, dass in Norddeutschland ein in 1 m Höhe aufgestellter Regenmesser durchschnittlich 3 (Juli) bis 10 (Januar) Prozent zu wenig Niederschlag angibt. Dieser Mittelwert vergrößert sich an den windigen Küstenstationen und wird geringer an den Stationen mit gutem Windschutze.

Dieser Windschutz, den wir bei unseren Ausführungen so oft berühren mussten, ist bei der Niederschlagsmessung das wichtigste Element. Wenn man früher glaubte, dass man der Höhe der Aufstellung über dem Erdboden die größte Bedeutung beimessen müsste, so hat sich diese Ansicht, wie wir gesehen haben, nach den neueren Beobachtungen als unhaltbar erwiesen. Diese haben vielmehr gezeigt, dass man den Einfluss der Höhe vollständig ausschalten kann, wenn man nur dafür sorgt, dass der Regenmesser in genügender Weise gegen den Wind geschützt ist. In diese Frage löst sich demnach überhaupt das ganze Problem der Niederschlagsmessung auf. Genügender Windschutz ist das Haupterfordernis für jeden Regenmesser, der nur einigermaßen richtige Werte ergeben soll. Diese Bedingung lässt sich jedoch im Freien nicht überall ohne weiteres erfüllen. Meist ist es ja möglich, den Aufstellungsort des Regenmessers so zu wählen, dass seine direkte Umgebung schon den nötigen Schutz abgibt. Hecken, Zäune, Gebäulichkeiten usw. müssen dann gewöhnlich diesem Zwecke dienen. Ist es aber unmöglich, dem Apparat natürlichen Windschutz zu sichern, dann ist man genötigt, dies auf künstliche Weise zu tun. In dieser Absicht sind bereits die verschiedensten Vorrichtungen erdacht worden, doch meist erweisen sie sich bei näherer Untersuchung als ungenügend. ...

Die Wirkung der Schutzvorrichtungen muss sich darauf erstrecken, einerseits dem Regenmesser die ihm zukommenden Niederschlagsmenge zuzuführen, also die Bildung der Luftwirbel zu verhindern, dann aber auch darauf, den im Auffanggefäß angesammelten Niederschlag in fester Form vor dem Herauswirbeln zu bewahren. Hierzu tritt noch ein weiterer störender Umstand in der kalten Jahreszeit. Es kann nämlich der Fall eintreten, dass loser, trockener Schnee in den Apparat gelangt, der nicht vom Himmel kommt, sondern vom Winde aufgehoben wird oder auch von Gebäulichkeiten, die in der Nähe sind, hinweggeweht und häufig auch weit fortgetragen wird.

Wollte man nur die Bildung der Wirbel verhindern, so wäre das Ideal der Regenmesseraufstellung die, das Gefäß so aufzustellen, dass seine Auffang-

fläche mit der Erdoberfläche in einem Niveau liegt. Diese Bedingung erfüllt der Grubenregenmesser. Seine Nachteile sind aber derartig groß, dass er in den meisten Fällen nicht verwendbar ist. Der Wind treibt Staub, Laub und andere leichte Gegenstände hinein, die Abflussöffnung verstopft sich, und das angesammelte Wasser verdunstet. Bei heftigem Regen spritzt oder fließt direkt Wasser aus der Umgebung hinein und macht dadurch die Messung ungenau. In schneereichen Gegenden wird der Schnee durch den Wind hineingetrieben und der Apparat vollgefüllt. Aus diesen und anderen Gründen zieht man es vor, die Regenmesser etwas erhöht aufzustellen und sie dann, wenn nötig, durch künstliche Vorrichtungen der Windwirkung zu entziehen.

Knoch erwähnt dann eine 1877 von Wild vorgenommene Maßnahme in all ihren Einzelheiten, um bei Schnee den störenden Windeinfluss zu minimieren: den „Regenmesser mit Kreuz". Für das Winterhalbjahr „wurde gefunden, dass der Regenmesser mit Kreuz in 2 m Höhe 3.5 % und der in 5 m Höhe gar 5.5 % mehr Niederschlag lieferte". Allerdings waren in einem Fall bei 10 m/s Windstärke die Werte viel größer. Knoch fährt fort:

Ein ähnlicher Einsatz wird auch an die schneereicheren Stationen des norddeutschen Stationsnetzes abgegeben. Die Anweisung zur Messung der Niederschläge enthält aber die Vorschrift, dass dieser Einsatz nur bei Schneefall, nicht bei Regenfall zu gebrauchen ist. In letzterem Falle würde er direkt schaden, weil die Benetzungsfläche erheblich vergrößert wird. Insofern ist auch eine gewisse Ungenauigkeit in den Versuchen Wilds vorhanden, da bei diesen der Einsatz während des ganzen Jahres hindurch in dem Regenmesser blieb.

Knoch wagt es hier, den sechs Jahre vorher verstorbenen Präzisionsmeteorologen Wild (der in Königsberg beim Präzisionskönig Neumann studiert hatte) zu tadeln, der dafür bekannt war, andere für ihre Mängel in der Instrumentenkunde zurechtzuweisen (STEINHAGEN 2005).

Knoch beschreibt anschließend den auch heute noch im Grundsatz verwendeten Schutz, der in einem trichterförmigen Schutzrohr besteht, um „den Wind durch eine geeignete Vorrichtung *nach unten* abzuleiten", und der vom Amerikaner Nipher 1878 vorgeschlagen wurde. Die Wirksamkeit des Nipherschen Schutztrichters wurde noch von Börnstein (1852-1913) nachgewiesen, der den Trichter kopfüber einrichtete, „um den Wind noch stärker über das Auffanggefäß hinwegzuleiten. Das Ergebnis der achtmonatlichen Beobachtungen wurde nach Art des Niederschlages gesondert, und Börnstein zog daraus den Schluss, dass der Trichter dem Regenmesser um so größeren Schutz bietet und er also um so mehr leistet, je leichter der Wind den fallenden Niederschlag ablenken kann. In Bezug auf die Windstärke leistet er um so mehr, je stärker der Wind ist". In Russland, so Knoch, „wurde der Nipherschen Schutztrichter dadurch allgemeinerer Eingang verschafft, dass 1893 Wild einen neuen Regenmesser konstruierte", der einen Trichter mit zerlegbaren Teilen aufwies, „wodurch eine leichtere Versendung und billigere Herstellung ermöglicht" wurde. Da Knochs geschichtlicher Überblick 1908 geschrieben wurde, konnte Billwillers Verbesserung noch nicht gewürdigt werden. STRANGEWAYS (2007) gibt zu bedenken, dass sich ein solcher Schutztrichter mit Schnee füllen könne, und dass 1910 Billwiller (angeblich in Deutschland, doch meine Leser wissen schon, dass er Schweizer war) den Boden des Schutztrichters herausgeschnitten haben soll, um den Schnee durchzulassen. Außer dem in den USA von Nipher vorgeschlagenen Schutztrichter erwies sich auch „der ebenfalls von Wild konstruierte *Schutzzaun* als wirksam" (KNOCH 1908). Von Wilds Erfahrungen mit einem solchen Zaun teilt Knoch mit, dass die Wirkung des Schutzzaunes entsprechend seinen Größenverhältnissen zu bzw. abnimmt.

Gelegentlich der auf dem Regenmess-Versuchsfelde bei Berlin angestellten Beobachtungen benutzte Hellmann ebenfalls einen Schutzzaun auf der Station Martinikenfelde. Obgleich seine Dimensionen nicht dieselben wie an dem Wildschen waren, er hatte nur 1.3 m Höhe und 1.2 m Seitenlänge, so war er doch von einigem Nutzen. Es wurde z. B. während der schneereichen und stürmischen Tage vom 17. bis 20. März 1888 im geschützten Regenmesser 11 % mehr als im freistehenden aufgefangen.

In Russland sei, führt Knoch weiter aus, allgemein gefunden worden,

dass auf Stationen, welche lokal geschützt sind, es genügen wird, den Nipherschen Regenmesser in Anwendung zu bringen. An völlig freien Stationen verdient jedoch der vom Schutzzaun umgebene offenbar den Vorzug. ... Wenn auch im großen und ganzen der Unterschied zwischen den Angaben von Nipher und „Zaun" nicht sehr beträchtlich sind und bei weitem geringer als zwischen den frei aufgestellten und dem Nipherschen Regenmesser waren, so scheint doch daraus hervorzugehen, dass die größeren Werte des Regenmessers mit Schutzzaun keine zufällige Erscheinung sind, sondern tatsächlich auf eine größere Leistungsfähigkeit des Wildschen Schutzzaunes hindeuten.

Auf besondere Schwierigkeiten der Messung des Niederschlages auf Berggipfeln wird noch hingewiesen.

Hat sich heute die Niederschlagsmessung wesentlich verbessert? Ich beschränke mich auf einige Auszüge aus zwei Berichten des Deutschen Wetterdienstes aus dem Jahre 1995. Bei RUDOLF (1995) heißt es zunächst:

> *Gebietsniederschläge, die aus an Stationen gemessenen Daten abgeleitet werden, sind mit einem Gesamtfehler behaftet, der sich zum einen aus den Mess- und Meldefehlern der stationsbezogenen Daten und zum anderen aus den Fehlern, die aus der Übertragung der Punktdaten auf die Fläche resultieren, zusammensetzt. Es treten sowohl systematische als auch stochastische Fehler auf.*

Die Fehler der ersteren Art sind schon von Hellmann benannt worden, die der „räumlichen Interpolation" sind im Grundsatz bei den späteren Kartendarstellungen des Niederschlags von ihm angesprochen worden. Er benutzte eine von Meinardus in der *Meteorologischen Zeitschrift* von 1900 vorgeschlagene Interpolationsmethode, der die „leider noch zu oft befolgte Methode der glatten arithmetischen Mittelbildung aus sämtlichen Beobachtungswerten ... unbedingt zu verwerfen" empfahl.

Meinardus erläuterte nicht nur die Vorzüge seines Verfahrens, sondern veranschaulichte es durch Anwendung auf Hellmanns Regenkarten von Schlesien und Ostpreußen. Die Frage der besten räumlichen Interpolationsmethode sollte in den folgenden Jahrzehnten eine wichtige und immer wiederkehrende werden: „Es gibt zahlreiche Methoden zur Bestimmung und Berechnung von Gebietsniederschlagshöhen: z.B. Thiessen-Verfahren, Isohyeten-Verfahren, Rasterpunkt-Methode, lineare Interpolation, räumliches Polynom und Sammelgebietsverfahren (derzeit vom Deutschen Wetterdienst verwendet)" (BAUMGARTNER & LIEBSCHER 1996). Rudolf stellt noch 110 Jahre später fest, dass der 1885 eingeführte Hellmannsche Regenmesser ein „in der Form und Aufstellungsweise optimiertes Sammelgefäß", welches „heute noch das Standardgerät in Deutschland" sei, „und zudem in mehreren anderen Ländern eingesetzt" werde. Von den Einflüssen auf die Messgenauigkeit seines und anderer Regenmesser werden jedoch auch solche genannt, die von Hellmann nicht angesprochen wurden oder ihm nicht bekannt sein konnten (RUDOLF 1995):

> *Die Größe der Fehler hängt von den meteorologischen Bedingungen während und – im Falle des Verdunstungsfehlers – auch nach dem individuellen Niederschlagsereignis ab. Von Einfluss sind Windgeschwindigkeit, Anströmrichtung, Lufttemperatur, Luftfeuchte, Strahlung, Niederschlagsart und Tropfenspektrum.*

Der Begriff des Tropfenspektrums war zu Hellmanns Zeit unbekannt. Die Fragen, die Hellmann bezüglich der Niederschlagsmessungen in Raum und Zeit beschäftigten, sind auch heute noch nicht verstummt:

> *Infolge der systematischen Messfehler können sich Sprünge in den Analysen der räumlichen Niederschlagsverteilung ergeben, wenn in benachbarten Gebieten unterschiedliche Geräte betrieben und die Messwerte unkorrigiert verwendet werden.* (RUDOLF 1995.)

Im letzten Kapitel wurde Hellmanns in München 1911 gehaltener Vortrag über die Beobachtungsgrundlagen teilweise wiedergegeben, worin Hellmann sich über Cleveland Abbes „utopischen" Vorschlag, „jeden Regenmesser mit einem Anemometer zu versehen", skeptisch geäußert hatte, weil „man noch nicht imstande" sei, „die Regenmessungen wegen ungleicher Windgeschwindigkeit an den verschiedenen Aufstellungen zu korrigieren bzw. auf Windstille zu reduzieren, da die nähere Umgebung des Regenmessers einen großen Einfluss ausübt, der nicht exakt in Rechnung gebracht werden kann." Die Bemühungen, den utopischen Vorschlag nicht nur doch noch zu verwirklichen, sondern zusätzliche Messungen vor Ort zu verwenden, um Korrekturen anzubringen, werden wohl nie aufhören: „Die gleichzeitige Messung der wesentlichen meteorologischen Einflussgrößen dient der Entwicklung verbesserter Korrekturformeln" (RUDOLF 1995). Als ein Beispiel hierzu sei die Untersuchung von RICHTER (1995) erwähnt. Seine Zusammenfassung lässt die Fortentwicklung der von Hellmann streng wissenschaftlich begonnen Niederschlagsmessungen in Deutschland erkennen:

> *Ausgehend von über 10jährigen Niederschlagsvergleichsmessungen im Bodenniveau und speziellen Untersuchungen zum Benetzungsverlust wurde ein Verfahren zur Korrektur der systematischen Fehler des Hellmann-Niederschlagsmessers in Standardaufstellung entwickelt. Primäre Grundlagen hierfür bildeten die deutlich ausgeprägten Zusammenhänge zwischen der Größe der Messfehler und der täglichen Niederschlagshöhe. Der Einfluss der Windgeschwindigkeit wird durch die Unterteilung der Stationslagen nach der Windexposition von frei bis stark geschützt und durch eine differenzierte Auswertung der Messfehler nach Niederschlagsarten berücksichtigt.*

Das Korrekturverfahren wurde flächendeckend für die Bundesrepublik Deutschland getestet und zur Festlegung von Gebieten mit einheitlichem Fehlerverhalten der Niederschlagsmessungen genutzt. Die regionale Verteilung der wichtigsten beeinflussenden Niederschlagsparameter und die Größe des Fehlers bei mäßig geschützter Stationslage ist auf Übersichtskarten dargestellt. Eine Einteilung nach Gebieten mit vergleichbaren Niederschlagskorrekturverhalten wird angegeben.

Der systematische Fehler ist jahreszeitlich und räumlich verteilt, und nicht bedeutend anders als in Hellmanns Regenuntersuchungen. Sein Regenmesser, windgeschützt und gut aufgestellt, hat sich im Wesentlichen bewährt! Die „Messung des Regens kann nun genau genug erfolgen", sagte Hellmann in seinem Vortrag vor der Deutschen Meteorologischen Gesellschaft in München (1911).

Das preußische Regennetz

Um das „Dreikaiserjahr" herum ging Hellmann dazu über, das preußische Regenstationsnetz systematisch aufzubauen. Von Jahr zu Jahr wuchs die Zahl der Regenstationen, wovon die Abbildung 5-1 eine Vorstellung geben soll.

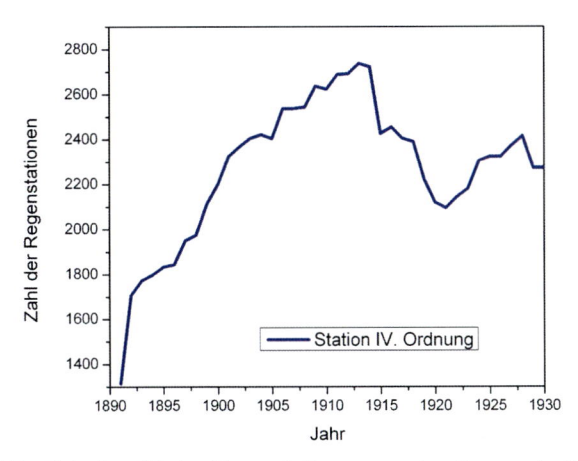

Abb. 5-1: Anzahl der Regenstationen von der Reorganisation des Preußischen Meteorologischen Institutes bis kurz vor seiner Auflösung als solches.

In den jährlichen Tätigkeitsberichten des Preußischen Meteorologischen Instituts, die nacheinander von Bezold, Hellmann, und Ficker verfasst wurden, können wir die Fortschritte in der Einrichtung des seinerzeit größten deutschen Regennetzes, Jahr für Jahr, verfolgen. Auszüge daraus aneinanderreihend, aber mit eigenmächtigen Auslassungen und Füllseln, lasse ich nun eine Collage folgen, um einen Eindruck von dem ungeheuren Ausmaß des Unterfangens zu vermitteln, wobei das Berichtsjahr unterstrichen jeweils am Anfang erscheint. Die Zeit bis zur größten Verdichtung des Netzes vor dem ersten Weltkrieg wird dabei ausführlicher gewürdigt.

1891: Die Zahl der Regenstationen erfuhr eine bedeutende Vermehrung. Diese bezieht sich diesmal insbesondere auf die Provinzen Schleswig-Holstein, Hannover, Westfalen und Hessen-Nassau.

1892: In diesem Jahr wurde das Regenstationsnetz in Preußen zum Abschluss gebracht. Es ist demnach die Reorganisation, auch sofern sie sich auf Messung der Niederschläge bezieht, wenigstens innerhalb der preußischen Grenzen im Berichtsjahre zum Abschluss gebracht worden. Leider bereitet die Erhaltung dieses Netzes ganz außerordentliche Schwierigkeiten. Da man die Beobachter bei der großen Zahl derselben nicht durch Geld entschädigen kann, so ist es nicht nur schwer, geeignete Personen, die ja überdies über geeignete Lokalitäten verfügen müssen, zu finden, sondern es kommt vor Allem außerordentlich häufig vor, dass die Beobachter nach kurzer Wirksamkeit die Lust daran verlieren und das übernommene Amt niederlegen. Leider halten es sehr viele nicht einmal der Mühe wert, hiervon förmliche Anzeige zu erstatten, sondern sie unterlassen einfach die Einsendung der Meldekarten und sind häufig erst nach längerer Korrespondenz dazu zu bewegen, das ihnen anvertraute Instrument sowie sonstiges Beobachtungsmaterial wieder zurückzuerstatten. Da nach dem Erlöschen einer solchen Station die Bemühungen um Gewinnung eines neuen Beobachters oder um Errichtung einer neuen Station in der Nachbarschaft der alten von vorn anfangen müssen, so bilden solche Vorkommnisse eine nicht versiegende Quelle lästiger und zeitraubender Verhandlungen. Um den Beobachtern etwas regeres Interesse für die Sache einzuflößen und ihnen gleichzeitig für ihre Bemühungen eine gewisse Entschädigung zu gewähren, wurden deshalb schon seit längerer Zeit an etwa 200 derselben Exemplare der monatlich erscheinenden populären meteorologischen Zeitschrift Das Wetter auf Kosten des Instituts verteilt. Da es die Fonds des Instituts nicht gestatten, diese Verteilung noch weiter auszudehnen, so wurden Unterhandlungen mit den Provinzialregierungen angeknüpft, um von dieser Stelle her die Mittel zu gewinnen, deren es bedarf, wenn wo möglich allen Beobachtern diese Anregung und Aufmunterung gewährt werden soll.

1893: Eine namhafte Vermehrung erfuhr wiederum das Netz der Regenstationen, deren Gesamtzahl am Ende des Berichtsjahres 1773 betrug. Da auch die 186 Stationen höherer Ordnung sämtlich Niederschläge messen, so stehen dem Institut im Ganzen die Niederschlagsbeobachtungen von 1959 Stationen zur Verfügung. [Ähnliche Klage über lustlose Beobachter wie im Vorjahr. Das Verschenken der Aßmannschen Zeitschrift Das Wetter und Verhandlungen mit den Provinzialregierungen zwecks Zuwendung waren „bei mehr als der Hälfte der Provinzen von Erfolg gekrönt".]

<u>1894:</u> *Im Netz der Regenstationen trat im Jahre 1894 keine wesentliche Änderung ein.*

<u>1895:</u> *Das Netz der Regenstationen erfuhr im Jahre 1895 eine weitere Verdichtung. Die erste, fürs Jahr 1893 gezeichnete Niederschlagskarte hatte gezeigt, dass in den Gebieten stärksten und schwächsten Niederschlags die Stationen noch nicht zahlreich genug sind, um die Isohyeten oder Linien gleichen Niederschlags mit ausreichender Genauigkeit zu zeichnen. Deshalb wurden in einigen Teilen der Provinzen Westpreußen, Schlesien, Sachsen, Hannover, Schleswig-Holstein und der Rheinprovinz neue Stationen errichtet. In diesem Sinne wird das Netz der Regenstationen auch in späteren Jahren noch weiter zu vervollständigen sein. Die Gesamtzahl derselben betrug Ende des Berichtsjahres 1834. Da auch die 186 Stationen höherer Ordnung sämtlich Niederschläge messen, so stehen dem Institut im Ganzen die Niederschlagsbeobachtungen von 2020 Stationen zur Verfügung.* [Wieder Klage darüber, dass man die Beobachter nicht durch Geld entschädigen könne.]

<u>1896:</u> *Das Netz der Regenstationen erfuhr im Jahre 1896 keine wesentlichen Veränderungen. Die Gesamtzahl derselben betrug Ende des Berichtsjahres 1844. Da auch die 188 Stationen höherer Ordnung sämtlich Niederschläge messen, so stehen dem Institut im Ganzen die Niederschlagsbeobachtungen von 2032 Stationen zur Verfügung.*

<u>1897:</u> *Das Netz der Regenstationen erfuhr im Jahre 1897 weitere Verdichtung durch Einrichtung von rund hundert neuen Stationen, namentlich in den Gebieten größter und geringster Niederschlagsmengen. Außerdem wurden größere Städte, in denen noch keine derartige Station bestand, hierbei besonders berücksichtigt, weil die außerordentlich zahlreichen Anfragen an das Institut über Regenverhältnisse gelehrt haben, dass auch die hydrotechnischen Bedürfnisse der Städte nach dieser Richtung vom Institut befriedigt werden müssen. Behufs genauerer Erforschung der Regenverhältnisse wurde die bereits im Jahre 1895 begonnene Aufstellung selbstregistrierender Regenmesser weiter fortgeführt, nachdem es inzwischen Prof. Hellmann gelungen war, durch den Mechaniker R. Fueß einen mechanisch-registrierenden Regenmesser herstellen zu lassen, der mit äußerster Einfachheit im Mechanismus den Vorzug größter Preiswürdigkeit verbindet. Es hat dieser Apparat deshalb auch in bautechnischen Kreisen bereits große Verbreitung gefunden. Die Stationen, welche mit selbstregistrierenden Regenmessern ausgerüstet wurden, sind Flensburg, Westerland auf Sylt, Meldorf, Nienburg a. d. Weser, Paderborn, Lennep, Niederbreisig, v. d. Heydtgrube, Schlächtern und Uslar. Es funktionieren demnach bis jetzt an 22 Stationen unseres Netzes derartige Apparate; im nächsten Jahre soll auch die östliche Hälfte des Stationsnetzes sieben bis acht solcher Registrierapparate erhalten. Die Gesamtzahl aller Regenstationen im Jahre 1897 betrug 1950. Da auch die 190 Stationen II. und III. Ordnung die Niederschläge messen, stehen dem Institut im Ganzen von 2140 Stationen Niederschlage-Beobachtungen zur Verfügung. Die Schneedichtigkeit wurde, wie früher, an 20 Stationen gemessen, die Schneehöhe aber an sämtlichen Stationen II. und III. Ordnung, sowie an einigen Regenstationen im oberen Gebiet der Weichsel und der Oder.*

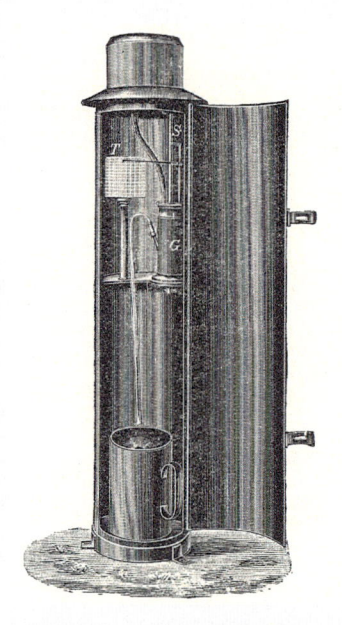

Abb. 5-2: Registrierender Regenmesser nach Hellmann-Fueß. Im Jahre 1898 waren davon im Reich 30 Stück in Tätigkeit. Sarasola (s. Kap. 2) lobte zwar Hellmanns mechanisches Gerät, doch „geschieht es häufig in diesen tropischen Gegenden, dass man in einigen Sekunden oder Minuten den Sturzregen messen möchte, ... und dafür ist der elektrische Pluviograph sehr bequem."

<u>1898:</u> *Auch wurde dem Netz der Regenstationen besondere Aufmerksamkeit geschenkt, und war man stets bemüht, die Ergebnisse der Beobachtungen dem praktischen Leben dienstbar zu machen.*

Wie wertvoll gerade die Niederschlagsmessungen in dieser Hinsicht sind, dafür legt die Verwertung Zeugnis ab, welche Herr Geh. Regierungsrat Intze in Aachen von diesen Zahlen bei der Ausarbeitung seiner großen Projekte für Talsperren und Sammelteiche machen konnte. Mit der im Jahre 1895 begonnenen Aufstellung selbstregistrierender Regenmesser wurde im vergangenen Jahre fortgefahren, und zwar erhielten die 7 Stationen: Putbus, Schivelbein, Danzig, Memel, Gumbinnen und Steinau a. Oder, sowie Schwerin im Großherzogtum Mecklenburg den bereits im letzten Jahresbericht erwähnten mechanisch registrierenden Pluviographen Hellmann-Fuess. Im Stationsgebiet des Instituts sind demnach jetzt im Ganzen 30 selbstregistrierende Regenmesser in Tätigkeit. Mit der Auswertung der Registrierungen ist begonnen worden, wobei einige neue Gesichtspunkte Berücksichtigung fanden, die in der Veröffentlichung der Niederschlagsbeobachtungen der Jahre 1895 und 1896, welche wegen mannigfacher Störungen erst im Laufe des Jahres 1899 erscheinen kann, eingehender erörtert werden sollen. Das Netz der Regenstationen hat im Jahre 1898 wieder einen kleinen Zuwachs von Stationen aufzuweisen, die meist den westlichen Provinzen angehören. [Alles in allem 2172.] Die im April 1896 aufgenommenen vergleichenden Messungen an Regenmessern in 1 m und 0.3 m Höhe über dem Erdboden sind an denselben 18 Stationen bis Ende September fortgeführt und alsdann abgebrochen worden, weil die bisherigen Wahrnehmungen zur allgemeinen Feststellung der Differenzen zwischen den in den beiden Regenmessern aufgefangenen Mengen bereits genügten. Die Resultate dieser Untersuchung werden von Prof. Hellmann zur Zeit bekannt gegeben werden.

1899: Das Netz der Regenstationen hat im Jahre 1899 wieder einen Zuwachs von Stationen aufzuweisen, die den preußischen Provinzen Brandenburg und Schlesien sowie den thüringischen Staaten angehören. Die im Jahre 1895 begonnenen Aufstellungen selbstregistrierender Regenmesser wurde im vergangenen Jahre zunächst zum Abschluss gebracht, nachdem noch die Station Bromberg einen solchen erhalten hatte. Es waren demnach im Stationsgebiet des Instituts im Ganzen 31 selbstregistrierende Regenmesser in Tätigkeit. Die sehr weitgehende Auswertung der Registrierungen während der Jahre 1895 und 1896, wie sie anderweitig noch nie versucht worden ist, wurde in dem am Ende des Jahres erschienen Bande »Ergebnisse der Niederschlagsbeobachtungen in den Jahren 1895 und 1896«, auf den Seiten XIII-XXIV zum Abdruck gebracht. Das Netz der Regenstationen hat im Jahre 1899 wieder einen größeren Zuwachs von Stationen aufzuweisen, die den preußischen Provinzen Brandenburg und Schlesien sowie den thüringischen Staaten angehören. [Alles in allem 2315.] Wenn auch in jeder Provinz einige neue Regenstationen eingerichtet wurden, so war, wie bereits erwähnt, dieser Zuwachs besonders namhaft in Brandenburg und Schlesien. In der ersten Provinz war das Netz an vielen Stellen zu verdichten gewesen, wobei im Hinblick auf praktische Zwecke vornehmlich die Städte bedacht wurden, während in der Provinz Schlesien zwei Sondergebiete Berücksichtigung fanden, auf die man bei der Bearbeitung der Regenkarte der Provinz Schlesien aufmerksam geworden war. Es erschien dringend notwendig, die höchsten Teile des Iser- und Riesengebirges mit weiteren Stationen zu versehen; dank des Entgegenkommens der Gräflich Schaffgotschen Verwaltung gelang es auch, bei sechs Forsthäusern in dem genannten Gebiete Regenstationen einzurichten. Sodann hatte sich bei der Konstruktion der Regenkarte von Schlesien gezeigt, dass anscheinend die große Görlitzer Haide zwischen Halbau, Kohlfurt und Penzig auf die Niederschlagsmenge nicht ohne Einfluss ist. Um den Sachverhalt näher zu ergründen, wurden durch gütige Vermittlung der Görlitzer Stadtverwaltung an elf Förstereien in der genannten Haide und am Rande derselben Regenstationen geschaffen, die indessen nur kürzere Zeit erhalten bleiben sollen. Die 49 neuen Regenstationen in den nichtpreußischen Staaten verteilen sich auf das Großherzogtum Sachsen-Weimar, auf die Herzogtümer Sachsen-Koburg-Gotha und Sachsen-Altenburg, sowie die Fürstentümer Waldeck und Reuss ältere Linie.

1900: Das Netz der Regenstationen hat im Jahre 1900 einen Zuwachs von rund hundert Stationen erfahren. Die Gesamtzahl aller im genannten Jahre tätigen Regenstationen betrug 2201, von denen im Laufe des Jahres 74 eingingen. Da auch die Stationen II. und III. Ordnung die Niederschläge messen, so erhielt das Institut im Ganzen von 2326 Orten Niederschlags-Beobachtungen. Der Zuwachs an neuen Stationen kam insbesondere den preußischen Provinzen Ost- und Westpreußen, Posen, Pommern, Schlesien, Westfalen und Rheinland zugute, sowie dem Herzogtum Sachsen-Meiningen, den Fürstentümern Schwarzburg-Sondershausen und Reuss Linie. [D]ie Organisation der meteorologischen Beobachtungsnetze in den mitteldeutschen Staaten, zu der das Institut im Jahre 1897 die Anregung gegeben hatte, [kann] im Wesentlichen als beendet angesehen werden. ... Da der selbstregistrierende Regenmesser in Nieder Breisig am Rhein wegen Ablebens des Beobachters eingezogen werden musste, wurde in Oberlahnstein am Rhein ein solcher aufgestellt.

1901: Das Netz der Regenstationen hat einen Zuwachs von 124 Stationen erfahren. Der Zuwachs an neuen Stationen kam insbesondere den preußischen Provinzen Ostpreußen, Hannover, Westfalen und Rheinland zugute.

1902: Das Netz der Regenstationen hat einen Zuwachs von 42 Stationen erfahren. Es wurden 135 neue Stationen eingerichtet, während 91 eingingen. Der geringe Zuwachs an neuen Stationen kam insbesondere den preußischen Provinzen Pommern, Brandenburg und Westfalen zugute.

1903: Das Netz der Regenstationen hat im Jahre 1903 einen Zuwachs von 37 Stationen erfahren. Es wurden 87 neue Stationen eingerichtet, während 50 eingingen. Der Zuwachs an neuen Stationen kam allen preußischen Provinzen ziemlich gleichmäßig zugute, rührte aber größtenteils daher, dass im Großherzogtum Oldenburg, das bisher eines dichten Netzes von Regenstationen entbehrte, auf eine vom Institut ausgehende Anregung 16 neue Regenstationen eingerichtet wurden, und dass auch im Herzogtum Anhalt 7 neue Stationen ins Leben traten.

1904: Das Netz der Regenstationen hat einen Zuwachs von 17 Stationen erfahren. Es wurden 92 neue Stationen eingerichtet, während 75 eingingen.

1905: Das Netz der Regenstationen hat nur geringfügige Änderungen aufzuweisen.

Ab 1906 werden die Tätigkeitsberichte von dem neuen Direktor des Preußischen Meteorologischen Instituts herausgegeben (s. Abbildung 5-3).

1906: Das Netz der Regenstationen hat im Jahre 1906 einen erheblichen Zuwachs, da fast in allen Provinzen Lücken auszufüllen waren.

1907: Die Zahl der Regenstationen hat fast keine Veränderung erfahren. Insgesamt hat das Institut Beobachtungsmaterial von 30 Pluviographen und 1 registrierender Schneemesser erhalten.

1908: Das Netz der Regenstationen hat nur geringfügige Änderungen aufzuweisen.

1909: Die Zahl der Regenstationen hat eine merkliche Vermehrung erfahren, denn gegen 2544 im Vorjahre waren in diesem Jahr 2637 tätig. Da auch die Stationen II. und III. Ordnung die Niederschläge messen, erhielt das Institut im ganzen von 2827 Orten Niederschlagsbeobachtungen, d. h. von 83 Orten mehr als im Vorjahr.

1910: Die Zahl der Regenstationen hat sich nicht merklich geändert. Die beifolgende Karte [Abbildung 5-4] gibt zum ersten Male eine Übersicht über die Verteilung der niederschlagsmessenden Stationen. ... Entsprechend dem Einfluss der Erhebung des Landes auf die Niederschläge zeigen die Gebirgsgegenden die größte Dichte des Stationsnetzes (Brocken 71, rheinisch-westfälisches Schiefergebirge 69, usw.); die geringste Dichte weist Mecklenburg-Schwerin auf. Von der im Bericht über das Jahr 1905 einzeln aufgeführten Stationen mit Pluviographen kamen im Laufe des Jahres 1910 die zwei Stationen Bochum und Halle hinzu, während Oberhof im April und Lennep sowie Schreiberhau am Ende des Jahres eingingen. Insgesamt hat das Institut Registrierungen von 34 Pluviographen und 1 registrierenden Schneemesser erhalten; von ersteren sind zwei inzwischen eingezogen worden.

Abb. 5-3: Die in größerem Format von Hellmann jährlich herausgegebenen Tätigkeitsberichte (Bild nach eigenem Exemplar).

1911: Die Zahl der Regenstationen hat sich etwas vermehrt, denn gegen 2623 im Vorjahr waren in diesem Jahr 2688 tätig. Diese Vermehrung ist hauptsächlich darauf zurückzuführen, dass systematische Lücken im Stationsnetz längs der Landesgrenzen und Küsten ausgefüllt wurden; auch im Binnenlande war die Einrichtung einiger neuen Stationen nötig. ... Damit ist eine gleichmäßige Verteilung der niederschlagsmessenden Stationen im wesentlichen erreicht, sodass eine weitere Vermehrung der Regenstationen zunächst nicht erforderlich erscheint. Jedoch ist dadurch nicht ausgeschlossen, dass zur Lösung bestimmter Aufgaben stellenweise eine Verdichtung des Stationsnetzes vorübergehend stattfinden wird. 3 registrierende Schneemesser.

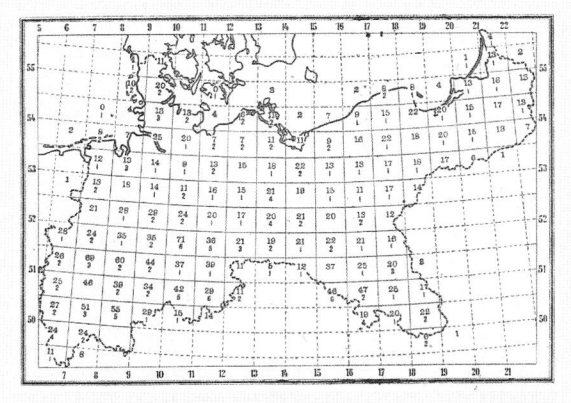

Abb. 5-4: Verteilung der Niederschlag messenden Stationen im flächengroßen Norddeutschland von 1910. 1911 war „eine gleichmäßige Verteilung der niederschlagsmessenden Stationen im Wesentlichen erreicht, sodass eine weitere Vermehrung der Regenstationen zunächst nicht erforderlich erscheint." (Aus: Tätigkeitsbericht 1910.)

1912: Die Zahl der Regenstationen hat sich im Jahre 1912 nur wenig vermehrt.

1913: Die Zahl der Regenstationen, die der Abteilung II unterstellt sind, ist wieder etwas stärker gestiegen, denn gegen 2691 im Vorjahr waren in diesem Jahr 2737 tätig. Im Ganzen [auch von den Stationen II. und III. Ordnung] erhielt das Institut von 2940 Orten Niederschlagsbeobachtungen, also von 53 mehr als im Vorjahr. Da jetzt eine gleichmäßige Verteilung der niederschlagsmessenden Stationen im wesentlichen erreicht ist, so erscheint eine weitere allgemeine Vermehrung der Regenstationen, abgesehen von der Ausfüllung von Lücken, die namentlich bei der Verlegung benachbarter Stationen entstehen, zunächst nicht erforderlich.

1914: Die Zahl der Regenstationen, die der Abteilung II unterstellt sind, ist im Jahre 1914 nahezu die gleiche geblieben, denn gegen 2737 im Vorjahr waren in diesem Jahr 2723 tätig. Im Ganzen [auch von den Stationen II. und III. Ordnung] erhielt das Institut von 2924 Orten Niederschlagsbeobachtungen, also von 16 weniger als im Vorjahr. Der Grund für die Verminderung ist im Kriege zu suchen, denn seit seinem Ausbruch gelang es vielfach nicht, an Stationen, deren Beobachter fortgegangen oder verstorben waren, neue zu gewinnen. Ferner sind durch die Kriegsereignisse in Ost- und Westpreußen die Beobachtungen an 95 Stationen unterbrochen worden. Zum Heeresdienst wurden insgesamt 275 Beobachter einberufen, von denen aber 23 schon zurückgekehrt sind und die Beobachtungen wieder aufgenommen haben.

1915: Die Zahl der Regenstationen ist etwas geringer geworden, denn gegen 2723 im Vorjahr waren in diesem Jahr 2427 tätig. Der Grund der Verminderung ist im Kriege zu suchen. ...

1916: Die Zahl der Regenstationen ist ein wenig gestiegen, denn gegen 2427 im Vorjahr waren in diesem Jahr 2455 tätig.

1917, 1918, 1919: Die Zahl der Regenstationen betrug in den Jahren 1917: 2406; 1918: 2390; 1919: 2222, ist also langsam gesunken. Zum Teil sind die Ursachen im Kriege, zum Teil in den politischen und wirtschaftlichen Verhältnissen zu suchen. [Vgl. Abbildung 5-1.]

In den Jahren 1920 bis 1922 sind die Berichte der Inflation zum Opfer gefallen. Ab 1923 werden sie, auch rückblickend, von dem Nachfolger Hellmanns, Heinrich von Ficker, herausgegeben.

1920-1923: Die Zahl der Regenstationen betrug in den Jahren 1920: 2120; 1921: 2095; 1922: 2144 und 1923: 2181; sie hat sich also nach dem Tiefstand von 1921 wieder etwas gehoben, da sich nach den Wirren der letzten Jahre wieder der Wunsch nach der Beobachtung des Wetters namentlich in der Lehrerschaft regt, zum Teil in Nachwirkung der Beteiligung am Heeres- und Marinefeldwetterdienst. Immer häufiger kommt aber die Bitte um eine Geldentschädigung.

1924: Die Zahl der Regenstationen betrug 2305, das bedeutet eine Zunahme gegen das Vorjahr um 124. Wenn die Vorkriegszahl von 2730 nicht erreicht ist, so liegt das vornehmlich an dem Verlust der zwangsweise abgetretenen Grenzländer.

1925: Wie im vorhergehenden Jahr wurde auch 1925 mit der Ausfüllung der im Stationsnetz bestehenden Lücken ... fortgefahren. Gesamtzahl: 2324.

Stationsnetz auf den Stand der Vorkriegszeit gebracht.

1926: *Nachdem im vorigen Jahr eine gleichmäßige Verteilung der Niederschlag messenden Stationen im wesentlichen erreicht worden ist, hat sich ihre Zahl kaum geändert.*

1927: *... Allgemein muss gesagt werden, dass der Wert von Niederschlagsmessungen für die Praxis immer mehr in Erscheinung tritt.*

1928: *Die seit 1926 in Deutschland eingeführte Regenversicherung hat im Berichtsjahr in etwa 600 Fällen die Mitarbeit von Niederschlagsbeobachtern in Anspruch genommen, eine Sonderleistung, für die den Beobachtern eine vereinbarte Vergütung direkt von den Versicherungsgesellschaften gezahlt wurde. Als ein großer Nachteil wurde es immer empfunden, dass das Institut bei der Knappheit der ihm dafür zur Verfügung stehenden Mittel die Regenstationen durch seine eigenen Beamten nur selten besichtigen lassen kann. Denn dadurch geht nicht nur die nötige persönliche Fühlung mit den Beobachtern verloren, vor allem verändern sich im Laufe der Zeit die Verhältnisse an manchen Stationen derartig, dass die Bedingungen für einwandfreie Ergebnisse nicht mehr erfüllt sind, ohne dass das Institut davon etwas erfährt.*

1929: *Monatliche Meldungen der Niederschlagsergebnisse gingen von 2273 dem Beobachtungsnetz angehörenden Stationen und 177 Stationen höherer Ordnung ein.*

1930: *Nach mehrjährigen Bemühungen ist es durch die im Berichtsjahr erfolgte Fertigstellung und Herausgabe der „Ergebnisse der Niederschlagsbeobachtungen im Jahre 1928 und 1929" der Niederschlagsabteilung gelungen, die seit Jahren sehr in Rückstand geratene Veröffentlichung der Beobachtungsergebnisse nunmehr auf das Laufende zu bringen. Es wird Aufgabe der Abteilung sein [unter Henze, vgl. Kurzbiographie im Anhang D], im nächsten Jahr die Bearbeitung noch soweit vorwärts zu bringen, dass es möglich sein wird, die monatsweise einlaufenden Beobachtungen sofort nach ihrem Eingang kritisch zu prüfen und eine fehlerhafte oder nicht regelmäßige Ausführung der Niederschlagsmessungen durch entsprechende Maßnahmen zu beheben.*

1931: *Im Berichtsjahr erhielt die Niederschlagsabteilung aus dem norddeutschen Beobachtungsgebiet monatliche Meldungen der Niederschlagsmessungen von insgesamt 2627 Stationen, von denen 227 Stationen II. und III. Ordnung sind.*

1932: *Die Entwicklung des letzten Jahrzehntes lässt unzweifelhaft erkennen, dass die Bedeutung des Niederschlagswesens für das praktische Leben in immer weitere Kreise sich durchsetzt. Nicht allein für die Land- und Forstwirtschaft, sondern auch für die umfangreichen Vorarbeiten des Meliorationswesens, für den Bau von Kanälen, für die Anlage von Talsperren, für Verbesserung der Wasserführung der Flüsse und Ströme, schließlich auch für die Wasserversorgung großer Städte haben die hier eingehenden Niederschlagsbeobachtungen vielfach als wertvolle Unterlage dienen können. Es war daher schon lange der Wunsch der Niederschlagsabteilung, in ihren Räumen den Gründer des norddeutschen Regenstationsnetzes, Herrn Geh. Reg.-Rat Prof. Dr. G. Hellmann, in einem Bild für spätere Generationen verewigt zu sehen; ein von ihm persönlich gewidmetes Bild hat in den Abteilungsräumen nunmehr seinen Platz gefunden. [Das Bild konnte nicht aufgespürt werden.]*

1933: *Wie bereits im vorjährigen Tätigkeitsbericht hervorgehoben wurde, hat gegenüber der erfreulichen Tatsache, dass die Bedeutung des gesamten Niederschlagswesens für das praktische Leben in immer stärkerem Maße erkannt und richtig gewertet wird, die Entwicklung in den letzten Jahren insofern Rückschritte gebracht, als von Jahr zu Jahr fortschreitend eine Herabsetzung der Haushaltmittel eingetreten ist und damit ein gewisser Abbau in der bisherigen Organisation sich notwendig gemacht hat. ... Beobachter konnten nicht entschädigt werden. ... Besonders bedauerlich ist der vollständige Fortfall der „Wochenberichte", die einen wertvollen Überblick über die Verteilung der Niederschläge und Temperatur, sowie im Winter auch über die Verbreitung und Höhe der Schneedecke gaben. Aber noch in anderer Weise hat sich der Rückgang an Mitteln unangenehm bemerkbar gemacht. Einer größeren Anzahl der Beobachter wurde in Anerkennung für ihre Mitarbeit und zur Erhaltung eines tieferen Verständnisses für meteorologische Fragen die Monatszeitschrift für angewandte Meteorologie „Das Wetter" kostenlos zugestellt; die Mittel hierzu wurden größtenteils durch laufende Zuwendungen der Provinzialverwaltungen aufgebracht. Nunmehr sind die Zuschüsse soweit fortgefallen, dass nur die Provinzen Ostpreußen, Brandenburg, Pommern, Sachsen und die Hohenzollernsche Lande weiterhin Mittel z. T. in herabgesetzter Höhe zur Verfügung stehen. Im Zusammenhang mit solchen Einschränkungen der Haushaltmittel sei auch erwähnt, dass die Landesbauernschaft Ostpreußens, die seit 1888 eine Beihilfe für die Unterhaltung von Regenstationen in Ostpreußen Jahr für Jahr gewährt hatte, nunmehr die Weiterzahlung mangels ver-*

fügbarer Mittel einstellen musste. Die Gesamtzahl aller Beobachtungsstationen für Niederschlag in Norddeutschland außer Oberhessen und Freistaat Sachsen beläuft sich am Jahresende auf 2818 Stationen.

In dem so gewissenhaft eingerichteten Regenmessnetz konnte das himmlische Wasser im ganzen Reich täglich gesammelt, in der Abteilung Niederschlag des Instituts das sich daraus ergebende Beobachtungsmaterial gesichtet, verarbeitet und veröffentlicht werden, ja, es wurde von Hellmann nach verborgenen Gesetzmäßigkeiten abgesucht. Zahlreiche Untersuchungen über den Niederschlag in Deutschland und darüber hinaus sollten im Laufe der Jahre folgen. Die zwei größeren wurden in zwei gewichtigen Werken niedergelegt, dem sog. *Regen-* und dem *Oderwerk*, die in entsprechenden Kapiteln gesondert vorgestellt werden. Im zweiten Teil dieses Kapitels werden viele der Regenarbeiten Hellmanns referiert.

Einige Begriffsbestimmungen

Wie aus den Aufzeichnungen des schlichten Regenmessers oder der dünn besäten Pluviographen das am Boden ankommende Wasser quantifiziert wird, soll nicht eingehend erörtert werden. Lediglich für das leichtere Verständnis der Hellmannschen Regenforschungen mögen einige Definitionen und Methoden nicht unerwünscht sein. STRECK (1953), der Hellmanns Arbeiten gut kennt, bietet besonders eingängige Begriffsbestimmungen:

Die Menge des in fester oder flüssiger Form gefallenen Niederschlags N wird bestimmt durch Angabe der Höhe h_N jener Wasserschicht in mm, mit welcher ein undurchlässiger, ebener, glatter Boden in dem genannten Ausmaß bedeckt sein würde, wenn von dem gefallenen Regen nichts verdunstet, nichts abfließt und nichts in den Boden einsickert. 1 mm Regenhöhe entspricht 1 L Wasser für jeden m^2 ebener Bodenfläche.

Das Standardgerät zur Messung des Niederschlags ist immer noch jenes nach System Hellmann [s. Abb. 5-5]. Es besteht im wesentlichen aus einem meist runden Auffanggefäß von 200 bis 500 cm^2 Auffangfläche. Dieses aufgefangene Niederschlagswasser wird zur Verhinderung der Verdunstung durch einen engen Abfluss in ein Sammelgefäß geleitet, welches zur Messung in ein mit Teilung versehenes Messglas entleert wird. Dies geschieht bei normalen Wetterverhältnissen einmal am Tag, bei besonderen Umständen dagegen öfter, möglicherweise in Zeitabständen von ½ Stunde.

Abb. 5-5: Regenmesser „System Hellmann" (KPMI 1904).

Diese Regenmesser geben natürlich nur durchschnittliche Werte für den Niederschlag eines Tages, aber keinen Aufschluss für die Intensität (Regenstärke, Regendichte) der einzelnen Regenfälle den Tag über. Um auch diese zu erfassen, benützt man Regenschreiber (Ombrographen). [...] [Vgl. Abb. 5-2.]

Die täglich gemessenen Niederschlagshöhen in mm Wasserhöhe werden monatlich gesammelt und von den meteorologischen oder gewässerkundlichen Anstalten bearbeitet. Ihre Veröffentlichung erfolgt in deren Jahrbüchern, wobei die Form des Niederschlags durch besondere Zeichen kenntlich gemacht wird. ... Summiert man nun die täglich festgestellten Niederschlagshöhen h_N für einen Monat, ein Jahr, so ergeben sich die jeweiligen Monats- bzw. Jahresniederschlagshöhen in mm Wasserhöhe. Diese Höhen weisen für die einzelnen Monate des Jahres aber auch für die gleichen Monate verschiedener Jahre erhebliche Unterschiede auf. [...]

Die Größe der Niederschläge, die in den verschiedenen Monaten eines Jahres fallen, sind zwar das Ergebnis der meteorologisch-klimatischen Verhältnisse des Niederschlagsortes, aber doch in weitgehendem Maße von den Zufälligkeiten des Wettergeschehens abhängig, sodass sie eben in weiten Grenzen schwanken. Auch die Jahresniederschlagshöhen – untereinander verglichen – zeigen große Unterschiede. ... [Die] durchschnittlichen monatlichen Regenmengen werden erhalten durch Summierung der Einzelmonatswerte der verfügbaren Jahresreihe, die aus n Jahren bestehen möge, und Teilung des Ergebnisses durch n. ... Sie stellen die zeitliche Verteilung, den charakteristischen Niederschlagsgang an der Messstelle dar. [...]

Hinsichtlich der Schwankungen der Jahresniederschlagsmengen um den Mittelwert einer langen Jahresreihe [Reihe von Jahren] hat man für Deutschland festgestellt, dass die Überschreitung nach oben etwa

145 %, die Unterschreitung etwa 60 % des langjährigen Mittels ausmacht. Beim Vergleich der jeweils gleichnamigen Monate ergeben die Schwankungen um die zugehörigen langjährigen Mittel wesentlich größere Abweichungen, nach oben etwa bis zum 2- bis 3,5fachen Wert des langjährigen Mittels.

Man bezeichnet nun als normale *Jahre solche mit einer Niederschlagsabweichung vom normalen Mittel bis zu ±20 mm; nasse oder trockene Jahre solche mit einer Niederschlagsabweichung vom normalen Mittel von ±20 bis 100 mm. Sehr trockene oder sehr nasse Jahre solche mit einer Niederschlagsabweichung vom normalen Mittel, die größer als 100 mm ist.*

Hellmann hat seine Beobachtungsergebnisse in Regenkarten dargestellt. Dazu noch eine Erklärung von STRECK (1953):

Die Niederschlagsverhältnisse eines Gebietes werden durch Regenkarten veranschaulicht. Man verbindet dabei die Orte gleicher Niederschlagshöhen, die sich für einen bestimmten gleichen Zeitabschnitt ergeben haben (Tag, Monat, Jahr, Jahresreihe), durch Linien miteinander und erhält so die Regengleichen (Isohyeten). Diese Karten sind um so zuverlässiger, je dichter das Netz der Regenmessstationen ist. Dies gilt besonders für Gebirgsgegenden.

Von dem uns vertrauten Karl Knoch, der 1929 Vorsteher der Klimaabteilung geworden war, und viele von Hellmanns Untersuchungen fortgesetzt hat, seien weitere aufhellende Begriffsbestimmungen und methodische Belehrungen zusammengestellt. Sie finden sich in der 4. Auflage des gefeierten Hannschen Handbuchs der Klimatologie, von dessen 1. Auflage Hellmann in seiner „Entwicklungsgeschichte des klimatologischen Lehrbuchs" von 1922 sagte, es sei „das erste und zugleich das beste Lehr- und Handbuch der auf meteorologischer Grundlage beruhenden Klimatologie". Sie sind dem Abschnitt „Darstellung der Niederschlagsverhältnisse", der Hellmann viel verdankt, mit Kürzungen entnommen.

Die Niederschlagsverhältnisse werden repräsentiert durch folgende Angaben:

a) Die **Monats- und Jahressummen** *der Wasserhöhe der gesamten Niederschläge [in mm]. Wichtig ist auch die Angabe der Maxima der* Wassermenge pro Tag *und etwa auch pro Stunde, oder überhaupt für kürzere Zeiträume.*

Zur Charakterisierung der extremen Schwankungen der Jahressummen der Niederschläge schlägt G. Hellmann die Bildung des Quotienten aus der größten und kleinsten Jahresmenge, den Schwankungsquotienten, *vor. Dieser hat ganz entschieden eine gewisse klimatische Bedeutung.*

b) **Die Zahl der Tage mit Niederschlägen** *überhaupt, d. i. jener Tage, welche eine Niederschlagshöhe von mindestens 0.1 mm gegeben haben, außerdem die Zahl der Tage mit 1 mm und darüber, weil dies die Vergleichbarkeit erleichtert. Die Zahl der Tage mit Niederschlägen ist ein klimatisches Element, welches stets neben den gemessenen Wassermengen selbst angegeben werden sollte, da es namentlich für die Vegetation von größter Wichtigkeit ist, auf wie viele Tage sich die angegebene Niederschlagsmenge eines Monats verteilt hat. Trotz erheblicher Regenmengen kann große Dürre bestehen, wenn der Regen an einem oder nur an wenigen Tagen gefallen ist, während die übrigen Tage bei höherer Temperatur trocken blieben.*

Wünschenswert ist die Unterscheidung der Tage mit Landregen *(schwache, viele Stunden, ja tagelang andauernde Regen, die dabei sehr verbreitet sind) und* Platz- *oder* Gewitterregen, *die fast immer lokal sind. Sehr häufig schließen sich an die schweren Gewitterregen die leichten Landregen an, letztere füllen die Flüsse, erstere sehr selten.*

In diesem Zusammenhang ist auch die von J. Bjerknes und H. Solberg nach genetischen Gesichtspunkten gegebene Klassifikation der Regen zu erwähnen. Es werden unterschieden: Zyklonische Regen mit den Untergruppen Wärmefrontregen und Kältefrontregen, Instabilitätsschauer, Nebelregen und orographischer Regen. [Man vgl. das Streitgespräch im Kapitel 12, Band II.]

c) **Die Dauer der Niederschläge.** *Leider sind vergleichbare Angaben darüber nicht leicht zu erhalten.*

Aus den Angaben registrierender Regenmesser liegt jetzt schon für eine Anzahl von Orten genaueres Material vor, meist allerdings nur für die Sommermonate. Dass damit klimatologisch wichtige Angaben gewonnen werden, zeigt eine Zusammenstellung einiger deutscher Orte nach C. Kaßner, die eine Abnahme der kurzen Regen (0-4 Stunden) vom Meere landeinwärts und mit wachsender Höhe, dagegen Zunahme der länger dauernden zeigt.

Die Häufigkeit der Regentage und die Regendauer brauchen keinesfalls gleichen Schritt zu halten.

d) **Häufigkeit der Regen von verschiedener Menge.**
Von großem Interesse ist ferner die Angabe der mittleren Häufigkeit der Tage mit Niederschlag einer bestimmten Größe, z. B. von 5, 10, 20, 30, 50 mm und mehr; der Schwellwert 25 mm

könnte eingeschaltet werden, weil er gleich 1 engl. Zoll ist, also eine Vergleichbarkeit mit Auszählungen aus englischen Beobachtungsjournalen sichert. Vorteilhafter ist es dabei, die Auszählung nach Gruppen vorzunehmen, also 1-5, 5.1-10 usw.

Hoppe hat derart in zweckmäßiger Weise Tage mit leichtem Regen (bis 1 mm), mäßigem (1.1-5 mm), starkem (5.1-10 mm) und sehr starkem Regen (über 10 mm) unterschieden. Solche Auszählungen und darauf gegründete Mittelbildungen sind schon sehr häufig vorgenommen worden und dienen jedenfalls zur besseren Charakterisierung der Niederschlagsverhältnisse eines Ortes und sind von praktischer Wichtigkeit. Das letztere gilt vor allem auch für die Angabe der größten Niederschlagsmenge eines Tages, doch empfiehlt es sich, neben dem absoluten Tagesmaximum auch den Mittelwert aus den absoluten Tagesmaxima der einzelnen Jahre abzuleiten.

*e) **Regendichte**. Dividiert man die Regensumme eines Monats durch die Zahl seiner Regentage, so erhält man einen Ausdruck für die Intensität der Regen, die sogenannte „Regendichtigkeit". Reellere Werte für die Intensität der Regen würde die Division durch die Zahl der Regenstunden liefern. Es ist aber grundverkehrt, Regen, die nur wenige Minuten dauern, auf eine Stunde umzurechnen.*

Da wir jetzt schon über viele Registrierapparate verfügen, können wir bereits Betrachtungen über die Regendichte in verschiedenen Klimaten anstellen. Hellmann [Physiognomie des Regens in der gemäßigten und in der Tropenzone] hat einen solchen Vergleich zwischen der gemäßigten Zone und den Tropen angestellt.

*f) **Niederschlagswahrscheinlichkeit**. Dividiert man die mittlere Zahl der Niederschlagstage eines Monats (oder auch eines kürzeren Zeitraums) durch die Gesamtzahl der Tage desselben, so erhält man einen Ausdruck für die „Regenwahrscheinlichkeit" in diesem Zeitabschnitt.*

*g) **Trocken- und Regenperioden**. Von erheblicher klimatischer Bedeutung ist noch (bei eingehender monographischer Bearbeitung der klimatischen Elemente eines Ortes) die Konstatierung der mittleren Häufigkeit der längeren und jene der längsten Trocken- und Regenperioden, also die Auszählung aus den Beobachtungsjournalen, wie viele Tage hintereinander kein Regen gefallen, oder ob es jeden Tag geregnet hat; mit Unterscheidung nach Jahreszeiten.*

*h) **Darstellung der Regenverteilung über das Jahr**. Die jährliche Periode der Niederschlagsmengen (und der Regenwahrscheinlichkeit) ist ein besonders wichtiges klimatisches Element, die wirtschaftliche Bedeutung der Niederschlagsmengen wird hauptsächlich durch ihre Verteilung über das Jahr bedingt. Dieselbe jährliche Niederschlagsmenge spielt eine ganz verschiedene Rolle, je nachdem sie nur auf gewisse Monate entfällt oder mehr oder weniger gleichmäßig über das ganze Jahr verteilt ist. Es ergibt sich ja daraus die wichtige Unterscheidung der Klimate mit streng periodischem Regenfall (Regenzeit und Trockenzeit) und mit Regen zu allen Jahreszeiten. Deshalb ist es wichtig, die* Methoden der Darstellung der jährlichen Regenperioden *zu entwickeln.*

Besonders wichtig, um Hellmanns Regenarbeiten zu verstehen, ist die Reduktion der Jahressummen der Niederschläge auf gleiche Perioden. Die folgende Definition war für Hellmann grundlegend (KNOCH 1932):

Vergleichbare Jahressummen des Regenfalls. Homogene Reihen von Regenaufzeichnungen. *Die Jahressummen, noch mehr die Monatssummen natürlich, des Regenfalls schwanken innerhalb weiter Grenzen nach den Jahrgängen. In Deutschland z. B. beträgt nach Hellmann die durchschnittliche Veränderlichkeit der Monatssummen der Niederschläge 40-50 % der letzteren, die der Jahressummen 12-16 %. Man kann daher mittlere Regenmengen nicht vergleichen, wenn sie nicht aus den gleichen Jahrgängen abgeleitet oder auf eine gleiche Periode reduziert worden sind. Diese Reduktion erfolgt nach dem Erfahrungssatz einer gewissen Konstanz der Verhältniszahlen der* an benachbarten Orten gleichzeitig gefallenen Niederschlagsmengen. *Bei den Niederschlagsmengen empfiehlt es sich dabei, die* Quotienten *statt der Differenzen der gleichzeitig gefallenen Mengen zur Reduktion zu benutzen, namentlich wenn die verglichenen Orte recht verschiedene Jahressummen haben. Die Schwankungen der Verhältniszahlen sind bedeutend kleiner als die der Jahressummen selbst, wenn die verglichenen Orte nicht zu weit voneinander entfernt sind.*

Homogene Reihen. *Bleiben die Quotienten der Jahresmengen der Niederschläge benachbarter Orte ziemlich konstant, zeigen sie keine Sprünge oder dauernde Änderungen, so sind die Ergebnisse der Regenmessungen dieser Orte vergleichbar und benutzbar. Andernfalls haben an einem der Orte Änderungen stattgefunden, die Messungen sind fehlerhaft geworden (oder gewesen) und können nicht ohne weiteres Verwendung finden. Nur homogene Reihen von Regenmessungen sind vergleichbar und in klimatische Tabellen aufzunehmen. Viele ältere*

Messungen des Regenfalls sind wegen schlechter Aufstellung der Regenmesser unrichtig (meist zu wenig Niederschlag). Homogenitätsstörungen werden häufig verursacht durch Beobachterwechsel, Umstellung des Regenmessers, bauliche Veränderungen in der Nähe des Messplatzes u. a. m.

Hellmanns Schwankungsquotient

1908 ist von Hellmann auf dem 9. Geographenkongress in Genf ein Maß zur schnellen Bestimmung der Niederschlagsschwankungen eingeführt worden, den er in seiner Abhandlung „Untersuchungen über die Schwankungen der Niederschläge" niederlegte. Zur Beurteilung der Schwankungen der jährlichen Niederschlagsmenge hielt Hellmann einen leicht zu ermittelnden Zahlenwert für zweckmäßig, um die Extremwerte zueinander in Beziehung zu setzen, wozu das Verhältnis zwischen der größten und kleinsten Jahresmenge an Regen dienen sollte.

Er hatte in seinem *Regenwerk* (vgl. Kapitel 11, Band II) zeigen können, dass diese Zahlengröße, von ihm als Schwankungsquotient der jährlichen Niederschlagsmenge bezeichnet, innerhalb einheitlicher klimatischer Gebiete nur wenig schwankt, und deshalb geeignet schien, um eine zeitsparende Prüfung auf Homogenität einer langen Beobachtungsreihe durchzuführen. Sei mit Hellmann der Schwankungsquotient als $Q = M/m$ geschrieben, worin M die größte, m die kleinste Jahresmenge des Niederschlags bedeuten sollen, so fand er für Norddeutschland den durchschnittlichen Wert $Q = 2.2$, d.h. das nasseste Jahr war nur 20 % mehr als doppelt so regenreich als das trockenste. Fände man für eine bestimmte norddeutsche Regenwertreihe einen wesentlich höheren Wert, beispielsweise $Q = 3.5$, so sollte das bedeuten, dass die Reihe nicht homogen wäre. Die Benutzung des Schwankungsquotienten, der leicht zu berechnen ist, schien auch für kürzere Regenreihen von Nutzen, da es sich gezeigt hatte, dass Jahrgänge mit Extremwerten nicht selten beieinanderliegen, so dass, wenn weitere Jahre hinzukamen, Q sich kaum änderte. Lange Reihen sind trotzdem immer vorzuziehen, doch sie waren damals naturgemäß noch seltener verfügbar als heute. Für die Praxis stufte Hellmann den Schwankungsquotienten als „sehr günstig" ein, wenn er unter 2 blieb, als „günstig" bei Werten zwischen 2 und 2.4 ein, während er „ziemlich günstig" sei, wenn Q zwischen 2.5 und 2.9 lag, „wenig günstig" bei Werten zwischen 3.0 und 3.9, und geradezu „ungünstig", wenn die maximale Jahresmenge an Regen 4 bis 4.9 mal größer war als die geringste innerhalb einer bestimmten Periode; „sehr ungünstig" war eine Regenmengenschwankung, wenn $Q > 4.9$, welche die wenigsten Kulturpflanzen ohne Schaden überdauern würden.

HELLMANN (1909) stellt folgende Gesetze auf:

1. Die Lage im Luv regenbringender Winde verringert die Niederschlagsschwankungen. Dies gilt sowohl für Küstengebiete als auch für Gebirge. Der Grund ist ohne weiteres einleuchtend.

2. Trockene Gebiete haben größere Schwankungen als regenreiche in deren Nachbarschaft. Es kommt dabei nicht sowohl auf den absoluten Betrag der Niederschlagsmenge an, als vielmehr darauf, dass die nebeneinanderliegenden trockenen und feuchten Gebiete demselben Regenregime unterworfen sind.

3. Gebiete mit streng periodischer jahreszeitlicher Niederschlagsverteilung, insbesondere solche mit einer (oder zwei) ausgesprochenen Trockenzeit, haben größere Schwankung der Niederschlagsmenge von Jahr zu Jahr als solche mit Niederschlägen zu allen Jahreszeiten.

Der Grund hierfür ist der, dass etwaige Ausfälle in der eigentlichen Regenzeit durch Niederschläge im übrigen Teile des Jahres ungenügend oder gar nicht gedeckt werden können. Sehr häufig wirken alle drei aufgeführten Ursachen in dem Sinne zusammen; nicht selten kommt es aber auch vor, dass die eine den andern entgegenwirkt.

Überblickt man die ganze Erde, so kann man sagen: kleine Schwankungen in der Jahresmenge der Niederschläge finden sich überall, aber große (Quotient > 3.5) fast ausschließlich nur in der Tropen- und Subtropenzone. Diesen gehören Gebiete an, die durch außerordentliche Dürren und deren Folgeerscheinungen zu leiden haben, vor allem Australien, China, Indien und Teile von Afrika.

CONRAD (1936) behandelt in einem eigenen Abschnitt den Schwankungsquotienten Q, der als „Ersatz für die durchschnittliche Veränderlichkeit gedacht" sei, „um den mühevollen Berechnungen der letzteren zu entgehen". „Hellmann hat auch für die Monatssummen ein ähnliches Schwankungsmaß vorgeschlagen, und zwar Monatsmaximum aus einer bestimmten Periode/Monatsmittel aus gleicher Periode." Zu dieser Bestimmung äußert Conrad Bedenken:

Der erste Schwankungsquotient kann auf Monate nicht angewendet werden, weil es auch in sehr limitierten Klimaten im Laufe vieler Jahre leicht dazu kommen kann, dass ein beliebiger Monat regenlos oder fast regenlos bleibt. Der Quotient wird dann unendlich oder nimmt eine unvernünftige Größe an. Beim Schwankungsquotienten für die Jahressumme ist das Unendlich-Werden kein so arger Fehler, da die Zahl der Orte auf der Erde, an denen die Jahressumme Null werden kann, doch eine sehr beschränkte ist. ... [Die leichte Berechenbarkeit] hat dazu angeregt, für eine große Anzahl von Stationen Schwankungsquotienten zu berechnen und sie für die ganze Erde zu kartographieren. Auch diese Karte bietet den ungefähren Eindruck eines Negativs einer Regenkarte der Erde. Es liegen hier ähnliche Schwierigkeiten zugrunde, wie sie für die relative Veränderlichkeit vermutet wurden. Auch ist in der Tat festgestellt worden, dass Q keine lineare Abhängigkeit vom Mittelwert aufweist. Der funktionelle Zusammenhang der beiden Größen dürfte sich durch eine Parabel darstellen lassen. Für größere mittlere Regenmengen, die bereits ihrem asymptotischen Ast angehören, ergibt sich dann freilich die lineare Abhängigkeit doch als eine annehmbare Näherung. Bei nötiger Kritik ist die Kenntnis des Schwankungsquotienten doch nützlich. ... Die ausgesuchten Zahlen [einer beigegebenen Tabelle nach Eberle und Reichel] zeigen die Abhängigkeit von Q vom Mittelwert, aber auch, dass er nicht nur von diesem abhängig ist und ihm doch eine selbständige, klimacharakterisierende Kraft innewohnt. Auf die großen Zahlenwerte resp. ihre gegenseitigen Differenzen sollte man wohl wenig Gewicht legen.

Hans Maurer hatte kurz nach Hellmanns Einführung des Schwankungsquotienten in der *Meteorologischen Zeitschrift* (1911) eine eingehende Kritik an letzterem geübt: „Ein Vortrag auf dem dritten deutschen Kolonialkongress hatte mich vor die Aufgabe gestellt, in einer klimatischen Charakteristik der Kolonien auch die Regenvariabilität dieser Gebiete in knappen Zahlen zu behandeln." Maurer hatte bereits 1901 erkannt, „dass bei genauerer Kenntnis der Verhältnisse man die Regenvariabilität selbst als kennzeichnendes Klimaelement berücksichtigen müsse". Als er sich für seinen genannten Vortrag besonders mit der Niederschlagsveränderlichkeit zu beschäftigen hatte, waren Hellmanns diesbezügliche Arbeiten gerade erschienen. Von dessen Schwankungsquotienten referiert er, dass er vorzugsweise aus einem Verhältnis von Regenmengen bestünde, „während die absoluten Mengen als zu Vergleichen weniger geeignet mehr zurücktreten". Hierzu findet man bei HELLMANN (1909) die Grundsatzerklärung: „Zur Untersuchung der extremen Schwankungen der Niederschlagsmenge eignen sich weniger die absoluten Werte in Millimetern als vielmehr die relativen, ausgedrückt in Prozenten der entsprechenden langjährigen Mittel. Zwar hat es, namentlich für die praktischen Zwecke des Wasserbaues, der Landwirtschaft und vieler kultureller Unternehmungen, großes Interesse, zu wissen, bis zu welchem Höchstbetrag (in Millimetern) der Regenfall sich steigern, oder bis zu welchem Mindestbetrag er herabgehen kann; aber zu vergleichenden Untersuchungen der Verhältnisse auf weiten Landgebieten sowie zur Ermittlung allgemeiner Gesetzmäßigkeiten bedient man sich zweckmäßiger der Relativwerte." Maurer vermisst dagegen gerade den praktischen Bezug, der für Hellmanns Arbeiten nicht untypisch ist:

Hier dürfte den praktischen Bedürfnissen entschieden zu wenig Rechnung getragen sein. Für unsere tropischen Kulturen gibt es überhaupt keine klimatologische Frage, die von so einschneidender Bedeutung für die Rentabilität solcher Unternehmungen ist, wie eben die Untersuchung der Regenvariabilität nach den absoluten Mengen.

Gewiss wird ja rein mathematisch eine Vergleichbarkeit wohl am ehesten durch Bildung von Verhältniszahlen ermöglicht werden; aber gerade hier sollten doch die vorerwähnten praktischen Interessen auch von der wissenschaftlichen Meteorologie bei der Ableitung ihrer Ergebnisse mit berücksichtigt werden, umso mehr, als bei der Vergleichung nach Verhältniszahlen aus den Tabellen sich Resultate ergeben können, die ohne stete Prüfung ihrer praktischen Bedeutung auch wissenschaftlich irreführend werden können.

Maurer gibt dann Beispiele für diese letztere Behauptung und folgert daraus: „Diese Beispiele dürften die Berechtigung einer Revision der Untersuchungsmethoden dartun". Ein dabei gemachter Einwand Maurers ist durchaus bedenkenswert:

Wenn man Jahresregenmengen miteinander vergleichen will, so ist eine notwendige Vorfrage, wohin im Kalenderjahr man die Grenzen der Regenjahre legt. ... Bisher ist diese Frage nicht gestellt worden; in den Hellmannschen Arbeiten sind die Jahresmengen so verwendet, wie sie veröffentlicht werden. Im Allgemeinen werden die Regen nach Kalenderjahren summiert; für Deutsch-Südwestafrika aber z. B. gelten die in Dankelmans [der eine systematische meteorologische Erkundung des südwestlichen Afrika und des deutschen Schutzgebiets Südwestafrika angebahnt hatte] Mitteilungen publizierten Jahressummen für Jahre von Juli bis Juni. [...]

Die Unterschiede in Q betragen ... bei allen Stationen außer San Fernando, Rom und Berlin über 10 %. ... Eine Festsetzung der Grenzen des Regenjahres ist demnach unerlässlich. Das Kalenderjahr stellt für diesen Zweck nur eine Zufälligkeit dar, für deren Beibehaltung wenig andere als Bequemlich-

keitsgründe angeführt werden können. Für vergleichende Betrachtungen des Regenhaushalts auf der Erde wird man ja gleichzeitige Perioden zusammenfassen müssen; dafür sind Kalenderjahre bequem und praktisch; zum Studium der Regenvariabilität der einzelnen Stationen und größerer Gebiete wird aber eine andere Festsetzung des Regenjahres geboten sein. Das Aufsuchen der Folgen von 12 Monaten mit extremen Regensummen wäre wohl die konsequenteste Durchbildung jenes Gedankens, der der Definition des Hellmannschen Schwankungsquotienten zugrunde liegt. Dies würde aber zu ungerechtfertigt hohen Werten der Veränderlichkeit führen; denn schon kleine zeitliche Verschiebungen der Hauptregengüsse, die für die Vegetation und alle praktischen Zwecke bedeutungslos sind, können so einen ungebührlichen Einfluss auf das Resultat gewinnen. ... Es wirkt dies wohl auch zur Erklärung der von Hellmann erwähnten Erfahrungstatsache mit, dass mitunter das feuchteste und trockenste Kalenderjahr aufeinander folgen; eine geringe zeitliche Verschiebung der Hauptgüsse kann eine solche Folge haben. [...]

Noch von einem anderen Gesichtspunkt empfiehlt sich diese Lösung. In vielen tropischen Gebieten sind die Trockenzeiten die Perioden der Vegetationsruhe, soweit eine solche überhaupt eintritt, und auch aus diesem Grunde fasst man bei der genannten Wahl des Anfangspunktes des Regenjahres wirklich zu einer Vegetationsperiode gehörende Regen zusammen. Insofern als für gewisse Tropenkulturen nicht die Wassermengen eines Jahres, sondern nur die einzelner Regenzeiten in Betracht kommen, muss neben dem Studium der Jahresmengen auch ein solches der Beträge der einzelnen Regenzeiten und der zeitlichen Verschiebungen derselben einhergehen. Wie auch im Mittelmeergebiet mit seinen Winterregen die Zusammenfassung nach Kalenderjahren nicht Zusammengehöriges verbindet und Zusammengehöriges trennt und dadurch eine zu große Variabilität vorspiegeln kann. [...]

Für die anderen europäischen Stationen, auf denen eine gleichmäßigere Verteilung der Niederschläge auf das Jahr herrscht, wird die Wahl der Regenjahrgrenzen weniger Einfluss haben; immerhin sollte man mit Rücksicht auf die Vegetation die nach deren Absterben im Spätherbst fallenden Niederschläge zum kommenden Regenjahr schlagen, umso mehr, als sie schon teilweise in fester Form fallen. Ich habe demgemäß hier das Regenjahr von November bis Oktober angesetzt. [...]

Jedenfalls erkennt man aus den Tabellen 1, 2, 3 und dem Beispiel von Bagamojo, dass auch vom rein wissenschaftlichen Standpunkte bei Ausschaltung aller praktischen Interessen der Schwankungsquotient, besonders wenn er ohne weiteres auf Kalenderjahre basiert ist, keine zweckmäßige Maßgröße der extremen Schwankungen abgeben kann, weil sich für ihn reine Zufallswerte ergeben, die von minimalen zeitlichen Differenzen der Regengüsse unzulässig stark beeinflusst werden.

CONRAD (1936) ereifert sich gegen diesen Änderungsvorschlag und verteidigt Hellmanns Schwankungsquotienten:

H. Maurer wünscht, dass die extremen Jahressummen nicht nach Kalender-, sondern nach Regenjahren bestimmt werden sollen. Unter Regenjahr wird dabei ein Zeitabschnitt von der Länge eines bürgerlichen Jahres verstanden, der in einer ‚deutlichen Trockenperiode' beginnt. ...

Dieser Einwand wurde absichtlich erwähnt, um davor zu warnen. Es mag für den gewiegten Tropenforscher ein naheliegender Standpunkt sein. Für den allgemeinen Klimatologen ist er ganz unhaltbar. Es wäre der Beginn einer unheilvollen Wirrnis. Die Grundforderung der Klimatologie wäre damit aufs äußerste gefährdet. Im Übrigen hat es sich gezeigt, dass die Schwankungsquotienten aus Kalender- und aus ‚Regenjahr' abgeleitet, im Allgemeinen keine zu argen Differenzen aufweisen.

Es wurde auch [von Maurer] vorgeschlagen, statt der absoluten Extreme eine Art mittlerer Extreme (z. B. je drei extreme Jahre) zu verwenden oder prozentische Häufigkeiten [siehe weiter unten] für Intervalle zu bilden, die die Extreme einschließen. Auch damit kann man sich schon deshalb nicht einverstanden erklären, weil dann der größte Vorteil des Schwankungsquotienten, seine leichte Berechenbarkeit, verloren ginge.

Bezüglich des Schwankungsquotienten Q („eventuell nach Festsetzung der Grenzen des Regenjahres") hält Maurer eine Einschränkung für unvermeidlich:

In klimatisch gleichartigen Gebieten mag auch er eine geeignete Maßgröße für die extremen Schwankungen sein. Für ausgedehnte Gebiete aber mit verschiedenartigen Regenverhältnissen, wie es z. B. die deutschen Kolonien sind, dürfte er nicht ausreichen. Was würde uns etwa eine Karte des Schwankungsquotienten für Westafrika sagen, wenn wir bei den verschiedenartigsten absoluten Regenmengen etwa an verschiedenen Stellen den Wert $Q = 2$ vorfänden? Im Kameruner Küstengebiet, wo das Minimaljahr bereits 3000 mm bringt, würde uns die Angabe, dass die Menge auch bis 6000 steigen kann, ziemlich *wenig interessieren; sie hätte wohl für Bauanlagen Interesse, für alle Kulturen aber, die so viel Wasser überhaupt vertragen, reichte die Minimalmenge bereits aus. Für einen Ort im Innern von Kamerun aber, wo das Minimaljahr beispielsweise 400, das Maximaljahr 800 mm brächte, wäre das letztere noch für eine Reihe von Kulturen aussichtsreich, für die das andere zu Missernten führen würde; und an der Küste von Deutsch-Südwestafrika wiederum wäre es uns völlig gleichgültig, ob das Jahr 15 oder 30 mm Regen brächte; beide Jahre wären gleich wertlos bezüglich der Regenausnutzung. ... Der hohe Wert von Q bedeutet tatsächlich nicht eine klimatische Eigenschaft dieses Gebietes, sondern eine rein arithmetische des Schwankungsquotienten. ... Unter und über gewissen Schwellen der absoluten Mengen verlieren die Schwankungen der Jahresmenge das Interesse. Die Verhältniszahl Q allein kennzeichnet uns die Variabilität nicht ausreichend; die Größenordnung der Niederschlagsmengen muss auch angegeben werden. Braucht man aber doch schon zwei Zahlen zur Charakterisierung, so gibt man schon besser die Maximal- und die Minimalmenge selbst. ... Denn das Fundieren der charakteristischen Maßgröße auf das einzige Maximal- und Minimaljahr allein birgt eine gewisse Gefahr der Täuschung in sich. Das betreffende Einzeljahr kann eine vollkommene Anomalie darstellen. In der Tat brachte in der 50jährigen Reihe von Genua das feuchteste Kalenderjahr 2752 mm Regen, das zweitfeuchteste aber nur 1656, d. i. 60 % davon. Da kann man den mit der ersten Zahl berechneten Quotienten Q nicht mehr als eine charakteristische klimatische Größe ansehen.*

Maurer empfiehlt stattdessen, „alle Beobachtungsjahre zum Studium der Variabilität heranzuziehen, und das anschaulichste Bild derselben für die einzelne Station scheint die Häufigkeitskurve zu sein. Sie zeigt nicht nur, welche Extreme vorgekommen, sondern auch wie oft in einer gegebenen Reihe Jahresmengen jedes Intervallwertes aufgetreten sind", wobei darauf zu achten sei, dass die Stufen von Regenmengen, deren Häufigkeit sich aus der Beobachtungsreihe ergibt, nicht zu klein gewählt werden, um „leidlich regelmäßige Häufigkeitskurven mit deutlich markierten Scheiteln" zu erhalten.

Die Scheitelwerte rücken dabei den ... arithmetischen Mitteln näher, bleiben aber kleiner als diese. Bezüglich dieser letzteren Tatsache zieht Hellmann den allgemeinen theoretischen Schluss: ‚Beim Niederschlag ist eine untere feste Grenze, nämlich Null vorhanden; infolgedessen fällt das arithmetische Mittel größer aus als der am häufigsten auftretende Wert, der dem unteren Grenzwert (Null) näher rückt. Dies gilt nicht bloß für Orte, an denen regenlose Monate vorkommen, sondern im Allgemeinen überall.' Dies ist nicht ganz zutreffend. Zunächst ist bezüglich des Schlusssatzes unmittelbar einleuchtend, dass in einer Reihe gar nicht vorkommende Werte (speziell 0) weder auf das arithmetische Mittel, noch auf den Scheitelwert der Reihe irgendwie einwirken können. Aber auch wenn der Wert 0 vorkommt, liegen für den Schluss, dass das arithmetische Mittel größer als der Scheitelwert sein müsse, keine theoretischen Gründe vor; auch finden wir diesen Satz in dem Beobachtungsmaterial aus [Hellmanns Abhandlung von 1909] nicht bestätigt. Das arithmetische Mittel wird von jedem vorkommenden Einzelwert beeinflusst, der Scheitelwert dagegen nicht. Man kann demnach durch Veränderung einzelner Werte einer Reihe das arithmetische Mittel in weiten Grenzen beliebig verändern, während der Scheitelwert konstant bleibt. ... Ein Schluss wie der obige könnte nur möglich werden, wenn man annimmt, dass die Formen der Häufigkeitskurven an besondere Gesetzmäßigkeiten gebunden seien, und zwar böte sich hierfür wohl nur die Annahme, dass die Kurve vom Scheitel symmetrisch nach beiden Seiten abfällt.

Hellmanns Entgegnung ließ nicht auf sich warten. Sie schließt sich dem Maurerschen Aufsatz unmittelbar an:

Der Verfasser äußert mehrfach Bedenken gegen die Zweckmäßigkeit des von mir gebrauchten Schwankungsquotienten zur Untersuchung der extremen Schwankungen der Niederschlagsmenge. Ich habe in meiner Arbeit vom Jahre 1909 diesen Quotienten benutzt, um einen ersten Überblick über die einschlägigen Verhältnisse auf der ganzen Erde zu gewinnen; denn zur richtigen Deutung der extremen Schwankungen des Niederschlags in Europa, mit dem allein sich die ganze übrige Arbeit beschäftigt, war es notwendig, den Gesichtskreis zu erweitern und klimatisch möglichst verschiedene Gegenden heranzuziehen. Es musste daher ein einfacher und leicht ableitbarer Zahlenausdruck dazu benutzt werden, falls die an sich schon zeitraubende Arbeit nicht ins Ungemessene anwachsen sollte. Auch war auf die Art und Weise Rücksicht zu nehmen, in der die Niederschlagsmengen veröffentlicht werden. Das alles führte dazu, als Maß für die extremen Schwankungen der jährlichen Niederschlagsmenge das Verhältnis der Mengen des nassesten und des trockensten Jahres zu benutzen. Das Studium dieses Schwankungsquotienten hat auch in der Tat zu einigen neuen Ergebnissen geführt, die uns das Ausmaß der ex-

tremen Schwankungen der Niederschläge besser verstehen lehren.

Ich habe aber nirgends ausgesprochen, dass dieser Quotient allein zur Untersuchung der extremen Schwankungen dienen soll. In den meisten Fällen wird auch die Gruppierung nach Schwellenwerten, von denen ich in meinen eigenen Arbeiten über Niederschläge mehrfach Gebrauch gemacht habe, gute Dienste tun.

Professor Maurer bemängelt, dass bei verschiedener Abgrenzung des Jahres der Quotient verschiedene Werte annimmt. Das ist wohl ebenso selbstverständlich, wie die bekannte Tatsache, dass die Jahreswerte aller klimatologischen Elemente anders ausfallen, wenn man statt des Kalenderjahres das meteorologische Jahr zugrunde legt. Da nun heutzutage überall die Niederschlagssummen für das Kalenderjahr publiziert werden, habe ich natürlich dieses gewählt. Bei Spezialstudien über Gebiete mit scharf ausgesprochener Regenzeit wird man gut tun, auch die Abgrenzung der Jahre nach dieser streng periodischen Erscheinung vorzunehmen, vorausgesetzt natürlich, dass die entsprechenden Veröffentlichungen dies zu tun gestatten.

Übrigens sind die Unterschiede im Betrage des Schwankungsquotienten, je nachdem man ihn für das Kalender- oder das hydrologische Jahr (November bis Oktober) für die europäischen Stationen berechnet, vielfach so klein, dass sie nur dadurch erkennbar werden, dass Professor Maurer den Quotienten bis auf Hundertstel genau berechnet hat.

Das habe ich natürlich nie getan; denn es kann sich bei dieser Methode doch nur darum handeln, die allgemeine Größenordnung der extremen Schwankung anzugeben. Wenn z. B. ein Ort einen Schwankungsquotienten von 2.1 und ein anderer einen solchen von 2.3 hat, so würde man diesem Unterschied von rund 10 % kein großes Gewicht beilegen und annehmen, dass beide Orte demselben Schwankungsgebiet angehören.

Sodann hat Professor Maurer meine Ausführungen über das Verhalten des mittleren zum häufigsten Wert der Jahresmenge beanstandet. Er hat ganz recht, den Satz ‚infolgedessen fällt das arithmetische Mittel größer aus als der am häufigsten auftretende Wert' in solcher Allgemeinheit als nicht zutreffend zu bezeichnen. Es fehlt nämlich hinter dem Wort ‚fällt' das Wort ‚gewöhnlich', wie schon das von mir im Nachsatz hinzugefügte ‚im allgemeinen' erkennen lässt. An einen allgemeinen theoretischen Schluss habe ich jedenfalls nicht gedacht. In praxi ist es allerdings gewöhnlich so; nicht bloß bei der Jahressumme der Niederschläge, sondern auch beim Tagesmaximum, der Regendichte pro Tag usw. liegt der Scheitelwert, falls der Schwellenwert eng begrenzt wird, gewöhnlich unter dem arithmetischen Mittelwert.

Maurer gab nicht klein bei und ging ein Vierteljahrhundert später nochmal auf seine Kritik des Schwankungsquotienten ein (*Meteorologische Zeitschrift* 1936):

Ich hatte schon früher darauf hingewiesen, dass sich für den Vergleich der Regenveränderlichkeit an Standorten stark verschiedener mittlerer Regenmenge der Hellmannsche Schwankungsquotient Q nicht eignet. Es ist Q = M/m, wo M die Regenmenge des regenreichsten, m die des regenärmsten Regenjahres ist. Bei an sich kleinen Werten von m und M wird Q aus rein arithmetischen Gründen leicht sehr groß; und es wird so eine sehr große Regenveränderlichkeit für Standorte vorgetäuscht, wo die überhaupt lächerlich kleinen Regenmengen den hier gewählten Ausdruck „vernichtend große Schwankung" durchaus nicht rechtfertigen können. So erscheinen auf der Weltkarte der Verteilung der extremen Regenschwankungen von O. Eberle die Wüstengebiete der Erde, wo auch die regenreichsten Jahre nur sehr wenig Regen bringen, als Gebiete „vernichtend großer Schwankung".

Maurer verweist dann auf sein einige Jahre zuvor vorgeschlagenes besseres „vergleichbares Kennzeichen der Regenveränderlichkeit", nämlich seine „Stufenzahl s" und auf das daraus abgeleitete „Schwankungsmaß S", und vergleicht es mit dem Hellmannschen Quotienten:

Die Untersuchung hat gezeigt, dass der Schwankungsquotient bei kleinen Regenmengen sich wegen seiner arithmetischen Unzulänglichkeiten nicht zur Beurteilung der Regenveränderlichkeit eignet, sondern hier zu unsinnigen Urteilen führt. Und da die Trockengebiete einen sehr beträchtlichen Teil der Landfläche der Erde ausmachen, ist der Schwankungsquotient für Weltkarten, die die Regenveränderlichkeit darstellen sollen, nicht zu brauchen [sic]. Möge meine Arbeit den Anstoß geben, auch für andere Gebiete der Erde und vielleicht auch für die ganze Erde Darstellungen der Höchstveränderlichkeit Δ oder, noch besser, des Schwankungsmaßes S zu entwerfen. Interessant wären auch solche Karten für das tropische Afrika, wo sich trockenste und feuchteste Gebiete zusammenfinden und wo, wenigstens für die früheren deutschen Schutzgebiete, ausreichende Beobachtungen vorhanden sind. An Hand der oben gegebenen Tabelle kann jeder Bearbeiter die Regenmengen durch die entsprechenden Stufenzahlen s ersetzen, die eine überall vergleichbare Beurteilung sowohl der Höchstveränderlichkeit als auch der durchschnittlichen Schwankung der jährlichen Regenmengen ermöglichen.

SCHULZE (1936), der die Frage der Niederschlagsverhältnisse der ostdeutschen Provinzen erneut aufgriff, fasst den Meinungsstreit drei Jahre vor Hellmanns Tod zusammen und wendet sich gegen allzu theoretische Begründungen:

Maurer spricht sich gegen den Hellmannschen Schwankungsquotienten aus. Er weist darauf hin, dass Q von einem besonders abweichenden Jahre zu stark beeinflusst wird und schlägt vor, die n feuchtesten und die n trockensten Jahre (n = 3 oder 5) zu nehmen oder ihre Zahl in einem bestimmten Prozentverhältnis zur Anzahl der Beobachtungsjahre zu wählen. Hellmann meint in seiner Erwiderung, dass eine Gruppierung nach Schwellenwerten gute Dienste leisten würde. Es ist bei beiden Vorschlägen das Bestreben zu erkennen, sich möglichst von Zufallswerten zu befreien, dass man mehrere beobachtete Werte berücksichtigt. [...]

Für die Monate leuchtet aus den angestellten Betrachtungen auch der weitere Hellmannsche Schluss ein, dass der am häufigsten auftretende Wert unter dem Mittelwert liegen muss. Der häufigste Wert lässt sich nur aus einer sehr langen Beobachtungsreihe von etwa 90 [!] Jahren bestimmen. ... Hellmann will den häufigsten Wert in einem möglichst eng begrenzten Intervall ermitteln. Maurer erkennt den Schluss, dass der häufigste Wert kleiner als der Mittelwert ist, nicht als zwingend an. ... [Er hat ein] Gegenbeispiel konstruiert. Man darf aber nicht auf theoretischem Wege gegen eine Annahme vorgehen, sondern muss die von der Natur gegebenen Größen auswerten.

Wir hatten schon gesehen, dass Conrad im Handbuch der Klimatologie im gleichen Jahr für den Hellmannschen Quotienten Q eingetreten war. Vielleicht geschah das noch aus Achtung vor dem großen Klimatologen. Doch nach Hellmanns Tod haben CONRAD & POLLACK (1950) mit dem Schwankungsquotienten kurzen Prozess gemacht: „Dieses Maß kann nicht empfohlen werden, weil Q an vielen Orten in den Wüstengürteln *unendlich* wird." Ein anders Maß, das von Gherzi, nämlich $Q_G = (M - m)/\mu$, wobei μ die mittlere Regenmenge darstellt, hatte Conrad 1936 bloß erwähnt. 1950 war es dann „eine wesentliche Verbesserung gegenüber Q" geworden.

Was allerdings die Frage der Homogenität von Niederschlagsreihen nach der „Quotientenmethode" betrifft, so lässt sich CONRAD (1936) darüber wie folgt aus:

Die Prüfung der vorliegenden Reihen auf Homogenität kann nur nochmals ans Herz gelegt werden. Bei Normalstationen muss diese vorgenommen werden, wenn nicht die ganze Arbeit ohne Fundament bestehen soll. Niederschlagsreihen leiden besonders an Inhomogenitäten. Die bei blechernen Regenmessern so leicht vorkommenden Schäden bleiben oft lange Zeit unbemerkt. Das Auftreten des Fehlers schafft ebenso die Inhomogenität wie seine Behebung. Bei der Temperatur waren die Differenzen zwischen zwei naheliegenden Stationen weniger variabel als sie selbst, und die Differenzreihe bot die Grundlage für die Prüfung der relativen Homogenität. Beim Niederschlag wird man den Quotienten den Differenzen vorziehen, da erstere bedeutend weniger variabel sind als letztere. Dies lässt sich rechnerisch leicht zeigen, wenn man die Niederschlagsreihen zweier einander naheliegender Orte miteinander vergleicht. Ing. Fourné (1864) soll zuerst den Satz aufgestellt haben, dass für benachbarte Orte das Verhältnis der Regenmengen ziemlich konstant ist.

Conrad erinnert an eine Arbeit Hanns in der *Meteorologischen Zeitschrift*, Jahrgang 1898, in welcher dieser „unermüdlich dafür eingetreten ist, die Wertlosigkeit von Untersuchungen speziell über den Niederschlag darzutun, denen keine Prüfung auf Homogenität und Reduktion auf gleiche Periode vorangegangen ist", und der „die Quotientenmethode" einfach und einleuchtend begründet habe:

Wenn über einem gewissen Teile der Erdoberfläche mit örtlich verschiedenen mittleren Regenmengen nasse oder trockene Jahre eintreten, so ist die Zu- oder Abnahme der Regenmenge dann nicht überall dieselbe, sondern dieselben stehen in einer gewissen Beziehung zur Größe der mittleren Regenmenge des Ortes. Man muss ja wohl annehmen, dass die Ursache, welche der örtlichen Steigerung der mittleren Regenmenge zugrunde liegt, auch bei einem zeitweiligen Zuwachs derselben wirksam bleibt, also denselben gleichfalls steigert. ... Nach unserer Annahme dürften also wahrscheinlich die Quotienten konstanter bleiben als die Differenzen. ... Das auch die Abnahme der Regenmenge in gleicher Weise erfolgt, mag fürs erste nicht gleich wahrscheinlich erscheinen, die Beobachtungen sprechen im allgemeinen dafür.

Und so schließt Conrad: „Man geht also nicht fehl, wenn man nach wie vor daran festhält, dass der Vergleich der an zwei Orten in gleichen Zeitabschnitten gemessenen Niederschlagssummen mit der Quotientenmethode zu erfolgen hat". Hellmann hat ausgiebig von dieser Methode Gebrauch gemacht, sowie von der Reduktion auf gleiche Periode (etwa im Regenwerk, vgl. Kapitel 11, Band II):

„Hat man sich, soweit dies im gegebenen Stationsnetz möglich ist, von der Homogenität der Reihen überzeugt, resp. homogene Teilreihen festgestellt, so geht man daran, auf Grund der Normalstation, natürlich mit voller Berücksichtigung der Lage der Perioden der kürzer beobachtenden Stationen, eine Einheitsperiode festzulegen. Auf diese sollen dann sämtliche Mittelwerte (nie Extreme oder Einzelwerte) reduziert werden", rät Conrad (1936). Allerdings fügt er in Kleindruck hinzu:

Das Reduzieren um jeden Preis ist zu vermeiden. Auch die Reduktion soll nur vorgenommen werden, solange sie sinnvoll ist. Man vergesse nie den Grundsatz, auf dem die Reduktion beruht: Die Quotienten zwischen den Niederschlagssummen gleicher Zeiträume an zwei von einander nicht zu entfernten Stationen müssen weniger veränderlich sein als die Niederschlagssummen selbst. *Sobald aber die Entfernung zu groß wird, dass die beiden Veränderlichkeiten einander halbwegs gleich werden oder die lokale gegenseitige Lage (Klimascheiden, nicht kohärente Klimagebiete) auch bei kleiner Entfernung zum gleichen Resultat führt,* hat die Reduktion jeden Sinn verloren.

1936 wurde Hellmann von Viktor Conrad in Köppen-Geigers Handbuch der Klimatologie ausgiebig zitiert. Hellmann genießt noch hohes Ansehen, unter den jüngeren Fachgenossen werden seine Arbeiten noch gelesen und seine Methoden angewandt. Dafür möge die Untersuchung von SCHULZE (1936) stehen: „Allgemein stellte Hellmann fest [er verweist auf die Tagung von 1922 in Leipzig, vgl. Kapitel 14, Band II], dass, obwohl Ostdeutschland trockener als Westdeutschland ist, es doch häufiger starke Regenfälle erhält. Diese Häufigkeit ist also nicht der Menge proportional." An anderer Stelle: „Beim Entwerfen der Karten kam die auch von Hellmann verwendete Methode zur Durchführung. Die Isohyeten wurden nicht einfach zwischen den Stationen linear interpoliert, sondern, soweit es die ermittelten Werte erlaubten, eine Anpassung an die Geländeformen versucht." Die vorhin angesprochene Frage der Reduktion spielte eine große Rolle: „Bei der Auswertung der errechneten Jahresmittel muss zuerst die Frage aufgeworfen werden, in welchem Ausmaße sie verwendbar sind, da nicht überall die gleiche Länge der Beobachtungszeit besteht. Allerdings zeigt Hellmann, dass bereits zwischen 10jährigen und 20jährigen Jahresmitteln der Unterschied recht gering ist." Naturgemäß brachte die Zeit unvermeidliche Verfeinerungen im Fortschritt der Meteorologie: „Vor allem sind nun Gebiete hervorzuheben, die die im allgemeinen herrschende Symmetrie durchbrechen. Das ist besonders bei dem zweiten Minimum, das im Weichselgebiet einen Vorsprung nach N bildet, der Fall. Hellmann fasst [1919] die beiden Minima in das west-preußisch-posensche Minimum zusammen. Es handelt sich aber genaugenommen um zwei verschiedene Trockengebiete" (SCHULZE 1936).

Keine Regenkarte scheint in der Klimatologie von Bestand zu sein:

Es seien noch kurz die Unterschiede zur Hellmannschen Karte erwähnt. ... Der Weichselvorsprung kommt nicht so extrem wie im Klima-Atlas [Kapitel 14, Band II] heraus, dagegen fallen das Persantetal und das Pollnower Gebiet mehr auf. Die relative Trockenheit der Nehrungen beschränkt sich besonders auf die Halbinsel Hela. Für diese Unterschiede dürften wohl die Verschiedenheit der Stationen und der Beobachtungsjahre und nicht zuletzt die etwas gewaltsame Unterteilung nach Hunderten von mm ... von ausschlaggebender Bedeutung sein.

Schulze eifert Hellmann in der Bildung von Mittelwerten des Niederschlags für einzelne Provinzen nach. Eine kleine Tabelle zeigt die Unterschiede (Regenhöhen in mm):

	Schulz 1936	Hellmann 1914
Ostpreußen	617	608
Westpreußen	552	536
Posen	533	509
Schlesien	688	666

Die ostdeutschen Provinzen sind bei Schulze feuchter als bei Hellmann: „Die Unterschiede werden auf der Auswahl der Stationen, der verschiedenen Beobachtungszeit und Beobachtungsdauer beruhen" (SCHULZE 1936).

Über Hellmanns Schwankungsquotienten Q wird kritischer geurteilt als es Conrad im selben Jahr getan hatte:

Diese Größe Q hat jedoch verschiedene Nachteile. Sie gibt z. B. ein ganz falsches Bild für Wüsten, in denen Jahre ohne Niederschlag vorkommen. Dort wäre demnach die Veränderlichkeit unendlich groß, während in Wirklichkeit die absoluten Unterschiede zwischen den jährlichen Niederschlagsmengen sehr gering sind. Weiterhin zeigt eine Betrachtung [einer Tabelle], dass die maximale und minimale Niederschlagsmenge doch recht aus Zufallswerten besteht. Es ist weder ein Zusammenhang zwischen den Extremwerten und dem Jahresmittel noch zwischen dem Maximum und Minimum vorhanden. Man hätte vermuten können, dass im allgemeinen die Station mit dem größten Jahresmittel auch das höchste

Maximum, dagegen das am wenigsten ausgeprägte ein Minimum besitzt. Aber dies ist keineswegs der Fall; lediglich durch Kombination der zwei Extremwerte scheint ein gewisser Zusammenhang erreicht zu werden, da der Ausdruck (Max.+ Min.)/2 in vielen Fällen dem Jahresmittel etwas ähnelt. Q wird außerdem mit der Anzahl der Beobachtungsjahre größer; denn nach Köppen nimmt die relative Schwankungsweite S (Max - Min in % des Jahresmittels) annähernd in geometrischer Reihe zu, wenn die Zahl der Beobachtungsjahre (= n) in geometrischer Progression wächst.

Ich greife hier nur noch zwei Beispiele heraus, in denen Schulze trotz häufiger Übereinstimmungen auch zu verschiedenen Ergebnissen gelangte: „Aus den Werten der Stationstabellen ist ersichtlich, dass Hellmanns Annahme, dass nasse Monate im allgemeinen die kleinste und trockene die größte relative Veränderlichkeit haben, sich nicht bestätigt." Und als Definitionsproblem in der Regenforschung:

„*Den Begriff ‚zu trocken' darf man aber nicht mit dem verwechseln, den Hellmann [im Regenwerk] bei der Definition eines trockenen Sommers verwendet. Er spricht von einem trockenen (nassen) Sommer, wenn die 3 Monate Juli [Juni] bis August ‚zu trocken' (‚zu nass') d. h. unter (über) dem Mittelwert sind. Gewöhnlich bezeichnet man jedoch einen Monat, der geringeren Niederschlag als im Mittel hat, einfach als einen trockenen Monat."*

Die Arbeit Schulzes galt dem schwierigen Problem, die „Veränderlichkeit" von Niederschlägen in den ostdeutschen Provinzen zu untersuchen. Auf der letzten Seite schreibt er in einem Ausblick:

Schließlich wurde auf einige wahrscheinliche Zusammenhänge mit verschiedenen anderen Faktoren wie Wald, Abfluss und Landwirtschaft und auch mit anthropogenen Einflüssen (Großstadteinfluss und andere Veränderungen in der Natur durch den Menschen) hingewiesen, um zu zeigen, wieviel Gesichtspunkte bei der Betrachtung der Niederschlagsverhältnisse eines Gebietes zu berücksichtigen sind.

Um den durchschrittenen und sprachlichen Weg seit Hellmanns Bemühungen zu ermessen, wollen wir aus zwei jüngeren Werken zu dem Regenthema ein paar Stellen anführen. Zur Homogenität scheint sich in der Definition seit Hellmann nichts geändert zu haben. JONES (1999), der hierzu nichts Neueres hinzuzufügen weiß als die dritte Auflage von Conrad-Pollacks Buch, deren zweite weiter oben genannt wurde, schreibt, „dass eine Zahlenreihe, die die Änderungen eines klimatologischen Elements darstellt, homogen genannt wird, wenn die Veränderungen nur durch Veränderungen des Wetters und Klimas verursacht werden". Dieselben Probleme der Lage und Aufstellung der Thermometer und Regenmesser, die Hellmann schon erkannt hatte, sind auch heute noch der Grund für „Inhomogenitäten" in den Zeitreihen. Jones beklagt, dass in den Vereinigten Staaten beim Austausch von Quecksilberthermometern durch elektronische, in den 80er Jahren des letzten Jahrhunderts der Homogenitätsfrage zu wenig Beachtung geschenkt wurde. Bezüglich der Regenmessnetze sei diese Frage immer noch schwierig zu handhaben, weil die Netze nicht dicht genug seien. Die Homogenitätsprüfung anhand des Verhältnisses von Niederschlagsmengen aus zwei benachbarten Stationen wird nun in einer nicht nur unserem Schlesier unverständlichen Fachsprache als Prüfung der „Nullhypothese" beschrieben, deren Bestätigung den Schluss zulässt, dass die Zeitreihe der Mengenverhältnisse benachbarter Stationsniederschläge die Merkmale einer nicht „autokorrelierten" Zufallsreihe aufweist. Die Sprache ist neu, das Problem alt, und auch im neuen Sprachgewand gibt der Niederschlag seine Geheimnisse nicht so leicht preis (JONES 1999):

Analysen der Niederschlagsbeobachtungen werden im Vergleich zu Maßstäben der Erdhalbkugel vorzugsweise auf solche regionaler Abmessungen beschränkt. Der Grund hierfür rührt von zwei Faktoren her: Niederschlagsbeobachtungen haben eine viel größere räumliche Veränderlichkeit im Vergleich zur Temperatur, und Niederschlagsbeobachtungen über den Meeren sind so gut wie nicht vorhanden. Für die meisten Gegenden der Welt, ist die Niederschlagsveränderlichkeit in Raum und Zeit so groß, dass es im Allgemeinen unmöglich sein wird, Änderungen zu ermitteln, bevor sie sich in der Land- und Wasserwirtschaft deutlich niederschlagen.

Aber auch neue Gesichtspunkte sind dazu gekommen. Aus seinem übergeordneten Überblick über den gesamten Wasserkreislauf in der Atmosphäre können folgende Überlegungen Michael HANTELs (1996) einige der vormals ungeahnten Schwierigkeiten verdeutlichen:

Wenn man die Lücken in unserer heutigen Kenntnis [des atmosphärischen Wassersubstanztransports] auf einen Nenner bringen will, so könnte man sagen: Die Ursache ist der enorme Skalenunterschied zwischen dem individuellen Kondensationsvorgang (Skala der Aerosolpartikel [oben als Staub bezeichnet]) und dem vom Niederschlag betroffenen Gebiet (Skala der Großstadt; eines Bundeslandes; eines Staates). Die Aerosol- und Niederschlagspartikel lassen sich nur statistisch behandeln, wenn es etwa um die Frage von Flächenniederschlägen geht. Aber anders als in der kinetischen Gastheorie sind die Einzelobjekte des Ensembles keine exakt gleichwertigen Kugeln, sondern selbst komplizierte Mikrokomplexe, deren interne Struktur man eigentlich kennen muss, um ihre großräumigen Auswirkungen zu verstehen.

Das neuartige Problem der unterschiedlichen, in der jeweiligen Beschreibung zu berücksichtigenden Skalen ist in der Tat eine der allergrößten Herausforderungen der modernen Meteorologie. Hantel beschließt seine Darlegungen mit dem alle emsigen Einzeluntersuchungen sprengenden Ansinnen:

Das schon mehrfach erwähnte Skalenproblem wird erst gelöst sein, wenn man durch quantitative Mittelbildung auf der Grundlage von Messungen die Mikro-, Meso-, synoptische und klimatologische Skala miteinander verbinden kann. Dann mögen auch quantitative Niederschlagsprognosen gelingen.

Von diesem Ziel sind wir theoretisch wie technisch noch weit entfernt.

Wie sehen Niederschlagsforschungen heute aus? Die einschlägigen Probleme, mit denen Hellmann gerungen hat, erfordern sehr ähnliche Erwägungen, nur ist aus Preußen der ganze Erdball geworden. Die in Preußen erreichte Stationsdichte schien für die flachen Teile des Landes ausreichend, während dieselbe in Gebirgsgegenden und im Weltmaßstab, namentlich in höheren Breiten, unzulänglich bleiben. Aber auch ortsgebundene Beobachtungen der Niederschläge weichen nicht selten von Messungen in nahe benachbarten Stationen ab, was die Frage der Repräsentativität einer Punktmessung nach wie vor aufwirft (ROPELEWSKI & ARKIN 2019). Seit 1979 werden indirekte Messungen von Satelliten aus vorgenommen, die ganze Flächen im Blickfeld haben, und es werden unterdessen verschiedene Fernerkundungsverfahren kombiniert, um flächenbezogene Schätzwerte des Niederschlags zu erhalten. Die erzielten Fortschritte sind jedoch nach wie vor zäh: „Niederschlagsmessungen und -vorhersagen werden immer noch als eine „Herausforderung" angesehen, wie ROPELEWSKI und ARKIN (2019) schreiben, weil der Regen „eine der wenigen Eigenschaften der Atmosphäre ist, die großräumig eine diskrete Struktur aufweist".

Eine zeitgenössische und in Hellmanns Klimabild nicht vorkommende Frage ist die nach den Auswirkungen des seit Jahrzehnten unaufhaltsam steigenden Kohlendioxidgehalts in der Atmosphäre auf den Wasserkreislauf und ergo auf die Niederschlagsmenge. Die Beweislage aufgrund des seit Hellmann rege gesammelten Beobachtungsmaterials sowie „rekonstruierter" Niederschlagsreihen ist noch recht dünn. Analysen solcher Reihen weisen auf eine geringe aber systematische Zunahme des Regens hin, wenngleich erhebliche Zweifel bleiben: „Angesichts der mangelnden Gewissheit in Bezug auf die vielen Gesichtspunkte bei der Niederschlagsmessung, ist es klar, dass noch sehr viel getan werden muss, ehe diese Ergebnisse als erwiesen gelten können" (ROPELEWSKI & ARKIN 2019).

Dies zeigt eingängig, mit welch widerspenstigem Element Hellmann rühmenswerte Pionierarbeit geleistet hat!

Die Regenabteilung des Preußischen Meteorologischen Instituts hat im heutigen Deutschen Wetterdienst, dessen großartige Bibliothek sehr viel Hellmanns Fürsorge verdankt, eine würdige Nachfolgerin, ja wohldotierte Erbin, welche im grenzenlosen Rahmen einer Weltmeteorologie Preußens und Deutschlands Schranken (auch sprachlich) zu sprengen hatte, um dem Regen eine globale „Physiognomie", wie Hellmann 1923 sich ausdrückte, zu geben. Es ist diese „Nachfolgeabteilung" das „Global Precipitation Climatology Center", welches mit Fug und Recht auch als Hellmann-Zentrum bezeichnet zu werden verdiente.

Anhang A: Zeittafel

Erstellt von Y. Kurz (DWD)

Johann Gustav Georg Hellmann (1854-1939): Auswahl seiner privaten und dienstlichen Stationen

Datum/Zeitspanne	Private und dienstliche Stationen Hellmanns	Quelle
03.07.1854	Geboren in Löwen/Schlesien (poln.: Lewin Brzeski, Kreis Brieg) Vater: Kantor Ernst Friedrich Hellmann, Mutter: Johanna Karoline, geb. Kutzer Wohnhaft: Rynku 14, Löwen	Auskunft Stadt Lewin Brzeski (E-Mail) Banik, J.: Lewin Brzeski: monografia miasta, 2005
30.07.1854	Taufe in der evangelischen Kirche St. Peter und Paul	Taufbuch der ev. Kirchengemeinde (Akta Parafii Ewangelickiej Lewine Brzeskim, Band 9, Seite 89)
1860/61-1867	Besuch der einheimischen Stadtschule Löwen	Lebenslauf korrigiert, Transkriptionen (Staatsbibliothek zu Berlin, Handschriftenabteilung – Nachlass Gustav Hellmann)
1867-1872	Gymnasium in Brieg an der Oder, Abschluss mit Abitur	Lebenslauf korrigiert, Transkriptionen (Staatsbibliothek zu Berlin, Handschriftenabteilung – Nachlass Gustav Hellmann)
1869	Tod des Vaters Ernst Friedrich Hellmann (1786-1869), Vormund wurde Pastor Aßmann (Löwen), der ihm Unterricht in den Anfängen der alten Sprachen gab	Lebenslauf korrigiert, Transkriptionen (Staatsbibliothek zu Berlin, Handschriftenabteilung – Nachlass Gustav Hellmann)
1872-1874	Studium der Naturwissenschaften (mathematische und physikalische Wissenschaft) an der Universität Breslau	Lebenslauf korrigiert, Transkriptionen (Staatsbibliothek zu Berlin, Handschriftenabteilung – Nachlass Gustav Hellmann)
15.03.1874	Bietet sich als Mitarbeiter für das Journal „Literarisches Centralblatt für Deutschland" an (für Besprechungen aus den Bereichen der Meteorologie und mathematischen Physik); wohnhaft in der Kupferschmiedestr. 10, Breslau	Nachlass Friedrich Zarncke, UB Leipzig, Sign.: NL 249/1/H/1097
Ostern 1874 bis Juni 1875	Studium der Naturwissenschaften an der Universität Berlin (Vorlesungen bei den Professoren Dove, Poggendorff, Helmholtz, Förster, Tietjen, Zeller, Frobenius)	Lebenslauf handschriftlich (Staatsbibliothek zu Berlin, Handschriftenabteilung – Nachlass Gustav Hellmann)
Oktober 1874	Erhält Kleemannsches Stipendium, Abholung des Betrages am 6.11.1874 bei der städtischen Armen-Commission; Wohnhaft in der Ritterstraße 96, Berlin	Transkription dienstlich, Zeller (Staatsbibliothek zu Berlin, Handschriftenabteilung – Nachlass Gustav Hellmann)

Datum/Zeitspanne	Private und dienstliche Stationen Hellmanns	Quelle
Seit 1874	Einstellung als Gehilfe/Assistent am Preußischen Meteorologischen Institut, Berlin, auf Veranlassung Heinrich Wilhelm Doves	Lebenslauf korrigiert, Transkriptionen (Staatsbibliothek zu Berlin, Handschriftenabteilung – Nachlass Gustav Hellmann) Ergebnisse der meteorologischen Beobachtungen im Jahre 1885, (1887), Seite XXVII
10.06.1875	Verzicht auf Honorar für seine Doktorarbeit, möchte dafür größtmögliche Verbreitung seiner Dissertation	Transkription dienstlich, Hellmann-Engel (Staatsbibliothek zu Berlin, Handschriftenabteilung – Nachlass Gustav Hellmann, 20.09.1875)
18.08.1875	Promotion zum Dr. phil. an der Universität Göttingen	Dissertation „Die täglichen Veränderungen der Temperatur der Atmosphäre in Norddeutschland"
28.09.1875	Verweilt in Spanien, bereits Mitglied in der Österreichischen Gesellschaft für Meteorologie	Transkription dienstlich, Hann (Staatsbibliothek zu Berlin, Handschriftenabteilung – Nachlass Gustav Hellmann)
1875-1879	4-jährige Studienreise (Spanien (1875-1877), Portugal, Nordafrika, Westeuropa), um die meteorologischen Verhältnisse der Subtropenzonen zu studieren und um Einblicke in meteorologische Organisationen in Skandinavien und Finnland sowie in meteorologische Instrumentenkunde in Russland (Physikalisches Zentralobservatorium St. Petersburg und Pawlowsk, 1878-1879) zu gewinnen.	GStA PK, Scan Seite 55-56+156+172ff[1] R. von Wild: Erinnerungen: gewidmet dem Andenken meines Gatten Heinrich v. Wild [um 1913]
30.04.1877	Tod seiner Schwester Emma Marie Caroline Hellmann (geb. 1839)	Ancestry, Sterberegister 1877, Nr. 43
20.02.1878	Ordentliches Mitglied der Österreichischen Gesellschaft für Meteorologie (Jahres-Karte Vereinsjahr 1878) Wohnhaft in Spanien, letzte Poststation Granada	Transkription dienstlich, OEGM 1878 (Staatsbibliothek zu Berlin, Handschriftenabteilung – Nachlass Gustav Hellmann)
Frühjahr 1879	Studium der meteorologischen Einrichtungen in Italien, der Schweiz, Österreich und Ungarn	GStA PK, Scan Seite 56
14.04.-22.04.1879	2. Internationaler Meteorologischer Kongress in Rom	Die Naturwissenschaften, 12.1924, Nr. 27, Seite 537-543
01.09.1879	Brief an den Königlichen Staatsminister und Minister der geistlichen Unterrichts- und Medicinal-Angelegenheiten (von Puttkammer): Bitte um Empfehlung und Remuneration von jährlich ca. 3000 Mark	Sammlung Darmstaedter[2], F1f1879 Hellmann, 2019-09-03, Scan 83-87
01.10.1879	**Assistent am Königlich Meteorologischen Institut (Statistischen Bureau) am Schinkelplatz Berlin**	**GStA PK, Scan Seite 56**

---

[1] Alle Einträge aus dem Geheimen Staatsarchiv Preußischer Kulturbesitz (GStA PK) entstammen den Archivalien der Signaturen: I. HA Rep, Vs. Nr. 10012; I. HA Rep. 76, Va Sekt. 2, Tit. IV, Nr. 45 Bd. 127; I. HA Rep. 76, Va Sekt. 2 Tit. IV, Nr. 47 Bd. 20; I. HA Rep. 76, Va Sekt. 2 Tit. III Nr. 1 Bd. 7; I. HA Rep. 76, Sekt. 2 Tit. IV Nr. 61 Bd. 15; I. HA Rep. 76, Va Sekt. 2 Tit. IV Nr. 52 Bd. 18; I. HA Rep. 76, Va Sekt. 2 Tit. IV Nr. 68, Beih. D. Bd. 2; I. HA Rep. 76, Va Sekt. 2 Tit. IV Nr. 61 Bd. 17; I. HA Rep. 76, Va Sekt. 2 Tit. IV Nr. 61 Bd. 22; VI HA NI Althoff, Nr. 1040; VI. HA NI Althoff, F.T., Nr. 1050

[2] Die Briefe aus der „Sammlung Ludwig Darmstaedter" (1846-1927) befinden sich in der Staatsbibliothek zu Berlin – Preußischer Kulturbesitz, Handschriftenabteilung.

Datum/Zeitspanne	Private und dienstliche Stationen Hellmanns	Quelle
Seit 29.11.1879	Ordentliches Mitglied der Gesellschaft für Erdkunde	Hellmann Briefe, ungeordnet, GfE_60_Geb + Verhandlungen der Gesellschaft für Erdkunde, 6.1879, Seite 340
August 1880	Reise nach Süddeutschland und in die Schweiz auf Bitte von Heinrich von Wild (Gegenstand: Katalog aller meteorologischen Beobachtungen und Schriften)	Nachlass Briefe, Originale, ungeordnet, Wild 1880_1+2
1880/1882 [?]	Konstruktion eines Regen- und Schneemessers; erste Austeilung an die Stationen ab 1883	Zeitschrift für Instrumentenkunde, 5.1885, Seite 89-90
01.10.1882-1885	Interimistischer Vorstand des Königlich Meteorologischen Instituts Assistentengehalt: 2700 Mark + 540 Mark jährlicher Wohnungsgeldzuschuss (plus 600 Mark bis Ende März 1886 für die Reorganisation des Meteorologischen Instituts sowie außerordentliche Remuneration in Höhe von 180 Mark in Aussicht gestellt)	GStA PK, Scan Seite 82+96
November 1883	**Gründungsmitglied der Deutschen Meteorologischen Gesellschaft (DMG), Berlin** (Beirat)	Meteorologische Zeitschrift, 1.1884, Nr. 1, Seite 38-45
17.9.-22.9.1884	1. ordentliche allgemeine Versammlung der DMG, Magdeburg	Annalen der Meteorologie, 43.2008
04.05.1885	Hochzeit mit Emilie Amalie Anna Hellmann, geb. Boeger (*13.02.1862)	Landesarchiv Berlin (Standesamt Berlin I, Nr. 234/1885, Archivalienkopie P Rep. 800, Nr. 146), Scan Seite 3
05.09.1885	Bitte des Kultusministeriums um Annahme der Stelle als Generalsekretär der Berliner Geographischen Gesellschaft (es liegt ihm viel an dieser Stelle, Antritt wäre 01.10.1885)	GStA PK, Scan Seite 10
1885	**Neue Regen- und Schneemesser**, Kosten 20 Mark (Hersteller: Klempnermeister Walther, Berlin)	Zeitschrift für Instrumentenkunde, 1885, Seite 89
1885-1887	Errichtung eines Versuchsfeldes in Groß-Lichterfelde mit Unterstützung des Berliner Zweigvereins der Deutschen Meteorologischen Gesellschaft (westlich von Berlin)	Die Naturwissenschaften, 12.1924, Nr. 27, Seite 537-543
1885-1893	Schriftführer der Deutschen Meteorologischen Gesellschaft, Berliner Zweigverein	Berliner Zweigverein der Deutschen Meteorologischen Gesellschaft: Vereinsjahr 1885-1893
1885-1918	Mitglied der Deutschen Physikalischen Gesellschaft, Berlin	Die Mitglieder der Deutschen Physikalischen Gesellschaft in den ersten 100 Jahren ihres Bestehens: 1845-1945, Seite 26
März 1886	Dienstreise nach Torgau, Hannover, Braunschweig, Salzwedel	Ergebnisse der meteorologischen Beobachtungen 1886, (1888), Seite XXI

Datum/Zeitspanne	Private und dienstliche Stationen Hellmanns	Quelle
01.04.1886	**Ernennung zum Abteilungsvorsteher (Abteilung I: Allgemeine und klimatologische Abteilung, bis mind. 1888) des Meteorologischen Instituts und stellvertretender Direktor des Instituts**	GStA PK, Scan Seite 56
21.05.-12.06.1886	Dienstreise nach Posen, Bromberg, Thorn, Lyck, Klaussen, Maggrabowa, Insterburg, Tilsit, Hela, Neustettin, Regenwalde, Stettin, Putbus, Grimmen, Neustrelitz, Samter, Osterode, Oranienburg	Ergebnisse der meteorologischen Beobachtungen 1886, (1888), Seite XXI
25.09.-05.10.1886	Dienstreise zu einigen schlesischen Stationen	Ergebnisse der meteorologischen Beobachtungen 1886, (1888), Seite XIX-XX
01.10.1886	Ernennung als wissenschaftlicher Oberbeamter im Meteorologischen Institut	GStA PK, Scan Seite 82
1886	Gründung der meteorologischen Institutsbibliothek	Ergebnisse der meteorologischen Beobachtungen 1886, (1888), Seite XXIV
1886-1907	Leiter der Regenabteilung des Preußischen Meteorologischen Instituts	Archiv für publizistische Arbeit, 1934, Seite 6313
1886-1922	Schriftführer der Gesellschaft für Erdkunde, Berlin	Hellmann Briefe, ungeordnet, GfE_60_Geb
01.06.-01.07.1887	Dienstreise zu den Stationen Oranienburg, Prenzlau, Swinemünde, Demmin, Wustrow, Rostock, Schwerin, Marnitz, Kirchdorf, Schönberg, Lübeck, Segeberg, Neumünster, Kiel, Schleswig, Flensburg, Gramm, Tondern, Westerland, Keitum, Wyk, Husum, Meldorf, Helgoland, Uelzen, Celle	Ergebnisse der meteorologischen Beobachtungen 1887, (1889), Seite XXV
19.08.1887	Beobachtung und Instrumentenaufstellung zur totalen Sonnenfinsternis im Astrophysikalischen Observatorium, Potsdam	Ergebnisse der meteorologischen Beobachtungen 1887, (1889), Seite XXVI
1887-1892	Errichtung eines Regenstationsnetzes unter seiner Leitung (umfasst alle preußischen Provinzen und norddeutschen Staaten, insgesamt 1900 Stationen)	Die Naturwissenschaften, 12.1924, Nr. 27, Seite 537-543
29.05.-02.07.1888	Dienstreise zu den Stationen Gardelegen, Herford, Forsthaus Hartröhren, Donoperteich, Gütersloh, Brilon, Arnsberg, Alt-Astenberg, Lahnhof, Altenkirchen, Hachenburg, Weilburg, Wetzlar, Neuwied, Grevel, Ellewiek, Bochum, Mülheim a. d. R., Krefeld, Kleve, Köln, Kassel Schneifelforsthaus, Trier, von der Heydt-Grube, Kirn, Geisenheim, Wiesbaden, Frankfurt a. M., Darmstadt, Hechingen, Burg Hohenzollern, Sigmaringen, Gießen, Marburg, Schweisberg	Ergebnisse der meteorologischen Beobachtungen 1888, (1891), Seite XXVI
01.10.-05.10.1888	7. Internationaler Amerikanisten-Kongress, Berlin (Tagungsort Museum für Völkerkunde), Mitglied im Organisations-Komitee und Generalsekretär des Kongresses	Congrès International des Américanistes, 1888
1888-1921	Mitglied der Berliner Gesellschaft für Anthropologie, Ethnologie und Urgeschichte	Zeitschrift für Ethnologie, 51./53.1919/21

Datum/Zeitspanne	Private und dienstliche Stationen Hellmanns	Quelle
13.06.-03.07.1889	Dienstreise zu den Stationen Königshain, Gersdorf, Seidenberg, Schönberg, Lauban, Beerberg, Greiffenberg, Friedeberg a. Q., Grenzdorf, Flinsberg, Liebenthal, Löwenberg, Gröditzberg, Goldberg, Liegnitz, Neumarkt, Frankenthal, Ziegenhals, Schnellewalde, Neustadt i.O., Neisse, Ottmachau, Patschkau, Ullersdorf, Landeck Seitenberg, Lissa, Breslau, Ohlau, Brieg, Gross-Leubusch, Löwen, Falkenberg i. O., Grottkau, Konradswaldau, Leuppusch, Ebersdorf, Lauterbach, Mittelwalde, Rosenthal, Marienthal, Lichtenwalde i.S., Wartha, Kamenz, Reichenstein, Frankenstein, Silberberg, Weigelsdorf, Ober-Peilau, Schweidnitz, Reichenbach, Ober-Langenbielau, Kaschbach, Steinkunzendorf, Hausdorf, Schlegel, Ludwigsdorf, Charlottenbrunn, Waldenburg, Nieder-Hermsdorf, Gottesberg, Landeshut, Schömberg, Kunzendorf, Ruhbank, Rudelstadt, Ketschdorf, Kupferberg, Maiwaldau, Berbisdorf, Grunau, Eichberg, Neudorf, Schmiedeberg, Wolfshau, Arnsdorf, Giersdorf, Agnetendorf, Schreiberhau, Jakobsthal, Warmbrunn, Altkemnitz, Seifershau	Ergebnisse der meteorologischen Beobachtungen 1889, (1892), Seite XXVIII
1889	Stellt meteorologische Daten für A. Auwers Vortrag „Neue Untersuchungen über den Durchmesser der Sonne" zusammen	Sitzungsberichte der königlich-preußischen Akademie der Wissenschaften, 1889, Juni-Dezember
27.11.1889	Geburt seines 1. Sohnes Ernst Ludwig Heinrich (auch Heinz genannt)	Evangelischer Friedhofsverband, Berlin
27.05.-17.06.1890	Dienstreise zu den Stationen Grund, Silberhütte, Klausthal, Lerbach, Osterode a.H., Herzberg, Göttingen, Kassel, Brilon, Brügge, Bonn, Marburg, Schwarzenborn, Fulda, Gersfeld, Meiningen, Koburg, Neuhaus a. R., Ilmenau, Erfurt, Waltershausen, Friedrichroda, Inselsberg, Gross-Tabarz, Jena, Halle a.d. S., Harzgerode, Quedlinburg	Ergebnisse der meteorologischen Beobachtungen 1890, (1893), Seite XXXIV
1890	8. Internationaler Amerikanisten-Kongress, Paris	Le Temps, 1890
03.03.1891	Sitzung des Berliner Zweigvereins der Deutschen Meteorologischen Gesellschaft	Deutscher Reichs-Anzeiger und Königlich Preußischer Staats-Anzeiger, 1891, Nr. 55, Seite 5
03.03.-19.03.1891	Ausstellung seiner Instrumente auf der "12th Annual Exhibition of Instruments", London (Regen- und Schneemesser aus dem Jahr 1883 und 1886, sowie Messgerät für die Messung der Schneedichte)	Quarterly Journal of the Royal Meteorological Society, 17.1891, Nr. 79, Seite 185
12.06.-05.07.1891 18.07.-20.07.1891 06.08.-09.08.1891	Dienstreise zu den Stationen Lüneburg, Celle, Herford, Bielefeld, Osnabrück, Münster, Emden, Nesserland, Oldenburg, Bremen, Otterndorf, Kiel, Flensburg, Christiansfeld, Gramm, Skrydstrup, Ballum, Sönderby, Westerland, List, Wyk, Uttersum, Langeness, Helgoland, Husum, Meldorf, Kyritz	Bericht über die Thätigkeit des Königlich Preußischen Meteorologischen Instituts, 1891, (1892), Seite 11-12

Datum/Zeitspanne	Private und dienstliche Stationen Hellmanns	Quelle
Oktober 1891	Einstimmige Wahl zum Mitredakteur der Meteorologischen Zeitschrift. Im Anschluss Reise nach Wien zu Julius Hann für Besprechungen, Beratungen und Änderungen der Verfahrensweise und Herausgabe der Meteorologischen Zeitschrift	Köppen-Nachlass (UB Graz), Brief 179, Seite 3
1891	Vorsteher Abteilung I: Allgemeines, Klimatologie, Niederschlagsmessungen	Bericht über die Thätigkeit des Königlich Preußischen Meteorologischen Instituts 1891, (1982), Seite 4
1892-1907	Herausgeber/Schriftführer der Meteorologischen Zeitschrift (zusammen mit Julius Hann, Deutsche Meteorologische Gesellschaft und Österreichische Meteorologische Gesellschaft)	GStA PK, Scan Seite 122+129
1892-1906	Abteilungsvorsteher Abteilung II: Niederschläge, Bibliothek	Bericht über die Thätigkeit des Königlich Preußischen Meteorologischen Instituts 1892-1906
13.06.-04.07.1892	Dienstreise zu den Stationen: Landsberg a. W., Bromberg, Osterode i. Ostpr., Klaussen, Marggrabowa, Gr. Blandau, Kunigehlen, Trempen, Ballethen, Insterburg, Tilsit, Memel, Schwarzort, Königsberg, Heilsberg, Pillau, Elbing, Trunz, Tolkemit, Marienburg, Dirschau, Carthaus, Danzig, Langfuhr, Putzig, Neustadt, Lauenburg, Kolberg	Bericht über die Thätigkeit des Königlich Preußischen Meteorologischen Instituts, 1892, (1893), Seite 11
30.12.1892	Geburt seines zweiten Sohnes Ulrich Gustav Alexander ; wohnhaft in der Margaretenstraße 2/3, Berlin (teilweise auch Margarethenstraße) bis 1914	Landesarchiv Berlin (Standesamt Berlin III, Nr. 257 Geburtenregister, Archivalienkopie P Rep. 804, Nr. 580), Scan Seite 4
1892	Vertretung der Gesellschaft für Erdkunde bei den Columbus-Feierlichkeiten in Genua (auf dem 1. italienischen Geographentag), in Huelva (auf dem 9. Amerikanisten-Kongress) und in Madrid	Zeitschrift der Gesellschaft für Erdkunde, Sonderband Verhandlungen der Gesellschaft für Erdkunde, 20.1893, Seite 50
06.05.1893	Festsitzung der Gesellschaft für Erdkunde anlässlich des 65-jährigen Bestehens der Gesellschaft	Beilage der Allgemeinen Zeitung, 1893, Nr. 109, Seite 5-6 Verhandlungen der Gesellschaft für Erdkunde, 21.1894, Seite 47
09.06.-02.07.1893	Dienstreise zu den Stationen Weimar, Rudolstadt, Saalfeld, Könitz, Neuhaus a.R., Scheibe, Hanau, Dörnigheim, Frankfurt a.M, Schlossborn, Oberems, Reifenberg, Schmitten, Oberursel, Biebrich, Wiesbaden, Rüdesheim, Alf a. d. M, Trier, Bitburg, Gerolstein, Schneifelforsthaus, Dockweiler, Daun, Manderscheid, Lutzerath, Weilburg, Marburg, Laasphe, Siegen, Köln, Lüdenscheid, Herscheid, Brüninghausen, Rosmart, Heedfeld, Hamm, Helgoland, Meldorf	Bericht über die Thätigkeit des Preußischen Meteorologischen Instituts 1893, (1894), Seite 17
21.08.-24.08.1893	Internationaler Meteorologischer Kongress, Chicago, Illinois Lesung/Vortrag: Contribution to the bibliography of meteorology and terrestrial magnetism in the fifteenth, sixteenth, and seventeenth centuries	Report of the International Meteorological Congress, held at Chicago, Ill., August 21-24, 1893 (1894), Seite 352-394

Datum/Zeitspanne	Private und dienstliche Stationen Hellmanns	Quelle
28.02.1894	Dienstreise nach Chemnitz	Bericht über die Thätigkeit des Preußischen Meteorologischen Instituts 1894, (1895), Seite 10
07.06.-02.07.1894	Dienstreise zu den Stationen Weissenfels, Naumburg, Jena, Koburg, Haigerloch, Empfingen, Heiligenzimmern, Hechingen, Weilheim, Grosselfingen, Thanheim, Burg Hohenzollern, Schlatt, Hausen im Killerthal, Gauselfingen, Gammertingen, Steinhilben, Harthausen, Sigmaringen, Bingen, Langenenslingen, Krauchenwies, Wald (Kloster), Liggersdorf, Ostrach, Siberatsweiler, Bärenthal, Wilfingen, v.d. Heydt-Grube, Merzig, Koblenz	Bericht über die Thätigkeit des Preußischen Meteorologischen Instituts 1894, (1895), Seite 10
05.07.-06.07.1894 12.07.-15.07.1894	Dienstreise zu den Stationen Flensburg, Nebel auf Amrum, Helgoland, Wyk auf Föhr, Zentralstationen in Stuttgart, Karlsruhe, Straßburg	Bericht über die Thätigkeit des Preußischen Meteorologischen Instituts 1894, (1895), Seite 10-11
16.08.-18.08.1894	Congrès de la science de l'atmosphère, Anvers	L'Aéronaute, 28.1894, Nr. 10, Seite 228
1894	Verleihung Roter Adlerorden 4. Klasse aus Anlass der Reorganisation durch Seine Majestät der Kaiser und König	Bericht über die Thätigkeit des Preußischen Meteorologischen Instituts 1894, (1895), Seite 3
1894	Tod der Mutter Johanna Karoline Hellmann, geb. Kutzer (1812-1894)	Fischer, N.: „Hellmann, Gustav" in: Neue Deutsche Biographie 8 (1969), S. 482
17.04.-19.04.1895	11. Deutscher Geographentag, Bremen	The Geographical Journal, 5.1895, Nr. 6, Seite 589-592
10.06.-02.07.1895	Dienstreise zu den Stationen Schreiberhau, Goerbersdorf, Reinerz, Habelschwerdt, Ober-Langenbielau, Ratibor, Löwen, Scheibe, Oberhof, Schmücke, Arnstadt, Seesen, Klausthal, Hildesheim	Bericht über die Thätigkeit des Preußischen Meteorologischen Instituts 1895, (1896), Seite 11-12
Juni 1895	Sitzung der auf dem Bremer Geographentag eingesetzten Deutschen Kommission für die Südpolarforschung (Mitglieder der Subkommission: Hellmann, Neumayer, Drygalski, Lindemann, von den Steinen)	Geographische Zeitschrift, 1.1985, Nr. 2, Seite 128-131
03.03.1896	Sitzung des Zweigvereins der Deutschen Meteorologischen Gesellschaft, Berlin	Berliner Zweigverein der Deutschen Meteorologischen Gesellschaft: Vereinsjahr 1894
01.04.1896	Abteilungsleiter des Königlich Preußischen Meteorologischen Instituts und Stellvertreter des Direktors	GStA PK, Scan Seite 56 + 82
11.05.1896	Dienstreise zur Station Blankenburg bei Berlin	Bericht über die Thätigkeit des Preußischen Meteorologischen Instituts 1896, (1897), Seite 11
09.06.-03.07.1896	Dienstreise zu den Stationen Schönebeck, Giebichenstein, Planena, Kösen, Kamburg, Erfurt, Gotha, Waltershausen, Schnepfenthal, Hersfeld, Hünfeld, Marbach, Herkules bei Kassel, Warburg, Bigge, Alt-Astenberg, Nordenau, Altenhundem, Attendorn, Bergneustadt, Euskirchen, Aachen, Eupen, Ternell, Mützenich, Kalterherberg, Krefeld, Kevelaer, Wesel, Emmerich, Münster i. W., Meppen, Leer, Oldenburg, Bremen	Bericht über die Thätigkeit des Preußischen Meteorologischen Instituts 1896, (1897), Seite 11-12

Datum/Zeitspanne	Private und dienstliche Stationen Hellmanns	Quelle
28.07.-29.07.1896	Dienstreise zu der Station Westerland auf Sylt	Bericht über die Thätigkeit des Preußischen Meteorologischen Instituts 1896, (1897), Seite 12
1896-1897	Mitwirkender der Zeitschrift "Terrestrial magnetism: an international quarterly journal"	Terrestrial magnetism, 1.1896-2.1897
1896-1897	Stellvertretender Vorsitzender der Deutschen Meteorologischen Gesellschaft, Zweigverein Berlin	Berliner Zweigverein der Deutschen Meteorologischen Gesellschaft: Vereinsjahr 1886-1897
16.03.-19.03.1897	Ausstellung seines Buches „Schneekrystalle" auf der "Exhibition of meteorological instruments in use in 1837 and in 1897, held in Commemoration of the diamond jubilee of H.M. the Queen, at the Institution of Civil Engineers, Westminster, March 16th to 19th, 1897"	Quarterly Journal of the Royal Meteorological Society, 23.1897, Nr. 103, Seite 236
15.06.-06.07.1897	Dienstreise zu den Stationen Segeberg, Aachen, Mützenich, Gerolstein, Flensburg, Westerland auf Sylt, Meldorf, Paderborn, Lennep, Niederbreisig, von der Heydt-Grube, Schlüchtern und Nienburg a. W.	Bericht über die Thätigkeit des Preußischen Meteorologischen Instituts 1897, (1898), Seite 13
13.10.-17.10.1897	Konferenz der Vorstände/Direktoren Deutscher Meteorologischer Centralstellen, Berlin (Beirat)	Verhandlungen der Konferenz der Vorstände Deutscher Meteorologischer Centralstellen zu Berlin, 1897
16.10.1897	Verleihung Königlicher Kronenorden 3. Klasse (anlässlich der 50-Jahrfeier des Instituts auf dem Telegraphenberg bei Potsdam, in der Gedenkhalle des Geodätischen Instituts und im Palasthotel Berlin in Anwesenheit der Kaiserlichen Majestäten, der beiden ältesten Prinzen und vieler hoher Würdenträger)	GStA PK, Scan Seite 51 Bericht über die Thätigkeit des Preußischen Meteorologischen Instituts 1897, (1898), Seite 4-5
1897	Ein neuer registrierender Regenmesser, Preis 150 Mark von R. Fuess (Steglitz bei Berlin)	Hellmann, G.: Ein neuer registrirender Regenmesser, 1897
12.04.-14.04.1898	Dienstreise nach Frankfurt a. M. zur Beratung mit dem Direktor des Königlich Bayerischen Zentralinstituts, Dr. Erk	Bericht über die Thätigkeit des Preußischen Meteorologischen Instituts 1898, (1899), Seite 14
14.04.-16.04.1898	8. Allgemeine Versammlung der Deutschen Meteorologischen Gesellschaft in Frankfurt/Main (Vortrag über die Praxis der Beobachtung von Thermometern bei Fensteraufstellung)	Beilage zur Allgemeinen Zeitung, 1898, Nr. 75, Seite 8
09.06.-02.07.1898	Dienstreise zu den Stationen in Inowrazlaw, Kruschwitz, Thorn, Graudenz, Marienwerder, Barlewitz, Marienburg, Elbing, Kahlberg, Königsberg, Steinau, Gumbinen, Memel, Danzig, Schivelbein, Putbus, Schwerin	Bericht über die Thätigkeit des Preußischen Meteorologischen Instituts 1899, (1900), Seite 15

Datum/Zeitspanne	Private und dienstliche Stationen Hellmanns	Quelle
12.06.-02.07.1899	Dienstreise zu den Stationen in Sagan, Schreiberhau, Neue schlesische Baude, Schottwitz, Hundsfeld, Golschwitz, Kattowitz, Friedrich-Erdmanns-Höhe, Ratibor, Neisse, Reinerz, Grunwald, Lewin, Cudowa, Frankenstein, Reichenbach, Kaschbach, Wüste Waltersdorf, Königswalde, Schmiedeberg i. R., Altenburg, Gössnitz, Ranis, Rönitz, Neuhaus a. R., Suhl, Goldlauter, Oberhof, Schmücke, Elgersburg, Ilmenau, Eisenach	Bericht über die Thätigkeit des Preußischen Meteorologischen Instituts 1899, (1900), Seite 18
22.06.1899	Ernennung zum Geheimen Regierungsrat durch Ministerial-Direktor Geheimer Ober-Regierungsrat Dr. Althoff	GStA PK, Scan Seite 28-30+82
24.09.-04.10.1899	7. Internationaler Geographen-Kongress, Berlin (als stellvertretender Vorsitzender und Vize-Präsident der Gesellschaft für Erdkunde, Berlin – Anwesenheit mit Ehefrau)	Hellmann Briefe, ungeordnet, GfE_60_Geb + Septième congrès internationale de géographie, Berlin, 1899, Seite 17
21.10.1899	Verleihung Roter Adlerorden der 4. Klasse	GStA PK, Scan Seite 51
Seit 1899	Mitglied der Studienkommission der Königlichen Kriegsakademie	Bericht über die Tätigkeit des Preußischen Meteorologischen Instituts 1910, (1911), Seite 8
03.04.1900	Commemoration Meeting, London (Jubiläumsfeier der Royal Meteorological Society)	Quarterly Journal of the Royal Meteorological Society, 26.1900, Nr. 115, Seite 174
13.05.1900	Auf Wunsch Hellmanns wird in Gonia und auf dem Eliasberge (innerhalb des Klosterfriedhofs, Griechenland) ein Regenmesser aufgestellt (während einer Ausgrabung)	Hiller von Gaertringen, F., Wilski, P.: Stadtgeschichte von Thera, 1904, Seite 13
11.06.-30.06.1900	Dienstreise zu den Stationen Weimar, Gera, Weida, Lobenstein, Blankenburg a. S., Saalburg, Tanna, Zollgrün, Schleiz, Külmla, Könitz, Mosborn, Bieber-Gassen, Hanau, Niederrader Schleuse, Eltville Rauenthal, Erbach, Rüdesheim, Otzenhausen, Hermeskeil, Denselbach, Dhronecken, Rheinfeld, Zerf, Trarbach, Alf, Münstermaifeld, Polch, Mayen, Oberlahnstein, Lahnhof, Dillenburg, Harzburg, Wernigerode, Tanne, Braunlage, Rübeland	Bericht über die Thätigkeit des Königlich Preußischen Meteorologischen Instituts Im Jahre 1900, (1901), Seite 15
1901-1903	Vorsitzender der Gesellschaft für Erdkunde	Hellmann Briefe, GfE_60_Geb
31.03.1901	Gesellige Vor-Versammlung der Deutschen Meteorologischen Gesellschaft in Stuttgart, Victoriahotel (mit Ehefrauen und u. a. von Bezold, Kremser, Schultheiß, Hergesell, Pertner, Teisserenc de Bort)	Beilage zur Allgemeinen Zeitung, 1901, Nr. 85, Seite 5-7
01.04.-03.04.1901	9. Versammlung der Deutschen Meteorologischen Gesellschaft, Stuttgart (Vortrag: Die meteorologischen Beobachtungen bis zum Ausgang des 17. Jahrhunderts	Beilage zur Allgemeinen Zeitung, 1901, Nr. 85, Seite 5-7

Datum/Zeitspanne	Private und dienstliche Stationen Hellmanns	Quelle
19.06.-03.07.1901	Dienstreise zu folgenden Stationen: Wieda, Sachsa, Karlshafen, Paderborn, Lippspringe, Remscheid, Lennep, Ronsdorf, Barmen, Elberfeld, Kronenberg, Vohwinkel, Solingen, Herzogenrath, Geilenkirchen, Düsseldorf, Kleve, Frosthaus Streepe, Kranenburg, Oberhausen, Hameln, Hildesheim, Harzburg, Molkenhaus, Gr. Rhode, Frellstedt	Bericht über die Thätigkeit des Königlich Preußischen Meteorologischen Instituts Im Jahre 1901, (1902), Seite 16
19.10.1901	Sitzung der Gesellschaft für Erdkunde zu Berlin	Staatsarchiv Basel, PA 212a T 2 VII 37-40, Scan Seite 5
20.11.1901	Tod des Schwiegervaters Johann Karl Ludwig Böger (1826-1901), Kaufmann und Handelsrichter	Fischer, N..: „Hellmann, Gustav" in: Neue Deutsche Biographie 8 (1969), S. 482
20.05.-25.05.1902	3. Versammlung, Internationale Kommission für wissenschaftliche Luftschifffahrt	Höhler, S.: Luftfahrtforschung und Luftfahrtmythos, 2001, Seite 289
17.06.-28.06.1902	Dienstreise zu folgenden Regenstationen: Wunstorf, Bückeburg, Oeyenhausen, Winterberg, Rinteln, Springe, Stadtoldendorf, Holzberg, Schiesshaus, Neuhaus (Preußische und braunschweigische Station), Winnefeld, Nienower, Schönhagen, Dassel, Seesen, Goslar, Wildemann, Klausthal, Buntebock, Lerbach, Arnstadt, Eisfeld, Saargrund, Sigmundsburg, Scheibe, Lauscha, Igelschieb, Schmiedefeld, Probstzella, Pössneck, Giebichenstein	Bericht über die Tätigkeit des Königlich Preußischen Meteorologischen Instituts Im Jahre 1902, (1903), Seite 16
Februar 1903	Sitzung der Gesellschaft für Erdkunde als „großer Tag": Dr. Sven von Hedin war als Vortragender anwesend, „um zum ersten Male außerhalb seines engeren Vaterlandes Bericht zu erstatten..."; Hellmann verlieh von Hedin die Goldene Nachtigall-Medaille.	Deutscher Reichsanzeiger und Königlich Preußischer Staatsanzeiger, 1903, Nr. 34, Seite 6ff
April 1903	Widmet zusammen mit Bitterauf, Darmstaedter, Doeberl, Graf du Moulin Eckart, Jansen u.a. das Werk „Die Hellenisierung des semitischen Monotheismus" von Deißmann als Festgabe zur Vollendung des 60. Lebensjahres Theodor von Heigels	Deutsche Literaturzeitung, 1903, Nr. 16, Seite 975
04.05.1903	Feier des 75-jährigen Bestehens der Gesellschaft für Erdkunde zu Berlin und zeitgleich öffentliche Feier des 70. Geburtstages Ferdinand von Richthofen (im Saal des Zoologischen Gartens, ca. 1150 Teilnehmer mit Ehefrauen)	Zeitschrift der Gesellschaft für Erdkunde, 1903,5
Mai 1903	Erstattete 5 Jahre umfassenden Bericht von dem Entwicklungsgang der geografischen Forschung und der speziellen Tätigkeit der Berliner Geographischen Gesellschaft, gedachte den Verstorbenen, verlieh Goldene Nachtigall-Medaillen, hielt herzliche Ansprache an den Präsidenten von Richthofen und überreichte ihm Akten für eine Ferdinand-von-Richthofen-Stiftung mit einem Kapital von 26000 Mark.	Deutsche Literaturzeitung, 1903, Nr. 21, Seite 1309
21.06.-30.06.1903	Dienstreise zu den Stationen Braunfels, Limburg, Hademar, Dietz, Nassau, Oberlahnstein, Kochem, Trier, Wellen, Hochscheid, Kirschberg, Thiergarten, Rheinböllen, Stromberg, Langenlonsheim, Saalburg	Bericht über die Tätigkeit des Königlich Preußischen Meteorologischen Instituts Im Jahre 1903, (1904), Seite 17

Datum/Zeitspanne	Private und dienstliche Stationen Hellmanns	Quelle
Juni 1903	Aufforderung bzw. Anfrage der Staatsregierung, ob eine Vorhersage von Oder-Hochwassern möglich ist	Die Naturwissenschaften, 12.1924, Nr. 27, Seite 537-543
Juni 1903	14. Deutscher Geographentag, Köln	Geographische Zeitschrift, 9.1903, Nr. 8, Seite 447-461
09.09.-13.09.1903	Tagung Internationales Meteorologisches Komitee, Southport (in Vertretung für von Bezold) (Kommission „zur Zusammenfassung und Erörterung der meteorologischen Beobachtungen unter dem Gesichtspunkte ihrer Beziehungen zur Physik der Sonne" – Solarkommission)	Köppen-Nachlass Nachlass (UB Graz), Brief 653, Seite 1 Internationaler Meteorologischer Kodex, 1911, Seite 50 Bericht über die Tätigkeit des Königlich Preußischen Meteorologischen Instituts Im Jahre 1903, (1904), Seite 18
14.09.1903	Verleihung Komtur-Kreuz 2. Klasse des Königlich Schwedischen Waso-Ordens	GStA PK, Scan Seite 82
Oktober 1903	Hundertjahrfeier des Geburtstages von Heinrich Wilhelm von Dove (1803-1879) in der Gesellschaft für Erdkunde, Berlin	Deutscher Reichsanzeiger und Königlich Preußischer Staatsanzeiger, 1903, Nr. 240, Seite 2
Seit 1903	Mitglied des Internationalen Meteorologischen Komitees	Tetzlaff, G.: 125 Jahre Deutsche Meteorologische Gesellschaft, 2008, Seite 57
April 1904	Sitzung der Deutschen Meteorologischen Gesellschaft	Deutscher Reichsanzeiger und Königlich Preußischer Staatsanzeiger, 1904, Nr. 84, Seite 2
21.05.-24.05.1904	Reise nach Malmö zu H. H. Hildebrandsson (Besprechung über die Grundsätze einer gemeinschaftlichen Bearbeitung des Internationalen Meteorologischen Kodex) Besichtigung der Stationen in Bergen, Putbus, Jarnitz und Samtens auf der Rückreise	Internationaler Meteorologischer Kodex, 1911, Seite VIII Bericht über die Tätigkeit des Preußischen Meteorologischen Instituts 1904, (1905), Seite 17
23.06.-02.07.1904	Dienstreise nach Warmbrunn, Voigtsdorf, Stonsdorf, Schmiedeberg, Silberberg, Neurode, Lauterbach, Leobschütz, Rybnik, Popelau, Kattowitz, Myslowitz, Krakau, Breslau	Bericht über die Tätigkeit des Preußischen Meteorologischen Instituts 1904, (1905), Seite 18
16.08.1904	Nimmt die Wahl zum Ausschuss-Mitglied des Deutschen Museum für Meisterwerke der Naturwissenschaft und Technik an.	Archiv des Deutschen Museums, München (Signatur: VA 0015/3)
18.08.1904	14. Amerikanisten-Kongress, Stuttgart (Teilnehmer und Mitglied im Organisationsteam)	Internationaler Amerikanisten-Kongress, 14. Tagung, Stuttgart 1904
07.09.-22.09.1904	Mitglied des 8. Internationalen Geographen-Kongress, Washington (und abgehalten in Philadelphia, New York, Niagara Falls, Chicago, St. Louis)	Report of the Eighth International Geographic Congress held in the United States 1904 (1905) Seite 31
1904	Das Museum der Meisterwerke der Naturwissenschaft und Technik, München, bittet um 12 von Hellmann signierte Exemplare des „Repertoriums der deutschen Meteorologie".	Archiv des Deutschen Museums, München (Signatur: VA 0015/3)
22.06.-02.07.1905	Dienstreise zu den Stationen Schneegrubenbaude, Heinersdorf, Flinsberg, Forsthaus Kemnitzberg und Leopoldsbaude	Bericht über die Tätigkeit des Preußischen Meteorologischen Instituts 1905, (1906), Seite 18-19

Datum/Zeitspanne	Private und dienstliche Stationen Hellmanns	Quelle
09.09.-15.09.1905	Internationaler Meteorologischer Kongress, Innsbruck (Direktorenkonferenz) – gleichzeitig mit der Internationalen Konferenz für Erdmagnetismus mit Luftelektricität Auf Anregung Hellmanns besichtigte die Kommission einen historisch interessanten Sonnenkompass im Museum Ferdinandeum	Nature, 72.1905, Seite 490-494 Terrestrial magnetism and atmospheric electricity, 10.1905, Nr. 4, Seite 195+201
09.10.1905	Ernennung durch Ministerialbeschluss zum außerordentlichen Professor (auf Vorschlag von Erman (Dekan) und Planck (Prodekan), da von Bezold im 69. Lebensjahr „seit Monaten nicht unwesentlich an Arbeitskraft eingebüßt" hat). Unbesoldete (!) außerordentliche Professur – „kein Anspruch auf Gehalt oder sonstige Vergütung"	GStA PK, Scan Seite 56+117+130 Bericht über die Tätigkeit des Preußischen Meteorologischen Instituts 1905, (1906), Seite 6
16.10.1905	Verleihung Roter Adlerorden 3. Klasse mit Schleife (zur Einweihung des Aeronautischen Observatoriums bei Lindenberg) durch Seine Majestät der Kaiser und König	GStA PK, Scan Seite 51+82
29.10.1905	Ansprache auf der Gedächtnisfeier für Ferdinand Freiherr von Richthofen (1833-1905) im Saal der Sing-Akademie	Zeitschrift der Gesellschaft für Erdkunde, 1905, Nr. 9, Seite 678-681
November 1905	Sitzung der Gesellschaft für Erdkunde	Deutscher Reichs-Anzeiger und Königlich Preußischer Staatsanzeiger, 1905, Nr. 262, Seite 3
Januar 1906 bis mind. 1924	Mitglied im Montagsclub (auch Montags-Klub)	R. Sydow: Der Montagsclub in Berlin in den Jahren 1899 bis 1924, Berlin [1924], Seite 22
März 1906	Ernennung zum Ehrenmitglied in der Royal Meteorological Society, London	Deutsche Literaturzeitung, 1906, Nr. 12, Seite 758
12.06.-17.06.1906	Dienstreise zu den Stationen Lehesten, Rodacherbrunn, Titschendorf, Sonneberg, Augustenthal, Rossach, Hildburghausen, Zollbrück, Schleusingen, Stützerbach, Gschwenda, Oberhof	Bericht über die Tätigkeit des Preußischen Meteorologischen Instituts 1906 (1907), Seite 18
15.12.1906	Jubiläums-Festversammlung (Jubelfeier 50 Jahre) der K.K. Geographischen Gesellschaft, Wien (Ernennung zum Ehrenmitglied der K.K. Geographischen Gesellschaft)	Mitteilungen der K.K. Geographischen Gesellschaft Wien, 50.1907, Seite 71-73 + Die Zeit (Wien), 1906, Nr. 1520, Seite 6
1906, Sommersemester	Vorlesungen: Einleitung in die Meteorologie (Instrumente, Beobachtungen, Geschichte) (Montag + Donnerstag, 11-12 Uhr) Klimatologische Übungen (Mittwochs, 11-12 Uhr, privatissime und unentgeltlich)	Vorlesungsverzeichnisse Königliche Friedrich-Wilhelms-Universität

Datum/Zeitspanne	Private und dienstliche Stationen Hellmanns	Quelle
1906/07, Wintersemester	Vorlesungen: Allgemeine Klimatologie (Montag + Donnerstag, 11-12 Uhr, privatim) Erdmagnetismus in geschichtlicher Entwicklung (Mittwoch, 11-12 Uhr, öffentlich) Max Robitzsch hörte seine Klimatologie-Vorlesungen, die „die durch Alexander von Humboldt angeregte Arbeitsweise" beinhalteten	Vorlesungsverzeichnisse Königliche Friedrich-Wilhelms-Universität Steinhagen, H.: Max Robitzsch: Polarforscher und Meteorologe, 2008, Seite 26-27
18.01.1907	Verleihung Königlicher Kronenorden 2. Klasse durch Seine Majestät des Kaisers und Königs am Ordens- und Krönungsfest	GStA PK, Scan Seite 46-47 Bericht über die Tätigkeit des Preußischen Meteorologischen Instituts 1907, (1908), Seite 7-8
März 1907	Sitzung der Gesellschaft für Erdkunde mit Besuch Seiner Majestät des Kaisers und Königs, Vortrag des Kapitäns Roald Amundsen über seine Forschungsreisen. Verleihung des Kronenordens 1. Klasse durch den Kaiser und König und Goldene Nachtigall-Medaille durch Hellmann an Amundsen	Deutscher Reichsanzeiger und Königlich Preußischer Staatsanzeiger, 1907, Nr. 57, Seite 2ff
März 1907	Erhält zusammen mit Adolf Sprung (Vorsteher des Meteorologisch-Magnetischen Observatoriums) und Richard Assmann (Direktor des Aeronautischen Observatoriums) das Vorkaufsrecht für die Privatbibliothek des am 17.02.1907 verstorbenen ehemaligen Direktors Wilhelm von Bezold	Landesarchiv Berlin, Nachlass-Sachen A. Rep. 48-04-03, Nr. 331 („Akten betreffend die Verfügung von Todes wegen v. Bezold", Amtsgericht Berlin-Schöneberg)
Ab 21.05.1907	Dienstreise nach Schierke und Observatorium auf dem Brocken, um mit der Fürstlich Stolberg-Wenigerödischen Kammer über einen Neubau des Brockenobservatoriums zu besprechen. Besichtigung weiterer Stationen in Hasserode, Hohne, Benneckenstein, Hohegeiß	Bericht über die Tätigkeit des Preußischen Meteorologischen Instituts 1907, (1908), Seite 40
21.06.1907	Gedächtnisrede auf Wilhelm von Bezold in der gemeinsamen Sitzung der Deutschen Physikalischen Gesellschaft, der Deutschen Meteorologischen Gesellschaft und des Berliner Vereins für Luftschiffahrt	Verhandlungen der Deutschen Physikalischen Gesellschaft, 1907, Seite 258-288
23.07.1907	Erneute Dienstreise zum Brockenobservatorium	Bericht über die Tätigkeit des Preußischen Meteorologischen Instituts 1907, (1908), Seite 40
10.09.-12.09.1907	Tagung Internationales Meteorologisches Komitee, Paris (dort Ernennung zum Mitglied in der International Réseau Mondial Commission, mit u. a. Hergesell, Teisserenc de Bort, Hildebrandsson, Shaw...)	Procès-verbaux des séances du Comité Météorologique International, Réunion de Paris, 1907 Report of the Ninth Meeting of the International Meteorological Committee, 1910 (1912), Seite 140
01.10.1907	**Ernennung zum Ordentlichen Professor der Philosophischen Fakultät der Friedrich-Wilhelms-Universität, Berlin und Institutsdirektor, Einkommen: jährlich 5200 Mark + jährlich 900 Mark + 4500 Mark Remuneration als Direktor**	**GStA PK, Scan Seite 82, 179-180**
23.11.1907	Verhandlungen mit der Direktion der Kaiserlich Deutschen Seewarte in Hamburg wegen Einführung einheitlicher Beobachtungsstunden	Bericht über die Tätigkeit des Preußischen Meteorologischen Instituts 1907, (1908), Seite 7

Datum/Zeitspanne	Private und dienstliche Stationen Hellmanns	Quelle
1907-1914	Ernennung zum Sekretär des Internationalen Meteorologischen Komitees durch H. H. Hildebrandsson	Quarterly Journal of the Royal Meteorological Society, 65.1939, Nr. 280, Seite 283
1907-1922	**Direktor des Preußischen Meteorologischen Instituts, Berlin** Erster Vorsitzender der Deutschen Meteorologischen Gesellschaft	GStA PK, Scan Seite 66
1907, Sommersemester	Kolloquium unter Vorsitz Hellmanns (Besprechung der neuesten Veröffentlichungen aus den Gebieten der Meteorologie und Erdmagnetismus)	Bericht über die Tätigkeit des Preußischen Meteorologischen Instituts 1907, (1908), Seite 52
1907/08, Wintersemester	Vorlesungen: Meteorologie, 2. Teil: Allgemeine Meteorologie (Montag und Donnerstag, 11-12 Uhr, privat) Klimatologische Übungen für Geübtere (Mittwoch 11-12 Uhr, pg.) Meteorologisches Colloquium (Mittwoch 12-13 Uhr, pg.)	Vorlesungsverzeichnisse Königliche Friedrich-Wilhelms-Universität
19.01.1908	Verleihung Komturkreuz des großherzoglich Mecklenburgisch-Schwerinischen Greifenordens	GStA PK, Scan Seite 82
16.03.1908	Beratungen der Sachverständigen-Kommission für den Reichswetterdienst in Berlin	Bericht über die Tätigkeit des Preußischen Meteorologischen Instituts 1908, (1909), Seite 8
März 1908	Märzsitzung der Royal Meteorological Society, London, mit dem Vortrag "The dawn of meteorology"	Quarterly Journal of the Royal Meteorological Society, 65.1939, Nr. 280, Seite 282
12.06.-15.06.1908	Dienstreise zum Observatorium Schneekoppe und Stationen Eichberg, Forstbauden, Wolfshau, Krietern bei Breslau	Bericht über die Tätigkeit des Preußischen Meteorologischen Instituts 1908, (1909), Seite 41
27.07.-06.08.1908	9. Internationaler Geographen-Kongress, Genf (als Vorsitzender der Sektion Meteorologie, Klimatologie und Erdmagnetismus und Vortrag „Über die extremen Schwankungen des Regenfalls")	Quarterly Journal of the Royal Meteorological Society, 1908, Seite 270 + Compte-rendu des travaux du congrès, 2.1910, Seite 444-454
28.09.-30.09.1908	25-jähriges Jubiläum Deutsche Meteorologische Gesellschaft, Hamburg und gleichzeitig 11. Allgemeine Versammlung der DMG (im Physikalischen Staatslaboratorium, Ehrengast: Teisserenc de Bort)	Quarterly Journal of the Royal Meteorological Society, 35.1909, Nr. 149, Seite 1-6 Tetzlaff, G.: 125 Jahre Deutsche Meteorologische Gesellschaft, 2008, Seite 58
01.10.1908	Tagung der Sachverständigen-Kommission des Reichswetterdienstes in Hamburg im Anschluss an die Tagung der DMG	Bericht über die Tätigkeit des Preußischen Meteorologischen Instituts 1908, (1909), Seite 9
09.11.1908	Allgemeine Sitzung der Gesellschaft für Erdkunde, Neuwahl des Vorstandes: Hellmann Stellvertretender Vorsitzender	Deutsche Rundschau für Geographie und Statistik, 31.1909, Seite 190
Seit 13.11.1908	Korrespondierendes Mitglied der Societé de Géographie, Genf	Le Globe, 49.1910, Seite 6
1908	Unter Hellmanns Vorsitz in der Gesellschaft für Erdkunde dürfen von nun an „Damen als Mitglieder" der Gesellschaft beitreten	Leipziger Tageblatt, 102.1908, Nr. 333

Datum/Zeitspanne	Private und dienstliche Stationen Hellmanns	Quelle
1908	Findet im Wiener Kunsthistorischen Museum eine zweite Taschensonnenuhr aus dem Jahr 1463, als „weiteren Beweis dafür, daß die magnetische Deklination schon vor Christoph Columbus bekannt war"	Meteorologische Zeitschrift, 1908, Seite 369 Globus, 94.1908
1908	Preisausschreiben der Deutschen Meteorologischen Gesellschaft in Höhe von 3000 Mark „für die beste Bearbeitung der bei den internationalen Aufstiegen gewonnenen meteorologischen Beobachtungen" Bewerbungen bis 31.12.1911 an Hellmann	Globus, 94.1908
1908	Erhält auf seine Bitten von der Holländischen Gesellschaft der Wissenschaften eine 12-bändige Sammlung von Christiaan Huygens (1629-1695) als Geschenk für die Institutsbibliothek	Bericht über die Tätigkeit des Preußischen Meteorologischen Instituts 1908, (1909), Seite 23
1908, Sommersemester	Vorlesungen: Theoretische Meteorologie (Montag und Donnerstag, 11-12 Uhr, privat) Meteorologisches Colloquium (Mittwoch 12-13 Uhr, pg.) Meteorologisches Praktikum (Sonntag, 12-14 Uhr, prss)	Vorlesungsverzeichnisse Königliche Friedrich-Wilhelms-Universität
1908/09, Wintersemester	Vorlesungen: Allgemeine Klimatologie (Montag und Donnerstag, 11-12 Uhr, privat) Meteorologisches Colloquium (Mittwoch, 12-13 Uhr, pg.) Sprechstunde von 13-14 Uhr im Meteorologischen Institut	Vorlesungsverzeichnisse Königliche Friedrich-Wilhelms-Universität
01.03.1909	Wetterdienstkonferenz im Preußischen Landwirtschaftsministerium	Bericht über die Tätigkeit des Preußischen Meteorologischen Instituts 1909, (1910), Seite 25
23.03.1909	Widmet seine „Untersuchungen über die Schwankungen der Niederschläge" Julius Hann zum 70. Geburtstag in Freundschaft und Verehrung	G. Hellmann: Untersuchungen über die Schwankungen der Niederschläge, 1909, Seite 5
02.04.-08.04.1909	Dienstreise zur Wetterwarte der Magdeburger Zeitung, Göttingen, Bochum, Bremen, Oldenburg	Bericht über die Tätigkeit des Preußischen Meteorologischen Instituts 1909, (1910), Seite 38
08.05.1909	Tod seines Sohnes Heinrich, Student der Mathematik und Physik (starb in der „Ungerschen Privatklinik, Derfflingerstr. 21, Berlin)	Landesarchiv Berlin, Sterberegister
11.05.1909	Beerdigung seines 19-jährigen Sohnes Heinrich (auch Heinz genannt)	Evangelischer Friedhofsverband, Berlin
08.09.-18.09.1909	Dienstreise zum Dänischen Meteorologischen Institut, Kopenhagen	Bericht über die Tätigkeit des Preußischen Meteorologischen Instituts 1909, (1910), Seite 43
06.10.1909	Dienstreise nach Rudolstadt und Ilmenau	Bericht über die Tätigkeit des Preußischen Meteorologischen Instituts 1909, (1910), Seite 43
1909	Karl Häberlein dankt Hellmann „für die gütige Bereitwilligkeit, mit der er mich durch den Nachweis wertvoller Literatur in dieser Arbeit [Trauertrachten und Trauerbräuche auf der Insel Föhr] unterstützt hat".	Zeitschrift des Vereins für Volkskunde, 19.1909, Seite 261

Datum/Zeitspanne	Private und dienstliche Stationen Hellmanns	Quelle
1909	Ehrenmitglied der Royal Scottish Geographical Society	Royal Scottish Geographical Society (RSGS)
1909	Kauft 230 Broschüren und Sonderdrucke aus dem Nachlass von Professor Adolf Sprung (1848-1909) für die meteorologische Institutsbibliothek an (Bestand derzeit ca. 6200 Medien)	Bericht über die Tätigkeit des Preußischen Meteorologischen Instituts 1909, (1910), Seite 27
1909-1938	Korrespondierendes Mitglied der Société de Géographie de Geneve	Le Globe: Revue genevoise de géographie, 48.1909-77.1938
1909, Sommersemester	Vorlesungen: Theorie und Gebrauch der meteorologischen Instrumente (2 Stunden) Klimatologische Übungen (1 Stunde, kostenlos) Meteorologisches Colloquium (1 Stunde, kostenlos) Jeden Mittwoch Kolloquium für wissenschaftliche Beamte des Instituts und ältere Studierende unter Vorsitz Hellmanns (Besprechung der neuesten Veröffentlichungen aus den Gebieten der Meteorologie und Erdmagnetismus). Jeden Dienstag fand dieses Kolloquium für die wissenschaftlichen Beamten des Potsdamer Observatoriums statt.	Deutsche Literaturzeitung, 1909, Nr. 10, Seite 634 Bericht über die Tätigkeit des Preußischen Meteorologischen Instituts 1909, (1910), Seite 51
1909/10, Wintersemester	Vorlesungen: Allgemeine Meteorologie (Montag und Donnerstag, 11-12 Uhr, privat) Erdmagnetismus in geschichtlicher Entwicklung (Mittwoch, 11-12 Uhr, öffentlich) Meteorologisches Colloquium für Vorgerücktere (Mittwoch, 12-13 Uhr, pg., gratis) Sprechstunde, 13-14 Uhr im Meteorologischen Institut	Deutsche Literaturzeitung, 1909, Nr. 33, Seite 2098 Vorlesungsverzeichnisse Königliche Friedrich-Wilhelms-Universität
Mai 1910	Dienstreise zu den Stationen Dessau, Sondershausen, Arolsen, Detmold, Halle, Hartröhren, Donoperteich, Hannover, Hildesheim	Bericht über die Tätigkeit des Preußischen Meteorologischen Instituts 1910, (1911), Seite 39
04.07.1910	Dienstreise nach Görlitz, Radmeritz, Jagdschloß und Muskau	Bericht über die Tätigkeit des Preußischen Meteorologischen Instituts 1910, (1911), Seite 43
22.07.1910	Übergibt dem Deutschen Museum der Meisterwerke der Naturwissenschaft und Technik, München, eine Sammlung von 15 meteorologischen Instrumenten, für den Aufbau einer meteorologischen Sammlung im Museum	Archiv des Deutschen Museums, München (Signatur: VA 1825/2)
26.09.-29.09.1910	Versammlung 9. Internationales Meteorologisches Komitee, Berlin im Preußischen Meteorologischen Institut auf Einladung Hellmanns	Quarterly Journal of the Royal Meteorological Society, 36.1910, Nr. 156, Seite 375
15.10.1910	Verleihung Königlicher Roter Adlerorden 2. Klasse mit Eichenlaub und Komturkreuz 2. Klasse des Königlich Sächsischen Albrecht-Ordens (zur Hundertjahrfeier der Kriegsakademie)	GStA PK, Scan Seite 82 Bericht über die Tätigkeit des Preußischen Meteorologischen Instituts 1910, (1911), Seite 8 Petermanns geographische Mitteilungen, 1910, II, Seite 145

Datum/Zeitspanne	Private und dienstliche Stationen Hellmanns	Quelle
1910	Korrespondierendes Mitglied der Kaiserlich Russischen Geographischen Gesellschaft in St. Petersburg	Petermanns geographische Mitteilungen, 1910, II, Seite 262
1910	Versammlung der Kommission für Erdmagnetismus und Atmosphärische Elektrizität, Berlin	Terrestrial Magnetism and Atmospheric Electricity, 15.1910, Nr. 4, Seite 177-180
1910, Sommersemester	Jeden Mittwoch Kolloquium für wissenschaftliche Beamte des Instituts und ältere Studierende unter Vorsitz Hellmanns (Besprechung der neuesten Veröffentlichungen aus den Gebieten der Meteorologie und Erdmagnetismus). Jeden Dienstag fand dieses Kolloquium für die wissenschaftlichen Beamten des Potsdamer Observatoriums statt.	Bericht über die Tätigkeit des Preußischen Meteorologischen Instituts 1910, (1911), Seite 55
1910/11, Wintersemester	Vorlesungen: Allgemeine Klimatologie (2 Stunden) Meteorologisches Colloquium (1 Stunde, gratis) Meteorologische Arbeiten, Vorgeschrittene (täglich, gratis)	Deutsche Literaturzeitung, 1910
Januar 1911	Dienstreise nach Breslau	Bericht über die Tätigkeit des Preußischen Meteorologischen Instituts 1911, (1912), Seite 36
06.07.1911	**Ordentliches Mitglied der Akademie der Wissenschaften, Berlin: „A. Penck verliest den von M. Planck, H. Struve, W. Nernst, H. Rubens und W. v. Branca mitunterzeichneten Wahlvorschlag für G. Hellmann zum OM in eine freie Stelle"**	**F. Künzel: Nachweise zum Wirken Max Plancks [2007] Seite 33**
	„Nach Verlesen des Wahlvorschlages wählt das Plenum G. Hellmann zum OM." (Im Wechsel zwischen Ordentlichen und Auswärtigen Mitglied, auf Grund des Wohnsitzwechsels zwischen Berlin und Meran)	F. Künzel: Nachweise zum Wirken Max Plancks [2007] Seite 34 Berlin-Brandenburgische Akademie der Wissenschaften
09.11.1911-28.10.1937	Preisausschreiben der Deutschen Meteorologischen Gesellschaft in Höhe von 1000 Mark „für einen kurzen allgemein verständlichen Leitfaden der Meteorologie mit besonderer Berücksichtigung auf den deutschen Reichswetterdienst", Bewerbungen bis 31.12.1912 an G. Hellmann	Deutsche Literaturzeitung, 1911, Nr. 46, Seite 2940
1911, November	Besichtigung der Stationen Helgoland und Wyk auf der Hinreise und Flensburg und Kiel auf der Rückreise eines kurzen Urlaubs auf Sylt. Nutzte zudem seinen Urlaub für eine Studie über das Strandklima	Bericht über die Tätigkeit des Preußischen Meteorologischen Instituts 1911, (1912), Seite 41
1911	Verleihung Kommandeur-Kreuz 1. Klasse des Norwegischen Ordens des heiligen Olaf durch Seine Majestät dem König von Norwegen	Bericht über die Tätigkeit des Preußischen Meteorologischen Instituts 1911, (1912), Seite 9
1911	Internationales Meteorologisches Komitee, Kommission für Wettertelegraphie	Nature, 1912, Seite 108
1911	12. Allgemeine Versammlung der Deutschen Meteorologischen Gesellschaft, München	Petermanns geographische Mitteilungen, 58.1912, Seite 289

Datum/Zeitspanne	Private und dienstliche Stationen Hellmanns	Quelle
1911-1918	Mitglied im Kuratorium der Zentralstelle für Balneologie	Veröffentlichungen der Zentralstelle für Balneologie, 1.1911/12-3.1916/19
1911, Sommersemester	Jeden Mittwoch Kolloquium für wissenschaftliche Beamte des Instituts und ältere Studierende unter Vorsitz Hellmanns (Besprechung der neuesten Veröffentlichungen aus den Gebieten der Meteorologie und Erdmagnetismus). Jeden Dienstag fand dieses Kolloquium für die wissenschaftlichen Beamten des Potsdamer Observatoriums statt.	Bericht über die Tätigkeit des Preußischen Meteorologischen Instituts 1911, (1912), Seite 56
15.03.1912	Dienstreise zu den Stationen in Frankfurt/Oder und Cottbus	Bericht über die Tätigkeit des Preußischen Meteorologischen Instituts im Jahre 1912, (1913), Seite 38
Juni + Juli 1912	Dienstreise zum Observatorium auf dem Brocken und zum Funkenspruchturm bei Nauen	Bericht über die Tätigkeit des Preußischen Meteorologischen Instituts im Jahre 1912, (1913), Seite 45
04.07.1912	**Antrittsrede als ordentliches Mitglied der Preußischen Akademie der Wissenschaften (und Antwort Max Plancks, am „Leibniztag")**	**Sitzungsberichte, 1912, Seite 596-601**
02.09.-03.09.1912	1. Tagung der Strahlungskommission des Internationalen Meteorologischen Komitees, Rapperswyl (bei Zürich)	Bericht über die erste Tagung der Strahlungskommission des Internationalen Meteorologischen Komitees, 1912
Oktober 1912	Delegierter auf der „Conférence internationale de l'heure", Paris	Conférence internationale de l'heure, Paris, Octobre 1912, Seite 4
Seit 02.12.1912	Ordentliches Mitglied der Leibniz-Sozietät der Wissenschaften zu Berlin e. V.	Leibniz-Sozietät der Wissenschaften zu Berlin e.V.: Geschichte der Meteorologie in Brandenburg und Berlin, 2016, Seite 3
1912	Mitglied in der Sachverständigenkommission der Berliner Königlichen Museen, speziell bei der Ethnologischen Abteilung des Museums für Völkerkunde (später Ehrenmitglied)	Petermanns geographische Mitteilungen, 1912, I, Seite 275
1912	Anbringung von Registrieranemometern in Nauen mit der Gesellschaft Telefunken Funkstation (Anemometerversuchsfeld)	Die Naturwissenschaften, 12.1924, Nr. 27, Seite 537-543
1912/13	Neubau des Observatoriums auf dem Brocken unter Direktorat Hellmanns	Annalen der Meteorologie, 7.1955/56, Seite 1-7
1912/13	Aufgrund der Befürwortung von Penck und Hellmann für eine weitere Grönland-Expedition erhielt Alfred Wegener von der Akademie der Wissenschaften, Berlin, dem Reichsamt des Innern und des Preußischen Kultusministeriums einen Kostenbeitrag in Höhe von 15100 Mark	Reinke-Kunze, C.: Alfred Wegener, 1994, Seite 74

Datum/Zeitspanne	Private und dienstliche Stationen Hellmanns	Quelle
1912, Sommersemester	Jeden Mittwoch Kolloquium für wissenschaftliche Beamte des Instituts und ältere Studierende unter Vorsitz Hellmanns (Besprechung der neuesten Veröffentlichungen aus den Gebieten der Meteorologie und Erdmagnetismus) Jeden Dienstag fand dieses Kolloquium für die wissenschaftlichen Beamten des Potsdamer Observatoriums statt.	Bericht über die Tätigkeit des Preußischen Meteorologischen Instituts im Jahre 1912, (1913), Seite 52
Februar 1913	Sitzung der Gesellschaft für Erdkunde mit Begrüßung der Herren Wilhelm Filchner und Sven von Hedin	Deutscher Reichsanzeiger und Königlich Preußischer Staatsanzeiger, 1913, Nr. 38, Seite 2
01.04.1913	Gehaltszulage von jährlich 800 Mark	GStA PK, Scan Seite 184
07.04.-12.04.1913	Tagung 10. Internationales Meteorologisches Komitee, Rom	International Meteorological Committee: report of the tenth meeting, Rome, 1913 (1914)
Mai 1913	Festsitzung der Gesellschaft für Erdkunde anlässlich ihres 85-jährigen Bestehens im Marmorsaal des Zoologischen Gartens. Verleihungen der Goldenen (u.a. an Herzog Adolf Friedrich zu Mecklenburg) und Silbernen (u.a. an Hauptmann von Wiese und Kaiserswaldau) Nachtigall-Medaillen, der Karl Ritter-Medaille (u.a. an de Quervain und Kohlschütter) und der Goldenen Georg Neumayer-Medaille (Prof. Dr. Louis A. Bauer, Washington).	Deutscher Reichsanzeiger und Königlich Preußischer Staatsanzeiger, 1913, Nr. 106, Seite 2ff
Juni 1913	Plötzlich auftretende Entzündung der rechten Ohrmuschel in Folge einer Infektion	Sammlung Darmstaedter, F1f1879, Scan Seite 53+54
09.07.1913	Verleihung Alphons XII. Orden, Klasse 2a (Komturkreuz mit dem Stern des spanischen Ordens Alphons XII) durch Seine Majestät der König von Spanien	GStA PK, Scan Seite 82 Bericht über die Tätigkeit des Preußischen Meteorologischen Instituts im Jahre 1913, (1914), Seite 10
Juli + September 1913	Dienstreise zum Observatorium auf dem Brocken und Funkenspruchturm bei Nauen	Bericht über die Tätigkeit des Preußischen Meteorologischen Instituts im Jahre 1913, (1914), Seite 52
Dezember 1913	Sitzung der Gesellschaft für Erdkunde, Begrüßung der Herren Kapitän Koch (Kopenhagen) und Dr. Alfred Wegener. Mit „wärmsten Worten und höchster Anerkennung ihrer Leistungen" überreichte Hellmann beiden Forschern die Karl-Ritter-Medaille	Deutscher Reichsanzeiger und Königlich Preußischer Staatsanzeiger, 1913, Nr. 292, Seite 2
1913	10. Internationaler Geographen-Kongress, Rom (im Ehrenausschuss)	Atti del X congresso internazionale di geografia, 1915, Part 1, Seite XXV
1913	Senator der Philosophischen Fakultät der Friedrich-Wilhelms-Universität	Rektorwechsel an der Friedrich-Wilhelms-Universität am 15. Oktober 1913
1913	Für den Neubau (1914) des ersten Magnetischen Observatoriums in Swider (bei Warschau) werden die dafür benötigten Instrumente dank Hellmann und A. Schmidt vorab in Potsdam getestet	Terrestrial Magnetism and Atmospheric Electricity, 18.1913, Nr. 4, Seite 200

Datum/Zeitspanne	Private und dienstliche Stationen Hellmanns	Quelle
1913, Sommersemester	Jeden Mittwoch Kolloquium für wissenschaftliche Beamte des Instituts und ältere Studierende unter Vorsitz Hellmanns (Besprechung der neuesten Veröffentlichungen aus den Gebieten der Meteorologie und Erdmagnetismus). Jeden Dienstag fand dieses Kolloquium für die wissenschaftlichen Beamten des Potsdamer Observatoriums statt.	Bericht über die Tätigkeit des Preußischen Meteorologischen Instituts im Jahre 1913, (1914), Seite 60
05.03.1914	Beratende Zusammenkunft mit dem Dezernenten der Domänenverwaltung für Weinbau (Wiesbaden) zur Errichtung einer meteorologischen Station II. Ordnung in Aßmannshausen. Im Anschluss Dienstreise nach Frankfurt a. M. und Kleinem Feldberg im Taunus.	Bericht über die Tätigkeit des Preußischen Meteorologischen Instituts im Jahre 1914, (1915), Seite 37
12.03.1914	Wetterdienst-Konferenz im Landwirtschafts-Ministerium	Bericht über die Tätigkeit des Preußischen Meteorologischen Instituts im Jahre 1914, (1915), Seite 25
März 1914	Bildung eines „Vereins der Freunde der Königl. Bibliothek zu Berlin" (Vorsitzender: Prof. Dr. Darmstaedter, Vorstand: Hellmann, von Mendelssohn, Schmidt ...)	Deutsche Literaturzeitung, 1914, Nr. 11, Seite 659
06.06.-13.06.1914	Dienstreise zu den Stationen Dahme, Herzberg, Sieber, Schluft und St. Andreasberg	Bericht über die Tätigkeit des Preußischen Meteorologischen Instituts im Jahre 1914, (1915), Seite 39
27.06.-30.06.1914	Dienstreise nach Warsow, Naugard, Kolberg, Schivelbein und Pammin	Bericht über die Tätigkeit des Preußischen Meteorologischen Instituts im Jahre 1914, (1915), Seite 45
10.10.1914	Gedenkt in der Gesellschaft für Erdkunde „des hohen Ernstes dieser Tage, in denen Deutschland gegen eine Welt in Waffen steht…", sendet an Exzellenz Beseler, „Bezwinger von Antwerpen", Glückwunsch-Telegramm, nennt die Gefallenen	Reichs-Anzeiger, 1914, Nr. 248, Seite 2
23.10.1914	„An die Kulturwelt: ein Aufruf" – Erklärung der Hochschullehrer des Deutschen Reiches	u.a. in: Calder, W.M.: Wilamowitz nach 50 Jahren, 1985, Seite 717-718
1914	Errichtete Observatorium am Strande des Ostseebades Kolberg	Annalen der Meteorologie, 7.1955/56, Seite 1-7
1914, Sommersemester	Jeden Mittwoch Kolloquium für wissenschaftliche Beamte des Instituts und ältere Studierende unter Vorsitz Hellmanns (Besprechung der neuesten Veröffentlichungen aus den Gebieten der Meteorologie und Erdmagnetismus). Jeden Dienstag fand dieses Kolloquium für die wissenschaftlichen Beamten des Potsdamer Observatoriums statt.	Bericht über die Tätigkeit des Preußischen Meteorologischen Instituts im Jahre 1914, (1915), Seite 53
Januar 1915	Infolge einer Erkrankung genötigt, dem Dienst fern zubleiben	Bericht über die Tätigkeit des Preußischen Meteorologischen Instituts im Jahre 1915, (1916), Seite 6
10.05.-12.05.1915	Dienstreise nach Halle und Observatorium Leipzig	Bericht über die Tätigkeit des Preußischen Meteorologischen Instituts im Jahre 1915, (1916), Seite 30

Datum/Zeitspanne	Private und dienstliche Stationen Hellmanns	Quelle
27.05.-30.05.1915	Dienstreise zu den Stationen Eigenrieden, Schnepfenthal, Großtabarz, Stadtilm, Friedrichroda, Tambach, Crawinkel	Bericht über die Tätigkeit des Preußischen Meteorologischen Instituts im Jahre 1915, (1916), Seite 32
Juni 1915	Dienstreise zu den Observatorien auf dem Brocken und der Schneekoppe	Bericht über die Tätigkeit des Preußischen Meteorologischen Instituts im Jahre 1915, (1916), Seite 33
03.08.1915	Dekan der Friedrich-Wilhelms-Universität, Berlin	GStA PK, Scan Seite 104
September 1915	Dienstreise zu den Observatorien auf dem Brocken und der Schneekoppe	Bericht über die Tätigkeit des Preußischen Meteorologischen Instituts im Jahre 1915, (1916), Seite 33
09.10.1915	Sitzung der Gesellschaft für Erdkunde: „Die Präsidenten der geographischen Gesellschaften der uns feindlichen Länder haben die Sitzungen ihrer Korporationen benutzt, um Deutschland zu verunglimpfen, Geheimrat Hellmann erklärte, es läge ihm fern, diesem Beispiele zu folgen …". Trotz des Krieges ist es gelungen, alle Sitzungen abzuhalten sowie die Zeitschrift regelmäßig erscheinen zu lassen.	Deutscher Reichsanzeiger und Königlich Preußischer Staatsanzeiger, 1915, Nr. 241, Seite 3
1915	Besichtigte während seines kurzen Sommerurlaubs im Riesengebirge die Stationen Görlitz, Arnsdorf, Schreiberhau, Hirschberg, Warmbrunn, Jakobsthal, Karlsthal und Hoffnungsthal	Bericht über die Tätigkeit des Preußischen Meteorologischen Instituts im Jahre 1915, (1916), Seite 34
02.03.1916	Sitzung der mathematisch-naturwissenschaftlichen Klasse der Königlich Preußischen Akademie der Wissenschaften	Naturwissenschaften, 1916, Nr. 12, Seite 161
15.04.1916	Konferenz der Leiter deutscher meteorologischer Beobachtungsnetze in Frankfurt a. M. aufgrund der „plötzlichen Einführung der Sommerzeit" (Schwierigkeiten in der Einhaltung der Beobachtungstermine um 7, 14, 21 Uhr)	Bericht über die Tätigkeit des Preußischen Meteorologischen Instituts im Jahre 1916, (1917), Seite 5+12
31.05.1916	Bitte von E. Obst um Unterstützung zur Erforschung des Klimas im osmanischen Reich (Rat, Empfehlungen und die Möglichkeit, Gelehrte/Angestellte des Meteorologischen Instituts nach Konstantinopel abzukommandieren. Ziel: Einarbeitung in die Klimatologie des Orients). Hellmann stimmt zu.	Sammlung Darmstaedter, 2019-09-24, Obst, Scan Seite 1
1916	Beschwerdebrief als Mitglied des „Conseil permanent" gegen den XIX. Internationalen Amerikanisten-Kongress in Washington	Zeitschrift für Ethnologie, 48.1916, Seite 109-110
1916	„Hellmannsche Institutsbibliothek" besitzt „als Fachbibliothek für Meteorologie und Erdmagnetismus bereits einen hohen Grad von Vollständigkeit"	Bericht über die Tätigkeit des Preußischen Meteorologischen Instituts im Jahre 1916, (1917), Seite 18
1916	Dienstreise zu den Stationen Neustrelitz, Neu Brandenburg, Stettin, Cottbus, Torgau, Roßlau, Zerbst und in Bauangelegenheiten das Observatorium auf dem Brocken	Bericht über die Tätigkeit des Preußischen Meteorologischen Instituts im Jahre 1916, (1917), Seite 24

Datum/Zeitspanne	Private und dienstliche Stationen Hellmanns	Quelle
22.02.1917	Sitzung der mathematisch-naturwissenschaftlichen Klasse der Königlich Preußischen Akademie der Wissenschaften	Naturwissenschaften, 1917, Seite 208
06.03.1917	Sitzung Deutsche Meteorologische Gesellschaft (mit Vortrag)	Naturwissenschaften, 1917, Nr. 17, Seite 283
Mai 1917	Hellmann förderte die Aufnahme H. H. Hildebrandssons als korrespondierendes Mitglied in die Berliner Akademie der Wissenschaften	Sammlung Darmstaedter, F1f 1872, Hildebrandsson, Scan Seite 15+16
September 1917	Dienstreise nach Davos, um C. Dornos geschaffene Beobachtungseinrichtungen kennen zu lernen	Bericht über die Tätigkeit des Preußischen Meteorologischen Instituts in den Jahren 1917-1919, (1920), Seite 3
1917	Dienstreise nach Gardelegen, Helmstedt, Braunschweig, Oberhof, Schmücke, Neuhaus a. R., Bebra, Schmalkalden, Brotterode, Coburg, Igelshieb	Bericht über die Tätigkeit des Preußischen Meteorologischen Instituts in den Jahren 1917-1919, (1920), Seite 18
1917/18, Wintersemester	Dekan der Philosophischen Fakultät der Friedrich-Wilhelms-Universität, Berlin	Amtliches Vorlesungsverzeichnis der Friedrich-Wilhelms-Universität
1917-1920	Im Kuratorium der Humboldt-Stiftung der Preußischen Akademie der Wissenschaften	Abhandlungen der Königlich-Preußischen Akademie der Wissenschaften 1919, Seite XXXVI
06.06.1918	Erneute Kommission (M. Planck, H. Struve, E. Warburg, A. Penck, H. A. Schwarz, H. Rubens, G. Hellmann, A. Einstein, Th. Liebisch) zur Besetzung der Direktorenstelle des Geodätischen Instituts	F. Künzel: Nachweise zum Wirken Max Plancks [2007] Seite 62
25.07.1918	Sitzung der physikalisch-mathematischen Klasse der Königlich Preußischen Akademie der Wissenschaften	Naturwissenschaften, 1918, Seite 614
20.12.1918	Sitzung der physikalisch-mathematischen Klasse der Königlich Preußischen Akademie der Wissenschaften	Naturwissenschaften, 1918, Seite 143
1918	Dienstreise nach Oppeln, Ottmachau, Landeck, Neu Gersdorf, Seitenberg, Bad Reinerz, Marburg, Kassel	Bericht über die Tätigkeit des Preußischen Meteorologischen Instituts in den Jahren 1917-1919, (1920), Seite 18
1918, Sommersemester	Mitglied im Akademischen Senat der Friedrich-Wilhelms-Universität, Berlin (Senator der Philosophischen Fakultät)	Amtliches Vorlesungsverzeichnis der Friedrich-Wilhelms-Universität
Seit 1919	Ehrenpräsident der Gesellschaft für Erdkunde zu Berlin	Naturwissenschaften, 16.1928, Nr. 21, Seite 373
1919-1928	Mitglied der „Kommission für die Angelegenheiten der Universitäts-Bibliothek"	Amtliches Vorlesungsverzeichnis der Friedrich-Wilhelms-Universität

Datum/Zeitspanne	Private und dienstliche Stationen Hellmanns	Quelle
19.06.1919	„M. Planck berichtet von den Besprechungen mit K. Kerkhof über die Zusammenfassung der naturwissenschaftlichen Bibliographien. Die Klasse wählt zur weiteren Beratung dieser Angelegenheit mit den Herausgebern eine Kommission. Der Kommission gehören M. Planck, Th. Liebisch, E. Schmidt, H. Rubens, W. Nernst, H. Struve, G. Müller und G. Hellmann an."	F. Künzel: Nachweise zum Wirken Max Plancks [2007] Seite 70
04.12.1919	„M. Planck berichtet der Klasse über die Beratungen der Arbeitsgemeinschaft für naturwissenschaftliche Bibliographien und beantragt, daß die Klasse eine Kommission wähle, die die geplanten Arbeiten für die naturwissenschaftliche Berichterstattung und die Beschaffung ausländischer Literatur unterstützen soll. Die Klasse wählt M. Planck zum Vorsitzenden und E. Schmidt, H. Rubens, F. Haber, Th. Liebisch, G. Hellmann und G. Müller zu Mitgliedern dieser Kommission."	F. Künzel: Nachweise zum Wirken Max Plancks [2007] Seite 73
1919	Dienstreise nach Winterberg, Altastenberg, Arnsberg, Nordhausen, Meldorf, Wyk, Westerland, Husum, Brocken	Bericht über die Tätigkeit des Preußischen Meteorologischen Instituts in den Jahren 1917-1919, (1920), Seite 18
1919, Sommersemester	Jeden Mittwoch Kolloquium für wissenschaftliche Beamte des Instituts und ältere Studierende unter Vorsitz Hellmanns (Besprechung der neuesten Veröffentlichungen aus den Gebieten der Meteorologie und Erdmagnetismus)	Bericht über die Tätigkeit des Preußischen Meteorologischen Instituts in den Jahren 1917-1919, (1920), Seite 23
24.04.1920	Sitzung der mathematisch-naturwissenschaftlichen Klasse der Königlich Preußischen Akademie der Wissenschaften	Naturwissenschaften, 1920, Nr. 3, Seite 60
20.05.1920	Gesamtsitzung der Königlich Preußischen Akademie der Wissenschaften	Naturwissenschaften, 1921, Nr. 1, Seite 23
28.10.1920	„Das Plenum billigt das von G. Haberlandt und G. Hellmann vorbereitete und von M. Planck verlesene Schreiben der Akademie an das Kultusministerium zur geplanten Erhöhung des Reichszuschusses für die Leopoldina in Halle."	F. Künzel: Nachweise zum Wirken Max Plancks [2007] Seite 80
18.11.1920	„H. Rubens verliest den von M. Planck, M. v. Laue, Th. Liebisch, W. Nernst, G. Müller, A. Einstein, G. Hellmann, F. Haber, H. A. Schwarz, E. Schmidt und E. Warburg mitunterzeichneten Wahlvorschlag für W. C. Röntgen zum AM."	F. Künzel: Nachweise zum Wirken Max Plancks [2007] Seite 81
10.02.1921	Sitzung der mathematisch-naturwissenschaftlichen Klasse der Königlich Preußischen Akademie der Wissenschaften	Naturwissenschaften, 1922, Seite 188
Seit 01.04.1921	6000 Mark Remuneration als Institutsdirektor	GStA PK, Scan Seite 82
04.10.-06.10.1920	13. Tagung der Deutschen Meteorologischen Gesellschaft, Leipzig (die erste nach dem Krieg 1914-1918)	Brosin, H.J. et al: Das Geophysikalische Institut der Universität Leipzig, 2015, Seite 23
03.07.-06.07.1921	Aerologische Tagung in Lindenberg	Ergeb. der Aerologischen Tagung vom 3.-6. Juli im Preuß. Aeronautischen Observatorium Lindenberg, 1922

Datum/Zeitspanne	Private und dienstliche Stationen Hellmanns	Quelle
Oktober 1921	Karl Schlottenhauer bezeichnet Hellmann als „einen der besten Kenner der Flugschriftenbestände in deutschen Bibliotheken" für sein Werk „Die Meteorologie in den deutschen Flugschriften".	Deutsche Literaturzeitung, 1921, Nr. 38/39, Seite 526-528
15.12.1921	Sitzung der mathematisch-naturwissenschaftlichen Klasse der Königlich Preußischen Akademie der Wissenschaften	Naturwissenschaften, 1922, Seite 192
1921	Dienstreise zum Observatorium auf dem Brocken	Bericht über die Tätigkeit des Preußischen Meteorologischen Instituts in den Jahren 1920-1923, (1924), Seite 23
1921	Erneute Berufung einer akademischen Kommission für die Nachfolge von Gustav Müller (astrophysikalische Kommission) – Hellmann lehnte Wahl eines Physikers ab	Sitzungsberichte der Leibniz-Sozietät, 86.2006, Seite 84
1921	Naturforschertag, Leipzig	Bericht über die Tätigkeit des Preußischen Meteorologischen Instituts in den Jahren 1920-1923, (1924), Seite 24
1921	Betreut Karl Schneider-Carius' Dissertation „Über eine Anomalie des jährlichen Temperaturganges in Nordeuropa"	N.T.M., 12.2004, Seite 201-212
09.01.1922	„Nun aber geschah das Unerhörte, nie Dagewesene; ein Klubmitglied lud den Klub zu Gaste, sogar mit Damen: Prof. Nernst hat aus Anlass seiner Nobelpreisverleihung die Mitglieder des Montagsklubs samt Damen zum Abendessen eingeladen, Hellmann war mit Frau Anna anwesend.	R. Sydow: Der Montagsklub in Berlin in den Jahren 1899 bis 1924, Berlin [1924], Seite 11ff
22.01.1922	Mitglied der „Kommission zur Klärung der Nachfolge von Cohn" für die Stelle des Direktors des Astronomischen Rechen-Instituts (zusammen mit Guthnick, Kohlschütter, Penck, Planck, von Laue, von Mises)	Universitätsarchiv der Humboldt-Universität, HUB, UA, Phil.Fak. 36, Blatt 175
14.02.1922	Nach Gesetz über Einführung einer Altersgrenze für Beamte (15.12.1920) erfolgt Mitteilung an Hellmann, in Pension zu gehen und Bestellung eines Nachfolgers zu beschleunigen	GStA PK, Scan Seite 145
20.07.1922	Sitzung der mathematisch-naturwissenschaftlichen Klasse der Königlich Preußischen Akademie der Wissenschaften	Naturwissenschaften, 1923, Heft 6, Seite 95
01.08.1922	Gustav Hellmann, Richard Edler von Mises und Max Planck bereiten die Berufung Heinrich von Fickers nach Berlin vor	Tiroler Heimat, N.F. 48/49.1984/85, (1985), Seite 141-156
18.09.-24.09.1922	Hundertjahrfeier der Gesellschaft Deutscher Naturforscher und Ärzte in Leipzig	Chemische Umschau, 29.1922, Nr. 36, Seite 286
01.10.1922	**Legt 68-jährig sein Amt als ordentlicher Universitäts-Professor nieder mit gleichzeitigem Rücktritt als Direktor des Preußischen Meteorologischen Instituts**	**GStA PK, Seite 145**

Datum/Zeitspanne	Private und dienstliche Stationen Hellmanns	Quelle
30.11.1922	„A. Penck, M. Planck und G. Hellmann kündigen einen Antrag auf Wahl eines KM im Fach Geographie und Geophysik an"	F. Künzel: Nachweise zum Wirken Max Plancks [2007] Seite 93
18.01.1923	Sitzung der mathematisch-naturwissenschaftlichen Klasse der Königlich Preußischen Akademie der Wissenschaften	Naturwissenschaften, 1923, Seite 266
12.04.1923	„M. Planck berichte dem Plenum von der Aussprache in der Phys.-math. Klasse über die Zukunft der Deutschen Literaturzeitung und fordert, daß die naturwissenschaftliche Berichterstattung der Zeitschrift verstärkt werde. Das Plenum wählt die 4 Sekretare, A. v. Harnack, U. Stutz, G. Hellmann und M. v. Laue in eine Kommission, in der zusammen mit F. Schmidt-Ott und F. Mulkau die Zukunft der Deutschen Literaturzeitung beraten werden soll."	F. Künzel: Nachweise zum Wirken Max Plancks [2007] Seite 97
21.06.1923	Gesamtsitzung der mathematisch-naturwissenschaftlichen Klasse der Königlich Preußischen Akademie der Wissenschaften	Naturwissenschaften, 1923, Seite 267
01.10.-02.10.1923	Vortrag „100 Jahre Meteorologische Gesellschaft" in der Eröffnungssitzung der 14. Allgemeinen Versammlung der Deutschen Meteorologischen Gesellschaft	Annalen der Meteorologie, 43.2008
1923	Ehrenvorsitzender der Deutschen Meteorologischen Gesellschaft	Annalen der Meteorologie, 43.2008
1923	Grundgehalt: 62900, Ortszuschlag: 8000, Frauenbeihilfe: 2000, Kinderbeihilfe: 6000, Ausgl.-zuschlag: 86245, wirtschaftliche Beihilfe: 4000, Gesamt: 169145 Mark	GStA PK, Scan Seite 94
27.03.1924	Sitzung der mathematisch-physikalischen Klasse der Königlich Preußischen Akademie der Wissenschaften	Naturwissenschaften, 1925, Nr. 5, Seite 91
24.04.1924	Gesamtsitzung der mathematisch-physikalischen Klasse der Königlich Preußischen Akademie der Wissenschaften	Naturwissenschaften, 1925, Nr. 5, Seite 91
05.05.1924	Trauzeuge bei der Hochzeit seines Sohnes Ulrich mit Frau Margarete Amalie Ottilie, geb. Uhlmann (*23.02.1900, in Frankfurt/Oder) zusammen mit dem Brautvater Wilhelm Uhlmann	Landesarchiv Berlin, Archivalienkopie P Rep. 351, Nr. 79 Heiratsregister 1924
Juli 1924	Artikel „Gustav Hellmann als Forscher" von Karl Knoch erscheint auf Wunsch des Herausgebers der Zeitschrift „Die Naturwissenschaften"	Die Naturwissenschaften, 12.1924, Nr. 27, Seite 537-543
03.07.1924	Staatstelegramm vom Minister für Wissenschaft, Kunst und Volksbildung, Otto Boelitz, zum 70. Geburtstag ; Wohnhaft im Schöneberger Ufer 48, Berlin (seit mindestens Juli 1914, bis mindestens 1928)	GStA PK, Scan Seite 138 Hellmann Briefe ungeordnet, Sammlung Darmstaedter, F1f1879 Hellmann, 2019-09-03, Scan Seite 92
19.07.1924	Vorsitzender der Berliner Gesellschaft für Anthropologie, Ethnologie und Urgeschichte, Ankermann, „gedenkt mit warmen Wünschen des 70. Geburtstages von Herrn Geh. Rat Hellmann" auf der Sitzung vom 19.07.1924	Zeitschrift für Ethnologie, 54/56.1922/24, Seite 126
1924	Mitglied der Aeroarctic/Polarforschung (zusammen mit Drygalski, Filchner)	Polarforschung, 88.2018, Nr. 1, Seite 7-22

Datum/Zeitspanne	Private und dienstliche Stationen Hellmanns	Quelle
18.08.1925	Staatstelegramm zum 50-jährigen Doktorjubiläum vom Minister für Wissenschaft, Kunst und Volksbildung, Carl Heinrich Becker	GStA PK, Scan Seite 140
August 1925	Klimatologischer Kongress, Davos	Geographische Zeitschrift, 31.1925, Nr. 6, Seite 361-366
16.11.1925	A. Penck schreibt über Hellmann, dass seine „wissenschaftlichen Leistungen ... vom Gebiete der Geophysik hinüber in das der Geographie und der Geschichte der Wissenschaften reichend, von seltener Universalität zeugen."	Adresse an Hrn. Gustav Hellmann zum fünfzigjährigen Doktorjubiläum am 18. August 1925, Sitzungsberichte der Preußischen Akademie der Wissenschaften, 1925, S. 505-506
1925	Ehrenmitglied der Österreichischen Gesellschaft für Meteorologie	Petermanns geographische Mitteilungen, 170.1924, Seite 231
22.04.1926	Sitzung der physikalisch-mathematischen Klasse der Königlich Preußischen Akademie der Wissenschaften (als Vorsitzender Sekretär in Vertretung)	Naturwissenschaften, 1927, Nr. 7, Seite 173
03.06.1926	„G. Hellmann verliest den von M. Planck, A. Penck und M. v. Laue mitunterzeichneten Wahlvorschlag für H. v. Ficker zum OM in eine freie Stelle."	F. Künzel: Nachweise zum Wirken Max Plancks [2007] Seite 110
15.09.1926	Großvater geworden (Geburt der ersten Tochter von Sohn Ulrich, Ursula Margarete Hellmann)	Landesarchiv Berlin (Geburtsregister 1926, Nr. 1806, Berlin XII A)
09.11.-12.11.1926	1. ordentliche Versammlung der Internationalen Studiengesellschaft zur Erforschung der Arktis mit dem Luftschiff (Aeroarctic) – Teilnehmer und Mitglied Abends Festessen mit Damen im Hotel Esplanade, Freikarten zum Besuch von Opern- und Theatervorstellungen, Unterhaltung und Tanz bis gegen 3 Uhr früh	Breitfuss, L.: Verhandlungen der ersten ordentlichen Versammlung in Berlin, Gotha, 1927
28.04.1927	Sitzung der mathematisch-naturwissenschaftlichen Klasse der Königlich Preußischen Akademie der Wissenschaften (als Vorsitzender Sekretär in Vertretung)	Naturwissenschaften, 1928, Nr. 6, Seite 103
1927	Bietet seine Privatbibliothek in den USA zum Verkauf für 14.000 USD an (ca. 5500 gebundene Bände, ca. 6000 Broschüren, ab dem 16./17. Jahrhundert)	Bulletin of the American Meteorological Society, 1927, Seite 88-89
28.04.1927	Die Preußische Staatsbibliothek kauft Hellmanns Privatbibliothek an. Kaufvertrag für ca. 5500 Buchbinderbände und 134 Kästen mit Broschüren/Sonderdrucken, inklusive einem durch Hellmann erstellten alphabetischen Zettelkatalog. Kaufpreis beträgt 50.000 Reichsmark, zahlbar in 10 Jahresraten. Vereinbarung: Privatbibliothek wird Eigentum der Preußischen Staatsbibliothek; verbleibt aber bis zum Ableben Hellmanns oder einem gewünschten Termin in seinem Besitz.	Jahrbuch der Preußischen Staatsbibliothek, 1927 Erwerbungsakten Preußische Staatsbibliothek (Staatsbibliothek zu Berlin, Acta III B 87, Acta IV, 3 Bd. 5)
Mai 1927	Kur in Badgarten	Erwerbungsakten Preußische Staatsbibliothek (Staatsbibliothek zu Berlin, Acta III B 87, Acta IV, 3 Bd. 5)

Datum/Zeitspanne	Private und dienstliche Stationen Hellmanns	Quelle
19.01.1928	„M. Planck fordert die Klasse auf, Vorschläge für die Leibniz-Medaille einzureichen. G. Hellmann, H. v. Ficker und M. Planck kündigen Anträge auf Wahl von 2 KM im Fach Geographie und Geophysik an."	F. Künzel: Nachweise zum Wirken Max Plancks [2007] Seite 114
09.02.1928	„G. Hellmann verliest den von KM mitunterzeichneten Wahlvorschlag für F. M. Exner zum KM im Fach Geographie und Geophysik und H. v. Ficker verliest den von M. Planck und G. Hellmann mitunterzeichneten Wahlvorschlag für V. Bjerknes zum KM im Fach Geographie und Geophysik."	F. Künzel: Nachweise zum Wirken Max Plancks [2007] Seite 115
14.02.1928	Auf Bitte Hellmanns werden 24 laufende Meter seiner Privatbibliothek in die Preußische Staatsbibliothek überführt	Erwerbungsakten Preußische Staatsbibliothek (Staatsbibliothek zu Berlin, Acta III B 87, Acta IV, 3 Bd. 5)
23.05.-26.05.1928	100. Gründungsjahr der Gesellschaft für Erdkunde, Berlin (Hellmann als Ehrenpräsident)	The Geographical Journal, 72.1928, Nr. 2, Seite 159-161
01.11.1928	„G. Hellmann, M. Planck und H. v. Ficker kündigen einen Antrag auf Wahl eines KM im Fach Geographie und Geophysik an."	F. Künzel: Nachweise zum Wirken Max Plancks [2007] Seite 118
15.11.1928	„G. Hellmann verliest den von M. Planck und H. v. Ficker mitunterzeichneten Wahlvorschlag für A. Schmidt zum KM im Fach Geographie und Geophysik."	F. Künzel: Nachweise zum Wirken Max Plancks [2007] Seite 118
21.03.1929	Aufenthalt im Kurort Meran (Pensione Mazegger)	Auskunft Stadtarchiv Meran (E-Mail)
03.07.1929	**Hellmann-Medaille zum 75. Geburtstag (Erlass des Preußischen Kultusministeriums für Verdienste als Beobachter des Preußischen Meteorologischen Instituts) Staatstelegramm zum 75. Geburtstag vom Kultusminister, gesundheitlich bereits angeschlagen**	**GStA PK, Scan Seite 86+87+88**
1929, Juli	Lobesrede zum 75. Geburtstag von Karl Knoch	Zeitschrift für angewandte Meteorologie, 1929, Nr. 6, Seite 193-194
06.12.1929	Aufenthalt im Kurort Meran (Grand Hotel Esplanade – Luxushotel, hieß früher „Hotel Erzherzog Johann, mit 5 Stockwerken und 150 Zimmern)	Auskunft Stadtarchiv Meran (E-Mail)
1929	Wird erneut Großvater (Geburt der zweiten Tochter von Sohn Ulrich, Ruth Anna Hellmann)	Landesarchiv Berlin (Geburtsregister 1929, Nr. 118, Berlin Steglitz)
März 1930	Aufenthalt im Kurort Meran (Pensione Mazegger)	Auskunft Stadtarchiv Meran (E-Mail)
25.10.1930 bis mind. 1931, Okt.	Aufenthalt im Kurort Meran (Grand Hotel Esplanade)	Auskunft Stadtarchiv Meran (E-Mail)
12.10.1931	Auf Bitte Hellmanns findet die vollständige Übernahme seiner Privatbibliothek, in Anwesenheit seines Sohnes Ulrich, an die Preußische Staatsbibliothek statt.	Erwerbungsakten Preußische Staatsbibliothek (Staatsbibliothek zu Berlin, Acta III B 87, Acta IV, 3 Bd. 5)

Datum/Zeitspanne	Private und dienstliche Stationen Hellmanns	Quelle
Oktober 1931	Verlegt seinen Lebensmittelpunkt ganz nach Meran (Aufgabe seiner Wohnung im Schöneberger Ufer 48, Berlin) Verweilt die Sommermonate mit Ehefrau Anna in Cortina d'Ampezzo	Erwerbungsakten Preußische Staatsbibliothek (Staatsbibliothek zu Berlin, Acta III B 87, Acta IV, 3 Bd. 5) Annalen der Meteorologie, 7.1955/56, Heft 1/2, Seite 1-7
Oktober 1931	Sohn Ulrich veranlasst den Verkauf einer großen Objekt-Sammlung (ca. 300 Objekte wie Schmuck, Kleidungsstücke, Mobiliar, Bilder, Hochzeitsgeschenke, Porzellan- und Glas-Gegenstände, Handarbeiten, etc.) an das Märkische Museum. Stifterin ist Frau Geheimrat Anna Hellmann	Inventarbücher und Auskunft des Märkischen Museums, Berlin
03.12.1931	Das Preußische Meteorologische Institut (Heinrich von Ficker) bittet die Preußische Staatsbibliothek um Überlassung der Dubletten aus der Privatbibliothek Hellmanns.	Erwerbungsakten Preußische Staatsbibliothek (Staatsbibliothek zu Berlin, Acta III B 87, Acta IV, 3 Bd. 5)
1934–April 1936	Aufenthalt im Sanatorium Martinsbrunn in Gratsch (Meran) wegen Beinverkalkung	Auskunft Stadtarchiv Meran (E-Mail Hentschel, A.: Wissen heißt Messen (Märkische Oderzeitung Beeskow, 15.09.2017)
Juli 1934	Heinrich von Ficker beantragt die Verleihung des Adlerschildes des Deutschen Reiches aus Anlaß seines 80. Geburtstages.	GStA PK, Scan Seite 70+73
22.11.1934	Verleihung der Goethe-Medaille (ausgestellt am 24.10.1934 durch Adolf Hitler, überreicht durch die Auslandsvertretung des Deutschen Generalkonsulats Mailand, Hr. Windels, zusammen mit einem Pfarrer und Freiherr von Kleist, Kurator der ev. Kirchengemeinde Meran). „Geheimrat Hellmann war sichtlich durch die Ehrung aufs tiefste bewegt und erfreut und bat, seinen Dank dem Führer und Reichskanzler zu übermitteln." Sitzt im Rollstuhl, verweilt in einem Sanatorium in Meran.	GStA PK, Scan Seite 80+84-85
18.08.1935	60-jähriges Doktorjubiläum	GStA PK, Scan Seite 92
1935	Wohnhaft in Cortina d'Ampezzo	Sammlung Darmstaedter, F1f1879 Hellmann, 2019-09-03, Scan Seite 73 (Postkarte an C. Kassner)
1936	Erneuerung der Hellmann-Medaille (Abbild der Rückseite mittels Hakenkreuz) durch den Reichsminister der Luftfahrt und Oberbefehlshaber der Luftwaffe	Zeitschrift für angewandte Meteorologie, 56.1939, Nr. 4, Seite 110
August 1937	Tod seiner Ehefrau Anna in Meran	Annalen der Meteorologie, 7.1955/56, Heft 1/2, Seite 1-7
02.09.1937	Ehefrau Anna wird am 02.09.1937 in Berlin beerdigt, Rückkehr nach Deutschland (Berlin)	Ev. Friedhofsverwaltung Berlin-Stadtmitte
23.09.1937	Vereinbarung zwischen der Preußischen Staatsbibliothek und dem Antiquariat K. F. Köhler, Leipzig: Verkauf der Dubletten (höchstwahrscheinlich vorab nur die Monographien) aus Hellmanns Privatsammlung an Köhler für 7000 Reichsmark. Weitere Verhandlungen bezüglich der Sonderdrucke und Broschüren.	Erwerbungsakten Preußische Staatsbibliothek (Staatsbibliothek zu Berlin, Acta III B 87, Acta IV, 3 Bd. 5)

Datum/Zeitspanne	Private und dienstliche Stationen Hellmanns	Quelle
1938/39	Antiquariat K.F. Köhler gibt einen Katalog mit Teilen aus der von der Preußischen Staatsbibliothek erworbenen Sonderdrucke und Broschüren Hellmanns mit seinem Namen als „Zugpferd" heraus (Namensnennung Hellmanns auf dem Katalog wurde mit der Preußischen Staatsbibliothek verhandelt)	Astro- und Geophysik: Bibliotheken Geh. Reg.-Rat Prof. Dr. Hellmann, Berlin... in Auswahl. Antiquariatskatalog Nr. 125, Leipzig: Köhlers Antiquarium, 1938/39[?] Erwerbungsakten Preußische Staatsbibliothek (Staatsbibliothek zu Berlin, Acta III B 87, Acta IV, 3 Bd. 5)
21.02.1939, 6:05 Uhr	Stirbt im Alter von 84 Jahren an Schüttellähmung/Lungenentzündung; wohnhaft in Chamberlainstr. 21/23, Berlin (hieß vor 1935 Niklasstraße)	Landesarchiv Berlin, Archivalienkopie P Rep. 720, Nr. 592
Februar 1939	Beisetzung auf dem alten Friedhof der St. Nicolai & St. Marien-Gemeinde, Prenzlauer Allee 1 (zusammen mit den Urnen seiner Ehefrau und Sohn Heinz; die Bronzeplatte mit den Inschriften des Ehepaars Hellmann wurden entwendet, die des Sohnes ist noch vorhanden)	Ev. Friedhofsverwaltung Berlin-Stadtmitte Annalen der Meteorologie, 7.1955/56, Heft 1/2, Seite 1-7
April 1939	Nachruf/Obituary der Royal Meteorological Society	Quarterly Journal of the Royal Meteorological Society, 65.1939, Nr. 280, Seite 282-283
April 1939	Nachruf der Friedrich-Wilhelms-Universität zu Berlin (weitere zahlreiche Nachrufe[3])	Amtsblatt der Friedrich-Wilhelms-Universität zu Berlin, 5.1939, Heft 7, Seite 45-46
1940	Gedächtnisrede auf Gustav Hellmann von Albert Defant	Jahrbuch der Preußischen Akademie der Wissenschaften, 1939 (1940), Seite 174-185
08.10.-11.10.1954	Karl Knoch gedenkt in einer Festrede dem 100. Geburtstag Hellmanns auf der Tagung der Deutschen Meteorologischen Gesellschaft in Hamburg. Unter den Teilnehmern dieser Festrede war auch Sohn Ulrich Hellmann anwesend.	Annalen der Meteorologie, 7.1955/56, Heft 1/2, Seite 1-7
Oktober 1954	M. Rodewald gedenkt Gustav Hellmann und bezeichnet ihn als großen Meteorologen, den besten Historiker der deutschen und ausländischen meteorologischen Literatur mit ausgeprägtem Sprachtalent und Gedächtnis	M. Rodewald: Die Wissenschaft vom Wetter: Andenken an zwei große Meteorologen, Die Zeit, 1954, Nr. 42, Seite 14
1963	R. E. Eggelsmann gedenkt Gustav Hellmann in dem Artikel „Wer war Gustav Hellmann?": „Wenn der Wasserwirtschaftler für den größten Teil Deutschlands und Europas über langjährige zuverlässige Niederschlagsdaten verfügt, so ist das letzten Endes vor allem auch das Verdienst von Gustav Hellmann."	Wasser und Boden, 15.1963, Heft 5, Seite 190
1966	Manfred Hendl widmet sein Buch „Grundriß einer Klimakunde der deutschen Landschaften" dem Andenken Gustav Hellmanns.	Manfred Hendl: Grundriß einer Klimakunde der deutschen Landschaften. Leipzig: Teubner, 1966
09.08.1975	Tod der Schwiegertochter Margarete Amalie Ottilie Hellmann (im Städtischen Auguste-Viktoria-Krankenhaus, Berlin-Schöneberg, Rubensstr. 125)	Landesarchiv Berlin (Sterbebuch Nr. 1244.75)

---

[3] u.a. Geographische Zeitschrift, 45.1939,4, Seite 148; The meteorological magazine, 74=N.S. 20.1939, Seite 80-82

Datum/Zeitspanne	Private und dienstliche Stationen Hellmanns	Quelle
14.03.1978	Tod seines Sohnes Ulrich Gustav Alexander Hellmann (Dr. phil., Verlagsbuchhändler; Prokurist, Geschäftsführer der Weidmannschen Buchhandlung) Wohnhaft in der Kniephofstr. 54, Berlin-Steglitz	Landesarchiv Berlin (Sterberegister 1978, Nr. 947, Berlin Steglitz) Erwerbungsakten Preußische Staatsbibliothek (Staatsbibliothek zu Berlin, Acta III B 87, Acta IV, 3 Bd. 5)
1988	Helmuth Grössing bezeichnet Gustav Hellmann als „Altmeister der historischen Astrometeorologie"	Helmuth Grössing: [Rezension zu] Astrologi hallucinati, Mitteilungen des Instituts für österreichische Geschichtsforschung, 69.1988, Nr. 3/4, Seite 543

- Enormer Schriftverkehr mit Bibliotheken und Privatgelehrten über seine Publikationen (u. a. Innsbruck, Kopenhagen, Dove etc., siehe Sammlung Darmstaedter)
- Hatte jahrelang Posten als Sekretär des Internationalen Meteorologischen Komitees inne (GStA PK, S. 67+76)
- War immer zw. 12.30 und 14.00 Uhr im Haus der Gesellschaft für Erdkunde – 29.1.1902 (Slg. Darmstaedter, F1f1879 Hellmann, 2019-09-03, Scan 95-98)
- Betreute 24 Dissertationen in den Jahren 1907-1922 (Nachruf Knoch)
- Nach Pension noch ca. 40 Veröffentlichungen (Nachruf Knoch), insgesamt ca. 400
- Sprach nahezu fließend englisch, französisch und spanisch (QJRMS, 65.1939) sowie die alten Sprachen
- Ungemein arbeitsreiches Leben, in ununterbrochener 43-jähriger Tätigkeit hat er die Entwicklung des PMI auf das nachhaltigste beeinflusst. Eigenschaften: Gewissenhaftigkeit und selbstlose Liebe zur Wetterkunde (Zs. f. angew. Met., 1929, 6, Seite 193-194)
- Ungeminderte Schaffenskraft, Organisationstalent, Geschick für Gesetzmäßigkeiten und Verwaltung, Streben nach größter Exaktheit, Ideen- & Erfinderreichtum (Die Naturwiss., 12.1924, 27, S. 537-543)
- Stellte für viele Expeditionen Instrumente des Preußischen Meteorologischen Instituts zur Verfügung
- Inland: Ehrenmitglied des Physikalischen Vereins zu Frankfurt/Main, Mitglied des Beirats für Bibliotheksangelegenheiten, Mitglied der Studienkommission der Kgl. Kriegsakademie, Vorsitzender DMG, stellvertretender (später Ehren-) Vorsitzender der Gesellschaft für Erdkunde Berlin, Ehrenmitglied der Sachverständigen-Kommission des Kgl. Museums für Völkerkunde (Amerikanische Abteilung), Mitglied des Kuratoriums der Kgl. Bibliothek … (GStA PK, Seite 82)
- Ausland: Korrespondierendes Mitglied der Sociedad Mexicana de Geografica, Ehrenmitglied der Sociedad científica (Antonio Alzate in Mexico), Auswärtiges Mitglied der Gesellschaft der Wissenschaften in Christiana, Ehrenmitglied der K.K. Geographischen Gesellschaft Wien, Sekretär des Internationalen Meteorologischen Komitees, Ehrenmitglied der Royal Meteorological Society London, Korrespondierendes Mitglied der Société de Géographie in Genf, Ehrenmitglied der Royal Scottish Geographical Society in Edinburgh, Korrespondierendes Mitglied der Kaiserlich Geographischen Gesellschaft in St. Petersburg (GStA PK, Seite 82)

Anhang B: Hellmanns Denkschrift vom 4. Februar 1879

Die im Folgenden niedergelegten Gedanken sollen wesentlich dazu dienen, die Nützlichkeit und Möglichkeit eines landwirtschaftlich-meteorologischen Beobachtungsnetzes für die Zwecke der Landwirtschaft Preußens darzutun.

Montage aus Hellmanns Denkschrift

Plan für ein meteorologisches Beobachtungsnetz im Dienste der Landwirtschaft des Königreichs Preußen.[1]

Die Meteorologie ist eine eminent praktische Wissenschaft, wenn man dieselbe von dem Standpunkte aus betrachtet, dass sie dazu berufen ist, den beiden Hauptfaktoren des nationalen Wohlstandes, der Landwirtschaft und dem Handel, die wichtigsten Dienste zu leisten. Sie ist dann nicht mehr die spezielle Wissenschaft einer kleinen Anzahl von Gelehrten, die ihre theoretische Entwicklung weiter verfolgen; es ist dann gleichsam die ganze Nation, welche den Boden studiert, den sie bebaut, den Himmel beobachtet, der ihre Anstrengungen begünstigt oder vereitelt, welche in meteorologischen Anschauungen geschult und groß geworden, die ihre gegebenen Warnungen und Vorhersagungen des Wetters zum Besten des ganzen Landes wie jedes Einzelnen zu verwerten weiß.

Von diesem Zustande, ich möchte sagen, meteorologischer Durchbildung des ganzen Volkes und entsprechend hoher Stufe der meteorologischen Wissenschaft selbst sind wir freilich noch weit entfernt.

Wie in jedem Lande der Küstenbewohner dem Binnenländer in der richtigen Auffassung und Interpretation der atmosphärischen Vorgänge, wie der Naturerscheinungen überhaupt, weit voraus ist, so sind auch die an den Gestaden des Atlantischen Ozeans wohnenden Völker Europas den mehr landeinwärts lebenden, kontinentaleren in Klarheit und Allgemeinheit meteorologischer Anschauungen überlegen. Jene erhalten das Wetter gleichsam aus erster Hand und unvermittelt vom Ozean her, auf den daher fortwährend ihr Augenmerk gerichtet sein muss, diese, unter oft sehr lokalen Verhältnissen lebend, können ihren beschränkten Gesichtskreis nicht erweitern und sind nur zu leicht dazu geneigt, ihre lokalen Witterungsverhältnisse als allgemein gültige anzusehen. Wer Gelegenheit gehabt hat, mit dem englischen oder westfranzösischen Landmanne zu verkehren oder zu sehen, mit welchem Interesse und Verständnis derselbe das an öffentlichem Platze angeschlagene Witterungsbulletin liest, wird zugeben müssen, dass richtige meteorologische Begriffe und allgemeiner Sinn für solche Fragen bei diesen Nationen schon tiefer eingedrungen sind als bei den mehr im Centrum Europas sesshaften.

Andrerseits ist die Meteorologie selbst kaum aus den ersten Anfängen einer empirischen Wissenschaft herausgetreten und hat erst seit zwei Dezennien angefangen, die Lösung des relativ leichteren Problems zu versuchen: Sturmwarnungen zum Besten der Schifffahrt, Fischerei und ähnlicher Interessen auszugeben. Die bisherigen Erfolge dieser Bemühungen, die sich bis jetzt mehr auf praktische Erfahrung als auf theoretische Erkenntnis stützen, sind damit kurz gekennzeichnet, das etwa 75 % der erteilten Sturmwarnungen und Witterungs-Wahrscheinlichkeiten, wohlverstanden in der noch wenig präzisen Fassung, welche sie bisher besitzen, richtig eintreffen.

Das viel verwickeltere und schwierigere Problem, Warnungen und Vorhersagungen der Witterung, wie sie dem Landmanne nützlich sein können, zu erteilen, ist bis jetzt nur von Nordamerika, Frankreich und neuerdings von Sachsen und einigen andern kleinen Lokalcentren Deutschlands in Angriff genommen worden.

Die Interessen der Landwirtschaft stellen an die Meteorologie ganz andere Forderungen, als die des Handels und der Schifffahrt, für die der praktische Meteorologe bisher zu sorgen beschränkt war. Der Seemann und der Fischerei treibende Küstenbewohner beachtet vornehmlich Richtung und Stärke des Windes und das Fortschreiten der großen zyklonischen Bewegungen der Atmosphäre, denen auszuweichen er bestrebt ist. Der Landmann dagegen richtet sein Augenmerk auf den Regen, die Gewitter- und Hagelerscheinungen; ihn interessiert zu wissen, ob warme Witterung oder strenger Frost eintreten wird, ob im Frühjahre Spätfröste zu befürchten sind, ob Überschwemmungen und andere elementare Katastrophen bevorstehen. Die Kenntnis der Wärme- und Niederschlagsverhältnisse während der Vegetationsperiode der Feldfrüchte ist also für den Ackerbau besonders wichtig.

---

[1] Der Entwurf des vorliegenden Planes wurde bereits vor Jahresfrist vorgelegt; er ist auf Anregung des Herrn Ministers für die landwirtschaftlichen Angelegenheiten, behufs Veröffentlichung in den „Landwirtschaftlichen Jahrbüchern" zu der vorliegenden Abhandlung erweitert worden. [Erschienen in „Landwirtschaftliches Jahrbuch" VIII, 1879 und auch als Sonderdruck, Berlin 1879, 23 S. Die Denkschrift wird gekürzt wiedergegeben und die Rechtschreibung wurde leicht an die heutige angepasst.]

Daher ist die Landwirtschaft zunächst für die Inangriffnahme und Erledigung folgender Probleme mittelbar interessiert:

1. Wie sind die Niederschläge räumlich und zeitlich auf die Kulturfläche verteilt? Welche Niederschlagsmengen kommen den einzelnen Flussgebieten zu? Welche Beziehungen bestehen zwischen den gefallenen Regenmengen und den Wasserständen der Flüsse? Wie lassen sich Anschwellungen und Hochwasser auf 12 bis 24 Stunden vorhersagen? Wie schreitet eintretendes Regenwetter, wenn vorher trockene Witterung angehalten, räumlich fort? Bestehen Gesetze in dem Wechsel von trockener und nasser Witterung? u. a. m.

2. Wie sind die Gewitter im Staatsgebiete verteilt? Welchen Verlauf nehmen sie? Wie lassen sich auftretende Gewitter den zuletzt von ihnen betroffenen Ortschaften vorher ankündigen?

3. Welche Gegenden werden von Hagelfällen besonders oft und stark betroffen? Lassen sich größere und verheerende Hagelwetter den zuletzt von ihnen betroffenen Ortschaften vorher ankündigen? Welche lokalen Bedingungen beeinflussen sein Auftreten und Fortschreiten? Gehören Entwaldungen zu solchen bedingenden Faktoren?

4. Welches ist der besondere meteorologische Charakter der Nachtfröste und Spätfröste im Frühjahr? Welche lokalen Terrainverhältnisse begünstigen sein Auftreten? Lassen sich Nachtfröste mit Erfolg auf 12 bis 24 Stunden vorhersagen? Wie kann man die Vegetation vor den schädlichen Einwirkungen der Nachtfröste schützen? Ist das in Frankreich versuchte Mittel großer Rauchentwicklung wirksam und praktisch durchführbar? [Die Peruaner kannten dieses Verfahren schon länger.]

5. Welches sind die Gesetze, welche den Wechsel von kalter und warmer Witterung regeln? Lässt sich aus der Temperatur gewisser Jahreszeiten die der nächstfolgenden, insbesondere der Vegetationsperiode, mit einiger Wahrscheinlichkeit voraussagen? Gibt es gesetzmäßige Perioden kalter und warmer Jahre?

Diese und ähnliche Probleme sind es, für deren Lösung die Landwirtschaft vornehmlich interessiert ist. Sie sind aber ihrer Natur nach zum größten Teile durchaus lokale, d. h. sie müssen für jedes Land, für jede Provinz, für jeden Regierungsbezirk besonders gelöst werden. Kein meteorologisches Element lokalisiert sich in seinem Auftreten so sehr, wie die Niederschläge, für deren Zustandekommen geringfügige Terrainverschiedenheiten von Wichtigkeit sind.

Da also die Bedürfnisse des Seemanns, für welchen Anzeigen der zu erwartenden Windrichtung und des Eintretens von Sturm zunächst von der größten Bedeutung sind, von denen des Ackerbau treibenden Landmannes grundverschieden sind, so ist es offenbar nicht möglich, mit den allgemeinen, zunächst der Schifffahrt dienenden, Wetterwarnungen und Vorhersagungen, auch das viel speziellere Bedürfnis des Ackerbauers zu befriedigen. Wie das Wetter wohl seinen allgemeinen Charakter über einer größeren Landerstreckung beibehält, dabei aber je nach der Örtlichkeit eine lokale Färbung erhält, die zu kennen für die Landwirtschaft erforderlich ist, so muss auch das generell gehaltene Witterungsbulletin, auf Grund der Kenntnis der besonderen lokalen Witterungseigentümlichkeiten, erweitert resp. spezialisiert werden, d. h. es müssen mit Lösung der oben gestellten Probleme erst die Grundlagen der landwirtschaftlichen Meteorologie gelegt werden, wenn es möglich sein soll, mit Erfolg auch für die Zwecke der Landwirtschaft ein besonderes Warnungssystem einzurichten.

Frankreich, welches im Herbste 1877 den „service météorologique agricole"[2] erhielt, ist zum Teil in der Lage, jene wichtigen Vorfragen erledigt zu haben. Im Jahre 1864 begann man daselbst das Studium der Gewitter- und Hagelerscheinungen und im Jahre 1870 wurde das für das Bassin der Seine und der Rhone schon seit dem Anfang der fünfziger Jahre bestehende hydrologisch-pluviometrische Beobachtungsnetz auf ganz Frankreich ausgedehnt. Man ist also in Frankreich bemüht gewesen, grade das Stationsnetz dritter und vierter Ordnung, d. h. solcher Stationen, wo die einfachsten Beobachtungen, die fast keiner Instrumente bedürfen, angestellt werden, besonders zu verdichten. Doch ist auch hier nicht die Bearbeitung des Materials mit der Anhäufung desselben in gleichem Schritt geblieben, wie auch die praktische Seite erst in zweiter Linie berücksichtigt wurde.

Dem Beispiele Frankreichs, das Stationsnetz dritter Ordnung zu verdichten, haben sich andere Staaten angeschlossen, und es kann dieses Bestreben geradezu als ein charakteristischer Zug in der gegenwärtigen Fortentwicklung der Meteorologie betrachtet werden. In Deutschland ist in dieser Richtung bis jetzt so gut wie nichts geschehen, wie auch in Sachsen, welches mit der Errichtung eines „meteorologischen Bureau's für Witterungsaussichten" in Leipzig schon jetzt begonnen hat. ... Die schon seit mehreren Jahrzehnten bestehenden

---

2   Mehr Details über diesen Dienst findet man bei Hellmann über „Die Organisation des meteorologischen Dienstes in den Hauptstaaten Europa's", *Zeitschrift des Kgl. Preuss. statistischen Bureau's* 1878, III. und IV.

meteorologischen Stationen zweiter Ordnung sind, wie ich noch später ausführlicher zeigen werde, für diese Zwecke durchaus unzureichend.

Es ist hier der Ort, den Standpunkt dieser Vorlage gegenüber den geltend gemachten Bestrebungen, schon jetzt in Deutschland mit dem praktischen Wetterdienst für landwirtschaftliche Zwecke zu beginnen, näher darzulegen. Ich halte dieses Beginnen, kurz gesagt, für verfrüht, einmal, weil die lokalen Witterungsverhältnisse Deutschlands für landwirtschaftliche Bedürfnisse noch nicht genügend bekannt sind, sodann, weil es an Kräften zur Bildung von Lokalcentren ermangelt und drittens, weil der Wetterdienst überhaupt noch nicht genügend fortentwickelt ist, wenigstens in den letzten Jahren keine nennenswerten Fortschritte gemacht hat.

Zum ersten Räsonnement habe ich nach dem Obigen wohl kaum etwas hinzuzufügen. Den zweiten Punkt betreffend, glaube ich, dass ein solcher Wetterdienst, alle andre Bedingungen als erfüllt vorausgesetzt, nur dann Erfolg haben kann, wenn er durchaus einheitlich und fest organisiert und nicht nur auf die Opferfähigkeit und das Entgegenkommen interessierter Personen gestützt ist. Es müssen eben vor Allem gut organisierte Lokalcentren vorhanden sein, von denen die Prognose ausgehen kann. Dazu gehören aber außer befähigten Fachleuten, die zum Teil nur dafür angestellt sind, auch regelmäßige pekuniäre Beiträge. In Zukunft werden solche Lokalcentren recht passend und bequem dadurch gegeben sein, dass im Plane der neuen meteorologisch-magnetischen Zentral-Anstalt Preußens die Einrichtung von sechs Observatorien erster Klasse (Hauptstellen) in Königsberg, Breslau, Potsdam, Kiel, Göttingen und Bonn in Aussicht genommen ist.

Die Vorsteher dieser Hauptstellen, welche auch eine vermittelnde Rolle zwischen den Stationen des Bezirks und der Zentralstelle spielen sollen, sind am natürlichsten dazu berufen, auch die Ausgabe der Lokalprognose, das Amt eines „Lokal-Deuters" zu übernehmen.

Ein zu frühzeitiges Beginnen mit der Wetterprognose für landwirtschaftliche Zwecke kann, da sie eben noch auf sehr schwachen Füßen steht und der oben genannten Grundlage in Deutschland bisher entbehrt, nur zu leicht die ganze Angelegenheit beim Publikum, welches ohne jede weitere Rücksichtnahme nur nach dem Erfolge urteilt, in Misskredit bringen, der, einmal gefasst, nicht so schnell gehoben werden kann und jede weitere Entwicklung der praktischen Meteorologie sehr erschweren würde. Über die bisherigen Resultate der in Deutschland gemachten diesbezüglichen Versuche kann man sich nach dem in „Die Organisation eines meteorologischen Dienstes im Interesse der Land- und Forstwirtschaft ..." in Berlin veröffentlichten Materiale ein Urteil bilden.

Würde man sich nur an die daselbst gegebenen Prozentsätze der Treffer, die meist um 80 (!) schwanken, halten, so könnte man mit den Erfolgen mehr als zufrieden sein. Allein es ist zu bedenken, dass je nach der Präzision in der Abfassung der Wettertelegramme dieser Prozentsatz der Treffer zwischen 0 und 100 schwanken kann. Solche Zahlen können also nur zu leicht, namentlich beim Laien, gänzlich falsche Vorstellungen und Illusionen hervorrufen. ...

Diese beweisen deutlich, dass wir in Deutschland noch nicht dahin gekommen sind, die speziellen Bedürfnisse der Landwirtschaft an der Wetterprognose zu befriedigen, und ganz in demselben Sinne spricht sich die landwirtschaftliche Gesellschaft in Celle aus: „Wie sehr diese Ergebnisse der Prognosenstellung meteorologisch-wissenschaftlich befriedigen mögen, so haben dieselben doch für die ausübende Landwirtschaft den wünschenswerten Nutzen noch nicht gehabt".[3] Ich glaube eben, dass die oben gestellten Postulate erst erfüllt sein müssen ehe wir mit nennenswertem Erfolge einen Wetterdienst zu Gunsten der Landwirtschaft inaugurieren können. Bis dahin scheint es im Interesse der Sache selbst besser zu schweigen als Unzuverlässiges zu publizieren.

Ehe ich an die nähere Ausführung des Planes eines meteorologischer Beobachtungsnetzes für die Zwecke der Landwirtschaft Preußens gehe, wird es gut sein, die analogen Bestrebungen der Hauptstaaten Europas kennen zu lernen. Ich bin in der glücklichen Lage, diese Verhältnisse zum größten Theile aus eigener Anschauung schildern zu können. [...]

Entwurf eines Planes für ein meteorologisches Beobachtungsnetz im Dienste der Landwirtschaft des Königreichs Preußen.

Dass die Anzahl der meteorologischen Stationen zweiter Ordnung (ausgerüstet mit Barometer, Thermometer, Psychrometer, Windfahne, Regenmesser), welche in Preußen schon seit Ende des Jahres 1847 bestehen, zur Lösung der angeregten Fragen nicht ausreichend sind, habe ich schon oben erwähnt. Weitaus die meisten Gewitter- und Hagelfälle passieren an diesen zerstreut liegenden Punkten unbemerkt vorbei; ebenso können sie über die wahre Verteilung der Niederschläge und viele andre Fragen, namentlich da, wo größere Terrainverschiedenheiten vorkommen, wie in Mitteldeutschland, keine befriedigende Auskunft geben. Sie genügen eben nur zur Lösung der allgemeinen meteorologischen Fragen und für die Zwecke der allgemeinen tele-

---

3   Nachträglich ersehe ich aus dem mir eben zugehenden 13. Jahrgange der „Schweizerischen meteorologischen Beobachtungen", dass man in der Schweiz aus ganz analogen Gründen auf die Herausgabe eines telegraphischen Witterungs-Bulletins zu Gunsten der Landwirtschaft vorläufig verzichtet hat (Protokolle der am 15. August 1878 auf dem tellurischen Observatorium zu Bern ...).

graphischen Wetterberichte; ja es könnten andrerseits in gewissen Teilen des Staates, wie in Sachsen, Thüringen, Schleswig-Holstein, einige derselben zu Gunsten eines dichteren Netzes von Stationen dritter Ordnung entbehrt werden, denn es ist z. B. durchaus überflüssig, an jeder Station ein Barometer beobachten zu lassen, da die Luftdruck-Verhältnisse von lokalen Bedingungen fast ganz unabhängig sind. [...]

Für die Zwecke der in Rede stehenden Beobachtungen ist aber eine Ausstattungsziffer von 1 Station auf 3 Quadratmeilen unbedingt notwendig, wenn anders ersprießliche Resultate erzielt werden sollen, d. h. die Beobachtungen einer Station sollen nur bis auf eine Meile im Umkreise als gültig angenommen werden. Sehen wir von der erstaunlichen Dichtigkeit des Netzes von Regenbeobachtungen auf der Insel Barbados ab, wo schon auf 2 km² (0,033 Quadratmeilen) eine Station entfällt, so ist England in der glücklichen Lage, die gewünschte Bedingung erfüllt zu sehen: auf 5162 Quadratmeilen bestehen etwa 2100 Stationen, d. h 1 Station auf 2,7 Quadratmeilen. Doch ließe die gleichmäßige Verteilung, namentlich in Irland, noch zu wünschen übrig. [...]

1. Wie sollen die erforderlichen zwei Tausend Stationen zusammengebracht werden?

Da die Resultate des Beobachtungsnetzes unmittelbar der Landwirtschaft zu Gute kommen sollen, wird es nicht unbillig erscheinen, die Land- und Forstwirte, Gärtner, Lehrer, Landgeistliche, kurz alle Personen, die dabei interessiert sind, suchen als Beobachter heranzuziehen. Die Beobachtungen selbst sind so einfacher Natur und die daraus erwachsende Arbeit, wie ich später zeigen werde, eine so geringe, dass etwaige Bedenken wegen ungenügender Fachbildung und wegen Arbeitsüberlastung von vornherein abzuweisen sind. Dagegen werden allerdings von jedem Beobachter Gewissenhaftigkeit und regelmäßige Tätigkeit gefordert, denn jede Ungenauigkeit oder Lücke macht die Beobachtungen so gut wie wertlos, ja kann oft schaden, statt nützen.

Die mir zunächst liegende Idee, 2 000 freiwillige Beobachter zu finden, ist folgende: Es bestanden nach dem „Jahrbuche für die Amtliche Statistik des Preußischen Staates," IV. 1876, im Jahre 1873 im Königreiche Preußen 937 landwirtschaftliche Vereine mit zusammen 114 095 Mitgliedern. Es scheint mir nun wahrscheinlich, dass von den 122 Personen, die im Durchschnitt auf jeden Verein entfallen, je 2 oder 3 sich finden werden, die zur Anstellung der Beobachtungen über Gewitter, Hagel, Regenmenge, Eisverhältnisse, Frostnächte und vielleicht auch Vegetationsphasen bereit sind und dass auch jeder landwirtschaftliche Verein die einmaligen geringen Kosten des Ankaufs von 2-4 Regenmessern übernehmen wird. Andre Kosten als diese erwachsen ihnen nicht, da alle Formulare etc. selbstverständlich vom Zentralamte geliefert werden müssten. Würde auch das Zentralamt die Kosten der Anschaffung der Regenmesser übernehmen, so wäre es natürlich noch leichter, Beobachter zu finden.

Da jede Station 2 Auffanggefäße braucht (im Winter muss behufs Schmelzens des Schnees dasselbe gewechselt werden) und ... das Stück samt Messglas etwa: 15 Mark kostet, würden die einmaligen Anschaffungskosten dem Zentralamte 4 000 x 15 = 60 000 M kosten. Ich bin aber überzeugt, dass die landwirtschaftlichen Vereine sehr wohl im Stande sind, einmal je 60 M für diese Zwecke auszugeben, und dass das Zentralamt nur in solchen Fällen den Regenmesser selbst zu liefern braucht, wenn sich unbemittelte Beobachter freiwillig melden an Orten, wo die Beobachtung erwünscht wäre.

Nimmt man also an, dass jeder landwirtschaftliche Verein 2 Stationen, die verschiedenen land- und forstwirtschaftlichen Schulen je 1 Station übernehmen, so erhält man, gestützt auf die Angaben des oben zitierten Quellenwerkes, für die einzelnen Provinzen folgende Anzahl von Stationen und entsprechende Ausstattungsziffer: [...] [Königreich Preußen ... 1947 Stationen, 1 Station auf 3,2 Quadratmeilen.] [...]

Ich will nun zeigen, welche Arbeit jedem einzelnen Beobachter aus dem freiwillig übernommenen Amte erwächst.

2. Angabe der anzustellenden Beobachtungen.

Ohne mich im Folgenden in eine detaillierte Auseinandersetzung der Art und Weise, wie die Beobachtungen anzustellen seien oder in die Abfassung einer Instruktion einzulassen, welche einer passenderen Gelegenheit vorbehalten bleiben muss, will ich nur ganz kurz die Arbeit des Beobachters skizzieren, um zu zeigen, dass an ihr kein Mann, der an einem Orte einen stabilen Aufenthalt genommen hat und durch seine Tätigkeit an ihn gebunden ist, wie dies bei Landwirten, Lehrern, Geistlichen u. a. zumeist der Fall, Anstoß nehmen kann.

a) Messung der gefallenen Niederschlagsmengen.

Der Beobachter leert um 9 Uhr vormittags[4] den Regenmesser, falls es geregnet, gehagelt oder stark getaut hat und im Falle, dass es geschneit, nachdem der Schnee geschmolzen worden ist, in das Maßgefäß und trägt die an demselben gemessene Nieder-

---

[4] Eigentlich müsste um 12 Uhr Nachts beobachtet werden. Das geht hier nicht an. Die Stunde ist, wenn sonst nicht praktische Gründe für eine bestimmte sprechen, ziemlich gleichgültig; nur darauf kommt es an, dass dieselbe Stunde von Allen festgehalten wird, dass also nicht einmal um 7 Uhr, das andere Mal um 10 Uhr usw. beobachtet wird, denn dann würden die gemessenen Niederschlagsmengen nicht vergleichbar sein.

schlagshöhe für den vorhergehenden Tag in ein ihm geliefertes Formular ein. Es ist auf durchschnittlich 135 bis 175 Regentage im Jahre zu rechnen, je nachdem der Ort im trocknen Centrum der Schlesischen Ebene oder am Fuße des Harzes gelegen ist. Die am Ende des Monats auszuführende Summierung ist sehr einfacher Natur und das Ganze kaum die Arbeit von 20-25 Minuten. Nach Abschluss des Monats wird das ausgefüllte Formular ans Zentralamt eingesendet.

b) Beobachtung der Gewitter- und Hagelerscheinungen.

Der Beobachter verfolgt jede an seinem Orte auftretende Gewitter- und Hagelerscheinung nach den Angaben der ihm zu erteilenden Instruktion und füllt für jede solche Erscheinung eine ebenfalls gelieferte Gewitter- oder Hagelzählkarte aus.

Diese Arbeit ist noch weit geringer als die aus der Messung der Niederschläge erwachsende. Nach einer von mir in „Preußische Statistik XXXIV, Berlin 1875" gegebenen Tabelle über die Verbreitung der Gewitter in Norddeutschland (55 Stationen) ist in den Nord- und Ostseeprovinzen auf 15, im Innern des Landes auf 18-20 Gewitter jährlich zu rechnen.

c) Beobachtungen über Nachtfröste.

Die während der Vegetationsperiode der Feldfrüchte schädlichen Nachtfröste und die sie begleitenden Witterungsumstände sind nach einer zu erteilenden Instruktion vom Beobachter auf einem dazu bestimmten Formular zu notieren.

d) Beobachtungen über Eisverhältnisse.

Diejenigen Beobachter, welche an Flüssen oder Seen wohnen, notieren auf einem bereit gehaltenen Schema Zeit des Einfrierens und Auftauens de resp. Gewässer, wobei wiederum einige Umstände nach den Vorschriften einer kurzen Instruktion zu beachten wären.

e) Phänologische Beobachtungen.

Sicherlich wird die Mehrzahl der Beobachter auch zur Anstellung phänologischer Beobachtungen sich verstehen, da sie eben als Land- und Forstwirte, Gärtner usw. ein unmittelbares Interesse an der stufenweisen Entwicklung der Vegetation nehmen. Der Beobachter hat Anfang und Ende der Hauptphasen der Entwicklung gewisser in der Instruktion anzugebender Pflanzen und Bäume zu beobachten und in ein Formular einzutragen.

Man wird zugeben müssen, dass die Arbeit jedes einzelnen Beobachters sehr gering ist, denn er hat ja nur das nach bestimmten Vorschriften zu notieren, was er sonst alljährlich en passant beobachtet. Zudem haben viele Leute schon die Gewohnheit, im Kalender ihre Notizen über die Witterungs-Verhältnisse, den Ernteertrag, epidemische Krankheiten und dergleichen zu machen, so dass diese oft als ein verlässliches klimatologisches Tagebuch angesehen werden können. Es handelt sich nur darum, dass alle Mitarbeiter am Werke das Gleiche nach gleichen Vorschriften beobachten und notieren, damit aus der Zusammenstellung der Resultate gültige Schlüsse gezogen werden können. Andrerseits muss nochmals betont werden, dass die Arbeit gewissenhaft und regelmäßig ausgeführt sein will. Leider kommt es nur zu oft vor, dass der Beobachter Aufzeichnungen, die er zu machen versäumt hat, fingiert und ins Formular einträgt; es wird sich bei der Prüfung und Verarbeitung der Beobachtungen aber meistenteils zeigen, ob die Beobachtungen Zutrauen verdienen oder nicht. Ferner muss darauf Rücksicht genommen werden, dass eine Stellvertretung des Beobachters vorhanden ist, wenn derselbe den Ort aus irgendwelchen Gründen zeitweilig verlassen muss. Das dürfte meines Erachtens nicht schwer halten.

Sehen wir nun zu, was für Rohmaterial aus der Zentralisation aller Beobachtungsdaten gewonnen und in welcher Weise dasselbe verarbeitet wird.

3. Tätigkeit des Zentralamtes.

Bei einer Anzahl von 2 000 Stationen laufen auf dem Zentralamte jährlich ein: 12 x 2 000 Niederschlagsformulare für die einzelnen Monate des Jahres, etwa 20 x 2 000 Gewitter- und Hagelzählkarten, etwa 10 x 2 000 Beobachtungen über schädliche Nachtfröste, 2 x 2 000 Formulare über die Eisverhältnisse und 2 000 Vegetationsbeobachtungen, im Ganzen also etwa 90 000 Dokumente. Behufs schneller und rechtzeitiger Verarbeitung derselben würde es zweckmäßig sein, die Beobachtungen so weit möglich monatlich einzufordern, so dass – freilich nicht gleichmäßig – etwa 7 500 Dokumente auf je einen Monat zur Diskussion entfielen.

Dass aber diese Verarbeitung des Materials sogleich und immer in Hinsicht auf die praktischen Zwecke, denen das System dienen soll, vorgenommen werde, das ist, wie schon oben betont worden, die Hauptbedingung für die Möglichkeit des Erfolges. Man darf sich also nicht damit begnügen, einfache Mittelwerte zu bilden, wie sonst meistenteils nur geschehen, sondern man muss die Beobachtungen Tag für Tag diskutieren, gerade so wie in den Bulletinabteilungen derjenigen Institute, welche Witterungswarnungen ausgeben, der Zustand der Atmo-

sphäre in seinen Veränderungen von Tag zu Tag, ja oft vom halben zum halben Tag verfolgt wird. Stellt man die Lösung der in der Einleitung gestellten Probleme als zu erstrebendes Ziel hin, so ergeben sich die Bearbeitungsmethoden von selbst. Es kann nicht Aufgabe dieses Entwurfes sein, in nähere Details der Methoden und Prinzipien, nach denen zu arbeiten wäre, einzudringen. Diese müssen, falls das vorgeschlagene System Realität gewinnt, bei passenderer Gelegenheit erörtert werden. Im Allgemeinen aber übersieht man doch schon, dass die auf dem Zentralamte zu leistende Arbeit keine geringe sein würde.

Nimmt man an, dass behufs der Untersuchung der Verteilung und des Fortschreitens der Niederschläge etc. diejenigen Beobachtungen aller 2 000 Stationen, welche demselben Datum oder Zeit angehören, auf einer passenden Karte des ganzen oder partiellen Beobachtungsnetzes eingetragen werden, so wären für den Niederschlag etwa tägliche Karten nötig, da wohl nur wenige Tage vergehen werden, an denen es nicht an einer oder mehreren Stationen des Systems regnet. Die Gewitter- und Hagel-Karten dürften die Zahl 200 kaum überschreiten, da Wintergewitter höchst selten sind; ähnlich für die übrigen Aufzeichnungen.

Die Herstellung dieser Karten und ihre Diskussion, die Bearbeitung der phänologischen Beobachtungen, die Kontrolle aller Aufzeichnungen, die Ausführung der notwendigen Rechnungen, Fertigstellung der Publikationen u. a., das wäre im großen Ganzen die Tätigkeit der rechnenden Abteilung des Zentralamtes. Daneben käme die zahlreiche Korrespondenz mit den Beobachtern, denn häufig genug wird von beiden Teilen um Aufklärung gebeten werden müssen, die Inspektion der Stationen, da es nicht gleichgültig ist, wie der Regenmesser aufgestellt wird, und obwohl in der zu erteilenden Instruktion diese Umstände klar und allgemein verständlich dargelegt sein müssen, müsste dennoch eine Inspektion erfolgen, die bei Leuten einer im Allgemeinen höheren Bildungsstufe als hier vorausgesetzt wird, wie den Stationen 1. und 2. Ordnung durchaus notwendig ist. Das Zentralamt müsste also folgende Abteilungen enthalten:

a) Zentralbureau: allgemeine Leitung, Korrespondenz mit den Stationen

b) Kontrolle der Beobachtungen, Inspektion der Stationen.

c) Rechnende und diskutierende Abteilung.

Die Tätigkeit der einzelnen Abteilungen[5] ist schon kurz angedeutet, dass nur noch über ihren Personalbestand einige Bemerkungen erübrigen. Der Vorsteher des Zentralbureaus ist zugleich der Leiter des ganzen Beobachtungssystems. Ihm stehen in der ersten Abteilung zur Seite ein Assistent, welcher die Korrespondenz mit den Stationen versieht und ein bis zwei Schreiber in der zweiten Abteilung ein Assistent und ein Rechner, in der dritten zwei bis drei Assistenten oder Rechner.

In Betreff der Inspektion der Regenstationen könnte vielleicht auch der Aushelf genommen werden, für jede Provinz einen Lokalinspektor einzusetzen, der auf Kosten des Zentralamtes die Beobachtungen seines Sprengels überwacht und auch sonst eine vermittelnde Rolle zwischen den Beobachtern und dem Zentralamte spielt. Beim Personal der landwirtschaftlichen Zentralvereine dürften vielleicht derartig qualifizierte Leute gefunden werden, und in dem günstigsten Falle, dass dieses Beobachtungssystem an das reorganisierte meteorologische Institut Preußens angeschlossen wird, wären die Vorsteher der Hauptstellen die besten Lokal-Inspektoren[6]. Es scheint ferner geraten, dem Personal der dritten Abteilung einen oder mehrere praktisch und theoretisch gebildete Landwirte vielleicht auch nur als beratende Mitglieder beizufügen, damit auch wirklich die praktischen Bedürfnisse der Landwirtschaft bei Bearbeitung des Materials berücksichtigt werden.

Nimmt man an, dass jeder landwirtschaftliche Verein oder vielleicht auch andre Körperschaften, wie z. B. die Kreisausschüsse, die geringen einmaligen Anschaffungskosten von 4 bis 6 Regenmessern selbst tragen, so erwachsen dem Staate nur Kosten aus der Erhaltung des Zentralamtes, der Lieferung der Beobachtungsformulare, dem Postporto, ihrer Einsendung und der Publikation der Beobachtungsresultate sowie andrer Arbeiten der Zentralanstalt. Ich will versuchen, das jährliche Budget eines so organisierten Zentralinstitutes für landwirtschaftlich-meteorologische Zwecke des Königreichs Preußen unter der vorläufigen Voraussetzung, dass es selbstständig dastände, aufzustellen.

Materialausgaben:

Lokal (Miete, Feuerung, Licht) .... 6 000 M

Beobachtungsformulare
(ca. 90 000 jährlich) .... 1 000 M
Postporto
(Versendung der Formulare,
Einsendung derselben,
sonstige Korrespondenz) .... 2 500 M
Kartennetze, Papier, Schreibutensilien etc. 500 M
Bibliothek .... 500 M
Publikationen .... 3 500 M

---

[5] [Diese Tätigkeit beschreibt gut die Aufgaben von Hellmanns künftiger Abteilung, aber nicht die des ganzen Preußischen Meteorologischen Instituts.]
[6] [Die Inspektionen wurden nach der Reorganisation des Preußischen Meteorologischen Instituts ab 1885 von Institutsmitgliedern alljährlich gebietsweise durchgeführt.]

Inspektion der Regenstationen .... 1 000 M
Summa .... 15 000 M

[Zu Personalausgaben veranschlagt Hellmann: Vorstand (6 000 M)[7], Adjunkt (4 000), Assistent (3 000), zwei Rechner (je 1 500), ein Schreiber (1 500), ein Bureau-Diener (1 200), ein Ausläufer (500). Summa: 19 200 M. Gesamtkosten: 34 200 M.]

Zu einem solchen Betrage dürften die jährlichen Ausgaben veranschlagt werden, wenn das Zentralamt selbstständig dastehen sollte, in welchem Falle noch einige Einrichtungskosten von etwa 5 000 M erwachsen würden. Würde dagegen das Institut an ein schon bestehendes oder ein noch neu zu schaffendes, wie z. B. das in Aussicht genommene reorganisierte meteorologisch-magnetische Institut angeschlossen, so wären die jährlichen Ausgaben, wie leicht zu sehen, geringer. Ich schätze den Unterschied auf etwa 10 000 M, so dass also diese Abteilung des neuen Instituts auf rund 25 000 M jährlich zu stehen käme[8].

Ich halte einen solchen Anschluss im Interesse der Sache selbst wie aus ökonomischen Rücksichten für durchaus geboten.

Der Betrag könnte groß erscheinen gegenüber dem, was man bisher in Preußen für die gesamten meteorologischen Zwecke auszugeben gewöhnt war, aber abgesehen davon, dass eben in Folge des geringen Budgets das Institut schon lange nicht mehr das leisten kann, was die Schwesteranstalten andrer Länder im Stande sind, bleibt der Kostenanschlag bei weitem innerhalb der Grenzen, welche in andern Staaten für ähnliche Zwecke maßgebend sind.

Jedes weitere Eingehen in diese materiellen Fragen des Projektes ist nicht Sache dieser Vorlage, welche lediglich eine Anregung zur Gründung eines landwirtschaftlich-meteorologischen Beobachtungsnetzes geben will. Diese wie viele andre Einzelheiten derselben gehören vor das Forum einer Fachkommission. Dagegen sei es gestattet, zum Schlusse noch auf einige Punkte aufmerksam zu machen, die von Wichtigkeit scheinen.

Ein Übelstand für die erfolgreiche Wirksamkeit des eben skizzierten Beobachtungssystems ist die vielfache Durchsetzung des Preußischen Staates durch nicht zugehöriges Gebiet. Denn da die Witterungserscheinungen solche politische Grenzen und Enklaven nicht anerkennen und, unbekümmert um sie, über die verschiedensten Staatsgebiete sich oft gleichzeitig erstrecken, würden in der Diskussion des preußischen Beobachtungsmaterials oft große Lücken entstehen. Es wäre daher überaus wichtig, die kleinen Staaten Norddeutschlands zum Anschluss an das projektierte Beobachtungsnetz einzuladen und zu gewinnen. Ich erinnere daran, dass in ähnlicher Weise diese und andre deutsche Staaten sich an das Preußische Meteorologische Institut angeschlossen haben.

Ein Beobachtungsmaterial von etwa 10 Jahren für die Niederschläge [ist nötig, um die den Staaten] Norddeutschlands zukommenden Niederschlagsmengen annähernd zu ermitteln. Abgesehen von dem unmittelbar praktischen Werte dieser Kenntnis für alle hydrologischen Fragen des Landes, dürfte es, bei gleichzeitiger Rücksichtnahme auf die geologische Beschaffenheit der verschiedenen Flussgebiete, auf die stattfindende Verdunstung und bei gleichzeitiger Anstellung regelmäßiger Pegelbeobachtungen auch möglich werden, ein System von Hochwasserwarnungen einzuführen. Zu dem Ende wäre es freilich am besten, schon von vornherein auf regelmäßige und genaue Wasserstandsmessungen an Fluss- und Kanalpegeln und ihre Mitteilung ans Zentralamt zu dringen. Die nötige Vereinbarung mit dem Königlichen Preußischen Handelsministerium dürfte dieses Material ebenfalls sichern. Die ungeheuren Vorteile eines solchen Warnungssystems, nicht bloß für die Landwirtschaft, sondern für die gesamte Nation, sind zu augenscheinlich, um noch weiter analysiert zu werden.

Die im Vorstehenden niedergelegten Gedanken sollen wesentlich dazu dienen, die Nützlichkeit und Möglichkeit eines meteorologischen Beobachtungsnetzes von Station dritter und vierter Ordnung für die Zwecke der Landwirtschaft Preußens darzutun.

Als letztes Ziel schwebte mir dabei immer ein telegraphischer Wetterdienst zu Gunsten der Landwirtschaft vor; aber in der Überzeugung, dass wir seiner Vorteile nicht teilhaftig werden können, wenn wir uns vorher nicht der Mühe unterzogen haben, die oben ausführlich dargelegten Vorarbeiten zu erledigen, glaubte ich an dieser Stelle aufs bestimmteste hierauf hinweisen zu müssen, zumal sich jetzt günstige Gelegenheit bietet, das projektierte Beobachtungsnetz von Stationen dritter und vierter Ordnung an das zu reorganisierende meteorologische Institut anzuschließen.

Die Beratungen der beteiligten Ministerien des Innern, des Unterrichts und der Finanzen über die Reorganisation des meteorologischen Instituts haben vergangenen Sommer schon begonnen. Wäre das Landwirtschaftliche Ministerium geneigt, die hier niedergelegten Ideen oder ähnliche zur Ausführung zu bringen, so wäre eine Beteiligung an jenen Konferenzen resp. an der Neugestaltung des preußischen meteorologischen Staatsdienstes vielleicht am geeignetsten, die Realisierung des Projektes anzubahnen.   z. Z. St. Petersburg, 4. Februar 1879.

---

7   [Aus dem in Kapitel 2 zitierten Schreiben des Ministeriums des Innern vom 20. Mai 1885 geht hervor, dass der Direktor des Preußischen Meteorologischen Instituts, Bezold, mit einem Gehalt von 4 200 M zu honorieren sei, und Hellmann mit einem Assistentengehalt von 2 700 M + Wohnzulage von 540 M.]

8   [Die rund 60 000 M sind nur ein Bruchteil dessen, was nach der Reorganisation des Instituts schließlich (jährlich abnehmend) beantragt wurde, vgl. Kapitel 2.]

Anhang C: Brieffaksimiles

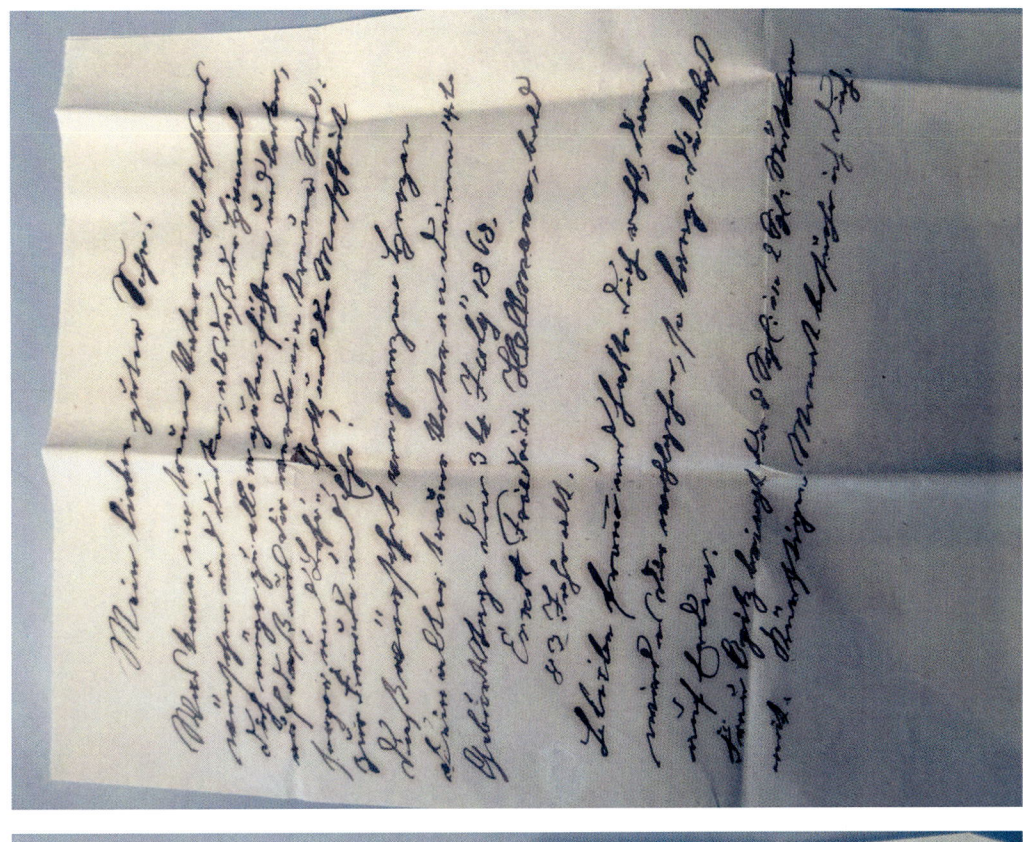

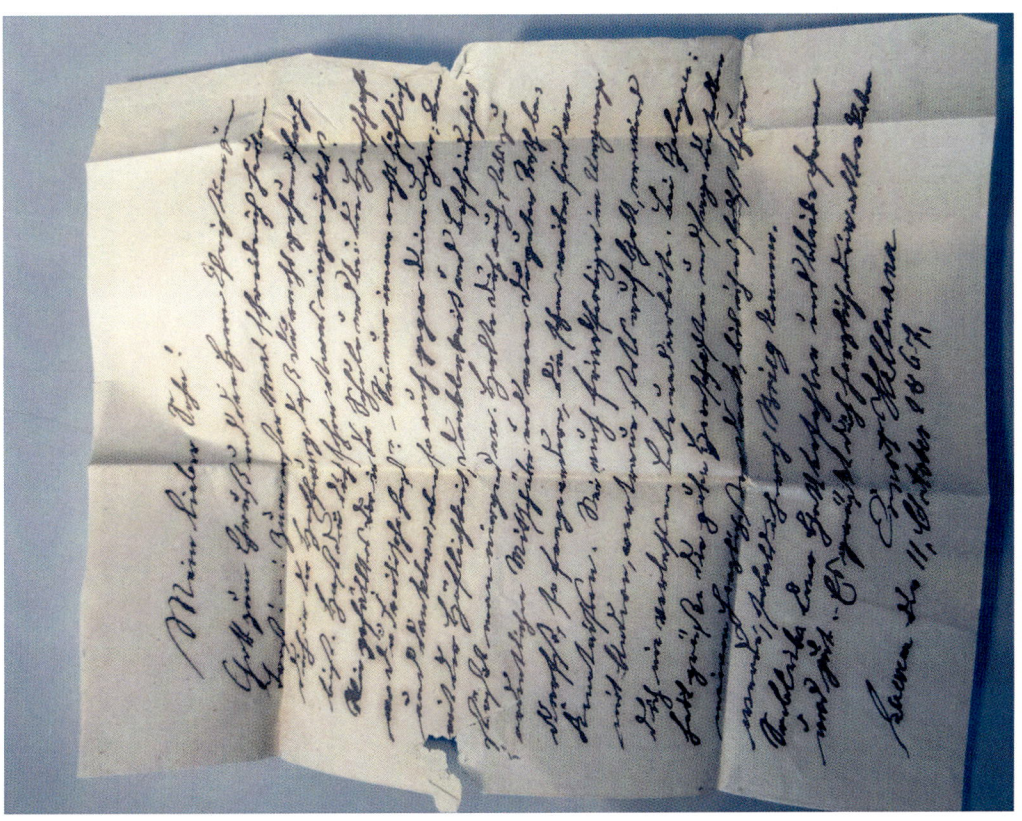

Abb. C-1: Zwei Briefe von Vater Ernst an Sohn Hellmann[1]

---
[1] Die Briefe sind im „Nachlass Hellmann" (Handschriften-Abteilung der Staatsbibliothek zu Berlin, Preußischer Kulturbesitz) enthalten.

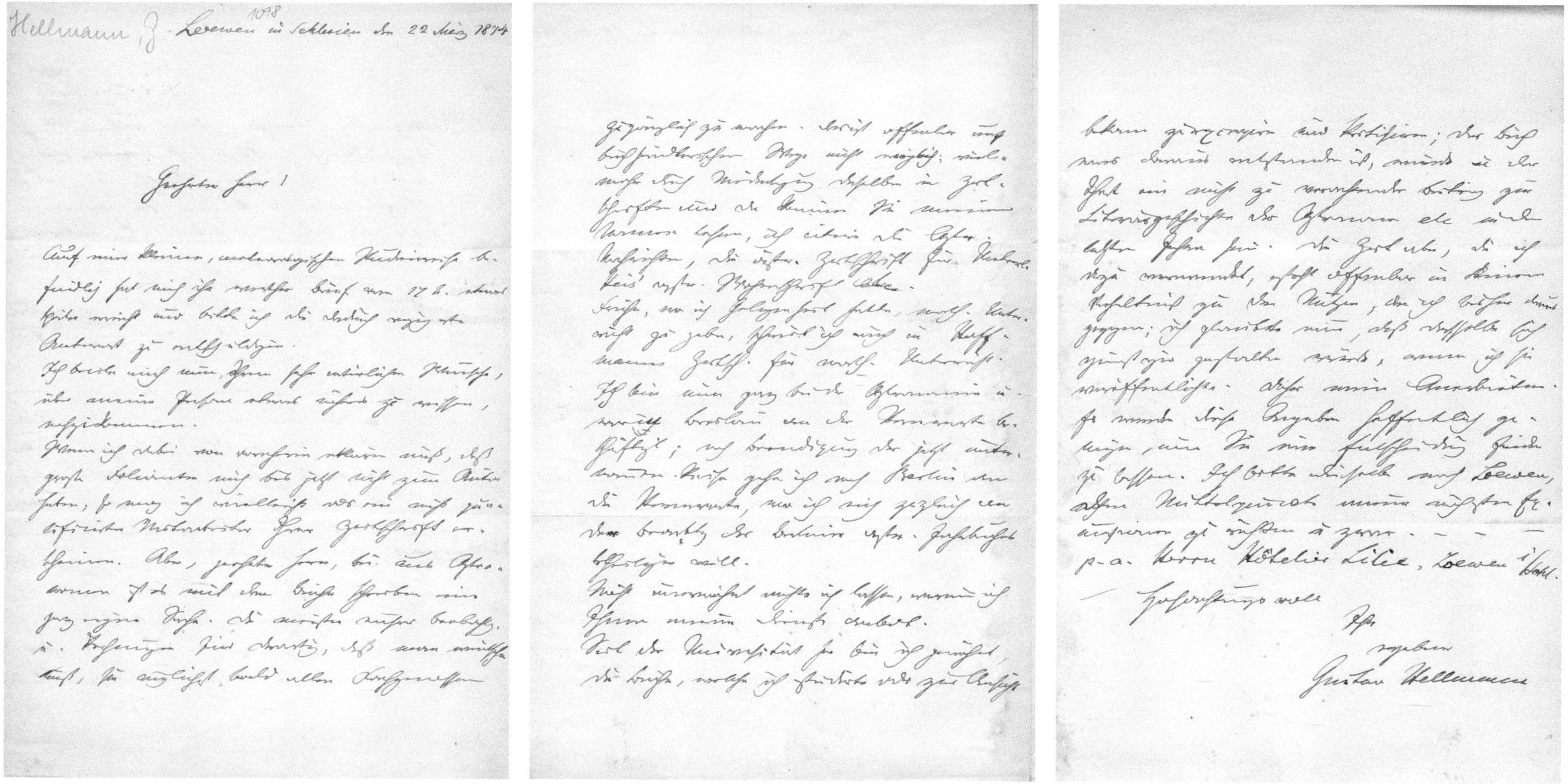

Abb. C-2: Brief von Hellmann an Friedrich Zarncke (1825-1891) vom 22. März 1874 (UB Leipzig, Sign.: NL 249/1/H 1098). Der 19-jährige Hellmann schreibt darin unter anderem: „Wenn ich dabei von vornherein erklären muss, dass große Folianten mich bis jetzt nicht zum Autor haben, so mag ich vielleicht als ein qualifizierter Mitarbeiter Ihrer Zeitschrift erscheinen. Aber, geehrter Herr, bei uns Astronomen ist es mit dem Briefe schreiben eine eigene Sache. Die meisten unserer Beobachtungen und Rechnungen sind derartig, dass man wünschen muss, sie möglichst bald allen Fachgenossen zugänglich zu machen. [...] Früher, wo ich Gelegenheit hatte mathematischen Unterricht zu geben, schrieb ich auch in Hoffmanns Zeitschrift f. math. Unterricht. Ich bin nun ganz bei der Astronomie und [...?] Breslau an der Sternwarte beschäftigt; nach Beendigung der jetzt unternommenen Reise gehe ich nach Berlin an die Sternwarte, wo ich mich zugleich der Bearbeitung der Berliner astr. Jahrbücher beteiligen will. // Nicht unerwähnt möchte ich Ihnen meine Dienste anbot. Seit der Universität her bin ich gewöhnt, die Bücher, welche ich studiere oder zur Ansicht bekam, zu exzerpieren und klassifizieren [?]; das Buch, was daraus entstanden ist, würde in der Zeitschrift [Literarisches Centralblatt für Deutschland] ein nicht zu verachtender Beitrag zur Literaturgeschichte der Astronomen etc. in den letzten Jahren sein. Die Zeit aber, die ich dazu verwandt, steht offenbar in keinem Verhältnis zu dem Nutzen, den ich bisher daraus gezogen; ich glaube nun, dass dasselbe sich günstiger gestalten würde, wenn ich sie veröffentlichte. Daher mein Anerbieten, so werden diese Angaben hoffentlich genügen, um Sie eine Entscheidung finden zu lassen. [...]"

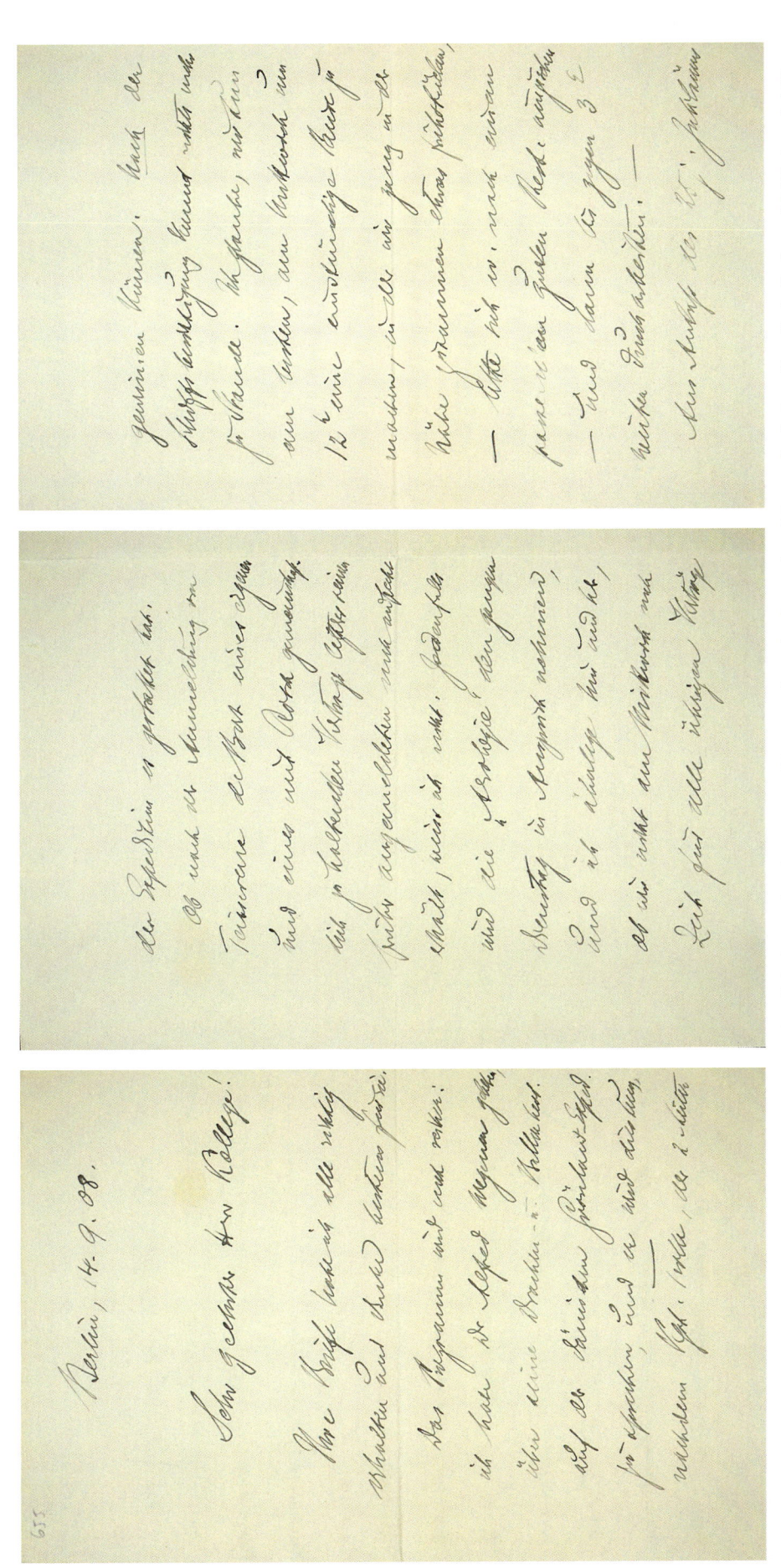

Abb. C-3a: Seiten 1 bis 3 des Briefes von Hellmann an Köppen anlässlich der Vorbereitungen zur Versammlung der Deutschen Meteorologischen Gesellschaft, deren 25-jähriges Jubiläum in Hamburg 1908 anstand, vgl. Kapitel 4. (*Universitätsbibliothek Graz: Nachlass Köppen (MS NL 2054), Korrespondenz Hellmann, Brief Nr. 655*).

Abb. C-3b: Seiten 4 bis 6 des Briefes von Hellmann an Köppen anlässlich der Vorbereitungen zur Versammlung der Deutschen Meteorologischen Gesellschaft, deren 25-jähriges Jubiläum in Hamburg 1908 anstand, vgl. Kapitel 4. Die zwei letzteren Seiten mit eigenhändigen Bemerkungen Köppens sind Hellmanns Brief beigefügt. (*Universitätsbibliothek Graz: Nachlass Köppen (MS NL 2054), Korrespondenz Hellmann, Brief Nr. 655*).

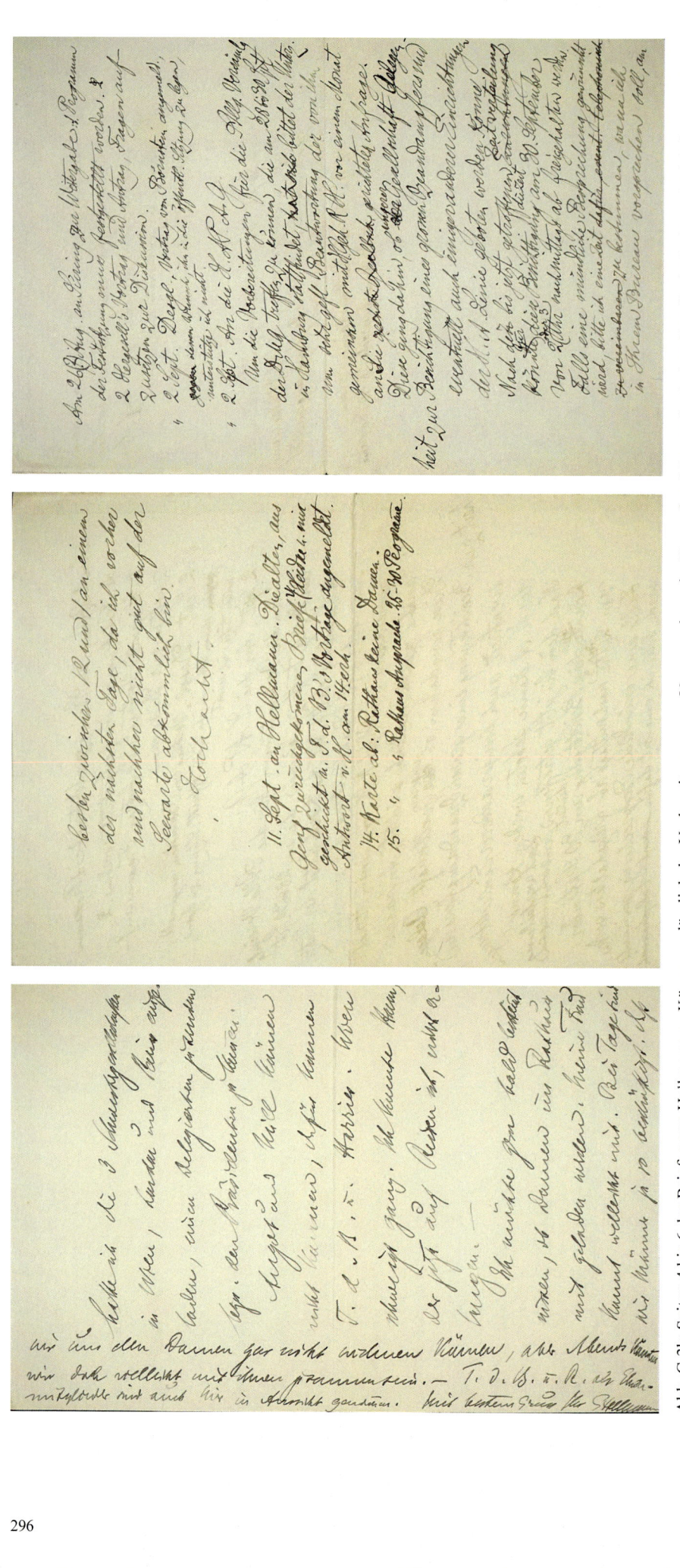

Die folgenden drei Brieffaksimiles sind der sogenannten Sammlung Darmstaedter entnommen. Zu dieser Sammlung des Chemikers und Wissenschaftshistorikers Ludwig Darmstaedter (1846-1927) zitiere ich aus dem „Jahresbericht der preußischen Staatsbibliothek, Berichtsjahr 1927", erschienen 1929:

Dokument-Sammlung Darmstaedter. Am 18. Oktober 1927 starb nach längerer Krankheit der Begründer und unermüdliche Förderer der Sammlung, Professor Dr. Ludwig Darmstaedter, im Alter von 81 Jahren. Er hatte im Jahre 1907 seine Autographen-Sammlung als überaus wertvolle Gabe der Staatsbibliothek gestiftet und bis zu seiner Erkrankung diese Sammlung betreut, die unter seinen Händen zu einer Dokumenten-Sammlung, d. h. zu einer Sammlung von eigenhändigen Schriftstücken wissenschaftlichen wertvollen Inhalts der Naturwissenschaftler und Techniker aller Zeiten wurde und durch stetiges Wachsen eine solche Bedeutung erlangt hat, dass ihresgleichen an keiner Stelle zu finden ist. Die Dokumenten-Sammlung ist im Laufe der Jahre ein unentbehrliches Forschungsmittel für die Geschichte der Naturwissenschaften und Technik geworden. Der Ausbau der Sammlung ist hauptsächlich dem unausgesetzten Bemühen ihres Stifters um ihre Erweiterung und Vervollständigung zu danken. Prof. Darmstaedter war auch der Begründer einer Stimmensammlung, die in der Lautabteilung der Staatsbibliothek weitergeführt wird, wie er auch den Verein der Freunde der Staatsbibliothek ins Leben gerufen und bis zu seinem Tode als Leiter geführt hat. So schuldet die Staatsbibliothek dem Verstorbenen für vieles Dank.

Mit seiner Sammlung hatte sich Darmstaedter zum Ziel gesetzt, „der ruhende Pol in der Erscheinungen Flucht" zu sein (DARMSTAEDTER 1926).

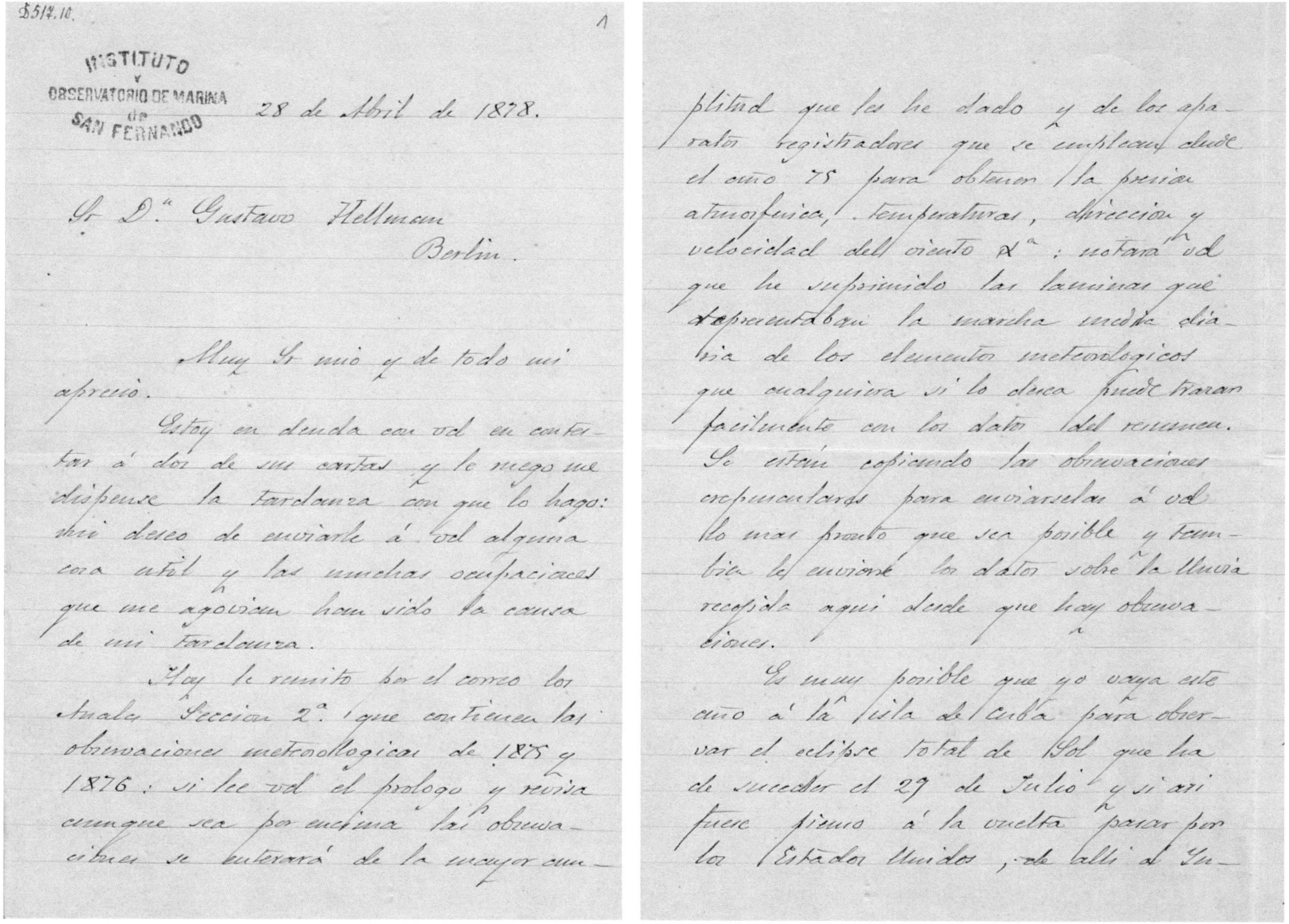

$514.10. 1

INSTITUTO y OBSERVATORIO DE MARINA de SAN FERNANDO

28 de Abril de 1878.

Sr Dn Gustavo Hellmann
Berlin.

Muy Sr mio y de todo mi aprecio.

Estoy en deuda con vd en contestar á dos de sus cartas y le ruego me dispense la tardanza con que lo hago: mi deseo de enviarle á vd alguna cosa util y las muchas ocupaciones que me agovian han sido la causa de mi tardanza.

Hoy le remito por el correo los Anales Seccion 2a que contienen las observaciones meteorologicas de 1875 y 1876: si lee vd el prologo y revisa aunque sea por encima las observaciones se enterará de la mayor amplitud que les he dado y de los aparatos registradores que se emplean desde el año 75 para obtener la presion atmosferica, temperaturas, dirección y velocidad del viento &a; notará vd que he suprimido las laminas que representaban la marcha media diaria de los elementos meteorologicos que cualquiera si lo desea puede trazar facilmente con los datos del resumen.

Se están copiando las observaciones crepusculares para enviarselas á vd lo mas pronto que sea posible y tambien le enviaré los datos sobre la lluvia recogida aqui desde que hay observaciones.

Es muy posible que yo vaya este año á la Isla de Cuba para observar el eclipse total de Sol que ha de suceder el 29 de Julio y si asi fuere pienso á la vuelta pasar por los Estados Unidos, de alli á In-

Abb. C-4a: Seiten 1 und 2, Faksimile des Briefes von Cecilio Pujazón y García an Hellmann, vom 28.04.1878 *(Slg. Darmstaedter F 1f 1870 Pujazon, Cecilio).*

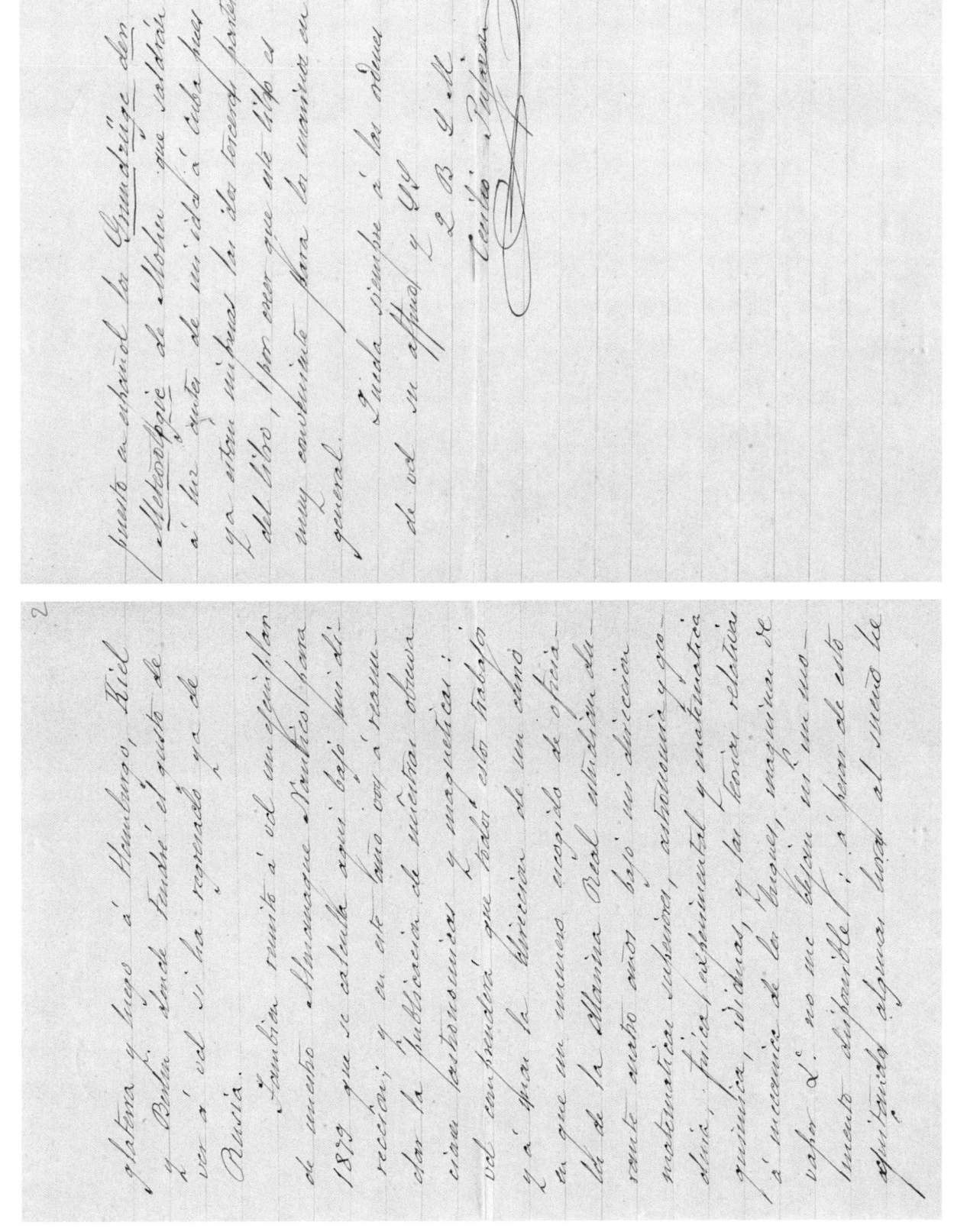

2

plátano y luego á Hamburgo, Kiel
Berlin donde tuvo el gusto de
ver á V⁴ y ha regresado ya á
Rusia.

También remito á V⁴ un ejemplar
de nuestro Huracán Ciclón para
1873 que se calculó aquí bajo mi dirección; y en este uno con á conti-
nuar la publicación de cuantas observaciones astronómicas y magnéticas
ha emprendido; que todo esto trabajo
y á que la División de un cero
en que un nuevo escogido de oficia-
les de la Marina Real estudian ac-
tualmente cuatro años bajo mi dirección
matemáticas elementales, cosmografía y geo-
desia, física experimental y matemática,
química, física experimental y las teorías relativas
á instancia de los buques, magnetismo &c
sobre V⁴ no me dejan un momento
[de] tiempo disponible; á pesar de estó
aguardando algunas horas al sueño he

---

puesto en español la Grundzüge der
Meteorologie de Mohn, que saldrá
á la vista de un idá á Cuba pues
ya están impresos los dos terceras partes
del libro, por creer que este libro es
muy conveniente para los marinos en
general.

Quedo siempre á las ordenes
de V⁴ su afmo y S.S.Q.B.S.M.
Cecilio Pujazón

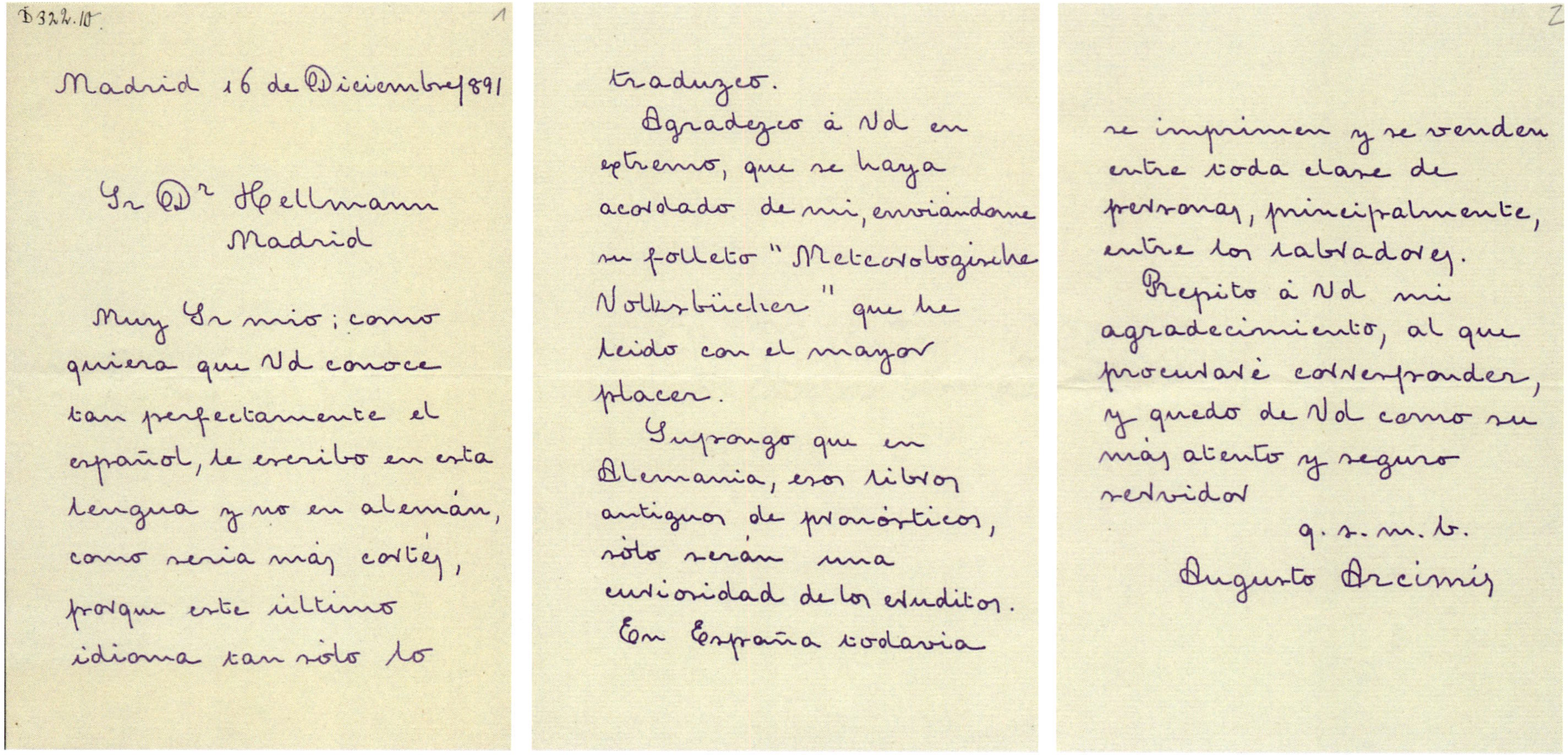

F 3 2 4. 15.

Madrid 16 de Diciembre 1891

Sr. Dr. Hellmann
Madrid

Muy Sr. mio; como quiera que Vd conoce tan perfectamente el español, le escribo en esta lengua y no en alemán, como seria mas cortés, porque en estos últimos idiomas ran nuchos los

traduges.
Agradezco á Vd en el alma, que se haya acordado de mi, enviandome un folleto "Meteorologisches Notlzbüchlein" que he leido con el mayor placer.
Y supongo que en Alemania, esos libros antiguos de pronósticos, nos nenan una curiosidad de los eruditos. En España riquisima

se imprimen y se venden entre toda clase de personas, principalmente, entre los labradores.
Repito á Vd mi agradecimiento, al que procuraré corresponder, y quedo de Vd como su mas atento y seguro servidor
q. s. m. b.
Augusto Arcimis

Abb. C-5: Faksimile des Briefes von Augusto Arcimís an Hellmann, 16.12.1891 *(Slg. Darmstaedter F 1f 1895 Arcimis, A.).*

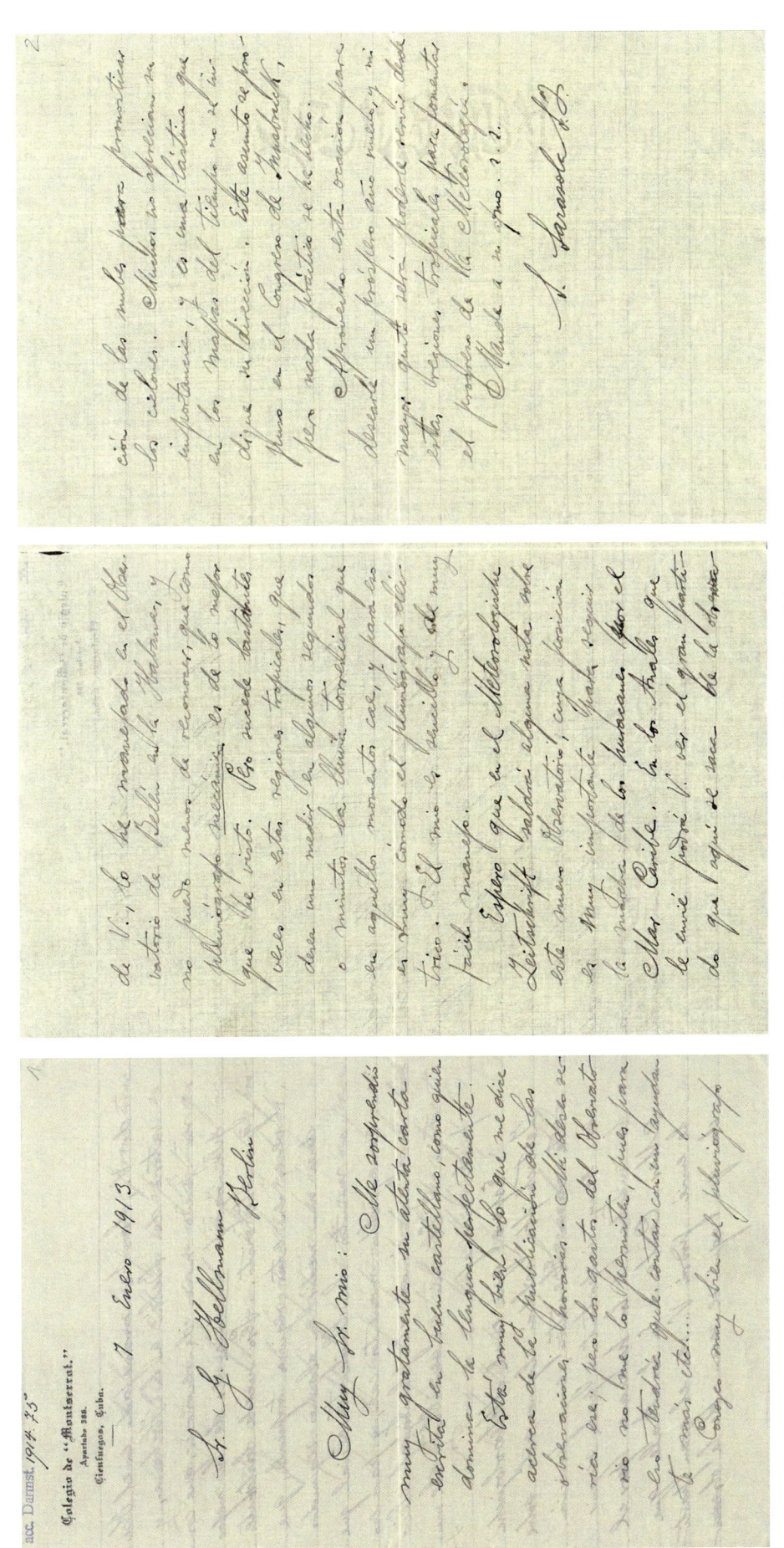

Abb. C-6: Faksimile des Briefes von Simón Sarasola an Hellmann, 07.01.1913 (Slg. Darmstaedter F 1f 1910 Sarasola).

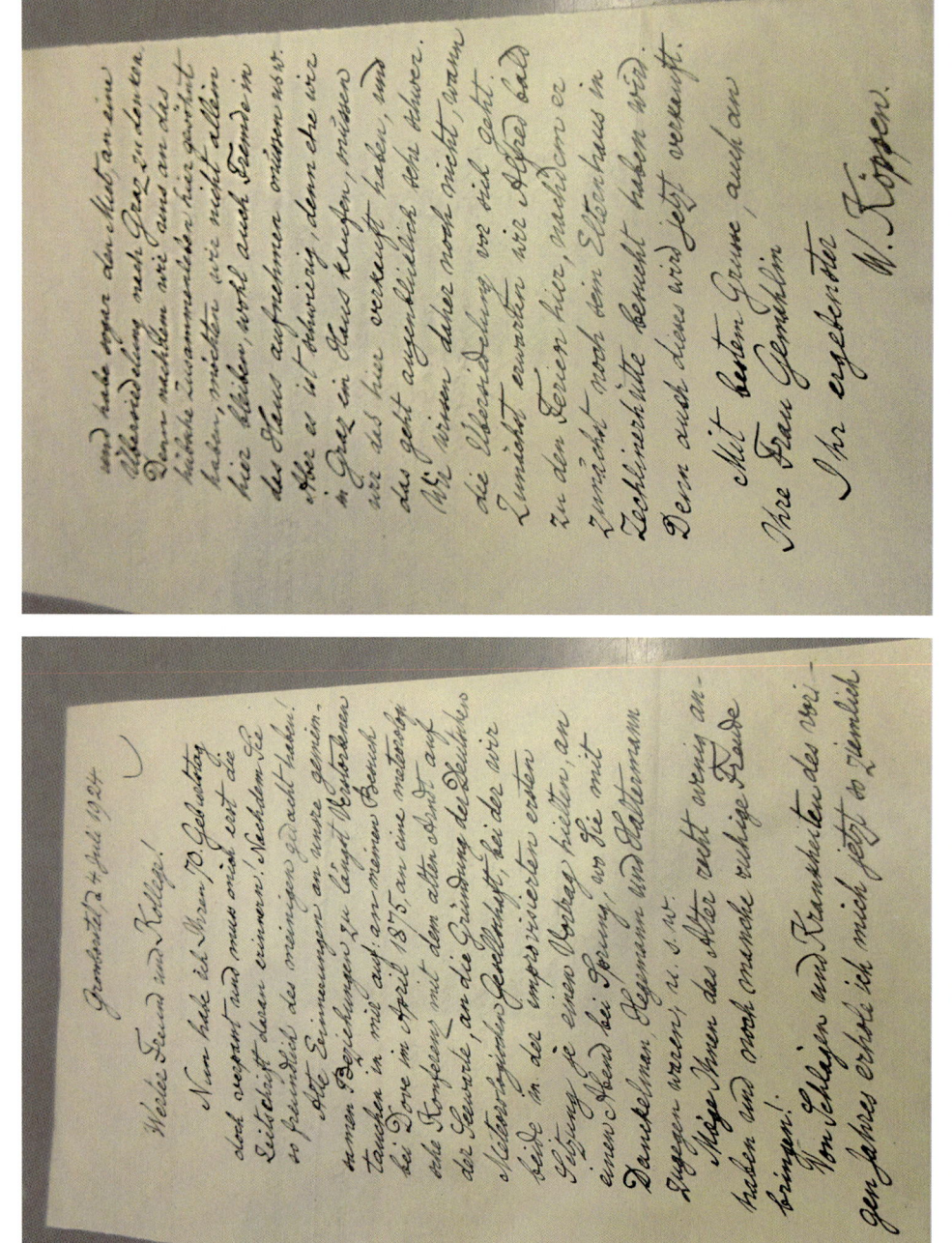

Abb. C-7: Brief von Köppen an Hellmann zu seinem 70. Geburtstag. Für den um einen Tag verzögert geschriebenen Brief bedankt sich Hellmann am 9. Juli in einer Postkarte (Kapitel 2). Zu seinem 70. erhielt er sehr viele Glückwunschschreiben, so etwa von August Schmauß, der die durch die Inflation „mitgenommene" Finanzlage der Deutschen Meteorologischen Gesellschaft, deren Vorsitzender er seit 1923 geworden war, beklagte und an Hellmann am 1.7.1924 schrieb: „An Stelle eines ‚Jubelbandes', zu dem alle Ihre Freunde gerne beigesteuert hätten, müssen wir uns mit einem Gedenkhefte begnügen. // Wir wünschen Ihnen noch lange Jahre emsiger Arbeit, in der Sie nicht bloß die Rückschau auf Ihr wissenschaftliches Leben, sondern auch auf die Entwicklung der Meteorologie sich können auswirken lassen. Neben Herrn Köppen sind Sie ja der letzte Vertreter aus der von Fortschritten so reichen Zeit der Jahre 1871-1920. Wenn ich an Ihr Gedächtnis denke, mit dem Sie Ihre reichhaltige Bibliothek zu einem arbeitsbereiten Instrument zu gestalten wussten, dann kann ich nur heute schon bedauern, dass Sie uns dasselbe nicht hinterlassen können"².

---

2   Beide Briefe von Köppen und Schmauß (je zwei Seiten) sind im „Nachlass Hellmann" enthalten, der in der Handschriften-Abteilung der Staatsbibliothek zu Berlin verwahrt wird. Die Deutsche Bibliothek des Deutschen Wetterdienstes dankt für die von ihrem ehemaligen Bibliotheksleiter Dr. Jörg Rapp dort abgelichteten Dokumente.

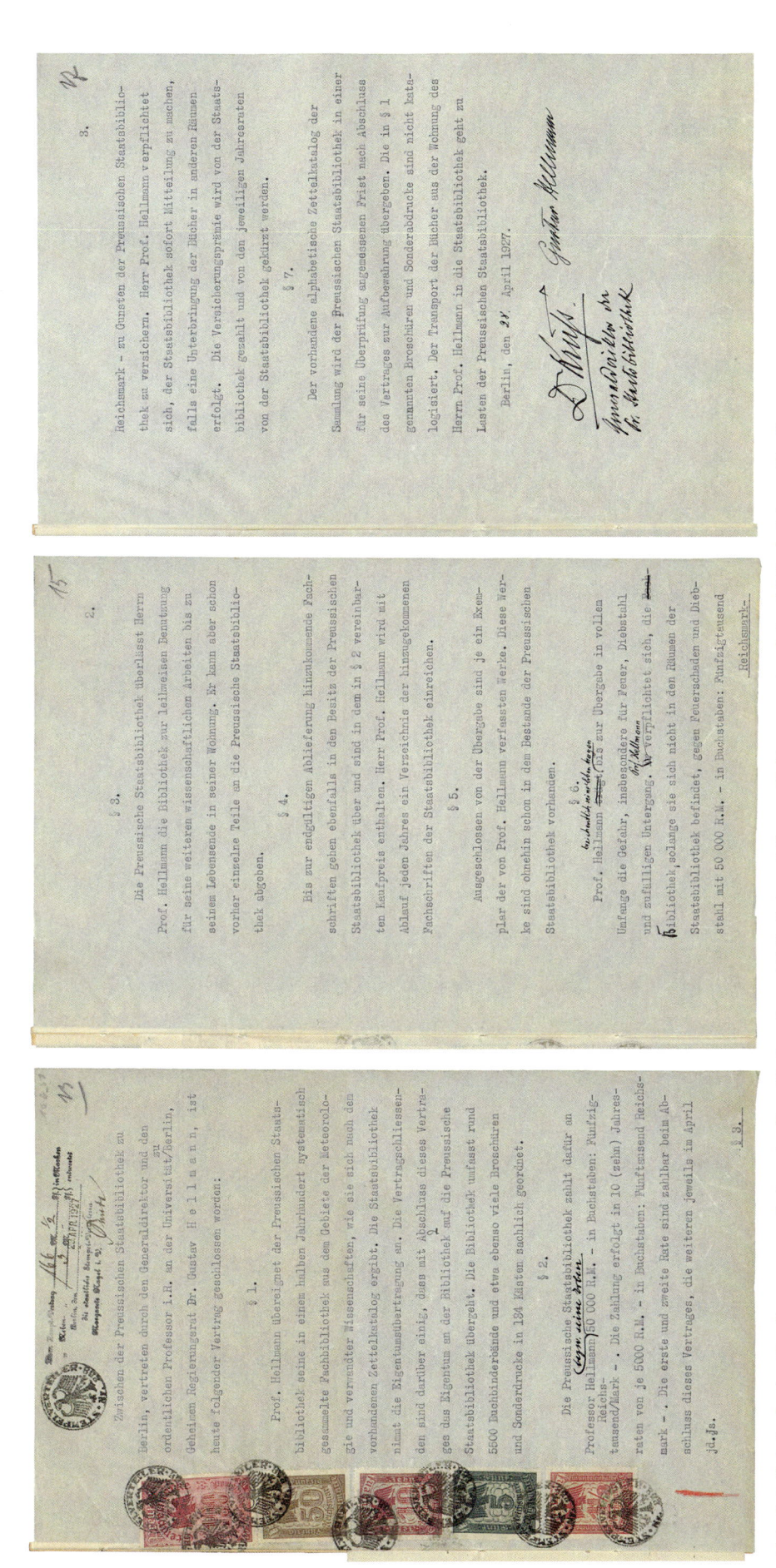

Abb. C-8: Faksimile des Kaufvertrages zwischen der Preußischen Staatsbibliothek und Gustav Hellmann, seine Privatbibliothek betreffend[3]

---

[3] Aus der von der Bibliothek des Deutschen Wetterdienstes erworbenen Akte der StaBi Berlin, Preußischer Kulturbesitz, Acta III B 87. Alle folgenden Zitate im „Nachtrag" sind verschiedenen Dokumenten aus dieser Akte entnommen.

Zu Abb. C-8 (und Nachtrag zu Kapitel 2)

Kaufvertrag

Dreiseitiger Vertrag vom 29. April 1927. Maschinenschrift und mit vier handschriftlichen Zusätzen oder Änderungen.

Zwischen der Preußischen Staatsbibliothek zu Berlin, vertreten durch den Generaldirektor und den ordentlichen Professor Dr. Gustav Hellmann, ist heute folgender Vertrag geschlossen worden:

§ 1

Professor Hellmann übereignet der Preußischen Staatsbibliothek seine in einem halben Jahrhundert systematisch gesammelte Fachbibliothek aus dem Gebiete der Meteorologie und verwandter Wissenschaften, wie sie sich nach dem vorhandenen Zettelkatalog ergibt. Die Staatsbibliothek nimmt die Eigentumsübertragung an. Die Vertragschließenden sind darüber einig, dass mit Abschluss dieses Vertrages das Eigentum an der Bibliothek an die Preußische Staatsbibliothek übergeht. Die Bibliothek umfasst rund 5500 Bucheinbände und etwa ebensoviele Broschüren und Sonderdrucke in 134 Kisten sachlich geordnet.

§ 2

Die Preußische Staatsbibliothek zahl dafür an Professor Hellmann bzw. seine Erben [hds hinzugefügt] 50000 R.M. – in Buchstaben: Fünfzigtausend Reichsmark – . Die Zahlung erfolgt in 10 (zehn) Jahresraten von je 5000 R.M. – in Buchstaben: Fünftausend Reichsmark – . Die erste und zweite Rate sind zahlbar beim Abschluss dieses Vertrages, die weiteren jeweils im April jd. Js.

§ 3

Die Preußische Staatsbibliothek überlässt Herrn Prof. Hellmann die Bibliothek zur leihweisen Benutzung für seine weiteren wissenschaftlichen Arbeiten bis zu seinem Lebensende in seiner Wohnung. Er kann aber schon vorher einige Teile an die Preußische Staatsbibliothek abgeben.

§ 4

Bis zur endgültigen Ablieferung hinzukommende Fachschriften gehen ebenfalls in den Besitz der Preußische Staatsbibliothek über und sind in dem in § 2 vereinbarten Kaufpreis enthalten. Herr Prof. Hellmann wird mit Ablauf jeden Jahres ein Verzeichnis der hinzugekommenen Fachschriften der Staatsbibliothek einreichen.

§ 5

Ausgeschlossen von der Übergabe sind je ein Exemplar der von Prof. Hellmann verfassten Werke. Diese Werke sind ohnehin in dem Bestande der Preußische Staatsbibliothek vorhanden.

§ 6

Prof. Hellmann trägt [hs.: beziehentlich seine Erben tragen] bis zur Übergabe in vollem Umfange die Gefahr, insbesondere für Feuer, Diebstahl und zufälligen Untergang. Dr. [hs.: Prof. Hellmann] verpflichtet sich, die FachBibliothek, solange sie sich nicht in den Räumen der Staatsbibliothek befindet, gegen Feuerschaden und Diebstahl mit 50000 R.M. – in Buchstaben: Fünfzigtausend Reichsmark – zugunsten der Preußischen Staatsbibliothek zu versichern. Herr Prof. Hellmann verpflichtet sich, der Staatsbibliothek sofort Mitteilung zu machen, falls eine Unterbringung der Bücher in anderen Räumen erfolgt. Die Versicherungsprämie wird von der Staatsbibliothek gezahlt und von den jeweiligen Jahresraten von der Staatsbibliothek gekürzt werden.

§ 7

Der vorhandene alphabetische Zettelkatalog der Sammlung wird der Preußischen Staatsbibliothek in einer für seine Überprüfung angemessenen Frist nach Abschluss des Vertrages zur Aufbewahrung übergeben. Die in § 1 genannten Broschüren und Sonderdrucke sind nicht katalogisiert. Der Transport der Bücher aus der Wohnung des Herrn Prof. Hellmann in die Staatsbibliothek geht zu Lasten der Preußischen Staatsbibliothek.

Berlin, den 28. April 1927

D. Krüss   *Gustav Hellmann*
Generaldirektor der
Preußischen Staatsbibliothek

Wie in Kapitel 2 ausgeführt wurde, und hier nachträglich ergänzt sei, hat Hellmann seine Privatbibliothek 1927 zum Verkauf angeboten, erst in den Vereinigten Staaten, dann in Berlin, wo die Bibliothek schließlich blieb (Kaufvertrag, Abb. C-8 und oben wiedergegebener Wortlaut); allerdings verblieb sie nicht bis zu seinem Lebensende in seiner Wohnung, wie es nach dem Kaufvertrag vorgesehen war. Er hat wohl nicht mehr die Kraft gefunden, sie „für seine weiteren wissenschaftlichen Arbeiten" zu nutzen. Am 7. Februar 1928 geht bei der Preußischen Staatsbibliothek folgendes Schreiben von Hellmann ein:

Hochgeehrter Herr Generaldirektor!

Bezugnehmend auf § 3 [Abb. C-8] des Vertrages betreffend die Überlassung meiner Büchersammlung an die Preußische Staatsbibliothek möchte ich einen Teil schon jetzt an diese abgeben, da ich in der Wohnung zu sehr beengt werde.

Es handelt sich um 24 laufende Meter Oktav- und Quartformat, Bücher über Wettervorhersage, ältere Beobachtungen, Kalender, Kommentare zur Meteorologie des Aristoteles, British Rainfall, ca. 100 Ausgaben des 100jährigen Kalenders.

Ich wäre sehr dankbar, wenn diese Bücher in den Tagen von 23. bis 26. Februar abgeholt werden könnten, und bitte um gefälligen Bescheid, wann es geschehen kann.

Mit hochachtungsvollem Gruß,

Ihr sehr ergebener
G. Hellmann

Am Rande des Schreibens ist ein Vermerk eingetragen: „Bücher nach telephonischer Rücksprache heute abgeholt 14/2." Und schon wenige Jahre nach Vertragsunterzeichnung schrieb Hellmann dem Generaldirektor der Preußischen Staatsbibliothek (am 26. September 1931):

Nun kann meine Bibliothek ganz in die Staatsbibliothek übergeführt werden.

Wir haben uns nämlich entschlossen, die feste Wohnung in Berlin aufzugeben. Wir sind ja schon in den letzten Jahren jedesmal 8 Monate im Winter in Meran gewesen.

Doppelte Wohnung zu halten ist bei den jetzigen Verhältnissen unmöglich und so geben wir unser hiesiges Heim ganz auf.

Ich bitte Sie, dafür zu sorgen, dass die Bibliothek am Montag den 22. Oktober und eventuell noch am folgenden Tage abgeholt wird. ... Es wird gut sein, wenn 2 Männer die Arbeit verrichten, denn es handelt sich doch um ca. 5 000 Bände. Es sind noch zahlreiche Neuzugänge hinzugekommen, die nicht im Katalog stehen.

Hellmanns Nachfolger als Direktor des Preußischen Meteorologischen Instituts, Heinrich von Ficker, schreibt noch im selben Jahr, am 3. Dezember, an den Generaldirektor der Bibliothek (dort am 5. Dezember eingegangen):

Wie ich erfahren habe, ist die Staatsbibliothek z. Zt. mit der Bearbeitung der von Geh. Rat Hellmann erworbenen Bücherei beschäftigt, wobei viele Dubletten ausgeschieden werden. Das Meteorologische Institut besitzt zwar selbst eine [von Hellmann mitaufgebaute] sehr reichliche Fachbücherei, doch ist immerhin die Möglichkeit vorhanden, dass sich unter den Dubletten noch Werke befinden, die das Institut nicht besitzt. Da mir sehr viel daran liegt, die Institutsbücherei möglichst zu vervollständigen, erlaube ich mir hiermit die ganz ergebene Anfrage, ob es nicht möglich wäre, dem Institut Einblick in diese Dubletten zu gewähren und gegebenenfalls ihm die noch fehlenden Nummern zur Auffüllung von Lücken zu überlassen.

Am 8. Januar 1932 wird ihm geantwortet, dass es noch eine Weile dauern würde, ehe aus der Hellmannschen Bibliothek die Dubletten ausgesondert wären. Große Hoffnungen werden ihm nicht gemacht, „da noch nicht feststeht, in wie weit diese Dubletten unter Umständen zur Ergänzung von Lücken der Universitätsbibliotheken beansprucht werden"[4]. Und für den Fall, dass doch Dubletten übrigblieben: „Ob es möglich sein wird, Ihnen die Doppelstücke ganz kostenlos zu überlassen, kann ich freilich ebenfalls heute noch nicht sagen."

Aus späteren Verhandlungen mit dem „Antiquarium Koehler" in Leipzig sind noch zwei Schreiben der Staatsbibliothek an das Antiquariat aufschlussreich. Das erste ist vom 23. September 1937:

Die Staatsbibliothek verkauft der Firma K. F. Koehler die Dubletten der ehemaligen Bibliothek Hellmann zu einem Preise von 7 000 RM, von denen 4 000 RM bar bezahlt werden und 3 000 RM durch Bücherkäufe der Staatsbibliothek abgedeckt werden.

Die Staatsbibliothek ist bereit, auch den Handapparat der Bibliothek Hellmann der Firma K. F. Koehler zu überlassen. ... Falls eine Einigung über den Preis zustandekommt, wird die Staatsbibliothek aus dem Handapparat diejenigen Stücke herausziehen, die sie für ihre eigen Sammlung behalten möchte.

Im Schreiben vom 8. Dezember 1937 an „Koehlers Antiquarium" erfährt man noch einige für historiographische

---

[4] In der Bibliothek des Frankfurter Instituts für Meteorologie und Geophysik der Johann Wolfgang Goethe-Universität sah ich vor Jahren zwei Exemplare mit Hellmanns Namenszug.

Arbeiten wichtige Einzelheiten bezüglich der Hellmannschen Bibliothek:

Die Preußische Staatsbibliothek bestätigt hiermit den Kaufabschluss über die seinerzeit von den Herren Ihrer Firma hier ausgesuchten Dubletten. Ausgenommen sind von dem Kauf die in der Anlage zum Schreiben der Dublettenstelle vom 24. November d. J. aufgeführten Werke. ... Weiterhin ist eingeschlossen in das Kaufobjekt der Handapparat von Geh-Rat Hellmann mit Ausnahme der bereits entnommenen 351 Dissertationen und Broschüren.

Es schloss sich eine Diskussion darüber an, ob das Antiquariat den „Handapparat Hellmanns" als solchen bezeichnen dürfe (8. Dezember):

Wegen der Verwendung des Namens Hellmann für die Anzeige des Handapparates in den Katalogen hat Dr. Feldkamp sich mit dem Sohn von Geh.-Rat Hellmann, Herrn Dr. Ulrich Hellmann, tätig bei dem Verlag Weidmann, Berlin, in Verbindung gesetzt, Herr Dr. Hellmann erklärte, dass sein Vater wieder in Deutschland lebe, aber nicht mehr in der Lage sei, in dieser Frage selbst zu verhandeln. ... Bedenken hatte er nur insofern als der Handapparat Hellmann infolge der Entnahme eines Teiles der Druckschriften durch die Staatsbibliothek nicht mehr vollständig sei, und es infolgedessen nicht der Wahrheit entspräche und vielleicht auch nicht dem wissenschaftlichen Ansehen seines Vaters, wenn dieser Handapparat trotz der herausgenommenen Schriften als Handapparat Hellmann ohne jede Einschränkung bezeichnet würde.

Anhang D: Kurzbiographien der engeren Mitarbeiter Hellmanns

Es steht außer Frage, dass Gustav Hellmann ein ungemein ergiebiger Einzelforscher war. Doch einige seiner größeren Werke hätten ihres Umfangs oder ihrer quantitativen Überfülle wegen nicht ohne die Mitwirkung verschiedener Institutsmitglieder entstehen können. Hier soll vornehmlich der über einen längeren Zeitraum engeren Mitarbeiter an solchen Werken gedacht werden. Am einfachsten geschieht das durch die Reproduktion der Nachrufe, die von jüngeren zeitgenössischen Institutsmitarbeitern geschrieben wurden. Kürzere Ergänzungen, Randbemerkungen und stilistische Anpassungen sind von mir stillschweigend vorgenommen worden. Die Abkürzung PMI für das häufig genannte Preußische Meteorologische Institut dürfte dem Lesefluss keinen Eintrag tun.

Die den Nachrufen zugrundeliegenden Quellen und die Kopfphotographien der verstorbenen Meteorologen werden jeweils in Fußnoten angegeben. Die Reihenfolge ist, wie in Kapitel 3, chronologisch nach dem Geburtsjahr angeordnet.

Viktor Kremser (1858-1909)[1]

Kremser [war] eifrig bemüht, durch wissenschaftliche Forschung, die sich in überwiegendem Maße auf dem Gebiete der Klimatologie betätigte, die Kenntnisse der klimatischen Verhältnisse, insbesondere seines Vaterlandes zu erweitern, wobei er neue Methoden angab oder die vorhandenen weiter ausbildete.

Lachmann

Viktor Kremser wurde am 20. April 1858 im oberschlesischen Ratibor geboren. Der Abteilungsvorsteher der Klimaabteilung des PMI starb am 27. Juli 1909 an einem Herzübel, an dem er mehrere Jahre zu leiden hatte, im Alter von erst 51 Jahren. Mit ihm ist einer der namhaftesten Vertreter der meteorologischen Wissenschaft dahingegangen, von dem noch wertvolle Arbeiten, namentlich auf dem von ihm besonders gepflegten Gebiete der Klimatologie, zu erwarten gewesen wären.

Nach dem Besuch des Gymnasiums seiner Vaterstadt mit glänzend bestandenem Abiturientenexamen bezog er von Ostern 1877 an in Breslau die Universität, wo er hauptsächlich Mathematik, Astronomie und Naturwissenschaften studierte. Daneben beschäftigte er sich, wie er es schon auf der Schule getan hatte – in seinem Abgangszeugnis ist dies besonders hervorgehoben – privat mit Meteorologie, denn Vorlesungen über diese Disziplin wurden damals in Breslau nicht gelesen. Bereits im Mai 1880 wurde er Assistent an der Breslauer Sternwarte, der von jeher eine meteorologische Beobachtungsstation angegliedert war, an der Hellmann auch seine Laufbahn begonnen hatte. Dadurch fand er Gelegenheit, sich eingehender mit der Wissenschaft zu befassen, der sein ganzes späteres Wirken gewidmet sein sollte. In dieser Stellung wurde Kremser dem damaligen interimistischen Leiter des Meteorologischen Instituts, Gustav Hellmann, bekannt[2] und auf dessen Veranlassung im Dezember 1882 an diese Anstalt berufen, in deren ausschließlichem Dienst er dann fast ein Menschenalter hindurch seine reichen geistigen Kräfte gestellt hat. Im Jahre 1883 wurde Kremser an der Universität Breslau zum Doktor promoviert auf Grund der Abhandlung: Über die Bahn des II. Cometen von 1879. Im April 1892 erfolgte seine Ernennung zum Abteilungsvorsteher, wobei ihm die Leitung der klimatologischen Abteilung übertragen wurde, welcher die Anstellung meteorologischer Beobachtungen an den Stationen höherer Ordnung und deren Verarbeitung obliegt.

Mit dem Meteorologischen Institut war Kremser aufs engste verwachsen und mit dessen Aufgaben und Arbeiten aufs Beste vertraut, da er an der 1885 beginnenden Reorganisation, durch die das Institut zu einer selbständigen wissenschaftlichen Anstalt umgewandelt wurde, tätigen Anteil genommen und an ihr in verantwortungsvoller Stellung gewirkt hat. Seine vorbildliche Pflichttreue, peinliche Gewissenhaftigkeit (Hellmanns Worte) und erfolgreiche wissenschaftliche Tätigkeit fanden in der Folge wohlverdiente Anerkennung: im Jahre 1895 erhielt er den Charakter als Professor und 1900 wurde er durch Verleihung des Roten Adler-Ordens IV. Klasse ausgezeichnet. Ferner ernannte ihn der Physikalische Verein zu Frankfurt a. Main zu seinem Ehrenmitglied.

In seiner Stellung als Vorsteher hat Kremser eine verdienstvolle Tätigkeit entfaltet. In erster Linie

---

[1] Quelle: Nachruf auf Viktor Kremser (mit Bild). Von Georg Lachmann. Bericht über die Tätigkeit des PMI im Jahre 1909. S. auch *Meteorologische Zeitschrift* von 1910.
[2] „Eine sorgfältige Studie über die Feuchtigkeitsangaben eines Haarhygrometers und eines Psychrometers hatten meine Aufmerksamkeit auf V. Kremser gelenkt," schrieb Hellmann in einer Fußnote zum Nachruf Lachmanns im Tätigkeitsbericht des PMI.

strebte er danach – wobei er die tatkräftige Unterstützung seiner Vorgesetzten Bezold und Hellmann fand –, das Stationsnetz weiter auszubauen und es hinsichtlich der Güte und Aufstellung der Instrumente sowie der Gewinnung eines gut geschulten Beobachterpersonals auf eine hohe Stufe zu bringen, so dass es als mustergültig, ja als vielen anderen Beobachtungssystemen überlegen bezeichnet werden kann. Dabei darf nicht unerwähnt bleiben, dass auf seine Anregung hin die Ausrüstung der Stationen I. und II. Ordnung mit Psychro-Aspiratoren zur Erlangung zuverlässiger und gleichwertiger Feuchtigkeitsangaben in die Wege geleitet worden ist. Weiter betrachtete er es als eine Hauptaufgabe, die gewonnenen Ergebnisse nur genau geprüft und in einer Weise zu veröffentlichen, dass jeder, der sie zu benutzen hatte, erschöpfende Auskunft über die Zuverlässigkeit der einzelnen Daten erhielt, ein Umstand, der bei der Verarbeitung von Beobachtungsergebnissen (auch im 21. Jahrhundert) von der größten Bedeutung ist. Daneben war Kremser eifrig bemüht, durch wissenschaftliche Forschung, die sich in überwiegendem Maße auf dem Gebiete der Klimatologie betätigte, die Kenntnisse der klimatischen Verhältnisse insbesondere seines Vaterlandes zu erweitern, wobei er neue Methoden angab oder die vorhandenen weiter ausbildete.

Neben der Klimatologie war es der jüngste Zweig der Meteorologie, die Physik der Atmosphäre, der Kremser von jeher das größte Interesse entgegenbrachte, und die erheblich gefördert zu haben er für sich in Anspruch nehmen darf. Schon frühzeitig (eine der seiner Promotionsarbeit beigegebenen Thesen betont die Wichtigkeit meteorologischer Untersuchungen über die oberen Luftschichten) hat er die gewaltige Bedeutung erkannt, die einer mittels einwandfreier Hilfsmittel planmäßig durchgeführten Erforschung der physikalischen Verhältnisse der oberen Luftschichten für die Weiterentwicklung der Meteorologie insbesondere in dynamischer Beziehung zukommt, ja dass ohne jene deren weiterer wissenschaftlicher Ausbau unmöglich sei. Es war daher nur natürlich, dass Kremser dem Deutschen Verein zur Förderung der Luftschifffahrt als Mitglied beitrat, im Jahre 1887, zu einer Zeit, als der Verein, der bis dahin praktischen Zwecken diente, in sein Arbeitsprogramm die Erforschung des Luftmeeres als wichtigste Aufgabe aufgenommen hatte. Hier hat Kremser im Verein mit Aßmann, Groß, Moedebeck, v. Sigsfeld, Sprung, eine erfolgreiche, zum Teil grundlegende Tätigkeit entfaltet und nicht an letzter Stelle zu dem großen Aufschwung beigetragen, den die wissenschaftliche Aeronautik im letzten Jahrzehnt des vorigen Jahrhunderts in Deutschland genommen hat. Kremser hat auch an zwei Ballonfahrten zu wissenschaftlichen Zwecken teilgenommen, von denen die erste, am 23. Juni 1888 unternommene, die Reihe der hochbedeutsamen wissenschaftlichen Luftfahrten in Deutschland einleitete und die literarisch im sog. Ballonwerk gipfelte.

Für die Lösung der ihm gestellten Aufgaben war Kremser aufs Beste befähigt: ihm war eigen ein tiefes und umfassendes Wissen, eine Beherrschung weitschichtigen Beobachtungsmaterials, sowie ein starkes Streben nach großer Genauigkeit. Daneben war er ein gewandter Stilist. So können namentlich seine klimatologischen Studien als vorbildlich hingestellt werden.

Die erste meteorologische Abhandlung, die Kremser 1884 veröffentlichte, hatte die Veränderlichkeit der Niederschläge zum Gegenstand. Diese Arbeit, in der er namentlich die langjährigen Beobachtungsreihen von Deutschland und Italien untersuchte, kann als eine Ergänzung der Abhandlung von Julius Hann über die Regenveränderlichkeit von Österreich-Ungarn gelten. 1885 folgte die Untersuchung über die Beziehung der mittleren Bewölkung zur Anzahl der heiteren und trüben Tage, und 1888 die über die Veränderlichkeit der Lufttemperatur in Norddeutschland, welche den grundlegenden Arbeiten von Hann über die Veränderlichkeit der Temperatur in Österreich an die Seite zu stellen ist. Eine Studie über die Besonnung und Beschattung der an Nordwänden von Gebäuden angebrachten Thermometergehäuse (1889) gibt wertvolle Aufschlüsse und Hinweise über die Anbringung von Thermometergehäusen.

Wertvolle Beiträge zur Klimaforschung gab Kremser ferner in mehrfachen Abhandlungen über die Bewölkung und die Dauer des Sonnenscheins in Norddeutschland sowie den Klimabeschreibungen einzelner Bezirke und Städte Preußens; wiewohl in knappster Form geschrieben, enthalten sie doch alles, was zu einer erschöpfenden Charakterisierung in dieser Beziehung gehört. Eine zusammenfassende Untersuchung der Dauer des Sonnenscheins in Verbindung mit den Bewölkungsverhältnissen auf Grund umfangreicheren Materials, das mittlerweile gewonnen war, hatte er sich vorgenommen, hierzu auch schon Vorarbeiten gemacht, doch ließ sein vorschnelles Ende diesen Plan leider nicht zur Ausführung kommen. Auch seine übrigen Arbeiten größeren und kleineren Umfangs werden für die Meteorologie stets bedeutsam bleiben.

Kremsers Untersuchungen, die sich auf die Physik der Atmosphäre beziehen, sind von besonderer Wichtigkeit. Geradezu grundlegend ist die auch in englischer Sprache erschienene Arbeit, „Die Erforschung der atmosphärischen Strömungen mittels Pilotballons" (1893), in welcher die zuerst von ihm im Jahre 1888 angegebene Methode entwickelt *wird. Ferner sind hier zu nennen die beiden Kapitel, die er für Moedebecks Taschenbuch für Flugtechniker und Luftschiffer verfasst hat (1. Auflage 1895, 2. Auflage 1904), nämlich: Die Physik der Atmosphäre und M eteorologische Beobachtungen bei Ballonfahrten und deren Bearbeitung. Beide Kapitel sind ebenfalls in englischer Übersetzung erschienen (1907). Auch die Beschreibung der beiden am 23. Juni 1888 und 1. März 1893 von ihm unternommenen Ballonfahrten und die Bearbeitung der dabei gewonnenen Beobachtungsergebnisse enthalten wertvolle Hinweise für die Methoden der meteorologischen Höhenforschung.*

Als ein glücklicher Umstand muss es bezeichnet werden, dass der preußische „Ausschuss zur Untersuchung der Wasserverhältnisse in den der Überschwemmungsgefahr besonders ausgesetzten Flussgebieten", als er daran ging, eine nähere Untersuchung über die Wasserverhältnisse der norddeutschen Stromgebiete (mit Ausschluss des Rheines) anzustellen, Kremser gewann, hierfür die wichtigen Kapitel über die klimatischen Verhältnisse zu bearbeiten. Letzterer hat in diesen umfangreichen Untersuchungen, die zusammengefasst als das Klima der norddeutschen Stromgebiete bezeichnet werden können, und die sein Hauptwerk darstellen, eine ausgezeichnete Klimabeschreibung dieser Gebiete geliefert (1896-1901), und wenn diese auch in erster Linie naturgemäß den Interessen des Wasserbaues und der Wasserwirtschaft zugutekommen soll, ist sie doch auch für die meteorologische Forschung von großer Bedeutung.

In den letzten Jahren vor seinem Tode veröffentlichte Kremser noch einige Arbeiten, gleich vollendet nach Inhalt und Form, die ihn schon lange und zum Teil nachhaltig beschäftigt hatten. Das Jahr 1906 brachte die schöne Abhandlung „Über die Schwankungen der Lufttemperatur in Norddeutschland von 1850 bis 1900", dem Altmeister der Klimatologie Hann zu dessen vierzigjährigem Redaktionsjubiläum der Meteorologischen Zeitschrift *gewidmet, und eine weitere unter dem Titel „Fünfzigjährige Pentadenmittel der Lufttemperatur für Norddeutschland". In dieser Wichtigen Untersuchung hat Kremser die so viel umstrittene Frage über die Kälterückfälle vorläufig zu einem Abschluss gebracht, indem er nachweist, dass in den langjährigen Mittelwerten lediglich die Kälterückfälle gegen Mitte Juni als gesichert anzusehen sind und zwar auch nur für das Binnenland. Weiterhin untersuchte er den Einfluss der Großstädte auf die Luftfeuchtigkeit. Dieser Arbeit folgte als seine letzte die Ergebnisse vieljähriger Windregistrierungen in Berlin.*

Im Jahre 1903 begann Kremser zu kränkeln. Eine bösartige Krankheit (Arteriensklerose) fing an die Gesundheit des rastlos tätigen und vielseitigen Mannes zu untergraben, der bereits durch schwere Schicksalsschläge, die auf ihn eingestürmt waren – 1898 wurde ihm nach nur neunjähriger Ehe die treue Gefährtin seines Lebens, seinen Kindern die sorgende Mutter entrissen –, darnieder gebeugt war. Vergeblich suchte er zu wiederholten Malen Heilung von seinem Leiden, das sein Leben mehr und mehr zu einem qualvollen machte. Trotzdem versah er seinen Dienst in der bisherigen vorbildlichen Weise weiter, aufrecht erhalten durch sein altpreußisches Beamtenpflichtgefühl.

Am 27. Juli ereilte ihn, fern von seinen Kindern, ganz unerwartet das Ende, nachdem er bis tags zuvor noch im Institut gearbeitet hatte.

Das Meteorologische Institut wird seinem pflichttreuen Mitgliede, dem ausgezeichneten Gelehrten, dem bescheidenen und allezeit dienstbereiten Manne stets ein dankbares Angedenken bewahren.

Georg von Elsner (1861-1939)[3]

Die klimatologische Forschung wird noch lange seinen Einfluss und sein Wirken spüren.
Süring

Am 14. Dezember 1939 ist der Abteilungsvorsteher des ehemaligen PMI, Professor Georg von Elsner, nach langem, mit großer Geduld getragenem Leiden verschieden. Mit ihm ist einer der verdienstvollsten Mitarbeiter an der klimatologischen Tätigkeit des Instituts davongegangen. Hauptsächlich infolge seiner zarten, aber zähen Gesundheit lebte er sehr zurückgezogen, und man sah ihn selten bei außerdienstlichen Zusammenkünften seines Kollegenkreises. Über den äußeren Lebensgang des Verstorbenen ist daher wenig zu berichten.

Elsner wurde am 6. Mai 1861 zu Reichenbach/ Oberlausitz geboren. Nachdem er 1881 das Abitur am humanistischen Gymnasium zu Görlitz bestanden hatte, studierte er an den Universitäten Breslau, Jena und Berlin und wurde besonders von Wilhelm von Bezold und dem schlesischen Geographen Ferdinand von Richthofen auf seine spätere Lebensarbeit vorbereitet. 1898 trat er in das PMI ein, erhielt das „Patent" als Professor und wurde 1923 Vorsteher der neugegründeten Abteilung Wetterdienst. 1927 trat er in den Ruhestand, beschäftigte sich aber noch bis vor wenigen Jahren mit meteorologischen Studien, z.B. mit der Aufarbeitung des während des Weltkrieges an Feldwetterstationen angesammelten Beobachtungsmaterials (vgl.

---

3 Reinhard Süring in der *Meteorologischen Zeitschrift* von 1940 (leicht gekürzt). Ein Bild von Elsner war nicht aufzuspüren.

Kapitel 4, Tagung der Deutschen Meteorologischen Gesellschaft in Leipzig).

Elsners wissenschaftliche Arbeiten nahmen ihren Ausgang von der ihm von Forschungsreisenden (wie Richthofen einer war) anvertrauten Bearbeitung ihrer auf Reisen angestellten meteorologischen Beobachtungen und Höhenmessungen. Am bekanntesten sind seine Bearbeitungen der Filchnerschen China- und Tibet-Expedition 1903 bis 1905 und der Deutschen Zentral-Afrika-Expedition 1907 bis 1908. Insgesamt hat er in den Jahren 1903 bis 1920 sechs zum Teil recht umfangreiche Arbeiten dieser Art veröffentlicht. Das wissenschaftliche Geschick und die Gründlichkeit, mit welcher er diese mühselige, oft wenig dankbare Aufgabe löste, machten ihn bald in den Kreisen der Geographen bekannt und beliebt.

Im PMI hatte Hellmann bald die Fähigkeiten Elsners bei der Bearbeitung eines großen Beobachtungsmaterials erkannt und verwertete sie dementsprechend. In den Jahren 1907 bis 1921 war die Arbeitskraft des Verstorbenen durch die Beteiligung an drei großen klimatologischen Gemeinschaftsarbeiten des Meteorologischen Instituts in Anspruch genommen. Als 1907 im Institut eine außerordentliche Abteilung für die Untersuchung der meteorologischen Bedingungen der Oderhochwasser eingerichtet wurde, beauftragte Hellmann Elsner mit der Leitung dieser Abteilung, und so entstand 1911 das gemeinsam verfasste große Oderwerk (vgl. Kapitel 12). Gleichzeitig erschien als Fortsetzung von Hellmanns „Das Klima von Berlin" der von Elsner und Gustav Schwalbe bearbeitete zweite Teil „Lufttemperatur". Bald nach Abschluss dieser Arbeit – 1913 wurde im Meteorologischen Institut wiederum eine außerordentliche Abteilung eingerichtet, diesmal zur Bearbeitung einer Klimatologie von Deutschland, und wiederum war es Elsner, der an erster Stelle in diese Abteilung berufen wurde. Das Ergebnis war das schöne Klimawerk von Deutschland (vgl. Kapitel 14). Im Vorwort hebt Hellmann hervor, dass sich Elsner um die Herstellung des Werkes besonders verdient gemacht habe. Das Jahr 1923 brachte für Elsner eine einschneidende Veränderung seiner Tätigkeit: er wurde zur Leitung der Abteilung Wetterdienst ernannt, die vom Landwirtschaftsministerium an das PMI abgetreten war. Die Einrichtung der neuen Abteilung in der Inflationszeit, die Mangelhaftigkeit des damaligen Funkverkehrs u. a. bereiteten viele Schwierigkeiten; trotzdem gelang es ihm, neben seiner Haupttätigkeit eine schon 10 Jahre vorher als Vorarbeit zum Klima-Atlas begonnene Studie: Die Verteilung des Luftdrucks über Europa und dem Nordatlantischen Ozean, dargestellt auf Grund 20-jähriger Pentadenmittel, fertigzustellen. Dieses wichtige Kartenwerk ist vielleicht die schönste Frucht der Elsnerschen Untersuchungen. Die übrigen unter seinem Namen erschienenen Veröffentlichungen schließen sich im allgemeinen eng an seine dienstliche Tätigkeit an: [...]

Von den Fachgenossen wurde Elsner wegen seiner gründlichen Arbeiten und seiner wissenschaftlichen Hilfsbereitschaft hochgeschätzt, jedoch ist er nur mit wenigen in ein engeres Freundschaftsverhältnis getreten; ebensowenig hat er wohl ernstlich Feinde gehabt. Bei wissenschaftlichen Meinungsverschiedenheiten vertrat er seinen abweichenden Standpunkt mit vornehmer und freundlicher Ruhe. Treueste Pflichterfüllung gegenüber seinen dienstlichen Aufgaben und gegenüber den Seinen war seines Lebens Inhalt. Die klimatologische Forschung wird noch lange seinen Einfluss und sein Wirken spüren.

Carl Kaßner (1864-1950)[4]

So steht Prof. Dr. Kaßner in der Erinnerung vor uns als ein großer Meteorologe und als hervorragender Hochschullehrer, der zur Geltung der deutschen Wissenschaft im Auslande wesentlich beigetragen hat.
Hoffmeister

Am 10. Juni 1950 starb in Berlin im hohen Alter von 86 Jahren Professor Dr. Carl Kaßner, ehemals Abteilungsvorsteher am früheren PMI und Professor an der früheren Technischen Hochschule in Berlin-Charlottenburg. Ein Leben reichsten wissenschaftlichen Wirkens ist damit zu Ende gegangen.

Kaßner wurde am 1. November 1864 in Berlin geboren. Auf Wunsch seiner Eltern und Verwandten begann er sich nach Erlangung des Reifezeugnisses dem Studium der Theologie an der Universität Berlin zu widmen, doch fühlte er sich innerlich mehr den Naturwissenschaften verbunden. Sein Interesse im Studium, wandte sich dann später völlig den Naturwissenschaften, besonders der Astronomie, zu. Er war längere Zeit Assistent an der Urania-

---

[4] J. Hoffmeister: Nachruf auf Carl Kaßner *Zeitschrift für Meteorologie* (1950). Bildquelle: Kaßner-Mappe im Besitz der Bibliothek des Deutschen Wetterdienstes.

sternwarte, wo es ihm vergönnt war, mit dem berühmten schlesischen Astronomen Wilhelm Förster (1832-1921), Direktor der königlichen Sternwarte zu Berlin, und dem Pädagogen Schwalbe zusammenzuarbeiten.

Entscheidend für die weitere Entwicklung Kaßners wurde das Jahr 1890, wo er in das PMI, das damals unter der Leitung von Wilhelm von Bezold stand, eintrat. Eine Zeit außerordentlich fruchtbaren Schaffens begann, das bis in seine letzten Lebensjahre anhielt. Rund 300 Schriften meist meteorologischen Inhalts sind die Frucht seines großen Wissens, Könnens und einer unverwüstlichen Arbeitskraft. 1892 promovierte er an der Universität Berlin mit der Arbeit „Über kreisähnliche Cyklonen" (bei Bezold). Wenn sich sein Interesse später auch mehr klimatischen Untersuchungen zuwandte, so vernachlässigte er doch nicht die Wetterforschung. Sein Wirken im Verein zur Förderung der Luftschifffahrt, wo er bei Flügen mit Freiballonen die verschiedensten meteorologischen Instrumente, z. B. auch das Fotografieren von Wolken aus dem Ballon, ausprobierte und verwendete, sowie sein enges Zusammenarbeiten mit Otto Lilienthal deuten darauf hin. Im PMI war Kaßner in der Abteilung Klimatologie und Niederschlagsmessungen tätig, wo er seit 1892 Assistent, seit 1898 ständiger Mitarbeiter und seit 1904 Professor war. 1906 ging er zur Gewitterabteilung über, um schließlich nach kurzem Wirken an der Bibliothek und Instrumentensammlung 1909 als Nachfolger von Kremser die Regenabteilung als Abteilungsvorsteher zu übernehmen. Die Themen seiner Arbeiten stehen überwiegend mit seinen dienstlichen Arbeitsgebieten in Verbindung. Kaßner hat eine Reihe von regionalen Klimatologien geschrieben, zahlreiche Abhandlungen über Wolken, Wind, Gewitter, Sonnenschein, meteorologisch-optische Erscheinungen, besondere Witterungsereignisse, vor allem aber über Regen und Schnee. Hierbei hatte er vielfach praktische Gesichtspunkte, besonders solche der Landwirtschaft, im Auge. Seine Hauptwerke sind: „Das Wetter und seine Bedeutung für das praktische Leben" (Leipzig, 2. Aufl., 1919), „Wolken und Niederschläge" (Leipzig, 2. Aufl., 1926), „Gerichtliche und Verwaltungs-Meteorologie" (Berlin 1921). Auch auf instrumentellem Gebiet war Kaßner tätig. So stammt von ihm ein registrierender Verdunstungsmesser (1908), und auch zwei meteorologische Erdgloben sind sein Werk (1907).

Schon am 1. April 1925 trat Kaßner am PMI in den Ruhestand, um sich ganz seiner zweiten Tätigkeit, der Lehrtätigkeit an der Technischen Hochschule in Berlin Charlottenburg, widmen zu können. Hier war 1901 nach einer Hochwasserkatastrophe in Schlesien, die Kaßner meteorologisch bearbeitet hatte, an der Abteilung für Bauingenieurwesen eine Dozentur für Meteorologie geschaffen worden. Diese Stelle, die später in eine Professur umgewandelt wurde, erhielt nach erfolgter Habilitation Kaßner im Jahre 1901. Begünstigt durch eine große Rednergabe, wirkte er außerordentlich anregend und befruchtend auf die Studenten, so dass er einen großen Hörerkreis hatte. Er war hier ständig darauf bedacht, die Verbindung der Meteorologie mit den Baudisziplinen aufrechtzuerhalten.

Schon vor Übernahme der Dozentur war Kaßner mit bulgarischen Meteorologie-Studierenden in Verbindung gekommen. Daraus erwuchs ihm eine weitere wichtige Lebensaufgabe. Er schlug eine Brücke nach Bulgarien und war für die Entwicklung der Meteorologie daselbst von entscheidendem Einfluss. Nichts wurde in Bulgarien auf dem Gebiete der Meteorologie unternommen, ohne dass der Rat Kaßners vorher eingeholt wurde. Neunzehnmal reiste er selbst nach Bulgarien, dessen Sprache und Schrift er vollkommen beherrschte. Viele Abhandlungen, auch geographischen Charakters, in deutscher und bulgarischer Sprache sind die Frucht dieser Reisen. Auf seine Initiative ging auch die Gründung der Deutsch-Bulgarischen Gesellschaft zurück, in der er an leitender Stelle wirkte.

So steht Kaßner in der Erinnerung vor uns als ein großer Meteorologe und als hervorragender Hochschullehrer, der zur Geltung der deutschen Wissenschaft im Auslande wesentlich beigetragen hat.

Reinhard Süring (1866-1950)[5]

Sein Name wird in Fachkreisen des In- und Auslandes fortleben als der eines der hervorragendsten Vertreter der meteorologischen Wissenschaft.

Willi König

Am 29. Dezember 1950 ist Professor Süring im hohen Alter von nahezu 85 Jahren verstorben. ... Süring wurde am 15. Mai 1866 in Hamburg geboren. Nach einem Studium der Mathematik und

---

[5] Quelle: Nachruf von Willi König in der *Zeitschrift für Meteorologie* 1951. (Foto: Fotoarchiv der Meteorologischen Bibliothek des Deutschen Wetterdienstes).

Naturwissenschaften an den Universitäten Göttingen, Marburg und Berlin promovierte er (bei Bezold) 1889 in Berlin mit einer Dissertation über die vertikale Temperaturabnahme in Gebirgsgegenden in ihrer Abhängigkeit von der Bewölkung. Im Jahre 1890 trat er in den Verband des PMI unter dem damaligen Direktor von Bezold in Berlin ein, wo er zunächst in der Klimaabteilung Verwendung fand, um von 1892 bis 1901 am Meteorologischen Observatorium Potsdam zu wirken. Vom Jahre 1901 an war er wieder am Berliner Hauptinstitut tätig, jetzt als Vorsteher der Gewitterabteilung, bis er die Stelle des verstorbenen Sprung 1909 (vgl. dessen Kurzbiographie in Kapitel 3) den Direktorposten des Meteorologischen Observatoriums Potsdam übernahm, den er fast bis zu seinem Lebensende innehatte. Zwar musste er 1932 auf Grund des damaligen Pensionsgesetzes vorübergehend in den Ruhestand treten, konnte aber im Jahre 1945 die Leitung des Meteorologischen Zentralobservatoriums Potsdam übernehmen, die er noch bis zum 1. April 1950 ausübte.

Schon in der ersten Etappe seiner Zugehörigkeit zum Potsdamer Observatorium entfaltete Süring eine vielseitige Tätigkeit, von der seine Veröffentlichungen über Psychrometerfragen, Verdunstung, Feuchtigkeitsregistrierungen und photogrammetrische Wolkenmessungen Zeugnis ablegen. Dann war er hervorragend mitbeteiligt an den Berliner wissenschaftlichen Ballonfahrten: die Abschnitte über die Verteilung des Wasserdampfes und über Wolkenbildungen in dem großen Werk „Wissenschaftlicher Luftfahrten" (1900) stammen aus seiner Feder, und mit Berson (vgl. Abb. 2-7) zusammen erzielte er 1901 einen Höhenrekord von 10 800 m im Freiballon, der lange Jahre hindurch nicht überboten wurde. In den späteren Jahren seines Potsdamer Wirkens widmete er sich Studien über Strahlung, Polarisation und Bodentemperaturen, um nur die wichtigsten zu nennen. Zwei Expeditionen, die meteorologischen Messungen bei Sonnenfinsternissen gewidmet waren, führten ihn 1927 nach Lappland und 1929 nach Sumatra.

Eine gewisse Wende in der Richtung seiner wissenschaftlichen Entfaltung bedeutete für Süring das Jahr 1908, in dem er neben dem Altmeister der Meteorologie, Julius von Hann, die bis dahin von Gustav Hellmann mitverantwortete Schriftleitung der Meteorologischen Zeitschrift *übernahm.*

Zum 70. Geburtstag gratulierten in der von der Österreichischen Gesellschaft für Meteorologie und der Deutschen Meteorologischen Gesellschaft herausgegebenen Meteorologischen Zeitschrift *dem altgedienten Schriftleiter. Der einige Monate später frühverstorbene Wilhelm Schmidt und der Vorsitzende der Deutschen Meteorologischen Gesellschaft, August Schmauß, sowie im Namen des Verlegers der Zeitschrift Frau Helene Tepelmann, geb. Vieweg, und Ernst Webendoerfer dankten für „seine fast 30-jährige selbstlose und zielbewusste Tätigkeit als Mitredakteur". Dem Glückwunsch ist ein gutes Bild des 70-järigen beigegeben.*

Der umfassende Überblick über die gesamte meteorologische Literatur, den er bei dieser Tätigkeit als Schriftleiter gewann, war außer den vorangegangenen eigenen wissenschaftlichen Leistungen Sürings wohl für Hann der Grund gewesen, ihn auch zum Mitarbeiter an seinem großen Werk zu wählen, das von der dritten Auflage (1915) an als das „Lehrbuch der Meteorologie" von Hann-Süring bekannt wurde und Sürings Namen Weltruf verschaffte. Die Herausgabe einer stark erweiterten fünften Auflage des Hann-Süringschen Standard-Lehrbuchs, zu dessen Neubearbeitung andere namhafte Fachvertreter herangezogen wurden, begann im Jahre 1939. Infolge des Krieges erlitt die Fertigstellung des Buches eine bedauerliche Verzögerung, aber es gelang Süring, der diese Neuauflage allein besorgte, im vergangenen Jahr noch die letzte Hand an das Werk zu legen, so dass es nun unmittelbar vor seiner Vollendung steht. Im Jahre 1927 hatte Süring übrigens unter dem Titel „Leitfaden der Meteorologie" auch eine gekürzte Ausgabe des Lehrbuches herausgebracht, außerdem verdient als weiteres eigenes Werk sein Buch „Die Wolken" (1. Auflage 1935) erwähnt zu werden.

Selbständige wissenschaftliche Arbeiten, die schon erwähnte erstaunliche Beherrschung der meteorologischen, Literatur und nicht zuletzt ein ungeheurer Fleiß haben Süring in den Stand gesetzt, uns diese Bücher zu schenken. Er hat sich damit höchste Verdienste um unsere Wissenschaft erworben und in der ganzen Welt einen hochgeachteten Namen errungen. Ehrungen, wie die Ernennung zum Mitglied gelehrter Körperschaften und die Wahl in internationale meteorologische Kommissionen blieben deshalb nicht aus. Außer der jahrzehntelangen Herausgabe der Meteorologischen Zeitschrift *ist die Tatsache zu bedenken, dass es ihm schon 1946 gelang, mit der* Zeitschrift für Meteorologie *(in der sowjetischen Zone) gleichsam eine Fortsetzung der alten* Meteorologischen Zeitschrift *erreicht zu haben.*

Nur in aller Kürze konnte aus der Fülle der wissenschaftlichen Leistungen Sürings das Wesentlichste aufgezählt worden. Sein Name wird in Fachkreisen des In- und Auslandes fortleben als der eines der hervorragendsten Vertreter der meteorologischen Wissenschaft.

Außer seinem emsigen Arbeitseifer zeichneten den Verstorbenen ein stets bescheidenes und sehr gütiges, liebenswürdiges Wesen aus, so dass er wohl nicht einen Feind zu verzeichnen hatte. Seinen Heimgang betrauern außer seiner Gattin, mit der er vor anderthalb Jahren das Fest der goldenen Hochzeit begehen konnte, drei Töchter, sechs Enkelkinder und zwei Brüder. In seiner Familie herrschte ein besonders herzliches Zusammenleben; ein außergewöhnlich reger Briefwechsel verband ihn auch bis zuletzt mit seinen beiden in Hamburg lebenden Brüdern. Mit Treue hat er allezeit an seiner Vaterstadt gehangen, so dass er letztwillig die Beisetzung seiner Asche in Hamburg verfügt hat.

Anmerkung. Reinhard Süring hat eine beispiellose Reihe von Buchbesprechungen, Berichten und Nachrufen verfasst, aus denen im vorliegenden Werk sehr oft geschöpft oder zitiert wird.

Hermann Henze (1877-1958)[6]

Henzes Arbeit zeichnete sich stets durch große Sorgfalt und Verlässlichkeit aus. Dieses sind Tugenden, die ein Mann wie G. Hellmann ganz besonders zu schätzen wusste.
Knoch

Hermann Henze verstarb am 4. Januar 1958 in Finsterbergen, dem Ort im Thüringer Wald, in dem er geboren wurde. Es ist ein ruhiger Erdenwinkel, nur wenige Kilometer von dem bekannten heilklimatischen Kurort Friedrichroda entfernt.

Als Hermann Henze am 1. Oktober 1902 beim PMI zu Berlin, das damals unter der Leitung von Wilhelm von Bezold stand, eintrat, hatte er kurz vorher in Jena bei dem Geographen Karl Dove, dem Neffen Heinrich Wilhelm Doves, mit dem Thema „Der Nil, seine hydrographische und wirtschaftliche Bedeutung" (Jena, 1902) promoviert. Der Deutsche Wetterdienst war zu Anfang des Jahrhunderts noch nicht die einheitliche Organisation, die wir heute besitzen, sondern in zahlreiche Landesinstitutionen entsprechend der Zersplitterung Deutschlands aufgelöst. Ein eigentliches Studium der Meteorologie war nur an wenigen deutschen Universitäten möglich. Die Folge war, dass ein fachlich gut durchgebildeter Nachwuchs nur in ganz unzureichender Zahl vorhanden war, als die Meteorologischen Institute um die Jahrhundertwende anfingen, entsprechend den wachsenden Aufgaben ihren Mitarbeiterstab zu vergrößern. Bei dieser ungünstigen Lage des Nachwuchses blieb nichts anderes übrig, als Angehörige der Nachbarwissenschaften, wie Physik, Geographie und Astronomie in den Wetterdienst zu nehmen, die als Nebenfach Meteorologie oder Klimatologie auf der Universität betrieben hatten. Hierin lag die Erklärung dafür, dass Henze von der Geographie her zum Wetterdienst kam. Die Dissertation hatte einen starken klimatologischen Einschlag, sie zeichnete gewissermaßen schon den weiteren Berufsweg vor, der unter Hellmann hin zur klimatologischen Bearbeitung der Niederschläge führte. Auch außerhalb der dienstlichen Verpflichtungen befasste sich Henze hautsächlich mit Niederschlagsbeobachtungen. Henzes Zeit im PMI verlief – nicht durch Militärdienst unterbrochen – in ruhigen Bahnen. Äußere Marksteine sind die folgenden: 1909 Observator, was die Amtsbezeichnung der planmäßigen Beamten war, 1918 Professor, 1925 Abteilungsleiter, 1935 Oberregierungsrat, nachdem der Reichswetterdienst geschaffen und dem Luftfahrtministerium unterstellt worden war. Mit Ende 1943 trat Henze in den Ruhestand.

Für die innere Entwicklung des jungen Meteorologen war aber die Tatsache außerordentlich bedeutsam, dass er bereits 1907, also schon nach noch nicht 5jähriger Tätigkeit persönlicher Mitarbeiter von Hellmann wurde. Dieser hatte nach Wilhelm von Bezolds Tod die Leitung des Institutes übernommen und hat während seines ganzen Direktorates bis zu seiner Emeritierung im Jahre 1922 seinen persönlichen Mitarbeiter nicht gewechselt, was sicher als ein Beweis großen Vertrauens zu werten ist (und Hellmanns Neigung zur geographischen Klimatologie bezeugt). Henzes Arbeit zeichnete sich stets durch große Sorgfalt und Verlässlichkeit aus. Dieses sind Tugenden, die ein Mann wie Hellmann ganz besonders zu schätzen wusste. Es war allgemein bekannt, dass der Mitarbeiter zu der kraftvollen Persönlichkeit seines Chefs, dem er auch außerdienstlich näher kam, mit großer Verehrung aufblickte.

In dieser Vertrauensstellung hat Henze mitgeholfen, die Grundlagen für die heute noch als sehr bedeutsam gewürdigten Hellmannschen Untersuchungen zu schaffen. In der bekannten Regenkarte von Deutschland (1919) und im großangelegten Klima-Atlas von Deutschland (1921) wird er unter den Autoren genannt. Unter Mitwirkung von Arthur

---

6 Zusammengestellt aus: K. Knoch: Prof. Dr. Hermann Henze 80 Jahre alt (*Meteorologische Rundschau* 1957) und W. Böer: In memoriam Hermann Henze (*Zeitschrift für Meteorologie* 1958). (Foto: Fotoarchiv der Meteorologischen Bibliothek des Deutschen Wetterdienstes).

Coym stellte er auch das Namen- und Sachregister zu den Bänden 1-25 (1884-1908) der Meteorologischen Zeitschrift zusammen und übergab es 1910 der Öffentlichkeit. [Hier möge daran erinnert werden (vgl. Kapitel 2), dass Hellmann 1893 Hann, der das Register der Österreichischen Zeitschrift für Meteorologie zu drucken im Begriff war, auf die Zweckmäßigkeit hingewiesen hatte, ein gemeinsames Gesamtregister für die vereinigten Zeitschriften ins Auge zu fassen, nicht zwei getrennte, aber Hann antwortete ihm, dass er des Wartens leid und nach großem Verdruss mit dem Register nun froh war, es vom Halse zu haben. Hellmann resignierte und schrieb an Köppen, dass also später einmal ein zweites Register der Reihe erstellt werden müsse. 17 Jahre musste auf dieses Register gewartet werden, womit der ungeheure Aufwand eines solchen Hilfsmittels nur allzu deutlich vor Augen geführt wird.]

Die von Henze außerhalb der dienstlichen Verpflichtungen bearbeiteten Themen, von denen nur eine Auswahl erwähnt werden kann, befassen sich hauptsächlich mit dem Niederschlag. Dazu gehören die folgenden Untersuchungen: Die Niederschlagswahrscheinlichkeit in Schlesien (1906); Mittlere Tagesmaxima und mittlere Monatsmenge des Niederschlags in Norddeutschland (1921); Ozeanität und Kontinentalität bei den sommerlichen Niederschlägen in Deutschland (1929); Häufigkeit und Dauer der Gewitterregen in Potsdam (1934). Zum Kapitel Temperatur wurden bearbeitet: Der tägliche Gang der Lufttemperatur in Deutschland (1913); Die Periode der Sonnenrotation im jährlichen Gang der Lufttemperatur und ihre Anwendung auf andere meteorologische Elemente (1916); Temperaturänderungen in den Sommermonaten sonnenfleckenarmer Jahre zu Berlin (1913). Die damals noch nicht sehr zahlreichen Windregistrierungen lieferten die Unterlage für eine Untersuchung der Mittel- und Scheitelwerte der Windgeschwindigkeit in Potsdam (1907) und eine Bearbeitung der täglichen Periode der Windgeschwindigkeit in Berlin (1926).

Hermann Henze gehört zu jener Meteorologengeneration, die in einen noch recht bescheidenen Wetterdienst eintrat, dessen Entwicklung nicht sehr hoffnungsvoll erschien. Heute wissen wir, dass damals die Grundmauern geschaffen wurden, auf denen das Gebäude der inzwischen so gewaltig angewachsenen Organisation des modernen Wetterdienstes aufgebaut werden konnte.

Es ist ein leuchtendes und verpflichtendes Zeichen sowohl der Bescheidenheit als auch der Liebe zum selbstgewählten Beruf, wenn Hermann Henze nach 1945 trotz seines fortgeschrittenen Lebensalters jahrelang als ehrenamtlicher Niederschlagsbeobachter für Finsterbergen tätig war und so seinen Teil zum Wiederaufbau eines geordneten meteorologischen Dienstes nach dem totalen Zusammenbruch beitrug. Hier, in seinem geliebten Thüringer Wald, verbrachte er seinen Lebensabend und beschloss sein Leben, das dem Dienste der Wissenschaft gewidmet war.

Karl Knoch (1883-1972)[7]

Sein Lebenswerk stellt ihn in die Reihe der bedeutenden Persönlichkeiten, die die deutsche Meteorologie nachhaltig geprägt haben.

Flohn

Am 8. Januar 1972 verstarb in Offenbach wenige Tage vor Vollendung des 89. Lebensjahres der Klimatologe Karl Knoch; mit ihm ging der Nestor der deutschen Klimatologen dahin, der die von Hellmann überkommene Tradition mit den sich stetig wandelnden Forderungen der Praxis vereinte.

Er wurde am 19. Januar 1883 in Marburg geboren und studierte 1901-1905 an der dortigen Universität Naturwissenschaften. Er promovierte 1906 mit einer Arbeit über „Die Niederschlagsverhältnisse der Atlasländer" beim Geographen Theobald Fischer. Schon im Jahre 1905 trat er in das PMI ein, dem er bis zu dessen Überführung in den Reichswetterdienst zunächst als wissenschaftlicher Mitarbeiter, ab 1919 als „Observator" angehörte[8]. Vom 1.10.1908 bis zum 15.5.1911 war er am Meteorologischen Observatorium Potsdam tätig, dem er sich bis in sein hohes Alter hinein herzlich verbunden fühlte und an dessen 75-Jahr-Feier er 1967 teilnehmen konnte. Hatte er im PMI zuletzt die Verantwortung für den Klimadienst dieser Institution getragen, so erweiterte sich seine Aufgabenstellung später für den gesamten Klimadienst. 1925 hatte er sich an der damals in ihrer Blüte stehenden Berliner Universität mit einer Arbeit über den jährlichen Gang der Bewölkung in Europa habilitiert. Ganz

---

[7] Zusammengestellt aus A. Mäde (*Zeitschrift für Meteorologie* 1972) und Hermann Flohn (*Meteorologische Rundschau* 1972). Foto: Berichte des Deutschen Wetterdienstes in der US-Zone Nr. 42 – Knoch-Heft.

[8] Trotz eines gesicherten Arbeitsplatzes und Doktortitel meldete er sich 1914 freiwillig zum Heeresdienst im Ersten Weltkrieg. Er kämpfte bis 1918 unter anderem in Frankreich, Italien und Russland. Observator: Amtsbezeichnung der planmäßigen Beamten.

Europa lag seinen beiden Arbeiten zur Bewölkung zugrunde (1923-1926). 1928 wurde er zum außerordentlichen Professor (und 1940 auch zum Honorarprofessor) ernannt und erhielt auch einen Lehrauftrag an der Landwirtschaftlichen Hochschule. 1929 wurde er Vorsteher der Klima-Abteilung unter der Gesamtleitung Heinrich von Fickers. Nach der Gründung des Reichswetterdienstes (1935) übernahm er selbstverständlich die erweiterten Aufgaben und ergriff die jetzt gegebenen Möglichkeiten des Ausbaus. Während der letzten Phase des Zweiten Weltkrieges organisierte er die Auslagerung seiner Abteilung mit dem riesigen Archiv und der Bibliothek von Berlin nach der Lausitz, während des Zusammenbruchs im April 1945 unter Einsatz seiner ganzen Persönlichkeit diejenige nach Thüringen und dem Westen. Damit waren die Grundlagen für den Wiederaufbau geschaffen: bis zum 71. Lebensjahr widmete er seine unermüdliche Tätigkeit dieser Aufgabe im stillen Bad Kissingen. Zum 70. Geburtstage überreichten ihm seine Mitarbeiter eine Festschrift mit nicht weniger als 107 Beiträgen.⁹*

Als Hochschullehrer war Knoch um die Vermittlung seines reichen Wissens an den meteorologischen Nachwuchs bemüht. Er war beteiligt an der Schaffung eines Studienganges Meteorologie, der zur Diplom-Prüfung in diesem Fach führte. Eine große Zahl heute an verantwortlicher Stelle stehender Diplom-Meteorologen hat er in Aufgaben und Probleme der Klimatologie eingeführt.

Schon sehr früh (1909) verfolgte er mikroklimatische Unterschiede im norddeutschen Flachland. Als Frucht seiner Tätigkeit an der umfangreichen Bibliothek des Preußischen Meteorologischen Institutes entstanden Arbeiten zur Meteorologie des Nahen Ostens (Athen, Smyrna, Totes Meer, Mesopotamien) und schließlich Nordindiens. Untersuchungen über die Massenschwärme der Kriebelmücke und über Ernteprognosen zeigten schon früh sein Interesse an bio- und agrarklimatologischen Fragen. An Hellmanns Klimawerk (1921) hatte er beträchtlichen Anteil; auf seine Initiative gingen das Tabellenwerk „Klimakunde des Deutschen Reiches" (1939) und dann nach dem zweiten Weltkrieg die Klima-Atlanten der Länder der Bundesrepublik in dem großen Maßstab 1 : 1 000 000 zurück, denen sich der Meteorologisch-Hydrologische Dienst der DDR unter H. Philipps mit einem entsprechenden Kartenwerk anschloss. Zweimal hatte er Gelegenheit zu einer Schiffsreise nach Südamerika; neben mehreren kleinen Arbeiten entstand aus dieser Anregung der umfangreiche Band Südamerika, der 1930 Köppen-Geigers Handbuch der Klimatologie einleitete. In diesem schon klassischen Werk zog Knoch alle erreichbaren Quellen (auch der Reiseliteratur) heran; darüber hinaus verstand er es in erstaunlichem Umfang, trotz der oft unzureichenden Unterlagen, den Kontinent als Ganzes zu sehen. Gleichzeitig veröffentlichte er (mit E. Reichel) eine zweite synthetische Untersuchung hohen Ranges: die Niederschlagsverhältnisse der Alpen. 1932 erschien der von ihm völlig neubearbeitete erste Band der Klimatologie von Hann; die Schwierigkeiten einer solchen Bearbeitung bei dem rapiden Anwachsen des Beobachtungsmaterials waren aber so groß, dass er auf die Herausgabe der regionalen Bände verzichten musste. Seine großen Erfahrungen bei der Bearbeitung umfangreichen Beobachtungsmaterials legte er seit 1924 in mehreren methodischen Aufsätzen nieder, in denen er nachdrücklich die Berücksichtigung der unperiodischen Schwankungen forderte, auch (und gerade) im Tropenklima. Als 1935 die Gründung eines einheitlichen Reichswetterdienstes möglich wurde, verstand er es, die von ihm als notwendig erachtete Förderung der Bioklimatologie und Agrarmeteorologie (einschließlich Kurortklimadienst und Phänologie) auch im militärischen Rahmen durchzusetzen. Mit einem Netz bioklimatischer und agrarmeteorologischer Forschungsstellen schuf er den Rahmen, in dem sich eine zielgerichtete Forschung auf diesen beiden Arbeitsgebieten entwickeln konnte. Die Zusammenarbeit mit führenden Ärzten und den staatlichen Institutionen des Gesundheitswesens, insbesondere des Kurortwesens, ist hier ebenso zu nennen wie die zielstrebige Entwicklung einer Arbeitsgemeinschaft für Agrarmeteorologie, die 1932 zu einer Zusammenarbeit mit bedeutenden Biologen und Agrarwissenschaftlern wie Mitscherlich, Baur und Sessous führte. In der Mitte der 30er Jahre entstanden die agrarmeteorologischen Forschungsstellen Geisenheim, Gießen, Müncheberg und Trier und bioklimatische Forschungsstellen wie Friedrichroda, Bad Elster und Braunlage. Ihm verdankt auch der phänologische Dienst einen zielstrebigen Ausbau im Wirkungsbereich des Wetterdienstes. Die Richtigkeit dieser Förderung ergab sich nach dem Zusammenbruch: viele dieser Forschungsstellen hatten sich bewährt und konnten unter den völlig veränderten Verhältnissen wieder aufgebaut werden. In diesem Arbeitsgebiet kommen die kleinräumigen Bereiche bevorzugt zur Geltung, für die sich R. Geiger so erfolgreich eingesetzt hatte. Knochs Blickfeld reichte vom Mikro- und Lokalklima bis zur globalen Betrachtungsweise. „Weltklimatologie und Heimatklimakunde" (1942) war der Titel eines seiner richtungsweisenden Aufsätze. In den Vordergrund seines Interesses rückte allmählich die Geländeklimatologie: die klimatologische Kartierung in Maßstäben 1 : 25 000 bis 1 : 100 000, in der er eine der wichtigsten Zukunftsentwicklungen sah, auch wenn sein Plan einer allgemeinen klimatischen Landesaufnahme parallel zur geologischen Landesaufnahme wohl eine Utopie bleiben wird.

---

9 Berichte des Deutschen Wetterdienstes in der US-Zone Nr. 42 – Knoch-Heft.

Als der Deutsche Wetterdienst 1957 nach Offenbach übersiedelte, verlegte er ebenfalls seinen Wohnsitz dorthin: Jeden Tag erschien er pünktlich in seinem kleinen Arbeitszimmer neben der Bibliothek – hier vollendete er sein wissenschaftliches Lebenswerk. Die Liste seiner Veröffentlichungen zählt 175 Arbeiten, davon 32 nach 1953.

Rückblickend wird das Ausmaß an Verantwortung deutlich, das Knoch bei der Entwicklung der Agrarmeteorologie und Bioklimatologie von seinen Mitarbeitern forderte. Nach der Festlegung der Arbeitsziele und der Fixierung des Forschungsschwerpunktes blieb der Umfang der konkreten, zentral gestellten Aufgaben begrenzt, so dass sie zur Ausfüllung des vorgegebenen Arbeitsrahmens mit eigener Initiative aufwarten mussten. Es darf vermerkt werden, dass die Anwendung dieser Leitungsmethode beim Aufbau der agrarmeteorologischen und bioklimatologischen Forschungen zunächst im Bereich des Landeswetterdienstes Sachsen-Anhalt und später im Meteorologischen Dienst der Deutschen Demokratischen Republik nicht nur zu anwendungsfähigen wissenschaftlichen Ergebnissen geführt, sondern darüber hinaus zur Entwicklung eines hohen Verantwortungsbewusstseins der beteiligten Mitarbeiter beigetragen hat. Das Vertrauen auf das Verantwortungsbewusstsein seiner Mitarbeiter und sein Gerechtigkeitssinn bewirkten, dass Knoch weniger als Vorgesetzter, sondern vielmehr als ein älterer und erfahrener Kollege, zum Teil als väterlicher Freund empfunden wurde. Das Verständnis für die fachlichen und persönlichen Belange des dienstlich Unterstellten war ihm ebenso selbstverständlich wie der Respekt vor der seriösen wissenschaftlichen Meinung anderer. Sein persönliches Verhalten resultierte aus einer zutiefst humanistischen Gesinnung, der er auch in seiner wissenschaftlichen Zielstellung konsequent folgte. Er demonstrierte, vielleicht unbewusst, eine Einheit von Mensch und Werk, mit der er Jüngeren ein Vorbild war.

Nach dem Eintritt in den Ruhestand widmete er sich besonders den beiden extremen Größenbereichen der Klimatologie. Für den von der Heidelberger Akademie betreuten Welt-Seuchen-Atlas schuf er eine Reihe von Klimakarten für Europa, Afrika und die ganze Erde und schrieb mit A. Schulze eine vergleichende Darstellung der Methoden der Klimaklassifikation, die C. W. Thornthwaite einmal als Musterbeispiel von "teutonic thoroughness" bezeichnet hat. 1963 erschien seine Monographie über Wesen und Methodik der Landesklimaaufnahme, in der er am Beispiel des ihm ab 1947 vertrauten Raumes um Bad Kissingen die Möglichkeiten großmaßstäbiger Kartierung darlegte. Über beide großen Themen hielt er noch 1965 auf einer Tagung der Meteorologischen Gesellschaft der DDR in Jena zwei weitschauende Vorträge; seine letzte Publikation über Klimaschwankungen erschien 1969, so dass seine aktive wissenschaftliche Tätigkeit einen Zeitraum von 64 Jahren umspannte – überboten nur noch von W. Köppen mit 74 Jahren. In seiner selbstverständlichen Pflichterfüllung und "preußischen" Haltung war Karl Knoch stets Vorbild für seine Mitarbeiter, an die er hohe Anforderungen stellte. Jederzeit setzte er sich mit Nachdruck für das als richtig Erkannte ein; es sollte nicht vergessen werden, dass er 1950 auf einen Teil der kärglichen Forschungsmittel seiner Abteilung verzichtete, um die ersten tastenden Versuche zur numerischen Vorhersage zu ermöglichen. Wie nur ganz wenige seines Faches sah er hinter den unzähligen, oft verwirrenden Einzelheiten die großen Zusammenhänge; ebenso erkannte er rechtzeitig die vielfältigen Beziehungen zwischen dem Klima und den wachsenden Bedürfnissen des Menschen.

Seine Verdienste bei der Wiederbelebung – nach dem großen "Zusammenbruch" – der alten Deutschen Meteorologischen Gesellschaft (gegründet in seinem Geburtsjahr 1883) sollen unvergessen bleiben. In langen Diskussionen gelang es dem 80-jährigen, gegensätzliche Interessen und persönliche Empfindlichkeiten zu überbrücken und mit seinem unantastbaren Ansehen eine tragbare Kompromisslösung zu finden. Hierbei durften auch die Interessen unserer Kollegen und Freunde im anderen Teil Deutschlands nicht vernachlässigt werden, zu denen er besonders gute Beziehungen unterhielt. Um seiner Leistung willen und seiner humanistischen Grundhaltung wegen, hatte ihm die Meteorologische Gesellschaft der DDR die Ehrenmitgliedschaft angetragen. Sie achtet ihn als einen vorbildlichen Menschen und einen sorgfältig abwägenden Wissenschaftler. Sie wird ihm ein ehrendes Gedenken bewahren. Er war für uns Jüngere stets ein mahnendes Gewissen: Sorgfalt und Gründlichkeit waren für ihn absolut selbstverständlich, und die Klima-Atlanten der deutschen Länder bezeugen diese Qualitäten. Sein Lebenswerk stellt ihn in die Reihe der bedeutenden Persönlichkeiten, die die deutsche Meteorologie nachhaltig geprägt haben. Nun ruht er in der fränkischen Landschaft, die ihm lieb geworden war.

Nachwort

Karl Knoch hat in seinem obigen Nachruf auf Henze aufschlussreich bemerkt: „Es war allgemein bekannt, dass der Mitarbeiter zu der kraftvollen Persönlichkeit seines Chefs, dem er auch außerdienstlich näher kam, mit großer Verehrung aufblickte."

Wie man an den hier zusammengestellten knappen Wirkbiographien sehen kann, sind alle engeren Mitarbeiter Hellmanns von seinen Forschungsschwerpunkten stark in ihren eigenen Forschungsrichtungen beeinflusst und geprägt worden. Süring dürfte auch von Hellmann beeinflusst worden sein, war aber kein engerer Mitarbeiter wie die anderen in obiger Zusammenstellung. Freilich gab es auch Mitarbeiter, die nach kurzer Zeit die Abteilung oder gar das Institut verließen. Nicht wenige dürften unter der Arbeitsbelastung am PMI gelitten haben, wenn man dafür den Krankenstand (wie er in den Tätigkeitsberichten akribisch verzeichnet steht) als Maß wählen wollte. Direktor Hellmann fällt nicht durch ungewöhnliche Auszeiten auf, eher muss auf eine rüstige körperlich-seelische Verfassung geschlossen werden. Ob man sich den „kraftvollen" Geheimrat so vorstellen kann, wie es Russell McCORMMACH (1990) romanhaft und kurzweilig von zeitgenössischen Physikern erzählt? Dieser schildert eine (wirklichkeitsnah erdichtete) Szene zwischen dem Direktor eines Physikinstituts und einem seiner Mitarbeiter, der Professor ist[10]:

Ich bin der Direktor des Instituts! (Der Geheimrat sah großartig aus und hörte sich auch so an.) Ich allein übersehe jedes Detail. Jeder erstattet mir Bericht und bittet mich um Erlaubnis. Meine Untergebenen – dazu gehören Sie, Jakob – würden ohne dieses Institut als Physiker überhaupt nicht existieren. Ohne mich wären Sie ... Wie heißt das Wort, Jakob? Ein Chaos! Sie alle würden wie Gasatome umherschwirren. Es ist meine Aufgabe, dies zu verhindern und Ihnen Anweisungen zu geben für das, was Sie tun und lassen dürfen. Ich bin es, der verhindert, dass Sie vom Wege abkommen; ich bin der Gesetzgeber, der Garant des Ganzen. Ich allein schulde niemandem im Institut Rechenschaft, niemandem in der Universität, überhaupt niemandem außer dem Ministerium. Ich sage Ihnen das alles nur, Jakob, weil ich in Ihnen einen Hang zur Unabhängigkeit sehe, einen Hang zur Annahme, Sie hätten besondere Rechte. Um Konflikte zu vermeiden, habe ich mir die Mühe gemacht, für Sie meine Hausordnung schriftlich niederzulegen. Der Assistent, der Pedell, der Pförtner gehören mir. Die gesamten Räumlichkeiten gehören mir. Die Instrumente und Apparate gehören mir. So werden Konflikte vermieden. Der Professor erhob Einspruch: Wenn ich für jedes Thermometer, das ich brauche, Ihre Erlaubnis einholen muss, werde ich bald keine Gedanken und Einfälle mehr haben.

Wer wie Hellmann selbst von den Institutsaufgaben unabhängige Forschungen betreiben wollte, musste das in seiner Freizeit tun. Hellmanns Geschichtsstudien, die seinen Namen heute noch leuchten lassen, fanden in seinen Mußestunden außerhalb der Dienstzeiten statt.

---

10 Viele Mitarbeiter des PMI trugen diesen Titel, der als Prädikat oder „Patent", um mit Süring (Nachruf auf Elsner) zu sprechen, verliehen wurde.

Anhang E: Weitere Kurzbiographien deutschsprachiger Fachgenossen Hellmanns

Zusammenstellung (gekürzter und unerheblich abgewandelter) Nachrufe einiger Vertreter der amtlichen Meteorologie deutscher Zunge, die nicht auf dem Gruppenbild in Kapitel 3 zu sehen sind, aber im Leben und Wirken Hellmanns eine unmittelbare oder mittelbare Rolle spielten. Einige sind älter, die jüngeren gehören der nächsten Generation an, und nur Schmauß und Ficker sind 23 bzw. 27 Jahre jünger. Der erstere war Hellmanns Nachfolger im Vorsitz der Deutschen Meteorologischen Gesellschaft und sein Wunschnachfolger im Amt und auf dem Lehrstuhl in Berlin, während es der letztere schließlich war, der Hellmanns Nachfolger an der Universität, in der Leitung des Preußischen Meteorologischen Instituts und in der Preußischen Akademie der Wissenschaften wurde.

Die Quellen[1] der biographischen Angaben werden jeweils angegeben. Dove war fast 50 Jahre älter. Von ihm ließ sich Hellmann für die Meteorologie einnehmen, und seine Art, ihre Elemente nach geographischen Gesichtspunkten zu verarbeiten, hat er übernommen. Bei Wild hat er sich den Präzisionsbegriff in den Messungen meteorologischer Elemente einschärfen lassen. Mit beiden hebt die chronologische Reihe der Biographien an.

Heinrich Wilhelm Dove (1803-1879)[2]

Unsere allen Winden offene norddeutsche Ebene war durch die Allgemeinheit der Verhältnisse, welche ihr wechselndes Klima bedingen, gleichsam dazu vorherbestimmt, durch [Dove] die Geburtsstätte der neuen Wissenschaft [Meteorologie] zu werden.
Du Boys-Reymond (1876)

Am 4. April starb zu Berlin der zu Liegnitz am 6. Oktober 1803 geborene H. W. Dove.
 Als Doves Hauptverdienst werden für alle Zeiten seine mühevollen und umfassenden meteorologischen Untersuchungen erscheinen. Das unvergänglichste Denkmal hat er sich namentlich durch seine Werke über die Wärmeverteilung auf der Erdoberfläche gesetzt. Für Preußen und andere deutsche Staaten wurde Dove der Schöpfer eines Systems meteorologischer Beobachtungen, welches in dem 1847 gegründeten meteorologischen Institut, einer Abteilung des königlich Statistischen Bureaus, dessen Direktor Dove seit 1848 war, seinen Abschluss erhielt. Dove nahm aber nicht bloß als gelehrter Forscher und glücklicher Entdecker im Reiche seiner Wissenschaft eine der ersten Stellen ein, er besaß ein Lehrtalent, wie es Wenigen eigen ist, und eine die Zuhörer mächtig fesselnde Gabe des Vortrages [die auch Hellmann gefesselt hat]. Nicht eine Spur von Gelehrtenstolz haftete an ihm; er war ein Freund volkstümlicher, witzsprühender Darstellung der wissenschaftlichen Ergebnisse im besten Sinne des Wortes; seine Collegia publica [öffentliche Vorlesungen] an der Universität und seine wahrhaft klassischen Vorträge in der Berliner Polytechnischen Gesellschaft waren stets von einer nach Hunderten zählenden Zuhörerschaft besucht, die mit größter Spannung seinem Vortrag lauschte. Von der allgemeinen Verehrung, deren sich Dove in allen Kreisen Berlins erfreute, legte das fünfzigjährige Doktor-Jubiläum Zeugnis ab, welches ihm vor drei Jahren zu feiern vergönnt war, und welches auch die Zeichen äußerer Ehren, die den hochverdienten Mann im Laufe der Jahre geschmückt hatten, noch vermehrte.
 [Neumayer lässt] Doves Leistungen auf dem Gebiete der gesamten Physik – als Forscher und als Lehrer – von welchen eine jede schon genügen würde, seinen Namen mit den Fortschritten in der Naturerkenntnis eng zu verknüpfen, gegen die Bedeutung und Verdienste zurücktreten, welche er sich als Begründer der neueren Meteorologie, als Organisator des Beobachtungssystems im preußischen Staate und Berechner und Bearbeiter der Resultate desselben erworben hat. ... Hier finden wir bei jedem Schritte, den uns unser Studium weiter in das Wesen der Leistungen Doves trägt, Material von unvergänglichem Werte, das er auch selbst unter den verschiedensten, größtenteils durch ihn gewonnenen Gesichtspunkten bearbeitete. ... Es bleibt uns bei einem solchen Rückblicke auf diese Tätigkeit unfassbar, wie die Kraft eines Mannes, dem eine feste Organisation mit einer entsprechenden Zentralstelle nicht zur Verfügung stand, alles dieses zu leisten vermochte, ja es bleibt selbst unfassbar, wenn man die intensivste Arbeitslust, die größte Tüchtigkeit, die volle Begeisterung eines Reformators bei der Beurteilung in Erwägung zieht. ...

---

1 Abbildungen der Buchrücken, -deckel und Titelblätter sind nach Exemplaren in der Privatbibliothek des Verf. entstanden.
2. Aus dem Nachruf (wohl) von Julius Hann in der *Zeitschrift der Österreichischen Gesellschaft für Meteorologie* (1879) und dem ausführlicheren von Georg Neumayer in *Preußische Statistik*, Band XXXXIX (1879). Eine kleine Biographie wurde von NEUMANN (1925) veröffentlicht. Foto aus dem Bildarchiv der DWD-Bibliothek.

Wenn es auf der einen Seite nicht allzu schwer fallen kann, sich zu einer einigermaßen richtigen Würdigung des Wertes der Doveschen Schöpfungen im preußischen Staate, sagen wir in Deutschland, zu erheben, so ist andererseits nicht zu verkennen, dass sein Vorbild in der meteorologischen Arbeit weit über die Grenzen seines Vaterlandes hinaus zu ähnlichem Vorgehen aneifernd zu wirken nicht verfehlen konnte. Denn wenn auch das von ihm geleitete System der Zeit nach wohl hinter den organisatorischen Bestrebungen auf diesem Gebiet in andern Staaten zurückstehen mag, so bleibt doch unzweifelhaft und unbestritten, dass seine in geistvoller und anregender Weise geschriebenen Werke, seine Untersuchungen auf dem Gebiet der Meteorologie, seine klimatologischen Arbeiten und Lehren über das Wesen der Stürme allenthalben da, wo sie gelesen wurden – und sie wurden fast sämtlich in die herrschenden Sprachen übertragen – das Streben nach meteorologischer Forschung belebten und die Anregung zur Organisation im großen Stile gaben.

Wir erkennen auch des Weiteren eine der vorzüglichsten Ursachen der intensiven und nachhaltigen Einwirkung der Tätigkeit des preußischen meteorologischen Institutes in dem Umstand, dass die hauptsächlichsten, allgemein fesselnden Werke des Leiters desselben bereits lange vor der Zeit geschrieben worden waren, da er die Leitung übernahm. ... 1837 die so berühmt gewordenen „Meteorologischen Untersuchungen" (s. Abb. E-1) und endlich 1840-41 in erster Auflage „Das Gesetz der Stürme in seinen Beziehungen zu der allgemeinen Bewegung der Atmosphäre". Die Reihe der genannten Arbeiten stellt die Ableitung, oder vielmehr die Entwickelung der Ableitung des Doveschen Drehungsgesetzes dar. [...]

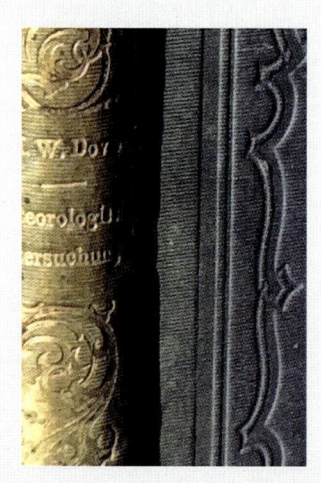

Abb. E-1: Doves „Meteorologische Untersuchungen" von 1837 in Nahaufnahme. Mit dem „Gesetz der Stürme" begründeten sie früh seinen Ruf als „größten Vertreter der Meteorologie" (VAN BEBBER 1891).

Es wollte uns immer als bedauerlich erscheinen, dass es ihm, dem eifrigen, begeisterten Forscher nicht schon zu jener Zeit gelingen konnte, wissenschaftliche Kräfte im Amte um sich zu sehen, die nach seinen Lehren sich bildeten und nach seinen Grundsätzen die Arbeit des Sammelns und Diskutierens meteorologischer Beobachtungen mit ihm betrieben und nach ihm fortzusetzen vermochten. In späteren Jahren, als er längst in feste Bahnen bezüglich der Lösung der ihm als Leiter gestellten Aufgaben eingelenkt hatte, wurde es naturgemäß immer schwieriger für ihn, in gewissem Sinne ebenbürtige Mitarbeiter zu finden, solche zu bilden und für die Weiterführung der Tätigkeit des meteorologischen Institutes vorzubereiten. Es ist dieser Mangel, und gewiss bezeichnet diese Seite einen solchen, bei der umfassenden Tätigkeit des rastlosen Forschers, bei dem Wesen desselben in seinen Ursachen unfassbar und unerklärbar. Ein Mann seines Geistes musste sich vollkommen bewusst sein, dass Organisationen von der Natur, wie er sie geschaffen, aus mannigfachen Gründen auf der Existenz einer ganzen Schule wissenschaftlicher Arbeiter beruhen müssen, wenn sie die Phasen der Entwicklung, wie eine solche ja durch sie erstrebt wird, überdauern soll. ... Wir erblicken in dem Umstande, dass Dove nahezu allein stehend, oder doch so mit Beziehung auf die höhere wissenschaftliche Tätigkeit des Meteorologischen Institutes wirkte, die Bedingung für die Möglichkeit des Widerstreites, in welchem er zur Richtung der neueren Meteorologie trat, eine Richtung, welche wir schon in flüchtigen Zügen angedeutet haben. Und merkwürdig genug! Es ist gerade die mathematisch-physikalische Richtung, welche ihm, dem bewährten Lehrer der Physik, dem gewiegten und scharfsichtigen Experimentator, als sie zur Geltung und Anwendung in meteorologischen Dingen kam, nicht zusagte, für welche er in den äußersten Konsequenzen kein volles Verständnis mehr hatte. Durch ein von ihm gebildetes und entwickeltes Gremium von mitarbeitenden Meteorologen würde ihm ohne Zweifel manche bittere Empfindung, die das Bewusstsein, ein Leben der treusten und hingebendsten Widmung zurückgelegt zu haben, und dennoch nunmehr mit der selbst angebahnt Richtung im Widerstreite zu stehen, mit sich bringen musste, erspart worden sein. [...]

Was uns da wo die Arbeiten Doves auf das geographische Gebiet hinüberreichen – und fast möchte man fragen in welchem seiner Werke wäre dies nicht der Fall? – ganz besonders hinreißt, das ist die immense Belesenheit in den Werken der Reisenden aller Zeiten zu Wasser sund zu Lande. In allen findet er Stoff zur Begründung seiner Hypothesen über Passate, Monsune und für sein Gesetz der Stürme. Deshalb werden auch seine Schriften stets eine Fundgrube für das wertvollste geschichtlich-geographische Material bleiben, wie sich auch die Beleuchtung und Verwertung desselben gestalten möge. Mit ganz besonderer Vorliebe schöpfte er hier aus den Werken berühmter Seefahrer, von jenen aus der Periode der großen Entdeckungen und von William Dampier (1699), den er ganz besonders zu würdigen weiß, bis zu den Fahrten der preußischen und österreichischen maritimen Expedition um die Erde in der Gegenwart. Es offenbart sich Dove hier als echter Sohn der durch Humboldt eingeleiteten Epoche geographisch-physikalischer Forschungsreisen unseres Jahrhunderts. Eine Beleuchtung seiner Eigentümlichkeit nach dieser Richtung könnte den Stoff einer dankbaren Studie, auch über den Gang der geographischen Forschung in unserer Zeit abgeben und müsste als solche einen ganz besonderen Reiz bieten. Namentlich gilt dies auch von der Stellung, welche Dove mit Beziehung auf die in den sechziger Jahren so eifrig betriebenen Nordpol-Expeditionen, für welche er nie in dem, von der damals herrschenden Partei vertretenen Sinne schwärmte, einnahm. Schon zu jener Zeit trat er, beiläufig gesagt, entschieden, wohl namentlich im Interesse der Meteorologie, für die in unseren Tagen eingeschlagene Richtung der Polarforschung im Gegensatze zu dem Bestreben, den Pol zu erreichen, ein. Übrigens dürfte seine Liebe zum Studium geographischer Fragen, allerdings vorwiegend in der physikalischen Richtung, mehr als durch sein Eingreifen in die Lösung derselben, durch einen Einblick in seine [vom Seewetteramt unter Neumayer erworbene] Bibliothek eine Beleuchtung erfahren, was auch, um in anderer Hinsicht über das Wesen des Gelehrten Weiteres zu lernen, von großem Interesse ist. Diese, gegen 10 000 Bände umfassende, für physikalische und insbesondere meteorologische Forschungszweige so überaus wichtige Büchersammlung, deren Kataloge von dem gelehrten Besitzer mit einer ganz besonderen Sorgfalt und Liebe selbst angefertigt wurden, enthält einen reichen Schatz von alten Reisewerken, Sammelwerke geographischen Inhalts und Abhandlungen über die Resultate von Forschungsreisen der neueren Zeit. Daraus erhellt zur Genüge seine Vorliebe für die geographische Seite meteorologischer Fragen, welche übrigens auch durch die zahlreichen Abhandlungen dieser Art von seiner Feder in dem Jahrbuche der Gesellschaft für Erdkunde beleuchtet wird. Es wird gewiss einmal eine lohnende und überaus lehrreiche Aufgabe sein, die Entwickelung der Meteorologie und Klimatologie in ihren wesentlichsten Zügen, wie sich dieselbe Ende des vorigen und im gegenwärtigen Jahrhundert vollzog, darzulegen. [...]

Heinrich Wild (1833-1902)[3]

Seine zahlreichen vortrefflichen Arbeiten füllen fast eine ganze Bibliothek.

Nicht ganz 69 Jahre alt, verstarb in Zürich der k[aiserlich] russische Staatsrat und ehemalige Direktor des Petersburger Zentralobservatoriums, Heinrich v. Wild. Geboren 1833 zu Uster (bei Zürich), studierte er Anfang der Fünfziger-Jahre zu Zürich, Königsberg [bei Franz Neumann] und Heidelberg, habilitierte sich 1857 für Physik, wurde aber bald nach seiner Habilitierung im Alter von erst 25 Jahren zum Professor für Physik an der Universität Bern und zum Direktor der dortigen Sternwarte ernannt, als Nachfolger Wolfs. Bereits in Bern entfaltete Wild eine außergewöhnlich rege wissenschaftliche Tätigkeit und legte durch Erweiterung des Berner Observatoriums zu einer meteorologischen Zentralstelle für den Kanton Bern den ersten Grund zu der Errichtung des großen schweizerischen meteorologischen Beobachtungsnetzes Ende 1863. Mit Mousson und Kopp wirkte Wild ferner in der von der schweizerischen Naturforscher-Gesellschaft anfänglich bestellten Kommission für die Errichtung einer schweizerischen Meteorologischen Zentralanstalt, und in die Berner Zeit fällt auch die Redaktion der bekannten Rektoratsrede (1867) „Über Föhn und Eiszeit", als Antwort auf Doves „Eiszeit, Föhn und Scirocco".

Gleichzeitig führte Wild in Bern noch das Direktorium der eidgenössischen Normaleichstätte, in welcher Eigenschaft er bis 1867 die Reform der schweizerischen Urmaße ausführte. Schon damals richtete die russische Regierung ihre Aufmerksamkeit auf den jungen, ungewöhnlich tätigen Schweizer Gelehrten. Sie berief ihn Ende der Sechziger-Jahre zur Leitung des physikalischen Zentralobservatoriums nach Petersburg, wo Wild nun vor eine wahrhaft großartige Aufgabe gestellt wurde; er führte hier mit ausgezeichnetem Erfolge eine vollständige Reorganisation und Erweiterung nicht bloß des Zentralobservatoriums, sondern auch des ganzen riesigen Beobachtungsnetzes des russischen

---

3 Nachruf in der *Meteorologischen Zeitschrift* 1902 (vermutlich von den Redakteuren Hann und Hellmann). Das Porträt befindet sich im Fotoarchiv der Meteorologischen Bibliothek des Deutschen Wetterdienstes.

Reiches durch und schuf noch zudem die meteorologisch-magnetischen Observatorien zu Pavlovsk und Irkutsk. Neben Meteorologie und Erdmagnetismus erstreckten sich Wilds Studien auch auf Elektrizität und Optik. Wild war anfangs der Achtziger-Jahre Präsident der internationalen Polarkommission und gehörte ferner als Mitglied und Präsident dem internationalen Meteorologen-Komitee und als Mitglied dem internationalen Bureau für Maß und Gewicht an. Die russische Regierung hat seine Verdienste mehrfach, unter anderem durch Verleihung des Adelstitels anerkannt.

Während vollen 27 Jahren (1868-1895) hatte Professor Wild die mühevolle Leitung jenes gefeierten Institutes inne, welchem in erster Linie die Pflege der klimatischen Forschung des großen russischen Reiches mit Inbegriff der magnetischen Beobachtungen anvertraut war. Was Wild an dieser Stelle geleistet, ist von unvergänglichem Werte; seine zahlreichen vortrefflichen Arbeiten füllen fast eine ganze Bibliothek. Seit 1896 lebte Staatsrat v. Wild im Ruhestande in Zürich, zwar immer noch wissenschaftlich sich betätigend. Seine letzte größere Arbeit beschäftigte sich noch mit dem Föhnproblem, und nebenbei redigierte Wild auch noch eine vollständige Umarbeitung des bekannten Lehrbuches der kosmischen Physik von Müller-Pouillet, von welchem das Manuskript zum ersten Halbband druckfertig vorliegt.

Hermann Joseph Klein (1844-1914)[4]

In gegen 50 000 Exemplaren ist seine „Allgemeine Witterungskunde" in die Welt gegangen

Arldt

Am 1. Juli dieses Jahres ist ein Mann durch den Tod uns entrissen worden, der es wie selten einer, verstand, die oft so schwierigen Fragen der Astronomie und Geophysik weiteren Kreisen nahe zu bringen, ihnen aus der fortschreitenden wissenschaftlichen Arbeit immer das Wesentlichste darzubieten, Prof. Dr. Hermann Joseph Klein, in dem besonders seine Vaterstadt Köln, in der er fast sein ganzes arbeitsreiches Leben verbracht hat, eine ihrer anerkanntesten wissenschaftlichen Persönlichkeiten verliert. Es ist unmöglich, hier auf beschränktem Raume seine wissenschaftlichen Verdienste gebührend zu würdigen. Nur auf weniges kann hingewiesen werden. Seinem Streben, weitere Kreise in die neueste wissenschaftliche Literatur einzuführen, die dem einzelnen meist nur schwer zugänglich ist, dienten das von ihm 1890 gegründete Jahrbuch für Astronomie und Geophysik, das er bis zum Jahrgang 1912 herausgegeben hat, und die ebenfalls von ihm ins Leben gerufene und von 1864 bis 1908 geleitete Gaea. Speziell der Astronomie und ihren Neuigkeiten war der Sirius gewidmet, den er bis zu seinem Tode geleitet hat, und dessen Weiterführung seine Sorge bis in die letzten Tage vor seinem Tode gewesen ist. Groß ist die Anregung, die er in diesen Zeitschriften und dem Jahrbuch weiten Kreisen geboten hat, verstand er es doch vorzüglich, aus den neuesten Arbeiten den wesentlichen Keim herauszuschälen und in verständlicher Form dem Leser vorzuführen. Nicht weniger gilt dies von seinen zahlreichen in Buchform erschienenen Arbeiten, die neben der Astronomie besonders der Meteorologie gelten, in deren Dienst er 34 Jahre lang die Wetterberichte der Kölnischen Zeitung verfasst hat. In gegen 50 000 Exemplaren ist seine „Allgemeine Witterungskunde" in die Welt gegangen[5] (s. Abb. E-2), während unter seinen astronomischen Werken seine auch in zahlreichen Übersetzungen erschienenen „Astronomischen Abende" den größten Erfolg darstellen, der ihm beschieden war. Aber auch in rein wissenschaftlicher Arbeit hat der nun Verstorbene Großes geleistet. Besonders als Mondforscher war er eine erste Größe und neben J. Schmidt in Athen unbestritten der beste lebende Kenner der Mondoberfläche, auf der er als einer der ersten die Bildung neuer Krater im Jahre 1877 entdeckte. Auch seine überraschende im Jahre 1868 gemachte Entdeckung von Farbenänderungen des Sterns Alpha im Großen Bären hat dank der Fortschritte der Spektroskopie Bestätigung gefunden. Er war eben ein außerordentlich guter Beobachter, wie wenige, der klar und deutlich Feinheiten wahrnahm, die viele andere Forscher nicht sahen. So sind die fast 70 Jahre, die ihm zu leben vergönnt waren; er war am 14. September 1844 geboren, ein Leben voll Arbeit, aber auch von Segen für ihn und die vielen gewesen, die aus seinen Arbeiten Anregung und Nutzen zogen.

---

4   Von Theodor Arldt (mit Bild), in Kleins *Jahrbuch der Astronomie und Geophysik* Bd. XXIV (1914). Klein hat viele Schriften von Hellmann in seinem *Jahrbuch* referiert. Auch war er Mitglied des Vorstandes der Deutschen Meteorologischen Gesellschaft bei ihrer Gründung 1883.

5   Köppen in der *Meteorologischen Zeitschrift*, Juli 1884: „Wer sich mit Genuss und ohne Mühe in der Meteorologie orientieren will, dem kann dies Werkchen aufs Beste empfohlen werden. Der Preis ist ein merkwürdig niedriger."

Abb. E-2: Gegen 50 000 Exemplare sind von Kleins Allgemeine Witterungskunde „in die Welt gegangen".

Joseph Maria Pernter (1848-1908)[6]

Er hat sich durch seine Regenbogenarbeit um die richtige Beurteilung dieser Naturerscheinung ein wirkliches Verdienst erworben. Pernters Name wird durch seine „Atmosphärische Optik" für alle Zeiten in der Geschichte der atmosphärischen Lichterscheinungen fortleben.

Trabert

Joseph Maria Pernter wurde geboren am 16. März 1848 zu Neumarkt in Südtirol als Sohn eines Gutsbesitzers. Er wollte sich zunächst theologischen Studien widmen, besuchte die Gymnasien in Bozen und Meran, trat 1864 in die Gesellschaft Jesu ein und absolvierte die Universität Innsbruck. Er wirkte dann als Physikprofessor in Kalocsa und Kalksburg, trat aber im Jahre 1877 wegen eines Kopfleidens aus dem Jesuitenorden aus. Nachdem er hierauf unter Stefan[7] an der Wiener Universität Physik studiert hatte, machte er am 6. Juli 1880 sein Doktorat der Philosophie. Schon vorher trat Pernter, im Oktober 1878, als Volontär an der k. k. Zentralanstalt für Meteorologie und Erdmagnetismus ein, wurde 1880 daselbst Assistent und 1884 Adjunkt. Seit dem Jahre 1885 war Pernter an der Wiener Universität als Privatdozent für Meteorologie habilitiert und wurde 1890 außerordentlicher, 1893 ordentlicher Professor der kosmischen Physik an der Universität Innsbruck.

Mit Pernters Ernennung beginnt auch wieder nach einer etwa zehnjährigen Lücke die Beobachtungstätigkeit der Station Innsbruck. Er errichtete hier ein meteorologisches Observatorium, das sukzessive mit selbstregistrierenden Apparaten ausgestattet wurde, er wurde zum Schöpfer eines Instituts für kosmische Physik, das vorbildlich wurde für die anderen Universitäten Österreichs, welche nun fast durchaus eine Lehrkanzel für kosmische Physik besitzen, der in erster Linie die Pflege der Meteorologie obliegt.

Pernter schwebte schon bei der Gründung des Innsbrucker Instituts ein österreichisches Alpen-Observatorium vor, und dieser Tradition ist das Innsbrucker Observatorium bisher auch immer treu geblieben. Speziell war es der Föhn, der in Innsbruck sein Interesse erregte und von dem er mit Verwendung 25-jähriger Aufzeichnungen zeigte, eine wie große Rolle derselbe in Innsbruck spiele, indem er im Jahre an durchschnittlich 43 Tagen wehe (besonders in den drei Frühlingsmonaten), und welche klimatologische Wichtigkeit demselben zukomme, indem er im Jahresdurchschnitt die Temperatur um etwa 0.6° hinaufrücke, ja im Mittel sind speziell die Föhntage um beinahe 3° wärmer als das 25-jährige Mittel. Auch der viel umstrittenen Frage nach der Ursache des Föhns ging Pernter in einer Arbeit nach und kam dabei zu der Ansicht, dass derselbe immer an eine sekundäre Depression im Alpenvorlande gebunden sei. [...]

Die Möglichkeit, auf meteorologischen Gipfelobservatorien Beobachtungen anzustellen, die sich ihm in Österreich leicht ergab, hat ihn denn auch zu mehreren Expeditionen auf den Hochobir und auf den Sonnblick veranlasst. Auf dem Obir ... untersuchte er ... die Frage, wie sich die Psychrometerkonstante mit dem Luftdruck ändere. Pernter kam zu dem Resultat, dass die Konstante mit abnehmendem Druck wachse. Schon bei dieser Untersuchung drängte sich übrigens Pernter die Überzeugung auf, dass die Grundlagen der Psychrometertheorie durchaus keine völlig sicheren seien, und dass das Psychrometer ein weit weniger verlässliches Instrument sei, als man glaube: Auch in der späteren Zeit war diese Überzeugung für ihn bestimmend, im österreichischen meteorologischen Netz vielfach das Haarhygrometer einzuführen und dafür einzutreten, dass das Psychrometer durch das Haarhygrometer ersetzt werde[8]. [...]

6　Nachruf von Wilhelm Trabert in der *Meteorologischen Zeitschrift* (1909). Das Foto ist daselbst abgedruckt.
7　Josef Stefan (1835-1893) ist den Meteorologen insbesondere durch das Stefan-Boltzmannsche Strahlungsgesetz bekannt. In unserem Zusammenhang mag folgende Aussage interessant sein (BOLTZMANN 1905): „Wer Gelegenheit hatte, die Gymnasien des Deutschen Reiches mit den österreichischen zu vergleichen, wird unzweifelhaft erkennen, dass gerade der physikalische Unterricht in Österreich auf einer weit höheren Stufe steht. Es liegt dies vor allem an dem besseren Studienplane; dass derselbe aber auch durch tüchtige Lehrkräfte richtig erfasst wird, darum hat sich Stefan in seiner langen Lehrtätigkeit an der Universität nicht kleine Verdienste erworben".
8　In seinem Eröffnungsvortrag von 1911 (vgl. Kapitel 4) über die Beobachtungsgrundlagen der Meteorologie fiel Hellmanns Urteil eindeutig aus: „Die Bestrebungen Pernters, das Psychrometer durch ein anderes empirisches Instrument, das Haarhygrometer, ganz zu ersetzen, dürfen als gescheitert angesehen werden."

Besonders die Ausstrahlungsbeobachtungen, die nach jenen von Maurer in Zürich damals die einzigen waren, waren äußerst verdienstlich, und noch heute sind sie von Wichtigkeit, wenn man die Zunahme der Ausstrahlung mit der Höhe kennen lernen will. Es sollten oben und unten Einstrahlungs- bzw. Ausstrahlungsbeobachtungen gemacht werden, weiter wurde die Polarisation des Himmelslichtes untersucht und endlich Szintillometerbeobachtungen auf dem Sonnblick und in Rauris angestellt. Sein ganz besonderes Interesse haben aber immer die atmosphärischen Lichterscheinungen erregt, und zwar waren es die optischen Erscheinungen, welche im Gefolge des Krakatauausbruches eintraten, die Pernter besonders zu diesen Fragen hinführten.[9]

Er war es, der die Lord Rayleighsche Theorie[10] *der blauen Farbe des Himmels in Europa besonders bekannt machte und derselben Eingang zu verschaffen wusste; er hat selbst in einer Reihe von Arbeiten zu dieser Frage Stellung genommen und auf die Bedeutung großer Mengen in der Atmosphäre suspendierter Staubteilchen hingewiesen. Besonders die große Rolle, welche die Beugung des Lichtes in unserer Atmosphäre spielt, hat Pernter in seinen Arbeiten über den Krakatauausbruch, die Theorie des Bishopschen Ringes und des ersten Purpurlichtes hervorgehoben.*

Auch für den Regenbogen wies er auf die große und wesentliche Bedeutung, welche die Beugung hat, hin. Er stellte sich ganz auf den Standpunkt der Airyschen Theorie, berechnete für alle möglichen Tropfenarten die Farbenfolge und Breite des Regenbogens und gab damit eine sehr wesentliche Ergänzung zur früher allein herrschenden Descartesschen Theorie. Er hat sich durch seine Regenbogenarbeit um die richtige Beurteilung dieser Naturerscheinung ein wirkliches Verdienst erworben.

Weitaus sein wichtigstes, leider unvollendet gebliebenes Werk ist aber seine meteorologische Optik. Es ist sein Haupt- und Lebenswerk[11]*. Was in einzelnen, teilweise wenig zugänglichen Abhandlungen zerstreut war, hat Pernter hier zum ersten Male zusammengefasst, und zahllose Lücken, die sich ergaben, hat er ausfüllen müssen, um eine systematische Zusammenstellung und Bearbeitung aller Fragen derselben zu ermöglichen. Pernters Name wird durch seine „Atmosphärische Optik" für alle Zeiten in der Geschichte der atmosphärischen Lichterscheinungen fortleben. Es fehlt leider die letzte Lieferung, aber trotzdem zeigt uns schon das Vorliegende, was überhaupt auf diesem Gebiete vorhanden ist. Andere Werke der meteorologischen Optik werden immer daran anknüpfen müssen, und dem Pernterschen Werke wird es zu verdanken sein, wenn die atmosphärischen Lichterscheinungen mehr als bisher in das Arbeitsgebiet der Meteorologen einbezogen werden dürften.*[12]

Die meisten der erwähnten Arbeiten Pernters stammen aus der Zeit, da er noch nicht Direktor der Wiener Zentralanstalt für Meteorologie war, oder sie waren doch im Wesen bereits fertig. [...] Zweifellos das Hauptverdienst, das sich Pernter als Direktor der Zentralanstalt erworben hat, ist die von ihm durchgeführte Reorganisation. [...] Durch die Kreierung von Abteilungen, durch die Teilnahme an den wissenschaftlichen Ballonfahrten, durch die Errichtung eines Laboratoriums, einer eigenen Druckerei, eines Lesezimmers usw. [...] Die Zukunft wird aber den Namen Pernters immer unter jenen der bedeutendsten Direktoren der Zentralanstalt nennen! [...] Die Zentralanstalt wurde damit auch seismische Zentrale, und sie erhielt dementsprechend auch einen neuen Titel: „Zentralanstalt für Meteorologie und Geodynamik". [...] Gleichfalls unter sein Direktorat fällt das fünfzigjährige Jubiläum der Wiener Zentralanstalt. [...] In die Zeit von Pernters Tätigkeit als Direktor der Zentralanstalt fällt auch der die landwirtschaftlichen Kreise, besonders Österreichs und Italiens, bewegende Rummel des Wetterschießens. Er schritt an eine rückhaltlose Prüfung der Sache und trug damit sehr wesentlich bei, dass das Wetterschießen heute fast vergessen ist. Die internationale Expertenkonferenz im Jahre 1902 in Graz bedeutete in der Tat: das Ende des Wetterschießens.

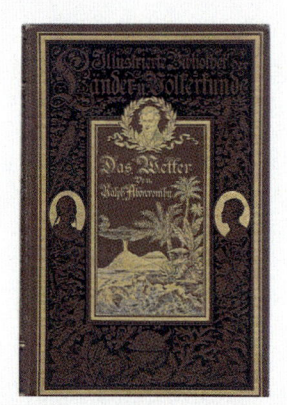

Abb. E-3: Pernter im Vorwort seiner Übersetzung von Abercrombys *Weather*: „Viele Bücher wurden über Meteorologie geschrieben, über das Wetter noch keines".

---

[9] Bei der ersten ordentlichen allgemeinen Versammlung der Deutschen Meteorologischen Gesellschaft im Jahre 1883 sprach Hellmann ausführlich über Dämmerungserscheinungen und deren mit der relativen Feuchtigkeit veränderlichen Dauer sowie über jahreszeitlich veränderliche „Depressionswinkel" anhand der von ihm in Spanien angeregten Beobachtungen. Eine Beschreibung solcher Beobachtungen mit mathematischen Mitteln scheint ihn nicht gereizt zu haben.

[10] Stefan hatte sich für die Maxwellsche Theorie früh eingesetzt und verhalf ihr zum Siegeszug auf dem Kontinent (BOLTZMANN 1905). Rayleigh fand die Erklärung für die Bläue des Himmels auf der Grundlage der älteren elastischen Lichttheorie, schloss sich aber ab 1881 Maxwellschen Vorstellungen an.

[11] Aus Pernters Vorwort 1901: „Da wir bisher kein Buch besitzen, welches ausschließlich und ganz nur meteorologische Optik behandelt, überdies die in deutscher Sprache vorhandenen Übersichten über dieses Gebiet in den verschiedenen Lehr- und anderen Büchern über Meteorologie und kosmische Physik als gänzlich veraltet und vielfach unrichtig zu bezeichnen sind, … so dürfte den Fachgenossen diese Arbeit vielleicht eine willkommene Gabe sein".

[12] F. M. Exner hat mit der 4. und letzten Lieferung 1910 das Werk abgeschlossen und in 2. Auflage 1922 als vollständiges Buch in Schöndruck erscheinen lassen.

Nicht unerwähnt können wir auch Pernters Übersetzung von Abercrombys „Wetter" lassen (s. Abb. E-3), in der er dem deutschen Publikum den Begriff einer wirklichen Lehre vom Wetter im Gegensatze zu einer Meteorologie vor Augen führte. Auch der praktische Witterungsdienst hat Pernter viel beschäftigt. Vielleicht hat er auch der Wettervorhersage einen allzu großen Optimismus entgegengebracht, und es darf bezweifelt werden, ob wir heute schon so weit sind, für mehr als zehn verschiedene Bezirke in Österreich den Charakter des Wetters mit ziemlich viel Details vorhersagen zu können. [...]

Die Reorganisation, das viele Neue, das er in kurzer Zeit einführte, haben ein Herzleiden, an dem er litt, sehr beschleunigt. [...] Es war für ihn eine Erlösung von allen Leiden, als er am 20. Dezember 1908 verschied.

Richard Börnstein (1852-1913)[13]

Der Vater des norddeutschen Wetterdienstes.
Franz Linke

Am 13. Mai starb plötzlich ohne jeden Vorboten einer Krankheit der Geheime Regierungsrat Dr. Richard Börnstein, Professor der Physik und Meteorologie an der Königlichen Landwirtschaftlichen Hochschule zu Berlin. ... Durch seine vielseitigen Fähigkeiten und seine seltenen Charaktereigenschaften hat der Verstorbene sich dennoch eine große Zahl von Freunden und Verehrern erworben, so dass sein Tod allseitig schmerzlich empfunden wird.

Richard Börnstein wurde am 9. Januar 1852 als Sohn eines Kaufmanns in Königsberg in Preußen geboren und besuchte das altstädtische Gymnasium daselbst, das er, erst siebzehnjährig, mit dem Zeugnis der Reife verließ. ... Er studierte dann in Heidelberg bei Kirchhoff, Bunsen [beide die Entdecker der Spektroskopie], Königsberger [Biograph von Helmholtz], vom Jahre 1870 an in Göttingen bei Clebsch, Wilhelm Weber, Felix Klein u. a., und promovierte schon mit 20 Jahren in Göttingen, obgleich er im deutsch-französischen Kriege als 18-jähriger Freiwilliger ins Feld gezogen und vor Metz am Typhus erkrankt war. Einige Jahre arbeitete Börnstein dann bei Neumann in Königsberg [wie Wild vor ihm] und bei G. Wiedemann [bei dem Sprung promoviert hatte] in Leipzig und habilitierte sich als Assistent Quinkes [Experimentalphysiker, der wie Hellmann Theorien misstraute] im Jahre 1877 in Heidelberg[14]. Seine Habilitationsschrift behandelte das Thema „Der Einfluss des Lichtes auf den elektrischen Leitungswiderstand an Metallen".

Schon im nächsten Jahre, 1878, bekam Börnstein einen Ruf an die landwirtschaftliche Akademie in Proskau als Nachfolger von Pape. Und als die Akademie 1881 als Landwirtschaftliche Hochschule nach Berlin übersiedelte, verlegte er seinen Wohnsitz endgültig nach Berlin, wo er – wie er gerne erzählte – mit drei Hörern und einem „halben Diener" (in dessen Dienst er sich nämlich mit einem Kollegen teilen musste) seine Tätigkeit begann. [...]

Obgleich Börnstein Professor der Physik war, so sind doch seine rein physikalischen Forschungen sehr wenig zahlreich. Er selbst pflegte das damit zu erklären, dass er in Proskau auf viele Meilen im Umkreis der einzige Physiker gewesen wäre und es ihm dadurch an den nötigen Anregungen gefehlt hätte. Sein Interesse war vielmehr von früh ab auf die Meteorologie gerichtet, was seiner Lehrtätigkeit vor Landwirten auch durchaus entsprach. Er richtete an der Hochschule eine meteorologische Station erster Ordnung mit sämtlichen Registrierapparaten ein. Er erfand auch selbst einige Apparate, wie z. B. einen Winddruckmesser (1883), verbesserte die Regenmesseraufstellung (1884) und gab seinen Assistenten reichliche Gelegenheit, selbständig neue Apparate zu bauen. Seine theoretischen Untersuchungen aus der Meteorologie behandelten den oft bestrittenen Mondeinfluss auf den Luftdruck, die Niederschlagsverhältnisse in Berlin (1897), Temperatur- und Luftdruckverhältnisse Berlins auf Grund der langjährigen, fast lückenlosen Registrierungen seines Instituts.

Schon frühzeitig, nämlich im Jahre 1882, trat Börnstein für die Wetterprognose ein, indem er einige wissenschaftliche, populäre und Propagandaschriften über den Wert der Wetterprognose schrieb. Diese Tätigkeit setzte er von 1900 ab in erhöhtem Maße fort und trat mit seinem Leitfaden der Wetterkunde (s. Abb. E-4) an die Öffentlichkeit, der gerade an dem Tage seines Todes in dritter Auflage erschien. Wenn dieser Tätigkeit sehr bald die Einrichtung des öffentlichen Wetterdienstes – zuerst

---

13 Nachruf von Franz Linke (1878-1944) in der *Meteorologischen Zeitschrift* (1913). Foto aus dem Fotoarchiv der Meteorologischen Bibliothek des Deutschen Wetterdienstes.

14 Bei all diesen gewichtigen und von der Geschichte unvergessenen Namen kann man nur vor Neid erblassen! Verblasst allerdings, so scheint es mir, ist Börnsteins Name unter Meteorologen. Daran könnte der Mond schuld sein. Wie weiter unten Linke schreibt, hat er theoretische Untersuchungen zum Mondeinfluss auf Luftdruck, Temperatur und Niederschlag angestellt

probeweise in Brandenburg, dann in ganz Norddeutschland – folgte und gerade das Königlich Preußische Landwirtschaftsministerium sich dazu bereit erklärte, so lässt sich das mit Sicherheit auf den Einfluss Börnsteins zurückführen. Ihm sind auch zweckmäßige Einzelheiten der Organisation des Wetterdienstes zuzuschreiben, insbesondere der Nachdruck, der von vornherein auf eine möglichst große und schnelle Verbreitung der Wetterkarte gelegt wurde. Börnstein vertrat den Grundsatz: Jeder soll sein eigener Wetterprophet sein, und verstand darunter, dass jeder durch Anstellung lokaler Beobachtungen in Verbindung mit dem Studium der Wetterkarte imstande sein solle, sich selbst eine Wetterprognose zu machen, die dann, weil sie gewöhnlich für eine kürzere Zeit aufgestellt zu werden braucht und die lokalen Eigenheiten eines Ortes berücksichtigt, sicherer sein kann, als die von einer Zentralstelle für einen großen Bezirk aufgestellte Prognose.

Abb. E-4: Aus der 2. Auflage von 1906, Abschnitt ‚Witterungsdienst': „Unter diesem Namen fasst man diejenigen Einrichtungen und Leistungen zusammen, welche das Voraussagen des Wetters ermöglichen sollen. ... Um nun das für morgen bevorstehende Wetter zu beurteilen, muss man das heutige Wetter kennen und aus diesem unter Benutzung der in den bisherigen Kapiteln dieses Werkes angegebenen Regeln und Gesetze die Prognose herleiten."

Es ist allgemein bekannt, welchen erfreulichen Aufschwung der öffentliche Wetterdienst genommen hat. Jedoch viele wissen nicht, welch großer Anteil Börnstein hierbei zuzuschreiben ist. Soweit Gelehrte in Frage kommen, muss zweifellos Börnstein der Vater des norddeutschen Wetterdienstes genannt werden. Als eine Anerkennung seiner Tätigkeit hat er es angesehen, als er wenige Tage vor seinem Tode die Nachricht erhielt, dass er in die Internationale Kommission für landwirtschaftliche Meteorologie gewählt sei.¹⁵ Von dieser Kommission erwartete Börnstein außerordentlich vieles, nämlich die Erfüllung seiner schon seit 30 Jahren als richtig erkannten Bestrebungen.

Bei den Physikern und Chemikern ist Börnsteins Name am meisten bekannt durch die in Gemeinschaft mit Landolt [Physikochemiker, der mit Quincke, der Börnstein habilitiert hatte, befreundet war] herausgegebenen chemisch-physikalischen Tabellen. Sie sind in mehreren Auflagen erschienen und haben sich als ein unentbehrliches Hilfsmittel für jedes Laboratorium erwiesen¹⁶. Mit Landolt [geboren in Zürich 1831, 1910 in Berlin gestorben] verband ihn schon seit seiner Übersiedelung nach Berlin enge Freundschaft.

Als in den 90-er Jahren unter Aßmann, Süring, Berson, Groß und den übrigen Luftschiffern der alten Schule in Berlin die berühmte Reihe wissenschaftlicher Ballonfahrten nach einheitlichem Plane ausgeführt wurde, fiel Börnstein die Anstellung luftelektrischer Beobachtungen zu. Diese Wissenschaft befand sich damals in den ersten Anfängen. Bei Ballonfahrten waren nur von Wiener Physikern einige Messungen angestellt worden, die, weil die Ballons nur geringe Höhen erreichten, das unerwartete Resultat ergaben, dass das elektrische Feld der Erde mit der Höhe an Intensität zunahm. Börnsteins Verdienst war es, nachzuweisen, dass unter normalen Verhältnissen das Umgekehrte der Fall ist, und er berechnete daraus die in der Luft vorhandene freie räumliche Ladung. Bei diesen Ballonfahrten wurde das luftelektrische Instrumentarium erheblich verbessert. Auch später, nach Aufkommen der Ionentheorie, hat Börnstein sich an den luftelektrischen Forschungen beteiligt. Mit Rücksicht auf diese Untersuchungen gehörte der Verstorbene der luftelektrischen Kommission der kartellierten Akademien an.

Seit einer Reihe von Jahren hatte Börnstein den Unterricht in Physik und Meteorologie beim Luftschifferbataillon in Reinickendorf übernommen. Er hat hier sein Bestes versucht, um die Offiziere auf die Bedeutung der Meteorologie für die Luftschiffahrt hinzuweisen. Und wenn in den langen Jahren, die das Luftschifferbataillon nun schon besteht, ein schwerer Unfall nicht vorgekommen ist, so muss man wohl die Ursache hierfür teilweise in den Unterrichtskursen Börnsteins suchen.

Börnstein war nicht nur ein Forscher, sondern auch ein pädagogisch außerordentlich begabter Lehrer. Es gibt gewiss nur wenig Dozenten an den deutschen Hochschulen, welche so wie Börnstein die Gabe hatten, schwierige Probleme ihrer Schwierigkeit zu berauben. Auch in seinen rein

---

15 Vgl. Brief von Angot an Hellmann in Kapitel 2, in welchem Börnstein als Mitbegründer der Agrarmeteorologie bezeichnet wird.
16 „Die an der Landwirtschaftlichen Hochschule verlebte Zeit (1880 bis 1891) brachte ... 1883 die durch Sorgfalt und Zuverlässigkeit ausgezeichneten ‚Physikalisch-chemischen Tabellen', in Gemeinschaft mit Prof. Börnstein bearbeitet. ... Der Umfang einer derartigen Zusammenstellung verlangt tatsächlich das Zusammenwirken vieler Kräfte, da schon die letzte [3.] Auflage der Tabellen neben den 3 Herausgebern [Meyerhoffer war dazu gestoßen] nicht weniger als 45 Mitarbeiter in Anspruch nahm" (Gedächtnisrede auf Hans Landolt, 1910, abgedruckt in KIRSTEN & KÖRBER 1979). Die 6. Auflage umfasst 15 Bände; das aus zahllosen weiteren Bänden bestehende Werk ist nunmehr *online* zugänglich.

wissenschaftlichen Vorträgen verzichtete er oft auf ein Eingehen in die letzten Konsequenzen der auszuführenden Tatsachen, sondern legte das Hauptgewicht darauf, durch klare Disposition und einfache Ausdrucksweise das Vorzutragende so anschaulich zu machen, dass alle Zuhörer ihm gerne folgten. Und diese Gabe machte Börnstein besonders geeignet zu populär-wissenschaftlicher Tätigkeit. In Hochschulkursen und Arbeiterkursen, in populär-wissenschaftlichen Vereinen in Berlin und außerhalb sprach er mit großem Erfolge über alle möglichen physikalischen Kapitel. Und man muss es ihm danken, dass er einige dieser Vorträge im Laufe der Zeit veröffentlicht hat, so über sichtbare und unsichtbare Strahlen, die Lehre von der Wärme, über Mechanik usw. in der kleinen Bibliothek „Aus Natur und Geisteswelt". Auch dem meteorologischen Unterricht in der Schule wandte er sein Interesse zu. So fand auf seinen Antrag seit 1900 alljährlich ein Kursus für landwirtschaftliche Lehrer statt, der ihm besonders ans Herz gewachsen war. Er gab auch Schulwetterkarten heraus, von denen gerade eine neue Auflage in den letzten Wochen erschienen ist.

So sehen wir also hier ein reiches vielseitiges Wirken zum Stillstand gebracht, das noch jahrelang hätte Erfolge zeitigen können. Gerade für die Entwickelung der Meteorologie und die endgültige Regelung des öffentlichen Wetterdienstes hätte man seines Rates und seines Einflusses noch recht bedurft. [...]

Hugo Hergesell (1859-1938)[17]

Der Vater der Aerologie.
Weickmann

Einer unserer Großen ist dahingegangen, der Vater der Aerologie, nicht allein der deutschen aerologischen Forschung, sondern der Organisator der internationalen aerologischen Arbeit.

Hugo Hergesell ist am 29. Mai 1859 in Bromberg geboren. Er studierte 1878 bis 1881 in Straßburg Mathematik, Physik und Geographie. Hauptsächlich hatte er sich an das geographische Seminar der Universität Straßburg angeschlossen, dessen Leiter damals G. Gerland, der Professor für Geographie, war. Die Beiträge zur Geophysik [Gerlands Beiträge zur Geophysik] *waren ursprünglich Abhandlungen von Mitgliedern dieses Geographischen Seminars und die zweite und dritte Arbeit im ersten Band der* Beiträge *war die 1887 erschienene Dissertation Hergesells: „Über die Änderung der Gleichgewichtsflächen der Erde durch die Bildung polarer Eismassen und die dadurch verursachten Schwankungen des Meeresniveaus" sowie eine Untersuchung „Über den Einfluss, welchen eine Geoidänderung auf die Höhenverhältnisse eines Plateaus und auf die Gefällswerte eines Flusslaufes haben kann".*

Hergesells Interesse galt in jener Zeit vor allem den Problemen der „Figur der Erde" und ihrer Störungen durch Massenverlagerungen. Penck (s. Abb. 2-7), der mit 27 Jahren 1885 Ordinarius der Geographie an der Universität Wien geworden war, hatte in der ersten Hälfte der achtziger Jahre mehrere aufsehenerregende Arbeiten geschrieben über „Schwankungen des Meeresspiegels", „Über Periodizität der Talbildung" und über „Geographische Wirkungen der Eiszeit", in denen von der Änderung der Geoidfläche durch die Attraktionswirkung gehobener Landmassen, durch Eismassen zur Zeit der Vergletscherung und ähnlichem Gebrauch gemacht wurde. Hergesell, der als guter Mathematiker über das Rüstzeug der Potentialtheorie, partielle Differentialgleichungen, Kugelfunktionen usw. verfügte, beschäftigte sich kritisch mit Pencks Behauptungen, die allerdings trotz einiger von Hergesell nachgewiesener Irrtümer Pencks nichts von ihrer großen grundsätzlichen Bedeutung verloren. Eine ganze Reihe von Arbeiten Hergesells ist in den folgenden Jahren noch diesem Problemkreis gewidmet: „Über die Veränderung der Geoidfläche eines beliebigen Massenkörpers, wenn dessen Masse einen kleinen Zuwachs erfährt", ferner „Über die Rotation der Erde unter dem Einfluss geologischer Prozesse" und im zweiten Bande von Gerlands Beiträgen *eine Untersuchung über „Die Abkühlung der Erde und die gebirgsbildenden Kräfte", 1895. Er kehrt 1898 im dritten Bande von* Gerlands Beiträgen *noch einmal mit einer Untersuchung über „Das Clairautsche Problem" zu diesem Stoff zurück, als durch die Sterneckschen Pendelmessungen neues Beobachtungsmaterial über die Verteilung der Schwerkraft auf der Erde vorlag.*

Aber in zunehmendem Maße nahm ihn doch die Meteorologie und anfangs auch die Hydrologie gefangen. Er hatte 1892 Untersuchungen angestellt über die Seen der Südvogesen, über ihre thermische

---

17 Nachruf von Ludwig Weickmann (1882-1961) in der *Meteorologischen Zeitschrift* 1938. Das Bild ist dem von Weickmann herausgegebenen Hergesell-Festband von 1929 entnommen (*Beiträge zur Physik der freien Atmosphäre*, XV. Band).

Schichtung, über „Die Lage der Sprungschicht der Temperatur im Weißen See bei Urbeis" und über den Zusammenhang der Sprungschicht mit den Ein- und Ausstrahlungsbedingungen, am meisten aber beschäftigte ihn der meteorologische Landesdienst von Elsass-Lothringen, dessen Beobachtungsnetz er in vorbildlicher Weise seit 1887 organisierte und zu dessen Direktor er 1890 ernannt wurde. Sogleich begannen auch aerologische Arbeiten, zuerst kleinaerologische am Straßburger Münster, auf dessen Spitze er 1892 in 144 m Höhe ein Anemometer nach Recknagel aufstellte. Zu Vergleichszwecken und zur Aufklärung des verschiedenen Ganges der Windrichtung und Windgeschwindigkeit am Boden und in der Höhe wurde ein zweites gleicher Bauart auf der Spitze des Wasserwerks angebracht, 100 m tiefer. Analoge Untersuchungen hatte damals Sprung am Eiffelturm-Material ausgeführt. In größere Höhen führten Gipfelstationen in den Bergen, vor allem aber die Zusammenarbeit mit dem Luftschiffertrupp der Festung Straßburg und der zunehmende Einsatz von militärischen und später auch zivilen Freiballonfahrten zu meteorologisch-aerologischen Studien. 1881 war in Berlin der „Deutsche Verein zur Förderung der Luftschiffahrt" gegründet worden, 1882 erstand die erste Zeitschrift für Luftschiffahrt und 1887 setzten die ersten wissenschaftlich brauchbaren Veröffentlichungen über Luftdruck-, Temperatur- und Feuchtigkeitsmessungen im Freiballon ein. Moedebeck, von Tschudi, von Sigsfeld waren damals Anfang der neunziger Jahre die militärischen, Aßmann, Berson, Hergesell, Köppen, Sprung, Süring u. a. die wissenschaftlichen Pioniere, die sich um die Entwicklung des neuen aerologischen Forschungsmittels unvergängliche Verdienste erworben haben. [S. auch STEINHAGEN 2005.] Es kam zur Gründung eines besonderen „Ausschusses für wissenschaftliche Luftfahrten", dem Helmholtz, Werner von Siemens, von Bezold, der Physiker Kundt u. a. beitraten.

Den Bemühungen Aßmanns und Hergesells gelang es dann zum ersten Male 1893, gleichzeitige wissenschaftliche Fahrten unter Beteiligung des Auslands, zuerst Schwedens und Russlands, zustande zu bringen, und die wertvollen Ergebnisse solcher Simultan-Aufstiege führten im September 1896 in Paris auf der Internationalen Konferenz der Direktoren Meteorologischer Institute zur Schaffung der „Internationalen Aeronautischen Kommission", als deren Präsident Hergesell gewählt wurde, und die bereits vom 31. März bis 4. April 1898 erstmalig in Straßburg tagte. Die Methode der „Ballonsondes" war damals noch mit einigen technischen, insbesondere instrumentellen Schwierigkeiten belastet, doch waren schon zahlreiche Registrierballonfahrten, meist mit dem Richardschen Barothermographen ausgerüstet und mit Papierballonen durchgeführt worden.

Mit der Gründung der Internationalen Aeronautischen – später Aerologischen – Kommission beginnt die produktivste Periode Hergesells. [...]

1902 gewinnt Hergesell in seinen Assistenten Kleinschmidt und de Quervain wertvolle Hilfskräfte. De Quervain, der 1898 bis 1902 am aerologischen Observatorium in Trappes gearbeitet hatte, übernimmt 1902 in Straßburg das Amt des Sekretärs der Internationalen Aeronautischen Kommission. ... [E]s entwickelt sich in wenigen Jahren das Arsenal von aerologischen Hilfsmitteln, über das wir auch heute noch, wenn auch mit Erweiterungen und Verbesserungen verfügen. Es war die Zeit der aufregenden Entdeckung der „oberen Inversion" durch Aßmann und Teisserenc de Bort. Der letztere, dessen Aufstiege mit Papierballons erfolgten, hatte schon in den Jahren 1898/99 Anzeichen einer Temperaturinversion in etwa 11 km Höhe entdeckt, sie aber für Überstrahlungseinflüsse gehalten. Zum ersten Male gelang es ihm am 8. Jan. 1899 in Trappes, die Inversion vor Sonnenaufgang zu erreichen. Veröffentlicht wurde das Ergebnis in den Comptes-Rendues *der Pariser Akademie erst am 28. April 1902, fast gleichzeitig mit der Mitteilung Aßmanns, vom 1. Mai 1902 in den Sitzungsberichten der Berliner Akademie, der bei 6 Aufstiegen mit dem von ihm im Jahre vorher erfundenen Gummiballon die obere Inversion ebenfalls gefunden hatte.*

Das allgemeine Interesse wandte sich nun der „Erforschung der freien Atmosphäre" zu und Hergesell verstand es meisterhaft, diese Stimmung auszunützen und für die aerologische Forschung hochstehende Persönlichkeiten zu interessieren, den Kaiser Wilhelm II., den König von Württemberg, den Fürsten Hohenlohe, den Fürsten von Monaco u. a. Er verbindet sich mit dem Grafen Zeppelin, führt 1900, als das erste Luftschiff im Bau war, die ersten Drachenaufstiege aus an Bord des Motorboots des Grafen auf dem Bodensee und auf Verkehrsdampfern, und es gelingt ihm, die Mittel für eine permanente Drachenstation auf dem Bodensee aufzubringen, die dann im April 1908 ihre Tätigkeit aufnimmt.

Die von ihm ausgebildete Technik aerologischer Aufstiege von Bord fahrender Schiffe aus lässt ihm schon bald auf der Tagung der Kommission in Berlin 1902 die systematische aerologische Erforschung der Ozeane durch „permanente, schwimmende aeronautische Observatorien" als ein wichtiges Problem erscheinen; er eilt hier in erstaunlichem Weitblick seiner Zeit um Jahrzehnte voraus. Verlangt er doch auch schon die Übermittlung der Beobachtungen mittels elektrischer Wellen! W. Peppler hat in der zum 70. Geburtstag Hergesells in den Beiträgen zur Physik der freien Atmosphäre *erschienenen Festschrift gerade dieses Verdienst Hergesells mit Recht hervorgehoben. In der ersten Abhandlung der 1904 in Straßburg eröffneten von Hergesell und Aßmann begründeten neuen Zeitschrift für die wissenschaftliche Erforschung der höheren Luftschichten* Beiträge zur Physik der freien Atmosphäre *entwickelt Hergesell dieses umfassende Programm eines permanenten aerologischen Stationsnetzes.*

Überall tritt bei Hergesell die Verbindung organisatorischen Denkens mit dem tiefen Einblick in die praktischen und theoretischen Grundlagen in Erscheinung. Er organisiert ein Netz von Pilotstationen, aber er veranlasst auch zuvor die Konstruktion eines einwandfreien Theodoliten und untersucht die Steiggeschwindigkeit von Gummiballonen, er schreibt selbst eine Theorie des geschlossenen Gummipiloten, deren Ergebnisse der Aufstiegsgeschwindigkeit sofort experimentell nachgeprüft werden. Es ist wirklich „ganze Arbeit", die hier getan wird, einschließlich der dazu gehörigen Beschaffung der erforderlichen finanziellen Mittel.

Die Zeit von 1900 bis 1910 ist ausgefüllt mit intensivster organisatorischer und praktischer Arbeit, eine Expedition folgt der anderen, eine Tagung der Kommission mit ausführlichen Referaten der anderen. Wenn man die von Dr. Keil bearbeitete Zusammenstellung der Beschlüsse der Internationalen Aerologischen Kommission in dieser Dekade durchblättert, erhält man einen überwältigenden Eindruck von dem Tempo des Fortschritts in der aerologischen Forschung jener Jahre und der unermüdlichen Tätigkeit Hergesells, die auch durch die gleichen Zielen dienenden Arbeiten von Köppen, Teisserenc de Bort und Rotch immer neuen Antrieb erhielt. 1902 hatte Köppen Drachenaufstiege vom fahrenden Boot aus auf der Ostsee ausgeführt, im April 1904 veranstaltet solche Hergesell an Bord der „Princesse Alice" des Fürsten von Monaco im Mittelmeer. Im Juni 1904 ist „Princesse Alice" in Kiel, wo der Kaiser die Dracheneinrichtung sieht. Er gibt alsbald Befehl, mit dem schnellen Torpedoboot „Sleipner" analoge Versuche durchzuführen, die zuerst bei einer Probefahrt und dann auf der Nordlandfahrt ausgezeichnet gelingen. Bei der Probefahrt werden an einem windstillen Tage 2000 m Höhe erreicht und das Schiff fährt mit ausgefahrenem Drachengespann einen Kreis. Bei der Nordlandfahrt wird der Einfluss der Nähe von hohen Küsten auf die Turbulenz der freien Atmosphäre konstatiert, was auch schon von dem schwedischen Vermessungsschiff „Skagerak", das ebenfalls Drachenaufstiege ausführte, festgestellt war.

Hergesell fährt nach diesen Versuchen sofort wieder mit dem Fürsten von Monaco an Bord der „Alice" ins Passatgebiet, um dort durch Drachenaufstiege das Bild der Passatzirkulation aufzuklären, wobei Aufstiege bis 4 500 m zustande kommen. Die Veröffentlichung seiner Ergebnisse führte zu einer nicht sehr tiefgründigen Kontroverse mit Teisserenc de Bort, besonders bezüglich des „Gegenpassats"[18]. Hier stoßen wir zum ersten Male auf den von Hergesell verwendeten Begriff des „Luftkörpers". Drei Luftkörper: Passat, Mischungszone, Gegenpassat.

Sowohl Hergesell, wie Teisserenc de Bort und Rotch, bzw. ihre Assistenten Maurice von Trappes und H. H. Clayton vom Blue Hill-Observatorium fahren bereits im Jahre 1905 abermals zu aerologischen Expeditionen ins Passatgebiet, Hergesell mit der „Princesse Alice", Maurice und Clayton auf „Otaria". Diesmal bedient sich Hergesell der Registrierballonaufstiege, die zuerst im April 1905 im Mittelmeer ausprobiert und dann im Juli und August 1905 auf einer Kreuzfahrt zwischen Gibraltar und dem Sargassomeer ausgiebig verwendet werden. Hergesell konstatiert als erster die Existenz der „oberen Inversion" über dem Ozean. Er führt die Methode des „Ballontandems" ein, die darin besteht, dass mit 2 Ballonen gefahren wird, deren einer so hohen Auftrieb erhält, dass er in der Gipfelhöhe platzt, während der andere Ballon das Instrument dann langsam zur Wasseroberfläche herniederträgt. Ein Schwimmer schützt das Instrument vor dem Eintauchen, der zweite Ballon steht als weithin sichtbarer Signalballon über der Landungsstelle. Es gelingt auf diese Weise fast alle Instrumente mit wertvollem Registriermaterial wieder zu finden.

1906 und 1907 arbeitet Hergesell wieder mit dem Fürsten von Monaco in der polaren Atmosphäre *bei Spitzbergen, wo schon 4 Jahre früher Berson und Elias aerologische Untersuchungen durchgeführt hatten. Dazwischen wird die Ausrüstung des Vermessungsschiffes „Planet" zu einer großen wissenschaftlichen Reise nach Hongkong betrieben, Oberleutnant z. See Schweppe wird in Straßburg ausgebildet in der Technik der Ballontandem-Aufstiege und in Großborstel bei Köppen in der Drachentechnik. Köppens Drachenwinde wird eingebaut. Eine Probefahrt, an der Hergesell teilnimmt, fällt zur vollen Zufriedenheit aus. Bei der großen Fahrt gelingt auch der erste Ballonaufstieg im Monsungebiet zwischen Colombo und Sumatra am 18. Juli 1909 bis 17 000 m Höhe.*

Die aerologischen Untersuchungen im Polargebiet gelten vor allem der thermischen Schichtung der polaren Atmosphäre und der Feststellung der Temperatur der hohen Schichten. Unterwegs werden auch die bora- bzw. föhnartigen ablandigen Winde der norwegischen Fjorde und ihre vertikale Mächtigkeit untersucht. Es wimmelt von neuen aerologischen Fragestellungen und Problemen in aller Welt. Der rührige, überall zum Einsatz bereite Mann wird

---

18 Der in Kapitel 2 erwähnte Simón Sarasola, der Hellmann wegen seines selbstregistrierenden Regenschreibers von Kuba aus 1913 einen Brief geschrieben hatte (s. Anhang C), und der inzwischen Direktor des „Observatorio Nacional San Bartolomé" in Bogotá geworden war, veröffentlichte in der *Meteorologischen Zeitschrift* 1924 einen Aufsatz des Titels: Besteht ein Antipassat in den äquatorialen Gebieten? Darin bemerkt er, „dass sich in den meteorologischen Werken kategorische Behauptungen des Antipassats finden, aber kaum Daten angeführt sind, die ihn bestätigen". Er schreibt auch, „dass der Antipassat oder die äquatoriale Strömung nach Dove nicht besteht", und schließt den Aufsatz in Sperrschrift mit der Schlussfolgerung: „Es bestehen keine sicheren Beweisgründe zugunsten der Theorie des Antipassats, so wie sie viele Autoren darlegen. In den Beobachtungen von Ecuador, Bogotá, Mexiko und den Antillen findet sich jene konstante und bestimmte Oberströmung nicht".

der „Hin- und Her-gesell", ein Spitzname, den er selbst nicht ungern hörte.

Der inzwischen eingetretene Fortschritt im Bau und in der Funktion der Zeppelin-Luftschiffe veranlasst erweiterte aerologische Untersuchurigen des Heimatgebietes, aber die Erfolge ermutigen auch zu weitgehenden Plänen. 1910 wird die große Studienreise mit dem Prinzen Heinrich von Preußen und dem Grafen Zeppelin nach Spitzbergen ausgeführt und wie im Jahre 1905 schon die aerologische Untersuchung des Passats die Errichtung eines ständigen Observatoriums, in Teneriffa auf den Azoren angeregt hatte[19], an dem in der Tat im Sommer 1908 schon die deutschen Meteorologen Wenger [vgl. Kapitel 4] und Stoll mit ihrem Mitarbeiter Stark arbeiten konnten, so veranlasst jetzt die Spitzbergenreise die Errichtung eines Observatoriums in Spitzbergen, das zuerst 1911/12 in der Adventbai im Eisfjord mit den Observatoren Rempp und Wagner in Betrieb genommen wurde und das dann, wegen Unzulänglichkeit der Räume, im Sommer 1912 nach Ebeltofthafen in der Crossbai übersiedelt, wo Kurt Wegener und Robitzsch arbeiten. Leider wird das Observatorium im Kriege als vermeintliche deutsche U-Bootstation von Engländern gänzlich zerstört.

Am 1. April 1914 übernimmt Hergesell die Leitung des Aeronautischen Observatoriums Lindenberg nach dem Rücktritt von Aßmann[20]. Die treue Helferin Zschetzschingck begleitet ihn. Es kam die Kriegszeit, in der Hergesell zuerst im Großen Hauptquartier als Leiter des Feldwetterdienstes tätig war. In dieser Zeit war es mir vergönnt, besonders tiefe Einblicke auch in sein Menschentum zu gewinnen, da ich von ihm zur Einrichtung des türkischen Feldwetterdienstes ausersehen war und mit ihm mehrere Wochen hindurch auf einer Reise über Wien, Budapest, Temesvar, Sofia, Bukarest nach Konstantinopel aufs engste verbunden war. Ich lernte seine enorme Arbeitskraft kennen, seine Gewandtheit in der Führung schwieriger Verhandlungen, seine Menschenkenntnis, seinen Scharfblick, auch eine gewisse überlegene Schläue. Wer sich seinen wohlüberlegten Plänen entgegenstellte, fand an ihm einen scharfen Gegner, mit dem es nicht leicht war fertig zu werden. Aber auch solche Kämpfe überstrahlte seine geradezu köstliche Genussfreudigkeit. Er war in allen Großstädten Europas zu Hause, er kannte das beste Theater ebenso wie die beste Weinstube und er war von einer ebenso glänzenden wie unerschöpflichen Unterhaltungsgabe. Auch die gebundene Rede floss ihm leicht vom Munde und ich habe auf jener Reise und später manches schöne gehaltvolle Gedicht von ihm gehört.

Mit den Verhältnissen, wie sie sich unmittelbar nach dem Kriege in Deutschland eingestellt hatten, konnte er sich nicht aussöhnen. Die Revolution, der Weggang des Kaisers, die rote Herrschaft, das alles passte so wenig zu seinem bisherigen Leben, dass es ihn große Überwindung kostete, weiter zu arbeiten. Aber er sah auf der anderen Seite die großen Aufgaben des Luftverkehrs sich entwickeln, die Bedeutung, die dabei die Meteorologie und besonders die Aerologie gewinnen musste, und er wusste, wie wichtig es war, dass gerade er jetzt nicht versagte. So entschloss er sich zur Mitarbeit und er leistete gerade in dieser Zeit Außerordentliches in der Organisation des deutschen Flugwetterdienstes. Er legte den Grund zu der späteren Entwicklung des deutschen Wetterflugs, setzte zusammen mit Kurt Wegener u. a. die für diese Aufgabe nur schlecht verwendbaren von der Entente freigegebenen Kriegsflugzeuge ein als aerologisches Forschungsmittel. Der trostlosen finanziellen Lage Deutschlands zum Trotz, versuchte er in der Inflationszeit und den kommenden schweren Jahren das von ihm geleitete Observatorium zu erhalten und entschloss sich nur schwer, die finanziellen Lasten dadurch zu erleichtern, dass er mit dem Observatorium die Funkenstation des Wetternachrichtendienstes verband. Drei (jetzt sogar fünf!) Funktürme auf dem Aufstiegsgelände des Aeronautischen Observatoriums, das wegen der durch keine Hochspannungsleitung und durch kein hohes Gebäude gestörten freien Umgebung nach Lindenberg verlegt worden war, sind das bedrückende, sachlich nicht zu verantwortende Überbleibsel aus den Zeiten dieser Not.

Noch einmal übernahm er in dieser Zeit die Leitung der Internationalen Aerologischen Kommission, die ihm auf der Leipziger Tagung 1927 nach einem Antrag des französischen Delegierten Wehrlé einstimmig übertragen wurde.

Neben aller organisatorischen Arbeit fand Hergesell in den Jahren nach dem Kriege noch Zeit zu tiefgründigen theoretischen Untersuchungen über die Emdensche Theorie der Stratosphäre [erste Theorie des atmosphärischen Strahlungsgleichgewichts überhaupt], über die Theorie der Druckwellen in der Atmosphäre und den Gültigkeitsbereich der hydrodynamischen Grundgleichungen bei meteorologischen Fragestellungen, Arbeiten, an denen er schon während unserer türkischen Reise geschrieben hatte und bei denen seine Vorliebe für mathematische Behandlung eines Problems sich zeigt. Indirekte Aerologie betrieb er zusammen mit Wiechert und Duckert bei den zur Bestimmung der anomalen Schallausbreitung ausgeführten Sprengungen.

Die Forschungstätigkeit auf dem Gebiete der atmosphärischen Strömungs- und Turbulenzforschung suchte er mit Prandtl, Göttingen, zu beleben und es gelang ihm, sie auch finanziell zu stützen durch Schaffung eines entsprechenden Titels bei der „Not-

---

19 Siehe hierzu das Buch von Fernando de Ory (1997).
20 Zur Geschichte des Observatoriums während Hellmanns Zeit und bis zur „Auflösung" des PMI, vgl. DUBOIS (1993).

gemeinschaft der Deutschen Wissenschaft", deren Hauptausschuss er angehörte, eine Eigenschaft, die ihm auch Mittel zur Förderung mancher anderer Untersuchung an die Hand gab. Erst im hohen Alter von 74 Jahren legte er die Leitung des Observatoriums nieder. Die Gebrechen des Alters begannen sich in dieser Zeit allmählich bemerkbar zu machen. Bei der Leitung der Tagung der Internationalen Aerologischen Kommission 1934 in Friedrichshafen im Alter von 75 Jahren, fast 40 Jahre nach seiner ersten Wahl zum Präsidenten der Kommission, fiel ihm die Führung der Geschäfte schon schwer. Aber noch waren ihm beinahe 5 Jahre eines schweren Kampfes beschieden, bis ihn der Tod erlöste.

Ein unendlich reiches Leben eines tiefgründigen und doch lebensnahen Forschers, eines erfolgreichen Organisators, eines liebenswürdigen Kollegen, aber auch eines scharfen Kämpfers im Streite der Meinungen ist abgeschlossen. Groß ist die Zahl der Ehrungen, die ihm zuteilwurden; die Verleihung des Adlerschildes des Deutschen Reiches, der englischen goldenen Symons-Medaille der Royal Meteorological Society *und der Buys-Ballot Medaille der Kgl. Akademie der Wissenschaften in Amsterdam bezeichnen am eindrucksvollsten Stellung und Leistung Hugo Hergesells, des deutschen Forschers, der dem Wohl seines Volkes diente, und des international anerkannten Gelehrten.*

Wilhelm Trabert (1863-1921)[21]

Fast alle jüngeren Meteorologen Österreichs sind seine Schüler gewesen und dadurch „Enkelschüler" unseres Altmeisters Hann geworden.
v. Ficker

Am 24. Februar ist in Wien der ehemalige Direktor der Zentralanstalt für Meteorologie und Professor der kosmischen Physik an der Wiener Universität, Hofrat Wilhelm Trabert, gestorben – ein Mann, dessen Name weit über die Grenzen des ehemaligen Österreich hinaus bei allen Meteorologen besten Klang hatte. [...]

Nicht jeder große Forscher ist auch ein guter Lehrer. Aber keiner kann im Hochschulbetriebe ein guter Lehrer sein, der nicht selbständig am Aufbau einer Disziplin mitgearbeitet hat. Der Lehrtätigkeit Traberts nun, an den Universitäten Wien und Innsbruck, ist eine umfassende Tätigkeit als Forscher voraus- und parallel gegangen. Trabert hat seine Laufbahn als Meteorologe als Assistent der Wiener Zentralanstalt begonnen; er war Sekretär dieser Anstalt, als er im Jahre 1902 Professor seines Faches in Innsbruck wurde, und sein Name war damals in der Fachwelt schon weithin bekannt.

Eine der bedeutendsten Arbeiten Traberts behandelt den täglichen Gang der Temperatur auf dem Sonnblick, in der ein zunächst rein statistisch gewonnenes Material in ebenso scharfsinniger wie origineller Weise zur Klarlegung des täglichen Wärmeumsatzes auf einem Berggipfel ausgenutzt wird. Der Anteil der Strahlungsfaktoren wird quantitativ vom Anteil konvektiver Vorgänge geschieden, durch Methoden, die eine genaue Kenntnis der physikalischen Vorgänge wie Beherrschung der mathematischen Analyse zur Voraussetzung haben. Die Arbeit muss zu den klassischen Untersuchungen der neueren Meteorologie gezählt werden.

Eine weitere umfangreiche Arbeit von Trabert, konstruiert aus dem ungeheuren vorhandenen Zahlenmaterial in vorbildlich kritischer Methode, waren die Isothermen von Österreich; sie liefert den Beweis, dass ein geistreicher Forscher auch die sprödeste Aufgabe in lebensvoller, allgemein interessierender Form lösen kann. [...]

Zu den ergebnisreichsten Untersuchungen Traberts muss auch seine Bearbeitung der Beobachtungen des niederösterreichischen Gewitternetzes gezählt werden. Bereits der Innsbrucker Zeit Traberts gehört eine Untersuchung über den physiologischen Einfluss des Föhns an, die wenigstens den meteorologischen Teil dieses Problems klarstellt. Mit Einzelfragen des Föhnproblemes beschäftigt sich eine ganze Anzahl Arbeiten Traberts, meist geringen Umfanges. Aber auch nicht die kleinste Notiz in der Meteorologischen Zeitschrift *ist unbedeutend und konnte übersehen werden. Seine letzten umfangreicheren, rein meteorologischen Arbeiten beschäftigen sich mit den Steig- und Fallgebieten des Luftdruckes, mit dem Zusammenhang zwischen Druck- und Temperaturveränderungen, mit dem Aufbau und der Entstehung der isobarischen Gebilde, Arbeiten, in denen vor allem die klare Problemstellung auffällt und von bleibendem Wert geworden ist.*

Die Vorlesungstätigkeit führte Trabert in alle Gebiete der Geophysik ein, und es ist bezeichnend

---

21 Heinrich von Ficker in der *Meteorologischen Zeitschrift* (1921). Bild aus dem Fotoarchiv der Meteorologischen Bibliothek des Deutschen Wetterdienstes.

für sein rasches Erfassen der über das bereits Bekannte hinausführenden Wege, dass er fast in allen Teilgebieten auch als Forscher gearbeitet hat. Probleme der Luftelektrizität, des Erdmagnetismus, der meteorologischen Optik hat er behandelt, sich mit der Vertiefung der Weltmeere, mit dem Alter der Erde beschäftigt – originell und anregend auch dort, wo er in die Irre gegangen ist.

Diese reiche Tätigkeit als Forscher hat keinen neuen Grundpfeiler im Aufbau unseres Faches errichtet. „Weiterbauen" hat Trabert selbst einmal als seine Stärke bezeichnet. Vor allem hat er aber auch dafür gesorgt, dass der Zugang in das Gebäude unseres Faches für den Neuling erleichtert wurde. Einen Forscher von seiner auch rein formal glänzenden Darstellungsgabe musste es natürlich reizen, zusammenhängende Darstellungen seines Arbeitsgebietes zu geben. Einer bei aller Kürze geradezu meisterhaft geschriebenen „Meteorologie" in der Sammlung Göschen folgte eine bei Deuticke verlegte „Meteorologie und Klimatologie" – der „mittlere Trabert", wie die Schüler das Werk scherzhaft tauften! – eine Verbindung beider Wissenszweige unter origineller Anordnung des Stoffes, die in die Klimatologie nicht nur in genießbarer, sondern auch angenehmer Weise einführt.

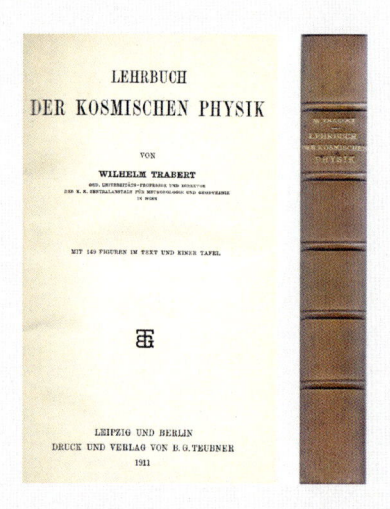

Abb E-5: Der „große Trabert". Aus dem Vorwort: „Der Geograph und Geologe wird wiederum begrüßen, die physikalischen Fragen, welche in sein Fach hineinspielen, im Zusammenhang dargestellt zu finden, die Voraussetzungen betont zu sehen, welche einer bestimmten physikalischen Betrachtung zugrunde liegen, aber auch die unabweislichen physikalischen Konsequenzen kennen zu lernen, welcher mit einer gegebenen Beobachtungstatsache verbunden sind."

Aus den Innsbrucker Vorlesungen über das Gesamtgebiet der kosmischen Physik entstand dann der „große Trabert", das bei Teubner erschienene „Lehrbuch der kosmischen Physik", das bereits in seiner Anlage von allen Werken ähnlicher Richtung abweicht. Während letztere Astronomie und Astrophysik, Physik der Atmosphäre, der Lithosphäre, der Hydrosphäre in gesonderten Abschnitten behandeln, nimmt Trabert als Einteilungsprinzip die verschiedenen physikalischen Vorgänge selbst, ohne Rücksicht darauf, wo die Vorgänge stattfinden. Ein Abschnitt behandelt die Gesamtheit der Bewegungsvorgänge im ganzen Kosmos. Die Strahlungsvorgänge, die elektrischen Vorgänge usw. erfordern eigene Abschnitte. Wir erhalten damit wirklich eine Physik des Weltganzen – ein Werk, neuartig in der Anlage, formvollendet in der Durchführung. Dass ein derartiges Werk für einen Studenten nicht der bequemste Behelf zur Vorbereitung auf die Prüfung sein kann, ist selbstverständlich, und ebenso natürlich ist es, dass der spezialisierende Fachmann in jenen Kapiteln, die ihm besonders geläufig sind, gewöhnlich Lücken findet. Aber das Urteil über ein derartiges Werk steht auch nicht dem Studenten oder Spezialisten zu, sondern jenen, die sich für die großen Zusammenhänge interessieren. Es ist gewiss kein geringes Lob, wenn man besonders im Kreise der Mittelschullehrer die reiche Anregung rühmen hört, die ihnen das Werk Traberts für ihre eigene Tätigkeit bietet.

Nur ein Mann von der außerordentlichen Darstellungskraft, der didaktischen Begabung und kritischen Schärfe eines Trabert durfte sich an ein derartiges Werk wagen: Aber diese Vorzüge Traberts bewährten sich in noch höherem Grade im Hörsaale und in seinem Institute. Als Lehrer im weitesten Sinne, als Vortragender wie als Bildner junger Adepten, seiner Wissenschaft war Trabert unübertrefflich, und wenn man heute von einer „österreichischen Meteorologenschule" reden kann, so ist es wesentlich sein Verdienst. Fast alle jüngeren Meteorologen Österreichs sind seine Schüler gewesen und dadurch „Enkelschüler" unseres Altmeisters Hann geworden.

Traberts Vorlesungen waren formvollendet, voll Leben und Klarheit und trotz aller Leichtigkeit des gesprochenen, oft humoristisch gefärbten Wortes das Erzeugnis emsigster Vorbereitung. [...]

Seine Wirkung auf Hörer und Schüler kann ich nicht besser zeigen, als durch den Einfluss dieses Lehrers auf mich selbst. Als ich bei Trabert zum erstenmal belegte, ohne recht zu wissen, was Meteorologie sei, war ich fest entschlossen, Geologe zu werden; konnte mir auch, meiner Begeisterung für die Berge wegen, einen anderen Beruf für mich kaum vorstellen. Traberts Vortrag nahm mich aber derart gefangen, zeigte mir ebenfalls so viele Brücken zu den Vorgängen im Gebirge, dass ich bereits nach einem Semester umsattelte und mich definitiv einem Fach zuwandte, für dessen physikalisch-mathematische Grundlagen ich nach meiner Veranlagung nur Abneigung hätte empfinden dürfen. Trotzdem – ich wurde Meteorologe, nur *deshalb, weil die Persönlichkeit des Vortragenden mich gefangen nahm. Ich fühlte einfach das Verlangen, dieser Persönlichkeit näherzutreten, mich von ihr leiten zu lassen. [...]*

Es ist kein Glück für Trabert gewesen, dass er im Jahre 1909 aus seiner Innsbruck-Lehrtätigkeit abberufen und zum Direktor der Wiener Zentralanstalt, als Nachfolger J. M. Pernters, bestellt worden ist. Er hat es selbst gefühlt und ist schweren Herzens nach Wien gegangen, in eine anstrengende, an Ärger und Aufregung reiche Direktionstätigkeit hinein. Bereits in Innsbruck hatten sich die Vorboten schweren Leidens gezeigt. Das Schicksal hat ihn zu langsamem Sterben verurteilt, hat lange vor dem körperlichen Tode den glänzenden Geist dieses Forschers in Fesseln geschlagen. Im Jahre 1919 sah ich unseren geliebten Lehrer zum letzten Male – lebend und doch bereits tot bis auf den Schlag des Herzens. Jetzt ist auch das Herz, dieses gütige, einst so frohe Herz stillgestanden. Der Mann, dessen körperliche Hülle am 26. Februar auf dem Heiligenstädter Friedhof bei Wien in die Erde gesenkt worden ist, der seiner Familie, seiner Wissenschaft, seinen Schülern und Freunden so Vieles und Schönes gegeben hat, der ist schon vor Jahren gestorben. Und seit Jahren haben wir bereits um ihn getrauert.

August Schmauß (1877-1954)[22]

Er hat ohne Zweifel das Ansehen der Meteorologie in der Welt und im Kreise der anderen Wissenschaften gewaltig erhöht und sich um die Wissenschaft verdient gemacht.
Weickmann

Er galt schon damals als der universelle Meister seines Faches.
Weickmann

In der Erinnerung der deutschen Meteorologen aber wird Schmauß fortleben als einer der edelsten und bedeutendsten Männer, die wir besessen haben.
W. König

Sein ganzes Leben hat Schmauß in München verbracht. Hier wurde er am 26. November 1877 geboren, hier absolvierte er sein Universitätsstudium und hier errang er auch im Jahre 1900 die Doktorwürde mit einer Arbeit rein experimentell-physikalischen Inhalts. Er war Assistent des Physikalischen Instituts von Röntgen geworden, der damals auf der Höhe seines Ruhmes stand und 1901 den Nobelpreis erhalten hatte. Im Jahre 1908 habilitierte sich Schmauß an der Münchener Universität für das Fach der Meteorologie, wurde ebenda 1915 Honorar-Professor und 1922 ordentlicher Professor, zugleich Vorstand des meteorologischen Instituts der forstlichen Versuchsanstalt. [W. König.]

[Weickmann.] Es ist eine sehr schöne Aufgabe über einen so vortrefflichen Menschen zu berichten wie Schmauß, über sein reich gesegnetes Leben. Wir wollen von Anfang an jeden Gedanken an Trauer und Trennung unterdrücken – das ist auch im Sinne des Dahingegangenen – und uns nur freuen an dem schönen Bilde des harmonischen, von Leistung und Güte erfüllten, wenngleich nicht von Kampf und Sorge verschonten Lebens und am Bilde dieses ausgezeichneten, edlen und feinsinnigen, hochbegabten, gütigen und unendlich bescheidenen Menschen, der in seinem Leben alle Ehrungen abgelehnt hat[23], keine Feier zum 70. und 75. Geburtstag zuließ; dem nur zum 50-jährigen Doktor-Jubiläum seine engsten Fachgenossen und sein Nachfolger im Lehrstuhl für Meteorologie an dieser Universität eine bescheidene Feier ablisten konnten, „weil es sein musste". [...]

Bis 1905 hatte Schmauß kaum Beziehungen zur Meteorologie. Er hat eine größere Anzahl physikalischer Arbeiten zwischen 1900 und 1905 geschrieben ... und besonders über kolloidale Vorgänge, was später im Zusammenhang mit Nebel- und Wolkenstudien eine Rolle für ihn spielte und zu mehreren interessanten Arbeiten über Kolloidforschung und Meteorologie zusammen mit Wigand Anlass gab. Alle diese physikalischen Arbeiten zeichnen sich nach dem Urteil der Fachkollegen durch besondere Exaktheit, Feinheit und Eleganz der experimentellen Methoden aus. Schmauß stellte auch im Praktikum, wie übrigens auch in ausgesprochenem Maße Röntgen selbst, höchste Anforderungen an Sauberkeit und Gewissenhaftigkeit und vor allem an Verständnis beim physikalischen Experimentieren. Ich habe nie vergessen, wie er mich bei dem einfachen Versuche der Nullpunktbestimmung von Thermometern darauf aufmerksam machte, dass ich die Eisstückchen nicht mit der Hand in das Glas einfüllen durfte, weil der Mensch immer durch Schweiß Salzpartikel aus der Haut absondere, die mit Eis zusammen den Gefrierpunkt um ein gerin-

---

22 Hauptsächlich nach dem Nachruf von Ludwig Weickmann (mit dem beigegebenen Bild): Gedächtnisrede für Geheimrat Prof. Dr. August Schmauß, in der *Meteorologischen Rundschau* (1955); weitere Nachrufe sind von W. König in *Zeitschrift für Meteorologie* (1954) und ausführlich von Rudolf Geiger in *Annalen der Meteorologie*, Bd. 7 (1955/56) veröffentlicht worden.

23 Soviel ich weiß, hat Schmauß die Hellmann-Medaille mit Hakenkreuz (1938) nicht abgelehnt.

ges erniedrigen könnten. Schmauß hat in den ersten Jahren seiner meteorologischen Tätigkeit manchmal darüber geklagt, dass er die exakten Methoden der Physik den subjektiveren der Meteorologie geopfert habe. [...]

Das erste Dezennium des 20. Jahrhunderts war ein für die Meteorologie außerordentlich wichtiger und bedeutungsvoller Zeitabschnitt. 1902 war durch Teisserenc de Bort und Aßmann gleichzeitig die Entdeckung der Stratosphäre, oder wie man damals sagte, der oberen Inversion veröffentlicht worden, jener interessanten Schicht in der Atmosphäre, bei der die Abnahme der Temperatur mit der Höhe plötzlich, in unseren Breiten in 11 km, ein Ende findet und einer Isothermie oder langsam wieder ansteigender Temperatur Platz macht. Diese Entdeckung fand auch starke Beachtung bei den Physikern. Am Anfang brach zwar ein lebhafter Streit aus über die Realität dieser Beobachtung; man vermutete Versagen der Instrumente in bestimmten Höhen und erfand immer neue Konstruktionen des Thermographen, um die Realität der Erscheinung nachzuweisen, und man bemühte sich, eine einleuchtende Theorie für diese obere Inversion zu finden.

Wenn ich sagte, dass das Interesse der Physiker für meteorologische Fragen dadurch geweckt worden, so muss man wissen, dass dieses Interesse mehrere Jahrzehnte hindurch dauernd zurückgegangen war, und geradezu einer gewissen Missachtung Platz gemacht hatte. In der Mitte des 19. Jahrhunderts allerdings nach Alex. v. Humboldt und Dove und dann später unter Helmholtz, v. Bezold, Hellmann und Hann hatte die Meteorologie hohes Ansehen gewonnen. Die Verteilung der meteorologischen Elemente über die Erde, die in den berühmten ersten Isothermenkarten Humboldts, ferner in Windkarten, Luftdruckverteilungen, Regenkarten usw. von Dove und anderen festgestellt worden war, hatte eine große Zahl höchst interessanter Fragestellungen nach den Ursachen dieser geographischen Anordnungen aufgeworfen und hatte insbesondere dem damals neben der reinen Theorie fast ausschließlich betriebenen klimatologischen Zweig der Meteorologie große Achtung eingebracht. Die Meteorologie war damals durch die Klimatologie sozusagen akademiefähig geworden. Aber dann kam jene – ja wir müssen heute wohl sagen – unglückselige Epoche der verfrühten Prognosentätigkeit, der Gründung sogenannter öffentlicher „Wetterdienststellen" in den 70er und 80er Jahren des vorigen Jahrhunderts, zu einer Zeit, da man synoptisch von den Wettervorgängen noch nicht viel mehr kannte als das barische Windgesetz. Die unausbleiblichen Fehlschläge der Prognosen setzten das Ansehen der Meteorologie als Wissenschaft immer mehr herab und machten den Meteorologen zu einer ständigen Figur der Witzblätter. Bismarck wollte nichts wissen von solchen Einrichtungen; er fürchtete, dass „die Königlichen Behörden in die Lage versetzt werden könnten, durch missglückte Vorhersagen an Ansehen zu verlieren". Es ist eine sehr beachtenswerte und lehrreiche Epoche in der Entwicklungsgeschichte einer Wissenschaft und ich weiß, und meine verehrten Kollegen von der Physik wissen es auch, dass selbst heutzutage dieser Rückschlag der Wertschätzung unserer Wissenschaft noch nicht ganz überwunden ist.

Die Königl. Bayer. Meteorol. Zentralstation, an der sich bald das Leben von Schmauß abspielen sollte, stand damals unter einem am 10. Juni 1905 von der Königl. Bayer. Akademie der Wissenschaften gebildeten Kuratorium, dem so große Namen angehörten wie Röntgen, Seeliger, Finsterwalder und Ebert. Der Leiter der Zentralstation war Fritz Erk[24], der schon als Freiballonführer und Reserveoffizier der Bayer. Luftschifferabteilung sehr interessiert war an aerologischen Problemen, an der Erforschung der höheren Luftschichten. Es war das Bestreben des genannten Kuratoriums der Akademie, im Zuge erneuter Verwissenschaftlichung der Meteorologie auch die Zentralstation in diese Entwicklung einzuschalten. ... 1906 kam auch Schmauß als erster Adjunkt an diese Zentralstation. Es war ihm vom Kuratorium die Aufgabe gestellt worden, für eine wissenschaftliche Erneuerung der Zentralstation Sorge zu tragen und angesichts des kränklichen Zustandes von Erk sich auf die Übernahme dieses Instituts vorzubereiten. ... Nun setzte in der Gabelsbergerstraße 55, soweit es die beschränkten Raumverhältnisse erlaubten, bald eine außerordentlich intensive, erfreuliche, anregende Arbeit ein. Schmauß verstand es schon damals meisterhaft, unser aller Interesse für die wissenschaftliche Seite des Wetterdienstes zu gewinnen. Die Münchner Registrierballonfahrten, die Schmauß ... mit aller physikalischen Gründlichkeit ausführte, machten die Zentralstation bald international bekannt. Die Aufstiegsergebnisse, zu deren Bestätigung und Stütze Schmauß auch zahlreiche wissenschaftliche Freiballonfahrten mit seinem Freunde Baron Bassus ausführte, galten als besonders zuverlässig und die Bedenken wegen der Realität der oberen Inversion verstummten vollständig. Jetzt trat der Theoretiker auf den Plan: Robert Emden[25], in enger Verbundenheit mit Schmauß, veröffentlichte seine Theorie der oberen Inversion als Effekt der Strahlungsbilanz, des Strahlungsgleichgewichts. Das Ansehen der Meteorologie begann wieder, übrigens nicht nur in Bayern, sondern überall in der Welt zu steigen. Schmauß, der 1910 Direktor der Zentralstation geworden war, hat sein umfangreiches aerologisches Beobachtungsmaterial in zahlreichen „aerologi-

---

24 Fritz Erk (1857-1910), Nachfolger von Karl Lang (s. Kapitel 3); vgl. Schmauß' Nachruf auf ihn in der *Meteorologischen Zeitschrift* (1910).
25 Robert Emden (1862-1940), Begründer der *erdatmosphärischen* Strahlungslehre (1913).

schen Studien" ausgewertet: ... Seine Arbeit über die Typen des Temperaturverlaufs beim Eintritt in die obere Inversion – nach dem Autor heute noch die vier Schmaußschen Typen genannt – ist berühmt geworden. Durch diese Arbeit wurde der Zusammenhang zwischen Wetterlage und der Höhenlage und thermischen Struktur, der Tropopause – wie heute die obere Inversion heißt – aufgedeckt. Diese ganzen Schmaußschen Untersuchungen, die damals außerordentlich klärend wirkten, sind auch heute noch bedeutungsvoll und werden in den modernsten Arbeiten von Palmén, J. Bjerknes, Rossby u. a. immer wieder als wichtige Grundlagen der heutigen Theorie zitiert.

Auch auf anderen Gebieten machte sich der Einfluss von Schmauß' exakter Arbeit in zunehmendem Maße bemerkbar. Es war ja seine unvergleichliche Stärke, dass er auf allen Gebieten der Meteorologie zu arbeiten und anzuregen verstand. Gerade auf dem umstrittenen Gebiet der Wetterprognose war er mit besonderem Eifer tätig. Für ihn war der Wetterdienst keine Routinearbeit und kein „Rathaus", wie Erk so oft gesagt hatte. ... Jede Prognose war für Schmauß ein wissenschaftliches mit Leidenschaft studiertes Problem. ... Die Wetternachrichten kamen als Telegramme, sogenannte Obstelegramme vom Telegraphenamt von einem viel zu weitmaschigen Netz weniger Beobachtungsstationen Westeuropas. Daneben gab es nur ein verschwindend kleines Netz von aerologischen, d. h. Drachenstationen (Lindenberg, Hamburg und Friedrichshafen), zu denen erst 1911 noch einige Pilotstationen kamen, die keine Temperatur und Feuchtigkeit, sondern nur die Höhenwinde meldeten. Unsere wichtigste Beratungsstelle war die Zugspitze. ... Es war alles in allem ein kümmerlicher Wetterdienst verglichen mit dem heutigen Wetternachrichtenmaterial. ... In der Ära Schmauß' war es jedenfalls zu Ende mit der bequemen Prognose, mit der kein Mensch etwas anfangen konnte: „Wechselnde Bewölkung, stellenweise Niederschläge". Schmauß versuchte so viel wie möglich in Einzelheiten zu gehen, es wurde unterschieden zwischen Pfalz und NW-Bayern einerseits und dem Süden und Osten u. a. m. Ich glaube, es sind in Bayern trotz der Spärlichkeit des damaligen Beobachtungsmaterials nie bessere Prognosen gemacht worden als in dieser Schmaußschen Zeit, cum grano salis natürlich: Ein Vergleich von Prognosen damals und heute ist ebenso schwer und vielleicht sinnlos, wie etwa ein Vergleich der ärztlichen Therapie von früher mit den heutigen Methoden. ... Schmauß litt persönlich ungeheuer unter jeder Fehlprognose, [er] war tagelang völlig ungenießbar, aber in dieser Zeit entstanden die ersten Entwürfe zu dem schönen Büchlein, mit dem er sich auch in der Laienwelt einen hervorragenden Namen gemacht hat: „Das Problem der Wettervorhersage" das seitdem in 5. Auflage erschienen ist. Das ist charakteristisch für Schmauß: Er ging nie um eine Fehlprognose herum, er suchte sie nicht zu „retten" oder zu „entschuldigen" und zu „beschönigen", sondern er gestand sie offen ein und studierte diesen Fall mit besonderer Sorgfalt und damit das gesamte Problem der Wettervorhersage. Das hat ihm mehr Achtung und Vertrauen in der Öffentlichkeit eingetragen als 100 richtige Prognosen. Er verstand die Psychologie der Prognose und die Psychologie des Publikums.

Abb. E-6: Aus dem Vorwort zur 3. Auflage: „Im Grunde genommen haben alle Meteorologen an dem Problem der Wettervorhersage mitgearbeitet, denn jede meteorologische Arbeit dient der Wettererklärung und damit dem höchsten Ziele der meteorologischen Forschung: der Wettervorhersage."

In der Meteorologischen Gesellschaft wurden interessante Vorträge gehalten von Emden, Finsterwalder, Siegmund Günther, v. Aufseß, Gallenkamp u. a. und von Schmauß selbst[26]. Und an der Zentralstation herrschte eine wundervolle Arbeitsstimmung, die sich auch in der regen wissenschaftlichen Arbeit aller Mitarbeiter äußerte. Aber dann kam die ernste Zeit des ersten Weltkrieges, der die Meteorologie vor völlig neue Aufgaben stellte durch die aufkommende Fliegerei mit den Maschinen geringer Motorleistung und Steigfähigkeit und besonders durch die Anforderungen des Gaskampfes. Schmauß war nie Militarist, er war auch im politischen wie im persönlichen Leben für Verständigung, aber er hat seine Pflicht als meteorologischer Berater sehr ernst genommen. Er war im Hauptquartier der verantwortliche meteorologische Fachmann für den Gaskampf[27]. Der Gaskampf rollte das wichtige Problem der Turbulenz der bodennahen Luftschichten auf, laminare Strömung der Luft, stabile Schichtung, Kaltluftseen, Bodeninversionen usw., Dinge, über die wir damals fast gar nichts wussten, und die durch eine große Zahl sorgfältiger Untersuchungen in verschiedenen Geländeformen und Klimaten, in

---

26 Gemeint ist vielleicht die Tagung in München 1911, wo z. B. Hellmann über die Beobachtungsgrundlagen gesprochen hatte, vgl. Kapitel 4.
27 Unwillkürlich fragt man sich heute, wie sich dies mit der Seele des „edlen und feinsinnigen, ... gütigen und unendlich bescheidenen Menschen verträgt"?

Wald und Feld, und zu verschiedenen Tages- und Nachtzeiten zu Ergebnissen von hohem Interesse führten. Leider sind sie größtenteils heute verloren und müssen mühselig wieder durch agrarmeteorologische, forstmeteorologische und bioklimatische Netze für friedliche Zwecke neu erworben werden, wobei erfreulicherweise wieder das alte Schmaußsche Münchner Institut der forstlichen Versuchs- jetzt Forschungsanstalt unter der Leitung von Prof. Geiger[28] mit großem Erfolge maßgebend und wegweisend voran geht. Schmauß war im Kriege in allen diesen Dingen ein überaus zuverlässiger Berater, der sich nie mit Ausflüchten oder „Gummiprognosen" abgab, der nie, wie Geheimrat Haber, der chemische Leiter des Gaskampfes, damals von den Meteorologen sagte, „ein Jaeinsager" war. Ich hatte damals den Frontabschnitt von Westende bis Ypern mit dem ersten Gasangriff bei Hetsas und Steenstrate. Schmauß hatte seinen Sitz in Lille und war Tag und Nacht auf den Beinen. So schrecklich ihm diese ganze Waffe war, so sehr lockten ihn die meteorologischen Aufgaben, deren richtige oder unrichtige Lösung eine gewaltige Verantwortung in sich schloss. Als der Gaskampf auf den Osten ausgedehnt und dort die meteorologische Beratung einem anderen Meteorologen übertragen wurde, hat Schmauß furchtbar gelitten unter dem bekannten Fehlschlag im Osten, bei dem die Gaswolke zuerst in der erwarteten Weise abzog, dann aber plötzlich auf halbem Wege stehenblieb und schließlich umkehrte, in die eigenen Reihen, die ohne Gasmasken waren, Tod und Verderben tragend.

Schmauß hat während des Krieges und hauptsächlich 1917 bis 1920, aber selbst noch bis zum 2. Weltkrieg eine große Zahl von Abhandlungen geschrieben über die Meteorologie im Kriege, über „Blasverfahren", „Grünkreuzschießen", über „Die Tageseinflüsse für die Artillerie", „Über den Krieg als meteorologischer Erzieher"[29] usw., die teils veröffentlicht, teils in den militärischen Verhandlungsberichten niedergelegt sind, die noch heute wahre Fundgruben für das Problem der Turbulenz der bodennahen Luftschichten und für andere mikroklimatische Fragestellungen sind, soweit sie nicht, wie gesagt, verloren gingen. Die Tätigkeit Schmauß' ist durch Verleihung höchster militärischer Auszeichnungen, die er nie getragen hat, anerkannt worden. Schmauß' wissenschaftliche Produktion erreichte unmittelbar nach dem ersten Weltkrieg ein geradezu phantastisches Ausmaß. Es war zweifellos die Zeit seiner größten Aktivität und Leistungsfähigkeit. ... Es war, wie wenn der Krieg in ihm Kräfte und Ideen angestaut hätte, die nun in einer unerhörten Steigerung seiner Gedankenarbeit sich Raum brachen. Er galt schon damals als der universelle Meister seines Faches. Aber die Nachkriegszeit mit ihrer Verknappung der Mittel und den vielen überall auftauchenden Schwierigkeiten, mit ihrer Inflation, mit ihrer politischen Einmischung auch in das akademische Leben stellte hohe Anforderungen an das Verwaltungsgeschick des Direktors der nunmehr zur Bayerischen Landeswetterwarte gewordenen Königl. Bayer. Meteorol. Zentralstation. Zeit und Geld für wissenschaftliche Arbeiten wurden immer knapper. ... Dabei waren es immer ausgezeichnete Arbeiten über die verschiedensten Gegenstände, über meteorologische Optik und Akustik, über den wetterkundlichen Unterricht, über die Statistik in der Meteorologie, über die Kausalität der Witterungserscheinungen, über Ursache und Wirkung, über das quantenmäßige Geschehen in der Meteorologie, über Ganzheitsbetrachtungen, über teleologische Betrachtungen, über den augenblicklichen Stand der deutschen Meteorologie, über die Sprache des Meteorologen und vieles andere mehr. ... Er war überhaupt einer der beliebtesten Vortragenden bei meteorologischen Tagungen und Kongressen für Einführungs- und Übersichtsreferate. Er hatte nicht nur über sein engeres Fachgebiet einen fast lückenlosen Überblick, er war auch ein Mann, der mit leidenschaftlichem Interesse die Entwicklung des gesamten geistigen Lebens der Menschheit verfolgte. Philosophie, Biologie, Medizin, Kosmogonie, Quantentheorie, Atom- und Kernphysik gaben ihm immer wieder Gedanken über Analogien zu meteorologischen Problemen und das machte seine Vorträge zusammen mit einer gepflegten oft durch geistvollen Witz gewürzten Sprache jedes Mal zu einem ungewöhnlichen Genuss. Es ist jetzt keiner mehr da, der als Ersatz für Schmauß in dieser hervorragenden Eigenschaft gelten könnte. Umso mehr muss man sich eigentlich wundern, dass er nie so etwas wie eine Schmaußsche Schule gebildet hat. Die Zahl seiner Schüler, die bei ihm in Meteorologie als Hauptfach promoviert haben, ist außerordentlich gering. [...]

Der 1. Weltkrieg hatte gezeigt, dass mit den bisherigen Methoden und Beobachtungsnetzen in der Meteorologie kein Fortschritt mehr zu erzielen war. Norwegen war mit einer gewaltigen Verdichtung seines Stationsnetzes vorangegangen und hatte bald als Frucht dieser Verdichtung die Erkenntnis der Wetterfronten der Bjerknesschen Schule in der wissenschaftlichen Welt verkünden können. Nun entstand für Schmauß ein schwieriges Dilemma: Weniger Geld, aber mehr Beobachtungsstationen, wie sollte man das machen? Schmauß war ein hartnäckiger, jedoch immer vornehmer Vertreter seiner Forderungen bei den Behörden – vielleicht sogar etwas zu vornehm für das behördliche Ethos –, immer sachlich und immer selbstlos und voller Verständnis für die finanzielle Lage des Staates, was wiederholt vom Bayer. Kultusministe-

---

[28] Rudolf Geiger (1894-1981) schrieb das erste (1927) und (mit vier Auflagen) erfolgreichste Lehrbuch der Kleinklimatologie: *Das Klima der bodennahen Luftschicht*.
[29] Hier sei an Hellmanns Eröffnungsvortrag von 1920 in Leipzig (Kap. 4) erinnert, der mit der Frage (und seiner Antwort) endigt: „Ist durch den Krieg für die Meteorologie ein Vorteil erzielt worden, der sonst nicht erlangt werden konnte? so ist sie zu verneinen".

rium und vom Finanzministerium anerkannt wurde. Er erfreute sich auch um dieser seiner sachlichen Einstellung willen des höchsten Ansehens bei der Notgemeinschaft der Deutschen Wissenschaft, bei Exz. Schmidt-Ott und hat von dort manche Hilfe erfahren. Die Bayerische Landeswetterwarte ist damals unter Schmauß' Führung ohne nennenswerte Einbuße durch diese schwere Zeit gekommen, aber auch, wie wir sogleich sehen werden, ohne Förderung. Es drohte ihr 1922 ein großer Verlust: Schmauß wurde als Nachfolger von Gh.-Rat Hellmann nach Berlin berufen als Direktor des Preuß. Meteor. Instituts und Ordinarius an der Berliner Universität. Da diese Stellung in ihrer Bedeutung zweifellos der Stellung von Schmauß in München weit überlegen war, musste mit Sicherheit erwartet werden, dass Schmauß den Ruf annehmen würde [er nahm zunächst an, vgl. Kap. 2]. Als aber das Bayer. Kultusministerium auf Drängen der Beamtenschaft zusagte, möglichst noch in diesem Jahre dem seit langem schon notwendigen Neubau der Bayerischen Landeswetterwarte zuzustimmen, wenn Schmauß bliebe, hat er den Ruf abgelehnt.

Es ist eine peinliche Pflicht des Chronisten mitzuteilen, dass in der Tat die Landeswetterwarte keinen Neubau erhalten hat. Zwar wurde zunächst rege verhandelt und es wurden immer neue Plätze ins Auge gefasst, aber zum Neubau ist es wegen der wirtschaftlichen Lage in den Jahren nach der Inflation doch nicht gekommen. Stereotyp und erschütternd kehrt bis 1932, 10 Jahre lang, im Jahresbericht der Bayerischen Landeswetterwarte die Wendung wieder: „Kein Fortschritt in der Neubaufrage" bis zu der sogen. Reichsreform der Meteorologie, auf die ich noch zu sprechen komme. [...]

Es entsprach der ganzen harmonischen Natur von Schmauß, an interne, immanente Gesetzmäßigkeiten im Wetter zu glauben, an eine gewisse Ordnung in der Aufeinanderfolge der Witterungserscheinungen. Die immer kalendermäßig um die gleiche Zeit eintretenden Wetterlagen wie Eisheilige, Schafskälte, Altweibersommer, Weihnachtstauwetter beschäftigten ihn dauernd und zeigten ihm an, dass durch das scheinbar zufällige, regellose und willkürliche Getriebe des Wetters hindurch ein ordnendes Prinzip, eine übergreifende, sozusagen „prästabilierte Harmonie" sichtbar werde. Davon konnten ihn auch die Einwände der Statistiker nicht abbringen, die immer wieder bewiesen, dass auch bei ganz willkürlichen Würfelexperimenten dieselbe Art von Kurven auftrat, wie bei der Bildung von Tagesmitteln und ihrer Anordnung in Jahreskurven langer Reihen, also den Singularitätskurven. ... Natürlich gibt es unter den Singularitäten zufällige, die in verschiedenen Zeiträumen auf ganz verschiedene Kalenderdaten fallen. Das ist von Schmauß nie bestritten worden. Aber diese so oft in der Witterungsgeschichte der verschiedenen Jahre zum gleichen Zeitpunkt auftretenden „monsunalen" Erscheinungen, die Schmauß interessierten, sind zweifellos Realitäten. ... Schmauß hat dieser Singularitätenforschung in den Jahren 1925 bis 1943 eine lange Serie von 35 äußerst interessanten Arbeiten gewidmet, in denen er auch die Singularitäten der Zugspitze eingehend untersuchte. Die Zugspitze war sein liebstes Kind. ... 1925, bei der Feier des 25jährigen Jubiläums der Einrichtung des Observatoriums Zugspitze war Schmauß noch der Hausherr und das Bayer. Kultusministerium war die einladende Behörde. 1950 war es der „Deutsche Wetterdienst der US-Zone" und das Hausherrnrecht war etwas umstritten. Es liegt viel Resignation und Enttäuschung für Schmauß zwischen diesen beiden Zeitmarken 1925 und 1950, und das bisher so helle und freundliche Bild seines Lebens bekommt einen etwas düsteren Ton. Die politischen Ereignisse in dieser turbulenten Zeit brachten auch schwere Unruhe und Störungen in das stille arbeitsame Meteorologische Institut in der Gabelsbergerstraße.

Zuerst aber war es ein schwerer Schlag, der die Schmaußsche Familie traf, ein Schlag, den er selbst nie überwunden hat, der am 13. Februar 1928 erfolgte Tod seiner lieben Frau. [...] Und dann kam wenige Jahre darauf ein zweiter Schlag, der dieses Mal seine fachliche Arbeit betraf. Es ist in seinem Leben wie in meinem eigenen: die erste Hälfte war ganz frei von allen politischen Störungen, die zweite Hälfte ist ein ununterbrochener Kampf mit solchen Einflüssen. Gott sei's geklagt! Es ist Ihnen gewiss deutlich geworden, wie leidenschaftlich Schmauß an der Wetterprognose hing. Sie bildete geradezu sein tägliches Brot. Nun wurde in jener unseligen Zeit, die mit dem Jahre 1933 so viel Unheil über Deutschland gebracht hat, im Zuge des Strebens nach Reichsgewalt, nach Befehlsgewalt, nach Vereinheitlichung oder, wie man so vieldeutig und hässlich sagte, nach „Verreichlichung" auch ein Reichswetterdienst geschaffen. Das war natürlich kein Unheil, sondern eine durchaus vernünftige und vertretbare Maßnahme. Mit der Entwicklung des Flugverkehrs waren die Länder Deutschlands als abgegrenzte Wetterdienstgebiete sinnlos geworden. Eine einheitliche umfassende große Organisation war zweifellos notwendig.

Aber diese Organisation wurde nun 1934 so durchgeführt, dass die Bayerische Landeswetterwarte, die ein wundervolles Beispiel einer Symbiose zwischen einem Universitätsinstitut und einem öffentlichen, vorwiegend wirtschaftlichen Zwecken dienenden Wetterdienstinstitut war, aller jener Aufgaben verlustig ging, die als eigentliche „Wetterdienst-Aufgaben" betrachtet wurden, d.h. des

Prognosendienstes und des Klimadienstes. Die Landeswetterwarte wurde vom Reichsluftfahrtministerium übernommen. Schmauß verlor seinen heißgeliebten Wetterkarten- und Vorhersagebetrieb, wenn er sich nicht entschließen wollte, mit 57 Jahren Wehrmachtsbeamter zu werden. ... Leider ist es Schmauß auch nicht gelungen, sich einen eigenen Lehr- und Forschungswetterdienst für sein Institut zu sichern, wie ich dies sogleich bei meiner Berufung nach Leipzig mir ausbedungen hatte. Es war für ihn, und ich möchte behaupten, auch für den Wetterdienst, ein ganz außerordentlicher Verlust (ganz abgesehen von der Verletzung bayerischer Sonderrechte). ... Schmauß, der ohne Wetterkarte nicht leben konnte, fuhr Tag für Tag, oder bei seiner Anspruchslosigkeit ging zu Fuß nach Oberwiesenfeld hinaus, zur Wetterwarte des Luftgaues, so wie er nach dem 2. Weltkriege an das Wetteramt des neuen Wetterdienstes nach Bogenhausen gegangen ist, solange sein Gesundheitszustand dies erlaubte.

Glücklicherweise hatte sein Institut wenigstens die ausgezeichnete, besonders von Dr. Zierl hervorragend geordnete und ausgebaute Bibliothek behalten können, sodass die wissenschaftliche Arbeit weitergehen konnte. Auch bei den schweren Verlusten, die durch die Bombenangriffe eingetreten sind, die sein Institut völlig zerstörten und denen auch die Wohnung von Schmauß zum Opfer gefallen ist, blieb die Bibliothek erhalten und damit auch nach der Wiedererrichtung des Instituts in der Amalienstraße die Arbeitsfähigkeit.

Seine im Jahre 1929 erfolgte ehrenvolle Ernennung zum Mitglied der Bayer. Akademie der Wissenschaften gab ihm noch reichlich Gelegenheit, in diesem erlauchten Kreis mit größtem Erfolge und unter großer und allgemeiner Verehrung sein Wirken als Forscher zu dokumentieren neben seiner immer noch regen Lehr- und Vortragstätigkeit in seinem alten Wirkungskreise.

Allmählich machten sich aber mehr und mehr die Beschwerden des Alters bemerkbar, sein Geist und sein Interesse an dem Fortschritt der Wissenschaft blieben jedoch lebendig bis zum letzten Atemzuge. ... 1952 bei der Fünfzigjahrfeier der Entdeckung der Stratosphäre, hielt er uns einen wunderschönen geistvollen Vortrag in Bad Kissingen. Er versuchte wiederholt, die Entwicklung der Frage der Deutschen Meteorologischen Gesellschaft, deren allverehrter Präsident er bis zuletzt gewesen ist, zu beeinflussen und zu beschleunigen. Leider ist es nicht gelungen, noch zu seinen Lebzeiten eine Zweiggesellschaft im Osten zu gründen, was er als Voraussetzung für die Wiedererrichtung der alten Deutschen Meteorologischen Gesellschaft bezeichnet hatte. Ich habe bei der letzten Tagung der Meteorologischen Gesellschaft in Hamburg vor 4 Wochen, am 10. Oktober d. J., noch auf die dringende Lage mit Rücksicht auf den Gesundheitszustand von Schmauß hingewiesen, aber am nächsten Tage traf schon die Nachricht von seinem Tode ein.

Wir stehen vor dem Bilde eines arbeits- und erfolgreichen Lebens, das über allen Unbilden der Zeit nie das Ziel aus den Augen verlor, vor dem Bilde eines Gelehrten, der seinen Auftrag, seine „Berufung" zeitlebens ungeheuer ernst genommen hat und der seiner Wissenschaft und seinem Volk in Krieg und Frieden unermüdlich gedient hat, dem sein akademisches Lehramt immer eine heilige Pflicht und eine innere Freude gewesen ist, der gütig und hilfsbereit durchs Leben ging und niemandem etwas zu Leide getan hat. Wer sich mit Schmauß nicht gut vertragen konnte, der war gewiss kein guter Mensch. Seine Erfolge als Forscher sind allgemein anerkannt und erstrecken sich geradezu auf alle Gebiete der Meteorologie. Er hat ohne Zweifel das Ansehen der Meteorologie in der Welt und im Kreise der anderen Wissenschaften gewaltig erhöht und sich um die Wissenschaft verdient gemacht. ...

Heinrich von Ficker (1881-1957)[30]

Ficker hat durch die Ergebnisse seiner Forschungen auf dem Gebiete der Dynamik der Atmosphäre einer ganzen Entwicklungsstufe seiner Wissenschaft eine neue Richtung gewiesen und ein bestimmtes Gepräge gegeben und sich dadurch den unbestrittenen Rang eines der bedeutendsten Meteorologen des zwanzigsten Jahrhunderts erworben.
Steinhauser

Weltbekannt als einer der hervorragendsten wissenschaftlichen und organisatorischen Förderer der Meteorologie.
Ertel

Bjerknes zeichnet sich aus durch seine großartigen Rechnungen, Ficker durch seine Intuition, die mindestens ebenso leistungsfähig ist.
Schneider-Carius

---

30 Nachruf von Ferdinand Steinhauser im *Archiv f. Meteorologie, Geophysik und Bioklimatologie*, Serie A: Meteorologie und Geophysik (1958). Porträt nach einer Photographie aus dem Fotoarchiv der Meteorologischen Bibliothek des Deutschen Wetterdienstes. S. auch Geschichte der Meteorologie in Deutschland, Band 6 (2005).

Ficker wurde am 22. November 1881 als Sohn des Rechtshistorikers der Universität Innsbruck Julius von Ficker in München geboren; seine Mutter war Südtirolerin. Nach seinem in München und Innsbruck absolviertem Gymnasialstudium studierte er an den Universitäten Innsbruck und Wien und promovierte 1906 in Innsbruck. 1909 habilitierte er sich dort für das Fachgebiet Meteorologie. Bereits im Jahre 1911 wurde er als außerordentlichen Professor für Physik der Erde an die Universität Graz berufen und 1919 zum ordentlichen Professor ernannt. 1923 ging er als ordentlicher Professor für Meteorologie an die Universität Berlin und wurde dort auch Direktor des Preußischen Meteorologischen Instituts[31]. 1937 wurde Ficker als Nachfolger Wilhelm Schmidts als Professor für Physik der Erde an die Universität Wien berufen und hier auch zum Direktor der Zentralanstalt für Meteorologie und Geodynamik ernannt, welche Stellung er bis zu seiner Pensionierung im Jahre 1953 behielt.

Wenn wir uns Heinrich Fickers Persönlichkeit und seine Bedeutung für die meteorologische Wissenschaft vergegenwärtigen wollen, so muss bereits die Art, wie er zur Meteorologie gekommen ist, beachtet werden. Einerseits waren es die vom Vater ererbte Liebe zu den Bergen und die Freude am Bergsteigen, die in ihm großes Interesse an allen Naturerscheinungen und insbesondere auch für das Wettergeschehen geweckt haben, und andererseits waren es die meisterhaften Vorlesungen Wilhelm Traberts an der Innsbrucker Universität, die ihn bewogen, sein bereits begonnenes Studium der Geologie aufzugeben und Meteorologie zu studieren[32]. Die Anregung, überhaupt meteorologische Vorlesungen zu besuchen, gab ihm ein zwei Wochen dauernder Aufenthalt auf dem damals neu gegründeten Zugspitz-Observatorium, wo ihm die Kombinationsmöglichkeit von Bergsteigertum und meteorologischer Wissenschaft zum Bewusstsein kam. ...

Trabert war es auch, der Ficker die Anregung zu seiner ersten wissenschaftlichen Arbeit gegeben hat, die ihn ebenfalls wieder ins Gebirge führte und ein gerade für die Alpen sehr wichtiges Problem, nämlich die Untersuchung des Föhns, zum Gegenstand hatte. Für diese Untersuchung hatte er zwischen Innsbruck und Patscherkofel mehrere mit Registriergeräten ausgerüstete Stationen eingerichtet, deren Betreuung ihm Gelegenheit gab, in einem Jahr sechzig Mal den Patscherkofel zu besteigen. Es war dies auch das erste kleinklimatische Beobachtungsnetz in Österreich, das allerdings weniger für klimatologische Beobachtungen gedacht war, sondern in seiner meteorologischen Auswertung Ficker auch zu einer Arbeitsweise führte, die damals neu war, und deren Anwendung ihm auch in der späteren Zeit bedeutende wissenschaftliche Erfolge brachte. Diese Methode bestand darin, dass durch die detaillierte Untersuchung von Einzelfällen Ergebnisse von allgemeiner Gültigkeit gewonnen werden sollten, während bei früheren meteorologischen Untersuchungen meist Bearbeitungen von Mittelwertsbildungen der Beobachtungsdaten oder mathematisch-theoretische Ableitungen zur Anwendung kamen. Die neue Methode hatte den Vorteil, dass man mit dem wirklichen Ablauf des meteorologischen Geschehens unmittelbar und unverfälscht in Berührung kam, sie erforderte aber eine sehr kritische Beurteilung, einen scharfen Blick für das Wesentliche an den zu untersuchenden Vorgängen und eine Kombinationsgabe, die es ermöglicht, aus dem Wirrwarr des Geschehens sozusagen eine einfache aber das Gesetzmäßige erfassende und beschreibende Modellvorstellung abzuleiten. Über alle diese Eigenschaften verfügte Ficker in hervorragendem Maße und dies befähigte ihn zu den großen Erfolgen in allen seinen Untersuchungen auf seinem eigentlichen Arbeitsgebiet, der Dynamik der Atmosphäre, obwohl er, wie er selbst immer wieder betonte, nicht über das sonst für theoretische Arbeiten benötigte mathematische Rüstzeug verfügte. Ja man könnte annehmen, dass dies vielleicht sogar ein Vorteil für seine Arbeitsweise war, weil er durch die Behandlung von Einzelfällen dem wirklichen Ablauf des Geschehens zwangsweise näher gekommen ist und ihm dabei Einzelheiten auffallen mussten, die einer allgemeinen mathematisch-theoretischen Ableitung vielleicht entgangen oder durch diese verwischt worden wären. Er hat sich damit begnügt, seine Ergebnisse auf induktivem Wege abzuleiten, und hat es anderen überlassen, dazu hinterher, wenn dafür ein Bedarf war, mathematische Theorien zu schaffen.

Durch seine Innsbrucker Föhnuntersuchungen und auch durch die zu diesem Zwecke durchgeführten wissenschaftlichen Ballonfahrten konnte Ficker einen genauen Einblick in das Föhngeschehen gewinnen und das damals viel umstrittene Föhnproblem einer Klärung zuführen. Fickers Untersuchungen zeigten, dass, während in der Höhe bereits Föhn weht, dem Föhndurchbruch in das Tal in der Regel ein antizyklonales Vorstadium vorausgeht. Erst wenn die Kaltluft durch ein aus Westen kommendes Tiefdruckgebiet abgesaugt wird und talauswärts abgeflossen ist, kann der Föhn in das Tal durchbrechen und sich das stationäre Föhnstadium entwickeln. Der Föhn wird durch den keilförmigen Einschub von an der Rückseite einer Zyklone vordringender Kaltluft zum Erlöschen gebracht. Es konnte auch das Zustandekommen von Föhnpausen erklärt und die Temperaturschichtung in der freien Atmosphäre bei Föhn klargelegt werden. Ficker hat 1942 den neuesten Forschungsstand des Föhnprob-

---

31 In beiden Fällen als Nachfolger Hellmanns.
32 Siehe obigen Nachruf Fickers auf Trabert.

lems in einer Monographie über Föhn und Föhnwirkungen behandelt; dieses Buch ist 1948 in zweiter Auflage erschienen.

Noch vor Abschluss seiner Studien in Innsbruck kam Ficker 1905 nach Wien als Assistent der Zentralanstalt für Meteorologie und Geodynamik. Dort arbeiteten damals J. Hann, J. Pernter, F. M. Exner, M. Margules, A. Defant und W. Schmidt, so dass reichlich Gelegenheit zu Gedankenaustausch und zu wissenschaftlichen Anregungen gegeben war. Stärksten Einfluss gewann auf ihn der Theoretiker Max Margules[33], der ihm auch die Anregung zur Bearbeitung des Transportes kalter Luftmassen über die Zentralalpen auf Grund von Registriermaterial vom Sonnblick und von seinen Talstationen gab. ... Es hat nicht nur den Mechanismus der Kaltlufteinbrüche in das Alpengebiet klargelegt, sondern Ficker zur Bearbeitung von Problemen angeregt, die ihn später noch mehr beschäftigen sollten und ihn zu für die Weiterentwicklung der meteorologischen Wissenschaften grundlegenden neuen Erkenntnissen geführt haben. Es sind dies die Probleme der Ausbreitung von Kaltluft- und Warmluftmassen überhaupt. Schon bei der Untersuchung des Transports kalter Luftmassen über den Zentralalpenkamm konnte Ficker zeigen, dass diese Kaltlufteinbrüche keilförmig in Form einer Bö erfolgen, und er konnte sogar die Neigungswinkel der Grenzflächen dieser Luftmassen bestimmen. Damit war eine Vorstellung gewonnen, die in der späteren Frontentheorie der norwegischen Schule von maßgebender Bedeutung wurde. Noch mehr wurde das frontartige Vordringen verschiedener Luftmassen durch die Untersuchung der Ausbreitung von Wärme- und Kältewellen über Eurasien klargelegt und Ficker hat in dieser Arbeit bereits zehn Jahre vor der Schaffung der Polarfronttheorie durch Bjerknes Fronten gezeichnet und damit die Frontenvorstellung vorweggenommen, ohne allerdings den Ausdruck „Front" zu gebrauchen. Auch den Zusammenhang zwischen Warm- und Kaltfronten mit dem Zyklonenzentrum hat er in dieser Arbeit bereits richtig erkannt. V. Bjerknes hat später in seiner „Physikalischen Hydrodynamik" die Bedeutung der Entdeckung der großen Diskontinuitäten für die Wetterentwicklung, die der Wettervorhersage ganz neue Perspektiven eröffnete, und die Priorität Fickers ausdrücklich anerkannt.

Während Ficker durch seine Arbeiten über die Ausbreitung der Kälte- und Wärmewellen und durch seine Feststellung der Koppelung zwischen Kälte- und Wärmewellen wichtige Vorarbeiten für die Schaffung des Schemas niedriger Zyklonen geleistet hat, führten ihn seine weiteren Arbeiten zu neuen entscheidenden Entdeckungen, die zunächst in dieses Schema nicht passten und ihn daher in einen gewissen Widerspruch zur norwegischen Schule brachten. Dieser bestand im wesentlichen darin, dass das Zyklonenschema nur auf das Zusammenspiel von Kalt- und Warmfronten, also auf Vorgänge in der unteren Troposphäre, aufgebaut war, während Ficker zeigen konnte, dass auch Vorgänge in der freien Atmosphäre und sogar in den hohen Atmosphärenschichten von wesentlicher Bedeutung sind und daher das Zyklonenschema nicht allgemeine Gültigkeit besitzt und nicht alle Erscheinungen in so einfacher Weise erklärt werden können.

Zu diesen Ergebnissen kam er durch Untersuchungen, die er in russischer Kriegsgefangenschaft begonnen hatte. Bei einem bei nebeligem Wetter über höherem Auftrag in der belagerten Festung Prszemysl [Stadt in Galizien, damals Teil des Kaisertums Österreich, heute polnisch] gestarteten Ballonflug wurde der Ballon nach Osten abgetrieben und die Besatzung geriet in russische Kriegsgefangenschaft. Nach anfänglicher Gefangenschaft in Taschkent kam Ficker durch Vermittlung des Prinzen Karl von Schweden zugleich mit anderen gefangenen Hochschullehrern nach Kasan, wo er an dem dortigen meteorologischen Institut sich mit wissenschaftlichen Arbeiten beschäftigen konnte. Unter anderem begann er eine großangelegte Untersuchung über die Veränderlichkeit des Luftdrucks und der Temperatur in Russland. Ihre Ausarbeitung und Ergänzung durch Untersuchungen alpiner Stationen nach dem Kriege führten ihn zu der grundlegenden Erkenntnis, dass die Entwicklung einer Depression sich aus zwei Systemen von Druckänderungen zusammensetzt. Diese miteinander gekoppelte System besteht aus einer oberen, von Ficker als primär bezeichneten Luftdruckschwankung und aus einer unteren als sekundär bezeichneten Druckschwankung; letztere wird durch den Wechsel verschieden temperierter Luftströme in den unteren Schichten der Troposphäre erzeugt und weist zur oberen Druckschwankung eine Phasenverschiebung auf. Diese Phasendifferenz zwischen beiden Druckwellen ermöglicht es, mit Hilfe des Luftdruckganges auf Höhenstationen den komplexen Luftdruckgang in der Niederung aufzulösen. Dadurch ist es möglich geworden, sechs typische Entwicklungsstadien einer Depression abzugrenzen und für jedes Stadium die zugehörige Kombination von oberen und unteren Druck- und Temperaturänderungen zu bestimmen. Daraus ließ sich ein System von Wetterregeln ableiten, das mit den gleichzeitig an Tal- und Bergstationen beobachteten Druck- und Temperaturänderungen arbeitet und sich in der Wettervorhersage aufs beste bewährt hat. Aus der Vorstellung von der Existenz der oberen primären Druckwellen gelang es Ficker auch, das Zustandekommen der für das mitteleuropäische Wetterge-

---

33 Max Margules (1856-1920) war nach F. M. Exner (1876-1930) einer der hervorragendsten Vertreter der theoretischen Meteorologie Österreichs und einer „der ersten theoretischen Meteorologen, die je gelebt haben" (s. Nachruf in der *Meteorologischen Zeitschrift* 1920).

schehen so bedeutungsvollen Genuazyklonen und der Skagerrakzyklonen in einfacher Weise zu erklären.

Ficker konnte zeigen, dass für die Veränderlichkeit des Luftdruckes an einem Ort der gesamte Effekt der primären hohen Luftdruckschwankungen maßgebend ist, während den unteren thermisch bedingten sekundären Schwankungen mehr nur die Rolle einer lokalen Modifikation zukommt. Damit war den Vorgängen in der oberen Troposphäre und in der Stratosphäre ein maßgeblicher Einfluss auf die Wetterentwicklung zugewiesen. Die Feststellung, ob ein Druckanstieg auf troposphärische oder auf stratosphärische Ursachen zurückgeht, ist aber für den Prognostiker sehr wichtig, weil ein stratosphärisch bedingter Druckanstieg in der Troposphäre absteigende Luftbewegungen auslöst und damit Schönwetter bewirkt, während ein durch einen niedrigen troposphärischen Kälteeinbruch verursachter Druckanstieg im allgemeinen von Schlechtwetter begleitet ist. Es wird daher durch diese Unterscheidung klar, warum gleichartige Druckänderungen einmal Schönwetter und ein andermal Schlechtwetter bringen können.

Durch weitere Untersuchungen über die Veränderlichkeit des Luftdrucks in der freien Atmosphäre auf Grund von Ergebnissen hochreichender Registrierballonaufstiege konnte Ficker zeigen, dass der Sitz der hohen Druckwelle wirklich in der Stratosphäre zu suchen ist, und eine eingehende Untersuchung der Entwicklung eines Sturmes in Norddeutschland vom 4. Juli 1928 führte ihn zu der Schlussfolgerung, dass die hohen stratosphärischen Druckwellen sogar imstande sind, die Luftmassenverlagerung in der unteren Troposphäre zu steuern, und er konnte dabei an konkreten Fällen auch zeigen, in welchem Sinne eine solche Steuerung wirkt. Damit war eine grundlegende Erkenntnis über den Einfluss der Stratosphäre auf das Wettergeschehen der Troposphäre gewonnen und die Vorstellung von der stratosphärischen Steuerung als wesentlicher Faktor im Mechanismus des Wettergeschehens hat für die weitere Entwicklung der meteorologischen Wissenschaft eine überragende Bedeutung erlangt. Mit seiner Lehre von dem Einfluss der hohen Atmosphärenschichten auf das Wettergeschehen hat Ficker völlig neue Vorstellungen von den Vorgängen in der freien Atmosphäre und von ihrem Zusammenwirken entwickelt, die nicht nur eine wesentliche Befruchtung der theoretischen Forschung brachten, sondern sich auch in einer Verbesserung der Wettervorhersage auswirkten und dieser ganz neue Möglichkeiten eröffneten, insbesondere aber die aerologischen Beobachtungen über die durch die im Sinne einer Klimatologie der freien Atmosphäre gelieferten Kenntnisse vom durchschnittlichen Zustand der freien Atmosphäre hinaus auch unmittelbar für die Wettervorhersage praktisch verwertbar machten. Von dieser Möglichkeit konnte allerdings erst nach Einführung regelmäßiger Flugzeugaufstiege oder Radiosondenaufstiege wirklich allgemein auf Grund von Höhenwetterkarten Gebrauch gemacht werden. Darin liegt aber gerade ein besonderer Wert wissenschaftlicher Forschung, dass sie die Grundlagen für praktische Anwendungen vorbereitet, auch wenn die Vorbedingungen für diese noch nicht gegeben sind. Ficker hat durch die Ergebnisse seiner Forschungen auf dem Gebiete der Dynamik der Atmosphäre einer ganzen Entwicklungsstufe seiner Wissenschaft eine neue Richtung gewiesen und ein bestimmtes Gepräge gegeben und sich dadurch den unbestrittenen Rang eines der bedeutendsten Meteorologen des zwanzigsten Jahrhunderts erworben.

Außer den Arbeiten, die mit seinem eigentlichen Lebenswerk im Zusammenhang stehen, war Fickers wissenschaftliche Tätigkeit auch auf anderen Gebieten der Meteorologie sehr rege und vielseitig. In mehreren Veröffentlichungen behandelte er die Entstehung lokaler Wärmegewitter. In umfangreichen Untersuchungen beschäftigte er sich mit den meteorologischen Verhältnissen der Insel Teneriffa, wodurch er auch mit Problemen der Passat-Zirkulation in Berührung kam. Zu einer Weiterverfolgung dieser Probleme erhielt er durch das umfangreiche aerologische Beobachtungsmaterial der deutschen Meteor-Expedition Gelegenheit. Mit diesen Beobachtungsergebnissen untersuchte er die Form und Entstehung der Passatinversion und kam dabei auf ein vollständig neues Passatschema. Energetische Betrachtungen führten ihn zur Erkenntnis, dass in der Passatgrundströmung unterhalb der Passatinversion ungeheure Energiemengen angesammelt werden, die erst in der äquatorialen Kalmenzone ausgelöst werden und im dortigen Wettergeschehen zur Auswirkung kommen. Auch auf klimatologischem Gebiet war Fickers Tätigkeit sehr fruchtbar. Einer Vorbereitung von bergsteigerischen Expeditionen bzw. den Ergebnissen seiner Teilnahme an einer Expedition des deutschen und österreichischen Alpenvereins nach Ost-Buchara waren ausführliche Arbeiten über die Meteorologie von Turkestan und über die meteorologischen Verhältnisse der Pamirgebiete gewidmet. Seiner Tätigkeit an der Universität Kasan verdanken wir auch Untersuchungen über Temperatur, Bewölkung und Niederschlag des mittleren Asiens. Ficker war es auch, der in einem für den damaligen österreichischen Thronfolger Erzherzog Franz Ferdinand bestimmten Gutachten als erster auf die für Kurzwecke klimatisch günstigen Lagen in den Norischen Alpen und im Gebiet von Ladis-Serfaus im Oberinntal hingewie-

sen hat, die dem Kurklima von Davos und anderen Schweizer Kurorten gleich kommen. Im Rahmen der Klimatographie von Österreich hat Ficker das Klima von Tirol und Vorarlberg bearbeitet. Alle seine klimatologischen Arbeiten zeichnen sich nicht nur durch eine anschauliche und lebendige Darstellungsart, sondern auch durch eine Verknüpfung der klimatischen Verhältnisse mit dem Wettergeschehen aus. In diesem Zusammenhang muss auch auf die meisterhaften Schilderungen in seinen „Wetterbildern aus den Bergen" hingewiesen werden. Ficker beschäftigte sich auch mit der eiszeitlichen Vergletscherung der Pamirgebiete und gab eine originelle Erklärung für die in der Postglazialzeit über Zentralasien gekommene Austrocknung trotz gleichbleibender Niederschläge.

Außer den bereits früher erwähnten Büchern hat Ficker auch den Abschnitt „Meteorologie" im Lehrbuch der Physik von Müller-Pouillet verfasst, der wegen seiner verständlichen Darstellungsart besonders bei den Studierenden sehr beliebt war. Eine Glanzleistung populärwissenschaftlicher Darstellung ist sein Büchlein über Wetter und Wetterentwicklung, das bereits 4 Auflagen erlebt hat (Abb. E-7).

Abb. E-7: „Eine Glanzleistung populärwissenschaftlicher Darstellung".

Fickers große Fähigkeit, schwierige wissenschaftliche Probleme in einfacher Weise zur Darstellung zu bringen, die Klarheit seines Denkens und eine eigentümliche, mit einem gewissen Scharm verbundene Vortragskunst sowie sein großes pädagogisches Geschick haben ihn auch zu einem ausgezeichneten akademischen Lehrer und zu einem Vortragenden besonderer Eigenart gemacht, der es verstanden hat, seine Hörer zu fesseln, zu begeistern und in seinen Bann zu ziehen.

Ficker hat auch als Leiter großer wissenschaftlicher Institute organisatorisches Talent, diplomatische Geschicklichkeit und die Fähigkeit, auch komplizierte und schwierige Verhältnisse zu meistern, bewiesen. Diese Fähigkeiten machten ihn auch zum wertvollen Mitarbeiter internationaler Fachorganisationen. Er war lange Zeit Mitglied des Internationalen Meteorologischen Komitees und Präsident der Klimakommission der Internationalen Meteorologischen Organisation. Fickers Leistungen fanden auch in zahlreichen Ehrungen Anerkennung. [...]

Ficker war nicht nur ein Forscher von hohem Rang, ein geschickter Diplomat und ein weitsichtiger Organisator, sondern auch ein hervorragender Mensch. Ein Mensch von innerer Ausgeglichenheit, voller Herzensgüte, von feinem Humor und unbändiger Lebenskraft, übte er auf alle, die mit ihm persönlich oder dienstlich zu tun hatten, einen derart gewinnenden Eindruck aus, dass von der Wirkung dieser starken Persönlichkeit alle beeindruckt und für ihn eingenommen waren. Fickers Tod ist nicht nur ein schwerer und schmerzlicher Verlust für die österreichische Wissenschaft, ihn betrauert die gesamte internationale Meteorologie.

Anhang F: Berufungsvorschlag

In diesem Anhang sind zwei lehrreiche Dokumente im Wortlaut wiedergegeben. Das erste betrifft die Berufung von Hellmanns Nachfolger, sowohl als Direktor des Preußischen Meteorologischen Instituts als auch im Lehrstuhl an der Berliner Universität; das zweite beinhaltet die Einschätzung der von der Philosophischen Fakultät dieser Universität vorgeschlagenen drei Persönlichkeiten für die besagte Nachfolge.

Dokumente[1]

I) Der Preußische Minister der Wissenschaft, Kunst und Volksbildung UI Nr. 5981 (I u. II) U I K, Berlin 18. Juli 1922

Auf den Bericht vom 26. April ds. Js. – Nr. 570 –.

Nachdem Professor Dr. Schmauss *den an ihn ergangenen Ruf als Nachfolger des Professors Gustav Hellmann abgelehnt hat, ersuche ich die Fakultät, für die Besetzung des Ordinariats für Meteorologie neue Vorschläge zu machen. Dabei ersuche ich, nachstehendes mit zu berücksichtigen:*

Der in dem Bericht der Fakultät genannte Direktor des Aeronautischen Observatoriums, Honorarprofessor an der Universität Berlin Dr. Hergesell, *der von mir in Ansehung der von der Fakultät hervorgehobenen großen Verdienste um den Ausbau der Aerologie für eine Berufung in Betracht gezogen worden ist, hat gebeten, von seiner Person abzusehen, da er mit Rücksicht auf die Weiterführung seiner wissenschaftlichen Arbeiten die Verpflichtungen eines vollen akademischen Lehramtes nicht übernehmen möchte.*

Wenn somit die Person des Professor Hergesell bei der Frage der Neubesetzung der ordentlichen Professur ausscheidet, so habe ich andererseits in Aussicht genommen, mit der Berufung des Nachfolgers des Geheimrat Hellmann eine Änderung in der Organisation des Meteorologischen Instituts in Berlin, Potsdam und Lindenberg eintreten lassen. Die Abtrennung des Aeronautischen Observatoriums von den beiden anderen Instituten ist jetzt z. Zt. [eigentl. seinerzeit] wesentlich unter zeitlich bedingten sachlichen und persönlichen Gesichtspunkten erfolgt. Nach dem jetzigen Stande der Wissenschaft, erscheint es kaum begründet, die Höhenmeteorologie derart von der Bodenmeteorologie zu trennen, wie es in der völligen Trennung der Institute zum Ausdruck kommt. Auch zeigt es sich, dass sich die Arbeiten der Observatorien in Potsdam und Lindenberg in manchen Punkten eng berühren. Demge(nüber?) wird es zweckmäßig sein, dafür Sorge zu tragen, dass künftig Voraussetzungen für ein Arbeiten nach gemeinsamen Plan gesch(affen?) werden. Ob dieses in der Form der Bildung eines Direktoriums oder in anderer Weise zweckmäßig geschehen kann, behalte ich weiterer Erwägung einstweilen vor. Jedenfalls wird auf das Zusammenarbeiten vor allem der meteorologischen Observatorien in Lindenberg und Potsdam entscheidendes Gewicht zu legen sein.

Ferner ersuche ich die Fakultät, sich in ihrem Bericht auch über den Professor der Meteorologie an der Hochschule für Bodenkultur in Wien Dr. Wilhelm Schmidt und über den Leiter des Meteorologischen Observatoriums in Potsdam Dr. Süring zu äußern, sofern die Genannten nicht schon unter den Neuvorgeschlagenen enthalten sein sollten.

Im Auftrage
(gz.) Krüß

II) Berlin, den 1. August 1922. In Beantwortung des Erlasses vom 18. Juli ds. Js. (U 1 No. 5981 (I. u. II) U I K.) beehrt sich die Philosophische Fakultät, folgendes ergebenst zu berichten.

Die Wiedervereinigung des Aeronautischen Observatoriums mit dem Meteorologischen Institut, aus dem es hervorgegangen ist und von dem es niemals hätte getrennt werden sollen, wird von der Fakultät aufs wärmste begrüßt. Sie ist überzeugt, dass es im Interesse der Entwicklung der meteorologischen Wissenschaft gelegen wäre, wenn mit dem Ordinariat für Meteorologie an der Berliner Universität die wissenschaftliche Oberleitung der gesamten meteorologischen Institute verbunden wäre. ~~Wir~~ *Die Fakultät verkennt nicht die Gefahr, die darin besteht, dass der Gelehrte mit allzuviel administrativen Geschäften belastet wird, hält es aber für gewiss, dass durch eine geeignete Organisation der Einzelinstitute in administrativer Hinsicht dieser Gefahr vorgebeugt werden kann, und zwar selbst unter Vermeidung der Verwaltungskosten. Eine derartige Lösung der ganzen Frage, also Betrauung des zu berufenden Professors mit der wissenschaft-*

---

[1] Quelle: Humboldt-Universität zu Berlin – Universitätsarchiv. Maschinenschrift, Archiv der Humboldt-Universität Berlin, Akten der Philosophischen Fakultät. Professoren 1921-1922, Nr. 1470, Blätter 338-346.

lichen Oberleitung beider Institute, erscheint der Fakultät als die für die Dauer einzig zweckmäßige aus zwei Gründen. Einmal wird es kaum möglich sein, hervorragende Gelehrte für die Universität zu gewinnen, wenn ihnen nicht die Möglichkeit umfassender Forschungstätigkeit in einem eigenen Institute geboten wird; und andererseits lehrt die Erfahrung, dass die sicherste Gewähr für die Blüte der Institute die Aufrechterhaltung ständiger Fühlungnahme mit der Universität und auch die mit dieser Fühlung verknüpfte Form der jeweiligen Neubesetzung der leitenden Stelle bildet.

Für den Zeitraum, in dem die Leitung des AO [Aeronautischen Observatoriums] noch in den Händen von Geheimrat Prof. Hergesell liegen wird, schlägt die Fakultät, der Anregung des Ministeriums folgend, vor, dass aus dem zu berufenden Ordinarius, der zugleich zum Leiter des Meteorologischen Instituts zu ernennen wäre, und Prof. Hergesell ein Direktorium gebildet wird, das die Führung beider Institute wahrnimmt und die spätere völlige Vereinigung vorbereitet.

Unter den vorstehend dargelegten Gesichtspunkten hat die Fakultät über die nach der bedauerlichen Ablehnung von Prof. Schmauß noch in Frage kommenden Persönlichkeiten beraten und erlaubt sich, die folgenden drei vorzuschlagen.

Die Fakultät nennt in erster Linie <u>Dr. Felix Exner</u>, Prof. der Meteorologie und kosmischen Physik an der Universität Wien, Direktor der Österreichischen Zentralanstalt für Meteorologie und Geodynamik daselbst, w. Mitglied der Wiener Akademie der Wissenschaften.

Felix Exner, geb. 1876 in Wien, Sohn [Neffe!] des dortigen Professors der Physik Franz Exner machte seine Studien in Wien, Berlin, Göttingen, promovierte 1900 an der Heimatuniversität und wurde, nachdem er eine Reise nach den Vereinigten Staaten von Nordamerika zum Studium des dortigen Wetterdienstes unternommen hatte, 1901 Assistent an der Zentralanstalt für Meteorologie und Geodynamik für Meteorologie und Geodynamik in Wien, an der er allmählich erst zum stellvertretenden, dann zum definitiven Direktor aufrückte, als die schwere Erkrankung vom Prof. Trabert im Jahre 1914 einen Ersatz notwendig machte.

Exner ist ein ausgezeichneter Theoretiker. Seine wissenschaftlichen Arbeiten behandeln mit Vorliebe die Bewegung in der Atmosphäre, den Aufbau der Zyklonen und Antizyklonen sowie die Verhältnisse in der Stratosphäre. Er ist der erste, der es mit Erfolg versucht hat, ein Lehrbuch der dynamischen Meteorologie zu schreiben; es lehrt in eindringlicher Weise, wie viel aerodynamische Probleme schon einer mathematischen Behandlung fähig sind und auf diesem Wege zu einer angenäherten Lösung gebracht werden können. Ein ganz anderes Gebiet der Meteorologie, auf dem Exner vorzügliche Leistungen aufzuweisen hat, sind die atmosphärischen Lichterscheinungen, bei denen ihn wiederum die Theorie am meisten interessiert. Er hat das von Pernter begonnene, aber nicht ganz vollendete Handbuch der meteorologischen Optik zu Ende geführt und soeben in zweiter, umgearbeiteter Auflage neu herausgegeben.

Sodann nennt die Fakultät <u>Prof. Ficker</u> in Graz. Heinz Ficker, geb. 1881, ist der Sohn des aus Deutschland stammenden früheren Rechtshistorikers an der Innsbrucker Universität. Er absolvierte an der Tiroler Hochschule seine Studien unter Pernter und Trabert und machte sich schon 1904 vorteilhaft bekannt durch Untersuchungen über den Föhn, dem er noch zahlreiche weitere Arbeiten widmete und dessen Natur er auch durch Überfliegen des Alpenkamms zu erforschen suchte. Die „Innsbrucker Föhnstudien" haben die älteren Arbeiten der Schweizer Gelehrten über diesen für die Entwicklung der Meteorologie so wichtigen Wind in vielen Punkten berichtigt und ergänzt. Ficker nahm dann teil an einer Forschungsreise nach West-Turkestan und den Zentralasiatischen Gebirgen, deren meteorologischen Charakter er in stetem Vergleich mit den ihm wohlvertrauten alpinen Verhältnissen musterhaft dargestellt hat.1909 folgte eine umfassende Klimatologie von Tirol und Vorarlberg und bald darauf der Anfang seiner wichtigen Untersuchungen über die Kälteeinbrüche im europäisch-asiatischen Kontinent, die dieses Problem auf neue Grundlagen stellten und insofern bahnbrechend wirkten, dass sie die von der norwegischen Meteorologie später entwickelte neue Auffassung unserer täglichen Witterungserscheinungen vorzubereiten halfen. Inzwischen war der Krieg ausgebrochen, den Ficker als Ballonführer mitmachte. Beim Versuch, aus der Festung Przemysl [in Polen, Stadt in Galizien, damals Teil des Kaisertums Österreich] vor deren Fall im Ballon zu entkommen, geriet er bei widrigem Winde in die feindlichen Linien und musste über drei Jahre in russischer Gefangenschaft zubringen. Er hat diese zum Teil zu wissenschaftlicher Arbeit benützen dürfen. Seitdem ist er eifrig damit beschäftigt, die Beziehungen zwischen den oberen und unteren Schichten der Atmosphäre aufzuhellen, worüber er in rascher Folge mehrere wichtige Arbeiten veröffentlicht hat.

Ficker, der sich 1908 in Innsbruck habilitiert hatte, ist seit etwa zehn Jahren erst außerordentlicher, dann ordentlicher Professor der Meteorologie und kosmischen Physik an der Universität Graz. Seine frische und impulsive Natur macht einen höchst erfreulichen Eindruck; sein Vortrag ist gut; er hat hervorragendes Organisationstalent mehrfach bewiesen.

Als dritten schlagen wir Professor Alfred Wegener *in Hamburg vor.*

Alfred Wegener wurde 1880 in Berlin als Sohn des Direktors des Schindlerschen Waisenhauses geboren, machte daselbst seine Studien und war nach dem 1905 abgelegten Doktorexamen ein Jahr lang Assistent am Aeronautischen Observatorium in Lindenberg. Er beteiligte sich darauf als Meteorologe an der Danmarkexpedition nach Nordostgrönland, von der er wertvolles meteorologisches und geophysikalisches Beobachtungsmaterial heimbrachte, dessen Bearbeitung vielen Teilen der atmosphärischen Physik reiche Früchte eintrug. Im April 1909 habilitierte er sich in Marburg für Meteorologie und kosmische Physik und hatte bald so großen Lehrerfolg, dass die Universität wiederholt beantragte, ihm ein planmäßiges Extraordinariat zu übertragen, was aber an der Bereitstellung der finanziellen Mittel scheiterte. Er setzte in Marburg seine schon in Lindenberg begonnenen Freiballonfahrten fort, die namentlich zur Untersuchung der Wolkenstruktur dienten.

1912/13 unternahm er gemeinsam mit dem dänischen Hauptmann Koch eine Durchquerung von Grönland an seiner breitesten Stelle und vollführte damit eine ausgezeichnete Pionierleistung geographisch-geophysikalischer Natur. Die von der Expedition mitgebrachten umfangreichen Messungen und Beobachtungen kommen wegen des Krieges erst jetzt zur Verarbeitung. Diesen machte er als Reserve-Infanterieoffizier und, nach zweimaliger Verwundung, als Leiter von Armee- und Hauptwetterwarten des Heeres mit, zuletzt gleichzeitig als Dozent für Meteorologie an der Universität Dorpat [Tartu]. 1919 trat Wegener als Vorstand der Abteilung „Meteorologie" in die Deutsche Seewarte ein, habilitierte sich gleichzeitig an der Hamburger Universität und wurde 1921 zum außerordentlichen Professor für Meteorologie ernannt.

Wegeners wissenschaftliche Arbeiten sind zahlreich und vielseitig; sie betreffen nicht bloß die Physik der Atmosphäre, sondern auch die Geographie und die Grenzgebiete zur Astronomie. Hervorgehoben sei hier namentlich die 1914 [richtig: 1911] erschienene „Thermodynamik der Atmosphäre", die auch die Ergebnisse seiner eigenen Untersuchungen über die Wolken, die Frostübersättigung, die eisförmige Kondensation über Fragen der atmosphärischen Optik enthalten; ferner die 1907 [richtig: 1917] herausgegebene Monographie über „Wind- und Wasserhosen in Europa", in der aus einer eingehenden Diskussion aller einschlägigen Beobachtungen wichtige Schlüsse über die Entstehung und weitere Entwicklung der bei uns seltenen Erscheinung gezogen werden. Sodann sind seine zahlreichen Beiträge zur Kenntnis der obersten Atmosphärenschichten, der turbulenten und laminaren Strömungen sowie der Luftwogen und Luftwirbel zu nennen.

Wegener ist ein ideenreicher und anregender Gelehrter, von dem man weitere tüchtige Leistungen erwarten darf. Seine wissenschaftlichen meteorologischen Arbeiten sind denen Fickers durchaus ebenbürtig, er hat aber seiner Neigung zu kühnen Hypothesen auf den Nachbargebieten der Geophysik und Geographie etwas zuviel nachgegeben. Er spricht gut und anregend. In administrativer Hinsicht hat er sich nicht bewährt.

Die Herren Wilhelm Schmidt in Wien und Reinhard Süring in Potsdam, über die vom Ministerium eine Äußerung der Fakultät erbeten wird, vermag die Fakultät für die in Frage kommende Stelle nicht in Vorschlag zu bringen, da sie ihrer Ansicht nach die hierfür notwendige wissenschaftliche Qualifikation nicht besitzen.

Wilhelm Schmidt, geb. 1883, war lange Zeit an der Wiener Zentralanstalt für Meteorologie tätig, habilitierte sich an der Universität daselbst für Meteorologie und kosmische Physik und wurde vor einigen Jahren, als Professor Liznar in den Ruhestand trat, Professor der Meteorologie an der Hochschule für Bodenkultur in Wien, wobei er zugleich aus der Zentralanstalt ausschied. Er hat auf mehreren Gebieten der Meteorologie nichtige Arbeiten geliefert. Genannt seien insbesondere seine Untersuchungen über die Böen, bei denen er auch das Experiment im Laboratorium geschickt benützte, und seine zahlreichen Arbeiten über die Beziehungen zwischen den meteorologischen Verhältnissen auf und über dem Meere zu den allgemeinen meteorologischen Erscheinungen. In rein theoretischen Fragen arbeitet er nicht so einwandfrei, wie die Kontroversen beweisen, die er sich in der Frage der ablenkenden Kraft der Erddrehung zugezogen hat. Auch neigt er zur Aufstellung etwas gewagter Hypothesen. In der Leitung wissenschaftlicher Arbeiten eines Instituts besitzt Schmidt keine Erfahrung[2].

---

2 Anm. d. Verfassers: Wilhelm Matthäus Schmidt (1883-1936) wurde als Nachfolger Exners Direktor (zwischen 1930 und 1936) der Zentralanstalt für Meteorologie und Geodynamik in Wien!

Reinhard Süring wurde 1866 in Hamburg geboren[3], studierte in Göttingen, Marburg, Berlin und erlangte an letzter Universität den Grad eines Dr. phil. Kurz zuvor war er als Assistent beim Meteorologischen Institut eingetreten, in dem er allmählich zum Abteilungsvorsteher und Leiter des meteorologischen Dienstes am Potsdamer Observatorium aufrückte. Süring ist ein tüchtiger Institutsbeamter, es fehlen ihm aber die großen wissenschaftlichen Leistungen, die ihn für eine leitende Stellung befähigen. Er erweist sich als ein guter Kenner aller meteorologischen Instrumente und Beobachtungsmethoden, die er zum Teil verbessert hat. Er lieferte wertvolle Beiträge zur Wolkenkunde und zur meteorologischen Optik, zur Lehre von den Gewittern und der atmosphärischen Elektrizität. Die Verteilung des Wasserdampfes in der freien Atmosphäre hat er zuerst durch eine praktische Formel dargestellt, und zwar nach Messungen im Freiballon, an denen er selbst hervorragenden Anteil genommen hatte. Süring gibt jetzt das ausgezeichnete Lehrbuch von Hann, an dessen dritter Auflage er schon etwas mitgearbeitet hatte, nach Hanns Tode in vierter Auflage heraus und ist seit 1908 Mitredakteur der Meteorologischen Zeitschrift. Sein Vortrag lässt zu wünschen übrig und macht ihn zum Dozenten wenig geeignet.

Hellmann   Mises   Planck

Nachbemerkung (v. Verf.)

Das Dokument ist vom Direktor des Meteorologischen Instituts, Hellmann, dem Rilke-Kenner, Mathematiker und Philosophen Richard Edler von Mises, und dem 1918 mit dem Nobelpreis für Physik ausgezeichneten Akademie-Sekretar Max Planck gezeichnet. Eine Süring-Plakette erinnert heute noch an Richard Süring, den „tüchtigen Institutsbeamten", dem es angeblich an „großen" wissenschaftlichen Leistungen mangelte.

Der Hinweis auf die gewagten Hypothesen von Schmidt und Wegener ruft unweigerlich Max Plancks Worte ins Gedächtnis, der bei seinem Wahlvorschlag für Albert Einstein zum ordentlichen Mitglied der Preußischen Akademie der Wissenschaften vom 12. Juni 1913 (vgl. KIRSTEN & KÖRBER 1975) geschrieben hatte:

Dass er in seinen Spekulationen gelegentlich auch einmal über das Ziel hinausgeschossen haben mag, wie z. B. in seiner Hypothese der Lichtquanten, wird man ihm nicht allzuschwer anrechnen dürfen; denn ohne einmal ein Risiko zu wagen, lässt sich auch in *der exaktesten Naturwissenschaft keine wirkliche Neuerung einführen.*

Heute schmunzelt man unwillkürlich bei dem Satz, dass Wegener „seiner Neigung zu kühnen Hypothesen auf den Nachbargebieten der Geophysik und Geographie etwas zuviel nachgegeben" habe, denn er wird für die damals gewagte Hypothese über die Kontinentalverschiebungen in der Geophysik ewiglich in Erinnerung bleiben. Die ebenso gewagte Hypothese der Lichtquanten wird nicht selten Planck zugeschrieben, obwohl man sie als *solche* Einstein verdankt, wie aus dem Zitat deutlich hervorgeht.

Von Mises war 1922 frischer Ordinarius an der Berliner Universität und zugleich Direktor des Instituts für angewandte Mathematik – bis zu seiner Entlassung durch die Nationalsozialisten im Jahre 1933. Er hatte das einflussreiche Buch über *Wahrscheinlichkeit, Statistik und Wahrheit* veröffentlicht und die *Zeitschrift für angewandte Mathematik und Mechanik* begründet, mit der programmatischen Zielsetzung, der „reinen" Mathematik zu Anwendungen in Technik und Mechanik zu verhelfen. Im Todesjahr Hellmanns erschien Mises' *Kleines Lehrbuch des Positivismus – Einführung in die empiristische Wissenschaftsauffassung* (vgl. STADLER 1990). Daraus möchte ich zwei Paragraphen anführen, die ich mir vor Jahren notiert hatte. Zum einen die 1919 von ihm eingeführte Definition der Wahrscheinlichkeit, die Hellmanns statistischer Methode nachträglich eine klare rationale Grundlage verlieh:

Als Ausgangspunkt einer exakten Theorie der Wiederholungsvorgänge und Massenerscheinungen lässt sich ein Wahrscheinlichkeitsbegriff wählen, der definiert wird als Grenzwert der relativen Häufigkeit des Ereignisses [z. B. der Wert einer Temperatur, die Menge gemessenen Regens oder eine Windstärke] in einer Versuchsreihe [Beobachtungsreihe], die unendlich lang ausgedehnt gedacht wird.

So wird heute noch die Wahrscheinlichkeit in der sog. „frequentistischen" Wahrscheinlichkeitslehre eingeführt. Daneben wird allerdings immer häufiger auch die sogenannte Bayessche Definition in meteorologisch-klimatologische Anwendung gebracht. Auf der anderen Seite sah von Mises voraus,

[d]ass eine statistische Theorie [wie sie der Hellmannschen Klimatologie zugrunde lag] eine „nur vorläufige" Art der Naturerklärung gegenüber einer deterministischen, das „Kausalitätsbedürfnis" befriedigenden darstellt [wie sie Bjerknes oder

---

[3] Anm. d. Verfassers: S. Kurzbiographie Sürings im Anhang D.

Schmauß vertrat], ist ein Vorurteil, das aus der geschichtlichen Entwicklung der Naturwissenschaften verstanden werden kann, das aber mit zunehmender Einsicht verschwinden muss.

Im Jahre 2021 wird kaum ein Meteorologe bestreiten, dass das Vorurteil den endgültigen Rückzug angetreten hat.

Danksagung

Der Plan für eine Hellmann-Biographie geht auf Dr. Jörg Rapp, bis April 2019 Leiter der Deutschen Meteorologischen Bibliothek im Deutschen Wetterdienst (DWD) und Leiter des Selbstverlags desselben zurück. Er war es, der in schwerer Stunde mich mit dem Vorschlag zu reizen wusste, etwas über Gustav Hellmann im Rahmen eines vom Deutschen Wetterdienst finanzierten Vorhabens auf Papier zu bannen (DWD-Vertrag 3043294/16-RIN). Ohne seine Anregung und anfängliche Unterstützung wäre das vorliegende Werk nicht zustande gekommen. Ihm gebührt der Dank für diesen Versuch, den großen Preußen zu würdigen. Hellmann hat der genannten Bibliothek einen satten Grundstock verschafft und sie als Referenzbibliothek aufgebaut, die sich durch Krisen und Kriege hindurch bis zum heutigen, ungeheuren Umfang vermehren konnte. Aber Hellmann war weit mehr als ein Bibliograph, und mit dem Projekt sollten die weiteren Tätigkeiten dieses Meteorologen in Erinnerung gerufen werden.

Der derzeitigen Bibliotheksleiterin Frau Britta Bolzmann gebührt der Dank für die bereitwillige (kostenpflichtige) Beschaffung digitalisierten Archivmaterials. Sie hat den Seiltanz zwischen einem Zuviel und Zuwenig an solchem Material mit Fassung vollbracht. Auch hat sie die Absprachen zwischen der Bibliothek und dem Selbstverlag des DWD koordiniert und manche verwaltungstechnische Frage erledigt. In diesem Zusammenhang sei auch allgemein den Beamten und Angestellten zahlreicher Archive, Bibliotheken und ähnlicher Stellen, teilweise im Ausland (insbesondere der Universitätsbibliothek in Graz), gedankt. Die genaueren Quellen werden weiter unten, aber auch jeweils in Fußnoten und in der Zeittafel ausdrücklich genannt.

In den ersten drei Jahren habe ich mit Unterbrechungen durch andere Tätigkeiten das sowohl in meiner Privatbibliothek als auch im Bestand der Deutschen Bibliothek vorhandene Material zu Hellmann zusammengestellt, wobei ich auf die Hilfsbereitschaft der Bibliotheksmitarbeiterin Frau Andrea Lehnhardt zählen konnte, mir einige Schätze aus dem Bibliotheksmagazin ans Licht zu heben. Ähnliche Hilfe bei der Kellerbeschaffung leistete auch Frau Annette Dietrich, gleichfalls Bibliotheksmitarbeiterin. Ohne deren Unterstützung wäre mir manches verborgen geblieben, was in den Tiefen der Bibliothek ruht. Beiden Damen sowie der Bibliotheksmitarbeiterin Frau Tanja Glatz danke ich darüber hinaus für die Hilfe bei der elektronischen Abtastung einiger Bilder, die in der Endphase als Vorlagen eine Verbesserung der Auflösung erforderten.

Schließlich muss ich besonders Frau Yvonne Kurz als eine weitere Mitarbeiterin der Bibliothek hervorheben, die in der letzten Phase des Projekts von einem heftigen Hellmann-Fieber erfasst wurde und mir bei der Beschaffung von Dokumenten, ihren Quellennachweisen und beim Schriftverkehr mit Bibliotheken und Archiven eilfertig behilflich war, mit wohlwollender Zustimmung der Bibliotheksleiterin. Noch dazu ließ sie es sich angelegen sein, handschriftliche Briefe in eine leserliche Umschrift zu überführen, so dass ich oft nur noch wenige Briefe und einige Wörter zu entschlüsseln brauchte (leider nicht immer mit Erfolg). Sie hat auch manche mir sonst unbekannt gebliebene Quelle ausgemacht, wofür eine (potenzielle) Leserschaft ihr Dank weiß. Ihre Begeisterung hat sie schließlich in eine mühsam zusammengestellte, seitenlange Zeittafel einmünden lassen. Sie war zudem die erste Leserin einer ersten Fassung, die daraufhin angepasst wurde. Wie sehr solche Beihilfe von Wert ist, habe ich durch sie erstmalig erfahren können. Der Dank und die Anerkennung seitens aller Mitarbeiter der Bibliothek sind ihr gewiss.

Dem Buchbinder der Bibliothek, Herrn Peter Keitz möchte ich auch an dieser Stelle für manches anregende Gespräch über (alte) Bindearbeiten, Papiersorten und Restaurierung im Zusammenhang mit den Hellmannschen Neudrucken danken.

Ich würde mich der fahrlässigen Unterlassung schuldig machen, würde ich mich nicht auch für die (neben Jörg Rapps gelegentlich) „geliehenen", teilweise scharfsichtigen sechs Augen der folgenden Leserinnen bedanken, ohne deren Durchsicht oder „Setzarbeit" das Werk möglicherweise bei einer Anhäufung von lästigen Versehen und manchen Fehlern großen Schaden genommen hätte: Bei der Verantwortlichen des Selbstverlages des DWD und Schriftleiterin von promet, Frau Dipl.-Met. Magdalena Bertelmann; der Grafikerin Frau Karin Borgmann (Grafikdesign); und der Mitarbeiterin der Bibliothek Frau Heike Beck, die keine Mühe gescheut hat, mit äußerster Akribie den gesamten Text nach Unstimmigkeiten abzusuchen.

Wie ersichtlich, blieb bei dem vorliegenden Werk keine Hand oder kein Auge der Deutschen Meteorologischen Bibliothek unbeteiligt! Verbindlichsten Dank an alle!

Danksagungen an amtliche Stellen für Material und Belegexemplare

1. Staatsbibliothek zu Berlin, Preußischer Kulturbesitz, Abteilung Historische Drucke, Frau Michaela Scheibe

2. Staatsbibliothek zu Berlin, Preußischer Kulturbesitz, Handschriftenabteilung

3. Geheimes Staatsarchiv, Preußischer Kulturbesitz

4. Bundesarchiv Berlin

5. Landesarchiv Berlin

6. Universitätsbibliothek der Humboldt-Universität Berlin

7. Universitätsarchiv der Humboldt-Universität Berlin

8. Zentral- und Landesbibliothek Berlin

9. Evangelischer Friedhofsverband Berlin Stadtmitte

10. Stadtmuseum Berlin, Provenienzforschung, Herr Andreas Bernhard

11. Stadtarchiv Frankfurt/Oder

12. Touriseum – Südtiroler Landesmuseum für Tourismus, Meran

13. Amt für Film und Medien, Bozen

14. Stadtarchiv Meran

15. Stadt Löwen - Urząd Miejski w Lewinie Brzeskim, Frau Alicja Brychcy

16. Staatsarchiv Oppeln - Archiwum Państwowe w Opole

17. Universitätsbibliothek Zürich

18. Universitätsbibliothek Graz: Nachlass Köppen (MS NL 2054), Korrespondenz Hellmann.

Quellen- und Literaturnachweise

ADICKES, E., 1924: Kant als Naturforscher. *W. de Gruyter & Co.*, Berlin.

AUTRUM, H., 1987: Von der Naturforschung zur Naturwissenschaft. Vorträge, gehalten auf Versammlungen der Gesellschaft deutscher Naturforscher und Ärzte (1828-1958). *Springer-Verlag*, Berlin.

BAUMGARTNER, A., LIEBSCHER H.-J., 1996: Allgemeine Hydrologie. Quantitative Hydrologie. (2. Aufl.) *Gebrüder Borntraeger*, Stuttgart.

BERNHARDT, K.-H., 2008: Heinrich Wilhelm Dove (1803-1879) und seine Stellung in der Geschichte der Berliner Meteorologie. *Dahlemer Archivgespräche* **14**, 61-100.

BEZOLD, W. von, 1890: Das Königliche Meteorologische Institut in Berlin und dessen Observatorium bei Potsdam. In: Die Königlichen Observatorien für Astrophysik, Meteorologie und Geodäsie bei Potsdam. Aus amtlichem Anlass herausgegeben von den betheiligten Directoren. *Mayer & Müller*, Berlin.

BEZOLD, W. von, 1898: Die Feier des fünfzigjährigen Bestehens des Königlichen Meteorologischen Instituts am 16. Oktober 1897. *A. Asher & Co.*, Berlin.

BEZOLD, W., 1892: Die Meteorologie als Physik der Atmosphäre. *Himmel und Erde*. Verlag von *Hermann Paetel*, Berlin.

BISWAS, A. K., 1970: History of Hydrology. *North-Holland Publishing Company (American Elsevier Publishing Company)*, Amsterdam.

BJERKNES, V., 1913: Die Meteorologie als exakte Wissenschaft. Antrittsvorlesung. *Friedr. Vieweg*, Braunschweig.

BOLTZMANN, L., 1905: Reise eines deutschen Professors ins Eldorado. In: Populäre Schriften. *Johann Ambrosius Barth*, Leipzig.

CANNEGIETER, H. G., 1963: The history of the International Meteorological Organization 1872-1951. *Annalen der Meteorologie*, Neue Folge Nr. 1., Selbstverlag des Deutschen Wetterdienstes, Offenbach.

CASSIRER, E., 1918/21: Kants Leben und Lehre. Nachdruck 1994, *Wissenschaftliche Buchgesellschaft*, Darmstadt.

CASSIRER, E., 1928/29: Keplers Stellung in der europäischen Geistesgeschichte. Nachgedruckt 2004 im 17. Band der von Birgit Recki herausgegebenen Gesammelten Werke von Cassirer. *Felix Meiner*, Hamburg.

CASSIRER, E., 1937: Determinismus und Indeterminismus in der modernen Physik. Historische und systematische Studien zum Kausalproblem. In: Cassirer: Zur modernen Physik (1957), Nachdruck 1977, *Wissenschaftliche Buchgesellschaft*, Darmstadt.

CASSIRER, E., 1969: Ernst Cassirer. Philosophie und exakte Wissenschaft. Kleine Schriften. Eingeleitet und erläutert von W. Krampf. *Vittorio Klostermann*, Frankfurt a. M.

CAVE, C. J. P., 1925: The present state of meteorology and meteorological knowledge. *Quarterly Journal of the Royal Met. Society* **51**, 67-76.

CELSIUS, A., 1739/1740: Gedanken von Beobachtung der Abwechselung des Windes; oder meteorologische Observationen von Andreas Celsius, gehalten in Upsal im Jahre 1739. Der *königl. Schwedischen Akademie der Wissenschaften Abhandlungen aus der Naturlehre, Haushaltskunst und Mechanik*, auf die Jahre 1739 und 1740. Aus dem Schwedischen übersetzt (von Abraham Gotthelf Kästner), Hamburg und Leipzig.

CIRERA, R., 1912: La previsión del tiempo. Lo que es, lo que será. Dos conferencias. *Publicaciones del Observatorio del Ebro-Tortosa*, Barcelona.

CONRAD, V., 1936: Handbuch der Klimatologie, Band I, Teil B: Die klimatologischen Elemente und ihre Abhängigkeit von terrestrischen Einflüssen. *Gebrüder Borntraeger*, Berlin.

CONRAD, V., POLLACK, L. W., 1950: Methods in Climatology. (2nd ed.) *Harvard University Press*, Cambridge Massachusetts.

DARMSTAEDTER, L., 1926: Naturforscher und Erfinder. Biographische Miniaturen. *Velhagen & Klasing*, Bielefeld und Leipzig.

DEFANT, A., 1940: Gedächtnisrede auf Gustav Hellmann. Jahrbuch der Preußischen Akademie der Wissenschaften, Jahrgang 1939. Verlag der Akademie der Wissenschaften, in Kommission bei *Walter de Gruyter & Co.*, Berlin.

DESCARTES, R., 2013: Entwurf der Methode. Mit der Dioptrik, den Meteoren und der Geometrie. (Übersetzt und herausgegeben von Christian Wohlers.) Philosophische Bibliothek Band 643, *Felix Meiner Verlag*, Hamburg.

DREYER, E. A. (Hrsg.), 1936: Friedr. Vieweg u. Sohn in 150 Jahren deutscher Geistesgeschichte. 1786-1936. *Friedr. Vieweg & Sohn*, Braunschweig.

DUBOIS, P., 1993: Das Observatorium Lindenberg in seinen ersten 50 Jahren 1905-1955. *Geschichte der Meteorologie in Deutschland* **1**. Selbstverlag des Deutschen Wetterdienstes, Offenbach am Main.

EINSTEIN, A., 1998: The Collected Papers of Albert Einstein. Vol. 8. The Berlin Years: Correspondence, 1914-1918, Part A: 1914-1917. (Hrsg.: R. Schulmann *et al.*) *Princeton University Press*, Princeton.

EINSTEIN, A., 2012: The Collected Papers of Albert Einstein. Vol. 13. The Berlin Years: Writings & Correspondence, January 1922-March 1923. (Hrsg.: Buchwald D.K. *et al.*) *Princeton University Press*, Princeton.

ERTEL, H., 1938: Methoden und Probleme der Dynamischen Meteorologie. Ergebnisse der Mathematik und ihrer Grenzgebiete, 5. Band. *Verlag von Julius Springer*, Berlin.

FASSIG, O. L., 1894: Report of the International Meteorological Congress, held at Chicago, Ill. August 21-24, 1893. *Weather Bureau*, Washington.

FIERRO, A., 1991: Histoire de la météorologie. *Éditions Denoël*, Paris.

FLEMING, J. R., 2016: Inventing Atmospheric Science. Bjerknes, Rossby, Wexler, and the Foundations of Modern Meteorology. *The MIT Press*, Cambridge, Massachusetts.

FORTAK, H. (Hrsg.), 1984: Hundert Jahre Deutsche Meteorologische Gesellschaft in Berlin. Erinnerungsband 1884-1984. *Freie Universität Berlin*, Berlin.

FORTAK, H., 1997: Von der Gründung des Preußischen Meteorologischen Instituts bis zur Gegenwart: Eine Geschichte der Meteorologie in Deutschland. In: *Annalen der Meteorologie* **36**. Selbstverlag des Deutschen Wetterdienstes, Offenbach.

FORTAK, H., 2001: Felix Maria Exner und die österreichische Schule der Meteorologie. In: HAMMERL, Chr. et al. (Hrsg.): Die Zentralanstalt für Meteorologie und Geodynamik 1851-2001. 150 Jahre Meteorologie und Geophysik in Österreich. *Leykam Buchverlagsgesellschaft*, Graz.

FÖLSING, A., 1995: Albert Einstein. Eine Biographie. *Suhrkamp Taschenbuch*, Frankfurt a. M.

FRIEDMAN, R. M., 1989: Appropriating the Weather. Vilhelm Bjerknes and the Construction of a Modern Meteorology. *Cornell University Press*, Ithaca.

GARBRECHT, G., 1996: Geschichte der Hydrologie. In: BAUMGARTNER, A., LIEBSCHER, H.-J. (Hrsg.): Allgemeine Hydrologie. Quantitative Hydrologie. *Gebrüder Borntraeger*, Stuttgart.

GEIGER, R., 1956/57: Das Leben von August Schmauß (28.11.1877-10.10. 1954). In: *Annalen der Meteorologie*, Bd. **7**., Selbstverlag des Deutschen Wetterdienstes, Seewetteramt, Hamburg.

GEIGER, R., 1962: Nachruf auf Fritz Roßmann. *Meteorologische Rundschau* **15**.

GRAU, C., 1993: Die Preußische Akademie der Wissenschaften zu Berlin. *Spektrum Akademischer Verlag*, Heidelberg, Berlin, Oxford.

HABERLANDT, G., 1933: Erinnerungen, Bekenntnisse und Betrachtungen. *Julius Springer*, Berlin.

HANN, J., 1878: Über die Aufgaben der Meteorologie der Gegenwart. Vortrag. Die Feierliche Sitzung der kaiserlichen Akademie d. Wissenschaften. Karl Gerold, Wien.

HANTEL, M., 1996: Atmosphärischer Wasserdampftransport. Kapitel 7 in: BAUMGARTNER, A., LIEBSCHER, H.-J. (Hrsg.): Allgemeine Hydrologie. Quantitative Hydrologie. (2. Aufl.) *Gebrüder Borntraeger*, Stuttgart.

HARTMANN, H., 1938: Max Planck als Mensch und Denker. *Verlag Karl Siegismund*, Berlin.

HAUSHOFER, A., 1928: Sonderband zur Hundertjahrfeier der Gesellschaft. Zeitschrift der Gesellschaft für Erdkunde zu Berlin. *Selbstverlag der Gesellschaft für Erdkunde*, Berlin.

HEILBRONN, J. L., 2006: Max Planck. Ein Leben für die Wissenschaft, 1858-1947. *S. Hirzel Verlag*, Stuttgart.

HELLMANN, G., 1909: Untersuchungen über die Schwankungen der Niederschläge. Abhandlungen des Preußischen Meteorologischen Instituts Bd. III, Nr. 1., *Behrend & Co.*, Berlin.

HELLMANN, G. (1948): Antrittsrede vom 4. Juli 1912 (Leibniztag). In: Max Planck in seinen Akademie-Ansprachen, s. Planck.

HELLMANN, G., 1913: Bericht über die Versammlung des Internationalen Meteorologischen Komitees. Rom 1913. Veröffentlichungen des KPMI, Nr. 260. Behrend & Co., Berlin.

HELLMANN, G., 1914: *Reichsanzeiger* 1914, Nr. 284, 21. Oktober, S. 3, unter „Kunst und Wissenschaft".

HELMHOLTZ, H., 1875: Wirbelstürme und Gewitter. Vortrag gehalten in Hamburg. Abgedruckt in Vorträge und Reden, Band II. 4. Aufl. (1896). *Fr. Vieweg und Sohn*, Braunschweig.

HERGESELL, H. (Hrsg.), 1922: Ergebnisse der aerologischen Tagung vom 3. bis 6. Juli 1921 im Preußischen Aeronautischen Observatorium Lindenberg. Sonderheft der Zeitschrift Beitr. z. Phys. d. Atmosphäre. *Verlag von Keim und Nemnich*, Leipzig-München.

HERMANN, A., 1994: Einstein. Der Weltweise und sein Jahrhundert. Eine Biographie. *Piper*, München und Zürich.

HERTZ, J., SUSSKIND, CH., 1977: Heinrich Hertz. Erinnerungen. Briefe. Tagebücher. Zusammengestellt von Johanna Hertz. *San Francisco Press*, Inc. & *Physik Verlag*, Santa Barbara.

HEYCK, H., 2009: Goethe – Hindenburg – Hitler. Die Entstehungs- und Verleihungsgeschichte der Goethe-Medaille für Kunst und Wissenschaft (1932–1944) mit den Namen von 600 Empfängern. *Selbstverlag*, Gloucester.

HILSCHER, E., 1979: Gerhart Hauptmann. (Dritte, überarbeitete Auflage.) *Verlag der Nation*, Berlin.

HUBENY, I., MIHALAS, D., 2015: Theory of Stellar Atmospheres. *Princeton University Press*, Princeton.

HUPFER, F., 2019: Das Wetter der Nation. Meteorologie, Klimatologie und der schweizerische Bundesstaat 1860-1914. *Chronos Verlag*, Zürich.

HUTTER, K., WANG, Y., 2016: Fluid and Thermodynamics. Vol. 1: Basic Fluid Mechanics. *Springer International Publishing* Switzerland.

ITZEROTT, S., BRALL, A., FLECHTNER, F., ILK, K.-H., IHDE, J., LEICHT, J., MAI, E., REIGBER, C., REINHOLD, A., RUMMEL, R., SCHUH, H., 2018: Auf den Spuren des wissenschaftlichen Wirkens von Friedrich Robert Helmert – Zum 175. Geburtstag, (Scientific Technical Report STR; 18/03), Potsdam: *Deutsches GeoForschungsZentrum* GFZ. DOI: http://doi.org/10.2312/GFZ.b103-180372018.

JAHRBUCH der Preußischen Akademie der Wissenschaften (Jahrgang 1939), 1940. *Verlag der Akademie der Wissenschaften*, in Kommission bei *Walter de Gruyter & Co.*, Berlin.

JEWELL, R., 2017: The Weather's Face. Features of science in the story of Vilhelm Bjerknes and the Bergen school of meteorology. *Fagbokforlaget*, Bergen.

JONES, PH., 1999: The Instrumental Data Record: Its Accuracy and Use in Attempts to Identify the "CO_2 Signal". Kapitel 4 in: STORCH, H., NAVARRA, A. (Hrsg.): *Analysis of Climate Variability. Applications of Statistical Techniques. Springer-Verlag*, Berlin.

KEIL, K., 1952: Die Wetterdienstbibliothek im Laufe eines Jahrhunderts. In: *Berichte des Deutschen Wetterdienstes in der US-Zone* Nr. **42** (Knoch-Heft). Selbstverlag, Bad Kissingen.

KELLERMANN, H., 1915: Der Krieg der Geister. Vereinigung Heimat und Welt. *Alexander Duncker Verlag*, Weimar.

KHRGIAN, A. KH., 1970: Meteorology. A Historical Survey. Israel Program for Scientific Translations. Jerusalem.

KINKELDEY, M., NÖTH, G., ADLER, K., NITSCHKE, I., SCHULZE, O., SOSNA, P.-R., 2015: 120 Jahre Wetterbeobachtung auf dem Brocken (Harz). Eine Chronik der Wetterwarte und des Observatoriums. *Geschichte der Meteorologie in Deutschland* **11**. Selbstverlag des Deutschen Wetterdienstes, Offenbach.

KIRSTEN, CH., KÖRBER, H.-G., 1975: Physiker über Physiker. Wahlvorschläge zur Aufnahme von Physikern in die Berliner Akademie 1870 bis 1929 von Hermann v. Helmholtz bis Erwin Schrödinger. Studien zur Geschichte der Akademie der Wissenschaften der DDR, Band 1. *Akademie-Verlag*, Berlin.

KIRSTEN, CH., TREDER, H.-J., 1979: Albert Einstein in Berlin 1913-1933. Teil I. Darstellung und Dokumente. Studien zur Geschichte der Akademie der Wissenschaften der DDR, Band 6. *Akademie-Verlag*, Berlin.

KLEIN, H., 1982: Literarische Reaktionen auf den ersten Weltkrieg. In: Propyläen Geschichte der Literatur. Sechster Band: Die moderne Welt – 1914 bis heute. *Propyläen Verlag*, Frankfurt a. M.

KLEINSCHMIDT, E., 1939: Gustav Hellmann. *Annalen der Hydrographie und Maritimen Meteorologie* **67**.

KNOBLOCH, E., 2018: Naturwissenschaften. In: ETTE, O. (Hrsg.) Alexander von Humboldt – Handbuch. Leben – Werk – Wirkung. *J. B. Metzler Verlag*, Stuttgart.

KNOCH, K., 1908: Geschichte der Höhenaufstellung der Regenmesser. *Das Wetter* **25**, 97-102, 129-131, 151-158.

KNOCH, K., 1924: G. Hellmann als Forscher. *Die Naturwissenschaften* **12**, 537-543.

KNOCH, K., 1932: Handbuch der Klimatologie von Julius von Hann. Vierte, umgearbeitete und vermehrte Auflage. I. Band: Allgemeine Klimalehre. *J. Engelhorns Nachf.*, Stuttgart.

KNOCH, K., 1954: G Hellmann zum 100. *Annalen der Meteorologie* **7** (1955 / 56). Selbstverlag des Deutschen Wetterdienstes, Seewetteramt, Hamburg.

KOENIGSBERGER, L., 1903: Hermann von Helmholtz. Dritter Band. *Friedrich Vieweg und Sohn*, Braunschweig.

KÖLZER, J., 1922: Die Meteorologie auf der „Hundertjahrfeier Deutscher Naturforscher und Ärzte". *Meteorologische Zeitschrift* **39**, 377-380.

KÖNIG, W., 1954: Zur 100. Wiederkehr des Geburtstages von Gustav Hellmann. *Zeitschr. f. Meteorologie* **8**.

KOPATZ, O., 1999: Ein zähes, unverzichtbares Ringen. Zum Gründungskontext der Deutschen Meteorologischen Gesellschaft. Aus seiner Dissertation, gekürzt und überarbeitet. *Akademie der Wissenschaften der DDR*, Berlin 1990. Siehe auch: *Dahlemer Archivgespräche*, Bd. **5**, 119-149.

KÖPPEN, W., 1929: Typische und Übergangs-Klimate. *Meteorologische Zeitschrift* **46**, 121-126.

KÖRBER, H.-G., 1962: Katalog der Hellmannschen Sammlung von Sonnenuhren und Kompassen des 16. bis 19. Jahrhunderts im Geomagnetischen Institut Potsdam. In: *Jahrbuch 1962 des Adolf-Schmidt-Observatoriums für Erdmagnetismus in Niemegk mit wiss. Mitt.* Berlin, 1964, S. 149-171 und 16 Taf.

KÖRBER, H.-G., 1982: Alfred Wegener. (2. erw. Aufl.) Biographien hervorragender Naturwissenschaftler, Techniker u. Mediziner, Bd. **46**, *B. G. Teubner Verlagsgesellschaft*, Leipzig.

KÖRBER, H.-G., 1997: Die Geschichte des Preußischen Meteorologischen Instituts in Berlin. *Geschichte der Meteorologie in Deutschland* **3**. Selbstverlag des Deutschen Wetterdienstes, Offenbach.

KPMI, 1904: Anleitung zur Anstellung und Berechnung meteorologischer Beobachtungen. Zweite völlig umgearbeitete Auflage. Erster Teil. Beobachtungen der Stationen II. und III. Ordnung. Königlich Preußisches Meteorologisches Institut (KPMI), *A. Asher & Co.*, Berlin.

KROHN, W., 1987: Francis Bacon. Beck'sche Reihe Große Denker. *C. H. Beck'sche Verlagsbuchhandlung*, München.

LINGELBACH, E., 1952: Wird die Meteorologie eine exakte Wissenschaft? In: *Berichte des Deutschen Wetterdienstes in der US-Zone* Nr. **38** (Weickmann-Heft). Selbstverlag, Bad Kissingen.

LÜDECKE, C., 2008: Die Deutsche Meteorologische Gesellschaft im Übergang ins 20. Jahrhundert – Ära Bezold (1889-1907) in der Reichshauptstadt Berlin. In: TETZLAFF, G., LÜDECKE, C., BEHR, H. D. (Hrsg.): 125 Jahre Deutsche Meteorologische Gesellschaft. *Annalen der Meteorologie* **43**. Selbstverlag des Deutschen Wetterdienstes, Offenbach.

MANUEL, D., 2011: Bjerknes, Vilhelm F. K., and Jacob A. B. In: Encyclopedia of Climate and Weather. Second Edition. *Oxford University Press*, New York.

McCORMMACH, R., 1990: Nachtgedanken eines klassischen Physikers. (Übersetzung von "Night Thoughts of a Classical Physicist", Harvard University Press, 1982). *Suhrkamp Taschenbuch Verlag*, Frankfurt a. M.

MIDDLETON, W. E. K., 1964: The History of the Barometer. *The Johns Hopkins Press*, Baltimore.

MIDDLETON, W. E. K., 1965: A History of the Theories of Rain and other Forms of Precipitation. Oldbourne, London.

MOMMSEN, W., 2000: Wissenschaft, Krieg und die Preußische Akademie der Wissenschaften. Die Preußische Akademie der Wissenschaften in den beiden Weltkriegen. In: FISCHER, W. (Hrsg.): Die Preußische Akademie der Wissenschaften zu Berlin, 1914-1945. *Akademie Verlag*, Berlin.

MÜLLER-NAVARRA, S., 2005: Ein vergessenes Kapitel aus der Seenforschung. Forum Wissenschaftsgeschichte 1. *Martin Meidenbauer Verlagsbuchhandlung*, München.

MULLIGAN, J. F., HERTZ, G. G., 1997: An unpublished lecture by Heinrich Hertz: "On the Energy Balance of the Earth". *American Journal of Physics* **65**, 36-45.

NEUMANN, H., 1925: Heinrich Wilhelm Dove: Eine Naturforscher-Biographie. Druck und *Verlag von H. Krumbhaar*, Liegnitz.

NEUMANN, E. R., 1950: Ein Kapitel aus der Vorlesung von Franz Neumann über mechanische Wärmetheorie. (Königsberg 1854/1855). *Abhandlungen der Bayr. Akademie d. Wissenschaften*, NF Heft **59**.

NEUMAYER, G. (Hg.), 1881: Bericht über die Verhandlungen des Internationalen Meteorologischen Comités. Versammlung in Bern vom 9. Bis 12. August, 1880. Gedruckt bei Hammerich und Lesser in Altona, Hamburg.

PLANCK, M., 1948: Antrittsrede des Hrn. von Ficker vom 30. Juni 1927 (Leibniztag) als ordentliches Mitglied der Preußischen Akademie der Wissenschaften und Erwiderung des Sekretars Hrn. Planck. In: Max Planck in seinen Akademie-Ansprachen. Erinnerungsschrift der deutschen Akademie der Wissenschaften zu Berlin. *Akademie-Verlag*, Berlin.

POISSON, S. D., 1835: Théorie mathématique de la chaleur. *Bachelier*, Paris.

POTTER, S., 2020: Too Near for Dreams. The Story of Cleveland Abbe, America's First Weather Forecaster. *American Meteorological Society*, Boston.

PRIETO-WILCHES, A. L., BOLAÑOS-CUÉLLAR, S., PELKOWSKI, J., 2017: Los inicios de la meteorología de Gustav Hellmann. *Revista de la Academia Colombiana de Ciencias Exactas, Físicas y Naturales* **41** (160), 370-380.

PRUPPACHER, H. R., KLETT, J. D., 1997: Microphysics of Clouds and Precipitation (Second revised and enlarged edition). Kluwer Academic Publishers, Dordrecht.

RAMOS GUADALUPE, LUIS E., 2014: Father Benito Viñes. The 19th-Century Life and Contributions of a Cuban Hurricane Observer and Scientist. *American Meteorological Society*, Boston.

REES, G. (Hrsg.), 2007: The Instauratio Magna. Part III: Historia naturalis et experimentalis: Historia ventorum and Historia vitae & mortis. Edited with Introduction, Notes, Commentaries and Facing-Page Translations by G. Rees, with Maria Wakely. The Oxford Francis Bacon, Vol. XII. *Clarendon Press*, Oxford.

REICHEL, E., 1934: Gustav Hellmann zum 80. Geburtstage. *Forschungen und Fortschritte*, 10. Jahrgang, Nr. **19**.

REICHEL, E., 1939: Gustav Hellmann zum Gedenken. *Zeitschrift für angewandte Meteorologie* **56**.

REICHSAMT FÜR WETTERDIENST, 1939: Deutsches Meteorologisches Jahrbuch 1939. Teil III: Niederschlagsbeobachtungen. Darin: Die Niederschläge im Februar. *Julius Springer*, Berlin.

RICHTER, D., 1995: Ergebnisse methodischer Untersuchungen zur Korrektur des systematischen Messfehlers des Hellmann- Niederschlagsmessers. *Berichte des Deutschen Wetterdienstes* **194**. Selbstverlag des Deutschen Wetterdienstes, Offenbach.

RIEHL, H., 1954: Tropical Meteorology. *McGraw-Hill Book Company*, New York.

RIESENFELD, E. H., 1931: Svante Arrhenius. *Akademische Verlagsgesellschaft*, Leipzig.

ROPELEWSKI, CH. F., ARKIN, PH. A., 2019: Climate Analysis. *Cambridge University Press*, United Kingdom.

ROSSMANN, F., 1950: Über die Verteilung des Niederschlags an der Erdoberfläche. *Meteorologischen Rundschau* **3**, 162-163.

RUDOLF, B., 1995: Die Bestimmung der zeitlich-räumlichen Struktur des globalen Niederschlags. *Berichte des Deutschen Wetterdienstes* **196**. Selbstverlag des Deutschen Wetterdienstes, Offenbach.

SCHLICKER, W., 1975: Die Berliner Akademie der Wissenschaften in der Zeit des Imperialismus. Teil II: Von der Großen Sozialistischen Oktoberrevolution bis 1933. Studien zur Geschichte der Akademie der Wissenschaften der DDR, Band 2/II. *Akademie-Verlag*, Berlin.

SCHMAUSS, A., 1934: G. Hellmann 80 Jahre. *Meteorologische Zeitschrift* **51**.

SCHMAUSS, A., 1939: Gustav Hellmann. *Meteorologische Zeitschrift* **56**.

SCHMAUSS, A., 1952: Synoptik-Klimatologie. In: *Berichte des Deutschen Wetterdienstes in der US-Zone* Nr. **42** (Knoch- Heft). Selbstverlag, Bad Kissingen.

SCHNEIDER-CARIUS, K., 1955: Wetterkunde – Wetterforschung. Geschichte ihrer Probleme und Erkenntnisse in Dokumenten aus drei Jahrtausenden. *Verlag Karl Alber*, Freiburg/München.

SCHNEIDER-CARIUS, K., 1960: Alexander von Humboldt in seinen Beziehungen zur Meteorologie und Klimatologie. In: GELLERT, J. F. (Hrsg.): Alexander von Humboldt. Vorträge und Aufsätze anlässlich der 100. Wiederkehr seines Todestages am 6. Mai 1959. *VEB Deutscher Verlag der Wissenschaften*, Berlin.

SCHREIBER, P., 1898: Studien über Luftbewegungen. *Abhandlungen des Königl. sächs. Meteorologischen Instituts*. Heft **3**. *Arthur Felix*, Leipzig.

SCHOELLER, W., 1990: Heinrich Mann – Der Untertan. In: JENS, W. (Hrsg.): Kindlers Neues Literatur Lexikon. *Kindler Verlag*, München.

SCHULZE, A., 1936: Die Niederschlagsverhältnisse der ostdeutschen Provinzen – unter besonderer Berücksichtigung ihrer Veränderlichkeit. Veröffentlichungen der Schlesischen Gesellschaft für Erdkunde und des Geographischen Instituts der Universität Breslau. *Verlag von M. & H. Marcus*, Breslau.

SCHULZE, P., 1908: Ludwig Friedrich Kämtz. *Das Wetter* **25**, 219- 224.

SCHÜTTLER, W., 1969: Walter Georgii. *Meteorologische Rundschau* **22**.

SEYFERT, W., WEINITSCHKE, I., 1966: Gesamtregister der Abhandlungen, Sitzungsberichte, Jahrbücher, Vorträge und Schriften der Preußischen Akademie der Wissenschaften 1900-1945. Herausgegeben von der Hauptbibliothek der Deutschen Akademie der Wissenschaften zu Berlin. *Akademie-Verlag*, Berlin.

SHAW, N., 1926: Manual of Meteorology. Volume 1: Meteorology in History. With assistance of Elaine Austin. *Cambridge University Press*, Cambridge.

SHAW, N., 1934: The March of Meteorology. Random Recollections. *Quarterly Journal of the Royal Meteorological Society* **60**, 101-120.

STADLER, F., 1990: Richard von Mises´ Kleines Lehrbuch des Positivismus – Einführung in die empiristische Wissenschaftsauffassung. *Surhkamp Verlag*, Frankfurt a. M.

STANLEY, M., 2019: Einstein's War. How Relativity Triumphed Amid the Vicious Nationalism of World War I. *Dutton (Penguin Random House)*, New York.

STEHR, N., STORCH, H. v., 2000: Eduard Brückner – The Sources and Consequences of Climate Change and Climate Variability in Historical Times. *Kluwer Academic Publishers*, Dordrecht.

STEINHAGEN, H., 2005: Der Wettermann. Leben und Werk Richard Aßmanns in Dokumenten und Episoden. *Findling, Buch- und Zeitschriftenverlag*, Neuenhagen.

STRANGEWAYS, I., 2007: Precipitation. Theory, Measurement and Distribution. *Cambridge University Press*, New York.

STRECK, O., 1953: Grundlagen der Wasserwirtschaft und Gewässerkunde. *Springer-Verlag*, Berlin.

SUMNER, G., 1988: Precipitation. Process and Analysis. *John Wiley & Sons*, Chichester.

SZABÓ, I., 1976: Geschichte der mechanischen Prinzipien und ihrer wichtigsten Anwendungen. *Birkhäuser Verlag*, Basel.

TALMAN, C. F., 1927: Two Private Meteorological Libraries. *Bulletin of the American Meteorological Society*, Vol. **8**, 88-89.

TESTIK, F. Y., GEBREMICHAEL M., (Eds.), 2010: Rainfall. State of the Science. Geophysical Monograph Series, No. **191**. *American Geophysical Union*, Washington D. C.

TETZLAFF, G., LÜDECKE, C., BEHR, H. D., 2008: 125 Jahre Deutsche Meteorologische Gesellschaft. Festveranstaltung am 7. November 2008 in Hamburg. *Annalen der Meteorologie* **43**, Deutscher Wetterdienst, Selbstverlag, Offenbach.

TIEMAN, K.-H., 1988: Zur Reorganisation des Preußischen Meteorologischen Instituts. *Zeitschrift für Meteorologie* **38**, 369-372.

TRAUMÜLLER, F., 1885: Die Mannheimer meteorologische Gesellschaft (1780-1795). *Dürr'sche Buchdlg.*, Leipzig.

UNGERN-STERNBERG, J., UNGERN-STERNBERG, W., 2013: Der Aufruf „An die Kulturwelt!". Das Manifest der 93 und die Anfänge der Kriegspropaganda im Ersten Weltkrieg (2. Erw. Aufl. mit einem Beitrag von Trude Maurer). *Peter Lang Edition*, Frankfurt a. M.

VAN BEBBER, W. J., 1891: Die Wettervorhersage: eine praktische Anleitung zur Wettervorhersage auf Grundlage der Zeitungswetterkarten und Zeitungswetterberichte für alle Berufsarten. *Ferdinand Enke Verlag*, Stuttgart.

VIEWEG, 1936: s. unter DREYER.

VOGEL, H. C. (Mithrsg.), 1890: Das Königliche Astrophysikalische Observatorium bei Potsdam (Gezeichnet von J. S.). In: Die Königlichen Observatorien für Astrophysik, Meteorologie und Geodäsie bei Potsdam. Aus amtlichem Anlass herausgegeben von den beteiligten Directoren. *Mayer & Müller*, Berlin.

VOIGT, H.-H., 1992: Karl Schwarzschild. Gesammelte Werke, Band 1. *Springer-Verlag*, Berlin usw.

WALKER, J. M., 2012: History of the Meteorological Office. *Cambridge University Press*, New York.

WEGE, K., 2002: Die Entwicklung der meteorologischen Dienste in Deutschland. *Geschichte der Meteorologie in Deutschland* **5**. Selbstverlag des Deutschen Wetterdienstes, Offenbach.

WEGENER, E., 1960: Alfred Wegener. Tagebücher, Briefe, Erinnerungen. *F. A. Brockhaus*, Wiesbaden.

WEGENER-KÖPPEN, E., 1955: Wladimir Köppen. Ein Gelehrtenleben. *Wissenschaftliche Verlagsgesellschaft*, Stuttgart.

WEGENER-KÖPPEN, E., THIEDE, J. (Hrsg.), 2018: Wladimir Köppen – Scholar for Life/ Ein Gelehrtenleben für die Meteorologie. Original German edition and complete English translation with updated bibliography. *Borntraeger Science Publishers*, Stuttgart.

WEYRAUCH, J. J., 1915: Robert Mayer zur Jahrhundertfeier seiner Geburt. *Verlag von Konrad Wittwer*. Stuttgart.

WIEN, W., 1930: Aus dem Leben und Wirken eines Physikers. *Johann Ambrosius Barth*, Leipzig.

WIENER, O., 1922: Diskussionsbeitrag zu Bjerknes' Vortrag „Wettervorhersage". *Zeitschrift für Physik* **23**, 488-489.

WILD, R., 1913: Erinnerungen: Gewidmet dem Andenken meines Gatten Heinrich Wild. Digitalisiert 2020 von der *Zentralbibliothek Zürich*: ZK 1641.

WINKLER, H. A., 2020: Wie wir wurden, was wir sind. Eine kurze Geschichte der Deutschen. *C. H. Beck*, München.

WOOLLINGS, T., 2020: Jet Stream. A Journey Through our Changing Climate. Oxford University Press, Oxford.

ZAMBELLI, P., 1992: Eine Gustav-Hellmann-Renaissance? *Annali dell'Istituto storico italo-germanico in Trento.* Vol. **18**, 413- 455.

ZITTEL, C., 2008: Descartes as Bricoleur. In: ZITTEL, C., ENGEL, G., NANNI, R., KARAFYLLIS, N. C. (Eds.): Philosophies of Technology – Francis Bacon and his Contemporaries. *Brill*, Leiden.